河南省光山县植物图志

Illustrated Flora of Guangshan County

叶华谷　胡庆国　曾飞燕　江原猛　主编

中国林业出版社
China Forestry Publishing House

图书在版编目（CIP）数据

河南省光山县植物图志 / 叶华谷等编. --北京：中国林业出版社， 2020.11
ISBN 978-7-5219-0916-6

Ⅰ.①河…　Ⅱ.①叶…　Ⅲ.①植物志—光山县—图集　Ⅳ.①Q948.526.14-64

中国版本图书馆CIP数据核字（2020）第227525号

河南省光山县植物图志

叶华谷　胡庆国　曾飞燕　江原猛　**主编**

出版发行：中国林业出版社
地　　　址：北京西城区德胜门内大街刘海胡同7号

策划编辑：王　斌
责任编辑：刘开运　郑雨馨　张　健　吴文静　　　　　　　　装帧设计：百彤文化传播公司

印　　刷：北京雅昌艺术印刷有限公司
开　　本：635 mm × 965 mm　1/8
印　　张：56.5
字　　数：1400千字
版　　次：2020年12月第1版　第1次印刷
定　　价：428.00元

编 委 会

前 言

　　光山县位于河南省东南部，鄂豫皖三省交界地带，北临淮河，南依大别山，地理坐标介于东经114°11′50″~115°10′45″和北纬31°37′06″~32°11′40″；北与息县为邻，南与新县相接，西与罗山县隔河相望，东与潢川县、商城县相连。县境东西长60 km，南北宽55 km，总土地面积1841 km²。宋《太平寰宇记》："俯映长淮，每有光耀，因名光山。""光山"由此得名。

　　光山县地处大别山山脉向黄淮平原过渡区，境内浅山、丘陵、平畈相间，垄岗纵横，整个地貌是南高北低，由西南向东北倾斜。南有崇山，中有丘陵，北部岗畈相间。河、渠、堰相互交错，塘、湖、库星罗棋布。地形大体上可分为南部浅山丘陵和中北部垄岗平畈两大部分。县南部大别山余脉向北延伸形成牢山、斛粟岗、凤尾山、东岳寺、大尖山五大丘陵，海拔高度多在180 m以上，最高海拔433.9 m，坡度多在15~35°。县中北部为垄岗平畈，平畈海拔40~60 m，垄岗海拔60~100 m。

　　光山县地处北亚热带与暖温带过渡地区，气候温和，雨量充沛，日照充足，四季分明，光、热、水同期，属于湿润、半湿润区。春季气温回升快，变幅较大；夏季炎热，降雨集中；秋季降温迅速，秋高气爽；冬季寒冷期短，雨雪较少。年平均日照时数为1990 h，年平均气温15.4 ℃，一年之间，日平均气温大于或等于5 ℃的天数为271 d，大于或等于15 ℃的天数为179 d，全年大于10 ℃积温4398 ℃，无霜期为226 d。

　　光山县属于北亚热带常绿阔叶与落叶阔叶地带向暖温带落叶阔叶地带的过渡区。因此孕育、形成了生物多样性的演化和发展，从而保存了丰富的植被类型。境内有大苏山国家森林公园、龙山湖国家湿地公园、紫水省级森林公园。

　　针对光山县丰富的植物与植被多样性，为详细了解全县植物的种类、分布状况、生长和利用情况，光山县聘请了中国科学院华南植物园组织相关技术人员对光山县植物进行了调查，共采集标本1386份，现存于中国科学院华南植物园标本馆，拍摄照片数千张，积累了大量的标本和数码资料。在前期开展实地考察和标本采集的基础上，花费大量时间进行了标本鉴定和照片鉴定、整理，收集各类科学数据及资料，综合整理，初步鉴定光山县野生维管植物约1107种。

本书共收录了光山县行政区域内维管植物1107种（含亚种、变种及栽培品种），隶属于167科、608属、1032种、10亚种、55变种、4变型、6栽培品种。其中蕨类21科、35属、50种、1变种；裸子植物9科、17属、22种、3变种、1栽培品种；被子植物137科、556属、960种、10亚种、51变种、4变型、5栽培品种。本书的排列顺序，蕨类植物按秦仁昌（1978）年系统；裸子植物按郑万钧（1978）年系统；被子植物按哈钦松系统。属、种按拉丁名字母顺序排列。

　　本书以图文并茂的形式展现，文字描述稍为简单，因有原植物的照片相对应，更方便于读者认识各种物种。为了结合适当的应用，我们把相对应物种的用途列出，如材用、药用、绿化观赏等，其中药用部分相对较详细，分别有性、味、功能和主治用法等。

　　作者在编写过程中力求资料完整、标本鉴定正确。由于水平有限，时间紧迫，疏漏甚至错误之处在所难免，恳请各位读者、专家和朋友提出宝贵意见。

编者

2020 年 12 月

目 录

蕨类植物门

PTERIDOPHYTA

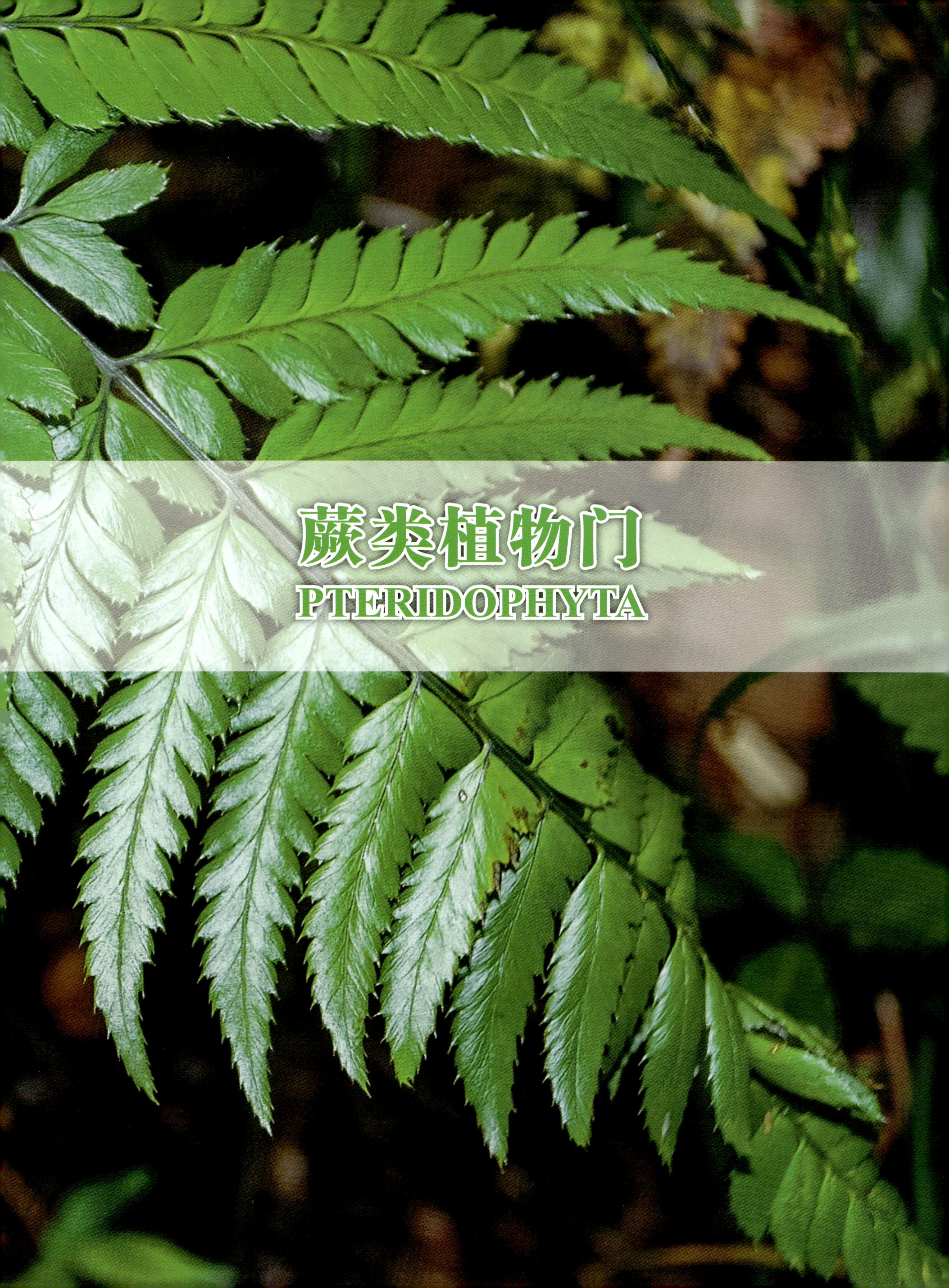

P6. 木贼科 Equisetaceae

土生草本，具根。茎发达，有节，中空，具纵棱。叶退化、细小，无叶绿素，于节上轮生，连合成筒状的叶鞘包围节间的基部。能育叶盾形，于分枝的顶端集合成紧密的孢子囊穗。光山有1属2种。

1. 木贼属 Equisetum L.

1. 问荆

Equisetum arvense L.

多年生草本，地上枝当年枯萎。枝二型。能育枝春季先萌发，高5～35 cm，中部直径3～5 mm，节间长2～6 cm，不育枝后萌发，高达40 cm，主枝中部直径1.5～3.0 mm，节间长2～3 cm，绿色，轮生分枝多。

生于河岸边，沟边潮湿处。全县广布。

问荆全草可药用，味甘、苦，性平。有止血、利尿、明目功效。

2. 节节草（笔头草、锉草、木贼草、土黄麻、接管草、磨石草）

Equisetum ramosissimum Desf.

多年生草本，枝一型，高20～60 cm，中部直径1～3 mm，节间长2～6 cm，绿色，主枝多在下部分枝，常形成簇生状；幼枝的轮生分枝明显或不明显；主枝有脊5～14条。

生于河岸边，沟边潮湿处。全县广布。

节节草全草可药用，味甘、微苦，性平。清热，利尿，明目退翳，祛痰止咳。治目赤肿痛、角膜云翳、肝炎、咳嗽、支气管炎、泌尿系感染。

P13. 紫萁科 Osmundaceae

植株无鳞片，也无真正的毛，仅有黏质腺状长绒毛，老则脱落。叶二型或同一叶片的羽片为二型。叶脉分离，二叉分歧。孢子囊大，球圆形，裸露，着生于强度收缩变质的孢子叶的羽片边缘，孢子囊有不发育的环带。孢子为球圆四面形。光山有1属1种。

1. 紫萁属 Osmunda L.

叶二型或同一叶片的羽片为二型。叶脉分离，二叉分歧。孢子囊大，球圆形，裸露，着生于强度收缩变质的孢子叶的羽片边缘，孢子囊有不发育的环带。光山有1种。

1. 紫萁（贯众）

Osmunda japonica Thunb.

多年生草本。不育叶为二回羽状，小羽片基部与叶轴分离。

生于林下或溪边的酸性土壤上。见于白雀园镇大尖山、殷棚乡、南向店乡。

根状茎药用，味苦，性凉，有小毒。清热解毒，止血，杀虫。预防麻疹、流行性乙型脑炎，治流行性感冒、痢疾、子宫出血、钩虫病、蛔虫病、蛲虫病。

生于山谷、灌丛、路旁、村边。见于殷棚乡、南向店乡、槐店乡万河村。

海金沙是著名中药，孢子或全草药用，味甘，性寒。利尿通淋，清热解毒。治泌尿系结石、感染、肾炎、感冒、气管炎、腮腺炎、流行性乙型脑炎、痢疾、肝炎、乳腺炎。用量：海金沙（孢子）6～9 g；海金沙藤15～30 g。

P17. 海金沙科Lygodiaceae

土生攀缘植物。叶单轴型，叶轴为无限生长，缠绕攀缘，常长达数米，沿叶轴相隔一定距离有向左右方互生的短枝，顶上有一个不发育的被毛茸的休眠小芽，从其两侧生出一对开向左右的羽片。羽片分裂为一至二回二叉掌状或为一至二回羽状复叶，近二型；不育羽片常生于叶轴下部；能育羽片位于上部；叶脉通常分离，少为疏网状，不具内藏小脉，分离小脉直达加厚的叶边。光山有1属1种。

1. 海金沙属Lygodium Sw.

叶单轴型，叶轴为无限生长，缠绕攀缘，常长达数米，沿叶轴相隔一定距离有向左右方互生的短枝，顶上有一个不发育的被毛茸的休眠小芽。光山有1种。

1. 海金沙（金沙藤、左转藤、蛤蟆藤）

Lygodium japonicum (Thunb.) Sw.

多年生藤状植物。叶轴为无限生长，缠绕攀缘，常长达数米。孢子囊穗线形，长3～4 mm。

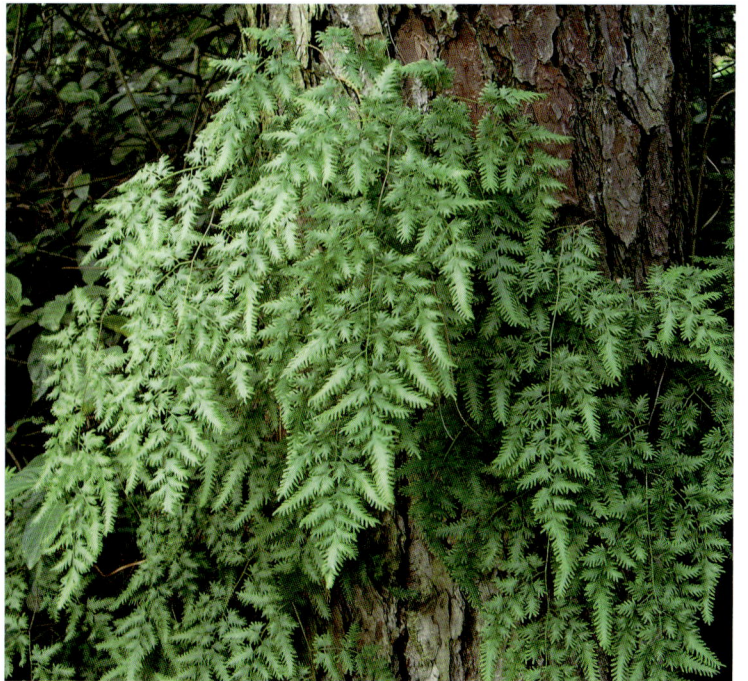

P22. 碗蕨科Dennstaedtiaceae

土生蕨类。根状茎横走，被多细胞的灰白色刚毛，无鳞片。叶同型，叶片一至四回羽状细裂，叶轴上面有一纵沟，叶轴和叶的两面多少被与根状茎上同样或较短的毛，小羽片或末回裂片偏斜，基部不对称，下侧楔形，上侧截形，多少为耳形凸出；叶脉分离，羽状分枝。光山有2属3种。

1. 碗蕨属Dennstaedtia Bernh.

孢子囊群叶边生；囊群盖由内外两瓣融合而成，常呈碗状。光山有1种。

1. 细毛碗蕨

Dennstaedtia pilosella (Hook.) Ching

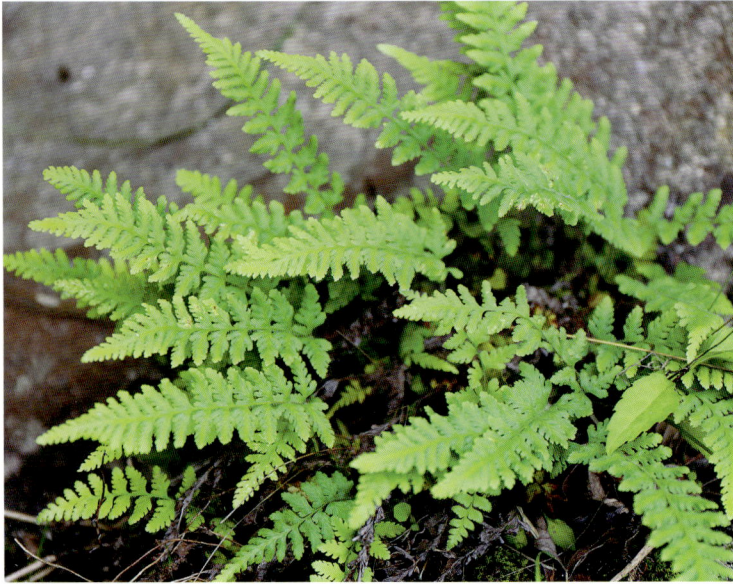

多年生草本。根状茎横走或斜升，密被灰棕色长毛。叶近生或几为簇生，柄长9~14 cm，直径约1 mm。

生于山地阴处石缝中。见于南向店乡五岳村。

全草药用，味辛，性凉。祛风，清热解表。治感冒头痛、风湿痹痛。

2. 鳞盖蕨属 Microlepia Presl

孢子囊群叶边内生；囊群盖杯形或圆肾形。光山有2种。

1. 边缘鳞盖蕨

Microlepia marginata (Houtt.) C. Chr.

多年生草本。植株高约60 cm。根状茎长而横走，密被锈色长柔毛。叶远生；叶柄长20~30 cm，粗1.5~2 mm，深禾秆色，上面有纵沟，几光滑；叶片长圆三角形，顶端渐尖，羽状深裂，基部不变狭，长与叶柄略等，宽13~25 cm，一回羽状；羽片20~25对，基部对生，远离，上部互生。

生于林下、溪边湿地。见于九架岭林场、白雀园镇大尖山。

全草药用，味微苦，性寒。清热解毒，祛风活络。治痈疮疔肿、风湿痹痛、跌打损伤。外用，鲜品捣烂敷患处。

2. 粗毛鳞盖蕨

Microlepia strigosa (Thunb.) Presl

多年生草本。全株被粗毛。根状茎长而横走，密被暗栗色长针状硬毛，有光泽。叶远生，褐禾秆色，基部被有暗栗色长针状硬毛，向上稀疏，有粗糙的痕，叶轴禾秆色，也被灰色长硬毛；叶片长圆形，长达46 cm，宽达24 cm，顶端渐尖，基部不缩短，二回羽状。

生于林下、溪边湿地。见于南向店乡环山村。

全草药用，味微苦，性寒。清热解毒，利湿退黄。治外感风热、咳嗽、痰黏或黄、咽炎、黄疸、肝炎。

P23. 鳞始蕨科 Lindsaeaceae

土生蕨类。根状横走，或长而蔓生，被鳞始蕨型的钻形鳞片。叶同型，羽状分裂。叶脉分离，或稀为网状。叶草质，光滑。孢子囊群为叶缘生的汇生囊群，着生在2至多条细脉的结合线上，或单独生于脉顶，位于叶边或边内，有盖，少为无盖；囊群盖为两层，里层为膜质，外层即为绿色叶边；孢子四面形或两面形。光山有1属1种。

1. 乌蕨属 Stenoloma Fee

叶为三或四回羽状，羽片或小羽片非对开式，线形楔形或近扇形，基部近对称。光山有1种。

1. 乌蕨（乌韭、大金花草、金花草）

Sphenomeris chinensis (L.) Maxon.[*Odontosoria chinensis* J. Sm]

多年生草本。根状茎短而横走，粗壮，密被赤褐色的钻状鳞片。叶近生，叶柄长达25 cm，禾秆色至褐禾秆色，有光泽，直径2 mm，圆，上面有沟，除基部外，通体光滑；叶片披针形，长20～40 cm，宽5～12 cm，顶端渐尖，基部不变狭，四回羽状。

生于山谷路旁或灌丛中的阴湿地。见于晏河乡净居寺、白雀园镇赛山村。

全草药用，味微苦，性寒。清热解毒，利湿。治感冒发热、咳嗽、扁桃体炎、腮腺炎、肠炎、痢疾、肝炎、食物中毒、农药中毒。外用治烧、烫伤、皮肤湿疹。用量15～30 g，解食物中毒，用鲜叶绞汁服。外用适量，鲜草煎水洗患处。

P26. 蕨科Pteridiaceae

土生蕨类。根状茎横走，密被绒毛，无鳞片。叶一型，具长柄，叶片粗裂或细裂，被柔毛；孢子囊群线形，连续不断，生于叶边缘的边脉上，囊群盖双层，孢子囊柄细长。光山有1属1变种。

1. 蕨属Pteridium Scopoli

叶一型，具长柄，叶片粗裂或细裂，被柔毛；孢子囊群线形，连续不断，生于叶边缘的边脉上，囊群盖双层，孢子囊柄细长。光山有1变种。

1. 蕨（蕨萁、蕨菜、如意菜、蕨粑、龙头菜）

Pteridium aquilinum (L.) Kuhn var. **latiusculum** (Desv.) Underw. ex Heller

多年生草本。根状茎长而横走，密被锈黄色柔毛，以后逐渐脱落。叶远生；柄长20～80 cm，基部粗3～6 mm，褐棕色或棕禾秆色，略有光泽，光滑，叶面有浅纵沟1条；叶片阔三角形或长圆三角形，长30～60 cm，宽20～45 cm，顶端渐尖，基部圆楔形，三回羽状。

生于山坡及林缘阳光充足的地方。见于白雀园镇赛山村。

蕨的嫩叶可作蔬菜食用。全草食用，味甘，性寒。清热利湿，消肿，安神。治发热、痢疾、湿热黄疸、高血压病、头昏失眠、风湿性关节炎、白带、痔疮、脱肛。

P27. 凤尾蕨科Pteridaceae

土生蕨类。根状茎直立或斜升，稀横走，密被鳞片。叶一型，稀二型，具长柄，叶片一回或三回羽状，罕为掌状或单叶，常无毛；叶脉分离，稀网状，无内藏小脉；孢子囊群线形，连续不断，生于叶边缘连结小脉顶端的1条边脉上，有由叶边缘变质形成的假盖，孢子囊柄细长。光山有1属3种。

1. 凤尾蕨属Pteris L.

根状茎直立或斜升，叶簇生，叶背为绿色，羽片基部无1对托叶状小羽片，叶脉分离或仅沿羽轴两侧联结成1行狭长的网眼。光山有3种。

1. 刺齿半边旗

Pteris dispar Kze.

多年生草本。根状茎斜向上。叶簇生，近二型；柄长15～40 cm，基部粗约2 mm，与叶轴均为栗色，有光泽；叶片

卵状长圆形，长25～40 cm，宽15～20 cm，二回深裂或二回半边深羽裂；顶生羽片披针形，长12～18 cm，基部宽2～3 cm，顶端渐尖，基部圆形，篦齿状深羽状几达叶轴，小羽片顶端篦齿状齿。

生于山谷、路边及疏林中。见于白雀园镇赛山村。

全草药用，味苦、涩，性凉。清热解毒，凉血祛瘀。治痢疾、泄泻、疟腮、风湿痹痛、跌打损伤、痈疮肿毒、毒蛇咬伤。

2. 井栏边草（凤尾蕨、鸡脚草、金鸡尾、井边凤尾）

Pteris multifida Poir.

多年生草本。根状茎短而直立。叶多数，密而簇生，明显二型；不育叶柄长15～25 cm，粗1.5～2 mm，禾秆色或暗褐色而有禾秆色的边，稍有光泽，光滑；叶片卵状长圆形，长20～40 cm，宽15～20 cm，一回羽状，羽片基部下延呈翅状。

生于阴湿的墙壁、井边、石灰岩缝隙或灌丛下。见于南向店乡董湾村林场、官渡河边。

味淡，性凉。清热利湿，解毒止痢，凉血止血。治痢疾、胃肠炎、肝炎、泌尿系感染、感冒发热、咽喉肿痛、白带、崩漏、农药中毒。外用治外伤出血、烧烫伤。用量15～30 g。外用适量，鲜全草捣烂敷患处。

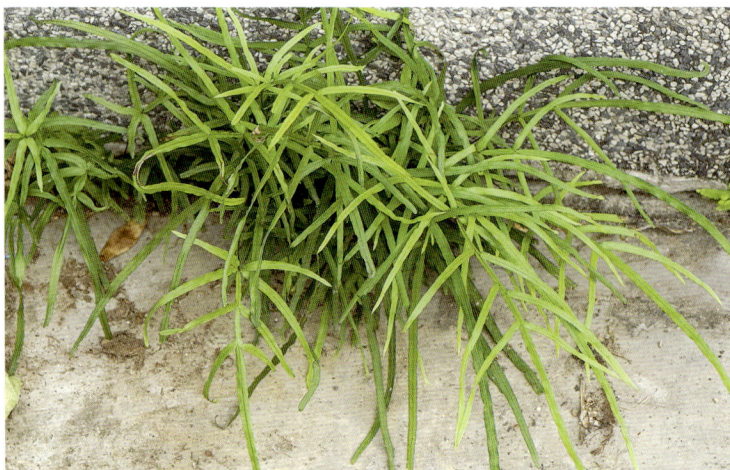

3. 半边旗（半边蕨、单片锯、半边牙、半边梳）

Pteris semipinnata L.

多年生草本。叶簇生；叶片长圆披针形，长15～40 cm，宽6～15 cm，二回半边深羽裂；侧生羽片4～7对，对生或近对生，开展，下部的有短柄，向上无柄，半三角形而略呈镰刀状，顶端长尾尖，基部偏斜，两侧极不对称，上侧仅有一条阔翅，侧生羽片于羽轴两侧不对称，小羽片宽约7 mm。

生于疏林下、溪边或岩石旁酸性土壤上。见于白雀园镇赛山村。

全草药用，味苦、辛，性凉。清热解毒，消肿止血。治细菌性痢疾，急性肠炎，黄疸型肝炎，结膜炎。外用治跌打肿痛，外伤出血、疮疡疔肿、湿疹、毒蛇咬伤。用量15～60 g。外用适量，鲜品捣烂外敷，或水煎洗患处。

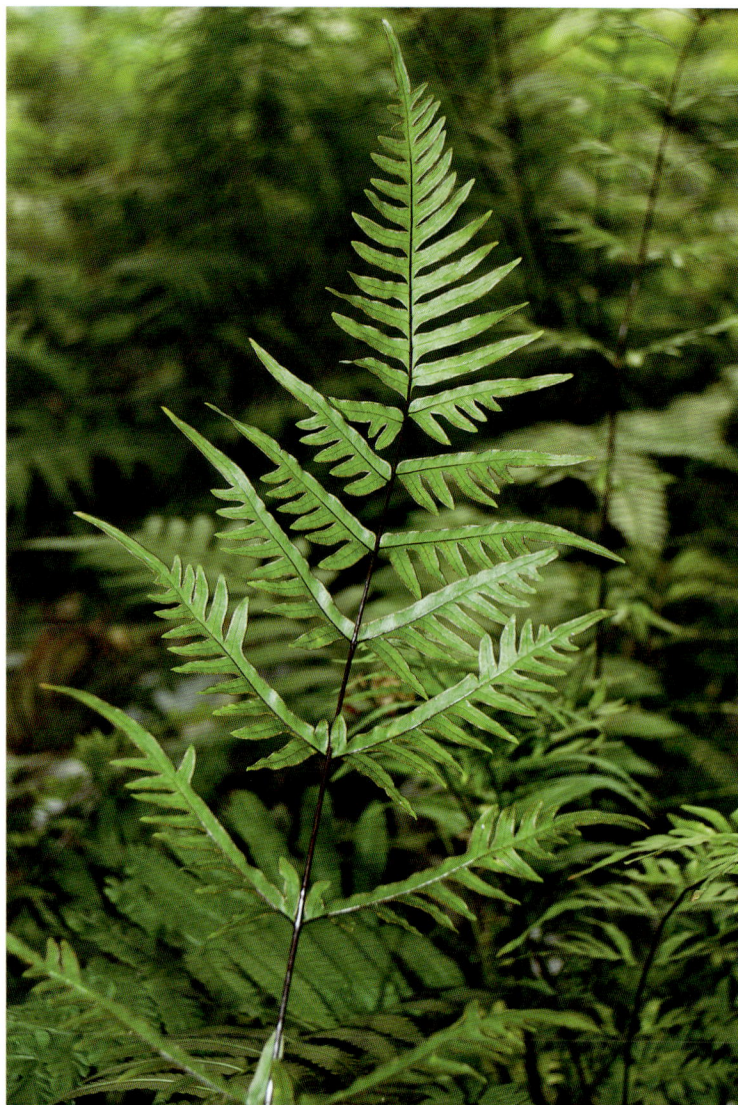

P30. 中国蕨科 Sinopteridaceae

中生或旱生中小型蕨类。根状茎短而直立或斜升，被以基部着生的披针形鳞片。叶簇生或罕为远生，有柄，柄为圆柱形或腹面有纵沟，常呈栗色或栗黑色，稀为禾秆色，光滑，罕被柔毛或鳞片；叶一型，罕有二型或近二型，二回羽状或三至四回羽状细裂。光山有2属2种。

1. 碎米蕨属 Cheilosoria Trev.

叶柄栗色，叶片椭圆形或披针形，二至三回细裂，末回能育裂片非荚果状。叶背无白色或黄色蜡质粉末。孢子囊群生于小脉顶端，有盖。光山有1种。

1. 毛轴碎米蕨（舟山碎米蕨、细凤尾草、凤凰路鸡、铁线路鸡）

Cheilosoria chusana (Hook.) Ching & K. H. Shing

多年生草本。根状茎短而直立，被栗黑色披针形鳞片。叶簇生，柄长2～5 cm，亮栗色，密被红棕色披针形和钻状披针形鳞片以及少数短毛，向上直到叶轴上面有纵沟，沟两侧有隆起的锐边，其上有棕色粗短毛；叶片长8～25 cm，中部宽4～6 cm，披针形，短渐尖头，向基部略变狭，二回羽状全裂。

生于山谷林下或溪边石上。见于白雀园镇赛山村。

全草药用，味微苦，性寒。止泻利尿，清热解毒，止血散血。治痢疾、小便痛、喉痛、蛇咬伤、痈疖肿疡。

2. 金粉蕨属Onychium Kaulf.

叶柄禾秆色；叶片三至五回细裂，末回能育裂片形如荚果状。孢子囊群生于小脉顶端的连结边脉上。光山有1种。

1. 野鸡尾（小野鸡尾、柏香莲、解毒蕨、日本乌蕨、小金花草）
Onychium japonicum (Thunb.) Kze.

多年生草本，高60 cm左右。根状茎长而横走，粗约3 mm，疏被鳞片，鳞片棕色或红棕色，披针形，筛孔明显。叶散生；柄长2～30 cm，基部褐棕色，略有鳞片，向上禾秆色，光滑；叶片几和叶柄等长，宽约10 cm或过之，卵状三角形或卵状披针形，渐尖头，四回羽状细裂。

生于林下、溪边石上见。于殷棚乡牢山林场。

全草药用，味微苦，性凉。清热解毒。治感冒高热、肠炎、痢疾、小便不利；解山薯、木薯、砷中毒。外用治烧烫伤、外伤出血。用量15～30 g。外用适量，研粉敷患处。

1. 水蕨属Ceratopteris Brongn.

属的描述与科同。光山有1种。

1. 水蕨（水松草）
Ceratopteris thalictroides (L.) Brongn.

根状茎短而直立，以一簇粗根着生于淤泥。叶簇生，二型。不育叶的柄长3～40 cm，粗10～13 cm，绿色，圆柱形，肉质，不膨胀，光滑无毛，干后压扁；叶片直立或幼时漂浮，有时略短于能育叶，狭长圆形，长6～30 cm，宽3～15 cm，顶端渐尖，基部圆楔形，二至四回羽状深裂，裂片5～8对，互生，下部1～2对羽片较大，长可达10 cm，宽可达6.5 cm，卵形或长圆形，顶端渐尖，基部近圆形、心脏形或近平截，一至三回羽状深裂。

生于池沼、水田、水沟等淤泥中。见于晏河乡黄板桥村、南向店乡董湾村向楼组。

水蕨为国家二级保护物种。全草药用，味甘、淡，性凉。散瘀拔毒，镇咳化痰，止痢，止血。治胎毒、痰积、跌打、咳嗽、痢疾、淋浊。用量15～30 g，水煎服。外用治外伤出血。

P32. 水蕨科Parkeriaceae

一年生水生蕨类。根状茎短而直立，顶端疏被鳞片。叶簇生；叶柄绿色，多少膨胀，肉质，光滑，叶背圆形并有许多纵脊，内含许多气孔道；叶二型，不育叶片为长圆状三角形至卵状三角形，绿色，薄草质，单叶或羽状复叶，末回裂片为阔披针形或带状；能育叶与不育叶同形，纵脉间有侧脉相连；在羽片基部上侧的叶腋间常有一个圆卵形棕色的小芽胞，成熟后脱落，行无性繁殖。孢子囊群沿主脉两侧生。光山有1属1种。

P33. 裸子蕨科Hemionitidaceae

土生中小型蕨类。根状茎横走、斜升或直立。叶远生、近生或簇生，有柄，柄为禾秆色或栗色；叶片一至三回羽状，多少被毛或鳞片，草质。叶绿色，罕有叶背被白粉；叶脉分离，罕为网状、不完全网状或仅近叶边连结，网眼不具内藏小脉。孢子囊群沿叶脉着生，无盖；孢子四面型或球状四面型，透明，表面有疣状、刺状突起或条纹，罕为光滑。光山有1属1种。

1. 凤丫蕨属Coniogramme Fée

土生中小型蕨类。叶背面无白粉。光山有1种。

1. 凤丫蕨

Coniogramme japonica (Thunb.) Diels

多年生草本。植株高60~120 cm。叶柄长30~50 cm，粗3~5 mm，禾秆色或栗褐色，基部以上光滑；叶片和叶柄等长或稍长，宽20~30 cm，长圆三角形，二回羽状；羽片通常3~5对，基部一对最大，长20~35 cm，宽10~15 cm，卵圆三角形，柄长1~2 cm，羽状，偶有二叉；侧生小羽片1~3对，长10~15 cm，宽1.5~2.5 cm，披针形。

生于湿润林下和山谷阴湿处。见于白雀园镇大尖山、南向店乡。

全草药用，味苦，性凉。祛风除湿，活血止痛，清热解毒。治风湿筋骨痛、跌打损伤、瘀血腹痛、经闭、目赤肿痛、肿毒初起、乳腺炎。

P36. 蹄盖蕨科Athyriaceae

土生蕨类，根状茎横走或直立，与叶柄被棕色披针形的细筛孔状鳞片。叶簇生，稀远生或近生，二至三回羽状，柄禾秆色，基部有扁阔维管束2条，向上融合成"U"形；叶片一至三回羽状，稀单叶，各回羽轴及主脉上面有深纵沟，两侧有隆起的狭边，并在与小羽轴交叉处有缺刻，各纵沟可以相通；叶脉分离，稀网状。孢子囊群圆形、线形、椭圆形、半月形、钩形或马蹄形。光山有5属7种。

1. 安蕨属Anisocampium Presl

根状茎横走，被鳞片，叶一回羽状，羽片少数，披针形，叶片无毛；叶脉于羽片上羽状，3~5对，小脉单一或分叉，分离或下部一对顶端连结而成三角形网眼，孢子囊群着生于小脉的背上，肾形，有盖，或无盖。光山有1种。

1. 华东安蕨

Anisocampium shareri (Bak.) Ching

多年生草本。根状茎长而横走，疏被浅褐色披针形鳞片；叶近生或远生。叶长25~60 cm；叶柄长15~30 cm，基部直径约2 mm，疏被与根状茎上同样的鳞片，向上禾秆色，近光滑；叶片卵状长圆形或卵状三角形，长15~30 cm，中部宽12~18 cm，顶端渐尖，基部近截形或圆楔形，一回羽状，顶

部羽裂，侧生羽片2~7对，镰刀状披针形。

生山谷林下溪边或阴山坡上。见于南向店乡董湾向楼村。

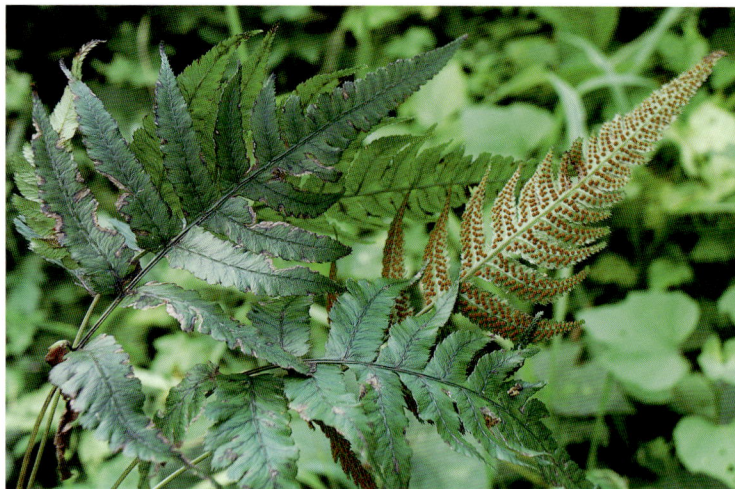

2. 假蹄盖蕨属Athyriopsis Ching

根状茎横走，被鳞片。叶远生，二列，柄禾秆色，二回深羽裂；叶脉分离；叶轴与羽轴被红棕色节状毛。孢子囊群线形、椭圆形，有盖。光山有2种。

1. 假蹄盖蕨

Athyriopsis japonica (Thunb.) Ching

多年生草本，根状茎细长横走；叶远生至近生。能育叶长可达1 m；叶柄长10~50 cm，直径1~2 mm，禾秆色，向上鳞片较稀疏而小，披针形，色较深，有时呈浅黑褐色，也有稀疏的节状柔毛；叶片长圆形至长圆状阔披针形，有时呈三角形，长15~50 cm，宽6~22(30)cm，基部略缩狭或不缩狭，顶部羽裂长渐尖或略急缩长渐尖。

生于山谷、溪边、林下潮湿处。见于南向店乡董湾村向楼组、白雀园镇赛山村。

全草药用，消肿解毒。治无名肿毒。外用鲜全草捣烂敷。

2. 毛轴假蹄盖蕨

Athyriopsis petersenii (Kunze.) Ching

多年生草本。根状茎细长横走；叶远生至近生。能育叶形态多种多样，最小的长仅6 cm，宽1 cm，大型的长可达1 m以上，宽达25 cm；叶柄禾秆色，长2～40 cm，基部常呈浅深褐色至深褐色，直径1～3 mm，疏被浅褐色至红褐色的节状短毛；叶片多形，通常卵状阔披针形或长圆阔披针形，有时卵形或狭三角形至三角形，长可达50 cm，宽可达25 cm，羽裂渐尖的顶部以下侧生分离羽片可达10对，小型的常呈披针形或长圆披针形，有时呈三角形，极小的长仅5 cm，宽1 cm，仅基部有时有1～2对侧生分离羽片。

生于山谷、溪边、林下潮湿处。见于殷棚乡牢山林场、南向店乡董湾村向楼组。

3. 蹄盖蕨属Athyrium Roth

根状茎粗短，直立或斜升，叶柄基部膨大，两侧各有1个气囊体，各回羽轴与其上一回羽轴的汇合处有断裂缺口，彼此相通，其下侧常用有1枚肉质的刺状突起，叶片无毛，孢子囊群着生于小脉的背上，马蹄形、钩形或半月形，有同形的盖。光山有2种。

1. 长江蹄盖蕨（大地柏枝、山柏、细叶蹄盖蕨）

Athyrium iseanum Ros.

草本，根状茎短，直立，顶端和叶柄基部密被深褐色、披针形的鳞片；叶簇生。能育叶长25～70 cm；叶柄长10～25 cm，基部直径1～2.5 mm，黑褐色，向上淡绿禾秆色，光滑；叶片长圆形，长18～45 cm，中部宽11～14 cm，顶端渐尖，基部圆形，几不变狭，二回羽状，小羽片深羽裂；羽片10～20对，互生，斜展，柄长3～4 mm，基部一对略缩短，长2～5 cm，第二对羽片披针形，长6～10 cm，基部宽2～2.5 cm，顶端长渐尖，基部对称，近截形，一回羽状，小羽片羽裂至二回羽状；小羽片10～14对，基部的对生，向上的互生。

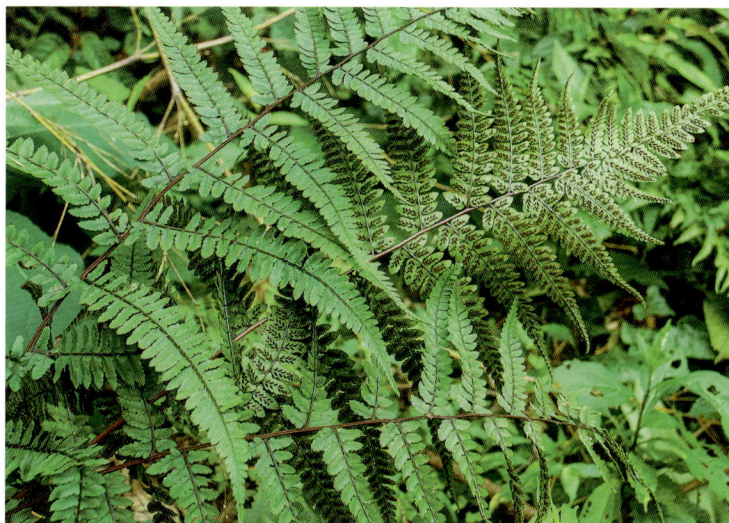

生于山谷、溪边、林下潮湿处。见于白雀园镇赛山村。

长江蹄盖蕨全草药用，味苦，性凉。清热解毒，凉血止血。治痈肿疮毒、痢疾、鼻衄、外伤出血。

2. 华东蹄盖蕨

Athyrium niponicum (Mett.) Hance

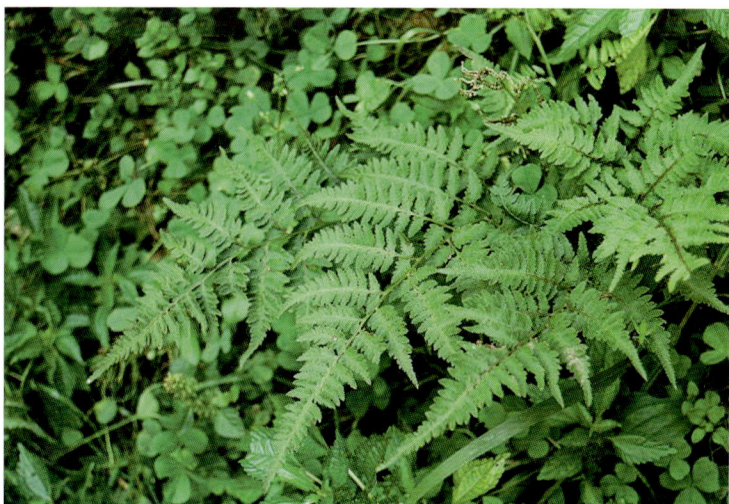

多年生草本。根状茎横卧，斜升；叶簇生。能育叶长30～75 cm；叶柄长10～35 cm，基部直径2～3 mm，黑褐色，向上禾秆色，疏被较小的鳞片；叶片卵状长圆形，长 23～30 cm，中部宽 15～25 cm，顶端急狭缩，基部阔圆形，中部以上二回羽状至三回羽状；急狭缩部以下有羽片 5～7 对，互生，斜展，有柄，略向上弯弓，基部一对略长，较大，长圆状披针形，长 7～15 cm，中部宽 2.5～6 cm，顶端突然收缩，长渐尖，略成尾状，基部阔斜形或圆形，中部羽片披针形，一回羽状至二回羽状。

生于杂木林下、溪边、阴湿山坡、灌丛或草坡上。见于白雀园镇赛山村。

4. 角蕨属 Cornopteris Nakai

根状茎粗短，横走，叶柄基部不膨大，羽轴与小羽轴或主脉分叉处有一角状肉质扁刺，叶片无毛，孢子囊群着生于小脉的背上，无盖。光山有 1 种。

1. 角蕨

Cornopteris decurrenti-alata (Hook.) Nakai

多年生草本。根状茎细长横走或横卧，黑褐色，直径约 5 mm，顶部被褐色披针形鳞片；叶近生。能育叶长可达 80 cm；叶柄长达 40 cm，暗禾秆色，基部被鳞片，向上近光滑，上面有纵沟两条；叶片卵状椭圆形，长达 40 cm，阔达 28 cm，羽裂渐尖的顶部以下一至二回羽状。

生于山谷林下阴湿溪沟边。见于南向店乡环山村。

5. 冷蕨属 Cystopteris Bernh.

根状茎细长横走或短而横卧，无毛或密被红褐色柔毛，有褐色或浅褐色、质薄、卵形至阔披针形的鳞片疏生；叶远生、近生或簇生，较细弱。叶柄较叶片短或长，基部常呈深褐色，向上为禾秆色或栗色；叶片卵状披针形、卵状三角形或近五角形，二至三回羽状。光山有 1 种。

1. 冷蕨

Cystopteris fragilis (L.) Bernh.

多年生草本。根状茎短横走或稍伸长；叶近生或簇生。能育叶长 20～35 cm；叶柄一般短于叶片，约为叶片长的 1/3～2/3，当生长在石缝时，有时纤细，稍长于叶片，长 5～14 cm，直径 1～1.5 mm，基部褐色，向上禾秆色或带栗色，鳞片稀疏，略有光泽；叶片披针形至阔披针形，长 17～28 cm，宽 4～5 cm，短渐尖头，通常二回羽裂至二回羽状，小羽片羽裂，偶有一或三回羽状。

生于灌丛下、阴坡石缝中、岩石脚下或沟边湿地。见于白雀园镇赛山村。

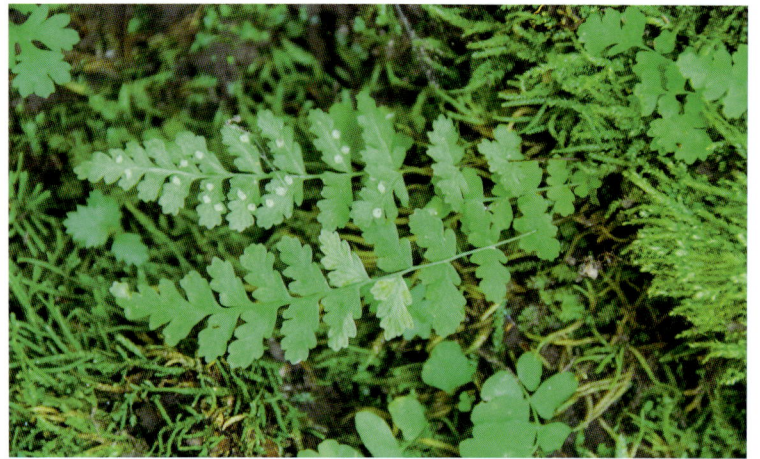

P37. 肿足蕨科 Hypodematiaceae

土生蕨类，根状茎横走，连同叶柄基部密被一丛重叠覆盖的红色鳞片。叶近簇生，叶柄禾秆色，基部明显膨大成纺锤形并完全隐蔽于鳞片中，叶片三角状卵形，三至四回羽状；叶脉分离，叶片密被白色单细胞长柔毛或针状毛，叶轴和羽轴上还有腺毛。孢子囊群圆形，生于叶背小脉上。光山有 1 属 1 种。

1. 肿足蕨属 Hypodematium Kunze

属的描述与科同。光山有 1 种。

1. 肿足蕨 (活血草、黄鼠狼、石猪鬃)

Hypodematium crenatum (Forssk.) Kuhn

多年生草本，高达 50 cm。根状茎粗壮；鳞片长 0.5～3 cm，狭披针形，顶端渐狭成线形，全缘，膜质，亮红棕色。叶近生，柄长 10～25 cm，禾秆色，基部有时疏被较小的狭披针形鳞片，向上仅被灰白色柔毛；叶片长 20～30 cm，基部宽 18～30 cm，卵状五角形，顶端渐尖并羽裂，基部圆心形，三回羽状。

生于石灰岩石缝中。见于南向店乡环山村。

全草药用，味微苦、涩，性平。祛风利湿，止血，解毒。治风湿关节痛。外用治疮毒、外伤出血。用量 9～15 g。外用适量，鲜全草捣烂或根茎上的茸毛捣烂敷患处。

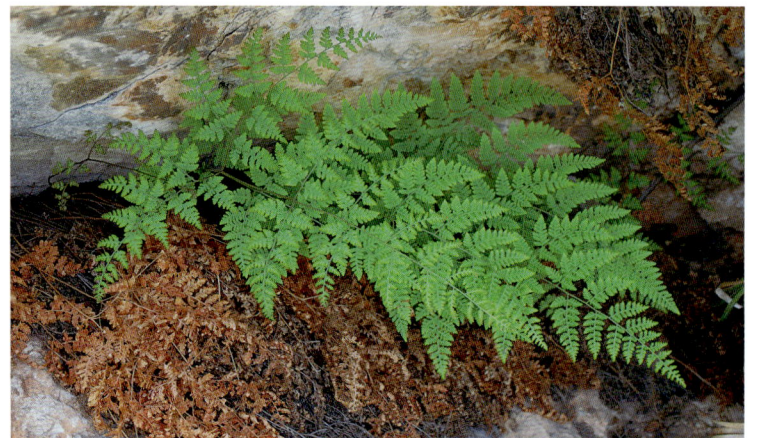

P38. 金星蕨科 Thelypteridaceae

土生蕨类，根状茎直立、斜升或横走，常疏被鳞片，并与叶柄及叶片被针状毛。叶簇生，近生或远生，一型，罕为二型，多为二回羽裂，稀单叶或一回或多回羽状；叶脉分离或连结。孢子囊群圆形，或椭圆形至粗线形，着生于叶背小脉中部或顶部，分离，稀汇合，罕为沿中脉散生而呈网状；囊群盖肾形，以缺刻着生，常被刚毛，有时无盖。光山有 4 属 5 种。

1. 毛蕨属Cyclosorus Link

土生蕨类，根状横走，与叶柄疏被鳞片；叶疏生，叶柄被针状毛或柔毛，二回羽状，稀一回羽状，下部羽片常缩短呈耳形，有时退化成气囊体；羽状脉，上部小脉分离，下部1～4对于缺刻下连结；叶被针状毛，叶背常有橙色腺体。孢子囊群圆形。光山有1种。

1. 渐尖毛蕨（尖羽毛蕨）

Cyclosorus acuminatus (Houtt.) Nakai

多年生草本。根状茎长而横走，粗2～4 mm，深棕色，老则变褐棕色，顶端密被棕色披针形鳞片。叶2列远生；叶柄长30～42 cm，基部粗1.5～2 mm，褐色，无鳞片，向上渐变为深禾秆色，近无毛；叶片长40～45 cm，中部宽14～17 cm，长圆状披针形，顶端尾状渐尖并羽裂，基部不变狭，二回羽裂。

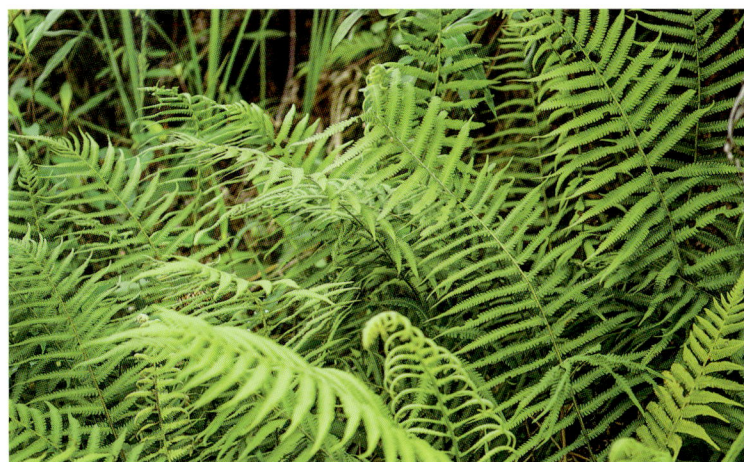

生于海拔400 m以下的山谷灌丛阴湿处。见于白雀园镇赛山村。

全草药用，味微苦，性平。清热解毒，祛风除湿，消炎健脾。治泄泻、痢疾、热淋、咽喉肿痛、风湿痹痛、烧烫伤、小儿疳积。

2. 针毛蕨属Macrothelypteris (H.Ito) Ching

根状茎直立，被鳞片。叶簇生，柄光滑或被鳞片，叶三至四回羽状，叶脉分离，两面和羽轴被针状毛。孢子囊群圆形，无盖。光山有1种。

1. 针毛蕨

Macrothelypteris oligophlebia (Bak.) Ching

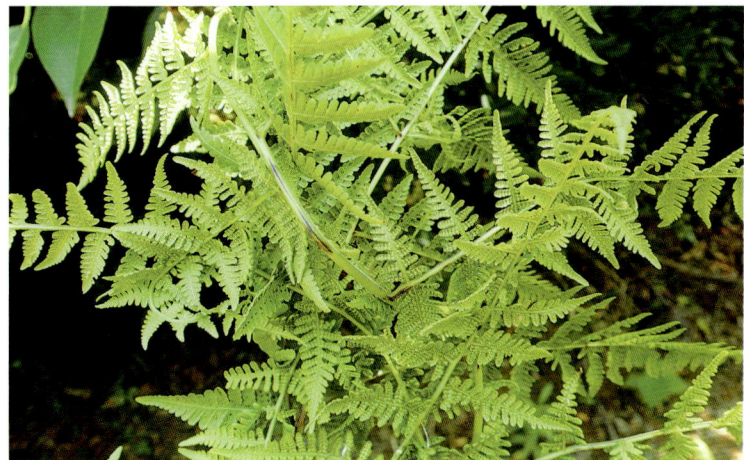

多年生草本。植株高60～150 cm。根状茎短而斜升，连同叶柄基部被深棕色的披针形、边缘具疏毛的鳞片。叶簇生；叶

柄长30～70 cm，粗约4～6 mm，禾秆色，基部以上光滑；叶片几与叶柄等长，下部宽30～45 cm，三角状卵形，顶端渐尖并羽裂，基部不变狭，三回羽裂。

生于山谷水沟边，或林缘湿地上。见于南向店乡董湾村林场。

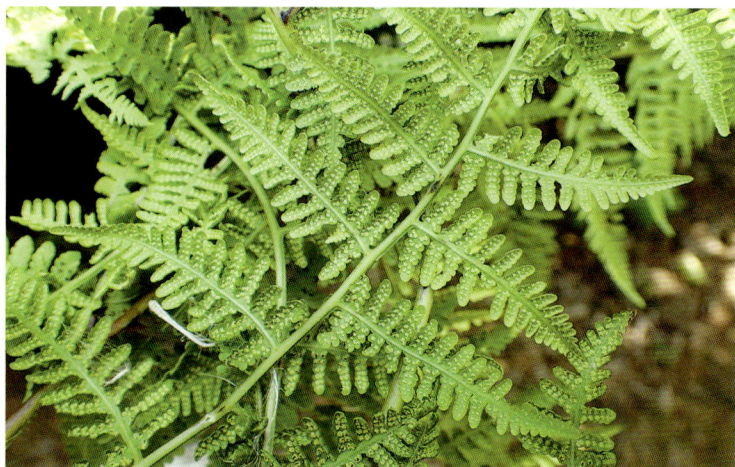

3. 金星蕨属Parathelypteris (H. Ito) Ching

根状茎横走或直立，被鳞片。叶远生、近生或簇生；柄禾秆色或栗色或黑色，叶二回深裂，叶脉分离，裂片基部一对小脉伸达缺刻以上的叶边，两面被针状毛或柔毛，叶背被橙色腺体，孢子囊群圆形，于主脉两侧各成1行。光山有2种。

1. 金星蕨

Parathelypteris glanduligera (Kze.) Ching

多年生草本，高35～60 cm。根状茎长而横走。叶近生；叶柄长15～20 cm，粗约1.5 mm，禾秆色，多少被短毛或有时光滑；叶片长18～30 cm，宽7～13 cm，披针形或阔披针形，顶端渐尖并羽裂，向基部不变狭；二回羽状深裂；羽片约15对，平展或斜上，互生或下部的近对生，无柄，彼此相距1.5～2.5 cm，长4～7 cm，宽1～1.5 cm，披针形或线状披针形，顶端渐尖，基部对称，羽裂几达羽轴；裂片15～20对或更多。

生于山谷林下、溪边、路旁阴湿处。见于白雀园镇赛山村、殷棚乡牢山林场、泼陂河镇东岳寺。

全草药用，味苦，性寒。清热解毒，利尿。治痢疾、小便不利、吐血、外伤出血、烫伤。

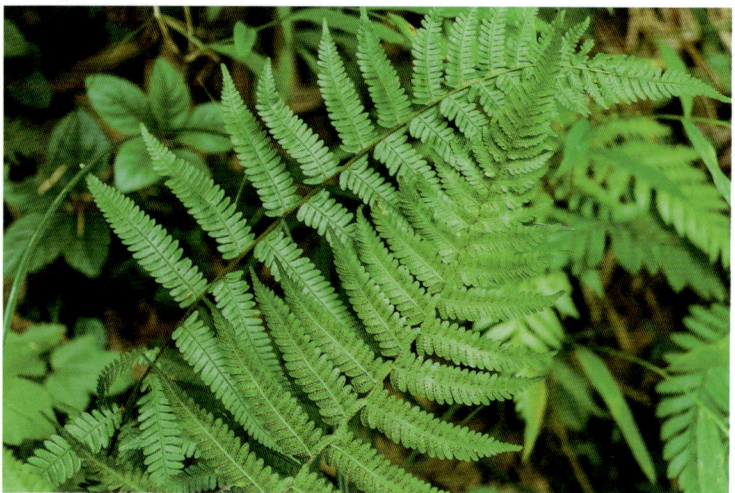

2. 中日金星蕨

Parathelypteris nipponica (Franch. et Sav.) Ching

多年生草本，高40～60 cm。根状茎长而横走，粗约

1.5 mm，近光滑。叶近生；叶柄长10～20 cm，粗1～1.5 mm，基部褐棕色，多少被红棕色的阔卵形鳞片，向上为亮禾秆色，光滑；叶片长30～40 cm，中部宽7～10 cm，倒披针形，顶端渐尖并羽裂，向基部逐渐变狭，二回羽状深裂。

生于山谷林下、溪边、路旁阴湿处。见于槐店乡万河村、南向店乡董湾村向楼组。

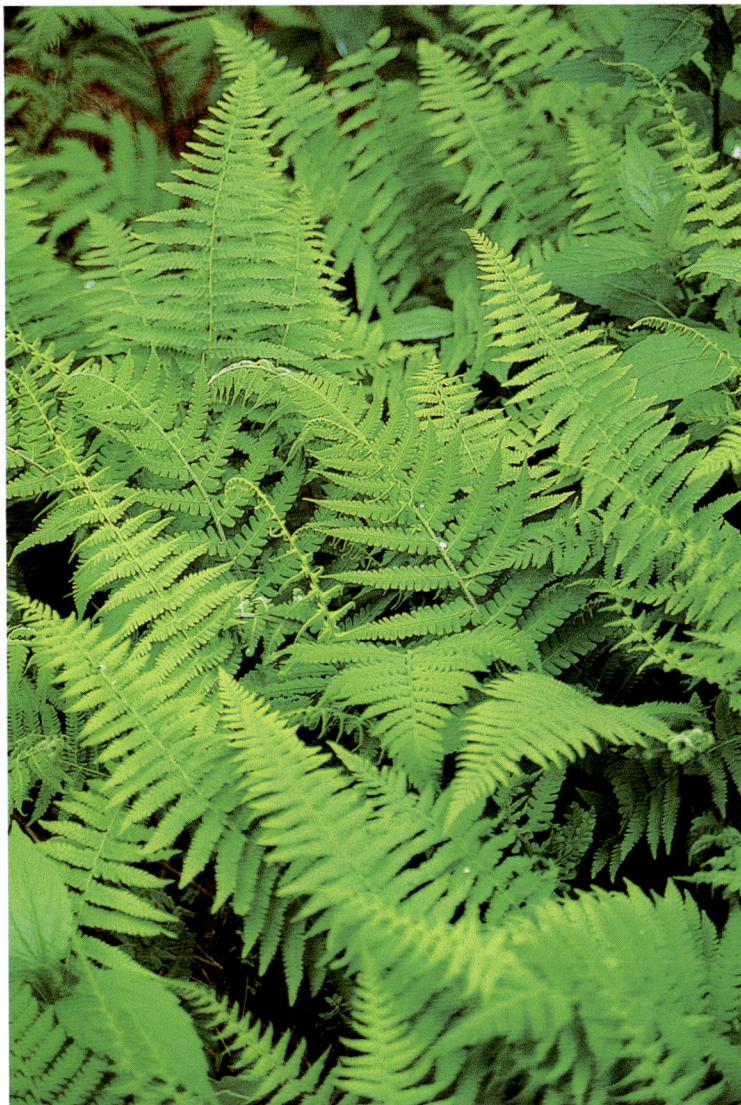

全草药用，味苦，性寒。消炎止血。治外伤出血。外用鲜品捣烂敷患处。

4. 卵果蕨属 Phegopteris Fée

根状茎横走，被鳞片与毛。叶远生或簇生，叶柄密被鳞片，叶片披针形，二回羽裂，羽片基部与叶轴合生或下部1～2对分离；叶脉分离，叶两面多少被针状毛，各回羽轴及主脉上面被毛，背面被鳞片。孢子囊群椭圆形，无盖。光山有1种。

1. 延羽卵果蕨（延羽针毛蕨）

Phegopteris decursive-pinnata (van Hall) Fée

多年生草本，高30～60 cm。根状茎短而直立，连同叶柄基部被红棕色、具长缘毛的狭披针形鳞片。叶簇生；叶柄长10～25 cm，粗2～3 mm，淡禾秆色；叶片长20～50 cm，中部宽5～12 cm，披针形，顶端渐尖并羽裂，向基部渐变狭，二回羽裂，或一回羽状而边缘具粗齿；羽片20～30对。

生于山谷疏林下、路旁、灌丛中。见于白雀园镇赛山村。

全草药用，味微苦，性平。利湿消肿，收敛解毒。治水湿鼓胀、疔毒溃烂、久不收口。外用捣烂敷患处。

P39. 铁角蕨科 Aspleniaceae

附生蕨类，根状茎横走或直立，被鳞片，无毛。叶远生、近生或簇生，光滑或疏被星芒状薄质小鳞片；叶柄常为栗色并有光泽，或为淡绿色或青灰色；叶形变异极大，单一、深羽裂或为一至三回羽状细裂，偶为四回羽状，复叶的分枝式为上先出，末回小羽片或裂片往往为斜方形或不等边四边形，基部不对称，边缘为全缘，或有钝锯齿或为撕裂；叶脉分离，上先出。光山有2属3种。

1. 铁角蕨属 Asplenium L.

叶为单叶或深羽裂或羽状；叶边缘有缺刻或锯齿，偶为全缘；叶脉分离，从不在近叶缘处连结。光山有1种。

1. 虎尾铁角蕨

Asplenium incisum Thunb.

多年生草本。叶密集簇生；叶片阔披针形，长10～27 cm，中部宽2～4 cm，两端渐狭，顶端渐尖，二回羽状；羽片12～22对，下部的对生或近对生，下部羽片逐渐缩短成卵形或半圆形，长、宽不及5 mm，逐渐远离，中部各对羽片相距1～1.5 cm，彼此疏离，间隔约等于羽片的宽度，三角状披针形或披针形，长1～2 cm，基部宽6～12 mm，顶端渐尖并有粗齿牙，一回羽状或为深羽裂达羽轴；小羽片4～6对，互生，长4～7 mm，宽3～5 mm，椭圆形或卵形，圆头并有粗齿牙，基部阔楔形，无柄或多少与羽轴合生并沿羽轴下延；叶柄长4～10 cm，叶面两侧各有1条淡绿色的狭边，有光泽，上面有浅阔纵沟，略被少数褐色纤维状小鳞片。孢子囊群椭圆形。

生于山谷、林下石上。见于白雀园镇赛山村、殷棚乡牢山林场。

2. 铁角蕨

Asplenium trichomanes L.

多年生草本，高10～30 cm。根状茎短而直立，粗约2 mm，密被鳞片。叶多数，密集簇生；叶柄长2～8 cm，粗约1 mm，栗褐色，有光泽，基部密被与根状茎上同样的鳞片，向上光滑，上面有1条阔纵沟，两边有棕色的膜质全缘狭翅，下面圆形，质脆，通常叶片脱落而柄宿存；叶片长线形，长10～25 cm，中部宽9～16 mm，长渐尖头，基部略变狭，一回羽状。

生于山谷、林下石上。见于南向店乡董湾村林场。

全草药用，味淡，性凉。清凉解毒，收敛，止血。治胆道、尿路感染，高血压，月经不调，感冒发烧，疮疖肿毒。

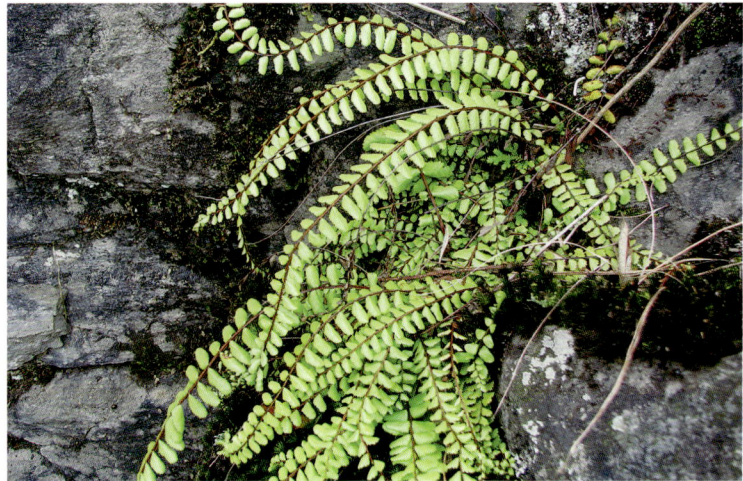

2. 巢蕨属Neottopteris J. Sm.

根状茎直立，叶为单叶，簇生成为鸟巢状；叶片披针状长圆形，基部楔形，顶端渐尖，边缘全缘；叶脉于近叶缘处连结。光山有1种。

1. 巢蕨

Neottopteris nidus (L.) J. Sm.

多年生草本。叶簇生；柄长约5 cm，粗5～7 mm，浅禾秆色，木质，干后下面为半圆形隆起，上面有阔纵沟，表面平滑而不皱缩，两侧无翅，基部密被线形棕色鳞片，向上光滑；叶片阔披针形，长90～120 cm，渐尖头或尖头，中部最宽处为9～15 cm，向下逐渐变狭而长下延，叶边全缘并有软骨质的狭边，干后反卷。主脉下面几全部隆起为半圆形，上面下部有阔纵沟，向上部稍隆起，表面平滑不皱缩光滑，暗禾秆色；小脉

两面均稍隆起，斜展，分叉或单一，平行，相距约1 mm。叶厚纸质或薄革质，干后灰绿色，两面均无毛。孢子囊群线形，长3～5 cm，生于小脉的上侧；囊群盖线形。

光山有少量栽培。

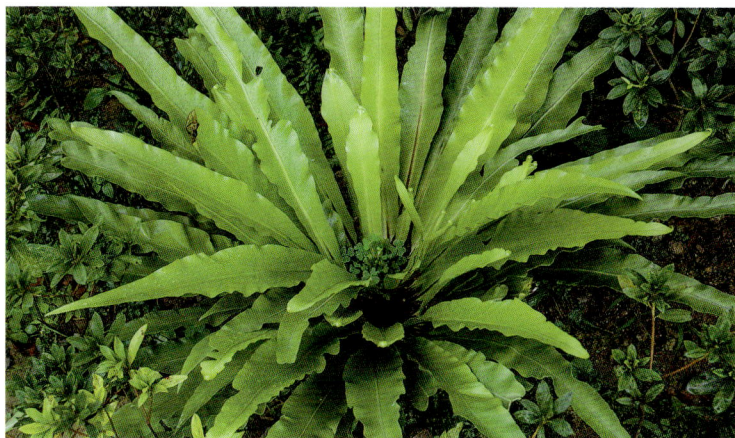

P42. 乌毛蕨科Blechnaceae

土生蕨类，有时为亚乔木状，或为附生。根状茎横走或直立，偶有横卧或斜升，有时形成树干状的直立主轴，被红棕色鳞片。叶一型或二型，有柄；叶片一至二回羽裂，罕为单叶，厚纸质至革质，无毛或常被小鳞片。叶脉分离或网状，如为分离则小脉单一或分叉，平行，如为网状则小脉常沿主脉两侧各形成1～3行多角形网眼，无内藏小脉。光山有1属1种。

1. 狗脊属Woodwardia Smith.

根状茎横走，叶簇生，有柄，叶二回羽状深裂，侧生羽片不合生，彼此分离，叶脉网状，孢子囊群粗线形，不连续，孢子囊群外侧的1～2列网眼，着生于靠主脉的网眼的外侧小脉上；孢子囊群有盖。光山有1种。

1. 狗脊（贯众）

Woodwardia japonica (L. f.) Sm.

多年生草本。高达120 cm。根状茎粗壮，横卧；鳞片披针形或线状披针形。叶近生；柄长15～70 cm，下部密被与根状茎上相同而较小的鳞片，向上至叶轴逐渐稀疏，老时脱落，叶柄基部往往宿存于根状茎上；叶片长卵形，长25～80 cm，下部宽18～40 cm，顶端渐尖，二回羽裂。

生于疏林下酸性土壤中。见于晏河乡净居寺、白雀园镇赛山村。

全草药用，味微苦，性凉，有小毒。清热解毒，止血。预防麻疹、流行性乙型脑炎，治流行性感冒、痢疾、子宫出血、钩虫病、蛔虫病。

P45. 鳞毛蕨科 Dryopteridaceae

土生蕨类，根状茎短而直立或斜升，稀横走，叶簇生或近生，连叶柄密被鳞片；叶片一至五回羽状，极少单叶，光滑，或叶轴、各回羽轴和主脉下面多少被披针形或钻形鳞片，如为二回以上的羽状复叶，则小羽片或为上先出或除基部1对羽片的一回小羽片为上先出外，其余各回小羽片为下先出；羽片和各回小羽片基部对称或不对称，叶边通常有锯齿或有触痛感的芒刺；叶脉通常分离，小脉单一或二叉，不达叶边，顶端往往膨大呈球杆状的小囊。孢子囊群小，圆形。光山有4属11种。

1. 复叶耳蕨属 Arachniodes Bl.

根状茎横走，连叶柄被鳞片；叶近生，柄禾秆色，光滑；叶片三至四回羽状，末回羽片均为上先出，边缘有尖齿或芒刺；叶脉分离。孢子囊群圆形，生于叶脉顶端或背面。光山有3种。

1. 刺头复叶耳蕨

Arachniodes exilis (Hance) Ching

多年生草本。植株高50～70 cm。叶柄长28～36 cm，直径2～3 mm，禾秆色，基部密被红棕色、披针形、顶部毛髯状鳞片，向上疏被同样鳞片。叶片五角形或卵状五角形，长22～34 cm，宽14～24 cm，顶部有一片具柄的羽状羽片，与其下侧生羽片同形，基部近截形，三回羽状。

生于山谷、林下石上。见于南向店乡董湾村林场、向楼村。

2. 华东复叶耳蕨 (小复叶叶耳蕨)

Arachniodes pseudo-aristata (Tagawa) Ohwi

多年生草本。叶柄长达45 cm，粗2.5～3 mm，深禾秆色，基部密被暗棕色、披针形、顶部毛髯状鳞片，向上略被同样较小的鳞片。叶片近卵形，长达37 cm，宽约23 cm，顶部略狭缩呈长三角形，渐尖头，四回羽状；羽状羽片8对，基部一对对生或近对生，向上的互生，有柄，斜展，密接，基部一对最大，三角状卵形，长达27 cm，基部宽约15 cm，长渐尖头，基部楔形，三回羽状；一回小羽片约16对，互生，下部的有柄，下侧的比上侧的略较大，基部下侧一片三角状阔披针形，长达15 cm，基部宽约4.5 cm，渐尖头，二回羽状；二回小羽片约12对。

生于山谷、林下。见于殷棚乡牢山林场。

3. 斜方复叶耳蕨

Arachniodes rhomboidea (Wall. ex Mett.) Ching

多年生草本，高40～80 cm。叶柄长20～38 cm，粗3～6 mm，禾秆色，基部密被棕色、阔披针形鳞片，向上光滑或偶有1、2同样鳞片；叶片长卵形，长25～45 cm，宽16～32 cm，顶生羽状羽片长尾状，二回羽状；往往基部三回羽状。

生于山谷、林下石上。见于南向店乡董湾村林场。

全草药用，味苦，性温。祛风止痛，益肺止咳，治关节疼痛、肺痨、外感咳嗽。

2. 贯众属 Cyrtomium Presl

根状茎短，直立或斜生，连同叶柄基部，密被鳞片。叶簇生，叶片卵形或长圆披针形少为三角形，奇数一回羽状，有时下部有1对裂片或羽片。孢子囊群圆形，背生于内含小脉上，在主脉两侧各1至多行；囊群盖圆形，盾状着生。光山有2种。

1. 镰羽贯众 (小羽贯众)

Cyrtomium balansae (Christ) C. Chr.

多年生草本，高25～60 cm。根茎直立，密被披针形棕色鳞片。叶簇生；叶柄长12～35 cm，基部直径2～4 mm，禾秆色，腹面有浅纵沟，有狭卵形及披针形棕色鳞片，鳞片边缘有小齿，上部秃净；叶片披针形或宽披针形，长16～42 cm，宽6～15 cm，顶端渐尖，基部略狭，一回羽状，羽片基部下角尖。

生于山谷林下、溪边湿地。见于殷棚乡牢山林场、白雀园镇。

全草药用，味微苦，性寒。清热解毒，驱虫。治流感，驱肠寄生虫。

生于山坡、山谷林下、溪边湿地。见于泼陂河镇、殷棚乡牢山林场、净居寺。

2. 贯众（小贯众、小金鸡尾、鸡公头、乳痈草）

Cyrtomium fortunei J. Sm.

多年生草本，植株高25～50 cm。根茎直立，密被棕色鳞片。叶簇生，叶柄长12～26 cm，基部直径2～3 mm，禾秆色，腹面有浅纵沟，密生卵形及披针形、棕色有时中间为深棕色的鳞片，鳞片边缘有齿，有时向上部秃净；叶片长圆状披针形，长20～42 cm，宽8～14 cm，顶端钝，基部不变狭或略变狭，奇数一回羽状，羽片基部下角圆形。

生于山谷林下、溪边、路旁或墙缝湿地。见于南向店乡董湾村。

全草药用，味苦，性微寒，有小毒。清热平肝，解毒杀虫，止血。防治麻疹、流感、感冒、流行性脑脊髓膜炎，主治头晕目眩、高血压、痢疾、尿血、便血、崩漏、白带、钩虫病。

2. 德化鳞毛蕨

Dryopteris dehuaensis Ching et Shing

多年生草本。植株高40～70 cm。根状茎横卧或斜升，顶端密被栗黑色的线状披针形鳞片。叶簇生；叶柄长25～35 cm，基部粗4 mm，深禾秆色，基部淡褐色，密被披针形、栗黑色鳞片，向上鳞片逐渐变小和变黑，紧贴叶柄；叶片卵状披针形，长约35～45 cm，基部宽约25～30 cm，三回羽状，顶端羽裂渐尖，基部下侧一对小羽片向后伸长；羽片约10～14对，互生或近对生，披针形，基部有柄，基部一对最大，长约17 cm，宽达10 cm。孢子囊群小，着生于小羽片或末回小羽片的中脉与边缘之间；无囊群盖。

生于山坡、山谷林下、溪边湿地。见于殷棚乡牢山林场、南向店乡环山村。

3. 鳞毛蕨属**Dryopteris** Adanson

根状茎短，直立。叶簇生，叶柄密被鳞片，叶片一至四回羽状，小羽片下先出；叶脉分离，叶轴与羽轴多少被鳞片。孢子囊群圆形，背生或顶生小脉上；囊群盖圆肾形。光山有5种。

1. 阔鳞鳞毛蕨

Dryopteris championii (Benth.) C. Chr. ex Ching

多年生草本。植株高约50～80 cm。根状茎横卧或斜升，顶端及叶柄基部密被披针形、棕色、全缘的鳞片。叶簇生；叶柄长约30～40 cm，粗达4～5 mm，禾秆色，密被鳞片，鳞片阔披针形，顶端渐尖，边缘有尖齿；叶片卵状披针形，长约40～60 cm，宽约20～30 cm，二回羽状，小羽片羽状浅裂或深裂；羽片约10～15对，基部的近对生，上部互生，卵状披针形，

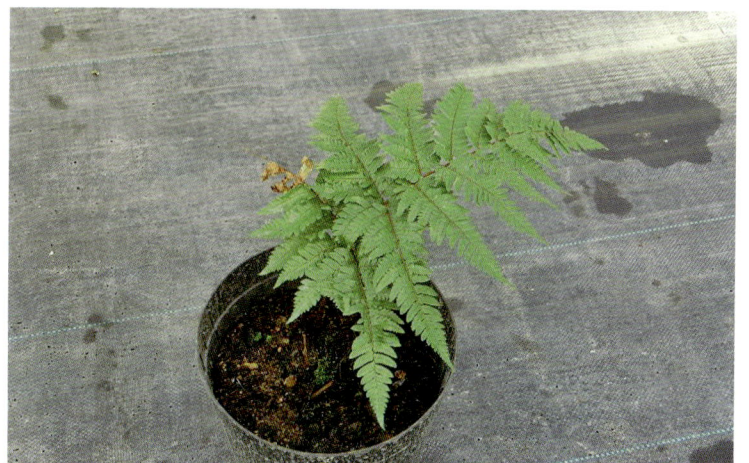

3. 太平鳞毛蕨

Dryopteris pacifica (Nakai) Tagawa

多年生草本。叶簇生；叶柄长约35～45 cm，禾秆色，基部粗约4 mm，密被与根状茎顶端相同的黑色披针形鳞片，向上鳞片变小，毛状，除较长的黑色毛状鳞片外，还有较短小的棕色鳞紧贴于叶柄；叶片五角状卵形，长约40～60 cm，基部宽径约25～35 cm，三回羽状，基部下侧小羽片向后伸长；羽片10～15对，互生，基部一对羽片最大，长约20 cm，宽约10 cm；小羽片约10～15对，披针形，基部下侧最长的小羽片长约10 cm，宽约2 cm，羽状全裂或羽状深裂，叶片中上部的小羽片羽状半裂或边缘具锯齿；基部小羽片的末回小羽片或裂片约10～12对，披针形，长约1～1.5 cm，宽约5～7 mm，顶端短渐尖并有尖齿，边缘有斜向顶端的尖锯齿。

生于山坡、山谷林下、溪边湿地。见于殷棚乡牢山林场。

4. 两色鳞毛蕨

Dryopteris setosa (Thunb.) Akasawa [*Dryopteris bissetiana* (Bak.) C. Chr.]

多年生草本。植株高40～60 cm。根状茎横卧或斜升，顶端密被黑色或黑褐色、狭披针形鳞片。叶簇生；叶柄长约15～40 cm，禾秆色，基部密被密黑色狭披针形鳞片，鳞片长约1～2 cm，顶端毛状卷曲。叶片卵状披针形，长约20～40 cm，宽15～25 cm，三回羽状，顶端渐尖；羽片10～15对，互生，基部具短柄，顶端羽裂渐尖，基部一对羽片最大。

生于山谷林下、溪边湿地。见于南向店乡董湾向楼村。

5. 稀疏鳞毛蕨

Dryopteris sparsa (Don) O. Ktze.

多年生草本。植株高50～70 cm。根状茎短，直立或斜升，连同叶柄基部密被棕色、全缘的披针形鳞片。叶簇生；叶柄长20～40 cm，淡栗褐色或上部为棕禾秆色，基部以上连同叶轴、羽轴均无鳞片；叶片卵状长圆形至三角状卵形，长30～45 cm，宽15～25 cm，顶端长渐尖并为羽裂，基部不缩狭，二回羽状至三回羽裂；羽片7～9对，对生或近对生，略斜向上，有短柄，基部一对最大。孢子囊群圆形，着生于小脉中部；囊群盖圆肾形，全缘。

生于山坡、山谷林下、溪边湿地。见于南向店乡环山村。

4. 耳蕨属Polystichum Roth

根状茎直立或斜升，连叶柄被鳞片。叶簇生，叶一至四回羽裂，末回小羽片常为镰形，基部上侧有耳状突起，边缘具芒状锯齿；叶脉分离。孢子囊群圆形，生于小脉顶端，有时背生，囊群盖盾形，盾状着生，罕无盖。光山有1种。

1. 棕鳞耳蕨

Polystichum braunii (Spenn.) Fée

多年生草本。植株高40～70 cm。根状茎短而直立或斜升，密生线形淡棕色鳞片。叶簇生；叶柄长13～21 cm，基部带棕色，腹面有纵沟，密生淡棕色线形、披针形鳞片和较大鳞片，大鳞片卵形、卵状披针形和宽披针形，淡棕色，具光泽，密生或略疏生，长达13 mm，宽达6 mm，顶端长渐尖或尾状，边缘近全缘或略具齿；叶片椭圆状披针形，长36～60 cm，中部宽14～24 cm，顶端渐尖，能育，向基部逐渐变狭，下部不育，二回羽状；羽片19～25对，互生。孢子囊群圆形，大，每小羽片3～6对，主脉两侧各1行，靠近主脉，生于小脉末端，或有时为近脉端生；囊群盖圆形。

生于山坡、山谷林下、溪边湿地。见于南向店乡董湾村林场。

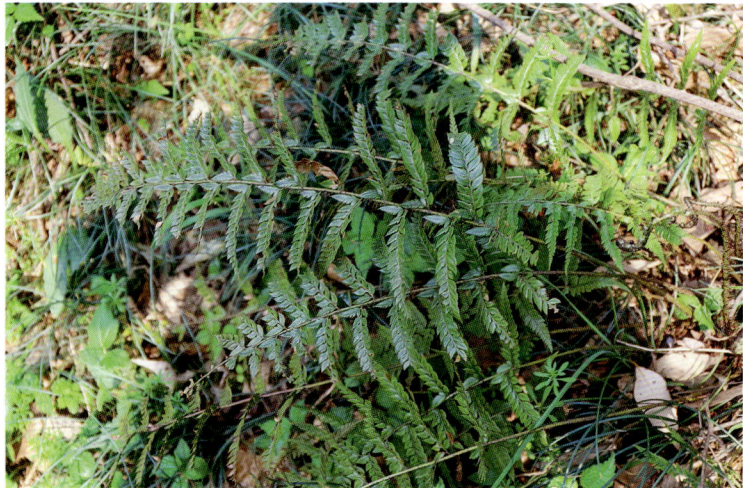

P50. 肾蕨科Nephrolepidaceae

土生或附生，少有攀缘。根状茎长而横走，有腹背之分，或短而直立，辐射状，并发出极细瘦的匍匐枝，生有小块茎。叶一型，簇生而叶柄不以关节着生于根状茎上，或为远生，2列而叶柄以关节着生于明显的叶足上或蔓生茎上；叶一回羽状，分裂度粗，羽片多数，基部不对称，无柄，以关节着生于叶轴，全缘或多少具缺刻。孢子囊群表面生，单一，圆形。光山1属1种。

1. 肾蕨属Nephrolepis Schott

土生或附生。叶草质或纸质。孢子囊群圆形，生于每组叶脉的上侧一小脉顶端，成为1列，接近叶边，囊群盖圆肾形或少为肾形，以缺刻着生，暗棕色，宿存。孢子椭圆形或肾形。光山有1种。

1. 肾蕨 (圆羊齿、天鹅抱蛋、篦子草)
Nephrolepis auriculata (L.) Trimen

附生或土生植物。根状茎直立，被蓬松的淡棕色狭长钻

形鳞片，下部有粗铁丝状的匍匐茎向四方横展，长可达30 cm，不分枝，疏被鳞片，有纤细的褐棕色须根；匍匐茎上生有近圆形的块茎，直径约1～1.5 cm，密被与根状茎同样的鳞片。叶簇生，柄长6～11 cm，暗褐色，略有光泽，上面有浅沟，下面圆形，密被淡棕色线状鳞片；叶片长30～70 cm，宽3～5 cm，狭披针形，顶端短尖，叶轴两侧被长的纤维状鳞片；羽片45～120对，互生。

光山有栽培。见于县城附近。

全草药用，味甘、淡、微涩，性凉。清热解毒，润肺止咳，软坚消积。治感冒发热、肺热咳嗽、肺结核咯血、痢疾、急性肠炎、小儿疳积、消化不良、泌尿系感染、腹泻。外用治乳腺炎、淋巴结炎。用量根状茎或全草15～30 g。外用适量，鲜根状茎或全草捣烂敷患处，茎叶治蜈蚣咬伤。

P56. 水龙骨科Polypodiaceae

附生，稀土生蕨类。根状茎长而横走，被鳞片。叶一型或二型，以关节着生于根状茎上，单叶，全缘，或分裂，或羽状，草质或纸质，无毛或被星状毛；叶脉网状，少为分离的，网眼内通常有分叉的内藏小脉，小脉顶端具水囊。孢子囊群常为圆形或近圆形，或为椭圆形，或为线形，或有时布满能育叶片叶背部分或全部，无盖而有隔丝。光山有2属3种。

1. 盾蕨属Neolepisorus Ching

土生蕨类。根状茎长而横走。叶疏生；叶柄长；叶片单一，多形；主脉下面隆起，侧脉明显，平行开展，几达叶边，小脉网状，网眼内有单一或分叉的内藏小脉。孢子囊群圆形，在主脉两侧排成1至多行，或不规则地散布于叶背。光山有1种。

1. 盾蕨
Neolepisorus ovatus (Bedd.) Ching

多年生草本，植株高20～40 cm。根状茎横走，密生鳞片，卵状披针形，长渐尖头，边缘有疏锯齿。叶远生；叶柄长10～20 cm，密被鳞片；叶片卵状，基部圆形，宽7～12 cm，渐尖头，全缘或下部多少分裂，干后厚纸质，叶面光滑，叶背多少有小鳞片；主脉隆起，侧脉明显，开展直达叶边，小脉网状，有分叉的内藏小脉。孢子囊群圆形，沿主脉两侧排成不整齐的多行，或在侧脉间排成不整齐的1行，幼时被盾状隔丝覆盖。

生于山谷林下、溪边湿地。见于南向店乡环山村。

全草药用，味苦，性凉。清热利湿，止血，解毒。治热淋、小便不利、尿血、肺痨咳嗽、吐血、外伤出血、痈肿、水火烫伤。

2. 石韦属 Pyrrosia Mirbel

附生蕨类。根状茎长而横走。叶一型或二型，近生、远生或近簇生；叶片线形至披针形，或长卵形，全缘，或罕为戟形或掌状分裂；主脉明显，侧脉斜展，明显或隐没于叶肉中，小脉不显，连结成各式网眼，有内藏小脉，小脉顶端有膨大的水囊，在叶面通常形成洼点；叶通体特别是叶背常被厚的星状毛。孢子囊群近圆形，着生于内藏小脉顶端，成熟时多少汇合，在主脉两侧排成1至多行，无囊群盖。光山2种。

1. 石韦（小石韦、石皮、石剑、金茶匙）

Pyrrosia lingua (Thunb.) Farwell

多年生草本，植株通常高10～30 cm。根状茎长而横走，密被鳞片；鳞片披针形，长渐尖头，淡棕色，边缘有睫毛。叶远生，近二型；叶柄与叶片大小和长短变化很大，能育叶通常远比不育叶长得高而较狭窄，两者的叶片略比叶柄长，稀等长，罕有短过叶柄的。不育叶片近长圆形，或长圆披针形。孢子囊群近椭圆形，在侧脉间整齐成多行排列，布满整个叶背，或聚生于叶片的大上半部，初时为星状毛覆盖而呈淡棕色，成熟后孢子囊开裂外露而呈砖红色。

生于山谷石上或树干上。见于殷棚乡牢山林场。

石韦全草药用，味甘、微苦，性微寒。凉血止血，清热利尿，通淋。治肾炎、尿路感染、小便赤短、血尿、尿路结石、支气管炎、闭经。

2. 有柄石韦

Pyrrosia petiolosa (Christ) Ching

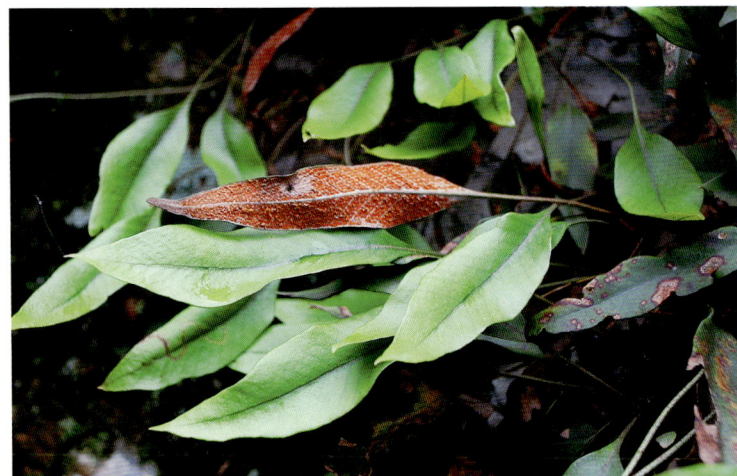

多年生草本，植株高5～15 cm。根状茎细长横走，幼时密被披针形棕色鳞片；鳞片长尾状渐尖头，边缘具睫毛。叶远生，一型；具长柄，通常等于叶片长度的1/2～2倍，基部被鳞片，向上被星状毛，棕色或灰棕色；叶片椭圆形，急尖短钝头，基部楔形，下延，干后厚革质，全缘，叶面灰淡棕色，有洼点，疏被星状毛，叶背被厚层星状毛，初为淡棕色，后为砖红色。主脉下面稍隆起，上面凹陷，侧脉和小脉均不显。孢子囊群布满叶背，成熟时扩散并汇合。

生于山谷石上或树干上。见于南向店乡董湾村林场、殷棚乡牢山林场。

有柄石韦全草药用，味甘、微苦，性微寒。凉血止血，清热利尿，通淋。治肾炎、尿路感染、小便赤短、血尿、尿路结石、支气管炎、闭经。

P61. 苹科 Marsileaceae

生于浅水淤泥或湿地沼泥中的小型蕨类。根状茎细长横走。不育叶为线形单叶，或由2～4片倒三角形的小叶组成，着生于叶柄顶端，漂浮或伸出水面；叶脉分叉，但顶端联结成狭长网眼；能育叶变为球形或椭圆状球形孢子果，有柄或无柄，常用接近根状茎，着生于不育叶的叶柄基部或近叶柄基部的根状茎上，1个孢子果内含2至多数孢子囊。孢子囊二型，大孢子囊只含1个大孢子，小孢子囊含多数小孢子。光山1属1种。

1. 苹属 Marsilea L.

生于浅水淤泥或湿地沼泥中的小型蕨类。根状茎细长横走。不育叶4片，倒三角形，"十"字形排列，着生于叶柄顶端，漂浮或伸出水面。光山1种。

1. 苹（田字草）

Marsilea quadrifolia L.

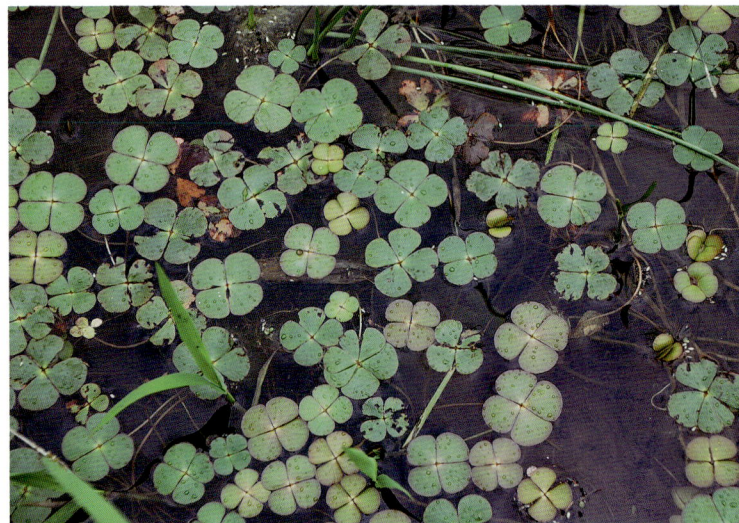

多年生草本，植株高5～20 cm。根状茎细长横走，分枝，顶端被有淡棕色毛，茎节远离，向上发出1至数枚叶子。叶柄长5～20 cm；叶由4片倒三角形的小叶组成，呈"十"字形，长、宽各1～2.5 cm，外缘半圆形，基部楔形，全缘，幼时被毛，草质；叶脉从小叶基部向上呈放射状分叉，组成狭长网眼，伸向叶边，无内藏小脉。孢子果双生或单生于短柄上，而柄着生于叶柄基部，长椭圆形，幼时被毛，褐色，木质，坚硬。每个孢子果内含多数孢子囊。

生于水田或沟塘中。全县广布。

全草药用，味甘、滑，性寒。清热解毒，镇静，截疟。治泌尿系感染、肾炎水肿、肝炎、神经衰弱、急性结膜炎。外用治乳腺炎、疟疾、疔疮疖肿、蛇咬伤。用量15～30 g。外用适量鲜品捣烂敷患处。

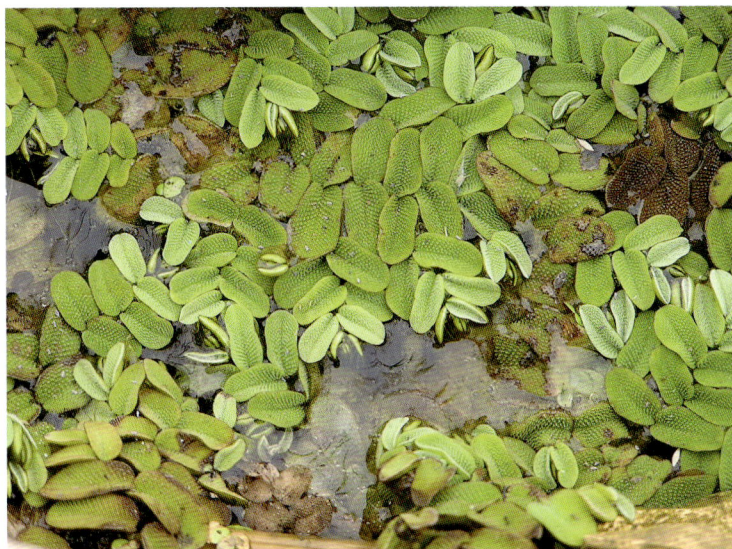

生于水田、沟塘和静水溪河内。见于文殊乡九九林场。

全草药用，味辛，性寒。清热除湿，活血止痛。治痈肿疔毒、瘀血肿痛、烧烫伤。外用鲜品捣烂敷患处，或焙干研粉调敷患处。

P63. 满江红科Azollaceae

小型漂浮蕨类。叶三片轮生，排成三列，其中二列漂浮水面，为正常的叶片，另一列叶特化为细裂的须根状，悬垂水中。光山有1种。

1. 满江红属Azolla Lam.

1. 满江红（红浮萍、紫藻、三角藻）

Azolla imbricata (Roxb.) Nakai

小型漂浮植物。植物体呈卵形或三角状，根状茎细长横走，侧枝腋生，假二歧分枝，向下生须根。叶小如芝麻，互生，无柄，覆瓦状排列成两行，叶片深裂分为背裂片和腹裂片两部分，背裂片长圆形或卵形，肉质，绿色，但在秋后常变为紫红色，边缘无色透明，上表面密被乳状瘤突，下表面中部略凹陷，基部肥厚形成共生腔；腹裂片贝壳状，无色透明，秋后常变为紫红色，斜沉水中。

生于水田、沟塘和静水溪河内。见于殷棚乡。

全草药用，味辛、苦，性寒。解表透疹，祛风利湿。治麻疹未透、风湿性关节痛、荨麻疹、皮肤瘙痒、水肿、小便不利。用量3～9g。外用适量，煎水洗患处。

P62. 槐叶苹科Salviniaceae

小型漂浮蕨类。根状茎细长横走，无根。叶三片轮生，排成三列，其中二列漂浮水面，为正常的叶片，长圆形，绿色，全缘，被毛，叶面密布乳头状突起，中脉略显；另一列叶特化为细裂的须根状，悬垂水中，称沉水叶，起着根的作用，故又叫假根。孢子果簇生于沉水叶的基部，或沿沉水叶成对着生。光山1属1种。

1. 槐叶苹属Salvinia Adans.

小型漂浮蕨类。根状茎细长横走，无根。叶三片轮生，排成三列，其中二列漂浮水面，为正常的叶片，长圆形，绿色，全缘；另一列叶特化为细裂的须根状，悬垂水中，称沉水叶，起着根的作用。光山1种。

1. 槐叶苹（蜈蚣漂、蜈蚣萍、大浮草、包田麻）

Salvinia natans (L.) All.

小型漂浮植物。茎细长而横走，被褐色节状毛。三叶轮生，上面二叶漂浮水面，形如槐叶，长圆形或椭圆形，长0.8～1.4 cm，宽5～8 mm，顶端钝圆，基部圆形或稍呈心形，全缘；叶柄长1 mm或近无柄；叶脉斜出，在主脉两侧有小脉15～20对，每条小脉上面有5～8束白色刚毛；叶草质，叶面深绿色，叶背密被棕色茸毛。下面一叶悬垂水中，细裂成线状，被细毛，形如须根，起着根的作用。孢子果4～8个簇生于沉水叶的基部，表面疏生成束的短毛，小孢子果表面淡黄色，大孢子果表面淡棕色。

裸子植物门
GYMNOSPERMAE

G1. 苏铁科 Cycadaceae

树干粗壮，圆柱形，稀在顶端呈二叉状分枝。叶螺旋状排列，有鳞叶及营养叶；鳞叶小，密被褐色毡毛，营养叶大，深裂成羽状，稀叉状二回羽状深裂，集生于树干顶部或块状茎上；雌雄异株，雄球花单生于树干顶端，直立，小孢子叶扁平鳞状或盾状，螺旋状排列；大孢子叶扁平，上部羽状分裂或几不分裂，生于树干顶部羽状叶与鳞状叶之间，胚珠2～10枚，生于大孢子叶柄的两侧，不形成球花，或大孢子叶似盾状，螺旋状排列于中轴上，呈球花状，胚珠2枚，生于大孢子叶的两侧。种子核果状，具三层种皮，胚乳丰富。光山1属1种。

1. 苏铁属 Cycas L.

树干粗壮，圆柱形，稀在顶端呈二叉状分枝。叶全缘，雄球花序着生于茎顶端，大而长。光山栽培1种。

1. 苏铁（铁树）

Cycas revoluta Thunb.

树干高约2 m。羽状叶从茎的顶部生出，倒卵状狭披针形，长75～200 cm，柄略成四角形，两侧有齿状刺，水平或略斜上伸展，刺长2～3 mm；羽状裂片达100对以上，条形，厚革质，坚硬，长9～18 cm，宽4～6 mm，向上斜展微成"V"字形，边缘显著向下反卷，上部微渐窄，顶端有刺状尖头，基部窄，两侧不对称，下侧下延生长，叶面深绿色有光泽，中央微凹，凹槽内有稍隆起的中脉。

光山有栽培。见于县城附近。

苏铁是优良的园林绿树种。

G2. 银杏科 Ginkgoaceae

落叶大乔木；分长枝与短枝。叶扇形，有长柄，具多数叉状并列细脉，在长枝上螺旋状排列散生，在短枝上呈簇生状。球花单性，雌雄异株，生于短枝顶部的鳞片状叶的腋内，呈簇生状；雄球花具梗，柔荑花序状，雄蕊多数，螺旋状着生，排列较疏，具短梗，花药2，药室纵裂，药隔不发达；雌球花具长梗，梗端常分2叉，稀不分叉或分成3～5叉，叉顶生珠座，各具1枚直立胚珠。种子核果状，具长梗，下垂。单属种，光山有栽培。

1. 银杏属 Ginkgo L.

落叶大乔木；分长枝与短枝。叶扇形，有长柄，具多数叉状并列细脉，在长枝上螺旋状排列散生，在短枝上呈簇生状。光山有栽培。

1. 银杏（白果、公孙树、飞蛾叶、鸭脚子）

Ginkgo biloba L.

乔木，高达40 m。叶扇形，有长柄，淡绿色，无毛，有多数叉状并列细脉，顶端宽5～8 cm，在短枝上常具波状缺刻，在长枝上常2裂，基部宽楔形，柄长5～8 cm，有时裂片再分裂，叶在1年生长枝上螺旋状散生，在短枝上3～8叶呈簇生状。雌球花具长梗，梗端常分两叉，稀3～5叉或不分叉，每叉顶生一盘状珠座，胚珠着生其上，通常仅一个叉端的胚珠发育成种子，风媒传粉。种子具长梗，下垂，常为椭圆形、长倒卵形、卵圆形或近圆球形，长2.5～3.5 cm，径为2 cm，外种皮肉质，熟时黄色或橙黄色，外被白粉。

光山有栽培。全县广布。

银杏为一古老濒危植物，据记载光山的净居寺门前的大银杏已有1300多年树龄。银杏的叶及种子药用，味甘、苦、涩，性平，有小毒。种子杀虫，温肺益气，镇咳止喘，涩精，止带，抗利尿。种子治支气管哮喘、慢性气管炎、肺结核、尿频、遗精、白带；外敷主治疥疮。叶治冠状动脉硬化性心脏心绞痛、血清胆固醇过高症、痢疾、象皮肿。用量：种子、叶4.5～9 g。

G3. 南洋杉科Araucariaceae

常绿乔木，皮层具树脂。叶螺旋状着生或交叉对生，基部下延生长。球花单性，雌雄异株或同株；雄球花圆柱形，单生或簇生叶腋。球果2～3年成熟；苞鳞木质或厚革质，扁平，顶端有三角状或尾状尖头，或不具尖头，有时苞鳞腹面中部具一结合而生仅顶端分离的舌状种鳞，熟时苞鳞脱落，发育的苞鳞具1粒种子；种子与苞鳞离生或合生。光山1属1种。

1. 南洋杉属Araucaria Juss.

叶鳞形、钻形、针状镰形、披针形或卵状三角形；种子与苞鳞合生，无翅或两侧有翅。光山1种。

1. 南洋杉

Araucaria cunninghamii Sweet

乔木，高达60 m；大枝平展或斜伸，幼树冠尖塔形，老则成平顶状，侧生小枝密生，下垂，近羽状排列。叶二型：幼树和侧枝的叶排列疏松，开展，钻状、针状、镰状或三角状，长7～17 mm，基部宽约2.5 mm，微弯，微具四棱或叶面的棱脊不明显，叶面有多数气孔线，叶背气孔线不整齐或近于无气孔线，上部渐窄，顶端具渐尖或微急尖的尖头。

光山有少量栽培。见于县城附近。

南洋杉是一种优良的园林绿化树种。

G4. 松科Pinaceae

常绿或落叶乔木，稀为灌木状。叶在长枝上螺旋状散生，在短枝上呈簇生。花单性，雌雄同株；雄球花腋生或单生枝顶，或多数集生于短枝顶端，具多数螺旋状着生的雄蕊；雌球花由多数螺旋状着生的珠鳞与苞鳞所组成，每珠鳞两枚倒生胚珠，苞鳞与珠鳞分离。球果熟时张开，稀不张开；种鳞的腹面基部有2粒种子，种子通常上端具一膜质之翅，稀无翅。光山有3属8种。

1. 雪松属Cedrus Trew

叶针状，坚硬，常三棱形，或背脊明显呈四棱形，叶在长枝上螺旋状排列、辐射伸展，在短枝上呈簇生状。球果第2年熟。光山1种。

1. 雪松（香柏）

Cedrus deodara (Roxb.) G. Don

乔木，高达50 m，胸径达3 m；树皮深灰色，裂成不规则的鳞状块片；枝平展或微下垂，基部宿存芽鳞向外反曲，1年生长枝淡灰黄色，密生短绒毛，微有白粉，2、3年生枝呈

灰色、淡褐灰色或深灰色。叶在长枝上辐射伸展，短枝之叶呈簇生状，针形，坚硬，淡绿色或深绿色，长2.5～5 cm，宽1～1.5 mm，上部较宽，顶端锐尖，下部渐窄，常成三棱形。

光山有少量栽培。见于县城附近。

雪松是一种优良的园林绿化树种。

2. 落叶松属Larix Mill.

落叶乔木；小枝下垂或不下垂，枝条二型。叶在长枝上螺旋状散生，在短枝上呈簇生状，倒披针状窄条形，扁平，稀呈四棱形。雄球花具多数雄蕊，雄蕊螺旋状着生，花药2；雌球花直立，珠鳞形小，螺旋状着生，腹面基部着生两个倒生胚珠，向后弯曲。光山1种。

1. 落叶松（意气松、一齐松、兴安落叶松）

Larix gmelinii (Rupr.) Rupr.

落叶乔木，高达35 m，胸径60～90 cm；幼树树皮深褐色、老树树皮灰色、暗灰色或灰褐色；枝斜展或近平展，树冠卵状圆锥形；1年生长枝较细，淡黄褐色或淡黄黄色，直径约1 mm，2、3年生枝褐色、灰褐色或灰色；冬芽近圆球形，芽鳞暗褐色。叶倒披针状条形，长1.5～3 cm，宽0.7～1 mm，顶端尖或钝尖，上面中脉不隆起，有时两侧各有1～2条气孔线。

光山有少量栽培。见于县城附近。

落叶松是一种优良的园林绿化树种。

3. 松属 Pinus L.

叶针状，2、3或5针一束，生于短枝顶端；球果翌年成熟。光山有6种。

1. 华山松（白松、五须松）

Pinus armandi Franch.

乔木，高可达35 m，胸径可达1 m；幼树树皮灰绿色或淡灰色，平滑，老则呈灰色，裂成方形或长方形厚块片；枝条平展，形成圆锥形或柱状塔形树冠。针叶5针一束，长8～15 cm，直径1～1.5 mm，边缘具细锯齿，仅腹面两侧各具4～8条白色气孔线；横切面三角形，树脂道通常3个；叶鞘早落。

光山有栽培。见于县城附近。

华山松是一种优良的用材树种。根可药用，味苦，性温。祛风除湿，舒筋通络。治风湿骨痛、风痹、跌打损伤、外伤出血、痔疮。

2. 湿地松

Pinus elliottii Engelm.

乔木；树皮灰褐色或暗红褐色，纵裂成鳞状块片剥落；枝条每年生长3～4轮，春季生长的节间较长，夏秋生长的节间较短，小枝粗壮，橙褐色，后变为褐色至灰褐色，鳞叶上部披针形，淡褐色，边缘有睫毛，干枯后宿存数年不落，故小枝粗糙；冬芽圆柱形，上部渐窄，无树脂，芽鳞淡灰色。针叶2～3针一束并存，长18～25 cm，径约2 mm，刚硬，深绿色，有气孔线，边缘有锯齿；树脂道2～9个，多内生；叶鞘长约1.2 cm。

光山有栽培。见于县城附近。

湿地松是一种优良的用材树种。

3. 马尾松（松树）

Pinus massoniana Lamb.

乔木，高可达45 m，胸径可达1.5 m。针叶2针一束，长12～20 cm，细柔，微扭曲，两面有气孔线，边缘有细锯齿；横切面皮下层细胞单型，第一层连续排列，第二层由个别细胞断续排列而成，树脂道4～8个，在背面边生，或腹面也有2个边生；叶鞘初呈褐色，后渐变成灰黑色，宿存。

光山各地常见分布。全县广布。

马尾松是一种优良的用材树种。油脂、花序及花粉入药，松节、松节油：味苦、甘，性温，有小毒；祛风除湿、散寒止痛；治风湿性关节炎、跌打损伤、扭伤、筋骨疼痛。雄花序：润肺止咳。松花粉：益气血、祛风燥湿，主治血虚头晕，外敷治湿疹。松香：生肌止痛、燥湿杀虫，主治湿疹瘙痒。叶：祛风燥湿。枝：涩精。树皮：生肌止血。

4. 黄山松（台湾松、长穗松）

Pinus taiwanensis Hayata [*P. hwangshanensis* Hsia]

乔木，高可达30 m，胸径可达80 cm；树皮深灰褐色，裂成不规则鳞状厚块片或薄片；枝平展，老树树冠平顶；1年生枝淡黄褐色或暗红褐色，无毛，不被白粉；冬芽深褐色，卵圆形或长卵圆形，顶端尖，微有树脂，芽鳞顶端尖，边缘薄有细缺裂。针叶2针一束，稍硬直，长5～13 cm，多为7～10 cm，边缘有细锯齿，两面有气孔线；横切面半圆形，单层皮下层细胞，稀出现1～3个细胞宽的第二层，树脂道3～7个，中生，叶鞘初呈淡褐色或褐色，后呈暗褐色或暗灰褐色，宿存。

光山有栽培。见于殷棚乡牢山林场。

湿地松是一种优良的用材树种。

5. 日本五针松

Pinus parviflora Sieb. et Zucc.

乔木，胸径可达1 m；幼树树皮淡灰色，平滑，大树树皮暗灰色，裂成鳞状块片脱落；枝平展，树冠圆锥形；1年生枝幼嫩时绿色，后呈黄褐色，密生淡黄色柔毛；冬芽卵圆形，无树脂。针叶5针一束，微弯曲，长3.5～5.5 cm，有灰白色气孔线；横切面三角形，单层皮下层细胞，背面有2个边生树脂道，腹面1个中生或无树脂道；叶鞘早落。

光山有栽培。见于县城附近。

日本五针松是一种优良的园林绿化树种。

6. 黑松（日本黑松）

Pinus thunbergii Parl.

乔木，高可达30 m，胸径可达80 m；幼树树皮暗灰色，老则灰黑色，粗厚，裂成块片脱落；枝条开展，树冠宽圆锥状或伞形；1年生枝淡褐黄色，无毛；冬芽银白色，圆柱状椭圆形或圆柱形，顶端尖，芽鳞披针形或条状披针形，边缘白色丝状。针叶2针一束，深绿色，有光泽，粗硬，长6~12 cm，径1.5~2 mm，边缘有细锯齿，背腹面均有气孔线；横切面皮下层细胞一或二层、连续排列，两角上二至四层，树脂道6~11个，中生。雄球花淡红褐色，圆柱形，长1.5~2 cm，聚生于新枝下部；雌球花单生或2~3个聚生于新枝近顶端，直立，有梗，卵圆形，淡紫红色或淡褐红色。

光山有栽培。见于县城附近湿地公园。

黑松是一种优良的园林绿化树种。

G5. 杉科Taxodiaceae

常绿或落叶乔木，树干端直，大枝轮生或近轮生。叶螺旋状排列，散生，很少交叉对生，披针形、钻形、鳞状或条形，同一树上之叶同型或二型。球花单性，雌雄同株，球花的雄蕊和珠鳞均螺旋状着生，很少交叉对生；雄球花小，单生或簇生枝顶，或排成圆锥花序状，或生叶腋，雄蕊有2~9个花药，花粉无气囊；雌球花顶生或生于去年生枝近枝顶，珠鳞与苞鳞半合生或完全合生，或珠鳞甚小，或苞鳞退化，珠鳞的腹面基部有2~9枚直立或倒生胚珠。球果当年成熟，熟时张开。光山有4属4种1变种。

1. 柳杉属Cryptomeria D. Don

常绿乔木；叶单型，冬季不与侧生小枝同时脱落，叶钻形，排成5行，叶和种鳞螺旋状排列；雄球花单生于叶腋，每种鳞有种子2颗。光山有2种。

1. 柳杉

Cryptomeria fortunei Hooibrenk ex Otto et Dietr.

乔木，高可达40 m，胸径可达2 m；树皮红棕色，纤维状，裂成长条片脱落；大枝近轮生，平展或斜展；小枝细长，常下垂，绿色，枝条中部的叶较长，常向两端逐渐变短。叶钻形略向内弯曲，顶端内曲，四边有气孔线，长1~1.5 cm，果枝的叶通常较短，有时长不及1 cm，幼树及萌芽枝的叶长达2.4 cm。

光山有栽培。见于晏河乡净居寺。

柳杉是一种优良的用材及园林绿化树种。树皮及叶药用，味苦、辛，性寒。解毒，杀虫，止痒。治癣疮、鹅掌风、烫伤。外用鲜品捣烂敷患处。

2. 日本柳杉

Cryptomeria japonica (L. f.) D. Don

乔木，高可达40 m，胸径可达2 m以上；树皮红褐色，纤维状，裂成条片状脱落；大枝常轮状着生，水平开展或微下垂，树冠尖塔形；小枝下垂，当年生枝绿色。叶钻形，直伸，顶端通常不内曲，锐尖或尖，长0.4～2 cm，基部背腹宽约2 mm，四面有气孔线。

光山有栽培。见于晏河乡净居寺。

日本柳杉是一种优良的用材及园林绿化树种。树皮及叶药用，味苦、辛，性寒。解毒，杀虫，止痒。治癣疮、鹅掌风、烫伤。外用鲜品捣烂敷患处。

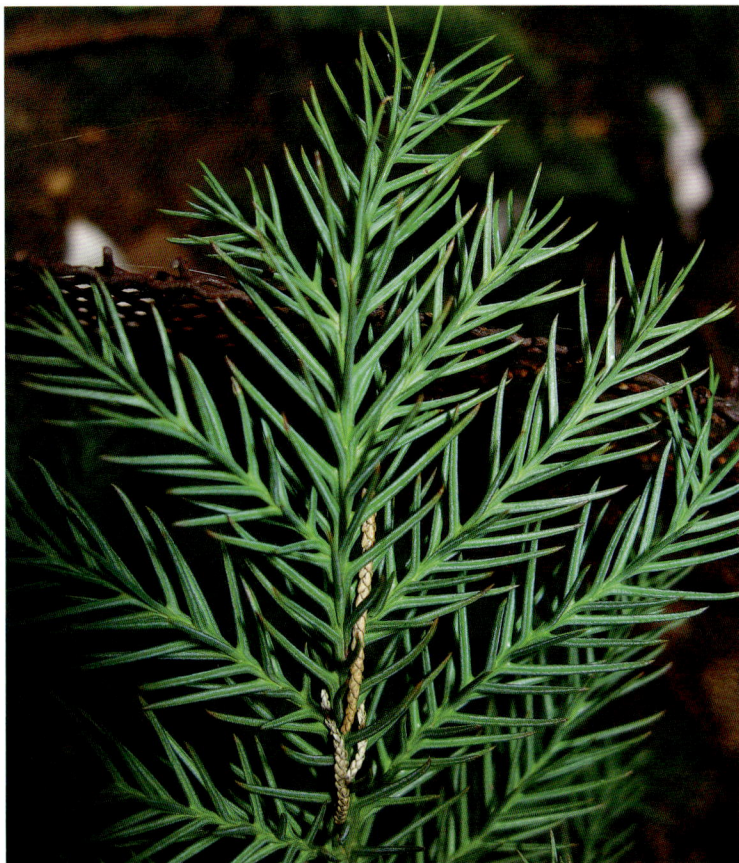

2. 杉木属Cunninghamia R. Br.

常绿乔木；叶单型，冬季不与侧生小枝同时脱落，叶披针形，2列，叶和种鳞螺旋状排列；雄球花多数，簇生于枝顶端，每种鳞有种子3颗。光山有1种。

1. 杉树（杉、杉木）

Cunninghamia lanceolata (Lamb.) Hook.

乔木，高可达30 m，胸径可达2.5～3 m。叶在主枝上辐射伸展，侧枝之叶基部扭转成二列状，披针形或条状披针形，通常微弯、呈镰状、革质、坚硬，长2～6 cm，宽3～5 mm，边缘有细缺齿，顶端渐尖，稀微钝，叶面深绿色，有光泽，除顶端及基部外两侧有窄气孔带，微具白粉或白粉不明显，背面淡绿色，沿中脉两侧各有1条白粉气孔带。

光山各林场常见栽培。全县广布。

杉树是一种优良的用材树种。杉树的树皮、枝叶、球果及种子药用，味辛，性微温。散瘀消肿，祛风解毒，止血生肌。治疝气痛、跌打、霍乱、瘆症。树皮或刨花煎水洗，治皮肤病，漆疮。杉节烧灰调麻油涂患处，治慢性溃疡，生肌收口。嫩叶及幼苗捣烂外敷，治跌打瘀肿、烧烫伤、外伤出血。

3. 水杉属Metasequoia Miki ex Hu et Cheng

落叶乔木；叶单型，叶披针形，2列，叶和种鳞对生；每种鳞有种子5～9颗。光山有1种。

1. 水杉

Metasequoia glyptostroboides Hu et Cheng

大乔木，高可达35 m；树干基部常膨大；枝斜展，小枝下垂，幼树树冠尖塔形，老树树冠广圆形，枝叶稀疏；1年生枝光滑无毛，幼时绿色，后渐变成淡褐色，2、3年生枝淡褐灰色或褐灰色；侧生小枝排成羽状，长4～15 cm，冬季凋落。叶对生，条形，长0.8～3.5 cm，宽1～2.5 mm，叶面淡绿色，背面色较淡，沿中脉有两条较边带稍宽的淡黄色气孔带，每带有4～8条气孔线，叶在侧生小枝上排成二列，羽状，冬季与枝一同脱落。

光山路旁常见栽培。见于县城附近。

水杉是一古老的濒危树种，又称活化石，也是一种优良的园林绿化树种。水杉的枝叶药用，味辛，性温。解毒杀虫，透表，疏风。治风疹、疮疡、疥癣、赤游丹、接触性皮炎、过敏性皮炎。用枝叶煎水洗患处。

4. 落羽杉属 Taxodium Rich.

落叶或半常绿乔木；叶异型，冬季与侧生小枝同时脱落，叶有线形和锥形2种类型，叶和种鳞螺旋状排列；球果球形或卵形，有短柄；每种鳞有种子2颗；种鳞盾形，种子三棱形。光山有1变种。

1. 池杉

Taxodium distichum (L.) Rich. var. **imbricatum** (Brongn) Parl

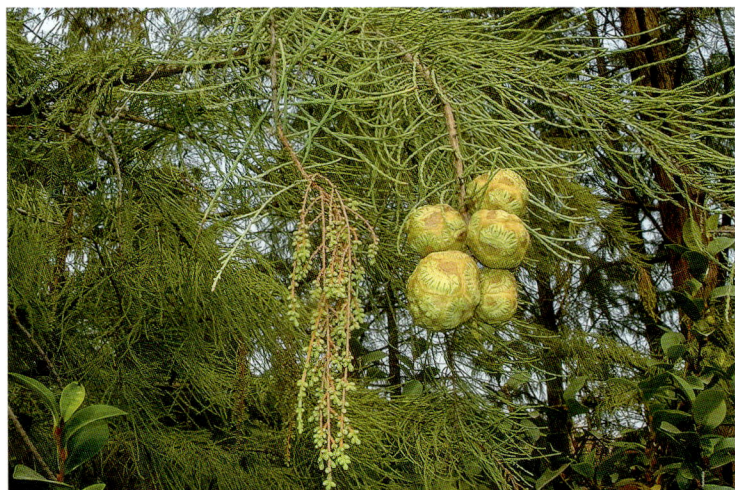

落叶或半常绿乔木；叶异型，条形叶在无芽小枝上排成2列，冬季与侧生小枝同时脱落，钻形叶，不呈二列，生于有芽小枝，冬季宿存。叶和种鳞螺旋状排列；球果球形或卵形，有短柄；每种鳞有种子2颗；种鳞盾形，种子三棱形。

光山路旁常见栽培。见于县城附近。

池杉是一种优良的园林绿化树种。

G6. 柏科 Cupressaceae

常绿乔木或灌木。叶交叉对生或3～4片轮生，稀螺旋状着生，鳞形或刺形，或同一树本兼有两型叶。球花单性，雌雄同株或异株；雄球花具3～8对交叉对生的雄蕊，每雄蕊具2～6花药，花粉无气囊；雌球花有3～16枚交叉对生或3～4片轮生的珠鳞，全部或部分珠鳞的腹面基部有1至多数直立胚珠，稀胚珠单心生于两珠鳞之间，苞鳞与珠鳞完全合生。球果圆球形、卵圆形或圆柱形；熟时张开，或肉质合生呈浆果状，熟时不裂或仅顶端微开裂，发育种鳞有1至多粒种子；种子周围具窄翅或无翅，或上端有一长一短之翅。光山有3属4种，1栽培品种。

1. 柏木属 Cupressus L.

种鳞木质或近革质，鳞叶小，长2 mm以内，生鳞叶的小枝排在同一平面上；球果翌年成熟，种鳞为盾形，熟时张开，发育种鳞有5至多颗种子，种子有翅。光山有1种。

1. 柏木（柏）

Cupressus funebris Endl.

大乔木，高达35 m，胸径可达2 m；树皮淡褐灰色，裂成窄长条片；小枝细长下垂，生鳞叶的小枝扁，排成一平面，两面同形，绿色，宽约1 mm；较老的小枝圆柱形，暗褐紫色，略有光泽。鳞叶两面同型，长1～1.5 mm，顶端锐尖，中央之叶的背部有条状腺点，两侧的叶对折，背部有棱脊。

光山常见栽培。见于晏河乡净居寺。

柏木是一种优良的园林绿化树种。柏木的叶、树脂及果实药用。果实：味甘、辛、微苦，性平；祛风清热，安神，止血。叶：味苦、辛，性温；止血生肌。树脂：味淡、涩、性平；解风热、燥湿，镇痛。果实：治发热烦躁、小儿高热、吐血。叶：外用治外伤出血、黄癣。树脂：治风热头痛、白带，外用治外伤出血。用量：种子、树脂9～15g。叶、树脂外用适量，捣烂或研粉调麻油涂敷患处。

2. 刺柏属Juniperus Tourn. ex L.

种鳞肉质，熟时不张开或微张开，种子无翅；生鳞叶的小枝不排列在同一平面上或全为刺叶。光山有2种1栽培品种。

1. 圆柏

Juniperus chinensis L.[*Sabina chinensis* (L.) Ant.]

大乔木，高达20m；树皮深灰色，纵裂，成条片开裂；幼树的枝条通常斜上伸展，形成尖塔形树冠，老则下部大枝平展，形成广圆形的树冠；树皮灰褐色，纵裂，裂成不规则的薄片脱落；小枝通常直或稍成弧状弯曲，生鳞叶的小枝近圆柱形或近四棱形，直径1～1.2mm。叶二型，即刺叶及鳞叶。

光山常见栽培。见于南向店乡董湾村林场。

圆柏是一种优良的园林绿化树种，在净居寺门西侧，植有树龄超过1000年的古老圆柏。圆柏枝、叶、树皮入药，味苦、辛，性温，有小毒。祛风散寒，活血消肿，解毒利尿。治风寒感冒、肺结核、尿路感染。外用治荨麻疹、风湿关节痛。用量9～15g。外用适量煎水洗，或燃烧取烟熏烤患处。

2. 龙柏

Juniperus chinensis L. cv. **Kaizuca**

大乔木，高达20m，树冠圆柱状或柱状塔形；枝条向上直展，常有扭转上升之势，小枝密，在枝端成几相等长的密簇。叶二型，即刺叶及鳞叶；刺叶生于幼树之上，老龄树则全为鳞叶，壮龄树兼有刺叶与鳞叶；鳞叶排列紧密，幼嫩时淡黄绿色，后呈翠绿色。

光山常见栽培。见于晏河乡净居寺。

龙柏是一种优良的园林绿化树种。龙柏的枝叶药用，味涩，性平。杀虫止痒。治皮肤湿疹。外用适量煎水洗，或燃烧取烟熏烤患处。

3. 刺柏

Juniperus formosana Hayata

乔木，高达 12 m；树皮褐色，纵裂成长条薄片脱落；枝条斜展或直展，树冠塔形或圆柱形；小枝下垂，三棱形。叶三叶轮生，条状披针形或条状刺形，长 1.2～2 cm，很少长达 3.2 cm，宽 1.2～2 mm，顶端渐尖具锐尖头，叶面稍凹，中脉微隆起，绿色，两侧各有 1 条白色、很少紫色或淡绿色的气孔带，气孔带较绿色边带稍宽，在叶的顶端汇合为 1 条，叶背绿色，有光泽，具纵钝脊，横切面新月形。

光山有栽培。见于晏河乡。

刺柏是一种优良的园林绿化树种。刺柏的根与枝叶入药，味苦，性寒。清热解毒，燥湿止痒。治麻疹高热、湿疹、癣疮。用量 6～15 g。外用鲜枝叶煎水洗患处。

3. 崖柏属 **Thuja** L.

种鳞木质或近革质，鳞叶长 1～2 mm，生鳞叶的小枝排在同一平面上；球果当年成熟，球果中间 2 对种鳞有种子，种鳞不为盾形，熟时张开，种子无翅。光山有 1 种。

1. 侧柏 (扁柏)

Thuja orientalis L.

乔木，高达可达 20 m，胸径可达 1 m；枝条向上伸展或斜展，幼树树冠卵状尖塔形，老树树冠则为阔圆形；生鳞叶的小枝细，向上直展或斜展，扁平，排成一平面。叶鳞形，长 1～3 mm，顶端微钝，小枝中央的叶的露出部分呈倒卵状菱形或斜方形，叶背中间有条状腺槽，两侧的叶船形，顶端微内曲，叶背有钝脊，尖头的下方有腺点。球果近卵圆形，长 1.5～2.5 cm，成熟前近肉质，蓝绿色，被白粉。

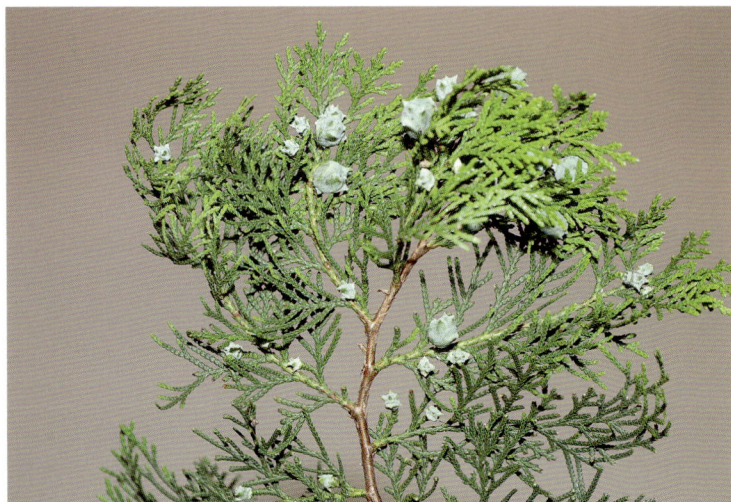

光山常见栽培。见于晏河乡净居寺。

侧柏是一种优良的园林绿化树种。侧柏的枝叶、果壳、种子入药。嫩枝、叶、果壳：味苦、涩，性微寒；清热凉血，止血。种子：味甘，性平；补脾润肺，滑肠，养心安神。嫩枝、叶：治吐血、衄血、尿血、赤白带下、子宫出血、紫斑、风湿痹痛、高血压病、燥热咳嗽、丹毒疖腮。外用治烫伤、脂溢性皮炎。种子：治失眠遗精、心悸出汗、神经衰弱、便秘、咳嗽。根皮：治急性黄疸型肝炎。果壳：治慢性气管炎。

G7. 罗汉松科 Podocarpaceae

常绿乔木或灌木。叶多型，或退化成叶状枝，螺旋状散生、近对生或交叉对生。球花单性，雌雄异株，稀同株；雌球花单生叶腋或苞腋，或生枝顶，稀穗状，具多数至少数螺旋状着生的苞片，部分或全部，或仅顶端的苞腋着生 1 枚倒转生或半倒转生、直立或近于直立的胚珠，胚珠由辐射对称或近于辐射对称的囊状或杯状的套被所包围，稀无套被，有梗或无梗。种子核果状或坚果状，全部或部分为肉质或较薄而干的假种皮所包。光山有 2 属 2 种，1 变种。

1. 竹柏属 **Nageia** Gaertn.

叶两面压扁，披针形，对生或近对生，无明显的中脉；雌球花生于小枝顶端，套被与珠被合生；种子核果状，苞片不发育成肉质的种托。光山有 1 种。

1. 竹柏

Nageia nagi (Thunb.) Kuntze

常绿乔木。高可达 15 m；树皮近平滑，红褐色。叶交互对生或近对生，排成 2 列，厚革质，卵形、卵状披针形或披针状椭圆形，长 3.5～9 cm，宽 1.5～2.5 cm，无中脉而有多数并列细脉，顶端渐尖，基部楔形或宽楔形，叶面深绿色，有光泽，叶背浅绿色。雄球花穗状，常分枝，单生于叶腋，稀成对，基部有数枚苞片，花后苞片不发育成肉质种托。

光山有少量栽培。见于县城附近。

竹柏是一种优良的园林绿化或盆栽树种。

2. 罗汉松属 **Podocarpus** L'Hér. ex Pers.

叶两面压扁，线形，螺旋状排列，有明显的中脉；雌球花生于小枝顶端，套被与珠被合生；种子核果状，全部为肉质的假种皮所包，生于肉质的种托上，光山有 1 种 1 变种。

1. 罗汉松（罗汉杉、土杉）
Podocarpus macrophyllus (Thunb.) D. Don

乔木，高达20 m；树皮灰色或灰褐色，浅纵裂，成薄片状脱落；枝开展或斜展，较密。叶螺旋状着生，条状披针形，长7～12 cm，宽7～10 mm，顶端钝，基部楔形，叶面深绿色，有光泽，中脉显著隆起，叶背带白色、灰绿色或淡绿色，中脉微隆起。

光山有少量栽培。见于县城附近。

罗汉松是一种优良的园林绿化或盆栽树种。

2. 短叶罗汉松
Podocarpus macrophyllus (Thunb.) D. Don var. **maki** Endl.

小乔木，高达10 m；树皮灰色或灰褐色，浅纵裂，成薄片状脱落；枝开展或斜展，较密。叶螺旋状着生，条状披针形，长2.5～7 cm，宽2～4 mm，顶端钝，基部楔形，叶面深绿色，有光泽，中脉显著隆起，叶背带白色、灰绿色或淡绿色，中脉微隆起。

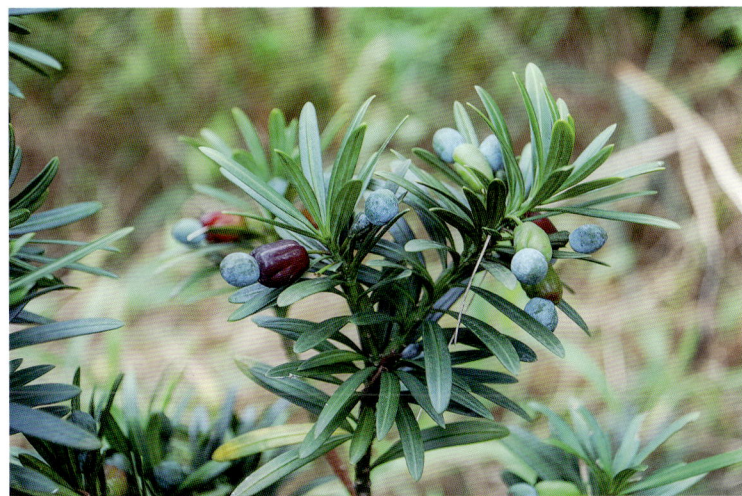

光山有少量栽培。见于泼陂河镇东岳寺村。

短叶罗汉松是一种优良的园林绿化或盆栽树种。短叶罗汉松的叶、树皮、根和种子药用，味微苦、辛，性温。活血补血，舒筋活络。治风湿、月经过多、血虚面黄。用量：种子15～24 g，水煎服，或炖猪肉服。用鲜根皮或鲜叶捣烂，酒炒外敷，治风湿关节痛、跌打肿痛。

G8. 三尖杉科Cephalotaxaceae

常绿乔木或灌木，髓心中部具树脂道。叶在侧枝上基部扭转排列成两列，叶面中脉隆起，叶背有两条宽气孔带，在横切面维管束的下方有一树脂道。球花单性，雌雄异株，稀同株；雌球花具长梗，生于小枝基部苞片的腋部，花梗上部的花轴上具数对交叉对生的苞片，每一苞片的腋部有两枚直立胚珠，胚珠生于珠托之上。种子第二年成熟，核果状，全部包于由珠托发育成的肉质假种皮中，常数个生于轴上。光山1属1种。

1. 三尖杉属Cephalotaxus Sieb. et Zucc. ex Endl.

常绿乔木或灌木，髓心中部具树脂道；小枝对生或不对生，基部具宿存芽鳞。叶条形或披针状条形，稀披针形，交叉对生或近对生，在侧枝上基部扭转排列成两列，叶面中脉隆起，叶背有2条宽气孔带，在横切面维管束的下方有一树脂道。球花单性，雌雄异株，稀同株。光山1种。

1. 粗榧（中华粗榧杉、粗榧杉）
Cephalotaxus sinensis (Rehd. et Wils.) Li

灌木或小乔木。高达15 m；树皮灰色或灰褐色，裂成片状脱落。叶线形，质硬，平展成两列，通常直伸，稀微弯，长2～5 cm，宽约3 mm，基部近圆形，几无柄，顶端常渐尖或微凸尖，叶面深绿色，中脉明显，叶背有2条气孔带白色。

生于山谷林中。见于泼陂河镇东岳寺村。

粗榧的根、叶、树皮药用。种子：味甘、涩，性平；驱虫，消积。枝叶：味苦、涩，性寒；止咳润肺，消积，抗癌。种子：治蛔虫病、钩虫病、食积。用量15～18 g，水煎，早晚饭前后各服一次，或炒熟食。枝叶：治恶性肿瘤。三尖杉总生物碱对淋巴肉瘤、肺癌、嗜酸淋巴肉芽肿等有较好的疗效，对胃癌、上颌窦癌、何杰金病、子宫平滑肌肉瘤、食管癌也有一定效果。总碱成人按体重用量2±0.5 (mg/kg)/d，分两次肌注。

G9. 红豆杉科Taxaceae

常绿乔木或灌木。叶螺旋状排列或交叉对生，叶背沿中脉两侧各有1条气孔带。球花单性，雌雄异株，稀同株；雌球花单生或成对生于叶腋或苞片腋部，基部具多数覆瓦状排列或交叉对生的苞片，胚珠1枚，直立，生于花轴顶端或侧生于短轴顶端的苞腋，基部具辐射对称的盘状或漏斗状珠托。种子核果状，无梗则全部为肉质假种皮所包，如具长梗则种子包于囊状肉质假种皮中、其顶端尖头露出。光山1属1变种。

1. 红豆杉属Taxus L.

小枝不规则互生，叶螺旋状排列，叶背有2条淡黄色或淡灰绿色气孔带，叶内无树脂道；雄球花单生叶腋；假种皮红色。光山1变种。

1. 南方红豆杉

Taxus wallichiana *Zucc. var.* **mairei** (Lemée et Lévl.) L. K. Fu & Nan Li

乔木。高达30 m；树皮灰褐色、红褐色或暗褐色，裂成条片脱落；大枝开展，1年生枝绿色或淡黄绿色，秋季变成绿黄色或淡红褐色，2、3年生枝黄褐色、淡红褐色或灰褐色。叶排列成两列，条形呈弯镰状。

光山有少量栽培。见于殷棚乡牢山林场。

南方红豆杉的种子药用，味苦、辛，性温。消积杀虫，祛湿止痒。治虫积腹痛、食积、疮疹、皮炎。民间传说南方红豆杉能治癌症，指的是紫杉醇具有治癌作用，但自然条件下南方红豆杉的紫杉醇含量微少，达不到有效治疗作用，反而是它所含的其他生物碱等有毒成分对人体可能有毒害作用。

被子植物门
ANGIOSPERMAE

1. 木兰科Magnoliaceae

乔木或灌木，常含有芳香油。单叶，互生，有托叶，托叶脱落后小枝上有环状托叶痕。光山有2属9种。

1. 木兰属Magnolia L.

嫩叶在芽中对折；花顶生，花两性，心皮仅2颗胚珠，心皮腹面与花轴合生，雌蕊群无柄。光山有5种。

1. 天目木兰

Magnolia amoena Cheng

落叶乔木。叶纸质，宽倒披针形、倒披针状椭圆形，长10～15 cm，宽3.5～5 cm，顶端渐尖或骤狭尾状尖，基部阔楔形或圆，叶面无毛，叶背幼嫩时叶脉及脉腋有白色弯曲长毛；侧脉每边10～13条；叶柄长8～13 mm，初被白色长毛，托叶痕为叶柄长的1/5～1/2。花先叶开放，红色或淡红色，芳香，直径约6 cm；佛焰苞状苞片紧接花被片；花被片9片，倒披针形或匙形，长5～5.6 cm；雌蕊群圆柱形，长2 cm，径2 mm，柱头长1 mm。聚合果圆柱形，长4～10 cm。

光山有少量栽培。见于南向店乡董湾村林场。

天目木兰是优良的园林绿化树种。花蕾药用，味苦，性寒。清热利尿，解毒消肿，润肺止咳。用于酒疸、重舌、痈肿疮毒、肺燥咳嗽、痰中带血。

2. 玉兰（木兰）

Magnolia denudata Desr.

落叶乔木。高达15 m，树冠宽阔；冬芽密被灰黄色长绢毛。叶纸质，倒卵形或倒卵状椭圆形，长10～18 cm，宽6～12 cm，

顶端宽圆、截平或稍凹，具短尖，中部以下渐狭成楔形；叶面嫩时被柔毛，后仅中脉及侧脉留有柔毛，叶背被长柔毛；侧脉8～10对；叶柄长1～2.5 cm，被长柔毛。花白色，芳香，先叶开放；花被片9片，长圆状倒卵形，长7～10 cm；雄蕊长约1.2 cm，花药长6～7 mm，侧向开裂，药隔伸出成短尖头；雌蕊群圆柱形，长2～2.5 cm。聚合果圆柱形。

光山有少量栽培。见于南向店乡董湾村林场。

玉兰是优良的园林绿化树种。花蕾药用，味辛，性温。祛风散寒，通肺窍。治头痛、鼻塞、急慢性鼻窦炎、过敏性鼻炎。

3. 荷花玉兰（广玉兰）

Magnolia grandiflora L.

常绿乔木，高达30 m。叶厚革质，椭圆形、长圆状椭圆形或倒卵状椭圆形，长10～20 cm，宽4～8 cm，顶端钝或短钝尖，基部楔形，叶面深绿色，有光泽；侧脉每边8～10条；叶柄长1.5～4 cm，无托叶痕，具深沟。花白色，有芳香，直径15～20 cm；花被片9～12，厚肉质，倒卵形，长6～10 cm，宽5～7 cm；雄蕊长约2 cm，花丝扁平，紫色，花药内向，药隔伸出成短尖；雌蕊群椭圆体形，密被长绒毛；心皮卵形，长1～1.5 cm，花柱呈卷曲状。聚合果圆柱状长圆形或卵圆形。

光山有少量栽培。见于县城附近、南向店乡五岳村。

荷花玉兰是优良的园林绿化树种。花蕾、树皮及叶药用，味辛，性温。祛风散寒，行气止痛。治外感风寒、头痛鼻塞、脘腹胀痛、呕吐腹泻、偏头痛、高血压。

4. 紫玉兰

Magnolia liliflora Desr.

落叶小乔木。叶椭圆状倒卵形或倒卵形，长8～18 cm，宽3～10 cm，顶端急尖或渐尖，叶面深绿色，叶背灰绿色；侧脉每边8～10条，叶柄长8～20 mm，托叶痕约为叶柄长之半。花蕾卵圆形，被淡黄色绢毛；花叶同时开放，稍有香气；花被片9～12，外轮3片萼片状，紫绿色，披针形长2～3.5 cm，常早落，内两轮肉质，外面紫色或紫红色，内面带白色，花瓣状，椭圆状倒卵形，长8～10 cm，宽3～4.5 cm；雄蕊紫红色，长8～10 mm，花药长约7 mm，侧向开裂，药隔伸出成短尖头；雌蕊群长约1.5 cm，淡紫色，无毛。

光山有少量栽培。见于县城官渡河边。

紫玉兰是优良的园林绿化树种。花蕾药用，味辛、苦，性温。通窍，散风热，温中止痛。治头痛、牙痛、鼻渊浊涕、感冒鼻寒头痛、鼻疮。

5. 厚朴（紫油厚朴）

Magnolia officinalis Rehd.& Wils.

落叶乔木。叶大，近革质，常7～9片集生于枝梢，叶片长圆状倒卵形，长22～45 cm，宽10～24 cm，顶端短急尖或圆钝，基部楔形，叶面绿色，无毛，叶背灰绿色，被长柔毛及白粉；叶柄长2.5～4 cm，托叶痕达叶柄中部以上。花白色，芳香，直径10～15 cm，与叶同时开放；花梗粗短，被长柔毛，离花被片下1 cm处具包片脱落痕，花被片9～12片，厚肉质；雌蕊群椭圆状卵形，长2.5～3 cm。聚合果圆柱状卵形，长9～15 cm。

光山有少量栽培。见于南向店乡五岳村。

厚朴是优良的园林绿化树种，也是著名的中药。树皮、根皮：味苦、辛，性温；温中理气，消积散满。花、果：味微苦，性温；宽中利气；治腹痛胀满、反胃嗳逆、肠梗阻宿食不消、痰壅喘咳、湿满泻痢、蛔虫病。花、果：治感冒咳嗽、胸闷不适。用量3～9 g。

2. 含笑属Michelia L.

嫩叶在芽中对折；花腋生，花两性，心皮有4～14颗胚珠，心皮仅基部与花轴合生，心皮分离，雌蕊群有显著的柄，果熟时形成狭长穗状聚合果。光山有4种。

1. 白玉兰（白兰）

Michelia alba DC.

常绿乔木。叶薄革质，长椭圆形或披针状椭圆形，长

10～27 cm，宽4～9.5 cm，顶端长渐尖或尾状渐尖，基部楔形，叶面无毛，叶背疏生微柔毛，干时两面网脉均很明显；叶柄长1.5～2 cm，疏被微柔毛；托叶痕几达叶柄中部。花腋生，白色，极香；花被片10片，披针形，长3～4 cm，宽3～5 mm。

光山有少量栽培。见于县城附近。

白玉兰是优良的园林绿化树种。根、叶及花药用，味苦、辛、微温。芳香化湿，利尿，止咳化痰。根：治泌尿系统感染、小便不利、痈肿。叶：治支气管炎、泌尿系统感染、小便不利。花：治支气管炎、百日咳、胸闷、口渴、前列腺炎、白带。用量：根、叶15～30 g，花6～12 g。叶外用适量，鲜品捣烂敷患处。

2. 乐昌含笑

Michelia chapensis Dandy

乔木，高15～30 m，胸径可达1 m，树皮灰色至深褐色；小枝无毛或嫩时节上被灰色微柔毛。叶薄革质，倒卵形、狭倒卵形或长圆状倒卵形，长6.5～15 cm，宽3.5～6.5 cm，顶端骤狭短渐尖，或短渐尖，尖头钝，基部楔形或阔楔形，叶面深绿色，有光泽，侧脉每边9～12条，网脉稀疏；叶柄长1.5～2.5 cm，无托叶痕，上面具张开的沟，嫩时被微柔毛，后脱落无毛。花梗长4～10 mm，被平伏灰色微柔毛，具2～5苞片脱落痕；花被片淡黄色，6片，芳香，2轮。

光山有栽培。见于南向店乡刘堂村。
乐昌含笑是优良的园林绿化树种。

3. 含笑

Michelia figo (Lour.) Spreng.

常绿灌木，高2～3 m。叶革质，狭椭圆形或倒卵状椭圆形，长4～10 cm，宽1.8～4.5 cm，顶端钝短尖，基部楔形或阔楔形，叶面有光泽，无毛，叶背中脉上留有褐色平伏毛，余脱落无毛，叶柄长2～4 mm，托叶痕长达叶柄顶端。花腋生，长12～20 mm，宽6～11 mm，淡黄色而边缘有时红色或紫色，具甜浓的芳香，花被6片，肉质，较肥厚，长椭圆形，长1.2～2 cm，宽6～11 mm；雄蕊长7～8 mm，药隔伸出成急尖头，雌蕊群无毛，长约7 mm，超出于雄蕊群。

光山有少量栽培。见于县城官渡河边。
含笑是优良的园林绿化树种。

4. 阔瓣含笑（阔瓣白兰花）

Michelia platypetala Hand.-Mazz.

乔木。叶薄革质，长圆形、椭圆状长圆形，长11～18 cm，宽4～6 cm，顶端渐尖，或骤狭短渐尖，基部宽楔形或圆钝，叶背被灰白色或杂有红褐色平伏微柔毛，侧脉每边8～14条；叶柄长1～3 cm，无托叶痕，被红褐色平伏毛。花梗长

0.5～2 cm，通常具2苞片脱落痕，被平伏毛；花被片9，白色，外轮倒卵状椭圆形或椭圆形，长5～5.6 cm，宽2～2.5 cm，中轮稍狭，内轮狭卵状披针形，宽1.2～1.4 cm。聚合果长5～15 cm。

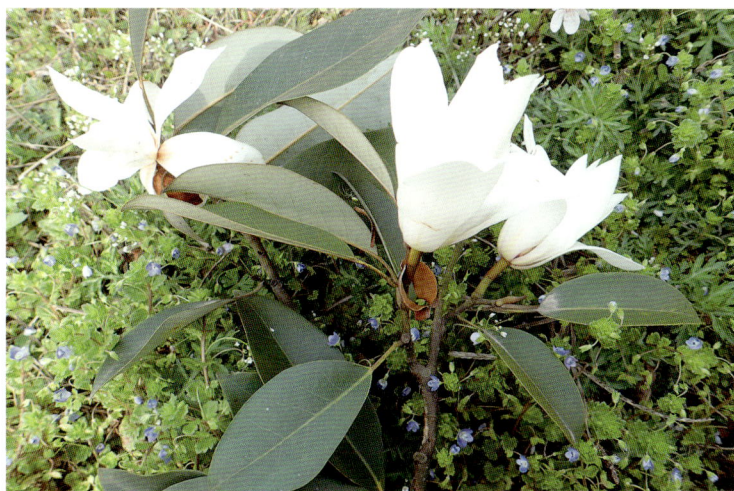

光山有少量栽培。见于县城官渡河边。
阔瓣含笑是优良的园林绿化树种。

3. 五味子科Schisandraceae

木质藤本。叶纸质或近膜质，罕为革质；花单性，雌雄异株或同株。心皮多数、分离。浆果。光山1属2种。

1. 五味子属Schisandra Michx.

藤本植物。心皮多数，果期花托伸长，排成穗状的聚合果。光山2种。

1. 华中五味子

Schisandra sphenanthera Rehd. et Wils.

落叶木质藤本，全株无毛。叶纸质，倒卵形、宽倒卵形，或倒卵状长椭圆形，有时圆形，很少椭圆形，长5～11 cm，宽3～7 cm，顶端短急尖或渐尖，基部楔形或阔楔形，干膜质边缘至叶柄成狭翅，叶面深绿色，叶背淡灰绿色，有白色点，1/2～2/3以上边缘具疏离、胼胝质齿尖的波状齿，叶面中脉稍凹入，侧脉每边4～5条，网脉密致；叶柄红色，长1～3 cm。聚合果果托长6～17 cm，直径约4 mm，聚合果梗长3～10 cm，成熟时红色。

生于山谷溪边林中。见于南向店乡董湾村向楼组。

华中五味子的果实药用，味酸，性温。敛肺滋肾，益气生津，敛汗，宁心安神。治久咳虚喘、梦遗滑精、尿频遗尿、久泻、久痢、自汗盗汗、津伤口渴、心悸失眠。

2. 绿叶五味子

Schisandra viridis A. C. Smith

落叶木质藤本，全株无毛。叶纸质，卵状椭圆形，通常最宽处在中部以下，长4～16 cm，宽2～4 cm，顶端渐尖，基部钝或阔楔形，中上部边缘有胼胝质齿尖的粗锯齿或波状疏齿，叶面绿色，叶背浅绿色，干时榄绿色，侧脉每边3～6条。聚合果果柄长3.5～9.5 cm，聚合果托长7～12 cm，成熟心皮红色。

生于山谷溪边林中。见于南向店乡董湾村向楼组、白雀园镇赛山村。

绿叶五味子的藤茎药用，味辛，性温。祛风除湿，行气止痛。治风湿骨痛、带状疱疹、胃痛、疝气痛、月经不调。

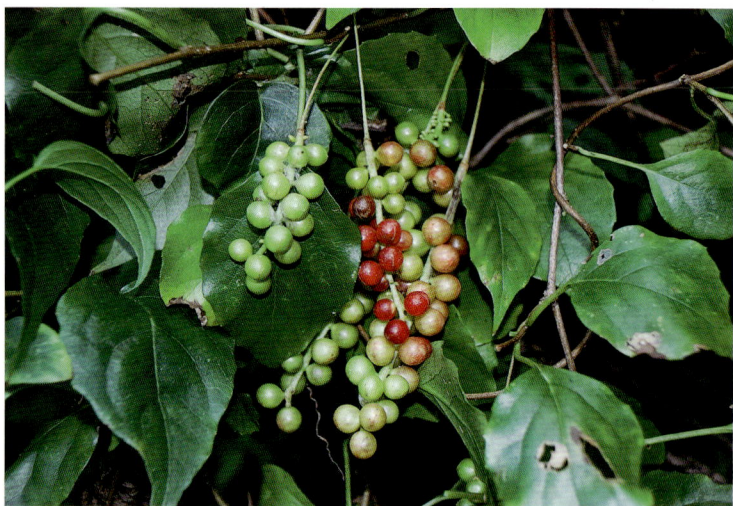

11. 樟科Lauraceae

乔木或灌木。单叶，互生或近对生，离基三出脉或羽状脉。花两性，稀有杂性，排成圆锥花序或聚伞花序，花被6片，能育雄蕊9枚，排成3轮。浆果核果状，外种皮肉质，果梗顶端多少膨大呈棒状或倒圆锥状，后增大成盘状的果托。光山4属10种。

1. 樟属Cinnamomum Trew

叶互生或近对生，花两性，稀杂性，圆锥花序花药4室，果梗顶端多少膨大呈棒状或倒圆锥状，后增大成盘状的果托。光山3种。

1. 阴香（山玉桂、香胶叶）

Cinnamomum burmannii (C. G.& Th. Nees) Bl.

乔木。叶互生或近对生，稀对生，卵圆形、长圆形至披针形，长5.5～10.5 cm，宽2～5 cm，顶端短渐尖，基部宽楔形，革质，叶面绿色，光亮，叶背粉绿色，两面无毛，离基三出脉，中脉及侧脉在叶面明显；叶柄长0.5～1.2 cm，近无毛。果卵球形。

光山有少量栽培。见于晏河乡净居寺。

阴香是优良的园林绿化树种。阴香的树皮、根皮、叶、枝药用，味辛、微甘，性温。祛风散寒，温中止痛。治虚寒胃痛、腹泻、风湿关节痛。外用治跌打肿痛、疮疖肿毒、外伤出血。

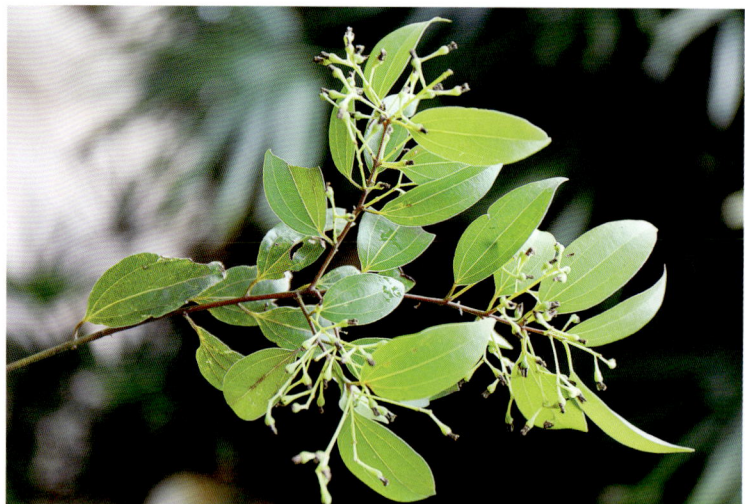

2. 樟树（香樟、樟木、乌樟、油樟、香通、芳樟）

Cinnamomum camphora (L.) Presl

常绿大乔木。叶互生，革质，卵状椭圆形，长6～12 cm，宽2.5～5.5 cm，顶端急尖，基部阔楔形至近圆形，叶面绿色或黄绿色，有光泽，叶背灰绿色，干时带白色，离基三出脉，有时为不明显的5脉，中脉两面明显，上部有侧脉1～5对，侧脉及支脉脉腋上面明显隆起，下面明显具腺窝，窝内常被柔毛；叶柄长2～3 cm，无毛。圆锥花序腋生，长3.5～7 cm，无毛或被灰白色至黄褐色微柔毛；花绿白或带黄色，长约3 mm；花梗长1～2 mm，无毛；子房球形，无毛。果卵球形或近球形，直径6～8 mm，紫黑色。

光山常见栽培。全县广布。

樟树是优良的用材树种，根、木材、树皮、叶和果实药用，味辛，性温。祛风散寒，理气活血，止痛止痒。根、木材：治感冒头痛、风湿骨痛、跌打损伤、克山病。皮、叶：外用治慢性下肢溃疡、皮肤瘙痒，熏烟可驱杀蚊子。果：治胃腹冷痛、食滞、腹胀、胃肠炎。用量：根、木材15～30g；皮、叶外用适量，鲜品煎水洗患处；果9～15g。

3. 天竺桂

Cinnamomum japonicum Sieb.

常绿乔木。叶近对生或在枝条上部者互生，卵圆状长圆形至长圆状披针形，长7～10cm，宽3～3.5cm，顶端锐尖至渐尖，基部宽楔形或钝形，革质，叶面绿色，光亮，叶背灰绿色，晦暗，两面无毛，离基三出脉，中脉直贯叶端，在叶片上部有少数支脉，基生侧脉自叶基1～1.5cm处斜向生出，向叶缘一侧有少数支脉，有时自叶基处生出一对稍为明显隆起的附加支脉，中脉及侧脉两面隆起，细脉在叶面密集而呈明显的网结状但在叶背呈细小的网孔；叶柄粗壮，腹凹背凸，红褐色，无毛。

光山有少量盆栽。见于晏河乡净居寺。

天竺桂是优良的园林绿化树种。

2. 山胡椒属Lindera Thunb.

叶互生，花单性，雌雄异株，伞形花序状的聚伞花序，能育雄蕊9枚，稀有12枚，花药2室，果梗顶端膨大呈棒状果托。光山5种。

1. 香叶树（香叶樟、大香叶、香果树）

Lindera communis Hemsl.

常绿小乔木，高3～4m。叶互生，常披针形、卵形或椭圆形，长4～9cm，宽1.5～3cm，顶端渐尖、急尖、骤尖或有时近尾尖，基部宽楔形或近圆形；薄革质，叶面绿色，无毛，叶背灰绿或浅黄色，被黄褐色柔毛，边缘内卷；羽状脉，侧脉每

边5～7条，被黄褐色微柔毛或近无毛；叶柄长5～8mm，被黄褐色微柔毛或近无毛。果卵形，长约1cm，宽7～8mm，成熟时红色。

生于山地疏林中。

香叶树的树皮、叶药用，味辛、微苦，性温。散瘀止痛，止血，解毒。治骨折、跌打肿痛、外伤出血、疮疖痈肿。外用适量，树皮或叶捣烂，或干粉水调敷患处。

2. 红果山胡椒

Lindera erythrocarpa Makino [*L. umbellata* Bl.]

落叶灌木或小乔木，高可达5m；树皮灰褐色，幼枝条通常灰白或灰黄色，多皮孔，其木栓质突起致皮甚粗糙。叶互生，通常为倒披针形，偶有倒卵形，顶端渐尖，基部狭楔形，常下延，长8～12(15)cm，宽3～5(6)cm，纸质，叶面绿色，有稀疏贴服柔毛或无毛，叶背带绿苍白色，被贴服柔毛，在脉上较密，羽状脉，侧脉每边4～5条；叶柄长0.5～1cm。果球形，直径7～8mm，熟时红。

生于山地疏林中。见于南向店乡环山村、南向店乡董湾村林场。

红果山胡椒的树皮及叶药用，味辛，性温。祛风杀虫，敛疮止血。治疥癣痒疮、外伤出血、手足皲裂。

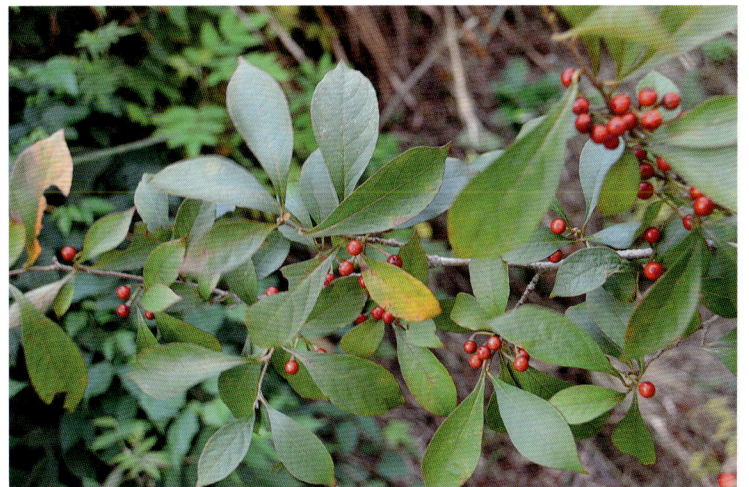

3. 绿叶山檀

Lindera fruticosa Hemsl.

落叶灌木或小乔木，高达6m；树皮绿或绿褐色。幼枝青绿色，干后棕黄或棕褐色，光滑。冬芽卵形，具约1mm长的短柄，基部着生2个花序。叶互生，卵形至宽卵形，长5～14cm，宽2.5～8cm，顶端渐尖，基部圆形，有时宽楔形，纸质，叶

面深绿色，无毛，叶背绿苍白色，初时密被柔毛，后毛被渐脱落，三出脉或离基三出脉，第一对侧脉如果为三出脉时较直，为离基三出脉时弧曲；叶柄长 10～12 mm。果近球形，直径 6～8 mm；果梗长 4～7 mm。

生于山地疏林中。见于九架岭林场、白雀园镇赛山村。

4. 山胡椒（牛筋条、牛筋树）

Lindera glauca (Sieb. et Zucc.) Bl.

落叶灌木或小乔木，高可达 8 m；树皮平滑，灰色或灰白色。冬芽长角锥形，长约 1.5 cm，直径 4 mm，芽鳞裸露部分红色，幼枝条白黄色，初有褐色毛，后脱落成无毛。叶互生，宽椭圆形、椭圆形、倒卵形到狭倒卵形，长 4～9 cm，宽 2～5 cm，叶面深绿色，叶背淡绿色，被白色柔毛，纸质，羽状脉，侧脉每侧 (4)5～6 条；叶枯后不落，翌年新叶发出时落下。果近球形，熟时黑褐色。

生于山地疏林中。见于白雀园镇赛山村、南向店乡董湾村林场。

山胡椒的根、叶、果实，味辛，性温。祛风活络，解毒消肿，止血止痛。治风湿麻木，筋骨疼痛，跌打损伤，脾肿大，虚寒胃痛，肾炎水肿，风寒头痛；叶外用治外伤出血、疔疮肿毒、毒蛇咬伤、全身瘙痒。用量 15～30 g，水煎或泡酒服。外用适量，鲜叶捣烂敷或研粉麻油调敷或水煎外洗。

5. 山橿

Lindera reflexa Hemsl.

落叶灌木或小乔木。叶互生，卵形或倒卵状椭圆形，长

7～15 cm，宽 5～8 cm，顶端渐尖，基部圆或宽楔形，有时稍心形，纸质，叶面绿色，幼时在中脉上被微柔毛，不久脱落，叶面带绿苍白色，被白色柔毛，后渐脱落成几无毛，羽状脉，侧脉每边 6～8 条；叶柄长 6～17 mm。果球形，直径约 7 mm，熟时红色。

生于山地疏林中。见于白雀园镇方寨村、殷棚乡牢山林场。

山橿的根药用，味辛，性温。祛风理气，止血，杀虫。治疗癣、过敏性皮炎、胃痛、刀伤出血。

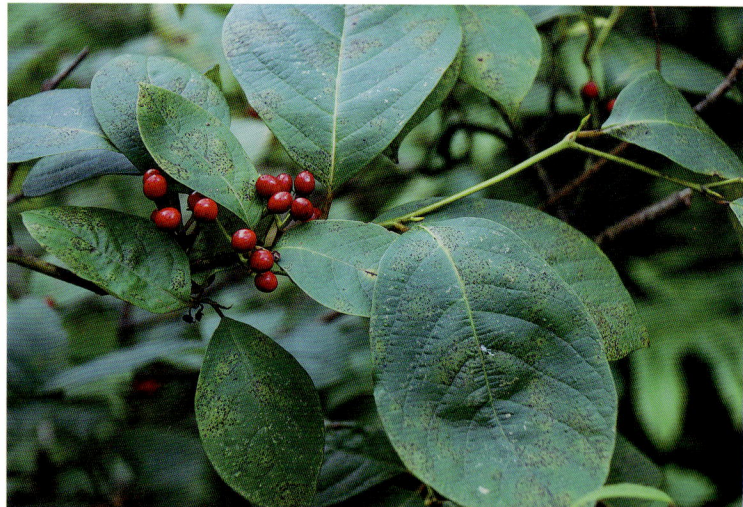

3. 木姜子属 Litsea Lam.

叶互生或对生，稀轮生，花单性，雌雄异株，排成伞形花序状的聚伞花序，能育雄蕊 9 枚，稀有 12 枚，花药 4 室，果梗顶端膨大呈棒状果托。光山 1 种。

1. 木姜子（木香子、山胡椒、猴香子）

Litsea pungens Hemsl.

落叶小乔木，高 3～10 m。叶互生，常聚生于枝顶，披针形或倒卵状披针形，长 4～15 cm，宽 2～5.5 cm，顶端短尖，基部楔形，膜质，幼叶叶背具绢状柔毛，后脱落渐变无毛或沿中脉有稀疏毛，羽状脉，侧脉每边 5～7 条，叶脉在两面均突起；叶柄纤细，长 1～2 cm。伞形花序腋生；总花梗长 5～8 mm，无毛；每一花序有雄花 8～12 朵，先叶开放；花梗长 5～6 mm，被丝状柔毛；花被裂片 6，黄色，倒卵形，长 2.5 mm，外面有稀疏柔毛。果球形，直径 7～10 mm，成熟时蓝黑色。

生于山地疏林中。见于殷棚乡牢山林场。

4. 檫木属Sassafras Trew

叶异型，有全缘叶和顶端2～3裂叶。光山有1种。

1. 檫木（半枫荷、枫荷桂、沙樟）

Sassafras tzumu (Hemsl.) Hemsl.

落叶乔木，高可达35 m。叶互生，聚集于枝顶，卵形或倒卵形，长9～18 cm，宽6～10 cm，顶端渐尖，基部楔形，全缘或2～3浅裂，裂片顶端略钝，坚纸质，叶面绿色，晦暗或略光亮，叶背灰绿色，两面无毛或叶背尤其是沿脉网疏被短硬毛，羽状脉或离基三出脉，中脉、侧脉及支脉两面稍明显；叶柄纤细，长2～7 cm，鲜时常带红色，腹平背凸。果近球形，直径达8 mm，成熟时蓝黑色而带有白蜡粉。

生于山地疏林中，见于光山殷棚乡牢山林场、南向店乡董湾村林场。

檫木根、树皮、叶药用，味甘、淡，性温。祛风除湿，活血散瘀。治风湿性关节炎、类风湿性关节炎、腰肌劳损、慢性腰腿痛、半身不遂、跌打损伤、扭挫伤。外用治刀伤出血。用量15～30 g。

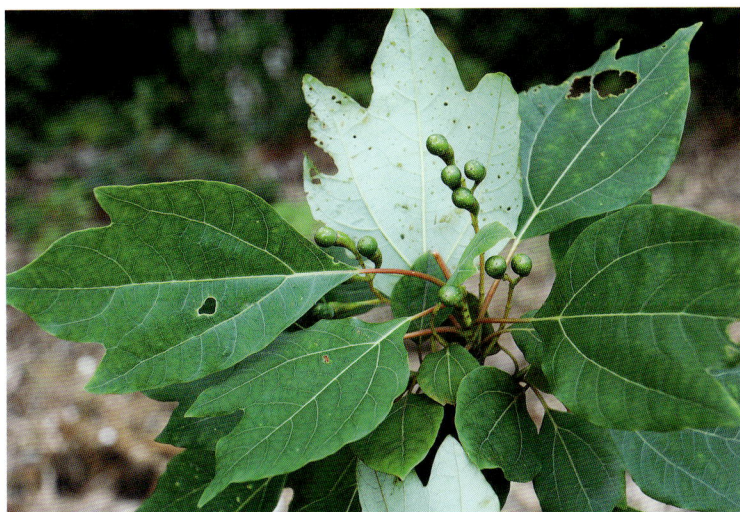

15. 毛茛科Ranunculaceae

草本，稀灌木或藤本。叶常互生或基生，少数对生，单叶或复叶，通常掌状分裂，无托叶；叶脉掌状，偶尔羽状。花两性，稀单性，雌雄同株或雌雄异株，辐射对称，稀两侧对称，单生或组成各种聚伞花序或总状花序。萼片下位，或花瓣不存在或特化成分泌器官时常较大，呈花瓣状，有颜色；花瓣存在或不存在，下位；雄蕊下位，多数，有时少数，螺旋状排列，花药2室，纵裂；心皮分生，少有合生，多数、少数或1枚。果实为蓇葖或瘦果，少数为蒴果或浆果。光山有8属14种1变种。

1. 铁线莲属Clematis L.

藤本，稀灌木或草本。叶对生，或与花簇生，偶尔茎下部叶互生，三出复叶至二回羽状复叶或二回三出复叶，少数为单叶；叶柄存在，有时基部扩大而连合。花两性，稀单性；聚伞花序或为总状、圆锥状聚伞花序，有时花单生或1至数朵与叶簇生；萼片直立成钟状、管状，或开展，花蕾时常镊合状排列；无花瓣；雄蕊多数，药隔不突出或延长；心皮多数，每心皮内有1下垂胚珠。瘦果。光山有3种1变种。

1. 钝齿铁线莲

Clematis apiifolia DC. var. **argentilucida** (H. Léveillé & Vaniot) W. T. Wang

藤本。小枝和花序梗、花梗密生贴伏短柔毛。三出复叶，连叶柄长5～17 cm，叶柄长3～7 cm；小叶片卵形或宽卵形，长2.5～8 cm，宽1.5～7 cm，有不明显3浅裂，边缘有锯齿，叶面疏生贴伏短柔毛或无毛，叶背通常疏生短柔毛或仅沿叶脉较密。圆锥状聚伞花序多花；花直径约1.5 cm；萼片4枚，开展，白色，狭倒卵形，长约8 mm，两面有短柔毛，外面较密；雄蕊无毛，花丝比花药长5倍。瘦果纺锤形或狭卵形，长3～5 mm，顶端渐尖，不扁，有柔毛，宿存花柱长约1.5 cm。

生于山坡或沟边。见于南向店乡董湾村向楼组、南向店乡环山村。

2. 威灵仙（铁脚威灵仙、老虎须）

Clematis chinensis Osbeck

木质藤本，干后变黑色。一回羽状复叶，有小叶5片，有时3或7片，偶尔基部一对以至第二对2～3裂至2～3小叶；小叶片纸质，卵形至卵状披针形、线状披针形或为卵圆形，长1.5～10 cm，宽1～7 cm，顶端锐尖至渐尖，偶有微凹，基部圆形、宽楔形至浅心形，全缘，两面近无毛，或疏生短柔毛。圆锥状聚伞花序，多花，腋生或顶生；花直径1～2 cm；萼片4～5片，开展，白色，长圆形或长圆状倒卵形，长0.5～1(1.5) cm，顶端常凸尖，外面边缘密生绒毛或中间有短柔毛，雄蕊无毛。瘦果扁。

生于山坡或沟边。见于南向店王母观、白雀园镇赛山村。

威灵仙的根、藤茎药用。根：味辛、微苦，性温，祛风除湿，通络止痛。叶：味辛、苦，性平；消炎解毒。根：治风寒湿痹、关节不利、四肢麻木、跌打损伤、扁桃体炎、黄疸型急性传染性肝炎、鱼骨鲠喉、食道异物、丝虫病，外用治牙痛、角膜溃疡。叶：治咽喉炎、急性扁桃体炎。用量：根3～9 g，外用适量；叶15～30 g，水煎服或绞汁含咽。

3. 铁线莲

Clematis florida Thunb.

草质藤本，长约1～2 m。茎棕色或紫红色，具六条纵纹，节部膨大，被稀疏短柔毛。二回三出复叶，连叶柄长达12 cm；小叶片狭卵形至披针形，长2～6 cm，宽1～2 cm，顶端钝尖，基部圆形或阔楔形，边缘全缘，极稀有分裂，两面均不被毛，脉纹不显；小叶柄清晰能见，短或长达1 cm；叶柄长4 cm。瘦果倒卵形。

生于山坡或沟边。见于南向店乡环山村。

铁线莲全株药用，味辛，性温。利尿，理气通便，活血止痛。治小便不利、腹胀、便闭。外用治关节肿痛、虫蛇咬伤。

4. 圆锥铁线莲（黄药子）

Clematis terniflora DC.

木质藤本。茎、小枝有短柔毛，后近无毛。一回羽状复叶，通常5小叶，有时7或3，偶尔基部一对2～3裂至2～3小叶，茎基部为单叶或三出复叶；小叶片狭卵形至宽卵形，有时卵状披针形，长2.5～8 cm，宽1～5 cm，顶端钝或锐尖，有时微凹或短渐尖，基部圆形、浅心形或为楔形，全缘，两面或沿叶脉疏生短柔毛或近无毛，叶面网脉不明显或明显，叶背网脉突出。瘦果橙黄色。

生于山坡或沟边。见于殷棚乡牢山林场。

2. 飞燕草属Consolida (DC.) S. F. Gray

一年生草本。叶互生，掌状细裂。花序总状或复总状；花梗有2小苞片；花两性，两侧对称；萼片5，花瓣状，紫色、蓝色或白色，上萼片有距，2侧萼片和2下萼片无距；花瓣2，合生，上部全缘或3～5裂，距伸入萼距之中，有分泌组织；雄蕊多数，花药椭圆球形，花丝披针状线形，有1脉；心皮1，子房有多数胚珠。蓇葖果。光山有1种。

1. 飞燕草

Consolida ajacis (L.) Schur

草本。茎高约60 cm，疏被曲柔毛，中部以上分枝。茎下部叶有长柄，在开花时多枯萎，中部以上叶具短柄；叶片长达3 cm，掌状细裂，狭线形小裂片宽0.4～1 mm，有短柔毛。花序生茎或分枝顶端，被曲柔毛；下部苞片叶状，上部苞片小，不分裂，线形；花梗长0.7～2.8 cm；小苞片生花梗中部附近，小，条形；萼片紫色、粉红色或白色，宽卵形，长约1.2 cm，外面中央疏被短柔毛，距钻形，长约1.6 cm；花瓣的瓣片3裂，中裂片长约5 mm，顶端2浅裂，侧裂片与中裂片成直角展出，卵形；花药长约1 mm。蓇葖长达1.8 cm，直，密被短柔毛，网脉稍隆起，不太明显。种子长约2 mm。

光山有少量栽培。

飞燕草常作园林栽培。

3. 翠雀属Delphinium L.

草本。叶为单叶，互生，有时均基生，掌状分裂，有时近羽状分裂。花序多为总状，有时伞房状，有苞片；花梗有2个小苞片；花两性，两侧对称；萼片5，花瓣状，卵形或椭圆形，上萼片有距，距囊形至钻形，2侧萼片和2下萼片无距；花瓣2片，条形；退化雄蕊2，分别生于二侧萼片与雄蕊之间，分化成瓣片和爪两部分，瓣片匙形至圆倒卵形，不分裂或二裂，腹面中央常有一簇黄色或白色髯毛，基部常有2鸡冠状小突起；雄蕊多数，花药椭圆球形，花丝披针状线形，有1脉；心皮3～5。蓇葖果。光山有1种。

1. 还亮草（鱼灯苏）

Delphinium anthriscifolium Hance

草木，高30～78 cm，无毛或上部疏被反曲的短柔毛，分枝。叶为二至三回近羽状复叶，间或为三出复叶，有较长柄或短柄，近基部叶在开花时常枯萎；叶片菱状卵形或三角状卵形，长5～11 cm，宽4.5～8 cm，羽片2～4对，对生，稀互生，下部羽片有细柄，狭卵形，长渐尖，通常分裂近中脉，末回裂片狭卵形或披针形，通常宽2～4 mm，叶面疏被短柔毛，叶背无毛或近无毛；叶柄长2.5～6 cm，无毛或近无毛。

生于山坡或沟边湿地。

还亮草全草药用，味辛，性温，有毒。祛风通络。治中风半身不遂，风湿筋骨疼痛。

4. 芍药属Paeonia L.

灌木、亚灌木或草本。根圆柱形或具纺锤形的块根。叶通常为二回三出复叶，小叶片不裂而全缘或分裂，裂片常全缘；单花顶生或数朵生枝顶，或数朵生茎顶和茎上部叶腋，有时仅顶端一朵开放，大型，直径4 cm以上；苞片2～6，披针形，叶状，大小不等，宿存，萼片3～5，宽卵形，大小不等；花瓣5～13；雄蕊多数；花盘杯状或盘状，完全包裹或半包裹心皮或仅包心皮基部；心皮离生。蓇葖果。光山有2种。

1. 芍药（白芍）

Paeonia lactiflora Pall.

多年生草本。根粗壮，分枝黑褐色。茎高40～70 cm，无毛。下部茎生叶为二回三出复叶，上部茎生叶为三出复叶；小叶狭卵形、椭圆形或披针形，顶端渐尖，基部楔形或偏斜，边缘具白色骨质细齿，两面无毛，叶背沿叶脉疏生短柔毛。花数朵，生茎顶和叶腋，有时仅顶端1朵开放，而近顶端叶腋处有发育不好的花芽，直径8～11.5 cm；苞片4～5片，披针形，大小不等；萼片4枚，宽卵形或近圆形，长1～1.5 cm，宽1～1.7 cm；花瓣9～13片。

光山有少量栽培。见于晏河乡詹堂村。

芍药常作花卉栽培，芍药的根药用，味苦、酸，性凉。养

血敛阴，柔肝止痛。治血虚肝旺引起的头晕、头痛、胸肋疼痛，痢疾、阑尾炎腹痛，腓肠肌痉挛，手足拘挛疼痛，月经不调，痛经、崩漏、带下。用量6～18 g。不宜与藜芦同用。

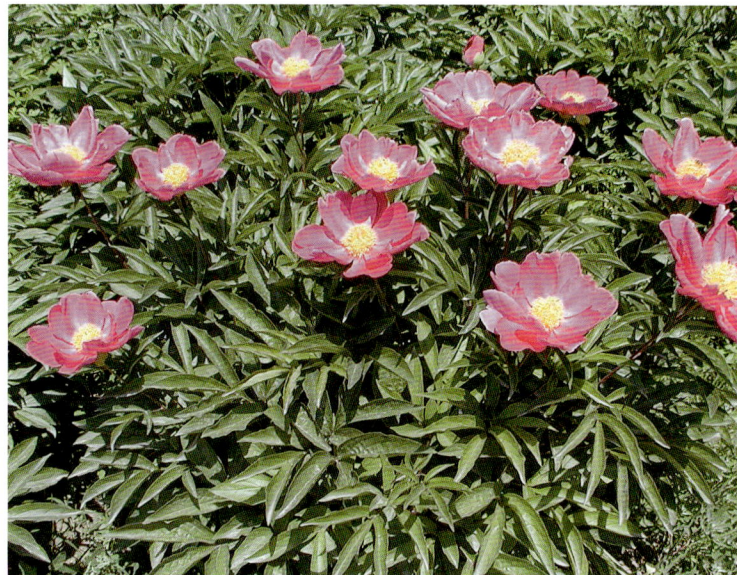

2. 牡丹

Paeonia suffruticosa Andr.

落叶灌木，高达2 m；分枝短而粗。叶通常为二回三出复叶，偶尔近枝顶的叶为3小叶；顶生小叶宽卵形，长7～8 cm，宽5.5～7 cm，3裂至中部，裂片不裂或2～3浅裂，叶面绿色，无毛，叶背淡绿色，有时具白粉，沿叶脉疏生短柔毛或近无毛，小叶柄长1.2～3 cm；侧生小叶狭卵形或长圆状卵形，长4.5～6.5 cm，宽2.5～4 cm，不等2裂至3浅裂或不裂，近无柄；叶柄长5～11 cm，和叶轴均无毛。花单生枝顶，直径10～17 cm；花梗长4～6 cm；苞片5枚，长椭圆形，大小不等；萼片5枚，绿色，宽卵形，大小不等；花瓣5片，或为重瓣。

光山有少量栽培。见于晏河乡詹堂村。

牡丹常作花卉栽培，牡丹的根皮药用，味辛、苦，性凉。清热凉血，活血行瘀。治热病吐血、衄血、血热斑疹、急性阑尾炎、血瘀痛经、经闭腹痛、跌打瘀血作痛、高血压病、神经性皮炎、过敏性鼻炎。用量4.5～9 g。孕妇慎用。

5. 白头翁属Pulsatilla Adans.

多年生草本，有根状茎，常有长柔毛。叶均基生，有长柄，掌状或羽状分裂，有掌状脉。花葶有总苞；苞片3。花单生花

莛顶端，两性；花托近球形。萼片5或6，花瓣状、卵形、狭卵形或椭圆形，蓝紫色或黄色；雄蕊多数，花药椭圆形，花丝狭线形，有1条纵脉，雄蕊全部发育或最外层的转变成小的退化雄蕊；心皮多数，子房有1颗胚珠，花柱长，丝形，有柔毛。聚合果球形。光山有1种。

1. 白头翁（老冠花、将军草、大碗花翁）
Pulsatilla chinensis (Bunge) Regel

多年生草本，植株高15～35 cm。基生叶4～5片；叶片宽卵形，长4.5～14 cm，宽6.5～16 cm，3全裂，中全裂片有柄或近无柄，宽卵形，3深裂，中深裂片楔状倒卵形，少有狭楔形或倒梯形，全缘或有齿，侧深裂片不等2浅裂，侧全裂片无柄或近无柄，不等3深裂，叶面变无毛，叶背被长柔毛；叶柄长7～15 cm，被密长柔毛。聚合果直径9～12 cm；瘦果纺锤形。

生于山坡草地，喜生向阳处。见于白雀园镇大尖山、泼陂河镇东岳寺。

白头翁的根药用，味苦，性寒。清热解毒，凉血止痢。治热毒血痢、阴痒带下、阿米巴痢疾。用量9～15 g。

6. 毛茛属 Ranunculus L.

草本，陆生或部分水生。茎直立、斜升或有匍匐茎。叶大多基生并茎生，单叶或三出复叶，3浅裂至3深裂；叶柄伸长，基部扩大成鞘状。花单生或成聚伞花序；花两性，整齐，萼片5，绿色，草质，大多脱落；花瓣5，有时6～10枚，黄色，基部有爪，蜜槽呈点状或杯状袋穴，或有分离的小鳞片覆盖；雄蕊通常多数；心皮多数，离生，含1胚珠，螺旋着生于有毛或无毛的花托上。聚合果球形或长圆形；瘦果。光山有4种。

1. 禹毛茛（小回回蒜）
Ranunculus cantoniensis DC.

多年生草本。须根伸长簇生。茎直立，高25～80 cm，上部有分枝，与叶柄均密生开展的黄白色糙毛。叶为三出复叶，基生叶和下部叶有长达15 cm的叶柄；叶片宽卵形至肾圆形，长3～6 cm，宽3～9 cm；小叶卵形至宽卵形，宽2～4 cm，2～3中裂，边缘密生锯齿或齿牙，顶端稍尖，两面贴生糙毛；小叶柄长1～2 cm，侧生小叶柄较短，生开展糙毛，基部有膜质耳状宽鞘。聚合果近球形，直径约1 cm。

生于溪边、沟旁、田边湿地上。光山全县分布。

禹毛茛全草药用，味辛，性温，有毒。利湿消肿，止痛，退翳，截疟。治疟疾、结膜炎、外伤性角膜白斑。本品有毒，一般不内服，通常外用。

2. 茴茴蒜（回回蒜毛茛）
Ranunculus chinensis Bunge

一年生草本。基生叶与下部叶有长达12 cm的叶柄，为三出复叶，叶片宽卵形至三角形，长3～12 cm，小叶2～3深裂，裂片倒披针状楔形，宽5～10 mm，上部有不等的粗齿或缺刻或2～3裂，顶端尖，小叶柄长1～2 cm或侧生小叶柄较短，叶片3全裂，裂片有粗齿牙或再分裂。花序有较多疏生的花，花梗贴生糙毛；花直径6～12 mm；萼片狭卵形，长3～5 mm；花瓣5，宽卵圆形，与萼片近等长或稍长，黄色或上面白色，基部有短爪，蜜槽有卵形小鳞片；花药长约1 mm；花托在果期显著伸长，圆柱形，长达1 cm。聚合果长圆形，直径6～10 mm；瘦果扁平。

生于溪边、沟旁、田边湿地上。见于白雀园镇赛山村。

回回蒜全草药用，味苦、辛，性微温，有小毒。有清热解毒，消炎退肿，平喘，降压，祛湿，杀虫，截疟，退翳的功效。治疟疾、肝炎、肝硬化腹水、夜盲症、牙痛、哮喘、气管炎、口腔炎、高血压、食道癌、恶疮痈肿、角膜云翳、疮癣及牛皮癣等。

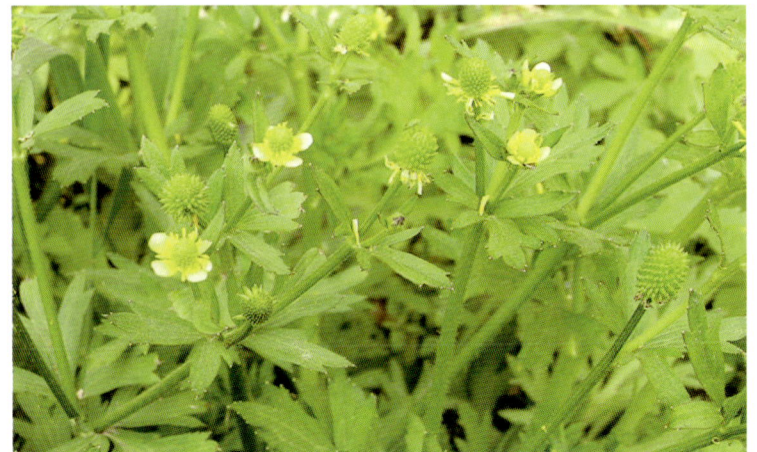

3. 石龙芮（假芹菜）

Ranunculus sceleratus L.

一年生草本。须根簇生。茎直立，高10～50 cm，直径2～5 mm，有时粗达1 cm，上部多分枝，具多数节，下部节上有时生根，无毛或疏生柔毛。基生叶多数；叶片肾状圆形，长1～4 cm，宽1.5～5 cm，基部心形，3深裂不达基部，裂片倒卵状楔形，不等2～3裂，顶端钝圆，有粗圆齿，无毛；叶柄长3～15 cm，近无毛。茎生叶多数，下部叶与基生叶相似；上部叶较小，3全裂，裂片披针形至线形，全缘，无毛，顶端钝圆，基部扩大成膜质宽鞘抱茎。

生于溪边、沟旁、田边湿地上。光山全县分布。

石龙芮全草药用，味辛、苦，性平，有毒。消肿，拔毒，散结，截疟。治淋巴结结核：干全草适量，用油熬成膏状涂敷。治疟疾：鲜全草适量捣烂，于发作前6小时敷大椎穴。治痈肿、蛇咬伤：鲜全草捣烂绞汁涂患处。治慢性下肢溃疡：熬膏涂患处。

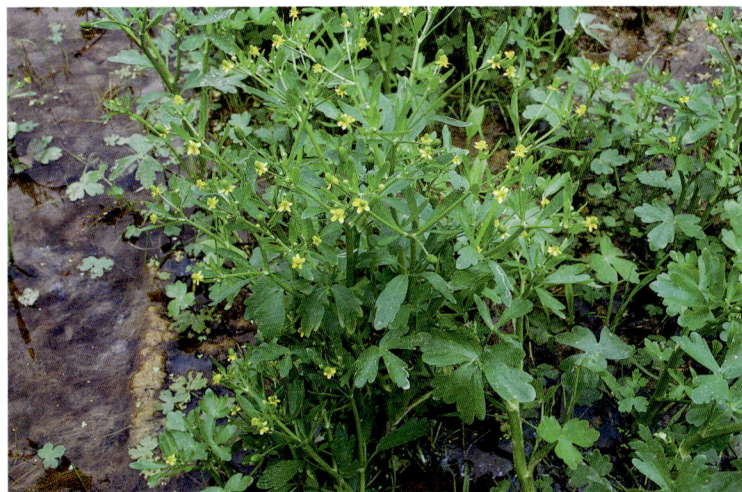

4. 猫爪草（小毛茛）

Ranunculus ternatus Thunb.

一年生草本。簇生多数肉质小块根，块根卵球形或纺锤形，顶端质硬，形似猫爪，直径3～5 mm。茎铺散，高5～20 cm，多分枝，较柔软，大多无毛。基生叶有长柄；叶片形状多变，单叶或三出复叶，宽卵形至圆肾形，长5～40 mm，宽4～25 mm，小叶3浅裂至3深裂或多次细裂，末回裂片倒卵形至线形，无毛；叶柄长6～10 cm。茎生叶无柄，叶片较小，全裂或细裂，裂片线形，宽1～3 mm。花单生茎顶和分枝顶端。

生于潮湿草地或水田边。

猫爪草的根药用，味辛、苦，性平，有小毒。解毒散结。治肺结核、淋巴结结核、淋巴结炎、咽喉炎。用量15～30 g。

7. 天葵属Semiaquilegia Makino

草本，具块根。叶基生和茎生，为掌状三出复叶，基生叶具长柄。花序为简单的单歧或为蝎尾状的聚伞花序；苞片小，3深裂或不裂；花小，辐射对称。萼片5片，白色，花瓣状，狭椭圆形；花瓣5片，匙形，基部囊状；雄蕊8～14枚；退化雄蕊约2枚，位于雄蕊内侧，白膜质，线状披针形，与花丝近等长；心皮3～4(5)枚。蓇葖果。光山有1种。

1. 天葵（天葵子、天葵草）

Semiaquilegia adoxoides (DC.) Makino

草本，块根长1～2 cm，粗3～6 mm，外皮棕黑色。茎1～5条，高10～32 cm，直径1～2 mm，被稀疏的白色柔毛，分歧。基生叶多数，为掌状三出复叶；叶片轮廓卵圆形至肾形，长1.2～3 cm；小叶扇状菱形或倒卵状菱形，长0.6～2.5 cm，宽1～2.8 cm，3深裂，深裂片又有2～3个小裂片，两面均无毛；叶柄长3～12 cm，基部扩大呈鞘状。茎生叶与基生叶相似，唯较小。

生于丘陵草地或低山林下阴处。见于殷棚乡牢山林场、司马油茶园。

天葵的块根药用，味甘、苦，性寒，有小毒。清热解毒，利尿消肿。治疗疮疖肿、乳腺炎、扁桃体炎、淋巴结结核、跌打损伤、毒蛇咬伤、小便不利。用量3～9 g。外用适量，鲜品捣烂敷患处。脾胃虚弱者不宜用。

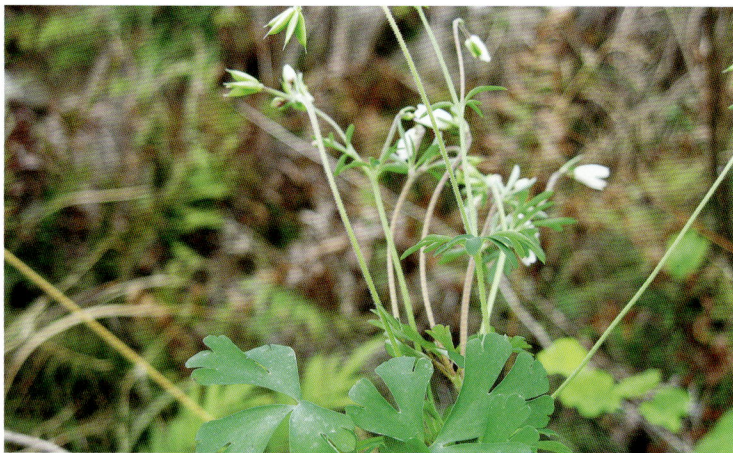

8. 金莲花属 Trollius L.

多年生草本。叶为单叶，全部基生或同时在茎上互生，掌状分裂。花单独顶生或少数组成聚伞花序。萼片5片至较多数，花瓣状，倒卵形，通常脱落，间或宿存。心皮5枚至多数，无柄；胚珠多数，成二列着生于子房室的腹缝线上。蓇葖开裂，具脉网及短喙。光山有1种。

1. 金莲花

Trollius chinensis Bunge

多年生草本。基生叶1～4枚；叶片五角形，长3.8～6.8 cm，基部心形，3全裂，全裂片分开，中央全裂片菱形，侧全裂片斜扇形，2深裂近基部；叶柄长12～30 cm。茎生叶似基生叶，下部的具长柄，上部的较小。花单独顶生或2～3朵组成稀疏的聚伞花序，直径3.8～5.5 cm；花梗长5～9 cm；苞片3裂；萼片6～19片，金黄色，最外层的椭圆状卵形或倒卵形，顶端疏生三角形牙齿，其他的椭圆状倒卵形或倒卵形，顶端圆形，生不明显的小牙齿；花瓣18～21片，稍长于萼片或与萼片近等长，狭线形，顶端渐狭，长1.8～2.2 cm，宽1.2～1.5 mm。蓇葖长1～1.2 cm，宽约3 mm，喙长约1 mm。

生于山坡、草地或疏林下，常聚生成片生长。

金莲花的花药用，味苦，性寒。清热解毒。治急性鼓膜炎、慢性扁桃体炎、咽炎、急性结膜炎、急性淋巴管炎、急性中耳炎、口疮及疔疮等。

17. 金鱼藻科 Ceratophyllaceae

多年生沉水草本；无根；茎漂浮，有分枝。叶4～12轮生，硬且脆，1～4次二叉状分歧，条形，边缘一侧有锯齿或微齿，顶端有2刚毛；无托叶。花单性，雌雄同株，微小，单生叶腋，雌雄花异节着生，近无梗；总苞有8～12苞片，顶端有带色毛；无花被；雄花有10～20雄蕊，花丝极短，花药外向，纵裂，药隔延长成着色的粗大附属物，顶端有2～3齿；雌蕊有1心皮，柱头侧生，子房1室，有1个悬垂直生胚珠，具单层珠被。坚果。光山有1属1种。

1. 金鱼藻属 Ceratophyllum L.

多年生沉水草本；无根；茎漂浮，有分枝。叶4～12轮生，1～4次二叉状分歧，条形，边缘一侧有锯齿或微齿，顶端有2刚毛；无托叶。光山有1种。

1. 金鱼藻（松藻、细草）

Ceratophyllum demersum L.

多年生沉水草本；茎长40～150 cm，平滑，具分枝。叶4～12轮生，1～2次二叉状分歧，裂片丝状，或丝状条形，长1.5～2 cm，宽0.1～0.5 mm，顶端带白色软骨质，边缘仅一侧有数细齿。坚果宽椭圆形，长4～5 mm，宽约2 mm，黑色，平滑，边缘无翅，有3刺，宿存花柱顶有刺，刺长8～10 mm，顶端具钩，基部2刺向下斜伸，长4～7 mm，顶端渐细成刺状。

生于池塘、河沟中。光山全县有分布。

金鱼藻全草药用，味淡，性凉。凉血止血，利水通淋。治吐血、血热咳血、热淋涩痛。用量3～6 g，研粉吞服。

18. 睡莲科Nymphaeaceae

水生或沼泽生草本；根状茎沉水生。叶常二型：漂浮叶或出水叶互生，心形至盾形，芽时内卷，具长叶柄及托叶；沉水叶细弱，有时细裂。花两性，辐射对称，单生在花梗顶端；萼片3～12，常4～6，绿色至花瓣状，离生或附生于花托；花瓣3至多数，或渐变成雄蕊；雄蕊6至多数，花药内向、侧向或外向，纵裂；心皮3至多数，离生。坚果或浆果。光山有4属5种。

1. 芡属Euryale Salisb. ex DC.

一年生草本，多刺；根状茎粗壮；茎不明显。叶二型：初生叶为沉水叶，次生叶为浮水叶。萼片4，宿存，生在花托边缘，萼筒和花托基部愈合；花瓣比萼片小；花丝条形，花药长圆形，药隔顶端截状；心皮8，8室，子房下位，柱头盘凹入，边缘和萼筒愈合，每室有少数胚珠。浆果。光山有1种。

1. 芡实（芡、鸡实）

Euryale ferox Salib. ex König & Sims

一年生大型水生草本。沉水叶箭形或椭圆肾形，长4～10 cm，两面无刺；叶柄无刺；浮水叶革质，椭圆肾形至圆形，直径10～130 cm，盾状，有或无弯缺，全缘，叶背带紫色，有短柔毛，两面在叶脉分枝处有锐刺；叶柄及花梗粗壮，长达25 cm，均有硬刺。花长约5 cm；萼片披针形，长1～1.5 cm，内面紫色，外面密生稍弯硬刺；花瓣长圆披针形或披针形，长1.5～2 cm，紫红色，成数轮排列，向内渐变成雄蕊；无花柱，柱头红色，成凹入的柱头盘。浆果球形，直径3～5 cm，污紫红色，外面密生硬刺。

生于池塘沼泽中。光山常见栽培。

芡实的种仁药用，味甘、涩，性平。益肾涩精，补脾止泻。治脾虚腹泻、遗精、滑精、尿频、遗尿、白带。用量6～12 g。

2. 莲属Nelumbo Adans.

多年生、水生草本；根状茎横生，粗壮。叶漂浮或高出水面，近圆形，盾状，全缘，叶脉放射状。花大，美丽，伸出水面；萼片4～5；花瓣大，黄色、红色、粉红色或白色，内轮渐变成雄蕊；雄蕊药隔顶端成1细长内曲附属物；花柱短，柱头顶生；花托海绵质，果期膨大。坚果。光山有1种。

1. 莲（莲藕、荷花）

Nelumbo nucifera Gaertn.

多年生水生草本；根状茎横生，肥厚，节间膨大，内有多数纵行通气孔道，节部缢缩，上生黑色鳞叶，下生须状不定根。叶圆形，盾状，直径25～90 cm，全缘稍呈波状，叶面光滑，具白粉；叶脉从中央射出，有1～2次叉状分枝；叶柄粗壮，圆柱形，长1～2 m，中空，外面散生小刺。花梗和叶柄等长或稍长，也散生小刺；花直径10～20 cm，美丽，芳香；花瓣红色、粉红色或白色；花托（莲房）直径5～10 cm。

喜生于富含腐殖质土的池塘及水田中。光山常见栽培。

莲的全株包括莲子、莲心、莲房、莲须、荷叶、荷梗、荷花、藕、藕节均可药用。莲子：味甘、微涩，性平。健脾止泻、养心益肾。治脾虚腹泻、便溏、遗精、白带。

3. 萍蓬草属 Nuphar J. E. Smith

多年水生草本；根状茎肥厚，横生。叶漂浮或高出水面，圆心形或窄卵形，基部箭形，具深弯缺，全缘；叶柄在叶片基部着生；沉水叶膜质。花漂浮；萼片4～7，常为5，革质，黄色或桔黄色，花瓣状，直立，背面凸出，宿存；花瓣多数，雄蕊状；雄蕊多数，比萼片短，花丝短，扁平，花药内向；心皮多数，着生在花托上，且与其愈合，子房上位，多室，胚珠多数，柱头辐射状，形成柱头盘。浆果。光山有1种。

1. 萍蓬草（水栗、黄金莲、水栗包、水面一盏灯）
Nuphar pumilum (Hoffm.) DC.

多年水生草本；根状茎直径2～3 cm。叶纸质，阔卵形或卵形，少数椭圆形，长6～17 cm，宽6～12 cm，顶端圆钝，基部具弯缺，心形，裂片远离，圆钝，叶面光亮，无毛，叶背密生柔毛，侧脉羽状，几次二歧分枝；叶柄长20～50 cm，被柔毛。花直径3～4 cm；花梗长40～50 cm，被柔毛；萼片黄色，外面中央绿色，长圆形或椭圆形，长1～2 cm；花瓣窄楔形，长5～7 mm，顶端微凹；柱头盘常10浅裂，淡黄色或带红色。浆果卵形，长约3 cm。

生于湖泊、池塘中。

萍蓬草的根茎药用，味甘，性寒。退虚热、除蒸止汗、止咳，祛瘀调经。治痨热、骨蒸、盗汗、肺结核咳嗽、神经衰弱、月经不调、刀伤。

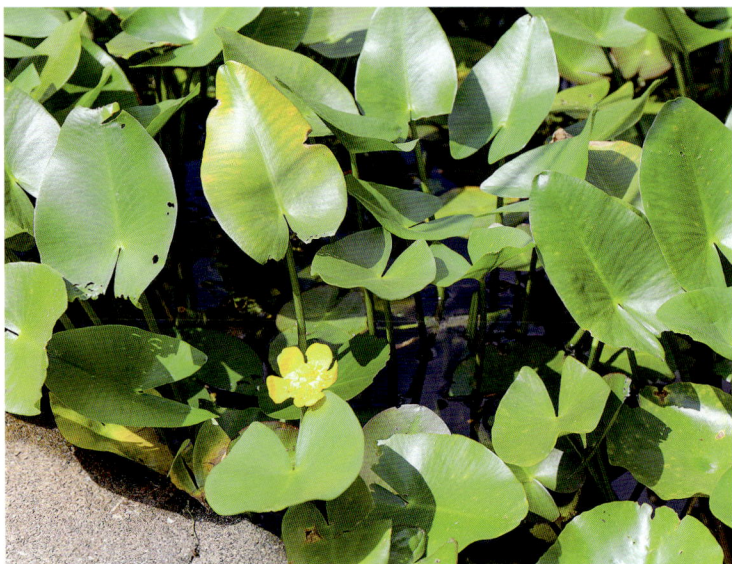

4. 睡莲属 Nymphaea L.

多年生水生草本；根状茎肥厚。叶二型：浮水叶圆形或卵形，基部具弯缺，心形或箭形，常无出水叶；沉水叶薄膜质，脆弱。花大形、美丽，浮在或高出水面；萼片4，近离生；花瓣白色、蓝色、黄色或粉红色，12～32，成多轮，有时内轮渐变成雄蕊；药隔有或无附属物；心皮环状，贴生且半沉没在肉质杯状花托，且在下部与其部分地愈合，上部延伸成花柱，柱头成凹入柱头盘，胚珠倒生，垂生在子房内壁。浆果。光山有2种。

1. 红睡莲
Nymphaea alba L. var. **rubra** Lönnr.

多年水生草本；根状茎匍匐；叶纸质，近圆形，直径10～25 cm，基部具深弯缺，裂片尖锐，近平行或开展，全缘或波状，两面无毛，有小点；叶柄长达50 cm。花直径10～20 cm，芳香；花梗略和叶柄等长；萼片披针形，长

3～5 cm，脱落或花期后腐烂；花瓣红色，卵状长圆形，长3～5.5 cm，外轮比萼片稍长；花托圆柱形；花药顶端不延长，花粉粒皱缩，具乳突；柱头具14～20辐射线，扁平。

生于湖泊、池塘中。光山有少量栽培。

红睡莲是优良的园林绿化花卉。

2. 睡莲
Nymphaea tetragona Georgi

多年水生草本；根状茎短粗，横卧或直立，生多数须根及叶。叶浮于水面，叶纸质，心状卵形或卵状椭圆形，长5～12 cm，宽3.5～9 cm，基部具深弯缺，约占叶片全长的1/3，裂片急尖，稍开展或几重合，全缘，叶面光亮，叶背带红色或紫色，两面皆无毛，具小点；叶柄长达60 cm。花直径3～5 cm；花梗细长；花萼基部四棱形，萼片革质，宽披针形或窄卵形，长2～3.5 cm，宿存；花瓣白色。

生于湖泊、池塘中。光山有少量栽培。

睡莲是优良的园林绿化花卉。

19. 小檗科 Berberidaceae

灌木或草本。茎具刺或无。叶互生，稀对生或基生，单叶或一至三回羽状复叶。花单生，簇生或组成总状花序、穗状花序、伞形花序、聚伞花序或圆锥花序；花具花梗或无；花两性，辐射对称，小苞片存在或缺失，花被常用3基数，偶2基数；萼片6～9，常花瓣状，离生，2～3轮；花瓣6，扁平，盆状或呈距状，或变为蜜腺状，基部有蜜腺或缺；雄蕊与花瓣同

数而对生；子房上位，1室，胚珠多数或少数，稀1枚。浆果，蒴果，蓇葖果或瘦果。光山有3属3种。

1. 淫羊藿属Epimedium L.

草本。根状茎粗短或横走。单叶或一至三回羽状复叶，基生叶具长柄。花茎具1～4叶。总状花序或圆锥花序顶生，无毛或被腺毛，具少数花至多数花；花两性；萼片8，两轮排列，内轮花瓣状，常有颜色；花瓣4，通常有距或囊，少有兜状或扁平；雄蕊4，与花瓣对生；子房上位，1室，胚珠6～15，侧膜胎座，花柱宿存，柱头膨大。蒴果。光山有1种。

1. 箭叶淫羊藿（淫羊藿）

Epimedium sagittatum (Sieb. et Zucc.) Maxim.

多年生草本，高30～50 cm。根状茎粗短，节结状，质硬，多须根。一回三出复叶基生和茎生，小叶3枚；小叶革质，卵形至卵状披针形，长5～19 cm，宽3～8 cm，叶片大小变化大，顶端急尖或渐尖，基部心形，顶生小叶基部两侧裂片近相等，圆形，侧生小叶基部高度偏斜，外裂片远较内裂片大，三角形，急尖，内裂片圆形，叶面无毛，叶背疏被粗短伏毛或无毛，叶缘具刺齿；花茎具2枚对生叶。

生于林下、路旁或石灰岩石缝中。见于南向店乡董湾村向楼组。

箭叶淫羊藿全草药用，味辛、苦，性温。补精壮阳，祛风湿，补肝肾，强筋骨。治阳痿早泄、小便失禁、风湿关节痛、腰痛、冠心病、目眩、耳鸣、四肢麻痹、神经衰弱、慢性支气管炎、白细胞减少症、更年期高血压病、慢性气管炎、慢性前列腺炎。用量9～15 g。

2. 十大功劳属Mahonia Nutt.

灌木或小乔木。枝无刺。奇数羽状复叶。花序顶生，由(1)3～18个簇生的总状花序或圆锥花序组成；苞片较花梗短或长；花黄色；萼片3轮，9枚；花瓣2轮，6枚，基部具2枚腺体或无；雄蕊6枚，花药瓣裂；子房含基生胚珠1～7枚，花柱极短或无花柱，柱头盾状。浆果。光山有1种。

1. 十大功劳

Mahonia fortunei (Lindl.) Fedde

灌木，高0.5～2(4) m。叶倒卵形至倒卵状披针形，长10～28 cm，宽8～18 cm，具2～5对小叶，最下一对小叶外形与往上小叶相似，距叶柄基部2～9 cm，叶面暗绿至深绿

色，叶脉不显，叶背淡黄色，偶稍苍白色，叶脉隆起；小叶无柄或近无柄，狭披针形至狭椭圆形，长4.5～14 cm，宽0.9～2.5 cm，基部楔形，边缘每边具5～10刺齿，顶端急尖或渐尖。

光山有少量栽培。见于白雀园镇赛山村、县城附近。

十大功劳的根和茎药用，味苦，性凉。固阴清热，解毒消炎。治肺结核潮热、咯血、咳嗽、风湿热、咽喉痛、肠炎、痢疾、急性结膜炎、痈疮疖肿、湿疹、皮炎。

3. 南天竹属Nandina Thunb.

灌木。叶互生，二至三回羽状复叶，叶轴具关节；小叶全缘。大型圆锥花序顶生或腋生；花两性，3数，具小苞片；萼片多数；花瓣6，较萼片大，基部无蜜腺；雄蕊6，1轮，与花瓣对生；子房倾斜椭圆形，近边缘胎座，花柱短，柱头全缘或偶有数小裂。浆果。光山有1种。

1. 南天竹（白天竹、天竹子、土黄连）

Nandina domestica Thunb.

常绿小灌木。茎常丛生而少分枝，高1～3 m，光滑无毛，幼枝常为红色，老后呈灰色。叶互生，集生于茎的上部，三回羽状复叶，长30～50 cm；二至三回羽片对生；小叶薄革质，椭圆形或椭圆状披针形，长2～10 cm，宽0.5～2 cm，顶端渐尖，基部楔形，全缘，叶面深绿色，冬季变红色，叶背叶脉隆起，两面无毛；近无柄。

光山有少量栽培。见于白雀园镇赛山村。

南天竹的根和茎药用，根、茎：味苦，性寒；清热除湿，通经活络。果：味苦，性平，有小毒；止咳平喘。根、茎：治感冒发热、眼结膜炎、肺热咳嗽、湿热黄疸、急性胃肠炎、尿路感染、跌打损伤。果：治咳嗽、哮喘、百日咳。

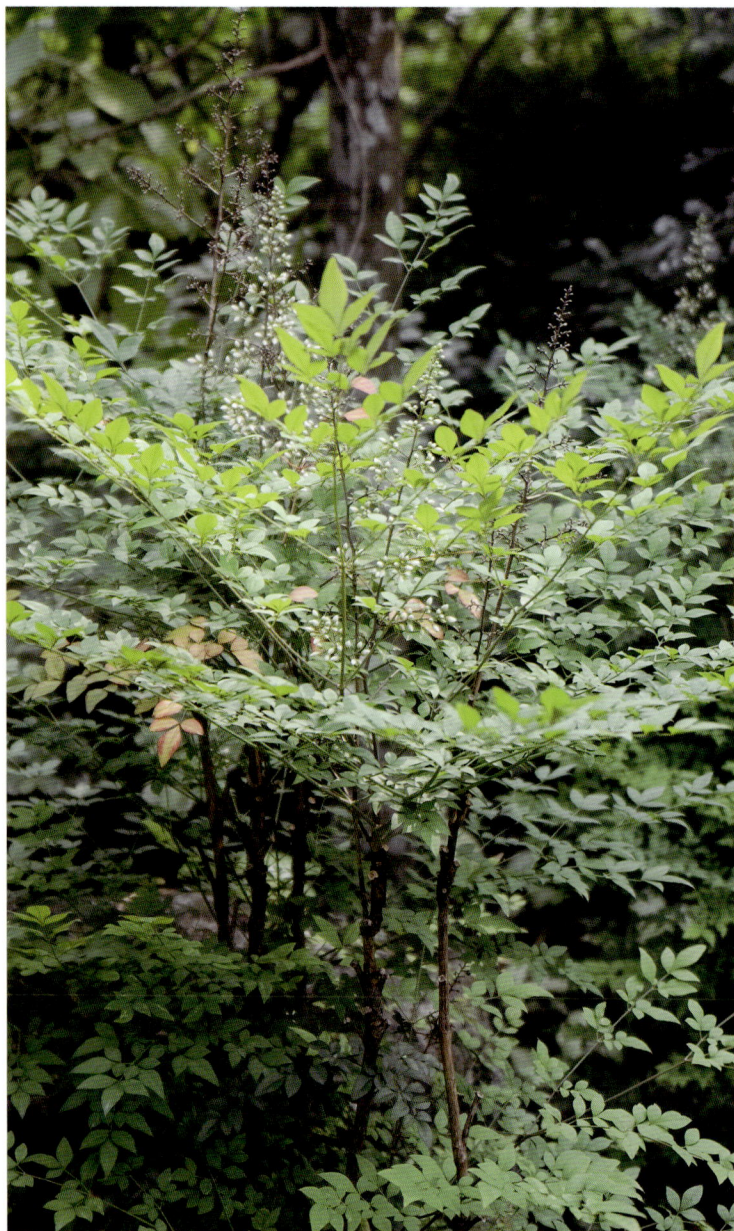

21. 木通科 Lardizabalaceae

木质藤本，稀灌木。叶互生，掌状或三出复叶，稀羽状复叶。花辐射对称，单性，雌雄同株或异株，稀杂性，萼片花瓣状，6片，排成两轮，覆瓦状或外轮的镊合状排列，稀仅有3片；花瓣6，蜜腺状，远较萼片小，有时无花瓣；雄蕊6枚，花丝离生或多少合生成管；退化心皮3枚；在雌花中有6枚退化雄蕊；心皮3，稀6～9，轮生在扁平花托上或心皮多数，螺旋状排列在膨大的花托上，上位，离生。果为肉质的骨葖果或浆果。光山有1属1种。

1. 木通属 Akebia Decne.

藤本。掌状复叶有小叶3～5片，稀6～8片。花单性，雌雄同株同序；雄花较小而数多；雌花远较雄花大，1至数朵生于花序总轴基部；萼片3，花瓣状，紫红色，有时为绿白色；花瓣缺；雄花：雄蕊6枚；雌花：心皮3～9(12)枚，圆柱形，柱头盾状，胚珠多数。肉质蓇葖果。光山有1亚种。

1. 白木通（三叶木通、甜果木通）

Akebia trifoliata (Thunb.) Koidz. subsp. *australis* (Diels) T. Shimizu

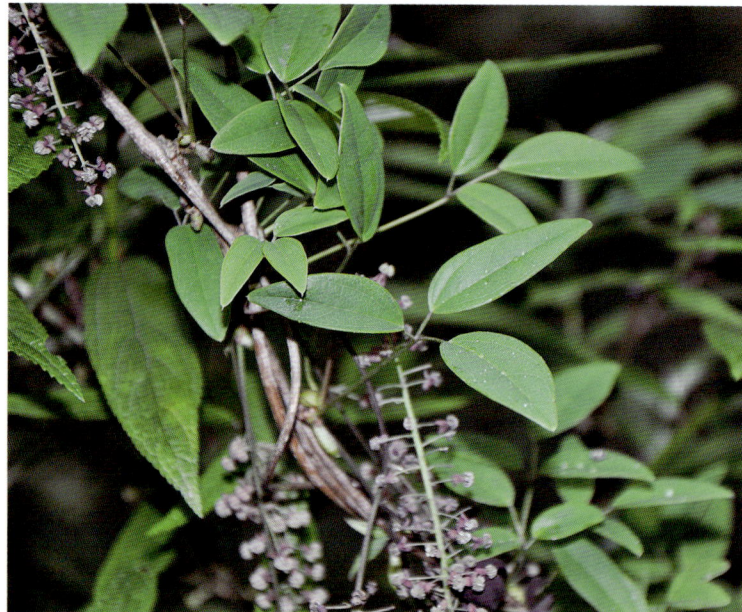

小叶革质，卵状长圆形或卵形，长4～7 cm，宽1.5～3(5) cm，顶端狭圆，顶微凹入而具小凸尖，基部圆形、阔楔形、截平或心形，边通常全缘；有时略具少数不规则的浅缺刻。总状花序长7～9 cm，腋生或生于短枝上。雄花：萼片长2～3 mm，紫色；雄蕊6，离生，长约2.5 mm，红色或紫红色，干后褐色或淡褐色。雌花：直径约2 cm；萼片长9～12 mm，宽7～10 mm，暗紫色；心皮5～7，紫色。果长圆形。

生于山谷疏林或灌丛中。见于凉亭乡赛山林场、殷棚乡牢山林场。

白木通的果实药用，味甘，性温。疏肝，补肾，止痛。果实治胃痛、疝痛、睾丸肿痛、腰痛、遗精、月经不调、白带、子宫脱垂。

23. 防己科 Menispermaceae

藤本，稀灌木或小乔木。叶螺旋状排列，单叶，稀复叶；叶柄两端肿胀。聚伞花序，或由聚伞花序再作圆锥花序式、总状花序式或伞形花序式排列，极少退化为单花；花通常小而不鲜艳，单性，雌雄异株，通常两被，较少单被；萼片通常轮生，覆瓦状排列或镊合状排列；花瓣通常2轮，较少1轮，每轮3片，稀4或2片，有时退化至1片或无花瓣，常用分离，很少合生，覆瓦状排列或镊合状排列；雄蕊2至多数；子房上位，1室，常一侧肿胀，内有胚珠2颗，其中1颗早期退化。核果。光山有4属4种。

1. 木防己属Cocculus DC.

木质藤本，稀灌木或小乔木。叶非盾状，具掌状脉。聚伞花序或聚伞圆锥花序，腋生或顶生；雄花有萼片6(9)，排成2(3)轮，外轮较小，内轮较大而凹，覆瓦状排列；花瓣6，基部二侧内折呈小耳状，顶端2裂，裂片叉开；雄蕊6或9，花丝分离，药室横裂；雌花心皮6或3，花柱柱状，柱头外弯伸展。核果。光山有1种。

1. 木防己（自山番薯）
Cocculus orbiculatus (L.) DC.

木质藤本。叶纸质至近革质，形状变异极大，线状披针形至阔卵状近圆形、狭椭圆形至近圆形、倒披针形至倒心形，有时卵状心形，顶端短尖或钝而有小凸尖，有时微缺或2裂，边全缘或3裂，有时掌状5裂，长3～8 cm，宽不等，两面被密柔毛至疏柔毛，有时除叶背中脉外两面近无毛；掌状脉3条，很少5条，背面微凸出；叶柄长1～3 cm，被稍密的白色柔毛。

生于山地、山谷、路旁疏林或灌丛中。见于晏河乡大苏山。

木防己的根药用，味苦、辛，性寒。祛风止痛，利尿消肿，解毒、降血压。治风湿关节痛、肋间神经痛、急性肾炎、尿路感染、高血压病、风湿心脏病、水肿。外用治毒蛇咬伤。

2. 轮环藤属Cyclea Arn. ex Wight

藤本。叶具掌状脉，叶柄常长而盾状着生。聚伞圆锥花序，苞片小；雄花萼片通常4～5，稀6，常合生而具4～5裂片，较少分离；花瓣4～5，通常合生，全缘或4～8裂，较少分离，有时无花瓣；雄蕊合生成盾状聚药雄蕊，花药4～5，着生在盾盘的边缘；雌花萼片和花瓣均1～2，彼此对生，很少无花瓣；心皮1个。核果。光山有1种。

1. 轮环藤（山豆根）
Cyclea racemosa Oliv.

藤本。老茎木质化，枝稍纤细，有条纹，被柔毛或近无毛。叶盾状或近盾状，纸质，卵状三角形或三角状近圆形，长4～9 cm或稍过之，宽约3.5～8 cm，顶端短尖至尾状渐尖，基部近截平至心形，全缘，叶面被疏柔毛或近无毛，叶背通常密被柔毛，有时被疏柔毛；掌状脉9～11条，向下的4～5条很纤细，有时不明显，连同网状小脉均在叶背凸起；叶柄较纤细，比叶片短或与之近等长，被柔毛。

生于山地、山谷、路旁疏林或灌丛中。

轮环藤的根药用，味苦，性寒。清热解毒，理气止痛。治胃痛、急性肠胃炎、消化不良、中暑腹痛。

3. 蝙蝠藤属Menispermum L.

藤本。叶盾状，具掌状脉。圆锥花序腋生；雄花：萼片4～10，近螺旋状着生，通常凹；花瓣6～8或更多，近肉质，肾状心形至近圆形，边缘内卷；雄蕊12～18，稀更多，花丝柱状，花药近球状，纵裂；雌花：萼片和花瓣与雄花的相似；不育心皮2～4，具心皮柄，子房囊状半卵形，花柱短，柱头大而分裂，外弯。核果。光山有1种。

1. 蝙蝠藤（蝙蝠葛）
Menispermum dauricum DC.

落叶藤本，根状茎褐色，垂直生，茎自位于近顶部的侧芽生出，1年生茎纤细，有条纹。叶纸质或近膜质，轮廓通常为心状扁圆形，长和宽约3～12 cm，边缘有3～9角或3～9裂，很少近全缘，基部心形至近截平；掌状脉9～12条，其中向基部伸展的3～5条很纤细，均在叶背凸起；叶柄长3～10 cm或稍长，有条纹。

生于山沟、路旁、灌丛、林缘及向阳草地等处。见于南向店乡董湾村向楼组。

蝙蝠藤的根药用，味苦，性寒；有小毒。清热解毒，祛风止痛，理气化湿。治扁桃体炎、喉炎、咽喉肿痛、齿龈肿痛、腮腺炎、肺炎、黄疸、痢疾、脚气、肠炎、毒蛇咬伤、瘰疬、腰痛、风寒痹痛等。

4. 千金藤属Stephania Lour.

藤本，有或无块根。叶柄两端肿胀，盾状着生；叶脉掌状。花序腋生或生于腋生、无叶或具小型叶的短枝上，很少生于老茎上，为伞形聚伞花序，或有时密集成头状；雄花花被辐射对称；萼片2轮，稀1轮，每轮3～4片，分离或偶有基部合生；花瓣1轮，3～4，与内轮萼片互生，稀2轮或无花瓣；雄蕊合生成盾状聚药雄蕊；雌花心皮1，近卵形。核果。光山有1种。

1. 金线吊乌龟（白药子、独脚乌柏）

Stephania cepharantha Hayata

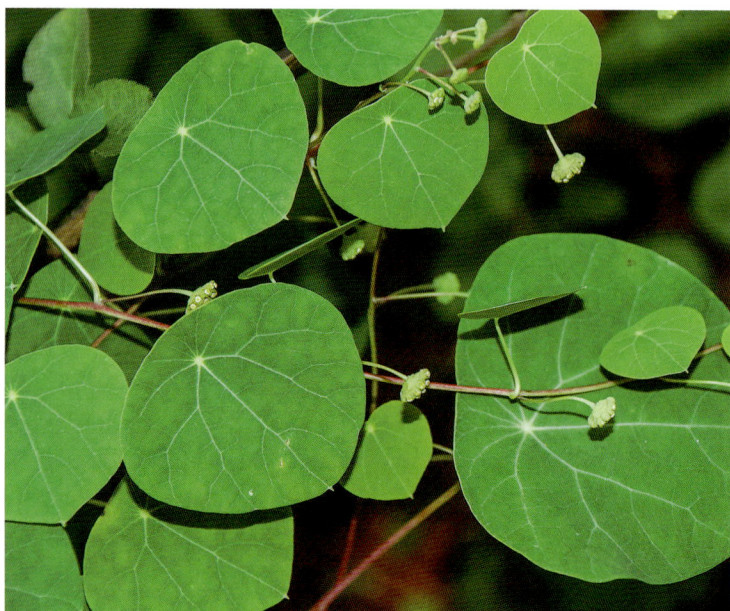

草质、落叶、无毛藤本，长1～4 m；块根团块状或近圆锥状，有时不规则，褐色，生有许多突起的皮孔；小枝紫红色，纤细。叶纸质，三角状扁圆形至近圆形，长2～6 cm，宽2.5～6.5 cm，顶端具小凸尖，基部圆或近截平，边全缘或多少浅波状；掌状脉7～9条，向下的很纤细；叶柄长1.5～7 cm，纤细。

生于山谷、村边、田野及灌丛中。见于白雀园镇赛山村。

金线吊乌龟的块根药用，味苦，性寒。清热解毒，凉血止

血，散瘀消肿。治急性肝炎、细菌性痢疾、急性阑尾炎、胃痛、内出血、跌打损伤、毒蛇咬伤。外用治流行性腮腺炎、淋巴结炎、神经性皮炎。用量9～15 g。外用适量，捣烂或磨汁涂敷患处。

24. 马兜铃科Aristolochiaceae

藤本、灌木或草本。单叶、互生，具柄，叶片全缘或3～5裂，基部常心形。花两性，单生、簇生或排成总状、聚伞状或伞房花序，花色常用艳丽而有腐肉臭味；花瓣1轮，稀2轮，花被管钟状、瓶状、管状、球状或其他形状；檐部圆盘状、壶状或圆柱状，具整齐或不整齐3裂，或为向一侧延伸成1～2舌片，裂片镊合状排列；雄蕊6至多数，1或2轮；子房下位，稀半下位或上位。蒴果。光山2属2种1变种。

1. 马兜铃属Aristolochia L.

藤本，稀亚灌木，常具块状根。叶全缘或3～5裂，基部常心形。花排成总状花序，稀单生；花被1轮，花被管基部常膨大，形状各种，中部管状、劲直或各种弯曲，檐部展开或成各种形状，常边缘3裂，稀2～6裂，或一侧分裂成1或2个舌片，形状和大小变异极大，颜色艳丽而常有腐肉味；合蕊柱肉质。蒴果。光山2种。

1. 马兜铃（青木香、天仙藤）

Aristolochia debilis Sieb. et Zucc.

草质藤本。叶纸质，卵状三角形、长圆状卵形或戟形，长3～6 cm，基部宽1.5～3.5 cm，上部宽1.5～2.5 cm，顶端钝圆或短渐尖，基部心形，两侧裂片圆形，下垂或稍扩展，长1～1.5 cm，两面无毛；基出脉5～7条；叶柄长1～2 cm，柔弱。花单生或2朵聚生于叶腋；花梗长1～1.5 cm，开花后期近顶端常稍弯，基部具小苞片；小苞片三角形，长2～3 mm，易脱落；花被长3～5.5 cm，基部膨大呈球形，与子房连接处具关节，直径3～6 mm，向上收狭成一长管，管长2～2.5 cm，直径2～3 mm，管口扩大呈漏斗状。

生于山地疏林中。见于南向店乡董湾村向楼组。

马兜铃的果实和根药用，果实(马兜铃)：味苦、辛，性温；清热降气，止咳平喘。根(青木香)：味辛、苦，性寒；行气止痛，解毒消肿，降血压。果实：治慢性支气管炎、肺热咳喘、百日咳。根：治胃痛、高血压病、风湿性关节炎、跌打损伤、咽喉肿痛、流行性腮腺炎；外用治牙痛、湿疹、毒蛇咬伤。

2. 绵毛马兜铃（穿地筋、毛风草、猫耳朵草）

***Aristolochia mollissima* Hance**

　　木质藤本；嫩枝密被灰白色长绵毛，老枝无毛，干后常有纵槽纹，暗褐色。叶纸质、卵形、卵状心形，长3.5～10 cm，宽2.5～8 cm，顶端钝圆至短尖，基部心形，基部两侧裂片广展，弯缺深1～2 cm，边全缘，叶面被糙伏毛，叶背密被灰色或白色长绵毛，基出脉5～7条，侧脉每边3～4条；叶柄长2～5 cm，密被白色长绵毛。

　　生于山坡、草丛、沟边或路旁。见于殷棚乡牢山林场。

　　味苦，性平。祛风湿，通经络，止痛。治风湿筋骨痛、跌打损伤、胃腹疼痛、疝痛。用量15～30 g。

2. 细辛属Asarum L.

　　草本；根状茎长而匍匐横生，或向上斜伸；根常稍肉质，有芳香气和辛辣味。叶仅1～2或4枚，基生、互生或对生，叶片通常心形或近心形，全缘不裂；叶柄基部常具薄膜质芽苞叶。花单生于叶腋，花被整齐，1轮，紫绿色或淡绿色，基部多少与子房合生，子房以上分离或形成明显的花被管，花被裂片3；雄蕊12，2轮；子房下位或半下位，稀近上位。蒴果浆果状。光山有1变种。

1. 北细辛（辽细辛、细辛、烟袋锅花）

***Asarum heterotropoides* Fr. Schmidt var. *mandshuricum* (Maxim.) Kitag.**

　　多年生草本；根状茎横走，直径约3 mm。根细长，直径约1 mm。叶卵状心形或近肾形，长4～9 cm，宽5～13 cm，顶端急尖或钝，基部心形；两侧裂片长3～4 cm，宽4～5 cm，顶端圆形；叶面在脉上有毛，有时被疏生短毛，叶背毛较密；芽苞叶近圆形，长约8 mm。花紫棕色，稀紫绿色；花梗长3～5 cm，花期在顶部成直角弯曲；花被管壶状或半球状。果期直立。

　　生于针叶林及针阔叶混交林下、岩阴下腐殖质肥沃且排水良好的地方。见于南向店乡董湾村向楼组。

　　北细辛全草药用，味辛，性温；有小毒。祛风散寒，通窍止痛，温肺化饮。治风寒感冒、头痛、鼻渊、痰饮咳逆、肺寒喘咳、风湿痹痛及牙痛等。用量1～3 g。本品反藜芦。气虚多汗、血虚头痛、阴虚咳嗽者禁用。

29. 三白草科Saururaceae

　　草本；茎直立或匍匐状，具明显的节。叶互生，单叶；托叶贴生于叶柄上。花两性，聚集成稠密的穗状花序或总状花序，具总苞或无总苞，苞片显著，无花被；花药2室，纵裂；雌蕊由3～4心皮所组成，离生或合生，如为离生心皮，则每心皮有胚珠2～4颗，如为合生心皮，则子房1室而具侧膜胎座，在每一胎座上有胚珠6～8颗或多数，花柱离生。果为分果爿或蒴果。光山有2属2种。

1. 蕺菜属Houttuynia Thunb.

多年生草本。叶柄短或远短于叶片；花排成稠密的穗状花序，花序基部有4片白色花瓣状的总苞片；雄蕊3枚，子房上位。

1. 鱼腥草（蕺菜）

Houttuynia cordata Thunb.

多年生腥臭草本，高30～60 cm。茎下部伏地，节上轮生小根，上部直立，无毛或节上被毛，有时带紫红色。叶薄纸质，有腺点，叶背尤甚，卵形或阔卵形，长4～10 cm，宽2.5～6 cm，顶端短渐尖，基部心形，两面有时除叶脉被毛外余均无毛，叶背常呈紫红色；叶脉5～7条，全部基出或最内1对离基约5 mm，从中脉发出，如为7脉时，则最外1对很纤细或不明显；叶柄长1～3.5 cm，无毛；托叶膜质，长1～2.5 cm，顶端钝，下部与叶柄合生而成长8～20 mm的鞘，且常有缘毛，基部扩大，略抱茎。

生于低湿沼泽地、沟边、溪旁或林缘路旁。见于南向店乡董湾村向楼组、白雀园镇赛山村。

鱼腥草全草药用，味酸、辛性凉，有小毒。清热解毒，利水消肿。治扁桃体炎、肺脓肿、肺炎、气管炎、泌尿系统感染、肾炎水肿、肠炎、痢疾、乳腺炎、蜂窝组织炎、中耳炎。外用治痈疖肿毒、毒蛇咬伤。用量15～30 g。外用适量鲜品捣烂敷患处。

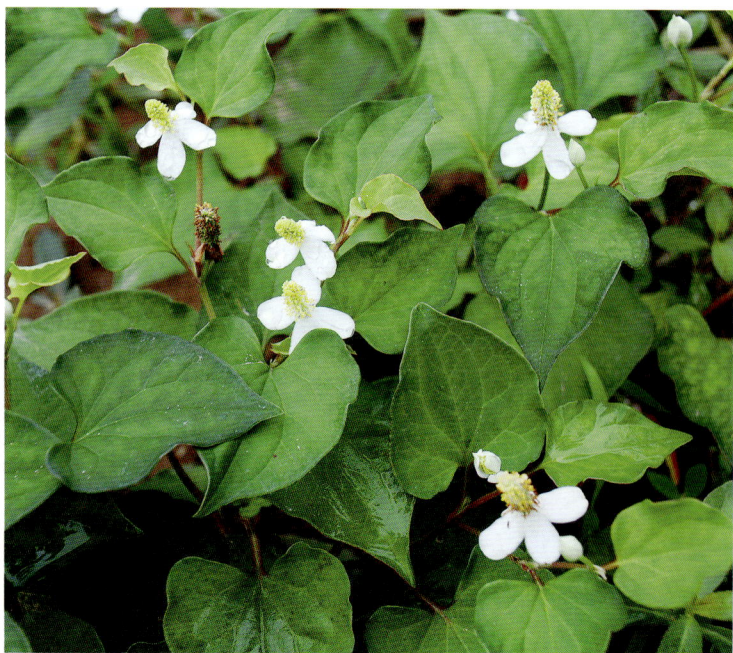

2. 三白草属Saururus L.

叶柄短或远短于叶片；花排成总状花序，花序基部无总苞

片，雄蕊6或8枚，子房上位。光山有1种。

1. 三白草（塘边藕、白面姑、白舌骨）

Saururus chinensis (Lour.) Baill.

多年生草本。高30～100 cm；茎粗壮，上部直立，绿色，下部伏地，白色，节上轮生须状小根。叶纸质，阔卵形或卵状披针形，长4～15 cm，宽2～10 cm，顶端渐尖或短渐尖，基部心形，上部叶较下部叶小，茎顶端的2～3片叶在花期常为乳白色，呈花瓣状；基出脉5条，网脉明显；叶柄长1～3 cm，基部与托叶合生成鞘状，略抱茎。

生于低湿沟边、塘边或溪边。见于槐店乡万河村。

三白草全草药用，味甘、辛、性寒。清热解毒，利水消肿。治尿路感染及结石、肾炎水肿、白带；外用治疗疮脓肿、皮肤湿疹、毒蛇咬伤。用量15～30 g。外用适量鲜品捣烂敷患处。

30. 金粟兰科Chloranthaceae

草本、灌木或小乔木。单叶对生，具羽状叶脉；叶柄基部常合生。花小，两性或单性，排成穗状花序、头状花序或圆锥花序，无花被或在雌花中有浅杯状3齿裂的花被（萼管）；两性花具雄蕊1枚或3枚，着生于子房的一侧，花丝不明显，药隔发达，有3枚雄蕊时，药隔下部互相结合或仅基部结合或分离；雌蕊1枚，由1心皮所组成，子房下位。核果。光山有1属4种。

1. 金粟兰属Chloranthus Swartz

草本；叶对生或呈轮生状，数对，雄蕊通常3枚（稀1枚），中央的花药2室，两侧的花药1室。光山有4种。

1. 宽叶金粟兰

Chloranthus henryi Hemsl.

多年生草本，高40～65 cm；根状茎粗壮，黑褐色，具多数细长的棕色须根；茎直立，单生或数个丛生，有6～7个明显的节，节间长0.5～3 cm，下部节上生一对鳞状叶。叶对生，通常4片生于茎上部，纸质，宽椭圆形、卵状椭圆形或倒卵形，长9～18 cm，宽5～9 cm，顶端渐尖，基部楔形至宽楔形，边缘具锯齿，齿端有一腺体，叶背中脉、侧脉有鳞屑状毛；叶脉6～8对；叶柄长0.5～1.2 cm；鳞状叶卵状三角形，膜质，托叶小，钻形。

生于山谷、溪边、林下潮湿处。

宽叶金粟兰全草皆可药用，味辛，性温，有小毒。祛风镇痛，舒筋活血，消肿止痛，杀虫。治腹痛、牙痛、风湿关节痛、毒蛇咬伤、跌打损伤、经痛。外敷主治黄癣、疔疮、毒蛇咬伤。本品有毒，慎用。

2. 银丝草

Chloranthus japonicus Sieb.

多年生草本，高20～49 cm；根状茎多节，横走，分枝，生多数细长须根，有香气；茎直立，单生或数个丛生，不分枝，下部节上对生2片鳞状叶。叶对生，通常4片生于茎顶，成假轮生，纸质，宽椭圆形或倒卵形，长8～14 cm，宽5～8 cm，顶端急尖，基部宽楔形，边缘有齿牙状锐锯齿，齿尖有一腺体，近基部或1/4以下全缘，叶面有光泽，侧脉6～8对，网脉明显；叶柄长8～18 mm；鳞状叶膜质，三角形或宽卵形，长4～5 mm。

生于山坡或山谷中土壤腐殖层厚、疏松、阴湿而排水良好的杂木林下。见于晏河乡净居寺、殷棚乡牢山林场。

银丝草全草药用，味苦、辛，性温；活血行瘀，散寒祛风，除湿，解毒。根及根茎：味苦、辛，性温，小毒；祛风胜湿，活血理气。全草：治感冒、风寒咳嗽、风湿痛、胃气痛、经闭、白带、跌打损伤、瘀血肿痛、疮疖、皮肤瘙痒及毒蛇咬伤。根及根茎：治风湿痛、劳伤、感冒、胃气痛、经闭、白带、跌打损伤、疖肿。用量：根1～3 g；全草6～9 g。外用鲜品适量，捣烂敷患处。

3. 及已 （四大天王、四块瓦）

Chloranthus serratus (Thunb.) Roem. et Schult.

多年生草本，高15～50 cm；根状茎横生，粗短，直径约3 mm，生多数土黄色须根；茎直立，单生或数个丛生，具明显的节，无毛，下部节上对生2片鳞状叶。叶对生，4～6片生于茎上部，纸质，椭圆形、倒卵形或卵状披针形，偶有卵状椭圆形或长圆形，长7～15 cm，宽3～6 cm，顶端渐窄成长尖，基部楔形，边缘具锐而密的锯齿，齿尖有一腺体，两面无毛；侧脉6～8对；叶柄长8～25 mm；鳞状叶膜质，三角形；托叶小。

生于山谷林下或林下潮湿处。见于殷棚乡牢山林场。

及已全草药用，味辛，性温，有毒。舒筋活络，祛风止痛，消肿解毒。治跌打损伤、风湿性腰腿痛、疔疮肿毒、毒蛇咬伤。外用适量，鲜草捣烂敷患处。本品有毒，内服宜慎。

4. 金粟兰 （珠兰、鱼子兰）

Chloranthus spicatus (Thunb.) Makino

亚灌木，直立或稍平卧，高30～60 cm；茎圆柱形，无毛。叶对生，厚纸质，椭圆形或倒卵状椭圆形，长5～11 cm，宽2.5～5.5 cm，顶端急尖或钝，基部楔形，边缘具圆齿状锯齿，齿端有一腺体，叶面深绿色，光亮，叶背淡黄绿色，侧脉6～8对，两面稍凸起；叶柄长8～18 mm，基部多少合生；托叶微小。

光山有少量栽培。见于县城附近。

金粟兰全草药用，味微苦、辛、涩，性温。祛风湿，接筋骨。治感冒、风湿性关节疼痛、跌打损伤。

32. 罂粟科 Papaveraceae

草本或稀灌木。基生叶莲座状，茎生叶互生，稀上部对生或近轮生状。花单生或排列成总状花序、聚伞花序或圆锥花序。花两性，规则的辐射对称至极不规则的两侧对称；萼片2或3～4，通常分离；花瓣4～8枚，覆瓦状排列，有时花瓣外面的2或1枚呈囊状或成距状，大多具鲜艳的颜色；雄蕊多数；子房上位，2至多数合生心皮组成。果为蒴果。光山有2属2种。

1. 博落回属 Macleaya R. Br.

无刺，叶卵形或近圆形，边缘波状或掌状浅裂至深裂，基部心形，圆锥花序，花无花瓣。光山有1种。

1. 博落回（泡通珠、三钱三）
Macleaya cordata (Willd.) R. Br.

直立草本。基部木质化，具乳黄色浆汁。茎高1～4 m，绿色，光滑，多白粉，中空，上部多分枝。叶片宽卵形或近圆形，长5～27 cm，宽5～25 cm，顶端急尖、渐尖、钝或圆形，通常7或9深裂或浅裂，裂片半圆形、方形、三角形或其他，边缘波状、缺刻状、粗齿或多细齿，叶面绿色，无毛，叶背多白粉，被易脱落的细绒毛，基出脉通常5条，侧脉2对，稀3对，细脉网状，常呈淡红色；叶柄长1～12 cm，上面具浅沟槽。

生于山谷、灌丛、路旁。见于白雀园镇赛山村。

博落回全草药用，味苦，性寒，有大毒。杀虫、祛风解毒、散瘀消肿。治跌打损伤、风湿关节痛、痈疖肿毒、下肢溃疡，鲜品捣烂外敷或干品研粉撒敷患处；治阴道滴虫，煎水冲洗阴道；治湿疹，煎水外洗；治烧烫伤，研粉调搽患处；可杀蛆虫。本品有毒，不作内服。

2. 罂粟属 Papaver L.

茎、叶无刺，叶长圆形或披针形，羽状裂，基部渐狭或半包茎，花单生顶端，花瓣4片；蒴果顶孔开裂。光山有1种。

1. 虞美人（赛牡丹、丽春花）
Papaver rhoeas L.

一年生草本，全体被伸展的刚毛。茎直立，高25～90 cm，具分枝，被淡黄色刚毛。叶互生，叶披针形或狭卵形，长3～15 cm，宽1～6 cm，羽状分裂，下部全裂，全裂片披针形和二回羽状浅裂，上部深裂或浅裂，裂片披针形，最上部粗齿状羽状浅裂，顶生裂片通常较大，小裂片顶端均渐尖，两面被淡黄色刚毛；下部叶具柄，上部叶无柄。

光山有少量栽培。见于泼陂河镇河堤上。

虞美人常作花卉栽培。全草药用，镇咳，止泻。治咳嗽、腹痛、痢疾。本品有毒。

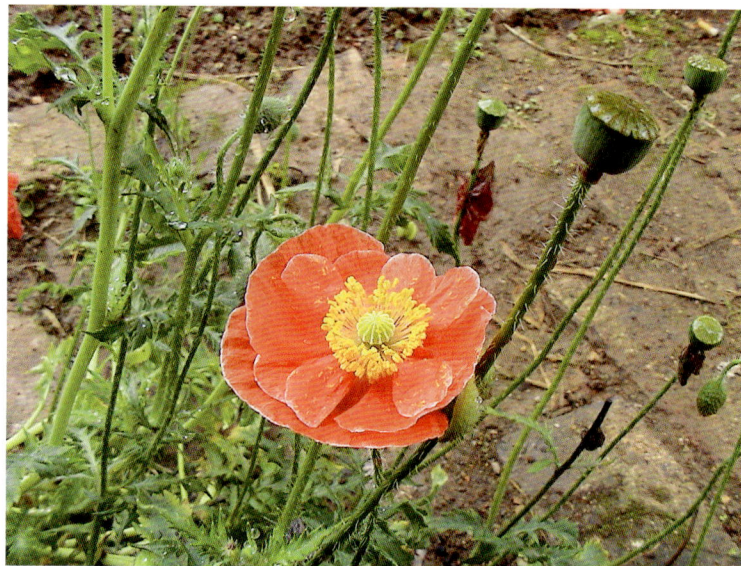

33. 紫堇科 Fumariaceae

草本，有时攀缘状。叶基生，常分裂。花两性，不对称，组成总状花序，稀聚伞花序；萼2片，花瓣4片，2轮，外轮2片基部呈囊状或短距状；雄蕊4或6枚；子房上位，1室，2个侧膜胎座。蒴果或坚果。光山有1属5种。

1. 紫堇属 Corydalis DC.

草本。叶基生，常分裂。花两性，不对称，组成总状花序，稀聚伞花序；萼2片，花瓣4片，2轮，外轮2片基部呈囊状或短距状；雄蕊4或6枚。蒴果或坚果。光山有5种。

1. 伏生紫堇（夏天无）
Corydalis decumbens (Thunb.) Pers.

多年生草本。块茎小，圆形或多少伸长，直径4～15 mm；新块茎形成于老块茎顶端的分生组织和基生叶腋，向上常抽出多茎。茎高10～25 cm，柔弱，细长，不分枝，具2～3叶，无鳞片。叶二回三出，小叶片倒卵圆形，全缘或深裂成卵圆形或披针形的裂片。总状花序疏具3～10花。苞片小，卵圆形，全缘，长5～8 mm。花梗长10～20 mm。花近白色至淡粉红色或淡蓝色。萼片早落。外花瓣顶端下凹，常具狭鸡冠状突起。

生于山坡、山谷或路边。见于南向店乡董湾村向楼组。

伏生紫堇的块茎药用，有舒筋活络、活血止痛的功能。对风湿关节痛、跌打损伤、腰肌劳损和高血压有明显的治疗作用。

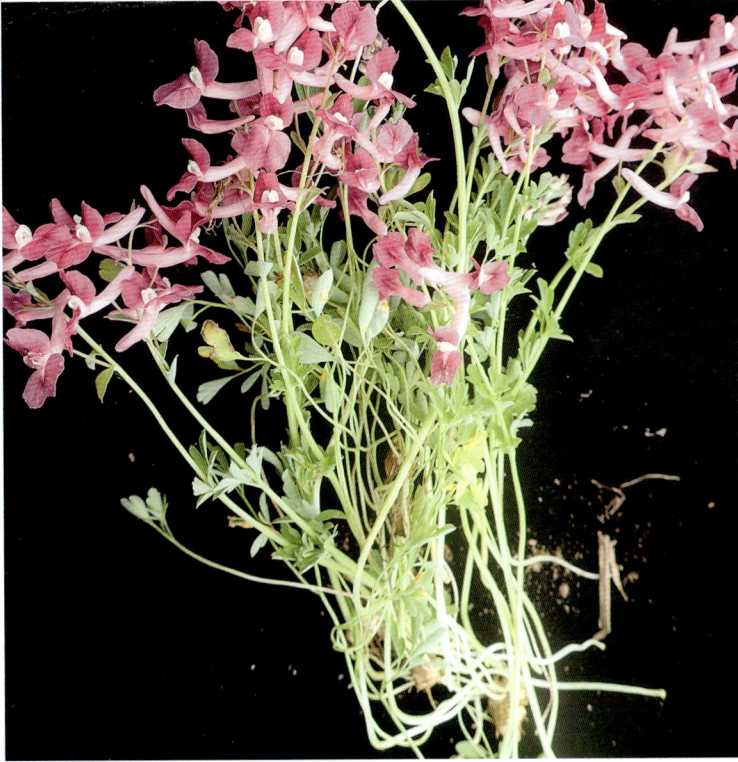

2. 刻叶紫堇
Corydalis incisa (Thunb.) Pers.

灰绿色直立草本，高15～60 cm。根茎短而肥厚，椭圆形，约长1 cm，粗5 mm，具束生的须根。茎不分枝或少分枝，具叶。叶具长柄，基部具鞘，叶片二回三出，一回羽片具短柄，二回羽片近无柄，菱形或宽楔形，约长2 cm，宽1 cm，3深裂，裂片具缺刻状齿。总状花序长3～12 cm，多花，先密集，后疏离。苞片约与花梗等长，菱形或楔形，具缺刻状齿。花梗长约1 cm。萼片小，长约1 mm，丝状深裂。花紫红色至紫色，稀淡蓝色至苍白色，平展，大小的变异幅度较大。

生于林缘、路边、沟边或疏林下。见于南向店乡董湾村林场、晏河乡净居寺。

3. 黄堇（黄花鸡距草、深山黄堇）
Corydalis pallida (Thunb.) Pers.

肉质草本，高20～60 cm。茎1至多条，发自基生叶腋，具棱，常上部分枝。基生叶多数，莲座状，花期枯萎。茎生叶稍密集，下部的具柄，上部的近无柄，叶面绿色，叶背苍白色，二回羽状全裂，一回羽片4～6对，具短柄至无柄，二回羽片无柄，卵圆形至长圆形，顶生的较大，长1.5～2 cm，宽1.2～1.5 cm，3深裂，裂片边缘具圆齿状裂片，裂片顶端圆钝，近具短尖，侧生的较小，常具4～5圆齿。总状花顶生和腋生，长约5 cm；苞片披针形至长圆形，具短尖，约与花梗等长；花梗长4～7 mm；花黄色至淡黄色。

生于林缘、路边、沟边或疏林下。见于南向店乡董湾村林场、泼陂河镇东岳寺村。

黄堇全草药用，味苦、涩，性寒，有毒。清热消肿、拔毒、杀虫。治疮疥、肿毒、角膜充血、皮肤顽癣。

4. 小花黄堇
Corydalis racemosa (Thunb.) Pers.

灰绿色丛生草本。高30～50 cm，具主根。茎具棱，分枝，具叶，枝条花莛状，对叶生。基生叶具长柄，常早枯萎。茎生叶具短柄，叶片三角形，叶面绿色，叶背灰白色，二回羽状全裂，一回羽片约3～4对，具短柄，二回羽片1～2对，卵圆形至宽卵圆形，长约2 cm，宽1.5 cm，通常二回3深裂，末回裂片圆钝，近具短尖。总状花序长3～10 cm，密具多花，后渐疏离。苞片披针形至钻形，渐尖至具短尖，约与花梗等长；花梗长3～5 mm；花黄色至淡黄色。

生于林缘、路边、沟边或疏林下。见于县城官渡河边。

小花黄堇全草药用，味微苦，性凉。清热利尿，止痢，止血。治暑热腹泻、痢疾、肺结核咳血、高热惊风、目赤肿痛、流火、毒蛇咬伤、疮疖肿毒；用量6～9 g，水煎服。主治肺结核咳血，用鲜全草适量，捣汁服。外用鲜全草适量，捣烂外敷患处。

5. 延胡索（元胡）

Corydalis yanhusuo W. T. Wang

多年生草本。高10～30 cm。块茎圆球形，直径(0.5)1～2.5 cm，质黄。茎直立，常分枝，基部以上具1鳞片，有时具2鳞片，通常具3～4枚茎生叶，鳞片和下部茎生叶常具腋生块茎。叶二回三出或近三回三出，小叶3裂或3深裂，具全缘的披针形裂片，裂片长2～2.5 cm，宽5～8 mm；下部茎生叶常具长柄；叶柄基部具鞘。总状花序疏生5～15花。苞片披针形或狭卵圆形，全缘，有时下部的稍分裂，长约8 mm。花梗花期长约1 cm，果期长约2 cm；花紫红色。

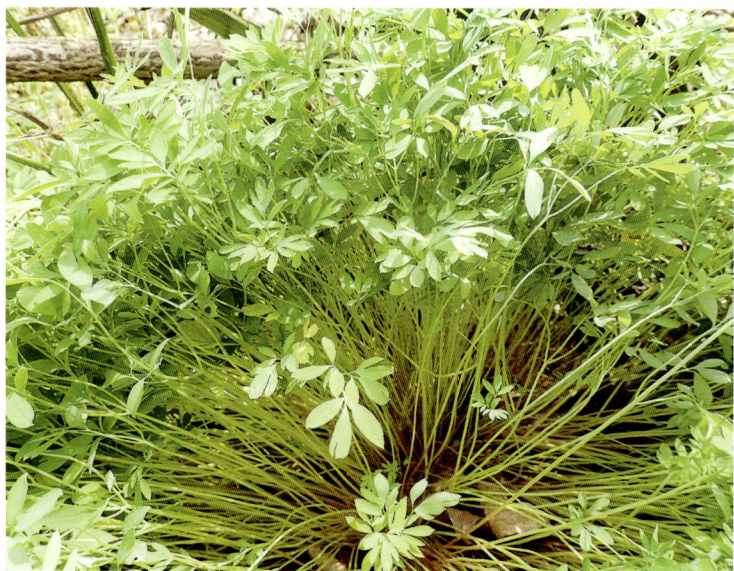

生于林缘、路边、沟边或疏林下。见于殷棚乡牢山林场。

延胡索的块茎药用，味苦、微辛，性温。活血散瘀，行气止痛。治胸腹、腰膝疼痛、跌扑肿痛、月经不调、崩中淋露等症。用量6～15 g。孕妇忌用。

36. 白花菜科Capparidaceae

草本、灌木或乔木。单叶或掌状复叶，托叶2枚或缺，有时变成刺。花两性，单生或总状花序、伞形花序或伞房花序；萼片4至多枚，花瓣4至多片，雄蕊4至多枚；雌蕊有长柄。蒴果或浆果。光山1属1种。

1. 白花菜属Cleome L.

草本，蒴果圆柱形，二瓣裂。光山1种。

1. 醉蝶花

Cleome spinosa Jacq.

一年生草本，高1～1.5 m，全株被黏质腺毛，有特殊臭味，有托叶刺，刺长达4 mm。叶为5～7小叶的掌状复叶，小叶草质，椭圆状披针形或倒披针形，中央小叶大，长6～8 cm，宽1.5～2.5 cm，最外侧的最小；叶柄长2～8 cm，常有淡黄色皮刺。总状花序长达40 cm，密被黏质腺毛；苞片单一，叶状，卵状长圆形，长5～20 mm，无柄或近无柄，基部多少心形；花蕾圆筒形，长约2.5 cm，直径4 mm，无毛；花梗长2～3 cm，被短腺毛，单生于苞片腋内；萼片4枚，长约6 mm，长圆状椭圆形，顶端渐尖，外被腺毛；花瓣粉红色。

光山有少量栽培。

醉蝶花是常见栽培的花卉。

39. 十字花科Cruciferae

草本，稀亚灌木状。叶有二型：基生叶呈旋叠状或莲座状；茎生叶基部有时抱茎或半抱茎，有时呈各式深浅不等的羽状分裂或羽状复叶。花整齐，两性，少有退化成单性的；花多数聚集成一总状花序；萼片4片，分离，排成2轮，直立或开展，有时基部呈囊状；花瓣4片，分离，成"十"字形排列；雄蕊通常6个，也排列成2轮，外轮的2个，内轮的4个，这种4个长2个短的雄蕊称为"四强雄蕊"；雌蕊1个，子房上位，2室。果实为长角果或短角果。光山12属24种5变种。

1. 南芥属Arabis L.

草本。茎直立或开展，有单毛及2叉毛。基生叶莲座状，叶片匙形，边缘稍有齿；茎生叶近匙形或匙形，全缘。总状花序疏松，腋生；苞片近匙形或长圆楔形，全缘；有花梗；萼片长圆状卵形，内轮基部囊状；花瓣大，紫色，近匙形或倒卵状楔形。长角果线形，无毛，具中脉，宿存柱头头状，稍2裂。种子小。光山有1种。

1. 硬毛南芥

Arabis hirsuta (L.) Scop.

一年生或二年生草本，全株被有硬单毛、2~3叉毛、星状毛及分枝毛。茎常中部分枝，直立。基生叶长椭圆形或匙形，长2~6 cm，宽6~14 mm，顶端钝圆，边缘全缘或呈浅疏齿，基部楔形；叶柄长1~2 cm；茎生叶多数，常贴茎，叶片长椭圆形或卵状披针形，长2~5 cm，宽7~13 mm，顶端钝圆，边缘具浅疏齿，基部心形或呈钝形叶耳，抱茎或半抱茎。总状花序顶生或腋生，花多数；萼片长椭圆形，长约4 mm，顶端锐尖，叶背无毛；花瓣白色，长椭圆形，长4~6 mm，宽0.8~1.5 mm，顶端钝圆，基部呈爪状；花柱短，柱头扁平。长角果线形，长3.5~6.5 cm，直立，紧贴果序轴。

生于草地，山坡及路边草丛中。见于南向店乡董湾村林场。

2. 芸苔属Brassica L.

一年、二年或多年生草本；根细或成块状。基生叶常呈莲座状，茎生有柄或抱茎。总状花序伞房状，结果时延长；花中等大，黄色，少数白色；萼片近相等，内轮基部囊状；侧蜜腺柱状，中蜜腺近球形、长圆形或丝状。子房有5~45胚珠。长角果线形或长圆形，圆筒状，少有近压扁，常稍扭曲，喙多为锥状。光山有6种5变种。

1. 芸苔（油菜）

Brassica campestris L.

一年生草本，高30~90 cm；茎粗壮，直立，分枝或不分枝，无毛或近无毛，稍带粉霜。基生叶大头羽裂，顶裂片圆形或卵形，边缘有不整齐弯缺牙齿，侧裂片1至数对，卵形；叶柄宽，长2~6 cm，基部抱茎；下部茎生叶羽状半裂，长6~10 cm，基部扩展且抱茎，两面有硬毛及缘毛；上部茎生叶长圆状倒卵形、长圆形或长圆状披针形，长2.5~8 cm，宽0.5~4 cm，基部心形，抱茎，两侧有垂耳，全缘或有波状细齿。

光山常见栽培。全县广布。

芸苔是主要的油料作物。芸苔的种子还可药用，味甘、辛，性温。行气祛瘀，消肿散结。治痛经、产后瘀血腹痛、恶露不净。外用治痈疖肿毒。用量3~9 g。外用适量，捣烂用鸡蛋清调敷患处。

2. 芥兰头

Brassica caulorapa DC. ex H. Lévielle

一年生草本，高30~60 cm，全体无毛，带粉霜；茎短，在离地面2~4 cm处膨大成1个实心长圆球体或扁球体，绿色，其上生叶。叶略厚，宽卵形至长圆形，长13.5~20 cm，基部

在两侧各有1裂片，或仅在一侧有1裂片，边缘有不规则裂齿；叶柄长6.5～20 cm，常有少数小裂片；茎生叶长圆形至线状长圆形，边缘具浅波状齿。总状花序顶生；花直径1.5～2.5 cm。花及长角果和甘蓝的相似，但喙常很短，且基部膨大；种子直径1～2 mm，有棱角。

光山有栽培。全县广布。

芥兰头是一种栽培蔬菜。

3. 小白菜

Brassica chinensis L.

一年或二年生草本，高25～70 cm，无毛，带粉霜；根粗，常成纺锤形块根，顶端常有短根颈；茎直立，有分枝。基生叶倒卵形或宽倒卵形，长20～30 cm，深绿色，有光泽，基部渐狭成宽柄，全缘或有不显明圆齿或波状齿，中脉白色，宽达1.5 cm，有多条纵脉；叶柄长3～5 cm，有或无窄边；下部茎生叶和基生叶相似，基部渐狭成叶柄；上部茎生叶倒卵形或椭圆形，长3～7 cm，宽1～3.5 cm，基部抱茎，宽展，两侧有垂耳，全缘，微带粉霜。

光山有栽培。全县广布。

小白菜是一种栽培蔬菜。

4. 塌棵菜(上海白)

Brassica narinosa L. H. Bailey

一年或二年生草本，高25～70 cm，无毛，带粉霜；根粗，坚硬，常成纺锤形块根，顶端常有短根颈；茎直立，有分枝。基生叶倒卵形或宽倒卵形，长20～30 cm，坚实，深绿色，有光泽，基部渐狭成宽柄；全缘或有不显明圆齿或波状齿；中脉白色，宽达1.5 cm，有多条纵脉；叶柄长3～5 cm，有或无窄边；下部茎生叶和基生叶相似，基部渐狭成叶柄；上部茎生叶倒卵形或椭圆形，长3～7 cm，宽1～3.5 cm，基部抱茎，宽展，两侧有垂耳，全缘，微带粉霜。

光山有栽培。

塌棵菜是一种栽培蔬菜。

5. 芥菜

Brassica juncea (L.) Czern. et Coss.

一年生草本，高30～150 cm，常无毛，有时幼茎及叶具刺毛，带粉霜，有辣味；茎直立，有分枝。基生叶宽卵形至倒卵形，长15～35 cm，顶端圆钝，基部楔形，大头羽裂，具2～3对裂片，或不裂，边缘均有缺刻或牙齿，叶柄长3～9 cm，具小裂片；茎下部叶较小，边缘有缺刻或牙齿，有时具圆钝锯齿，不抱茎；茎上部叶窄披针形，长2.5～5 cm，宽4～9 mm，边缘具不明显疏齿或全缘。总状花序顶生，花后延长；花黄色。

光山有栽培。全县广布。

芥菜是一种栽培蔬菜。芥菜的种子药用，味辛辣，性温。利气豁痰，散寒，消肿止痛。治支气管哮喘、慢性支气管炎、胸胁胀满、寒性脓肿。外用治神经性疼痛、扭伤、挫伤。用量3～9 g。外用适量，研粉用醋调敷患处。

6. 皱叶芥

Brassica juncea (L.) Czern. et Coss. var. **crispifolia** L. H. Bailey

皱叶芥与芥菜相近，区别在于皱叶芥的叶片强度皱缩。

光山有栽培。
皱叶芥是一种栽培蔬菜。

7. 多裂叶芥

Brassica juncea (L.) Czern. et Coss. var. **multisecta** L. H. Bailey

多裂叶芥与芥菜相近，区别在于多裂叶芥的叶片多裂成碎片状。

光山有栽培。
多裂叶芥是一种栽培蔬菜。

8. 羽衣甘蓝

Brassica oleracea L. var. **acephala** L. f. **tricolor** Hort.

二年生或多年生草本，高60～150 cm。叶片强度皱缩，下部叶大，大头羽状深裂，长达40 cm，具有色叶脉，有柄；顶裂片大，顶端圆形，基部歪心形，边缘波状，具细圆齿，顶裂片3～5对，倒卵形，上部叶长圆形，全缘，抱茎，所有叶肉质，无毛，具白粉霜。总状花序在果期长达30 cm或更长；花浅黄色，直径10～15 mm；萼片长圆形，直立，长8～11 mm；花瓣倒卵形，长15～20 mm，顶端圆形，有爪。长角果圆筒形，长5～10 cm；喙长5～10 mm。

光山有栽培。
羽衣甘蓝是美丽的观赏植物。

9. 椰菜花

Brassica oleracea L. var. **botrytis** L.

二年生草本，高60～90 cm，被粉霜。茎直立，粗壮，有分枝。基生叶及下部叶长圆形至椭圆形，长2～3.5 cm，灰绿色，顶端圆形，开展，不卷心，全缘或具细牙齿，有时叶片下延，具数个小裂片，并成翅状；叶柄长2～3 cm；茎中上部叶较小且无柄，长圆形至披针形，抱茎。茎顶端有1个由总花梗、花梗和未发育的花芽密集成的乳白色肉质头状体；总状花序顶生及腋生；花淡黄色，后变成白色。长角果圆柱形，长3～4 cm，有1中脉，喙下部粗上部细，长10～12 mm。

光山有栽培。全县广布。

椰菜花是一种栽培蔬菜。

10. 椰菜（包菜、卷心菜）

Brassica oleracea L. var. **capitata** L.

二年生草本，被粉霜。1年生茎肉质矮且粗壮，不分枝，绿色或灰绿色。基生叶多数，质厚，层层包裹成球状体，扁球形，直径10～30 cm或更大，乳白色或淡绿色；二年生茎有分枝，具茎生叶。基生叶及下部茎生叶长圆状倒卵形至圆形，长和宽达30 cm。顶端圆形，基部骤窄成极短有宽翅的叶柄，边缘有波状不明显锯齿；上部茎生叶卵形或长圆状卵形，长8～13.5 cm，宽3.5～7 cm，基部抱茎；最上部叶长圆形，长约4.5 cm，宽约1 cm，抱茎。

光山有栽培。全县广布。
椰菜是一种栽培蔬菜。

11. 黄芽白（小白菜、大白菜、黄芽白、绍菜）

Brassica pekinensis (Lour.) Skeels

二年生草本，高40～60 cm，全株无毛，有时叶背中脉上有少数刺毛。基生叶多数，大形，倒卵状长圆形至宽倒卵形，长30～60 cm，宽不及长的一半，顶端圆钝，边缘皱缩，波状，有时具不明显牙齿，中脉白色，宽，有多数粗壮侧脉；叶柄白色，扁平，长5～9 cm，宽2～8 cm，边缘有具缺刻的宽薄翅；上部茎生叶长圆状卵形、长圆披针形至长披针形，长2.5～7 cm，顶端圆钝至短急尖，全缘或有裂齿，有柄或抱茎，有粉霜。

光山有栽培。全县广布。
黄芽白是一种栽培蔬菜。

3. 荠属 Capsella Medic.

草本。基生叶莲座状，羽状分裂至全缘，有叶柄；茎上部叶无柄，叶边缘具弯缺牙齿至全缘，基部耳状，抱茎。总状花序伞房状，花疏生，果期延长；花梗丝状，果期上升；萼片近直立，长圆形，基部不成囊状；花瓣白色或带粉红色，匙形；子房2室，有12～24胚珠，花柱极短。短角果倒三角形或倒心状三角形，扁平。光山有1种。

1. 荠菜（荠、菱角菜）

Capsella bursa-pastoris (L.) Medic.

一年或二年生草本，高10～50 cm；茎直立，单一或从下部分枝。基生叶丛生呈莲座状，大头羽状分裂，长达12 cm，宽达2.5 cm；顶裂片卵形至长圆形，长5～30 mm，宽2～20 mm；侧裂片3～8对，长圆形至卵形，长5～15 mm，顶端渐尖，浅裂，或有不规则粗锯齿或近全缘；叶柄长5～40 mm；茎生叶窄披针形或披针形，长5～6.5 mm，宽2～15 mm，基部箭形，抱茎，边缘有缺刻或锯齿。花瓣白色，卵形，长2～3 mm，有短爪。短角果倒三角形或倒心状三角形。

生于山坡、田边和路旁。光山全县分布。

荠菜可作蔬菜食用，全草还可药用，味甘、淡，性平。利尿止血，清热解毒。治肾结石尿血、产后子宫出血、月经过多、肺结核咯血、高血压病、感冒发热、肾炎水肿、泌尿系统结石、乳糜尿、肠炎。用量15～60 g。

4. 碎米荠属Cardamine L.

草本。叶为单叶或为各种羽裂，或为羽状复叶。总状花序通常无苞片，花初开时排列成伞房状；萼片直立或稍开展，卵形或长圆形，边缘膜质，基部等大，内轮萼片的基部多呈囊状；花瓣白色、淡紫红色或紫色，倒卵形或倒心形，有时具爪；雌蕊柱状。长角果线形。光山有4种。

1. 光头山碎米荠

Cardamine engleriana O. E. Schulz

一年生草本植株高约35 cm，无毛；茎生叶有2～3对小叶，形较大，顶生小叶宽卵形，长2～4 cm，宽约2 cm，侧生小叶较小于顶生小叶。

生于山谷、路旁及林下。见于南向店乡董湾村向楼组。

2. 弯曲碎米荠（曲枝碎米荠、雀儿菜、碎米荠）

Cardamine flexuosa With.

一年或二年生草本，高达30 cm。茎自基部多分枝，斜升呈铺散状，表面疏生柔毛。基生叶有叶柄，小叶3～7对，顶生小叶卵形、倒卵形或长圆形，长与宽2～5 mm，顶端3齿裂，基部宽楔形，有小叶柄，侧生小叶卵形，较顶生的形小，1～3齿裂，有小叶柄；茎生叶有小叶3～5对，小叶多为长卵形或线形，1～3裂或全缘，小叶柄有或无，全部小叶近于无毛。见于文殊乡九九林场。

生于路旁、田边、草地。光山全县分布。

弯曲碎米荠全草药用，味苦、甘，性微寒。清热解毒，活血止痛。治咽喉肿痛、扁桃体炎、感冒头痛、气管炎、慢性肝炎、关节风湿痛、蛇虫咬伤。全株对食管癌、贲门癌、肝癌、乳腺癌、直肠癌等有缓解症状而延长生存率的功效。

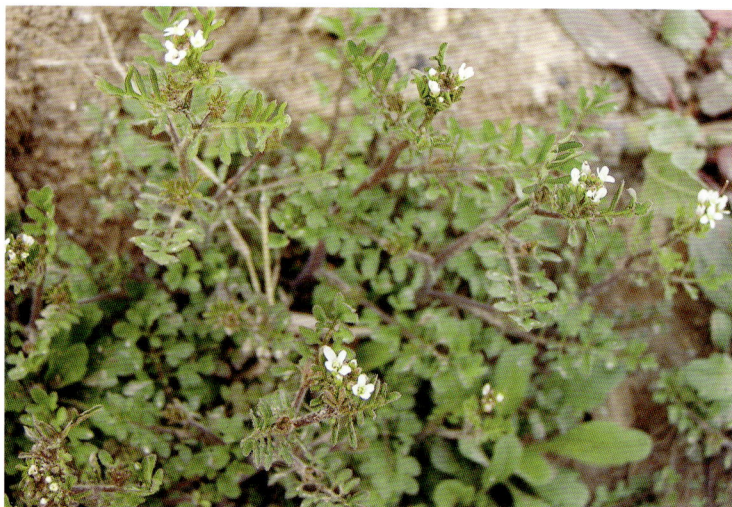

3. 碎米荠

Cardamine hirsuta L.

一年生小草本，高15～35 cm。茎直立或斜升，下部有时淡紫色，被较密柔毛，上部毛渐少。基生叶具叶柄，有小叶2～5对，顶生小叶肾形或肾圆形，长4～10 mm，宽5～13 mm，边缘有3～5圆齿，小叶柄明显，侧生小叶卵形或圆形，较顶生的形小，基部楔形而两侧稍歪斜，边缘有2～3圆齿；茎生叶具短柄，有小叶3～6对，生于茎下部的与基生叶相似，生于茎上部的顶生小叶菱状长卵形，顶端3齿裂，侧生小叶长圆形至线形，多数全缘；全部小叶两面稍有毛。

生于山坡、路旁、田边、草地、荒地等潮湿处。光山全县分布。

碎米荠全草药用，味甘，性凉。祛风，解热毒，清热利湿。治尿道炎、膀胱炎、痢疾、白带。外用治疗疮。

4. 水田碎米荠

Cardamine lyrata Bunge

多年生草本。茎直立，不分枝。生于匍匐茎上的叶为单叶，心形或圆肾形，长1～3 cm，宽7～23 cm，顶端圆或微凹，基部心形，边缘具波状圆齿或近于全缘，有叶柄，柄长3～12 cm，有时有小叶1～2对；茎生叶无柄，羽状复叶，小叶2～9对，顶生小叶大，圆形或卵形，长12～25 cm，宽7～23 cm，顶端圆或微凹，基部心形、截形或宽楔形，边缘有波状圆齿或近于全缘，侧生小叶比顶生小叶小，卵形、近圆形或菱状卵形，长5～13 cm，宽4～10 cm，边缘具有少数粗大钝齿或近于全裂，基部两侧不对称，楔形而无柄或有极短的柄，着生于最下的1对小叶全缘，向下弯曲成耳状抱茎。

生于水田边、溪边或浅水等湿地。光山全县分布。

水田碎米荠全草药用，味甘、微辛，性平。清热凉血，明目，调经。治痢疾、吐血、目赤痛、月经不调。

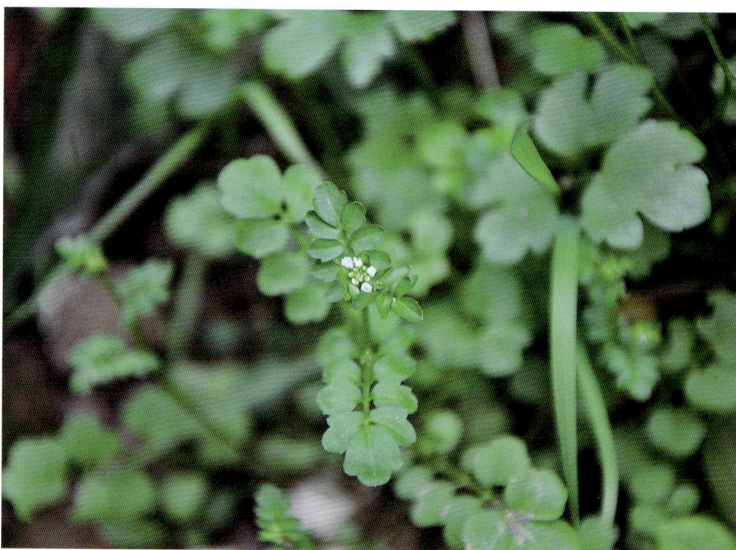

5. 播娘蒿属 Descurainia Webb et Berth.

一年或二年生草本，被单毛、分枝毛或腺毛，有时无毛。茎于上部分枝。叶2～3回羽状分裂，下部叶有柄，上部叶近无柄。花序伞房状，花小而多，无苞片；萼片近直立，早落；花瓣黄色，卵形，具爪；雄蕊6枚，花丝基部宽，无齿，有时长于花萼与花冠；侧蜜腺环状或向内开口的半环状，中蜜腺"山"字型，二者连接成封闭的环；雌蕊圆柱形，花柱短，柱头呈扁压头状。长角果长圆筒状，果瓣有1～3脉，隔膜透明。种子每室1～2行。光山有1种。

1. 播娘蒿

Descurainia sophia (L.) Schur

一年生草本，高20～80 cm，有毛或无毛，毛为叉状毛，以下部茎生叶为多，向上渐少。茎直立，分枝多，常于下部呈淡紫色。叶为3回羽状深裂，长2～12 cm，末端裂片条形或长圆形，裂片长3～5 mm，宽0.8～1.5 mm，下部叶具柄，上部叶无柄。花序伞房状，果期伸长；萼片直立，早落，长圆条形，背面有分叉细柔毛；花瓣黄色，长圆状倒卵形，长2～2.5 mm，或稍短于萼片，具爪；雄蕊6枚，比花瓣长1/3。长角果圆筒状，长2.5～3 cm，宽约1 mm，无毛，稍内曲，与果梗不成一条直线，果瓣中脉明显；果梗长1～2 cm。

生于山坡、田野及农田。见于县城官渡河边。

播娘蒿的种子药用，味辛、苦，性大寒。泻肺定喘，祛痰止咳，行水消肿。治痰饮喘咳、面目浮肿、胸腹积水、水肿、小便不利、肺原性心脏病。

6. 葶苈属 Draba L.

草本，植株矮小，丛生，有单毛、分叉毛、星状毛或分枝毛；基生叶常呈莲座状，有或无柄，茎生叶常无柄；总状花序无或有苞片；萼片基部不成或稍成囊状；花瓣黄色或白色，少有玫瑰红色或紫色，倒卵状楔形，基部成窄爪；花柱圆锥状或丝状，柱头扁压或头状；短角果卵形、披针形、长圆形或线形，直或弯或扭转，开裂，果瓣扁平或略隆起；种子2行，卵形或椭圆形；子叶缘倚胚根。光山有1种。

1. 葶苈

Draba nemorosa L.

一年或二年生草本。茎直立，高5～45 cm，单一或分枝，疏生叶片或无叶，但分枝茎有叶片；下部密生单毛、叉状毛和星状毛，上部渐稀至无毛。基生叶莲座状，长倒卵形，顶端稍钝，边缘有疏细齿或近于全缘；茎生叶长卵形或卵形，顶端尖，基部楔形或渐圆，边缘有细齿，无柄，叶面被单毛和叉状毛，叶背以星状毛为多。总状花序有花25～90朵，密集成伞房状，花后显著伸长，疏松，小花梗细，长5～10 mm；萼片椭圆形，背面略有毛；花瓣黄色。

生于田野、路旁、沟边及村屯住宅附近等处，常聚集成片生长。见于泼陂河镇东岳寺村、县城官渡河边。

葶苈的种子或全草药用，味苦，性寒。祛痰平喘，清热，利尿。治浮肿、咳逆、喘鸣、肋膜炎、痰饮、咳喘、胀满、肺痈、小便不利等。

7. 菘蓝属 Isatis L.

草本，无毛或具单毛；茎常多分枝。基生叶有柄，茎生叶无柄，叶基部箭形或耳形，抱茎或半抱茎，全缘。总状花序成圆锥花序状，果期延长；萼片近直立，略相同，基部不成囊状；花瓣黄色、白色或紫白色，长圆状倒卵形或倒披针形；子房1室，具1～2垂生胚珠，柱头几无柄，近2裂。短角果长圆形、长圆状楔形或近圆形，压扁，不开裂，至少在上部有翅，无毛或有毛，顶端平截或尖凹，果瓣常有1明显中脉。种子常1个，长圆形，带棕色；子叶背倚胚根。光山有1种。

1. 板蓝根（菘蓝）

Isatis indigotica Fortune

二年生草本，高40～100 cm；茎直立，绿色，顶部多分枝，植株光滑无毛，带白粉霜。基生叶莲座状，长圆形至宽倒披针形，长5～15 cm，宽1.5～4 cm，顶端钝或尖，基部渐狭，全缘或稍具波状齿，具柄；基生叶蓝绿色，长椭圆形或长圆状披针形，长7～15 cm，宽1～4 cm，基部叶耳不明显或为圆形。由总状花序组成的圆锥花序，萼片宽卵形或宽披针形，长2～2.5 mm；花瓣黄白，宽楔形，长3～4 mm，顶端近平截，具短爪；雄蕊6枚，四强；雌蕊1枚。短角果近长圆形，扁平，无毛，长约15 mm，宽约4 mm，边缘有翅。

光山有少量栽培。

板蓝根的根和叶药用，味苦，性寒。清热凉血，解毒。治流行性乙型脑炎、腮腺炎、上呼吸道感染、肺炎、急性肝炎、热病发斑、丹毒、疔疮肿毒、蛇伤。用量10～30 g。

8. 独行菜属Lepidium L.

草本或半灌木。叶线状钻形至宽椭圆形，全缘、锯齿缘至羽状深裂，有叶柄，或基部深心形抱茎。总状花序顶生及腋生；萼片长方形或线状披针形，稍凹，基部不成囊状；花瓣白色，少数带粉红色或微黄色，线形至匙形，比萼片短，有时退化或不存；雄蕊6，常退化成2或4；子房常有2胚珠。短角果卵形、倒卵形、圆形或椭圆形，扁平。光山有2种。

1. 独行菜（葶苈子）

Lepidium apetalum Willd.

一年生或二年生草本。茎直立或铺散，多分枝，被棒状腺毛。基生叶平铺地面，羽状浅裂或深裂，基部渐狭下延成柄；茎生叶狭披针形至线形，顶端钝，基部圆形，无柄，全缘或顶端疏具缺刻状锯齿，两面无毛，边缘疏被棒状腺毛。总状花序顶生，花后伸长，花小、疏生、白色；花梗被腺毛；萼片4枚，宽椭圆形或长卵形，边缘白色，膜质；花瓣2～4片，长圆形或线形，长为萼片的一半，有时退化成丝状或无花瓣；雄蕊2枚，与萼片近等长。短角果近圆形。

生于山坡、荒地、田边、路旁及村庄附近。

独行菜全草药用，味辛、苦，性寒。祛痰定喘，清热利尿，通淋。治慢性气管炎、支气管扩张、咳嗽、气喘多痰、肝硬化腹水、小便不利、肾小球肾炎、浮肿、肺痈。

2. 北美独行菜（大叶香荠菜）

Lepidium virginicum L.

一年或二年生草本。高20～50 cm；茎单一，直立，上部分枝，具柱状腺毛。基生叶倒披针形，长1～5 cm，羽状分裂或大头羽裂，裂片大小不等，卵形或长圆形，边缘有锯齿，两面有短伏毛；叶柄长1～1.5 cm；茎生叶有短柄，倒披针形或线形，长1.5～5 cm，宽2～10 mm，顶端急尖，基部渐狭，边缘有尖锯齿或全缘。总状花序顶生；萼片椭圆形，长约1 mm；花瓣白色，倒卵形，和萼片等长或稍长；雄蕊2或4枚。短角果近圆形。

生于田边或荒地上。见于县城官渡河边。

北美独行菜的种子药用，味辛，性寒。泻肺行水，祛痰消肿，止咳定喘。治喘急咳逆、面目浮肿、肺痈、渗出性肠膜炎。

9. 豆瓣菜属Nasturtium R. Br.

草本，具多数分枝，水生或陆生，植株光滑无毛或具糙毛。羽状复叶或为单叶，叶片篦齿状深裂或为全缘。总状花序顶生，短缩或花后延长，花白色或白带紫色。长角果近圆柱形。光山有1种。

1. 西洋菜（豆瓣菜、凉菜、水田芥）

Nasturtium officinale R. Br.

多年生水生草本，高20～40 cm，全株光滑无毛。茎匍匐或浮水生，多分枝，节上生不定根。单数羽状复叶，小叶片3～7（9）枚，宽卵形、长圆形或近圆形，顶端1片较大，长2～3 cm，宽1.5～2.5 cm，钝头或微凹，近全缘或呈浅波状，基部截平，小叶柄细而扁，侧生小叶与顶生的相似，基部不对称，叶柄基部成耳状，略抱茎。

光山有栽培。

西洋菜是一种蔬菜，全草也可药用，味甘，性凉。清热利尿，润燥止咳及抗坏血病。治气管炎、肺热咳嗽、皮肤瘙痒等。

10. 诸葛菜属Orychophragmus Bunge

一年或二年生草本。基生叶及下部茎生叶大头羽状分裂，有长柄，上部茎生叶基部耳状，抱茎，有短柄或无柄。花大，美丽，紫色或淡红色，具长花梗，成疏松总状花序；花萼合生；花瓣宽倒卵形，基部成窄长爪；雄蕊全部离生，或长雄蕊花丝成对地合生达顶端；花柱短，柱头2裂。长角果线形，4棱或压扁，熟时2瓣裂，果瓣具锐脊，顶端有长喙。光山有1种。

1. 诸葛菜（二月蓝）

Orychophragmus violaceus (L.) O. E. Schulz

二年生草本，高30～40 cm，全株少被单毛，但被较多的具柄2～3叉毛、星状毛及分枝毛。主根圆锥状。茎直立，上部多分枝。基生叶簇生，叶片长椭圆形，长3～5 cm，宽约1.3 cm，边缘近全缘，近于无柄；茎生叶多数，叶片椭圆形或披针形，长2～5 cm，宽1～1.5 cm，顶端渐尖，边缘具疏齿，基部半抱茎。总状花序顶生或腋生；萼片长椭圆形，长约2 mm；花瓣蓝紫色，倒卵形，长3～4 mm，基部具短爪；花柱连同子房长约3 mm，柱头头状。长角果线形，长4～5 cm，宽约1 mm，直立，排列疏松，果瓣具中脉，顶端宿存花柱短；果梗外展，长2～4 mm。

生于山坡、路旁。

11. 萝卜属Raphanus L.

草本，有时具肉质根。叶大头羽状半裂，上部多具单齿。总状花序伞房状；花大，白色或紫色；萼片直立，长圆形，近相等，内轮基部稍成囊状；花瓣倒卵形，常有紫色脉纹，具长爪；子房钻状，2节。长角果圆筒形，在种子间处缢缩，顶端成1细喙。光山有1种。

1. 萝卜（菜菔）

Raphanus sativus L.

一年生草本；直根肉质，长圆形、球形或圆锥形，外皮绿色、白色或红色；茎有分枝，无毛，稍具粉霜。基生叶和下部茎生叶大头羽状半裂，长8～30 cm，宽3～5 cm，顶裂片卵形，侧裂片4～6对，长圆形，有钝齿，疏生粗毛，上部叶长圆形，有锯齿或近全缘。总状花序顶生及腋生；花白色或粉红色，直径1.5～2 cm；花梗长5～15 mm；萼片长圆形，长5～7 mm；花瓣倒卵形，长1～1.5 cm，具紫纹，下部有长5 mm的爪。长角果圆柱形，长3～6 cm，宽10～12 mm，在相当种子间处缢缩，并形成海绵质横隔。

光山常见栽培。

萝卜是常见的蔬菜。种子药用，味甘、辛，性平。下气定喘、化痰消食。治胸腹胀满、食积气滞作痛、痰喘咳嗽、下痢后重。用量4.5～9 g。

12. 蔊菜属Rorippa Scop.

草本。茎直立或呈铺散状，多数有分枝。叶全缘，浅裂或羽状分裂。花小，多数，黄色，总状花序顶生，有时每花生于叶状苞片腋部；萼片4，开展，长圆形或宽披针形；花瓣4或有时缺，倒卵形，基部较狭，稀具爪；雄蕊6或较少。长角果多数呈细圆柱形，也有短角果呈椭圆形或球形。光山有4种。

1. 广州蔊菜

Rorippa cantoniensis (Lour.) Ohwi

一或二年生草本。基生叶具柄，基部扩大贴茎，叶片羽状深裂或浅裂，长4～7 cm，宽1～2 cm，裂片4～6，边缘具2～3缺刻状齿，顶端裂片较大；茎生叶渐缩小，无柄，基部呈短耳状，抱茎，叶片倒卵状长圆形或匙形，边缘常呈不规则齿裂，向上渐小。总状花序顶生，花黄色，近无柄，每花生于叶状苞片腋部；萼片4，宽披针形，长1.5～2 mm，宽约1 mm；花瓣4，倒卵形，基部渐狭成爪，稍长于萼片；雄蕊6，近等长，花丝线形。短角果圆柱形，长6～8 mm，宽1.5～2 mm，柱头短，头状。

生于路旁、河边、田边等潮湿处。见于泼陂河镇东岳寺村、植物园。

2. 风花菜

Rorippa globosa (Turcz.) Vassilcz.

一生草本。茎单一，基部木质化，下部被白色长毛，上部近无毛，分枝或不分枝。茎下部叶具柄，上部叶无柄，叶片长圆形至倒卵状披针形。长5～15 cm，宽1～2.5 cm，基部渐狭，下延成短耳状而半抱茎，边缘具不整齐粗齿，两面被疏毛，尤以叶脉为显。总状花序多数，呈圆锥花序式排列；果期伸长。花小，黄色，具细梗，长4～5 mm；萼片4，长卵形，长约1.5 mm，开展，基部等大，边缘膜质；花瓣4，倒卵形，与萼片等长或稍短，基部渐狭成短爪；雄蕊6，4强或近于等长。短角果实近球形。

生于路旁、河边、田边等潮湿处。见于县城官渡河边。

风花菜的种子或全草药用，全草：味苦，性凉；补肾，凉血。种子：清热解毒。全草：治乳痈。种子：治痈疮肿毒。

3. 蔊菜（印度蔊菜、辣豆菜、野油菜）

Rorippa indica (L.) Hiern

一至二年生直立草本。叶互生，基生叶及茎下部叶具长柄，叶形多变化，通常大头羽状分裂，长4～10 cm，宽1.5～2.5 cm，顶端裂片大，卵状披针形，边缘具不整齐牙齿，侧裂片1～5对；茎上部叶片宽披针形或匙形，边缘具疏齿，具短柄或基部耳状抱茎。总状花序顶生或侧生，花小，多数，具细花梗；萼片4枚，卵状长圆形，长3～4 mm；花瓣4，黄色，匙形，基部渐狭成短爪，与萼片近等长；雄蕊6枚，2枚稍短。长角果线状圆柱形，短而粗。

生于路旁、河边、田边等潮湿处。全县广布。

蔊菜全草药用，味甘、淡，性凉。清热利尿，凉血解毒。治感冒发热、肺炎、肺热咳嗽、咳血、咽喉肿痛、失音、小便不利、急性风湿性关节炎、水肿、慢性气管炎、肝炎。

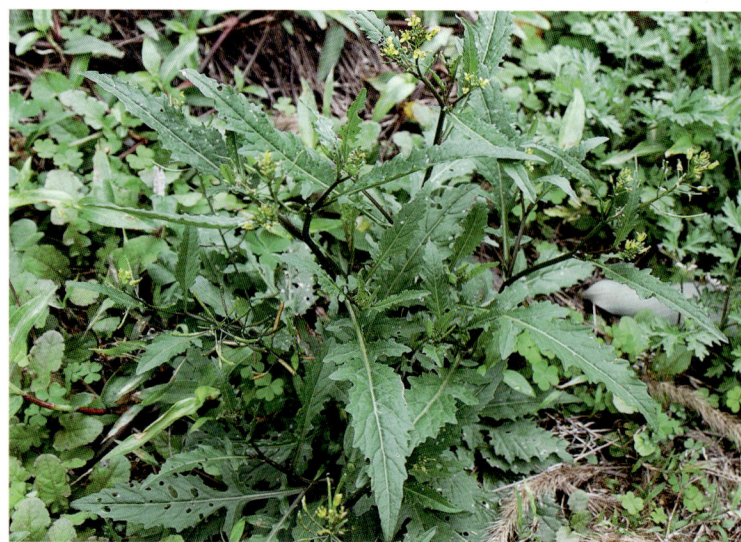

4. 沼生蔊菜

Rorippa islandica (Oed.) Borb.

一年生草本。基生叶多数，具柄；叶片羽状深裂或大头羽裂，长圆形至狭长圆形，长5～10 cm，宽1～3 cm，裂片3～7对，边缘不规则浅裂或呈深波状，顶端裂片较大，基部耳状抱茎，有时有缘毛；茎生叶向上渐小，近无柄，叶片羽状深裂或具齿，基部耳状抱茎。总状花序顶生或腋生；果期伸长，花小，多数，黄色或淡黄色，具纤细花梗，长3～5 mm；萼片长椭圆形，长1.2～2 mm，宽约0.5 mm；花瓣长倒卵形至楔形，等于或稍短于萼片；雄蕊6，近等长，花丝线状。短角果椭圆形或近圆柱形。

生于林缘、灌丛、山坡、路旁、沟边、河边湿地、田间及村屯住宅附近等处。见于县城官渡河边、南向店乡董湾村林场。

沼生蔊菜的全草药用，味甘，性凉。清热解毒，镇咳利尿，利水消肿，活血通经。治咽喉痛、风热感冒、肝炎、黄疸、水肿、腹水、肺热咳喘、肺炎、结膜炎、小便淋痛、淋症、骨髓炎、尿道感染、膀胱结石、关节痛、痘疹、小儿惊风、痈肿、烧烫伤，水煎服，外用捣敷或研末调敷。

40. 堇菜科Violaceae

草本、半灌木或小乔木。叶为单叶，通常互生，少数对生，有叶柄。花两性或单性，少有杂性，单生，或组成腋生或顶生的穗状、总状或圆锥状花序，有2枚小苞片，有时有闭花受精花；萼片下位；花瓣下位，5，覆瓦状或旋转状，异形，下面1枚通常较大，基部囊状或有距；雄蕊5枚；子房上位，完全被雄蕊覆盖，1室，由3～5心皮联合构成。果实为沿室背弹裂的蒴果或为浆果状。光山有1属8种1变种。

1. 堇菜属Viola L.

草本，具根状茎。地上茎发达或缺少，有时具匍匐枝。单叶，互生或基生；托叶小或大，呈叶状。花两性，两侧对称，单生，稀为2花，花梗腋生，有2枚小苞片；萼片5，略同形，基部延伸成明显或不明显的附属物；花瓣5，异形，稀同形，下方1瓣通常稍大且基部延伸成距；雄蕊5，花丝极短；子房1室，3心皮。蒴果球形、长圆形或卵圆状。光山有8种1变种。

1. 鸡腿堇菜

Viola acuminata Ledeb.

多年生草本，通常无基生叶。根状茎较粗，垂直或倾斜。茎直立，通常2～4条丛生，高10～40 cm。叶片心形、卵状心形或卵形，长1.5～5.5 cm，宽1.5～4.5 cm，顶端锐尖、短渐尖至长渐尖；叶柄下部者长达6 cm，上部者较短，长1.5～2.5 cm；托叶草质，叶状，长1～3.5 cm，通常羽状深裂呈流苏状，或浅裂呈齿牙状，边缘被缘毛。花淡紫色或近白色。

生于山坡、林缘、草地、灌丛及河谷湿地等处。见于南向店乡董湾村林场。

鸡腿堇菜全草药用，味淡，性寒。清热解毒，消肿止痛。治肺热咳嗽，跌打肿痛，疮疖肿毒。

2. 戟叶堇菜

Viola betonicifolia J. E. Smith

多年生草本，无地上茎。叶多数，均基生，莲座状；叶片狭披针形、长三角状戟形或三角状卵形，长2～7.5 cm，宽0.5～3 cm，顶端尖，有时稍钝圆，基部截形或略呈浅心形，有时宽楔形，基部垂片开展并具明显的牙齿，边缘具疏而浅的波状齿；叶柄较长，长1.5～13 cm，上半部有狭而明显的翅；托叶褐色，约3/4与叶柄合生，离生部分线状披针形或钻形，顶端渐尖。

生于田野、路旁、山坡草地或林中。见于泼陂河镇东岳寺村。

戟叶堇菜全草药用，味微苦、辛，性寒。清热解毒，拔毒消肿。治疮疖肿毒、跌打损伤、刀伤出血、目赤肿痛、黄疸、肠痈、喉痛。用鲜品捣烂敷患处。

3. 蔓茎堇菜（匍匐堇菜）

Viola diffusa Ging.

一年生草本。全体被糙毛或白色柔毛。匍匐枝顶端具莲座状叶丛，通常生不定根。基生叶多数，丛生呈莲座状，或于匍匐枝上互生；叶片卵形或卵状长圆形，长1.5～3.5 cm，宽1～2 cm，顶端钝或稍尖，基部宽楔形或截形，稀浅心形，明显下延于叶柄，边缘具钝齿及缘毛，幼叶两面密被白色柔毛，后渐变稀疏，但叶脉上及两侧边缘仍被较密的毛；叶柄长2～4.5 cm，具明显的翅。

生于山地沟旁、疏林下，或村旁较湿润、肥沃处。见于殷棚乡牢山林场。

蔓茎堇菜全草药用，味苦、微辛，性寒。消肿排脓、清热解毒、生肌接骨。治肝炎、百日咳、目赤肿痛，外用治急性乳腺炎、疔疮、痈疖、带状疱疹、毒蛇咬伤、跌打损伤。用量15～30g。外用适量，鲜品捣烂敷患处。

4. 短须毛七星莲

Viola diffusa Ging. var. **brevibarbata** C. J. Wang

短须毛七星莲与蔓茎堇菜的主要区别在于，短须毛七星莲全株密被白色柔毛，侧方花瓣里面基部有明显的短须毛。

生于山地沟旁、疏林下或村旁较湿润处。见于殷棚乡牢山林场、南向店乡董湾村林场。

5. 紫花堇菜（地黄瓜、黄瓜香、肾气草）

Viola grypoceras A. Gray

多年生草本。具发达主根；根状茎短粗，垂直，节密生，褐色；地上茎数条，花期高5～20cm，果期高可达30cm，直立或斜升，通常无毛。基生叶心形或宽心形，长1～4cm，宽1～3.5cm，顶端钝或微尖，基部弯缺狭，边缘具钝锯齿，两面无毛或近无毛，密布褐色腺点；茎生叶三角状心形或狭卵状心形，长1～6cm，基部弯缺浅或宽三角形；基生叶叶柄长达8cm，茎生叶叶柄较短；托叶褐色，狭披针形，长1～1.5cm，宽1～2mm，顶端渐尖，边缘具流苏状长齿，齿长2～5mm，比托叶宽度长约2倍。

生于山地沟旁、疏林下，或村旁较湿润、肥沃处。

紫花堇菜全草药用，味微苦，性凉。清热解毒、止血、化瘀消肿。治无名肿毒、刀伤、跌打肿痛。外用鲜品捣烂敷患处。

6. 白果堇菜

Viola phalacrocarpa Maxim.

多年生草本，无地上茎，高6～17cm。根状茎短粗，被白色鳞片，垂直，长3～10mm，生2至数条根；根较粗而长，不分枝，黄褐色，长可达18cm；叶均基生，莲座状，叶片最下方者常呈圆形，其余叶片呈卵形或卵圆形，长1.5～4.5cm，宽1.2～2.5cm，果期长6～7cm，宽5.5～6cm，顶端钝或稍尖，边缘具低而平的圆齿，基部稍呈心形但果期通常呈深心形，两面散生或密被白色短毛，叶背有时稍带淡紫色；叶柄长而细，长4～13cm，上部具明显的翅，幼时密被短毛；托叶外围者呈膜质，苍白色，无叶片，内部者淡绿色，1/2以上与叶柄合生，离生部分披针形或狭披针形。

生于山地沟旁、疏林下，或村旁较湿润、肥沃处。见于九架岭林场、南向店乡董湾村。

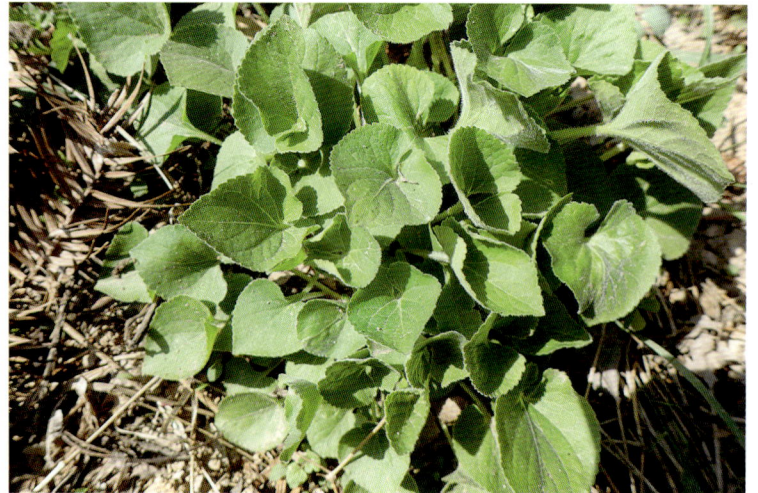

7. 紫花地丁（铧头草、地丁）

Viola philippica Cav.

多年生草本。无地上茎。叶多数，基生，莲座状；叶片下部者通常较小，呈三角状卵形或狭卵形，上部者较长，呈长圆形、狭卵状披针形或长圆状卵形，长1.5～4cm，宽0.5～1cm，顶端圆钝，基部截形或楔形，稀微心形，边缘具较平的圆齿，两面无毛或被细短毛，有时仅叶背沿叶脉被短毛，果期叶片增大，长可达10cm，宽达4cm；叶柄在花期通常长于叶片1～2倍，上部具极狭的翅，果期长可达10cm，上部具较宽的翅，无毛或被细短毛；托叶膜质，苍白色或淡绿色，长1.5～2.5cm，2/3～4/5与叶柄合生，离生部分线状披针形，边缘疏生具腺体的流苏状细齿或近全缘。

生于田间、山谷溪边林下、荒地或路旁。见于县城官渡河边。

紫花地丁全草药用，味微苦，性寒。清热解毒，凉血消肿。治疗痈疮疖、丹毒、蜂窝组织炎、乳腺炎、目赤肿痛、咽炎、黄疸型肝炎、尿路感染、肠炎、毒蛇咬伤。用量15～30 g。外用适量，鲜品捣烂敷患处。

8. 三色菫（鬼脸花）

Viola tricolor L.

多年生草本。茎高10～40 cm，全株光滑无毛。地上茎较粗，直立或稍倾斜，有棱，单一或多分枝。基生叶长卵形或披针形，具长柄；茎生叶卵形、长圆状圆形或长圆状披针形，顶端圆或钝，基部圆，边缘具稀疏的圆齿或钝锯齿，上部叶叶柄较长，下部者较短；托叶大型，叶状，羽状深裂，长1～4 cm。花大，直径约3.5～6 cm，每茎有花3～10朵，通常每花有紫、白、黄3色。

光山有栽培。

三色菫是常见的花卉。

9. 菫菜（罐嘴菜、小犁头草）

Viola verecunda A. Gray

多年生草本。高5～20 cm。地上茎通常数条丛生，稀单一，直立或斜升，平滑无毛。基生叶宽心形、卵状心形或肾形，长1.5～3 cm，宽1.5～3.5 cm，顶端圆或微尖，基部宽心形，两侧垂片平展，边缘具向内弯的浅波状圆齿，两面近无毛；茎生叶少，与基生叶相似，但基部的弯缺较深，幼叶的垂片常卷折；叶柄长1.5～7 cm，基生叶叶柄较长具翅，茎生叶叶柄较短具极狭的翅；基生叶的托叶褐色，下部与叶柄合生，上部离生呈狭披针形，长5～10 mm，顶端渐尖，边缘疏生细齿，茎生叶的托叶离生，绿色，卵状披针形或匙形，长6～12 mm，通常全缘，稀具细齿。

生于湿润的草地、草坡、田野及村边。见于白雀园镇赛山村。

菫菜全草药用，味微苦，性凉。清热解毒，止咳，止血。治肺热咯血、扁桃体炎、眼结膜炎、腹泻。外用治疮疖肿毒、外伤出血、毒蛇咬伤。

42. 远志科Polygalaceae

草本、灌木或乔木，罕为寄生小草本。单叶互生、对生或轮生。花两性，两侧对称，白色、黄色或紫红色，排成总状花序、圆锥花序或穗状花序，基部具苞片或小苞片；花萼下位，萼片5，外面3枚小，里面2枚大，常呈花瓣状，或5枚儿相等；花瓣5，稀全部发育，通常仅3枚，基部通常合生，中间1枚常内凹，呈龙骨瓣状，顶端背面常具1流苏状或蝶结状附属物；子房上位，通常2室。果实或为蒴果，2室，或为翅果、坚果。光山有1属1种。

1. 远志属Polygala L.

草本、灌木。单叶互生。花两性，左右对称；花瓣3，白色、黄色或紫红色，侧瓣与龙骨瓣常于中部以下合生，龙骨瓣舟状、兜状或盔状，顶端背部具鸡冠状附属物。光山有1种。

1. 西伯利亚远志

Polygala sibirica L.

多年生草本，高10～30 cm；根直立或斜生，木质。茎丛生，通常直立。叶互生，叶片纸质至亚革质，下部叶小卵形，长约6 mm，宽约4 mm，顶端钝，上部者大，披针形或椭圆状披针形，长1～2 cm，宽3～6 mm，顶端钝，具骨质短尖头。总状花序腋外生或假顶生，通常高出茎顶，具少数花；花长6～10 mm，具3枚小苞片，钻状披针形，长约2 mm；萼片5，宿存，外面3枚披针形，长约3 mm，里面2枚花瓣状，近镰刀形，长约7.5 mm，宽约3 mm，顶端具突尖，基部具爪，淡绿色，边缘色浅；花瓣3，蓝紫色。

生于砂质土、石砾和石灰岩山地灌丛，林缘或草地。见于晏河乡大苏山、泼陂河镇附近。

西伯利亚远志全草药用，味甘、辛、苦，性寒。滋阴清热，祛痰，解毒。治痨热咳嗽、白带、腰酸、肺炎、胃痛、痢疾、跌打损伤、风湿疼痛、疔疮等。

45. 景天科 Crassulaceae

草本或灌木，常有肥厚、肉质的茎、叶。叶互生、对生或轮生，常为单叶，少有浅裂或单数羽状复叶的。聚伞花序或伞房状、穗状、总状或圆锥状花序；花两性，或为单性而雌雄异株；萼片自基部分离，少有在基部以上合生，宿存；花瓣分离，或多少合生；雄蕊1轮或2轮，与萼片或花瓣同数或为其2倍，分离，或与花瓣或花冠筒部多少合生；心皮常与萼片或花瓣同数，分离或基部合生。蓇葖果。光山有3属10种。

1. 落地生根属 Bryophyllum Salisb.

肉质草本灌木，茎常直立。叶对生或三叶轮生，单叶，有浅裂或羽状分裂，或为羽状复叶。花大形，常下垂，颜色鲜艳；花为4基数，萼片常合生成钟状或圆柱形，或有时为基部稍膨大的萼管；花冠与萼同长，合生，在心皮上常紧缩，花冠裂片4片。光山有1种。

1. 落地生根（打不死、叶生根）
Bryophyllum pinnatum (L. f.) Oken

多年生草本，高40～150 cm；茎有分枝。羽状复叶，长10～30 cm，小叶长圆形至椭圆形，长6～8 cm，宽3～5 cm，顶端钝，边缘有圆齿，圆齿底部容易生芽，芽长大后落地即成一新植株；小叶柄长2～4 cm。圆锥花序顶生，长10～40 cm；花下垂，花萼圆柱形，长2～4 cm；花冠高脚碟形，长达5 cm，基部稍膨大，向上成管状，裂片4片，卵状披针形，淡红色或紫红色；雄蕊8枚，着生花冠基部，花丝长；鳞片近长方形；心皮4枚。

光山有少量栽培。

落地生根全草药用，味淡、微酸、涩，性凉。解毒消肿，活血止痛，拔毒生肌。外用治疮痈肿痛、乳腺炎、丹毒、瘰疬、跌打损伤、外伤出血、骨折、烧烫伤、中耳炎。鲜叶适量，捣烂敷患处或绞汁滴耳。

2. 八宝属 Hylotelephium H. Ohba

草本。叶互生、对生或3～5叶轮生。花瓣离生、白色、粉红色、紫色，或淡黄色、绿黄色，雄蕊10，较花瓣长或短，对瓣雄蕊着生在花瓣近基部处；成熟心皮几直立，分离。蓇葖果。光山有1种。

1. 八宝（景天、活血三七、对叶景天）

Hylotelephium erythrostictum (Miq.) H. Ohba

多年生草本。块根胡萝卜状。茎直立，高30～70 cm，不分枝。叶对生，少有互生或3叶轮生，长圆形至卵状长圆形，长4.5～7 cm，宽2～3.5 cm，顶端急尖，钝，基部渐狭，边缘有疏锯齿，无柄。伞房状花序顶生；花密生，直径约1 cm，花梗稍短或同长；萼片5枚，卵形，长1.5 mm；花瓣5片，白色或粉红色，宽披针形，长5～6 mm，渐尖；雄蕊10枚，与花瓣同长或稍短，花药紫色；鳞片5片，长圆状楔形，长1 mm，顶端有微缺；心皮5枚，直立，基部几分离。

光山有少量栽培。见于凉亭乡赛山林场。

八宝全草药用，味苦、酸，性寒。解毒消肿，止血。治赤游骨毒、疔疮痈疖、火眼目翳、烦热惊狂、风疹、漆疮、烧烫伤、蛇虫咬伤、吐血、咳血、月经过多、外伤出血。

3. 景天属 Sedum L.

肉质草本。叶各式，对生、互生或轮生。花序聚伞状或伞房状，腋生或顶生；花白色、黄色、红色、紫色；常为两性，稀退化为单性；常为不等5基数，少有4～9基数；花瓣分离或基部合生；雄蕊常用为花瓣数的2倍，对瓣雄蕊贴生在花瓣基部或稍上处；鳞片全缘或有微缺；心皮分离，或在基部合生。蓇葖果。光山有8种。

1. 费菜（土三七、四季还阳、景天三七）

Sedum aizoon L.

多年生草本。根状茎短，粗。茎高20～50 cm，有1～3条茎，直立，无毛，不分枝。叶互生，狭披针形、椭圆状披针形至卵状倒披针形，长3.5～8 cm，宽1.2～2 cm，顶端渐尖，基部楔形，边缘有不整齐的锯齿；叶坚实，近革质。聚伞花序有多花，水平分枝，平展，下托以苞叶。萼片5枚，线形，肉质，不等长，长3～5 mm，顶端钝；花瓣5片，黄色，长圆形至椭圆状披针形，长6～10 mm，有短尖；雄蕊10枚，较花瓣短；

鳞片5片，近正方形，长0.3 mm，心皮5枚，卵状长圆形，基部合生，腹面凸出，花柱长钻形。

生于山谷、路旁石上。见于南向店乡董湾村林场、晏河乡詹堂村。

费菜全草药用，味甘、微酸、性平。散瘀，止血，宁心安神，解毒。治吐血、衄血、咳血、便血、尿血、崩漏、紫斑、外伤出血、跌打损伤、心悸、失眠、疮疖痈肿、烫伤、蛇虫咬伤。

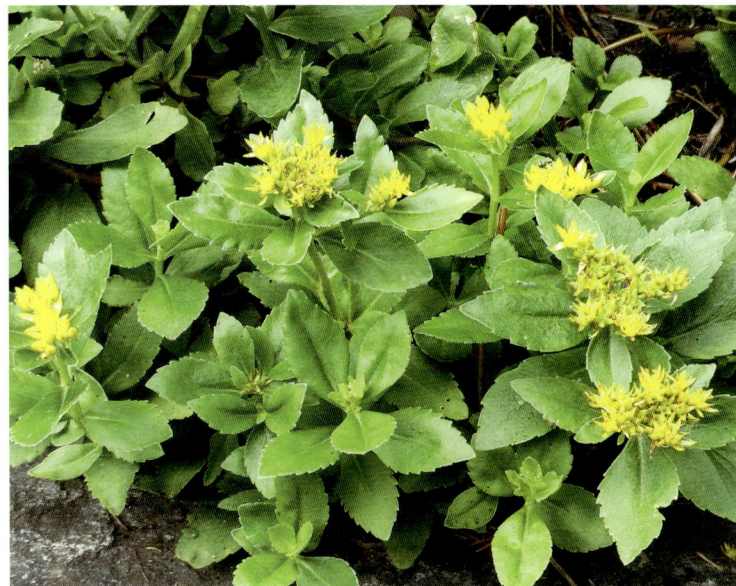

2. 大苞景天（苞叶景天、一朵云）

Sedum amplibracteatum K. T. Fu

一年生草本。茎高15～50 cm。叶互生，上部为3片轮生，下部叶常脱落，叶菱状椭圆形，长3～6 cm，宽1～2 cm，两端渐狭，钝，常聚生在花序下，有叶柄，长达1 cm。苞片圆形或稍长，与花略同长；聚伞花序常三歧分枝，每枝有1～4花，无梗；萼片5枚，宽三角形，长0.5～0.7 mm，有钝头；花瓣5片，黄色，长圆形，长5～6 mm，宽1～1.5 mm，近急尖，中脉不显；雄蕊10或5枚，较花瓣稍短；鳞片5枚，近长方形至长圆状匙形，长0.7～0.8 mm；心皮5枚，略叉开，基部合生，长5 mm，花柱长。

生于山谷、山坡林下阴湿处。

大苞景天全草药用，味甘、淡，性寒。清热解毒，化血散瘀，止痛，通便。治产后腹痛、痈疮肿痛、胃痛、大便燥结、烫伤。

3. 凹叶景天（石板菜、九月寒、打不死）

Sedum emarginatum Migo

多年生草本。茎细弱，高 10～15 cm。叶对生，匙状倒卵形至宽卵形，长 1～2 cm，宽 5～10 mm，顶端圆钝，有微缺，基部渐狭，有短柄。花序聚伞状，顶生，宽 3～6 mm，有多花，常有 3 个分枝；花无梗；萼片 5 枚，披针形至狭长圆形，长 2～5 mm，宽 0.7～2 mm，顶端钝；基部有短距；花瓣 5 片，黄色，线状披针形至披针形，长 6～8 mm，宽 1.5～2 mm；鳞片 5 枚，长圆形，长 0.6 mm，钝圆，心皮 5 枚，长圆形，长 4～5 mm，基部合生。

生于山谷、山坡林下阴湿处。见于泼陂河镇河堤上。

凹叶景天全草药用，味苦、酸，性凉。清热解毒，利水通淋，截疟。治疗疮、淋症、水鼓、疟疾。

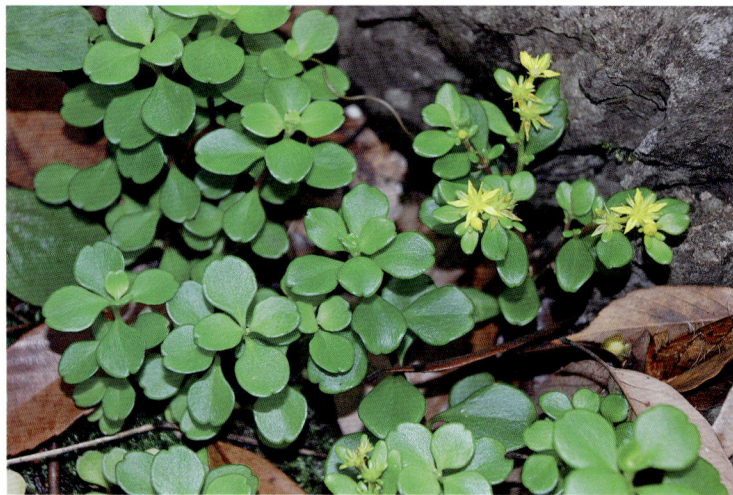

4. 离瓣景天

Sedum barbeyi Hamet

多年生草本，丛生。花茎直立，高 3～6 cm。叶卵状披针形，长 4～7 mm，宽 1.2～2 mm，顶端渐尖，全缘，基部有钝距，茎上部的黄绿色，下部的苍白色，宿存。花序伞房状，有花 3～5，密集；苞片叶形。花为不等的五基数，有短梗；萼片宽披针形，长 4～5 mm，宽 1.2～1.8 mm，顶端渐尖，基部无距，黄绿色；花瓣黄色，披针形，长 6～7.5 mm，宽 1.2～1.5 mm，基部几离生，顶端有突尖头；雄蕊 10，2 轮，外轮的长 4.5～5 mm，内轮的生于距花瓣基部 1.5～2 mm 处，长 3～3.5 mm；鳞片近匙形，长约 0.4 mm，顶端微凹；心皮披针形或线状披针形，长 4～6 mm，宽约 1.3 mm，基部合生 1.3～1.5 mm，顶端狭为长 2 mm 的花柱，有胚珠 6～8。

生于山谷、山坡林下阴湿处。见于南向店乡环山村。

5. 珠芽景天（马尿花、零余子景天）

Sedum bulbiferum Makino

多年生草本。根须状。茎高 7～22 cm，茎下部常横卧。叶腋常有圆球形、肉质、小粒珠芽着生。基部叶常对生，上部的互生，下部叶卵状匙形，上部叶匙状倒披针形，长 10～15 mm，宽 2～4 mm，顶端钝，基部渐狭。花序聚伞状，3 分枝，常再二歧分枝；萼片 5 枚，披针形至倒披针形，长 3～4 mm，宽达 1 mm，有短距，顶端钝；花瓣 5 片，黄色，披针形，长 4～5 mm，宽 1.25 mm，顶端有短尖；雄蕊 10 枚，长 3 mm；心皮 5 枚，略叉开，基部 1 mm 合生，全长 4 mm，连花柱长约 1 mm。

生于山谷、山坡林下阴湿处。见于泼陂河镇河堤上。

珠芽景天全草药用，味辛、涩，性温。散寒，理气，止痛，截疟。治食积腹痛、风湿瘫痪、疟疾。

6. 佛甲草（鼠牙半支、午时花、打不死）

Sedum lineare Thunb.

多年生草本，植株全体无毛。茎高 10～20 cm。三叶轮生，少有四叶轮或对生的，叶线形，长 20～25 mm，宽约 2 mm，顶端钝尖，基部无柄，有短柄。花序聚伞状，顶生，疏生花，宽 4～8 cm，中央有一朵有短梗的花，另有 2～3 分枝，分枝常再 2 分枝，着生花无梗；萼片 5 枚，线状披针形，长 1.5～7 mm，不等长，不具距，有时有短距，顶端钝；花瓣 5 片，黄色，披针形，长 4～6 mm，顶端急尖，基部稍狭；雄蕊 10 枚，较花瓣短；鳞片 5 枚，宽楔形至近四方形，长 0.5 mm，宽 0.5～0.6 mm。

生于低山阴湿处或石缝中。见于白雀园镇赛山村。

佛甲草全草药用，味甘、淡，性凉。清热解毒，消肿止血。治咽喉炎、肝炎、胰腺炎。外用治烧烫伤、外伤出血、带状疱疹、疮疡肿毒、毒蛇咬伤。用量 30～60 g。外用适量，鲜草捣烂敷患处。

7. 垂盆草（葡茎佛甲草、土三七）

Sedum sarmentosum Bunge

多年生草本，全株光滑无毛。不育枝及花茎细，葡匐而节上生根，直到花序之下，长 10～25 cm。三叶轮生，叶倒披针形至长圆形，长 15～28 mm，宽 3～7 mm，顶端近急尖，基部急狭，有短柄。聚伞花序，有 3～5 分枝，花少，宽 5～6 cm；花无梗；萼片 5 枚，披针形至长圆形，长 3.5～5 mm，顶端钝，基部无距；花瓣 5 片，黄色。

生于低山阴湿石上。见于白雀园镇赛山村。

垂盆草全草药用，味甘、微酸，性凉。清热解毒，消肿排脓。治咽喉肿痛、口腔溃疡、肝炎、痢疾。外用治烧烫伤、痈肿疮疡、带状疱疹、毒蛇咬伤。用量：鲜草30～120 g，捣汁服；干草15～30 g，水煎服。外用适量，鲜品捣烂敷患处。

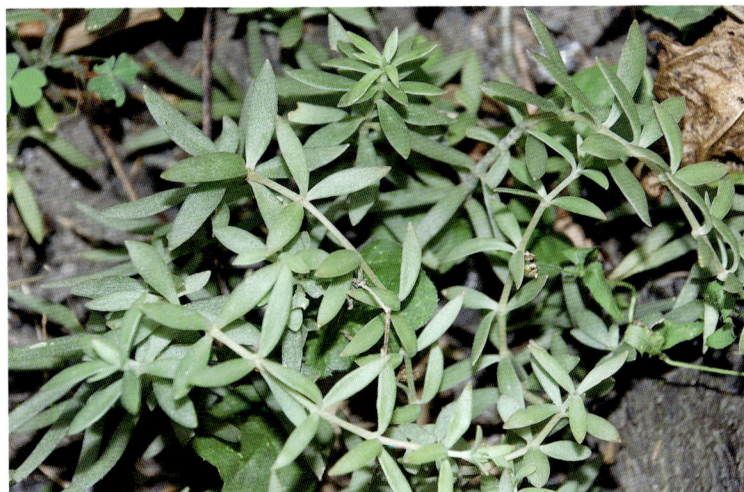

8. 繁缕景天（卧儿菜、繁缕叶景天、火焰草）

Sedum stellariifolium Franch.

一年生。植株被腺毛。茎直立，有多数斜上的分枝，基部呈木质，高10～15 cm，褐色，被腺毛。叶互生，正三角形或三角状宽卵形，长7～15 mm，宽5～10 mm，顶端急尖，基部宽楔形至截形，入于叶柄，柄长4～8 mm，全缘。总状聚伞花序；花顶生，花梗长5～10 mm，萼片5，披针形至长圆形，长1～2 mm，顶端渐尖；花瓣5，黄色，披针状长圆形，长3～5 mm，顶端渐尖；雄蕊10，较花瓣短；鳞片5，宽匙形至宽楔形，长0.3 mm，顶端有微缺；心皮5，近直立，长圆形，长约4 mm，花柱短。蓇葖下部合生，上部略叉开；种子长圆状卵形，长0.3 mm，有纵纹，褐色。

生于上坡或山谷土上或石缝中。见于南向店乡董湾村向楼组。

47. 虎耳草科Saxifragaceae

草本、灌木或小乔木。单叶或复叶。聚伞状、圆锥状或总状花序，稀单花；花两性，稀单性；花被片4～5枚，稀10枚；萼片有时花瓣状；花冠辐射对称，稀两侧对称，花瓣一般离生；雄蕊5～10枚，着生于花瓣上，花丝离生，花药2室；子房上位、半下位至下位。蒴果或浆果。光山有2属2种。

1. 扯根菜属Penthorum Gronov. ex L.

单叶，边缘有细齿；聚伞花序顶生，萼片5～8枚，花瓣5～8片，雄蕊10～16枚全发育，心皮5～8枚，中部以下合生成一5室的子房，上部分离成5个角状突起。光山有1种。

1. 扯根菜（赶黄草、山黄鳝、水杨柳、水泽兰）

Penthorum chinense Pursh.

多年生草本，高40～65(90)cm。根状茎分枝；茎不分枝，稀基部分枝，具多数叶，中下部无毛，上部疏生黑褐色腺毛。叶互生，无柄或近无柄，披针形至狭披针形，长4～10 cm，宽0.4～1.2 cm，顶端渐尖，边缘具细重锯齿，无毛。聚伞花序具多花，长1.5～4 cm；花序分枝，与花梗均被褐色腺毛；苞片小，卵形至狭卵形；花梗长1～2.2 mm；花小型，黄白色。

生于溪边、沟边的湿地上。见于白雀园镇赛山村。

扯根菜全草药用，味甘，性温。利水除湿，祛瘀止痛。治黄疸、水肿、跌打损伤肿痛。

2. 虎耳草属Saxifraga L.

单叶，边缘有齿或分裂；花单生或数朵组成总状、伞形状或圆锥花序，萼片4或5枚，花瓣4或5片，雄蕊10枚，稀8枚，心皮2枚，子房2室。光山有1种。

1. 虎耳草（狮子耳、耳聋草）

Saxifraga stolonifera W. Curt.

多年生草本。根状茎短；匍匐茎细长，具不定根，有分枝；花茎高10～30 cm，直立。叶基生，肉质，圆形或肾形，直径4～9 cm，被柔毛，基部心形或截平，边缘浅裂及具不规则钝齿，叶面绿色，具白斑，叶背紫红色；叶柄长3～15 cm。圆锥花序疏松，被腺毛及茸毛；苞片披针形，长3～5 mm，被柔毛；萼片狭卵形，长3～4 mm，顶端急尖，向外伸展，下面及边缘被柔毛；花瓣5，白色或粉红色。

生于山谷、林下及阴湿的石隙中。见于南向店乡董湾村向楼组。

虎耳草全草药用，味苦、辛，性寒，有小毒。清热解毒。

治小儿发热、咳嗽气喘；外用治中耳炎、耳廓溃烂、疔疮、疖肿、湿疹。用量9～15g；外用适量，捣烂敷患处。

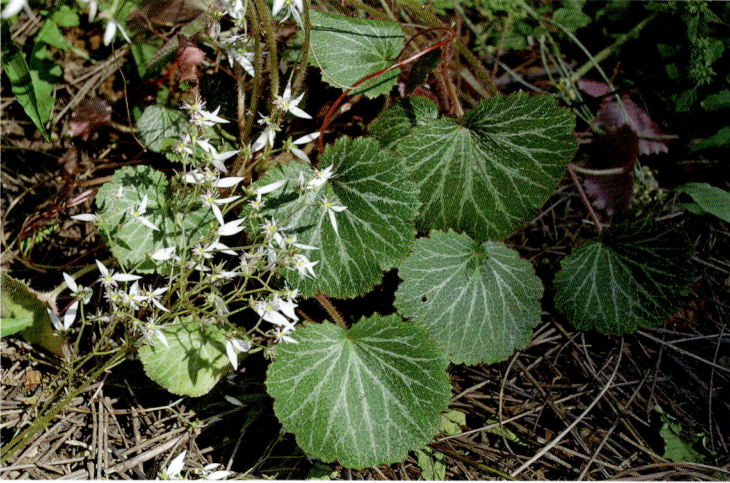

53. 石竹科Caryophyllaceae

草本，稀亚灌木。茎节常膨大，具关节。单叶对生，稀互生或轮生，基部多少连合。花辐射对称，两性，稀单性，排列成聚伞花序或聚伞圆锥花序，稀单生，少数呈总状花序、头状花序、假轮伞花序或伞形花序；萼片5，稀4；花瓣5，稀4，通常爪和瓣片之间具2片状或鳞片状副花冠片，稀缺花瓣；雄蕊10，二轮列，稀5或2；雌蕊1，由2～5合生心皮构成，子房上位，3室或基部1室，上部3～5室，特立中央胎座或基底胎座。果实为蒴果。光山有8属12种1亚种。

1. 无心菜属Arenaria L.

草本或亚灌木，叶基部不连合呈短鞘，无托叶，花单生或组成聚伞花序，花萼5枚，花瓣与花萼同数，顶端全缘、撕裂状或微缺；雄蕊10枚；花柱离生，2～4枚，蒴果球形。光山有1种。

1. 无心菜（小无心菜、蚤缀、鹅不食草）

Arenaria serpyllifolia L.

一年生或二年生草本，高10～30cm。主根细长，支根较多而纤细。茎丛生、直立或铺散，密被白色短柔毛，节间长0.5～2.5cm。叶片卵形，长4～12mm，宽3～7mm，基部狭，无柄，边缘具缘毛，顶端急尖，两面近无毛或疏生柔毛，具3脉，茎下部的叶较大，茎上部的叶较小。聚伞花序，具多花；苞片草质，卵形，长3～7mm，通常密生柔毛；花梗长约1cm，纤细，密生柔毛或腺毛；萼片5枚，披针形，长3～4mm，边缘膜质，顶端尖，外面被柔毛，具显著的3脉；花瓣5片，白色。

生于旷地上。见于南向店乡董湾村向楼组、文殊乡九九林场。

无心菜全草药用，味辛、苦，性平。止咳，清热明目。治肺结核、急性结膜炎、麦粒肿、咽喉痛。

2. 卷耳属Cerastium L.

全株被毛，有腺体，无托叶；花萼5枚，稀4枚，花瓣与花萼同数，顶端微缺或2裂，稀无花瓣；雄蕊10枚，稀5枚；花柱离生，3～5枚，蒴果圆筒状，顶端常10齿。光山有1种。

1. 簇生卷耳

Cerastium fontanum Baumg subsp. **triviale** (Link) Jalas

多年生或一、二年生草本，高15～30cm。茎单生或丛生，近直立，被白色短柔毛和腺毛。基生叶叶片近匙形或倒卵状披针形，基部渐狭呈柄状，两面被短柔毛；茎生叶近无柄，叶片卵形、狭卵状长圆形或披针形，长1～3cm，宽3～10mm，顶端急尖或钝尖，两面均被短柔毛，边缘具缘毛。聚伞花序顶生；苞片草质；花梗细，长5～25mm，密被长腺毛，花后弯垂；萼片5枚，长圆状披针形，长5.5～6.5mm，外面密被长腺毛，边缘中部以上膜质；花瓣5片，白色。

生于山地林下、沟边潮湿处。见于县城官渡河边。

簇生卷耳全草药用，味辛、苦，性微寒。清热解毒，消肿止痛。治感冒、乳痈初起、疔疽肿痛。

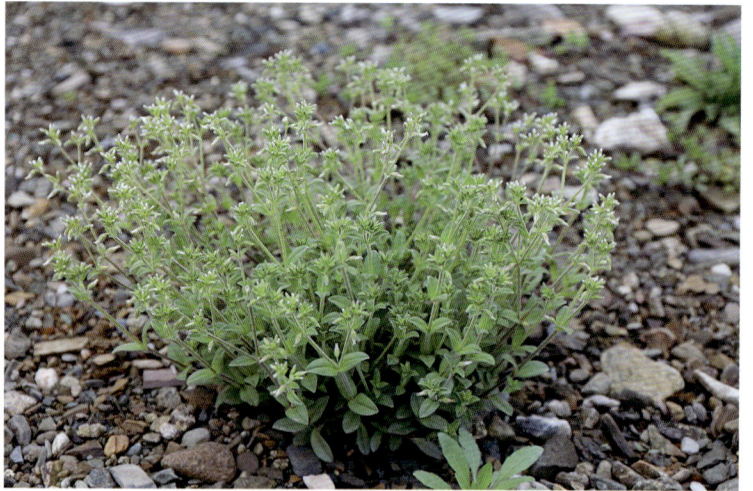

3. 石竹属Dianthus L.

无托叶；花萼管状、钟状或圆柱状，顶端5齿裂，基部有2至多数覆瓦状排列的小苞片；花瓣有瓣柄；花柱2枚，离生。光山有3种。

1. 须苞石竹（美国石竹、十样锦）

Dianthus barbatus L.

多年生草本，高30～60cm，全株无毛。茎直立，有棱。叶片披针形，长4～8cm，宽约1cm，顶端急尖，基部渐狭，合生成鞘，全缘，中脉明显。花多数，集成头状，有数枚叶状总苞片；花梗极短；苞片4，卵形，顶端尾状尖，边缘膜质，具细齿，与花萼等长或稍长；花萼筒状，长约1.5cm，裂齿锐尖；花瓣具长爪，瓣片卵形，通常红紫色，有白点斑纹，顶端齿裂，喉部具髯毛；雄蕊稍露于外；子房长圆形，花柱线形。

光山有少量栽培。

须苞石竹为一种花卉植物，全草也可药用，味苦，性寒。清热利尿，破血通经，散瘀消肿。治尿路感染、热淋、尿血、妇女经闭、疮毒、湿疹。

2. 石竹

Dianthus chinensis L.

多年生草本，高30～50 cm，全株无毛，带粉绿色。茎由根颈生出，疏丛生，直立，上部分枝。叶线状披针形，长3～5 cm，宽2～4 mm，顶端渐尖，基部稍狭，全缘或有细小齿，中脉较显。花单生枝端或数花集成聚伞花序；花梗长1～3 cm；苞片4枚，卵形，顶端长渐尖，长达花萼1/2以上，边缘膜质，有缘毛；花萼圆筒形，长15～25 mm，直径4～5 mm，有纵条纹，萼齿披针形，长约5 mm，直伸，顶端尖，有缘毛；花瓣长16～18 mm，瓣片倒卵状三角形，长13～15 mm，紫红色、粉红色、鲜红色或白色。

光山有少量栽培。见于白雀园镇方寨村、陂河镇东岳寺。

石竹为一种花卉植物，全草也可药用，味苦，性寒。清热利尿，破血通经。治水肿、尿路感染、月经不调、闭经、跌打肿痛。

3. 瞿麦（十样景花、洛阳花）

Dianthus superbus L.

多年生草本，高20～50 cm。茎丛生，直立，不分枝或上部稍分枝，无毛。叶对生，无柄；叶片线形或线状披针形，顶端锐尖，基部呈短鞘状抱茎，全缘，中肋在叶背隆起，两面无毛。疏散的聚伞花序顶生或花单生叶腋，花梗细长，无毛；苞片4～6，倒卵形或椭圆形，顶端具突尖，长为花萼的1/4，无毛，边缘具短缘毛；花萼长圆筒形，粉绿色或淡紫红色。

生于山坡草地、林缘、路边。见于南向店乡董湾村向楼组。

瞿麦全草药用，味苦，性寒。利尿通淋，破血通经。治热淋、血淋、石淋、小便不通、淋沥涩痛、闭经。

4. 鹅肠菜属Myosoton Moench

草本。茎下部匍匐，无毛，上部直立，被腺毛。叶对生。花两性，白色，排列成顶生二歧聚伞花序；萼片5；花瓣5，比萼片短，2深裂至基部；雄蕊10；子房1室，花柱5。蒴果卵形。光山有1种。

1. 牛繁缕（鹅肠草、鹅儿肠、抽筋草）

Myosoton aquaticum (L.) Moench

二年生或多年生草本，具须根。茎上升，多分枝，长50～80 cm，上部被腺毛。叶卵形或宽卵形，长2.5～5.5 cm，宽1～3 cm，顶端急尖，基部稍心形，有时边缘具毛；叶柄长5～15 mm，上部叶常无柄或具短柄，疏生柔毛。顶生二歧聚伞花序；苞片叶状，边缘具腺毛；花梗细，长1～2 cm，花后伸长并向下弯，密被腺毛；萼片卵状披针形或长卵形，长4～5 mm，果期长达7 mm，顶端较钝，边缘狭膜质，外面被腺柔毛，脉纹不明显；花瓣白色。

生于山谷、耕地、旷野、沟边或路旁。见于县城官渡河边。

牛繁缕全草药用，味甘、酸，性平。消肿止痛，清热凉血，消积通乳。治小儿疳积、牙痛、痢疾、痔疮肿痛、乳腺炎、乳汁不通。外用治疮疖。

5. 孩儿参属Pseudostellaria Pax

小草本。块根纺锤形。茎直立或上升，有时匍匐。托叶无；叶对生，叶片卵状披针形至线状披针形；花两型：开花受精花较大形，生于茎顶或上部叶腋，单生或数朵成聚伞花序，常不结实。光山有1种。

1. 孩儿参（太子参、异叶假繁缕）

Pseudostellaria heterophylla (Miq.) Pax. ex Pax et Hoffm.

多年生草本，高15～20 cm。块根长纺锤形，白色，稍带灰黄。茎直立，单生，被2列短毛。茎下部叶常1～2对，叶片倒披针形，顶端钝尖，基部渐狭呈长柄状，上部叶2～3对，叶片宽卵形或菱状卵形，长3～6 cm，宽2～20 mm，顶端渐尖，基部渐狭，叶面无毛，叶背沿脉疏生柔毛。开花受精花1～3朵，腋生或呈聚伞花序；花梗长1～2 cm，有时长达4 cm，被短柔毛；萼片5，狭披针形，长约5 mm，顶端渐尖，外面及边缘疏生柔毛；花瓣5，白色。

生于林下及林缘灌丛中，常聚生成片生长。见于南向店乡董湾村林场。

孩儿参的块根药用。味甘、微苦，性微温。补肺，生津，健脾。治肺虚咳嗽、脾虚食少、心悸自汗、精神疲乏、倦怠无力、失眠健忘、神经衰弱、消化不良、泄泻、水肿、消瘦、尿浊、小儿虚汗、口干及食欲不振等。用量15～30 g。

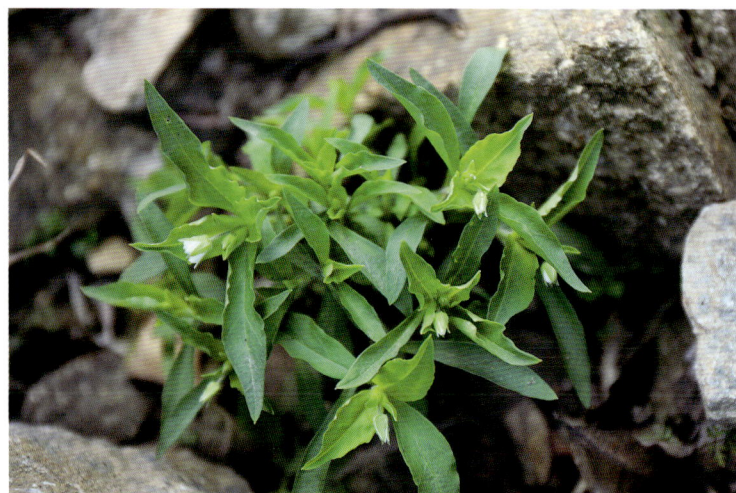

6. 漆姑草属 Sagina L.

小草本，叶线形，基部连合呈短鞘，无托叶，花单生或组成聚伞花序，花萼4～5枚，花瓣与花萼同数，顶端全缘或微缺；雄蕊5枚；花柱离生，4～5枚，蒴果球形。光山有1种。

1. 漆姑草（瓜槌草、珍珠草、星宿草）

Sagina japonica (Swartz) Ohwi

一年生小草本，高5～20 cm，上部被稀疏腺柔毛。茎丛生，稍铺散。叶片线形，长5～20 mm，宽0.8～1.5 mm，顶端急尖，无毛。花小形，单生枝端；花梗细，长1～2 cm，被稀疏短柔毛；萼片5枚，卵状椭圆形，长约2 mm，顶端尖或钝，外面疏生短腺柔毛，边缘膜质；花瓣5片，狭卵形，稍短于萼片，白色，顶端圆钝，全缘。

生于山谷或旷野草地。见于县城官渡河边、白雀园镇赛山村。

漆姑草全草药用，味苦、涩、辛，性凉。消肿散结，解毒止痒。治漆疮、痈疽、淋巴结核、慢性鼻炎、龋齿、小儿乳积、跌打损伤。

7. 女娄菜属 Silene L.

草本。近无柄。花两性，稀单性；聚伞或圆锥花序，稀头状花序或单花。花萼筒状、钟形、棒状或卵形，稀呈囊状或圆锥形，花后膨大，萼齿5；花瓣5，瓣爪无毛或具缘毛，上部耳状，稀无耳，瓣片伸出，稀内藏，平展，2裂，稀全缘或多裂，有时微凹；花冠喉部具鳞片状副花冠，稀缺；雄蕊10；子房基部1、3或5室，胚珠多数。蒴果卵圆形。光山有2种。

1. 女娄菜（王不留行、桃色女娄菜）

Silene aprica Turcz. ex Fisch. et Mey.

一年生或二年生草本，高50～100 cm，全株无毛，有时仅基部被短毛。茎单生或疏丛生，粗壮，直立，不分枝，稀分枝，有时下部暗紫色。叶片椭圆状披针形或卵状倒披针形，长4～10 cm，宽8～25 mm，基部渐狭成短柄状，顶端急尖，仅边缘具缘毛。假轮伞状间断式总状花序；花梗长5～18 mm，直立，常无毛；苞片狭披针形；花萼卵状钟形，长7～9 mm，无毛；果期微膨大。

生于山野、草地、灌丛、荒地、草甸及路旁等处。见于白雀园镇方寨村、陂河镇东岳寺。

女娄菜全草药用，味甘、淡，性凉。活血通经，消肿止痛，催乳。治妇女经闭、月经不调、乳腺炎、乳汁不通、小儿疳积等。

毛，果期长10～15 mm；花瓣淡红色，爪微露出花萼，倒披针形，长10～15 mm，无毛，瓣片平展，轮廓楔状倒卵形，长约15 mm，2裂达瓣片的1/2或更深，裂片呈撕裂状条裂；副花冠片小，舌状。蒴果长圆形。

生于平原或低山草坡或灌丛草地。见于白雀园镇方寨村。

8. 繁缕属Stellaria L.

草本，叶基部不连合呈短鞘，无托叶，花单生或组成聚伞花序，花萼5枚，稀4枚，花瓣与花萼同数，顶端2深裂；雄蕊10枚；花柱离生，3～5枚，蒴果球形。光山有3种。

1. 雀舌草（滨繁缕、石灰草）

Stellaria alsine Grimm [*S. uliginosa* Murray]

二年生草本，高15～25(35)cm，全株无毛。茎丛生，稍铺散，上升，多分枝。叶对生，无柄，叶片披针形至长圆状披针形，长5～20 mm，宽2～4 mm，顶端渐尖，基部楔形，半抱茎，边缘软骨质，呈微波状，基部具疏缘毛，两面微显粉绿色。聚伞花序通常具花3～5朵，顶生或花单生叶腋；花梗细，长5～20 mm，无毛，果时稍下弯，基部有时具2披针形苞片；萼片5枚，披针形，长2～4 mm，宽1 mm，顶端渐尖，边缘膜质，中脉明显，无毛；花瓣5片，白色。

生于田间、河溪两岸或潮湿地上。见于文殊乡九九林场、官渡河边。

雀舌草全草药用，味辛，性平。祛风散寒、续筋接骨、活血止痛、解毒。治伤风感冒、风湿骨痛、疮痈肿毒、跌打损伤、骨折、蛇咬伤。

2. 中国繁缕（鸦雀子窝）

Stellaria chinensis Regel

多年生草本，高30～100 cm。茎细弱，铺散或上升，具四棱，无毛。叶片卵形至卵状披针形，长3～4 cm，宽1～1.6 cm，顶端渐尖，基部宽楔形或近圆形。聚伞花序疏散，具细长花序梗；苞片膜质；花梗长约1 cm；萼片5，披针形，长3～4 mm，顶端渐尖，边缘膜质；花瓣5，白色，2深裂，与萼片近等长；雄蕊10，稍短于花瓣；花柱3。蒴果卵形。

生于山谷、沟边、灌丛、石缝等湿地。见于殷棚乡牢山林场、晏河乡净居寺。

中国繁缕全草药用，味苦、辛，性平。清热解毒、消肿、活血止痛。主治乳痈、肠痈、疖肿、跌打损伤、产后瘀痛、风湿骨痛、牙痛等。

2. 蝇子草（鹤草）

Silene fortunei Vis.

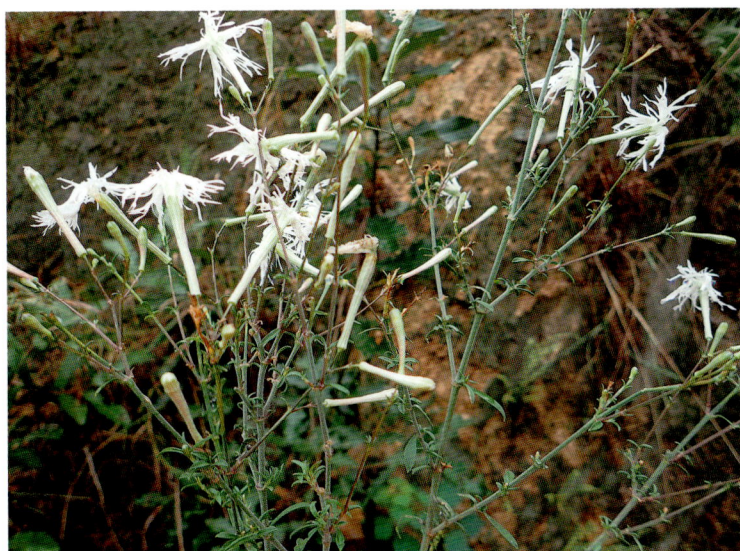

多年生草本。基生叶叶片倒披针形或披针形，长3～8 cm，宽7～12 mm，基部渐狭，下延成柄状，顶端急尖，两面无毛或早期被微柔毛，边缘具缘毛，中脉明显。聚伞状圆锥花序，小聚伞花序对生，具1～3花，有黏质，花梗细，长3～12 mm；苞片线形，长5～10 mm，被微柔毛；花萼长筒状，长约25 mm，直径约3 mm，无毛，基部截形，果期上部微膨大呈筒状棒形，长25～30 mm，纵脉紫色，萼齿三角状卵形，长1.5～2 mm，顶端圆钝，边缘膜质，具短缘毛；雌雄蕊柄无

3. 繁缕（鹅儿肠、鸡肠菜）

Stellaria media (L.) Vill

一年生或二年生草本，高10～30 cm。茎匍匐或斜升，基部多少分枝，常带淡紫红色，被1～2列毛。叶阔卵形或卵形，长1.5～2.5 cm，宽1～1.5 cm，顶端渐尖或急尖，基部渐狭或近心形，全缘；基生叶具长柄，上部叶常无柄或具短柄。聚伞花序顶生；花梗细弱，具1列短毛，花后伸长，下垂，长7～14 mm；萼片5枚，卵状披针形，长约4 mm，顶端稍钝或近圆形，边缘宽膜质，外面被短腺毛；花瓣白色，长椭圆形，比萼片短，深2裂达基部，裂片近线形；雄蕊3～5枚，短于花瓣；花柱3枚，线形。蒴果卵形。

生于田间、路旁或溪边草地上，光山各地常见。

繁缕全草药用，味甘、酸，性凉。清热解毒，化瘀止痛，催乳。治肠炎、痢疾、肝炎、阑尾炎、产后瘀血腹痛、子宫收缩痛、牙痛、头发早白、乳汁不下、乳腺炎、跌打损伤、疮痈肿痛。用量15～30 g。外用适量，鲜草捣烂敷患处。

54. 粟米草科 Molluginaceae

草本。叶对生、互生或假轮生。花单生或成聚伞花序或伞形花序，萼片5枚，花瓣小或无，花丝基部连合，子房上位，3～5室，心皮3～5枚，离生，花柱与心皮同数。蒴果。光山有1属2种。

1. 粟米草属 Mollugo L.

叶非肉质，无针状结晶；心皮合生；果3～5裂。光山有2种。

1. 粟米草（四月飞、瓜仔草、瓜疮草）

Mollugo stricta L.[M. pentaphylla L.]

一年生草本，铺散，高10～30 cm。茎纤细，多分枝，有棱角，无毛，老茎通常淡红褐色。叶3～5片假轮生或对生，叶片披针形或线状披针形，长1.5～4 cm，宽2～7 mm，顶端急尖或长渐尖，基部渐狭，全缘，中脉明显；叶柄短或近无柄。花极小，组成疏松聚伞花序，花序梗细长，顶生或与叶对生；花梗长1.5～6 mm；花被片5枚，淡绿色，椭圆形或近圆形，长1.5～2 mm，脉达花被片2/3，边缘膜质；雄蕊常3枚，花丝基部稍宽；子房宽椭圆形或近圆形，3室，花柱3枚，短、线形。蒴果近球形。

多生于旷地或海岸沙地上。见于白雀园镇赛山村、县城官渡河边。

粟米草全草药用，味淡、涩、性平。抗菌消炎，清热止泻。治腹痛泻泄、感冒咳嗽、皮肤风疹。外用治结膜炎、疮疖肿毒。

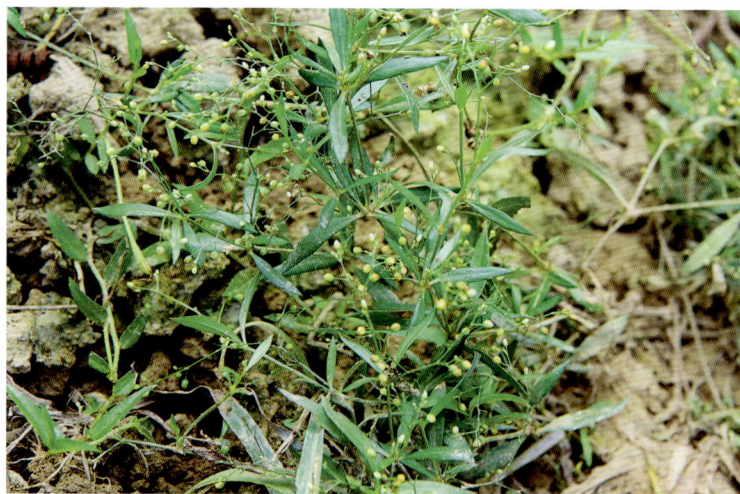

2. 多棱粟米草（种棱粟米草）

Mollugo verticillata L.

一年生草本，直立或铺散，高10～30 cm，无毛。基生叶莲座状，叶片倒卵形或倒卵状匙形，长1.5～2 cm；茎生叶3～7片假轮生或2～3片生于节的一侧，叶片倒披针形或线状倒披针形，长1～3 cm，宽1.5～4 (8) mm，顶端急尖或钝，基部狭楔形，全缘；叶柄短或几无柄。花淡白色或绿白色，3～5朵簇生于节的一侧，有时近腋生；花梗纤细，长3～5 mm；花被片5，稀4，长圆形或卵状长圆形，长2.5～3 mm，顶端尖，边缘膜质，覆瓦状排列；雄蕊3，稀2或4～5，花丝基部稍宽；子房3室，花柱3。蒴果椭圆形或近球形。

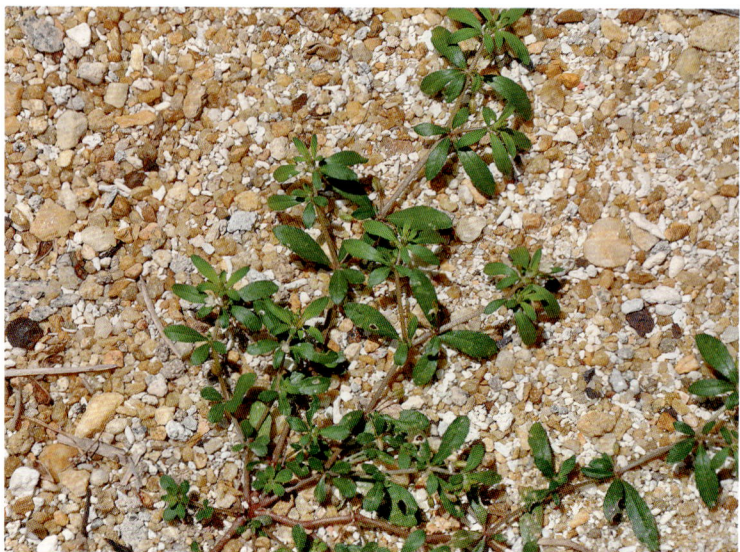

生于旷地或海岸沙地上。见于县城官渡河边、南向店乡董湾村向楼村。

56. 马齿苋科Portulacaceae

草本，稀半灌木。单叶，互生或对生，常肉质；托叶干膜质或刚毛状，稀不存在。花两性，单生或簇生，或成聚伞花序、总状花序、圆锥花序；萼片2，稀5，草质或干膜质；花瓣4～5片，稀更多，覆瓦状排列，常有鲜艳色；雄蕊与花瓣同数，对生，或更多，花药2室；雌蕊3～5心皮合生，子房上位或半下位，1室，基生胎座或特立中央胎座。蒴果。光山有2属2种1亚种。

1. 马齿苋属 Portulaca L.

叶小，长不及4 cm，有腋毛；花单生或2至多朵簇生成头状，子房半下位；蒴果盖裂。光山有1种1亚种。

1. 马齿苋（瓜子菜、酸味菜）

Portulaca oleracea L.

一年生草本，全株无毛。茎平卧或斜倚，伏地铺散，多分枝，圆柱形，长10～20 cm，淡绿色或带暗红色。叶互生，有时近对生，叶片扁平，肥厚，倒卵形，似马齿状，长1～3 cm，宽0.6～1.5 cm，顶端圆钝或平截，有时微凹，基部楔形，全缘，叶面暗绿色，叶背淡绿色或带暗红色，中脉微隆起；叶柄粗短。花无梗，直径4～5 mm，常3～5朵簇生枝端，午时盛开。

生于园地、路旁或旷地上。见于县城官渡河边。

马齿苋可作蔬菜食用，全草也可药用，味酸，性寒。清热利湿，解毒消肿，消炎，止渴利尿。治细菌性痢疾、急性胃肠炎、急性阑尾炎、乳腺炎、痔疮出血、白带。外用治疗疮肿毒、湿疹、带状疱疹。

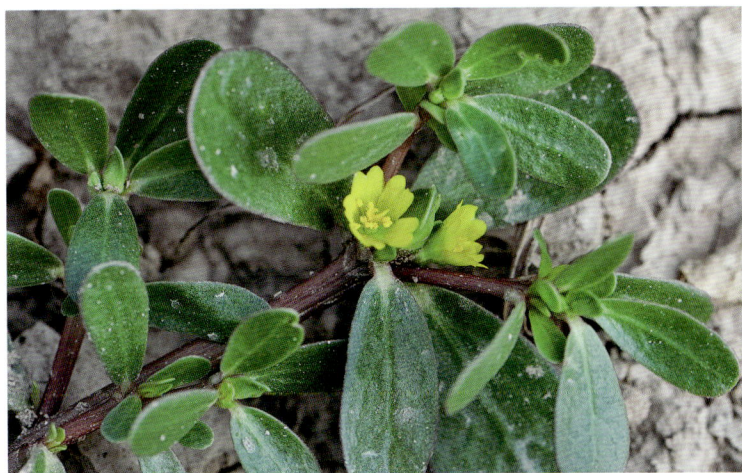

2. 松叶牡丹（午时花、太阳花、半支莲）

Portulaca pilosa L. subsp. **grandiflora** (Hook.) R. Geesink

一年生草本，高10～30 cm。茎平卧或斜升，紫红色，多分枝，节上丛生毛。叶密集枝端，较下的叶分开，不规则互生，叶片细圆柱形，有时微弯，长1～2.5 cm，直径2～3 mm，顶端圆钝，无毛；叶柄极短或近无柄，叶腋常生一撮白色长柔毛。花单生或数朵簇生枝端，直径2.5～4 cm，日开夜闭；总苞8～9片，叶状，轮生，具白色长柔毛；萼片2枚，淡黄绿色，卵状三角形，长5～7 mm，顶端急尖，多少具龙骨状凸起，两面均无毛；花瓣5或重瓣，倒卵形，顶端微凹，长12～30 mm，红色、紫色或黄白色。

光山有栽培。见于白雀园镇大尖山。

2. 土人参属 Talinum Adens.

叶大，长4 cm以上，无毛；花组成顶生的圆锥花序，子房上位；蒴果2～3瓣裂。光山有1种。

1. 土人参（栌兰）

Talinum paniculatum (Jacq.) Gaertn.

一年生或多年生草本，全株无毛，高30～100 cm。主根粗壮，圆锥形。茎直立，肉质，基部近木质，多少分枝，圆柱形，有时具槽。叶互生或近对生，稍肉质，倒卵形或倒卵状长椭圆形，长5～10 cm，宽2.5～5 cm，顶端急尖，有时微凹，具短尖头，基部狭楔形，全缘；具短柄或近无柄。圆锥花序顶生或腋生，较大型，常二叉状分枝，具长花序梗；花小，直径约6 mm；总苞片绿色或近红色。

栽培或野生。多生于村边、路旁、园地上。见于泼陂河镇东岳寺村。

土人参的嫩叶可食用，根和叶可药用，味甘，性平。补中益气，润肺生津。治气虚乏力、体虚自汗、脾虚泄泻、肺燥咳嗽、乳汁稀少。

57. 蓼科Polygonaceae

草本稀灌木或小乔木。叶为单叶，互生，稀对生或轮生，边缘通常全缘，有时分裂；托叶通常联合成鞘状，膜质。花序穗状、总状、头状或圆锥状，顶生或腋生；花较小，两性，稀单性；花梗通常具关节；花被3～5深裂，覆瓦状或花被片6成2轮，宿存，内花被片有时增大，背部具翅、刺或小瘤。瘦果。光山有4属15种。

1. 何首乌属Fallopia Adans

无卷须藤本，叶互生，卵形或心形；托叶鞘筒状。花序总状或圆锥状，花被5深裂，外面3片具翅或龙骨状突起，果时增大，稀无翅无龙骨状突起。瘦果卵形，具3棱，包于宿存花被内。光山有1种。

1. 何首乌（夜交藤、马肝石、赤葛）

Fallopia multiflora (Thunb.) Harald.

多年生落叶缠绕藤本。长3～6 m，茎中空，多分枝，下部攀缘状而蜿蜒，平滑，有棱角，上部缠绕，呈线状，无毛；根茎块状，横走，近肉质，棕色，黑棕色。叶互生，具柄，卵状心形，长5～9 cm，宽3～5 cm，顶端渐尖，基部心形或近心形，边全缘，两面无毛；托叶鞘状，膜质。总状花序排成圆锥状；大而开展；顶生或腋生；苞片卵状披针形。边全缘；花小，多，白色。

生于旷野、田边或水旁。见于白雀园镇赛山村。

何首乌的块根味苦、甘、涩，性温；补肝肾，益精血，养心安神，生用润肠，解毒散结；块根治神经衰弱、贫血、须发早白、头晕、失眠、盗汗、血胆固醇过高、腰膝酸痛、遗精、白带；生用主治阴血不足所致的便秘、淋巴结结核、痈疖。藤茎味甘，性平；养心安神，祛风湿；藤茎治神经衰弱、失眠、多梦、全身酸痛。外用治疮癣瘙痒。用量9～15 g。

2. 蓼属Polygonum L.

草本，稀亚灌木。茎常节部膨大。托叶鞘膜质或草质，筒状。花序穗状、总状、头状或圆锥状，顶生或腋生，稀为花簇，生于叶腋；花两性稀单性，簇生稀为单生；苞片及小苞片为膜质；花梗具关节；花柱2～3。瘦果卵形。光山有10种。

1. 萹蓄（网基菜、乌蓼）

Polygonum aviculare L.

一年生草本。茎平卧、上升或直立，高10～40 cm，自基部多分枝，具纵棱。叶椭圆形、狭椭圆形或披针形，长1～4 cm，宽3～12 mm，顶端钝圆或急尖，基部楔形，边缘全缘，两面无毛，叶背侧脉明显；叶柄短或近无柄，基部具关节；托叶鞘膜质，下部褐色，上部白色，撕裂脉明显。花单生或数朵簇生于叶腋，遍布于植株；苞片薄质，具几条不明显的细脉。花小，1～5朵簇生于叶腋，花梗细，具关节；花被绿色，5深裂，裂片椭圆形，长2～2.5 mm，绿色，边缘白色或淡红色；雄蕊8枚，花丝基部扩展；花柱3枚，柱头头状。瘦果卵形。

生于田野、荒地和水边湿地上。见于白雀园镇赛山村。

萹蓄全草药用，味苦，性平。清热利尿，解毒驱虫。治泌尿系统感染、结石、肾炎、黄疸、细菌性痢疾、蛔虫病、蛲虫病、疥癣湿痒。用量6~15g。

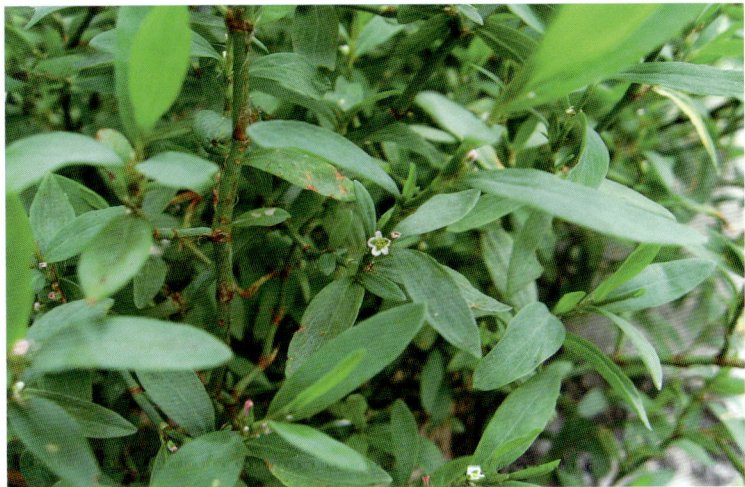

2. 水蓼（辣蓼、蓼子草）

Polygonum hydropiper L.

一年生草本。茎直立，多分枝，无毛，节部膨大。叶披针形或椭圆状披针形，长4~8cm，宽0.5~2.5cm，顶端渐尖，基部楔形，边缘全缘，具缘毛，两面无毛，被褐色小点，有时沿中脉具短硬伏毛，具辛辣味，叶腋具闭花受精花；叶柄长4~8mm；托叶鞘筒状，膜质，褐色，长1~1.5cm，疏生短硬伏毛，顶端截形，具短缘毛。总状花序呈穗状，顶生或腋生，长3~8cm，通常下垂，花稀疏，下部间断；苞片漏斗状，长2~3mm，绿色，边缘膜质，疏生短缘毛，每苞内具3~5花；花梗比苞片长；花被5深裂，稀4裂，绿色，上部白色或淡红色。

生于田边、路旁、沟边、河岸等湿润处。见于殷棚乡牢山林场。

水蓼味辛，性温。祛风利湿，散瘀止痛，解毒消肿，杀虫止痒。治痢疾、胃肠炎、腹泻、风湿关节痛、跌打肿痛、功能性子宫出血。外用治毒蛇咬伤、皮肤湿疹。用量15~30g。外用适量，煎水洗。

3. 愉悦蓼（山蓼、香蓼）

Polygonum jucundum Meisn.

一年生草本。茎直立，基部近平卧，多分枝，无毛，高60~90cm。叶椭圆状披针形，长6~10cm，宽1.5~2.5cm，两面疏生硬伏毛或近无毛，顶端渐尖基部楔形，边缘全缘，具短缘毛；叶柄长3~6mm；托叶鞘膜质，淡褐色，筒状，0.5~1cm，疏生硬伏毛，顶端截形，缘毛长5~11mm。总状花序呈穗状，顶生或腋生，长3~6cm，花排列紧密；苞片漏斗状，绿色，缘毛长1.5~2mm，每苞内具3~5花；花梗长4~6mm，明显比苞片长；花被5深裂，花被片长圆形，长2~3mm；雄蕊7~8；花柱3枚，下部合生，柱头头状。

生于山地、山谷、水旁潮湿处。见于县城官渡河边。

山蓼全草药用，消肿止痛。治风湿肿痛、跌打、扭挫伤肿痛。外用鲜品捣烂敷患处。

4. 酸模叶蓼（大马蓼、蓼草）

Polygonum lapathifolium L.

一年生草本。高40~90cm。茎直立，具分枝，无毛，节部膨大。叶披针形或宽披针形，长5~15cm，宽1~3cm，顶端渐尖或急尖，基部楔形，叶面绿色，常有一个大的黑褐色新月形斑点，两面沿中脉被短硬伏毛，全缘，边缘具粗缘毛；叶柄短，具短硬伏毛；托叶鞘筒状，长1.5～3 cm，膜质，淡褐色，无毛，具多数脉，顶端截形，无缘毛，稀具短缘毛。

生于路旁湿地和沟渠、水边。见于白雀园镇赛山村、官渡河边。

酸模叶蓼全草药用，味辛、苦，性凉。清热解毒，利湿止痒。治肠炎、痢疾。外用治湿疹、颈淋巴结结核。

5. 长鬃蓼（马蓼）

Polygonum longisetum De Br.

一年生草本，高30～70 cm，无毛。茎直立、上升或基部近平卧，自基部分枝，节部稍膨大。叶披针形或宽披针形，长5～13 cm，宽1～2 cm，顶端急尖或狭尖，基部楔形，叶面近无毛，叶背沿叶脉具短伏毛，边缘具缘毛；叶柄短或近无柄；托叶鞘筒状，长7～8 mm，疏生柔毛，顶端截形，缘毛。长6～7 mm。总状花序呈穗状，顶生或腋生，细弱，下部间断，直立，长2～4 cm；苞片漏斗状，无毛，边缘具长缘毛，每苞内具5～6花；花梗长2～2.5 mm，与苞片近等长；花被5深裂，淡红色或紫红色。

生于沟边或河流两岸湿地。见于白雀园镇方寨村。

长鬃蓼全草药用，味辛，性温。解毒，除湿。治肠风、痢疾、无名肿毒、阴痔、瘰疬、毒蛇咬伤、风湿痹痛。

6. 粗糙蓼

Polygonum muricatum Meissn.

一年生草本。茎具纵棱，棱上有皮刺。叶卵形或长圆状卵

形，长2.5～6 cm，宽1.5～3 cm，顶端渐尖或急尖，基部宽截形、圆形或近心形，叶面通常无毛或疏生短柔毛，极少具稀疏的短星状毛，叶背疏生短星状毛及短柔毛，沿中脉具倒生短皮刺或糙伏毛，边缘密生短缘毛；叶柄长0.7～2 cm，疏被倒生短皮刺；托叶鞘筒状，膜质，长1～2 cm，无毛，具数条明显的脉，顶端截形，具长缘毛。总状花序呈穗状，极短，由数个穗状花序再组成圆锥状，花序梗密被短柔毛及稀疏的腺毛；苞片宽椭圆形或卵形，具缘毛，每苞片内具2朵花；花被5深裂，白色或淡紫红色，花被片宽椭圆形，长2～3 mm。瘦果卵形。

生山谷水边、田边湿地。见于县城官渡河边。

7. 红蓼（东方蓼、荭草）

Polygonum orientale L.

一年生草本。茎直立，粗壮，高1～2 m，上部多分枝，密被开展的长柔毛。叶宽卵形、宽椭圆形或卵状披针形，长10～20 cm，宽5～12 cm，顶端渐尖，基部圆形或近心形，微下延，边缘全缘，密生缘毛，两面密生短柔毛，叶脉上密生长柔毛；叶柄长2～10 cm，具开展的长柔毛；托叶鞘筒状，膜质，长1～2 cm，被长柔毛，具长缘毛，通常沿顶端具草质绿色的翅。总状花序呈穗状，顶生或腋生，长3～7 cm，花紧密，微下垂，通常数个再组成圆锥状。

生于村边、路旁和水边湿地上。见于白雀园镇大尖山、官渡河边。

红蓼全草药用，味咸，性凉。活血，消积，止痛，利尿。治胃痛、腹胀、脾肿大、肝硬化腹水、颈淋巴结结核。

8. 杠板归（蛇倒退、犁头刺）

Polygonum perfoliatum L.

多年生、披散或攀缘草本。茎长1～2 m，蜿蜒状，有棱，棱上有倒钩刺。叶薄纸质或近膜质，三角形，长2～10 cm，角钝或近急尖，边缘和叶背脉上常有小钩刺，无毛；叶柄约与叶片等长，纤细，盾状着生，有倒钩刺；托叶叶状，贯茎，圆形，直径1.5～3 cm，无毛。花白色或青紫色，组成短总状花序；总花梗有钩刺，腋生；苞片膜质，无毛；花萼5裂，裂片长圆形，结果时稍增大；雄蕊8枚，比花萼稍短；花柱3枚，上部分离。瘦果近球形，直径2～3 mm，成熟时黑色，有光泽，全部包藏于多少肉质的花萼内。

生于山谷灌丛、荒芜草地、村边篱笆或水沟旁边。见于泼陂河镇河堤上。

杠板归全草药用，味酸，性凉。清热解毒，利尿消肿。治上呼吸道感染、气管炎、百日咳、急性扁桃体炎、肠炎、痢疾、肾炎水肿、对口疮；外用治带状疱疹、湿疹、痈疖肿毒、蛇咬伤。用量15～30 g；外用适量，鲜品捣烂敷或干品煎水洗患处。

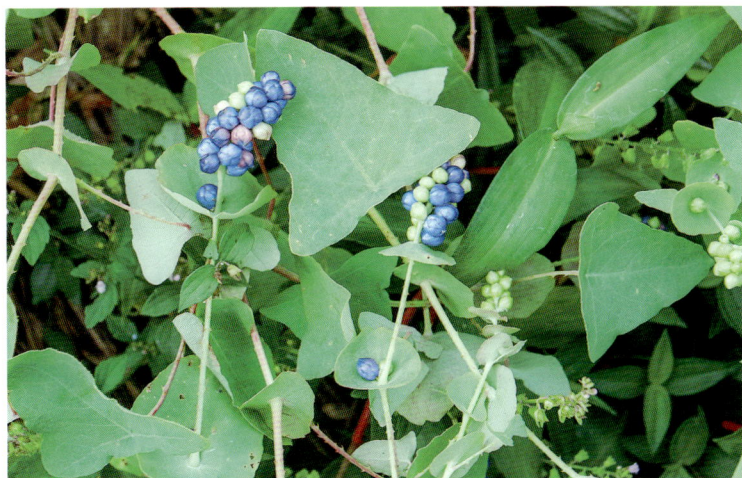

9. 丛枝蓼

Polygonum posumbu Buch.-Ham. ex D. Don

一年生草本。茎细弱，无毛，具纵棱，高30～70 cm，下部多分枝，外倾。叶卵状披针形或卵形，长3～6 cm，宽1～2 cm，顶端尾状渐尖，基部宽楔形，纸质，两面疏生硬伏毛或近无毛，叶背中脉稍凸出，边缘具缘毛；叶柄长5～7 mm，具硬伏毛；托叶鞘筒状，薄膜质，长4～6 mm，具硬伏毛，顶端截形，缘毛粗壮，长7～8 mm。总状花序呈穗状，顶生或腋生，细弱，下部间断，花稀疏，长5～10 cm；苞片漏斗状，无毛，淡绿色，边缘具缘毛，每苞片内含3～4花；花梗短，花被5深裂，淡红色，花被片椭圆形，长2～2.5 mm；雄蕊8，比花被短；花柱3，下部合生，柱头头状。瘦果卵形。

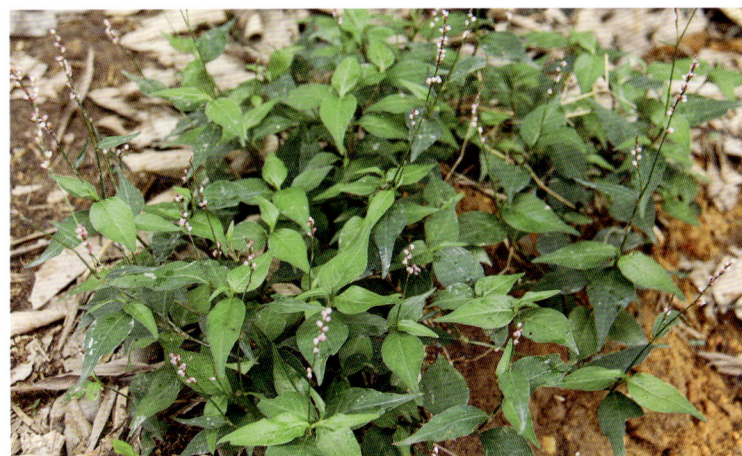

生于沟边、路旁及山谷灌丛中。见于殷棚乡牢山林场。

10. 刺蓼

Polygonum senticosum (Meissn.) Franch. et Savat.

草本。茎攀缘状，四棱形，沿棱具倒生皮刺。叶片三角形或长三角形，长4～8 cm，宽2～7 cm，顶端急尖或渐尖，基部戟形，两面被短柔毛，叶背沿叶脉具稀疏的倒生皮刺，边缘具缘毛；叶柄粗壮，长2～7 cm，具倒生皮刺；托叶鞘筒状，边缘具叶状翅，翅肾圆形，草质，绿色，具短缘毛。花序头状，顶生或腋生，花序梗分枝，密被短腺毛；苞片长卵形，淡绿色，边缘膜质，具短缘毛，每苞内具花2～3朵；花梗粗壮，比苞片短；花被5深裂，淡红色，花被片椭圆形，长3～4 mm；雄蕊8枚，2轮，比花被短；花柱3，中下部合生；柱头头状。瘦果近球形。

生于沟边、路旁及山谷灌丛中。

刺蓼全草药用，味酸、微辛，性平。解毒消肿，利湿止痒。治湿疹、黄水疮，外用适量，煎水外洗；治疗疮、痈疖、蛇咬伤，研粉或捣烂敷患处。本品多作外用，不作内服。

3.虎杖属Reynoutria Houtt.

多年生草本。根状茎粗壮，横走，断面黄色。茎直立，中空。叶互生；托叶鞘膜质，偏斜，早落。花序圆锥状，腋生；花单性，雌雄异株，花被5深裂。瘦果卵形，具3棱。光山有1种。

1. 虎杖（花斑杖、大叶蛇总管）

Reynoutria japonica Houtt.[*Polygonum cuspidatum* Sieb. et Zucc.]

多年生草本。根状茎粗壮，横走，黄色。茎直立，高1～2 m，粗壮，空心，具明显的纵棱，具小凸起，无毛，散生红色或紫红斑点。叶宽卵形或卵状椭圆形，长5～12 cm，宽4～9 cm，近革质，顶端渐尖，基部宽楔形、截形或近圆形，边缘全缘，疏生小凸起，两面无毛，沿叶脉具小凸起；叶柄长1～2 cm，具小凸起；托叶鞘膜质，偏斜，长3～5 mm，褐色，具纵脉，无毛，顶端截形，无缘毛，常破裂，早落。花单性，雌雄异株。

生于山谷溪边。见于白雀园镇赛山村。

虎杖的根状茎药用，味苦、酸，性凉。清热利湿，通便解毒，散瘀活血。治肝炎、肠炎、痢疾、扁桃体炎、咽喉炎、支气管炎、肺炎、风湿性关节炎、急性肾炎、尿路感染、闭经、便秘。外用治烧烫伤、跌打损伤、痈疖肿毒、毒蛇咬伤。用量9～15 g。外用适量，研粉调敷患处。

4. 酸模属Rumex L.

草本。叶基生和茎生，边缘全缘或波状，托叶鞘膜质。花序圆锥状，多花簇生成轮；花两性，有时杂性，稀单性，雌雄异株；花梗具关节；花被片6，成2轮，宿存，外轮3片果时不增大，内轮3片果时增大，边缘全缘，具齿或针刺，背部具小瘤或无小瘤。瘦果。光山有3种。

1. 酸模（癣草、山菠菜）

Rumex acetosa L.

多年生草本。根为须根。茎直立，高40～100 cm，具深沟槽，通常不分枝。基生叶和茎下部叶箭形，长3～12 cm，宽2～4 cm，顶端急尖或圆钝，基部裂片急尖，全缘或微波状；叶柄长2～10 cm；茎上部叶较小，具短叶柄或无柄；托叶鞘膜质，易破裂。花序狭圆锥状，顶生，分枝稀疏；花单性，雌雄异株；花梗中部具关节；花被片6片，排成2轮，雄花内花被片椭圆形，长约3 mm，外花被片较小，雄蕊6枚；雌花内花被片果时增大，近圆形，直径3.5～4 mm，全缘，基部心形，网脉明显，基部具极小的小瘤，外花被片椭圆形，反折；瘦果椭圆形。

生于山地潮湿肥沃的地方。见于县城官渡河边。

酸模全草药用，味酸、苦，性寒。凉血，解毒，通便，杀虫。治内出血、痢疾、便秘、内痔出血。外用治疥癣、疔疮、神经性皮炎、湿疹。用量9～15 g。外用适量，捣汁或干根用醋磨汁涂患处。

2. 齿果酸模

Rumex dentatus L.

一年生草本。茎直立，高30～70 cm，自基部分枝，枝斜上，具浅沟槽。茎下部叶长圆形或长椭圆形，长4～12 cm，宽1.5～3 cm，顶端圆钝或急尖，基部圆形或近心形，边缘浅波状，茎生叶较小；叶柄长1.5～5 cm。花序总状，顶生和腋生，具叶，由数个再组成圆锥状花序，长达35 cm，多花，轮状排列，花轮间断；花梗中下部具关节；外花被片椭圆形，长约2 mm；内花被片果时增大，三角状卵形，长3.5～4 mm，宽2～2.5 mm，顶端急尖，基部近圆形，网纹明显，全部具小瘤，小瘤长1.5～2 mm，边缘每侧具2～4个刺状齿。

生于田边、路旁、水边的湿地上。见于县城官渡河边、槐店乡万河村。

齿果酸模全草药用，味苦，性寒。清热解毒，杀虫止痒，活血止血。治乳痈、疮疡肿毒、疥癣。

3. 羊蹄（土大黄）

Rumex japonicus Houtt.

多年生草本。基生叶长圆形或披针状长圆形，长8～25 cm，宽3～10 cm，顶端急尖，基部圆形或心，边缘微波状，叶背沿叶脉具小突起；茎上部叶狭长圆形；叶柄长2～12 cm；托叶鞘膜质，易破裂。花序圆锥状，花两性，多花轮生；花梗细长，中下部具关节；花被片6，淡绿色，外花被片椭圆形，长1.5～2 mm，内花被片果时增大，宽心形，长4～5 mm，顶端渐尖，基部心形，网脉明显，边缘具不整齐的小齿，齿长0.3～0.5 mm，全部具小瘤，小瘤长卵形，长2～2.5 mm。瘦果宽卵形。

生于路旁、河滩、沟边湿地。见于县城官渡河边。

羊蹄全草药用，味微苦、涩，性寒。凉血止血，解毒杀虫，泻下。用于便血、崩漏等出血症，治大便秘结、烫伤、疮痈等病。

59. 商陆科Phytolaccaceae

草本或灌木，稀乔木。单叶互生，全缘。花小，两性或有时退化成单性，排列成总状花序或聚伞花序、圆锥花序、穗状花序，腋生或顶生；花被片4～5，叶状或花瓣状，在花蕾中覆瓦状排列，宿存；雄蕊数目变异大，4～5或多数，着生花盘上；子房上位，间或下位，球形，心皮1至多数，分离或合生。果实肉质，浆果或核果，稀蒴果。光山有1属2种。

1. 商陆属Phytolacca L.

花被片5；雄蕊6～33；心皮5～16，分离或连合；果实黑色或暗红色。光山有2种。

1. 商陆（山萝卜、见肿消）

Phytolacca acinosa Roxb.

多年生草本，高0.5～1.5 m，全株无毛。根肥大，肉质，倒圆锥形，外皮淡黄色或灰褐色，内面黄白色。茎直立，圆柱形，有纵沟，肉质，绿色或红紫色，多分枝。叶纸质，椭圆形、长椭圆形或披针状椭圆形，长10～30 cm，宽4.5～15 cm，顶端急尖或渐尖，基部楔形，渐狭，两面散生细小白色斑点；叶柄长1.5～3 cm。总状花序顶生或与叶对生，圆柱状，直立。

生于林下、村边、路旁的阴湿处，光山各地常见。

美洲商陆的肉质根药用，味苦，性寒，有毒。泻水，利尿，

消肿。治水肿、腹水、小便不利、宫颈糜烂、白带过多。外用治痈肿疮毒。

2. 美洲商陆（垂序商陆、洋商陆、美国商陆）

Phytolacca americana L.

多年生草本，高1～2 m。根粗壮，肥大，倒圆锥形。茎直立，圆柱形，有时带紫红色。叶片椭圆状卵形或卵状披针形，长9～18 cm，宽5～10 cm，顶端急尖，基部楔形；叶柄长1～4 cm。总状花序顶生或侧生，长5～20 cm；花梗长6～8 mm；花白色，微带红晕，直径约6 mm；花被片5，雄蕊、心皮及花柱通常均为10，心皮合生。果序下垂；浆果扁球形，熟时紫黑色。

生于林下、村边、路旁的阴湿处，光山各地常见。

美洲商陆味苦，性寒，有毒。泻水，利尿，消肿。治水肿、腹水、小便不利、宫颈糜烂、白带过多。外用治痈肿疮毒。用量3～9 g，单用可炖鸡或猪肉吃。外用适量，捣烂敷患处。脾胃虚弱者及孕妇均忌内服。

61. 藜科Chenopodiaceae

草本、亚灌木或小乔木。叶扁平或圆柱状及半圆柱状，稀退化成鳞片状。花为单被花，两性，较少为杂性或单性；花被膜质、草质或肉质，果时常增大，变硬，或在背面生出翅状、刺状、疣状附属物，较少无显著变化；子房上位，卵形至球形，由2～5个心皮合成，离生，极少基部与花被合生，1室；花柱顶生，通常极短。果实为胞果。光山有4属4种1变种1变型。

1. 甜菜属 Beta L.

叶大，长达 40 cm，有长柄；花两性，花被果时变硬而呈木质，栽培植物。光山有 1 种。

1. 厚皮菜（莙荙菜、猪姆菜）

Beta vulgaris L. var. cicla L.

一年生或二年生草本、肉质、无毛。高 0.3～1 m，茎直立，多少有分枝，具条棱。叶肉质，基生叶卵形或长圆状卵形，长 30～40 cm，宽 10～15 cm，顶端钝，基部楔形或略呈心形，常下延，边缘呈波状，叶面稍皱缩不平，有光泽，叶背有粗壮凸出的叶脉，侧脉较纤细；叶柄粗壮，背面凸，叶面具槽；茎生叶互生，较小，菱形、卵形、倒卵形或长圆形，顶端渐尖，基部渐狭成短柄。

光山有少量栽培。

厚皮菜是一种蔬菜，全草药用，味甘，性凉。清热凉血，透疹。治吐血、麻疹不透。

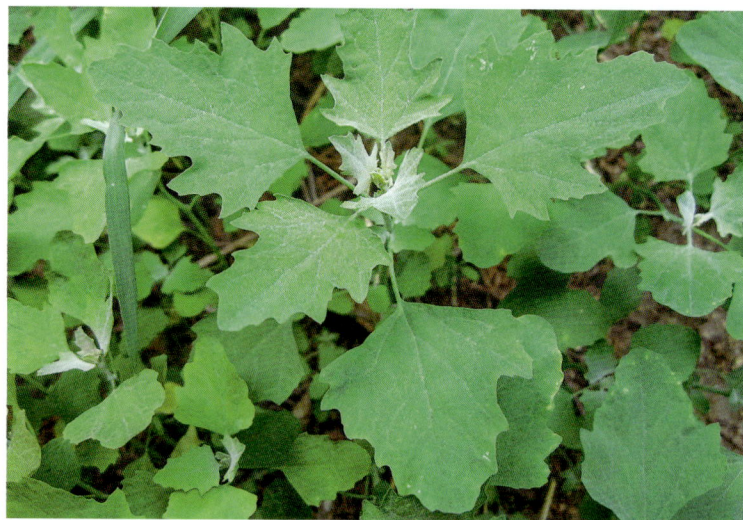

2. 藜属 Chenopodium L.

体表常被粉末状小泡，叶有柄；花两性，花被果时无变化或略增大。光山有 3 种。

1. 藜（灰苋菜、白藜）

Chenopodium album L.

一年生草本，高 30～150 cm。茎直立，粗壮，具条棱及绿色或紫红色色条，多分枝；枝条斜升或开展。叶片菱状卵形至宽披针形，长 3～6 cm，宽 2.5～5 cm，顶端急尖或微钝，基部楔形至宽楔形，叶面通常无粉，有时嫩叶的叶面有紫红色粉，叶背多少有粉，边缘具不整齐锯齿；叶柄与叶片近等长，或为叶片长度的 1/2。花两性，花簇生于枝上部排列成或大或小的穗状圆锥状或圆锥状花序；花被裂片 5 枚，宽卵形至椭圆形，背面具纵隆脊，有粉，顶端或微凹，边缘膜质；雄蕊 5 枚，花药伸出花被，柱头 2 枚。果皮与种子贴生。

生于田间、路边、荒地上。见于县城官渡河边、白雀园镇赛山村。

藜全草药用，味甘，性平，有小毒。清热利湿，止痒透疹。治风热感冒、痢疾、腹泻、龋齿痛。外用治皮肤瘙痒、麻疹不透。

2. 土荆芥（臭藜藿、臭草）

Chenopodium ambrosioides L.

一年生或多年生草本，高 50～80 cm，有强烈香味。茎直立，多分枝，有色条及钝条棱；枝通常细瘦，有短柔毛并兼有具节的长柔毛，有时近于无毛。叶片长圆状披针形至披针形，顶端急尖或渐尖，边缘具稀疏不整齐的大锯齿，基部渐狭具短柄，叶面平滑无毛，叶背有散生油点并沿叶脉稍有毛，下部的叶长达 15 cm，宽达 5 cm，上部叶逐渐狭小而近全缘。花两性及雌性，通常 3～5 个团集，生于上部叶腋；花被裂片 5 枚，稀为 3 枚，绿色。

生于村边旷野、路旁、河岸、溪边等地。见于县城官渡河边。

土荆芥全草药用，味辛，性微温，有小毒。祛风除湿，杀虫，止痒。治蛔虫病、钩虫病、蛲虫病。外用治皮肤湿疹、瘙痒，并有杀蛆虫的功效。

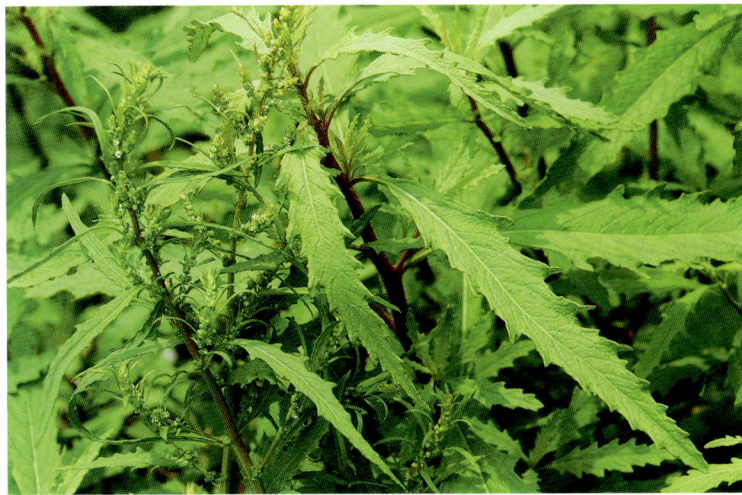

3. 小藜

Chenopodium ficifolium Smith [*C. serotinum* L.]

一年生草本,高20~50 cm。茎直立,具条棱及绿色色条。叶卵状长圆形,长2.5~5 cm,宽1~3.5 cm,通常3浅裂;中裂片两边近平行,顶端钝或急尖并具短尖头,边缘具深波状锯齿;侧裂片位于中部以下,通常各具2浅裂齿。花两性,数个团集,排列于上部的枝上形成较开展的顶生圆锥状花序;花被近球形,5深裂,裂片宽卵形,不开展,背面具微纵隆脊并有密粉;雄蕊5枚,开花时外伸;柱头2枚,丝形。胞果包在花被内。

生于低海拔的空旷荒地或田野。见于泼陂河镇河堤上、晏河乡大苏山。

小藜全草药用,味甘、苦,性平。祛风清热,解毒利湿。治风热外感、痢疾、荨麻疹、疮疡肿毒、疥癣、湿疮、白癜风、虫咬伤。

3. 地肤属 Kochia Roth

叶无柄或几无柄,圆柱状、半圆柱状,或为窄狭的平面叶,全缘。花两性,有时兼有雌性,无花梗,通常1~3个团集于叶腋,无小苞片;花被近球形,草质,通常有毛,5深裂;裂片内曲,果时背面各具1横翅状附属物。光山有1变型。

1. 扫帚藜(扫帚菜)

Kochia scoparia (L.) Schrad. f. **trichophylla** (Hort.) Schinz et Thell.

一年生草本,高50~100 cm。根略呈纺锤形。茎直立,圆柱状,淡绿色或带紫红色,有多数条棱,稍有短柔毛或下部几无毛;分枝多而密。叶为平面叶,披针形或条状披针形,长2~5 cm,宽3~7 mm,无毛或稍有毛,顶端短渐尖,基部渐狭入短柄,具3条明显的主脉,边缘有疏生的锈色绢状缘毛;茎上部叶较小,无柄,1脉。

光山常见栽培。见于县城附近。

扫帚藜的分枝多而密,通常作扫帚用。

4. 菠菜属 Spinacia L.

叶有长柄,花单性,雌雄异株,柱头4~5枚。光山有1种。

1. 菠菜(菠薐菜、甜菜、拉筋菜)

Spinacia oleracea L.

一年生草本,植物高可达1 m,无粉。根圆锥状,带红色,较少为白色。茎直立,中空,脆弱多汁,不分枝或有少数分枝。

叶戟形至卵形，鲜绿色，柔嫩多汁，稍有光泽，全缘或有少数牙齿状裂片。雄花集成球形团伞花序，再于枝和茎的上部排列成有间断的穗状圆锥花序；花被片通常4枚，花丝丝形，扁平，花药不具附属物；雌花团集于叶腋；小苞片两侧稍扁，顶端残留2小齿，背面通常各具1棘状附属物；子房球形，柱头4或5枚，外伸。

光山有栽培。

菠菜是一种蔬菜。

63. 苋科 Amaranthaceae

草本，稀藤本或灌木。叶全缘，少数有微齿，无托叶。花小，两性或单性同株或异株，或杂性，有时退化成不育花，花簇生在叶腋内，成疏散或密集的穗状花序、头状花序、总状花序或圆锥花序；苞片1，小苞片2，干膜质；花被片3～5，干膜质，覆瓦状排列；子房上位，1室，具基生胎座，胚珠1个或多数。果实为胞果或小坚果，少数为浆果。光山有5属13种。

1. 牛膝属 Achyranthes L.

叶对生；小苞片有长芒，花1朵生于苞腋，无不育花，花两性，花中有不育雄蕊，花药2室。光山有1种。

1. 牛膝（怀牛膝、牛髁膝）

Achyranthes bidentata Bl.

多年生草本。高70～120 cm；根圆柱形，直径5～10 mm，土黄色；茎有棱角或四方形，绿色或带紫色，有白色贴生或开展柔毛，或近无毛，分枝对生。叶片椭圆形或椭圆披针形，少数倒披针形，长4.5～12 cm，宽2～7.5 cm，顶端尾尖，尖长5～10 mm，基部楔形或宽楔形，两面有贴生或开展柔毛；叶柄长5～30 mm，有柔毛。穗状花序顶生及腋生，长3～5 cm，花期后反折。胞果长圆形。

生于山地或溪边较湿润、阴蔽的肥沃土壤上。见于白雀园镇赛山村、县城官渡河边。

牛膝的根药用，味苦、酸，性平。鲜用散瘀血、消痈肿；酒制补肝肾、强筋骨。鲜用治咽喉肿痛、高血压病、闭经、胞衣不下、痈肿、跌打损伤；酒制主治肝肾不足、腰膝酸痛、四肢不利、风湿痹痛。用量4.5～9 g。孕妇忌用。制剂不宜作静脉注射，以防溶血。

2. 莲子草属 Alternanthera Forsk.

叶对生；头状花序或短穗状花序，花1朵生于苞腋，无不育花，花两性，花中有不育雄蕊，花药1室，柱头头状。光山有2种。

1. 喜旱莲子草（空心莲子草、空心菜、水花生）

Alternanthera philoxeroides (Mart.) Griseb.

多年生草本。茎基部匍匐，上部上升，管状，不明显4棱，长55～120 cm，具分枝，幼茎及叶腋有白色或锈色柔毛，茎老时无毛，仅在两侧纵沟内保留。叶片长圆形、长圆状倒卵形或倒卵状披针形，长2.5～5 cm，宽7～20 mm，顶端急尖或圆钝，具短尖，基部渐狭，全缘，两面无毛或叶面有贴生毛及缘毛，叶背有颗粒状突起；叶柄长3～10 mm，无毛或微有柔毛。花密生，成具总花梗的头状花序。

生于塘边水沟边或沼泽地上。光山全县常见。

喜旱莲子草全草药用，味苦、甘，性寒。清热利尿，凉血解毒。治乙型脑炎、流感初期、肺结核咯血。外用治湿疹、带状疱疹、疔疮、毒蛇咬伤、流行性出血性结膜炎。用量鲜品30～60 g。外用鲜全草，取汁外涂，或捣烂调蜜糖外敷。可制成眼药水用。

2. 虾钳菜（小白花草、莲子草）

Alternanthera sessilis (L.) R. Brown ex DC.

多年生草本。高10～45 cm；圆锥根粗，直径可达3 mm；茎上升或匍匐，绿色或稍带紫色，有条纹及纵沟，沟内有柔毛，在节处有一行横生柔毛。叶片形状及大小有变化，条状披针形、长圆形、倒卵形、卵状长圆形，长1～8 cm，宽2～20 mm，顶端急尖、圆形或圆钝，基部渐狭，全缘或有不明显锯齿，两面无毛或疏生柔毛；叶柄长1～4 mm，无毛或有柔毛。头状花序1～4个，腋生，无总花梗。

生于村旁、空旷荒芜地、路旁、草地。光山全县常见。

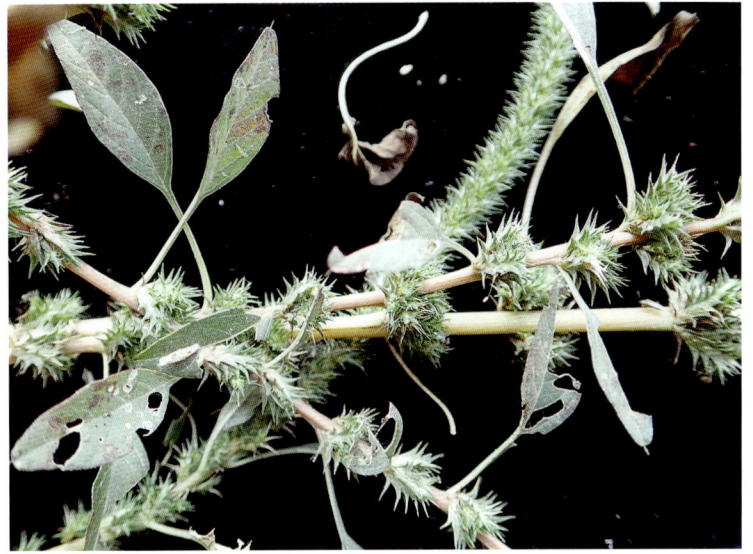

3. 苋属Amaranthus L.

草本，叶互生；花单性，花丝分离；果为胞果。光山有7种。

1. 长芒苋

Amaranthus palmeri S. Watson

一年生草本，高可达1.5 m，浅绿色，茎直立，粗壮，叶片无毛，卵形至菱状卵形，叶基部楔形，叶柄长，纤细。雌雄异株；穗状花序，直立或略弯曲，花序生于叶腋者较短，苞片钻状披针形，雄花花被片极不等长，长圆形，雄蕊短于内轮花被片；雌花花被片稍反曲，花被片匙形，花果近球形，果皮膜质。

生于村边、路旁等荒地上。见于晏河乡黄板桥村。

长芒苋原产于美国西部至墨西哥北部，是河南省入侵植物分布新记录。

2. 凹头苋（野苋）

Amaranthus blitum L.[*A. lividus* L.]

一年生草本，高10～30 cm，全体无毛；茎伏卧而上升，从基部分枝，淡绿色或紫红色。叶片卵形或菱状卵形，长1.5～4.5 cm，宽1～3 cm，顶端凹缺，有1芒尖，或微小不显，基部宽楔形，全缘或稍呈波状；叶柄长1～3.5 cm。花成腋生及顶生，生在茎端和枝端者成直立穗状花序或圆锥花序；苞片及小苞片长圆形，长不及1 mm；花被片长圆形或披针形，长1.2～1.5 mm，淡绿色，顶端急尖，边缘内曲，背部有1隆起中脉；雄蕊比花被片稍短；柱头3或2枚，果熟时脱落。胞果扁卵形。

生于村边、路旁等荒地上。见于县城官渡河边。

凹头苋嫩叶可食用，全草还可药用，味微甘、淡，性凉。清热解毒，利尿消肿。治痢疾、腹泻、疔疮肿毒、毒蛇咬伤、蜂蜇伤、小便不利。

3. 尾穗苋（老枪谷）

Amaranthus caudatus L.

一年生草本，高达1.5 m；茎直立，粗壮，具钝棱角，单一或稍分枝，绿色，或常带粉红色，幼时被短柔毛，后渐脱落。叶片菱状卵形或菱状披针形，长4～15 cm，宽2～8 cm，顶端短渐尖或圆钝，具凸尖，基部宽楔形，稍不对称，全缘或波状缘，绿色或红色，除在叶脉上稍有柔毛外，两面无毛；叶柄长1～15 cm，绿色或粉红色，疏生柔毛。圆锥花序顶生，下垂，有多数分枝，中央分枝特长，由多数穗状花序形成，顶端钝，花密集成雌花和雄花混生的花簇。

生于村旁、空旷荒芜地、路旁、草地。见于县城官渡河边。

尾穗苋的嫩叶可食用，全草还可药用，味甘，性平。益气健脾，补虚强壮。治脾胃虚弱所致的倦怠乏力、食欲不振、小儿疳积。

4. 刺苋（筋苋菜、刺苋菜）

Amaranthus spinosus L.

一年生草本，高达1 m；茎直立，圆柱形或钝棱形，多分枝，有纵条纹，绿色或带紫色，无毛或稍有柔毛。叶片菱状卵形或卵状披针形，长3～12 cm，宽1～5.5 cm，顶端圆钝，具微凸头，基部楔形，全缘，无毛或幼时沿叶脉稍有柔毛；叶柄长1～8 cm，无毛，在其旁有2刺，刺长5～10 mm。圆锥花序腋生及顶生，长3～25 cm。

生于村旁、空旷荒芜地、路旁、草地。见于白雀园镇赛山村。

刺苋的嫩叶可食用，全草还可药用，味淡、甘，性凉。清热利湿，解毒消肿，凉血止血。治痢疾、肠炎、胃、十二指肠溃疡出血，痔疮便血。外用治毒蛇咬伤、皮肤湿疹、疔肿脓疡。用量30～60 g。外用适量，鲜品捣烂敷患处。

5. 反枝苋（苋菜、野苋菜）

Amaranthus retroflexus L.

一年生草本，茎直立，粗壮，高20～60 cm，有分枝，淡绿色，有时带紫色条纹，稍具钝棱，密生短柔毛。叶互生有长柄，叶片菱状卵形或椭圆状卵形，长5～10 cm，宽2～5 cm，顶端钝或微凹，具小尖刺，基部楔形，近全缘，略呈波状，两面被柔毛，叶脉隆起。花单性或杂性，绿白色，集成密集的圆锥花序，顶生及腋生，苞片披针状锥形，较花被片长，边缘膜质，花被片5，长圆形或长圆状倒披针形，长约2 mm，顶端微凹或钝，具小尖刺，膜质，有绿色隆起的中肋；雄蕊5；花柱3。胞果宽倒卵形，环裂。

生于村旁、空旷荒芜地、路旁、草地。

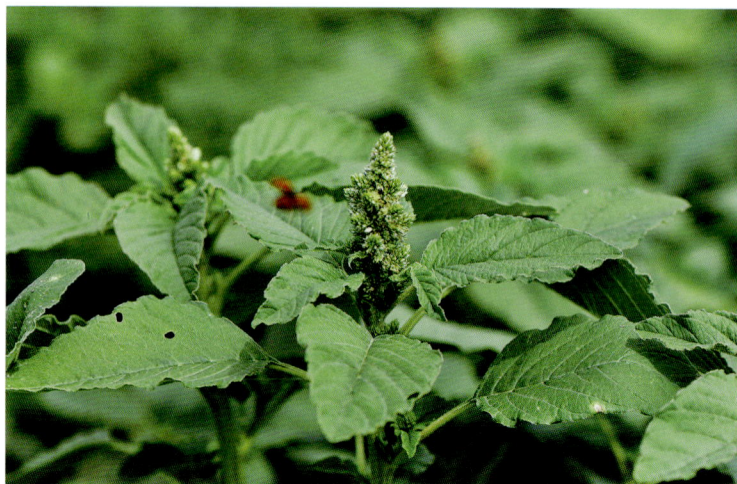

反枝苋的嫩叶可食用，全草还可药用，味甘，性凉。清热祛湿，凉血收敛。治泄泻、痢疾、痔疮肿痛出血、毒蛇咬伤。

6. 苋（老少年、老来少、三色苋）

Amaranthus tricolor L.

一年生草本，高80～150 cm；茎粗壮，绿色或红色，常分枝。叶卵形、菱状卵形或披针形，长4～10 cm，宽2～7 cm，绿色或常呈红色、紫色或黄色，或部分绿色加杂其他颜色，顶端圆钝或尖凹，具凸尖，基部楔形，全缘或波状缘，无毛；叶柄长2～6 cm，绿色或红色。花簇腋生，直到下部叶，或同时具顶生花簇，成下垂的穗状花序；花簇球形，直径5～15 mm，雄花和雌花混生；苞片及小苞片卵状披针形，长2.5～3 mm，透明，顶端有1长芒尖，背面具1绿色或红色隆起中脉；花被片长圆形，长3～4 mm，绿色或黄绿色，顶端有1长芒尖。

光山常见栽培。

苋是一种常见的蔬菜。全草还可药用，味甘，性微寒。解毒，祛寒湿，利大小便。治红白痢、痔疮、疔疮肿毒。

7. 野苋（绿苋、皱果苋）

Amaranthus viridis L.

一年生草本，高40～80 cm，全体无毛；茎直立，有不显明棱角，稍有分枝，绿色或带紫色。叶卵形、卵状长圆形或卵状椭圆形，长3～9 cm，宽2.5～6 cm，顶端尖凹或凹缺，少数圆钝，有1芒尖，基部宽楔形或近截形，全缘或微呈波状缘；叶柄长3～6 cm，绿色或带紫红色。圆锥花序顶生，长6～12 cm，宽1.5～3 cm，有分枝，由穗状花序形成，圆柱形，细长，直立，顶生花穗比侧生者长。胞果扁球形。

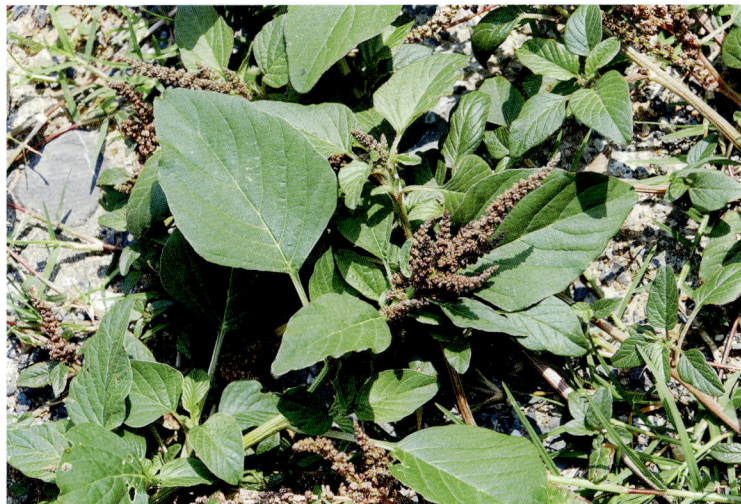

生于村庄附近空旷地、园地、路旁等湿润处。见于县城官渡河边。

野苋的嫩叶可食用，全草还可药用，味甘、淡，性微寒。清热利湿。治细菌性痢疾、肠炎、乳腺炎、痔疮肿痛。

4. 青葙属Celosia L.

草本，叶互生；花两性，花中无不育雄蕊，花丝基部合生成杯状；果为胞果。光山有2种。

1. 青葙（野鸡冠花、鸡冠花、百日红、狗尾草）

Celosia argentea L.

一年生草本。高0.3～1 m，全体无毛；茎直立，有分枝，绿色或红色，具显明条纹。叶片长圆披针形、披针形或披针状条形，少数卵状长圆形，长5～8 cm，宽1～3 cm，绿色常带红色，顶端急尖或渐尖，具小芒尖，基部渐狭；叶柄长2～15 mm，或无叶柄。花多数，密生，在茎端或枝端成单一、无分枝的塔状或圆柱状穗状花序，长3～10 cm。

生于旷野、田边、村旁。见于白雀园镇赛山村、方寨村。

青葙的种子、茎、叶可药用，种子味苦，性微寒。祛风明目，清肝火。茎、叶味淡，性凉。收敛，消炎。种子治目赤肿痛、视物不清、气管哮喘、胃肠炎。茎、叶治胃肠炎等。用量：种子3～9 g；茎叶15～25 g。

2. 鸡冠花

Celosia cristata L.

一年生草本，高达80 cm。叶互生，卵形、卵状披针形或披针形，长5～12 cm，宽2～6 cm，顶端渐尖或急尖，基部楔形，常红色或黄绿色。花多数，极密生，组成扁平肉质鸡冠状、卷冠状或羽毛状的穗状花序，一个大花序下面有数个较小的分枝，圆锥状长圆形，表面羽毛状；花被片红色、紫色、黄色、橙色或红色黄色相间，常仅花序基部的一部分花发育；萼片长披针形，长约5 mm，其余的花不育，萼片变小，且与花序同色。胞果卵形。

鸡冠花是一种常见的花卉，它的花序及种子药用。花序味甘，性凉；凉血止血，止带，止痢。种子味甘，性寒；祛风明目，清肝火。花序治功能性子宫出血、白带过多、用量9～15 g。种子治目赤肿痛、视物不清、气管哮喘、胃肠炎、赤白带下，用量3～9 g。

5. 千日红属 Gomphrena L.

叶对生，花1朵生于苞腋，无不育花，花两性，花药1室，柱头2裂。光山有1种。

1. 千日红（百日红、千日白）

Gomphrena globosa L.

一年生直立草本，高20～60 cm；茎粗壮，有分枝，枝略成四棱形，被灰色糙毛，幼时更密，节部稍膨大。叶纸质，长椭圆形或长圆状倒卵形，长3.5～13 cm，宽1.5～5 cm，顶端急尖或圆钝，凸尖，基部渐狭，边缘波状，两面有小斑点、白色长柔毛及缘毛，叶柄长1～1.5 cm，被灰色长柔毛。花多数，密生，成顶生球形或长圆形头状花序，单1或2～3个，直径2～2.5 cm，常紫红色，有时淡紫色或白色。胞果近球形。

光山有栽培。

千日红是一种常见的花卉。它的花序药用，味甘、淡，性平。止咳平喘，平肝明目。治哮喘、痢疾、月经不调、跌打损伤、疮疖、慢性气管炎、小儿发热抽搐、癫痫、目赤肿痛。

64. 落葵科 Basellaceae

草质藤本，全株无毛。单叶，互生，全缘，稍肉质。花小，两性，稀单性，辐射对称，通常成穗状花序、总状花序或圆锥花序，稀单生；苞片3，早落，小苞片2，宿存；花被片5，离生或下部合生，通常白色或淡红色，宿存；雄蕊5，与花被片对生，花丝着生花被上；雌蕊由3心皮合生，子房上位，1室，胚珠1粒。胞果。光山有1属1种。

1. 落葵属 Basella L.

穗状花序；花无梗，花被片肉质，花期几不开展，花丝在花蕾中直立；胚螺旋状。光山有1种。

1. 落葵（蔊菜）

Basella alba L.

一年生缠绕草质藤本。茎长可达数米，无毛，肉质，绿色或略带紫红色。叶片卵形或近圆形，长3～9 cm，宽2～8 cm，顶端渐尖，基部微心形或圆形，下延成柄，全缘，叶背叶脉微凸起；叶柄长1～3 cm，上有凹槽。穗状花序腋生，长3～15(20)cm；苞片极小，早落；小苞片2枚，萼状，长圆形，宿存；雄蕊着生花被筒口，花丝短，基部扁宽，白色，花药淡黄色；柱头椭圆形。果实球形。

光山有栽培。

落葵是一种蔬菜。全草药用，味甘、淡，性凉。清热解毒，接骨止痛。治阑尾炎、痢疾、大便秘结、膀胱炎。外用治骨折、跌打损伤、外伤出血、烧烫伤。

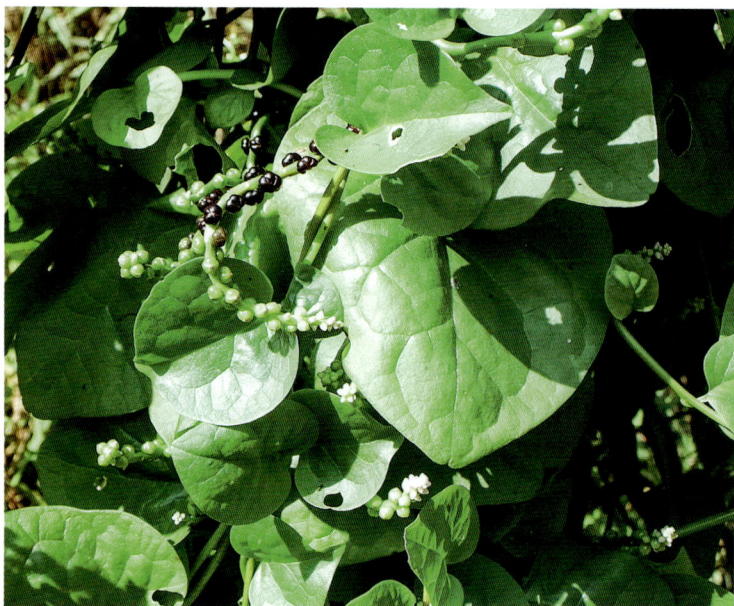

67. 牻牛儿苗科 Geraniaceae

草本或灌木。叶互生或对生，叶片常掌状或羽状分裂，具托叶。聚伞花序腋生或顶生，稀花单生；花两性，整齐，辐射对称或稀为两侧对称；萼片通常5或稀为4，覆瓦状排列；花瓣5或稀为4，覆瓦状排列；子房上位，心皮2～3（5），通常3～5室，每室具1～2倒生胚珠，花柱与心皮同数，通常下部合生，上部分离。果实为蒴果。光山有2属2种。

1. 老鹳草属 Geranium L.

叶片通常掌状分裂，稀二回羽状或仅边缘具齿。花辐射对称，花萼无距，雄蕊全部具药；果瓣成熟时由基部向上反卷，内面无毛或具微柔毛。光山有1种。

1. 野老鹳草（老鹳草）

Geranium carolinianum L.

一年生草本，高20～60 cm。根纤细，单一或分枝，茎直立或仰卧，单一或多数，具棱角，密被倒向短柔毛。基生叶早枯，茎生叶互生或最上部对生；托叶披针形或三角状披针形，长5～7 mm，宽1.5～2.5 mm，外被短柔毛；茎下部叶具长柄，柄长为叶片的2～3倍，被倒向短柔毛，上部叶柄渐短；叶片圆肾形，长2～3 cm，宽4～6 cm，基部心形，掌状5～7裂近基部，裂片楔状倒卵形或菱形，下部楔形、全缘，上部羽状深裂，小裂片条状长圆形，顶端急尖，叶面被短伏毛，叶背主要沿脉被短伏毛。

生于平原和低山荒坡杂草丛中。见于县城官渡河边、司马光油茶园。

野老鹳草全草药用，味苦，性平。祛风、活血、清热解毒。治风湿疼痛、拘挛麻木、痈疽、跌打、肠炎、痢疾。

2. 天竺葵属 Pelargonium L'Hér.

灌木，具浓裂香气。茎略呈肉质。叶对生或互生；叶片圆形、肾圆形或扇形，不分裂或掌状分裂。花稍两侧对称，花萼具距。光山有1种。

1. 天竺葵（洋绣球、石腊红、入腊红、日烂红、洋葵）

Pelargonium hortorum L. H. Bailey

亚灌木状，高30～60 cm。茎直立，基部木质化，上部肉质，多分枝或不分枝，具明显的节，密被短柔毛。叶互生，具浓烈鱼腥味；叶片圆形或肾形，茎部心形，直径3～7 cm，边缘波状浅裂，具圆形齿，两面被透明短柔毛，叶面叶缘以内有暗红色马蹄形环纹；托叶宽三角形或卵形，长7～15 mm，被柔毛和腺毛；叶柄长3～10 cm，被细柔毛和腺毛。伞形花序腋生，具多花，总花梗长于叶，被短柔毛；总苞片数枚，宽卵形；花梗3～4 cm，被柔毛和腺毛；芽期下垂，花期直立；萼片狭披针形，长8～10 mm，外面密被腺毛和长柔毛，花瓣红色、橙红色、粉红色或白色。

光山有少量栽培。

天竺葵是一种花卉，常见栽培供观赏。

69. 酢浆草科Oxalidaceae

草本，极少为灌木或乔木。根茎或鳞茎状块茎，通常肉质，或有地上茎。指状或羽状复叶或小叶萎缩而成单叶。花萼片5，离生或基部合生，覆瓦状排列，少数为镊合状排列；花瓣5，有时基部合生，旋转排列；雄蕊10枚，2轮，5长5短，外转与花瓣对生，花丝基部通常连合，有时5枚无药，花药2室，纵裂；雌蕊由5枚合生心皮组成，子房上位，5室，每室有1至数颗胚珠，中轴胎座。果为开裂的蒴果或为肉质浆果。光山有1属3种1亚种。

1. 酢浆草属Oxalis L.

草本；指状三出复叶或偶数羽状复叶；蒴果。光山有3种1亚种。

1. 关节酢浆草

Oxalis articulata Savigny

多年生草本。具肉质鳞茎状或块茎状地下根茎。茎匍匐或披散。叶互生或基生，指状复叶，通常有3小叶，呈圆形、心形，小叶呈螺旋形排列，大小一致，在闭光时闭合下垂；无托叶或托叶极小。花为聚伞花序式，总花梗腋生或基生；花黄色、红色、淡紫色或白色；萼片5；花瓣5，有时基部微合生；雄蕊10，花丝基部合生或分离；子房5室，每室具1至多数胚珠，花柱5。果为蒴果，果瓣宿存于中轴上。

光山有少量栽培。

关节酢浆草的叶常紫红色，常栽培供观赏。

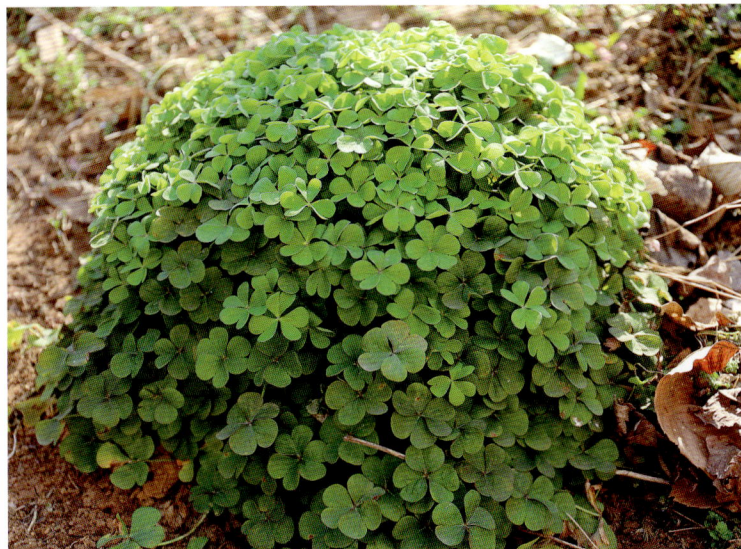

2. 酢浆草（酸浆草、酸味草）

Oxalis corniculata L.

多年生草本。全株疏被柔毛；茎匍匐或斜升，多分枝。叶互生，掌状复叶，3小叶，小叶倒心形，无柄，全缘。花黄色，1至数朵组成腋生的伞形花序，长2～3 cm；花梗长1～2.5 cm；萼片5片，长圆形，顶端急尖，被柔毛；花瓣5片，倒卵形，比萼片长；雄蕊10枚，5长5短，花丝基部合生成筒状；子房5室，密被柔毛，柱头5枚。蒴果近圆柱形，长1～2 cm，具5棱，被短柔毛；种子黑褐色，具皱纹。

生于旷地、园地或田边等处。见于白雀园镇赛山村、官渡河边。

酢浆草的全草药用，味酸，性凉。清热利湿，解毒消肿。治感冒发热、肠炎、肝炎、尿路感染、结石、神经衰弱；外用治跌打损伤、毒蛇咬伤、痈肿疮疖、脚癣、湿疹、烧烫伤。用量15～60 g；外用适量，鲜品捣烂敷患处，或煎水洗。

3. 红花酢浆草（三夫莲、铜锤草）

Oxalis corymbosa DC.

多年生直立草本。无地上茎，地下部分有球状鳞茎，外层鳞片膜质，褐色，背具3条肋状纵脉，被长缘毛，内层鳞片呈三角形，无毛。叶基生；叶柄长5～30 cm或更长，被毛；小叶3片，扁圆状倒心形，长1～4 cm，宽1.5～6 cm，顶端凹入，两侧角圆形，基部宽楔形，叶面绿色，被毛或近无毛；叶背浅绿色，通常两面或有时仅边缘有干后呈棕黑色的小腺体，叶背尤其并被疏毛；托叶长圆形，顶部狭尖，与叶柄基部合生。花红色。

多生于旷野或园地上。

红花酢浆草全草药用，味酸，性寒。清热解毒，散瘀消肿，调经。治肾盂肾炎、痢疾、咽炎、牙痛、月经不调、白带。外用治毒蛇咬伤、跌打损伤、烧烫伤。用量9～15 g，水煎或浸酒服。外用适量，鲜草捣烂敷患处。孕妇忌服。

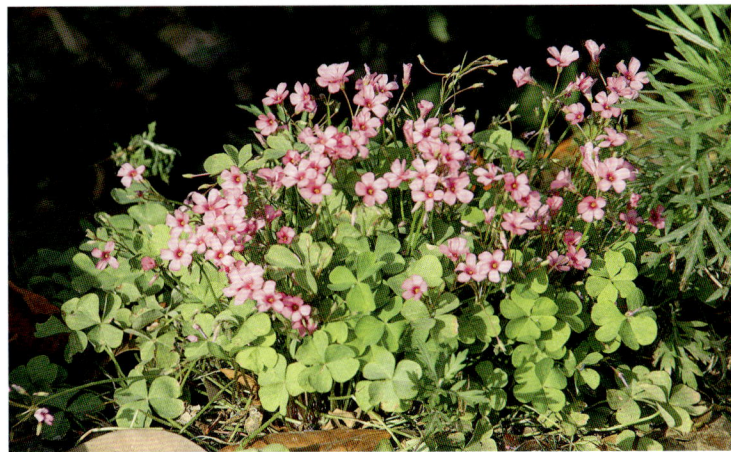

4. 紫叶酢浆草

Oxalis triangularis A. St.-Hill. subsp. **papilionacea** (Hoffmanns. ex Zucc.) Lourteig

多年生草本。地下有鳞茎。叶为基生的掌状3小叶复叶，小叶呈倒三角形，宽大于长，质软。颜色为艳丽的紫红色，部分品种的叶片内侧还镶嵌有如蝴蝶般的紫黑色斑块。伞形花序，花冠淡紫色或白色，端部呈淡粉色。

光山有少量栽培。

紫叶酢浆草的叶紫红色，常栽培供观赏。

71. 凤仙花科 Balsaminaceae

草本，稀亚灌木。单叶。花两性，排成腋生或近顶生总状或假伞形花序，或无总花梗；萼片3，稀5枚，侧生萼片离生或合生，全缘或具齿，下面倒置的1枚萼片大，花瓣状，通常呈舟状，漏斗状或囊状，基部渐狭或急收缩成具蜜腺的距；距短或细长，直，内弯或拳卷，顶端肿胀，急尖或稀2裂，稀无距；花瓣5枚，分离，位于背面的1枚花瓣离生，小或大，扁平或兜状，背面常有鸡冠状突起。果实为假浆果或多少肉质，4～5裂片片弹裂的蒴果。光山有1属1种。

1. 凤仙花属 Impatiens L.

草本。单叶。花两性，排成腋生或近顶生总状或假伞形花序，或无总花梗，萼片3，稀5枚，全缘或具齿，下面倒置的1枚萼片大，花瓣状，通常呈舟状，漏斗状或囊状，基部渐狭或急收缩成具蜜腺的距。光山有1种。

1. 凤仙花（指甲花、透骨草、急性子、灯盏花）

Impatiens balsamina L.

一年生草本，高达110 cm。茎粗壮，肉质，直立，不分枝或有分枝，近无毛，下部节常膨大。叶互生，最下部叶有时对生；叶片披针形、狭椭圆形或倒披针形，长4～12 cm，宽1.5～3 cm，顶端尖或渐尖，基部楔形，边缘有锐锯齿，向基部常有数对无柄的黑色腺体，两面无毛或被疏柔毛，侧脉4～7对；叶柄长1～3 cm，上面有浅沟，两侧具数对具柄的腺体。花单生或2～3朵簇生于叶腋，无总花梗，白色、粉红色或紫色，单瓣或重瓣。

光山常见栽培或逸为野生。见于南向店乡环山村、白雀园镇赛山村。

凤仙花是常见花卉，种子、花或全草还可药用。种子：味微苦，性温，有小毒；活血通经，软坚消积。花：味甘，性温，有小毒；活血通经，祛风止痛；外用解毒。全草：味辛、苦，性温；散风祛湿，解毒止痛。种子：治闭经、难产、骨鲠咽喉、肿块积聚；用量6～9 g，孕妇忌服。花：治闭经、跌打损伤、瘀血肿痛、风湿性关节炎、痈疽疔疮、蛇咬伤、手癣；用量3～6 g，外用适量，鲜花捣烂敷患处，孕妇忌服。全草：治风湿关节痛；外用治疮疡肿毒。

72. 千屈菜科 Lythraceae

草本、灌木或乔木；枝通常四棱形，有时具棘状短枝。叶对生，稀轮生或互生，全缘，叶背有时具黑色腺点。花两性；花萼筒状或钟状，平滑或有棱，有时有距，与子房分离而包围子房；花瓣与萼裂片同数或无花瓣，花瓣如存在，则着生萼筒边缘，在花芽时成皱褶状，雄蕊通常为花瓣的倍数，有时较多或较少，着生于萼筒上，但位于花瓣的下方；子房上位，通常无柄，2～16室。蒴果。光山有4属4种。

1. 水苋菜属 Ammannia L.

草本。叶对生或互生，有时轮生，全缘；近无柄。花小，4基数，苞片通常2枚；萼筒钟形或管状钟形，花后常变为球形或半球形，4～6裂，裂片间有时有细小的附属体；花瓣与萼裂片同数，细小，贴生于萼筒上部。蒴果成熟时横裂或周裂，果壁新鲜时无横纹。光山有1种。

1. 水苋菜（细叶水苋、浆果水苋）

Ammannia baccifera L.

一年生草本，无毛，高10～50 cm；茎直立，多分枝，带淡紫色，稍呈4棱，具狭翅。叶生于下部的对生，生于上部的或侧枝的有时略成互生，长椭圆形、长圆形或披针形，生于茎上的长可达7 cm，生于侧枝的较小，长6～15 mm，宽3～5 mm，顶端短尖或钝形，基部渐狭，侧脉不明显，近无柄。花数朵组成腋生的聚伞花序或花束。蒴果球形。

生于水田、沟旁潮湿处。见于南向店乡环山村。

2. 萼距花属Cuphea Adans ex P. Br.

草本或灌木，全株多数具有黏质的腺毛。花6基数，花两侧对称，萼筒有棱12条，基部有圆形的距；花瓣明显。蒴果长椭圆形，包藏于萼管内，侧裂。光山1种。

1. 香膏萼距花

Cuphea balsamona Cham. et Schlecht.

草本植物，高达60 cm；小枝纤细，幼枝被短硬毛，后变无毛而稍粗糙。叶对生，薄革质，卵状披针形或披针状长圆形，顶端渐尖或阔渐尖，基部渐狭或有时近圆形，两面粗糙，幼时被粗伏毛，后变无毛；叶柄极短，近无柄。

生于路旁、沟旁潮湿处。见于南向店乡环山村。

3. 紫薇属Lagerstroemia L.

灌木或乔木。叶对生、近对生或聚生于小枝的上部，全缘。花两性，辐射对称，顶生或腋生的圆锥花序；花萼半球形或陀螺形，革质，常具棱或翅，5～9裂；花瓣通常6，或与花萼裂片同数，基部有细长的爪，边缘波状或有皱纹。蒴果木质，基部有宿存的花萼包围，多少与萼黏合，成熟时室背开裂。光山有1种。

1. 紫薇（搔痒树、紫荆皮、紫金标）

Lagerstroemia indica L.

落叶灌木或小乔木，高可达7 m；树皮平滑，灰色或灰褐色；枝干多扭曲，小枝纤细，具4棱，略成翅状。叶互生或有

时对生，纸质，椭圆形、阔长圆形或倒卵形，长2.5～7 cm，宽1.5～4 cm，顶端短尖或钝形，有时微凹，基部阔楔形或近圆形，无毛或叶背沿中脉有微柔毛，侧脉3～7对，小脉不明显；无柄或叶柄很短。花淡红色或紫色、白色，直径3～4 cm，常组成7～20 cm的顶生圆锥花序。蒴果椭圆状球形或阔椭圆形。

光山常见栽培。全县广布。

紫薇是一种常见花卉，树皮、花及根药用，味微苦、涩，性平。活血止血，解毒，消肿。治各种出血症、骨折、乳腺炎、湿疹、肝炎、肝硬化腹水。

4. 节节菜属Rotala L.

草本。叶交互对生或轮生。花小，3～6基数，辐射对称，单生叶腋，或组成顶生或腋生的穗状花序或总状花序；萼筒钟形至半球形或壶形；花瓣3～6，细小或无，宿存或早落。蒴果不完全为宿存的萼管包围，室间开裂成2～5瓣。光山有1种。

1. 节节菜（碌耳草、水马兰、节节草）

Rotala indica (Willd.) Koehne

一年生草本。多分枝，节上生根，茎常略具4棱，基部常匍匐，上部直立或稍披散。叶对生，无柄或近无柄，倒卵状椭圆形或长圆状倒卵形，长4～17 mm，宽3～8 mm，侧枝上的叶仅长约5 mm，顶端近圆形或钝形而有小尖头，基部楔形或渐狭，叶背叶脉明显，边缘为软骨质。花小，长不及3 mm。蒴果椭圆形。

生于水田或潮湿地上。见于泼陂河镇东岳寺村。

节节菜全草药用，味酸、苦，性凉。清热解毒，止泻。治疮疖肿毒，小儿泄泻。

75. 安石榴科 Punicaceae

乔木或灌木。单叶。花单生或几朵簇生或组成聚伞花序，两性、辐射对称；萼革质，萼管与子房贴生，且高于子房，近钟形；花瓣5～9，多皱褶，覆瓦状排列；雄蕊生萼筒内壁上部，多数；子房下位或半下位，心皮多数，1轮或2～3轮，初呈同心环状排列，后渐成叠生。浆果球形。光山有1属1种。

1. 安石榴属 Punica L.

小乔木。单叶。花单生或几朵簇生或组成聚伞花序，子房下位或半下位，心皮多数，1轮或2～3轮，初呈同心环状排列，后渐成叠生。浆果球形。光山有1种。

1. 安石榴（石榴、石榴皮）

Punica granatum L.

落叶灌木或乔木，高通常3～5 m，稀达10 m，枝顶常成尖锐长刺，幼枝具棱角，无毛，老枝近圆柱形。叶常对生，纸质，长圆状披针形，长2～9 cm，顶端短尖、钝尖或微凹，基部短尖至稍钝形，叶面光亮，侧脉稍细密；叶柄短。花大，1～5朵生枝顶；萼筒长2～3 cm，通常红色或淡黄色，裂片略外展，卵状三角形，长8～13 mm；花瓣通常大，红色、黄色或白色，长1.5～3 cm，宽1～2 cm，顶端圆形；花丝无毛，长达13 mm；花柱长超过雄蕊。浆果近球形。

光山常见栽培。见于白雀园镇赛山村。

安石榴是一种水果。它的根、茎皮、果皮、花及叶药用，味酸、涩，性温。收敛止泻，杀虫。根皮、果皮：治虚寒久泻、肠炎、痢疾、便血、脱肛、血崩、绦虫病、蛔虫病。外用果皮治稻田皮炎。花：治吐血、衄血。外用治中耳炎。叶：治急性肠炎。用量：根皮、果皮3～9 g，花3～9 g，叶30～90 g。花外用研粉，用适量吹耳内。

77. 柳叶菜科 Onagraceae

草本或灌木，稀小乔木。花两性，稀单性，单生于叶腋或排成顶生的穗状花序、总状花序或圆锥花序。花通常4数，稀2或5数；花管存在或不存在；萼片；花粉单一，或为四分体；子房下位，(1～2)4～5室，每室有少数或多数胚珠，中轴胎座。果为蒴果，室背开裂、室间开裂或不开裂，有时为浆果或坚果。光山有4属6种。

1. 露珠草属 Circaea L.

花2基数，子房被钩毛；果为蒴果，不开裂，外被硬钩毛。光山有1种。

1. 南方露珠草（细毛谷蓼）

Circaea mollis Sieb.& Zucc.

植株高25～150 cm，被镰状弯曲毛；根状茎不具块茎。叶狭披针形、阔披针形至狭卵形，长3～16 cm，宽2～5.5 cm，基部楔形或稀圆形，顶端狭渐尖至近渐尖，边缘近全缘至具锯齿。总状花序长1.5～4 cm，花梗常被毛，花芽无毛或被曲和直的、顶端头状和棒状的腺毛。花管长0.5～1 mm；萼片长1.6～2.9 mm，宽1～1.5 mm，淡绿色或带白色；花瓣白色，阔倒卵形，长0.7～1.8 mm，宽1～2.6 mm，顶端下凹至花瓣长度的1/4～1/2；雄蕊开花时通常直伸，短于或偶尔等于或稀长于花柱；蜜腺明显，突出于花管之外。果狭梨形至阔梨形或球形。

生于山谷、沟边林中。见于南向店乡董湾村向楼组。

2. 柳叶菜属 Epilobium L.

叶对生或上部的互生；花4基数，辐射对称，子房无钩毛，花丝基部无附属物；种子顶端有丝状毛丛；花红色或白色。光山有2种。

1. 柳叶菜（水朝阳花、鸡脚参）

Epilobium hirsutum L.

多年生草本，茎高达1.5 m。叶草质，对生，茎上部的互生，无柄，多少抱茎；茎生叶披针状椭圆形至狭倒卵形或椭圆形，稀狭披针形，长4～12 cm，宽0.3～3.5 cm，顶端锐尖至渐尖，基部近楔形，边缘每侧具20～50枚细锯齿，两面被长柔毛，有时在叶背混生短腺毛。总状花序直立；苞片叶状；花直立，花蕾卵状长圆形，长4.5～9 mm，直径2.5～5 mm；子房灰绿色至紫色，长2～5 cm，密被长柔毛与短腺毛，有时主要被腺毛，稀被绵毛或无腺毛。蒴果长2.5～9 cm，密被长柔毛与短腺毛。

光山有少量栽培。见于南向店乡环山村。

柳叶菜是一种花卉。全草药用，味淡，性平。花：清热消炎，调经止带，止痛。根：理气活血，止血。花：治牙痛、急性结膜炎、咽喉炎、月经不调、白带过多。根：治闭经、胃痛、食滞饱胀。根或带根全草：治骨折、跌打损伤、疔疮痈肿、外伤出血。

2. 长籽柳叶菜

Epilobium pyrricholophum Franch.& Savat.

多年生草本。叶对生，花序上的互生，排列密，长过节间，近无柄，卵形至宽卵形，茎上部的有时披针形，长2～5 cm，宽0.5～2 cm，顶端锐尖或下部的近钝形，基部钝或圆形，有时近心形，边缘每边具7～15枚锐锯齿，侧脉每侧4～6条，叶背隆起，两面尤脉上被曲柔毛，茎上部的还混生腺毛。花序直立，密被腺毛与曲柔毛。花瓣粉红色至紫红色。蒴果长3.5～7 cm。

生于河谷、溪沟旁、池塘与水田湿处。见于白雀园镇大尖山。

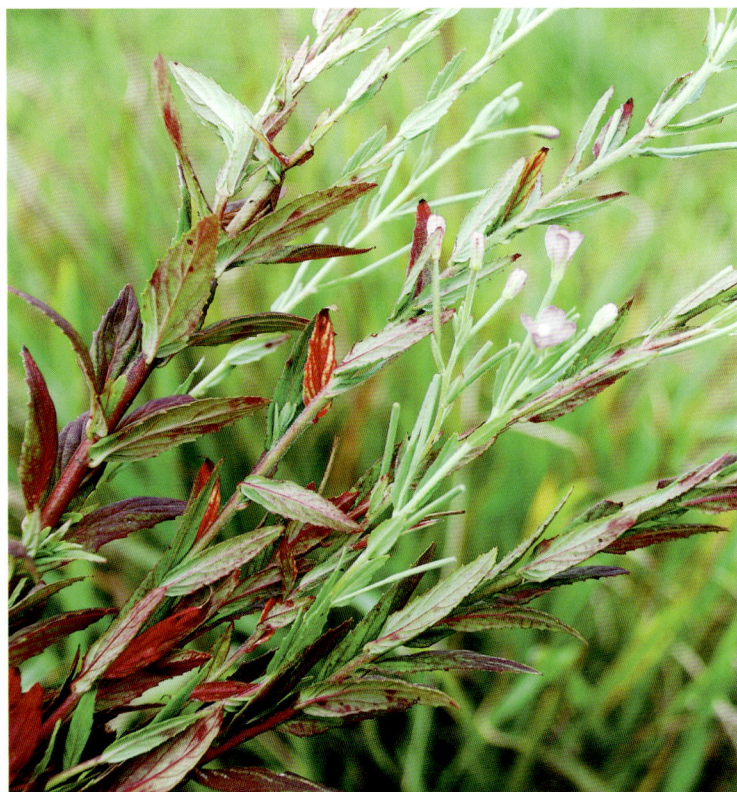

3. 丁香蓼属 Ludwigia L.

叶对生或上部的互生；花4～6基数，辐射对称，子房无钩毛，花丝基部无附属物；种子顶端无丝状毛丛；花黄色，无花管，萼片宿存。光山有1种。

1. 丁香蓼（水丁香）

Ludwigia prostrata Roxb.

一年生直立草本；茎达60 cm，下部圆柱状，上部四棱形，常淡红色，近无毛，多分枝，小枝近水平开展。叶狭椭圆形，长3～9 cm，宽1.2～2.8 cm，顶端锐尖或稍钝，基部狭楔形，在下部骤变窄，侧脉每侧5～11条，至近边缘渐消失，两面近无毛或幼时脉上疏生微柔毛；叶柄长5～18 mm，稍具翅；托叶几乎全退化。萼片4枚，三角状卵形至披针形，长1.5～3 mm，宽0.8～1.2 mm，疏被微柔毛或近无毛；花瓣黄色。蒴果四棱形。

生于田边、溪边潮湿处。见于县城官渡河边。

丁香蓼全草药用，味苦，性凉。清热解毒，利湿消肿。治肠炎、痢疾、传染性肝炎、肾炎水肿、膀胱炎、白带、痔疮。外用治痈疖疔疮、蛇虫咬伤。

4. 月见草属 Oenothera L.

叶互生；花4基数，辐射对称，子房无钩毛，花丝基部无附属物；种子顶端无丝状毛丛；花黄色、白色或紫红色，有花管，萼片不宿存。光山有2种。

1. 月见草（山芝麻、夜来香）

Oenothera biennis L.

直立二年生草本。基生叶倒披针形，长10～25 cm，宽2～4.5 cm，顶端锐尖，基部楔形，边缘疏生不整齐的浅钝齿；叶柄长1.5～3 cm。茎生叶椭圆形至倒披针形，长7～20 cm，宽1～5 cm，顶端锐尖至短渐尖，基部楔形，边缘每边有5～19枚稀疏钝齿，侧脉每侧6～12条；叶柄长0～15 mm。花序穗状，不分枝，或在主序下面具次级侧生花序；苞片叶状，花蕾锥状长圆形，长1.5～2 cm；花管长2.5～3.5 cm；萼片绿色，有时带红色，长圆状披针形；花瓣黄色，稀淡黄色，宽倒卵形。蒴果锥状圆柱形。

光山有少量栽培。见于白雀园镇赛山村。

月见草是一种观赏花卉，它的根还可药用，味甘，性温。祛风湿，强筋骨。治风湿症、筋骨疼痛、中风偏瘫。

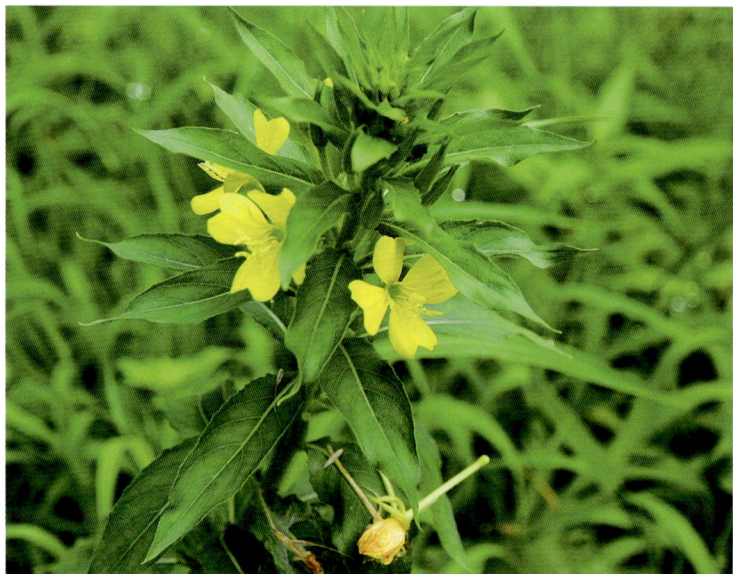

2. 裂叶月见草

Oenothera laciniata Hill.

多年生草本。基部叶线状倒披针形，长5～15 cm，宽1～2.5 cm，顶端锐尖，基部楔形，边缘羽状深裂，向着顶端常全缘；茎生叶狭倒卵形或狭椭圆形，长4～10 cm，宽

0.7～3 cm，顶端锐尖或稍钝，基部楔形，下部常羽状裂，中上部具齿，上部近全缘；苞片叶状，狭长圆形或狭卵形，长2～6 cm，宽1～2 cm，近水平开展，顶端锐尖，基部钝至楔形，边缘疏生浅齿或基部具少数羽状裂片。花序穗状；花管带黄色，盛开时带红色，长1.5～3.5 cm，径约1 mm，常被长柔毛与腺毛，有时混生曲柔毛，萼片绿色或黄绿色，开放时反折，变红色。蒴果圆柱状。生于旷野、荒地、田边。见于官渡河边。

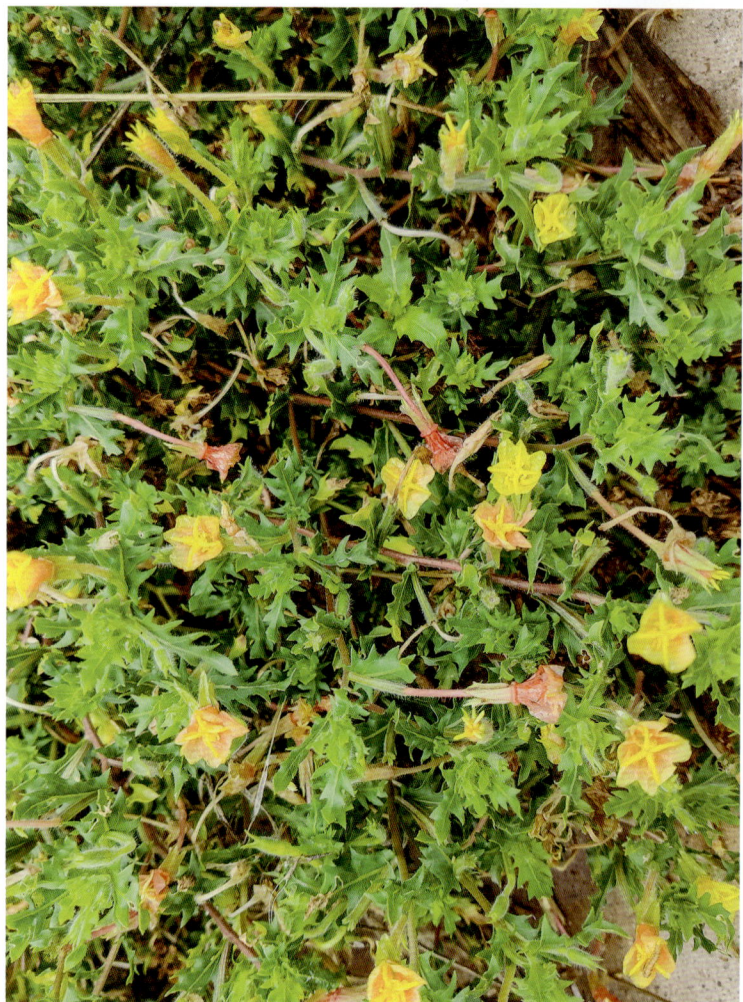

77A. 菱科 TrapaceaeHydrocaryaceae

一年生水生草本。茎细长沉于水中。下部叶对生，上部叶轮生，叶二型：沉水叶无柄，线形，全缘，浮水叶成莲座状叶丛，叶柄中部膨大成纺锤形，海绵质，浮于水面。果实坚果状，有角。光山有1属2种。

1. 菱（菱角、风菱、乌菱）

Trapa bispinosa Roxb.

一年生浮水或半挺水草本。茎圆柱形，细长或粗短。叶二型：浮水叶互生，聚生于茎端，在水面形成莲座状菱盘，叶片阔菱形，长3～4.5 cm，宽4～6 cm，叶面深亮绿色，无毛，叶背绿色或紫红色，幼叶密被淡黄褐色短毛，老叶灰褐色短毛，边缘中上部具凹形的浅齿，边缘下部全缘，基部阔楔形；叶柄长2～10.5 cm；中上部膨大成海绵质气囊，被短毛；沉水叶小，早落。花小，单生于叶腋；花瓣4片，白色。果具水平开展的2肩角。

种植于池塘或水流缓慢的河沟中。光山河流与湖泊常见。

菱是一种可食用的淀粉植物，它的果实药用，味甘、涩、性平。健胃止痢，抗癌。治胃溃疡、痢疾、食道癌、乳腺癌、子宫颈癌。用量30～45 g。菱柄外用治皮肤多发性赘疣；菱壳烧灰外用治黄水疮、痔疮。

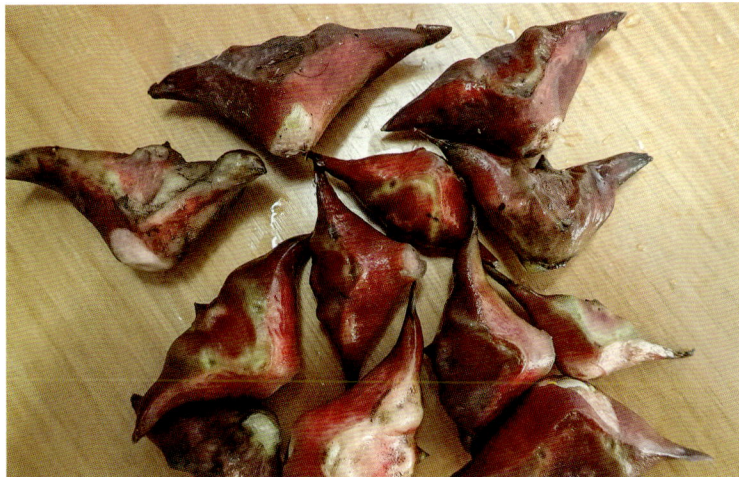

2. 四角缺叶菱（四角马氏菱、小果菱）

Trapa incisa Sieb. et Zucc.

一年生浮水水生草本。根二型：着泥根细铁丝状；同化根，羽状细裂，裂片丝状，深灰绿色。茎细柔弱，分枝。叶二型：浮水叶互生，聚生于主枝或分枝茎顶端，形成莲座状的菱盘，叶片三角状菱圆形，长1.9～2.5 cm，宽2～3 cm，叶面深亮绿色，无毛或仅有少量短毛，叶背绿色带紫，主侧脉稍明显，疏被少量的黄褐色短毛，脉间有茶褐色斑块，边缘中上部有不整齐的浅圆齿或牙齿；沉水叶小，早落。花小，单生于叶腋。果三角形具4刺角。

生于河流、水塘、湖泊中。见于县城官渡河边。

四角缺叶菱的果实可食用，果实及全草还可药用，味甘、

涩、凉。消炎解毒，清暑解热。治脘腹胀痛、积滞下消、嗳腐吞酸、暑湿症。

78. 小二仙草科Haloragidaceae

草本。叶互生、对生或轮生，生于水中的常为蓖齿状分裂。花小，两性或单性，腋生、单生或簇生，或成顶生的穗状花序、圆锥花序、伞房花序；萼筒与子房合生，萼片2～4或缺；花瓣2～4，早落，或缺；雄蕊2～8，排成2轮，外轮对萼离生，花药基着；子房下位，2～4室。果为坚果或核果状。光山有1属2种。

1. 狐尾藻属Myriophyllum L.

水生或半湿生草本；叶互生、轮生，无柄或近无柄，线形至卵形，全缘，有锯齿、多蓖齿状分裂。花很小，无柄，单生叶腋或轮生。光山有2种。

1. 穗状狐尾藻（金鱼藻、泥茜、聚藻）

Myriophyllum spicatum L.

多年生沉水草本。根状茎发达，在水底泥中蔓延，节部生根。茎圆柱形，长1～2.5 m，分枝极多。叶常5片轮生（或4～6片轮生、3～4片轮生），长3.5 cm，丝状全细裂，叶的裂片约13对，细线形，裂片长1～1.5 cm；叶柄极短或不存在。花两性，单性或杂性，雌雄同株，单生于苞片状叶腋内，常4朵轮生，由多数花排成近裸颖的顶生或腋生的穗状花序，长6～10 cm，生于水面上；如为单性花，则上部为雄花，下部为雌花，中部有时为两性花，基部有一对苞片，其中1片稍，为广椭圆形，长1～3 mm，全缘或呈羽状齿裂。

生于池塘或河流、湖泊中。见于晏河乡潘畈村、南向店乡环山村。

2. 狐尾藻（轮叶狐尾藻）

Myriophyllum verticillatum L.

多年生粗壮沉水草本。根状茎发达，在水底泥中蔓延，节部生根。茎圆柱形，长20～40 cm，多分枝。叶通常4片轮生，或3～5片轮生，水中叶较长，长4～5 cm，丝状全裂，无叶柄；裂片8～13对，互生，长0.7～1.5 cm；水上叶互生，披针形，较强壮，鲜绿色，长约1.5 cm，裂片较宽。秋季于叶腋中生出棍棒状冬芽而越冬。苞片羽状篦齿状分裂。花单性，雌雄同株或杂性，单生于水上叶腋内，每轮具4朵花，花无柄，比叶片短。

生于池塘或河流、湖泊中。见于文殊乡九九林场。

81. 瑞香科Thymelaeaceae

灌木或小乔木，稀草本；茎通常具韧皮纤维。单叶。花辐射对称，两性或单性，花萼通常为花冠状，白色、黄色或淡绿色，稀红色或紫色，常连合成钟状、漏斗状、筒状的萼筒，外面被毛或无毛；子房上位，心皮2～5个合生，稀1个。浆果、核果或坚果，稀为2瓣开裂的蒴果。光山有1属1种。

1. 瑞香属Daphne L.

灌木；叶互生；总状花序短或呈头状，花少，柱头无乳头状凸起；子房1室；无花瓣；果为不开裂的核果。光山有1种。

1. 芫花（药鱼草、老鼠花、闹鱼花、头痛花、闷头花）

Daphne genkwa Sieb. et Zucc.

落叶灌木，高0.3～1 m，多分枝。叶对生，稀互生，纸质，卵形或卵状披针形至椭圆状长圆形，长3～4 cm，宽1～2 cm，

顶端急尖或短渐尖，基部宽楔形或钝圆形，边缘全缘，叶面绿色，叶背淡绿色，幼时密被绢状黄色柔毛，侧脉5～7对；叶柄短或几无。花比叶先开放，紫色或淡紫蓝色，无香味，常3～6朵簇生于叶腋或侧生，花梗短，具灰黄色柔毛；花萼筒细瘦，筒状，长6～10 mm；雄蕊8，2轮；子房长倒卵形，长2 mm，密被淡黄色柔毛，花柱短或无，柱头头状，橘红色。果实肉质，白色，椭圆形，长约4 mm，包藏于宿存的花萼筒的下部，具1颗种子。

生于山坡、路旁、草地上。见于泼陂河镇东岳寺村、文殊乡九九林场、白雀园镇赛山村。

芫花的花蕾药用，味苦、辛，性温；有毒。归脾、肺、肾经。泻水逐饮，外用杀虫疗疮。治水肿胀满、胸腹积水、痰饮积聚、气逆咳喘、二便不利；外治疥癣秃疮、痈肿、冻疮。用量1.5～3 g。

83. 紫茉莉科Nyctaginaceae

草本、灌木或乔木，有时为具刺藤状灌木。单叶，对生、互生或假轮生，全缘。花辐射对称，两性，稀单性或杂性；单生、簇生或成聚伞花序、伞形花序；常具苞片或小苞片，有的苞片色彩鲜艳；花被单层，常为花冠状，圆筒形或漏斗状，有时钟形，下部合生成管，顶端5～10裂；子房上位，1室，内有1粒胚珠，花柱单一，柱头球形，不分裂或分裂。瘦果状掺花果包在宿存花被内。光山有2属3种。

1. 宝巾属Bougainvillea Comm. ex Juss.

攀缘灌木；花少数，常3朵簇生，各包藏于一大而美丽的苞片内。光山有2种。

1. 宝巾（光叶子花、勒杜鹃、小叶九重葛）

Bougainvillea glabra Choisy

攀缘灌木，长可达15 m。茎粗壮，枝下垂，无毛或疏生柔毛；刺腋生，长5～15 mm。叶片纸质，卵形或卵状披针形，长5～13 cm，宽3～6 cm，顶端急尖或渐尖，基部圆形或宽楔形，叶面无毛，叶背被微柔毛；叶柄长1 cm。花顶生枝端的3个苞片内，花梗与苞片中脉贴生，每个苞片上生一朵花；苞片叶状，紫色或洋红色，长圆形或椭圆形，长2.5～3.5 cm，宽约2 cm，纸质；花被管长约2 cm，淡绿色，疏生柔毛，有棱，顶端5浅裂；雄蕊6～8枚；花柱侧生，线形，边缘扩展成薄片状，柱头尖；花盘基部合生呈环状，上部撕裂状。

光山有少量盆栽。

宝巾是一种花卉植物，世界广泛种植。

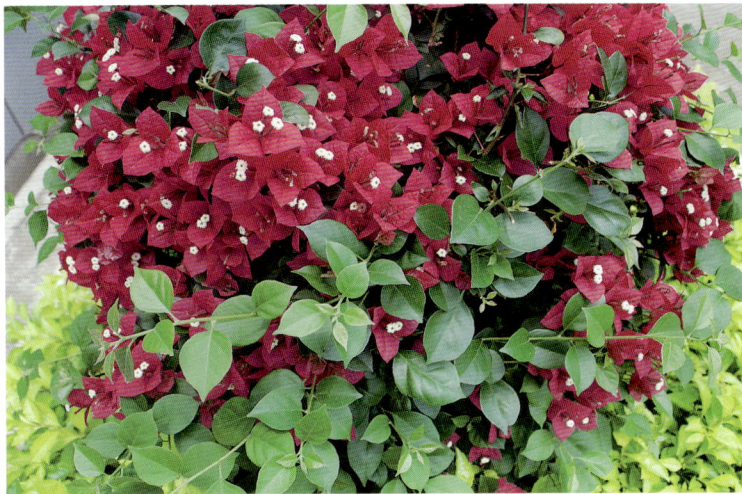

2. 红宝巾（叶子花、毛宝巾）

Bougainvillea spectabilis Willd.

攀缘灌木，长可达15 m。枝、叶密生柔毛；刺腋生、下弯。叶片椭圆形或卵形，基部圆形，有柄。花序腋生或顶生；苞片椭圆状卵形，基部圆形至心形，长2.5～6.5 cm，宽1.5～4 cm，暗红色或淡紫红色；花被管狭筒形，长1.6～2.4 cm，绿色，密被柔毛，顶端5～6裂，裂片开展，黄色，长3.5～5 mm；雄蕊通常8枚；子房具柄。果实长1～1.5 cm，密生毛。花期冬春间。

光山有少量盆栽。

红宝巾是一种花卉植物，世界广泛种植。

2. 紫茉莉属Mirabilis L.

直立草本；花1至数朵生于一5裂的总苞内，无小苞片；果无黏质的腺体。光山1种。

1. 紫茉莉（胭脂花、胭粉豆）

Mirabilis jalapa L.

一年生草本，高可达1 m。根肥粗，倒圆锥形，黑色或黑褐色。茎直立，圆柱形，多分枝，无毛或疏生细柔毛，节稍膨大。叶卵形或卵状三角形，长3～15 cm，宽2～9 cm，顶端渐尖，基部截形或心形，全缘，两面均无毛；叶柄长1～4 cm，上部叶几无柄。花常数朵簇生枝端；花梗长1～2 mm；总苞钟形，长约1 cm，5裂，裂片三角状卵形，顶端渐尖，无毛，具脉纹，果时宿存；花被紫红色、黄色、白色或杂色，高脚碟状，筒部长2～6 cm，檐部直径2.5～3 cm，5浅裂；花午后开放，有香气，次日午前凋萎；雄蕊5枚。瘦果球形。

光山有栽培。见于白雀园镇赛山村、方寨村。

紫茉莉是一种花卉，它的根和叶药用，味甘、淡，性凉。清热利湿，活血调经，解毒消肿。根：治扁桃体炎、月经不调、白带、宫颈糜烂、前列腺炎、泌尿系感染、风湿关节酸痛；根、全草外用治乳腺炎、跌打损伤、痈疖疗疮、湿疹。

88. 海桐花科Pittosporaceae

乔木或灌木。花通常两性，有时杂性，除子房外，花的各轮均为5数，单生或为伞形花序、伞房花序或圆锥花序，有苞片及小苞片；萼片常分离，或略连合；花瓣分离或连合，白色、黄色、蓝色或红色；雄蕊与萼片对生，花丝线形，花药基部或背部着生，2室，纵裂或孔裂；子房上位，子房柄存在或缺，心皮2～3枚，有时5枚。蒴果沿腹缝裂开，或为浆果。光山有1属1种。

1. 海桐花属Pittosporum Banks ex Gaertn.

乔木或灌木。叶互生或对生。花通常两性，有时杂性，除子房外，花的各轮均为5数，单生或为伞形花序、伞房花序或圆锥花序，有苞片及小苞片；子房上位，蒴果沿腹缝裂开。光山1种。

1. 海桐（海桐花、七里香、宝珠香、山瑞香）

Pittosporum tobira (Thunb.) Ait.

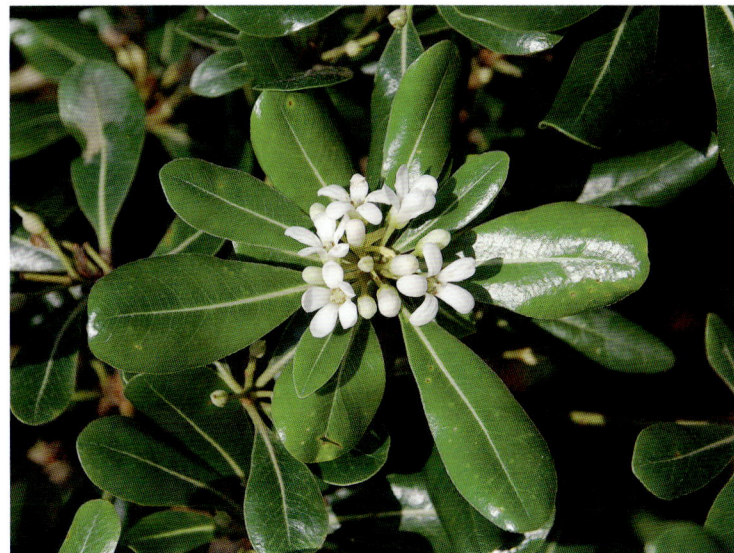

111

常绿灌木或小乔木，高达6m，嫩枝被褐色柔毛，有皮孔。叶聚生于枝顶，2年生，革质，嫩时两面有柔毛，以后变秃净，倒卵形或倒卵状披针形，长4～9cm，宽1.5～4cm，叶面深绿色，发亮，干后暗晦无光，顶端圆形或钝，常微凹入或为微心形，基部窄楔形，侧脉6～8对，在靠近边缘处相结合，有时因侧脉间的支脉较明显而呈多脉状，网脉稍明显，网眼细小，全缘，干后反卷，叶柄长达2cm。花白色，有芳香。蒴果圆球形。

光山有栽培。见于县城附近。

海桐是一种园林绿化树种。

93. 大风子科 Flacourtiaceae

乔木或灌木，稀有枝刺和皮刺。单叶，多数在齿尖有圆腺体。花小，稀较大，两性，或单性；萼片2～7片或更多，分离或在基部联合成萼管；花瓣2～7片；花托通常有腺体，或腺体开展成花盘，有的花盘中央变深而成为花盘管；雄蕊由2～10个心皮形成；子房上位、半下位，稀完全下位。果实为浆果和蒴果。光山有2属2种。

1. 山桐子属 Idesia Maxim.

叶具羽状脉，基部非心形；圆锥花序，花无花瓣，单性，花柱3枚，顶端2裂；果为蒴果；种子有翅。光山有1种。

1. 山桐子（水冬瓜）

Idesia polycarpa Maxim.

落叶乔木。叶薄革质或厚纸质，卵形、心状卵形或宽心形，长13～16cm，稀达20cm，宽12～15cm，顶端渐尖或尾状，基部通常心形，边缘有粗的齿，齿尖有腺体，叶面深绿色，光滑无毛，叶背有白粉，沿脉有疏柔毛，脉腋有丛毛，基部脉腋更多，通常5基出脉，第二对脉斜升到叶片的3/5处；叶柄长6～12cm，下部有2～4个紫色、扁平腺体，基部稍膨大。花单性。浆果成熟期紫红色。

生于山谷疏林、路旁。见于南向店王母观。

山桐子的果实药用，味苦、涩、性凉。清热利湿，散瘀止血。治麻风、神经性皮炎、风湿、肠炎、手癣。

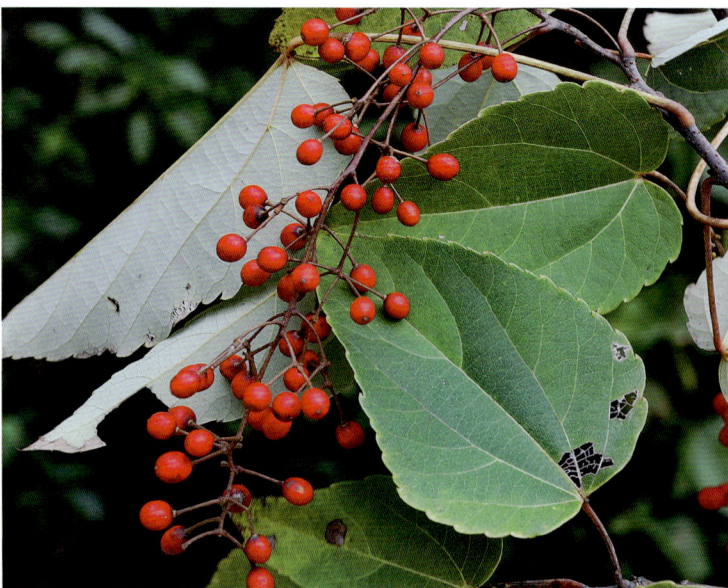

2. 柞木属 Xylosma G. Forster

叶具羽状脉，基部非心形；总状花序或簇生或雌花单生，花无花瓣，单性，雄蕊多数簇生于叶腋内；子房1室，无花柱；果为浆果；种子有假种皮。光山有1种。

1. 柞木（凿子树、蒙子树）

Xylosma racemosum (Sieb. et Zucc.) Miq.

小乔木，幼时枝有刺。叶薄革质，雌雄株稍有区别，常雌株的叶有变化，菱状椭圆形至卵状椭圆形，长4～8cm，宽2.5～3.5cm，顶端渐尖，基部楔形或圆形，边缘有锯齿，两面无毛或在近基部中脉被污毛；叶柄短，长约2mm，被短毛。花小，总状花序腋生，长1～2cm，花梗极短，长约3mm；花萼4～6片，卵形，长2.5～3.5mm，外面被短毛；花瓣缺；雄花有多数雄蕊，花丝细长，长约4.5mm，花药椭圆形，底着药；花盘由多数腺体组成，包围着雄蕊；雌花的萼片与雄花相同；子房椭圆形，无毛，长约4.5mm，1室，有2侧膜胎座，花柱短，柱头2裂；花盘圆形，边缘稍波状。浆果黑色。

生于村旁荒地或丘陵灌丛。见于晏河乡净居寺。

柞木的根皮、茎皮、叶药用，味苦、涩，性寒。清热利湿，散瘀止血，消肿止痛。根皮、茎皮：治黄疸水肿、死胎不下。根、叶：治跌打肿痛、骨折、脱臼、外伤出血。

103. 葫芦科 Cucurbitaceae

藤本，极稀为灌木；茎匍匐或攀缘；具卷须。叶片不裂，或掌状浅裂至深裂，稀为鸟足状复叶。花单性，罕两性，雌雄同株或异株；雄花花萼辐状、钟状或管状，5裂，裂片覆瓦状排列或开放式；花冠插生于花萼筒的檐部，基部合生成筒状或钟状；雌花花萼与花冠同雄花；子房下位或稀半下位，通常由3心皮合生而成，极稀具4～5心皮，3室或1～2室，有时为假4～5室。果实大型至小型，常为肉质浆果状或果皮木质，不开裂或在成熟后盖裂或3瓣纵裂。光山有13属17种。

1. 盒子草属 Actinostemma Griff.

叶为单叶；雄蕊5枚，分离，果卵圆形，中部以上环状盖开裂，种子无翅，边缘有细齿。光山有1种。

1. 盒子草（合子草、黄丝藤、葫篓棵子、天球草）

Actinostemma tenerum Griff.

柔弱草质藤本。叶柄细，长2～6cm，被短柔毛；叶形变异大，心状戟形、心状狭卵形或披针状三角形，不分裂或3～5裂或仅在基部分裂，边缘波状或具小圆齿或具疏齿，基部弯缺半圆形、长圆形、深心形，裂片顶端狭三角形，顶端稍钝或渐尖，有小尖头，两面被疏散疣状凸起，长3～12cm，宽2～8cm。卷须细，2歧。雄花总状，有时圆锥状，小花序基部具长6mm的叶状3裂总苞片，罕1～3花生于短缩的总梗上，子房卵状，有疣状凸起。果实绿色，卵形。

生于水边或山地草丛中、路旁。见于县城官渡河边、槐店乡万河村。

盒子草全草药用，味苦，性寒，有小毒。清热解毒，利尿消肿。治毒蛇咬伤、腹水、脓疱疮、天疱疮、小儿疳积。用量9～15g。外用鲜品煎水熏洗患处，也可捣烂外敷。

2. 冬瓜属Benincasa Savi

藤本；叶掌状深裂，卷须2～3分枝；雌雄同株，单生；子房被毛；果为浆果，巨大。光山有1种。

1. 冬瓜

Benincasa hispida (Thunb.) Cogn.

草质藤本。叶肾状近圆形，宽15～30cm，5～7浅裂或有时中裂，裂片宽三角形或卵形，顶端急尖，边缘有小齿，基部深心形，弯缺张开，近圆形，深、宽均为2.5～3.5cm，叶面深绿色，稍粗糙，有疏柔毛，老后渐脱落，变近无毛；叶背粗糙，灰白色，有粗硬毛，叶脉在叶背稍隆起，密被毛；叶柄粗壮，长5～20cm，被黄褐色的硬毛和长柔毛。卷须2～3歧，被粗硬毛和长柔毛。雌雄同株；花单生。果实长圆柱状或近球状，大型，有硬毛和白霜，长25～60cm，径10～25cm。

光山常见栽培。见于县城附近。

冬瓜是一种常见的蔬菜。种子、瓜皮药用，味甘，性微寒。种子清热化痰，消痈排脓；瓜皮清热解毒，利尿消肿。种子治肺热咳嗽、肺脓疡、阑尾炎；瓜皮治水肿、小便不利、急性肾炎水肿。用量15～30g。

3. 西瓜属Citrullus Schrad.

藤本；叶3～7深裂，羽状深裂，卷须2～3分枝；雌雄同株或异株，花单生；果为浆果，大。光山有1种。

1. 西瓜（西瓜翠、西瓜皮）

Citrullus lanatus (Thunb.) Mats.& Nakai

一年生草质藤本。叶片纸质，轮廓三角状卵形，带白绿色，长8～20cm，宽5～15cm，两面具短硬毛，脉上和叶背较多，3深裂，中裂片较长、倒卵形、长圆状披针形或披针形，顶端急尖或渐尖，裂片再羽状或二重羽状浅裂或深裂，边缘波状或有疏齿，末次裂片通常有少数浅锯齿，顶端钝圆，叶片基部心形，有时形成半圆形的弯缺，弯缺宽1～2cm，深0.5～0.8cm。叶柄粗，长3～12cm，密被柔毛。雌雄同株。果实大型，近于球形或椭圆形。

光山常见栽培。见于县城附近。

西瓜是一种常见的水果。果实可药用，味甘、淡，性寒。清热，解暑，利尿。治暑热烦渴、浮肿、小便不利。用量9～30g。

4. 甜瓜属Cucumis L.

藤本；叶3～7掌状深裂，卷须不分枝；花单性同株或异株，雄花簇生，雌花单生或簇生；果为浆果，多型，有刺或无刺。光山有2种。

1. 甜瓜（香瓜）

Cucumis melo L.

攀缘草本；茎、枝有棱，被黄褐色或白色的糙硬毛和疣状突起。卷须纤细，单一，被微柔毛。叶厚纸质，近圆形或肾形，长、宽均8～15 cm，叶面粗糙，被白色糙硬毛，叶背沿脉密被糙硬毛，边缘不分裂或3～7浅裂，裂片顶端圆钝，有锯齿，基部截形或具半圆形的弯缺，具掌状脉；柄长8～12 cm，具槽沟及短刚毛。花单性，雌雄同株。果实的形状、颜色因品种而异。

光山有栽培。见于县城附近。

甜瓜是一种水果。全草也可药用，味苦，性寒。祛火败毒。治痔疮肿毒、漏疮生管、脏毒滞热、流水刺痒。外用煎水洗。健胃，止渴生津。

2. 黄瓜（胡瓜）

Cucumis sativus L.

一年生草质藤本。叶柄稍粗糙，有糙硬毛，长10～16 cm；叶片宽卵状心形，膜质，长、宽均7～20 cm，两面甚粗糙，被糙硬毛，3～5个角或浅裂，裂片三角形，有齿，顶端急尖或渐尖，基部弯缺半圆形，宽2～3 cm，深2～2.5 cm，有时基部向后靠合。雌雄同株；雌花单生或稀簇生；花梗粗壮，被柔毛，长1～2 cm；子房纺锤形，粗糙，有小刺状突起。果实长圆形或圆柱形。

光山常见栽培。见于县城附近。

黄瓜是一种蔬菜，它的果、藤、叶也可药用。黄瓜：味甘，性寒；清热利尿。黄瓜藤：味苦，性平。消炎，祛痰，镇痉。黄瓜霜：清热消肿。黄瓜：治烦渴、小便不利；外用治烫火伤。黄瓜藤：治腹泻、痢疾、癫痫。黄瓜秧：治高血压，用量15～18 g。黄瓜霜：治扁桃体炎。

5. 南瓜属Cucurbita L.

藤本；叶卷须2至多分枝；雌雄同株，单生，花萼钟状，花冠阔钟状，花药黏合成头状，花梗上无苞片，花药室折叠状；果大，有纵棱。光山有2种。

1. 南瓜（金瓜、番瓜、北瓜、窝瓜）

Cucurbita moschata (Duch. ex Lam.) Duch. ex Poir.

草质藤本。叶柄粗壮，长8～19 cm，被短刚毛；叶宽卵形或卵圆形，质稍柔软，有5角或5浅裂，稀钝，长12～25 cm，宽20～30 cm，侧裂片较小，中间裂片较大，三角形，叶面密被黄白色刚毛和茸毛，常有白斑，叶脉隆起，各裂片之中脉常延伸至顶端，成一小尖头，叶背色较淡，毛更明显，边缘有小而密的细齿，顶端稍钝。卷须稍粗壮，与叶柄一样被短刚毛和茸毛，3～5歧。雌雄同株。果梗粗壮，有棱和槽，长5～7 cm，瓜蒂扩大成喇叭状；瓠果形状多样，大型。

光山常见栽培。见于县城附近。

南瓜是一种蔬菜，种子也可药用，味甘，性温。有驱虫功效，治绦虫病、血吸虫病。用量60～120 g。

2. 西葫芦（西葫、熊（雄）瓜、美洲南瓜、小瓜）

Cucurbita pepo L.

一年生蔓生草本。叶柄粗壮，被短刚毛，长6～9 cm；叶片质硬，挺立，三角形或卵状三角形，顶端锐尖，边缘有不规则的锐齿，基部心形，弯缺半圆形，深0.5～1 cm，宽3～4 cm，叶面深绿色，叶背颜色较浅，叶脉在叶背稍凸起，两面均有糙毛。卷须稍粗壮，具柔毛，分多歧。雌雄同株。果梗粗壮，有明显的棱沟，果蒂变粗或稍扩大，但不成喇叭状。果实形状因品种而异。

光山常见栽培。见于县城附近。

西葫芦是一种蔬菜，果实也可药用，味甘，性平。除烦止渴，润肺止咳，清热利尿，消肿散结。治烦渴、水肿腹胀、疮毒以及肾炎、肝硬化腹水等症。能增强免疫力，发挥抗病毒和抗肿瘤的作用，可有效地防治糖尿病。适量煮熟食用。

6. 绞股蓝属Gynostemma Bl.

雄蕊的花丝基部合生，花冠轮状，5深裂；每室2胚珠；果有种子1～3粒。光山有1种。

1. 绞股蓝（五叶参、七叶胆、甘茶蔓）

Gynostemma pentaphyllum (Thunb.) Makino

草质藤本；茎柔弱，常被毛，有螺旋状、2分叉或不分叉的卷须。叶互生，鸟足状，有长2～4 cm的叶柄；小叶通常5～7片，卵状长圆形或长圆状披针形，长4～14 cm，宽1.5～4 cm，顶端短尖，基部楔形，边缘有锯齿。花夏秋季开，较细小，黄绿色，单性，雌雄异株，排成长10～30 cm的腋生圆锥花序；花萼裂片5，三角形；花冠辐状，5深裂，裂片披针形；雄蕊5，着生于花萼基部，花丝短，基部合生；花柱3，柱头2裂。蒴果球形。

生于沟旁、山谷林下或灌丛中。见于南向店乡董湾村向楼组。

绞股蓝全草药用，味甘、苦，性寒。归肺、肝经。止咳，平喘，清热解毒，降血脂，抗衰老。治慢性支气管炎、肺热咳嗽、高血脂症、传染性肝炎、肾盂炎、肠胃炎。

7. 葫芦属Lagenaria Ser.

藤本；叶卷须2分枝；叶柄顶端有2腺体；花大，单性同株；子房被毛；浆果大，形状各异。光山有1种。

1. 葫芦（抽葫芦、壶芦、蒲芦）

Lagenaria siceraria (Molina) Standl.

一年生攀缘草本。叶卵状心形或肾状卵形，长、宽均10～35 cm，不分裂或3～5裂，具5～7掌状脉，顶端锐尖，边缘有不规则的齿，基部心形，弯缺开张，半圆形或近圆形，深1～3 cm，宽2～6 cm，两面均被微柔毛；叶柄纤细，长16～20 cm，顶端有2腺体。卷须纤细，初时有微柔毛，后渐脱落，变光滑无毛，上部分2歧。雌雄同株，雌、雄花均单生。果实初为绿色，后变白色至黄色，由于长期栽培，果形变异很大。

光山常见栽培。见于县城附近。

葫芦的果皮及种子药用，味甘，性平。利尿消肿。治水肿、腹水、颈淋巴结结核。用量15～30 g。

8. 丝瓜属Luffa Mill.

草质藤本；叶掌状5～7裂；花单性同株，黄色，雄花总状花序，雌花单生，子房伸长；果大，圆柱形，成熟后顶端盖裂。光山有2种。

1. 广东丝瓜（棱角丝瓜）

Luffa acutangula (L.) Roxb.

一年生草质藤本。叶柄粗壮，棱上具柔毛，长8～12 cm；叶片近圆形，膜质，长、宽均为15～20 cm，常为5～7浅裂，中间裂片宽三角形，稍长，其余的裂片不等大，基部裂片最小，顶端急尖或渐尖，边缘疏生锯齿，基部弯缺近圆形，深2～2.5 cm，宽1～2 cm，叶面深绿色，粗糙，叶背苍绿色，两面脉上有短柔毛。雌雄同株。果实圆柱状或棍棒状，具8～10条纵向的锐棱和沟。

光山有栽培。见于县城附近。

广东丝瓜是一种蔬菜。它的丝瓜络、藤、根、种子药用。丝瓜络：味甘，性平；清热解毒，活血通络，利尿消肿。叶：味苦、酸，性微寒；止血，清热解毒，化痰止咳。种子：味微甘，性平；清热化痰，润燥，驱虫。藤：味甘，性平；通经活络，止咳化痰。根：味甘，性平；清热解毒。丝瓜络：治筋骨酸痛、胸胁痛、闭经、乳汁不通、乳腺炎、水肿。叶：治百日咳、咳嗽、暑热口渴。外用治创伤出血、疥癣、天疱疮。种子：治咳嗽痰多、蛔虫病、便秘。藤：治腰痛、咳嗽、鼻炎、支气管炎。根：治鼻炎、副鼻窦炎。内服用量：丝瓜络、叶9～15 g。外用适量：种子6～9 g；藤30～60 g；根15～30 g。

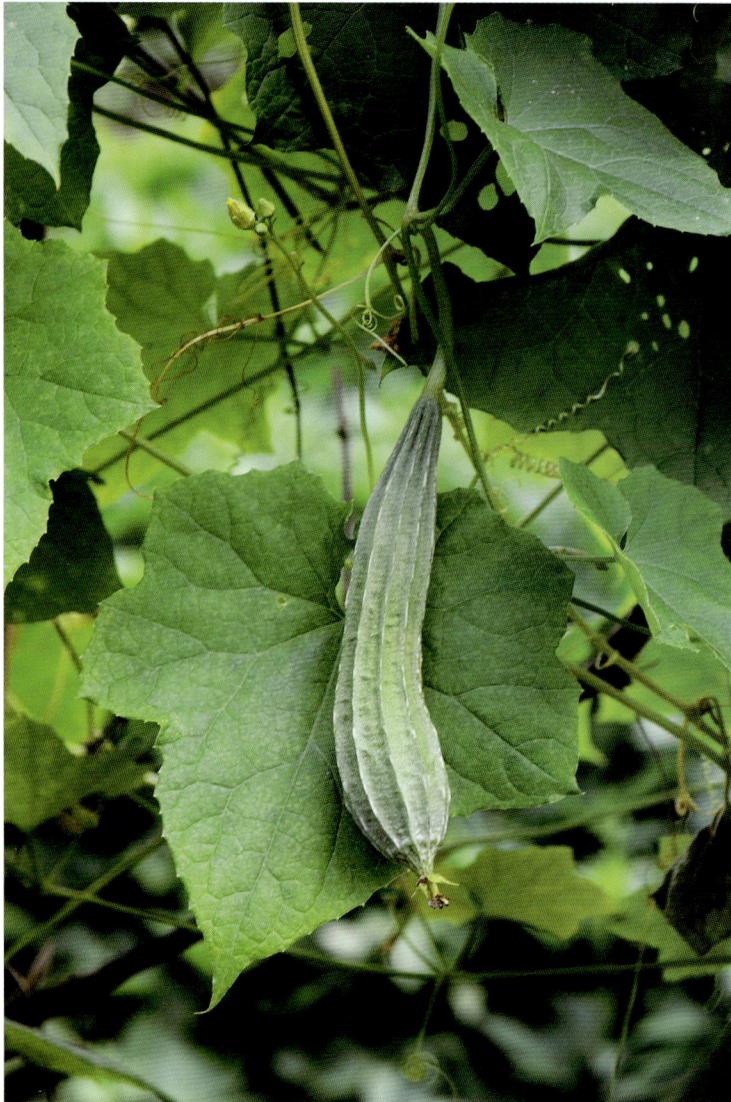

2. 丝瓜（水瓜）

Luffa aegyptiaca Mill.[*L. cylindrical* (L.) Roem]

一年生草质藤本。叶片三角形或近圆形，长、宽约10～20 cm，通常掌状5～7裂，裂片三角形，中间的较长，长8～12 cm，顶端急尖或渐尖，边缘有锯齿，基部深心形，弯缺深2～3 cm，宽2～2.5 cm，叶面深绿色，粗糙，有疣点，叶背浅绿色，有短柔毛，脉掌状，被白色的短柔毛；叶柄粗糙，长10～12 cm。雌雄同株。果实圆柱状，无纵向的锐棱和沟。

光山常见栽培。见于县城附近。

丝瓜是一种蔬菜。它的丝瓜络、藤、根、种子药用，作用与广东丝瓜相同。

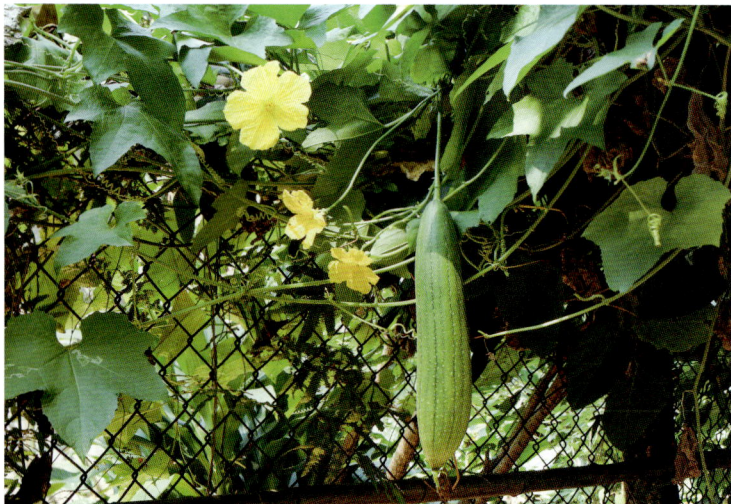

9. 苦瓜属 Momordica L.

草质藤本；叶不裂、掌状裂或指状复叶；花单性同株或异株，雄花单生或总状花序，雌花单生，常有扩大的苞片1片，子房长圆形或纺锤形；果常有刺或瘤状突起。光山有1种。

1. 苦瓜（凉瓜、癞瓜）

Momordica charantia L.

一年生攀缘状柔弱草本。叶柄细，初时被白色柔毛，后变近无毛，长4～6 cm；叶片轮廓卵状肾形或近圆形，膜质，长、宽均为4～12 cm，叶面绿色，叶背淡绿色，脉上密被明显的微柔毛，其余毛较稀疏，5～7深裂，裂片卵状长圆形，边缘具粗齿或有不规则小裂片，顶端多半钝圆形，稀急尖，基部弯缺半圆形，叶脉掌状。雌雄同株。果实纺锤形或圆柱形，多瘤皱，长10～30 cm，成熟后橙黄色。

光山常见栽培。见于县城附近。

苦瓜是一种蔬菜。全草药用，果：味苦，性寒。消暑涤热，明目，解毒。治热病烦渴、中暑、痢疾、赤眼疼痛、糖尿病、痈肿丹毒、恶疮。种子：味苦、甘；益气壮阳。根茎：味苦，性寒；清热解毒。治痢疾、便血、疔疮肿毒、风火牙痛。叶：治胃痛、痢疾肿毒、鹅掌风。用量：瓜、根、叶60～90 g。外用适量，捣烂敷或搽患处。

10. 佛手瓜属 Sechium P. Browne

雄蕊的花丝合生成管，花冠轮状，5深裂；子房1室，仅1胚珠；果有种子1粒。光山有1种。

1. 佛手瓜（洋丝瓜）

Sechium edule (Jacq.) Swartz

草质藤本，具块状根的多年生宿根。叶柄纤细，无毛，长5～15 cm；叶片膜质，近圆形，中间的裂片较大，侧面的较小，顶端渐尖，边缘有小细齿，基部心形，弯缺较深，近圆形，深1～3 cm，宽1～2 cm；叶面深绿色，稍粗糙，叶背淡绿色，有短柔毛，以脉上较密。卷须粗壮，有棱沟，无毛，3～5歧。雌雄同株；雌花单生，花梗长1～1.5 cm；花冠与花萼同雄花；子房倒卵形，其5棱，有疏毛，1室，具1枚下垂生的胚珠，花柱长2～3 mm，柱头宽2 mm。果实淡绿色，倒卵形。

光山少量栽培。见于泼陂河镇东岳寺村。

佛手瓜是一种蔬菜。它果实和嫩苗药用，味甘，性凉。理气和中，疏肝止咳。治消化不良、胸闷气胀、呕吐、肝胃气痛、气管炎咳嗽多痰。适量鲜果或嫩苗煮熟食用。

11. 赤瓟属Thladiantha Bunge

萼管内有1～3枚鳞片，无小裂片；雄蕊5枚，分离，果为浆果，不开裂。光山有1种。

1. 南赤瓟（野丝瓜、丝瓜南）

Thladiantha nudiflora Hemsl. ex Forbes et Hemsl.

草质藤本，根块状。叶柄粗壮，长3～10 cm；叶片质稍硬、卵状心形、宽卵状心形或近圆心形，长5～15 cm，宽4～12 cm，顶端渐尖或锐尖，边缘具胼胝状小尖头的细锯齿，基部弯缺开放或有时闭合，弯缺深2～2.5 cm，宽1～2 cm，叶面深绿色，粗糙，有短而密的细刚毛，叶背色淡，密被淡黄色短柔毛，基部侧脉沿叶基弯缺向外展开。卷须稍粗壮，密被硬毛。雌雄异株。果梗粗壮，长2.5～5.5 cm；果实长圆形，干后红色或红褐色。

生于山谷林中。见于白雀园镇赛山村、晏河乡大苏山。

南赤瓟的根和叶药用，味苦，性凉。清热解毒，消食化滞。治痢疾、肠炎、消化不良、脘腹胀闷、毒蛇咬伤。

12. 栝楼属Trichosanthes L.

藤本；叶卷须2分枝；萼片叶状，近折，有齿，花冠轮状，稀阔钟状，5深裂几达基部或花瓣5片分离，花瓣流苏状，雄花总状花序或单生，萼管伸长，花药黏合成头状，花梗上无苞片，花药室折叠状；果无纵棱。光山有1种。

1. 中华栝楼（双边栝楼）

Trichosanthes rosthornii Harms

攀缘藤本。叶纸质，轮廓阔卵形至近圆形，长8～15 cm，宽7～11 cm，3～7深裂，常5深裂，几达基部，裂片线状披针形、披针形至倒披针形，顶端渐尖，边缘具短尖头状细齿，或偶尔具1～2粗齿，叶基心形，弯缺深1～2 cm，叶面深绿色，疏被短硬毛，叶背淡绿色，无毛，密具颗粒状凸起，掌状脉5～7条；叶柄长2.5～4 cm。卷须2～3歧。花雌雄异株。果实球形或椭圆形，长8～11 cm，直径7～10 cm，光滑无毛。

生于山谷林或灌丛中。见于白雀园镇赛山村、南向店乡董湾村向楼村。

果味甘、微苦、性寒。清热化痰，宽胸散结，润燥滑肠。治肺热咳嗽、胸痹、结胸、消渴、便秘、痈肿疮毒。

13. 马㼎儿属Zehneria Endl.

小藤本；雄蕊3枚，花药全部2室或2枚2室，1枚1室，花药室直或弯斜，浆果小，球形或纺锤形。光山有2种。

1. 马㼎儿（老鼠拉冬瓜）

Zehneria indica (Lour.) Keraudren

草质藤本。叶膜质，多型，三角状卵形、卵状心形或戟形，不分裂或3～5浅裂，长3～5 cm，宽2～4 cm，中裂片较长，三角形或披针状长圆形；侧裂片较小，三角形或披针状三角形，叶面深绿色，粗糙，脉上有极短的柔毛，叶背淡绿色，无毛，顶端急尖或稀短渐尖，基部弯缺半圆形，边缘微波状或有疏齿，脉掌状；叶柄细，长2.5～3.5 cm。雌雄同株。果梗纤细，无毛，长2～3 cm；果实长圆形或狭卵形，长1～1.5 cm，成熟后橘红色或红色。

生于荒地、林缘、溪边等处，缠绕于灌木或绿篱上。见于南向店乡董湾村向楼组。

马㼎儿的根和叶药用，味甘、苦，性凉。清热解毒，散结消肿。治咽喉肿痛、结膜炎。外用治疮疡肿毒、淋巴结核、睾丸炎、皮肤湿疹。

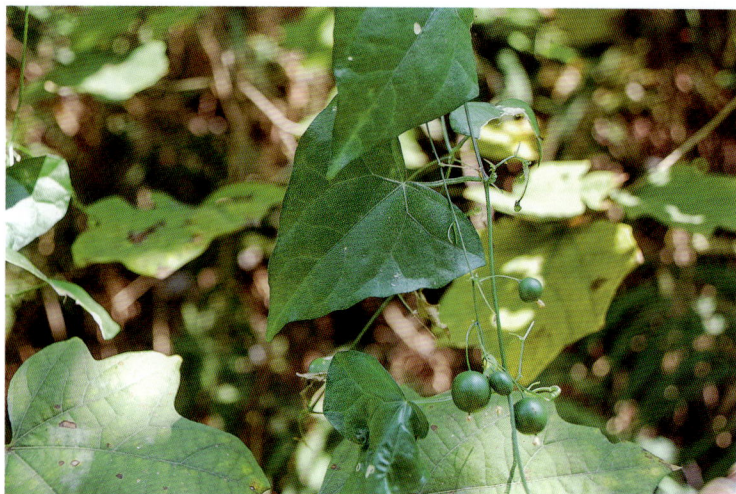

2. 钮子瓜（野杜瓜）

Zehneria maysorensis (Wight et Arn.) Arn.

草质藤本。叶膜质，阔卵形或稀三角状卵形，长、宽均为3～10 cm，叶面深绿色，粗糙，被短糙毛，叶背苍绿色，近无毛，顶端急尖或短渐尖，基部弯缺半圆形，深0.5～1 cm，宽1～1.5 cm，稀近截平，边缘有小齿或深波状锯齿，脉掌状；叶柄细，长2～5 cm，无毛。卷须丝状，单一，无毛。雌雄同株；雄花：常3～9朵生于总梗顶端呈近头状或伞房状花序，花序梗纤细，长1～4 cm，无毛。果梗细，无毛，长0.5～1 cm；果实球状或卵状，直径1～1.4 cm。

生于荒地、林缘、溪边等处，缠绕于灌木或绿篱上。见于县城官渡河边、晏河乡大苏山。

钮子瓜全草药用，味甘，性平。清热，镇痉，解毒。治发热、头痛、咽喉肿痛、疮疡肿毒、淋证、小儿高热抽筋。

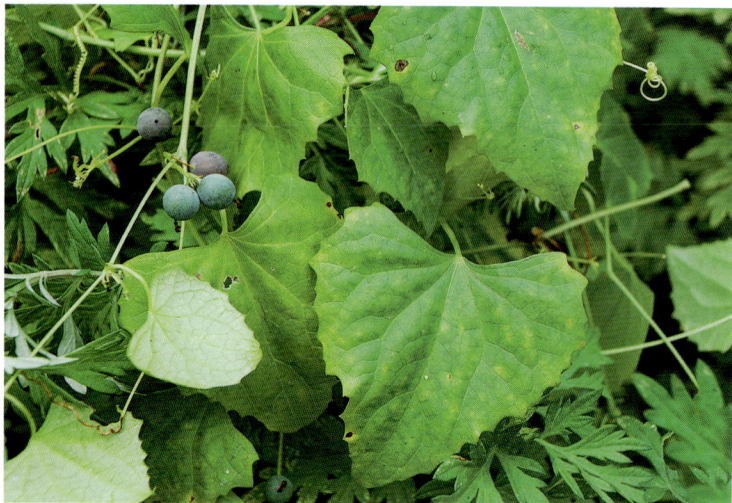

104. 秋海棠科 Begoniaceae

草本，稀为亚灌木。单叶互生，偶为复叶。花单性，雌雄同株，偶异株，通常组成聚伞花序；花被片花瓣状；雄花被片2～4(10)，离生极稀合生，雄蕊多数，花丝离生或基部合生；花药2室，药隔变化较大；雌花被片2～5 (6～10)，离生，稀合生；雌蕊由2～5(7)枚心皮形成；子房下位稀半下位，1室。蒴果，有时呈浆果状。光山有1属1种。

1. 秋海棠属 Begonia L.

草本。单叶互生，偶为复叶。花单性，雌雄同株，偶异株，通常组成聚伞花序；花被片花瓣状；子房下位稀半下位，1室。蒴果，有时呈浆果状。光山有1种。

1. 四季秋海棠

Begonia semperflorens Link et Otto

肉质草本，高15～30 cm；根纤维状；茎直立，肉质，无毛，基部多分枝，多叶。叶卵形或宽卵形，长5～8 cm，基部略偏斜，边缘有锯齿和睫毛，两面光亮，绿色，但主脉通常微红。花淡红或带白色，数朵聚生于腋生的总花梗上，雄花较大，有花被片4，雌花稍小，有花被片5，蒴果绿色，有带红色的翅。

光山有栽培。

四季秋海棠是一种花卉。

107. 仙人掌科 Cactaceae

草本、灌木或乔木。茎节常缢缩，节间具棱、角、瘤突或平坦，具水汁，稀具乳汁；小窠螺旋状散生，或沿棱、角或瘤突着生，常有腋芽或短枝变态形成的刺，稀无刺，分枝和花均从小窠发出。叶扁平，全缘或圆柱状、针状、钻形至圆锥状，互生，或完全退化，无托叶。花通常单生，无梗，稀具梗并组成总状、聚伞状或圆锥状花序，两性花，稀单性花，辐射对称或左右对称；花托通常与子房合生，稀分生，上部常延伸成花托筒；雌蕊由3至多数心皮合生而成；子房通常下位，稀半下位或上位，1室。浆果肉质。光山有3属2种1变种。

1. 昙花属 Epiphyllum Haw

茎扁平，茎节非掌状，无倒刺毛，节有不规则分枝，长15～40 cm；花白色，大，长达30 cm。光山有1种。

1. 昙花

Epiphyllum oxypetalum (DC.) Haw.

附生肉质灌木。分枝多数，叶状侧扁，披针形至长圆状披针形，长15～100 cm，宽5～12 cm，顶端长渐尖至急尖，或圆形，边缘波状或具深圆齿，基部急尖、短渐尖或渐狭成柄状，深绿色，无毛，中肋粗大，宽2～6 mm，于两面突起，老株分枝产生气根；小窠排列于齿间凹陷处，小形，无刺，初具少数绵毛，后裸露。花单生于枝侧的小窠，漏斗状，于夜间开放，芳香，白色。

光山有少量栽培。

昙花是一种花卉植物。

2. 仙人掌属Opuntia Mill.

茎扁平，茎节掌状，厚肉质，具倒刺毛。光山有1种。

1. 仙人掌

Opuntia stricta Haw. var. **dillenii** (Ker-Gaw.) L. D. Benson

丛生肉质灌木。高达4 m；上部分枝宽倒卵形、倒卵状椭圆形或近圆形，长10～35 cm，宽7.5～25 cm，厚达1.2～2 cm，顶端圆形，边缘通常不规则波状，基部楔形或渐狭，绿色至蓝绿色，无毛；小窠疏生，直径0.2～0.9 cm，明显突出，成长后刺常增粗并增多，每小窠具3～10根刺，密生短绵毛和倒刺刚毛；刺黄色，有淡褐色横纹，粗钻形，多少开展并内弯，基部扁，坚硬，长1.2～5 cm，宽1～1.5 mm；倒刺刚毛暗褐色，长2～5 mm，直立，多少宿存；短绵毛灰色，短于倒刺刚毛，宿存。叶钻形，长4～6 mm，绿色，早落。花辐状，直径5～6.5 cm。浆果倒卵球形。

光山有少量栽培。

仙人掌全株药用，味苦，性凉。清热解毒，散瘀消肿，健胃止痛，镇咳。治胃、十二指肠溃疡，急性痢疾，咳嗽。外用治流行性腮腺炎、乳腺炎、痈疖肿毒、蛇咬伤、烧烫伤。

3. 蟹爪兰属Schlumbergera Lem.

茎扁平，节二歧式分枝，花红色。光山有1种。

1. 蟹爪兰

Schlumbergera truncata (Haw.) Moran

附生肉质植物，常呈亚灌木状，无叶。茎无刺，多分枝，常悬垂，老茎木质化，稍圆柱形，幼茎及分枝均扁平；每一节间长圆形至倒卵形，长3～6 cm，宽1.5～2.5 cm，鲜绿色，有时稍带紫色，顶端截形，两侧各有2～4粗锯齿，两面中央均有一肥厚中肋；窝孔内有时具少许短刺毛。花单生于枝顶，玫瑰红色，长6～9 cm，两侧对称；花萼1轮，基部短筒状，顶端分离；花冠数轮，下部长筒状，上部分离，愈向内则筒愈长；雄蕊多数，2轮，伸出，向上拱弯；花柱长于雄蕊，深红色，柱头7裂。

光山有少量栽培。

蟹爪兰是一种花卉。

108. 茶科Theaceae

乔木或灌木。叶革质，互生，羽状脉。花两性稀雌雄异株，单生或数花簇生，有柄或无柄，苞片2至多片，宿存或脱落，或苞萼不分逐渐过渡；萼片5至多片，脱落或宿存，有时向花瓣过渡；花瓣5至多片，基部连生，稀分离，白色，或红色及黄色；雄蕊多数，排成多列，稀为4～5数，花丝分离或基部合生，花药2室，背部或基部着生，直裂，子房上位，稀半下位，2～10室。果为蒴果，或不分裂的核果及浆果状。光山有1属3种。

1. 山茶属Camellia L.

花两性，直径大于2 cm；萼片5～6枚，雄蕊多轮，子房上位，蒴果从上部开裂，中轴脱落。光山有3种。

1. 红山茶（茶花）

Camellia japonica L.

灌木或小乔木，高9 m，嫩枝无毛。叶椭圆形，革质，长5～10 cm，宽2.5～5 cm，顶端略尖，或急短尖而有钝尖头，基部阔楔形，叶面深绿色，干后发亮，无毛，叶背浅绿色，无毛；侧脉7～8对，在上下两面均能见，边缘有相隔2～3.5 cm的细锯齿。叶柄长8～15 mm，无毛。花顶生，红色、白色等，无柄；苞片及萼片约10片，组成长约2.5～3 cm的杯状苞被，半圆形至圆形，长4～20 mm，外面有绢毛，脱落；花瓣6～7片，外侧2片近圆形，几离生，长2 cm，外面有毛，内侧5片基部连生约8 mm，倒卵圆形，长3～4.5 cm，无毛；雄蕊3轮，长约2.5～3 cm，外轮花丝基部连生，花丝管长1.5 cm，无毛；内轮雄蕊离生，稍短，子房无毛，花柱长2.5 cm，顶端3裂。

光山有少量栽培。全县广布。

红山茶是一种木本花卉。

2. 油茶（油茶树、茶子树）

Camellia oleifera Abel

灌木或中乔木；嫩枝有粗毛。叶革质，椭圆形，长圆形或倒卵形，顶端尖而有钝头，有时渐尖或钝，基部楔形，长5～7 cm，宽2～4 cm，有时较长，叶面深绿色，发亮，中脉有粗毛或柔毛，叶背浅绿色，无毛或中脉有长毛，侧脉在上面能见，边缘有细锯齿，有时具钝齿；叶柄长4～8 mm，有粗毛。花顶生，近于无柄，苞片与萼片约10片，由外向内逐渐增大，阔卵形，长3～12 mm，背面有贴紧柔毛或绢毛，花后脱落，花瓣白色，5～7片，倒卵形，长2.5～3 cm，宽1～2 cm，有时较短或更长，顶端凹入或2裂，基部狭窄，近于离生，背面有丝毛，至少在最外侧的有丝毛。蒴果球形或卵圆形，直径2～4 cm。

光山常见栽培。

油茶是一种木本油料作物。

3. 茶（茶叶、茶树）

Camellia sinensis (L.) O. Kuntze

灌木或小乔木。嫩枝无毛；叶革质，长圆形或椭圆形，长4～12 cm，宽2～5 cm，顶端钝或锐尖，基部楔形，叶面发亮，叶背无毛或初时有柔毛，边缘有锯齿，侧脉5～7对，边缘有锯齿；叶柄长3～8 mm，无毛。花1～3朵腋生，白色，花柄长4～6 mm，有时稍长；苞片2片，早落；萼片5片，阔卵形至圆形，长3～4 mm，无毛，宿存；花瓣5～6片，阔卵形，长1～1.6 cm，基部略连合，背面无毛，有时有短柔毛；雄蕊长8～13 mm，基部连生1～2 mm；子房密生白毛；花柱无毛，顶端3裂，裂片长2～4 mm。蒴果3球形。

光山常见栽培。

茶的根和叶药用。叶：味苦、甘，性微寒。根：味苦，性平；强心利尿，抗菌消炎，收敛止泻。叶：治肠炎，痢疾，小便不利、水肿、嗜睡症；外用治烧烫伤。根：治肝炎、心脏病水肿。用量：叶9～15 g，外用适量研末，加麻油调敷患处；根

9～18 g。

2. 对萼猕猴桃

Actinidia valvata Dunn.

　　落叶藤本。小枝近无毛，髓实心，白色。叶近膜质，宽卵形或长卵形，长5～13 cm，顶端渐尖或圆，基部宽楔形或平截稍圆，具细齿，无毛，叶脉不显著；叶柄无毛，长1.5～2 cm。花序具2～3花或单花，花序梗长约1 cm；苞片钻形，长1～2 mm。花白色，径约2 cm；花梗长不及1 cm，被微毛；萼片3，卵形或长圆状卵形，长6～9 mm，无毛或稍被微毛；花瓣7～9片，长圆状倒卵形，长1～1.5 cm；花药橙黄色，长2.5～4 mm；子房长约5 mm，无毛。果卵形或倒卵状，长2～2.5 cm，无斑点，具尖喙，橙黄色，宿萼反折。

　　生于山地林缘或灌丛中。见于南向店乡董湾村向楼组。

112. 猕猴桃科Actinidiaceae

　　藤本；髓实心或片层状。枝条通常有皮孔。花白色、红色、黄色或绿色，雌雄异株，单生或排成简单的或分歧的聚伞花序，腋生或生于短花枝下部，有苞片，小；萼片5片，间有2～4片的，分离或基部合生，覆瓦状排列，极少为镊合状排列，雄蕊多数，在雄花中的数目比雌性花的多，而且较长，花药黄色、褐色、紫色或黑色，"丁"字式着生，2室，纵裂，基部通常叉开；子房上位。果为浆果。光山有1属2种。

1. 猕猴桃属Actinidia Lindl.

　　藤本；枝条通常有皮孔。雌雄异株，雄蕊多数，在雄花中的数目比雌性花的多；子房上位。果为浆果。光山有2种。

1. 中华猕猴桃（白毛桃、毛梨子）

Actinidia chinensis Planch.

　　落叶藤本。叶纸质，倒阔卵形至倒卵形，长约6～17 cm，宽7～15 cm，顶端截平或凹入或具突尖、急尖至短渐尖，基部钝圆形、截平形至浅心形，边缘具睫状小齿，叶面深绿色，无毛或仅中脉或侧脉上疏被短糙毛，叶背苍白色，密被灰白色或淡褐色星状茸毛。侧脉5～8对；叶柄长3～6 cm，密被白色茸毛。聚伞花序有花1～3朵；萼片3～7片，阔卵形至卵状长圆形，长6～10 mm；花瓣5片，阔倒卵形，有短距，长10～20 mm，宽6～17 mm；雄蕊极多，花丝狭条形，长5～10 mm，花药黄色，长圆形，长1.5～2 mm；子房球形，直径约5 mm，密被金黄色绒毛。果黄褐色，近球形、圆柱形。

　　生于山地林缘或灌丛中。见于白雀园镇赛山村、泼陂河镇东岳寺村。

　　中华猕猴桃是一种常见的水果。它的果实和根药用。果：味酸、甘，性寒；调中理气，生津润燥，解热除烦。根、根皮：味苦、涩，性寒。清热解毒，活血消肿，祛风利湿。果：治消化不良、食欲不振、呕吐、烧烫伤。根、根皮：治风湿性关节炎、跌打损伤、丝虫病、肝炎、痢疾、淋巴结结核、痈疖肿毒、癌症。用量：根15～60 g；果适量，鲜食或榨汁服。

123. 金丝桃科Hypericaceae

　　草本、灌木或乔木；常有腺点。叶对生或轮生。单花或聚伞花序；花萼5，稀4；花瓣4～5；雄蕊多数，合生成3～5束；子房上位，1室，或3～5室。蒴果或浆果，稀核果。光山有1属5种。

1. 金丝桃属 Hypericum L.

亚灌木或草本；叶常有腺点；蒴果室间开裂；种子无翅。光山有5种。

1. 黄海棠（湖南连翘）

Hypericum ascyron L.

多年生草本。叶无柄，坚纸质，披针形、长圆状披针形，长4~10 cm，宽1~2.7 cm，顶端渐尖、锐尖或钝形，基部楔形或心形而抱茎，全缘，叶面绿色，叶背通常淡绿色且散布淡色腺点，中脉、侧脉及近边缘脉下面明显，脉网较密。花序顶生，近伞房状至狭圆锥状；花直径3~8 cm，平展或外反；花蕾卵球形，顶端圆形或钝形；花梗长0.5~3 cm；萼片长5~15 mm，宽1.5~7 mm，顶端锐尖至钝形，全缘，结果时直立；花瓣金黄色，倒披针形，长1.5~4 cm，宽0.5~2 cm；子房宽卵形至狭卵状三角形，长4~7 mm，5室；花柱5枚。蒴果。

生于低海拔的山地、疏林、灌丛或草地。见于槐店乡万河村。

黄海棠全草药用，味苦，性寒。凉血止血，活血调经，清热解毒。治血热所致吐血、咳血、尿血、便血、崩漏、跌打损伤，外伤出血，月经不调，痛经，乳汁不下，风热感冒，疟疾，肝炎，痢疾，腹泻，毒蛇咬伤，烫伤，湿疹，黄水疮。

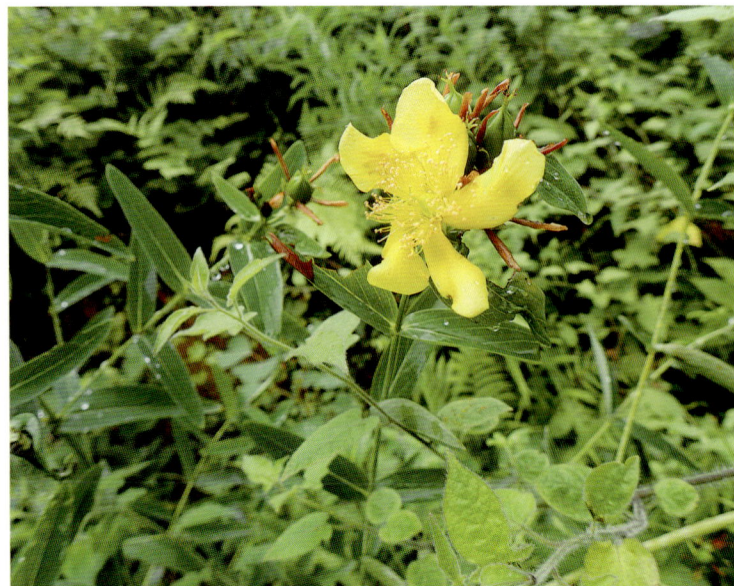

2. 赶山鞭（野金丝桃）

Hypericum attenuatum Choisy

多年生草本。叶卵状长圆形、卵状披针形至长圆状倒卵形，长1.5~3 cm，宽0.5~1.2 cm，顶端圆钝或渐尖，基部渐狭或微心形，略抱茎，全缘，两面通常光滑，叶背散生黑腺点，侧脉2对，与中脉在叶面凹陷；近无柄。花序顶生，伞房状或圆锥花序；苞片长圆形，长约0.5 cm；花直径1.3~1.5 cm，平展，花蕾卵形；花梗长3~4 mm；萼片卵状披针形，长约5 mm，宽2 mm，顶端锐尖，表面及边缘散生黑腺点；花瓣淡黄色，长圆状倒卵形。蒴果卵形。

生于山坡草地上。

赶山鞭全草药用，味苦，性平。止血，镇痛，通乳。治咯血、吐血、子宫出血、风湿关节痛、神经痛、跌打损伤、乳汁缺乏、乳腺炎。外用治创伤出血、痈疖肿毒。

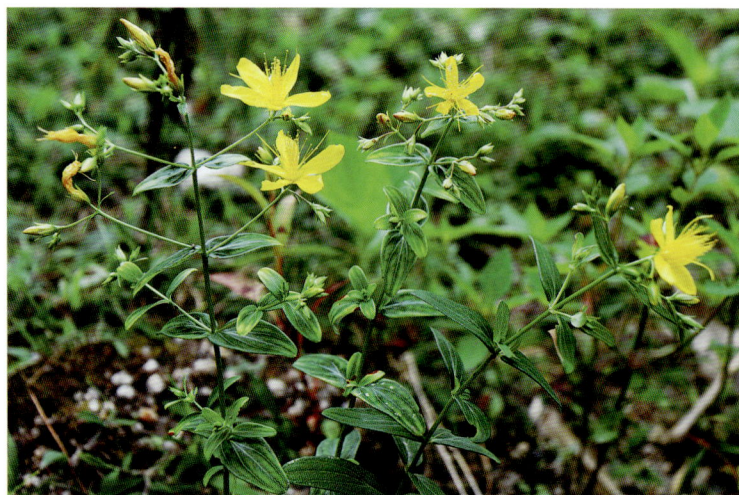

3. 小连翘（千金子、旱莓草、小金雀、排草、排香草）

Hypericum erectum Thunb. ex Murray

多年生草本。叶无柄，叶片长椭圆形至长卵形，长1.5～5 cm，宽0.8～1.3 cm，顶端钝，基部心形抱茎，边缘全缘，内卷，坚纸质，叶面绿色，叶背淡绿色，近边缘密生腺点，全面有或多或少的小黑腺点，侧脉每边约5条，斜上升，与中脉在叶面凹陷，叶背凸起，脉网较密，叶背多少明显。花序顶生，多花，伞房状聚伞花序，常具腋生花枝；苞片和小苞片与叶同形，长达0.5 cm；花直径1.5 cm，近平展；花梗长1.5～3 mm。萼片卵状披针形，长约2.5 mm，宽不及1 mm，顶端锐尖，全缘，边缘及全面具黑腺点；花瓣黄色，倒卵状长圆形。蒴果卵珠形。

生于山谷、山坡草丛中。见于晏河乡大苏山。

小连翘全草药用，味苦，性凉。解毒消肿，散瘀止血。治吐血、衄血、无名肿毒、毒蛇咬伤、跌打肿痛。

4. 地耳草（田基黄、小田基黄、雀舌草）

Hypericum japonicum Thunb. ex Murray

多年生小草本。叶无柄，卵形或卵状三角形至长圆形或椭圆形，长0.2～1.8 cm，宽0.1～1 cm，顶端近锐尖至圆形，基部心形抱茎至截形，边缘全缘，坚纸质，叶面绿色，叶背淡绿但有时带苍白色，侧脉1～2对，但无明显脉网，无边缘生的腺点，全面散布透明腺点。花序具1～30花，两歧状或多少呈单歧状；苞片及小苞片线形、披针形至叶状，微小至与叶等长；花直径4～8 mm，多少平展；花蕾圆柱状椭圆形，顶端多少钝形；花梗长2～5 mm；萼片狭长圆形；花瓣白色、淡黄至橙黄色，椭圆形或长圆形。蒴果短圆柱形至球形。

生于田野、沟边等较潮湿之处。见于槐店乡万河村、官渡河边。

地耳草全草药用，味甘、微苦，性凉。清热利湿，解毒消肿，散瘀止痛。治肝炎、早期肝硬化、阑尾炎、眼结膜炎、扁桃体炎。外用治痈疖肿毒、带状疱疹、毒蛇咬伤、跌打损伤。用量：鲜用30～60 g，干用15～30 g。外用适量，鲜品捣烂敷患处。

5. 元宝草（合掌草、小连翘）

Hypericum sampsoni Hance

多年生草本。叶对生，无柄，其基部完全合生为一体而茎贯穿其中心，或宽或狭的披针形至长圆形或倒披针形，长2.5～7 cm，宽1～3.5 cm，顶端钝形或圆形，基部较宽，全缘，坚纸质，叶面绿色，叶背淡绿色，边缘密生有黑色腺点，全面散生透明或间有黑色腺点，中脉直贯叶端，侧脉每边约4条。花序顶生，多花，伞房状；苞片及小苞片线状披针形或线形，长达4 mm，顶端渐尖；花直径6～12 mm，近扁平，基部为杯

状；花蕾卵形，顶端钝形；花梗长2～3 mm；萼片长圆形；花瓣淡黄色。蒴果阔卵形。

生于山坡或路边阴湿处。见于南向店乡董湾村向楼组。

元宝草全草药用，味辛、苦，性寒。通经活络，清热解毒，止血凉血。治小儿高热、痢疾、肠炎、吐血、衄血、月经不调、白带。外用治外伤出血、跌打损伤、乳腺炎、烧烫伤、毒蛇咬伤。

128. 椴树科Tiliaceae

乔木，灌木或草本。单叶互生，稀对生。花两性或单性雌雄异株，辐射对称，排成聚伞花序或再组成圆锥花序；萼片通常5数，有时4片，分离或多少连生，镊合状排列；花瓣与萼片同数，分离，有时或缺；内侧常有腺体，或有花瓣状退化雄蕊，与花瓣对生；雌雄蕊柄存在或缺；雄蕊多数，稀5数，离生或基部连生成束，花药2室，纵裂或顶端孔裂；子房上位，2～6室，有时更多，每室有胚珠1至数颗，生于中轴胎座。果为核果、蒴果、裂果。光山有2属2种。

1. 田麻属Corchoropsis Sieb. et Zucc.

草本；蒴果角状圆筒形，无刺或刺毛，3瓣开裂。光山有1种。

1. 田麻（毛果田麻）

Corchoropsis tomentosa (Thunb.) Makino

一年生草本，高40～60 cm；分枝被星状短柔毛。叶卵形或狭卵形，长2.5～6 cm，宽1～3 cm，边缘有钝牙齿，两面均密被星状短柔毛，基出脉3条；叶柄长0.2～2.3 cm；托叶钻形，长2～4 mm，脱落。花有细柄，单生于叶腋，直径1.5～2 cm；萼片5片，狭窄披针形，长约5 mm；花瓣5片，黄色，倒卵形；发育雄蕊15枚，每3枚成一束，退化雄蕊5枚，与萼片对生，匙状条形，长约1 cm；子房被短茸毛。蒴果角状圆筒形，长1.7～3 cm，有星状柔毛。

生于山地、旷地路旁。见于泼陂河镇附近、白雀园镇赛山村。

田麻全草药用，味苦，性凉。平肝利湿，解毒，止血。治小儿疳积、白带过多、痈疖肿毒、外伤出血。

2. 扁担杆属 Grewia L.

灌木或小乔木。叶常边缘有锯齿。总花梗无舌状苞片；萼片离生；花瓣内侧有花瓣状腺体；子房2～4。核果有沟槽。光山有1种。

1. 扁担杆（娃娃拳、麻糖果、葛荆麻、月亮皮）

Grewia biloba G. Don

灌木。高1～3 m，小枝具星状毛。叶狭菱状卵形或狭菱形，长2～9 cm，宽1～4 cm，边缘密生小牙齿，叶面粗糙，疏被星状毛，叶背疏生星状硬毛，顶端钝尖，基部楔形，基出脉3；叶柄长6～15 mm，被星状毛。聚伞花序与叶对生；花淡黄绿色或黄绿色，直径不到1 cm；萼片5，外面被灰色短毛；花瓣5；雄蕊多数；子房被毛，花柱长。核果橙红色，直径7～12 mm，无毛，2裂，每裂有2核，核有种子2～4粒。

生于丘陵或低山、路旁、草地的灌丛或疏林中。见于槐店乡珠山村、晏河乡大苏山。

扁担杆的根或全株药用，味辛、甘，性温。健脾益气，固精止带，祛风除湿。治小儿疳积、脾虚久泻、遗精、血崩、白带、子宫脱垂、脱肛、风湿关节痛。用量15～30 g；亦可适量浸酒服。

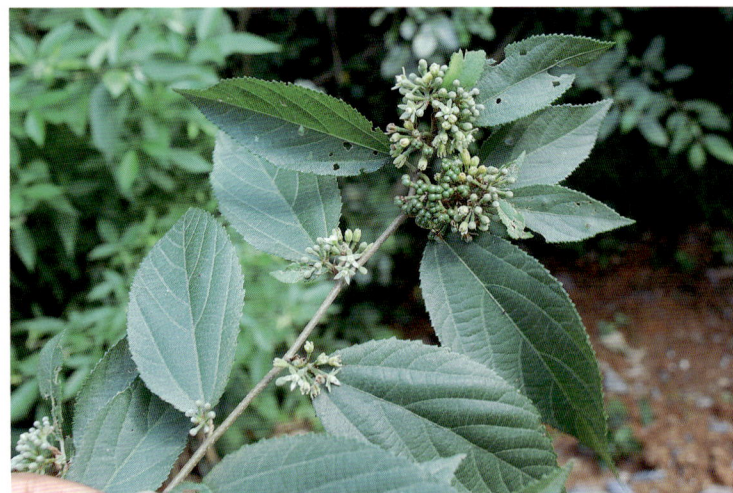

128A. 杜英科 Elaeocarpaceae

乔木。叶互生，边缘有锯齿或全缘，叶背或有黑色腺点，常有长柄；托叶线形，稀为叶状，或有时不存在。总状花序腋生或生于无叶的去年生枝条上，两性，有时两性花与雄花并存；萼片4～6片，分离，镊合状排列；花瓣4～6片，白色，分离，顶端常撕裂，稀为全缘或浅齿裂；雄蕊多数，10～50

枚，稀更少；花盘常分裂为5～10个腺状体，稀为环状；子房2～5室。果为核果。1属1种。

1. 杜英属 Elaeocarpus L.

花组成总状花序腋生；花盘分裂成腺体状。核果。光山有1种。

1. 山杜英（羊屎树）

Elaeocarpus sylvestris (Lour.) Poir.

乔木。叶纸质，倒卵形或倒披针形，长4～8 cm，宽2～4 cm，幼态叶长达15 cm，宽达6 cm，两面均无毛，干后黑褐色，不发亮，顶端钝，或略尖，基部窄楔形，下延，侧脉5～6对，网脉不大明显，边缘有钝锯齿或波状钝齿；叶柄长1～1.5 cm，无毛。总状花序生于枝顶叶腋内，长4～6 cm，花序轴纤细，无毛，有时被灰白色短柔毛；花柄长3～4 mm，纤细，通常秃净；萼片5片，披针形，长4 mm，无毛；花瓣倒卵形，上半部撕裂，裂片10～12条，外侧基部有毛；雄蕊13～15枚，长约3 mm，花药有微毛，顶端无毛丛，亦缺附属物；花盘5裂，圆球形，完全分开，被白色毛；子房被毛，2～3室，花柱长2 mm。核果细小，椭圆形。

光山有少量栽培。见于县城附近、槐店乡万河村。

山杜英是一种园林绿化树种。

130. 梧桐科 Sterculiaceae

乔木或灌木，稀为草本或藤本，幼嫩部分常有星状毛，树皮常有黏液并富含纤维。叶互生，单叶，稀为掌状复叶。花单性、两性或杂性；萼片5枚，稀为3～4枚，或多或少合生，稀完全分离，镊合状排列；花瓣5片或无花瓣，分离或基部与雌雄蕊柄合生，排成旋转的覆瓦状排列；通常有雌雄蕊柄；雄蕊的花丝常合生成管状，花药2室，纵裂；雌蕊由2～5（10～12)个多少合生的心皮或单心皮所组成，子房上位，室数与心皮数相同。果通常为蒴果或蓇葖，开裂或不开裂，极少为浆果或核果。光山有2属2种。

1. 梧桐属 Firmiana Marsili

乔木；单叶，掌状3～5裂或全缘；花单性或杂性；无花瓣，子房5室；蓇葖果皮膜质，熟时开裂呈叶状。光山有1种。

1. 梧桐

Firmiana simplex W. F. Wight

落叶乔木，高达16 m；树皮青绿色，平滑。叶心形，直径15～30 cm，掌状3～5裂，裂片三角形，顶端渐尖，基部心形，两面均无毛或略被短柔毛，基生脉7条，叶柄与叶片等长。圆锥花序顶生，长约20～50 cm，下部分枝长达12 cm，花淡黄绿色；萼5深裂几至基部，萼片条形，向外卷曲，长7～9 mm，外面被淡黄色短柔毛，内面仅在基部被柔毛；花梗与花几等长；雄花的雌雄蕊柄与萼等长，下半部较粗，无毛，花药15枚不规则地聚集在雌雄蕊柄的顶端，退化子房梨形且其小；雌花的子房圆球形，被毛。蓇葖果膜质，有柄，成熟前开裂成叶状。

光山有栽培。见于白雀园镇赛山村。

梧桐全株均可药用。根、茎皮：味苦，性凉；祛风湿，杀虫。种子：味甘，性平；顺气和胃，补肾。叶：味甘，性平；镇静，降压，祛风，解毒。根：治风湿性关节痛、肺结核咳血、跌打损伤、白带、血丝虫病、蛔虫病。茎皮：治痔疮、脱肛。种子：治胃痛、伤食腹泻、小儿口疮、须发早白。叶：治冠心病、高血压、风湿关节痛、阳痿、遗精、神经衰弱、银屑病、痈疮肿毒。花：治烧、烫伤、水肿。用量：根、叶、花、种子均为9～15 g；梧桐叶注射液每天一支（含总黄酮甙20 mg）；梧桐叶糖浆每日30 ml（相当于生药6 g）；叶外用适量，研粉或捣烂敷患处。

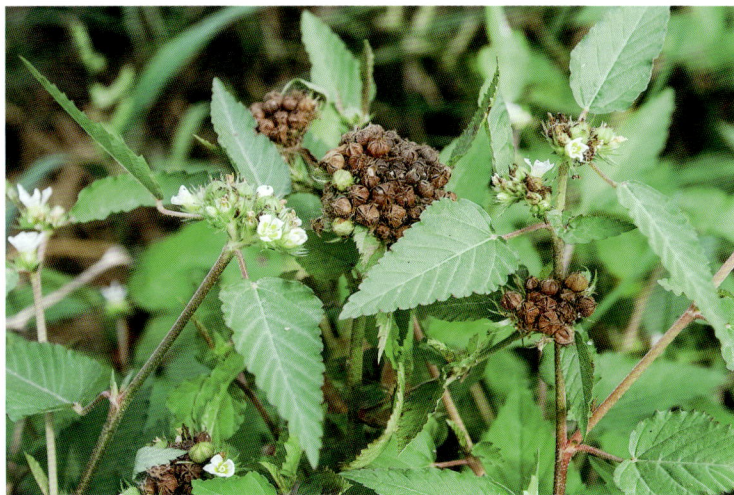

2. 马松子属Melochia L.

草本或亚灌木，被星状柔毛。叶心形，花两性，花瓣5，有5枚雄蕊，花柱5枚，子房无柄。蒴果5室。光山有1种。

1. 马松子

Melochia corchorifolia L.

半灌木状草本，高不及1 m。叶薄纸质，卵形、长圆状卵形或披针形，稀有不明显的3浅裂，长2.5～7 cm，宽1～1.3 cm，顶端急尖或钝，基部圆形或心形，边缘有锯齿，叶面近于无毛，叶背略被星状短柔毛，基生脉5条；叶柄长5～25 mm；托叶条形，长2～4 mm。花排成顶生或腋生的密聚伞花序或团伞花序；萼钟状，5浅裂，长约2.5 mm，外面被长柔毛和刚毛，内面无毛，裂片三角形；花瓣5片，白色，后变为淡红色，长圆形，长约6 mm，基部收缩；雄蕊5枚，下部连合成筒，与花瓣对生；子房无柄，5室，密被柔毛，花柱5枚，线状。蒴果圆球形。

生于田野间或低丘陵地原野间。见于白雀园镇大尖山。

132. 锦葵科Malvaceae

草本、灌木至乔木。叶互生，单叶或分裂，叶脉通常掌状，具托叶。花腋生或顶生、单生、簇生、聚伞花序至圆锥花序；花两性，辐射对称；萼片3～5片，分离或合生；其下面附有总苞状的小苞片3至多数；花瓣5片，彼此分离，但与雄蕊管的基部合生；雄蕊多数，连合成一管称雄蕊柱，花药1室，花粉被刺；子房上位，2至多室，通常以5室较多，由2～5枚或较多的心皮环绕中轴而成。蒴果，常几枚果爿分裂，很少浆果状。光山有8属10种。

1. 黄葵属Abelmoschus Medicus

花萼顶端有不整齐的5齿，开花时一侧开裂，花后脱落；花柱枝5枚，子房5室，每室有胚珠2至多颗。光山有1种。

1. 咖啡黄葵（越南芝麻、羊角豆、秋葵）

Abelmoschus esculentus (L.) Moench

一年生草本，高1～2 m；茎圆柱形，疏生散刺。叶掌状3～7裂，直径10～30 cm，裂片阔至狭，边缘具粗齿及凹缺，两面均被疏硬毛；叶柄长7～15 cm，被长硬毛；托叶线形，长7～10 mm，被疏硬毛。花单生于叶腋间，花梗长1～2 cm，疏被糙硬毛；小苞片8～10枚，线形，长约1.5 cm，疏被硬毛；花萼钟形，较长于小苞片，密被星状短绒毛；花黄色，内面基部紫色，直径5～7 cm，花瓣倒卵形，长4～5 cm。蒴果筒状尖塔形，长10～25 cm，直径1.5～2 cm，顶端具长喙，疏被糙硬毛。

光山常见栽培。见于县城附近。

咖啡黄葵是一种蔬菜，全株还可药用，味淡，性寒。利咽、通淋、下乳、调经。治咽喉肿痛、小便淋痛、产后乳汁稀少、月经不调。

2. 苘麻属 Abutilon Miller

花无小苞片，心皮10～20枚，子房每室2至多颗胚珠，分果瓣顶端有芒。光山有1种。

1. 苘麻（白麻子、冬葵子、春麻、白麻、青麻、车轮草）

Abutilon theophrasti Medicus

一年生亚灌木状草本。高达1～2 m，茎枝被柔毛。叶互生，圆心形，长5～10 cm，顶端长渐尖，基部心形，边缘具细圆锯齿，两面均密被星状柔毛；叶柄长3～12 cm，被星状细柔毛；托叶早落。花单生于叶腋，花梗长1～13 cm，被柔毛，近顶端具节；花萼杯状，密被短绒毛，裂片5枚，卵形，长约6 mm；花黄色，花瓣倒卵形，长约1 cm；雄蕊柱平滑无毛，心皮15～20枚，长1～1.5 cm，顶端平截，具扩展、被毛的2长芒，排列成轮状，密被软毛。蒴果半球形，直径约2 cm，长约1.2 cm，分果爿15～20颗，被粗毛，顶端具2长芒；种子肾形。

生于路旁或荒地上。见于县城官渡河边。

苘麻的种子药用，味苦，性平。清热利湿，退翳。治角膜云翳、痢疾、痈肿。

3. 蜀葵属 Althaea L.

叶大，掌状脉；花有小苞片（副萼）6～9枚；花瓣顶端齿缺，心皮达30枚，子房每室1胚珠。分果。光山有1种。

1. 蜀葵（棋盘花、麻杆花）

Althaea rosea (L.) Cavan.

草本，高达2 m，茎枝密被刺毛。叶近心形，直径6～16 cm，掌状5～7浅裂或波状棱角，裂片三角形或圆形，中裂片长约3 cm，宽4～6 cm，叶面疏被星状柔毛，粗糙，叶背被星状长硬毛或绒毛；叶柄长5～15 cm，被星状长硬毛；托叶卵形，长约8 mm，顶端具3尖。花腋生，单生或近簇生，排列成总状花序式，具叶状苞片，花梗长约5 mm，果时延长至1～2.5 cm，被星状长硬毛；小苞片杯状，常6～7裂，裂片卵状披针形，长10 mm，密被星状粗硬毛，基部合生；萼钟状，直径2～3 cm，5齿裂，裂片卵状三角形，长1.2～1.5 cm，密被星状粗硬毛；花大，直径6～10 cm，有红、紫、白、粉红、黄和黑紫等色，单瓣或重瓣。果盘状。

光山常见栽培。见于白雀园镇方寨村。

蜀葵是一种花卉。全株可药用，味甘，性凉。根：清热，解毒，排脓，利尿。种子：利尿通淋。花：通利大小便，解毒散结。根：治肠炎、痢疾、尿路感染、小便赤痛、子宫颈炎、白带。种子：治尿路结石、小便不利、水肿。花：内服治大小便不利、梅核气，并解河豚毒；花、叶外用治痈肿疮疡、烧烫伤。用量：根9～18 g；种子、花均为3～6 g。外用适量，鲜花、叶捣烂敷或煎水洗患处。

4. 棉属 Gossypium L.

植物体有褐色油腺；小苞片3枚，大，叶状，花后宿存；花萼杯状，全缘、波状或5浅齿；花柱1枚，顶部棒状，柱头3～5枚。光山有1种。

1. 陆地棉（高地棉、棉花、大陆棉、美洲棉、墨西哥棉）

Gossypium hirsutum L.

一年生草本。叶阔卵形，直径5～12 cm，长、宽近相等或较宽，基部心形或心状截头形，常3浅裂，很少为5裂，中裂片常深裂达叶片之半，裂片宽三角状卵形，顶端突渐尖，基部宽，叶面近无毛，沿脉被粗毛，叶背疏被长柔毛；叶柄长3～14 cm，疏被柔毛；托叶卵状镰形，长5～8 mm，早落。花单生于叶腋，花梗通常较叶柄略短；花萼杯状，裂片5枚，三角形，具缘毛；花白色或淡黄色，后变淡红色或紫色。蒴果卵圆形，长3.5～5 cm，具喙，3～4室；种子分离，卵圆形，具白色长棉毛和灰白色不易剥离的短棉毛。

光山常见栽培。见于白雀园镇大尖山。

陆地棉是一种纤维植物，根、树皮、种子还可药用。根：止咳；治气虚咳嗽。树皮：通经；治月经不调。种子：催乳；治乳汁缺少。根：治慢性支气管炎、体虚浮肿、子宫脱垂；用量15～30 g。从陆地棉的种子、根皮中提取出的棉酚有抗菌、抗病毒、抗肿瘤及抗生育作用，是一种有效的节育药物。种子：治月经过多、功能性子宫出血、乳汁缺乏、胃痛、腰膝无力。

5. 木槿属 Hibiscus L.

花萼5浅裂或深裂，开花时一侧不开裂，花后宿存；花柱枝5枚，子房5室，每室有胚珠2至多颗。光山有3种。

1. 木芙蓉（芙蓉花）

Hibiscus mutabilis L.

大灌木，高3～5 m，枝、叶和花梗均密被灰色星状短柔毛。叶大，阔卵形至卵圆形，3～5浅裂，长10～15 cm；托叶披针形，长8 mm。花单生或排成花序；花梗长7～14 cm，近顶部具节，花萼杯状，长2.5 cm，萼裂片阔三角形，被绒毛；小苞片7～10枚，披针形，长2～2.5 cm，宽2 mm；花冠初开放时白色，午后淡红至红色，花瓣5或为重瓣。蒴果球形，直径2.5 cm，被粗长毛。

光山有少量栽培。见于县城附近。

木芙蓉是一种花卉植物，它的花、叶和根还可药用，味辛，性平。清热解毒，消肿排脓，凉血止血。治肺热脓肿、月经过多、白带；外用治痈肿疮疖、乳腺炎、淋巴结炎、腮腺炎、烧烫伤、毒蛇咬伤、跌打损伤。用量9～30 g；外用适量，以鲜叶、花捣烂敷患处，或以干叶、花研末用油、凡士林、酒、醋或浓茶调敷。

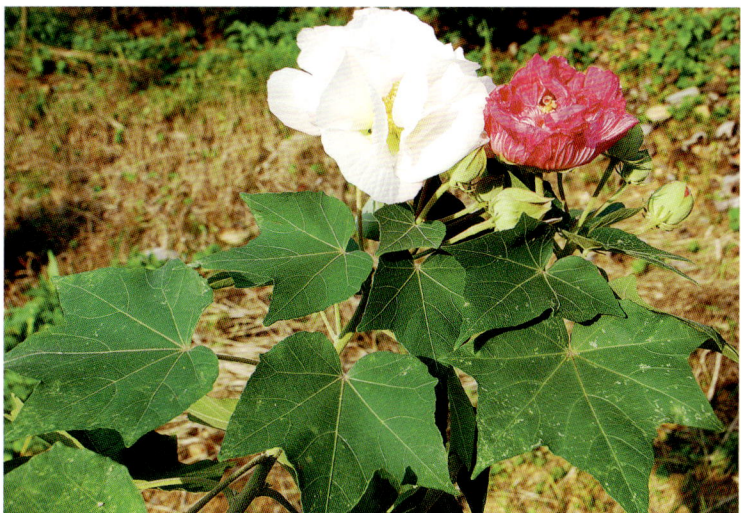

2. 大红花（扶桑）

Hibiscus rosa-sinensis L.

常绿灌木，高1～3 m；小枝圆柱形，疏被星状柔毛。叶阔卵形或狭卵形，长4～9 cm，宽25 cm，顶端渐尖，基部圆形或楔形，边缘具粗齿或缺刻，两面除叶背沿脉上有少许疏毛外均无毛；叶柄长5～20 mm，上面被长柔毛；托叶线形，长5～12 mm，被毛。花单生于上部叶腋间，常下垂，花梗长3～7 cm，疏被星状柔毛或近平滑无毛，近端有节；小苞片6～7枚，线形，长8～15 mm，疏被星状柔毛，基部合生；萼钟形，长约2 cm，被星状柔毛，裂片5枚，卵形至披针形；花冠漏斗形，直径6～10 cm，玫瑰红色或淡红、淡黄等色，花瓣倒卵形，顶端圆，外面疏被柔毛。

光山常见栽培。见于县城附近。

大红花是一种花卉植物，它的根皮、花、叶还可药用，味甘，性平。解毒，利尿，调经。根：治腮腺炎，支气管炎、尿路感染、子宫颈炎、白带、月经不调、闭经。叶、花：外用治疗疮痈肿、乳腺炎、淋巴结炎。花：治月经不调。

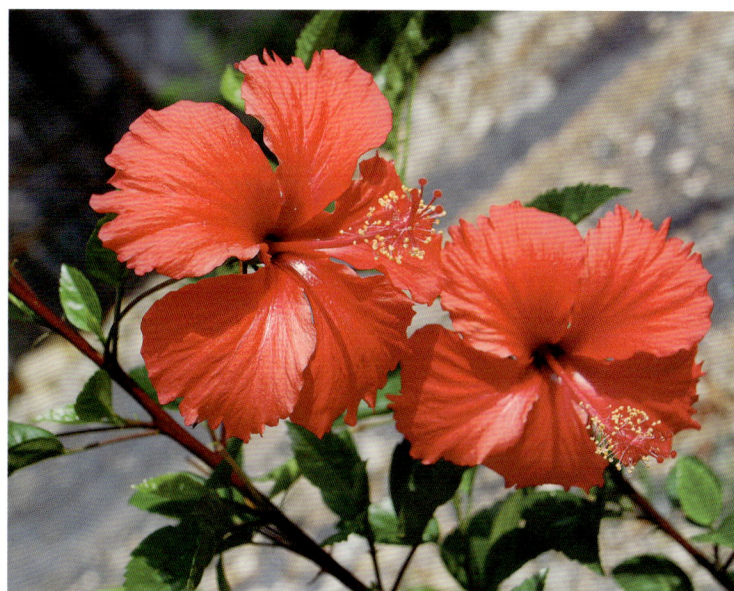

3. 木槿（鸡肉花、白带花、木棉、荆条、朝开暮落花、喇叭花）

Hibiscus syriacus L.

落叶灌木。叶菱形至三角状卵形，长3～10 cm，宽2～4 cm，具深浅不同的3裂或不裂，顶端钝，基部楔形，边缘具不整齐齿缺，叶背沿叶脉微被毛或近无毛；叶柄长5～25 mm，上面被星状柔毛；托叶线形，长约6 mm，疏被柔毛。花单生于枝端叶腋间，花梗长4～14 mm，被星状短绒毛；小苞片6～8枚，线形，长6～15 mm，宽1～2 mm，密被星状疏绒毛；花萼钟形，长14～20 mm，密被星状短绒毛，裂片5枚，三角形；花钟形，淡紫色，直径5～6 cm，花瓣倒卵形，长3.5～4.5 cm，外面疏被纤毛和星状长柔毛；雄蕊柱长约3 cm；花柱枝无毛。

光山常见栽培。见于槐店乡珠山村、官渡河边。

木槿是一种花卉植物，它的花、叶、根皮、果实还可药用。花：味甘，性平；清热凉血，解毒消肿。皮：味甘，性微寒；清热利湿，杀虫止痒。果实：味甘，性平；清肺化痰，解毒止痛。花：治痢疾、痔疮出血、白带；外用治疮疖痈肿、烫伤；用量6～12 g；外用适量，研粉麻油调搽患处。皮：治痢疾、白带；外用治阴囊湿疹、体癣、脚癣；用量3～9 g；外用适量，研粉醋调或制成50%酊剂外搽患处，或水煎、熏洗患处。果实：治痰喘咳嗽、神经性头痛；外用治黄水疮；用量9～15 g；外用适量，烧灰存性，麻油调搽患处。

6. 锦葵属 Malva L.

叶大，掌状脉；花有小苞片（副萼）3枚；花瓣顶端凹或钝，心皮9～15枚，子房每室1胚珠。分果。光山有1种。

1. 锦葵（荆葵、钱葵、小钱花）

Malva sinensis Cav.

草本。叶圆心形或肾形，具5～7圆齿状钝裂片，长5～12 cm，宽几相等，基部近心形至圆形，边缘具圆锯齿，两面均无毛或仅脉上疏被短糙伏毛；叶柄长4～8 cm，近无毛，但上面槽内被长硬毛；托叶偏斜，卵形，具锯齿，顶端渐尖。

花3～11朵簇生，花梗长1～2 cm，无毛或疏被粗毛；小苞片3枚，长圆形，长3～4 mm，宽1～2 mm，顶端圆形，疏被柔毛；萼长6～7 mm，萼裂片5枚，宽三角形，两面均被星状疏柔毛；花紫红色或白色，直径3.5～4 cm，花瓣5片，匙形，长2 cm，顶端微缺，爪具髯毛。果扁圆形，直径约5～7 mm，分果爿9～11颗。

光山常见栽培。见于晏河乡詹堂村。

锦葵是一种花卉植物，全草还可药用，味咸，性寒。理气通便，清热利湿。治大小便不畅、淋巴结结核、白带、脐腹痛、咽喉肿痛。

7. 黄花稔属 Sida L.

子房4～14室，每室有胚珠1颗，分果瓣顶端有芒或无芒。光山有1种。

1. 黄花稔（拔毒散）

Sida acuta Burm. f.

直立亚灌木状草本。高1～2 m；分枝多，小枝被柔毛至近无毛。叶披针形，长2～5 cm，宽4～10 mm，顶端短尖或渐尖，基部圆或钝，具锯齿，两面均无毛或疏被星状柔毛，叶面偶被单毛；叶柄长4～6 mm，疏被柔毛；托叶线形，与叶柄近等长，常宿存。花单朵或成对生于叶腋，花梗长4～12 mm，被柔毛，中部具节；萼浅杯状，无毛，长约6 mm，下半部合生，裂片5枚，尾状渐尖；花黄色，直径8～10 mm，花瓣倒卵形，顶端圆，基部狭长6～7 mm，被纤毛；雄蕊柱长约4 mm，疏被硬毛。蒴果近圆球形，分果爿4～9颗，但通常为5～6颗，长约3.5 mm，顶端具2短芒，果皮具网状皱纹。

生于市镇及村庄附近或山坡、路旁及空旷地上。见于县城官渡河边。

黄花稔的根、叶药用，味微辛，性凉。清热解毒，收敛生肌，消肿止痛。治感冒、乳腺炎、肠炎、痢疾、跌打扭伤、外伤出血、疮疡肿毒。

8. 梵天花属 Urena L.

小灌木；花冠粉红色，花瓣开裂；小苞片合生呈杯状；花柱分枝10枚；果为分果，果皮具锚状刺和星状毛。光山有1种。

1. 地桃花（肖梵天花、狗脚迹）

Urena lobata L.

直立亚灌木状草本。茎下部的叶近圆形，长4～5 cm，宽5～6 cm，顶端浅3裂，基部圆形或近心形，边缘具锯齿；中部的叶卵形，长5～7 cm，宽3～6.5 cm；上部的叶长圆形至披针形，长4～7cm，宽1.5～3cm；叶面被柔毛，叶背被灰白色星状绒毛；叶柄长1～4cm，被灰白色星状毛；托叶线形，长约2mm，早落。花腋生，单生或稍丛生，淡红色，直径约15mm；花梗长约3mm，被绵毛；小苞片5枚，长约6mm，基部1/3合生；花萼杯状，裂片5枚，较小苞片略短，两者均被星状柔毛；花瓣5片，倒卵形，长约15mm，外面被星状柔毛。果扁球形，直径约1cm，分果爿被星状短柔毛和锚状刺。

生于村庄或路旁旷地或草坡。见于白雀园镇方寨村。

地桃花全草药用，味甘、淡，性凉。清热利湿，祛风活血，解毒消肿。根：治风湿关节痛、感冒、疟疾、肠炎、痢疾、小儿消化不良、白带。全草：外用治跌打损伤、骨折、毒蛇咬伤、乳腺炎。

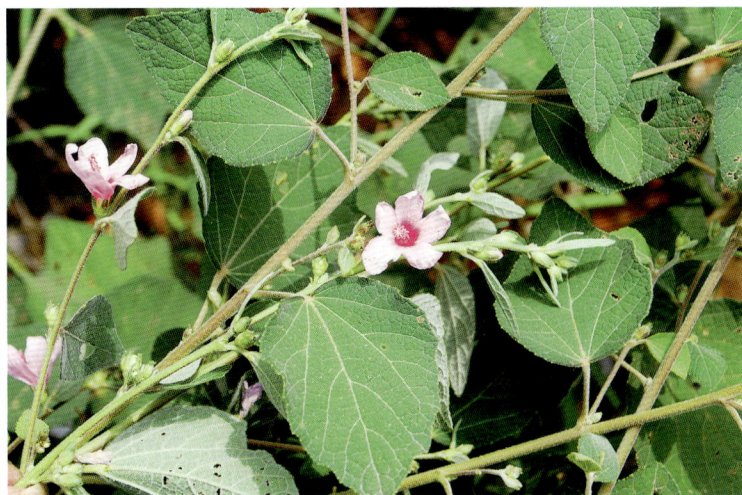

136. 大戟科Euphorbiaceae

乔木、灌木或草本，稀藤本。常有乳汁。叶互生，少有对生或轮生，单叶，稀为复叶，或叶退化呈鳞片状；叶柄基部或顶端有时具有1～2枚腺体。花单性，雌雄同株或异株，单花或组成各式花序，在大戟类中为特殊化的杯状花序；萼片分离或在基部合生，覆瓦状或镊合状排列，在特化的花序中有时萼片极度退化或无；花瓣有或无；花盘环状或分裂成为腺体状，稀无花盘；子房上位，3室，稀2或4室或更多或更少。果为蒴果，常从宿存的中央轴柱分离成分果爿，或为浆果状或核果状。光山有9属18种1变种。

1. 铁苋菜属Acalypha L.

草本。单叶互生，叶柄顶端或叶片基部有腺体。雄花无花瓣，雄蕊8枚，雌花萼片覆瓦状排列，花柱撕裂，子房每室1胚珠。光山有1种。

1. 铁苋菜（海蚌含珠）

Acalypha australis L.

一年生草本。叶膜质，长卵形、近菱状卵形或阔披针形，长3～9cm，宽1～5cm，顶端短渐尖，基部楔形，稀圆钝，边缘具圆锯齿，叶面无毛，叶背沿中脉具柔毛；基出脉3条，侧脉3对；叶柄长2～6cm，具短柔毛；托叶披针形，长1.5～2mm，具短柔毛。雌雄花同序，花序腋生，稀顶生，长1.5～5cm，花序梗长0.5～3cm，花序轴具短毛，雌花苞片1～2枚，卵状心形，花后增大，长1.4～2.5cm，宽1～2cm，边缘具三角形齿，苞腋具雌花1～3朵；花梗无；雄花生于花序上部，排列成穗状或头状，雄花苞片卵形，长约0.5mm，苞腋具雄花5～7朵，簇生；花梗长0.5mm；雄花在花蕾时近球形。蒴果。

生于村边路旁等空旷地上。见于县城官渡河边。

铁苋菜全草药用，味苦、涩，性凉。清热解毒，消积，止痢，止血。治肠炎、细菌性痢疾、阿米巴痢疾、小儿疳积、肝炎、疟疾、吐血、衄血、尿血、便血、子宫出血。外用治痈疖疮疡、外伤出血、湿疹、皮炎、毒蛇咬伤。用量15～30g。外用适量，鲜品捣烂敷患处。

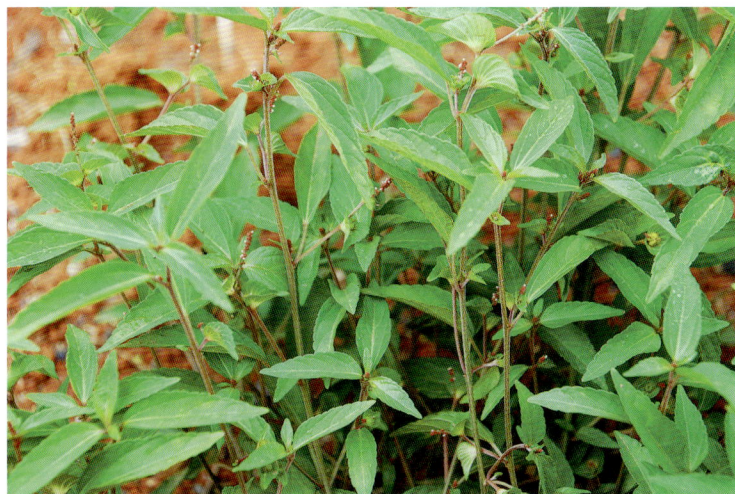

2. 重阳木属Bischofia Bl.

乔木。三出复叶。植株无白色乳汁；雌雄异株；雄蕊5枚，花丝分离。核果。光山有1种。

1. 重阳木（秋枫）

Bischofia polycarpa (Lévl.) Airy Shaw

落叶乔木。三出复叶；叶柄长9～13.5cm；顶生小叶通常较两侧的大，小叶片纸质，卵形或椭圆状卵形，有时长圆状卵形，长5～11cm，宽3～8cm，顶端突尖或短渐尖，基部圆或浅心形，边缘具钝细锯齿，每厘米长4～5个；顶生小叶柄长1.5～4cm，侧生小叶柄长3～14mm。花雌雄异株，花序通常着生于新枝的下部，花序轴纤细而下垂；雄花序长8～13cm；雌花序3～12cm；雄花萼片半圆形，膜质，向外张开；花丝短；有明显的退化雌蕊；雌花萼片与雄花的相同，有白色膜质的边缘；子房3～4室，每室2胚珠，花柱2～3枚，顶端不分裂。果实浆果状，圆球形。

生于平原或山谷湿润常绿林中。见于县城附近。

重阳木的根、树皮、叶可药用，味微辛、涩，性凉。行气活血，消肿解毒。根及树皮：治风湿骨痛。叶：治食道癌、胃癌、传染性肝炎、小儿疳积、肺炎、咽喉炎；叶外用治痈疽、疮疡。用量：根及树皮9～15g；鲜叶60～90g。外用适量，捣烂敷患处。

3. 大戟属Euphorbia L.

草本或灌木；杯状聚伞花序，雌雄花均无花被，仅1枚雄蕊；子房3室。光山有6种。

1. 乳浆大戟（猫眼草、烂疤眼、华北大戟、新疆大戟）

Euphorbia esula L.

多年生草本，茎单生或丛生。叶线形至卵形，变化极不稳定，长2～7cm，宽4～7mm，顶端尖或钝尖，基部楔形至平截，无叶柄；不育枝叶常为松针状，长2～3cm，直径约1mm，无柄；总苞叶3～5枚，与茎生叶同形；伞辐3～5，长2～4(5)cm；苞叶2枚，常为肾形，少为卵形或三角状卵形，长4～12mm，宽4～10mm，顶端渐尖或近圆，基部近平截。花序单生于二歧分枝的顶端，基部无柄；总苞钟状，高约3mm，直径2.5～3.0mm，边缘5裂，裂片半圆形至三角形，边缘及内侧被毛；雌花1枚，子房柄明显伸出总苞之外；子房光滑无毛；花柱3枚，分离；柱头2裂。蒴果三棱状球形。

生于路旁、杂草丛、山坡、林下、河沟边、荒山、沙丘及草地。见于槐店乡珠山村。

乳浆大戟全草药用，味微苦，性平，有毒。利尿消肿，散结，杀虫。治水肿、鼓胀、瘰疬、皮肤瘙痒。

2. 泽漆（猫儿眼、猫眼草）

Euphorbia helioscopia L.

一年生或二年生草本，全株含有白色乳汁。茎基部多分枝，枝斜升，无毛或略有微疏毛，基部带紫红色，上部淡绿色。单叶互生，叶片倒卵形或匙形，长1～3cm，宽0.5～1.5cm，顶端钝圆或微凹，基部楔形，边缘在中部以上有细锯齿；茎顶端有5片轮生的叶状苞片，与茎叶相似，但较大；花无花被，多歧聚伞花序顶生，有5伞梗，每伞梗再分2～3小伞梗，分枝处有3枚轮生倒卵形苞叶，每小伞梗又第三回分为二叉状。蒴果卵圆形。

生于山坡荒地、沟边、路边、旷野草丛及田地中。见于南向店乡董湾村、司马光油茶园。

泽漆全草药用，味辛、苦，性凉；有毒。行水消肿，化痰止咳，散结，截疟。治腹水肿满、水肿、小便不利、肺热咳嗽、痰饮喘咳、疟疾、菌痢、瘰疬、结核性瘘管、无名肿毒。常用量4.5～9g。外用适量，熬膏涂敷患处。

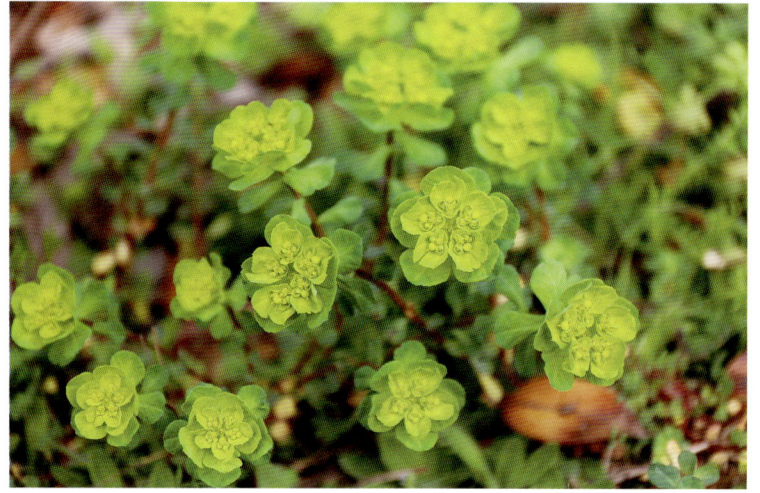

3. 湖北大戟（西南大戟）

Euphorbia hylonoma Hand.-Mazz.

多年生草本，全株光滑无毛。茎直立，上部多分枝。高50～100cm，直径3～7mm。叶互生，长圆形至椭圆形，变异较大，长4～10cm，宽1～2cm，顶端圆，基部渐狭，叶面绿色，叶背有时淡紫色或紫色；侧脉6～10对；叶柄长3～6mm；总苞叶3～5枚，同茎生叶；伞辐3～5cm，长2～4cm；苞叶2～3枚，常为卵形，长2～2.5cm，宽1～1.5cm，花序单生于二歧分枝顶端，无柄；总苞钟状，高约2.5mm，直径2.5～3.5mm，边缘4裂，裂片三角状卵形，全缘，被毛；雄花多枚，明显伸出总苞外；雌花1枚，子房柄长3～5mm；子房光滑；花柱3，分离；柱头2裂。蒴果球状。

生于山沟、山坡、灌丛、草地、疏林等地。见于南向店王母观、槐店乡万河村。

4. 地锦（地锦草，铺地锦）

Euphorbia humifusa Willd.

一年生草本。茎匍匐，自基部以上多分枝，偶尔顶端斜向上伸展，基部常红色或淡红色，长达30cm，直径1～3mm，被柔毛或疏柔毛。叶对生，矩圆形或椭圆形，长5～10mm，宽3～6mm，顶端钝圆，基部偏斜，略渐狭，边缘常于中部以上具细锯齿；叶面绿色，叶背淡绿色，有时淡红色，两面被疏柔毛；叶柄极短，长1～2mm。花序单生于叶腋，基部具1～3mm的短柄；总苞陀螺状，高与直径各约1mm，边缘4裂，裂片三角形；腺体4，矩圆形，边缘具白色或淡红色附属物。雄花数枚，近与总苞边缘等长；雌花1枚，子房柄伸出至总苞边缘；子房三棱状卵形，光滑无毛；花柱3，分离；柱头2裂。蒴果三棱状卵球形。

生于田野、路旁、草地、荒地及住宅附近。见于县城官渡河边。

5. 斑地锦

Euphorbia maculata Linn.

一年生草本。茎匍匐，长10～17 cm。叶对生，长椭圆形至肾状长圆形，长6～12 mm，宽2～4 mm，顶端钝，基部偏斜，不对称，略呈渐圆形，边缘中部以下全缘，中部以上常具细小疏锯齿；叶面绿色，中部常具有一个长圆形的紫色斑点，叶背淡绿色或灰绿色，新鲜时可见紫色斑；叶柄极短，长约1 mm；托叶钻状，不分裂，边缘具睫毛。花序单生于叶腋，基部具短柄，柄长1～2 mm；总苞狭杯状，高0.7～1.0 mm，直径约0.5 mm，边缘5裂，裂片三角状圆形；腺体4，黄绿色，横椭圆形。雄花4～5，微伸出总苞外；雌花1，子房柄伸出总苞外；花柱短，近基部合生；柱头2裂。蒴果三角状卵形。

生于田野、路旁、草地、荒地及住宅附近。见于县城官渡河边、槐店乡万河村。

斑地锦全草药用，味辛，性平。清热解毒，凉血止血，清湿热，通乳。治黄疸、泄泻、疳积、血痢、尿血、便血、痔疮出血、血崩、外伤出血、创伤出血、乳汁不通、痈肿疮毒、尿路感染、子宫出血、跌打损伤及毒蛇咬伤等。

6. 千根草（细叶飞扬草、小乳汁草、苍蝇翅）

Euphorbia thymifolia L.

一年生草本。茎纤细，常呈匍匐状，自基部极多分枝，长可达10～20 cm，直径仅1～2 (3)mm，被稀疏柔毛。叶对生，椭圆形、长圆形或倒卵形，长4～8 mm，宽2～5 mm，顶端圆，基部偏斜，不对称，呈圆形或近心形，边缘有细锯齿，稀全缘，两面常被稀疏柔毛，稀无毛；叶柄极短，长约1 mm，托叶披针形或线形，长1～1.5 mm，易脱落。花序单生或数个簇生于叶腋，具短柄，长1～2 mm，被稀疏柔毛；总苞狭钟状至陀螺状，高约1 mm，直径约1 mm，外部被稀疏的短柔毛，边缘5裂，裂片卵形。蒴果卵状三棱形。

生于山坡草地、村边路旁沙质土上。见于县城官渡河边、槐店乡万河村。

千根草全草药用，味酸、涩，性微凉。清热利湿，收敛止痒。治细菌性痢疾、肠炎腹泻、痔疮出血。外用治湿疹、过敏性皮炎、皮肤瘙痒。用量15～30 g。外用适量，鲜品煎水熏洗患处。

4. 算盘子属 Glochidion J. R. Forst. et G. Forst.

单叶。花雌雄同株，无花瓣，雄花丝合生，雄蕊3～8枚，无不育雌蕊，雌花无花盘和腺体，子房3～25室，花柱合生；蒴果扁球形，有3～25分果。光山有2种。

1. 算盘子（算盘珠、馒头果）

Glochidion puberum (L.) Hutch.

灌木，高1～5m，多分枝；小枝灰褐色；小枝、叶背、萼片外面、子房和果实均密被短柔毛。叶片纸质或近革质，长圆形、长卵形或倒卵状长圆形，稀披针形，长3～8cm，宽1～2.5cm，顶端钝、急尖、短渐尖或圆，基部楔形至钝，叶面灰绿色，仅中脉被疏短柔毛或几无毛，叶背粉绿色；叶柄长1～3mm。花小，雌雄同株或异株，2～5朵簇生于叶腋内，雄花束常着生于小枝下部，雌花束则在上部，或有时雌花和雄花同生于一叶腋内；雄花花梗长4～15mm；萼片6片，狭长圆形或长圆状倒卵形，长2.5～3.5mm；雄蕊3枚，合生呈圆柱状；雌花花梗长约1mm；萼片6片。蒴果扁球状。

生于山地及丘陵灌木丛中。见于白雀园镇方寨村、槐店乡万河村。

算盘子的根和叶药用，味微苦、涩，性凉。清热利湿，祛风活络。治感冒发热、咽喉痛、疟疾、急性胃肠炎、消化不良、痢疾、风湿性关节炎、跌打损伤、白带、痛经。用量15～30g。

2. 湖北算盘子

Glochidion wilsonii Hutch.

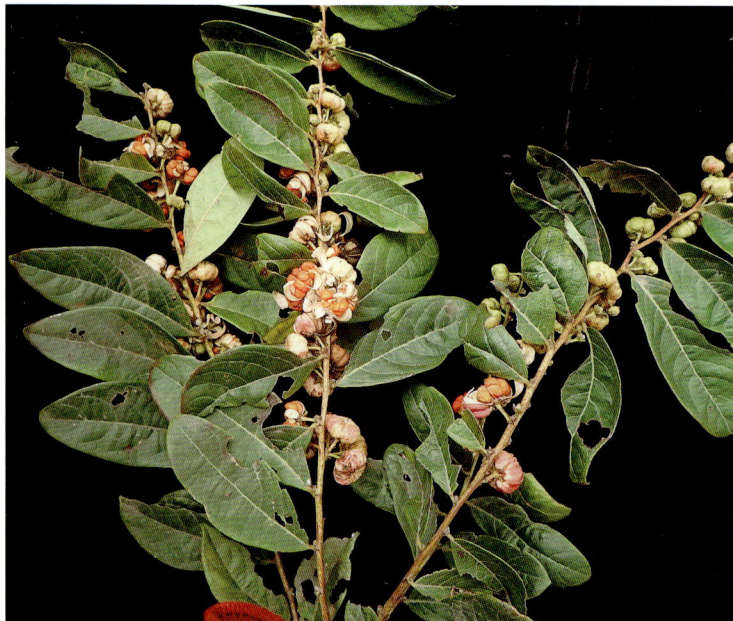

灌木，高1～4m；除叶柄外，全株均无毛。叶片纸质，披针形或斜披针形，长3～10cm，宽1.5～4cm，顶端短渐尖或急尖，基部钝或宽楔形，叶面绿色，叶背带灰白色；中脉两面凸起，侧脉每边5～6条，下面凸起；叶柄长3～5mm，被极细柔毛或几无毛；托叶卵状披针形，长2～2.5mm。花绿色，雌雄同株，子房圆球状，6～8室，花柱合生呈圆柱状，顶端多裂。蒴果扁球状。

生于山地及丘陵灌木丛中。见于南向店王母观、南向店乡董湾村向楼组。

5. 野桐属 Mallotus Lour.

乔木或灌木。叶对生或互生，叶基部有腺体，叶背有颗粒状腺体。雌雄同株或异株，花无花瓣，雄花簇生于苞腋，排成穗状花序，花萼3～4裂，雄蕊多枚；每苞片内1朵雌花。果被有毛的软刺。光山有1种1变种。

1. 白背叶（野桐、叶下白）

Mallotus apelta (Lour.) Muell. Arg.

灌木或小乔木。叶互生，卵形或阔卵形，稀心形，长和宽均6～16cm，顶端急尖或渐尖，基部截平或稍心形；叶柄长5～15cm。花雌雄异株，雄花序为开展的圆锥花序或穗状，长15～30cm，苞片卵形，长约1.5mm，雄花多朵簇生于苞腋；雄花花梗长1～2.5mm；花蕾卵形或球形，长约2.5mm，花萼裂片4枚，卵形或卵状三角形，长约3mm，外面密生淡黄色星状毛，内面散生颗粒状腺体；雄蕊50～75枚，长约3mm；雌花序穗状，长15～30cm，稀有分枝，花序梗长5～15cm，苞片近三角形，长约2mm；雌花花梗极短。蒴果近球形，密生被灰白色星状毛的软刺。

生于荒地灌丛或山坡疏林中。见于泼陂河镇东岳寺村、南向店乡董湾村向楼组。

白背叶的根和叶药用，味微苦、涩，性平。根：柔肝活血，健脾化湿，收敛固脱。叶：消炎止血。根：治慢性肝炎、肝脾肿大、子宫脱垂、脱肛、白带、妊娠水肿。叶：外用治中耳炎、疔肿、跌打损伤、外伤出血。用量：根15～30g；叶外用适量，鲜叶捣烂敷或干叶研末撒敷患处。

2. 野桐

Mallotus japonicus (Thunb.) Muell. Arg. var. **floccosus** (Muell. Arg.) S. M. Hwang

小乔木。叶互生，形状多变，卵形、卵圆形、卵状三角形、肾形或横长圆形，长5～17 cm，宽3～11 cm，顶端急尖、凸尖或急渐尖，基部圆形、楔形，稀心形，边全缘，不分裂或上部每侧具1裂片，叶面无毛，叶背仅叶脉稀疏被星状毛或无毛，疏散橙红色腺点；基出脉3条；侧脉5～7对，近叶柄具黑色圆形腺体2颗；叶柄长5～17 mm。花雌雄异株，花序总状，长8～20 cm；苞片钻形，长3～4 mm；雄花在每苞片内3～5朵；花蕾球形，顶端急尖；花梗长3～5 mm；花萼裂片3～4，卵形，长约3 mm，外面密被星状毛和腺点；雄蕊25～75，药隔稍宽；雌花序长8～15 cm，开展；苞片披针形，长约4 mm；雌花在每苞片内1朵，外面密被星状绒毛；子房近球形，三棱状。蒴果近扁球形。

生于荒地灌丛或山坡疏林中。见于晏河乡詹堂村。

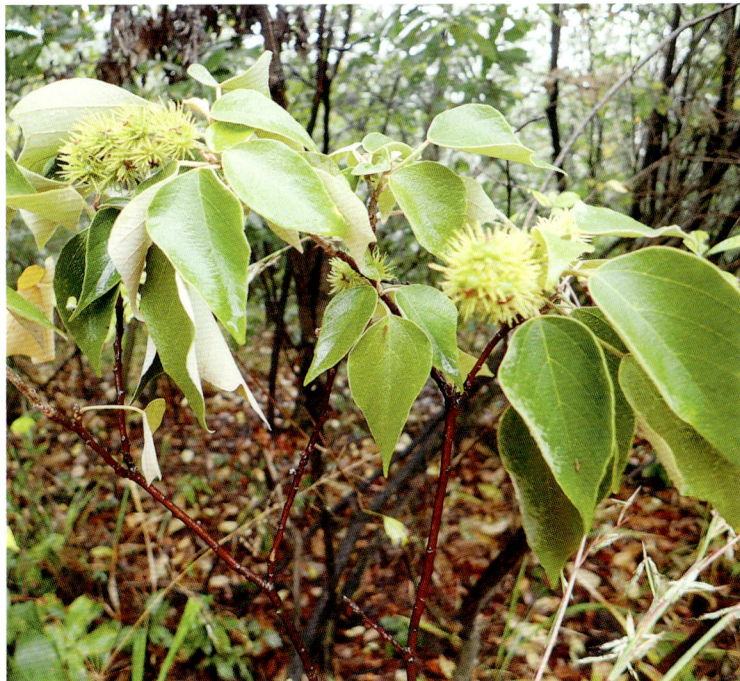

6. 叶下珠属 Phyllanthus L.

单叶。花雌雄同株，花无花瓣，花萼3～6枚，顶端渐尖，花药隔无突起，雌花有花盘和腺体，子房3室，雄花有无育雌蕊。蒴果。光山有4种。

1. 落萼叶下珠（红五眼、弯曲叶下珠）

Phyllanthus flexuosus (Sieb. et Zucc.) Muell. Arg.

灌木。全株无毛。叶片纸质，椭圆形至卵形，长2～4.5 cm，宽1～2.5 cm，顶端渐尖或钝，基部钝至圆，叶背稍带白绿色；侧脉每边5～7条；叶柄长2～3 mm；托叶卵状三角形，早落。雄花数朵和雌花1朵簇生于叶腋；雄花花梗短；萼片5枚，宽卵形或近圆形，长约1 mm，暗紫红色；花盘腺体5枚；雄蕊5枚，花丝分离，花药2室，纵裂；花粉粒球形或近球形，具3孔沟，沟细长，内孔圆形；雌花直径约3 mm；花梗长约1 cm；萼片6枚，卵形或椭圆形，长约1 mm；花盘腺体6枚；子房卵圆形，3室，花柱3枚，顶端2深裂。蒴果浆果状，扁球形。

生于山谷或溪畔疏林中。见于南向店乡董湾村向楼组。

落萼叶下珠全株药用，味辛、苦、性凉。清热解毒，利尿，明目，消积。治痢疾、消化不良、肝炎、蛇伤、风湿病、肾盂肾炎、膀胱炎。

2. 青灰叶下珠（鼻血树、黑籽棵、黑籽树、木本叶下珠）

Phyllanthus glaucus Wall. ex Muell. Arg.

灌木。全株无毛。叶片膜质，椭圆形或长圆形，长2.5～5 cm，宽1.5～2.5 cm，顶端急尖，有小尖头，基部钝至圆，叶背稍苍白色；侧脉每边8～10条；叶柄长2～4 mm；托叶卵状披针形，膜质。花直径约3 mm，数朵簇生于叶腋；花梗丝状，顶端稍粗；雄花花梗长约8 mm；萼片6枚，卵形；花盘腺体6枚；雄蕊5枚，花丝分离，药室纵裂；花粉粒圆球形，具3孔沟，沟细长，内孔圆形；雌花通常1朵与数朵雄花同生于叶腋；花梗长约9 mm；萼片6枚，卵形；子房卵圆形，3室，每室2颗胚珠，花柱3枚，基部合生。蒴果浆果状，直径约1 cm，紫黑色。

生于山谷或溪畔疏林中。见于殷棚乡牢山林场、白雀园镇赛山村。

青灰叶下珠的根药用，味酸、苦，性平。祛风除湿，健脾消积。治风湿痹痛、小儿疳积。

3. 叶下珠（阴阳草、假油树、珍珠草、珠仔草）

Phyllanthus urinaria L.

一年生草本。叶片纸质，因叶柄扭转而呈羽状排列，长圆形或倒卵形，长4～10 mm，宽2～5 mm，顶端圆、钝或急尖而有小尖头，叶背灰绿色，近边缘或边缘有1～3列短粗毛；侧脉每边4～5条，明显；叶柄极短；托叶卵状披针形，长约

133

1.5 mm。花雌雄同株，直径约4 mm；雄花2～4朵簇生于叶腋，通常仅上面1朵开花，下面的很小；花梗长约0.5 mm，基部有苞片1～2枚；萼片6枚，倒卵形，长约0.6 mm，顶端钝；雄蕊3枚，花丝全部合生成柱状；花粉粒长球形，通常具5孔沟，少数3、4、6孔沟，内孔横长椭圆形；花盘腺体6枚，分离，与萼片互生；雌花单生于小枝中下部的叶腋内。蒴果圆球状。

生于旷野草地、山坡、旱田、村旁等处。见于晏河乡大苏山、白雀园镇方寨村。

叶下珠全草药用，味甘、微苦，性凉。清热散结，健胃消积。治痢疾、肾炎水肿、泌尿系统感染、暑热、目赤肿痛、小儿疳积。

4. 小黄珠子草（东北油柑、山丁草）

Phyllanthus ussuriensis Rupr. ex Maxim.

一年生草本。叶片纸质，椭圆形至长圆形，长5～15 mm，宽3～6 mm，顶端急尖至钝，基部近圆，叶背白绿色；侧脉每边5～6条；叶柄极短或几乎无叶柄；托叶卵状披针形。花雌雄同株，单生或数朵簇生于叶腋；花梗长约2 mm，丝状，基部有数枚苞片；雄花萼片4，宽卵形；花盘腺体4，分离，与萼片互生；雄蕊2，花丝分离，药室纵裂；雌花萼片6，长椭圆形，果时反折；花盘腺体6，长圆形；子房卵圆形，3室，花柱3，顶端2裂。蒴果扁球状，直径约2.5 mm，平滑；果梗短。

生于多石砾山坡，林缘湿地及河岸岩石缝间等处。见于县城官渡河边、南向店乡环山村、槐店乡珠山村。

小黄珠子草全草药用，清热利尿，明目，消积，止泻，利胆。治小便失禁、淋病、黄疸型肝炎、吐血、痢疾、外痔。

7. 蓖麻属Ricinus L.

灌木。叶互生，托叶合生。雌雄同株，花无花瓣及花盘，雄花生下部，雌花生上部，雄蕊极多，近千枚；雌花多朵，萼片5枚。光山有1种。

1. 蓖麻

Ricinus communis L.

一年生或多年生粗壮草本或灌木。叶互生，纸质，近圆形，直径近40 cm，顶端和基部有盘状腺体，掌状分裂，盾状着生，叶缘具锯齿；叶柄粗壮，长达40 cm，中空。花雌雄同株，无花瓣及花盘，排成总状圆锥花序，雄花生于下部，雌花生于上部，均多朵簇生于苞腋；雄花花萼长7～10 mm，裂片3～5，镊合状排列；雄蕊极多，可达1000枚，花丝合生成数目众多的雄蕊束，花药2室，药室近球形，分离；雌花萼片5，长5～8 mm，镊合状排列；子房卵形，3室，密生软刺或无刺，每室具胚珠1颗，花柱3，红色，顶端2裂。蒴果。

生于旷野、村边、路旁。见于白雀园镇方寨村。

蓖麻全草药用。种子：味甘、辛，性平，有毒；消肿，排脓，拔毒。种仁油：润肠通便。叶：味甘、辛，性平，有小毒；消肿拔毒，止痒。根：味淡、微辛，性平；祛风活血，止痛镇静。种仁：治子宫脱垂、脱肛，捣烂敷头顶百会穴；治难产、胎盘不下，捣烂敷足心、涌泉穴；治面神经麻痹，捣烂外敷，病左敷左，病右敷右；治疮疡化脓未溃、淋巴结核、竹、木刺金属入肉，捣成膏状外敷。种仁油：治肠内积滞、大便秘结；用量10～20 ml，顿服。叶：治疮疡肿毒，鲜品捣烂外敷；治湿疹瘙痒，煎水外洗；灭蛆、杀孑孓，取叶或种仁外壳0.5 kg，加水5 kg，煎30分钟，药液按5%的比例放入污水或粪坑中。根：治风湿关节痛、破伤风、癫痫、精神分裂症。

8. 乌桕属 Sapium P. Br.

乔木或灌木。叶互生，叶柄顶端或叶基部有腺体。花序为穗状花序，顶生，雌雄花无花瓣，花萼杯状，雄花簇生于苞腋，雄蕊2～3枚。光山有1种。

1. 乌桕（白乌桕）

Sapium sebiferum (L.) Roxb.

乔木。叶互生，纸质，叶片菱形、菱状卵形或稀有菱状倒卵形，长3～8 cm，宽3～9 cm，顶端骤然紧缩具长短不等的尖头，基部阔楔形或钝，全缘；叶柄纤细。花单性，雌雄同株，聚集成顶生、长6～12 cm的总状花序，雌花通常生于花序轴最下部或罕有在雌花下部亦有少数雄花着生，雄花生于花序轴上部或有时整个花序全为雄花；雄花花梗纤细，长1～3 mm，向上渐粗，雄蕊2枚，罕有3枚，伸出于花萼之外，花丝分离，与球状花药近等长；雌花花梗粗壮，长3～3.5 mm；苞片深3裂，每一苞片内仅1朵雌花。蒴果梨状球形。

生于山坡疏林或灌木丛中及丘陵旷野、村边、路旁。见于白雀园镇赛山村。

乌桕的根皮、树皮、叶药用，味苦，性微温，有小毒。利尿，解毒，杀虫，通便。治血吸虫病、肝硬化腹水、大小便不利、毒蛇咬伤。外用治疗疮、鸡眼、乳腺炎、跌打损伤、湿疹、皮炎。用量：根皮3～9 g；叶9～15 g。外用适量，鲜叶捣烂敷患处，或煎水洗。

9. 油桐属 Vernicia Lour.

落叶乔木。单叶，叶柄顶端或叶基部有腺体。雌雄花有花瓣，稀雌花无花瓣，花瓣长2～3 cm，有红色脉纹，雄花萼片镊合状排列，雄蕊8～12枚，2轮，子房3室，每室1胚珠。光山有1种。

1. 油桐（三年桐、罂子桐、虎子桐）

Vernicia fordii (Hemsl.) Airy Shaw

落叶乔木，高达10 m。叶卵圆形，长8～18 cm，宽6～15 cm，顶端短尖，基部截平至浅心形，全缘，稀1～3浅裂，成熟叶面深绿色，无毛，叶背灰绿色，被贴伏微柔毛；掌状脉5～7条；叶柄与叶片近等长，几无毛，顶端有2枚扁平、无柄腺体。花雌雄同株，先叶或与叶同时开放；花萼长约1 cm，2～3裂，外面密被棕褐色微柔毛；花瓣白色，有淡红色脉纹，倒卵形，长2～3 cm，宽1～1.5 cm，顶端圆形，基部爪状；雄花雄蕊8～12枚，2轮；外轮离生，内轮花丝中部以下合生；雌花子房密被柔毛，3～5室，每室有1颗胚珠，花柱与子房室同数，2裂。核果近球状。

生于山地、山谷疏林中。见于槐店乡珠山村。

油桐是一种油料植物，可用于油漆。木材是一种非常优良的培育木耳的原料，它的根、叶、花、果壳及种子可药用，味甘、微辛，性寒，有毒。根：消积驱虫，祛风利湿。叶：解毒，杀虫。花：清热解毒，生肌。根：治蛔虫病、食积腹胀、风湿筋骨痛、湿气水肿。叶：外用治疮疡、癣疥。花：外用治烧烫伤。用量：根6～12 g，水煎或炖肉服；叶、花外用适量，鲜叶捣烂敷患处，花浸植物油内，备用。

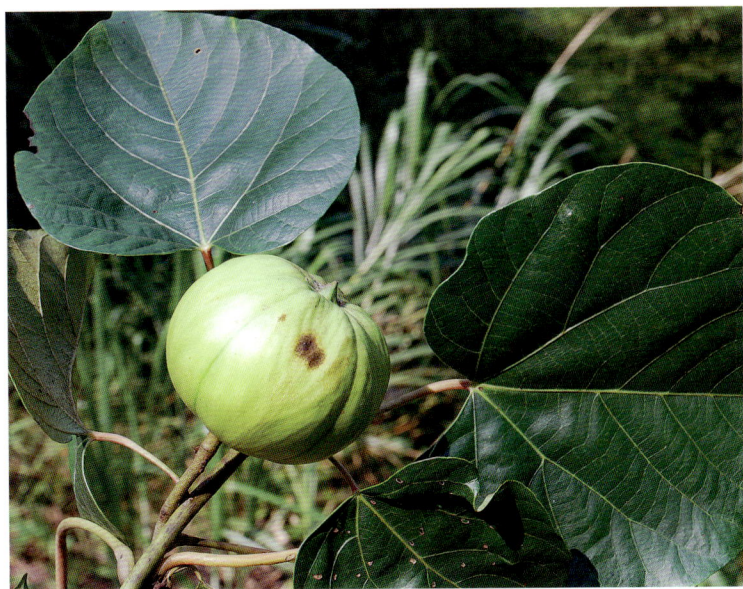

142. 绣球科Hydrangeaceae

草本、灌木或藤本。叶对生或互生，稀轮生。伞房式或圆锥式复合聚伞花序或总状花序；花两性，一型或药序中央为孕性花，边缘为不孕性放射花；不孕花大，由1～5片扩大的白色花瓣状萼片组成；孕性花为完全花，小，萼筒与子房合生；花瓣5～19片；雄蕊5至多数；子房下位，由3～6枚合生心皮组成。蒴果或浆果，蒴果室背开裂。光山有2属2种。

1. 溲疏属Deutzia Thunb.

直立灌木，被星状毛。花序无不孕性放射花，花丝两侧有翅，花柱2～6枚，细长或外展。光山有1种。

1. 溲疏

Deutzia scabra Thunb.

落叶灌木，稀半常绿，高达3 m。树皮呈薄片状剥落，小枝中空，红褐色，幼时有星状毛，老枝光滑。叶对生，有短柄；叶片卵形至卵状披针形，长5～12 cm，宽2～4 cm，顶端尖，基部稍圆，边缘有小锯齿，两面均有星状毛，粗糙。圆锥花序，花白色或带粉红色斑点；萼筒钟状，与子房壁合生，木质化，裂片5，直立，果时宿存；花瓣5，花瓣长圆形，外面有星状毛；花丝顶端有2长齿；花柱3～5，离生，柱头常下延。蒴果近球形，顶端扁平具短喙和网纹。

生于山谷、路边、岩缝及丘陵低山灌丛中。见于南向店乡董湾村向楼组、白雀园镇赛山村、白雀园镇大尖山。

2. 绣球属Hydrangea L.

直立灌木，被非星状毛。花序无或有不孕性放射花，不孕性放射花大，由3～5枚花瓣状的萼片组成，花丝两侧无翅，花柱2～4枚，细长或外展，子房2～5室。蒴果。光山有1种。

1. 绣球（八仙花、粉团花）

Hydrangea macrophylla (Thunb.) Ser.

灌木。叶纸质或近草质，倒卵形或阔椭圆形，长6～15 cm，宽4～11.5 cm，顶端骤尖，具短尖头，基部钝圆或阔楔形，边缘于基部以上具粗齿，两面无毛或仅叶背中脉两侧被稀疏卷曲短柔毛，脉腋间常具少许髯毛；侧脉6～8对，小脉网状，两面明显；叶柄粗壮，长1～3.5 cm，无毛。伞房状聚伞花序近球形，直径8～20 cm，具短的总花梗，分枝粗壮，近等长，密被紧贴短柔毛，花密集，多数不育；不育花萼片4枚，近圆形或阔卵形，长1.4～2.4 cm，宽1～2.4 cm，粉红色、淡蓝色或白色；孕性花极少数，具2～4 mm长的花梗；萼筒倒圆锥状，长1.5～2 mm，与花梗疏被卷曲短柔毛，萼齿卵状三角形，长约1 mm；花瓣长圆形。

光山常见栽培。见于南向店王母观。

绣球是一种花卉植物。

143. 蔷薇科 Rosaceae

草本、灌木或乔木，有刺或无刺。叶互生，稀对生，单叶或复叶，有显明托叶，稀无托叶。花两性，稀单性。通常整齐，周位花或上位花；花轴上端发育成碟状、钟状、杯状、坛状或圆筒状的花托，在花托边缘着生萼片、花瓣和雄蕊；萼片和花瓣同数，通常4～5，覆瓦状排列，稀无花瓣，萼片有时具副

萼；雄蕊5至多数，稀1或2，花丝离生，稀合生；心皮1至多数，离生或合生，有时与花托连合，每心皮有1至数个直立的或悬垂的倒生胚珠；花柱与心皮同数，有时连合，顶生、侧生或基生。果实为蓇葖果、瘦果、梨果或核果，稀蒴果。光山有23属60种3变种1变型。

1. 龙芽草属 Agrimonia L.

草本。奇数羽状复叶，托叶与叶柄合生。圆锥花序，花小，黄色，心皮2枚，每一心皮有1颗胚珠。瘦果。光山有1种。

1. 龙芽草（仙鹤草）

Agrimonia pilosa Ledeb.

多年生草本。叶为间断奇数羽状复叶，常有小叶3～4对，向上减少至3小叶，叶柄被稀疏柔毛或短柔毛；小叶倒卵形、倒卵椭圆形或倒卵披针形，长1.5～5 cm，宽1～2.5 cm，顶端急尖至圆钝，稀渐尖，基部楔形至宽楔形，边缘有急尖到圆钝锯齿，叶面被疏柔毛，叶背常脉上伏生疏柔毛，有显著腺点；托叶草质，绿色，茎下部托叶有时卵状披针形，常全缘。花序穗状总状顶生，分枝或不分枝，花序轴被柔毛，花梗长1～5 mm，被柔毛；苞片常深3裂，裂片带形，小苞片对生，卵形，全缘或边缘分裂；花直径6～9 mm。果实倒卵圆锥形，外面有10条肋，被疏柔毛，顶端有数层钩刺。

生于荒野山坡及路旁。见于殷棚乡牢山林场、白雀园镇赛山村。

龙芽草全草药用，味苦、涩，性平。全草：收敛止血，消炎止痢。冬芽：驱虫。全草：治呕血、咯血、衄血、尿血、便血、功能性子宫出血、胃肠炎、痢疾、肠道滴虫。外用治痈疔疮、阴道滴虫。冬芽：治绦虫病。用量15～50 g，鲜全草可用100 g。外用适量，鲜草捣敷或煎浓汁及熬膏涂局部。

2. 桃属 Amygdalus L.

侧芽3，两侧为花芽，具顶芽；花1～2，常无柄，稀有柄；子房和果实常被短柔毛，极稀无毛；核常有孔穴，极稀光滑；叶片为对折式；花先叶开。核果。光山有2种。

1. 桃（毛桃、桃子）

Amygdalus persica L.

乔木。叶长圆披针形、椭圆披针形或倒卵状披针形，长7～15 cm，宽2～3.5 cm，顶端渐尖，基部宽楔形，叶面无毛，叶背在脉腋间具少数短柔毛或无毛，边具细锯齿或粗锯齿，齿

端具腺体或无腺体；叶柄粗壮，长1～2cm，常具1至数枚腺体，有时无腺体。花单生，先于叶开放，直径2.5～3.5cm；花梗极短或几无梗；萼筒钟形，被短柔毛，稀几无毛，绿色而具红色斑点；萼片卵形至长圆形，顶端圆钝，外被短柔毛；花瓣长圆状椭圆形至宽倒卵形，粉红色，罕为白色；雄蕊约20～30枚，花药绯红色；花柱几与雄蕊等长或稍短；子房被短柔毛。果实形状和大小变化大。

光山常见栽培。全县广布。

种仁：治痛经、闭经、跌打损伤、瘀血肿痛、肠燥便秘。用量4.5～9g。树根、茎、树皮：治风湿性关节炎、腰痛、跌打损伤、丝虫病、间日疟。用量均为15～30g。孕妇忌服。桃叶：治疟疾、痈疖、痔疮、湿疹、阴道滴虫。外用适量，治疟疾时取鲜品捣烂敷脉门，治疗痈疖时取鲜品捣烂敷患处，治疗痔疮、湿疹、阴道滴虫、头虱时均煎水洗。桃花：治水肿、腹水、便秘；用量3～6g。桃奴：治胃痛、疝痛、盗汗；用量9～15g。桃树胶：治糖尿病、乳糜尿、小儿疳积；用量9～15g。

2. 榆叶梅（榆梅、小桃红、榆叶鸾枝）
Amygdalus triloba (Lindl.) Ricker

落叶灌木稀小乔木。短枝上的叶常簇生，1年生枝上的叶互生；叶片宽椭圆形至倒卵形，长2～6cm，宽1.5～4cm，顶端短渐尖，常3裂，基部宽楔形，叶面具疏柔毛或无毛，叶背被短柔毛，叶边具粗锯齿或重锯齿；叶柄长5～10mm。花1～2朵，先于叶开放，直径2～3cm；花梗长4～8mm；萼筒宽钟形，长3～5mm，无毛或幼时微具毛；萼片卵形或卵状披针形，近顶端疏生小锯齿；花瓣近圆形或宽倒卵形，长6～10mm，顶端圆钝，有时微凹，粉红色；雄蕊约25～30，短于花瓣；花柱稍长于雄蕊。果实近球形。

光山有少量栽培。见于县城附近。

榆叶梅是一种花卉植物，它的种仁可药用，味辛，苦，性平。缓泻利尿。治大便秘结、水肿、尿少。

桃是一种常见的水果，它的根、茎、树皮、叶、种仁(桃仁)、桃奴、桃树胶药用。种仁：味甘、苦，性平；活血行瘀，润燥滑肠。树根、茎、树皮：味苦，性平；清热利湿，活血止痛，截疟，杀虫。桃叶：味苦，性平；清热解毒，杀虫止痒。桃花：味苦，性平；泻下通便，利水消肿。桃奴：味苦，性平；止痛，止汗。桃树胶：味苦，性平；和血，益气，止渴。

3. 杏属 Armeniaca Mill.

侧芽单生，顶芽缺。核常光滑或有不明显孔穴。子房和果实常被短柔毛；花常无柄或有短柄，花先叶开。核果。光山有3种。

1. 梅（酸梅、红梅花、黄仔、合汉梅、干枝梅、乌梅）

Armeniaca mume Sieb.

小乔木。叶卵形或椭圆形，长4～8 cm，宽2.5～5 cm，顶端尾尖，基部宽楔形至圆形，叶边常具小锐锯齿，灰绿色，幼嫩时两面被短柔毛，成长时逐渐脱落，或仅叶背脉腋间具短柔毛；叶柄长1～2 cm，幼时具毛，老时脱落，常有腺体。花单生或有时2朵同生于1芽内，直径2～2.5 cm，香味浓，先于叶开放；花梗短，长约1～3 mm，常无毛；花萼通常红褐色，但有些品种的花萼为绿色或绿紫色；萼筒宽钟形；萼片卵形或近圆形，顶端圆钝；花瓣倒卵形，白色至粉红色；雄蕊短或稍长于花瓣；子房密被柔毛。果实近球形。

光山有少量栽培。

梅是一种水果。它的花和果实药用，味酸、涩，性温。敛肺涩肠，生津止渴，驱蛔止痢。治肺虚久咳、口干烦渴、胆道蛔虫、胆囊炎、细菌性痢疾、慢性腹泻、月经过多、癌瘤、牛皮癣。外用治疮疡久不收口、鸡眼。用量3～9 g。外用适量，烧成炭研细粉外敷，乌梅肉湿润后捣烂涂患处。

2. 山杏（西伯利亚杏、杏仁）

Armeniaca sibirica (L.) Lam.

落叶小乔木或灌木，高2～5 m。叶卵形或近圆形，长4～7 cm，宽3～5 cm，顶端长渐尖，基部圆形或近心形，边缘有细锯齿，两面无毛或在叶背沿叶脉有短柔毛，柄长2～3 cm，近顶端有两腺点或无。花单生，近无梗，直径1.5～2 cm；萼筒圆筒形，裂片长圆状椭圆形，微生短柔毛或无毛，花后反折；花瓣白色或粉红色，近心形或倒卵形；雄蕊多数，离生；心皮1，有短毛。核果有沟，近球形。

光山有少量栽培。

山杏的种仁药用，味苦，性微温；有小毒。降气止咳平喘，润肠通便。治咳嗽气喘、胸满痰多、血虚津枯、肠燥便秘。用量5～10 g。外用适量，捣敷。

3. 杏（杏子、杏仁、山杏）

Armeniaca vulgaris Lam.

乔木。叶宽卵形或圆卵形，长5～9 cm，宽4～8 cm，顶端急尖至短渐尖，基部圆形至近心形，叶边有圆钝锯齿，两面无毛或叶背脉腋间具柔毛；叶柄长2～3.5 cm，无毛，基部常具1～6腺体。花单生，直径2～3 cm，先于叶开放；花梗短，长1～3 mm，被短柔毛；花萼紫绿色；萼筒圆筒形，外面基部被短柔毛；萼片卵形至卵状长圆形，顶端急尖或圆钝，花后反折；花瓣圆形至倒卵形，白色或带红色，具短爪；雄蕊约20～45，稍短于花瓣；子房被短柔毛，花柱稍长或几与雄蕊等长，下部被柔毛。果实球形。

光山有少量栽培。见于白雀园镇方寨村。

杏是一种水果，它的种仁药用，味苦，性温，有小毒。止咳，平喘，宣肺润肠。治咳嗽气喘、大便秘结。

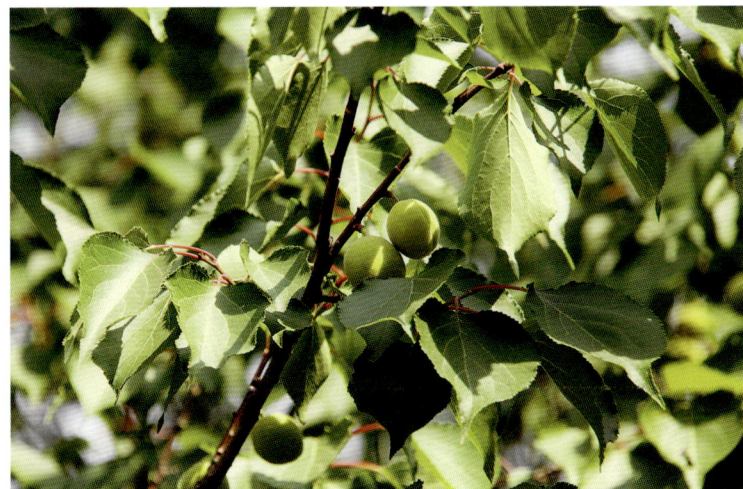

4. 樱属 Cerasus Mill.

花单生或数朵着生在短总状或伞房状花序，基部常有明显苞片；子房光滑；核平滑，有沟，稀有孔穴。核果。光山有5种。

1. 麦李

Cerasus glandulosa (Thunb.) Lois.

灌木，高达2 m。叶片长圆披针形或椭圆披针形，长2.5～6 cm，宽1～2 cm，顶端渐尖，基部楔形，最宽处在中部，边有细钝重锯齿，叶面绿色，叶背淡绿色，两面均无毛或在中脉上有疏柔毛，侧脉4～5对；叶柄长1.5～3 mm，无毛或上面

被疏柔毛；托叶线形，长约5 mm。花单生或2朵簇生，花叶同开或近同开；花梗长6～8 mm，几无毛；萼筒钟状，长宽近相等，无毛，萼片三角状椭圆形，顶端急尖，边有锯齿；花瓣白色或粉红色，倒卵形；雄蕊30枚；花柱稍比雄蕊长，无毛或基部有疏柔毛。核果红色或紫红色，近球形，直径1～1.3 cm。

生于山坡、沟边或灌丛中。见于凉亭乡赛山林场、文殊乡九九林场。

2. 郁李（秧李）

Cerasus japonica (Thunb.) Lois.

灌木，高1～1.5 m。叶片卵形或卵状披针形，长3～7 cm，宽1.5～2.5 cm，顶端渐尖，基部圆形，边有缺刻状尖锐重锯齿，叶面深绿色，无毛，叶背淡绿色，无毛或脉上有稀疏柔毛，侧脉5～8对；叶柄长2～3 mm，无毛或被稀疏柔毛；托叶线形，长4～6 mm，边有腺齿。花1～3朵，簇生，花叶同开或先叶开放；花梗长5～10 mm，无毛或被疏柔毛；萼筒陀螺形，长宽近相等，约2.5～3 mm，无毛，萼片椭圆形，比萼筒略长，顶端圆钝，边有细齿；花瓣白色或粉红色，倒卵状椭圆形；雄蕊约32枚；花柱与雄蕊近等长，无毛。核果近球形，深红色，直径约1 cm。

生于山地林中。见于南向店王母观。

郁李的种仁药用，味辛、苦、甘，性平。润肠通便，下气利水。治大肠气滞、肠燥便秘、水肿腹满、脚气、小便不利。用量3～10 g。孕妇慎用。

3. 樱桃

Cerasus pseudocerasus (Lindl.) G. Don

乔木。叶卵形或长圆状卵形，长5~12 cm，宽3~5 cm，顶端渐尖或尾状渐尖，基部圆形，边有尖锐重锯齿，齿端有小腺体，叶面暗绿色，近无毛，叶背淡绿色，沿脉或脉间有稀疏柔毛，侧脉9~11对；叶柄长0.7~1.5 cm，被疏柔毛，顶端有1或2个大腺体；托叶早落，披针形，有羽裂腺齿。花序伞房状或近伞形，花3~6朵，先叶开放；总苞倒卵状椭圆形，褐色，长约5 mm，宽约3 mm，边有腺齿；花梗长0.8~1.9 cm，被疏柔毛；萼筒钟状，长3~6 mm，宽2~3 mm，外面被疏柔毛，萼片三角卵圆形或卵状长圆形，顶端急尖或钝，边缘全缘，长为萼筒的一半或过半；花瓣白色。核果近球形，红色。

光山有少量栽培。见于县城附近。

樱桃是一种水果，它的种仁和叶药用，核：味辛，性平。清热透疹。叶：味甘，性平；透疹，解毒；治脾虚泄泻、肾虚遗精、风湿腰腿疼痛、四肢麻木、瘫痪、冻疮麻疹不透。叶外用治蛇咬伤。

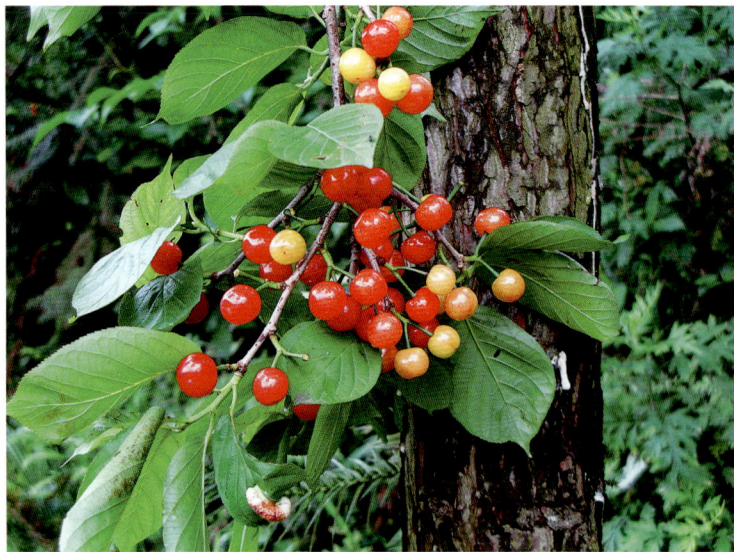

4. 山樱花

Cerasus serrulata (Lindl.) G. Don ex London

乔木。叶片卵状椭圆形或倒卵椭圆形，长5~9 cm，宽2.5~5 cm，顶端渐尖，基部圆形，边有渐尖单锯齿及重锯齿，齿尖有小腺体，叶面深绿色，无毛，叶背淡绿色，无毛，有侧脉6~8对；叶柄长1~1.5 cm，无毛，顶端有1~3圆形腺体；托叶线形，长5~8 mm，边有腺齿，早落。花序伞房总状或近伞形，有花2~3朵；总苞片褐红色，倒卵长圆形，长约8 mm，

宽约4 mm，外面无毛，内面被长柔毛；总梗长5~10 mm，无毛；苞片褐色或淡绿褐色，长5~8 mm，宽2.5~4 mm，边有腺齿；花梗长1.5~2.5 cm；萼筒管状，长5~6 mm，宽2~3 mm，萼片三角披针形，长约5 mm；边全缘；花瓣白色，稀粉红色。核果球形或卵球形，紫黑色。

生于山谷、山坡疏林。见于南向店乡董湾村林场、槐店乡珠山村、殷棚乡牢山林场。

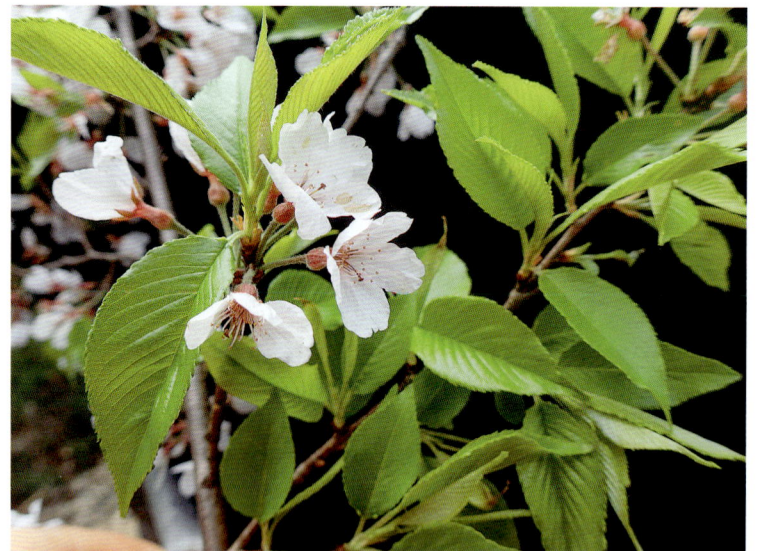

5. 樱花（东京樱花、日本樱花）

Cerasus yedoensis Yu et Li

乔木。叶片椭圆卵形或倒卵形，长5~12 cm，宽2.5~7 cm，顶端渐尖或骤尾尖，基部圆形，稀楔形，边有尖锐重锯齿，齿端渐尖，有小腺体，叶面深绿色，无毛，叶背淡绿色，沿脉被稀疏柔毛，有侧脉7~10对；叶柄长1.3~1.5 cm，密被柔毛，顶端有1~2个腺体或有时无腺体；托叶披针形，有羽裂腺齿，被柔毛，早落。花序伞形总状，总梗极短，有花3~4朵，先叶开放，花直径3~3.5 cm；总苞片褐色，椭圆卵形，长6~7 mm，宽4~5 mm，两面被疏柔毛；苞片褐色，匙状长圆形，长约5 mm，宽2~3 mm，边有腺体；花梗长2~2.5 cm，被短柔毛；萼筒管状，长7~8 mm，宽约3 mm，被疏柔毛；萼片三角状长卵形，长约5 mm；花瓣白色或粉红色。核果近球形。

光山有少量栽培。见于县城附近。

樱花是一种著名的花卉植物。

5. 木瓜属Chaenomeles Lindl.

落叶灌木或小乔木，常有枝刺。托叶大，叶状。花单生或簇生，子房下位，心皮5枚，各有胚珠多颗。梨果。光山有2种。

1. 木瓜（光皮木瓜、木桃）

Chaenomeles sinensis (Thouin) Koehne

灌木或小乔木，高达5～10 m，树皮呈片状脱落；小枝无刺。叶片椭圆卵形或椭圆长圆形，稀倒卵形，长5～8 cm，宽3.5～5.5 cm，顶端急尖，基部宽楔形或圆形，边缘有刺芒状尖锐锯齿，齿尖有腺，幼时叶背密被黄白色绒毛，不久即脱落无毛；叶柄长5～10 mm，微被柔毛，有腺齿；托叶膜质，卵状披针形，顶端渐尖，边缘具腺齿，长约7 mm。花单生于叶腋，花梗短粗，长5～10 mm，无毛；花直径2.5～3 cm；萼筒钟状外面无毛；萼片三角状披针形，长6～10 mm，顶端渐尖，边缘有腺齿，外面无毛，内面密被浅褐色绒毛，反折；花瓣倒卵形，淡粉红色。果实长椭圆形。

光山有栽培。见于南向店乡环山村。

木瓜的果实药用，味酸涩，性温。和脾敛肺，平肝舒筋，止痛，清暑消毒，祛风湿。治风湿关节炎、肺炎、支气管炎、肺结核、咳嗽、跌打损伤、扭伤。

2. 皱皮木瓜（贴梗海棠）

Chaenomeles speciosa (Sweet) Nakai

落叶灌木，枝条直立开展，有刺。叶卵形至椭圆形，稀长椭圆形，长3～9 cm，宽1.5～5 cm，顶端急尖，稀圆钝，基部楔形至宽楔形，边缘具有尖锐锯齿，齿尖开展；叶柄长约1 cm；托叶大形，草质，肾形或半圆形，稀卵形，长5～10 mm，宽12～20 mm，边缘有尖锐重锯齿，无毛。花先叶开放，3～5朵簇生于2年生老枝上；花梗短粗，长约3 mm或近于无柄；花直径3～5 cm；萼筒钟状，外面无毛；萼片直立，半圆形稀卵形，长3～4 mm，宽4～5 mm，长约萼筒之半，顶端圆钝，全缘或有波状齿，及黄褐色睫毛；花瓣倒卵形或近圆形，基部延伸成短爪，长10～15 mm，宽8～13 mm，猩红色，稀淡红色或白色。果实球形或卵球形。

光山有栽培。

皱皮木瓜的果实药用，味酸，性温。舒筋活络，和胃化湿。治风湿痹痛、肢体酸重、筋脉拘挛、吐泻转筋、脚气水肿。

6. 山楂属 Crataegus L.

落叶灌木或小乔木，常有枝刺。托叶小，早落。子房半下位，心皮1～5枚，各有发育的胚珠1颗。梨果。光山有2种。

1. 野山楂（红果子、棠棣子）

Crataegus cuneata Sieb. et Zucc.

落叶灌木，分枝密，常具细刺。叶宽倒卵形至倒卵状长圆形，长2～6 cm，宽1～4.5 cm，顶端急尖，基部楔形，下延连于叶柄，边缘有不规则重锯齿，顶端常有3或稀5～7浅裂片，叶面无毛，有光泽，叶背具稀疏柔毛，沿叶脉较密，以后脱落，叶脉显著；叶柄两侧有叶翼，长约4～15 mm；托叶大形，草质，镰刀状，边缘有齿。伞房花序，直径2～2.5 cm，具花5～7朵；花梗长约1 cm；花直径约1.5 cm；萼筒钟状，外被长柔毛，萼片三角卵形，长约4 mm，约与萼筒等长，顶端尾状渐尖，全缘或有齿，内外两面均被柔毛；花瓣近圆形或倒卵形，长6～7 mm，白色。果实近球形或扁球形。

生于山地疏林或沟边。见于槐店乡万河村。

野山楂的果实、根和叶药用，味酸、甘，性温。消食化滞，散瘀止痛。果：治积滞、消化不良、小儿疳积、细菌性痢疾、肠炎、产后腹痛、高血压病、绦虫病、冻疮。叶：煎水当茶饮，可降血压。根：治风湿关节痛，痢疾，水肿。

2. 山楂（棠棣）

Crataegus pinnatifida Bge.

落叶乔木。叶片宽卵形或三角状卵形，稀菱状卵形，长5～10 cm，宽4～7.5 cm，顶端短渐尖，基部截形至宽楔形，通常两侧各有3～5羽状深裂片，裂片卵状披针形或带形，顶端短渐尖，边缘有尖锐稀疏不规则重锯齿，叶面暗绿色有光泽，叶背沿叶脉有疏生短柔毛或在脉腋有髯毛，侧脉6～10对；叶柄长2～6 cm，无毛。伞房花序具多花，直径4～6 cm，总花梗和花梗均被柔毛，花后脱落，减少，花梗长4～7 mm；苞片膜质，线状披针形，长约6～8 mm，顶端渐尖，边缘具腺齿，早落；花直径约1.5 cm；萼筒钟状，长4～5 mm，外面密被灰白色柔毛；萼片三角卵形至披针形，顶端渐尖，全缘，约与萼筒等长；花瓣倒卵形或近圆形，长7～8 mm，宽5～6 mm，白色。果实近球形或梨形。

光山有少量栽培。见于南向店王母观。

山楂果实、根、叶均药用，味酸、甘，性温。消食化滞，散瘀止痛。果：治积滞、消化不良、小儿疳积、细菌性痢疾、肠炎、产后腹痛、高血压病、绦虫病、冻疮。叶：煎水当茶饮，可降血压。根：治风湿关节痛、痢疾、水肿。

7. 蛇莓属 Duchesnea J. E. Smith

草本。基生三出复叶。花黄色，副萼大，叶状，宿存，花柱脱落。果无喙。光山有1种。

1. 蛇莓（蛇泡草、蛇盘草）

Duchesnea indica (Andr.) Focke

多年生草本；匍匐茎多数，有柔毛。小叶倒卵形至菱状长圆形，长2～3.5 cm，宽1～3 cm，顶端圆钝，边缘有钝锯齿，两面被柔毛，或叶面无毛，具小叶柄；叶柄长1～5 cm，有柔毛；托叶窄卵形至宽披针形，长5～8 mm。花单生于叶腋，直径1.5～2.5 cm；花梗长3～6 cm，有柔毛；萼片卵形，长4～6 mm，顶端锐尖，外面有散生柔毛；副萼片倒卵形，长5～8 mm，比萼片长，顶端常具3～5锯齿；花瓣倒卵形，长5～10 mm，黄色，顶端圆钝；雄蕊20～30枚；心皮多数，离生；花托在果期膨大，海绵质，鲜红色，有光泽，直径10～20 mm，外面有长柔毛。瘦果卵形。

生于山坡、村边路旁较潮湿肥沃之地。见于晏河乡净居寺、南向店乡环山村。

蛇莓全草药用，味甘、酸，性寒，有小毒。清热解毒，散瘀消肿。治感冒发热、咳嗽、小儿高热惊风、咽喉肿痛、白喉、黄疸型肝炎、细菌性痢疾、阿米巴痢疾、月经过多。外用治腮腺炎、毒蛇咬伤、眼结膜炎、疔疮肿毒、带状疱疹、湿疹。

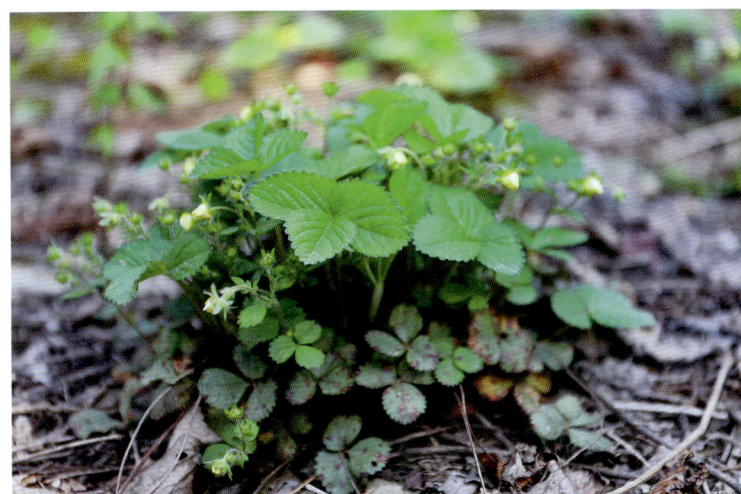

8. 枇杷属 Eriobotrya Lindl.

乔木。单叶互生，托叶大；圆锥花序常被绒毛，雄蕊20枚，子房下位，2～5室，花柱2～5枚。梨果。光山有1种。

1. 枇杷（卢橘）

Eriobotrya japonica (Thunb.) Lindl.

常绿乔木。叶片革质，披针形、倒披针形、倒卵形或椭圆状长圆形，长12～30 cm，宽3～9 cm，顶端急尖或渐尖，基部楔形或渐狭成叶柄，上部边缘有疏锯齿，基部全缘，叶面光亮，多皱褶，叶背密生灰棕色绒毛，侧脉11～21对；叶柄短或几无柄，长6～10 mm，有灰棕色茸毛；托叶钻形，长1～1.5 cm，顶端急尖，有毛。圆锥花序顶生，长10～19 cm，具多花；总花梗和花梗密生锈色茸毛；花梗长2～8 mm；苞片钻形，长2～5 mm，密生锈色茸毛；花直径12～20 mm。果实球形或长圆形。

光山常见栽培。见于县城附近。

枇杷是一种常见水果，它的叶、根、种子药用。枇杷叶：味苦，性平；化痰止咳，和胃降气。枇杷根：味苦，性平；清肺止咳，镇痛下乳。枇杷核：味苦，性寒；疏肝理气。枇杷叶：治支气管炎、肺热咳喘、胃热呕吐；用量5～9 g。枇杷根：治肺结核咳嗽、风湿筋骨疼痛、乳汁不通；用量8～50 g。种子：治疝痛、淋巴结结核、咳嗽；用量6～12 g。

9. 草莓属 Fragaria L.

多年生草本。通常具纤匐枝，常被开展或紧贴的柔毛。叶为三出或羽状5小叶。花两性或单性，杂性异株，数朵成聚伞花序。瘦果小形，硬壳质，成熟时着生在球形或椭圆形肥厚肉质花托凹陷内。光山有3种。

1. 草莓

Fragaria ananassa Duchesnea

多年生草本。叶三出，小叶具短柄，质地较厚，倒卵形或菱形，稀几圆形，长3～7 cm，宽2～6 cm，顶端圆钝，基部阔楔形，侧生小叶基部偏斜，边缘具缺刻状锯齿，锯齿急尖，叶面深绿色，几无毛，叶背淡白绿色，疏生毛，沿脉较密；叶柄长2～10 cm，密被开展黄色柔毛。聚伞花序，有花5～15朵；花两性，直径1.5～2 cm；萼片卵形，比副萼片稍长，副萼片椭圆披针形，全缘，稀深2裂，果时扩大；花瓣白色，近圆形或倒卵椭圆形，基部具不显的爪；雄蕊20枚，不等长；雌蕊极多。聚合果大，直径达3 cm，鲜红色，宿存萼片直立，紧贴于果实。

光山有栽培。见于县城附近。

草莓是一种水果。

2. 东方草莓

Fragaria orientalis Lozinsk.

多年生草本，高5~30 cm。茎被开展柔毛，上部较密，下部有时脱落。三出复叶，小叶几无柄，倒卵形或菱状卵形，长1~5 cm，宽0.8~3.5 cm，顶端圆钝或急尖，顶生小叶基部楔形，侧生小叶基部偏斜，边缘有缺刻状锯齿，叶面绿色，散生疏柔毛，叶背淡绿色，有疏柔毛，沿叶脉较密；叶柄被开展柔毛有时上部较密。花序聚伞状，有花2~5朵，基部苞片淡绿色或具1有柄的小叶，花梗长0.5~1.5 cm，被开展柔毛。花两性，稀单性，直径1~1.5 cm；萼片卵圆披针形，顶端尾尖，副萼片线状披针形，偶有2裂；花瓣白色，几圆形，基部具短爪；雄蕊18~22枚，近等长；雌蕊多数。聚合果半圆形，成熟后紫红色。

生于山谷、山坡草地。见于南向店乡环山村。

3. 五叶草莓

Fragaria pentaphylla A. Los.

多年生草本，高10~15 cm，茎高出于叶，密被开展柔毛。羽状5小叶，质地较厚，顶生小叶具短柄，上面一对侧生小叶无柄，小叶片倒卵形或椭圆形，长1~4 cm，宽0.6~3 cm，顶端圆形，顶生小叶基部楔形，侧生小叶基部偏斜，边缘具缺刻状锯齿；叶柄长2~8 cm，密被开展柔毛。花序聚伞状，有花2~3朵，基部苞片淡褐色或呈有柄的小叶状，花梗长1.5~2 cm；萼片5，卵圆披针形，外面被短柔毛，比副萼片宽，副萼片披针形，与萼片近等长，顶端偶有2裂；花瓣白色，近圆形，基部具短爪。聚合果卵球形，红色。

生于山谷、山坡草地。见于南向店乡五岳村。

10. 路边青属 Geum L.

草本。基生奇数叶羽状复叶，顶端小叶特大。花黄色、白色或红色，副萼小，花柱宿存，上部扭曲。果喙顶端具钩。光山有1变种。

1. 柔毛路边青（水杨梅、柔毛水杨梅）

Geum japonicum Thunb. var. **chinense** F. Bolle

多年生草本。基生叶为大头羽状复叶，通常有小叶1~2对，其余侧生小叶呈附片状，连叶柄长5~20 cm，叶柄被粗硬毛及短柔毛，顶生小叶最大，卵形或广卵形，浅裂或不裂，长3~8 cm，宽5~9 cm，顶端圆钝，基部阔心形或宽楔形，边缘有粗大圆钝或急尖锯齿，两面绿色，被稀疏糙伏毛，下部茎生叶3小叶，上部茎生叶单叶，3浅裂，裂片圆钝或急尖；茎生叶托叶草质，绿色，边缘有不规则粗大锯齿。花序疏散，顶生数朵；花直径1.5~1.8 cm；萼片三角卵形，顶端渐尖，副萼片狭小，椭圆披针形，顶端急尖，比萼片短1倍多，外面被短柔毛；花瓣黄色。聚合果卵球形或椭球形。

生山坡草地、田边、河边、灌丛及疏林下。见于南向店乡董湾村向楼组。

11. 棣棠花属 Kerria DC.

灌木。单叶互生，托叶钻形，早落。花单生，大，黄色，心皮5～8枚，每一心皮有1颗胚珠。瘦果。光山有1种，1变型。

1. 棣棠花 (棣棠、画眉杠)

Kerria japonica (L.) DC.

落叶灌木，高1～2 m。叶互生，三角状卵形或卵圆形，顶端长渐尖，基部圆形、截形或微心形，边缘有尖锐重锯齿，两面绿色，叶面无毛或有稀疏柔毛，叶背沿脉或脉腋有柔毛；叶柄长5～10 mm，无毛；托叶膜质，带状披针形，有缘毛，早落。单花，着生在当年生侧枝顶端，花梗无毛；花直径2.5～6 cm；萼片卵状椭圆形，顶端急尖，有小尖头，全缘，无毛，果时宿存；花瓣黄色，宽椭圆形，顶端下凹，比萼片长1～4倍。瘦果倒卵形至半球形。

生于山涧、岩石旁或灌丛中。见于殷棚乡牢山林场。

棣棠花的嫩枝叶、花和根药用，味苦、涩、性平。花：化痰止咳。茎、叶：祛风利湿，解毒。花：治肺结核咳嗽。茎、叶：治风湿关节痛、小儿消化不良、痈疖肿毒、荨麻疹、湿疹。用量：花3～9 g，茎叶9～18 g，水煎服。外用适量，煎水洗患部。

2. 重瓣棣棠花

Kerria japonica (L.) DC. f. **pleniflora** (Witte) Rehd.

落叶灌木，高1～2 m。叶互生，三角状卵形或卵圆形，顶端长渐尖，基部圆形、截形或微心形，边缘有尖锐重锯齿，两面绿色。花为重瓣。

光山有栽培。见于泼陂河镇东岳寺村。

花美丽美观供观赏。

12. 苹果属 Malus Mill.

落叶乔木或灌木。单叶互生，托叶小，早落；伞形总状花序，萼管钟状，雄蕊15～50枚，花药黄色，子房下位，3～5室，花柱基部合生。梨果常大。光山有3种。

1. 垂丝海棠

Malus halliana Koehne

小乔木。高达5 m。单叶互生；叶柄长5～25 mm；托叶膜质，披针形，早落；叶片卵形至长椭圆形，长3.5～8 cm，宽2.5～4.5 cm，边缘有圆钝细锯齿，叶面深绿色，有光泽并常带紫晕。花两性；伞房花序，具花4～6朵；花梗细弱，长2～4 cm，下垂，有稀疏柔毛，紫色；花粉红色，直径3～3.5 cm；萼筒外面无毛；萼裂片三角状卵形，内面密被绒毛；花瓣倒卵形，长约1.5 cm，基部有短爪，常在5数以上；雄蕊20～25枚，花丝长短不齐，约等于花瓣之半；花柱4或5枚，较雄蕊长，基部有长绒毛，顶花有时缺少雌蕊。果实梨形或倒卵形。

生于山坡丛林中溪边。见于县城官渡河边。

垂丝海棠的花药用，味淡、微苦、性平。调经和血，治血崩。

2. 湖北海棠 (野海棠、山荆子、野花红)

Malus hupehensis (Pamp.) Rehd.

乔木，高达8 m。叶片卵形至卵状椭圆形，长5～10 cm，宽2.5～4 cm，顶端渐尖，基部宽楔形，边缘有细锐锯齿，嫩时具稀疏短柔毛，常呈紫红色；叶柄长1～3 cm，嫩时有稀疏短柔毛，逐渐脱落；托叶草质至膜质，线状披针形，顶端渐尖，有疏生柔毛，早落。伞房花序，具花4～6朵，花梗长3～6 cm，无毛或稍有长柔毛；苞片膜质，披针形，早落；花直径3.5～4 cm；萼筒外面无毛或稍有毛；萼片三角卵形，顶端渐尖或急尖，长4～5 mm，外面无毛，内面有柔毛，略带紫色；花瓣倒卵形，长约1.5 cm，基部有短爪，粉色或近白色。果实椭圆形或近球形。

生于山坡或山谷丛林中。

垂丝海棠的果实药用，味酸、性平。活血健胃，消积化滞，和胃健脾。治食积停滞、消化不良、痢疾、疳积、筋骨扭伤等。

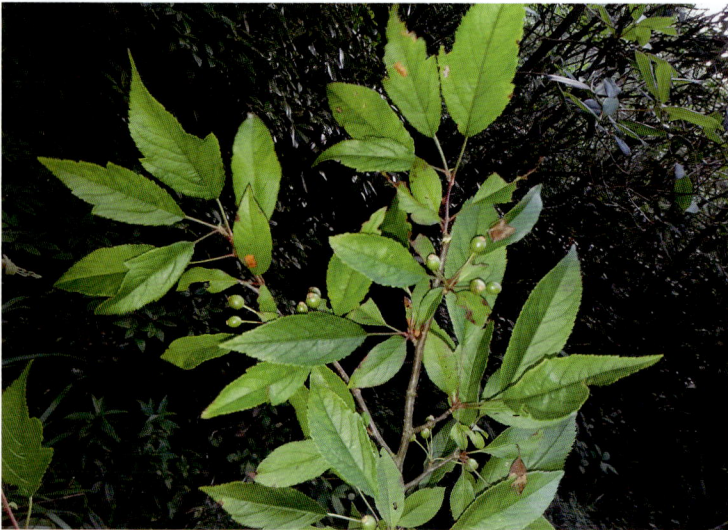

3. 苹果

Malus pumila Mill.

乔木，高可达15 m。叶片椭圆形、卵形至宽椭圆形，长4.5～10 cm，宽3～5.5 cm，顶端急尖，基部宽楔形或圆形，边缘具有圆钝锯齿；托叶草质，披针形，顶端渐尖，全缘，密被短柔毛。伞房花序具花3～7朵，集生枝顶；苞片膜质，线状披针形，顶端渐尖，被绒毛；花直径3～4 cm；萼筒外面密被绒毛；萼片三角披针形或三角卵形，长6～8 mm，顶端渐尖，两面均密被绒毛；花瓣倒卵形，长15～18 mm，白色；花丝长短不齐，花柱5，下半部密被灰白色绒毛。果实扁球形。

光山有少量栽培。

苹果是著名水果。果实还可药用，味甘、酸，性凉。益胃，生津，除烦，醒酒。治津少口渴、脾虚泄泻、食后腹胀、饮酒过度。

13. 稠李属Padus Mill.

叶冬季凋落，花序顶生，花序梗上常有叶片，稀无叶。花小形，10朵至多朵着生在总状花序上，苞片小形。光山有1种。

1. 橉木

Padus buergeriana (Miq.) Yü et Ku

落叶乔木，高达25 m。叶片椭圆形或长圆椭圆形，稀倒卵椭圆形，长4～10 cm，宽2.5～5 cm，顶端尾状渐尖或短渐尖，基部圆形、宽楔形，偶有楔形，边缘有贴生锐锯齿，叶面深绿色，叶背淡绿色，两面无毛；叶柄长1～1.5 cm，通常无毛，无腺体，有时在叶片基部边缘两侧各有1个腺体；托叶膜质，线形，顶端渐尖，边有腺齿，早落。总状花序具多花，通常20～30朵，长6～9 cm，基部无叶；花梗长约2 mm，总花梗和花梗近无毛或被疏短柔毛；花直径5～7 mm；萼筒钟状，与萼片近等长；萼片三角状卵形，长宽几相等，顶端急尖，边有不规则细锯齿，齿尖幼时带腺体；花瓣白色。核果近球形或卵球形。

生于山地、山坡阳处疏林中、山谷斜坡或路旁空旷地。见于南向店乡董湾村林场。

14. 石楠属Photinia Lindl.

乔木。单叶互生，托叶小，早落；花序多种，萼片宿存，雄蕊20枚，心皮2，稀3～5枚，子房半下位，2～5室，花柱2～5枚。梨果。光山有5种。

1. 中华石楠（假思桃、波氏石楠）

Photinia beauverdiana Schneid.

落叶灌木或小乔木，高3～10 m。叶片薄纸质，长圆形、倒卵状长圆形或卵状披针形，长5～10 cm，宽2～4.5 cm，顶端突渐尖，基部圆形或楔形，边缘有疏生具腺锯齿，叶面光亮，无毛，叶背中脉疏生柔毛，侧脉9～14对；叶柄长5～10 mm，微有柔毛。花多数，成复伞房花序，直径5～7 cm；总花梗和花梗无毛，密生疣点，花梗长7～15 mm；花直径5～7 mm；萼筒杯状，长1～1.5 mm，外面微有毛；萼片三角卵形，长1 mm；花瓣白色，卵形或倒卵形，长2 mm，顶端圆钝，无毛；雄蕊20枚；花柱3或2枚，基部合生。果实卵形，

生于山坡或山谷林下。见于南向店乡董湾村向楼组。

中华石楠的嫩叶药用，味辛、苦，性平。行气活血，祛风止痛。治风湿痹痛、跌打损伤、外伤出血。外用鲜叶捣烂敷患处。

2. 楞木石楠（水红树花、梅子树、凿树、楞木）

Photinia davidsoniae Rehd. et Wils.

常绿乔木。叶片革质，长圆形倒披针形或稀为椭圆形，长5～15 cm，宽2～5 cm，顶端急尖或渐尖，有短尖头，基部楔形，边缘稍反卷，有具腺的细锯齿，叶面光亮，中脉初有贴生柔毛，后渐脱落无毛，侧脉10～12对；叶柄长8～15 mm，无毛。花多数，密集成顶生复伞房花序，直径10～12 mm；总花梗和花梗有平贴短柔毛，花梗长5～7 mm；苞片和小苞片微小，早落；花直径10～12 mm；萼筒浅杯状，直径2～3 mm，外面有疏生平贴短柔毛；萼片阔三角形，长约1 mm，顶端急尖，有柔毛；花瓣圆形，直径3.5～4 mm。果实球形或卵形。

生于山谷溪林中。

楞木石楠的根和叶药用，味辛、苦，性平，有小毒。养阴补肾，利筋骨，祛风止痛。治风湿痹痛。

3. 光叶石楠（假思桃、扁骨木、光凿树、红檬子）

Photinia glabra (Thunb.) Maxim.

常绿乔木。叶片革质，幼时及老时皆呈红色，椭圆形、长圆形或长圆倒卵形，长5～9 cm，宽2～4 cm，顶端渐尖，基部楔形，边缘有疏生浅钝细锯齿，两面无毛，侧脉10～18对；叶柄长1～1.5 cm，无毛。花多数，成顶生复伞房花序，直径5～10 cm；总花梗和花梗均无毛；花直径7～8 mm；萼筒杯状，无毛；萼片三角形，长1 mm，顶端急尖，外面无毛，内面有柔毛；花瓣白色，反卷，倒卵形，长约3 mm，顶端圆钝，内面近基部有白色绒毛，基部有短爪；雄蕊20枚，约与花瓣等长或较短。果实卵形。

生于山谷溪林中。

光叶石楠的枝叶药用，味酸，性温。祛风寒，强腰膝，补虚，镇痛，解热。治风湿痹痛。

石楠的根和叶药用，味辛、苦，性平，有小毒。祛风止痛。治头风头痛、腰膝无力、风湿筋骨疼痛。

4. 红叶石楠

Photinia × fraseri Dress

小乔木。高4~6 m，有时可达12 m；枝褐灰色，无毛；冬芽卵形，鳞片褐色，无毛。嫩枝嫩叶鲜红色，老叶片革质、长椭圆形、长倒卵形或倒卵状椭圆形，长9~22 cm，宽3~6.5 cm，顶端尾尖，基部圆形或宽楔形，边缘有疏生具腺细锯齿，近基部全缘，叶面光亮，幼时中脉有绒毛，成熟后两面皆无毛，中脉显著，侧脉25~30对；叶柄粗壮，长2~4 cm，幼时有绒毛，以后无毛。

光山常见栽培。见于县城附近。

红叶石楠常作绿篱等栽培，为绿化树种。

5. 石楠（石楠叶、凿木）

Photinia serrulata Lindl.

小乔木，高4~6 m。叶片革质，长椭圆形、长倒卵形或倒卵状椭圆形，长9~22 cm，宽3~6.5 cm，顶端尾尖，基部圆形或宽楔形，边缘有疏生具腺细锯齿，近基部全缘，叶面光亮，幼时中脉有绒毛，成熟后两面皆无毛，中脉显著，侧脉25~30对；叶柄粗壮，长2~4 cm，幼时有绒毛，以后无毛。复伞房花序顶生，直径10~16 cm；总花梗和花梗无毛，花梗长3~5 mm；花密生，直径6~8 mm；萼筒杯状，长约1 mm，无毛；萼片阔三角形，长约1 mm，顶端急尖，无毛；花瓣白色。果实球形。

生于山地杂木林中。见于县城官渡河边、南向店乡董湾村。

15. 委陵菜属 Potentilla L.

草本或灌木。奇数羽状或掌状复叶。花单生或聚伞、聚伞圆锥花序，花黄色，稀白色或紫色。瘦果。光山有7种。

1. 蛇莓委陵菜（蛇莓萎陵菜）

Potentilla centigrana Maxim.

一年生或二年生草本。花茎上升或匍匐，或近于直立，长20~50 cm，有时下部节上生不定根，无毛或稀疏柔毛。基生叶3小叶，开花时常枯死，茎生叶3小叶，叶柄细长，无毛或被稀疏柔毛；小叶具短柄或几无柄，小叶片椭圆形或倒卵形，长0.5~1.5 cm，宽0.4~1.5 cm，顶端圆形，基部楔形至圆形，边缘有缺刻状圆钝或急尖锯齿，两面绿色，无毛或被稀疏柔毛；基生叶托叶膜质，褐色，无毛或被稀疏柔毛，茎生叶托叶淡绿色，卵形，边缘常有齿，稀全缘。单花，下部与叶对生，上部生于叶腋中；花梗纤细，长0.5~2 cm，无毛或几无毛；花瓣淡黄色，倒卵形。瘦果倒卵形。

生荒地、河岸阶地、林缘及林下湿地。见于县城官渡河边。

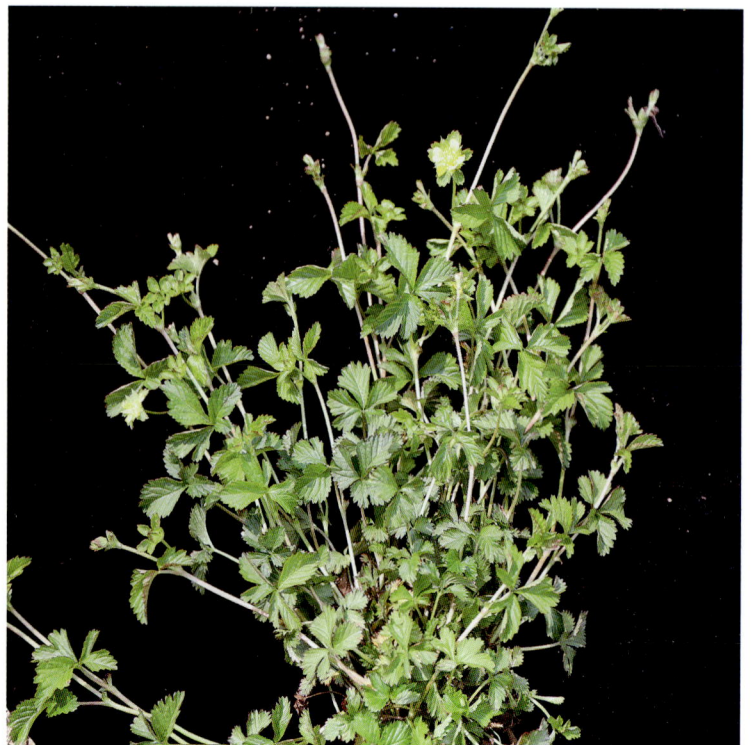

2. 委陵菜（一白草、生血丹、扑地虎、五虎嚼血、天青地白、萎陵菜）
Potentilla chinensis Ser.

多年生草本。花茎直立或上升，高20～70 cm，被稀疏短柔毛及白色绢状长柔毛。基生叶为羽状复叶，有小叶5～15对，间隔0.5～0.8 cm，连叶柄长4～25 cm，叶柄被短柔毛及绢状长柔毛；小叶片对生或互生，上部小叶较长，向下逐渐减小，无柄，长圆形、倒卵形或长圆披针形，长1～5 cm，宽0.5～1.5 cm，边缘羽状中裂，裂片三角卵形、三角状披针形或长圆披针形，顶端急尖或圆钝，边缘向下反卷，叶面绿色，叶背被白色绒毛；基生叶托叶近膜质，褐色，外面被白色绢状长柔毛，茎生叶托叶草质，绿色，边缘锐裂。伞房状聚伞花序，花梗长0.5～1.5 cm，基部花瓣黄色。瘦果卵球形。

生于山坡、草地、沟谷、林缘。见于县城官渡河边、白雀园镇赛山村。

委陵菜全草药用，味苦，性寒。凉血止痢，清热解毒。治赤痢腹痛、久痢不止、痔疾出血、疮痈肿毒。用量15～30 g。外用鲜品捣烂敷患处。

3. 翻白草
Potentilla discolor Bunge.

多年生草本。花茎直立，上升或微铺散，高10～45 cm，密被白色绵毛。基生叶有小叶2～4对，间隔0.8～1.5 cm，连叶柄长4～20 cm，叶柄密被白色绵毛，有时并有长柔毛；小叶对生或互生，无柄，长圆形或长圆披针形，长1～5 cm，宽0.5～0.8 cm，顶端圆钝，稀急尖，基部楔形、宽楔形或偏斜圆形，边缘具圆钝锯齿，稀急尖，叶面暗绿色，叶背密被白色或灰白色绵毛，茎生叶1～2枚，有掌状3～5小叶。聚伞花序有花数朵至多朵，疏散，花梗长1～2.5 cm，外被绵毛；花直径1～2 cm；花瓣黄色。瘦果近肾形。

生于低海拔至中海拔的山顶、山坡或旷野草丛。见于泼陂河镇东岳寺村。

翻白草全草药用，味甘、微苦，性平。凉血止血。治肠炎、细菌性痢疾、阿米巴痢疾、吐血、衄血、便血、白带。外用治创伤、痈疖肿毒。

4. 三叶委陵菜
Potentilla freyniana Bornm.

多年生草本，有纤匍枝或不明显。花茎纤细，直立或上升，高8～25 cm，被平铺或开展疏柔毛。基生叶掌状三出复叶，连叶柄长4～30 cm，宽1～4 cm；小叶长圆形、卵形或椭圆形，顶端急尖或圆钝，基部楔形或宽楔形，边缘有多数急尖锯齿，两面绿色，疏生平铺柔毛，叶背沿脉较密；茎生叶1～2枚，小叶与基生叶小叶相似，但叶柄短，叶边锯齿减少。伞房状聚伞花序顶生，多花，松散，花梗纤细，长1～1.5 cm，外被疏柔毛；花瓣淡黄色，长圆倒卵形，顶端微凹或圆钝；花柱近顶生，上部粗，基部细。成熟瘦果卵球形。

生于山地、山坡草丛。

三叶委陵菜全草药用，味苦、涩，性凉。止痛止血。治肠炎、牙痛、胃痛、腰痛、胃肠出血、月经不调、产后或流产后出血过多、骨髓炎、跌打损伤、外伤出血、骨结核、烧烫伤、毒蛇咬伤。

5. 蛇含委陵菜（蛇含、五爪龙、翻白草）
Potentilla kleiniana Wight et Arn.

一年生或多年生草本。花茎上升或匍匐，常于节处生根并发育出新植株，长10～50 cm，被疏柔毛或开展长柔毛。基生叶为近似于鸟足状的5小叶，连叶柄长3～20 cm，叶柄被疏柔毛或开展长柔毛；小叶几无柄，稀有短柄，小叶倒卵形或长圆倒卵形，长0.5～4 cm，宽0.4～2 cm，顶端圆钝，基部楔形，边缘有多数急尖或圆钝锯齿，两面绿色，被疏柔毛，有时叶面脱落几无毛，或叶背沿脉密被伏生长柔毛，下部茎生叶有5小叶，上部茎生叶有3小叶，小叶与基生小叶相似，唯叶柄较短。聚伞花序密集枝顶如假伞形；花瓣黄色，倒卵形，顶端微凹，长于萼片。瘦果近圆形。

生于丘陵或旷野草地上。

蛇含委陵菜全草药用，味苦，性微寒。清热解毒，止咳化痰。治外感咳嗽、百日咳、咽喉肿痛、小儿高热惊风、疟疾、痢疾。外用治腮腺炎、毒蛇咬伤、带状疱疹、疔疮、痔疮、外伤出血。用量5～50g。外用适量，鲜全草捣烂敷或取汁搽患处。

6. 多茎委陵菜（细叶委陵菜 多裂委陵菜）

Potentilla multicaulis Bunge

多年生草本。基生叶羽状复叶，有小叶3～5对，稀达6对，间隔0.5～2cm，连叶柄长5～17cm；小叶片对生稀互生，羽状深裂几达中脉，长椭圆形或宽卵形，长1～5cm，宽0.8～2cm，向基部逐渐减小，裂片带形或带状披针形，顶端舌状或急尖；茎生叶2～3，与基生叶形状相似，惟小叶对数向上逐渐减少；基生叶托叶膜质，褐色；茎生叶托叶草质，绿色，卵形或卵状披针形，顶端急尖或渐尖，2裂或全缘。花序为伞房状聚伞花序，花后花梗伸长疏散；花梗长1.5～2.5cm；花瓣黄色。瘦果平滑或具皱纹。

生于山坡草地、沟谷及林缘等处。见于文殊乡九九林场。

多茎委陵菜全草药用，味甘、微苦，性寒。有止血、杀虫、祛湿热的功效。用于肝炎、蛲虫病、功能性子宫出血、外伤出血等，水煎服。外用研末外敷伤处。

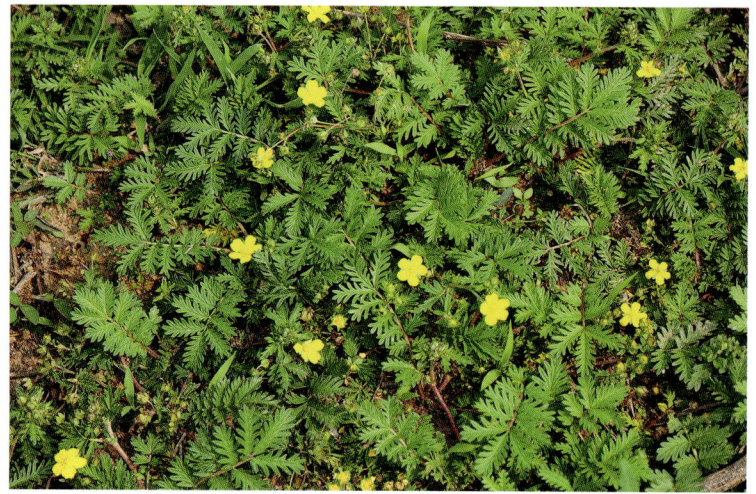

7. 朝天委陵菜

Potentilla supina L.

一年生或二年生草本。茎多分枝，平铺或直立，被疏毛或脱落无毛。基生叶奇数羽状复叶，有小叶2～5对，小叶片长圆形或倒卵状长圆形，边缘羽状浅裂或具圆钝齿，两面绿色，被疏柔毛或无毛；茎生叶与基生叶相似；基生叶托叶膜质，褐色，被疏毛或无毛；茎生叶托叶草质，绿色，全缘或有齿，被疏毛。花单生叶腋，花梗长0.8～1.5cm，花直径0.6～0.8cm；萼片三角状卵形，副萼片椭圆状披针形，比萼片稍长或近等长，均被疏柔毛；花瓣黄色。瘦果长圆形。

生于水渠边、田埂、低湿地。见于南向店乡董湾村。

朝天委陵菜全草药用，味苦，性平，无毒。凉血止痢，清热解毒。治久痢不止、赤痢腹痛、痔疮出血、疮痈肿毒。慢性腹泻伴体虚者慎用。

16. 李属 Prunus L.

落叶乔木或灌木。单叶互生，叶柄基部常有腺体。花萼果时脱落，萼5齿，雄蕊多数，与花瓣一起着生于萼筒口部。核果。光山有2种。

1. 红叶李（樱桃李、樱李）

Prunus cerasifera Ehrh.

灌木或小乔木；小枝、叶背、叶柄紫红色。叶片椭圆形、卵形或倒卵形，极稀椭圆状披针形，长3～6cm，宽2～4cm，顶端急尖，基部楔形或近圆形，边缘有圆钝锯齿，叶面深绿色，无毛，侧脉5～8对；叶柄长6～12mm。花1朵，稀2朵；

花梗长1~2.2 cm，无毛或微被短柔毛；花直径2~2.5 cm；萼筒钟状，萼片长卵形，顶端圆钝，边有疏浅锯齿，与萼片近等长，萼筒和萼片外面无毛，萼筒内面有疏生短柔毛；花瓣白色，长圆形或匙形，边缘波状，基部楔形，着生在萼筒边缘；雄蕊25~30；雌蕊1，心皮被长柔毛。核果近球形或椭圆形。

　　光山有栽培。见于县城官渡河边。

　　红叶李是一种水果，也是种园林绿化树种。

2. 李（山李子、嘉庆子、嘉应子、玉皇李）

Prunus salicina Lindl.

　　落叶乔木。叶片长圆倒卵形、长椭圆形，稀长圆卵形，长6~8 cm，宽3~5 cm，顶端渐尖、急尖或短尾尖，基部楔形，边缘有圆钝重锯齿，常混有单锯齿，幼时齿尖带腺，叶面深绿色，有光泽，侧脉6~10对；叶柄长1~2 cm，通常无毛，顶端有2个腺体或无，有时在叶片基部边缘有腺体。花通常3朵并生；花梗1~2 cm，通常无毛；花直径1.5~2.2 cm；萼筒钟状；萼片长圆卵形，长约5 mm，顶端急尖或圆钝，边有疏齿；花瓣白色，长圆倒卵形；雌蕊1，柱头盘状，花柱比雄蕊稍长。核果球形、卵球形。

　　光山有栽培。见于南向店乡环山村。

　　李是一种水果。

17. 火棘属Pyracantha M. Roem.

　　灌木或小乔木，有枝刺。托叶小，早落。子房半下位，心皮5枚，各有胚珠2颗。梨果。光山有2种。

1. 细圆齿火棘

Pyracantha crenulata (D. Don) M. Roem.

　　常绿灌木或小乔木，有时具短枝刺，嫩枝有锈色柔毛，老时脱落，暗褐色，无毛。叶片长圆形或倒披针形，长2~7 cm，宽0.8~1.8 cm，顶端急尖或具短尖头，基部宽楔形或稍圆形，边缘有细圆锯齿，两面无毛，叶面光滑，中脉下陷，叶背淡绿色，中脉凸起；叶柄短，嫩时有黄褐色柔毛。复伞房花序生于主枝和侧枝顶端，花序直径3~5 cm，总花梗幼时基部有褐色柔毛；花梗长4~10 mm，无毛；花直径6~9 mm；萼筒钟状，无毛；萼片三角形，顶端急尖，微具柔毛；花瓣圆形，长4~5 mm，宽3~4 mm，有短爪；雄蕊20，花药黄色。梨果近球形。

　　生于山坡、路边、沟旁、丛林或草地。见于泼陂河镇附近。

　　细圆齿火棘的根药用，味酸、涩，性平。清热凉血，清热解毒，消积止痢，活血散瘀。治火眼、腹泻、月经不调、疔肿疮毒、肠炎下血、跌打损伤、肺结核、外伤出血等。

2. 火棘（救军粮、红子）

Pyracantha fortuneana (Maxim.) Li

常绿灌木，高达 3 m；侧枝短，顶端成刺状，嫩枝外被锈色短柔毛。叶片倒卵形或倒卵状长圆形，长 1.5～6 cm，宽 0.5～2 cm，顶端圆钝或微凹，基部楔形，两面皆无毛。花集成复伞房花序，直径 3～4 cm，花梗和总花梗近于无毛；花直径约 1 cm；萼筒钟状，无毛；萼片三角卵形；花瓣白色，近圆形，长约 4 mm，宽约 3 mm；花柱 5，子房上部密生白色柔毛。果实近球形，直径约 5 mm，桔红色或深红色。

生于山地、丘陵地阳坡灌丛草地及河沟路旁。

火棘的根药用，味酸、涩，性平。清热凉血。治虚劳骨蒸潮热、肝炎、跌打损伤、筋骨疼痛、腰痛、崩漏、白带、月经不调、吐血、便血等。

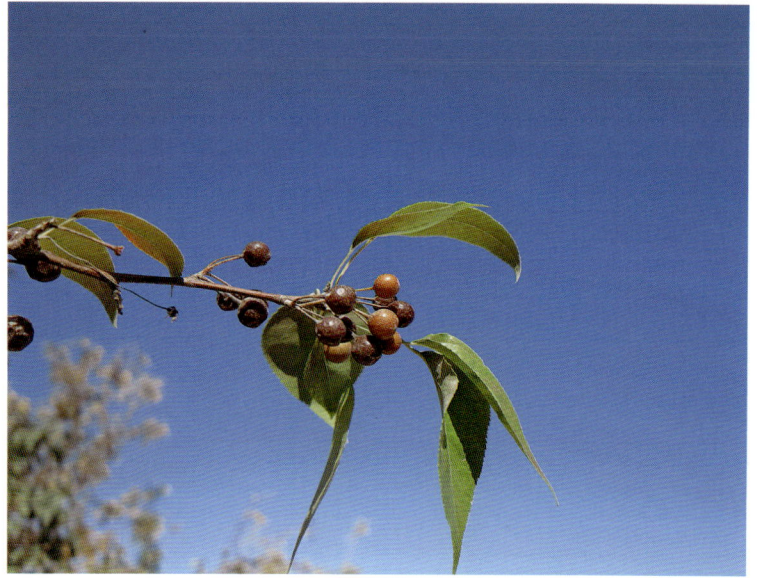

18. 梨属 Pyrus L.

乔木。单叶互生，托叶小，早落；伞形总状花序，萼管钟状，雄蕊 15～20 枚，花药深红色或紫色，子房下位，2～5 室，花柱离生。梨果常大。光山有 4 种。

1. 杜梨（棠梨、海棠梨、野梨子、土梨）

Pyrus betulifolia Bunge

乔木。叶片菱状卵形至长圆卵形，长 4～8 cm，宽 2.5～3.5 cm，顶端渐尖，基部宽楔形，稀近圆形，边缘有粗锐锯齿，幼叶上下两面均密被灰白色绒毛，成长后脱落，老叶叶面无毛而有光泽；叶柄长 2～3 cm，被灰白色绒毛。伞形总状花序，有花 10～15 朵，总花梗和花梗均被灰白色绒毛，花梗长 2～2.5 cm；苞片膜质，线形，长 5～8 mm，两面均微被绒毛，早落；花直径 1.5～2 cm；萼筒外密被灰白色绒毛；萼片三角卵形，长约 3 mm，顶端急尖，全缘，内外两面均密被绒毛；花瓣宽卵形，长 5～8 mm，宽 3～4 mm，顶端圆钝，基部具有短爪，白色；雄蕊 20 枚，花药紫色，长约花瓣之半；花柱 2～3 枚，基部微具毛。果实近球形。

光山有栽培。见于孙铁铺镇金大湾村。

杜梨的果实、枝和叶药用，味酸、甘、涩，性寒。消食止痢。果实：治腹泻；用量 50 g，水煎服。枝、叶：治霍乱、吐泻不止、转筋腹痛、反胃吐食。

2. 豆梨（鹿梨、阳檖、赤梨、糖梨、杜梨）

Pyrus calleryana Decne.

乔木，高 5～8 m。叶片宽卵形至卵形，稀长椭卵形，长 4～8 cm，宽 3.5～6 cm，顶端渐尖，稀短尖，基部圆形至宽楔形，边缘有钝锯齿，两面无毛；叶柄长 2～4 cm，无毛；托叶叶质，线状披针形，长 4～7 mm，无毛。伞形总状花序，具花 6～12 朵，直径 4～6 mm，总花梗和花梗均无毛，花梗长 1.5～3 cm；苞片膜质，线状披针形，长 8～13 mm，内面具绒毛；花直径 2～2.5 cm；萼筒无毛；萼片披针形，顶端渐尖，全缘，外面无毛，内面具绒毛，边缘较密；花瓣卵形，长约 13 mm，宽约 10 mm，基部具短爪，白色；雄蕊 20 枚，稍短于花瓣；花柱 2 枚，稀 3 枚，基部无毛。梨果球形。

生于山地林中。见于文殊乡九九林场。

豆梨的根、叶、果实药用。根、叶：味微甘、涩，性凉；润肺止咳，清热解毒。果实：味酸、甘、涩，性寒；健胃，止痢。根、叶：治肺燥咳嗽、急性眼结膜炎；用量 15～30 g。果实：治饮食积滞、泻痢。

3. 沙梨（雪梨、淡水梨）

Pyrus pyrifolia (Burm. f.) Nakai

乔木。叶片卵形至长卵形，长 5～11 cm，宽 3.5～7.5 cm，顶端渐尖，基部宽楔形或圆形，边缘有细锐锯齿，齿尖常向内合拢，叶背在幼嫩时被褐色绒毛，以后脱落，侧脉 7～13 对，网脉显明；叶柄长 3.5～7.5 cm，嫩时有褐色绒毛，不久脱落。伞形总状花序，有花6～11朵，花梗长3～5cm，总花梗和花梗均被褐色绵毛，逐渐脱落；苞片膜质，线状披针形，长5～10mm，顶端渐尖，边缘有腺齿，内面具褐色绵毛；花直径2～3cm；萼筒外面有稀疏绒毛；萼片三角卵形，长约3mm，顶端渐尖或急尖，边缘具有腺齿，外面具有稀疏绒毛，内面密生绒毛；花瓣宽卵形，长10～12cm，顶端圆钝，基部具有短爪，白色。果实近球形或倒卵形。

光山常见栽培。

沙梨是一种水果，果实还可药用，味甜、微酸、性凉。润肺清心，消痰降火，除痰解渴，解酒毒。治痰热咳嗽、热病烦渴、大便秘结、酒毒等。

4. 麻梨（麻梨子、黄皮梨）

Pyrus serrulata Rehd.

乔木。叶片卵形至长卵形，长5～11cm，宽3.5～7.5cm，顶端渐尖，基部宽楔形或圆形，边缘有细锐锯齿，齿尖常向内合拢，侧脉7～13对，网脉显明；叶柄长3.5～7.5cm，嫩时有褐色绒毛，不久脱落。伞形总状花序，有花6～11朵，花梗长3～5cm，总花梗和花梗均被褐色绵毛，逐渐脱落；苞片膜质，线状披针形，长5～10mm，顶端渐尖，边缘有腺齿，内面具褐色绵毛；花直径2～3cm；萼筒外面有稀疏绒毛；萼片三角卵形，长约3mm，顶端渐尖或急尖，边缘具有腺齿，外面具有稀疏绒毛，内面密生绒毛；花瓣宽卵形，白色。果实近球形或倒卵形。

光山常见栽培。

麻梨是一种水果。

19. 鸡麻属**Rhodotypos** Sieb. et Zucc.

灌木。单叶对生。花两性；花瓣4，白色；雄蕊多数，排列成数轮，插生于花盘周围，花盘肥厚，顶端缩缢盖住雌蕊；雌蕊4，每心皮有2胚珠，下垂。核果1～4，外果皮光滑干燥。光山有1种。

1. 鸡麻

Rhodotypos scandens (Thunb.) Makino

灌木。单叶对生。花两性，单生于枝顶；萼筒碟形，萼片4，叶状，覆瓦状排列，有小形副萼片4枚，与萼片互生；花瓣4，白色，倒卵形，有短爪；雄蕊多数，排列成数轮，插生于花盘周围，花盘肥厚，顶端缩缢盖住雌蕊；雌蕊4，花柱细长，柱头头状；每心皮有2胚珠，下垂。核果1～4，外果皮光滑干燥。光山有1种。

生于山坡疏林中及山谷林下阴处。见于南向店乡董湾村林场。

20. 蔷薇属**Rosa** L.

攀缘灌木，常有刺。子房上位，心皮多数，每心皮1胚珠。瘦果着生于球形、坛形、杯形颈部缩缢的肉质萼筒内。光山3种1变种。

1. 月季（月月红）

Rosa chinensis Jacq.

直立灌木，有短粗的钩状皮刺或无刺。3～5小叶，稀7枚，连叶柄长5～11 cm，小叶片宽卵形至卵状长圆形，长2.5～6 cm，宽1～3 cm，顶端长渐尖或渐尖，基部近圆形或宽楔形，边缘有锐锯齿，两面近无毛，叶面暗绿色，常带光泽，叶背颜色较浅，顶生小叶片有柄，侧生小叶片近无柄，总叶柄较长，有散生皮刺和腺毛。花几朵集生，稀单生，直径4～5 cm；花梗长2.5～6 cm，近无毛或有腺毛，萼片卵形，顶端尾状渐尖，有时呈叶状，边缘常有羽状裂片，稀全缘，外面无毛，内面密被长柔毛；花瓣重瓣至半重瓣，红色、粉红色至白色。果卵球形或梨形。

光山常见栽培。

月季是一种常见的花卉植物，它的花、根、叶可药用，味甘，性温。活血调经，散毒消肿。花、根：治月经不调、痛经、痛疖肿毒、淋巴结结核(未溃破)。叶：治淋巴结结核、跌打损伤。根：治跌打损伤、白带、遗精。用量：花3～6 g；根9～15 g；鲜花或叶外用适量，捣烂敷患处。

2. 小果蔷薇（小金樱、七姊妹）

Rosa cymosa Tratt.

攀缘灌木，有钩状皮刺。3～5小叶，稀7枚；连叶柄长5～10 cm；小叶片卵状披针形或椭圆形，稀长圆披针形，长2.5～6 cm，宽8～25 mm，顶端渐尖，基部近圆形，边缘有紧贴或尖锐细锯齿，两面均无毛，叶面亮绿色，叶背颜色较淡，中脉突起，沿脉有稀疏长柔毛。花多朵成复伞房花序；花直径2～2.5 cm，花梗长约1.5 cm，幼时密被长柔毛；萼片卵形，顶端渐尖，常有羽状裂片，外面近无毛，稀有刺毛，内面被稀疏白色绒毛，沿边缘较密；花瓣白色，倒卵形，顶端凹，基部楔形；花柱离生，稍伸出花托口外，与雄蕊近等长，密被白色柔毛。果球形，直径4～7 mm。

生于灌木丛中。见于槐店乡万河村、泼陂河镇东岳寺村。

小果蔷薇的根、叶药用。根：味苦、涩，性平；祛风除湿，收敛固脱。叶：味苦，性平；解毒消肿。根：治风湿关节痛、跌打损伤、腹泻、脱肛、子宫脱垂。叶：外用治痈疖疮疡、烧烫伤。用量：根15～30 g；叶外用适量，鲜品捣烂敷患处。

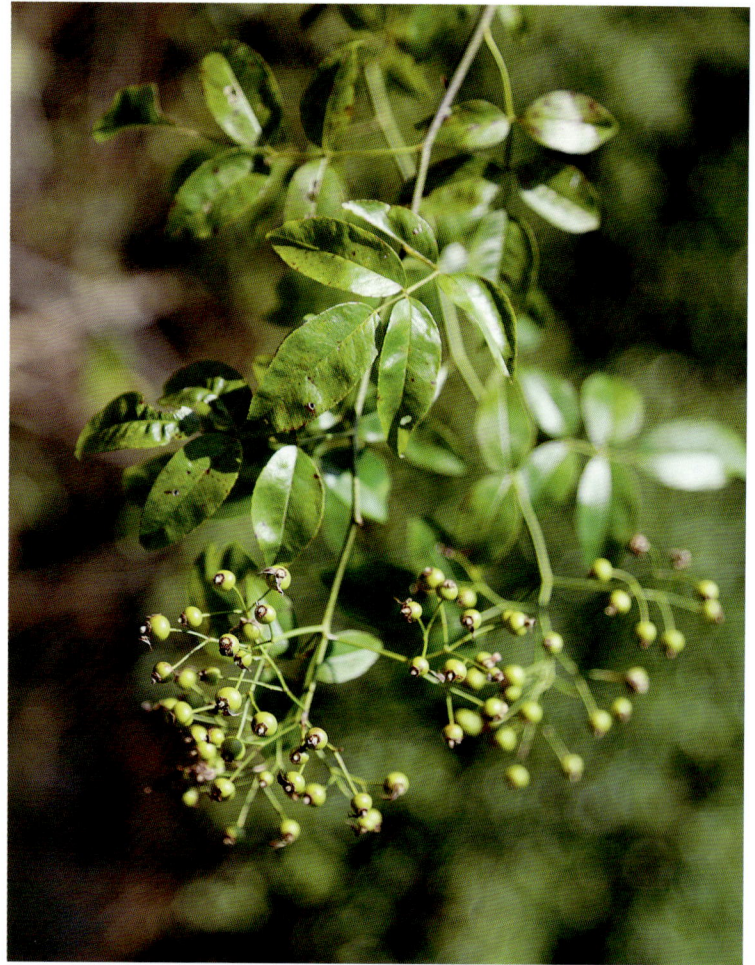

3. 粉团蔷薇（十姊妹）

Rosa multiflora Thunb. var. **cathayensis** Rehd. et Wils.

攀缘灌木。5～9小叶，近花序的小叶有时3小叶，连叶柄长5～10 cm；小叶片倒卵形、长圆形或卵形，长1.5～5 cm，宽8～28 mm，顶端急尖或圆钝，基部近圆形或楔形，边缘有尖锐单锯齿，稀混有重锯齿，叶面无毛，叶背有柔毛；小叶柄和叶轴有柔毛或无毛，有散生腺毛；托叶篦齿状，大部贴生于叶柄，边缘有或无腺毛。花多朵，排成圆锥状花序，花梗长1.5～2.5 cm；花直径1.5～2 cm，萼片披针形，有时中部具2个线形裂片，外面无毛，内面有柔毛；花瓣单瓣，粉红色，宽倒卵形，顶端微凹，基部楔形。果近球形。

生于灌木丛中。见于县城官渡河边。

粉团蔷薇的根、叶药用，味苦、微涩，性平。清暑化湿，疏肝利胆。治暑热胸闷、口渴、呕吐、食少、口疮、口糜、烫伤、黄疸、痞积、白带。

4. 玫瑰（刺客、穿心玫瑰、刺玫花、赤蔷薇）

Rosa rugosa Thunb.

直立灌木，小枝密被绒毛，有针刺和腺毛，有直立或弯曲、淡黄色的皮刺，皮刺外被绒毛。5～9小叶，连叶柄长5～13 cm；小叶片椭圆形或椭圆状倒卵形，长1.5～4.5 cm，宽1～2.5 cm；叶柄和叶轴密被绒毛和腺毛；托叶大部贴生于叶柄，离生部分卵形，边缘有带腺锯齿。花单生于叶腋，或数朵簇生，苞片卵形，边缘有腺毛，外被绒毛；花梗长5～22.5 mm，密被绒毛和腺毛；花直径4～5.5 cm；萼片卵状披针形，顶端尾状渐尖，常有羽状裂片而扩展成叶状，上面有稀疏柔毛，下面密被柔毛和腺毛；花瓣倒卵形，重瓣至半重瓣，芳香，紫红色至白色；花柱离生，被毛，稍伸出萼筒口外，比雄蕊短很多。果扁球形。

光山有少量栽培。

玫瑰是一种美丽的花卉。玫瑰花可药用，味甘、微苦，性温。理气，活血。治肝胃气痛、上腹胀满、月经不调。用量3～6 g。

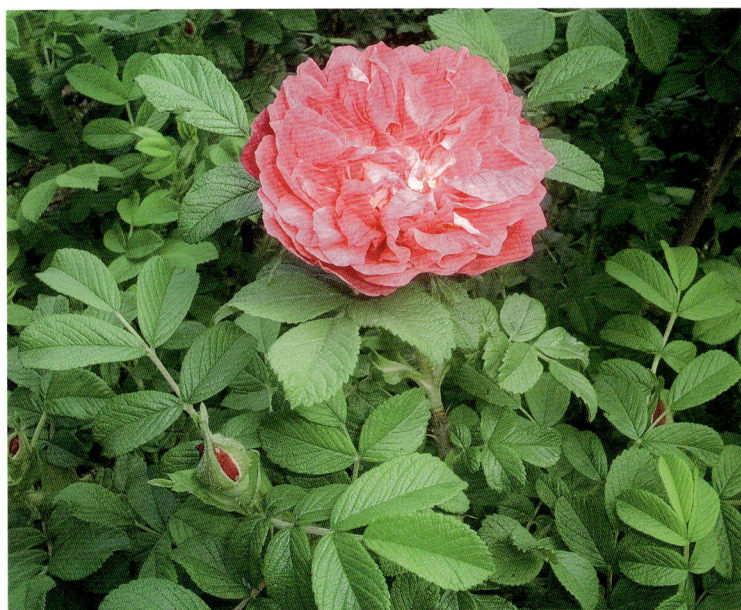

21. 悬钩子属Rubus L.

灌木或草本，常有刺。子房上位，心皮多数，每心皮2胚珠。多数小核果聚生于花托上成聚合果。光山有9种。

1. 腺毛莓

Rubus adenophorus Rolfe

攀缘灌木，高0.5～2 m；小枝具紫红色腺毛、柔毛和宽扁的稀疏皮刺。小叶3枚，宽卵形或卵形，长4～11 cm，宽2～8 cm，顶端渐尖，基部圆形至近心形，上下两面均具稀疏柔毛；叶柄长5～8 cm，顶生小叶柄长2.5～4 cm，均具腺毛、柔毛和稀疏皮刺。总状花序顶生或腋生，花梗、苞片和花萼均密被黄色长柔毛和紫红色腺毛；花梗长0.6～1.2 cm；苞片披针形；花较小，直径6～8 mm；萼片披针形或卵状披针形，顶端渐尖，花后常直立；花瓣倒卵形或近圆形，基部具爪，紫红色；花丝线形；花柱无毛，子房微具柔毛。果实球形，直径约1 cm，红色。

生于低海拔山地、山谷、疏林润湿处或林缘。见于南向店乡董湾村向楼组。

2. 插田泡（高丽悬钩子）

Rubus coreanus Miq.

灌木。枝被白粉，具近直立或钩状扁平皮刺。小叶通常5枚，稀3枚，卵形、菱状卵形或宽卵形，长3～8 cm，宽2～5 cm，顶端急尖，基部楔形至近圆形，边缘有不整齐粗锯齿或缺刻状粗锯齿，顶生小叶顶端有时3浅裂；叶柄长2～5 cm，顶生小叶柄长1～2 cm，侧生小叶近无柄，与叶轴均被短柔毛和疏生钩状小皮刺。伞房花序生于侧枝顶端，具花数朵至30朵；花梗长5～10 mm；苞片线形，有短柔毛；花直径7～10 mm；花萼外面被灰白色短柔毛；萼片长卵形至卵状披针形，长4～6 mm，顶端渐尖，边缘具绒毛，花时开展，果时反折；花瓣倒卵形，淡红色至深红色，与萼片近等长或稍短。果实近球形。

生于山谷、山地灌丛。见于晏河乡詹堂村、白雀园镇赛山村。

插田泡的根药用，味涩、苦，性凉。活血止血，祛风除湿。治跌打损伤、骨折、月经不调、吐血、衄血、风湿痹痛、水肿、小便不利、瘰疬。用量6～15 g。外用鲜品捣烂敷患处。体弱无瘀血者慎用。

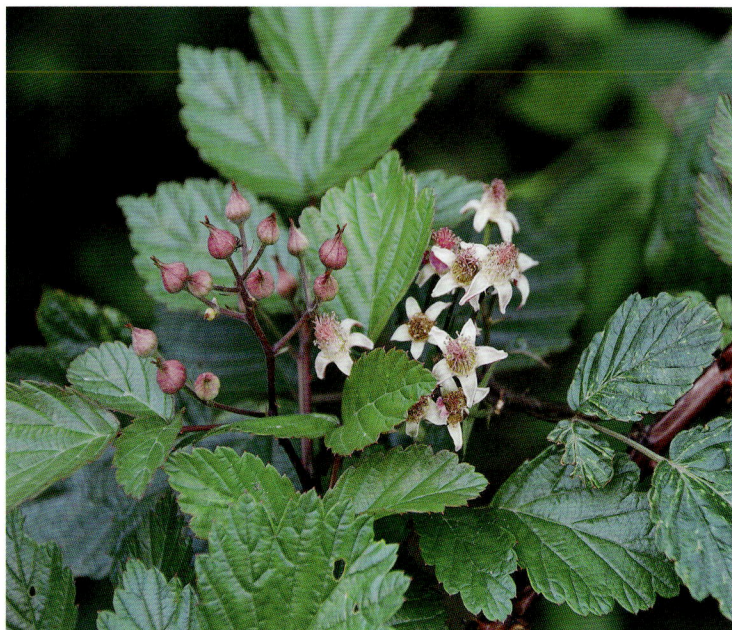

3. 山莓（三月泡、五月泡、树莓、山抛子、牛奶泡、撒秧泡）

Rubus corchorifolius L. f.

直立灌木。枝具皮刺。单叶，卵形至卵状披针形，长5～12 cm，宽2.5～5 cm，顶端渐尖，基部微心形，有时近截形或近圆形，叶面色较浅，沿叶脉有细柔毛，叶背色稍深，幼时密被细柔毛，沿中脉疏生小皮刺，边缘不分裂或3裂，通常不育枝上的叶3裂，有不规则锐锯齿或重锯齿，基部具3脉；叶柄长1～2 cm，疏生小皮刺，幼时密生细柔毛；托叶线状披针形，具柔毛。花单生或少数生于短枝上；花梗长0.6～2 cm，具细柔毛；花直径可达3 cm；花萼外密被细柔毛，无刺；萼片卵形或三角状卵形，长5～8 mm，顶端急尖至短渐尖；花瓣长圆形或椭圆形，白色，顶端圆钝，长9～12 mm，宽6～8 mm，长于萼片。果实由很多小核果组成，近球形或卵球形。

生于山谷、山地灌丛。见于文殊乡九九林场。

山莓的根和叶药用。根：味苦、涩，性平；活血散瘀，止血，祛风利湿。叶：味苦，性凉；消肿解毒。根：治吐血、便血、肠炎、痢疾、风湿关节痛、跌打损伤、月经不调、白带。叶：外用治痈疖肿毒。用量：根15～30 g；叶外用适量，鲜品捣烂敷患处。

4. 蓬蘽（野杜利、三月泡）

Rubus hirsutus Thunb.

灌木，高1～2 m，疏生皮刺。小叶3～5枚，卵形或宽卵形，长3～7 cm，宽2～3.5 cm，顶端急尖，顶生小叶顶端常渐尖，基部宽楔形至圆形，两面疏生柔毛，边缘具不整齐尖锐重锯齿；叶柄长2～3 cm，顶生小叶柄长约1 cm，稀较长，均被柔毛和腺毛，并疏生皮刺；托叶披针形或卵状披针形，两面被柔毛。花常单生于侧枝顶端，也有腋生；花梗长2～6 cm，被柔毛和腺毛，或有极少小皮刺；苞片小，线形，具柔毛；花大，直径3～4 cm；花萼外密被柔毛和腺毛；萼片卵状披针形或三角状披针形，顶端长尾尖，外面边缘被灰白色绒毛，花后反折；花瓣倒卵形或近圆形，白色，基部具爪。果实近球形。

生于山谷、山地灌丛。见于司马光油茶园。

蓬蘽的根和叶药用，味甘、微苦，性平。叶：消炎，接骨。根：祛风活络，清热解毒。叶：治外伤。根：治小儿惊风、风湿筋骨痛。用量：根25～50 g；叶外用适量。

5. 覆盆子

Rubus idaeus L.

灌木。枝、叶柄和花梗具极稀疏小刺，被毛。奇数羽状复叶。小叶3～5，少7，长卵形或椭圆形，长3～8 cm，宽1.5～4.5 cm，顶端短渐尖，基部圆形，顶生小叶基部近心形，边缘有重锯齿；托叶线形，被短柔毛。花为顶生短总状花序或伞房状圆锥花序，有时少花腋生；萼片灰绿色，卵状披针形，有尾尖，边缘具灰白色绒毛，直立或平展；花瓣匙形或长圆形，白色，基部有宽爪；花柱基部和子房密被白色绒毛。聚合果球形。

生于山谷、山地灌丛。见于南向店乡董湾村向楼组。

6. 白叶莓（白叶悬钩子、刺泡）

Rubus innominatus S. Moore

灌木，小枝密被绒毛状柔毛，疏生钩状皮刺。小叶常3枚，稀于不孕枝上具5小叶，长4~10cm，宽2.5~6cm，顶端急尖至短渐尖，顶生小叶卵形或近圆形，稀卵状披针形，基部圆形至浅心形，边缘常3裂或缺刻状浅裂，侧生小叶斜卵状披针形或斜椭圆形；叶柄长2~4cm，顶生小叶柄长1~2cm，侧生小叶近无柄，与叶轴均密被绒毛状柔毛。总状或圆锥状花序，顶生或腋生，腋生花序常为短总状；花梗长4~10mm；花直径6~10mm；花萼外面密被黄灰色或灰色绒毛状长柔毛和腺毛；萼片卵形，长5~8mm，顶端急尖，内萼片边缘具灰白色绒毛，在花果时均直立；花瓣倒卵形或近圆形，紫红色。果实近球形。

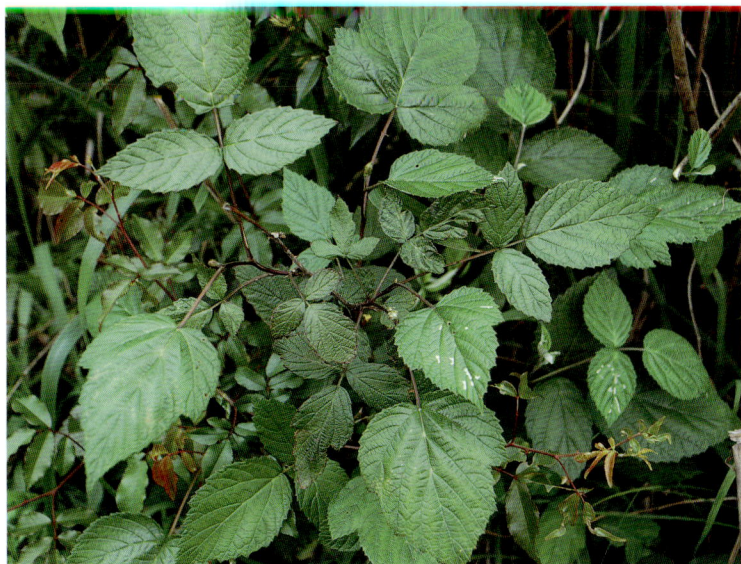

生于山谷、山地灌丛。见于白雀园镇赛山村、槐店乡珠山村。

白叶莓的根药用，味辛，性温。祛风散寒，止咳平喘。治风寒咳嗽。

7. 高粱泡（细烟筒子、秧泡子）

Rubus lambertianus Ser.

攀缘灌木。高达3m；枝有微弯小皮刺。单叶宽卵形，稀长圆状卵形，长5~10cm，宽3~8cm，顶端渐尖，基部心形，叶面疏生柔毛或沿叶脉有柔毛，叶背被疏柔毛，沿叶脉毛较密，中脉上常疏生小皮刺，边缘明显3~5裂或呈波状，有细锯齿；叶柄长2~4cm，具细柔毛或近于无毛，有稀疏小皮刺；

托叶离生，线状深裂，有细柔毛或近无毛，常脱落。圆锥花序顶生；总花梗、花梗和花萼均被细柔毛；花梗长0.5~1cm；苞片与托叶相似；花直径约8mm；萼片卵状披针形，顶端渐尖、全缘，外面边缘和内面均被白色短柔毛，仅在内萼片边缘具灰白色绒毛；花瓣倒卵形，白色。果实小，近球形。

生于山谷、山地灌丛。见于南向店乡环山村、殷棚乡牢山林场。

高粱泡的根和叶药用，味甘、苦，性平。活血调经，消肿解毒。治产后腹痛、血崩、产褥热、痛经、坐骨神经痛、风湿关节痛、偏瘫；叶外用治创伤出血。用量15~60g；叶外用适量，捣烂敷患处。

8. 茅莓（蛇泡簕、三月泡、红梅消）

Rubus parvifolius L.

攀缘状小灌木。枝被柔毛和稀疏钩状皮刺；小叶3枚，菱状圆形或倒卵形，长2.5~6cm，宽2~6cm，顶端圆钝或急尖，基部圆形或宽楔形，叶面伏生疏柔毛，叶背密被灰白色绒毛，边缘不整齐粗锯齿或缺刻状粗重锯齿；叶柄长2.5~5cm，被柔毛和稀疏小皮刺。伞房花序顶生或腋生，稀顶生花序成短总状，具花数朵至多朵，被柔毛和细刺；花梗长0.5~1cm，具柔毛和稀疏小皮刺；花直径约1cm；花萼外面密被柔毛和疏密不等的针刺；萼片卵状披针形或披针形，顶端渐尖，有时条裂，在花果时均直立开展；花瓣粉红至紫红色，卵圆形或长圆形，基部具爪；子房具柔毛。果实卵球形。

生于旷野、山地林中或灌丛。见于槐店乡万河村。

茅莓全株药用，味苦、涩，性凉。清热凉血，散结，止痛，利尿消肿。治感冒发热、咽喉肿痛、咯血、吐血、痢疾、肠炎、肝炎、肝脾肿大、肾炎水肿、泌尿系感染、结石、月经不调、白带、风湿骨痛、跌打肿痛；外用治湿疹、皮炎。用量15~30g；外用适量，鲜叶捣烂外敷，或煎水熏洗。

9. 灰白毛莓（灰绿悬钩子、乌龙摆尾、倒水莲、蛇乌苞）

Rubus tephrodes Hance

攀缘灌木；枝密被灰白色绒毛，疏生微弯皮刺。单叶，近圆形，长宽各约5~8(11)cm，顶端急尖或圆钝，基部心形，叶面有疏柔毛或疏腺毛，叶背密被灰白色绒毛，侧脉3~4对，边缘有明显5~7圆钝裂片和不整齐锯齿；叶柄长1~3cm，具茸毛,疏生小皮刺或刺毛及腺毛。大型圆锥花序顶生;总花梗和花梗密被茸毛或茸毛状柔毛;花梗短,长仅达1cm;花直径约1cm;花萼外密被灰白色茸毛,通常无刺毛或腺毛;萼片卵形,顶端急尖,全缘;花瓣小,白色,近圆形至长圆形,比萼片短。果实球形,较大,直径达1.4cm,紫黑色。

生于山谷、山地灌丛。见于泼陂河镇东岳寺村、南向店乡董湾村向楼组。

灰白毛莓的根、叶、种子药用,味酸、甘,性平。根:祛风除湿,活血调经。叶:止血,解毒。种子:补气益精。根:治风湿疼痛、慢性肝炎、腹泻、痢疾、跌打损伤、月经不调。叶:外用治外伤出血、痈疖疮疡。种子:治病后体虚、神经衰弱。用量:根15～60g;种子15～30g;叶外用适量,捣烂敷患处。

22. 地榆属 Sanguisorba L.

草本。奇数羽状复叶,托叶与叶柄合生。花小,密集成穗状或头状花序;萼管喉部缢缩,无花瓣,心皮1枚稀2枚,每一心皮有1颗胚珠,花柱画笔状。瘦果。光山有1种1变种。

1. 地榆 (地儿根、野桑果、黄瓜香、山地瓜、血箭草)

Sanguisorba officinalis L.

多年生草本。根粗壮,多呈纺锤形,稀圆柱形。茎直立,有棱。基生叶为羽状复叶,有小叶4～6对;小叶片有短柄,卵形或长圆状卵形,长1～7cm,宽0.5～3cm,顶端圆钝稀急

尖,基部心形至浅心形,边缘有多数粗大圆钝稀急尖的锯齿,两面绿色,无毛;茎生叶较少,小叶片有短柄至几无柄,长圆形至长圆披针形,狭长,基部微心形至圆形,顶端急尖。穗状花序椭圆形、圆柱形或卵球形,直立,通常长1～4cm,横径0.5～1cm,从花序顶端向下开放,花序梗光滑或偶有稀疏腺毛;苞片膜质,披针形,顶端渐尖至尾尖,比萼片短或近等长,背面及边缘有柔毛;萼片4枚,紫红色,椭圆形至宽卵形,背面被疏柔毛,中央微有纵棱脊,顶端常具短尖头;雄蕊4枚。

生于山坡、草地、林缘灌丛及田边。见于泼陂河镇附近。

地榆的根茎及根药用,味苦、酸、涩,性微寒。凉血止血,解毒敛疮。治便血、痔血、血痢、崩漏、水火烫伤、痈肿疮毒。用量9～15g;外用适量,研末涂敷患处。

2. 长叶地榆 (直穗地榆)

Sanguisorba officinalis L. var. **longifolia** (Bertol.) Yu et Li

多年生草本,高30～120cm。茎直立,有棱,无毛或基部有稀疏腺毛。基生叶为羽状复叶,有小叶4～6对,叶柄无毛或基部有稀疏腺毛;小叶带状长圆形至带状披针形,长3～8cm,宽0.5～2cm,顶端圆钝稀急尖,基部微心形,圆形至宽楔形,边缘有多数粗大圆钝稀急尖的锯齿,两面绿色,无毛;茎生

叶较多，与基生叶相似，但更长而狭窄；基生叶托叶膜质、褐色，外面无毛或被稀疏腺毛；茎生叶托叶大，草质，半卵形，外侧边缘有尖锐锯齿。

生于山坡、草地、林缘灌丛及田边。见于白雀园镇赛山村。

长叶地榆的根药用，味苦、酸、涩，性微寒。凉血止血，解毒敛疮。治便血、血痢、崩漏、水火烫伤、痈肿疮毒。

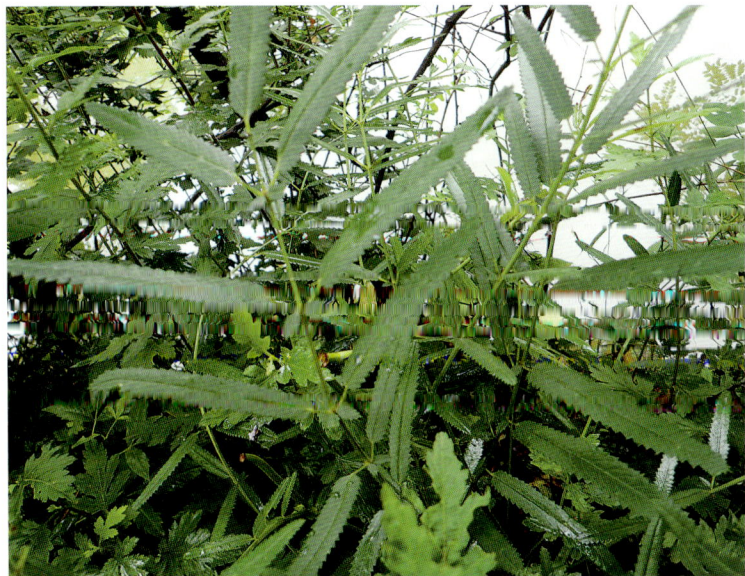

23. 小米空木属Stephanandra Sieb. et Zucc.

灌木；托叶叶状，宿存；心皮1~2枚；蓇葖果熟时自基部开裂，种子卵形。光山有1种。

1. 华空木 (野珠兰、中国小米空木、凤尾米蒴花、华米空木)

Stephanandra chinensis Hance

灌木。叶片卵形至长椭卵形，长5~7cm。宽2~3cm，顶端渐尖，稀尾尖，基部近心形、圆形，稀宽楔形，边缘常浅裂并有重锯齿，两面无毛，或叶背沿叶脉微具柔毛，侧脉7~10对，斜出；叶柄长6~8mm，近于无毛。顶生疏松的圆锥花序，长5~8cm，直径2~3cm；花梗长3~6mm，总花梗和花梗均无毛；苞片小，披针形至线状披针形；萼筒杯状，无毛；萼片三角卵形，长约2mm，顶端钝，有短尖，全缘；花瓣倒卵形，稀长圆形，长约2mm，顶端钝，白色；雄蕊10枚，着生在萼筒边缘，较花瓣短约一半；心皮1颗。蓇葖果近球形。

生于中海拔的山地林中或旷地灌丛。见于白雀园镇赛山村、南向店乡董湾村。

华空木味苦，性微寒。解毒利咽，止血调经。治咽喉肿痛、血崩、月经不调。

145. 蜡梅科Calycanthaceae

灌木；有油细胞。单叶对生，全缘或近全缘；羽状脉；有叶柄。花两性，辐射对称，单生于侧枝的顶端或腋生，通常芳香，先叶开放；花梗短；花被片多数，未明显地分化成花萼和花瓣，成螺旋状着生于杯状的花托外围，花被片形状各式，最外轮的似苞片，内轮的呈花瓣状；雄蕊两轮，外轮的能发育，内轮的败育，发育的雄蕊5~30枚，螺旋状着生于杯状的花托顶端。聚合瘦果着生于坛状的果托之中。光山有1属1种。

1 蜡梅属Chimonanthus Lindl.

灌木；有油细胞。单叶对生。花两性，辐射对称，单生于侧枝的顶端或腋生，通常芳香，先叶开放。聚合瘦果着生于坛状的果托之中。光山有1种。

1. 蜡梅 (黄梅花、黄腊梅、腊木、铁筷子)

Chimonanthus praecox (L.) Link

落叶灌木，高达4m。叶纸质至近革质，卵圆形、椭圆形、宽椭圆形至卵状椭圆形，有时长圆状披针形，长5~25cm，宽2~8cm，顶端急尖至渐尖，有时具尾尖，基部急尖至圆形，叶背脉上被疏微毛。花着生于第2年生枝条叶腋内，先花后叶，芳香，直径2~4cm；花被片圆形、长圆形、倒卵形、椭圆形或匙形，长5~20mm，宽5~15mm，无毛；雄蕊长4mm，花丝比花药长或等长，花药向内弯，无毛，药隔顶端短尖，退化雄蕊长3mm；心皮基部被疏硬毛，花柱长达子房的3倍，基部被毛。果托近木质化，坛状或倒卵状椭圆形。

光山有栽培。

蜡梅的根、茎及花药用。花蕾：味辛，性凉；解暑生津，开胃散郁，止咳。根、根皮：味辛，性温；祛风，解毒，止血。花蕾：治暑热头晕、呕吐、气郁胃闷、麻疹、百日咳；外用浸于花生油或菜油中成"蜡梅花油"、治烫火伤、中耳炎，用时搽患处或滴注耳心。根：治风寒感冒、腰肌劳损、风湿关节炎。根皮：外用治刀伤出血。用量：花蕾3~6g，根15g，均用水煎服；根皮（刮去外皮）研末，敷患处。

偏斜，顶端有小尖头，有缘毛，有时在叶背或仅中脉上有短柔毛；中脉紧靠上边缘；托叶线状披针形，较小叶小，早落。头状花序于枝顶排成圆锥花序；花粉红色；花萼管状，长3mm；花冠长8mm，裂片三角形，长1.5mm，花萼、花冠外均被短柔毛；花丝长2.5cm。荚果带状，长9～15cm，宽1.5～2.5cm，嫩荚有柔毛。

生于山坡或光山有栽培。见于槐店乡珠山村。

合欢的树皮和花药用，树皮：味甘，性平；安神解郁，和血止痛。花：味甘、苦，性平；养心，开胃，理气，解郁。树皮：治心神不安、失眠、肺脓肿、咯脓痰、筋骨损伤、痈疖肿痛；用量4.5～9g。花：治神经衰弱、失眠健忘、胸闷不舒；用量3～9g。

146. 含羞草科 Mimosaceae

乔木或灌木，很少草本。叶互生，通常为二回羽状复叶，稀为一回羽状复叶或变为叶状柄；叶柄具显著叶枕；羽片通常对生；叶轴或叶柄上常有腺体。花小，组成头状、穗状或总状花序或再排成圆锥花序；花萼管状，通常5齿裂，裂片镊合状排列；花瓣与萼齿同数，镊合状排列，分离或合生成管状；雄蕊5～10或多数，突露于花被之外，十分显著，分离或连合成管或与花冠相连；心皮通常1枚，稀2～15，子房上位，1室。果为荚果。光山有1属2种。

1. 合欢属 Albizia Durazz.

乔木或藤本。总叶柄及叶轴上有腺体。花小，多数。荚果扁平，直，不开裂，种子间无横隔。光山有2种。

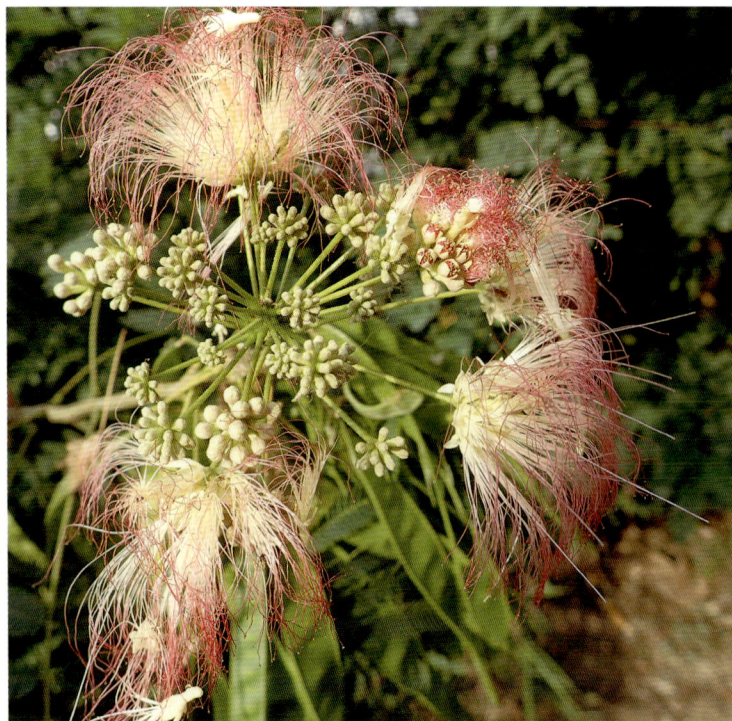

1. 合欢（合欢皮、绒花树、芙蓉花树、马樱花、夜合花）

Albizia julibrissin Durazz.

落叶乔木，高可达16m。二回羽状复叶，总叶柄近基部及最顶一对羽片着生处各有1枚腺体；羽片4～12对；小叶10～30对，线形至长圆形，长6～12mm，宽1～4mm，向上

2. 山合欢（山槐、黑心树、夜蒿树）

Albizia kalkora (Roxb.) Prain

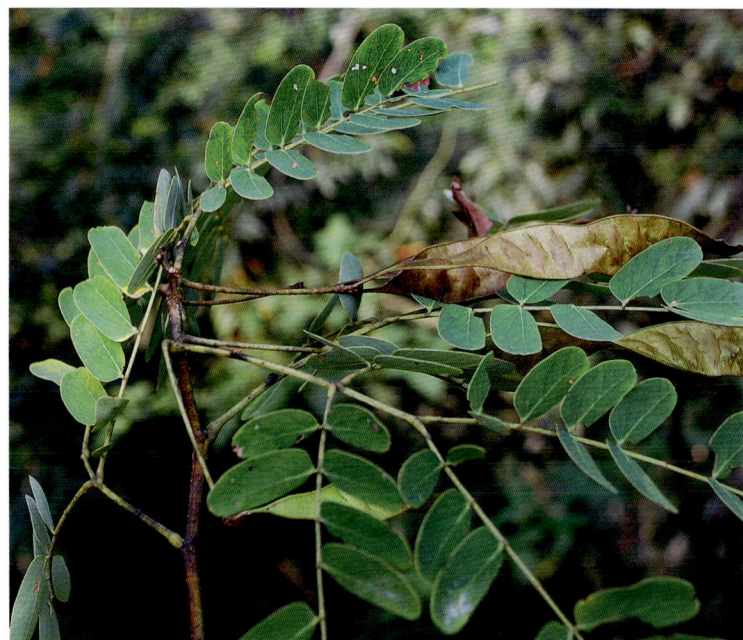

落叶小乔木或灌木，通常高3～8m。二回羽状复叶；羽片2～4对；小叶5～14对，长圆形或长圆状卵形，长1.8～4.5cm，宽7～20mm，顶端圆钝而有细尖头，基部不等侧，两面均被短柔毛，中脉稍偏于上侧。头状花序2～7枚生于叶腋，或于枝顶排成圆锥花序；花初白色，后变黄，具明显的小花梗；花

萼管状，长2～3 mm，5齿裂；花冠长6～8 mm，中部以下连合呈管状，裂片披针形，花萼、花冠均密被长柔毛；雄蕊长2.5～3.5 cm，基部连合呈管状。荚果带状，长7～17 cm，宽1.5～3 cm，深棕色，嫩荚密被短柔毛。

生于溪边、路旁、山坡。见于白雀园镇赛山村、县城官渡河边。

山合欢的树皮药用，味甘，性平。安神解郁，和血止痛。治心神不安、失眠健忘、肺脓肿、咯脓痰、筋骨损伤、痈疖肿痛、风火眼疾、视物不清、咽喉肿痛。

147. 苏木科Caesalpiniaceae

乔禾或灌木，稀藤本或草本。叶互生。花两性，很少单性，两侧对称；组成总状花序或圆锥花序，很少组成穗状花序；小苞片小或大而呈花萼状，包覆花蕾时则苞片极退化；花托极短或杯状，或延长为管状；萼片5～4，离生或下部合生，在花蕾时通常覆瓦状排列；花瓣通常5片，很少为1片或无花瓣，在花蕾时覆瓦状排列，上面的（近轴的）1片为其邻近侧生的2片所覆盖；雄蕊10枚或较少，稀多数，花丝离生或合生，花药2室。荚果。光山有3属4种。

1. 决明属Cassia L.

乔木、灌木或草本。叶柄及叶轴有腺体，一回偶数羽状复叶，小叶对生。花有花瓣5片；雄蕊4～10枚。荚果。光山有1种。

1. 决明（草决明）

Cassia tora L.

一年生草本。叶长4～8 cm；叶轴上每对小叶间有棒状的腺体1枚；小叶3对，膜质，倒卵形或倒卵状长椭圆形，长2～6 cm，宽1.5～2.5 cm，顶端圆钝而有小尖头，基部渐狭，偏斜；小叶柄长1.5～2 mm。花腋生，通常2朵聚生；总花梗长6～10 mm；花梗长1～1.5 cm，丝状；萼片稍不等大，卵形或卵状长圆形，膜质，外面被柔毛，长约8 mm；花瓣黄色，下面2片略长，长12～15 mm，宽5～7 mm；能育雄蕊7枚，长约4 mm，花丝短于花药；子房无柄，被白色柔毛。荚果纤细，近四棱形，两端渐尖，长达15 cm，宽3～4 mm，膜质；种子约25颗，菱形，光亮。

生于山坡、旷野及河滩沙地上。见于白雀园镇赛山村。

决明的种子药用，味苦，性凉；清肝明目，轻泻，解毒止痛。治胃痛、肋痛、肝炎、高血压、结合膜炎、便秘、皮肤瘙痒、毒蛇咬伤等。用量6～15 g。

2. 紫荆属Cercis L.

单叶。花紫红色或粉红色；能育雄蕊10枚。光山有2种。

1. 紫荆（紫荆皮）

Cercis chinensis Bunge

丛生或单生灌木，高2～5 m；树皮和小枝灰白色。叶纸质，近圆形或三角状圆形，长5～10 cm，宽与长相近或略短于长，顶端急尖，基部浅至深心形，两面通常无毛，嫩叶绿色，仅叶柄略带紫色，叶缘膜质透明，新鲜时明显可见。花紫红色或粉红色，2～10余朵成束，簇生于老枝和主干上，尤以主干上花束较多，越到上部幼嫩枝条则花越少，通常先于叶开放，但嫩枝或幼株上的花则与叶同时开放，花长1～1.3 cm；花梗长3～9 mm；龙骨瓣基部具深紫色斑纹；子房嫩绿色，花蕾时光亮无毛，后期则密被短柔毛，胚珠6～7颗。荚果扁狭长形。

光山常见栽培。见于县城附近。

紫荆的花紫红色非常美丽，供观赏。树皮药用，味苦，性平。活血通经，消肿止痛，解毒。治月经不调、痛经、经闭腹痛、风湿性关节炎、跌打损伤、咽喉肿痛。外用治痔疮肿痛、虫蛇咬伤。

2. 湖北紫荆（萝筐树、乌桑树）

Cercis glabra Pampan.

乔木，高6～16 m，胸径达30 cm；树皮和小枝灰黑色。叶较大，厚纸质或近革质，心脏形或三角状圆形，长5～12 cm，宽4.5～11.5 cm，顶端钝或急尖，基部浅心形至深心形，幼叶常呈紫红色。总状花序短，总轴长0.5～1 cm，有花数至10余朵；花淡紫红色或粉红色，先于叶或与叶同时开放，长1.3～1.5 cm，花梗长1～2.3 cm。荚果狭长圆形，紫红色。

光山有栽培。见于县城附近。

湖北紫荆的树皮药用，味苦，性平。活血通经，消肿解毒。治风寒湿痹、妇女经闭、血气疼痛、喉痹、淋疾、痈肿、癣疥、跌打损伤、蛇虫咬伤。

3. 皂荚属Gleditsia L.

植株常有刺。二回羽状复叶。穗形总状花序，花杂性或单性异株。荚果扁平。光山有1种。

1. 皂荚（猪牙皂、皂角、肥皂树）

Gleditsia sinensis Lam.

落叶乔木。刺粗壮，圆柱形，常分枝，多呈圆锥状，长达

16 cm。叶为一回羽状复叶，长10～20 cm；小叶3～9对，纸质，卵状披针形至长圆形，长2～8.5 cm，宽1～4 cm，顶端急尖或渐尖，顶端圆钝，具小尖头，基部圆形或楔形，有时稍歪斜，边缘具细锯齿，叶面被短柔毛，叶背中脉上稍被柔毛。花杂性，黄白色，组成总状花序；花序腋生或顶生，长5～14 cm，被短柔毛；雄花直径9～10 mm；花梗长2～8 mm；花托长2.5～3 mm，深棕色，外面被柔毛；萼片4枚；花瓣4片，长圆形，长4～5 mm，被微柔毛；雄蕊6～8；两性花：直径10～12 mm；萼、花瓣与雄花的相似，唯萼片长4～5 mm，花瓣长5～6 mm；雄蕊8枚，子房缝线上及基部被毛，柱头浅2裂；胚珠多数。荚果带状。

生于路旁、溪边、宅旁或向阳处。见于白雀园镇赛山村、殷棚乡牢山林场。

皂荚的果实药用，味辛、咸，性温，有小毒。祛痰，开窍。治咳嗽气喘、卒然昏迷、癫痫痰盛、中风牙关紧闭。用量0.9～1.5 g，宜入丸、散剂。

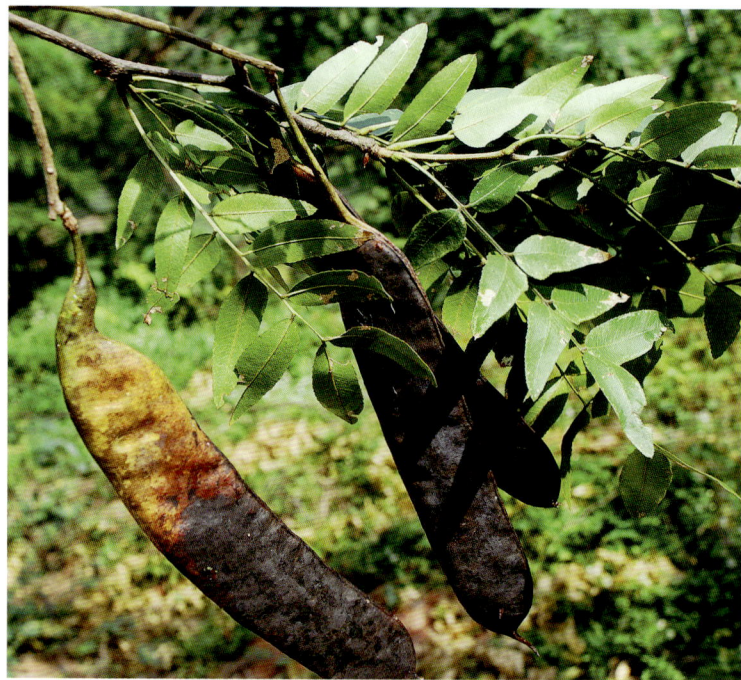

148. 蝶形花科Papilionaceae

乔木、灌木、藤本或草本，有时具刺。花两性，腋生、顶生或与叶对生；萼齿或裂片5，基部多少合生，最下方1枚通常较长，作上升覆瓦状排列或镊合状排列，或因上方2齿较下方3齿在合生程度上较多而稍呈二唇形；下方全部合生成1齿时则呈焰苞状；花瓣5，不等大，两侧对称，作下降覆瓦状排列构成蝶形花冠，瓣柄分离或部分连合，上面1枚为旗瓣在花蕾中位于外侧，翼瓣2枚位于两侧，对称，龙骨瓣2枚位于最内侧，瓣片前缘常连合；雄蕊10枚或有时部分退化，连合成单体或二体雄蕊管。荚果。光山有32属53种2亚种3变种。

1. 合萌属Aeschynomene L.

草本或亚灌木。奇数羽状复叶，叶全缘，无小托叶。总状花序，雄蕊10(5+5)枚，花丝合生成二体雄蕊。荚果小，背缝线缢缩呈波状。光山有1种。

1. 合萌（水皂角、田皂角）

Aeschynomene indica L.

一年生草本。叶具20～30对小叶或更多；托叶膜质，卵形至披针形，长约1 cm，基部下延成耳状；叶柄长约3 mm；小叶

近无柄，薄纸质，线状长圆形，长5～10 mm，宽2～2.5 mm，叶面密布腺点，叶背稍带白粉，顶端钝圆或微凹，具细刺尖头，基部歪斜，全缘；小托叶极小。总状花序比叶短，腋生，长1.5～2 cm；总花梗长8～12 mm；花梗长约1 cm；小苞片卵状披针形，宿存；花萼膜质，具纵脉纹，长约4 mm，无毛；花冠淡黄色，具紫色的纵脉纹，易脱落，旗瓣大，近圆形；雄蕊二体；子房扁平，线形。荚果线状长圆形。

生于旷野或潮湿地上。见于孙铁铺镇金大湾村、官渡河边。

合萌的全草药用，味苦、涩，性微寒。清热利尿，解毒。治尿路感染、小便不利、腹泻、水肿、老人眼蒙、目赤、胆囊炎、黄疸、疳积、疮疥、荨麻疹、蛇伤。

2. 紫穗槐属Amorpha L.

灌木。奇数羽状复叶。密集的穗状花序，萼钟状，雄蕊10枚，下部稍合生，花药背着药，子房无柄。荚果长圆形。光山有1种。

1. 紫穗槐（椒条、棉条、棉槐、紫槐、槐树）

Amorpha fruticosa L.

落叶灌木。叶互生，奇数羽状复叶，长10～15 cm，有小叶11～25片，基部有线形托叶；叶柄长1～2 cm；小叶卵形或椭圆形，长1～4 cm，宽0.6～2.0 cm，顶端圆形，锐尖或微凹，有一短而弯曲的尖刺，基部宽楔形或圆形，叶面无毛或被疏毛，叶背有白色短柔毛，具黑色腺点。穗状花序常1至数个顶生和枝端腋生，长7～15 cm，密被短柔毛；花有短梗；苞片长3～4 mm；花萼长2～3 mm，被疏毛或几无毛，萼齿三角形，较萼筒短；旗瓣心形，紫色，无翼瓣和龙骨瓣；雄蕊10枚，下部合生成鞘，上部分裂，包于旗瓣之中，伸出花冠外。荚果下垂。

光山有少量栽培。

味微苦，性凉。清热解毒，收敛，消肿。治烧烫伤、痈疮、湿疹。外用鲜品煎水洗患处。

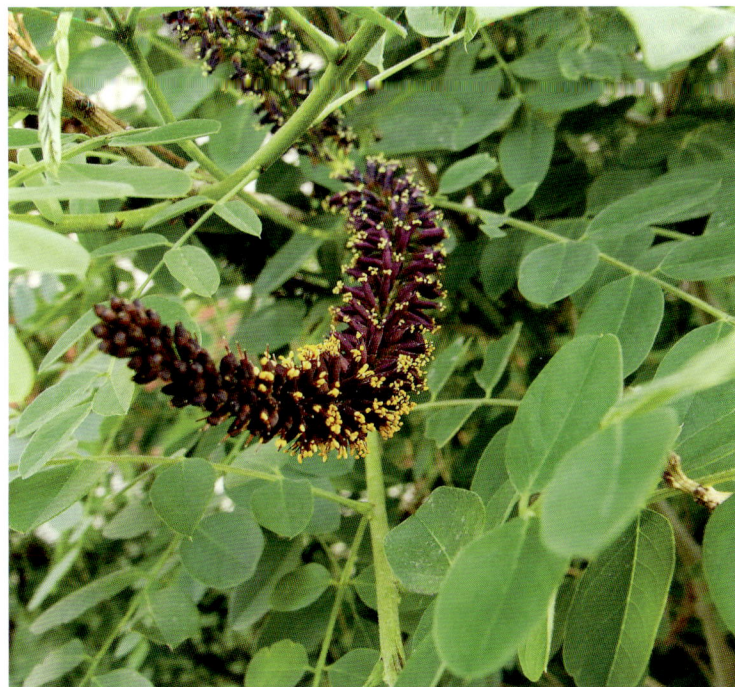

3. 两型豆属Amphicarpaea Elliot ex Nutt.

藤本。三出复叶，叶全缘，有托叶和小托叶。花二型，茎下部花无花瓣，闭花受精，于地下结实；茎上部花总状花序，开花受精；花萼筒状，顶端4～5裂；雄蕊10 (9+1)，花丝合生成二体雄蕊。荚果长圆形。光山有1种。

1. 两型豆（野毛豆、阴阳豆、山巴豆、三籽两型豆）

Amphicarpaea edgeworthii Benth

一年生缠绕草本。叶具羽状3小叶；叶柄长2～5.5 cm；小叶薄纸质或近膜质，顶生小叶菱状卵形或扁卵形，长2.5～5.5 cm，宽2～5 cm，顶端钝或有时短尖，常具细尖头，基部圆形、宽楔形或近截平。花二型。生在茎上部的为正常花，排成腋生的短总状花序，有花2～7朵，各部被淡褐色长柔毛；苞片近膜质，卵形至椭圆形，长3～5 mm，具线纹多条，腋内通常具花1朵；花梗纤细，长约1～2 mm；花萼管状，5裂，裂片不等；花冠淡紫色或白色，长1～1.7 cm，各瓣近等长，旗瓣倒卵形，翼瓣长圆形亦具瓣柄和耳，龙骨瓣与翼瓣近似，顶端钝，具长瓣柄；雄蕊二体，子房被毛。生于下部的为闭锁花，无花瓣，柱头弯至与花药接触，子房伸入地下结实。荚果二型；生于茎上部的完全花结的荚果为长圆形；由闭锁花结的荚果呈椭圆形或近球形。

生于山坡、路旁、旷野草地。见于南向店乡董湾村向楼组。

两型豆全草药用，味苦、淡，性平。消食，解毒，止痛。治食后腹胀、体虚自汗、诸般疼痛、疮疖。

4. 土圞儿属 Apios Fabr.

藤本，有块根。奇数复叶，小叶5～7枚，叶全缘，小托叶小。总状花序，萼杯状，雄蕊10(9+1)，花丝合生成二体雄蕊，花柱旋卷。荚果刀形，有果颈。光山有1种。

1. 土圞儿（土籽、九牛子、九子羊、土蛋）

Apios fortunei Maxim.

缠绕草本。有球状或卵状块根。奇数羽状复叶；小叶3～7片，卵形或菱状卵形，长3～7.5cm，宽1.5～4cm，顶端急尖，有短尖头，基部宽楔形或圆形，叶面被极稀疏的短柔毛，叶背近于无毛，脉上有疏毛；小叶柄有时有毛。总状花序腋生，长6～26cm；苞片和小苞片线形，被短毛；花带黄绿色或淡绿色，长约11mm，花萼稍呈二唇形；旗瓣圆形，较短，长约10mm，翼瓣长圆形，长约7mm，龙骨瓣最长，卷成半圆形；子房有疏短毛，花柱卷曲。荚果。

生于山坡、路旁、旷野草地。

土圞儿的块根药用，味甘、微苦，性平。清热解毒，化痰止咳。治感冒咳嗽、咽喉痛、疝气、痈肿、瘰疬。外用治毒蛇咬伤、疮疡肿毒等。用量10～15g；外用适量，鲜品捣烂敷患处或磨汁涂患处。

5. 落花生属 Arachis L.

一年生草本。偶数羽状复叶，小叶2～3对，叶全缘，托叶盾状着生，无小托叶。总状花序，雄蕊10枚，花丝合生成管状。荚果扦入地中。光山有1种。

1. 花生（落花生、花豆、地豆）

Arachis hypogaea Linn.

一年生草本。根部有丰富的根瘤。叶通常具小叶2对；叶柄基部抱茎，长5～10cm，被毛；小叶纸质，卵状长圆形至倒卵形，长2～4cm，宽0.5～2cm，顶端钝圆形，有时微凹，具小刺尖头，基部近圆形，全缘，两面被毛，边缘具睫毛；侧脉每边约10条；小叶柄长2～5mm，被黄棕色长毛；花长约8mm；苞片2枚，披针形；小苞片披针形，长约5mm，具纵脉纹，被柔毛；萼管细，长4～6cm；花冠黄色或金黄色，旗瓣直径1.7cm，开展，顶端凹陷；翼瓣与龙骨瓣分离，翼瓣长圆形或斜卵形，细长；龙骨瓣长卵圆形，内弯，顶端渐狭成喙状，较翼瓣短。荚果长2～5cm，宽1～1.3cm，膨胀。

光山常见栽培。

花生是重要的油料作物。花生的花生皮、花生油、花生壳还可药用，花生皮：味甘、微苦、涩，性平；止血、散瘀、消肿。花生油：味淡，性平；润肠通便。花生壳：味淡、涩，性平；敛肺止咳。花生皮：治血友病，类血灰病，原发性及继发性血小板减少性紫癜，肝病出血症，术后出血，癌肿出血，胃、肠、肺、子宫等出血；用量3～6g。花生油：治蛔虫性肠梗阻，外用穴位注射治肠炎、地图舌；用量：用于蛔虫性肠梗阻为120～240ml口服；用于肠炎、地图舌均为穴位注射（足三里、上巨虚），每穴1ml。花生壳：治久咳气喘、咳痰带血；用量9～30g。

6. 紫云英属 Astragalus L.

草本或亚灌木。奇数羽状复叶，叶全缘，托叶盾状着生，无小托叶。总状花序或密集呈穗状、头状，雄蕊10枚，二体或单体雄蕊。荚果。光山有1种。

1. 紫云英（苕子草、沙蒺藜、红花草、翘摇）

Astragalus sinicus L.

一年生草本。奇数羽状复叶，具7～13片小叶，长5～15 cm；小叶倒卵形或椭圆形，长10～15 mm，宽4～10 mm，顶端钝圆或微凹，基部宽楔形，叶面近无毛，叶背散生白色柔毛，具短柄。总状花序生5～10花，呈伞形；总花梗腋生；苞片三角状卵形，长约0.5 mm；花梗短；花萼钟状，长约4 mm，被白色柔毛，萼齿披针形，长约为萼筒的1/2；花冠紫红色或橙黄色，旗瓣倒卵形，长10～11 mm，顶端微凹，基部渐狭成瓣柄，翼瓣较旗瓣短，长约8 mm，瓣片长圆形，基部具短耳，瓣柄长约为瓣片的1/2；龙骨瓣与旗瓣近等长，瓣片半圆形，瓣柄长约等于瓣片的1/3。荚果线状长圆形。

生于山谷、沟边或田野，并有栽培。见于文殊乡九九林场。

紫云英是一种优良的绿肥。它的根和全草药用，味微辛、微甘、性平。祛风明目，健脾益气，解毒止痛。根：治肝炎、营养性浮肿、白带、月经不调。全草：治急性结膜炎、神经痛、带状疱疹、疮疖痈肿、痔疮。

7. 杭子梢属 Campylotropis Bunge

灌木。复叶3小叶，叶全缘，无小托叶。苞片内仅单花，花梗有关节，雄蕊10(9+1)，花丝合生成二体雄蕊。荚果小。光山有1种。

1. 杭子梢

Campylotropis macrocarpa (Bunge) Rehd.

灌木。三出复叶；叶柄长1.5～3.5 cm；小叶椭圆形或宽椭圆形，长3～7 cm，宽1.5～3.5 cm，顶端圆形、钝或微凹，具小凸尖，基部圆形，稀近楔形，叶面通常无毛，中脉毛较密。总状花序单一腋生并顶生，花序连总花梗长4～10 cm，总花梗长1～4 cm，花序轴密生开展的短柔毛或微柔毛，总花梗常斜生或贴生短柔毛，稀具茸毛；苞片卵状披针形，长1.5～3 mm；花梗长6～12 mm；花萼钟形，长3～4(5)mm，稍浅裂或近中裂；花冠紫红色或近粉红色，长10～12 mm，旗瓣椭圆形、倒卵形或近长圆形等，近基部狭窄，翼瓣微短于旗瓣或等长，龙骨瓣呈直角或微钝角内弯。荚果长圆形。

生于山坡、灌丛、林缘、山谷沟边及林中。见于泼陂河镇附近。

杭子梢的根药用，味微辛、苦，性平。疏风解表，活血通络。治风寒感冒、痧症、肾炎水肿、肢体麻木、半身不遂。

8. 刀豆属 Canavalia DC.

藤本。三出复叶，叶大，叶全缘，有小托叶。总状花序，花萼明显二唇形，雄蕊10，花丝合生成单体雄蕊。荚果较大，关刀型。光山有1种。

1. 刀豆（刀豆子、挟剑豆、野刀板藤、葛豆、刀坝豆、刀豆角）

Canavalia gladiata (Jacq.) DC.

草质藤本。三出复叶，小叶卵形，长8～15 cm，宽8～12 cm，顶端渐尖或具急尖的尖头，基部宽楔形，侧生小叶偏斜；叶柄常较小叶片短；小叶柄长约7 mm，被毛。总状花序具长总花梗，有花数朵生于总轴中部以上；花梗极短，生于花序轴隆起的节上；小苞片卵形，长约1 mm，早落；花萼长15～16 mm，稍被毛，上唇约为萼管长的1/3，具2枚阔而圆的裂齿，下唇3裂，齿小，长2～3 mm，急尖；花冠白色或粉红，长3～3.5 cm，旗瓣宽椭圆形，顶端凹入，基部具不明显的耳及阔瓣柄，翼瓣和龙骨瓣均弯曲，具向下的耳；子房线形，被毛。荚果带状，略弯曲，长20～35 cm，宽4～6 cm，离缝线约5 mm处有棱。

光山有栽培。

刀豆的果实供食用。它的种子、果壳及根还可药用，味甘，性温。种子：温中降逆，补肾。果壳：通经活血，止泻。根：散瘀止痛。种子：治虚寒呃逆、胃痛、肾虚、腰痛。果壳：治腰痛、久痢、闭经。根：治跌打损伤、腰痛。

9. 锦鸡儿属 Caragana Fabr.

灌木，稀为小乔木。偶数羽状复叶或假掌状复叶；叶轴顶端常硬化成针刺；托叶宿存并硬化成针刺，稀脱落；小叶全缘。花梗单生、并生或簇生叶腋，具关节；花萼管状或钟状，基部偏斜，囊状凸起或不为囊状，萼齿5，常不相等；花冠黄色，少有淡紫色、浅红色；子房无柄，稀有柄，胚珠多数。荚果筒状或稍扁。光山有1种。

1. 红花锦鸡儿（金雀儿、紫花锦鸡儿、黄枝条）

Caragana rosea Turcz. ex Maxim.

落叶灌木，高0.4～1 m。托叶在长枝者成细针刺，长3～4 mm，短枝者脱落；叶柄长5～10 mm，脱落或宿存成针刺；叶假掌状；小叶4，楔状倒卵形，长1～2.5 cm，宽4～12 mm，顶端圆钝或微凹，具刺尖，基部楔形，近革质，叶面深绿色，叶背淡绿色，无毛，有时小叶边缘、小叶柄、小叶下面沿脉被疏柔毛。花梗单生，长8～18 mm，关节在中部以上，无毛；花萼管状，不扩大或仅下部稍扩大，长7～9 mm，宽约4 mm，常紫红色，萼齿三角形，渐尖，内侧密被短柔毛；花冠黄色，常紫红色或全部淡红色；子房无毛。荚果圆筒形。

生于山地灌丛及山地沟谷灌丛中。见于司马光油茶园。

红花锦鸡儿的根药用，健脾，益肾，通经，利尿。治虚损劳热、咳嗽、淋浊、阳痿、妇女血崩、白带、乳少、子宫脱垂。

10. 黄檀属 Dalbergia L. f.

乔木或攀缘灌木。奇数羽状复叶，圆锥花序，雄蕊10（5+5或9+1）为二体雄蕊，花药基着药，子房有柄。荚果翅果状。光山有1种。

1. 黄檀（檀树、黄檀树）

Dalbergia hupeana Hance

乔木。羽状复叶长15～25 cm；小叶3～5对，近革质，椭圆形至长圆状椭圆形，长3.5～6 cm，宽2.5～4 cm，顶端钝或稍凹入，基部圆形或阔楔形，两面无毛，细脉隆起。圆锥花序顶生或生于最上部的叶腋间，连总花梗长15～20 cm，直径10～20 cm，疏被锈色短柔毛；花密集，长6～7 mm；花梗长约5 mm，与花萼同疏被锈色柔毛；基生和副萼状小苞片卵形，被柔毛，脱落；花萼钟状，长2～3 mm，萼齿5枚，上方2枚阔圆形，近合生，侧方的卵形，最下一枚披针形，长为其余4枚的2倍；花冠白色或淡紫色。荚果长圆形或阔舌状。

生于林中、灌丛中、山沟溪旁及坡地。见于泼陂河镇东岳寺村、槐店乡珠山村。

黄檀是用材树种。它的根皮药用，味辛，性平，有小毒。清热解毒、止血消肿。治疗疮疔毒、毒蛇咬伤、细菌性痢疾、跌打损伤。

11. 山蚂蝗属 Desmodium Desv.

草本或灌木。三出复叶或单叶，叶全缘。总状或圆锥花序，雄蕊10枚，花丝合生成二体雄蕊或单体。荚果背缝线深凹入腹缝线，节荚呈斜三角形。光山有1种。

1. 小叶三点金（小叶山绿豆、小叶山蚂蝗）

Desmodium microphyllum (Thunb.) DC.

多年生草本。茎纤细。羽状三出复叶或单小叶；托叶披针形，长3～4 mm，疏生柔毛；小叶薄纸质，倒卵状长椭圆形或长椭圆形，长10～12 mm，宽4～6 mm，顶端圆形，基部宽楔形，叶背被稀疏柔毛。总状花序顶生或腋生，被黄褐色柔毛；有花6～10朵，花长约5 mm；苞片卵形，被黄褐色柔毛；花萼长约4 mm，5深裂，密被黄褐色长柔毛；花冠粉红色，与花萼近等长，旗瓣倒卵形或倒卵状圆形，翼瓣倒卵形，龙骨瓣长椭圆形；雄蕊二体，长约5 mm；子房线形，被毛。荚果长约12 mm，宽约3 mm，荚节扁平。

生于山谷、荒地草丛中或灌木林中。见于泼陂河镇东岳寺村。

小叶三点金的全草药用，味甘，性平。健脾利湿，止咳平喘，解毒消肿。治小儿疳积、黄疸、痢疾、咳嗽、哮喘、支气管炎、毒蛇咬伤、痈疮溃烂、漆疮、痔疮等。

12. 山黑豆属 Dumasia DC.

藤本。三出复叶，叶全缘，叶背密被粗毛，有托叶和小托叶。总状花序，花萼筒状，顶端截平，雄蕊 10 (9+1)，花丝合生成二体雄蕊。荚果线形。光山有 2 种。

1. 山黑豆

Dumasia truncata Sieb. et Zucc.

缠绕草本。茎纤细，通常无毛。叶具羽状 3 小叶；叶柄纤细，长 3～7 cm，无毛；小叶膜质，长卵形或卵形，通常长 3～6 cm，宽 2.3～3.5 cm，顶端钝或近圆形，有时微凹，具小凸尖，基部截形或圆形，侧生小叶略小，基部略偏斜，通常两面无毛，叶面绿色，叶背淡绿色；中脉在两面凸起，侧脉纤细，每边 5～7 条。总状花序腋生，纤细，长 1～4 cm，通常无毛；总花梗短；花长约 1.2～2 cm，苞片和小苞片细小；花梗长 1～3 mm；花萼管状，膜质，淡绿色，长约 6 mm，管口斜截形，无毛；花冠黄色或淡黄色，旗瓣椭圆形至微倒卵形，具瓣柄和耳；翼瓣和龙骨瓣近椭圆形，微弯，稍短于旗瓣，但远较旗瓣小，具长瓣柄，基部一侧略具耳，雄蕊二体；子房线状倒披针形，无毛。荚果倒披针形。

生于山谷溪边灌丛中。

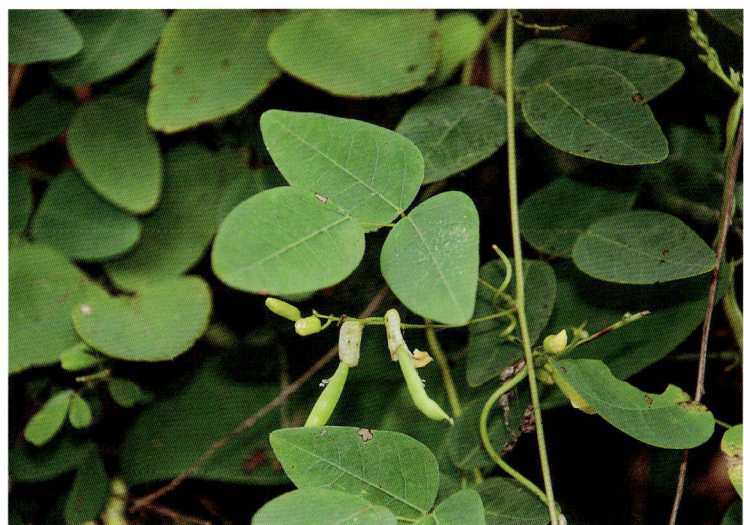

2. 柔毛山黑豆

Dumasia villosa DC.

缠绕状草质藤本，全株各部被黄色或黄褐色柔毛。叶具羽状 3 小叶；叶柄长 3～5 cm，密被毛；小叶纸质，顶生小叶卵形至宽卵形，长 3.5～5 cm，宽 2～3 cm，顶端钝或微凹，具小凸尖，基部圆形、近截平或短楔形，侧生小叶常略小和偏斜，干

后叶面绿褐色，叶背淡灰白色；侧脉每 4～6 条，略明显；小叶柄长 2～3 mm，总状花序长 4～11 cm；花萼筒长约 1 cm，顶端斜截形，无毛或微被伏毛；花冠黄色，各瓣近等长，明显具瓣柄，旗瓣倒卵形，基部具 2 耳，翼瓣和龙骨瓣长圆状椭圆形，具长瓣柄，无耳；子房线形，被毛。荚果长椭圆形。

生于山谷溪边灌丛中。见于晏河乡大苏山。

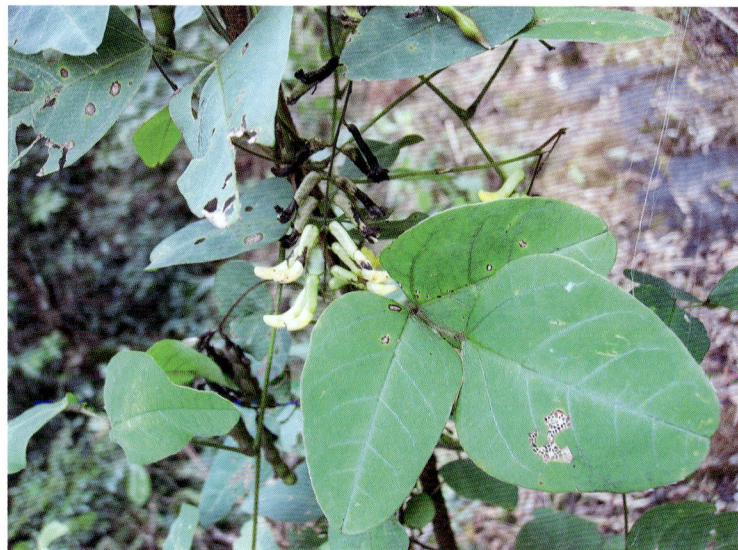

13. 野扁豆属 Dunbaria Wight et Arn.

藤本。复叶 3 小叶，叶背有腺点，叶全缘，小托叶或缺。总状花序，花梗无关节，雄蕊 10(9+1)，花丝合生成二体雄蕊。荚果刀状，种子 3～8 粒。光山有 1 种。

1. 野扁豆

Dunbaria villosa (Thunb.) Makino

多年生缠绕草本。茎细弱。叶具羽状 3 小叶；叶柄纤细，长 0.8～2.5 cm，被短柔毛；小叶薄纸质，顶生小叶较大，菱形或近三角形，侧生小叶较小，偏斜，长 1.5～3.5 cm，宽 2～3.7 cm，顶端渐尖或急尖，尖头钝，基部圆形，宽楔形或近截平，两面有锈色腺点；基出脉 3；侧脉每边 1～2 条；小托叶极小；小叶柄长约 1 mm，密被极短柔毛。总状花序或复总状花序腋生，长 1.5～5 cm；密被极短柔毛；花 2～7 朵，长约 1.5 cm；花萼钟状，被短柔毛和锈色腺点，长 5～9 mm，4 齿裂，裂片披针形或线状披针形，不等长，通常下面一枚最长；花冠黄色。荚果线状长圆形，长 3～5 cm。

生于山谷溪边灌丛中。见于南向店乡环山村、南向店王母观、白雀园镇方寨村。

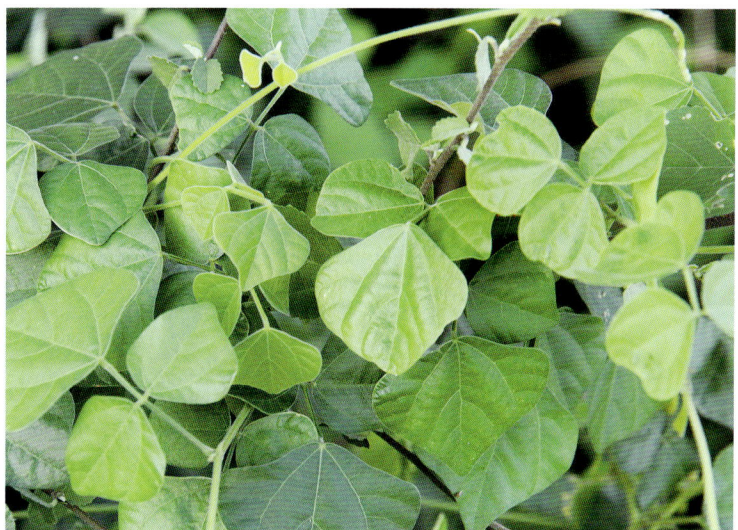

14. 大豆属 Glycine Willd.

草本。三出复叶，有时4～7小叶，叶全缘，托叶小。总状花序，花萼钟状，雄蕊10或(9+1)，花丝合生成单或二体雄蕊。荚果镰刀形，有横隔。光山有2种。

1. 大豆（黄豆、白豆）

Glycine max (L.) Merr.

一年生草本。3小叶；小叶卵形、椭圆形，或侧生小叶斜卵形，长5～13 cm，宽2.5～8 cm，全缘，顶端圆或急尖，稀渐尖，两面通常被毛；托叶和小托叶宽卵形至披针形，渐尖，背面被毛。总状花序短，腋生，有花2～12朵；苞片及小苞片披针形，有毛；花小，淡红紫色或白色，长6～8 mm，花萼钟状，萼齿5，披针形，最下面的较长；旗瓣近圆形，顶端微凹，基部有短爪，翼瓣梳篦状，具明显的爪和耳，龙骨瓣斜倒卵形，具短爪；子房有毛。荚果密被黄褐色硬毛，稍弯，下垂，长约5 cm，宽约1 cm；种子间缢缩；种子2～5颗。

光山常见栽培。

大豆为常见栽培作物。种子常用于做豆腐或榨油等。大豆还可药用，味甘，性平。清热，除湿，解表。治暑湿发热、麻疹不透、胸闷不舒、骨节疼痛、水肿胀满。用量9～30 g。凡无湿热者忌用。

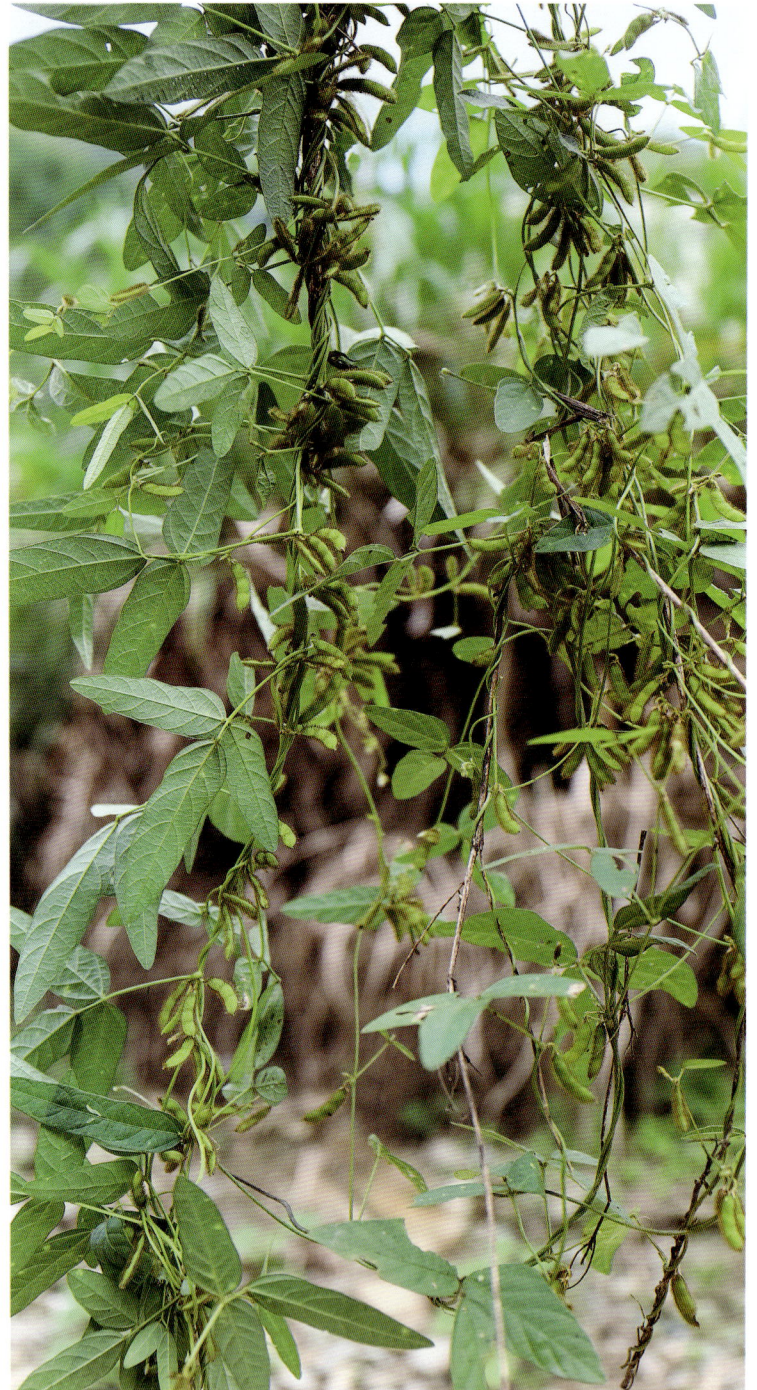

2. 野大豆（马料豆、乌豆、蔓大豆、野黄豆）

Glycine soja Sieb. et Zucc.

一年生缠绕草本。枝纤细，全体疏被褐色长硬毛。叶具3小叶，长可达10 cm；托叶卵状披针形，急尖，被黄色柔毛。顶生小叶卵圆形或卵状披针形，长3.5～6 cm，宽1.5～2.5 cm，顶端锐尖至钝圆，基部近圆形，全缘，两面均被绢状的糙伏毛，侧生小叶斜卵状披针形。总状花序通常短，稀长可达13 cm；花小，长约5 mm；花梗密生黄色长硬毛；苞片披针形；花萼钟状，密生长毛，裂片5枚，三角状披针形，顶端锐尖；花冠淡红紫色或白色。荚果长圆形，稍弯，两侧稍扁，长17～23 mm，宽4～5 mm，密被长硬毛。

生于山坡、路旁、河边或旷地上。见于县城官渡河边。

野大豆是国家二级保护物种。它的种子药用，味甘，性温。益肾，止汗。治头晕、目昏、风痹汗多。

15. 米口袋属 Gueldenstaedtia Fisch.

多年生草本。主根圆锥状。奇数羽状复叶具多对全缘的小叶；小叶具短叶柄或几无柄。伞形花序；花紫堇色、淡红色及黄色；花萼钟状，密被贴伏白色长柔毛，间有或多或少的黑色毛。荚果圆筒形。光山有1种。

1. 米口袋（地丁，小米口袋、甜地丁）

Gueldenstaedtia multiflora Bunge

多年生草本，高5～10 cm，主根圆锥形或圆柱形。叶为奇数羽状复叶，多数，托叶卵形、卵状三角形至披针形，小叶9～21，呈阔椭圆形、椭圆形、长圆形、卵形或近披针形等，长4～15 mm，宽2～7 mm，基部圆形或阔楔形，顶端钝或圆，有时稍尖或近锐尖，全缘，两面被白色长绵毛，总花梗自叶丛间抽出数个至十数个，顶端集生2～5朵花，排列成伞形；花梗极短，近无梗；苞及小苞披针形至线形；萼钟状，长7 mm；花冠紫红色，旗瓣阔卵形至狭卵形或椭圆形、倒卵形等，基部渐狭成爪，翼瓣长圆形，上端稍宽，基部有细爪，龙骨瓣短；子房被毛，花柱上端卷曲。荚果圆筒状，长13～20 mm，直径3～5 mm，被长柔毛。

生于向阳山坡、草地、沙质地、草甸草原或路旁等处。见于植物园。

米口袋全草药用，味甘、苦，性寒。清热解毒，散瘀消肿。治痈疽疔疮、瘰疬、丹毒、目赤肿痛、黄疸、肠炎、痢疾、毒蛇咬伤。用量9～30 g，水煎服。

16. 长柄山蚂蝗属 Hylodesmum H. Ohashi & R. R. Mill.

草本或亚灌木。复叶有小叶3～7枚，叶全缘。总状或圆锥花序，雄蕊10枚，花丝合生成管状，有长的子房柄。荚果背缝线深凹入腹缝线，节荚呈斜三角形。光山有2变种。

1. 卵叶长柄山蚂蝗（假山绿豆、宽卵叶山蚂蝗）

Hylodesmum podocarpum (DC.) H. Ohashi & R. R. Mill. var. **fallax** (Schindl.) H. Ohashi & R. R. Mill.

直立草本。叶为羽状三出复叶；叶柄长2～12 cm；小叶纸质，顶生小叶宽卵形或卵形，长3.5～12 cm，宽2.5～8 cm，顶端渐尖或急尖，基部阔楔形或圆，两面疏被短柔毛或几无毛，侧脉每边约4条，直达叶缘，侧生小叶斜卵形，较小，偏斜，小托叶丝状，长1～4 mm；小叶柄长1～2 cm，被伸展短柔毛。总状花序或圆锥花序，顶生或顶生和腋生混合，长20～30 cm，结果时延长至40 cm；总花梗被柔毛和钩状毛；通常每节生2花，花梗长2～4 mm，结果时增长至5～6 mm；苞片早落，窄卵形，长3～5 mm，宽约1 mm，被柔毛；花萼钟形，长约2 mm，裂片极短，较萼筒短，被小钩状毛；花冠紫红色；雄蕊长约3 mm，子房具子房柄。

生于山谷、山坡、灌丛疏林中。见于南向店乡董湾村向楼组。

卵叶长柄山蚂蝗的全草药用，味微苦，性平。清热解表，利湿退黄。治风热感冒、湿热黄疸。

2. 尖叶长柄山蚂蝗（山蚂蝗、小山蚂蝗）

Hylodesmum podocarpum (DC.) H. Ohashi & R. R. Mill. var. **oxyphyllum** (DC.) H. Ohashi & R. R. Mill.

直立草本。叶为羽状三出复叶；叶柄长2～12 cm，着生茎上部的叶柄较短，茎下部的叶柄较长，疏被伸展短柔毛；小叶纸质，顶生小叶菱形，长4～8 cm，宽2～3 cm，顶端渐尖，尖头钝，基部楔形，侧生小叶斜卵形，较小，偏斜；小叶柄长1～2 cm，被伸展短柔毛。总状花序或圆锥花序，顶生或顶生和腋生，长20～30 cm，结果时延长至40 cm；总花梗被柔毛和钩状毛；通常每节生2花，花梗长2～4 mm，结果时增长至5～6 mm；苞片早落，窄卵形，长3～5 mm，宽约1 mm，被柔毛；花萼钟形，长约2 mm，裂片极短，较萼筒短，被小钩状毛；花冠紫红色；雌蕊长约3 mm，子房具子房柄。

生于山谷、山坡、灌丛疏林中。见于南向店乡董湾村向楼组、白雀园镇赛山村。

尖叶长柄山蚂蝗全草药用，味微苦，性平。祛风除湿、活血解毒。治风湿痹痛、崩中、带下、咽喉炎、乳痈、跌打损伤、毒蛇咬伤。

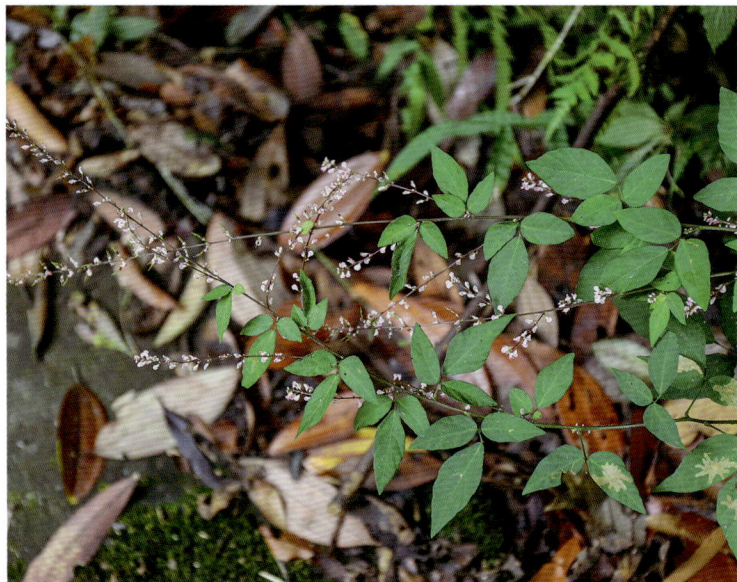

17. 木蓝属 Indigofera L.

灌木或草本，被丁字毛。羽状复叶，叶全缘。总状、穗状或头状花序，花丝合生成二体雄蕊。荚果。光山有2种。

1. 宜昌木蓝

Indigofera decora Lindl. var. **ichangensis** (Craib.) Y. Y. Fang et C. Z. Zheng

灌木。羽状复叶长8～25 cm；叶柄长1～1.5 cm；小叶3～6对，对生或近对生，稀互生或下部互生；叶形变异甚大，通常卵状披针形、卵状长圆形或长圆状披针形，长2～6.5 cm，宽1～3.5 cm，顶端渐尖或急尖，稀圆钝，具小尖头，基部楔形或

阔楔形，两面被毛。总状花序长13～21 cm；总花梗长2～4 cm，花序轴具棱，无毛；花梗长3～6 mm，无毛；花萼杯状，长2.5～3.5 mm，顶端被短毛或近无毛，萼筒长1.5～2 mm，萼齿三角形，长约1 mm，或下萼齿与萼筒等长；花冠淡紫色或粉红色，稀白色。荚果棕褐色，圆柱形。

生于山谷灌丛或杂木林中。见于泼陂河镇东岳寺村。

宜昌木蓝全株药用，味苦，性寒。清热利咽，解毒，通便。治暑温、热结便秘、咽喉肿痛、肺热咳嗽、黄疸、痔疮、秃疮、蛇虫咬伤。

2. 野青树（木蓝）

Indigofera suffruticosa Mill.

直立灌木。茎灰绿色，有棱，被平贴丁字毛。羽状复叶长5～10 cm；叶柄长约1.5 cm，叶轴上面有槽，被丁字毛；小叶5～7(9)对，对生，长椭圆形或倒披针形，长1～4 cm，宽5～15 mm，顶端急尖，稀圆钝，基部阔楔形或近圆形，叶面绿色，密被丁字毛或脱落近无毛，叶背淡绿色，被平贴丁字毛。总状花序呈穗状，长2～3 cm；总花梗极短；苞片线形，长约2 mm，被粗丁字毛，早落；花萼钟状，长约1.5 mm；花冠红色。荚果镰状弯曲，长1～1.5 cm，紧挤，下垂，被毛，种子6～8粒；种子短圆柱状。

生于山谷灌丛或杂木林中。见于白雀园镇赛山村。

野青树全株药用，味苦，性凉。凉血解毒，消炎止痛。治皮肤瘙痒、高热、急性咽喉炎、淋巴结结核、腮腺炎。

18. 鸡眼草属 Kummerowia Schindl.

草本，被丁字毛。三出复叶，叶全缘，托叶大，膜质，缩存。花1～2朵簇生叶腋，花丝合生成二体雄蕊。荚果小，种子1粒。光山有2种。

1. 长萼鸡眼草

Kummerowia stipulacea (Maxim.) Makino

一年生草本。叶为三出羽状复叶；叶柄短；小叶纸质，倒卵形、宽倒卵形或倒卵状楔形，长5～18 mm，宽3～12 mm，顶端微凹或近截形，基部楔形，全缘；叶背中脉及边缘有毛，侧脉多而密。花常1～2朵腋生；小苞片4，较萼筒稍短、稍长或近等长，生于萼下，其中1枚很小，生于花梗关节之下，常具1～3条脉；花梗有毛；花萼膜质，阔钟形，5裂，裂片宽卵形，有缘毛；花冠上部暗紫色，长5.5～7 mm；雄蕊二体。荚果椭圆形或卵形，稍侧偏，长约3 mm，常较萼长1.5～3倍。

生于路旁、草地、山坡、沙丘等处。见于县城官渡河边。

长萼鸡眼草全草药用，味苦，性凉。清热解毒，健脾利湿，除火毒。治黄疸型肝炎、水肿、尿道感染、跌打损伤、痢疾、急性胃肠炎、脱肛、子宫脱垂、夜盲症。

2. 鸡眼草（人字草、三叶人字草、掐不齐、老鸦须、铺地锦）
Kummerowia striata (Thunb.) Schindl.

一年生平卧草本。指状3小叶，椭圆形、长椭圆形、长圆形、倒卵形或倒卵状长圆形，长5～20 mm，宽3～8 mm，顶端圆钝，偶有微凹，常有微小尖头，基部圆形、宽楔形至楔形，叶面无毛或少有毛，叶背沿中脉及边缘被白色毛；托叶大，干膜质，比叶柄长，长卵形或近卵形，顶部渐尖。花1～3朵腋生，稀5朵；苞片2，小苞片4；花梗密被白色柔毛；萼钟状，有5深裂齿；花冠淡紫色。荚果卵状长圆形，两侧略压扁，稍露出萼外，表面有网纹，外被细毛。

生于路旁、草地、山坡、沙丘等处。见于县城官渡河边。

鸡眼草全草药用，味甘、淡，性微寒。清热解毒，活血，利尿，止泻。治胃肠炎、痢疾、肝炎、夜盲症、泌尿系感染、跌打损伤、疔疮疖肿。用量9～30 g。

19. 扁豆属 Lablab Adans.
藤本。复叶3小叶，叶全缘，托叶反折，有小托叶。总状花序，花序轴上有肿胀关节，雄蕊10(9+1)，花丝合生成二体雄蕊，柱头顶生。荚果关刀形。光山有1种。

1. 扁豆（白扁豆、火镰扁豆、峨眉豆、茶豆、雪豆、扁豆子）
Lablab purpureus (L.) Sweet

一年生草质藤本；茎长可达6 m，绿色，无毛。三出复叶互生，有柄；小叶纸质，两面有疏毛，顶生小叶阔三角状卵形，长5～9 cm，宽6～10 cm，侧生小叶较大，斜卵形，两侧不对称。花秋冬开放。总状花序腋生，长15～25 cm，直立而粗壮，常2至多花簇生于花序轴的节上；花萼阔钟状，5齿裂，上部2片合生；花冠白色或紫红色，长15～18 mm，旗瓣基部两侧有2个耳状附属体。荚果长圆形，扁平，微弯，长5～7 cm，宽1.4～1.8 mm；种子长圆形，白色或紫黑色。

光山常见栽培。见于县城官渡河边。

扁豆是一种蔬菜，种子是一种著名中药。种子：味甘，性温，和胃化湿，健脾止泻。花：味甘，平；消暑，化湿，和中。种子：治脾虚腹泻、恶心呕吐、食欲不振、白带。花：治夏季感冒、夏伤暑湿、发热泄泻、痢疾、便溏。用量：种子6～12 g；花4.5～9 g。

20. 胡枝子属 Lespedeza Michx.
灌木。复叶3小叶，叶全缘，无小托叶。苞片内2朵花，花梗无关节，雄蕊10(9+1)，花丝合生成二体雄蕊。荚果小，种子1粒。光山有9种。

1. 胡枝子（萩、胡枝条、扫皮、随军茶）

Lespedeza bicolor Turcz.

灌木。羽状复叶具3小叶；叶柄长2～7 cm；小叶质薄，卵形、倒卵形或卵状长圆形，长1.5～6 cm，宽1～3.5 cm，顶端钝圆或微凹，稀稍尖，具短刺尖，基部近圆形或宽楔形，全缘，叶面绿色、无毛，叶背色淡，被疏柔毛，老时渐无毛。总状花序腋生，常构成大型、较疏松的圆锥花序；总花梗长4～10 cm；小苞片2枚，卵形，长不到1 cm；花梗短，长约2 mm，密被毛；花萼长约5 mm，5浅裂，裂片通常短于萼筒，上方2裂片合生成2齿，裂片卵形或三角状卵形，顶端尖，外面被白毛；花冠红紫色。荚果斜倒卵形，稍扁，长约10 mm，宽约5 mm，表面具网纹，密被短柔毛。

生于山坡、林缘、路旁、灌丛及杂木林间。见于白雀园镇赛山村、晏河乡詹堂村。

胡枝子的枝和叶药用，味甘，性平。清热润肺，利尿通淋，止血。治肺热咳嗽、感冒发热、百日咳、淋证、吐血、尿血、便血。

2. 绿叶胡枝子

Lespedeza buergeri Miq.

直立灌木，高1～3 m。小叶卵状椭圆形，长3～7 cm，宽1.5～2.5 cm，顶端急尖，基部稍尖或钝圆，叶面鲜绿色，光滑无毛，叶背灰绿色。密被贴生的毛。总状花序腋生，在枝上部者构成圆锥花序；苞片2长卵形，长约2 mm，褐色，密被柔毛；花萼钟状，长4 mm，5裂至中部，裂片卵状披针形或卵形，密被长柔毛；花冠淡黄绿色，长约10 mm，旗瓣近圆形，基部两侧有耳，具短柄，翼瓣椭圆状长圆形，基部有耳和瓣柄，瓣片顶端有时稍带紫色，龙骨瓣倒卵状长圆形，比旗瓣稍长，基部有明显的耳和长瓣柄。荚果长圆状卵形，长约15 mm，表面具网纹和长柔毛。

生于山坡、林下、山沟和路旁。见于南向店乡董湾村向楼组、白雀园镇赛山村。

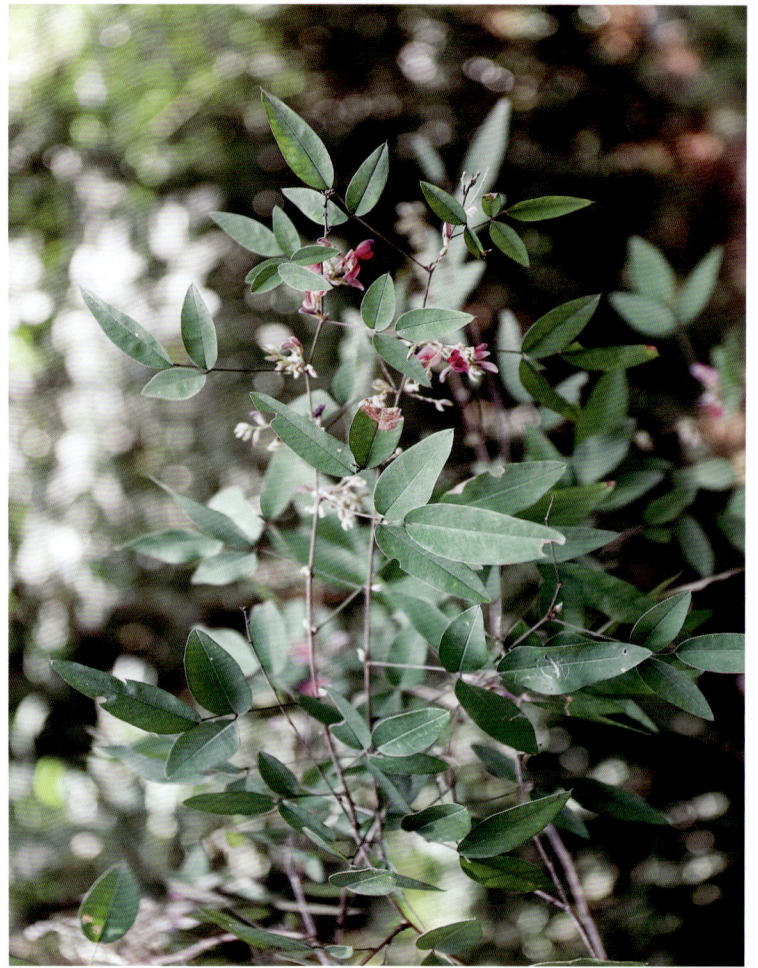

3. 中华胡枝子（太阳草、高脚硬梗、台湾胡枝子）

Lespedeza chinensis G. Don

小灌木。全株被白色伏毛。三出复叶，叶柄长约1 cm；小叶倒卵状长圆形、长圆形、卵形或倒卵形，长1.5～4 cm，宽1～1.5 cm，顶端截形、近截形、微凹或钝头，具小刺尖，边缘稍反卷，叶面无毛或疏生短柔毛，叶背密被白色伏毛。总状花序腋生，不超出叶，少花；总花梗极短；花梗长1～2 mm；苞片及小苞片披针形，小苞片2，长2 mm，被伏毛；花萼长为花冠之半，5深裂，裂片狭披针形，长约3 mm，被伏毛，边具缘毛；花冠白色或黄色。荚果卵圆形，长约4 mm，宽2.5～3 mm，顶端具喙，基部稍偏斜，表面有网纹，密被白色伏毛。

生于灌木丛、草丛等处。见于白雀园镇赛山村。

中华胡枝子全草药用，味微苦，性凉。清热解毒，宣肺平喘，截疟。治小儿高热、中暑发痧、哮喘、痢疾、乳痈肿痛、疟疾、脚气、风湿痹痛、关节炎。

4. 截叶铁扫帚（铁扫帚、铁马鞭、苍蝇翼、三叶公母草、鱼串草）

Lespedeza cuneata (Dum.-Cours.) G. Don

　　小灌木。小枝微有棱，被白色柔毛。小叶3枚，顶生小叶倒披针形，长约1～3cm，宽约2～5mm，顶端截形，微凹，有小尖头，基部楔形，叶面无毛或疏被毛，叶背密被白色柔毛，侧生小叶较小；叶柄长5～10mm，被柔毛；托叶锥形。总状花序腋生，有2～4花，与叶比较短，总花梗不明显；无瓣花簇生叶腋；小苞片狭卵形或卵形；花萼浅杯状，萼齿5，披针形，较萼筒长，被短柔毛；花冠白色至淡红色，旗瓣稍短于龙骨瓣。荚果卵形，长约3mm。

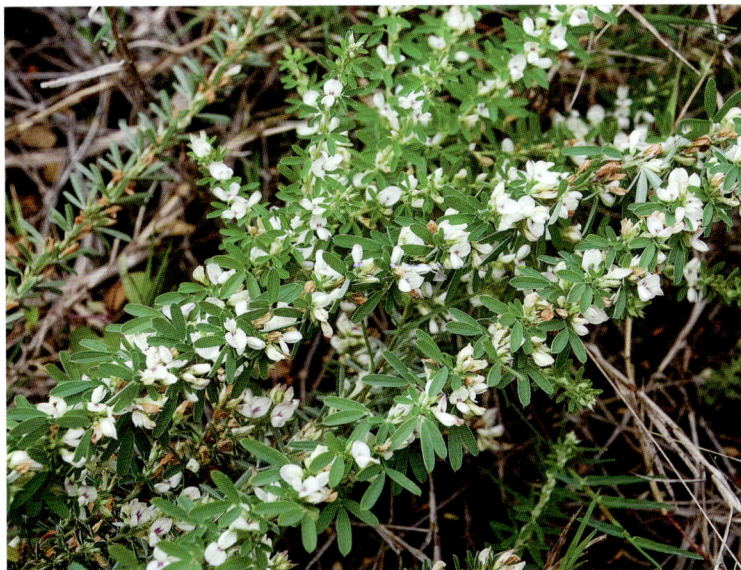

　　生于山坡、林缘、路旁、灌丛及杂木林间。见于白雀园镇赛山村、槐店乡万河村。

　　截叶铁扫帚全草药用，味甘、微苦，性平。清热利湿，消食除积，祛痰止咳。治小儿疳积、消化不良、胃肠炎、细菌性痢疾、胃痛、黄疸型肝炎、肾炎水肿、白带、口腔炎、咳嗽、支气管炎；外用治带状疱疹、毒蛇咬伤。用量15～30g；外用适量，鲜品捣烂敷患处。

5. 多花胡枝子

Lespedeza floribunda Bunge

　　灌木，高30～100cm。根细长。羽状复叶具3小叶；小叶具柄，倒卵形，宽倒卵形或长圆形，长1～1.5cm，宽6～9mm，顶端微凹、钝圆或近截形，具小刺尖，基部楔形，叶面被疏伏毛，叶背密被白色伏柔毛；侧生小叶较小。总状花序腋生；总花梗细长，显著超出叶；花多数；小苞片卵形，长约1mm，顶端急尖；花萼长4～5mm，被柔毛，5裂，上方2裂片下部合生，上部分离，裂片披针形或卵状披针形，长2～3mm，顶端渐尖；花冠紫色、紫红色或蓝紫色，旗瓣椭圆形，长8mm，顶端圆形，基部有柄，翼瓣稍短，龙骨瓣长于旗瓣，钝头。荚果宽卵形，长约7mm，超出宿存萼，密被柔毛，有网状脉。

　　生于山坡、林缘、路旁、灌丛及杂木林间。见于泼陂河镇东岳寺村。

　　多花胡枝子全草药用，味涩，性凉。消积，截疟。治小儿疳积、疟疾。

6. 美丽胡枝子（马扫帚、白花羊胡枣、夜关门、二妹木、假蓝根）

Lespedeza formosa (Vog.) Koehne

　　直立灌木，多分枝。叶柄长1～5cm；小叶椭圆形、长圆状椭圆形或卵形，稀倒卵形，两端稍尖或稍钝，长2.5～6cm，宽1～3cm，叶面绿色，稍被短柔毛，叶背淡绿色，贴生短柔毛。总状花序单一，腋生，比叶长，或组成顶生的圆锥花序；总花梗长可达10cm，被短柔毛；花梗短，被毛；花萼钟状，长5～7mm，5深裂，裂片长圆状披针形，长为萼筒的2～4倍，外面密被短柔毛；花冠红紫色。荚果倒卵形或倒卵状长圆形，长8mm，宽4mm，表面具网纹且被疏柔毛。

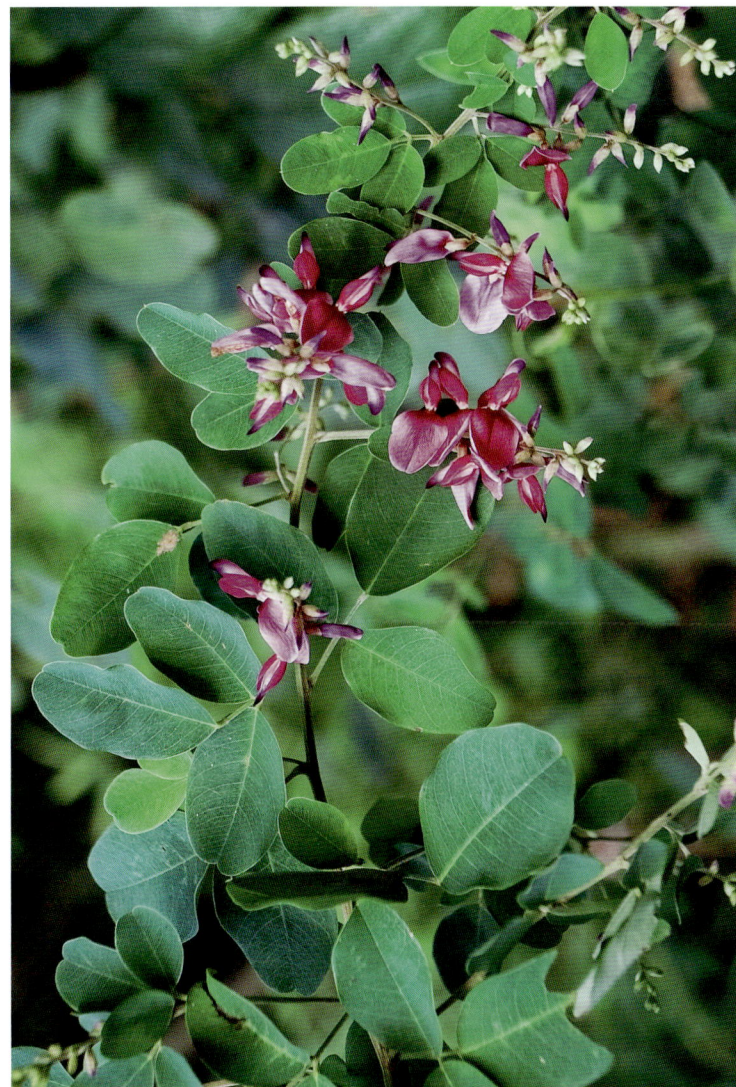

　　生于山坡、林缘、路旁、灌丛及杂木林间。见于南向店乡董湾村向楼组、白雀园镇大尖山。

美丽胡枝子的根或全株药用，味苦、微涩、性平；清热凉血，活血散瘀，消肿止痛；治肺热咳血、肺脓肿、疮痈疔肿、便血、风湿关节痛、跌打肿痛；外用治扭伤、脱臼、骨折；用量15～30 g；外用适量、鲜根和酒糟捣烂敷患处。花：治肺热咳嗽、便血、疮痈疔肿、肺结核、咳血、肺热咳血；用量3～5 g。

7. 铁马鞭（野花生、狗尾巴）

Lespedeza pilosa (Thunb.) Sieb. et Zucc.

多年生草本。全株密被长柔毛；叶柄长6～15 mm；羽状复叶具3小叶；小叶宽倒卵形或倒卵圆形，长1.5～2 cm，宽1～1.5 cm，顶端圆形、近截形或微凹，有小刺尖，基部圆形或近截形，两面密被长毛，顶生小叶较大。总状花序腋生，比叶短；苞片钻形，长5～8 mm，上部边缘具缘毛；总花梗极短，密被长毛；小苞片2枚，披针状钻形，长1.5 mm，背部中脉具长毛，边缘具缘毛；花萼密被长毛，5深裂，上方2裂片基部合生，上部分离，裂片狭披针形，长约3 mm，顶端长渐尖，边缘具长缘毛；花冠黄白色或白色。荚果广卵形，长3～4 mm，凸镜状，两面密被长毛，顶端具尖喙。

生于山坡、林缘、路旁、灌丛及杂木林间。见于殷棚乡牢山林场、槐店乡万河村。

铁马鞭全草药用，味苦、辛、性平。清热散结，活血止痛，行水消肿。治颈淋巴结结核、冷脓肿、虚热不退、水肿、腰腿筋骨痛。外用治乳腺炎。

8. 绒毛胡枝子（山豆花、毛胡枝子、白胡枝子、白土子、白荻）

Lespedeza tomentosa (Thunb.) Sieb. ex Maxim.

灌木，高达1 m。全株密被黄褐色绒毛。羽状复叶具3小叶；小叶质厚，椭圆形或卵状长圆形，长3～6 cm，宽1.5～3 cm，顶端钝或微心形，边缘稍反卷，叶面被短伏毛，叶背密被黄褐色绒毛或柔毛，沿脉上尤多；叶柄长2～3 cm。总状花序顶生或于茎上部腋生；总花梗粗壮，长4～8 cm；苞片线状披针形，长2 mm，有毛；花具短梗，密被黄褐色绒毛；花萼密被毛长约6 mm，5深裂，裂片狭披针形，长约4 mm，顶端长渐尖；花冠黄色或黄白色。荚果倒卵形，长3～4 mm，宽2～3 mm，顶端有短尖，表面密被毛。

生于山谷、山坡草地及灌丛间。见于晏河乡大苏山、槐店乡万河村。

绒毛胡枝子的根药用，味甘，性平。健脾补虚。治虚劳、血虚头晕、水肿、腹水、痢疾、痛经。

9. 细梗胡枝子

Lespedeza virgata (Thunb.) DC.

小灌木，高可达1 m。基部分枝，枝细，带紫色，被白色伏毛。托叶线形，长5 mm；羽状复叶具3小叶；小叶椭圆形、长圆形或卵状长圆形，稀近圆形，长1～2 cm，宽4～10 mm，顶端钝圆，有时微凹，有小刺尖，基部圆形，边缘稍反卷，叶面无毛，叶背密被伏毛，侧生小叶较小；叶柄长1～2 cm，被白色伏柔毛。总状花序腋生，通常具3朵稀疏的花；总花梗纤细，毛发状，被白色伏柔毛，显著超出叶；苞片及小苞片披针形，长约1 mm，被伏毛；花梗短；花萼狭钟形，长4～6 mm，旗瓣长约6 mm，基部有紫斑，翼瓣较短，龙骨瓣长于旗瓣或近等长；闭锁花簇生于叶腋，无梗，结实。荚果近圆形，通常不超出萼。

生于山谷、山坡草地及灌丛间。见于泼陂河镇东岳寺村、白雀园镇赛山村、南向店乡环山村。

21. 百脉根属 Lotus L.

一年生或多年生草本，羽状复叶通常具5小叶；小叶全缘，下方2枚常和上方3枚不同形，基部的一对呈托叶状，但绝不贴生于叶柄。花序具花1至多数，多少呈伞形；萼钟形，萼齿

5，等长或下方1齿稍长；花冠黄色、玫瑰红色或紫色，稀白色。光山有1种。

1. 细叶百根草

Lotus tenuis Kit.

多年生草本，高20～100 cm。茎细柔，直立，节间较长，中空；羽状复叶小叶5枚；叶轴长2～3 cm；小叶线形至长圆状线形，长12～25 cm，宽2～4 cm，短尖头，大小略不相等，中脉不清淅；小叶柄短，几无毛。伞形花序；总花梗纤细，长3～8 cm；花1～3朵，顶生，长8～13 cm；苞片1～3枚，叶状，比萼长1.5～2倍；花梗短；萼钟形，长5～6 cm，宽3 cm，几无毛，萼齿狭三角形渐尖，与萼筒等长；花冠黄色带细红脉纹，旗瓣圆形，稍长于翼瓣和龙骨瓣，翼瓣略短；雄蕊二体，上方离生1枚较短，其余9枚5长4短，分列成2组。荚果直，圆柱形，长2～4 cm，径2 mm。

生于潮湿的沼泽地边缘或湖旁草地。见于县城官渡河边。

22. 苜蓿属Medicago L.

草本。三出复叶，叶缘有锯齿，侧脉直达锯齿。总状花序头状，花丝合生成二体雄蕊。荚果旋卷肾形。光山有2种。

1. 天蓝苜蓿

Medicago lupulina L.

一年生草本，全株被柔毛或有腺毛。羽状三出复叶；下部叶柄较长，长1～2 cm，上部叶柄比小叶短；小叶倒卵形、阔倒卵形或倒心形，长5～20 mm，宽4～16 mm，纸质，顶端多少截平或微凹，具细尖，基部楔形，边缘在上半部具不明显尖齿，两面均被毛，侧脉近10对，平行达叶边，几不分叉，上下均平坦；顶生小叶较大，小叶柄长2～6 mm，侧生小叶柄甚短。花序轴缩短呈头状，10～20朵花；总花梗细，挺直，比叶长，密被贴伏柔毛；苞片刺毛状，小；花长2～2.2 mm；花梗短，长不到1 mm；萼钟形，长约2 mm，密被毛，萼齿线状披针形，稍不等长，比萼筒略长或等长；花冠黄色。荚果肾形。

生于河岸、田野及林缘。见于槐店乡珠山村。

天蓝苜蓿全草药用，味甘、苦、微涩、性凉，有小毒。清热解毒，利湿舒筋，止咳平喘，凉血疗疗。治湿热黄疸、热淋、石淋、风湿痹痛、咳喘、痔瘘下血、指头疔、毒蛇咬伤。

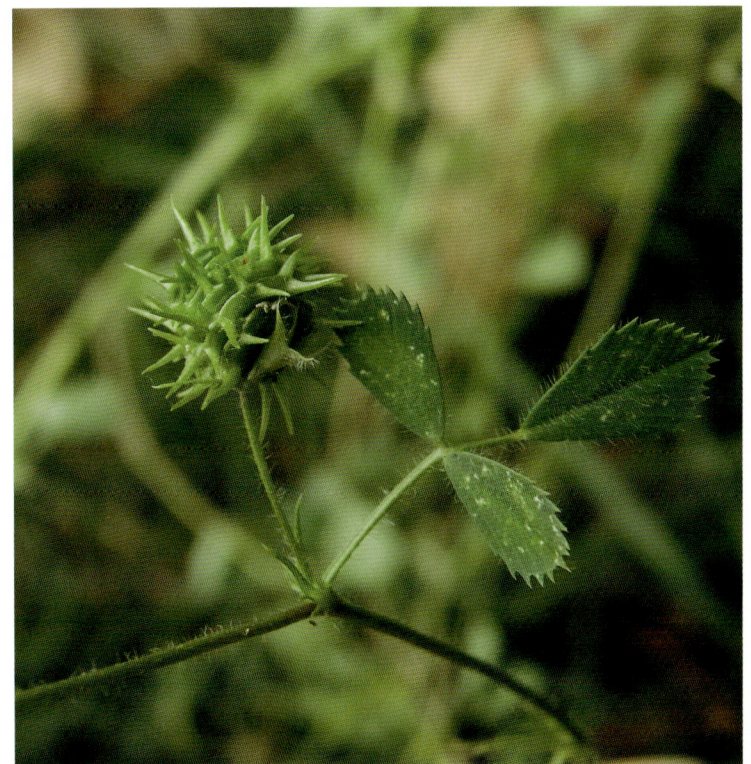

2. 南苜蓿（黄花草子、金花菜）

Medicago polymorpha L.

一年生草本。三出羽状复叶；托叶大，卵状长圆形；叶柄柔软，细长，长1～5 cm，上面具浅沟；小叶倒卵形或三角状倒卵形，几等大，长7～20 mm，宽5～15 mm，纸质，顶端钝，近截平或凹缺，具细尖，基部阔楔形，边缘在1/3以上具浅锯齿，叶面无毛，叶背被疏柔毛，无斑纹。花序头状伞形，具花2～10朵；总花梗腋生，纤细无毛，长3～15 mm，通常比叶短，花序轴顶端不呈芒状尖；苞片甚小，尾尖；花长3～4 mm；花梗不到1 mm；萼钟形，长约2 mm，萼齿披针形，与萼筒近等长，无毛或稀被毛；花冠黄色；子房长圆形，镰状上弯，微被毛。荚果盘形，暗绿褐色，顺时针方向紧旋1.5～3圈。

光山有栽培或逸生。见于槐店乡珠山村。

南苜蓿全草药用，味微甘、苦、涩、性平。清热凉血，利湿退黄，通淋排石。治热病烦满、黄疸、腹痛吐泻、痢疾、水肿、石淋、痔疾出血。

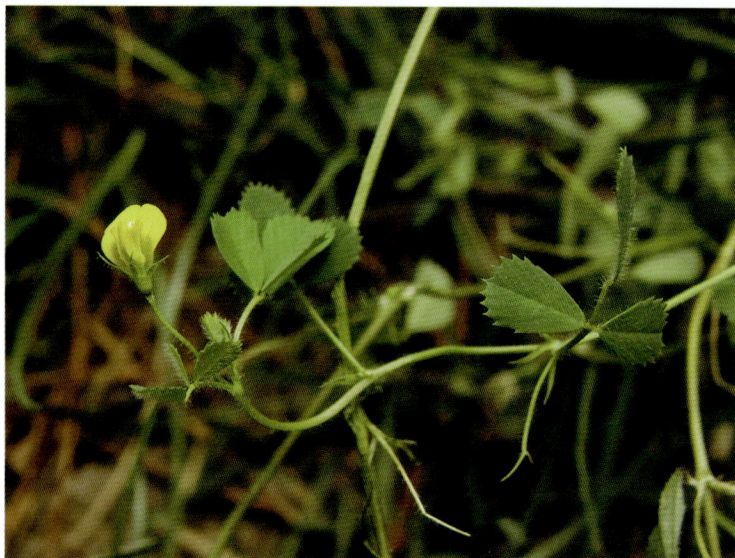

23. 菜豆属 Phaseolus L.

藤本或草本，被钩毛。复叶3小叶，叶全缘，托叶基着，有小托叶。总状花序，雄蕊10(9+1)，花丝合生成二体雄蕊，花柱旋转360°。荚果线形或长圆形。光山有2种。

1. 棉豆（金甲豆、香豆、大白芸豆、雪豆）
Phaseolus lunatus L.

草质藤本。羽状复叶具3小叶；小叶卵形，长5~12 cm，宽3~9 cm，顶端渐尖或急尖，基部圆形或阔楔形，沿脉上被疏柔毛或无毛，侧生小叶常偏斜。总状花序腋生，长8~20 cm；花梗长5~8 mm；小苞片较花萼短，椭圆形，有3条粗脉，干时隆起；花萼钟状，长2~3 mm，外被短柔毛；花冠白色、淡黄或淡红色。荚果镰状长圆形，长5~10 cm，宽1.5~2.5 cm，扁平，顶端有喙，内有种子2~4颗；种子近菱形或肾形，长12~13 mm，宽8.5~9.5 mm，白色、紫色或其他颜色。

光山有栽培。

棉豆是一种粮食作物，种子可食用，此外种子还可药用，味甘，性平。补血，活血，消肿。治血虚、胸腹疼痛、跌打肿痛、水肿。用量30~50 g，煮熟食。

2. 菜豆（云藊豆、四季豆、龙牙豆）
Phaseolus vulgaris L.

一年生缠绕藤本。羽状复叶具3小叶；托叶披针形，长约4 mm，基着。小叶宽卵形或卵状菱形，侧生的偏斜，长

4~16 cm，宽2.5~11 cm，顶端长渐尖，有细尖，基部圆形或宽楔形，全缘，被短柔毛。总状花序比叶短，有数朵生于花序顶部的花；花梗长5~8 mm；小苞片卵形，有数条隆起的脉，约与花萼等长或稍较其长，宿存；花萼杯状，长3~4 mm，上方的2枚裂片连合成一微凹的裂片；花冠白色、黄色、紫堇色或红色。荚果带形，稍弯曲。

光山常见栽培。

菜豆是一种蔬菜，果荚食用。

24. 豌豆属 Pisum L.

草本，茎中空。偶数羽状复叶，托叶大，叶状，小叶1~3对，叶轴顶端有卷须或尖头，叶全缘。总状花序腋生，旗瓣瓣柄与雄蕊管分离，雄蕊10枚，花丝合生成二体雄蕊。荚果。光山有1种。

1. 豌豆（回鹘豆、麦豆、雪豆、荷兰豆）
Pisum sativum L.

一年生攀缘草本。全株绿色，光滑无毛，被粉霜。叶具小叶4~6片，托叶比小叶大，叶状，心形，下缘具细牙齿。小叶卵圆形，长2~5 cm，宽1~2.5 cm；花于叶腋单生或数朵排列为总状花序；花萼钟状，深5裂，裂片披针形；花冠颜色多样，随品种而异，但多为白色和紫色，雄蕊(9+1)二体；子房无毛，花柱扁，内面有髯毛。荚果肿胀，长椭圆形，长2.5~10 cm，宽0.7~14 cm，顶端斜急尖，背部近于伸直；种子2~10颗，圆形，青绿色，有皱纹或无，干后变为黄色。

光山常见栽培。

豌豆是一种蔬菜，嫩苗、嫩果荚、种子供食用，种子还可药用，味甘，性平。利小便，调营卫，益中平气。治消渴、吐逆、泻痢瘠下、脚气水肿、腹胀满、痈肿痘疮、霍乱呕吐。

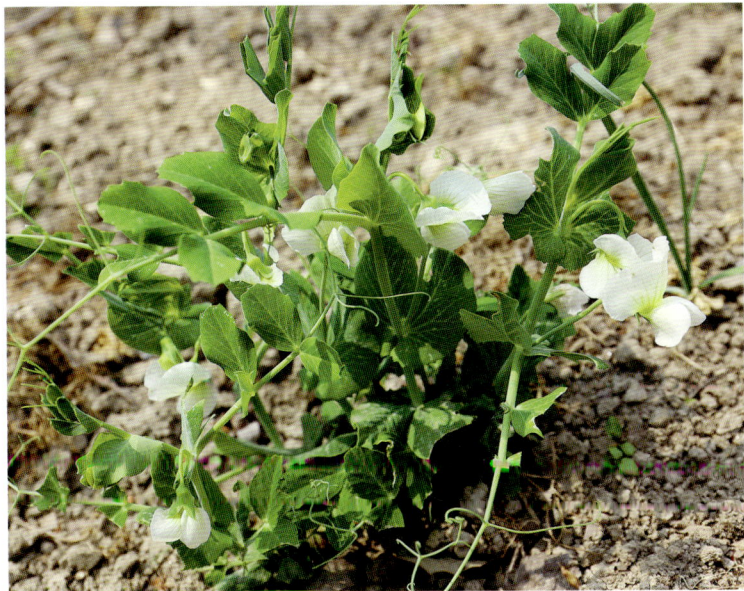

25. 葛属Pueraria DC.

藤本。三出复叶，有时4～7小叶，叶全缘，托叶盾状着生。总状花序，花萼钟形，雄蕊10或9+1，花丝合生成单或二体雄蕊。荚果线形，有或无横隔。光山有1种1变种。

1. 野葛（葛、葛藤）

Pueraria lobata (Willd.) Ohwi

粗壮藤本，全体被黄色长硬毛，有粗厚的块根。羽状复叶具3小叶；托叶背着；小叶3裂，偶尔全缘，顶生小叶宽卵形或斜卵形，长7～15 cm，宽5～12 cm，顶端长渐尖，侧生小叶斜卵形，稍小，叶面被淡黄色、平伏的疏柔毛，叶背较密；小叶柄被黄褐色绒毛。总状花序长15～30 cm，中部以上有颇密集的花；花2～3朵聚生于花序轴的节上；花萼钟形，长8～10 mm，被黄褐色柔毛，裂片披针形，渐尖，比萼管略长；花冠长10～12 mm，紫色；子房线形，被毛。荚果长椭圆形。

生于山谷、草坡、路边或疏林下。

野葛的花和块根药用。根味甘、辛，性平；解肌退热，生津止渴，透发斑疹。花：味甘，性微凉；止渴，解酒毒；治感冒发热、口渴、头痛项强、疹出不透、急性胃肠炎、小儿腹泻、肠梗阻、痢疾、高血压引起的颈项强直和疼痛、心绞痛、突发性耳聋，并可解酒。

2. 葛麻姆

Pueraria lobata (Willd.) Ohwi var. montana (Lour.) van der Maesen

粗壮藤本，全体被黄色长硬毛，有粗厚的块根。羽状复叶具3小叶；托叶背着；小叶全缘，小叶宽卵形，长大于宽，长9～18 cm，均被长柔毛，叶背毛较密。花冠长12～15 mm，旗瓣圆形。荚果长椭圆形。

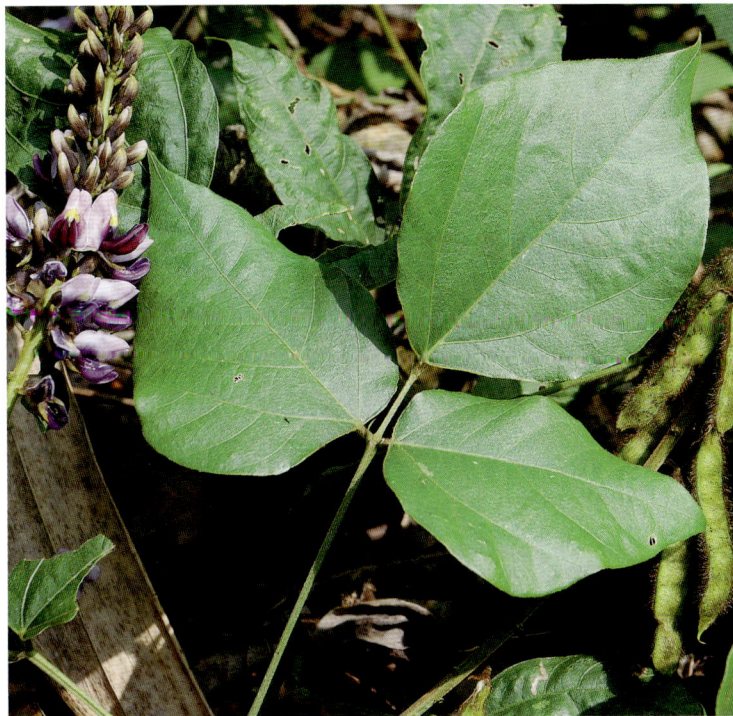

生于山谷、草坡、路边或疏林下。

葛麻姆的花和块根药用。根味甘、辛，性平；解肌退热，生津止渴，透发斑疹。花：味甘，性微凉；止渴，解酒毒；治感冒发热、口渴、头痛项强、疹出不透、急性胃肠炎、小儿腹泻、肠梗阻、痢疾、高血压引起的颈项强直和疼痛、心绞痛、突发性耳聋，并可解酒。

26. 鹿藿属Rhynchosia Lour.

藤本。复叶3小叶，叶背有腺点，叶全缘，无小托叶。总状花序或复总状花序，花梗无关节，雄蕊10(9+1)，花丝合生成二体雄蕊。荚果小，种子2粒。光山有1种。

1. 鹿藿（山黑豆、老鼠眼、痰切豆）

Rhynchosia volubilis Lour.

缠绕草质藤本。叶为指状3小叶；叶柄长2～5.5 cm；小叶纸质，顶生小叶菱形或倒卵状菱形，长3～8cm，宽3～5.5 cm，顶端钝，或为急尖，常有小凸尖，基部圆形或阔楔形，两面均被灰色或淡黄色柔毛，叶背尤密，并被黄褐色腺点；基出脉3条；小叶柄长2～4 mm，侧生小叶较小，常偏斜。总状花序长1.5～4 cm，1～3个腋生；花长约1 cm，排列稍密集；花梗长约2 mm；花萼钟状，长约5 mm，裂片披针形，外面被短柔毛及腺点；花冠黄色。荚果长圆形，红紫色，长1～1.5 cm，宽约8 mm，极扁平。

生于山谷、山坡、杂草中。见于南向店乡环山村、白雀园镇赛山村。

鹿藿全草药用，味苦、辛，性平。消积散结，消肿止痛，舒筋活络。治小儿疳积、牙痛、神经性头痛、颈淋巴结结核、风湿关节炎、腰肌劳损。外用治痈疖肿毒、蛇咬伤。

光山常见栽培或逸生。见于槐店乡珠山村。

刺槐是一种用材树种。它的花还可药用，味甘，性平。利尿止血。治大肠下血、咯血、吐血及妇女红崩。

27. 刺槐属Robinia L.

乔木或灌木。奇数羽状复叶，托叶刺状或刚毛状。总状花序，萼钟状，稍二唇形，雄蕊10(9+1)枚为二体雄蕊。荚果扁平，腹缝线有狭翅。光山有1种。

1. 刺槐 (洋槐、槐树、刺儿槐)

Robinia pseudoacacia L.

落叶乔木。小枝具托叶刺。羽状复叶长10～30 cm；叶轴上面具沟槽；小叶2～12对，常对生，椭圆形、长椭圆形或卵形，长2～5 cm，宽1.5～2.2 cm，顶端圆，微凹，具小尖头，基部圆至阔楔形，全缘，叶面绿色，叶背灰绿色，幼时被短柔毛，后变无毛；小叶柄长1～3 mm；小托叶针芒状，总状花序腋生，长10～20 cm，下垂，花多数，芳香；苞片早落；花梗长7～8 mm；花萼斜钟状，长7～9 mm，萼齿5，三角形至卵状三角形，密被柔毛；花冠白色；子房线形。荚果褐色，或具红褐色斑纹，线状长圆形。

28. 槐属Sophora L.

乔木。奇数羽状复叶，花丝分离或仅基部合生。荚果呈念珠状。光山有2种。

1. 苦参 (野槐、好汉枝、苦骨、地骨、地槐、山槐子)

Sophora flavescens Ait.

亚灌木。羽状复叶长达25 cm；托叶披针状线形，渐尖，长约6～8 mm；小叶6～12对，互生或近对生，纸质，形状多变，椭圆形、卵形、披针形至披针状线形，长3～4 cm，宽1～2 cm，顶端钝或急尖，基部宽楔形或浅心形，叶面无毛，叶背疏被灰白色短柔毛或近无毛。总状花序顶生，长15～25 cm；花多数，疏或稍密；花梗纤细，长约7 mm；苞片线形，长约2.5 mm；花萼钟状，明显歪斜，具不明显波状齿，完全发育后近截平，长约5 mm，宽约6 mm，疏被短柔毛；花冠比花萼长1倍，白色或淡黄白色；子房近无柄，被淡黄白色柔毛，花柱稍弯曲，胚珠多数。荚果长5～10 cm，种子间稍缢缩。

生于山坡、沙地、草坡、灌木林中或田野附近。见于泼陂河镇东岳寺村。

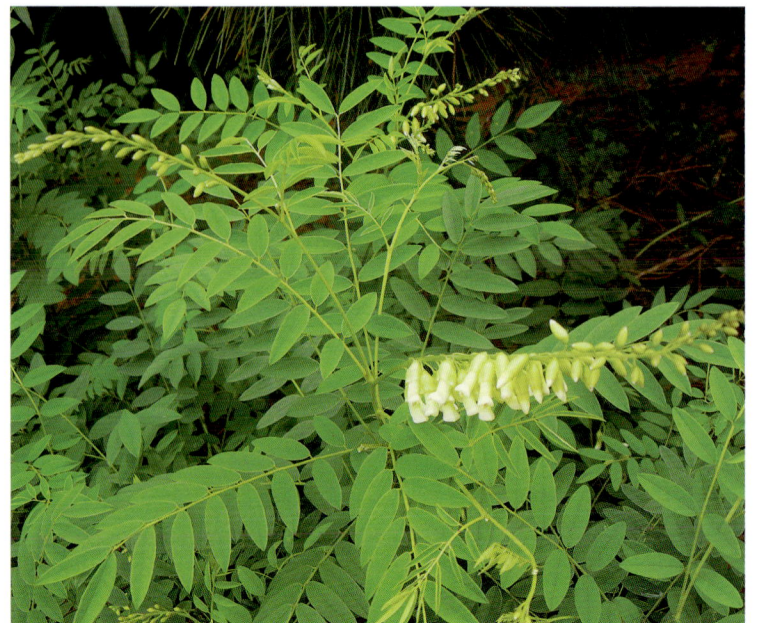

苦参味苦，性寒，有小毒。清热利湿，祛风杀虫。治急性细菌性痢疾、阿米巴痢疾、肠炎、黄疸、结核性渗出性胸膜炎、结核性腹膜炎（腹水型）、尿路感染、小便不利、白带、痔疮肿痛、麻风。

2. 槐（金药树、护房树、豆槐、槐花树）

Sophora japonica L.

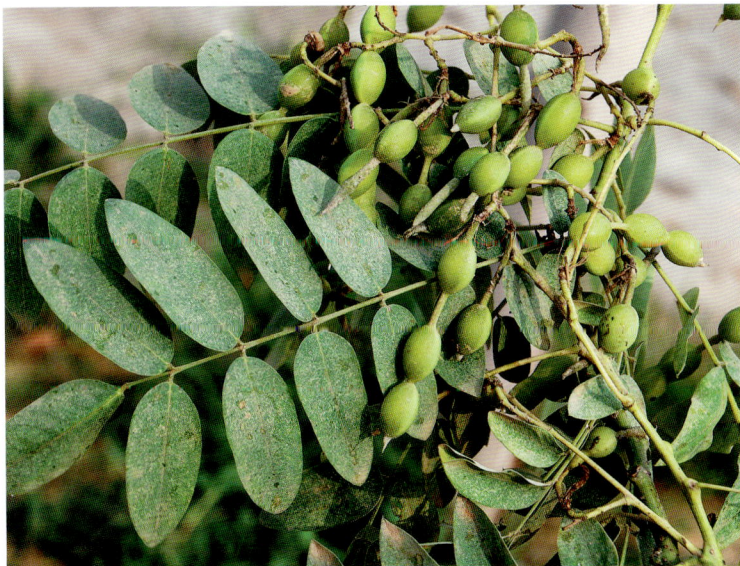

乔木，高达25 m。羽状复叶长达25 cm；叶轴初被疏柔毛，旋即脱净；叶柄基部膨大，包裹着芽；小叶4～7对，对生或近互生，纸质，卵状披针形或卵状长圆形，长2.5～6 cm，宽1.5～3 cm，顶端渐尖，具小尖头，基部宽楔形或近圆形，稍偏斜，叶背灰白色，初被疏短柔毛，旋变无毛；小托叶2枚，钻状。圆锥花序顶生，常呈金字塔形，长达30 cm；花梗比花萼短；小苞片2枚，形似小托叶；花萼浅钟状，长约4 mm，萼齿5枚，近等大，圆形或钝三角形，被灰白色短柔毛，萼管近无毛；花冠白色或淡黄色。荚果串珠状。

光山常见栽培。见于白雀园镇赛山村。

槐是用材树种，它的花蕾药用，味苦，性微寒。凉血止血，清肝明目。治吐血、衄血、便血、痔疮出血、血痢、崩漏、风热目赤、高血压病、皮肤风疹。用量6～10 g。

29. 车轴草属Trifolium L.

草本。3出复叶，叶全缘。总状组成圆锥花序，雄蕊10枚，花丝合生成2体雄蕊。荚果节荚反复折叠，节荚沿腹缝线连接。光山有1种。

1. 白车轴草（白三叶、荷兰翘摇）

Trifolium repens L.

多年生草本。茎匍匐蔓生。掌状三出复叶；叶柄较长，长10～30 cm；小叶倒卵形至近圆形，长8～20 mm，宽8～16 mm，顶端凹头至钝圆，基部楔形渐窄至小叶柄，中脉在叶背隆起，侧脉约13对。花序球形，顶生，直径15～40 mm；总花梗甚长，比叶柄长近1倍，具花20～50朵，密集；无总苞；苞片披针形，膜质，锥尖；花长7～12 mm；花梗比花萼稍长或等长，开花立即下垂；萼钟形，具脉纹10条，萼齿5枚，披针形，稍不等长，短于萼筒，萼喉开张，无毛；花冠白色、乳黄色或淡红色，具香气。荚果长圆形；种子通常3粒。

光山常见栽培或逸为野生。见于文殊乡九九林场。

白车轴草全草药用，味甘，性平。清热，凉血，宁心。治癫痫、痔疮出血、硬结肿块。

30. 野豌豆属Vicia L.

草本，茎有翅。偶数羽状复叶，小叶2～12对，叶轴顶端有卷须或尖头，叶全缘。总状花序腋生，旗瓣瓣柄与雄蕊管分离，雄蕊10枚，花丝合生成二体雄蕊。荚果。光山有4种。

1. 广布野豌豆（草藤、落豆秧）

Vicia cracca L.

多年生草本。茎攀缘或蔓生，有棱，被柔毛。偶数羽状复叶，叶轴顶端卷须有2～3分支；托叶半箭头形或戟形，上部2深裂；小叶5～12对互生，线形、长圆形或披针状线形，长1.1～3 cm，宽0.2～0.4 cm，顶端锐尖或圆形，具短尖头，基部近圆形或近楔形，全缘；叶脉稀疏，呈三出脉状，不甚清晰。总状花序与叶轴近等长，花多数，10～40朵密集一面向着生于总花序轴上部；花萼钟状，萼齿5枚，近三角状披针形；花冠紫色、蓝紫色或紫红色。荚果长圆形或长圆菱形。

生于田边、路旁、草坡。光山全县常见。

味辛、苦，性温。祛痰止咳，活血调经，截疟。治风湿痹痛、肢体瘫痪、跌打损伤、湿疹、疮毒、月经不调、咳嗽痰多、疟疾、衄血。

2. 蚕豆（胡豆、许豆）

Vicia faba L.

一年生草本。茎粗壮，具四棱，中空。偶数羽状复叶，叶轴顶端卷须短缩为短尖头；托叶戟头形或近三角状卵形，长1～2.5 cm，宽约0.5 cm，略有锯齿，具深紫色密腺点；小叶通常1～3对，互生，上部小叶达4～5对，基部较少，小叶椭圆形、长圆形或倒卵形，稀圆形，长4～6(10) cm，宽1.5～4 cm，顶端圆钝，具短尖头，基部楔形，全缘，两面均无毛。总状花序腋生，花梗近无；花萼钟形，萼齿披针形，下萼齿较长；具花2～4(6)朵呈丛状着生于叶腋，花冠白色，具紫色脉纹及黑色斑晕。荚果肥厚，成熟后表皮变为黑色。

光山常见栽培。全县广布。

蚕豆是一种粮食作物，种子供食用，它的花、叶梗、豆荚、种子还可药用。花：味甘，性凉；凉血止血，止带降压。豆：健脾利湿。豆荚：敛疮。梗：止血止泻。叶：解毒。花：治咯血、吐血、便血、白带、高血压病；用量15～30 g。种子：治脚气水肿；用量60～240 g。豆荚：治天疱疮、脓疱疮、烧烫伤。外用炒炭研末，用麻油调敷患处。梗：治各种内出血、腹泻；用量30 g，水煎服或干粉3 g吞服，每日3次。叶：治蛇咬伤；外用适量，鲜叶捣烂敷患处。

3. 小巢菜（小麦豆）

Vicia hirsuta (L.) S. F. Gray

一年生草本，攀缘或蔓生。茎细柔有棱，近无毛。偶数羽状复叶末端卷须分支；托叶线形，基部有2～3裂齿；小叶4～8对，线形或狭长圆形，长0.5～1.5 cm，宽0.1～0.3 cm，顶端平截，具短尖头，基部渐狭，无毛。总状花序明显短于叶；花萼钟形，萼齿披针形，长约0.2 cm；花2～4朵密集生于花序轴顶端，花甚小，仅长0.3～0.5 cm；花冠白色、淡蓝青色或紫白色，稀粉红色；子房无柄，密被褐色长硬毛，胚珠2颗，花柱上部四周被毛。荚果长圆菱形。

生于山沟、河滩、田边和路旁草丛。见于县城官渡河边。

小巢菜全草药用，味甘、淡，性平。活血平胃，利五脏，明目。治疔疮、肾虚遗精、腰痛。

4. 歪头菜（两叶豆苗、三铃子、野豌豆）

Vicia unijuga A. Br.

多年生草本。茎丛生，具棱，疏被柔毛。偶见卷须，托叶戟形或近披针形，长0.8～2 cm，宽3～5 mm；小叶1对，卵状披针形或近菱形，长3～7 cm，宽1.5～4 cm，顶端渐尖，基部楔形。总状花序长4.5～7 cm，具花8～20朵；花萼紫色，斜钟状，长约0.4 cm，直径0.2～0.3 cm；花冠蓝紫色、紫红色或淡蓝色，长1～1.6 cm，旗瓣倒提琴形，长1.1～1.5 cm，宽0.8～1 cm，翼瓣长1.3～1.4 cm，宽0.4 cm，龙骨瓣短于翼瓣；子房线形，胚珠2～8，花柱上部四周被毛。荚果长圆形，长2～3.5 cm，宽0.5～0.7 cm；种子3～7，扁圆球形。

生于山地、林缘、草地、沟边及灌丛。见于南向店乡环山村、白雀园镇大尖山。

歪头菜全株药用，味甘，性平。补虚调肝，理气止痛，清热利尿。治劳伤、头晕、高血压及肝病等。

31. 豇豆属Vigna Savi

藤本。复叶3小叶，叶全缘，托叶基部下延，有小托叶。单花或总状花序，花序轴花梗着生处有腺体，雄蕊10(9+1)，花丝合生成二体雄蕊，柱头侧生。荚果线形。光山有5种2亚种。

1. 赤豆（红豆、红小豆、赤小豆）

Vigna angularis (Willd.) Ohwi et H. Ohashi

一年生、直立或缠绕草本。羽状复叶具3小叶；托叶盾状着生，箭头形，长0.9～1.7 cm；小叶卵形至菱状卵形，长5～10 cm，宽5～8 cm，顶端宽三角形或近圆形，侧生的偏斜，全缘或浅三裂，两面均稍被疏长毛。花黄色，约5或6朵生于短的总花梗顶端；花梗极短；小苞片披针形，长6～8 mm；花萼钟状，长3～4 mm；花冠长约9 mm，旗瓣扁圆形或近肾形，常稍歪斜，顶端凹，翼瓣比龙骨瓣宽，具短瓣柄及耳，龙骨瓣顶端弯曲近半圈；子房线形，花柱弯曲，近顶端有毛。荚果圆柱状，长5～8 cm，宽5～6 mm，平展或下弯，无毛；种子通常暗红色。

光山有栽培。见于县城官渡河边。

赤豆是一种粮食作物，种子食用。种子还可药用，味甘、酸，性平。清湿热，利尿，排脓消肿。治水肿、脚气、小便不利、疮疡肿毒。用量9～60 g。

2. 绿豆

Vigna radiata (L.) Wilczek

一年生直立草本，有时顶部稍缠绕状，被淡褐色长柔毛。小叶3；顶生小叶阔卵形，长6～10 cm，顶端渐尖；侧生小叶偏斜，长4～10 cm，宽2.5～7.5 cm，两面疏被长硬毛；托叶大，阔卵形，长约至1 cm；小托叶线形。总状花序腋生，总花梗短于叶柄或近等长；小苞片卵形或卵状长椭圆形，有长硬毛；花萼斜钟状，萼齿4，最下面齿最长，近无毛；花冠黄色。种子长圆形，绿色，有时黄褐色。

光山有栽培。见于县城官渡河边。

绿豆种子食用，还可药用，味甘，性凉。清热解毒，消暑，利水。治暑热烦渴、水肿、泻痢、丹毒、痈肿、解药毒。用量15～30 g，煎汤、研末式绞汁；外用研末调敷。

3. 赤小豆（小豆、红饭豆、多花菜豆）

Vigna umbellata (Thunb.) Ohwi et Ohashi

一年生草本。3出复叶；小叶纸质，卵形或披针形，长10～13 cm，宽5～7.5 cm，顶端急尖，基部宽楔形或钝，全缘或微3裂，沿两面脉上薄被疏毛，基出脉3条；托叶盾状着生，披针形或卵状披针形，长10～15 mm，两端渐尖；小托叶钻形。总状花序腋生，短，有花2～3朵；苞片披针形；花梗短，着生处有腺体；花黄色，长约1.8 cm，宽约1.2 cm；龙骨瓣右侧具长角状附属体。荚果线状圆柱形，下垂，长6～10 cm，宽约5 mm，无毛，种子6～10颗，长椭圆形，通常暗红色。

光山有少量栽培。见于晏河乡大苏山。

赤小豆种子食用，还可药用，味甘、酸，性平。清湿热，利尿，排脓消肿。治水肿、脚气、小便不利、疮疡肿毒。

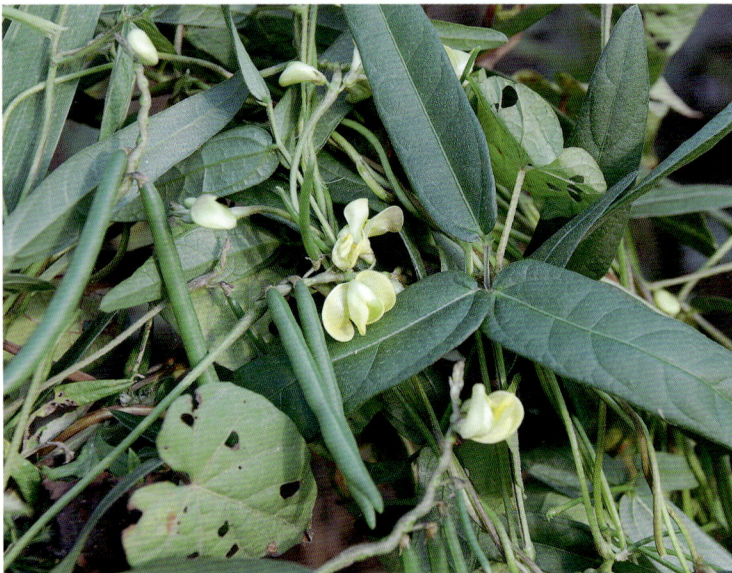

4. 豇豆（豆角、长豇豆）

Vigna unguiculata (L.) Walp.

一年生缠绕藤。羽状复叶具3小叶；托叶披针形，长约1 cm，着生处下延成一短距，有线纹；小叶卵状菱形，长5～15 cm，宽4～6 cm，顶端急尖，边全缘或近全缘，有时淡紫色，无毛。总状花序腋生，具长梗；花2～6朵聚生于花序的顶端，花梗间常有肉质蜜腺；花萼浅绿色，钟状，长6～10 mm，裂齿披针形；花冠黄白色而略带青紫，长约2 cm，各瓣均具瓣柄，旗瓣扁圆形，宽约2 cm，顶端微凹，基部稍有耳，翼瓣略呈三角形，龙骨瓣稍弯；子房线形，被毛。荚果下垂，直立或斜展，线形，长7.5～70 cm，宽6～10 mm，稍肉质而膨胀或坚实，有种子多颗。

光山常见栽培。全县广布。

豇豆是一种蔬菜，嫩果荚食用。它的种子、叶、果荚和根还可药用，味甘、酸，性平。健胃利湿，清热解毒，敛汗止血。治食积腹胀、白带、蛇伤、尿血；根治疔疮。

5. 短豇豆（白眉豆）

Vigna unguiculata (L.) Walp. subsp. **cylindrica** (L.) Verdc.

短豇豆与豇豆相近，主要区别在于，荚果短，线形，长9～16 cm，稍肉质而膨胀或坚实，有种子多颗；长椭圆形或圆柱形或稍肾形，长6～12 mm，呈黄白色、暗红色或其他颜色。

光山常见栽培。全县广布。

短豇豆是一种蔬菜，嫩果荚食用。

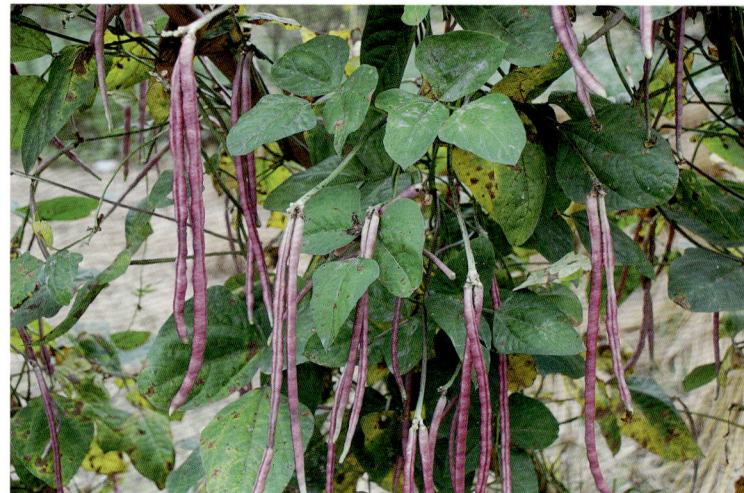

6. 长豇豆

Vigna unguiculata (L.) Walp. subsp. **sesquipedalis** (L.) Verdc.

长豇豆与豇豆相近，主要区别在于，荚果长，线形，长30～90 cm，稍肉质而膨胀或坚实，有种子多颗；长椭圆形或圆柱形或稍肾形，长6～12 mm，呈黄白色、暗红色或其他颜色。

光山常见栽培。

长豇豆是一种蔬菜，嫩果荚食用。

7. 野豇豆

Vigna vexillata (L.) Rich.

多年草质藤本。三出复叶；小叶膜质，形状变化较大，卵形至披针形，长4～9 cm，宽2～2.5 cm，顶端急尖或渐尖，基部圆形或楔形，通常全缘，少数微具3裂片，两面被棕色或灰色柔毛；叶柄长1～11 cm；叶轴长0.4～3 cm；小叶柄长2～4 mm。花序腋生，有2～4朵生于花序轴顶部，使花序近伞形；总花梗长5～20 cm；小苞片钻状，长约3 mm，早落；花萼被棕色或白色刚毛，稀变无毛，萼管长5～7 mm，裂片线形或线状披针形，长2～5 mm，上方的2枚基部合生；旗瓣黄色、粉红色或紫色，有时在基部内面具黄色或紫红色斑点。荚果直立，线状圆柱形，长4～14 cm，宽2.5～4 mm，被刚毛。

生于旷野、灌丛或疏林中。光山全县常见。

野豇豆味甘、苦，性平。解毒益气，生津，利咽。治头晕乏力、暑热烦渴、乳少、失眠、脱肛、风火牙痛、疮疖、咽喉肿痛、瘰疬、毒蛇咬伤。

32. 紫藤属Wisteria Nutt.

藤本。奇数羽状复叶，有小托叶。下垂的总状花序，萼杯状，稍二唇形，雄蕊10(9+1)枚为二体雄蕊。荚果扁平，伸长，稍念珠状。光山有1种。

1. 紫藤（藤萝）

Wisteria sinensis (Sims) Sweet

落叶藤本。茎左旋。奇数羽状复叶长15～25 cm，小叶3～6对，纸质，卵状椭圆形至卵状披针形，上部小叶较大，基部1对最小，长5～8 cm，宽2～4 cm，顶端渐尖至尾尖，基部钝圆或楔形，或歪斜，嫩叶两面被平伏毛，后秃净；小叶柄长3～4 mm，被柔毛；小托叶刺毛状，长4～5 mm，宿存。总状花序发自去年生短枝的腋芽或顶芽，长15～30 cm，直径8～10 cm，花序轴被白色柔毛；花长2～2.5 cm，芳香；花梗细，长2～3 cm；花萼杯状，长5～6 mm，宽7～8 mm，密被细绢毛，上方2齿甚钝，下方3齿卵状三角形；花冠被细绢毛，上方2齿甚钝，下方3齿卵状三角形；花冠紫色。荚果倒披针形。

生于山谷、山坡、路旁。见于白雀园镇赛山村。

紫藤的花美丽，常作园林观赏栽培。它的茎皮和花可药用，味甘、苦，性温，有小毒。利水、止痛、杀虫。治水肿、关节疼痛、腹痛、蛲虫病。

151. 金缕梅科Hamamelidaceae

乔木和灌木。叶互生，稀对生；托叶线形，或为苞片状，早落，少数无托叶。花排成头状花序、穗状花序或总状花序，

两性，或单性而雌雄同株，稀雌雄异株，有时杂性；异被，放射对称，或缺花瓣，少数无花被；常为周位花或上位花，稀下位花；萼筒与子房分离或多少合生，萼裂片4～5数，镊合状或覆瓦状排列；花瓣与萼裂片同数；子房半下位或下位，亦有为上位，2室，上半部分离。果为蒴果。光山有3属3种1变型。

1. 牛鼻栓属Fortunearia Rehder & E. H. Wilson

落叶小乔木。花瓣针形，无退化雄蕊，蒴果有柄，顶端伸直，尖锐。光山有1种。

1. 牛鼻栓

Fortunearia sinensis Rehd. et Wils.

落叶小乔木，高7 m。叶膜质，倒卵形或倒卵状椭圆形，长7～16 cm，宽4～10 cm，顶端锐尖，基部圆形或钝，稍偏斜，叶面深绿色，除中肋外秃净无毛，叶背浅绿色，脉上有长毛；侧脉6～10对；边缘有锯齿，齿尖稍向下弯；叶柄长4～10 mm，有毛；托叶早落。两性花的总状花序长4～8 cm，花序柄长1～1.5 cm，花序轴长4～7 cm，均有绒毛；萼筒长1 mm，无毛；萼齿卵形，长1.5 mm，顶端有毛；花瓣狭披针形，比萼齿短；雄蕊近于无柄，花药卵形，长1 mm；子房略有毛。蒴果卵圆形，长1.5 cm，外面无毛，有白色皮孔，沿室间2片裂开。

生于山谷林中。见于殷棚乡牢山林场、南向店乡董湾村向楼组。

牛鼻栓为用材树种。

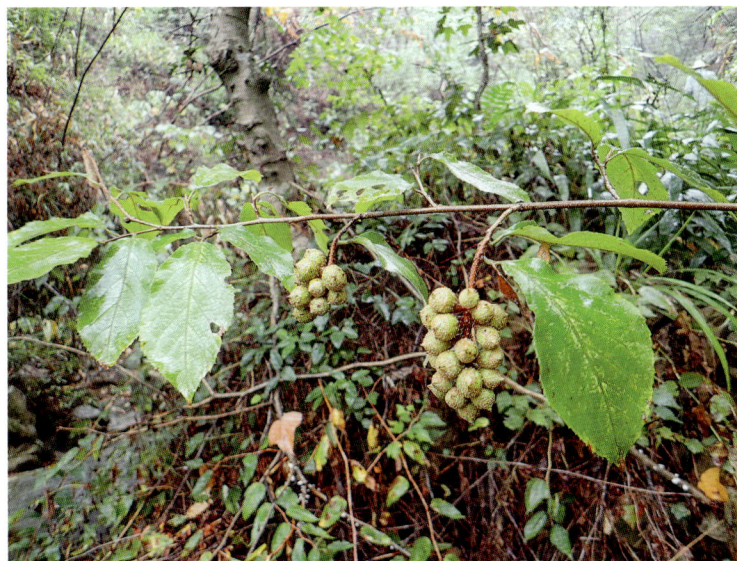

2. 枫香树属Liquidambar L.

乔木。叶3～5掌状裂，叶基部心形或圆形，掌状脉，托叶线形。蒴果有尖锐的宿萼和花柱。光山有1种。

1. 枫香（枫香树、路路通、大叶枫、枫子树、鸡爪枫）

Liquidambar formosana Hance

落叶乔木，高达30 m。叶薄革质，阔卵形，掌状3裂，中央裂片较长，顶端尾状渐尖，两侧裂片平展；基部心形；叶面绿色，干后灰绿色，不发亮，叶背有短柔毛，或变秃净仅在脉腋间有毛；掌状脉3～5条，在叶面叶背均显著，网脉明显可见；边缘有锯齿，齿尖有腺状突；叶柄长达11 cm，常有短柔毛；托叶线形，游离，或略与叶柄连生，长1～1.4 cm，红褐色，被毛，早落。雄性短穗状花序常多个排成总状，雄蕊多数，花丝不等长，花药比花丝略短；雌性头状花序有花24～43朵，花序柄长3～6 cm。头状果序圆球形。

生于山地林中。光山各地常见。

枫香是一种用材树种，木材常作培养香菇的材料。果实中药名路路通，供药用。根：味苦，性温；祛风止痛。叶：味苦，性平；祛风除湿，行气止痛。果（路路通）：味苦，性平；祛风通络，利水，下乳。白胶香（枫香脂）：味苦、辛，性平。解毒生肌，止血止痛。根：治风湿性关节痛、牙痛。叶：治肠炎、痢疾、胃痛；外用治毒蜂螫伤、皮肤湿疹。果（路路通）：治乳汁不通、月经不调、风湿关节痛、腰腿痛、小便不利、荨麻疹。白胶香：治外伤出血、跌打疼痛。用量：根、叶15～30 g，果3～9 g，白胶香1.5～3 g。外用适量，孕妇忌服。

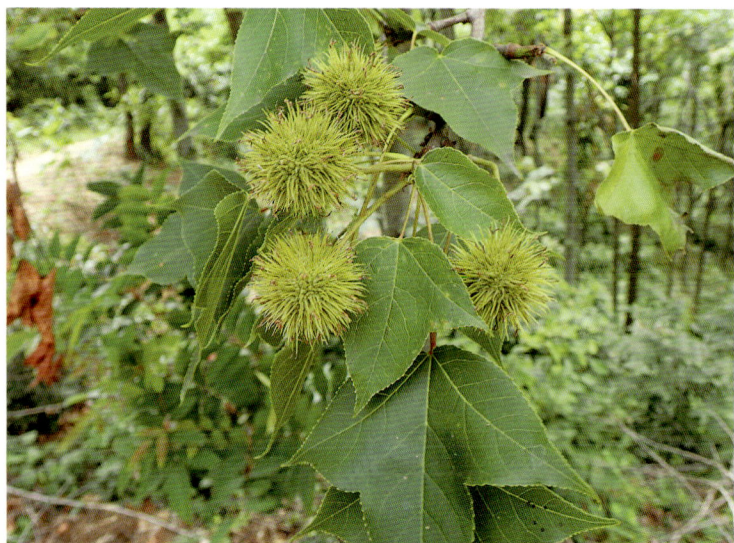

3. 檵木属Loropetalum R. Br.

乔木或灌木。叶边全缘，羽状脉。假头状或短穗状花序，花两性，4基数，花瓣狭带状，子房半下位，宿存的萼筒与蒴果连生。种子1粒。光山有1种1变型。

1. 檵木（桎木柴、檵花、坚漆）

Loropetalum chinense Oliver

小乔木，多分枝，小枝有星毛。叶革质，卵形，长2～5 cm，宽1.5～2.5 cm，顶端尖锐，基部钝，不等侧，叶面略有粗毛或秃净，干后暗绿色，无光泽，叶背被星毛，稍带灰白色，侧脉约5对，在叶面明显，在叶背突起，全缘；叶柄长2～5 mm，有星毛；托叶膜质，三角状披针形，长3～4 mm，宽1.5～2 mm，早落。花3～8朵簇生，有短花梗，白色；萼筒杯状，被星毛，萼齿卵形，长约2 mm；花瓣4片，带状，长1～2 cm，顶端圆或钝；子房完全下位，被星毛；花柱极短，长约1 mm；胚珠1个，垂生于心皮内上角。蒴果卵圆形，长7～8 mm，宽6～7 mm，顶端圆，被褐色星状茸毛。

光山有少量栽培。县城有栽培。

檵木的根、叶、花可药用。叶：味苦、涩，性平；止血，止泻，止痛，生肌。花：味甘、涩，性平；清热，止血。根：味苦，性温；行血去瘀。叶：治子宫出血、腹泻；外用治烧伤、外伤出血。花：治鼻出血、外伤出血。根：治血瘀经闭、跌打损伤、慢性关节炎、外伤出血。

2. 红花檵木

Loropetalum chinensis Oliver f. **rubrum** H. T. Chang

红花檵木与檵木相近，主要区别在于，红花檵木的花为红色，而檵木的花是白色。

光山有少量栽培。县城有栽培。

红花檵木是一种常见的园林绿化树种。

152. 杜仲科Eucommiaceae

落叶乔木。叶互生，单叶，具羽状脉，边缘有锯齿，具柄，无托叶。花雌雄异株，无花被，先叶开放，或与新叶同时从鳞芽长出。雄花簇生，有短柄，具小苞片；雄蕊5～10个，线形，花丝极短，花药4室，纵裂。雌花单生于小枝下部，有苞片，具短花梗，子房1室，由合生心皮组成。果为不开裂，扁平，长椭圆形的翅果顶端2裂。光山有1属1种。

1. 杜仲属Eucommia Oliv.

落叶乔木。叶互生，单叶。花雌雄异株，无花被，子房1室，由合生心皮组成。果不开裂，扁平，长椭圆形的翅果顶端2裂。光山有1种。

1. 杜仲（扯丝皮、思仲，丝棉皮、玉丝皮、川杜仲）

Eucommia ulmoides Oliv.

落叶乔木。高达20m；树皮灰褐色，枝、叶折断有银白色细丝相连。叶椭圆形或椭圆状卵形，长5～15cm，宽3～7cm，边缘有锯齿，叶背脉上有柔毛，顶端急尾尖，基部钝圆；叶柄长1～1.5cm。花单性，雌雄异株，花先于叶或与叶同时开放，无花被；雄花有短柄，基部有1苞片；雄蕊6～10枚，花药条形，花丝极短；雌花由2个心皮所组成，有短柄，长约8mm；子房狭长，1室，胚珠2颗，柱头顶端2叉状。翅果狭椭圆形，长约3.5cm，顶端2裂；种子1颗。

生于山地林中或栽培。见于南向店乡环山村。

杜仲是一种用材树种。树皮也是著名中药，味甘、微辛、性温。补肝肾、强筋骨、安胎。治高血压病、头晕目眩、腰膝酸痛、筋骨痿软、肾虚尿频、妊娠胎漏、胎动不安。用量6～15g。

154. 黄杨科Buxaceae

灌木、小乔木或草本。单叶，互生或对生，全缘或有齿牙，羽状脉或离基三出脉，无托叶。花小，整齐，无花瓣；单性，雌雄同株或异株；花序总状或密集的穗状，有苞片；雄花萼片4，雌花萼片6，均2轮，覆瓦状排列，子房上位，3室，稀2室。果实为室背裂开的蒴果，或肉质的核果状果。光山有1属2种。

1. 黄杨属Buxus L.

枝有四棱。叶对生，羽状脉。雌花单生于花序顶端。蒴果，室背形裂。光山有2种。

1. 雀舌黄杨（匙叶黄杨）

Buxus bodinieri Lévl.

灌木。叶薄革质，常匙形，也有狭卵形或倒卵形，大多数中部以上最宽，长2～4cm，宽8～18mm，顶端圆或钝，往往有浅凹口或小尖凸头，基部狭长楔形，有时急尖，叶面绿色，光亮，叶背苍灰色，中脉两面凸出，侧脉极多，在两面或仅叶面显著；叶柄长1～2mm。花序腋生，头状，长5～6mm，花密集，花序轴长约2.5mm；苞片卵形，背面无毛，或有短柔毛；雄花：约10朵，花梗长仅0.4mm，萼片卵圆形，长约2.5mm，雄蕊连花药长6mm，不育雌蕊有柱状柄，末端膨大，高约2.5mm，和萼片近等长，或稍超出；雌花：外萼片长约2mm，内萼片长约2.5mm。蒴果卵形。

光山有少量栽培。见于县城附近。

雀舌黄杨常作园林绿化栽培。它的叶还可药用，味甘、苦，性凉。止咳、止血、清热解毒。治咳嗽、咳血、疮疡肿毒。

2. 黄杨（小叶黄杨、瓜子黄杨）

Buxus sinica (Rehd. et Wils.) M. Cheng

灌木或小乔木。叶革质，阔椭圆形、阔倒卵形、卵状椭圆形或长圆形，大多数长1.5～3.5cm，宽0.8～2cm，顶端圆或钝，常有小凹口，不尖锐，基部圆、急尖或楔形，叶面光亮，中脉凸出，下半段常有微细毛，侧脉明显；叶柄长1～2mm，上面被毛。花序腋生，头状，花密集，花序轴长3～4mm，被毛；雄花约10朵，无花梗，外萼片卵状椭圆形，内萼片近圆形，长2.5～3 mm，无毛，雄蕊连花药长4 mm，不育雌蕊有棒状柄，末端膨大，高2 mm左右；雌花萼片长3 mm，子房较花柱稍长。蒴果近球形。

光山有少量栽培。见于县城附近。

黄杨常作园林绿化栽培。它的根和叶药用，味苦、辛，性平。祛风除湿，行气活血。治风湿关节痛、痢疾、胃痛、疝痛、腹胀、牙痛、跌打损伤、疮痈肿毒。

155. 悬铃木科 Platanaceae

落叶乔木。叶互生，大型单叶，有长柄，具掌状脉，掌状分裂，偶有羽状脉而全缘，具短柄，边缘有裂片状粗齿；托叶明显，边缘开张，基部鞘状，早落。花单性，雌雄同株，排成紧密球形的头状花序，雌雄花序同形，生于不同的花枝上，雄花头状花序无苞片，雌花头状花序有苞片；雄花有雄蕊3～8个，花丝短，药隔顶端增大成圆盾状鳞片；雌花有3～8个离生心皮，子房长卵形，1室。果为聚合果。光山有1属2种。

1. 悬铃木属 Platanus L.

落叶乔木。叶互生，大型单叶，有长柄，具掌状脉，掌状分裂；雌花有3～8个离生心皮，子房长卵形，1室。果为聚合果。光山有2种。

1. 二球悬铃木（梧桐树）

Platanus acerifolia (Ait.) Willd

落叶大乔木。叶阔卵形，宽12～25 cm，长10～24 cm，叶面叶背嫩时有灰黄色毛被，叶背的毛被更厚而密，以后变秃净，仅在背脉腋内有毛；基部截形或微心形，上部掌状5裂，有时7裂或3裂；中央裂片阔三角形，宽度与长度约相等；裂片全缘或有1～2个粗大锯齿；掌状脉3条，稀为5条，常离基部数毫米，或为基出；叶柄长3～10 cm，密生黄褐色毛被；托叶中等大，长约1～1.5 cm，基部鞘状，上部开裂。花通常4数。雄花的萼片卵形，被毛；花瓣长圆形，长为萼片的2倍。果枝有头状果序1～2个，稀为3个。

光山常见栽培。见于白雀园镇赛山村。

二球悬铃木是用材树种，也常作绿化观赏。

2. 悬铃木（法国梧桐）

Platanus orientalis L.

悬铃木与二球悬铃木相近，主要区别在于果序只有单个球果，而二球悬铃木有2～3个球果。

光山常见栽培。见于白雀园镇赛山村。

悬铃木是用材树种，也常作绿化观赏。

156. 杨柳科 Salicaceae

落叶乔木或灌木。单叶互生，稀对生，不分裂或浅裂，全缘、锯齿缘或齿牙缘；托叶鳞片状或叶状，早落或宿存。花单性，雌雄异株，罕有杂性；柔荑花序，直立或下垂，先叶开放，或与叶同时开放，稀叶后开放，花着生于苞片与花序轴间，苞片脱落或宿存；基部有杯状花盘或腺体，稀缺失；雄蕊2至多数，花药2室，纵裂，花丝分离至合生；雌花子房无柄或有柄，雌蕊由2～4(5)心皮合成，子房1室。蒴果。光山有2属7种。

1. 杨属 Populus L.

枝髓心近五角形，有顶芽，芽鳞多数。叶片较大。雌雄花序下垂，苞片顶端分裂，花盘杯状。光山有4种。

1. 响叶杨（风响树、团叶白杨、白杨树）

Populus adenopoda Maxim.

乔木，高15～30 m。芽圆锥形，有黏质，无毛。叶卵状圆形或卵形，长5～15 cm，宽4～7 cm，顶端长渐尖，基部截形或心形，稀近圆形或楔形，边缘有内曲圆锯齿，齿端有腺点，叶面无毛或沿脉有柔毛，深绿色，光亮，叶背灰绿色，幼时被密柔毛；叶柄侧扁，被绒毛或柔毛，长2～8 cm，顶端有2显著腺点。雄花序长6～10 cm，苞片条裂，有长缘毛，花盘齿裂。果序长12～20 cm；花序轴有毛；蒴果卵状长椭圆形，长4～6 mm，稀2～3 mm，顶端锐尖，无毛，有短柄，2瓣裂；种子倒卵状椭圆形，长2.5 mm，暗褐色。

光山常见栽培。见于殷棚乡牢山林场。

响叶杨是一种用材树种。

2. 山杨（响杨、白杨）

Populus davidiana Dode

乔木或小乔木，高达20 m，树冠圆形。树皮灰绿色，光滑；幼枝无毛，灰褐色，圆形。叶芽无毛，褐色微有黏液，顶端渐钝，而有细毛；花芽圆钝。叶三角状卵圆形或近圆形，长宽近等，长3～6 cm，顶端钝尖、急尖或短渐尖，基部圆形、截形或浅心形，边缘有密波状浅齿，发叶时显红色，萌枝叶大，三角状卵圆形，叶背被柔毛；叶柄侧扁，长2～6 cm。雄花序轴微有短柔毛，雄蕊5～12，生于斜杯状的花盘中，雌花序长4～7 cm，子房卵圆状圆锥形，长2.5 mm，绿色，柱头2枚，2深裂，呈红色。

光山常见栽培。见于殷棚乡牢山林场。

山杨是一种用材树种。

3. 小青杨（白杨）

Populus pseudo-simonii Kitag.

落叶乔木，高达20 m。芽圆锥形，较长，黄红色，有黏性。叶菱状椭圆形、菱状卵圆形、卵圆形或卵状披针形，长4～9 cm，宽2～5 cm，最宽在叶的中部以下，顶端渐尖或短渐尖，基部楔形、广楔形或少近圆形，边缘具细密交错起伏的锯齿，有缘毛，叶面深绿色，无毛，罕脉上被短柔毛，叶背淡粉绿色，无毛；叶柄圆形，长1.5～5 cm，顶端有时被短柔毛；萌枝叶较大，长椭圆形，基部近圆形，边缘呈波状皱曲，叶柄较短。雄花序长5～8 cm；雌花序长5.5～11 cm，子房圆形或圆锥形，无毛，柱头2裂。蒴果近无柄，长圆形，长约8 mm，顶端渐尖，2～3瓣裂。

光山常见栽培。

小青杨是一种用材树种。

4. 小叶杨（明杨）

Populus simonii Carr.

落叶乔木，高达20 m。树皮幼时灰绿色，老时暗灰色，沟裂；树冠近圆形。芽细长，顶端长渐尖，褐色，有黏质。叶菱状卵形、菱状椭圆形或菱状倒卵形，长3～12 cm，宽2～8 cm，中部以上较宽，顶端突急尖或渐尖，基部楔形、宽楔形或窄圆形，边缘平整，细锯齿，无毛，叶面淡绿色，叶背灰绿或微白，无毛；叶柄圆筒形，长0.5～4 cm，黄绿色或带红色。雄花序长2～7 cm，花序轴无毛，苞片细条裂，雄蕊8～25；雌花序长2.5～6 cm；苞片淡绿色，裂片褐色，无毛，柱头2裂。果序长达15 cm。

光山有少量栽培。

小叶杨是一种用材树种。

2. 柳属 Salix L.

枝髓心近心形，无顶芽，芽鳞1数。叶片较狭而长。雌雄花序直立，苞片顶端全缘，无杯状花盘。光山有3种。

1. 垂柳（柳树、清明柳、吊杨柳、线柳）

Salix babylonica L.

乔木。叶狭披针形或线状披针形，长9～16 cm，宽0.5～1.5 cm，顶端长渐尖，基部楔形，两面无毛或微有毛，叶面绿色，叶背色较淡，边缘有锯齿；叶柄长5～10 mm，有短柔毛；托叶仅生在萌发枝上，斜披针形或卵圆形，边缘有齿牙。花序先叶开放，或与叶同时开放；雄花序长1.5～2 (3)cm，有短梗，轴有毛；雄蕊2枚，花丝与苞片近等长或较长，基部多少有长毛，花药红黄色；苞片披针形，外面有毛；腺体2；雌花序长达2～3(5)cm。蒴果长3～4 mm，带绿黄褐色。

光山有少量栽培。

垂柳是一种用材及绿化树种。垂柳全株还可药用，味苦，性寒。清热解毒，祛风利湿。叶：治慢性气管炎、尿道炎、膀胱炎、膀胱结石、高血压。外用治关节肿痛、痈疽肿毒、皮肤瘙痒，还可灭蛆、杀孑孓。枝、根皮：治白带、风湿性关节炎；外用治烧烫伤。须根：治风湿拘挛、筋骨疼痛、湿热带下、牙龈肿痛。树皮：外用治黄水疮。用量：叶15～30 g，外用适量，

鲜叶捣烂敷患处；枝、根皮9～15 g，外用研粉，香油调敷；须根12～24 g，水煎服，酒泡服或炖肉服。

2. 腺柳（河柳）

Salix chaenomeloides Kimura

小乔木。叶椭圆形、卵圆形至椭圆状披针形，长4～8 cm，宽1.8～3.5 cm，顶端急尖，基部楔形，稀近圆形，两面光滑，叶面绿色，叶背苍白色或灰白色，边缘有腺锯齿；叶柄幼时被短绒毛，后渐变光滑，长5～12 mm，顶端具腺点；托叶半圆形或肾形，边缘有腺锯齿，早落，萌枝上的发育旺盛。雄花序长4～5 cm，粗8 mm；花序梗和轴有柔毛；苞片小，卵形，长约1 mm；雄蕊一般5，花丝长为苞片的2倍，基部有毛，花药黄色，球形；雌花序长4～5.5 cm。蒴果卵状椭圆形。

生于山谷、河边、水旁。光山全县常见。

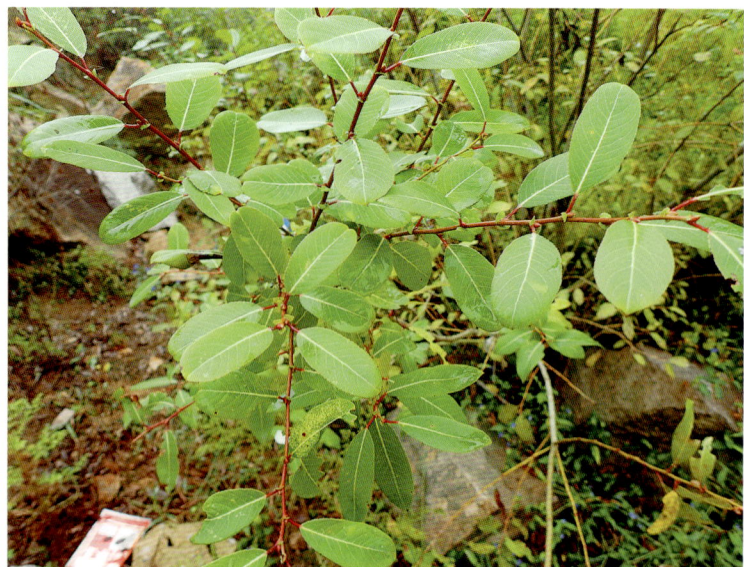

3. 旱柳（柳树、河柳、江柳、杨柳、山杨柳）

Salix matsudana Koidz.

乔木，高可达18 m。枝细长，直立或开展，先黄色后变褐色，微具短柔毛或无毛。叶披针形，长5～10 cm，宽1～2 cm，顶端长渐尖，基部圆形或楔形，边缘有细锯齿，叶面沿中脉处有绒毛，叶背苍白或带白色；叶柄长2～4 mm或近无柄；托叶披针形或无，边缘具齿，有腺点。雌雄异株，雄花序短，圆柱形，长1.5～2.5 cm，花序轴有柔毛；苞阔卵形，顶端钝；雄蕊2枚，花丝基部有柔毛，花药黄色；雌花序很小，长10～25 mm，花序轴有柔毛，雌花有2个腺体。蒴果。种子极小。

生于河岸、水旁。见于南向店乡董湾村向楼组、南向店乡董湾村林场。

旱柳常作河岸绿化用，它的根、根须、皮、枝、叶和种子还可药用，味微苦，性寒。清热除湿，消肿止痛。治急性膀胱炎、小便不利、关节炎、黄水疮、疮毒、牙痛。

163. 壳斗科Fagaceae

乔木，稀灌木。单叶，互生。花单性同株，稀异株；雄花有雄蕊4~12枚，花丝纤细，花药基着或背着，2室，纵裂；雌花1~3~5朵聚生于一壳斗内，有时伴有可育或不育的短小雄蕊，子房下位，子房室与心皮同数，或因隔膜退化而减少，3~6室，每室有倒生胚珠2颗，仅1颗发育，中轴胎座；雄花序下垂或直立，整序脱落，多数单花或有小花束；雌花序直立，花单朵散生或3数朵聚生成簇，分生于总花序轴上成穗状，有时单或2~3花腋生。由总苞发育而成的壳斗包着坚果。光山有3属9种1变种。

1. 栗属Castanea Mill.

落叶乔木，无顶芽。雄花序穗状；雌花单生或组成穗状花序，子房6~9室。壳斗开裂成数瓣，或不开裂但有纵向裂痕，坚果无3棱脊。光山有2种。

1. 板栗（栗子、枫栗）

Castanea mollissima Blume

落叶乔木。叶长椭圆形至长椭圆状披针形，长9~18 cm，宽4~7 cm，顶端渐尖或短尖，基部圆形或宽楔形，边缘有锯齿，齿端有芒状尖头，叶背被灰白色短柔毛，侧脉10~18对；叶柄长0.5~2 cm，被细茸毛或近无毛。雄花序长9~20 cm，有茸毛；雄花每簇有花3~5朵；雌花常生于雄花序下部，2~5朵生于1总苞内，花柱下部有毛。成熟总苞连刺直径4~7 cm；苞片针刺形，密被紧贴星状柔毛；坚果通常2~3个，扁球形，侧生两个为半球形，直径2~2.5 cm，暗褐色，顶端被茸毛。

光山常见栽培。全县广布。

板栗是一种木本粮食作物，种子供食用。它的果实和花序还可药用。果实：味甘，性温；通常作食品，滋阴补肾。花序：味涩；止泻。根皮：味甘、淡，性平。果实：治肾虚腰痛；内服每次的用量为60~120 g。花序：治腹泻、红白痢疾、久泻不止、小儿消化不良、瘰疬瘿瘤。壳斗：治丹毒、红肿。树皮：治疮毒、漆疮。根皮：治疝气。叶：治百日咳，用量9~15 g，

水煎冲糖服。

2. 茅栗

Castanea seguinii Dode

落叶灌木或乔木，高达15 m。嫩枝被短柔毛；冬芽小，卵形，长2~3 mm。叶长椭圆形或倒卵状长椭圆形，长6~14 cm，宽4~6 cm，顶端渐尖，基部楔形、圆形或近心形，边缘有锯齿，叶背被腺鳞，或仅在幼时脉上有稀疏单毛，侧脉12~17对，直达齿端；叶柄长6~10 mm，有短毛。总苞近球形，连刺直径3~5 cm；苞片针刺形，密生；坚果常为3个，有时可达5~7个，扁球形，直径1~1.5 cm。

生于山地林中。见于殷棚乡牢山林场、南向店乡董湾村、白雀园镇赛山村。

茅栗的种子可食用。根还可药用，味苦，性寒。清热解毒，消食。治肺热咳嗽、肺结核、食后腹胀、丹毒、疮毒。

2. 青冈属Cyclobalanopsis Oerst.

常绿乔木。雄花序穗状，无退化雌蕊；雌花单生或组成穗状花序，子房3室。壳斗不开裂，壳斗小苞片轮状排列，愈合成同心环，坚果无3棱脊。光山有1种。

1. 青冈（青冈栎、铁槠）

Cyclobalanopsis glauca (Thunb.) Oerst.

常绿乔木。叶片革质，倒卵状椭圆形或长椭圆形，长6~13 cm，宽2~5.5 cm，顶端渐尖或短尾状，基部圆形或宽楔形，叶缘中部以上有疏锯齿，侧脉每边9~13条，叶背支脉明显，叶面无毛，叶背有整齐平伏白色单毛，老时渐脱落，常有

白色鳞秕；叶柄长1～3 cm。雄花序长5～6 cm，花序轴被苍色绒毛。果序长1.5～3 cm，着生果2～3个。壳斗碗形，包着坚果的1/3～1/2，直径0.9～1.4 cm，高0.6～0.8 cm，被薄毛；小苞片合生成5～6条同心环带，环带全缘或有细缺刻，排列紧密。坚果卵形。

生于山地林中。见于南向店乡环山村、南向店乡董湾村林场。

青冈是一种优良的用材树种。

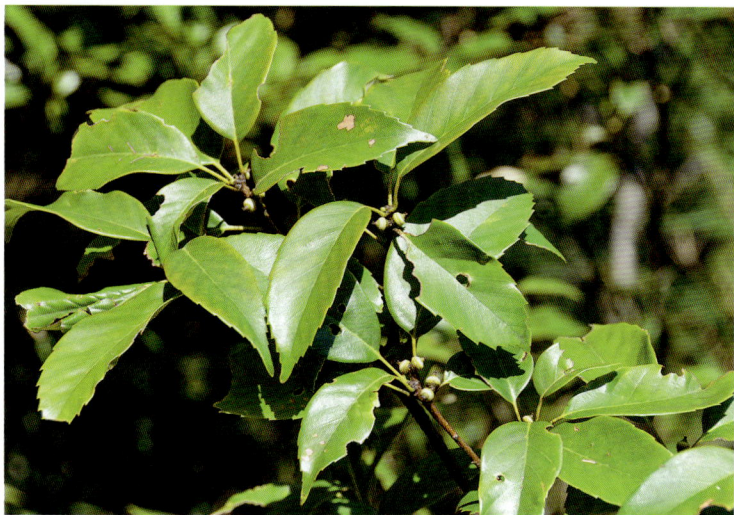

3. 栎属 Quercus L.

乔木。雄花序穗状，无退化雌蕊；雌花单生或组成穗状花序，子房3室。壳斗不开裂，壳斗小苞片覆瓦状排列，不愈合成同心环，坚果无3棱脊。光山有6种1变种。

1. 麻栎（青冈、栎、橡椀树）

Quercus acutissima Carruth.

落叶乔木。叶形态多样，通常为长椭圆状披针形，长8～19 cm，宽2～6 cm，顶端长渐尖，基部圆形或宽楔形，叶缘有刺芒状锯齿，叶两面同色，幼时被柔毛，老时无毛或叶背脉上有柔毛，侧脉每边13～18条；叶柄长1～3(5)cm，幼时被柔毛，后渐脱落。雄花序常数个集生于当年生枝下部叶腋，有花1～3朵。壳斗杯形，包着坚果约1/2，连小苞片直径2～4 cm，高约1.5 cm；小苞片钻形或扁条形，向外反曲，被灰白色茸毛；坚果卵形或椭圆形，直径1.5～2 cm，高1.7～2.2 cm，顶端圆形，果脐突起。

生于山地林中。光山的山区常见。见于殷棚乡牢山林场、白雀园镇赛山村。

麻栎是用材树种。

2. 槲栎

Quercus aliena Bl.

落叶乔木，高达30 m。叶片长椭圆状倒卵形至倒卵形，长10～20 cm，宽5～14 cm，顶端微钝或短渐尖，基部楔形或圆形，叶缘具波状钝齿，叶背被灰棕色细绒毛，侧脉每边10～15条，叶面中脉侧脉不凹陷；叶柄长1～1.3 cm，无毛。雄花序长4～8 cm，雄花单生或数朵簇生于花序轴，微有毛，花被6裂，雄蕊通常10枚；雌花序生于新枝叶腋，单生或2～3朵簇生。壳斗杯形，包着坚果约1/2，直径1.2～2 cm，高1～1.5 cm；小苞片卵状披针形，长约2 mm，排列紧密，被灰白色短柔毛。坚果椭圆形至卵形。

生于山地林中。光山的山区常见。见于白雀园镇赛山村。

槲栎是用材树种。

3. 栎树（柞栎、波罗栎）

Quercus dentate Thunb.

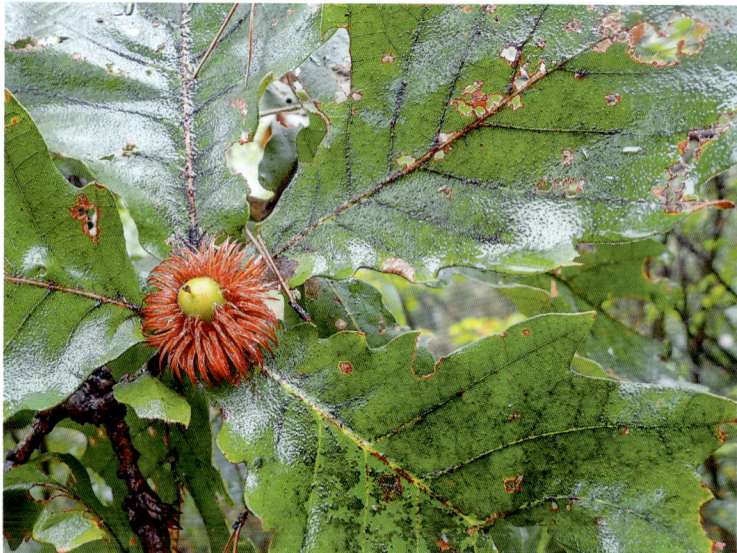

落叶乔木。叶片倒卵形或长倒卵形，长10～30 cm，宽6～20 cm，顶端短钝尖，叶面深绿色，基部耳形，叶缘波状或具粗锯齿，幼时被毛，后渐脱落。雄花序生于新枝叶腋，长4～10 cm，花序轴密被淡褐色绒毛，花数朵簇生于花序轴上；花被7～8裂，雄蕊8～10枚；雌花序生于新枝上部叶腋，长1～3 cm。壳斗杯形，包着坚果的1/3～1/2，连小苞片直径2～5 cm，高0.2～2 cm；小苞片革质，窄披针形，长约1 cm，反曲或直立，红棕色，外面被褐色丝状毛，内面无毛。坚果卵形至宽卵形，直径1.2～1.5 cm，高1.5～2.3 cm。

生于山地林中。光山的山区常见。
栎树是用材树种。

4. 白栎

Quercus fabri Hance

落叶乔木，高达20 m。叶片倒卵形或椭圆状倒卵形，长7～15 cm，宽3～8 cm，顶端钝或短渐尖，基部楔形或窄圆形，叶缘具波状锯齿或粗钝锯齿，幼时两面被灰黄色星状毛，侧脉每边8～12条，叶背支脉明显；叶柄长3～5 mm，被棕黄色茸毛。雄花序长5～9 cm，花序轴被茸毛，雌花序长1～5 cm，生2～4朵花。壳斗杯形，包着坚果约1/3，直径0.8～1.1 cm，高4～8 mm；小苞片卵状披针形，排列紧密，在口缘处稍伸出；坚果长椭圆形或卵状长椭圆形，直径0.7～1.2 cm，高1.7～2 cm，无毛，果脐突起。

生于山地林中。见于殷棚乡牢山林场、白雀园镇赛山村。
白栎是用材树种。

5. 枹栎

Quercus serrata Thunb.[*Quercus glandulifera* Bl.]

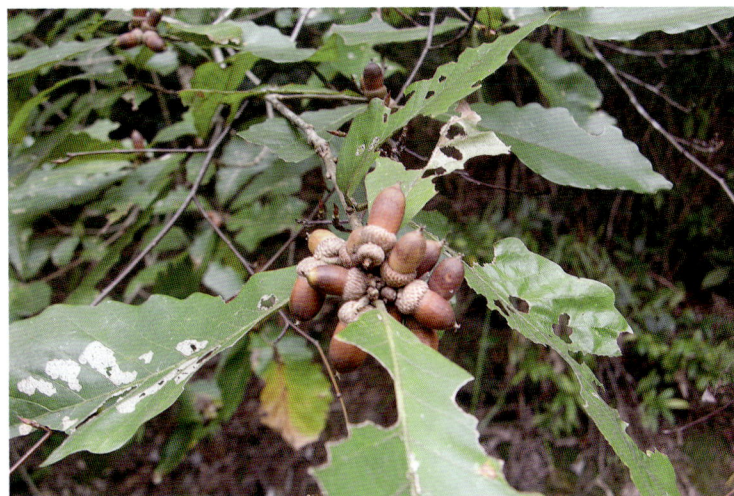

落叶乔木，高达25 m。叶片薄革质，倒卵形或倒卵状椭圆形，长7～17 cm，宽3～9 cm，顶端渐尖或急尖，基部楔形或近圆形，叶缘有腺状锯齿，幼时被伏贴单毛，老时及叶背被平伏单毛或无毛，侧脉每边7～12条；叶柄长1～3 cm，无毛。雄花序长8～12 cm，花序轴密被白毛，雄蕊8；雌花序长1.5～3 cm。壳斗杯状，包着坚果的1/4～1/3，直径1～1.2 cm，高5～8 mm；小苞片长三角形，贴生，边缘具柔毛。坚果卵形至卵圆形，直径0.8～1.2 cm，高1.7～2 cm，果脐平坦。

生于山地林中。光山的山区少见。见于殷棚乡牢山林场。
枹栎是用材树种。

6. 短柄枹栎

Quercus serrata Thunb. var. **brevipetiolata** (A. DC.) Nakai

短柄枹栎与枹栎相近，主要区别在于叶柄短于3 mm，而枹栎的叶柄长1～3 cm。

生于山地林中。光山的山区常见。

短柄枹栎是用材树种。

7. 栓皮栎（于杠碗、软木栎、粗皮栎、白麻栎）

Quercus variabilis Bl.

落叶乔木，高达30 m。叶片卵状披针形或长椭圆形，长8～15 (20) cm，宽2～6 (8) cm，顶端渐尖，基部圆形或宽楔形，叶缘具刺芒状锯齿，叶背密被灰白色星状绒毛，侧脉每边13～18条，直达齿端；叶柄长1～3 (5)cm，无毛。雄花序长达14 cm，花序轴密被褐色绒毛，花被4～6裂，雄蕊10枚或较多；雌花序生于新枝上端叶腋，花柱由杯形的30壳斗组成，包着坚果的2/3，连小苞片直径2.5～4 cm，高约1.5 cm；小苞片钻形，反曲，被短毛。坚果近球形或宽卵形。

生于山地林中。光山的山区少见。

栓皮栎是用材树种。栓皮栎的壳斗药用，味苦、涩，性平。止咳，涩肠。治咳嗽、久泻、久痢、痔瘘出血、乳房红肿。

165. 榆科 Ulmaceae

乔木或灌木。单叶，常绿或落叶，互生，稀对生，常二列，有锯齿或全缘，基部偏斜或对称，羽状脉或基部3出脉，稀基部5出脉或掌状3出脉，有柄；托叶常呈膜质，侧生或生柄内。单被花两性，稀单性或杂性，雌雄异株或同株，雄蕊着生于花被的基底；雌蕊由2心皮连合而成。果为翅果、核果、小坚果。光山有2属5种。

1. 朴属 Celtis L.

叶基部明显3出脉，叶脉在未达边之前弯曲。萼片分离，覆瓦状排列，雄蕊萼片果时脱落。果为核果。光山有2种。

1. 黑弹朴（紫弹树、朴树、中筋树、沙楠子树、香丁、小叶朴）

Celtis biondii Pamp.

落叶乔木，高达18 m。叶阔卵形、卵形至卵状椭圆形，长2.5～7 cm，宽2～3.5 cm，基部钝至近圆形，稍偏斜，顶端渐尖至尾状渐尖，在中部以上疏具浅齿，薄革质，边稍反卷，叶面脉纹多下陷，被毛的情况变异较大，两面被微糙毛，或叶面无毛，仅叶背脉上被毛，或叶背除糙毛外还密被柔毛；叶柄长3～6 mm，幼时有毛；托叶条状披针形，被毛，比较迟落，往往到叶完全长成后才脱落。果序单生叶腋，通常具2果，近球形。

生于山谷疏林或村边、路旁和旷地上。见于白雀园镇赛山村、南向店乡董湾村向楼组。

黑弹朴的叶、根皮、茎、枝药用，味甘，性寒。清热解毒，祛痰，利小便。治小儿脑积水、腰骨酸痛、乳腺炎。

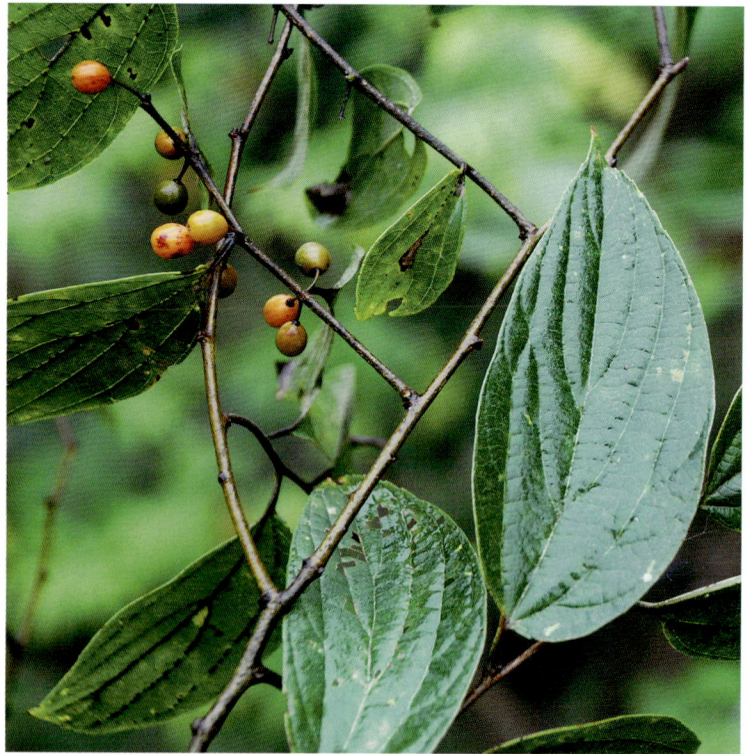

2. 朴树（小叶牛筋树）

Celtis sinensis Pers.

落叶乔木，高达15 m。叶纸质，卵形或长卵形，长5～10 cm，宽2.5～5 cm，顶端短渐尖，基部圆形，稍偏斜，边缘于中部以上有锯齿，幼时两面被柔毛，老时变无毛；3基出脉明显；叶柄长5～10 mm，被短柔毛；托叶线形，长约8 mm，宽1～1.2 mm，背面被毛，早落。花生于当年生枝上，雄花在枝下部排成聚伞花序，雌花生于上部叶腋内；萼片4枚，上部边缘被毛；雄蕊4枚，与萼片对生，花丝基部被毛；子房卵形。核果近球形，直径约5 mm，成熟时红褐色，表面有网纹；果柄长5～10 mm，疏被柔毛。

生于山谷疏林或村边、路旁和旷地上。见于晏河乡净居寺、殷棚乡牢山林场。

朴树的根皮、树皮、叶药用，味苦、涩，性平。根皮：散瘀止泻。鲜根皮（或树皮）120～150 g，鲜苦参60～90 g，水煎冲黄酒服，早晚各服1次，可治腰痛；用叶捣汁涂，可治漆疮。

2. 榆属Ulmus L.

萼片基部稍合生，无药无毛。果为翅果。光山有3种。

1. 多脉榆（锈毛榆）

Ulmus castaneifolia Hemsl.

落叶乔木。叶长圆状椭圆形、长椭圆形、长圆状卵形、倒卵状长圆形或倒卵状椭圆形，质地通常较厚，长8～15 cm，宽3.5～6.5 cm，顶端长尖或骤凸，基部常明显地偏斜，一边耳状或半心脏形，一边圆或楔形，较长的一边往往覆盖叶柄，长为叶柄之半或几等长；叶面幼时密生硬毛，后渐脱落，平滑或微粗糙，主侧脉凹陷处常多少有毛，叶背密被长柔毛，脉腋有簇生毛，边缘具重锯齿，侧脉每边16～35条；叶柄长3～10 mm，密被柔毛。花在去年生枝上排成簇状聚伞花序。翅果长圆状倒卵形。

生于山坡及山谷的阔叶林中。见于白雀园镇赛山村。

2. 榔榆（白榆、家榆、榆钱、春榆、粘榔树）

Ulmus parvifolia Jacq.

落叶乔木。叶质地厚，披针状卵形或窄椭圆形，长1.7～8 cm，宽0.8～3 cm，顶端尖或钝，基部偏斜，楔形或一边圆；叶面深绿色，有光泽，除中脉凹陷处有疏柔毛外，余处无毛，侧脉不凹陷，叶背色较浅，幼时被短柔毛，后变无毛或沿脉有疏毛，或脉腋有簇生毛，边缘从基部至顶端有钝而整齐的单锯齿，稀重锯齿，侧脉每边10～15条，细脉在两面均明显；叶柄长2～6 mm，仅上面有毛。花秋季开放，3～6数在叶腋簇生或排成簇状聚伞花序，花被上部杯状，下部管状，花被4片。翅果椭圆形或卵状椭圆形。

生于山坡、平原和溪河边。见于槐店乡万河村、南向店乡董湾村林场。

榔榆常栽培作盆景。果实、树皮、叶、根皮还可药用。榆钱（果）：味微辛，性平；安神健脾。皮、叶：味甘、微苦，性寒；安神，利小便。榆钱：治神经衰弱、失眠、食欲不振、白带；皮、叶：治神经衰弱、失眠、体虚浮肿；内皮：治骨折、外伤出血。用量：榆钱3～9 g；皮、叶9～15 g。接骨以内皮酒调包敷患处，止血用内皮研粉撒布患处。脾胃虚寒者慎用。

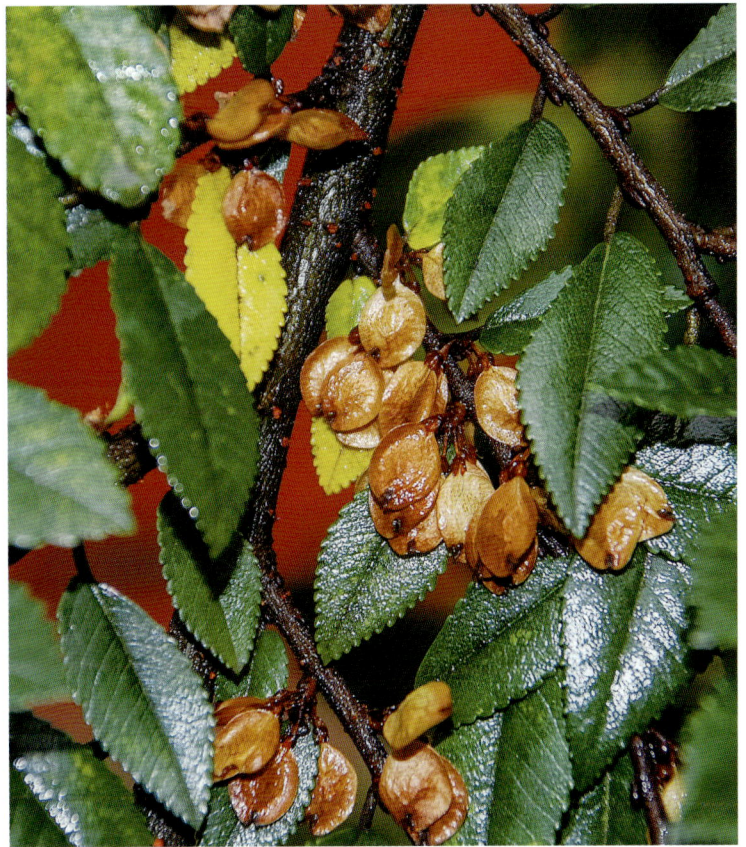

3. 榆（白榆、家榆、榆树）

Ulmus pumila L.

乔木，高达25 m，胸径1 m；树冠卵圆形。树皮暗灰色，纵裂而粗糙；枝条细长，灰色。叶椭圆状卵形或椭圆状披针形，长2～7 cm，顶端尖或渐尖，基部近对称，叶缘常具单锯齿，侧脉9～14对，无毛或叶背脉腋微有簇毛。花先叶开放，两性，簇生；花萼4裂，雄蕊4。翅果近圆形或卵圆形，果核位于翅果中部，长约1～2 cm，熟时黄白色，无毛。

生于山坡、平原和溪河边。见于南向店乡环山村。

榆树皮或根皮的韧皮部药用，味甘，性平。利水，通淋，消肿。治小便不通、淋浊、水肿、痈疽发背、丹毒、疥癣。内服：煎汤，7.5～15 g；或研末。外用：煎水洗、捣敷或研末调敷。

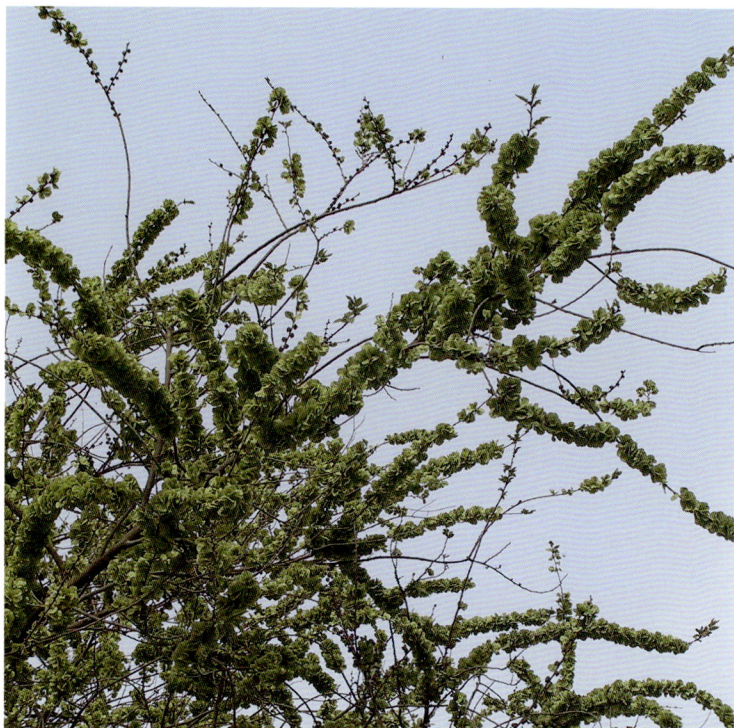

167. 桑科Moraceae

乔木或灌木，藤本，稀为草本。叶互生稀对生。花小，单性，雌雄同株或异株，无花瓣；花序腋生，典型成对，总状、圆锥状、头状、穗状或壶状，稀为聚伞状，花序托有时为肉质，增厚或封闭而为隐头花序或开张而为头状或圆柱状。果为瘦果或核果状，围以肉质变厚的花被，或藏于其内形成聚花果，或隐藏于壶形花序托内壁，形成隐花果，或陷入发达的花序轴内，形成大型的聚花果。光山有5属10种2变种。

1. 构属Broussonetia L'Hert. ex Vent.

乔木或藤本。雌花组成头状花序或密集于球形至圆筒形、椭圆形的花序轴上，雄花柔荑花序，花丝蕾中内折。每一果序上有很多果，果不包藏于宿萼内。光山有2种。

1. 楮（藤构、葡蟠、谷树）

Broussonetia kazinoki Sieb.

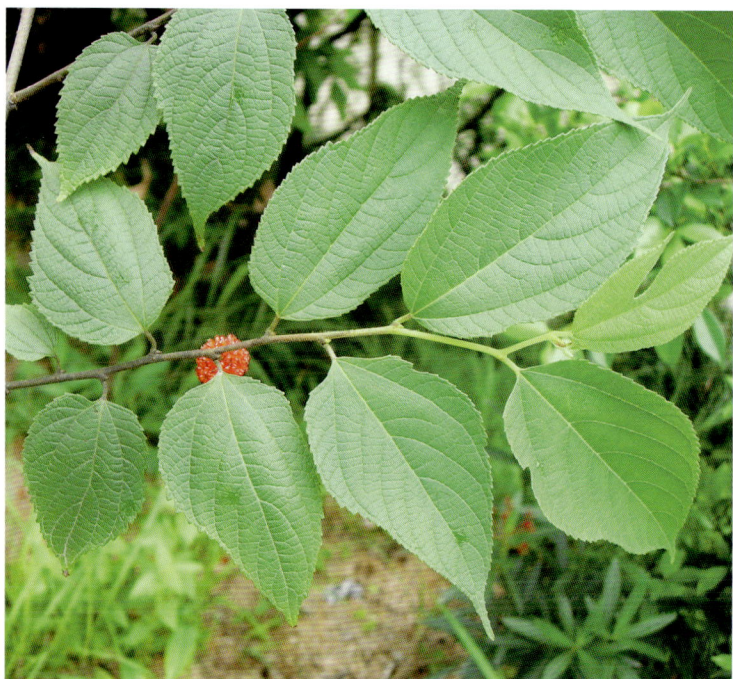

攀缘状灌木。枝蔓生，幼时被浅褐色柔毛，后脱落。叶互生，螺旋状排列，纸质，卵状椭圆形，长3.5～8 cm，宽2～3 cm，顶端渐尖或长渐尖，基部心形或近截形，常偏斜，边缘有小锯齿，不裂或有时不规则分裂，叶面略粗糙，有稀疏粗毛，叶背有较密的毛；叶柄长8～10 mm，有粗毛。花雌雄异株，雄花序有毛，长1.5～2.5 cm；雄花花被片4～3片，裂片外面被毛，雄蕊4～3枚，花药椭圆形，退化雌蕊小；雌花集生为球形的头状花序，有毛。聚花果。

生于山坡、丘陵灌丛或次生杂木林中，常攀缘于它物上。见于白雀园镇赛山村。

楮的根、根皮、树皮及叶药用，味甘、淡，性平。根、根皮：散瘀止痛。叶、树皮汁：解毒，杀虫。根、根皮：治跌打损伤、腰痛。叶、树皮汁：外用治神经性皮炎、顽癣。用量：根、根皮30～60 g；树皮、叶汁外用适量，涂擦患处。

2. 构树（楮实子、楮树、沙纸树、谷木、谷浆树）

Broussonetia papyrifera (L.) L'Hert. ex Vent.

乔木。叶螺旋状排列，阔卵形至长椭圆状卵形，长6～18 cm，宽5～9 cm，顶端渐尖，基部心形，两侧常不相等，边缘具粗锯齿，不分裂或3～5裂，小树的叶常有明显分裂，叶面粗糙，疏生糙毛，叶背密被绒毛，基生叶脉三出，侧脉6～7对；叶柄长2.5～8 cm，密被糙毛；托叶大，卵形，狭渐尖，长1.5～2 cm，宽0.8～1 cm。花雌雄异株；雄花序为柔荑花序，粗壮，长3～8 cm，苞片披针形，被毛，花被4裂，裂片三角状卵形，被毛，雄蕊4枚，花药近球形，退化雌蕊小；雌花序球形头状，苞片棍棒状，顶端被毛。聚花果直径1.5～3 cm，成熟时橙红色。

多生于村旁旷地上。光山全县广布。

构树的果实、枝和叶药用，种子：味甘，性寒；补肾，强筋骨，明目，利尿。叶：味甘，性凉；清热，凉血，利湿，杀虫。皮：味甘，性平；利尿消肿，祛风湿。种子：治腰膝酸软、肾虚目昏、阳痿、水肿。用量6～12 g。叶：治鼻衄、肠炎、痢疾；用量9～15 g。外用割伤树皮取鲜浆汁外擦，治神经性皮炎及癣症。

2. 葨芝属Cudrania Tréc.

攀缘灌木或乔木。雌雄异株，头状花序；雄蕊4枚。光山有1种。

1. 柘树（黄筋根、黄霜筋、猫爪筋）

Cudrania tricuspidata (Carr.) Bureau ex Lavallee

灌木或乔木，枝具坚硬的刺；刺长5～35 mm。叶纸质或薄革质，倒卵形、卵形或椭圆形，长3～15 cm，宽2～7 cm，顶端钝或渐尖，基部楔形或圆形，叶面深绿色，叶背绿白色，无毛或被柔毛，侧脉4～5对，在叶背明显；叶柄长0.5～3.5 cm。雌雄异株，雌雄花序均为球形头状花序，单生或成对腋生，具短总花梗；雄花序直径0.5 cm，雄花有苞片2枚，附着于花被片上，花被片4，肉质，顶端肥厚，内卷，内面有黄色腺体2个，雄蕊4，与花被片对生，花丝在花芽时直立，退化雄蕊锥形；雌花序直径1～1.5 cm，花被片与雄花同数，花被片顶端盾形，内卷，内面下部有2黄色腺体，子房埋于花被片下部。聚花果近球形。

生于阳光充足的山地、荒坡灌丛中。光山全县分布。

柘树的根药用，味甘，性平。舒经络，壮筋骨，祛风湿，散瘀消肿。治跌打损伤肿痛、骨折、风湿痛、小儿麻痹。

3. 桑草属**Fatoua** Gaud.

草本。雌雄同序，花序为紧密的头状聚伞花序。光山有1种。

1. 水蛇麻（桑草）

Fatoua villosa (Thunb.) Nakai

一年生草本。叶膜质，卵圆形至宽卵圆形，长5～10 cm，宽3～5 cm，顶端急尖，基部心形至楔形，边缘锯齿三角形，微钝，两面被粗糙贴伏柔毛，侧脉每边3～4条；叶片在基部稍下延成叶柄；叶柄被柔毛。花单性，聚伞花序腋生，直径约5 mm；雄花钟形；花被裂片长约1 mm，雄蕊伸出花被片外，与花被片对生；雌花，花被片宽舟状，稍长于雄花被片，子房近扁球形，花柱侧生，丝状，长1～1.5 mm，约长子房2倍。瘦果略扁，具三棱。

生于荒地或路旁、灌丛中。见于南向店乡董湾村向楼组。

水蛇麻全草药用，味苦，性寒。清热解毒。治风热感冒、头痛、咳嗽、疮毒疖肿。

4. 榕属**Ficus** L.

乔木或灌木，或藤本。花多数，生于隐头花序内。光山有2种2变种。

1. 无花果（文先果、奶浆果、树地瓜、映日果、明目果、蜜果）

Ficus carica L.

落叶灌木或小乔木。全株具乳汁。叶互生，纸质或革质，阔卵形或近圆形，长6.5～26 cm，宽6～21 cm，顶端短尖，基部心形，叶面粗糙，散生短粗毛，叶背有柔毛，边缘有不规则的波状齿缺，顶端3～5裂，有粗大的掌状脉，托叶卵状披针形，长约10 mm，红色；叶柄长2～11 cm，多少被毛。花序单生、腋生成近顶生，雌雄异株，雄花和瘿花同生于一榕果内壁，雄花生内壁口部，花被片4～5，雄蕊3，有时1或5，瘿花花柱侧生，短；雌花花被与雄花同，子房卵圆形，光滑，花柱侧生，柱头2裂，线形；总花梗长0.5～2 cm。榕果单生叶腋，大而梨形。

光山有栽培。见于泼陂河镇东岳寺村。

无花果的果实、根和叶药用，果实味甘，性平。润肺止咳，清热润肠。根、叶：味淡、涩，性平。散瘀消肿，止泻。果：治咳喘、咽喉肿痛、便秘、痔疮。根、叶：治肠炎、腹泻；外用治痈肿。用量：果、叶15～30 g；根、叶外用适量，煎水熏洗患处。

2. 薜荔（凉粉果、王不留行、爬墙虎、木馒头）

Ficus pumila L.

攀缘或匍匐灌木，叶两型，不结果枝节上生不定根，叶卵状心形，长约2.5 cm，薄革质，基部稍不对称，尖端渐尖，叶柄短；结果枝上无不定根，叶革质，卵状椭圆形，长5～10 cm，宽2～3.5 cm，顶端急尖至钝形，基部圆形至浅心形，全缘，叶面无毛，叶背被黄褐色柔毛，基生叶脉延长，网脉3～4对，在叶面下陷，叶背凸起，网脉甚明显，呈蜂窝状。榕果单生叶腋，瘿花果梨形，雌花果近球形，长4～8 cm，直径3～5 cm，顶部截平，略具短钝头或为脐状凸起，基部收窄

成一短柄，基生苞片宿存，三角状卵形，密被长柔毛。瘦果近球形。

生于村郊、旷野、常攀附于残墙破垣或树上。

薜荔的果实和不育枝（络石藤）药用。果味甘，性平；补肾固精，活血，催乳。络石藤：味苦，性平；祛风通络，活血止痛。果：治遗精、阳痿、乳汁不通、闭经、乳糜尿；用量9～15 g。络石藤：治风湿性关节炎、腰腿痛、跌打损伤、痈疖肿毒，外用治创伤出血；用量9～15 g，外用适量，鲜品捣烂或干品研粉敷患处。

3. 珍珠莲

Ficus sarmentosa Buch.-Ham. ex J. E. Sm. var. **henryi** (King ex D. Oliv.) Corner

木质攀缘匍匐藤状灌木，幼枝密被褐色长柔毛，叶革质，卵状椭圆形，长8～10 cm，宽3～4 cm，顶端渐尖，基部圆形至楔形，叶面无毛，叶背密被褐色柔毛或长柔毛，基生侧脉延长，侧脉5～7对，小脉网结成蜂窝状；叶柄长5～10 mm，被毛。榕果成对腋生，圆锥形，直径1～1.5 cm，表面密被褐色长柔毛，成长后脱落，顶生苞片直立，长约3 mm，基生苞片卵状披针形，长约3～6 mm。榕果无总梗或具短梗。

生于山地灌丛中。见于殷棚乡牢山林场、南向店乡董湾村向楼组。

珍珠莲的果实药用，味甘、涩，性平。消肿止痛，止血。

治睾丸偏坠、风湿关节炎、痛风、跌打损伤、内痔便血。

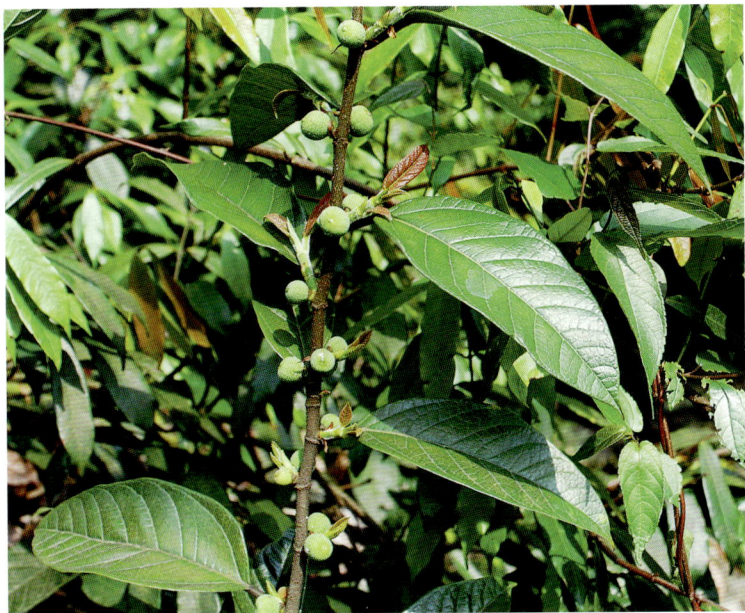

4. 纽榕

Ficus sarmentosa Buch.-Ham. ex J. E. Sm. var. **impressa** (Champ. ex Benth.) Corner

藤状匍匐灌木。叶革质，披针形，长4～7 cm，宽1～2 cm，顶端渐尖，基部钝，叶背白色至浅灰褐色，侧脉6～8对，网脉明显；叶柄长5～10 mm。榕果成对腋生或生于落叶枝叶腋，球形，直径7～10 mm，幼时被柔毛。

生于山地较阴湿的地方。见于殷棚乡牢山林场。

纽榕的根茎药用，味甘、辛，性温。祛风除湿，行气活血，消肿止痛。治风湿痹痛、神经性头痛、小儿惊风、胃痛、跌打损伤。

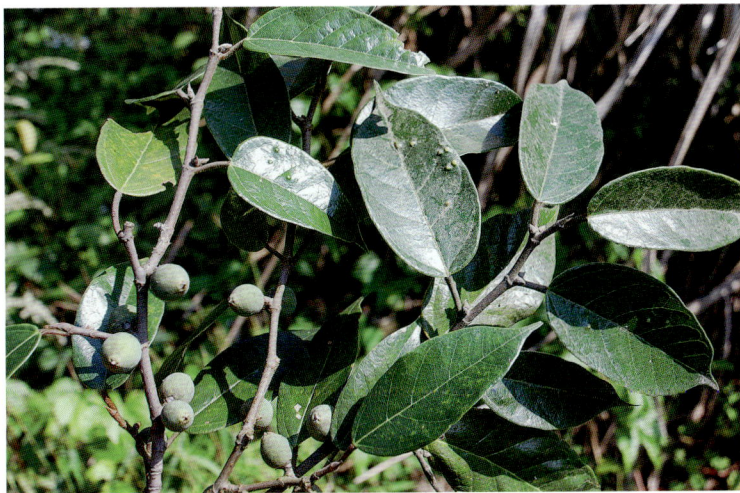

5. 桑属Morus L.

乔木或灌木。叶较小，非近圆形。花雌雄同株或异株，雌、雄花序为穗状或头状花序、柔荑花序或总状花序。光山有4种。

1. 桑

Morus alba L.

乔木或灌木。叶卵形或广卵形，长5～15 cm，宽5～12 cm，顶端急尖、渐尖或圆钝，基部圆形至浅心形，边缘锯齿粗钝，有时叶为各种分裂，叶面鲜绿色，无毛，叶背沿脉有疏毛，脉腋有簇毛；叶柄长1.5～5.5 cm，具柔毛；托叶披针形，早落，外面密被细硬毛。花单性，腋生或生于芽鳞腋内，与叶同时生出；雄花序下垂，长2～3.5 cm，密被白色柔毛，雄花花被片宽椭圆形，淡绿色，花丝在芽时内折，花药2室，球形至肾形，纵裂；雌花序长1～2 cm，被毛，总花梗长5～10 mm，被柔毛，雌花无梗，花被片倒卵形，顶端圆钝。聚花果卵状椭圆形。

栽培，亦有野生于村边旷地。见于白雀园镇赛山村。

桑叶可养蚕，它的根部内皮(桑白皮)、桑枝、桑叶和果序(桑椹)药用。桑白皮：味甘，性寒，润肺平喘，利水消肿。桑枝：味苦，性平，祛风清热，通络。果序(桑椹)：味甘、酸，性凉；滋补肝肾，养血祛风。桑叶：味甘、苦，性寒；疏风清热、清肝明目。桑白皮：治肺热喘咳、面目浮肿、小便不利、高血压病、糖尿病、跌打损伤；用量6～12 g。

2. 鸡桑（小叶桑）

Morus australis Poir.

灌木或小乔木。叶卵形，长5～14 cm，宽3.5～12 cm，顶端急尖或尾状，基部楔形或心形，边缘具粗锯齿，不分裂或3～5裂，叶面粗糙，密生短刺毛，叶背疏被粗毛；叶柄长1～1.5 cm，被毛；托叶线状披针形，早落。雄花序长1～1.5 cm，被柔毛，雄花绿色，具短梗，花被片卵形，花药黄色；雌花序球形，长约1 cm，密被白色柔毛，雌花花被片长圆形，暗绿色，花柱很长，柱头2裂，内面被柔毛。聚花果短椭圆形，直径约1 cm，成熟时红色或暗紫色。

多生于沟谷或山坡上。

鸡桑的根皮及叶药用，味甘，性寒。润肺平喘，利水消肿，清热解表。治肺热咳喘、面目浮肿、小便不利、高血压病、糖尿病、跌打损伤。

3. 华桑（葫芦桑、花桑）

Morus cathayana Hemsl.

小乔木或为灌木状。叶厚纸质，广卵形或近圆形，长8～20 cm，宽6～13 cm，顶端渐尖，基部心形，略偏斜，边缘具疏浅锯齿，有时分裂，叶背密被白色柔毛；托叶披针形。花雌雄同株异序，雄花序长3～5 cm，雄花花被片4，黄绿色，长卵形，外面被毛，雄蕊4，退化雌蕊小；雌花序长1～3 cm，雌花花被片倒卵形，顶端被毛，花柱短，柱头2裂，内面被毛。聚花果圆筒形，长2～3 cm，成熟时红色或紫黑色。

生于向阳山坡或沟谷。见于南向店乡董湾村向楼组。

华桑的叶药用，味甘、苦，性寒。疏散风热，清肺润燥，清肝明目。治风热感冒、肺热燥咳、头晕头痛、目赤昏花。

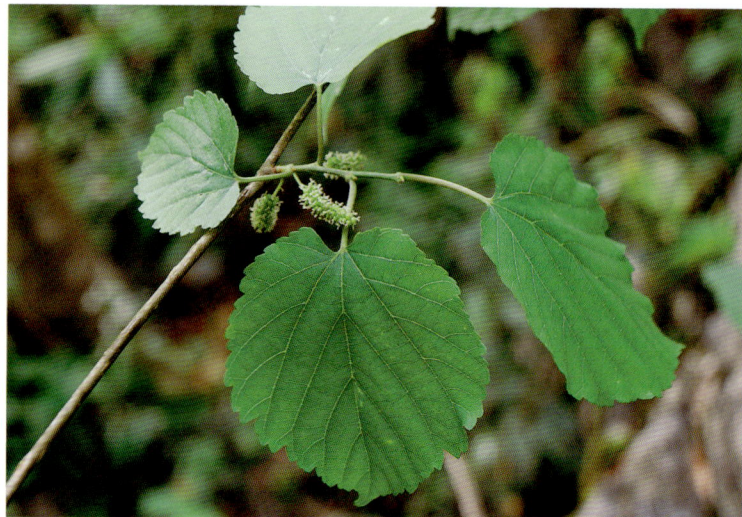

4. 蒙桑

Morus mongolica Schneid.

小乔木或灌木。叶长椭圆状卵形，长8～15 cm，宽5～8 cm，顶端尾尖，基部心形，边缘具三角形单锯齿，稀为重锯齿，齿尖有长刺芒，两面无毛；叶柄长2.5～3.5 cm。雄花序长3 cm，雄花花被暗黄色，外面及边缘被长柔毛，花药2室，纵裂。雌花序短圆柱状，长1～1.5 cm，总花梗纤细，长1～1.5 cm。雌花花被片外面上部疏被柔毛，或近无毛；花柱长，柱头2裂，内面密生乳头状突起。聚花果长1.5 cm，成熟时红色至紫黑色。

生于山地林中。见于南向店乡董湾村向楼组。

蒙桑的根皮药用，味甘，性寒。泻肺平喘，利水消肿。治肺热喘咳、水肿胀满尿少、面目肌肤浮肿。

169. 荨麻科 Urticaceae

草本、亚灌木或灌木，稀乔木或攀缘藤本，有时有刺毛；钟乳体点状、杆状或条形，在叶或有时在茎和花被的表皮细胞内隆起。茎常富含纤维，有时肉质。叶互生或对生，单叶。花极小，单性，稀两性，花被单层，稀2层；花序雌雄同株或异株，若同株时常为单性，有时两性，稀具两性花而呈杂性。果实为瘦果。光山有5属7种。

1. 苎麻属Boehmeria Jacq.

草本或灌木，小枝被灰白色柔毛。叶互生，基部不歪斜，叶背被白色绵毛。雌花被片合生成管，无退化雄蕊；雌花有花柱，伸出花被管外，柱头丝状。光山有3种。

1. 大叶苎麻（蒙自苎麻、野线麻、山麻、大蛮婆草、火麻风）

Boehmeria japonica (L. f.) Miq.

多年生草本。叶对生，同一对叶等大或稍不等大；叶片纸质，近圆形、圆卵形或卵形，长7～17 cm，宽5.5～13 cm，顶端骤尖，有时不明显3骤尖，基部宽楔形或截形，边缘在基部之上有粗齿，下部的较小，近正三角形，上部的大，三角形，顶端锐尖，全缘或常有1小齿，叶面粗糙，有短糙伏毛，叶背沿脉网有短柔毛，侧脉1～2对；叶柄长达6～8 cm。穗状花序单生叶腋，雌雄异株，不分枝，有时具少数分枝，雄的长约3 cm，雌的长7～20 cm；雄团伞花序直径约1.5 mm，约有3花，雌团伞花序直径2～4 mm，有极多数雌花。瘦果倒卵球形。

生于山地灌丛、疏林、田边或溪边。见于白雀园镇赛山村。

大叶苎麻全草药用，味甘、辛，性凉。清热解毒，化瘀消肿。治风热感冒、麻疹、痈肿、毒蛇咬伤、皮肤瘙痒、风湿痹痛、跌打损伤、骨折、疮疖。

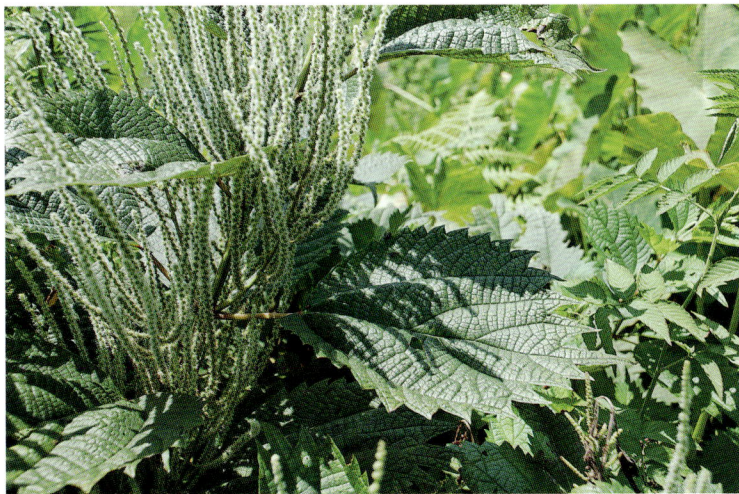

2. 苎麻（白麻、青麻、家苎麻、圆麻）

Boehmeria nivea (L.) Gaudich.

亚灌木或灌木。叶互生；叶片草质，通常圆卵形或宽卵形，少数卵形，长6～15 cm，宽4～11 cm，顶端骤尖，基部近截形或宽楔形，边缘在基部之上有粗齿，叶面稍粗糙，疏被短伏毛，叶背密被雪白色毡毛，侧脉约3对；叶柄长2.5～9.5 cm；托叶分生，钻状披针形，长7～11 mm，背面被毛。圆锥花序腋

生，或植株上部的为雌性，其下的为雄性，或同一植株的全为雌性，长2～9 cm；雄团伞花序直径1～3 mm，有少数雄花；雌团伞花序直径0.5～2 mm，有多数密集的雌花；雄花花被片4枚，狭椭圆形，长约1.5 mm，合生至中部，顶端急尖，外面有疏柔毛；雄蕊4枚。瘦果近球形。

生于溪涧边土质较肥沃的湿润处。见于白雀园镇赛山村。

苎麻是一种优良的纤维植物，它的根和叶药用。根：味甘，性寒；清热利尿，凉血安胎。叶：味甘，性凉；止血，解毒。根：治感冒发热、麻疹高烧、尿路感染、肾炎水肿、孕妇腹痛、胎动不安、先兆流产；外用治跌打损伤、骨折、疮疡肿毒。叶：外用治创伤出血、虫蛇咬伤。用量：根9～15 g，根、叶外用适量，鲜品捣烂敷或干品研粉撒患处。

3. 悬铃叶苎麻（方麻、水苎麻、水麻）

Boehmeria tricuspis (Hance) Makino

亚灌木。叶对生，稀互生；叶片纸质，扁五角形或扁圆卵形，茎上部叶常为卵形，长8～12 cm，宽7～14 cm，顶部3骤尖或3浅裂，基部截形、浅心形或宽楔形，边缘有粗锯齿，叶面粗糙，有糙伏毛，叶背密被短柔毛，侧脉2对；叶柄长1.5～6 cm。穗状花序单生叶腋，或同一植株的全为雌性，或茎上部的雌性，其下的为雄性，雌的长5.5～24 cm，分枝呈圆锥状或不分枝，雄的长8～17 cm，分枝呈圆锥状；团伞花序直径1～2.5 mm；雄花花被片4枚，椭圆形，长约1 mm，下部合生，外面上部疏被短毛；雄蕊4枚，长约1.6 mm，花药长约0.6 mm；退化雌蕊椭圆形，长约0.6 mm；雌花花被椭圆形，长0.5～0.6 mm，齿不明显，外面有密柔毛。

生于山谷疏林下、沟边或田边。见于南向店乡环山村。

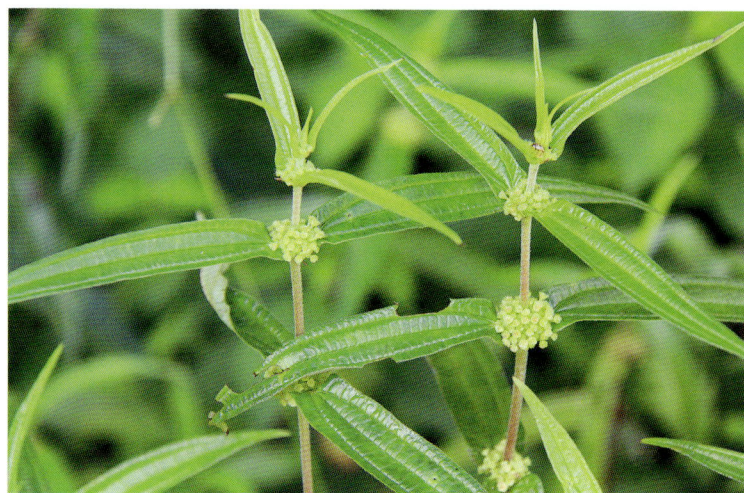

3. 艾麻属 Laportea Gaudich.

草本。茎、小枝或叶脉疏被刺小毛。叶互生，卵形，边缘有粗锯齿。光山1种。

1. 珠芽艾麻（牡丹三七、华艾麻草、红禾麻根、铁秆铊）
Laportea bulbifera (Sieb. et Zucc.) Wedd.

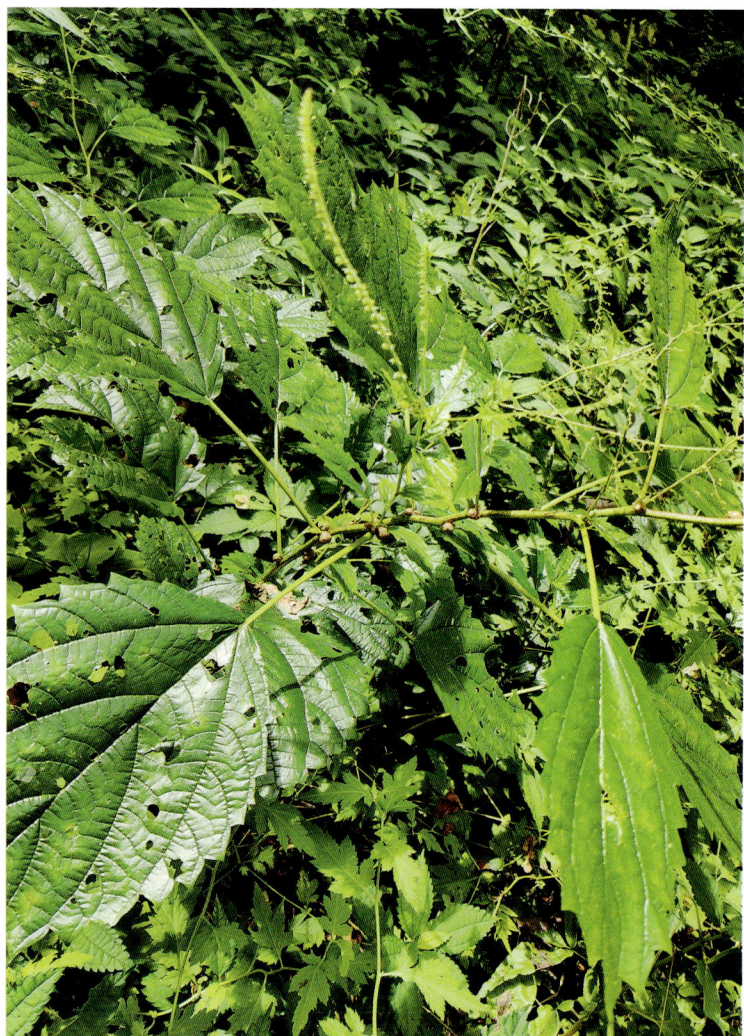

2. 糯米团属 Gonostegia Turcz.

草本或灌木。叶对生或变互生，等大，全缘，叶基部1对侧脉无分枝，托叶分离或合生。团伞花序单生，雌花花被片合生成管状，柱头丝状，花后脱落。光山有1种。

1. 糯米团（糯米草、糯米藤、糯米条）
Gonostegia hirta (Bl.) Miq.

多年生草本。茎蔓生。叶对生；叶片草质或纸质，宽披针形至狭披针形、狭卵形，稀卵形或椭圆形，长2～10 cm，宽1～2.8 cm，顶端长渐尖至短渐尖，基部浅心形或圆形，边缘全缘，叶面稍粗糙，有稀疏短伏毛或近无毛，叶背沿脉有疏毛或近无毛，基出脉3～5条；叶柄长1～4 mm；托叶钻形，长约2.5 mm。团伞花序腋生，通常两性，有时单性，雌雄异株，直径2～9 mm；苞片三角形，长约2 mm；雄花花梗长1～4 mm；花蕾直径约2 mm，在内折线上有稀疏长柔毛；花被片5片，分生。瘦果卵球形。

生于溪旁、林下、沟边或田野草地潮湿处。见于南向店乡环山村、南向店乡董湾村向楼组。

糯米团全草药用，味淡，性平。健脾消食，清热利湿，解毒消肿。治消化不良、食积胃痛、白带。外用治血管神经性水肿、疔疮疖肿、乳腺炎、跌打肿痛、外伤出血。用量30～60 g。外用适量，鲜全草或根捣烂敷患处。

多年生草本。珠芽1～3个，常生于不生长花序的叶腋，球形。叶卵形至披针形，长8～16 cm，宽3.5～8 cm，顶端渐尖，基部宽楔形。花序雌雄同株，圆锥状，序轴上生短柔毛和稀疏的刺毛；雄花序生茎顶部以下的叶腋，具短梗，长3～10 cm，分枝多，开展；雌花序生茎顶部或近顶部叶腋，长10～25 cm，花序梗长5～12 cm。雄花具短梗或无梗，直径约1 mm，花被5片，长圆状卵形，内凹，外面近顶端无角状突起物，外面有微毛；雄蕊5枚；退化雌蕊倒梨形，长约0.4 mm；雌花具梗，花被4片。瘦果圆状倒卵形。

生于山坡林下或林缘路边半阴坡湿润处。见于南向店乡董湾村向楼组。

珠芽艾麻的根药用，味辛，性温。祛风除湿，活血止痛。治风湿痹痛、肢体麻木、跌打损伤、骨折疼痛、月经不调、劳伤乏力、肾炎水肿。

4. 花点草属 Nanocnide Bl.

小草本。茎、小枝或叶脉疏被刺小毛。叶互生，三角状宽卵形、半圆形或扇形，长1.5～2 cm。光山有1种。

1. 花点草（高墩草）

Nanocnide japonica Bl.

多年生小草本。叶三角状卵形或近扇形，长1.5～3 cm，宽1.3～2.7 cm，顶端钝圆，基部宽楔形、圆形或近截形，边缘每边具4～7枚圆齿或粗牙齿，叶面翠绿色，疏生紧贴的小刺毛，叶背浅绿色，有时带紫色，疏生短柔毛，钟乳体短杆状，两面均明显，基出脉3～5条。雄花序为多回二歧聚伞花序，生于枝的顶部叶腋，直径1.5～4 cm，疏松，具长梗，长过叶，花序梗被向上倾斜的毛；雌花序密集成团伞花序，直径3～6 mm，具短梗；雄花具梗，紫红色，直径2～3 mm；花被5深裂，裂片卵形，长约1.5 mm，背面近中部有横向的鸡冠状突起物，其上缘生长毛；雄蕊5枚；雌花长约1 mm，花被绿色，不等4深裂。瘦果卵形。

生于山坡林下或林缘路边半阴坡湿润处。见于南向店乡董湾村向楼组、南向店乡董湾村。

5. 冷水花属 Pilea Lindl.

草本。叶对生，异型，同对稍不等大，托叶合生。团伞花序单生，雌花花被片分离或基部合生，柱头画笔状。光山有1种。

1. 冷水花（长柄冷水麻）

Pilea notata C. H. Wright

多年生草本。茎肉质。叶纸质，同对的近等大，狭卵形、卵状披针形或卵形，长4～11 cm，宽1.5～4.5 cm，顶端尾状渐尖或渐尖，基部圆形，稀宽楔形，边缘自下部至顶端有浅锯齿稀有重锯齿，叶面深绿，有光泽，叶背浅绿色，钟乳体条形，长0.5～0.6 mm，两面密布，明显，基出脉3条，其侧出的2条弧曲，伸达上部与侧脉环结，侧脉8～13对，稍斜展呈网脉；叶柄纤细，长1.7 cm，常无毛，稀有短柔毛；托叶大，带绿色，长圆形，长8～12 mm，脱落。花雌雄异株；雄花序聚伞

总状，长2～5 cm，有少数分枝，团伞花簇疏生于花枝上；雌聚伞花序较短而密集。瘦果小，卵圆形。

生于山谷、溪旁或林下阴湿处。见于南向店乡董湾村向楼组。

冷水花全草药用，味淡、微苦，性凉。清热利湿，生津止渴，利胆退黄。治湿热黄疸、肺痨、小儿夏季热、消化不良、神经衰弱、赤白带下、淋浊、尿血。

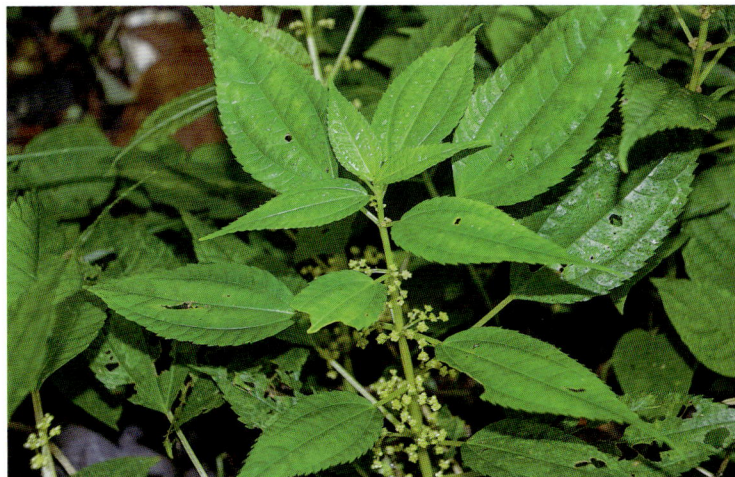

170. 大麻科 Cannabaceae

草本。叶互生或下部为对生，掌状全裂，边缘具锯齿；托叶侧生，分离。花单性异株，稀同株；雄花为疏散大圆锥花序，腋生或顶生；小花柄纤细，下垂；花被片5，覆瓦状排列；雄蕊5，花丝极短，在芽时直立，退化子房小；雌花丛生于叶腋，每花有1叶状苞片；花被退化，膜质，贴于子房，子房无柄。瘦果单生于苞片内。光山有1属1种。

1. 葎草属 Humulus L.

藤本。茎、叶柄有钩刺。光山有1种。

1. 葎草（割人藤、拉拉秧、拉拉藤、五爪龙）

Humulus japonicus Sieb. et Zucc.

缠绕草本。长可达4 m，茎、枝、叶柄均具倒钩刺。叶纸质，肾状五角形，掌状5～7深裂，稀为3裂，长、宽约7～10 cm，基部心脏形，叶面粗糙，疏生糙伏毛，叶背有柔毛和黄色腺体，裂片卵状三角形，边缘具锯齿；叶柄长5～10 cm。雄花小，黄绿色，圆锥花序，长约15～25 cm；雌花序球果状，直径约5 mm，苞片纸质，三角形，顶端渐尖，具白色绒毛；子房为苞片包围，柱头2，伸出苞片外。瘦果成熟时露出苞片外。

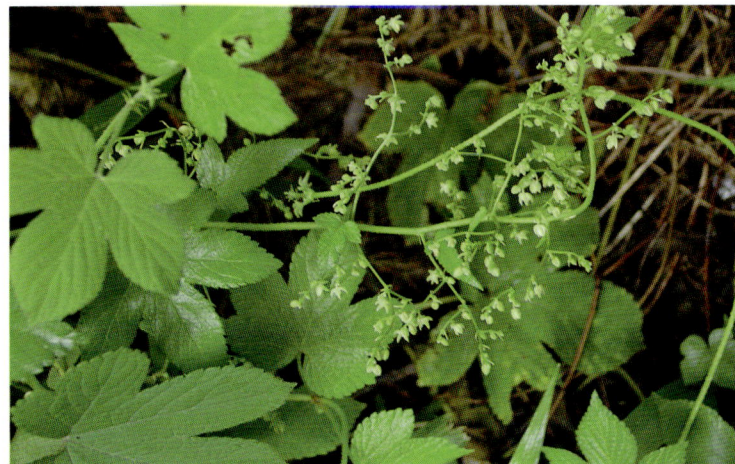

生于沟边、村边、路旁的绿篱中。光山全县广布。

葎草全草药用，味甘、苦，性寒。清热解毒，利尿消肿。治肺结核潮热、胃肠炎、痢疾、感冒发热、小便不利、肾盂肾炎、急性肾炎、膀胱炎、泌尿系结石。外用治痈疖肿毒、湿疹、毒蛇咬伤。用量9～15 g。外用适量，鲜品捣烂外敷，蛇咬伤则敷伤口周围。

171. 冬青科Aquifoliaceae

乔木或灌木。单叶，互生，稀对生或假轮生。花小，辐射对称，单性，稀两性或杂性，雌雄异株，排列成腋生、腋外生或近顶生的聚伞花序、假伞形花序、总状花序、圆锥花序或簇生，稀单生。果通常为浆果状核果。光山有1属3种1变型。

1. 冬青属Ilex L.

乔木或灌木。单叶，互生，稀对生。花小，辐射对称，单性，稀两性或杂性，雌雄异株。果通常为浆果状核果。光山有2种1变种1变型。

1. 枸骨（功劳叶、羊角刺、老鼠刺、六角刺、猫儿刺）

Ilex cornuta Lindl. et Paxt.

常绿小乔木。叶互生，厚革质，四角状长圆形或卵形，长4～9 cm，宽2～4 cm，顶端具3枚尖硬刺齿，中央刺齿常反曲，基部圆形或近截形，两侧各具1～2刺齿，叶面深绿色，具光泽，叶背淡绿色，无光泽，两面无毛，侧脉5～6对；叶柄长4～8 mm，被微柔毛。花序簇生于2年生枝的叶腋内；花淡黄色，4基数；雄花花梗长5～6 mm，无毛，基部具1～2枚阔三角形的小苞片；花萼盘状，直径约2.5 mm；花冠辐状，直径约7 mm，花瓣长圆状卵形，长3～4 mm，反折，基部合生；雄蕊与花瓣近等长或稍长，花药长圆状卵形，长约1 mm；退化子房近球形，顶端钝或圆形，不明显的4裂；雌花花梗长8～9 mm，花萼与花瓣像雄花，子房长圆状卵球形。果球形，直径8～10 mm，成熟时鲜红色。

生于丘陵、谷地、溪边或山坡水边。见于殷棚乡牢山林场。

2. 无刺枸骨

Ilex cornuta Lindl. et Paxt. var **burfordii** De France

无刺枸骨与枸骨的主要区别在于，叶边缘全缘，没有刺。
生于丘陵、谷地、溪边或山坡水边。见于殷棚乡牢山林场。

3. 龟甲冬青

Ilex crenata Thunb. f. **convexa** (Makino) Rehder

灌木。叶生于1～2年生枝上，叶片龟甲状拱起，倒卵形、椭圆形或长圆状椭圆形，长1～3.5 cm，宽5～15 mm，顶端圆形、钝或近急尖，基部钝或楔形，边缘具圆齿状锯齿，叶面亮绿色，干时有皱纹。雄花1～7朵排成聚伞花序，单生于当年生枝的鳞片腋内或下部的叶腋内。果球形。

光山有少量栽培。见于县城附近。

龟甲冬青主要用于园林绿化。

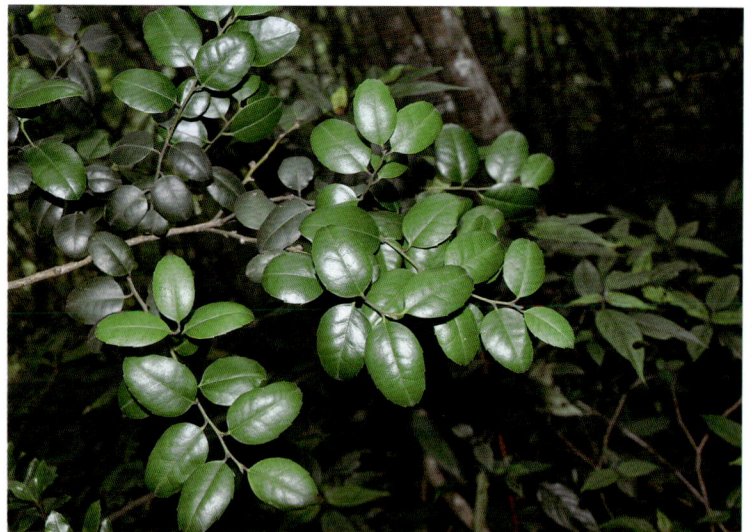

4. 香冬青

Ilex suaveolens (Lévl.) Loes.

常绿乔木。高达15 m。当年生小枝褐色，具棱角，秃净，2年生枝近圆柱形，皮孔椭圆形，隆起。叶片革质，卵形或椭圆形，长5～6.5 cm，宽2～2.5 cm，顶端渐尖，具三角状的尖头，基部宽楔形，下延，叶缘疏生小圆齿，略内卷，干后叶面橄榄绿色，叶背褐色，两面无毛，主脉在两面隆起，侧脉8～10对，在两面略隆起，网状脉在叶两面有时明显；叶柄长约1.5～2 cm，具翅。具3个果的聚伞状果序单生于叶腋，果序梗长约1.5～2 cm，具棱，无毛，果梗长约5～8 mm，无毛。成熟果红色。

生于山地林中。见于殷棚乡牢山林场、南向店乡董湾村林场。

香冬青的果熟后鲜红，非常美丽，可用于园林绿化。它的叶可药用，味苦涩，性凉。清热解毒，消肿祛瘀，生肌敛疮，活血止血。治肺炎、急性咽喉炎、痢疾、胆道感染、尿路感染、咽喉肿痛、胆道感染、烧烫伤、麻风溃疡等。

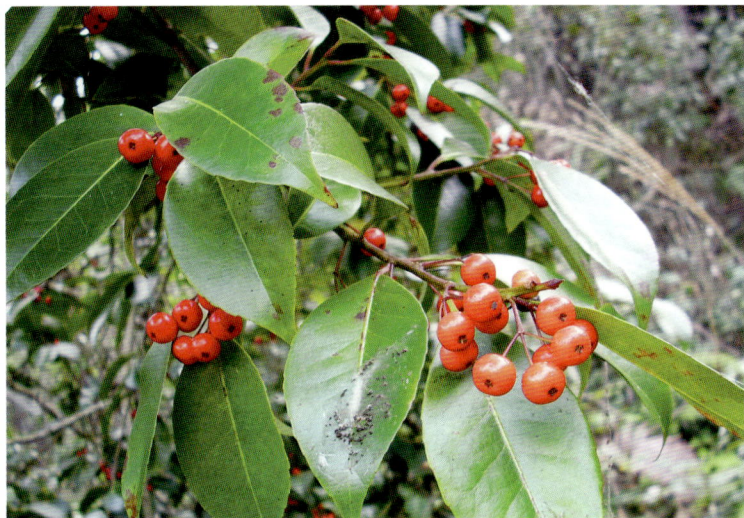

173. 卫矛科Celastraceae

乔木、灌木或藤本。单叶对生或互生，稀轮生。花两性或退化为功能性不育的单性花，杂性同株，较少异株；聚伞花序1至多次分枝，具有较小的苞片和小苞片；花4～5数，花部同数或心皮减数，花萼花冠分化明显，极少萼冠相似或花冠退化，花萼基部通常与花盘合生，花萼分为4～5萼片。多为蒴果，亦有核果、翅果或浆果。光山有2属4种。

1. 南蛇藤属Celastrus L.

攀缘灌木。叶互生。花常单性，雌雄异株。蒴果；种子有假种皮。光山有1种。

1. 大芽南蛇藤（哥兰叶、霜红藤、地南蛇、米汤叶、绵条子）
Celastrus gemmatus Loes.

藤状灌木，冬芽大。叶长方形，卵状椭圆形或椭圆形，长6～12 cm，宽3.5～7 cm，顶端渐尖，基部圆阔，近叶柄处变窄，边缘具浅锯齿，侧脉5～7对，小脉成较密网状，两面均突起，叶面光滑但手触有粗糙感，叶背光滑或稀于脉上具棕色短柔毛；叶柄长10～23 mm。聚伞花序顶生及腋生，顶生花序长约3 cm，侧生花序短而少花；花序梗长5～10 mm；小花梗2.5～5 mm，关节在中部以下；萼片卵圆形，长约1.5 mm，边缘啮蚀状；花瓣长方倒卵形，长3～4 mm，宽1.2～2 mm；雄蕊约与花冠等长；花盘浅杯状，裂片近三角形，在雌花中裂片常较钝；雌蕊瓶状，子房球状。蒴果球状。

生于山谷或山坡灌丛中。见于南向店乡环山村。

大芽南蛇藤的根药用，味涩，性温。舒筋活血，散瘀。治风湿关节痛，月经不调。

2. 卫矛属Euonymus L.

灌木或小乔木。叶对生。子房半下位，与扁平的花盘合生，4～5室，蒴果，种子有假种皮。光山3种。

1. 卫矛（鬼箭羽、麻药、四棱树）
Euonymus alatus (Thunb.) Sieb.

灌木，高1～3 m；小枝常具2～4列宽阔木栓翅；冬芽圆形，长2 mm左右，芽鳞边缘具不整齐细坚齿。叶卵状椭圆形、窄长椭圆形，偶为倒卵形，长2～8 cm，宽1～3 cm，边缘具细锯齿，两面光滑无毛；叶柄长1～3 mm。聚伞花序1～3花；花序梗长约1 cm，小花梗长5 mm；花白绿色，直径约8 mm，4数；萼片半圆形；花瓣近圆形；雄蕊着生花盘边缘处，花丝极短，开花后稍增长，花药宽阔长方形，2室顶裂。蒴果1～4深裂，裂瓣椭圆状。

生于山坡、沟边林缘。见于南向店乡董湾村向楼组、南向店乡环山村。

卫矛带翅的枝条，或剪取木栓翅药用，味辛、苦，性寒。破血通经，解毒消肿。治症瘕结块、心腹疼痛、闭经、痛经、崩漏、产后瘀滞腹痛、恶露不下、疝气、历节痹痛、疮肿、跌打损伤、虫积腹痛、烧烫伤、毒蛇咬伤。用量4～9 g。

2. 扶芳藤（爬行卫矛）
Euonymus fortunei (Turcz.) Hand.-Mazz

常绿藤本灌木。叶薄革质，椭圆形、长方椭圆形或长倒卵形，宽窄变异较大，可窄至近披针形，长3.5～8 cm，宽1.5～4 cm，顶端钝或急尖，基部楔形，边缘齿浅不明显，侧脉细微和小脉全不明显；叶柄长3～6 mm。聚伞花序3～4次分枝；花序梗长1.5～3 cm，第一次分枝长5～10 mm，第二次分枝5 mm以下，最终小聚伞花密集，有花4～7朵，分枝中央有单花，小花梗长约5 mm；花白绿色，4数，直径约6 mm；花盘方形，直径约2.5 mm；花丝细长，长2～3 mm，花药圆心形；子房三角锥状，4棱，粗壮明显，花柱长约1 mm。蒴果粉红色，果皮光滑，近球状。

生于山谷中，绕树、爬墙或匍匐于石上。见于南向店乡董湾村向楼组、殷棚乡牢山林场。

扶芳藤的茎和叶药用，味甘、苦，性温。舒筋活络，散瘀止血。治咯血、月经不调、功能性子宫出血、风湿性关节痛。外用治跌打损伤、骨折、创伤出血。

3. 白杜（丝棉木、鸡血兰、明开夜合、桃叶卫矛、白桃树）

Euonymus maackii Rupr.[*Euonymus bungeanus* Maxim.]

小乔木。叶卵状椭圆形、卵圆形或窄椭圆形，长4～8 cm，宽2～5 cm，顶端长渐尖，基部阔楔形或近圆形，边缘具细锯齿，有时极深而锐利；叶柄通常细长，常为叶片的1/4～1/3，但有时较短。聚伞花序3至多花，花序梗略扁，长1～2 cm；花4数，淡白绿色或黄绿色，直径约8 mm；小花梗长2.5～4 mm；雄蕊花药紫红色，花丝细长，长1～2 mm。蒴果倒圆心状。

生于山坡、路旁、林缘等处。光山各地常见。

白杜的根、茎皮、枝叶药用，味苦、涩，性寒，有小毒。根、茎皮：止痛。枝、叶：解毒。根、树皮：治膝关节痛。枝、叶外用治漆疮。用量6～30 g。外用适量，煎水熏洗。

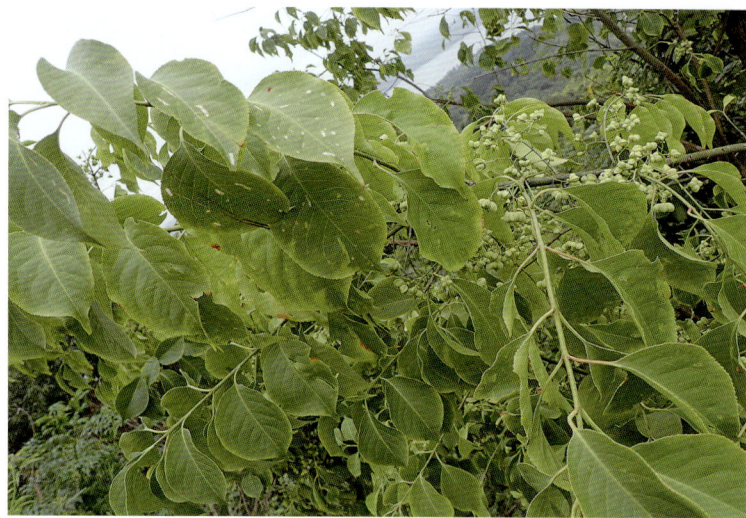

186. 檀香科Santalaceae

草本或灌木，稀小乔木，常为寄生或半寄生，稀重寄生植物。单叶，互生或对生，有时退化呈鳞片状。苞片多少与花梗贴生，小苞片单生或成对，通常离生或与苞片连生呈总苞状。花小，辐射对称，两性，单性或败育的雌雄异株，稀雌雄同株。核果或小坚果。光山有1属1种。

1. 百蕊草属Thesium L.

草本植物。光山有1种。

1. 百蕊草（一棵松、凤芽蒿、青龙草、珊瑚草、打食草、石菜子）

Thesium chinense Turcz.

多年生柔弱草本。高15～40 cm，全株多少被白粉，无毛；茎细长，簇生，基部以上疏分枝，斜升，有纵沟。叶线形，长1.5～3.5 cm，宽0.5～1.5 mm，顶端急尖或渐尖，具单脉。花单一，5数，腋生；花梗短或很短，长3～3.5 mm；苞片1枚，线状披针形；小苞片2枚，线形，长2～6 mm，边缘粗糙；花被绿白色，长2.5～3 mm，花被管呈管状，花被裂片顶端锐尖，内弯，内面的微毛不明显；雄蕊不外伸；子房无柄，花柱很短。坚果椭圆状或近球形。

生于荒坡、草地上。见于泼陂河镇东岳寺村、白雀园镇赛山村。

百蕊草全草药用，味辛、苦、涩，性平。清热解毒，解暑。治肺炎、肺脓疡、扁桃体炎、中暑、急性乳腺炎、淋巴结结核、急性膀胱炎。用量15～30 g。

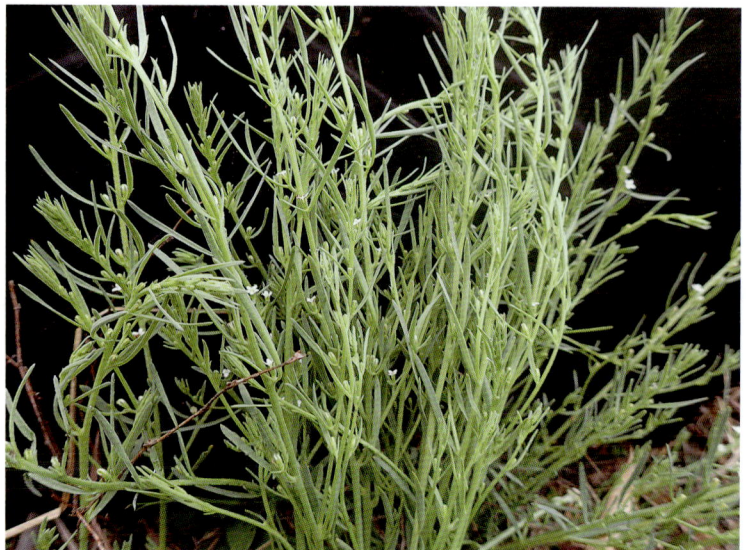

190. 鼠李科Rhamnaceae

灌木或乔木，稀草本，常具刺。单叶互生或近对生。花小，整齐，两性或单性，稀杂性，雌雄异株，常排成聚伞花序、穗状圆锥花序、聚伞总状花序、聚伞圆锥花序，或有时单生或数个簇生，通常4基数，稀5基数；萼钟状或筒状。核果、浆果状核果、蒴果状核果或蒴果。光山有7属11种。

1. 勾儿茶属Berchemia Neck. ex DC.

攀缘灌木，枝光滑。叶羽状脉，干时叶背非银灰色。花有梗。核果柱状卵形或柱状长圆形，无翅。光山有2种。

1. 多花勾儿茶（勾儿茶、黄鳝藤）

Berchemia floribunda (Wall.) Brongn.

藤状或直立灌木；幼枝黄绿色。叶纸质，上部叶较小，卵形或卵状椭圆形至与卵状披针形，长4～9cm，宽2～5cm，顶端锐尖，下部叶较大，椭圆形至长圆形，长达11cm，宽达6.5cm，顶端钝或圆形，稀短渐尖，基部圆形，稀心形，叶面绿色，无毛，叶背干时栗色，无毛，或仅沿脉基部被疏短柔毛，侧脉每边9～12条，两面稍凸起；叶柄长1～2cm，稀5.2cm，无毛；托叶狭披针形，宿存。花多数，常数个簇生排成顶生宽聚伞圆锥花序，或下部兼腋生聚伞总状花序，花序长可达15cm，侧枝长5cm以下；花芽卵球形，顶端急狭成锐尖或渐尖；花梗长1～2mm；萼三角形，顶端尖；花瓣倒卵形，雄蕊与花瓣等长。核果圆柱状椭圆形。

生于山地沟旁、路旁和林缘灌丛中或疏林下。

多花勾儿茶的根和茎药用，味微涩，性温。祛风利湿，活血止痛。治风湿关节痛、痛经、产后腹痛。外用治骨折肿痛。

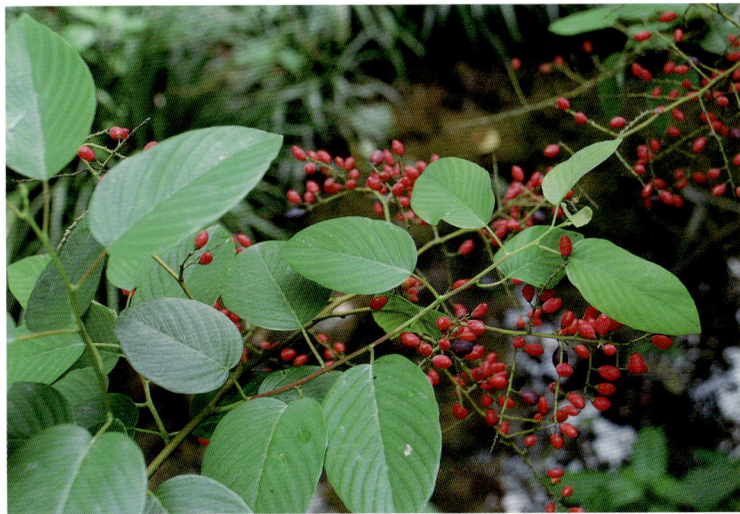

2. 勾儿茶

Berchemia sinica Schneid.

藤状或攀缘灌木，高达5m；幼枝无毛，老枝黄褐色，平滑无毛。叶纸质至厚纸质，互生或在短枝顶端簇生，卵状椭圆形或卵状长圆形，长3～6cm，宽1.6～3.5cm，顶端圆形或钝，常有小尖头，基部圆形或近心形，叶面绿色，无毛，叶背灰白色，仅脉腋被疏微毛，侧脉每边8～10条；叶柄纤细，长1.2～2.6cm，带红色，无毛。花芽卵球形，顶端短锐尖或钝；花黄色或淡绿色，单生或数个簇生，无或有短总花梗，在侧枝顶端排成具短分枝的窄聚伞状圆锥花序，花序轴无毛，长达10cm，分枝长达5cm，有时为腋生的短总状花序；花梗长2mm。核果圆柱形。

生于山坡、沟谷灌丛或杂木林中。见于白雀园镇赛山村、

白雀园镇方寨村。

勾儿茶的根和茎药用，性平味微涩。祛风湿，活血通络，止咳化痰，健脾益气。治风湿关节痛、腰痛、痛经、肺结核、瘰疬、小儿疳积、肝炎、胆道蛔虫、毒蛇咬伤、跌打损伤。

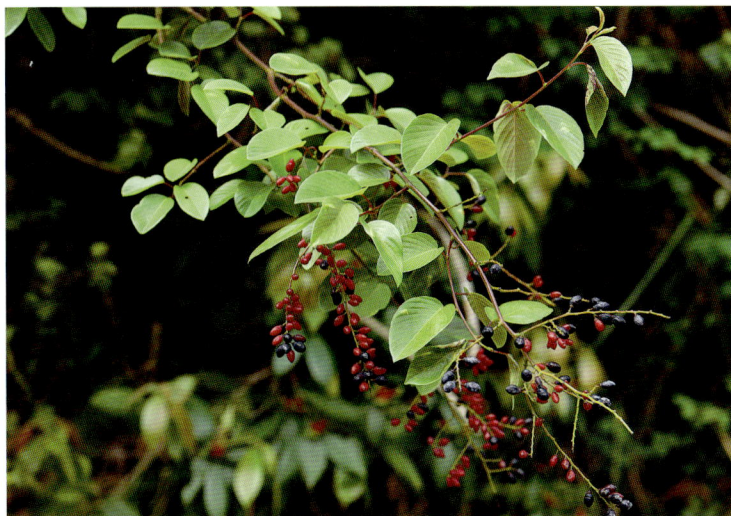

2. 枳椇属Hovenia Thunb.

乔木。叶5出脉。花序轴果时膨大、扭曲，味甜可食。光山有2种。

1. 枳椇（拐枣、万字果）

Hovenia acerba Lindl.

乔木。嫩枝、叶柄、花序轴、花梗被短柔毛。叶互生，厚纸质，宽卵形、椭圆状卵形或心形，长8～17cm，宽6～12cm，顶端长渐尖或短渐尖，基部截形或心形，边缘常具整齐浅而钝的细锯齿，上部或近顶端的叶有不明显的齿，稀近全缘，叶面无毛；叶柄长2～5cm。二歧式聚伞圆锥花序，顶生和腋生，被棕色短柔毛；花两性，直径5～6.5mm；萼片具网状脉或纵条纹，无毛，长1.9～2.2mm，宽1.3～2mm；花瓣椭圆状匙形，长2～2.2mm，宽1.6～2mm，具短爪；花盘被柔毛；花柱半裂，稀浅裂或深裂，长1.7～2.1mm，无毛。浆果状核果近球形，直径5～6.5mm，无毛，成熟时黄褐色或棕褐色；果序轴明显膨大。

生于山地林中、村旁。见于殷棚乡牢山林场。

枳椇是用材树种，它的根皮及果实药用，味甘、性平。止渴除烦，解酒毒，利二便。治醉酒、烦热、口渴、呕吐、二便不利。

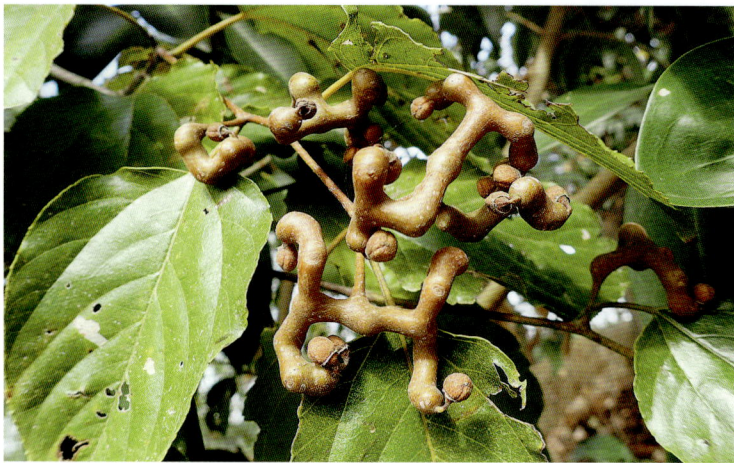

2. 北枳椇（枳椇、万字果）

Hovenia dulcis Thunb

乔木。嫩枝、叶柄、花序轴、花梗、花萼和果无毛。叶纸质，卵圆形、宽长圆形或椭圆状卵形，长7～17 cm，宽4～11 cm，顶端短渐尖或渐尖，基部截形，少有心形或近圆形，边缘有锯齿；叶柄长2～4.5 cm，无毛。花黄绿色，直径6～8 mm，排成不对称的顶生，稀兼腋生的聚伞圆锥花序；萼片卵状三角形，具纵条纹或网状脉，无毛，长2.2～2.5 mm，宽1.6～2 mm；花瓣倒卵状匙形，长2.4～2.6 mm，宽1.8～2.1 mm，向下渐狭成爪部，长0.7～1 mm；子房球形，花柱3浅裂，长2～2.2 mm，无毛。浆果状核果近球形，直径6.5～7.5 mm，成熟时黑色；花序轴结果时稍膨大。

生于山地林中、村旁。见于南向店王母观。

枳椇是用材树种，它的根皮及果实药用，味甘、性平。止渴除烦，解酒毒，利二便。治醉酒、烦热、口渴、呕吐、二便不利。

3. 马甲子属Paliurus Tourn ex Mill.

灌木或小乔木，枝有托叶刺。叶3出脉。核果杯状或草帽状，周围有木栓质翅。光山有1种。

1. 马甲子（铁篱笆、企头簕、雄虎刺）

Paliurus ramosissimus (Lour.) Poir.

具刺灌木。高达5 m，嫩枝被茸毛。叶互生，圆形或卵圆形，长3～6 cm，宽3～5 cm，顶端圆或钝，基部楔形或近圆形，边缘具细锯齿，叶面初时中脉处被硬毛，后变无毛，叶背初时被密茸毛，脉处较密，基生3出脉；叶柄长5～8 mm，初时密被毛，后变无毛，基部两侧各具针刺；刺长3～10 mm。聚伞花序腋生，具花数朵至10余朵，总花梗和花序轴均短，不分枝或2短分枝，被黄色茸毛；花黄色；花萼星状，直径约6 mm，5中裂，裂片卵状三角形，背面密被茸毛；花瓣倒卵状匙形，长1～1.5 mm；雄蕊略长于花瓣；子房椭圆形，下部藏于花盘内，3室。核果杯状，密被棕色茸毛，具3裂的狭环状翅，直径12～14 mm，长约7 mm；种子棕红色，扁圆形。

生于山地沟谷及平坦地区的酸、碱性较强的湿土中。见于南向店乡环山村。

马甲子的根和叶药用，味苦，性平。祛风，止痛，解毒。根：治感冒发热、胃痛。叶：治疮痈肿毒。用量：根15～30 g；叶外用适量，捣烂敷患处。

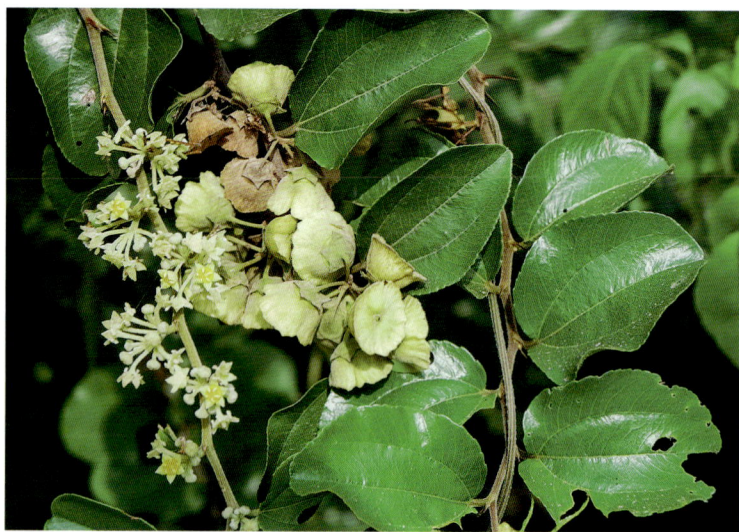

4. 猫乳属Rhamnella Miq.

落叶灌木或乔木，枝不光滑。叶纸质，羽状脉，干时叶背非银灰色，边有细齿。聚伞花序无苞片，花有梗。核果柱状卵形或柱状长圆形，无翅。光山有1种。

1. 猫乳（长叶绿柴）

Rhamnella franguloides (Maxim.) Weberb.

落叶灌木或小乔木，高2～9 m。叶倒卵状长圆形、倒卵状椭圆形、长圆形、长椭圆形、稀倒卵形，长4～12 cm，宽2～5 cm，顶端尾状渐尖、渐尖或骤然收缩成短渐尖，基部圆形，稀楔形，稍偏料，边缘具细锯齿，叶面绿色，无毛，叶背黄绿色，被柔毛或仅沿脉被柔毛，侧脉每边5～11条；叶柄长2～6 mm，被密柔毛。花黄绿色，两性，6～18个排成腋生聚伞花序；总花梗长1～4mm，被疏柔毛或无毛；萼片三角状卵形；花瓣宽倒卵形，顶端微凹。核果圆柱形，长7～9mm，直径3～4.5mm，成熟时红色或桔红色。

生于山谷、山坡、路旁或林中。见于白雀园镇赛山村、槐店乡万河村。

5. 鼠李属Rhamnus L.

灌木或乔木，有时短枝变成刺。叶羽状脉。花有梗。核果浆果状。光山有3种。

1. 黄药（长叶冻绿）

Rhamnus crenata Sieb. et Zucc.

落叶灌木或小乔木。叶纸质，倒卵状椭圆形、椭圆形或倒卵形，稀倒披针状椭圆形或长圆形，长4～14cm，宽2～5cm，顶端渐尖、尾状长渐尖或骤缩成短尖，基部楔形或钝，边缘具圆齿状齿或细锯齿，叶面无毛，侧脉每边7～12条；叶柄长4～10(12)mm，被密柔毛。花数个或10余个密集成腋生聚伞花序，总花梗长4～10，稀15mm，被柔毛，花梗长2～4mm，被短柔毛；萼片三角形与萼管等长，外面有疏微毛；花瓣近圆形，顶端2裂；雄蕊与花瓣等长而短于萼片；子房球形。核果球形或倒卵状球形，绿色或红色，成熟时黑色或紫黑色。

生于山地疏林或灌丛中。见于槐店乡万河村。

黄药的根和叶药用，味苦、涩、性寒，有毒。消炎解毒，杀虫止痒，收敛。治黄疸肝炎、疥癣、湿疹、脓疱疮；叶治骨折。

2. 圆叶鼠李

Rhamnus globosa Bunge

灌木。小枝对生或近对生，顶端具刺。小枝被柔毛。叶纸质或薄纸质，对生或近对生，稀兼互生，倒卵状圆形、卵圆形或近圆形，长2～6cm，宽1.2～4cm，顶端突尖或短渐尖，稀圆钝，具圆齿，叶面初被密柔毛，后脱落，叶背沿脉被柔毛，侧脉3～4对；叶柄长0.6～1cm，密被柔毛，托叶线状披针形，宿存，有微毛。花单性异株，4基数；常数朵至20簇生短枝或长枝下部叶腋，有花瓣；花萼和花梗均有疏柔毛，花柱2～3裂，花梗长4～8mm。核果球形或倒卵状球形，长4～6mm，萼筒宿存，熟时黑色；果柄长5～8mm，有疏柔毛。

生于山地疏林中或灌丛。见于晏河乡净居寺。

3. 薄叶鼠李（细叶鼠李、绛梨木）

Rhamnus leptophylla Schneid.

灌木或稀小乔木。叶纸质，对生或近对生，或在短枝上簇生，倒卵形至倒卵状椭圆形，稀椭圆形或长圆形，长3～8cm，宽2～5cm，顶端短突尖或锐尖，稀近圆形，基部楔形，边缘具圆齿或钝锯齿，叶面深绿色，无毛或沿中脉被疏毛，叶背浅绿色，仅脉腋有簇毛，侧脉每边3～5条，具不明显的网脉，叶面下陷，叶背凸起；叶柄长0.8～2cm，上面有小沟，无毛或被疏短毛；托叶线形，早落。花单性，雌雄异株，4基数，有花瓣，花梗长4～5mm，无毛；雄花10～20朵簇生于短枝端；雌花数个至10余朵簇生于短枝端或长枝下部叶腋。核果球形。

生于石山或村旁灌丛中。见于白雀园镇赛山村。

薄叶鼠李的根和果实药用，味苦、辛，性平。消食顺气，活血去瘀。治食积腹胀、食欲不振、胃痛、暖气、跌打损伤、痛经。用量：根15～30g；果15～45g。孕妇忌服。

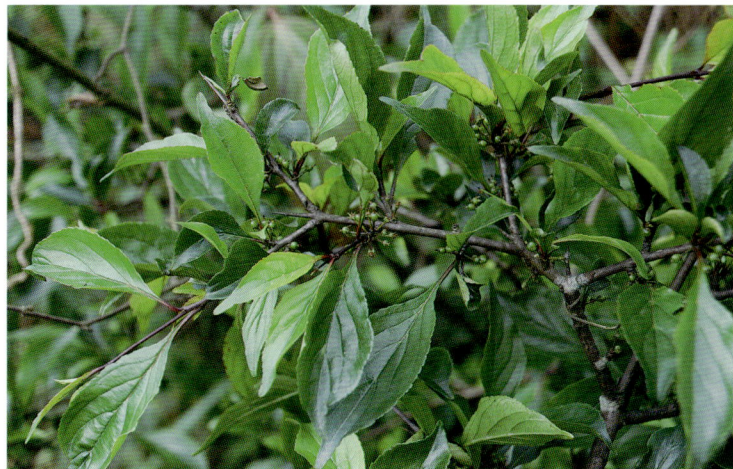

6. 雀梅藤属 Sageretia Brongn.

攀缘灌木，小乔木，有时短枝变成刺。叶羽状脉。花无梗。核果浆果状。光山有1种。

1. 雀梅藤（酸梅簕、对节刺、碎米子、抗癌藤）
Sageretia thea (Osbeck) Johnst.

攀缘或直立灌木。小枝具刺。叶纸质，近对生或互生，通常椭圆形、长圆形或卵状椭圆形，稀卵形或近圆形，长1～4.5 cm，宽0.7～2.5 cm，顶端锐尖、钝或圆形，基部圆形或近心形，边缘具细锯齿，叶面绿色，无毛，叶背浅绿色，无毛或沿脉被柔毛，侧脉每边3～4 (5) 条，叶面不明显，叶背明显凸起；叶柄长2～7 mm，被短柔毛。花无梗，黄色，有芳香，通常2至数个簇生，排成顶生或腋生疏散穗状或圆锥状穗状花序；花序轴长2～5 cm，被绒毛或密短柔毛；花萼外面被疏柔毛；萼片三角形或三角状卵形，长约1 mm；花瓣匙形，顶端2浅裂，常内卷，短于萼片；花柱极短，柱头3浅裂，子房3室。核果近圆球形。

生于山地、丘陵、平原、山谷、旷野、路旁等的疏林或灌木丛中。见于南向店乡董湾村向楼组。

雀梅藤的根和叶药用。根：味甘、淡，性平；行气化痰；叶：味酸，性凉；解毒消肿，止痛。根：治咳嗽气喘、胃痛。叶：外用治疮疡肿毒、烫火伤。

7. 枣属 Ziziphus Mill.

乔木或灌木，枝有皮刺。叶3～5出脉。核果球形或长圆形，肉质。光山有1种。

1. 枣（木蜜、干枣、美枣、良枣、红枣、干赤枣、胶枣、南枣）
Ziziphus jujuba Mill.

落叶灌木或小乔木。枝具2个托叶刺。单叶互生，纸质，叶柄长1～6 mm，长枝上的可达1 cm；叶片卵形、卵状椭圆形，长3～7 cm，宽2～4 cm，顶端钝圆或圆形，具小尖头，基部稍偏斜，近圆形，边缘具细锯齿，叶面深绿色，无毛，叶背浅绿色，无毛或沿脉被疏柔毛；基生3出脉。花黄绿色，两性，常2～8朵着生于叶腋成聚伞花序；萼5裂，裂片卵状三角形；花瓣5，倒卵圆形，基部有爪；雄蕊5，与花瓣对生，着生于花盘边缘；花盘厚，肉质，圆形，5裂；子房2室，与花盘合生，花柱2半裂。核果长圆形或长卵圆形。

光山常见栽培。

枣的果实药用，味甘，性温。补脾胃，益气血，安心神，调营卫，和药性。治脾胃虚弱、气血不足、食少便溏、倦怠乏力、心悸失眠、妇人脏躁、营卫不和。

191. 胡颓子科 Elaeagnaceae

直立灌木或攀缘藤本，稀乔木，有刺或无刺，全体被银白色或褐色至锈色盾形鳞片或星状绒毛。单叶互生，稀对生或轮生，全缘，羽状叶脉，具柄，无托叶。花两性或单性，稀杂性。单生或数花组成着生叶腋的伞形总状花序，通常整齐；子房上位。果实为瘦果或坚果。光山有1属4种。

1. 胡颓子属Elaeagnus L.

常绿或落叶灌木或小乔木，直立或攀缘，通常具刺，稀无刺，全体被银白色或褐色鳞片或星状绒毛。果实为坚果，为膨大肉质化的萼管所包围，呈核果状，长圆形或椭圆形，稀近球形，红色或黄红色。光山有4种。

1. 佘山羊奶子（佘山胡颓子）

Elaeagnus argyi Lévl.

灌木，通常具刺。叶大小不等，发于春秋两季，薄纸质或膜质，发于春季的为小型叶，椭圆形或长圆形，长1～4 cm，宽0.8～2 cm，顶端圆形或钝形，基部钝形，叶背有时具星状绒毛，发于秋季的为大型叶，长圆状倒卵形至阔椭圆形，长6～10 cm，宽3～5 cm，两端钝形，边缘全缘，稀皱卷，叶面幼时具灰白色鳞毛，成熟后无毛，淡绿色，叶背幼时具白色星状柔毛或鳞毛，成熟后常脱落，被白色鳞片，侧脉8～10对。花淡黄色或泥黄色，质厚，被银白色和淡黄色鳞片，下垂或开展，常5～7 花簇生新枝基部成伞形总状花序，花枝花后发育成枝叶；花梗纤细，长3 mm；萼筒漏斗状圆筒形，长5.5～6 mm，在裂片下面扩大，在子房上收缩，裂片卵形或卵状三角形，长2 mm。果实倒卵状长圆形。

生于山谷林缘或山坡、丘陵路旁灌木丛中。见于九架山林场、泼陂河镇东岳寺村。

2. 蔓胡颓子（耳环果、羊奶果、甜棒槌、砂糖罐、桂香柳）

Elaeagnus glabra Thunb

常绿攀缘灌木。叶薄革质，卵形或卵状椭圆形，稀长椭圆形，长4～12 cm，宽2.5～5 cm，顶端渐尖或长渐尖、基部圆形，稀阔楔形，边缘全缘，微反卷，叶面幼时具褐色鳞片，成熟后脱落，深绿色，具光泽，干燥后褐绿色，叶背灰绿色或铜绿色，被褐色鳞片，侧脉6～8对，与中脉开展成50～60°的角，叶面明显或微凹下；叶柄棕褐色，长5～8 mm。花淡白色。果实长圆形，稍有汁，长14～19 mm，被锈色鳞片。

生于山谷林缘或山坡、丘陵路旁灌木丛中。见于南向店乡董湾村。

蔓胡颓子的根、果和叶药用，味酸，性平。叶：平喘止咳。果：收敛止泻。根：利水通淋，散瘀消肿。

3. 木半夏（牛脱、羊不来、莓粒团）

Elaeagnus multiflora Thunb.

落叶直立灌木。叶膜质或纸质，椭圆形或卵形至倒卵状阔椭圆形，长3～7 cm，宽1.2～4 cm，顶端钝尖或骤渐尖，基部钝形，全缘，叶面幼时具白色鳞片或鳞毛，成熟后脱落，叶背灰白色，密被银白色和散生少数褐色鳞片，侧脉5～7对，两面均不甚明显；叶柄锈色，长4～6 mm。花白色，被银白色和散生少数褐色鳞片，常单生新枝基部叶腋；花梗纤细，长4～8 mm；萼筒圆筒形，长5～6.5 mm，在裂片下面扩展，在子房上收缩，裂片宽卵形，长4～5 mm，顶端圆形或钝形；雄蕊着生花萼筒喉部稍下处，花丝极短，花药细小，长圆形，长约1 mm，花柱直立，微弯曲，无毛，稍伸出萼筒喉部，长不超雄蕊。果实椭圆形，密被锈色鳞片。

生于向阳的林缘、灌丛中，荒坡上和沟边。见于槐店乡万河村。

4. 牛奶子（阳春子、甜枣、伞花胡颓子、羊奶子、芒珠子）

Elaeagnus umbellata Thunb.

落叶直立灌木，具长1～4 cm的刺。叶纸质或膜质，椭圆形至卵状椭圆形或倒卵状披针形，长3～8 cm，宽1～3.2 cm，顶端钝形或渐尖，基部圆形至楔形，边缘全缘或皱卷至波状，叶面幼时具白色星状短柔毛或鳞片，叶背密被银白色和散生少数褐色鳞片，侧脉5～7对；叶柄长5～7 cm。花较叶先开放，黄白色，芳香，密被银白色盾形鳞片，1～7花簇生新枝基部，单生或成对生于幼叶腋；花梗白色，长3～6 mm；萼筒圆筒状漏斗形，稀圆筒形，长5～7 mm，在裂片下面扩展，向基部渐窄狭，在子房上略收缩，裂片卵状三角形，长2～4 mm，顶端钝尖；雄蕊的花丝极短，长约为花药的一半；花柱直立，疏生少数白色星状柔毛和鳞片，长6.5 mm，柱头侧生。果实几球形或卵圆形。

生于向阳的林缘、灌丛中，荒坡上和沟边。见于南向店王母观。

牛奶子的根、叶和果实药用，味酸、甘、苦，性凉。清热利湿，止血。用于泄泻、痢疾、热咳、哮喘、跌打损伤、血崩。

193. 葡萄科Vitaceae

攀缘木质藤本，稀草质藤本，具有卷须，或直立灌木、无卷须。单叶、羽状或掌状复叶，互生；托叶通常小而脱落，稀大而宿存。花小，两性或杂性同株或异株，排列成伞房状多歧聚伞花序、复二歧聚伞花序或圆锥状多歧聚伞花序，4～5基数；萼呈碟形或浅杯状，萼片细小；花瓣与萼片同数；雄蕊与花瓣对生，在两性花中雄蕊发育良好，在单性花雌花中雄蕊常较小或极不发达；子房上位。果实为浆果。光山有4属13种1变种1亚种。

1. 蛇葡萄属Ampelopsis Michaux

藤本，卷须与叶对生，2～3分枝，顶端无吸盘。单叶或掌状、羽状复叶。花5数，花瓣分离，雄蕊离生，花盘发达，5浅裂。光山有3种1变种。

1. 蓝果蛇葡萄（闪光蛇葡萄、蛇葡萄）

Ampelopsis bodinieri (Lévl. et Vant.) Rehd.

木质藤本。叶片卵圆形或卵椭圆形，不分裂或上部微3浅裂，长7～12.5 cm，宽5～12 cm，顶端急尖或渐尖，基部心形或微心形，边缘每侧有9～19个急尖锯齿，叶面绿色，叶背浅绿色，两面均无毛；基出脉5，中脉有侧脉4～6对，网脉两面均不明显突出；叶柄长2～6 cm，无毛。花序为复二歧聚伞花序，疏散，花序梗长2.5～6 cm，无毛；花梗长2.5～3 mm，无毛；花蕾椭圆形，高2.5～3 mm，萼浅碟形，萼齿不明显，边缘呈波状，外面无毛；花瓣5片。果实近球圆形。

生于山谷或山坡灌丛阴处。见于南向店王母观、殷棚乡牢山林场。

蓝果蛇葡萄的根药用，味酸、涩、微辛，性平。消肿解毒，止痛止血，排脓生肌，祛风除湿。治跌打损伤、骨折、风湿腿

痛、便血、崩漏、带下病、慢性胃炎、胃溃疡。

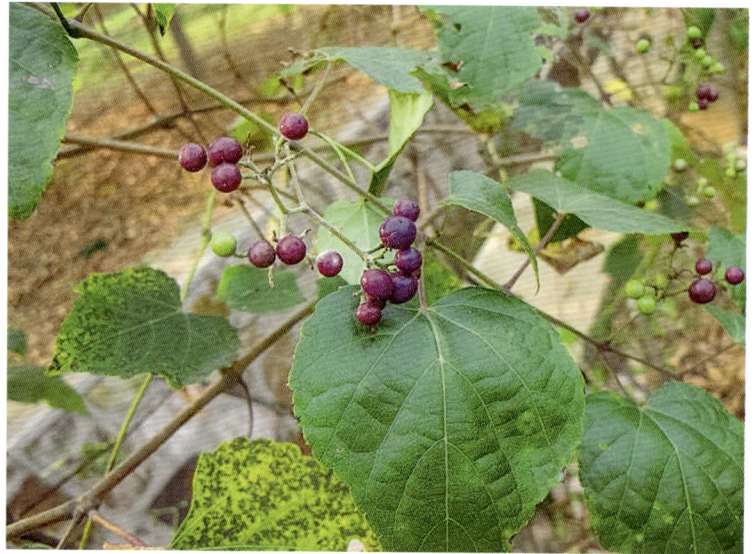

2. 蛇葡萄

Ampelopsis glandulosa (Wallich) Momiyama[*Ampelopsis heterophylla* (Thunb.) Sieb.& Zucc. var. *veslita* Rehd.]

木质藤本。小枝、叶柄、叶背和花轴被锈色长柔毛，花梗、花萼和花瓣被锈色短柔毛。叶为单叶，心形或卵形，3浅裂，常混生有不分裂者，长3.5～14 cm，宽3～11 cm，顶端急尖，基部心形，基缺近呈钝角，稀圆形，边缘有急尖锯齿，叶面绿色，基出脉5条，中央脉有侧脉4～5对，网脉不明显突出；花序梗长1～2.5 cm；花梗长1～3 mm；花蕾卵圆形，高1～2 mm，顶端圆形；萼碟形，边缘波状浅齿，生锈色长柔毛；花瓣5片，卵椭圆形，高0.8～1.8 mm；雄蕊5枚，花药长椭圆形，长大于宽；花盘明显，边缘浅裂；子房下部与花盘合生，花柱明显。果实近球形。

生于山谷、山坡、灌丛或草地。见于白雀园镇赛山村、晏河乡大苏山、槐店乡万河村。

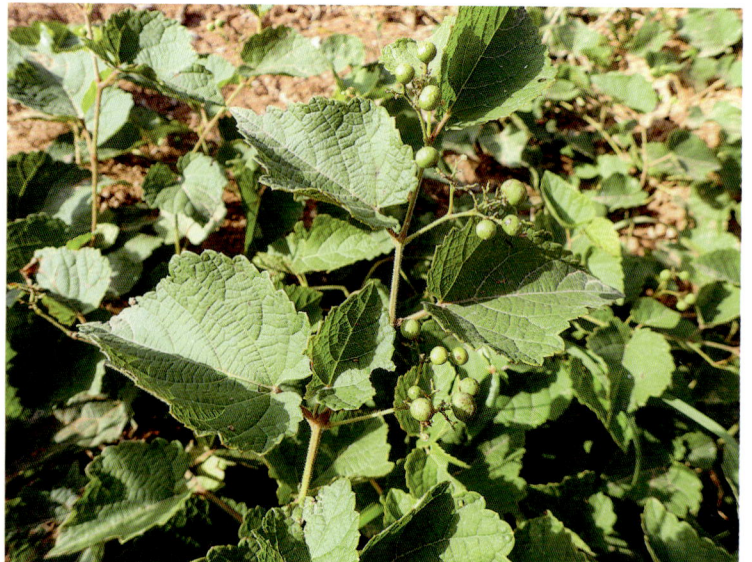

3. 白蔹（山地瓜、野红薯、山葡萄秧、白根、九牛力、五爪藤）

Ampelopsis japonica (Thunb.) Makino

木质藤本。有块根。叶为掌状3～5小叶，小叶片羽状深裂或小叶边缘有深锯齿而不分裂，羽状分裂者裂片宽0.5～3.5 cm，顶端渐尖或急尖，掌状5小叶者中央小叶深裂至基部并有1～3个关节，关节间有翅，翅宽2～6 mm，侧小叶无关节或有1个关节，3小叶者中央小叶有1个或无关节，基部狭

窄呈翅状，翅宽2~3 mm，叶面绿色，无毛，叶背浅绿色，无毛或有时在脉上被稀疏短柔毛；叶柄长1~4 cm，无毛。聚伞花序通常集生于花序梗顶端，直径1~2 cm，通常与叶对生。果实球形。

生于山谷、山坡、灌丛或草地。见于槐店乡万河村。

白蔹的块根药用，味苦，性平。清热解毒，消肿止痛。治支气管炎、赤白带下、痔漏。外用治疮疖肿毒、淋巴结结核、跌打损伤、烧烫伤。用量4.5~9 g。外用适量，鲜品捣烂或干品研末调敷患处。

4. 异叶蛇葡萄

Ampelopsis glandulosa (Wallich) Momiyama var. **heterophylla** (Thunberg) Momiyama[*Ampelopsis heterophylla* (Thunb.) Sieb. et Zucc.]

木质藤本。小枝圆柱形，有纵棱纹，被疏柔毛。叶为单叶，心形或卵形，3~5中裂，常混生有不分裂者，长3.5~14 cm，宽3~11 cm，顶端急尖，基部心形，基缺近呈钝角，稀圆形，边缘有急尖锯齿，叶面绿色，无毛，叶背浅绿色，脉上有疏柔毛，基出脉5，中央脉有侧脉4~5对，网脉不明显突出；叶柄长1~7 cm，被疏柔毛；花序梗长1~2.5 cm，被疏柔毛；花梗长1~3 mm，疏生短柔毛；花蕾卵圆形，高1~2 mm，顶端圆形；萼碟形，边缘波状浅齿，外面疏生短柔毛；花瓣5，卵椭圆形，高0.8~1.8 mm，外面几无毛；雄蕊5，花药长椭圆形，长大于宽；花盘明显，边缘浅裂；子房下部与花盘合生。果实近球形。

生于山谷、山坡、灌丛或草地。见于白雀园镇赛山村。

异叶蛇葡萄的根皮药用，味甘、微苦，性寒。清热，散瘀，通络，解毒。治产后心烦口渴、脚气水肿、跌打损伤、痈肿恶疮、中风半身不遂。

2. 乌蔹莓属Cayratia Juss.

藤本，卷须2~3分枝，顶端无吸盘。指状3或5小叶。花序腋生或假腋生，稀对生，花4数，花瓣分离，雄蕊离生，花柱明显，柱头不裂。光山有1种。

1. 乌蔹莓（母猪藤、红母猪藤、五爪龙、五叶藤、地五加、五龙草）
Cayratia japonica (Thunb.) Gagnep.

草质藤本。叶为鸟足状5小叶，中央小叶长椭圆形或椭圆披针形，长2.5~4.5 cm，宽1.5~4.5 cm，顶端急尖或渐尖，基部楔形，侧生小叶椭圆形或长椭圆形，长1~7 cm，宽0.5~3.5 cm，顶端急尖或圆形，基部楔形或近圆形，边缘每侧有6~15个锯齿，叶面绿色，无毛，叶背浅绿色，无毛或微被毛；侧脉5~9对，网脉不明显；叶柄长1.5~10 cm，中央小叶柄长0.5~2.5 cm，侧生小叶无柄或有短柄，侧生小叶总柄长0.5~1.5 cm，无毛或微被毛；托叶早落。花序腋生，复二歧聚伞花序；花序梗长1~13 cm，无毛或微被毛；花梗长1~2 mm，几无毛；花蕾卵圆形，高1~2 mm，顶端圆形。果实近球形。

生于山坡、路旁草丛或灌丛中。见于南向店王母观、官渡河边。

乌蔹莓全草药用，味酸、苦，性寒。解毒消肿，活血散瘀，利尿，止血。治咽喉肿痛、目翳、咯血、血尿、痢疾。外用治痈肿、丹毒、腮腺炎、跌打损伤、毒蛇咬伤。

3. 地锦属Parthenocissus Planch.

藤本，卷须总状分枝，顶端有吸盘。单叶或掌状5小叶。花5数，花瓣分离，雄蕊离生。光山有4种。

1. 异叶地锦（异叶地锦、吊岩风、爬山虎、三叶爬山虎、上树蛇）
Parthenocissus dalzielii Gagnep.

木质藤本。两型叶，着生在短枝上常为3小叶，较小的单叶常着生在长枝上，叶为单叶者叶片卵圆形，长3~7 cm，宽2~5 cm，顶端急尖或渐尖，基部心形或微心形，边缘有4~5个细牙齿，3小叶者，中央小叶长椭圆形，长6~21 cm，宽3~8 cm，顶端渐尖，基部楔形，边缘在中部以上有3~8个细牙齿，侧生小叶卵椭圆形，长5.5~19 cm，宽3~7.5 cm，最宽处在下部，顶端渐尖，基部极不对称，近圆形，外侧边缘有5~8个细牙齿，内侧边缘锯齿状；单叶3~5基出脉，侧脉2~3对，3小叶者侧脉5~6对，网脉两面微突出，无毛；叶柄长5~20 cm，中央小叶有短柄，长0.3~1 cm，侧小叶无柄。花序假顶生于短枝顶端，基部有分枝，形成多歧聚伞花序。果实近球形。

生于山地林中或岩石上，常攀附于墙壁或树干上。见于白雀园镇赛山村。

异叶地锦全草药用，味酸、涩，性温。祛风活络、活血止痛。治风湿筋骨痛、赤白带下、产后腹痛。外用治骨折、跌打肿痛、疮疖。

2. 绿叶地锦（大绿藤、绿叶地锦、青龙藤、五盘藤、五叶壁藤）

Parthenocissus laetevirens Rehd.

木质藤本。叶为掌状5小叶，小叶倒卵长椭圆形或倒卵披针形，长2～12 cm，宽1～5 cm，最宽处在近中部或中部以上，顶端急尖或渐尖，基部楔形，边缘上半部有5～12齿，叶面深绿色，无毛，显著呈泡状隆起，叶背浅绿色，在脉上被短柔毛；侧脉4～9对；叶柄长2～6 cm，被短柔毛，小叶有短柄或几无柄。多歧聚伞花序圆锥状，长6～15 cm，中轴明显，假顶生，花序中常有退化小叶；花序梗长0.5～4 cm，被短柔毛；花梗长2～3 mm，无毛；花蕾椭圆形或微呈倒卵椭圆形，高2～3 mm，顶端圆形；萼碟形，边缘全缘，无毛；花瓣5片，椭圆形，高1.6～2.6 mm，无毛；雄蕊5枚。果实球形。

生于山谷、山坡灌丛，攀缘树上或岩石壁上。

绿叶地锦的茎藤药用，味辛，性温。舒筋活络、消肿散瘀、续筋接骨。治荨麻疹、湿疹、过敏性皮炎，煎水内服、外洗。治骨折筋伤、跌打扭伤、内湿麻木，捣烂敷患部或泡酒服。

3. 五叶地锦（五叶爬山虎）

Parthenocissus quinquefolia (L.) Planch.

木质藤本。叶为掌状5小叶，小叶倒卵圆形、倒卵椭圆形或外侧小叶椭圆形，长5.5～15 cm，宽3～9 cm，最宽处在上部或外侧，小叶最宽处在近中部，顶端短尾尖，基部楔形或阔楔形，边缘有粗锯齿，叶面绿色，叶背浅绿色，两面均无毛

或叶背脉上微被疏柔毛；侧脉5～7对；叶柄长5～14.5 cm，无毛，小叶有短柄或几无柄。花序假顶生形成主轴明显的圆锥状多歧聚伞花序，长8～20 cm；花序梗长3～5 cm，无毛；花梗长1.5～2.5 mm，无毛；花蕾椭圆形，高2～3 mm，顶端圆形；萼碟形，边缘全缘，无毛；花瓣5片，长椭圆形，高1.7～2.7 mm，无毛；雄蕊5枚。果实球形。

生于山谷、山坡灌丛，攀缘树上或岩石壁上。见于县城官渡河边、南向店乡环山村。

五叶地锦全草药用，味涩，性温。祛风湿、通经络。治风湿痹痛。

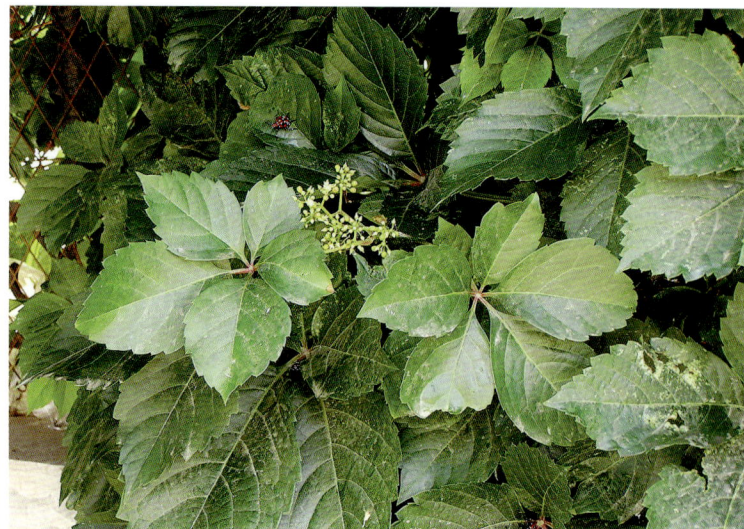

4. 地锦（爬山虎）

Parthenocissus tricuspidata (Sieb. et Zucc.) Planch.

木质藤本。叶为单叶，通常着生在短枝上为3浅裂，时有着生在长枝上者小型不裂，叶片通常倒卵圆形，长4.5～17 cm，宽4～16 cm，顶端裂片急尖，基部心形，边缘有粗锯齿，叶面绿色，无毛，叶背浅绿色，无毛或中脉上疏生短柔毛，5基出脉，中央脉有侧脉3～5对，网脉叶面不明显，叶背微突出；叶柄长4～12 cm，无毛或疏生短柔毛。花序着生在短枝上，基部分枝，形成多歧聚伞花序，长2.5～12.5 cm，主轴不明显；花序梗长1～3.5 cm，几无毛；花梗长2～3 mm，无毛；花蕾倒卵椭圆形，高2～3 mm，顶端圆形；萼碟形，边缘全缘或呈波状，无毛；花瓣5片。果实球形。

生于山谷、山坡灌丛，攀缘树上或岩石壁上。见于白雀园镇赛山村。

地锦的根和茎药用，味甘、涩，性温。祛风通络、活血解毒。治风湿关节痛。外用治跌打损伤、痈疖肿毒。用量15～30 g，水煎或泡酒服。外用适量，根皮捣烂，酒调敷患处。

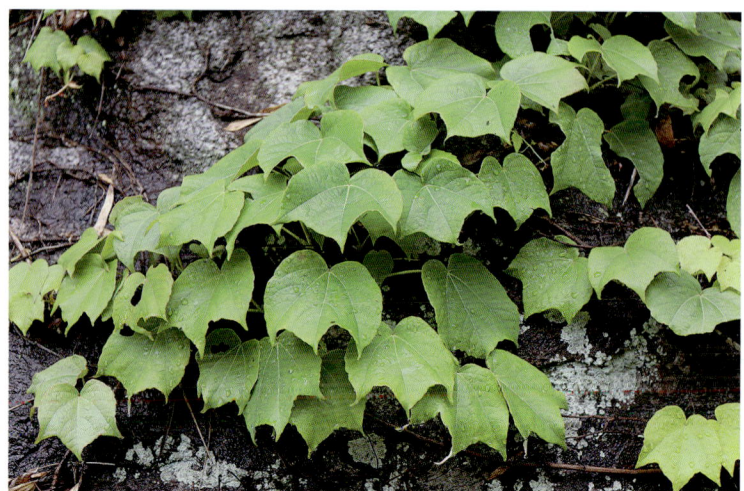

4. 葡萄属Vitis L.

藤本，有卷须。单叶或掌状、羽状复叶。花瓣基部分离，顶端黏合，花后整个帽状脱落，雄蕊离生。光山有5种1亚种。

1. 蘡奥

Vitis bryoniaefolia Bunge

木质藤本。卷须2叉分枝。叶长圆状卵形，长2.5～8 cm，宽2～5 cm，3～5（7）深裂或浅裂，稀混生有不裂的，中裂片顶端急尖至渐尖，边缘有粗齿或羽状分裂，基部心形或深心形，叶背密被蛛丝状绒毛和柔毛，后脱落变稀疏；基出脉5条，侧脉4～6对；叶柄长0.5～4.5 cm。圆锥花序基部分枝发达或有时退化成一卷须，稀狭窄而基部分枝不发达；总花梗长0.5～2.5 mm，初时被蛛丝状绒毛，后变稀疏；花梗长1.5～3 mm，无毛；花萼碟形；花瓣5枚；雄蕊5枚；花盘5裂；子房椭圆状卵形，花柱细短，柱头扩大。果紫红色，球形。

生于山谷林中、灌丛、沟边或田埂。

蘡奥的根、茎和果实药用，味甘、酸，性平。清热利湿，解毒消肿，生津止渴。治暑热伤津、口干、湿热、黄疸、风湿关节炎、跌打损伤、痢疾、痈疮肿毒、瘰疬。用量：根、茎15～30 g，果实适量嚼食。

2. 刺葡萄（山葡萄）

Vitis davidii (Roman. du Caill.) Foex.

木质藤本。叶卵圆形或卵椭圆形，长5～12 cm，宽4～16 cm，顶端急尖或短尾尖，基部心形，基缺凹成钝角，边缘每侧有锯齿12～33个，齿端尖锐，不分裂或微3浅裂，叶面绿色，叶背浅绿色，基生脉5出，侧脉4～5对，常疏生小皮刺。花杂性异株；圆锥花序基部分枝发达，长7～24 cm，与叶对生，花序梗长1～2.5 cm，无毛；花梗长1～2 mm，无毛；花蕾倒卵圆形，高1.2～1.5 mm，顶端圆形；萼碟形，边缘萼片不明显；花瓣5片；雄蕊5枚，花丝丝状，长1～1.4 mm，花药黄色，椭圆形，长0.6～0.7 mm，在雌花内雄蕊短，败育；花盘发达，5裂；雌蕊1枚。果实球形，成熟时紫红色。

生于山谷疏林或山坡灌丛中。见于殷棚乡牢山林场、南向店王母观。

刺葡萄的根药用，味甘，性平。祛风湿，利小便。治慢性关节炎、跌打损伤。

3. 葛藟葡萄（蔓山葡萄、割谷镰藤、野葡萄、栽秧藤）

Vitis flexuosa Thunb.

木质藤本。叶卵形、三角状卵形、卵圆形或卵椭圆形，长2.5～12 cm，宽2.3～10 cm，顶端急尖或渐尖，基部浅心形或近截形，心形者基缺顶端凹成钝角，边缘每侧有微不整齐5～12个锯齿，叶面绿色，无毛，叶背初时疏被蛛丝状茸毛，以后脱落；基生脉5出，中脉有侧脉4～5对，网脉不明显；叶柄长1.5～7 cm，被稀疏蛛丝状茸毛或几无毛。圆锥花序疏散，与叶对生，基部分枝发达或细长而短，长4～12 cm，花序梗长2～5 cm，被蛛丝状茸毛或几无毛；花梗长1.1～2.5 mm，无毛；花瓣5片。果实球形。

生于山地山区疏林或灌丛中。见于白雀园镇大尖山。

葛藟葡萄的根皮药用，味甘，性平。补五脏，续筋骨，长肌肉。治关节酸痛、跌打损伤，根皮用甜酒捣烂敷患处。

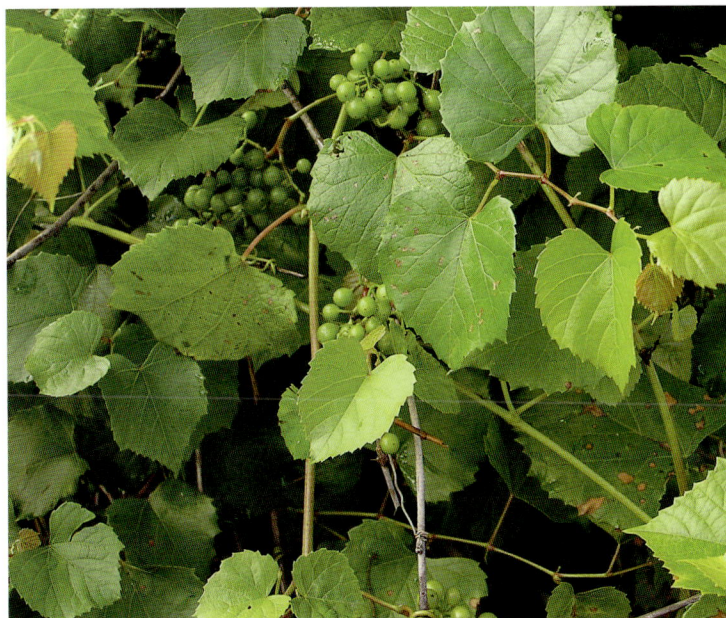

4. 桑叶葡萄

Vitis heyneana Roem. et Schult subsp. **ficifolia** (Bge.) C.L.Li[*Vitis ficifolia* Bunge]

幼枝、叶柄和花序轴密生白色蛛丝状柔毛，后变无毛。卷须分枝，长10～16 cm。叶卵形或宽卵形，长10～20 cm，宽7～10 cm，3浅裂，少数3深裂或不裂，顶端急尖，基部宽心形，边缘具不整齐粗锯齿或小牙齿；叶面绿色，几无毛，叶背淡绿色，密被白色或灰白色茸毛；叶柄长4～10 cm，被毛。圆锥花序，长约16 cm，分枝近水平开展；花小，具细梗，无毛；花萼不明显，浅碟状；花瓣5，长圆形，长约2 mm，顶端合生，早落；雄蕊5，对瓣，与花瓣等长；子房倒圆锥形，花柱短棒状。浆果，球形。

生于山坡、沟谷灌丛或疏林中。见于南向店王母观、南向店乡环山村。

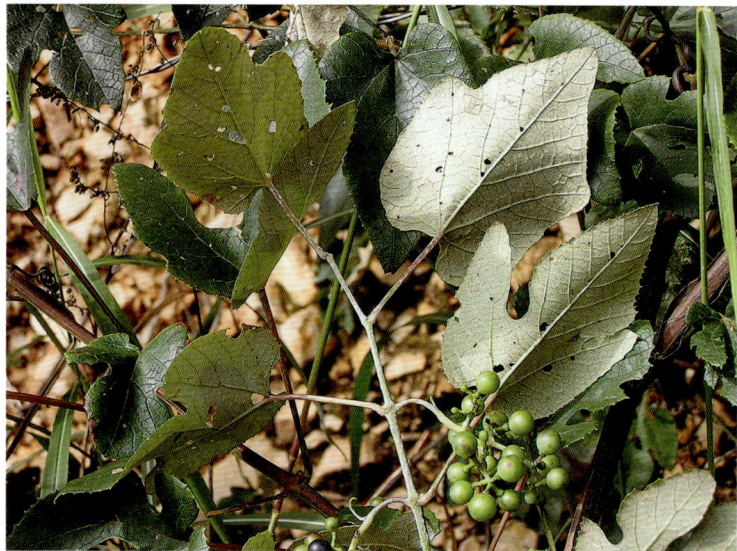

5. 华东葡萄

Vitis pseudoreticulata W. T. Wang

木质藤本。叶卵圆形或肾状卵圆形，长6～13 cm，宽5～11 cm，顶端急尖或短渐尖，稀圆形，基部心形，基缺凹成圆形或钝角，每侧边缘16～25个锯齿，齿端尖锐，微不整齐，叶面绿色，初时疏被蛛丝状绒毛，以后脱落无毛，叶背初时疏被蛛丝状绒毛，以后脱落；基生脉5出，中脉有侧脉3～5对，叶背沿侧脉被白色短柔毛，网脉在叶背明显；叶柄长3～6 cm，初时被蛛状丝绒毛，以后脱落，并有短柔毛；托叶早落。圆锥花序疏散，与叶对生，基部分枝发达，杂性异株，长5～11 cm，疏被蛛丝状绒毛，以后脱落；花梗长1～1.5 mm，无毛；花瓣5片。果实成熟时紫黑色。

生于山坡、沟谷灌丛或疏林中。见于白雀园镇赛山村。

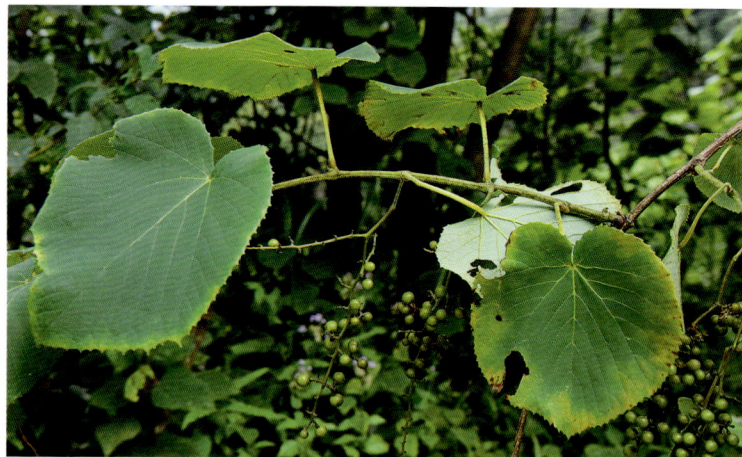

6. 葡萄（索索葡萄、草龙珠、葡萄秧）

Vitis vinifera L.

木质藤本。叶卵圆形，显著3～5浅裂或中裂，长7～18 cm，宽6～16 cm，中裂片顶端急尖，裂片常靠合，基部常缢缩，裂缺狭窄，间或宽阔，基部深心形，基缺凹成圆形，两侧常靠合，边缘有22～27个锯齿，齿深而粗大，不整齐，齿端急尖，叶面绿色，叶背浅绿色，基生脉5出，侧脉4～5对；叶柄长4～9 cm，几无毛；托叶早落。圆锥花序密集或疏散，多花，与叶对生，基部分枝发达，长10～20 cm，花序梗长2～4 cm，几无毛或疏生蛛丝状茸毛；花梗长1.5～2.5 mm，无毛；花蕾倒卵圆形，高2～3 mm，顶端近圆形；萼浅碟形，边缘呈波状，外面无毛；花瓣5片。果实球形或椭圆形。

光山常见栽培。全县广布。

葡萄是著名的水果。它的果实、根、藤还可药用。果：味甘，性平。解表透疹，利尿，安胎。根、藤：祛风湿，利尿。果：治麻疹不透、小便不利、胎动不安。根、藤：治风湿骨痛、水肿；外用治骨折。用量：果、根、藤15～45 g。外用鲜根适量，手法复位后，捣烂敷患处。

194. 芸香科Rutaceae

乔木，灌木或草本，稀攀缘性灌木。通常有油点，有或无刺。单叶或复叶。花两性或单性，稀杂性同株，辐射对称，很少两侧对称；聚伞花序，稀总状或穗状花序，更少单花，甚至叶上生花；心皮离生或合生，蜜盆明显，环状，有时变态成子房柄，子房上位，稀半下位，花柱分离或合生，柱头常增大。果为蓇葖、蒴果、翅果、核果，或具革质果皮，或具翼，或果皮稍近肉质的浆果。光山有5属11种。

1. 柑桔属Citrus L.

乔木或灌木，常有硬刺。指状复叶，单小叶。雄蕊为花瓣3倍以上，子房6～15室。浆果有汁胞。光山有5种。

1. 酸橙（苦橙、枳壳）

Citrus aurantium L.

小乔木，枝叶茂密，刺多。叶色浓绿，质地颇厚，翼叶倒卵形，基部狭尖，长1～3 cm，宽0.6～1.5 cm，或个别品种几无翼叶。总状花序有花少数，有时兼有腋生单花，有单性花倾向，即雄蕊发育，雌蕊退化；花蕾椭圆形或近圆球形；花萼5或4浅裂，有时花后增厚，无毛或个别品种被毛；花大小不等，花直径2～3.5 cm；雄蕊20～25枚，通常基部合生成多束。果圆球形或扁圆形，果皮稍厚至甚厚，难剥离，橙黄色至朱红色，油胞大小不均匀，凹凸不平，果心实或半充实，瓤囊10～13瓣，果肉味酸，有时有苦味或兼有特异气味；种子多且大。

光山有少量栽培。见于县城附近。

酸橙的果实药用。果实（枳壳）：味苦、酸、性微寒；破气，行痰，散积，消痞。幼果（枳实）：味苦，性微寒，功能与枳壳相同而力稍猛。果实（枳壳）：治食积痰滞、胸腹胀满、腹胀腹痛、胃下垂、脱肛、子宫脱垂。用量3～9 g，最大可用至30 g。幼果：与枳壳相同。

2. 柚（柚子、气柑、朱栾、文旦、棘柚）

Citrus grandis (L.) Osbeck

乔木。嫩枝、叶背、花梗、花萼及子房均被柔毛，嫩叶通常暗紫红色，嫩枝扁且有棱。叶质颇厚，色浓绿，阔卵形或椭圆形，连翼叶长9～16 cm，宽4～8 cm，或更大，顶端钝或圆，有时短尖，基部圆，翼叶长2～4 cm，宽0.5～3 cm，个别品种的翼叶甚狭窄。总状花序，有时兼有腋生单花；花蕾淡紫红色，稀乳白色；花萼不规则5～3浅裂；花瓣长1.5～2 cm；雄蕊25～35枚，有时部分雄蕊不育；花柱粗长，柱头略较子房大。果圆球形、扁圆形、梨形或阔圆锥状。

光山有少量栽培。见于泼陂河镇东岳寺村。

柚是一种水果，柚的果皮、叶还可药用。果皮：味辛、甘，性平；宽中理气，化痰止咳。叶、解毒消肿；治气滞腹胀、胃痛、咳嗽气喘、疝气痛、乳腺炎、扁桃体炎。用量果皮、叶均为9～15 g。

3. 柠檬（黎檬）

Citrus limonia Osbeck

小乔木；枝有硬刺。叶长圆形或椭圆形，长8～12 cm，宽3～5 cm，顶端圆或稍狭而钝头，基部阔楔形或钝，边缘具细钝裂齿，干后常呈茶褐色或棕黄色，叶背常带光泽；箭叶仅具痕迹或极窄；叶柄与叶片连接处有关节。花两性，2～3朵或单花生于叶腋；花蕾淡紫红色；萼浅杯状，长约2 mm，5裂；花瓣5片，背面淡紫红色，腹面白色，长13～15 mm；雄蕊20～25枚，花丝下部或基部不规则合生成5束，有时个别分离；花盘环状，明显突起；子房卵形至近球形，基部稍狭，花柱为子房长的2～3倍，柱头约与子房等粗。果近球形或扁圆形，顶部凸尖。

光山有少量栽培。见于县城附近。

柠檬的果实可食用，果实和根还可药用。果：味酸、甘，性平；化痰止咳，生津健胃。根：味辛、苦，性温；行气止痛，止咳平喘。果：治支气管炎、百日咳、食欲不振、维生素C缺乏症、中暑烦渴。根：治胃痛、疝气痛、睾丸炎、咳嗽、支气管哮喘。

4. 柑桔（柑橘）

Citrus reticulata Blanco

小乔木，枝具刺。叶披针形或椭圆形，长4～8 cm，宽2～3.5 cm，有时较大，顶端狭而钝头，常微凹，基部楔形，侧脉通常明显；箭叶狭长，宽达3 mm或更宽。花两性，白色，单生成2～3朵簇生于叶腋，萼浅杯状，长2～3 mm，不规则5浅裂，裂片三角形；花瓣白色，长椭圆形，长9～12 mm；雄蕊20～25枚，不规则的合生成5束。果扁圆形或近圆球形，直径5～10 cm，橙黄色至朱色，果皮通常粗糙，易与瓤囊分离，瓤囊外壁上的维管束常紧贴，油胞明显，果顶部圆或凹陷，沿顶部四周常有放射状纵向短肋纹，蒂部常隆起，瓤囊9～13瓣，中心柱大而疏松，果肉味甜。

光山有少量栽培。见于县城附近。

柑桔是著名水果。它的果皮、种子、橘络和叶还可药用。陈皮：味苦、辛，性温；理气健胃，燥湿化痰。橘核：味苦，性平；理气止痛。橘络：味苦，性平；通络，化痰。橘叶：味苦，性平；行气，解郁，散结。青皮（幼嫩果实）：味苦、辛，性温；破气散结，舒肝止痛，消食化滞。陈皮：治胃腹胀满、呕吐呃逆、咳嗽痰多，用量3～9 g。橘核：治乳腺炎、疝痛、睾丸肿痛，用量3～9 g。橘络：治咳嗽痰多、胸胁作痛，用量3～6 g。橘叶：治乳腺炎、胁痛，用量3～9 g。青皮（幼嫩果实）：治胸腹胀闷、胁肋疼痛、乳腺炎、疝痛，用量6～9 g。

5. 甜橙

Citrus sinensis (L.) Osbeck

乔木，枝少刺或近于无刺。叶通常比柚叶略小，翼叶狭长，明显或仅具痕迹，叶片卵形或卵状椭圆形，很少披针形，长6～10 cm，宽3～5 cm，或有的较大。花白色，很少背面带淡紫红色，总状花序有花少数，或兼有腋生单花；花萼3～5浅裂，花瓣长1.2～1.5 cm；雄蕊20～25枚；花柱粗壮，柱头增大。果圆球形、扁圆形或椭圆形，橙黄至橙红色，果皮难或稍易剥离，瓤囊9～12瓣，果心实或半充实，果肉淡黄、橙红或紫红色，味甜或稍偏酸；种子少或无，种皮略有肋纹，子叶乳白色，多胚。

光山有少量栽培。见于县城附近。

甜橙是著名的水果。

2. 吴茱萸属 Evodia J. R. Forst. et G. Forst.

乔木，枝无刺。叶对生，羽状复叶或3小叶。心皮离生。果为蓇葖果。光山有1种。

1. 臭辣吴茱萸

Evodia fargesii Dode

乔木。叶有小叶5～9片，很少11片，小叶斜卵形至斜披针形，长8～16 cm，宽3～7 cm，生于叶轴基部的较小，小叶基部通常一侧圆，另一侧楔尖，两侧甚不对称，叶面无毛，叶背灰绿色，干后带苍灰色，沿中脉两侧有灰白色卷曲长毛，或在脉腋上有卷曲丛毛，油点不显或甚细小且稀少，叶缘波纹状或有细钝齿，侧脉每边8～14条；叶轴及小叶柄均无毛，小叶柄长很少达1 cm。花序顶生，花甚多；5基数；萼片卵形，长不及1 mm，边缘被短毛；花瓣长约3 mm，腹面被短柔毛；雄花的雄蕊长约5 mm，花丝中部以下被长柔毛，退化雌蕊顶部5深裂，裂瓣被毛；子房近圆球形，无毛。成熟心皮5～4、稀3个，紫红色。

生于平地及向阳山坡林中。见于南向店乡董湾村林场、南向店王母观。

臭辣吴茱萸的果实药用，味苦、辛，性温。止咳，散寒。治咳嗽、腹泻肚痛。

3. 金橘属Fortunella Swingle

灌木或乔木，常有硬刺。指状复叶，单小叶。雄蕊为花瓣3倍以上，子房2～5室。浆果有汁胞。光山有1种。

1. 金橘（金豆、猴子柑、山金桔）
Fortunella margarita (Lour.) Swingle

灌木，高3 m，多枝，刺短小。单小叶或有时兼有少数单叶，叶翼线状或明显，小叶片椭圆形或倒卵状椭圆形，长4～6 cm，宽1.5～3 cm，顶端圆，稀短尖或钝，基部圆或宽楔形，近顶部的叶缘有细裂齿，稀全缘，质地稍厚；叶柄长6～9 mm。花单生及少数簇生于叶腋，花梗甚短；花萼5或4浅裂；花瓣5片，长不超过5 mm；雄蕊约20枚，花丝合生成4或5束，比花瓣短，花柱与子房等长，子房3～4室。果圆球形或稍呈扁圆形，横径稀超过1 cm，果皮橙黄色或朱红色，平滑，有麻辣感且微有苦味，果肉味酸。

光山有少量栽培。

金橘是春节常见的盆栽植物。它的根和果实药用，根：味辛、苦，性温；醒脾行气。果：味辛、酸、甘，性温；宽中化痰下气。治风寒咳嗽、胃气痛、食积胀满、疝气。

4. 九里香属Murraya Koenig ex L.

灌木或小乔木。奇数羽状复叶。伞房状聚伞花序，花有明显花梗，两性，花瓣覆瓦状排列，花柱伸长，脱落，柱头膨大头状，心皮合生。浆果。光山有1种。

1. 九里香（千里香、石桂树）
Murraya exotica L.

小乔木。枝白灰色或淡黄灰色，但当年生枝绿色。叶有小叶3～5片，小叶倒卵形至倒卵状椭圆形，中部以上最宽，两侧常不对称，长1～6 cm，宽0.5～3 cm，顶端急尖，基部短尖，一侧略偏斜，边全缘，平展；小叶柄甚短。花序通常顶生，或顶生兼腋生，花多朵聚成伞状，为短缩的圆锥状聚伞花序；花白色，芳香；萼片卵形，长约1.5 mm；花瓣5片，长椭圆形，长10～15 mm，盛花时反折；雄蕊10枚，长短不等，比花瓣略短，花丝白色，花药背部有细油点2颗；花柱稍较子房纤细，与子房之间无明显界限，均为淡绿色，柱头黄色，粗大。果橙黄至朱红色。

光山有少量栽培。

九里香的花雪白色，美丽，芳香浓郁。它的根、花和叶还可药用，味辛、苦，性温。麻醉，镇惊，解毒消肿，祛风活络。治跌打肿痛、风湿骨痛、胃痛、牙痛、破伤风、流行性乙型脑炎、虫、蛇咬伤、局部麻醉。

5. 花椒属Zanthoxylum L.

乔木或灌木，常有刺。单叶或羽状复叶，互生。心皮离生，果为蓇葖果。光山有3种。

1. 竹叶花椒（香椒、花椒、椒目、竹叶椒、贝椒子、山巴椒）
Zanthoxylum armatum DC.

灌木；茎枝多锐刺。奇数羽状复叶，有小叶3～9，稀11片，翼叶明显，稀仅有痕迹；小叶对生，通常披针形，长3～12 cm，宽1～3 cm，两端尖，有时基部宽楔形，干后叶缘略向背卷，叶面稍粗皱；或为椭圆形，长4～9 cm，宽2～4.5 cm，顶端中央一片最大，基部一对最小；有时为卵形，叶缘有小且疏离的裂齿，或近于全缘，仅在齿缝处或沿小叶边缘有油点；小叶柄短或无柄。花序近腋生或同时生于侧枝之顶，长2～5 cm，有花约30朵以内；花被片6～8片，形状与大小几相同，长约1.5 mm；雄花的雄蕊5～6枚；雌花有心皮3～2枚。果紫红色，有微凸起少数油点。

生于疏林灌木丛中。见于九架岭林场、白雀园镇赛山村。

竹叶花椒的根、叶、果药用，味辛，性温。温中散寒，燥湿杀虫，行气止痛。治胃腹冷痛、呕吐、泄泻、血吸虫病、蛔虫病、丝虫病。外用治牙痛、脂溢性皮炎，并可作表面麻醉用。

2. 青花椒（山花椒）

Zanthoxylum schinifolium Sieb. et Zucc.

落叶灌木；茎枝有短刺。叶有小叶7～19片；小叶纸质，对生，几无柄，位于叶轴基部的常互生，其小叶柄长1～3 mm，宽卵形至披针形，或阔卵状菱形，长5～10 mm，宽4～6 mm，稀长达70 mm，宽25 mm，顶部短至渐尖，基部圆或宽楔形，两侧对称，有时一侧偏斜，油点多或不明显，叶面有在放大镜下可见的细短毛或毛状凸体，叶缘有细裂齿或近于全缘，中脉至少中段以下凹陷。花序顶生，花或多或少；萼片及花瓣均5片；花瓣淡黄白色，长约2 mm；雄花的退化雌蕊甚短。2～3浅裂；雌花有心皮3个，很少4或5个。分果瓣红褐色。

生于山坡疏林、灌木丛及岩石旁等处。见于晏河乡大苏山、白雀园镇赛山村。

青花椒的果皮药用，味辛，性温。温中散寒，燥湿杀虫，行气止痛。治胃腹冷痛、呕吐、泄泻、血吸虫病、丝虫病、牙痛、脂溢性皮炎。

3. 野花椒（柄果花椒、天角椒、黄总管、香椒）

Zanthoxylum simulans Hance

灌木或小乔木；枝有刺。叶有小叶5～15片；叶轴有狭窄的叶质边缘，腹面呈沟状凹陷；小叶对生，无柄或位于叶轴基部的有甚短的小叶柄，卵形、卵状椭圆形或披针形，长2.5～7 cm，宽1.5～4 cm，两侧略不对称，顶部急尖或短尖，常有凹口，油点多，干后半透明且常微凸起，间有窝状凹陷，叶面常有刚毛状细刺，中脉凹陷，叶缘有疏离而浅的钝裂齿。花序顶生，长1～5 cm；花被片5～8片，狭披针形、宽卵形或近于三角形，大小及形状有时不相同，长约2 mm，淡黄绿色；雄花的雄蕊5～8(10)枚；雌花的花被片为狭长披针形；心皮2～3枚，花柱斜向背弯。果红褐色。

生于山谷杂木林中。见于白雀园镇赛山村、槐店乡珠山村。

野花椒的果皮和种子药用。果皮：味辛，性温，有小毒；温中止痛，驱虫健胃。种子(也可作椒目用)：味苦、辛，性凉；利尿消肿。根：味辛，性温；祛风湿，止痛。果皮：治胃痛、腹痛、蛔虫病，外用治湿疹、皮肤瘙痒、龋齿疼痛。种子：治水肿、腹水。根：治胃寒腹痛、牙痛、风寒痹痛。

195. 苦木科Simaroubaceae

乔木或灌木；树皮通常有苦味。叶互生，有时对生，通常呈羽状复叶。花序腋生，成总状、圆锥状或聚伞花序，很少为穗状花序；花小，辐射对称，单性、杂性或两性；萼片3～5，镊合状或覆瓦状排列；花瓣3～5，分离，少数退化，镊合状或覆瓦状排列；花盘环状或杯状。果为翅果、核果或蒴果。光山有2属2种。

1. 臭椿属Ailanthus Desf.

乔木。奇数羽状复叶，小叶边缘有锯齿。每心皮或子房有1胚珠。果为翅果。光山有1种。

1. 臭椿

Ailanthus altissima (Mill.) Swingle

落叶乔木，高达20 m。树皮灰色，小枝赤褐色，被短柔毛。奇数羽状复叶，具小叶13～25片，小叶对生或近对生，卵状披针形，顶端长渐尖，基部截形或圆形，常不对称，边缘浅波状，近基部有1～2对粗齿，齿端下具1腺体，叶面无毛，叶背沿叶脉疏被毛。圆锥花序；花杂性，较小；萼片卵状三角形；花瓣长椭圆形，淡绿色，中部以下具白色绒毛；雄蕊10枚，雄花花丝较长，两性花花丝较短；心皮5枚，花柱合生，柱头5裂。翅果长圆状椭圆形，淡黄褐色。

生于村旁、路边、地埂。见于白雀园镇赛山村、槐店乡珠山村。

臭椿的根皮药用，味苦、涩，性寒。清热燥湿，收涩止带，止泻，止血。治赤白带下、湿热痢疾、久泻久痢、便血、崩漏。

2. 苦木属Picrasma Bl.

乔木。奇数羽状复叶，小叶边缘有锯齿，叶面无毛。每心皮或子房有1胚珠。果为核果，果上有宿存的萼片。光山有1种。

1. 苦木 (苦胆木)

Picrasma quassioides (D. Don) Benn.

落叶乔木，全株有苦味。叶互生，奇数羽状复叶，长15～30 cm；小叶9～15，卵状披针形或阔卵形，边缘具不整齐的粗锯齿，顶端渐尖，基部楔形，除顶生叶外，其余小叶基部均不对称，叶面无毛，叶背仅幼时沿中脉和侧脉有柔毛，后变无毛；落叶后留有明显的半圆形或圆形叶痕；托叶披针形，早落。花雌雄异株，组成腋生复聚伞花序，花序轴密被黄褐色微柔毛；萼片小，通常5片，偶4片，卵形或长卵形，外面被黄褐色微柔毛，覆瓦状排列；花瓣与萼片同数，卵形或阔卵形，两面中脉附近有微柔毛；雄花中雄蕊长为花瓣的2倍，雌花中雄蕊短于花瓣。核果成熟后蓝绿色。

生于山谷、山坡林中。光山见于殷棚乡牢山林场、南向店王母观。

苦木茎和枝药用，味苦，性寒，有毒。清热解毒，燥湿杀虫。治肺热咳嗽、肺痈、霍乱吐泻、痢疾、湿热胁痛、湿疹、烧烫伤、毒蛇咬伤、痈疖肿毒、疥癣。用量6～15 g。外用适量，煎水外洗或研末涂敷。

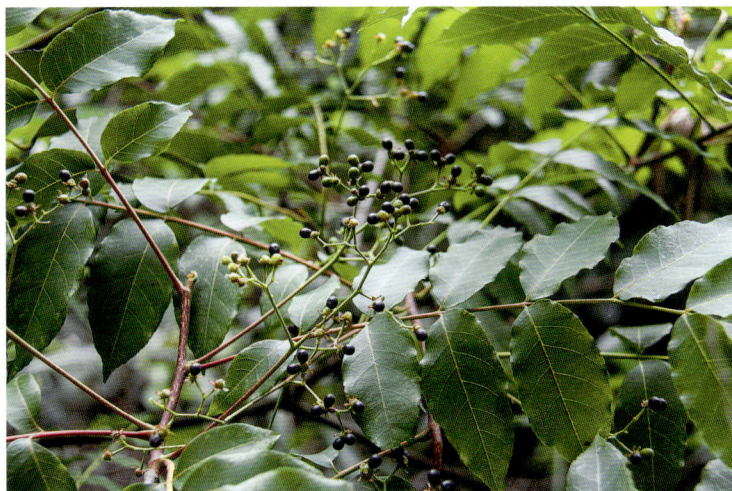

197. 楝科Meliaceae

乔木或灌木。叶互生，很少对生，通常羽状复叶，很少3小叶或单叶。花两性或杂性异株，辐射对称，通常组成圆锥花序，或为总状花序或穗状花序；通常5基数，或为少基数或多基数；萼小，常浅杯状或短管状，4～5齿裂或为4～5萼片组成，芽时覆瓦状或镊合状排列。果为蒴果、浆果或核果。光山有3属3种。

1. 米仔兰属Aglaia Lour.

乔木或灌木。羽状复叶，边缘全缘。花芽和雄蕊管近球形，花柱极短或无，花丝全部合生成管，雄蕊5～10枚，子房每室有1～2颗胚珠。浆果。光山有1种。

1. 米仔兰 (碎米兰、米兰花、珠兰)

Aglaia odorata Lour.

灌木或小乔木。叶长5～12 cm，叶轴和叶柄具狭翅，有小叶3～5片；小叶对生，厚纸质，长2～7 cm，宽1～3.5 cm，顶端1片最大，下部的远较顶端的小，顶端钝，基部楔形，两面均无毛，侧脉每边约8条，极纤细，和网脉均于两面微凸起。圆锥花序腋生，长5～10 cm，稍疏散无毛；花芳香，直径约2 mm；雄花的花梗纤细，长1.5～3 mm，两性花的花梗稍短而粗；花萼5裂，裂片圆形；花瓣5片，黄色，长圆形或近圆形，长1.5～2 mm，顶端圆而截平；雄蕊管略短于花瓣，倒卵形或近钟形，外面无毛，顶端全缘或有圆齿，花药5枚。果为浆果，卵形或近球形。

光山有少量盆栽。

米仔兰的花非常香，南方的公园常见栽培。

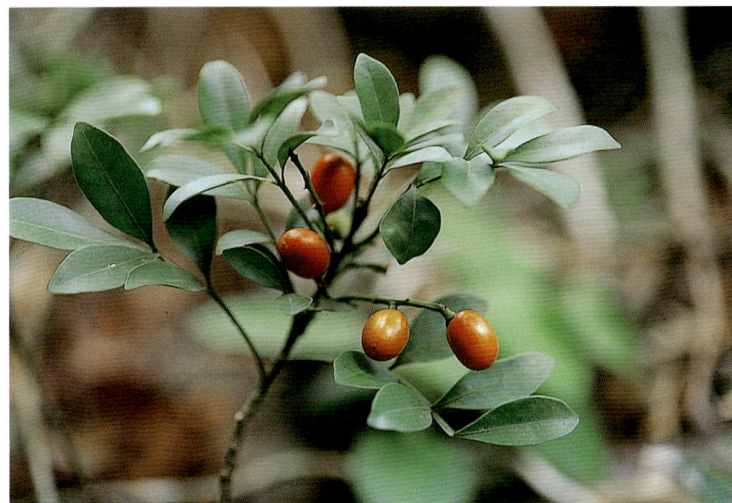

2. 楝属 Melia L.

乔木。羽状复叶，边缘有齿。花丝全部合生成管，子房每室有1～2颗胚珠。光山有1种。

1. 苦楝（苦楝树）

Melia azedarach L.

落叶乔木。叶为2～3回奇数羽状复叶，长20～40 cm；小叶对生，卵形、椭圆形至披针形，顶生1片通常略大，长3～7 cm，宽2～3 cm，顶端短渐尖，基部楔形或宽楔形，多少偏斜，边缘有钝锯齿。圆锥花序约与叶等长；花萼5深裂，裂片卵形或长圆状卵形；花瓣淡紫色，倒卵状匙形，长约1 cm，两面均被微柔毛，通常外面较密；雄蕊管紫色，无毛或近无毛，长7～8 mm，有纵细脉，管口有钻形、2～3齿裂的狭裂片10枚，花药10枚，着生于裂片的内侧，且与裂片互生，长椭圆形；子房近球形，5～6室。核果球形至椭圆形。

生于低海拔丘陵、旷野、村边、路旁的疏林或杂木林中。见于官渡河边。

苦楝是一种速生用材树种。树皮药用，味苦，性寒，有小毒。杀虫。鲜叶可灭钉螺。治蛔虫病、钩虫病、蛲虫病、疥疮、头癣、水田皮炎。

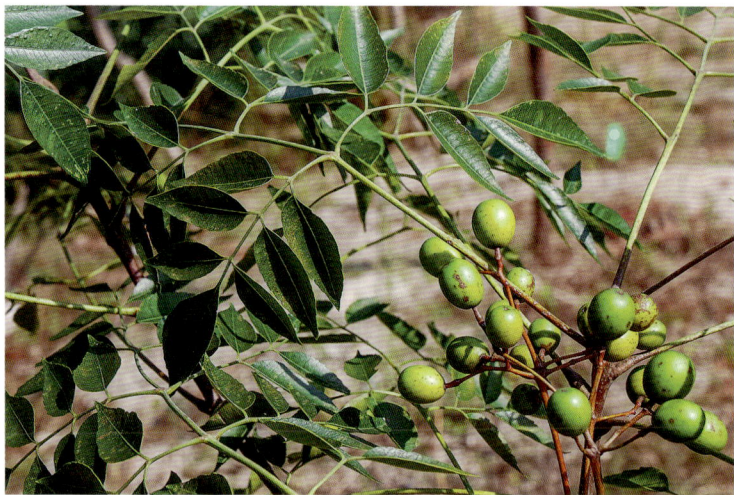

3. 香椿属 Toona M. Roem.

乔木。奇数羽状复叶。花丝仅基部合生，上部分离，子房5室，子房柄短而厚，每室有胚珠6～12颗。蒴果，有5纵棱；种子有翅。光山有1种。

1. 香椿（红椿、椿芽树、椿花、香铃子）

Toona sinensis (A. Juss.) Roem.

乔木。叶具长柄，偶数羽状复叶，长30～50 cm或更长；小叶16～20，对生或互生，纸质，卵状披针形或卵状长椭圆形，长9～15 cm，宽2.5～4 cm，顶端尾尖，基部一侧圆形，另一侧楔形，不对称，叶背常呈粉绿色，侧脉每边18～24条，平展，与中脉几成直角开出，背面略凸起；小叶柄长5～10 mm。圆锥花序与叶等长或更长，小聚伞花序生于短的小枝上，多花；花长4～5 mm，具短花梗；花萼5齿裂或浅波状，外面被柔毛，且有睫毛；花瓣5片，白色，长圆形，顶端钝，长4～5 mm，宽2～3 mm，无毛；雄蕊10枚，其中5枚能育，5枚退化；子房圆锥形，有5条细沟纹。蒴果狭椭圆形。

野生或栽培；生于村边、路旁及房前屋后。

香椿的嫩芽是一种蔬菜。它的根皮、叶、嫩枝和果实还可药用，味苦、涩，性温。祛风利湿，止血止痛。根皮：治痢疾、肠炎、泌尿道感染、便血、血崩、白带、风湿腰腿痛。叶及嫩

枝：治痢疾。果：治胃、十二指肠溃疡，慢性胃炎。

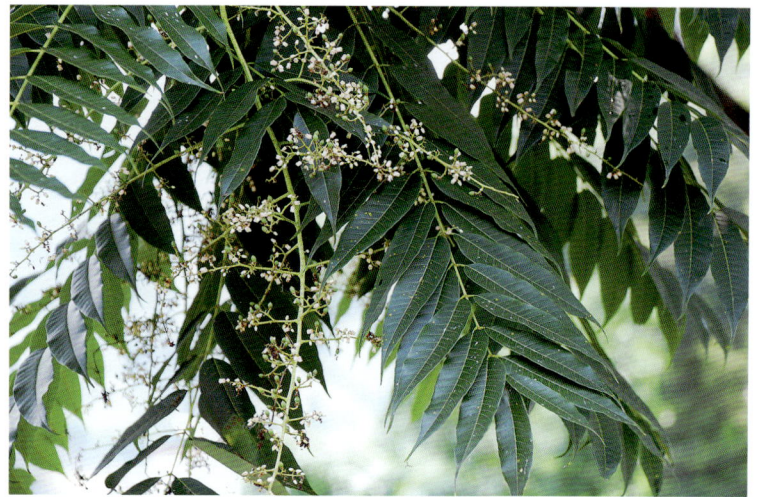

198. 无患子科 Sapindaceae

乔木或灌木，稀草质或藤本。羽状复叶或掌状复叶，稀单叶。聚伞圆锥花序顶生或腋生；花通常单性，稀杂性或两性；雄花萼片4或5，有时6片；花瓣4或5，很少6片，离生，覆瓦状排列；花盘肉质，环状、碟状、杯状或偏于一边，稀无花盘；雄蕊5～10，常8，偶有多数；雌花花被和花盘与雄花相同。果为室背开裂的蒴果，或不开裂而浆果状或核果状。光山有1属1种1变种。

1. 栾树属 Koelreuteria Laxm.

乔木。二回奇数羽状复叶。花盘偏于一侧。蒴果膨胀，无翅，果皮膜质，有明显的脉纹。光山有1种1变种。

1. 复羽叶栾树（图扎拉、巴拉子、山膀胱、黄山栾树）

Koelreuteria bipinnata Franch. var. **integrifoliola** (Merr.) T. Chen

乔木。叶平展，二回羽状复叶，长45～70 cm；叶轴和叶柄向轴面常有1纵行皱曲的短柔毛；小叶9～17片，互生，很少对生，纸质或近革质，斜卵形，长3.5～7 cm，宽2～3.5 cm，顶端短尖至短渐尖，基部阔楔形或圆形，略偏斜，边缘全缘，两面无毛或叶面中脉上被微柔毛，叶背密被短柔毛，有时杂以皱曲的毛；小叶柄长约3 mm或近无柄。圆锥花序大型，长35～70 cm，分枝广展，与花梗同被短柔毛；花黄色，萼5裂达中部，裂片阔卵状三角形或长圆形；花瓣4片。蒴果椭圆形或近球形。

生于山地林中或栽培。见于官渡河边。

复羽叶栾树的花、果美丽，常栽培作观赏。

2. 栾树（木栾、栾华、五乌拉叶、乌拉）

Koelreuteria paniculata Laxm.

落叶乔木。叶一回、不完全二回或偶有二回羽状复叶，长可达50 cm；小叶11～18片，无柄或具极短的柄，对生或互生，纸质、卵形、阔卵形至卵状披针形，长5～10 cm，宽3～6 cm，顶端短尖或短渐尖，基部钝至近截形，边缘有不规则的钝锯齿，齿端具小尖头，有时近基部的齿疏离呈缺刻状，或羽状深裂达中肋而形成二回羽状复叶，叶面仅中脉上散生皱曲的短柔毛，叶背在脉腋具髯毛，有时小叶背面被茸毛。聚伞圆锥花序长25～40 cm，密被微柔毛，分枝长而广展，在末次分枝上的聚伞花序具花3～6朵，密集呈头状；花淡黄色，稍芬芳。蒴果圆锥形。

生于山地林中或栽培。

栾树的花、果美丽，常栽培作观赏。见于官渡河边。

200. 槭树科Aceraceae

乔木或灌木。冬芽具多数覆瓦状排列的鳞片，稀仅具2或4枚对生的鳞片或裸露。叶对生，具叶柄，无托叶，单叶稀羽状或掌状复叶，不裂或掌状分裂。花序伞房状、穗状或聚伞状，由着叶的枝的顶芽或侧芽生出；花序的下部常有叶，稀无叶，叶的生长在开花以前或同时，稀在开花以后；花小，绿色或黄绿色，稀紫色或红色，整齐，两性、杂性或单性。果实系小坚果常有翅。光山有1属8种。

1. 槭树属Acer L.

属的特征与科同。光山8种。

1. 三角槭（三角枫）

Acer buergerianum Miq.

落叶乔木。叶纸质，基部近于圆形或楔形，外貌椭圆形或倒卵形，长6～10 cm，通常浅3裂，裂片向前延伸，稀全缘，中央裂片三角卵形，急尖、锐尖或短渐尖；侧裂片短钝尖或甚小，以至于不发育，裂片边缘通常全缘，稀具少数锯齿；裂片间的凹缺钝尖；叶面深绿色，叶背黄绿色或淡绿色，被白粉，略被毛，在叶脉上较密；初生脉3条，稀基部叶脉也发育良好，致成5条，在叶面不显著，在叶背显著；侧脉通常在两面都不显著；叶柄长2.5～5 cm，淡紫绿色，细瘦，无毛。花多数，常成顶生被短柔毛的伞房花序，直径约3 cm，总花梗长1.5～2 cm，在叶长大以后开花；萼片5，黄绿色；花瓣5，淡黄色。翅果黄褐色。

生于山坡、山谷疏林或路旁。见于白雀园镇赛山村。

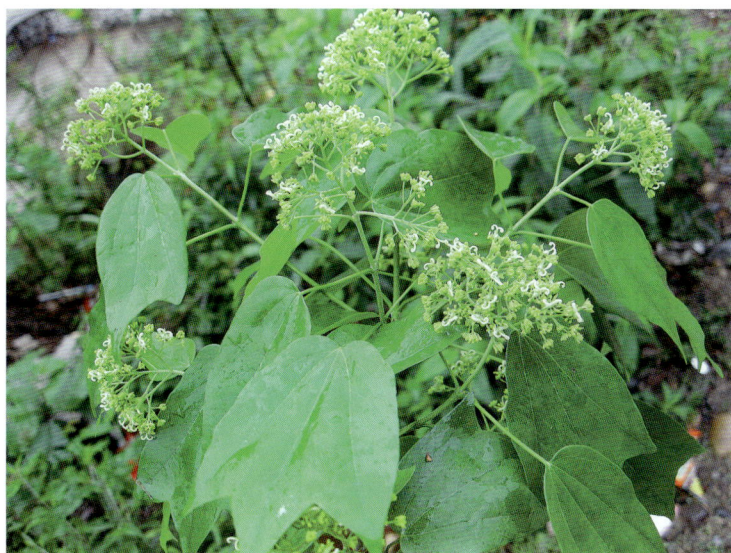

2. 樟叶槭（革叶槭）

Acer coriaceifolium Lévl.

常绿乔木。叶革质，长圆披针形或披针形，稀长圆卵形，长8～11 cm，宽2.5～3.5 cm，基部阔楔形或楔形，稀钝形，全缘，叶面绿色，无毛，干后淡黄绿色，叶背淡绿色，嫩时密被淡黄色绒毛，老时毛渐稀少或近于无毛状；主脉在叶面微凹下，在叶背凸起，侧脉5～6对，以30°的角与主脉叉分，几达于边缘，基部1对侧脉约达于叶片的中段，均在叶面微显著，在叶背稍凸起，小叶脉显著；叶柄淡紫色，嫩时有绒毛，老时无毛，长1.5～3 cm。花序伞房状，连同长1 cm的总花梗在内共长2 cm，有黄绿色绒毛。花杂性，雄花与两性花同株；萼片5，淡绿色，长圆形，长4 mm；花瓣5，淡黄色。小坚果浅褐色。

生于山坡、山谷疏林。见于南向店乡五岳村。

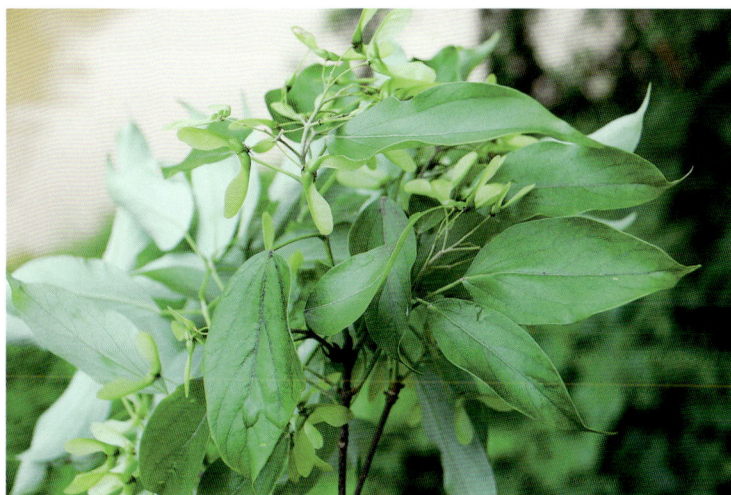

3. 茶条槭

Acer ginnala Maxim.

落叶灌木或小乔木。叶纸质，基部圆形，截形或略近于心脏形，叶片长圆卵形或长圆椭圆形，长6～10 cm，宽4～6 cm，常较深的3～5裂；中央裂片锐尖或狭长锐尖，侧裂片通常钝尖，向前伸展，各裂片的边缘均具不整齐的钝尖锯齿，裂片间的凹缺钝尖；叶面深绿色，无毛，叶背淡绿色，近于无毛，主脉和侧脉均在叶背较在叶面为显著；叶柄长4～5 cm，细瘦，绿色或紫绿色，无毛。伞房花序长6 cm，无毛，具多数的花；花梗细瘦，长3～5 cm。花杂性，雄花与两性花同株；萼片5，卵形、黄绿色；花瓣5，长圆卵形白色，较长于萼片；雄蕊8，

果实黄绿色或黄褐色。

生于山坡、山谷疏林。见于晏河乡詹堂村。

4. 血皮槭（马梨光）

Acer griseum (Franch.) Pax

落叶乔木。复叶有3小叶；小叶纸质，卵形，椭圆形或长圆椭圆形，长5～8 cm，宽3～5 cm，顶端钝尖，边缘有2～3个钝形大锯齿，顶生的小叶片基部楔形或阔楔形，有5~-8 mm的小叶柄，侧生小叶基部斜形，有长2～3 mm的小叶柄，叶面绿色，嫩时有短柔毛，渐老则近于无毛；叶背淡绿色，略有白

粉，有淡黄色疏柔毛，叶脉上更密，主脉在叶面略凹下，在叶背凸起，侧脉9～11对，在叶面微凹下，在叶背显著；叶柄长2～4 cm，有疏柔毛，嫩时更密。聚伞花序有长柔毛，常仅有3花；总花梗长6～8 mm；花淡黄色，杂性，雄花与两性花异株；萼片5，长圆卵形，长6 mm，宽2～3 mm；花瓣5。小坚果黄褐色。

生于山坡、山谷疏林。

5. 色木槭（水色树、五角槭、地锦槭、五角枫）

Acer mono Maxim.

落叶乔木。小枝细瘦，当年生枝绿色或紫绿色，多年生枝灰色或淡灰色，具圆形皮孔。冬芽近于球形。叶纸质，基部截形或近于心脏形，叶片近于椭圆形，长6～8 cm，宽9～11 cm，常5裂，有时3裂及7裂的叶生于同一树上；裂片卵形，顶端锐尖或尾状锐尖，全缘；叶柄长4～6 cm。花多数，杂性，雄花与两性花同株，多数常呈无毛的顶生圆锥状伞房花序，长与宽均约4 cm，生于有叶的枝上，花序的总花梗长1～2 cm，花的开放与叶的生长同时；萼片5，黄绿色，长圆形；花瓣5，淡白色，椭圆形或椭圆倒卵形；雄蕊8，花药黄色；子房在雄花中不发育，柱头2裂，反卷。翅果嫩时紫绿色。

生于山坡、山谷疏林。见于槐店乡万河村。

6. 五裂槭

Acer oliverianum Pax

落叶小乔木。叶纸质，长4～8cm，宽5～9cm，基部近于心形或近于截形，5裂；裂片三角状卵形或长圆卵形，顶端锐尖，边缘有紧密的细锯齿；裂片间的凹缺锐尖，深达叶片的1/3或1/2，叶面深绿色或略带黄色，无毛，叶背淡绿色，除脉腋有丛毛外其余部分无毛；主脉在叶面显著，侧脉在叶面微显著，在叶背显著；叶柄长2.5～5cm，细瘦，无毛或靠近顶端部分微有短柔毛。花杂性，雄花与两性花同株，常生成无毛的伞房花序，开花与叶的生长同时；萼片5枚，紫绿色，卵形或椭圆卵形，顶端钝圆，长3～4mm；花瓣5片，淡白色。小坚果凸起。

生于山坡、山谷疏林。见于殷棚乡牢山林场。

7. 鸡爪槭

Acer palmatum Thunb.

落叶小乔木。叶纸质，外貌圆形，直径7～10cm，基部心脏形或近于心脏形稀截形，5～9掌状分裂，通常7裂，裂片长圆卵形或披针形，顶端锐尖或长锐尖，边缘具紧贴的尖锐锯齿；裂片间的凹缺钝尖或锐尖，深达叶片直径的1/2或1/3；叶面深绿色，无毛，叶背淡绿色，在叶脉的脉腋被有白色丛毛；主脉在叶面微显著，在叶背凸起；叶柄长4～6cm，细瘦，无毛。花紫色，杂性，雄花与两性花同株，生于无毛的伞房花序，总花梗长2～3cm，叶发出以后才开花；萼片5，卵状披针形，顶端锐尖，长3mm；花瓣5。翅果嫩时紫红色，成熟时淡棕黄色；小坚果球形。

生于山坡、山谷疏林。县城有栽培。

8. 糖槭

Acer saccharum Marshall

落叶小乔木。叶对生，掌状，5深裂，长约12cm，顶端渐尖，基部心形，叶缘有具齿，叶柄与叶片接近等长，断裂时伴有糖液外流。生长季节叶色多为浅绿或深绿色，秋季糖槭叶片常变为金黄、橘红、橘黄等颜色，叶色丰富绚丽。伞房状花序，无花瓣，花为黄绿色。

光山有少量栽培。见于南向店乡董湾向楼村。

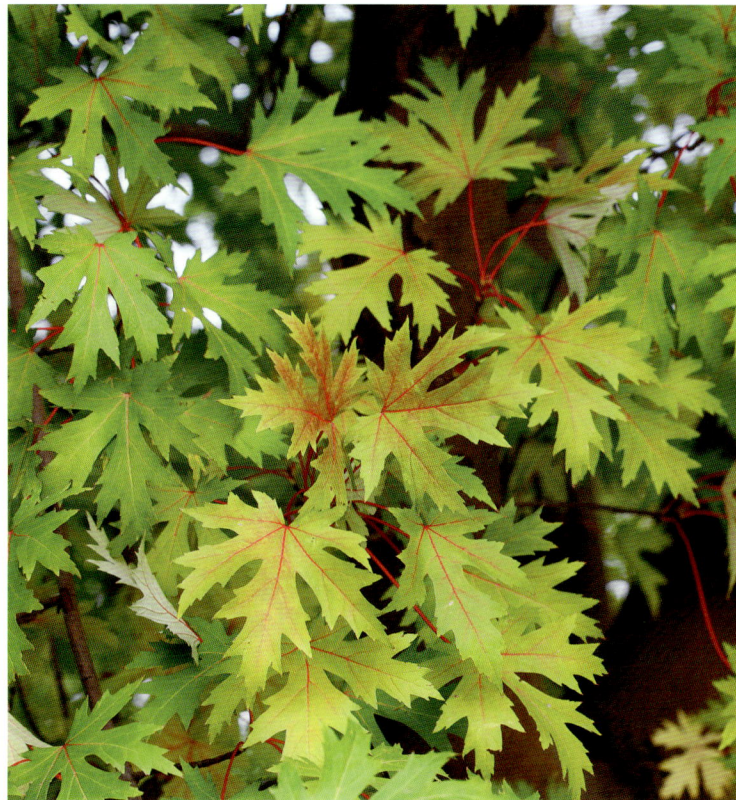

201. 清风藤科Sabiaceae

乔木、灌木或攀缘木质藤本。叶互生，单叶或奇数羽状复叶。花两性或杂性异株，辐射对称或两侧对称；通常排成腋生或顶生的聚伞花序或圆锥花序，有时单生；萼片5片，很少3或4片，分离或基部合生，覆瓦状排列，大小相等或不相等；花瓣5片，很少4片，覆瓦状排列，大小相等，或内面2片远比外面的3片小；雄蕊5枚，稀4枚。核果。光山有2属2种1亚种。

1. 泡花树属Meliosma Bl.

乔木或直立灌木。单叶或羽状复叶。圆锥花序，雄蕊仅2枚发育。光山有2种。

1. 红柴枝

Meliosma oldhamii Maxim.

落叶乔木。羽状复叶连柄长15～30cm；有小叶7～15片，叶总轴、小叶柄及叶两面均被褐色柔毛，小叶薄纸质，下部的卵形，长3～5cm，中部的长圆状卵形，狭卵形，顶端1片倒卵形或长圆状倒卵形，长5.5～8cm，宽2～3.5cm，顶端急尖或锐渐尖，具中脉伸出尖头，基部圆、阔楔形或狭楔形，边缘具疏离的锐尖锯齿；侧脉每边7～8条，弯拱至近叶缘开叉网结，脉腋有髯毛。圆锥花序顶生，直立，具3次分枝，长和宽15～30cm，被褐色短柔毛；花白色，花梗长1～1.5mm；萼片5，椭圆状卵形，子房被黄色柔毛、花柱约与子房等长。核果球形。

生于山坡、山谷疏林。见于白雀园镇赛山村。

2. 小花泡花树

Meliosma parviflora Lecomte.

小乔木。叶为单叶，纸质，倒卵形，长6～11 cm，宽3～7 cm，顶端圆或近平截，具短急尖，中部以下渐狭长而下延，上部边缘有疏离的浅波状小齿，叶面深绿色，有光泽，仅中脉有时被毛，叶背被稀疏柔毛，侧脉腋具髯毛；侧脉每边8～15条，劲直或多少曲折，远离叶缘开叉，近顶端的常直达齿尖；叶柄长5～15 mm。圆锥花序顶生，长9～30 cm，宽10～20 cm，具4次分枝，被柔毛，主轴圆柱形，稍曲折；花白色，直径1.5～2 mm；萼片5，阔卵形或圆形，宽约0.5 mm，具缘毛；外面3片花瓣近圆形，宽约1 mm，内面2片花瓣长约0.5 mm，2裂至中部；雄蕊长约1 mm；子房被柔毛。核果球形。

生于山坡、山谷疏林。见于南向店乡董湾村林场。

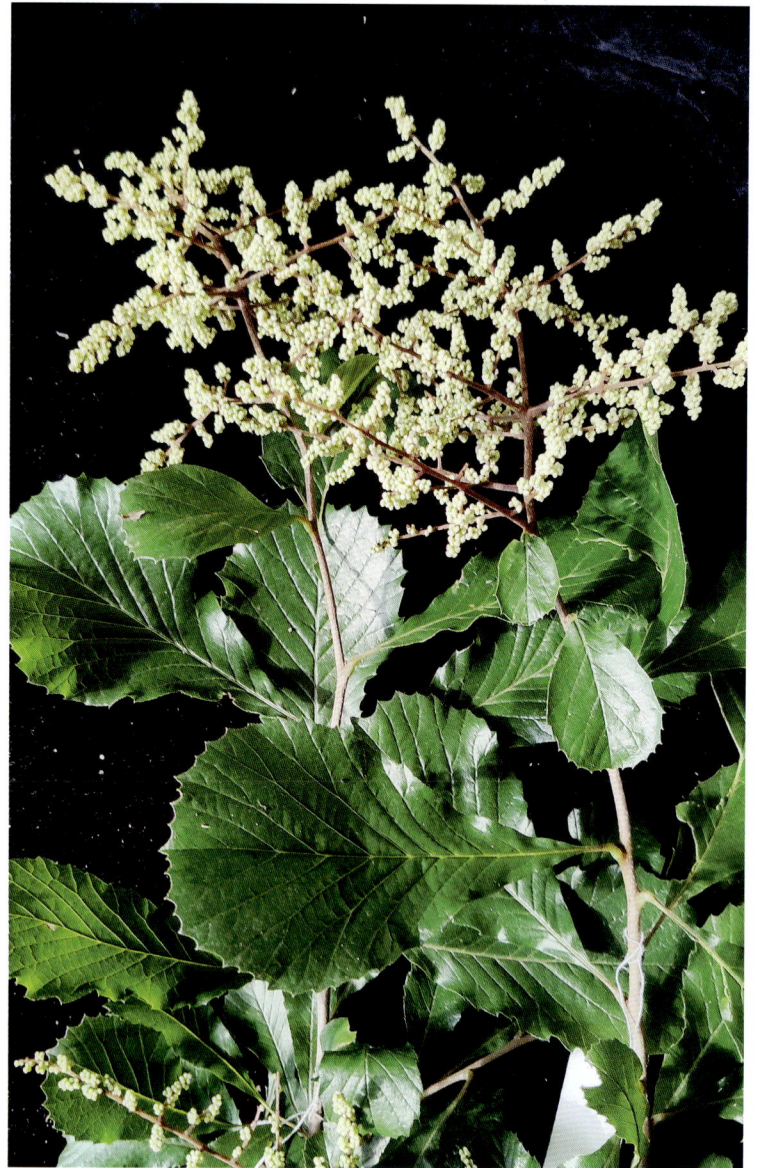

2. 清风藤属 Sabia Colebr.

攀缘灌木。单叶。聚伞花序或呈圆锥花序或总状花序式，雄蕊全部发育。光山有1亚种。

1. 阔叶清风藤（毛清风藤）

Sabia yunnanensis Franch. subsp. *latifolia* (Rehd.et Wils.)Y. F. Wu

攀缘灌木。叶片椭圆状长圆形、椭圆状倒卵形或倒卵状圆形，长5～14 cm，宽2～7 cm；花瓣通常有缘毛，基部无紫红色斑点；花盘中部无凸起的褐色腺点。后者叶片卵状披针形，长圆状卵形或倒卵状长圆形，长3～7 cm，宽1.5～3.5 cm；花瓣基部有紫红色斑点，无缘毛；花盘中部有褐色凸起的腺点。

生于山坡、山谷疏林。见于南向店乡环山村。

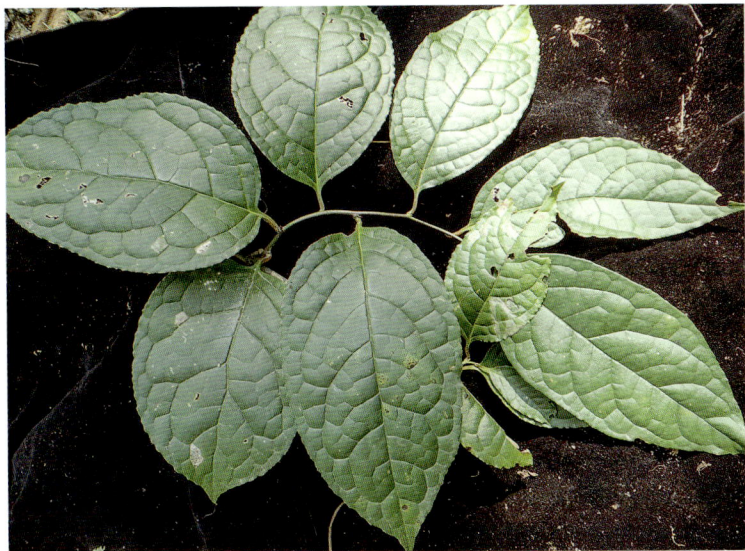

204. 省沽油科Staphyleaceae

乔木或灌木。叶对生或互生，奇数羽状复叶或稀为单叶；叶有锯齿。花整齐，两性或杂性，稀为雌雄异株，在圆锥花序上花少；萼片5，分离或连合，覆瓦状排列；花瓣5，覆瓦状排列；雄蕊5，互生，花丝有时多扁平，花药背着，内向；花盘通常明显，且多少有裂片，有时缺；子房上位，3室，稀2或4，联合，每室有1至几个倒生胚珠，花柱各式分离到完全联合。果实为蒴果状，常为多少分离的蓇葖果或不裂的核果或浆果。光山有2属2种。

1. 野鸦椿属Euscaphis Sieb. et Zucc.

灌木或小乔木。叶对生，奇数羽状复叶或单叶。花萼基部多少合生，花盘明显，心皮基部合生。蓇葖果。光山有1种。

1. 野鸦椿（鸡肾果、鸡眼睛、鸡肫子）

Euscaphis japonica (Thunb.) Kanitz [*E. konishii* Hayata]

落叶小乔木。叶对生，奇数羽状复叶，长12～32 cm，叶轴淡绿色，小叶5～9片，稀3～11片，厚纸质，长卵形或椭圆形，稀为圆形，长4～7 cm，宽2～4 cm，顶端渐尖，基部钝圆，边缘具疏短锯齿，齿尖有腺休，两面除叶背沿脉有白色小柔毛外其余无毛，主脉在叶面明显，在叶背突出，侧脉8～11，在两面可见，小叶柄长1～2 mm，小托叶线形，基部较宽，顶端尖，有微柔毛。圆锥花序顶生，花梗长达21 cm，花多，较密集，黄白色，径4～5 mm，萼片与花瓣均5枚，椭圆形，萼片宿存，花盘盘状，心皮3枚，分离。蓇葖果。

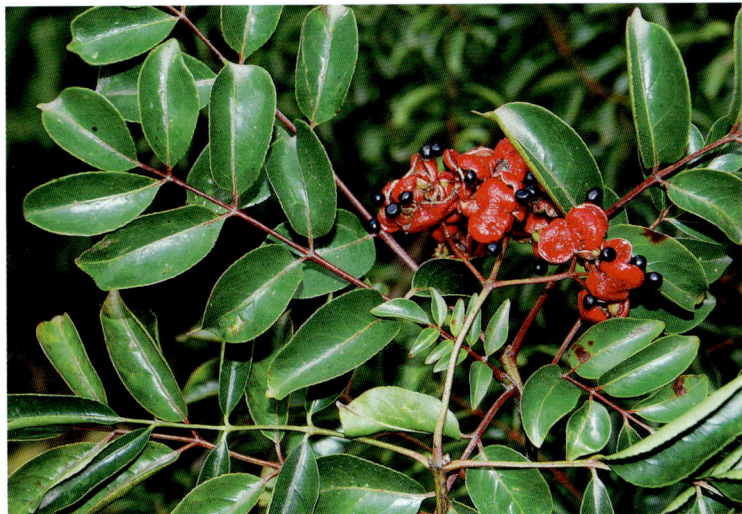

生于山坡、山谷疏林。见于白雀园镇赛山村。

野鸦椿的根和果药用。根：味微苦，性平；解表，清热，利湿。果：味辛，性温；祛风散寒、行气止痛。根：治感冒头痛、痢疾、肠炎。果：治月经不调、疝痛、胃痛。

2. 省沽油属Staphylea L.

灌木或小乔木。叶对生，奇数羽状复叶或单叶。花萼基部多少合生，但不呈筒状，花盘明显。蒴果，果皮膜质，沿腹缝线开裂。光山有1种。

1. 省沽油（珍珠花）

Staphylea bumalda DC.

落叶灌木。复叶对生，有长柄，柄长2.5～3 cm，具3小叶；小叶椭圆形、卵圆形或卵状披针形，长3.5～8 cm，宽2～5 cm，顶端锐尖，具尖尾，尖尾长约1 cm，基部楔形或圆形，边缘有细锯齿，齿尖具尖头，叶面无毛，叶背青白色，主脉及侧脉有短毛；中间小叶柄长5～10 mm，两侧小叶柄长1～2 mm。圆锥花序顶生，直立，苞叶线状披针形，花白色；花萼5，萼片长椭圆形，浅黄白色，花瓣5，白色，倒卵状长圆形，较萼片稍大，长5～7 mm，雄蕊5，与花瓣略等长，心皮2，子房被粗毛，花柱2。蒴果膀胱状，扁平，2室，顶端2裂；果皮膜质，有横纹；种子圆而扁，黄色，有光泽。

生于山坡、山谷疏林。见于南向店乡董湾村林场。

省沽油的根和果药用，果实：味辛、苦，性凉；润肺止咳。根：味辛、苦，性凉；行瘀止血。果实：治干咳。根：治产后瘀血不净。

205. 漆树科Anacardiaceae

乔木或灌木，稀藤本或草本。叶互生，稀对生，单叶、掌状3小叶或奇数羽状复叶。花小，辐射对称，两性或多为单性或杂性，排列成顶生或腋生的圆锥花序；通常为双被花，稀为单被或无被花；花萼多少合生，3～5裂，极稀分离，有时呈佛焰苞状撕裂或呈帽状脱落；花瓣3～5，分离或基部合生，通常下位，覆瓦状或镊合状排列，脱落或宿存，雄蕊着生于花盘外面基部或有时着生在花盘边缘，与花盘同数或为其2倍，稀仅少数发育，极稀更多。果多为核果，有的花后花托肉质膨大呈棒状或梨形的假果。光山有3属3种。

1. 黄连木属 Pistacia L.

乔木或灌木。奇数羽状复叶。雌雄异株，无花瓣，雄蕊3～5枚；雌花中无退化雄蕊，子房1室。核果。光山有2种。

1. 黄连木（黄栋树、楷树）

Pistacia chinensis Bunge

落叶乔木。奇数羽状复叶互生，有小叶5～6对；小叶对生或近对生，纸质，披针形或卵状披针形或线状披针形，长5～10 cm，宽1.5～2.5 cm，顶端渐尖或长渐尖，基部偏斜，全缘；小叶柄长1～2 mm。花单性异株，先花后叶，圆锥花序腋生，雄花序排列紧密，长6～7 cm，雌花序排列疏松，长15～20 cm，均被微柔毛；花小，花梗长约1 mm，被微柔毛；苞片披针形或狭披针形，内凹，长约1.5～2 mm，外面被微柔毛，边缘具睫毛；雄花花被片2～4枚，披针形或线状披针形，大小不等，长1～1.5 mm，边缘具睫毛；雄蕊3～5枚，花丝极短，长不到0.5 mm，花药长圆形，大，长约2 mm；雌花花被片7～9枚。核果倒卵状球形。

生于丘陵或平原疏林中。见于槐店乡万河村、殷棚乡牢山林场。

黄连木是用材树种。它的树皮、叶药用，味苦，性寒，有小毒。清热解毒。治痢疾、皮肤瘙痒、疮痒。

2. 盐肤木属 Rhus (Tourn.) L.

乔木或灌木。奇数羽状复叶。花序顶生，花杂性，花瓣5片，雄蕊5枚或多或较少；雌花中有退化雄蕊，子房1室。核果。光山有1种。

1. 盐肤木（盐霜柏、敷烟树、蒲连盐、老公担盐、五倍子树）

Rhus chinensis Mill.

落叶小乔木。奇数羽状复叶有小叶(2)3～6对，叶轴具宽的叶状翅；小叶多形、卵形、椭圆状卵形或长圆形，长6～12 cm，宽3～7 cm，顶端急尖，基部圆形，顶生小叶基楔形，边缘具粗锯齿或圆齿，叶面暗绿色，叶背粉绿色，被白粉，叶面沿中脉疏被柔毛或近无毛，叶背被锈色柔毛，脉上较密，侧脉和细脉在叶面凹陷，在叶背突起；小叶无柄。圆锥花序宽大，多分枝，雄花序长30～40 cm，雌花序较短，密被锈色柔毛；苞片披针形，长约1 mm，被微柔毛；雄花花萼外面被微柔毛，裂片长卵形，长约1 mm，边缘具细睫毛；花瓣倒卵状长圆形，长约2 mm，开花时外卷；雄蕊伸出，花丝线形；雌花花萼裂片较短，长约0.6 mm；花瓣椭圆状卵形。核果扁球形。

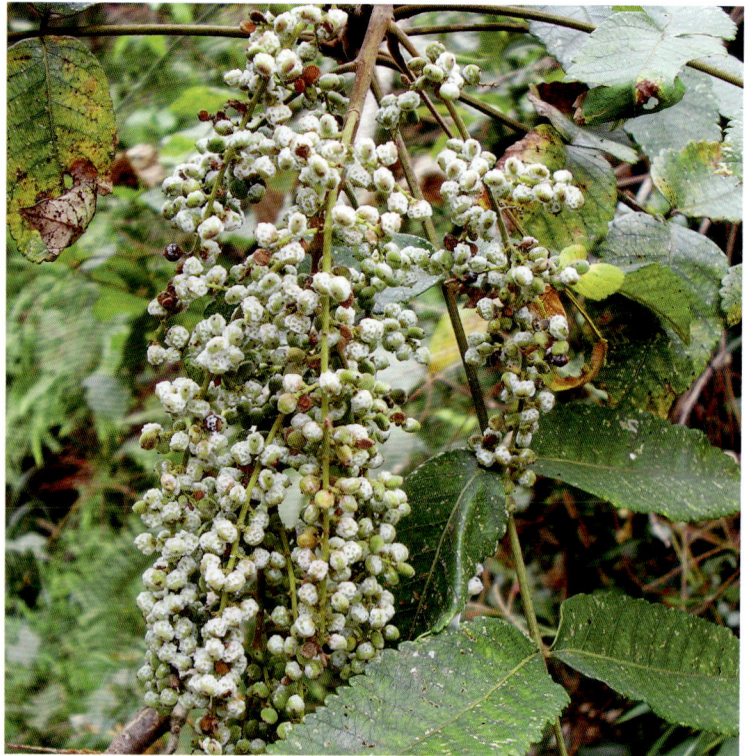

生于丘陵或平原疏林中。见于白雀园镇赛山村、南向店乡董湾村。

盐肤木的根和叶药用，根：治感冒发热、支气管炎、咳嗽咯血、肠炎、痢疾、痔疮出血；根、叶外用治跌打损伤、毒蛇咬伤、漆疮。外用适量，鲜叶捣敷或煎水洗患处。

3. 漆属 Toxicodendron (Tourn.) Mill.

乔木。奇数羽状复叶。花序腋生，杂性，花瓣5片，雄蕊5枚或多或较少；雌花中有退化雄蕊，子房1室。核果。光山1种。

1. 野漆树

Toxicodendron sylvestris (Sieb. et Zucc.) Tardieu

乔木。单数羽状复叶，多聚生于枝顶；小叶9～15，对生，小叶片长椭圆状披针形，长5～10 cm，宽2～3 cm，顶端长尖，基部稍不对称或楔形，全缘，两面被毛。圆锥花序腋生，长约10 cm；花小，杂性，黄绿色；花萼5裂，裂片卵形；花瓣5，卵状椭圆形；雄蕊5；子房上位，1室。核果扁平而偏斜。

生于山地、丘陵疏林中。见于殷棚乡牢山林场、白雀园镇赛山村、南向店乡董湾村。

野漆树可作材用，根药用，味苦、涩，性平，有小毒。平喘，解毒，散瘀消肿，止痛止血。治哮喘、急、慢性肝炎、胃痛，跌打损伤。外用治骨折、创伤出血。

207. 胡桃科Juglandaceae

乔木。奇数或稀偶数羽状复叶。花单性，雌雄同株；雄性柔荑花序，或生于雌性花序下方，共同形成一下垂的圆锥式花序束；或生于新枝顶端而位于一顶生的两性花序下方；雄蕊3～40枚；雌花序穗状，顶生，或有多数雌花而成下垂的柔荑花序；雌花生于1枚不分裂或3裂的苞片腋内，苞片与子房分离或与2小苞片愈合而贴生于子房下端。果实由小苞片及花被片或仅由花被片，或由总苞以及子房共同发育成核果状的假核果或坚果状。光山有4属5种。

1. 山核桃属Carya Nutt.

乔木，枝髓部坚实，不呈薄片状。坚果包藏于木质的外果皮内，外果皮干后4瓣裂。光山有1种。

1. 美国山核桃（碧根果、长寿果）

Carya illinoensis (Wangenh.) K. Koch

大乔木，高达30 m。芽黄褐色，被柔毛，芽鳞4～6，镊合状排列。奇数羽状复叶长25～35 cm，具9～17小叶；小叶卵状披针形或长椭圆状披针形，稀长椭圆形，长7～18 cm，具单锯齿或重锯齿，顶端渐尖，基部歪斜，楔形或近圆，初被腺鳞及柔毛。雄柔荑花序3序成束，长8～14 cm。雌穗状花序具3～10雌花。果长圆形或长椭圆形，长3～5 cm，具4纵棱，果皮4瓣裂。

光山有栽培。见于南向店乡刘堂村。
美国山核桃的种仁可食用。

2. 胡桃属Juglans L.

乔木，枝髓部疏松，呈薄片状。核果，外果皮肉质，不开裂。光山有2种。

1. 野核桃（山核桃）

Juglans cathayensis Dode

乔木，高达20 m；树皮灰色。奇数羽状复叶长40～50 cm，小叶15～23，椭圆形、长椭圆形、卵状椭圆形或长椭圆状披针形，具细锯齿，叶面初疏被短柔毛，后仅中脉被毛，叶背被平伏柔毛及星状毛，侧生小叶无柄，顶端渐尖，基部平截或心形。雄柔荑花序长9～20 cm，花序轴被短柔毛，雄蕊常12，药隔被灰黑色细柔毛。雌穗状花序具4～10花，花序轴被茸毛。果序长10～15 cm，俯垂，具5～7果。果球形、卵圆形或椭圆状卵圆形，顶端尖，密被腺毛，长3.5～7.5 cm；果核长2.5～5 cm，具8纵棱，2条较显著，棱间具不规则皱曲及凹穴，顶端具尖头。

生于山坡疏林。见于南向店乡环山村、南向店王母观。

野核桃可作材用，种仁可食用，也可药用，味甘，性温。补养气血，润燥化痰，温肺润肠，温肾助阳，通便。治燥咳无痰、虚喘、腰膝酸软、肠燥便秘、皮肤干裂、虚寒咳嗽、下肢酸痛。

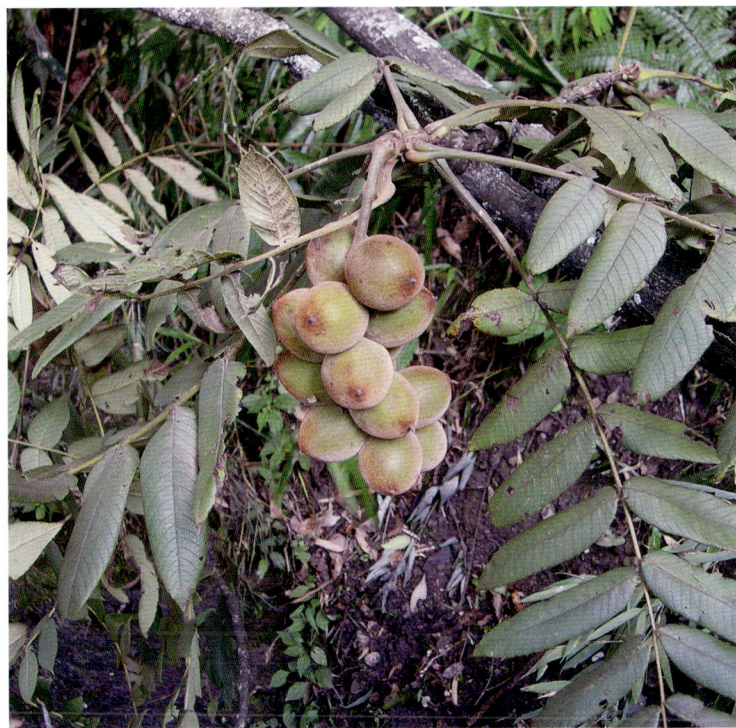

2. 核桃（胡桃）

Juglans regia L.

落叶乔木，高达30 m。单数羽状复叶互生，长15～30 cm；小叶5～9枚，卵形、椭圆形至长椭圆形，长6～15 cm，宽4～8 cm，顶端尖或钝，基部圆形或稍偏斜，全缘或具疏锯齿，侧脉11～19对，叶背脉腋有短簇柔毛；叶柄长4～10 cm，密被腺毛，小叶柄极短或无。花单性，雌雄同株，雄性柔荑花序下垂，通常长5～10 cm，花密生，花被通常3片，形似小苞，雄蕊6～30枚；雌花序穗状，直立，生于幼枝顶端，有花1～3朵。假核果近球形，直径4～6 cm；外果皮肉质，绿色，有斑点，不规则开裂；果核稍具皱曲，有2条纵棱。

光山有栽培。

核桃可作材用，种仁供食用，并可药用，味甘，性温。补肾，温肺，润肠。治腰膝酸软、虚寒喘嗽、遗精阳痿。

3. 化香树属 Platycarya Sieb. et Zucc.

乔木，枝髓部坚实，不呈薄片状。雌花组成球穗花序。小坚果有2翅，包藏于木质的苞片内。光山有1种。

1. 化香树（白皮树、山麻柳）

Platycarya strobilacea Sieb. et Zucc.

落叶小乔木。叶长15～30 cm，具7～23枚小叶；小叶纸质，对生或生于下端者偶尔有互生，卵状披针形至长椭圆状披针形，长4～11 cm，宽1.5～3.5 cm，不等边，边缘有锯齿，顶生小叶具长约2～3 cm小叶柄，基部对称，圆形或阔楔形，叶面绿色，叶背浅绿色，初时脉上有褐色柔毛，后来脱落。两性花序和雄花序在小枝顶端排列成伞房状花序束，直立；两性花序通常1条，着生于中央顶端，长5～10 cm，雌花序位于下部，长1～3 cm，雄花序部分位于上部，有时无雄花序而仅有雌花

序；雄花序通常3～8条；雄花苞片阔卵形，顶端渐尖而向外弯曲，外面的下部、内面的上部及边缘生短柔毛，长2～3 mm；雄蕊6～8枚，花丝短；雌花苞片卵状披针形，顶端长渐尖、硬而不外曲，长2.5～3 mm；花被2。果实小坚果状。

生于山地、山坡疏林中。见于白雀园镇赛山村。

4. 枫杨属 Pterocarya Kunth.

乔木，枝髓部疏松，呈薄片状。小坚果有2展开的翅。光山有1种。

1. 枫杨（麻柳树、水麻柳、小鸡树）

Pterocarya stenoptera C. DC.

大乔木。叶多为偶数或稀奇数羽状复叶，长8～16 cm，叶柄长2～5 cm，叶轴具翅至翅不甚发达；小叶10～16枚，无小叶柄，对生或稀近对生，长椭圆形至长椭圆状披针形，长约8～12 cm，宽2～3 cm，顶端常钝圆或稀急尖，基部歪斜，上方1侧楔形至阔楔形，下方1侧圆形，边缘有向内弯的细锯齿。雄性柔荑花序长约6～10 cm，单独生于去年生枝条上叶痕腋内，花序轴常有稀疏的星芒状毛；雄花常具1（稀2或3）枚发育的花被片，雄蕊5～12枚；雌性柔荑花序顶生，长约10～15 cm，花序轴密被星芒状毛及单毛，下端不生花的部分长达3 cm，具2枚长达5 mm的不孕性苞片；雌花几乎无梗。果序长20～45 cm；翅果长椭圆形。

生于山谷、溪河两岸的湿润处。见于县城官渡河边。

枫杨是速生用材树种，它的枝和叶药用，味苦、辛，性温，有小毒。杀虫止痒，利尿消肿。叶：治血吸虫病，外用治黄癣，脚癣。外用适量，鲜叶捣烂敷或搽患处。

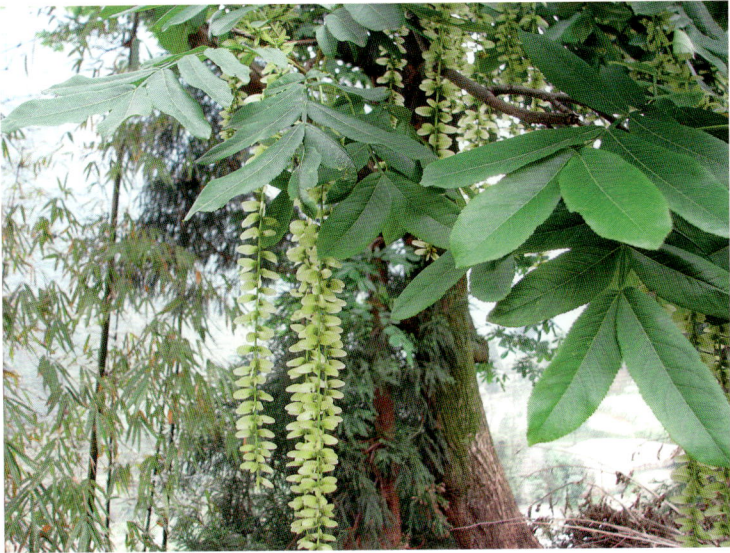

209. 山茱萸科Cornaceae

　　落叶乔木或灌本，稀常绿或草木。单叶对生，稀互生或近于轮生，通常叶脉羽状，稀为掌状叶脉，边缘全缘或有锯齿。花两性或单性异株，为圆锥、聚伞、伞形或头状等花序，有苞片或总苞片；花3～5数；花萼管状与子房合生，顶端有齿状裂片3～5；花瓣3～5，镊合状或覆瓦状排列；雄蕊与花瓣同数而与之互生，生于花盘的基部；子房下位。果为核果或浆果状核果。光山有2属2种。

1. 灯台树属Bothrocaryum (Koehne) Pojark.

　　乔木。叶互生，全缘。花两性，子房2室。核果，有2粒种子，核顶端有1方形孔穴。光山有1种。

1. 灯台树（六角树、瑞木）
Bothrocaryum controversum (Hemsl.) Pojark.

　　落叶乔木。叶互生，纸质，阔卵形、阔椭圆状卵形或披针状椭圆形，长6～13 cm，宽3.5～9 cm，顶端突尖，基部圆形或急尖，全缘，叶面黄绿色，无毛，叶背灰绿色，密被淡白色平贴短柔毛，中脉在叶面微凹陷，侧脉6～7对；叶柄紫红绿色，长2～6.5 cm。伞房状聚伞花序，顶生，宽7～13 cm，稀生浅褐色平贴短柔毛；总花梗淡黄绿色，长1.5～3 cm；花小，白色，直径8 mm，花萼裂片4枚，三角形，长约0.5 mm，长于花盘，外侧被短柔毛；花瓣4片，长圆披针形，长4～4.5 mm，宽1～1.6 mm，顶端钝尖；雄蕊4枚，长4～5 mm；花盘垫状；子房下位。核果球形，直径6～7 mm，成熟时紫红色至蓝黑色。

　　生于山地疏林。见于南向店乡董湾村向楼组。
　　灯台树的根皮、叶药用，味微苦，性凉。清热平肝，止痛，活血消肿。治肝阳上亢所致的头痛、眩晕、咽痛、筋骨酸痛、跌打损伤。

2. 山茱萸属Cornus L.

　　落叶乔木或灌木。叶对生，叶边全缘。伞形花序，有绿色鳞片状总苞片，花两性。果为离生的核果。光山有1种。

1. 山茱萸（山萸肉、肉枣、鸡足、萸肉、药枣、天木籽）
Cornus officinalis Sieb. et Zucc.

　　落叶小乔木。叶对生，纸质，卵状披针形或卵状椭圆形，长5.5～10 cm，宽2.5～4.5 cm，顶端渐尖，基部宽楔形或近于圆形，全缘，叶面绿色，无毛，叶背浅绿色，侧脉6～7对，弓形内弯；叶柄细圆柱形，长0.6～1.2 cm，稍被贴生疏柔毛。伞形花序生于枝侧，有总苞片4枚，卵形，厚纸质至革质，长约8 mm，带紫色；总花梗粗壮，长约2 mm，微被灰色短柔毛；花小，两性，先叶开放；花萼裂片4枚，阔三角形，与花盘等长或稍长，长约0.6 mm，无毛；花瓣4片，舌状披针形，长3.3 mm，黄色，向外反卷；雄蕊4枚，与花瓣互生，长1.8 mm，花丝钻形，花药椭圆形，2室；花盘垫状，无毛；子房下位。核果长椭圆形，长1.2～1.7 cm，直径5～7 mm，红色至紫红色。

　　光山有栽培。见于南向店王母观。
　　山茱萸的果肉药用，味酸，性微温。补益肝肾，收敛固脱。治头晕目眩、耳聋耳鸣、腰膝酸软、遗精滑精、尿频、虚汗不止、妇女崩漏。

210. 八角枫科 Alangiaceae

乔木或灌木。单叶互生，全缘或掌状分裂，基部两侧常不对称，羽状叶脉或由基部生出3～7条主脉成掌状。花序腋生，聚伞状，极稀伞形或单生，小花梗有节；苞片线形、钻形或三角形，早落；花两性，淡白色或淡黄色，通常有香气，花萼小，萼管钟形与子房合生；花盘肉质，子房下位，1～2室。核果。光山有1属2种。

1. 八角枫属 Alangium Lam.

乔木或灌木。单叶互生，全缘或掌状分裂，基部两侧常不对称。花序腋生，聚伞状，极稀伞形或单生，萼管钟形与子房合生；花盘肉质，子房下位，1～2室。核果。光山有2种。

1. 八角枫（大枫树、八角王）

Alangium chinense (Lour.) Harms

落叶乔木。叶纸质，近圆形或椭圆形、卵形，顶端短锐尖或钝尖，基部两侧常不对称，一侧微向下扩张，另一侧向上倾斜，阔楔形、截形，稀近于心脏形，长13～19 cm，宽9～15 cm不分裂或3～7裂，裂片短锐尖或钝尖，叶面深绿色，无毛，叶背淡绿色，除脉腋有丛状毛外，其余部分近无毛；基出脉3～5，成掌状，侧脉3～5对；叶柄长2.5～3.5 cm。聚伞花序腋生，长3～4 cm，被稀疏微柔毛，有7～30花，花梗长5～15 mm；花冠圆筒形，长1～1.5 cm，花萼长2～3 mm，顶端分裂为5～8枚齿状萼片；花瓣6～8片，线形，长1～1.5 cm，宽1 mm，基部黏合，上部开花后反卷，初为白色，后变黄色；雄蕊和花瓣同数而近等长。核果卵圆形，长约5～7 mm，直径5～8 mm，幼时绿色，成熟后黑色。

生于山坡、山谷、路旁。见于殷棚乡牢山林场。

八角枫的根药用，味辛，性微温，有毒。祛风除湿，舒筋活络。治风湿关节痛、跌打损伤、精神分裂症。孕妇忌服，小儿和年老体弱者慎用。

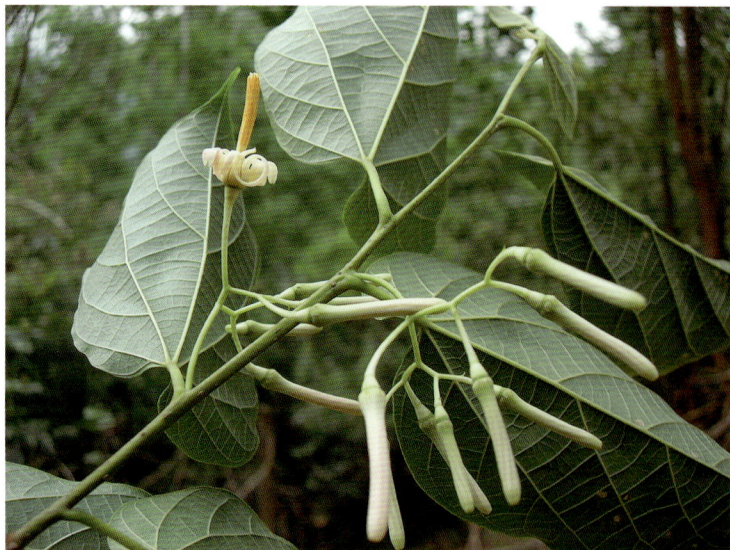

2. 毛八角枫（毛木瓜）

Alangium kurzii Craib.

落叶小乔木。叶互生，纸质，近圆形或阔卵形，顶端长渐尖，基部心形或近心形，稀近圆形，倾斜，两侧不对称，全缘，长12～14 cm，宽7～9 cm，叶面深绿色，幼时除叶脉有微柔毛外，其余部分无毛，叶背淡绿色，有黄褐色丝状微绒毛，主脉3～5条，侧脉6～7对；叶柄长2.5～4 cm。聚伞花序有5～7花，总花梗长3～5 cm，花梗长5～8 mm；花萼漏

斗状，常裂成锐尖形小萼齿6～8枚，花瓣6～8片，线形，长2～2.5 cm，基部黏合，上部开花时反卷。核果椭圆形或长圆状椭圆形，长1.2～1.5 cm，直径8 mm，幼时紫褐色，成熟后黑色。

生于山坡、山谷、路旁。见于殷棚乡牢山林场。

211. 珙桐科 Nyssaceae

乔木，稀灌木。单叶互生，有叶柄。花序头状、总状或伞形；花单性或杂性，异株或同株，常无花梗或有短花梗。雄花花萼小，裂片齿牙状或短裂片状或不发育；花瓣5稀更多，覆瓦状排列；花瓣小，5或10，排列成覆瓦状；花盘垫状，无毛，有时不发育；子房下位，1室或6～10室，每室有1枚下垂的倒生胚珠，花柱钻形，上部微弯曲，有时分枝。果实为核果或翅果。光山有1属1种。

1. 喜树属 Camptotheca Decne.

乔木。花杂性，组成头状花序。果为翅果。光山有1种。

1. 喜树（旱莲木、千张树、水桐树、滑杆子树）

Camptotheca acuminata Decne.

落叶乔木。叶互生，纸质，长圆状卵形或长圆状椭圆形，长12～28 cm，宽6～12 cm，顶端短锐尖，基部近圆形或阔楔形，全缘，叶面亮绿色，幼时脉上有短柔毛，叶背淡绿色，疏生短柔毛，叶脉上更密，侧脉11～15对；叶柄长1.5～3 cm。头状花序近球形，直径1.5～2 cm，常由2～9个头状花序组成圆锥花序，顶生或腋生，通常上部为雌花序，下部为雄花序，总花梗圆柱形，长4～6 cm，幼时有微柔毛，其后无毛。花杂性，同株；苞片3枚，三角状卵形，长2.5～3 mm，内外两面均有短柔毛；花萼杯状，5浅裂，裂片齿状，边缘睫毛状；花瓣5片，淡绿色。翅果长圆形。

光山有少量栽培。见于殷棚乡牢山林场、南向店王母观。

喜树是用材树种，它的根、树皮、根皮、叶和果实可药用，治胃癌、结肠癌、直肠癌、膀胱癌、慢性粒细胞性白血病、急性淋巴性白血病。外用治牛皮癣。临床上多提取喜树碱用；用量每日10～20 mg。

212. 五加科Araliaceae

乔木、灌木或藤本，稀草本，有刺或无刺。叶互生，稀轮生、单叶、掌状复叶或羽状复叶；托叶通常与叶柄基部合生成鞘状，稀无托叶。花整齐，两性或杂性，稀单性异株，聚生为伞形花序、头状花序、总状花序或穗状花序，通常再组成圆锥状复花序；苞片宿存或早落；小苞片不显著；花梗无关节或有关节；萼筒与子房合生，边缘波状或有萼齿；花瓣5～10。果实为浆果或核果。光山有3属2种1变种。

1. 五加属Acanthopanax Miq.

灌木或小乔木，小枝有皮刺。掌状复叶，3～5小叶，叶柄长不及12 cm，小叶无柄或柄极短。光山有1种。

1. 五加（五加皮、南五加皮、刺五加、刺五甲）

Acanthopanax gracilistylus W. W. Smith

灌木。直立或蔓生，高2～3 m；枝有刺，稀无刺。叶为掌状复叶，有3～5小叶，小叶卵形至倒披针形，长2.5～6 cm，宽1～2.5 cm，边缘具细齿；侧脉4～6对；托叶不存在或不明显。花两性，稀单性异株；伞形花序或头状花序通常组成复伞形花序或圆锥花序；花梗无关节或有不明显关节；萼筒边缘有5～4小齿，稀全缘；花瓣5片，稀4片，在花芽中镊合状排列；雄蕊5枚，花丝细长；子房5～2室；花柱5～2枚，离生、基部至中部合生，或全部合生成柱状，宿存。果实球形或扁球形，直径5～7 mm，有5～2棱；种子的胚乳均一。

生于山坡阳处的疏林中。见于白雀园镇赛山村。

五加的根皮和茎皮药用，味辛，性温。祛风除湿，强筋壮骨。治风湿性关节痛、腰腿酸痛、半身不遂、跌打损伤、水肿。用量9～15 g。

2. 楤木属Aralia L.

乔木或灌木，有皮刺。二至五回羽状复叶，对生羽片于叶轴着生处有1对小叶。子房2～5室。核果有2～5条纵棱。光山有1种。

1. 楤木（刺龙包、雀不站、鸟不宿、海桐皮、虎阳刺）

Aralia chinensis L.

灌木或小乔木。叶为二回或三回羽状复叶，长60～110 cm；叶柄粗壮，长可达50 cm；托叶与叶柄基部合生，纸质，耳廓形，长1.5 cm或更长，叶轴无刺或有细刺；羽片有小叶5～11，稀13，基部有小叶1对；小叶片纸质至薄革质，卵形、阔卵形或长卵形，长5～12 cm，稀长达19 cm，宽3～8 cm，顶端渐尖或短渐尖，基部圆形，叶面粗糙，疏生糙毛，叶背有淡黄色或灰色短柔毛，脉上更密，边缘有锯齿，稀为细锯齿或不整齐粗重锯齿，侧脉7～10对，两面均明显，网脉在叶面不甚明显，叶背明显；小叶无柄或有长3 mm的柄，顶生小叶柄长2～3 cm。圆锥花序大，长30～60 cm；分枝长20～35 cm，密生淡黄棕色或灰色短柔毛；伞形花序直径1～1.5 cm，有花多数；总花梗长1～4 cm，密生短柔毛；花白色，芳香。果实球形，黑色。

生于山谷林中或林缘、路边灌丛中。见于南向店乡董湾村林场。

楤木的根皮、茎皮药用，味甘、微苦，性平。祛风除湿，利尿消肿，活血止痛。治肝炎、淋巴结肿大、肾炎水肿、糖尿病、白带、胃痛、风湿关节痛、腰腿痛、跌打损伤。

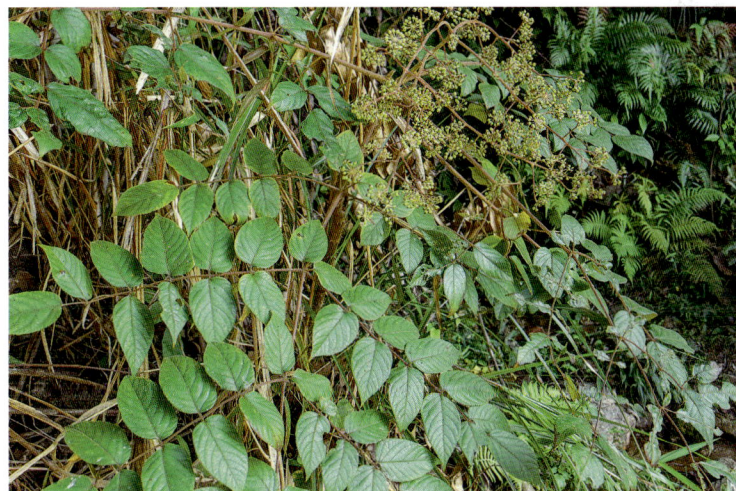

3. 常春藤属Hedera L.

攀缘灌木，靠气根攀爬向上，无皮刺。单叶。光山有1变种。

1. 常春藤（中华常春藤、三角枫、追枫藤）

Hedera nepalensis K. Koch. var. **sinensis** (Tobl,) Rehd.

常绿攀缘灌木。叶片革质，在不育枝上通常为三角状卵形或三角状长圆形，稀三角形或箭形，长5～12 cm，宽3～10 cm，顶端短渐尖，基部截形，稀心形，边缘全缘或3裂，花枝上的叶片通常为椭圆状卵形至椭圆状披针形，略歪斜而带菱形，稀卵形或披针形，极稀为阔卵形、圆卵形或箭形，长

5～16 cm，宽1.5～10.5 cm，顶端渐尖或长渐尖，基部楔形或阔楔形，稀圆形，全缘或有1～3浅裂，叶面深绿色，有光泽，叶背淡绿色或淡黄绿色，无毛或疏生鳞片，侧脉和网脉两面均明显；叶柄细长，长2～9 cm。伞形花序单个顶生，或2～7个总状排列或伞房状排列成圆锥花序，直径1.5～2.5 cm，有花5～40朵。果实球形，红色或黄色。

攀缘于林缘树上、路边墙壁和略荫蔽的岩石上。见于南向店乡董湾村林场。

常春藤全株药用，味苦、辛，性温。活血消肿，祛风除湿。治风湿性关节痛、腰痛、跌打损伤、急性结膜炎、肾炎水肿、闭经。外用治痈疖肿毒、荨麻疹、湿疹。

213. 伞形科 Umbelliferae

草本，稀灌木。茎常圆形，稍有棱和槽，或有钝棱，空心或有髓。叶互生，叶片通常分裂或多裂，1回掌状分裂或一至四回羽状分裂的复叶，或一至二回三出式羽状分裂的复叶，稀单叶；叶柄的基部有叶鞘。花小，两性或杂性，成顶生或腋生的复伞形花序或单伞形花序，稀头状花序；伞形花序的基部有总苞片，全缘；雄蕊5枚。果实在大多数情况下是干果，通常裂成两个分生果。光山有15属17种3变种。

1. 当归属 Angelica L.

草本，有强烈气味，有粗壮纺锤形的根。叶为三出式羽状分裂或羽状多裂，末回裂片大。有总苞及小苞片，花瓣黄色，中脉不显著。果棱有翅。光山有1种。

1. 白芷（兴安白芷、河北独活、大活、川白芷）

Angelica dahurica (Fisch. ex Hoffm.) Benth. et Hook. f.

多年生高大草本。基生叶一回羽状分裂，有长柄，叶柄下部有管状抱茎边缘膜质的叶鞘；茎上部叶二至三回羽状分裂，叶片轮廓为卵形至三角形，长15～30 cm，宽10～25 cm，叶柄长至15 cm，下部为囊状膨大的膜质叶鞘，无毛或稀有毛，常带紫色；末回裂片长圆形、卵形或线状披针形，多无柄，长2.5～7 cm，宽1～2.5 cm，急尖，边缘有不规则的白色软骨质粗锯齿，具短尖头，基部两侧常不等大，沿叶轴下延成翅状；花序下方的叶简化成无叶的、显著膨大的囊状叶鞘，外面无毛。复伞形花序顶生或侧生。果实长圆形至卵圆形。

常生于林下、林缘、溪旁、灌丛及山谷草地。见于晏河乡詹堂村。

白芷的根状茎药用，味辛、微苦，性温。解表散寒，祛风止痛，宣通鼻窍，燥湿止带，消肿排脓。治感冒头痛、眉棱骨痛、鼻塞流涕、鼻衄、鼻渊、牙痛、带下、疮疡肿痛、蛇伤、痈疖肿毒、烧烫伤。

2. 芹菜属 Apium L.

草本，植物无粉霜，气味不强烈。叶一回羽状或三出式羽状多裂。小伞序有时无总花梗，总苞及小苞片缺，花瓣黄色，中脉不显著。果长圆形。光山有1种。

1. 芹菜（旱芹、香芹、药芹菜、洋芹荼菜）

Apium graveolens L.

一年生草本。有强烈香气。基生叶有柄，柄长2～26 cm，基部略扩大成膜质叶鞘；叶片轮廓为长圆形至倒卵形，长7～18 cm，宽3.5～8 cm，通常3裂达中部或3全裂，裂片近菱形，边缘有圆锯齿或锯齿，叶脉两面隆起；较上部的茎生叶有短柄，叶片轮廓为阔三角形，通常分裂为3小叶，小叶倒卵形，中部以上边缘疏生钝锯齿以至缺刻。复伞形花序顶生或与叶对生，花序梗长短不一，有时缺少，通常无总苞片和小总苞片；伞辐细弱，3～16条，长0.5～2.5 cm；小伞形花序有7～29朵花。分生果圆形或长椭圆形。

光山常见栽培。

芹菜是一种常见的蔬菜。全草药用，味甘、微辛，性凉。降压利尿，凉血止血。治头晕脑胀、高血压病、小便热涩不利、尿血、崩中带下。用量30～60 g。

4. 积雪草属Centella L.

匍匐草本。单叶，圆形，具掌状脉。单个伞形花序，总苞小或无，花瓣覆瓦状排列，心皮有5条纵棱，有网纹。光山有1种。

1. 积雪草（崩大碗、雷公根、钱凿菜）

Centella asiatica (L.) Urban

多年生匍匐草本，茎细长，节上生根。叶膜质至草质，圆形、肾形或马蹄形，长1～2.8 cm，宽1.5～5 cm，边缘有钝锯齿，基部阔心形，两面无毛或在叶背脉上疏生柔毛；掌状脉5～7条，两面隆起，脉上部分叉；叶柄长1.5～27 cm，无毛或上部有柔毛，基部叶鞘透明，膜质。伞形花序梗2～4个，聚生于叶腋，长0.2～1.5 cm，有或无毛；苞片通常2枚，稀3枚，卵形，膜质，长3～4 mm，宽2.1～3 mm；每一伞形花序有花3～4朵，聚集呈头状，花无柄或有1 mm长的短柄；花瓣卵形，紫红色或乳白色，膜质，长1.2～1.5 mm，宽1.1～1.2 mm。果实两侧扁压，圆球形。

生于潮湿路旁、田边或草地上。

积雪草全草药用，味甘、微苦，性凉。清热解毒，活血，利尿。治高热感冒，中暑，扁桃体炎，咽喉炎，胸膜炎，泌尿系感染，结石，传染性肝炎，肠炎，痢疾，断肠草、砒霜、蕈中毒，跌打损伤。外用治毒蛇咬伤、疔疮肿毒、带状疱疹、外伤出血。外用适量，鲜草捣烂敷或绞汁涂患处。

3. 柴胡属Bupleurum L.

多年生直立草本。单叶，全缘。子房及果无刚毛及钩刺。光山有1变种。

1. 空心柴胡

Bupleurum longicaule Wall. var. **franchetii** Boiss.

多年生草本，茎高50～100 cm，通常单生，挺直，中空，嫩枝常带紫色，节间长，叶稀少。基部叶狭长圆状披针形，长10～19 cm，宽7～15 mm，顶端尖，下部稍窄抱茎，无明显的柄，9～13脉，中部基生叶狭长椭圆形，13～17脉；序托叶狭卵形至卵形，顶端急尖或圆，基部无耳。总苞片1～2，不等大或早落；小伞直径8～15 mm，有花8～15。果实长3～3.5 mm，宽2～2.2 mm，有浅棕色狭翼。

生于山谷、山坡草地上。见于泼陂河镇东岳寺村。

5. 芫荽属 Coriandrum L.

直立草本，有强烈气味。叶数回羽状深裂或三出分裂。果球形，果棱非木栓质，油管不明显，伞辐或小花梗长近等长。光山有1种。

1. 芫荽（芫茜、香菜、胡荽、延荽）

Coriandrum sativum L.

一年生或二年生、有强烈气味的草本。基生叶有柄，柄长2～8 cm；叶片一或二回羽状全裂，羽片阔卵形或扇形半裂，长1～2 cm，宽1～1.5 cm，边缘有钝锯齿、缺刻或深裂，上部的茎生叶三回以至多回羽状分裂，末回裂片狭线形，长5～10 mm，宽0.5～1 mm，顶端钝，全缘。伞形花序顶生或与叶对生，花序梗长2～8 cm；伞辐3～7，长1～2.5 cm；小总苞片2～5枚，线形，全缘；小伞形花序有孕花3～9朵，花白色或带淡紫色；萼齿常大小不等，小的卵状三角形，大的长卵形；花瓣倒卵形，长1～1.2 mm，宽约1 mm，顶端有内凹的小舌片，辐射瓣长2～3.5 mm，宽1～2 mm，常全缘，有3～5脉。果实圆球形。

光山常见栽培。

芫荽是一种蔬菜。全草还可药用，味辛，性温。发表透疹，健胃。全草：治麻疹不透、感冒无汗。果：治消化不良、食欲不振。用量：全草、果均为3～9 g。外用全草适量，煎水熏洗。

6. 鸭儿芹属 Cryptotaenia DC.

多年生直立草本，茎多数叉状分枝。三出复叶，边有粗齿。花瓣基部不内弯。果线状长圆形，伞辐或小花梗长短不一。光山有1种。

1. 鸭儿芹（鸭脚板、鹅脚板）

Cryptotaenia japonica Hassk.

多年生草本。基生叶或上部叶有柄，叶柄长5～20 cm，叶鞘边缘膜质；叶片轮廓三角形至阔卵形，长2～14 cm，宽3～17 cm，常为3小叶；中间小叶片呈菱状倒卵形或心形，长2～14 cm，宽1.5～10 cm，顶端短尖，基部楔形；两侧小叶片斜倒卵形至长卵形，长1.5～13 cm，宽1～7 cm，近无柄，所有的小叶片边缘有不规则的尖锐重锯齿，叶面绿色，叶背淡绿色，两面叶脉隆起，最上部的茎生叶近无柄，小叶片呈卵状披针形至窄披针形，边缘有锯齿。复伞形花序呈圆锥状，花序梗不等长，总苞片1枚，呈线形或钻形，长4～10 mm，宽0.5～1.5 mm；伞辐2～3枝，不等长，长5～35 mm；小总苞片1～3枚，长2～3 mm，宽不及1 mm；小伞形花序有花2～4朵。分生果线状长圆形。

生于林下阴湿处。见于南向店乡环山村。

鸭儿芹全草药用，味辛，性温。祛风止咳，活血祛瘀。治感冒咳嗽、跌打损伤。外用治皮肤瘙痒。

7. 胡萝卜属Daucus L.

直立草本。叶为羽状复叶。花排成复伞形花序，总苞和小苞片发达，分裂，花序外环的花有辐射瓣，萼齿小，子房有皮刺。光山有1种1变种。

1. 野胡萝卜（鹤虱草）

Daucus carota L.

二年生草本，高15～120 cm。茎单生，全体有白色粗硬毛。基生叶薄膜质，长圆形，二至三回羽状全裂，末回裂片线形或披针形，长2～15 mm，宽0.5～4 mm，顶端尖锐，有小尖头；叶柄长3～12 cm；茎生叶近无柄，有叶鞘，末回裂片小或细长。复伞形花序，花序梗长10～55 cm，有糙硬毛；总苞有多数苞片，呈叶状，羽状分裂，少有不裂的，裂片线形，长3～30 mm；伞辐多数，长2～7.5 cm，结果时外缘的伞辐向内弯曲；小总苞片5～7，线形，不分裂或2～3裂，边缘膜质，具纤毛；花通常白色，有时带淡红色；花柄不等长，长3～10 mm。果实圆卵形，长3～4 mm，宽2 mm，棱上有白色刺毛。

生于山坡路旁、旷野或田间。光山全县广布。

野胡萝卜的果实药用，味苦、辛，性平。杀虫消积。治蛔虫病、蛲虫病、绦虫病、虫积腹痛、小儿疳积。

2. 胡萝卜（红萝卜）

Daucus carota L. var. **sativa** Hoffm.

二年生草本。根肉质，长圆锥形，粗肥，呈红色或黄色。茎单生，全体有白色粗硬毛。基生叶薄膜质，长圆形，二至三回羽状全裂，末回裂片线形或披针形，长2～15 mm，宽0.5～4 mm，顶端尖锐，有小尖头，光滑或有糙硬毛；叶柄长3～12 cm；茎生叶近无柄，有叶鞘。复伞形花序，花序梗长10～55 cm，有糙硬毛；总苞有多数苞片，呈叶状，羽状分裂，少有不裂的，裂片线形，长3～30 mm；伞辐多数，长2～7.5 cm；小总苞片5～7，线形，不分裂或2～3裂，边缘膜质，具纤毛；花通常白色，有时带淡红色。果实圆卵形，长3～4 mm，宽2 mm，棱上有白色刺毛。

光山常见栽培。全县广布。

胡萝卜是一种常见的蔬菜。它的块根可药用，味甘、性微温。下气补中，安五脏，利胸膈，润肠胃，助消化，透解麻痘毒。治久痢。适量块根煮熟食用。

8. 茴香属Foeniculum Mill.

草本，植物被粉霜，有强烈气味。叶二至四回羽状全裂。伞序均有总花梗，总苞及小苞片缺，花瓣黄色，中脉不显著。果长圆形。光山有1种。

1. 茴香（谷茴香、谷茴、小茴香）

Foeniculum vulgare Mill.

草本。茎直立，光滑，灰绿色或苍白色，多分枝。较下部的茎生叶柄长5～15 cm，中部或上部的叶柄部分或全部成鞘状，叶鞘边缘膜质；叶片轮廓为阔三角形，长4～30 cm，宽5～40 cm，四至五回羽状全裂，末回裂片线形，长1～6 cm，宽约1 mm。复伞形花序顶生与侧生，花序梗长2～25 cm；伞辐6～29条，不等长，长1.5～10 cm；小伞形花序有花14～39朵；花柄纤细，不等长；无萼齿；花瓣黄色，倒卵形或近倒卵圆形，长约1 mm，顶端有内折的小舌片，中脉1条；花丝略长于花瓣，花药卵圆形，淡黄色；花柱基圆锥形，花柱极短。果实长圆形。

光山有栽培。见于泼陂河镇东岳寺村。

茴香是著名的香料。果实还可药用，味辛，性温。散寒止痛，理气和胃。治寒疝腹痛、睾丸偏坠、痛经、少腹冷痛、脘腹胀痛、食少吐泻、睾丸鞘膜积液。

9. 天胡荽属 Hydrocotyle L.

匍匐草本。单叶，圆形或肾形，具掌状脉。单个伞形花序，总苞小或无，花瓣镊合状排列，心皮有3条纵棱，无网纹。光山有2种1变种。

1. 天胡荽（盆上芫荽、满天星）

Hydrocotyle sibthorpioides Lam.

多年生匍匐草本，有气味。茎细长而匍匐。叶膜质至草质，圆形或肾圆形，长0.5～1.5 cm，宽0.8～2.5 cm，基部心形，两耳有时相接，不分裂或5～7裂，裂片阔倒卵形，边缘有钝齿，叶面光滑，叶背脉上疏被粗伏毛，有时两面光滑或密被柔毛；叶柄长0.7～9 cm，无毛或顶端有毛；托叶略呈半圆形，薄膜质，全缘或稍有浅裂。伞形花序与叶对生，单生于节上；花序梗纤细，长0.5～3.5 cm，短于叶柄1～3.5倍；小伞形花序有花5～18朵，花瓣卵形，长约1.2 mm，绿白色。果实略呈心形。

生于田野、溪边湿地或花盆上。见于南向店乡环山村、植物园。

天胡荽全草药用，味甘、淡、微辛，性凉。清热利湿，祛痰止痛。治传染性黄疸型肝炎、肝硬化腹水、胆石症、泌尿系感染、泌尿系结石、伤风感冒、咳嗽、百日咳、咽喉炎、扁桃体炎、目翳。外用治湿疹、带状疱疹、衄血。

2. 破铜钱（花边灯一盏）

Hydrocotyle sibthorpioides Lam. var. **batrachium** (Hance) Hand.-Mazz. ex Shan

多年生草本，有气味。茎细长而匍匐，平铺地上成片，节上生根。叶片膜质至草质，圆形或肾圆形，直径0.5～1.5 cm，3～5深裂达近基部，侧裂片有时裂至1/3处，基部心形，叶背脉上疏被粗伏毛，有时两面光滑或密被柔毛；叶柄长0.7～9 cm，无毛或顶端有毛；托叶略呈半圆形，薄膜质，全缘或稍有浅裂。伞形花序与叶对生，单生于节上；花序梗纤细，长0.5～3.5 cm；小伞形花序有花5～18，花无柄或有极短的柄，花瓣卵形，长约1.2 mm，绿白色，有腺点；花丝与花瓣同长或稍超出，花药卵形。果实略呈心形。

生于田野、溪边湿地或花盆上。见于白雀园镇大尖山、槐店乡珠山村。

破铜钱全草药用，味甘、淡、微辛，性凉。清热利湿，祛痰止痛。治传染性黄疸型肝炎、肝硬化腹水、胆石症、泌尿系感染、泌尿系结石、伤风感冒、咳嗽、百日咳、咽喉炎、扁桃体炎、目翳。外用治湿疹、带状疱疹、衄血。

3. 南美天胡荽（铜钱草、香菇草）

Hydrocotyle vulgaris L.

多年生匍匐草本，高10～40 cm。茎细长，分枝，节上生根。叶互生；叶片膜质，圆形或肾形，12～15浅裂；叶柄长6～35 cm。复伞花序单生于节上，长10～30 cm；小伞形花序有花4～14朵，花两性，小花，直径2～3 mm；基部小总苞片膜质；花瓣5枚，阔卵形，白色至淡黄色；雄蕊5枚，与花瓣互生；花柱2枚。

生于田野、溪边湿地或植于花盆上。见于南向店乡董湾村向楼组。

多年生草本，高达 1 m。茎直立，圆柱形，中空，具条纹，基生叶具长柄，柄长可达 20 cm；叶片轮廓宽三角形，长 10～15 cm，宽 15～18 cm，二回三出式羽状全裂；第一回羽片轮廓长圆状卵形，长 6～10 cm，宽 5～7 cm，下部羽片具柄，柄长 3～5 cm，基部略扩大，小羽片卵形，长约 3 cm，宽约 2 cm，边缘齿状浅裂，具小尖头，顶生小羽片顶端渐尖至尾状；茎中部叶较大，上部叶简化。复伞形花序顶生或侧生，果时直径 6～8 cm；总苞片 6～10，线形，长约 6 mm；伞辐 14～30，长达 5 cm，四棱形，粗糙；小总苞片 10，线形，长 3～4 mm；花白色，花柄粗糙；萼齿不明显；花瓣倒卵形，顶端微凹，具内折小尖头；花柱基隆起，花柱长，向下反曲。分生果幼嫩时宽卵形。

生于山谷、沟边草丛中。见于南向店乡环山村。

藁本的根状茎药用，味辛，性温。发散风寒，祛湿止痛。治风寒感冒头痛、头顶痛、腹痛泄泻。

10. 藁本属 Ligusticum L.

草本，花序与果序无粗毛，茎基部有明显的块状，具结节状的团块。叶薄，为一至二回三出分裂或羽状分裂，末回裂片大。总苞缺或有少数线形苞片，花瓣白色或粉红色。果棱有翅。光山有 1 种。

1. 藁本（川藁本、西芎、香藁本、茶芎）
Ligusticum sinense Oliv.

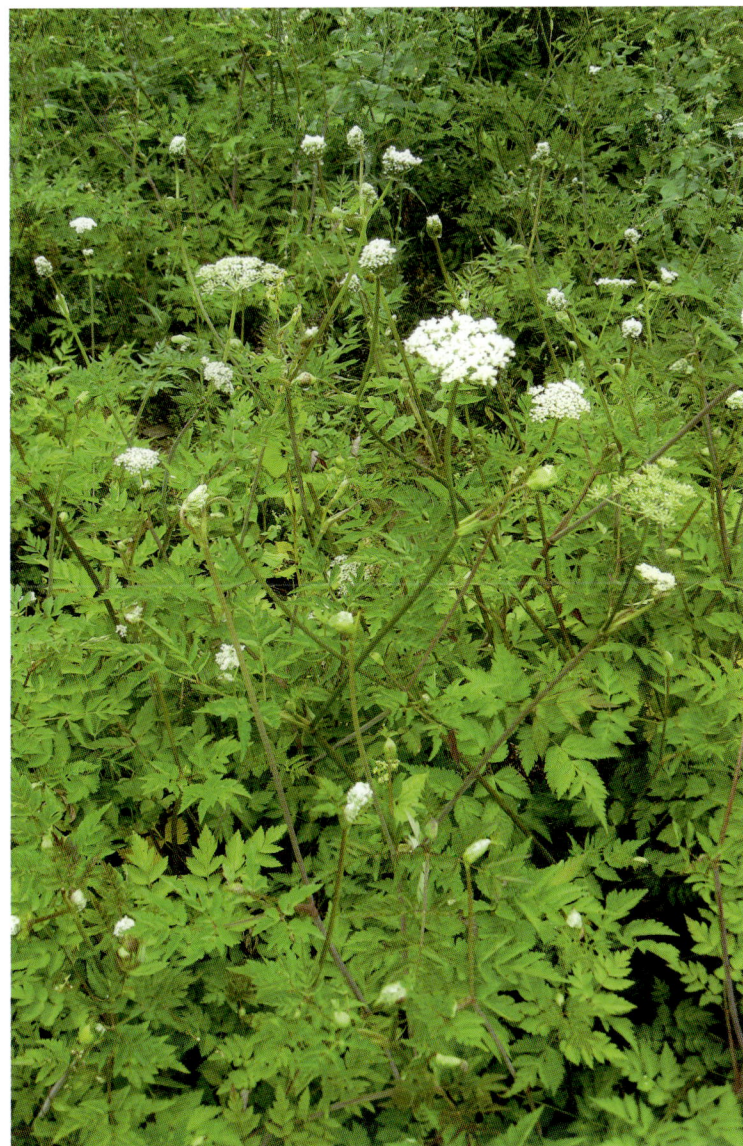

11. 白苞芹属 Nothosmyrnium Miq.

草本，茎紫色。叶一至二回羽状复叶。总苞及小苞片大而宿存，花瓣白色，中脉显著。果椭圆形，伞辐或小花梗长近等长。光山有 1 种。

1. 白苞芹（石防风、紫茎芹）
Nothosmyrnium japonicum Miq.

多年生草本。茎直立，分枝，有纵纹。叶卵状长圆形，长 10～20 cm，宽 8～15 cm，二回羽状分裂，一回裂片有柄，长 2～5 cm，二回裂片有或无柄，卵形至卵状长圆形，长 2～8 cm，宽 2～4 cm，顶端尖锐，边缘有重锯齿，叶背有疏柔毛；叶柄基部有鞘；茎上部的叶逐渐变小，羽状分裂，有鞘。复伞形花序顶生和腋生，花序梗长 5～17 cm；总苞片 3～4，长 15 mm，宽 7 mm，披针形或卵形，顶端长尖，有多脉，反折，边缘膜质；小总苞片 4～5，长 7 mm，宽 5 mm，广卵形或披针形，顶端尖锐，淡黄色，多脉，反折，边缘膜质；伞辐 7～15，弧形展开，长 1.5～8 cm；花白色，花柄线形，长 5～10 mm。果实球状卵形。

生于山谷林下、沟边草丛中。见于泼陂河镇附近、白雀园镇赛山村。

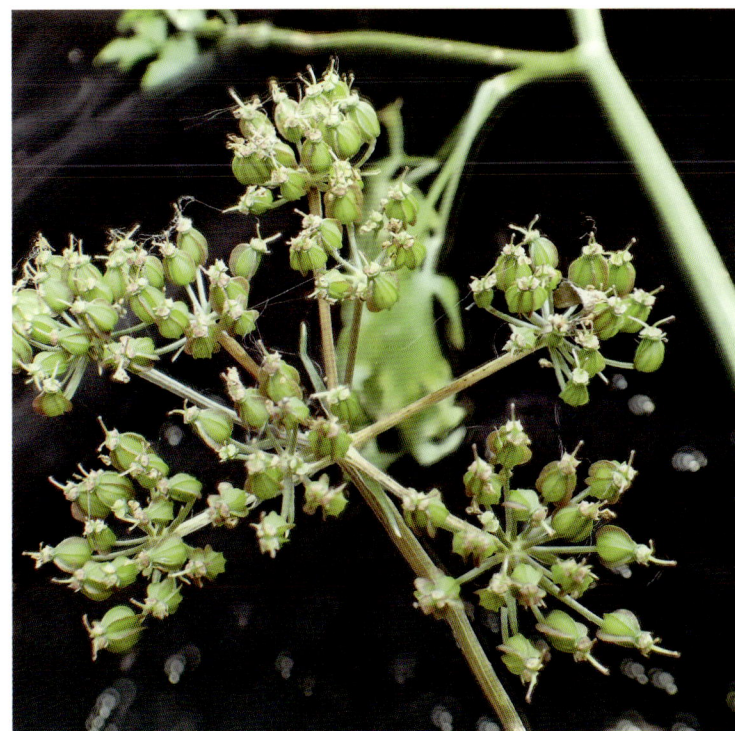

12. 前胡属Peucedanum L.

草本，有强烈气味。叶为一至三回羽状分裂或三出式分裂，末回裂片大。总苞缺或有小苞片，花瓣白色、黄色或紫色。果棱有翅。光山有2种。

1. 紫花前胡（前胡、土当归、独活、野当归）

Peucedanum decursivum (Miq.) Maxim.

多年生草本。基生叶和茎生叶有长柄，柄长13～36 cm，基部膨大成圆形的紫色叶鞘，抱茎，外面无毛；叶片三角形至卵圆形，坚纸质，长10～25 cm，一回3全裂或一至二回羽状分裂；第一回裂片的小叶柄翅状延长，侧方裂片和顶端裂片的基部联合，沿叶轴呈翅状延长，翅边缘有锯齿；末回裂片卵形或长圆状披针形，长5～15 cm，宽2～5 cm，顶端锐尖，齿端有尖头，叶面深绿色，叶背绿白色，主脉常带紫色；茎上部叶简化成囊状膨大的紫色叶鞘。复伞形花序顶生和侧生，花序梗长3～8 cm，有柔毛；伞辐10～22，长2～4 cm；伞辐及花柄有毛；花深紫色。果实长圆形至卵状圆形。

生于荒坡、路旁、草地或灌木丛中。见于白雀园镇赛山村、南向店乡董湾村。

紫花前胡的根药用，味苦、辛，性微寒。疏风清热，降气化痰。治感冒咳嗽、上呼吸道感染、咳喘、痰多。

2. 白花前胡（鸡脚前胡、岩棕、前胡、山芹菜）

Peucedanum praeruptorum Dunn

多年生草本。基生叶具长柄，叶柄长5～15 cm，基部有卵状披针形叶鞘；叶片轮廓宽卵形或三角状卵形，三出式二至三回分裂，第一回羽片具柄，柄长3.5～6 cm，末回裂片菱状倒卵形，顶端渐尖，基部楔形至截形，无柄或具短柄，边缘具不整齐的3～4粗或圆锯齿；茎下部叶具短柄，叶片形状与茎生叶相似；茎上部叶无柄，叶鞘稍宽，边缘膜质，叶片三出分裂，裂片狭窄，基部楔形，中间1枚基部下延。复伞形花序多数，顶生或侧生，伞形花序直径3.5～9 cm；花序梗上端多短毛；总苞片无或1至数片，线形；伞辐6～15，不等长；小伞形花序有15～20朵花；花瓣卵形，小舌片内曲，白色。果实卵圆形。

生于荒坡、路旁、草地或灌木丛中。见于南向店乡环山村。

白花前胡的根药用，味苦、辛，性微寒。疏风清热，降气化痰。治感冒咳嗽、上呼吸道感染、咳喘、痰多。

13. 茴芹属Pimpinella L.

直立草本。基生叶为单叶，茎生叶异形，羽状复叶，边有粗齿。果心形，伞辐或小花梗长近等长。光山有1种。

1. 异叶茴芹（鹅脚板、八月白、苦爹菜、六月寒、茴芹、冬青草）

Pimpinella diversifolia DC.

多年生草本。叶异形，基生叶有长柄，包括叶鞘长2～13 cm；叶片三出分裂，裂片卵圆形，两侧的裂片基部偏斜，顶端裂片基部心形或楔形，长1.5～4 cm，宽1～3 cm，稀不分裂或羽状分裂，纸质；茎中、下部叶片三出分裂或羽状分裂；茎上部叶较小，有短柄或无柄，具叶鞘，叶片羽状分裂或3裂，裂片披针形，全部裂片边缘有锯齿。通常无总苞片，稀1～5片，披针形；伞辐6～15(30)，长1～4 cm；小总苞1～8片，短于花柄；小伞形花序有6～20花，花柄不等长；无萼齿；花瓣倒卵形，白色。幼果卵形，有毛，成熟的果实卵球形。

生于山谷、山坡灌木草丛中。

异叶茴芹全草药用，味辛、微苦，性温。祛风活血，解毒消肿。治感冒、咽喉肿痛、痢疾、黄疸型肝炎。外用治毒蛇咬伤、跌打损伤、皮肤瘙痒。

14. 变叶菜属 Sanicula L.

直立草本。叶为掌状分裂。花排成复伞形花序，萼齿明显，宿存，子房有皮刺。光山有1种。

1. 变豆菜

Sanicula chinensis Bunge

多年生草本。基生叶少数，近圆形、圆肾形至圆心形，通常3裂，少至5裂，中间裂片倒卵形，基部近楔形，长3～10 cm，宽4～13 cm，主脉1，无柄或有1～2 mm长的短柄，两侧裂片通常各有1深裂，稀不裂，叶背淡绿色，边缘有大小不等的重锯齿；叶柄长7～30 cm，稍扁平，基部有透明的膜质鞘；茎生叶逐渐变小，有柄或近无柄，通常3裂。花序2～3回叉式分枝，侧枝向两边开展而伸长，中间的分枝较短，长1～2.5 cm；伞形花序2～3出；小总苞片8～10，卵状披针形或线形，长1.5～2 mm，宽约1 mm，顶端尖；小伞形花序有花6～10，雄花3～7，稍短于两性花；萼齿窄线形，长约1.2 mm，宽0.5 mm，顶端渐尖；花瓣白色或绿白色。果实圆卵形。

生于山坡路旁、杂木林下、溪边。见于白雀园镇赛山村。

15. 窃衣属 Torilis Adans.

直立草本。叶为羽状复叶。花排成复伞形花序，总苞和小苞片小，不分裂，花序外环的花无辐射瓣，萼齿小，子房有皮刺。光山有2种。

1. 破子草（鹤虱、小窃衣、粘粘草）

Torilis japonica (Houtt.) DC.

一年生草本。叶柄长2～7 cm，下部有窄膜质的叶鞘；叶片长卵形，1～2回羽状分裂，两面疏生紧贴的粗毛，第一回羽片卵状披针形，长2～6 cm，宽1～2.5 cm，顶端渐窄，边缘羽状深裂至全缘，有0.5～2 cm长的短柄，末回裂片披针形以至长圆形，边缘有条裂状的粗齿至缺刻或分裂。复伞形花序顶生或腋生，花序梗长3～25 cm，有倒生的刺毛；总苞3～6片，长0.5～2 cm，通常线形，极少叶状；伞辐4～12条，长1～3 cm，开展，有向上的刺毛；小总苞5～8片，线形或钻形，长1.5～7 mm，宽0.5～1.5 mm；小伞形花序有4～12花，花柄长1～4 mm，短于小总苞片；萼齿细小，三角形或三角状披针形；花瓣白色、紫红色或蓝紫色。果实圆卵形。

生于荒坡、旷野、路旁、村边草丛中。见于晏河乡净居寺。

破子草全草药用，味微苦、辛，性微温，有小毒。活血消肿，收敛杀虫。治慢性腹泻、蛔虫病。

2. 窃衣（水防风、粘粘草）

Torilis scabra (Thunb.) DC.

一年生草本。叶柄长2～7 cm，下部有窄膜质的叶鞘；叶片长卵形，1～2回羽状分裂，两面疏生紧贴的粗毛，第一回羽片卵状披针形，长2～6 cm，宽1～2.5 cm，顶端渐窄，边缘羽状深裂至全缘，有0.5～2 cm长的短柄，末回裂片披针形以至长圆形。复伞形花序顶生或腋生，花序梗长3～25 cm，有倒生的刺毛；通常无总苞；伞辐2～4条，长1～5 cm，粗壮，有纵棱及向上紧贴的粗毛；小伞形花序有4～12花，花柄长1～4 mm，短于小总苞片；萼齿细小，三角形或三角状披针形；花瓣白色、紫红或蓝紫色。果实长圆形。

生于荒坡、旷野、路旁、村边草丛中。见于县城官渡河边。

窃衣全草药用，味辛、苦，性平。杀虫止泻，收湿止痒。治虫积腹痛、泻痢、疮疡溃烂、阴痒带下、风湿疹。

215. 杜鹃花科 Ericaceae

灌木或乔木。叶革质，少有纸质，互生，极少假轮生，稀交互对生。花单生或组成总状、圆锥状或伞形总状花序，顶生或腋生，两性，辐射对称或略两侧对称；具苞片；花萼4～5裂，宿存，有时花后肉质；花瓣合生成钟状、坛状、漏斗状或高脚碟状，稀离生；花柱和柱头单一。蒴果或浆果，少有浆果状蒴果。光山有1属3种。

1. 杜鹃花属 Rhododendron L.

乔木或灌木。花冠常阔钟形、漏斗形或漏斗状钟形，雄蕊外伸，花药无芒。蒴果室间开裂。光山有3种。

1. 比利时杜鹃（皋月杜鹃）

Rhododendron indicum (L.) Sweet

半常绿灌木。叶集生枝端，近于革质，狭披针形或倒披针形，长1.7～3.2 cm，稀4.5 cm，宽约6 mm，顶端钝尖，基部狭楔形，边缘有锯齿，叶面深绿色，有光泽，疏被糙伏毛，叶背苍白色，中脉在叶面凹陷，叶背凸出，侧脉在叶背微明显，两面散生红褐色糙伏毛；叶柄长2～4 mm，被红褐色糙伏毛。花芽卵球形，鳞片阔卵形，顶端急尖，仅外面及顶端具毛。花1～3朵生枝顶；花梗长0.6～1.2 cm，被白色糙伏毛；花萼5裂，裂片椭圆状卵形或近于圆形，长2～3 mm，宽1.5～2 mm，淡绿色；花冠鲜红色，有时玫瑰红色，阔漏斗形，长3～4 cm，直径3.7 cm，稀达6 cm，花冠管长1.3 cm，裂片5，广椭圆形，长1.7～2 cm，宽1.6 cm，具深红色斑点。

光山有少量盆栽培

比利时杜鹃是春节的盆栽花卉。

2. 锦绣杜鹃（鲜艳杜鹃）

Rhododendron pulchrum Sweet

半常绿灌木。叶薄革质，椭圆状长圆形至椭圆状披针形或长圆状倒披针形，长2～5 cm，宽1～2.5 cm，顶端钝尖，基部楔形，边缘反卷，全缘，叶面深绿色，初时散生淡黄褐色糙伏毛，后近于无毛，叶背淡绿色，被微柔毛和糙伏毛，中脉和侧脉在叶面下凹，叶背显著凸出；叶柄长3～6 mm，密被棕褐色糙伏毛。花芽卵球形，鳞片外面沿中部具淡黄褐色毛，内有黏质。伞形花序顶生，有花1～5朵；花梗长0.8～1.5 cm，密被淡黄褐色长柔毛；花萼大，绿色，5深裂，裂片披针形，长约1.2 cm，被糙伏毛；花冠玫瑰紫色，阔漏斗形，长4.8～5.2 cm，直径约6 cm，裂片5，阔卵形，长约3.3 cm，具深红色斑点。

光山有少量盆栽培。

锦绣杜鹃是花卉植物，常见公园栽培及盆栽。

3. 映山红（鹃花、满山红、杜鹃花、艳山红、艳山花、清明花）

Rhododendron simsii Planch.

落叶灌木。叶革质，常集生枝端，卵形、椭圆状卵形或倒卵形至倒披针形，长1.5～5 cm，宽0.5～3 cm，顶端短渐尖，基部楔形或宽楔形，边缘微反卷，具细齿，叶面深绿色，疏被糙伏毛，叶背淡白色，密被褐色糙伏毛，中脉在叶面凹陷，叶背凸出；叶柄长2～6 mm，密被亮棕褐色扁平糙伏毛。花芽卵球形，鳞片外面中部以上被糙伏毛，边缘具睫毛；花2～3(6)朵簇生枝顶；花梗长8 mm，密被亮棕褐色糙伏毛；花萼5深裂，裂片三角状长卵形，长5 mm，被糙伏毛，边缘具睫毛；花冠阔漏斗形，玫瑰色、鲜红色或暗红色。蒴果卵球形。

野生或栽培；生于山坡、丘陵的疏林或灌丛中。见于泼陂河镇东岳寺村、殷棚乡牢山林场。

映山红的根、叶和花药用，根：味酸、涩，性温，有毒。祛风湿、活血去瘀，止血。叶、花：味甘、酸，性平。清热解毒，化痰止咳，止痒。根：治风湿性关节炎、跌打损伤、闭经；外用治外伤出血。花、叶：治支气管炎、荨麻疹；外用治痈肿。用量：根6～9g，花、叶9～15g；外用适量，根研粉，叶鲜品捣烂敷患处。孕妇忌服。

221. 柿树科Ebenaceae

乔木或直立灌木，少数有枝刺。叶为单叶，互生，很少对生，排成二列，全缘。花多半单生，常雌雄异株，或为杂性，雌花腋生，单生，雄花常生在小聚伞花序上或簇生，或为单生，整齐；花萼3～7裂，多少深裂，在雌花或两性花中宿存，常在果时增大，裂片在花蕾中镊合状或覆瓦状排列，花冠3～7裂；雌花常具退化雄蕊或无雄蕊；子房上位，2～16室。浆果多肉质。光山有1属2种1变种。

1. 柿树属Diospyros L.

乔木或直立灌木，少数有枝刺。叶为单叶。花多半单生，常雌雄异株，或为杂性，雌花腋生，单生，子房上位，2～16室。浆果多肉质。光山有2种1变种。

1. 柿 (柿子、朱果)

Diospyros kaki Thunb.

落叶大乔木。叶纸质，卵状椭圆形至倒卵形或近圆形，通常较大，长5～18cm，宽2.8～9cm，顶端渐尖或钝，基部楔形、钝、圆形或近截形，很少为心形，叶背绿色，被柔毛或无毛，侧脉每边5～7条；叶柄长8～20mm。花雌雄异株，聚伞花序；雄花序小，长1～1.5cm，弯垂，有短柔毛或绒毛，有花3～5朵，通常有花3朵；总花梗长约5mm，有微小苞片；雄花小；花冠钟状，黄白色，外面或两面有毛，长约7mm，4裂，裂片卵形或心形，开展，雄蕊16～24枚；雌花单生叶腋，萼管近球状钟形，肉质；花冠淡黄白色或黄白色而带紫红色，壶形或近钟形；子房近扁球形，8室，每室有胚珠1颗。浆果形态各异。

光山常见栽培。全县广布。

柿是一种常见的水果。它的果、果蒂、柿霜（柿饼的白霜）、根、叶均可药用。果：味甘，性寒；润肺生津，降压止血。柿蒂（缩荐萼）：味苦，性平；降气止呃。柿霜：味甘，性凉；生津利咽，润肺止咳。根：味苦、涩，性凉；清热凉血。

叶：味苦、酸，性凉；降压。果（柿子）：治肺燥咳嗽、咽喉干痛、胃肠出血、高血压病。柿蒂：治呃逆、噫气、夜尿症。柿霜：治口疮、咽喉痛、咽干咳嗽。根：治吐血、痔疮出血、血痢。叶：治高血压病。用量：柿子1～2个；柿蒂、柄霜3～9g；根6～9g；叶研粉每服3g。

2. 野柿 (野柿树、油柿)

Diospyros kaki Thunb. var. **silvestris** Makino

落叶乔木。叶纸质，卵状椭圆形至倒卵形或近圆形，长5～10cm，宽3～5cm，顶端渐尖或钝，基部楔形，侧脉每边5～7条，叶柄长8～15mm。花雌雄异株，但间或有雄株中有少数雌花，雌株中有少数雄花的，花序腋生，为聚伞花序；雄花序小，长1～1.5cm，弯垂，有短柔毛或绒毛，有花3～5朵，常有3朵；总花梗长约5mm；雄花小；花冠钟状，不长过花萼的两倍，黄白色；雌花单生叶腋，长约2cm，花萼绿色，有光泽，直径约3cm，深4裂，萼管近球状钟形，肉质，长约5mm，直径7～10mm，外面密生伏柔毛，子房近扁球形。果卵形。

生于山地林中。见于殷棚乡牢山林场。

野柿的用途与柿相近。

3. 君迁子 (黑枣、软枣、红蓝枣)

Diospyros lotus L.

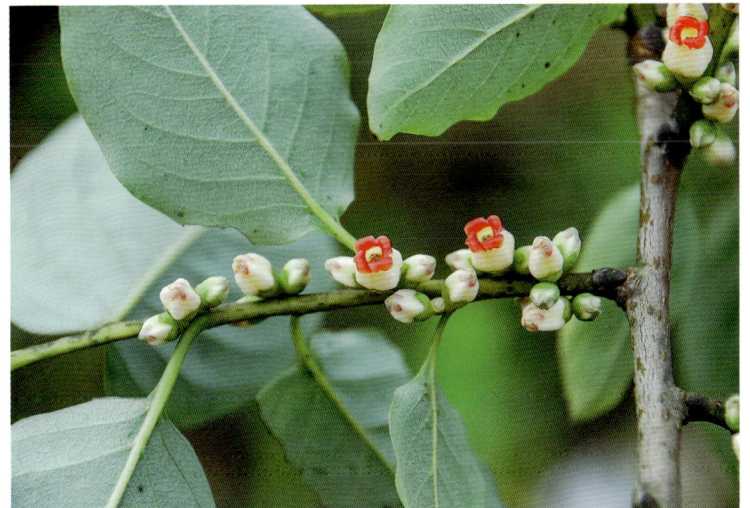

落叶乔木。叶纸质，椭圆形至长椭圆形，长5～13cm，宽2.5～6cm，顶端渐尖或急尖，基部钝，宽楔形至近圆形，叶面深绿色，有光泽，叶背绿色或粉绿色，有柔毛，且在脉上较多，侧脉纤细，每边7～10条；叶柄长7～15mm，有时有短柔毛。雄花1～3朵腋生；花萼钟形，4裂，偶有5裂；花冠壶形，带红色或淡黄色；雌花单生，几无梗，淡绿色或带红色；花槽4裂，深裂至中部，外面下部有伏粗毛，内面基部有棕色绢毛，裂片卵形，长约4 mm，顶端急尖，边缘有睫毛；花冠壶形，4裂，偶有5裂，裂片近圆形，长约3 mm；子房除顶端外无毛。果近球形或椭圆形。

生于山地林中。见于殷棚乡牢山林场。

君迁子的未成熟果实可药用，味甘、涩，性平。止泻，止渴，除痰。治烦热、口渴咽干。

224. 安息香科 Styracaceae

乔木或灌木，常被星状毛或鳞片状毛。单叶，互生，无托叶。总状花序、聚伞花序或圆锥花序，很少单花或数花丛生；花两性，很少杂性，辐射对称；花萼杯状、倒圆锥状或钟状，部分至全部与子房贴生或完全离生，通常顶端4～5齿裂，稀2或6齿或近全缘；花冠合瓣，极少离瓣，裂片通常4～5，很少6～8；子房上位、半下位或下位，3～5室或有时基部3～5室，而上部1室，稀有不完全5室，每室有胚珠1至多颗。核果而有一肉质外果皮或为蒴果，稀浆果。光山有1属2种。

1. 安息香属 Styrax L.

乔木或灌木。冬芽裸露。子房上位，核果，不开裂或3瓣裂，种子无翅。光山有2种。

1. 垂珠花（小叶硬田螺）

Styrax dasyanthus Perk.

乔木；嫩枝密被灰黄色星状微柔毛。叶革质或近革质，倒卵形、倒卵状椭圆形或椭圆形，长7～14 cm，宽3.5～6.5 cm，顶端急尖或钝渐尖，尖头常稍弯，基部楔形或宽楔形，边缘有细锯齿，两面疏被星状柔毛，侧脉每边5～7条；叶柄长3～7 mm。圆锥花序或总状花序顶生或腋生，具多花，长4～8 cm，下部常2至多花聚生叶腋；花白色，长9～16 mm；花梗长6～10 mm；小苞片钻形，长约2 mm，生于花梗近基部，密被星状绒毛和星状长柔毛；花萼杯状，高4～5 mm，宽3～4 mm，外面密被黄褐色星状绒毛和星状长柔毛，萼齿5，钻形或三角形；花冠裂片长圆形至长圆状披针形，长6～8.5 mm，宽1.5～2.5 mm，外面密被白色星状短柔毛，花药长圆形，长4～5 mm；花柱较花冠长，无毛。果实卵形或球形。

生于丘陵、山地、山坡及溪边杂木林中。见于晏河乡大苏山。

垂珠花的叶药用，味苦、甘，性寒。润肺止咳。治肺燥咳嗽。

2. 野茉莉（安息香、耳完桃、君迁子、木桔子、黑茶花、茉莉苞）

Styrax japonicus Sieb. et Zucc.

灌木或小乔木。叶互生，纸质或近革质，椭圆形或长圆状椭圆形至卵状椭圆形，长4～10 cm，宽2～6 cm，顶端急尖或钝渐尖，常稍弯，基部楔形或宽楔形，边近全缘或仅于上半部具疏离锯齿，叶面除叶脉疏被星状毛外，其余无毛而稍粗糙，叶背除主脉和侧脉汇合处有白色长髯毛外无毛，侧脉每边5～7条；叶柄长5～10 mm，上面有凹槽，疏被星状短柔毛。总状花序顶生，有花5～8朵，长5～8 cm；有时下部的花生于叶腋；花序梗无毛；花白色。果实卵形。

生于丘陵、山地、山坡及溪边杂木林中。

野茉莉的叶可药用，味辛、苦，性温，有小毒。祛风除湿，舒筋活络。治风湿痹痛、瘫痪。

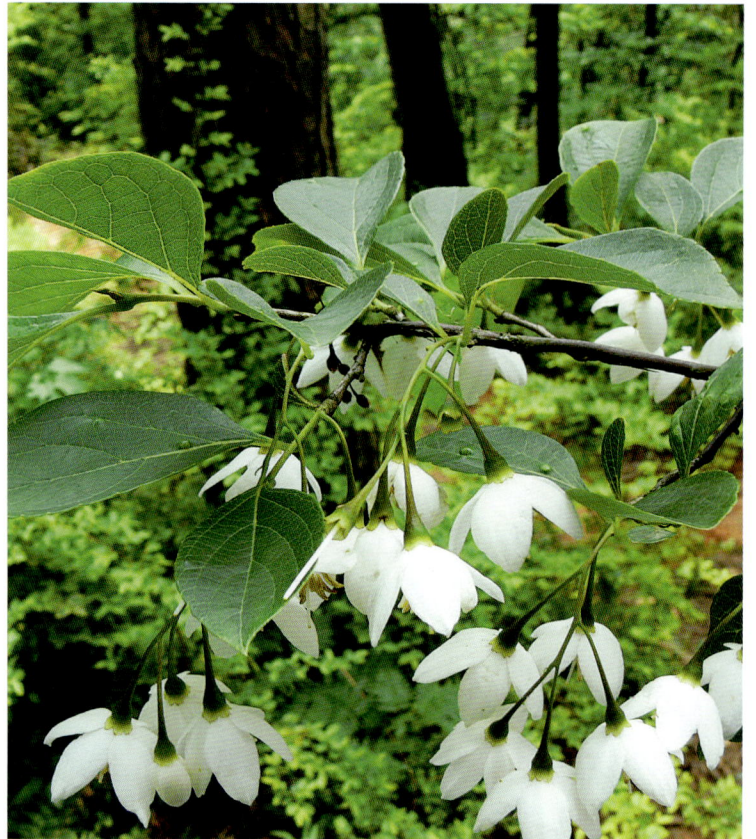

225. 山矾科 Smyplocaceae

灌木或乔木。单叶，互生。花辐射对称，两性稀杂性，排成穗状花序、总状花序、圆锥花序或团伞花序，很少单生；常为1枚苞片和2枚小苞片所承托；萼3～5深裂或浅裂，通常5裂，裂片镊合状排列或覆瓦状排列，通常宿存；花冠裂片分裂至近基部或中部，裂片3～11片，通常5片，覆瓦状排列；雄蕊通常多数，稀4～5枚，着生于花冠筒上；子房下位或半下位；胚珠每室2～4颗。果为核果。光山有1属2种。

1. 山矾属 Symplocos Jacq.

灌木或乔木。单叶，互生。花辐射对称，两性稀杂性，子房下位或半下位；胚珠每室2～4颗。果为核果。光山有2种。

1. 华山矾（土常山、狗屎木、华灰木）

Symplocos chinensis (Lour.) Druce

灌木；嫩枝、叶柄、叶背均被灰黄色皱曲柔毛。叶纸质，椭圆形或倒卵形，长4～7 cm，宽2～5 cm，顶端急尖或短尖，有时圆，基部楔形或圆形，边缘有细尖锯齿，叶面有短柔毛；

中脉在叶面凹下，侧脉每边4～7条。圆锥花序顶生或腋生，长4～7 cm，花序轴、苞片、萼外面均密被灰黄色皱曲柔毛；苞片早落；花萼长2～3 mm，裂片长圆形，长于萼筒；花冠白色，芳香，长约4 mm，5深裂几达基部；雄蕊50～60枚，花丝基部合生成五体雄蕊；花盘具5凸起的腺点，无毛；子房2室。核果卵状圆球形。

生于山谷、荒坡灌丛中。见于泼陂河镇东岳寺村、槐店乡万河村。

华山矾的根和叶药用，根：味甘、微苦，性凉。解表退热，解毒除烦。叶：止血。根：治感冒发热、心烦口渴、疟疾、腰腿痛、狂犬咬伤、毒蛇咬伤。叶：外用治外伤出血。用量：根9～15 g。外用叶适量，鲜品捣烂或干品研末敷患处。

2. 白檀（野荞面根、大搽药、地胡椒、乌子树）

Symplocos paniculata (Thunb.) Miq.

落叶灌木或小乔木；嫩枝有灰白色柔毛，老枝无毛。叶膜质或薄纸质，阔倒卵形、椭圆状倒卵形或卵形，长3～11 cm，宽2～4 cm，顶端急尖或渐尖，基部阔楔形或近圆形，边缘有细尖锯齿，叶面无毛或有柔毛，叶背通常有柔毛或仅脉上有柔毛；中脉在叶面凹下，侧脉在叶面平坦或微凸起，每边4～8条；叶柄长3～5 mm。圆锥花序长5～8 cm，通常有柔毛；苞片早落，通常条形，有褐色腺点；花萼长2～3 mm，萼筒褐色，无毛或有疏柔毛，裂片半圆形或卵形，稍长于萼筒，淡黄色，有纵脉纹，边缘有毛；花冠白色，长4～5 mm，5深裂几达基部。核果熟时蓝色。

生于山坡灌丛中。见于白雀园镇赛山村。

白檀的根和叶药用，味苦、涩，性微寒。消炎软坚，调气。治乳腺炎、淋巴腺炎、疝气、肠痈、胃癌、疮疖、皮肤瘙痒。

229. 木犀科Oleaceae

乔木，直立或藤状灌木。叶对生，稀互生或轮生，单叶、三出复叶或羽状复叶，稀羽状分裂，全缘或具齿。花辐射对称，两性，稀单性或杂性，雌雄同株、异株或杂性异株；子房上位，由2心皮组成2室。果为翅果、蒴果、核果、浆果或浆果状核果。光山有6属10种2栽培品种。

1. 连翘属Forsythia

花两性，1至数朵着生于叶腋。果为蒴果，2室，室间开裂，每室具种子多枚；种子一侧具翅。光山有1种。

1. 金钟花（迎春柳、迎春条、金梅花、金铃花）

Forsythia viridissima Lindl.

落叶灌木。枝呈四棱形，皮孔明显，具片状髓。叶片长椭圆形至披针形，或倒卵状长椭圆形，长3.5～15 cm，宽1～4 cm，顶端锐尖，基部楔形，通常上半部具不规则锐锯齿或粗锯齿，稀近全缘，叶面深绿色，叶背淡绿色，两面无毛，中脉和侧脉在叶面凹入，叶背凸起；叶柄长6～12 mm。花1～3朵着生于叶腋，先于叶开放；花梗长3～7 mm；花萼长3.5～5 mm，裂片绿色，卵形、宽卵形或宽长圆形，长2～4 mm，具睫毛；花冠深黄色，长1.1～2.5 cm，花冠管长5～6mm，裂片狭长圆形至长圆形，长0.6～1.8cm，宽3～8mm，反卷；在雄蕊长3.5～5mm的花中，雌蕊长5.5～7mm，在雄蕊长6～7mm的花中，雌蕊长约3mm。果卵形或宽卵形。

光山常见栽培。见于晏河乡净居寺、湿地公园。

金钟花非常美丽，常栽培供观赏。

2. 梣属 Fraxinus L.

乔木。奇数羽状复叶。单翅果。光山有1种。

1. 白蜡树（秦皮、梣木、鸡糠树、青榔木、白荆树）

Fraxinus chinensis Roxb.

落叶乔木，高10～12m。羽状复叶长15～25cm；叶柄长4～6cm，基部不增厚；叶轴挺直，上面具浅沟，初时疏被柔毛，旋即秃净；小叶5～7枚，硬纸质，卵形、倒卵状长圆形至披针形，长3～10cm，宽2～4cm，顶生小叶与侧生小叶近等大或稍大，顶端锐尖至渐尖，基部钝圆或楔形，叶缘具整齐锯齿，叶面无毛，叶背无毛或有时沿中脉两侧被白色长柔毛，中脉在叶面平坦，侧脉8～10对，叶背凸起，细脉在两面凸起，明显网结；小叶柄长3～5mm。圆锥花序顶生或腋生枝梢，长8～10cm；花序梗长2～4cm，无毛或被细柔毛，光滑，无皮孔；花雌雄异株；雄花密集，花萼小，钟状，长约1mm，无花冠；雌花疏离，花萼大。翅果匙形。

生于山谷林中潮湿的地方。见于白雀园镇赛山村。

白蜡树的根皮、树皮药用，味苦，性微寒。清热燥湿，止痢，明目。治肠炎、痢疾、白带、慢性气管炎、急性结膜炎。

3. 素馨属 Jasminum L.

攀缘灌木。叶3出脉。花冠裂片在花蕾时呈镊合状排列。浆果，种子无胚乳。光山有2种。

1. 素馨花（大花素馨花）

Jasminum grandiflorum L.

攀缘灌木，高1～4m。小枝圆柱形，具棱或沟。叶对生，羽状深裂或具5～9小叶，叶长3～8cm，宽3～6cm；叶轴常具窄翼，叶柄长0.5～4cm；小叶卵形或长卵形，顶生小叶片常为窄菱形，长0.7～3.8cm，宽0.5～1.5cm，顶端急尖、渐尖、钝或圆，有时具短尖头，基部楔形、钝或圆。聚伞花序顶生或腋生，有花2～9朵；花序梗长0～3cm；苞片线形，长2～3mm；花梗长0.5～2.5cm，花序中间的花的梗明显短于周围的花的梗；花芳香；花萼无毛，裂片锥状线形，长5～10mm；花冠白色，高脚碟状。

光山有栽培。见于晏河乡净居寺。

素馨花的花非常美丽，常栽供观赏。花蕾还可药用，味甘，性平。舒肝解郁，行气止痛。治肝郁气痛，心胃气痛，肝炎，肝区疼痛，胸胁不舒，心胃气痛，痢疾腹痛。

2. 茉莉花（茉莉）

Jasminum sambac (L.) Ait.

直立或攀缘灌木。叶对生，单叶，叶片纸质，圆形、椭圆形、卵状椭圆形或倒卵形，长4～12.5cm，宽2～7.5cm，两端圆或钝，基部有时微心形，侧脉4～6对，在叶面稍凹入或凹起，叶背凸起，细脉在两面常明显，微凸起，除叶背脉腋间常具簇毛外，其余无毛；叶柄长2～6mm，被短柔毛，具关节。聚伞花序顶生，通常有花3朵，有时单花或多达5朵；花序梗长1～4.5cm，被短柔毛；苞片微小，锥形，长4～8mm；花梗长0.3～2cm；花极芳香；花萼无毛或疏被短柔毛，裂片线形，长5～7mm；花冠白色，花冠管长0.7～1.5cm，裂片长圆形至近圆形，宽5～9mm，顶端圆或钝。

光山有盆栽。

茉莉花的花非常清香，它的根、花、和叶可药用，叶：味辛、甘，性凉。清热解表，利湿。根：味辛、甘，性凉，有毒。镇痛。花、叶：治外感发热、腹泻；花外用治目赤肿痛。根：治失眠、跌打损伤。

4. 女贞属Ligustrum L.

灌木或小乔木。叶羽状脉。花冠裂片在花蕾时呈镊合状排列。浆果，种子有胚乳。光山有4种。

1. 蜡子树（水白蜡（四川宝兴）、黄家榆）

Ligustrum leucanthum (S. Moore) P. S. Green [*Ligustrum acutissimum* Koehne]

落叶小乔木。叶片厚纸质，椭圆形、椭圆状长圆形至狭披针形、宽披针形，或为椭圆状卵形，大小不一致，小的长2.5～6 cm，宽1.5～2.5 cm，大的长6～10 cm，宽2.5～4.5 cm，顶端锐尖、短渐尖而具微凸头，或钝，基部楔形、宽楔形至近圆形，叶面疏被短柔毛至无毛，或仅沿中脉被短柔毛，叶背疏被柔毛，常沿中脉被硬毛或柔毛，侧脉4～9对，在叶背略凸起，近叶缘处不明显网结；叶柄长1～3 mm，被硬毛、柔毛或无毛。圆锥花序着生于小枝顶端，长1.5～4 cm，宽1.5～2.5 cm；花序轴被硬毛、柔毛、短柔毛至无毛；花梗长0～2 mm，被微柔毛或无毛；花萼被微柔毛或无毛，长1.5～2 mm，截形或萼齿呈宽三角形。果近球形至宽长圆形，呈蓝黑色。

生山坡林下、路边和山谷丛林中以及荒地、溪沟边或林边。见于南向店乡环山村。

蜡子树常作绿篱栽培。

2. 兴山蜡树（丽叶女贞）

Ligustrum henryi Hemsl.

灌木，高0.5～4 m；树皮灰褐色。枝具圆形皮孔，小枝紫红色或褐色，密被锈色或灰色短柔毛。叶片薄革质，宽卵形、椭圆形或近圆形，长1.5～4.5 cm，宽1～2.5 cm，叶缘微反卷。圆锥花序顶生，长3～8 cm，宽1.5～2 cm；花序轴密被短柔毛，花序基部苞片呈小叶状，小苞片披针形，长0.4～1.2 cm；花萼长约1 mm；花冠长6～9 mm，花冠管长4～6 mm，裂片长1.5～3 mm；花丝长1～2.5 mm，花药长2～3 mm；花柱内藏，柱头微2裂。果近肾形，长6～10 mm，径3～5 mm，黑色或紫红色。

生于山谷、山坡灌木丛中或疏林中。

兴山蜡树的叶药用，味苦、微甘，性微寒。散风热，清头目，除烦渴。治头痛、齿痛、咽痛、唇疮、耳鸣、目赤、咯血、暑热烦渴等。

3. 女贞（女贞子、爆格蚤、冬青子）

Ligustrum lucidum Ait.

乔木。叶片常绿，革质，卵形、长卵形或椭圆形至宽椭圆形，长6～17 cm，宽3～8 cm，顶端锐尖至渐尖或钝，基部圆形或近圆形，有时宽楔形或渐狭，叶缘平坦，侧脉4～9对；叶柄长1～3 cm，上面具沟，无毛。圆锥花序顶生，长8～20 cm，宽8～25 cm；花序梗长0～3 cm；花序轴及分枝轴无毛，紫色或黄棕色，果时具棱；花序基部苞片常与叶同型；花无梗或近无梗，长不超过1 mm；花萼无毛，长1.5～2 mm，齿不明显或近截形；花冠长4～5 mm，花冠管长1.5～3 mm，裂片长2～2.5 mm，反折；花丝长1.5～3 mm，花药长圆形，长1～1.5 mm；花柱长1.5～2 mm，柱头棒状。果肾形或近肾形，深蓝黑色。

常植于村边、庭园和路旁。见于槐店乡珠山村、官渡河湿地公园。

女贞是用材树种，它的果实、枝、叶、树皮可药用，味苦，性平。滋补肝肾，乌发明目。果实：治肝肾阴虚、头晕目眩、耳鸣、头发早白、腰膝酸软、老年习惯性便秘、慢性苯中毒；用量9～15 g。女贞枝、叶、树皮：祛痰止咳；治咳嗽、支气管炎；用量30～60 g。

4. 小蜡 (山指甲、板子茶、蚊仔树)

Ligustrum sinense Lour.

灌木或小乔木。叶纸质或薄革质，卵形、椭圆状卵形、长圆形、长圆状椭圆形至披针形，或近圆形，长2～7 cm，宽1～3 cm，顶端锐尖、短渐尖至渐尖，或钝而微凹，基部宽楔形至近圆形，或为楔形，叶面深绿色，叶背淡绿色，疏被短柔毛或无毛，常沿中脉被短柔毛，侧脉4～8对；叶柄长10～25 mm，被短柔毛。圆锥花序顶生或腋生，塔形，长4～11 cm，宽3～8 cm；花序轴被较密的淡黄色短柔毛或柔毛以至近无毛；花梗长1～3 mm，被短柔毛或无毛；花萼无毛，长1～1.5 mm，顶端呈截形或呈浅波状齿；花冠长3.5～5.5 mm，花冠管长1.5～2.5 mm，裂片长圆状椭圆形或卵状椭圆形，长2～4 mm。果近球形。

生于山地疏林下或路旁、沟边。见于槐店乡万河村。

小蜡的叶药用，味苦，性寒。清热解毒，抑菌杀菌，消肿止痛，去腐生肌。治急性黄疸型传染性肝炎、痢疾、肺热咳嗽。外用治跌打损伤、创伤感染、烧烫伤以及疮疡肿毒等外科感染性疾病。

5. 木犀属Osmanthus Lour.

乔木或灌木。单叶。花簇生于叶腋或组成短小的圆锥花序，花冠裂片在花蕾时呈覆瓦状排列。核果。光山有1种2栽培品种。

1. 桂花 (丹桂)

Osmanthus fragrans (Thunb.) Lour.

常绿乔木。叶片革质，椭圆形、长椭圆形或椭圆状披针形，

长7～14.5 cm，宽2.6～4.5 cm，顶端渐尖，基部渐狭呈楔形或宽楔形，全缘或通常上半部具细锯齿，两面无毛，腺点在两面连成小水泡状凸起，中脉在叶面凹入，叶背凸起，侧脉6～8对，多达10对，在叶面凹入，叶背凸起；叶柄长0.8～1.2 cm，最长可达15 cm，无毛。聚伞花序簇生于叶腋，或近于帚状，每腋内有花多朵；苞片宽卵形，质厚，长2～4 mm，具小尖头，无毛；花梗细弱，长4～10 mm，无毛；花极芳香；花萼长约1 mm，裂片稍不整齐；花冠黄白色、淡黄色、黄色或桔红色，长3～4 mm，花冠管仅长0.5～1 mm；雄蕊着生于花冠管中部，花丝极短。果歪斜，椭圆形，呈紫黑色。

光山常见栽培。全县分布。

桂花的花非常香，常用作园林树种供观赏。它的根和花还可药用。花：芳香，味辛，性温；散寒破结，化痰止咳，可用于提取芳香油，制成桂花浸膏或桂花净油等商品。果：味辛、甘，性温；暖胃，平肝，散寒。根：味甘、微涩，性平；祛风湿，散寒。花：治牙痛、咳喘痰多、经闭腹痛；用量3～12 g。果：治虚寒胃痛；用量6～12 g。根：治风湿筋骨疼痛、腰痛、肾虚牙痛；用量60～90 g。

2. 银桂

Osmanthus fragrans (Thunb.) Lour. cv. **Latifolius**

银桂是栽培品种，与桂花的主要区别在于，银桂的花白色，一年开一次花。

光山有少量栽培。县城有栽培。

银桂的花芳香，是园林绿化树种。

3. 四季桂
Osmanthus fragrans (Thunb.) Lour. cv. **Semperflorens**

四季桂是栽培品种，与桂花的主要区别在于，四季桂的花白色，一年开多次花。

光山有少量栽培。县城有栽培。

四季桂的花芳香，是园林绿化树种。

6. 丁香属Syringa L.
叶对生，单叶，稀复叶，全缘，稀分裂；具叶柄。花两性，聚伞花序排列成圆锥花序，顶生或侧生，与叶同时抽生或叶后抽生；具花梗或无花梗；花萼小，钟状，具4齿或为不规则齿裂。光山有1种。

1. 什锦丁香
Syringa x chinensis Schmidt.

灌木，高达5 m；树皮灰色。枝细长，开展，常弓曲，小枝黄棕色，有时呈四棱形，无毛，具皮孔。叶片卵状披针形至卵形，长2~6 cm，宽0.8~3 cm，顶端锐尖至渐尖，基部楔形至近圆形，叶面深绿色，叶背粉绿色，两面无毛；叶柄长0.5~1.5 cm，无毛。圆锥花序直立，由侧芽抽生，长4~13 cm，宽3~10 cm；花序轴、苞片、花梗和花萼均无毛；花梗长2~5 mm；花萼长2~2.5 mm，萼齿常呈三角形，顶端渐尖或锐尖；花冠紫色或淡紫色，花冠管细弱，圆柱形，长0.6~1 cm，

裂片呈直角开展，卵形、长圆状椭圆形至倒卵形，长5~9 mm，顶端锐尖或钝；花药黄色，着生于花冠管喉部或距喉部约1 mm处。

光山有栽培。见于县城官渡湿地公园。

什锦丁香的花鲜花色，非常美丽，常在园林中栽培供观赏。

230. 夹竹桃科Apocynaceae
乔木，直立灌木或木质藤木，稀草本。单叶对生、轮生，稀互生。花两性，辐射对称，单生或多杂组成聚伞花序，顶生或腋生；花萼裂片5枚，稀4枚，基部合生成筒状或钟状，裂片常为双盖覆瓦状排列，基部内面通常有腺体；花冠合瓣，高脚碟状、漏斗状、坛状、钟状、盆状，稀辐状，裂片5枚，稀4枚，覆瓦状排列，花冠喉部通常有副花冠或鳞片或膜质或毛状附属体；雄蕊5枚，着生在花冠筒上或花冠喉部；子房上位，稀半下位，1~2室，或为2枚离生或合生心皮所组成。果为浆果、核果、蓇葖果或蓇葖。光山有2属2种。

1. 长春花属Catharanthus G. Don
草本。叶对生。蓇葖果，种子无毛。光山有1种。

1. 长春花（日日新、雁来红）
Catharanthus roseus (L.) G. Don

草本，全株无毛或仅有微毛。叶膜质，倒卵状长圆形，长3~4 cm，宽1.5~2.5 cm，顶端浑圆，有短尖头，基部阔楔形至楔形，渐狭而成叶柄；叶脉在叶面扁平，在叶背略隆起，侧脉约8对。聚伞花序腋生或顶生，有花2~3朵；花萼5深裂，内面无腺体或腺体不明显，萼片披针形或钻状渐尖，长约3 mm；花冠红色，高脚碟状，花冠筒圆筒状，长约2.6 cm，内面具疏柔毛，喉部紧缩，具刚毛；花冠裂片宽倒卵形，长和宽约1.5 cm；雄蕊着生于花冠筒的上半部，但花药隐藏于花喉之内，与柱头离生；子房和花盘与属的特征相同。蓇葖果双生。

光山常见栽培。见于殷棚乡牢山林场。

长春花的花美丽，常栽培供观赏。全草药用，味微苦，性凉，有毒。抗癌，降血压。治急性淋巴细胞性白血病、淋巴肉瘤、巨滤泡型淋巴瘤、高血压病。用量9~15 g。

2. 夹竹桃属Nerium L.

灌木。叶轮生。雄蕊彼此黏合，花药箭头形，顶端内藏，不伸出花冠喉部外。蓇葖果。光山有1种。

1. 夹竹桃（红花夹竹桃、柳叶桃）
Nerium indicum Mill.

大灌木。叶3～4枚轮生，下枝为对生，窄披针形，顶端急尖，基部楔形，叶缘反卷，长11～15 cm，宽2～2.5 cm，叶面深绿，无毛，叶背浅绿色，有多数注点；中脉在叶面陷入，侧脉两面扁平，纤细，密生而平行，每边达120条；叶柄扁平，基部稍宽，长5～8 mm；叶柄内具腺体。聚伞花序顶生，着花数朵；总花梗长约3 cm，被微毛；花梗长7～10 mm；苞片披针形，长7 mm，宽1.5 mm；花芳香；花萼5深裂，红色，披针形，长3～4 mm，宽1.5～2 mm，外面无毛，内面基部具腺体；花冠深红色或粉红色。

光山有栽培。见于县城官渡河边。

夹竹桃的花美丽，常栽培供观赏。

231. 萝藦科Asclepiadaceae

草本、藤本或灌木。叶对生或轮生；叶柄顶端通常具有丛生的腺体。聚伞花序常伞形，有时成伞房状或总状；花两性，整齐，5数；花萼筒短，裂片5，双盖覆瓦状或镊合状排列，内面基部常有腺体；花冠合瓣、辐状、坛状，稀高脚碟状，顶端5裂片，裂片旋转、覆瓦状或镊合状排列；副花冠通常存在，为5枚离生或基部合生的裂片或鳞片所组成；雌蕊1，子房上位，由2个离生心皮所组成，花柱2，合生，柱头基部具五棱。蓇葖果。光山有1属2种。

1. 鹅绒藤属Cynanchum L.

藤本。花小，直径不足1 cm，花药顶端有膜片，副花冠1轮，环状，生于合蕊冠基部，副冠裂片非镰刀状，花粉器有花粉块2个，花粉块下垂。光山有2种。

1. 牛皮消（飞来鹤、隔山消）
Cynanchum auriculatum Royle ex Wight

蔓性半灌木；宿根肥厚，呈块状；茎圆形，被微柔毛。叶对生，膜质，被微毛，宽卵形至卵状长圆形，长4～12 cm，宽4～10 cm，顶端短渐尖，基部心形。聚伞花序伞房状，着花30朵；花萼裂片卵状长圆形；花冠白色，辐状，裂片反折，内面具疏柔毛；副花冠浅杯状，裂片椭圆形，肉质，钝头，在每裂片内面的中部有1个三角形的舌状鳞片；花粉块每室1个，下垂；柱头圆锥状，顶端2裂。蓇葖双生，披针形，长8 cm，直径1 cm；种子卵状椭圆形；种毛白色绢质。

生于山坡林缘及路旁灌丛中，河流、水沟边潮湿地。见于县城官渡河边、白雀园镇赛山村。

牛皮消全草药用，味甘、微苦，性微温，有小毒。补肝肾，益精血，强筋骨，止心痛，兼健脾益气。治肝肾阴虚所致的头昏眼花、失眠健忘、须发早白、腰膝酸软、筋骨不健、胸闷心痛及胃和十二指肠溃疡、消化不良、肾炎和小儿高烧等症。又可治食积腹痛、胃痛、小儿疳积、痢疾。外用治毒蛇咬伤、疔疮。

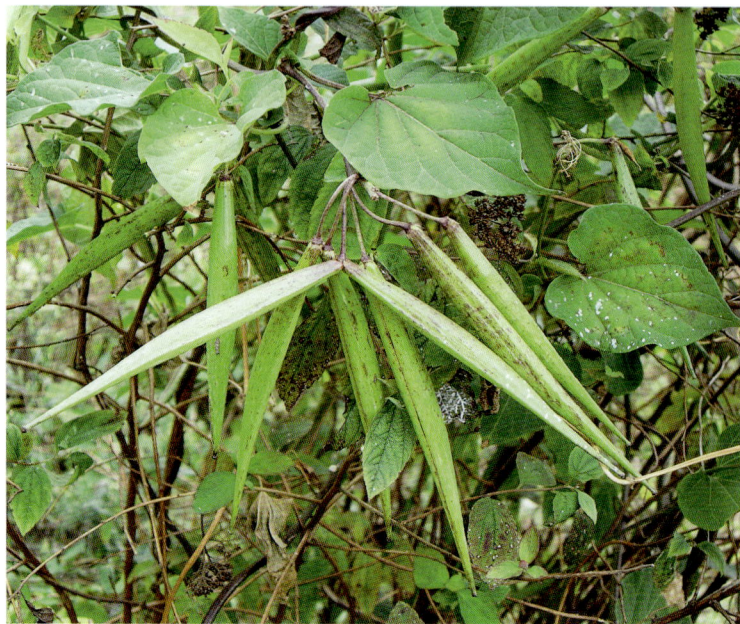

2. 白前（芫花叶白前、水竹消、溪瓢羹、消结草）
Cynanchum glaucescens (Decne.) Hand.-Mazz.

直立矮灌木，高达50 cm；茎具二列柔毛。叶无毛，长圆形或长圆状披针形，长1～5 cm，宽0.7～1.2 cm，稀长约7 cm，宽约1 cm，顶端钝或急尖，基部楔形或圆形，近无柄；侧脉不明显，约3～5对。伞形聚伞花序腋内或腋间生，比叶短，无毛或被微毛，有花10余朵；花萼5深裂，内面基部有5个腺体，极小；花冠黄色、辐状；副花冠浅杯状，裂片5枚，肉质，卵形、龙骨状内向，其端部倾倚于花药；花粉块每室1个，下垂；柱头扁平。蓇葖单生，纺锤形，顶端渐尖，基部紧窄，长6 cm，直径约1 cm；种子扁平，宽约5 mm；种毛为白色绢质，长2 cm。

生于低海拔山谷、湿地。

白前全株可药用。味苦、辛，性凉。清肺化痰，止咳平喘。全草：清热解毒。根、根状茎：治感冒咳嗽、支气管炎、气喘、水肿、小便不利。

232. 茜草科Rubiaceae

乔木、灌木、草本、或藤本。叶对生或有时轮生；托叶通常生叶柄间，较少生叶柄内，分离或程度不等地合生。花序各式，均由聚伞花序复合而成，很少单花或少花的聚伞花序；花两性、单性或杂性，通常花柱异长；萼通常4～5裂，很少更多裂，极少2裂，裂片通常小或几乎消失，有时其中1或几个裂片明显增大成叶状，其色白或艳丽；花冠合瓣，管状、漏斗状、高脚碟状或辐状，通常4～5裂，很少3裂或8～10裂；雌蕊通常由2心皮、极少3或更多个心皮组成，合生，子房下位，极罕上位或半下位。浆果、蒴果或核果。光山有9属14种3变种。

1. 水团花属Adina Salisb.

乔木或灌木。顶芽不明显，托叶顶端2裂。花多密集组成头状花序，头状花序顶生与腋生。果每室有种子多颗。光山有1种。

1. 细叶水团花（水石榴、水杨梅、白消木、鱼串鳃）

Adina rubella Hance

落叶小灌木，高1～3 m。叶对生，近无柄，薄革质，卵状披针形或卵状椭圆形，长2.5～4 cm，宽8～12 mm，顶端渐尖或短尖，基部阔楔形或近圆形；侧脉5～7对，被稀疏或稠密短柔毛；托叶小，早落。头状花序不计花冠直径4～5 mm，单生，顶生或兼有腋生，总花梗略被柔毛；小苞片线形或线状棒形；花萼管疏被短柔毛，萼裂片匙形或匙状棒形；花冠管长2～3 mm，5裂，花冠裂片三角状，紫红色。果序直径8～12 mm；小蒴果长卵状楔形，长3 mm。

生于山谷疏林中或旷地上。见于南向店乡董湾村向楼组、白雀园镇赛山村。

细叶水团花全株药用。味苦、涩，性凉。清热解毒，散瘀止痛。根：治感冒发热、腮腺炎、咽喉肿痛、风湿疼痛。花、果：治细菌性痢疾、急性胃肠炎、阴道滴虫病。叶、茎皮：治跌打损伤、骨折、疔肿、创伤出血、皮肤湿疹。用量：根15～30 g；花、果9～15 g；叶、茎皮外用适量。

2. 香果树属Emmenopterys Oliver

乔木。叶对生。圆锥状的聚伞花序顶生，萼裂片中有1片扩大成叶状，花冠漏斗形，冠裂片覆瓦状排列，子房2室。蒴果，种子多数。光山有1种。

1. 香果树（大叶水桐子、小冬瓜、茄子树）

Emmenopterys henryi Oliver

落叶大乔木。叶纸质或革质，阔椭圆形、阔卵形或卵状椭圆形，长6～30 cm，宽3.5～14.5 cm，顶端短尖或骤然渐尖，稀钝，基部短尖或阔楔形，全缘，叶面无毛或疏被糙伏毛，叶背较苍白，被柔毛或仅沿脉上被柔毛；侧脉5～9对；叶柄长2～8 cm，无毛或有柔毛；托叶大，三角状卵形，早落。圆锥状聚伞花序顶生；花芳香，花梗长约4 mm；萼管长约4 mm，裂片近圆形，具缘毛，脱落，变态的叶状萼裂片白色、淡红色或淡黄色，纸质或革质，匙状卵形或广椭圆形，长1.5～8 cm，宽1～6 cm，有纵平行脉数条，有长1～3 cm的柄；花冠漏斗形，白色或黄色，长2～3 cm，被黄白色绒毛，裂片近圆形，长约7 mm，宽约6 mm。蒴果长圆状卵形或近纺锤形。

生于山谷、疏林。光山见于南向店乡董湾村向楼组。

香果树是速生树种，它的根和树皮可药用，味甘、辛，性微温。温中和胃，降逆止呕。治反胃、呕吐。

3. 拉拉藤属 Galium L.

草本。叶轮生稀对生，常仅1脉，托叶叶状。聚伞花序，花4数，花冠裂片镊合状排列。果为小果，每室仅1粒种子，种子无翅。光山有1种1变种。

1. 拉拉藤（猪殃殃）

Galium aparine L. var. **echinospermum** (Wallr.) Cuf.

多枝、蔓生或攀缘状草本；茎有4棱角；棱上、叶缘、叶脉上均有倒生的小刺毛。叶纸质或近膜质，6～8片轮生，稀为4～5片，带状倒披针形或长圆状倒披针形，长1～5.5 cm，宽1～7 mm，顶端有针状凸尖头，基部渐狭，两面常有紧贴的刺状毛，常萎软状，干时常卷缩，1脉，近无柄。聚伞花序腋生或顶生，少至多花，花小，4数，有纤细的花梗；花萼被钩毛，萼檐近截平；花冠黄绿色或白色，辐状，裂片长圆形，长不及1 mm，镊合状排列；子房被毛，花柱2裂至中部，柱头头状。果干燥，有1或2个近球状的分果爿。

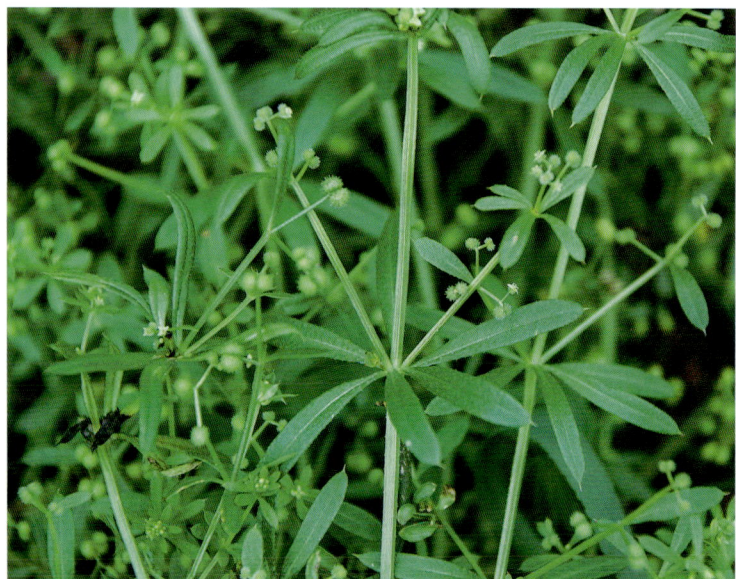

生于田野、路旁或草地。光山全县广布。

拉拉藤全草药用，味苦，性凉。凉血解毒，利尿消肿。治慢性阑尾炎、痈疽、乳腺癌、劳伤胸胁痛、跌打、尿道炎、血尿、蛇伤、小儿阴茎水肿。

2. 四叶律（四叶葎、四叶七、小锯锯藤、红蛇儿、天良草、蛇舌癀）
Galium bungei Steud.[*G. fukuyamai* Masamune]

多年生丛生直立草本；茎有4棱，不分枝或稍分枝，常无毛或节上有微毛。叶纸质，4片轮生，叶形变化较大，常在同一株内上部与下部的叶形均不同、卵状长圆形、卵状披针形、披针状长圆形或线状披针形，长0.6～3.4 cm，宽2～6 mm，顶端尖或稍钝，基部楔形，中脉和边缘常有刺状硬毛，有时两面亦有糙伏毛，1脉，近无柄或有短柄。聚伞花序顶生和腋生，稠密或稍疏散，总花梗纤细，常三歧分枝，再形成圆锥状序；花小；花梗纤细，长1～7 mm；花冠黄绿色或白色，辐状，直径1.4～2 mm，无毛。果爿近球状，直径1～2 mm，通常双生，有小疣点、小鳞片或短钩毛。

生于田野、路旁或草地。光山全县广布。

四叶律全草药用，味甘，性平。清热解毒，利尿，止血，消食。治痢疾、尿路感染、小儿疳积、白带、咳血。外用治蛇头疔。用量15～30 g。外用适量，鲜草捣烂敷患处。

4. 栀子属 Gardenia Ellis

灌木。花冠裂片旋转状排列。子房1室。果有纵棱，果每室有种子2颗以上。光山2种1变种。

1. 栀子（黄栀子、黄枝子、黄果树、水黄枝、山栀子、红枝子）
Gardenia jasminoides Ellis [*G. florida* L.、*G. grandiflora* Lour.]

灌木。叶对生，少为3枚轮生，叶长圆状披针形、倒卵状长圆形、倒卵形或椭圆形，长3～25 cm，宽1.5～8 cm，顶端渐尖、骤然长渐尖或短尖而钝，基部楔形或短尖，两面常无毛，叶面亮绿，叶背色较暗；侧脉8～15对，在叶背凸起，在叶面平；叶柄长0.2～1 cm；托叶膜质。花芳香，通常单朵生于枝顶，花梗长3～5 mm；萼管倒圆锥形或卵形，长8～25 mm，有纵棱，萼檐管形，膨大，顶部5～8裂，通常6裂，裂片披针形或线状披针形，长10～30 mm，宽1～4 mm，结果时增长，宿存；花冠白色或乳黄色，高脚碟状，喉部有疏柔毛，冠管狭圆筒形。果卵形、近球形、椭圆形或长圆形，黄色或橙红色，有翅状纵棱5～9条。

生于山野间或水沟边，也有庭园栽培。

栀子的果实和根药用，味苦，性寒。泻火解毒，清热利湿，凉血散瘀。果实：治热病高烧、心烦不眠、实火牙痛、口舌生疮、鼻衄、吐血、眼结膜炎、疮疡肿痛、黄疸型传染性肝炎、尿血、蚕豆病。外用治外伤出血、扭挫伤。根：治传染性肝炎、跌打损伤、风火牙痛。用量：果实3～9g，外用适量，研末敷患处，根30～60g。

2. 白蟾

Gardenia jasminoides Ellis var. **fortuniana** (Lindl.) Hara

白蟾与栀子相近，主要区别在于白蟾的花为重瓣，而栀子的花是单瓣。

光山县城有栽培。见于官渡河湿地公园。

白蟾的花美丽，常栽培供观赏。

3. 狭叶栀子（野白蟾、花木）

Gardenia stenophylla Merr.

灌木。叶薄革质，狭披针形或线状披针形，长3～12cm，宽0.4～2.3cm，顶端渐尖而尖端常钝，基部渐狭，常下延，两面无毛；侧脉纤细，9～13对，在下面略明显；叶柄长1～5mm；托叶膜质，长7～10mm，脱落。花单生于叶腋或小枝顶部，芳香，盛开时直径达4～5cm，具长约5mm的花梗；萼管倒圆锥形，长约1cm，萼檐管形，顶部5～8裂，裂片狭披针形，长1～2cm，结果时增长；花冠白色，高脚碟状，冠管长3.5～6.5cm，宽3～4mm，顶部5至8裂，裂片盛开时外反，长圆状倒卵形，长2.5～3.5cm，宽1～1.5cm，顶端钝；花丝短。果长圆形，有纵棱或有时棱不明显。

生于溪涧边或有栽培。见于白雀园镇赛山村。

狭叶栀子的果实和根药用，味苦，性寒。凉血消炎，清热解毒。治黄疸，鼻衄，肾炎水肿，感冒高热，菌痢，乳腺炎，淋巴结核，尿血，烧、烫伤，跌打，流脑，疮疡肿痛，咯血，吐血。

5. 耳草属Hedyotis L.

草本或亚灌木。花4数，花冠裂片镊合状排列，花冠管状或漏斗状。果每室有种子多粒，种子有棱角，无翅，果纵裂或不裂。光山有1种。

1. 白花蛇舌草（蛇舌草、蛇舌癀、蛇针草、蛇总管、二叶律）

Hedyotis diffusa Willd [*H. herbacea* Lour.]

一年生披散草本。叶对生，无柄，膜质，线形，长1～3cm，宽1～3mm，顶端短尖，边缘干后常背卷，叶面光滑，叶背有时粗糙；中脉在叶面下陷，侧脉不明显；托叶长1～2mm，基部合生，顶部芒尖。花4数，单生或双生于叶腋；花梗略粗壮，长2～5mm；萼管球形，长1.5mm，萼檐裂片长圆状披针形，长1.5～2mm，顶部渐尖，具缘毛；花冠白色，管形，长3.5～4mm，冠管长1.5～2mm，喉部无毛，顶端钝；雄蕊生于冠管喉部，花丝长0.8～1mm，花药突出，长圆形，与花丝等长或略长；花柱长2～3mm，柱头2裂，裂片广展，有乳头状凸点。蒴果膜质，扁球形。

生于田埂和潮湿的旷地上。

白花蛇舌草全草药用，味甘、淡，性凉。清热解毒，利尿消肿，活血止痛。治肺热喘咳、扁桃腺炎、咽喉炎、阑尾炎、痢疾、盆腔炎、恶性肿瘤、肝炎、泌尿系感染、支气管炎、扁桃体炎、跌打损伤。

6. 新耳草属 Neanotis W. H. Lewis

草本。花4数，花冠裂片镊合状排列，花冠管状或漏斗状。果每室有种子多粒，种子无棱角，无翅，果纵裂。光山有一种。

1. 新耳草

Neanotis thwaitesiana (Hance) W. H. Lewis

草本；茎披散，柔弱，有4直棱，无毛。叶近膜质，具短柄，卵形或卵状披针形，长1～1.5 cm，宽5～10 mm，顶端短尖，基部钝或近圆形，边缘粗糙，干后微反卷，两面粗糙；叶脉不明显；托叶合生，近篦齿形，顶部有数条线形裂片，无毛。花序腋生，有花数朵，排成开展圆锥花序式，长为叶的2至数倍，无毛，有柔弱、长1.5～3 cm的总花梗；苞片线状披针形；花梗纤细，柔弱，长3～4 mm；萼管杯形，长2～2.5 mm，无毛，萼檐裂片三角形，长约2 mm；花冠白色或淡红色，短漏斗形，外面被柔毛，长4～5 mm；雄蕊和花柱均伸出；柱头棒形，2裂。蒴果扁球形，顶部冠以宿存萼檐裂片。

生于山谷溪旁和荒地上。见于晏河乡大苏山。

7. 鸡矢藤属 Paederia L.

藤本，枝叶有臭味。光山有1种1变种。

1. 鸡矢藤（鸡屎藤、牛皮冻、解暑藤、狗尾藤、臭藤）

Paederia scandens (Lour.) Merr.

藤本。叶对生，纸质或近革质，形状变化很大，卵形、卵状长圆形至披针形，长5～10 cm，宽1～5 cm，顶端急尖或渐尖，基部楔形或近圆或截平，有时浅心形，两面无毛或近无毛，有时叶背脉腋内有束毛；侧脉每边4～6条，纤细；叶柄长1.5～7 cm；托叶长3～5 mm，无毛。圆锥花序式的聚伞花序腋生和顶生，扩展，分枝对生，末次分枝上着生的花常呈蝎尾状排列；小苞片披针形，长约2 mm；花具短梗或无；萼管陀螺形，长1～1.2 mm，萼檐裂片5枚，裂片三角形，长0.8～1 mm；花冠浅紫色，管长7～10 mm，外面被粉末状柔毛，里面被绒毛。果球形。

常缠绕于灌木林中的灌木上。见于白雀园镇赛山村、官渡河湿地公园。

鸡矢藤全草药用，味甘、微苦，性平。祛风利湿，消食化积，止咳，止痛。治风湿筋骨痛，跌打损伤，外伤性疼痛，肝胆、胃肠绞痛，黄疸型肝炎，肠炎，痢疾，消化不良，小儿疳积，肺结核咯血，支气管炎，放射反应引起的白血球减少症，农药中毒。外用治皮炎、湿疹、疮疡肿毒。

2. 毛鸡矢藤

Paederia scandens (Lour.) Merr. var. **tomentosa** (Bl.) Hand.-Mazz.

藤本。小枝被柔毛或绒毛。叶对生，纸质或近革质，形状变化很大，卵形、卵状长圆形至披针形，长5～10 cm，宽1～5 cm，顶端急尖或渐尖，基部楔形或近圆或截平，有时浅心形，叶面被柔毛或无毛，叶背被小绒毛或近无毛；侧脉每边4～6条，纤细；叶柄长1.5～7 cm。圆锥花序式的聚伞花序腋生和顶生，花序常被小柔毛，分枝对生，末次分枝上着生的花常呈蝎尾状排列；小苞片披针形，长约2 mm；花具短梗或无；萼管陀螺形，长1～1.2 mm，萼檐裂片5枚，裂片三角形，长0.8～1 mm；花冠浅紫色，管长7～10 mm，花冠外面常有海绵状白毛。果球形。

生于山地、丘陵、旷野的林中、林缘或灌丛。见于殷棚乡牢山林场。

毛鸡矢藤全草药用，味酸、甘，性平。清热解毒，祛痰止咳，理气化积，活血化瘀。治偏正头痛、湿热黄疸、肝炎、痢疾、食积饱胀、跌打损伤、咳嗽、中暑。

8. 茜草属Rubia L.

草本。叶轮生稀对生，掌状脉或羽状脉，托叶叶状。聚伞花序，花5数，花冠裂片镊合状排列。果为小坚果，每室仅1粒种子，种子无翅。光山有4种。

1. 披针叶茜草（红丝线、老麻藤、四穗竹）

Rubia alata Roxb.[*Rubia lanceolata* Hayata]

草质攀缘藤本；茎枝有4棱或4翅，棱上倒生皮刺。叶4片轮生，薄革质、线形、披针状线形或狭披针形，长3.5～9 cm，宽0.4～2 cm，顶端渐尖，基部圆至浅心形，两面粗糙；基出脉3或5条，在叶面凹入，在叶背凸起；叶柄2长2短，长的通常3～7 cm，短的比长的约短1/3～1/2，均有倒生皮刺。花序腋生或顶生，通常比叶长，多回分枝的圆锥花序，花序轴和分枝均有明显的4棱，通常有小皮刺；萼管近球形，浅2裂；花冠稍肉质，白色或淡黄色。浆果成熟时黑色。

生于林缘、灌丛、路旁、山坡及草地等处。

披针叶茜草的根药用，味苦，性寒。凉血止血，活血去瘀。治吐、衄、便、崩、尿血，月经不调，经闭腹痛，跌打损伤，瘀血肿痛等症。

2. 东南茜草

Rubia argyi (Lévl.et Vant) Hara ex Lauener

多年生草质藤本。叶4片轮生，茎生的偶有6片轮生，通常一对较大，另一对较小，叶片纸质，心形至阔卵状心形，有时近圆心形，长约0.1～5 cm或过之，宽约1～4.5 cm或过之，顶端短尖或骤尖，基部心形，极少近浑圆，边缘和叶背的基出脉上通常有短皮刺，两面粗糙；基出脉通常5～7条，在叶面凹陷，在叶背多少凸起；叶柄通常长0.5～5 cm，有时可达9 cm，有直棱，棱上生许多皮刺。聚伞花序分枝成圆锥花序式，顶生和小枝上部腋生，有时结成顶生、带叶的大型圆锥花序，花序梗和总轴均有4直棱，棱上通常有小皮刺；小苞片卵形或椭圆状卵形，长约1.5～3 mm；萼管近球形，干时黑色；花冠白色。

生于林缘、灌丛、路旁、山坡及草地等处。见于泼陂河镇、官渡河湿地公园。

3. 茜草（伏茜草）

Rubia cordifolia Linn.

草质攀缘藤木；茎方柱形，有4棱，棱上生倒生皮刺，中部以上多分枝。叶通常4片轮生，纸质，披针形或长圆状披针形，长0.7～3.5 cm，顶端渐尖，有时钝尖，基部心形，边缘有齿状皮刺，两面粗糙，脉上有微小皮刺；基出脉3条，极少外侧有1对很小的基出脉。叶柄长通常1～2.5 cm，有倒生皮刺。聚伞花序腋生和顶生，多回分枝，有花10余朵至数十朵，花序和分枝均细瘦，有微小皮刺；花冠淡黄色，干时淡褐色，盛开时花冠檐部直径约3～3.5 mm，花冠裂片近卵形，微伸展，长约1.5 mm，外面无毛。果球形，直径通常4～5 mm，成熟时橘黄色。

生于林缘、灌丛、路旁、山坡及草地等处。见于官渡河湿地公园。

茜草的根药用，味苦，性寒。有行气止血，通经活络，止咳祛痰的功效。治便血、尿血、衄血、血崩、经闭、水肿、跌打损伤、肝炎、黄疸、痈肿、疔疮、荨麻疹、疱疹、瘀滞肿痛、慢性气管炎、风湿关节痛、神经性皮炎等。脾胃虚寒及无淤滞者忌服。忌铁与铅。

4. 卵叶茜草

Rubia ovatifolia Z. Y. Zhang

　　草本。茎、枝有4棱，有或无短皮刺。叶4片轮生，叶片薄纸质，卵状心形至圆心形，侧枝上的有时为卵形，长4～8 cm，宽2～5 cm，顶端尾状渐尖，基部深心形，叶背粉绿色或苍白，两面近无毛或粗糙，有时叶背基出脉上有小皮刺；基出脉5～7条，小脉两面均不明显；叶柄细而长，通常长2.5～6 cm，有时覆有小皮刺。聚伞花序排成疏花圆锥花序式，腋生和顶生；萼管近扁球形，微2裂，宽约1 mm，近无毛；花冠淡黄色或绿黄色，质稍薄，冠管长约0.8～1 mm，裂片5，明显反折，卵形，长约1.4 mm，顶端长尾尖；雄蕊5，生冠管口部，花丝和花药均长约0.4 mm。浆果球形。

　　生于林缘、灌丛、路旁、山坡及草地等处。光山见于白雀园镇赛山村。

9. 白马骨属Serissa Comm. ex Juss.

　　灌木。托叶与叶柄合生成一短鞘，鞘上有数条刺毛。花单朵或多朵腋生或顶生，无总苞片，花冠裂片镊合状排列，子房5室。核果。光山有2种。

1. 六月雪（白马骨）

Serissa japonica (Thunb.) Thunb.[*S. foetida* (L. f.) Lam.]

　　小灌木。高60～90 cm，有臭气。叶革质，卵形至倒披针形，长6～22 mm，宽3～6 mm，顶端短尖至长尖，边全缘，无毛；叶柄短。花单生或数朵丛生于小枝顶部或腋生，有被毛、边缘浅波状的苞片；萼檐裂片细小，锥形，被毛；花冠淡红色或白色，长6～12 mm，裂片扩展，顶端3裂；雄蕊突出冠管喉部外；花柱长突出，柱头2枚，直，略分开。

　　生于溪边、林缘或灌丛中。光山全县分布。

　　六月雪全株药用，味淡、微辛、性凉。疏风解表，清热除湿，舒筋活络。治感冒，咳嗽，牙痛，急性扁桃体炎，咽喉炎，急、慢性肝炎，肠炎，痢疾，小儿疳积，高血压头痛，偏头痛，风湿性关节炎，白带；茎烧灰点眼治目翳。用量15～30 g。

2. 白马骨（满天星、路边姜、天星木、路边荆、鸡骨柴）

Serissa serissoides (DC.) Druce

　　小灌木。叶通常丛生，薄纸质，倒卵形或倒披针形，长1.5～4 cm，宽0.7～1.3 cm，顶端短尖或近短尖，基部收狭成

一短柄，除叶背被疏毛外，其余无毛；侧脉每边2～3条，上举，在叶片两面均凸起，小脉疏散不明显；托叶具锥形裂片，长2mm，基部阔，膜质，被疏毛。花无梗，生于小枝顶部，有苞片；苞片膜质，斜方状椭圆形，长渐尖，长约6mm，具疏散小缘毛；花托无毛；萼檐裂片5枚，坚挺延伸呈披针状锥形，极尖锐，长4mm，具缘毛；花冠管长4mm，外面无毛，喉部微七，裂片5枚，长圆状披针形，长2.5mm；花药内藏，长1.3mm；花柱柔弱，长约7mm，2裂，裂片长1.5mm。

生于溪边、林缘或灌丛中。光山全县分布。

白马骨全株药用，味淡、微辛，性凉。疏风解表，清热除湿，舒筋活络。治感冒、咳嗽、牙痛、急性扁桃体炎、咽喉炎、急、慢性肝炎、肠炎、痢疾、小儿疳积、高血压头痛、偏头痛、风湿性关节炎、白带、茎磨灰点眼治目翳。

233. 忍冬科Caprifoliaceae

灌木、藤本或小乔木，稀草本。叶对生，很少轮生，叶柄短，有时两叶柄基部连合。聚伞或轮伞花序，或由聚伞花序集合成伞房式或圆锥式复花序，有时因聚伞花序中央的花退化而仅具2朵花，排成总状或穗状花序，极少花单生；花两性，极少杂性，整齐或不整齐；萼筒贴生于子房，萼裂片或萼齿4(2)～5枚，宿存或脱落，较少于花开后增大；花冠合瓣，辐状、钟状、筒状、高脚碟状或漏斗状，裂片4(3)～5枚，覆瓦状或稀镊合状排列，有时二唇形，上唇2裂，下唇3裂，或上唇4裂，下唇单一。果实为浆果、核果或蒴果。光山有3属5种1变种。

1. 忍冬属Lonicera L.

藤本或小乔木。花冠两侧对称。浆果。光山有1种。

1. 忍冬 (忍冬藤、土银花、双花、二花、二宝花)

Lonicera japonica Thunb.

藤本。叶纸质，卵形或椭圆状卵形，稀倒卵形或卵状披针形，长3～6cm，宽1.5～4cm，顶端急尖或钝，基部圆形或阔楔形，稀近心形，有缘毛，嫩叶通常两面密被土黄色短糙毛，以后毛渐脱落，叶面除叶脉被毛外，无毛，叶背被毛较稀疏或有时生于小枝下部的叶常无毛，侧脉3～5对；叶柄长4～8mm，密被短柔毛。双花生于小枝上部叶腋，常在小枝上密聚成总状聚伞花序；总花梗长2～4cm，密被短柔毛及散生腺毛；苞片叶状，长2～3cm；花芳香，白色，干后变黄色；

萼管长约2mm，无毛，萼管卵状三角形或长三角形；花冠二唇形，长3～4.5cm，管稍长于裂片。果球形。

生于路旁、山坡灌丛或疏林中。见于槐店乡万河村。

忍冬的花蕾、花、茎藤药用，味甘，性寒。清热解毒，疏散风热，凉血止痢。治上呼吸道感染、流行性感冒、扁桃体炎、急性乳腺炎、大叶性肺炎、肺脓疡、细菌性痢疾、钩端螺旋体病、急性阑尾炎、疮疖痈肿、丹毒、外伤感染、宫颈糜烂。用量9～60g。

2. 接骨木属Sambucus L.

草本或灌木。叶羽状复叶。光山有2种。

1. 接骨草 (陆英、走马箭、走马风、八棱麻、八里麻、臭草、蒴藋)

Sambucus chinensis Lindl.[*S. javanica* Reinw. ex Bl.]

高大草本。羽状复叶的托叶叶状或有时退化成蓝色的腺体；小叶2～3对，互生或对生，狭卵形，长6～13cm，宽2～3cm，嫩时叶面被疏长柔毛，顶端长渐尖，基部钝圆，两侧不等，边缘具细锯齿，近基部或中部以下边缘常有1或数枚腺齿；顶生小叶卵形或倒卵形，基部楔形，有时与第一对小叶相连，小叶无托叶，基部1对小叶有时有短柄。复伞形花序顶生，大而疏散，分枝3～5出，纤细，被黄色疏柔毛；杯形不孕性花不脱落，可孕性花小；萼筒杯状，萼齿三角形；花冠白色，仅基部联合，花药黄色或紫色；子房3室。果实红色，近圆形。

生于山坡林下沟边和草丛中。见于白雀园镇赛山村。

接骨草全草药用，味甘、微苦，性平。根：散瘀消肿，祛风活络。茎、叶：利尿消肿，活血止痛。根：治跌打损伤，扭伤肿痛，骨折疼痛，风湿性关节痛。茎、叶：治肾炎水肿，腰膝酸痛。外用治跌打肿痛。用量：根、茎均为30～60g。外用适量，捣烂敷患处。

2. 接骨木 (木蒴藋、续骨草、九节风)

Sambucus williamsii Hance

落叶灌木。羽状复叶有小叶2～3对，有时仅1对或多达5对，侧生小叶片卵圆形、狭椭圆形至倒长圆状披针形，长5～15cm，宽1.2～7cm，顶端尖、渐尖至尾尖，边缘具不整齐锯齿，有时基部或中部以下具1至数枚腺齿，基部楔形或圆形，有时心形，两侧不对称；托叶狭带形，或退化成带蓝色的突起。花与叶同出，圆锥形聚伞花序顶生，长5～11cm，宽4～14cm，具总花梗，花序分枝多成直角开展，有时被稀疏短柔毛，随即光滑无毛；花小而密；萼筒杯状，长约1mm，萼齿三角状披针形，稍短于萼筒；花冠蕾时带粉红色，开后白色或淡黄色。果实红色。

生于山坡林下沟边和草丛中。见于白雀园镇赛山村。

接骨木全株药用，味甘、苦，性平。祛风利湿，活血，止血。治风湿痹痛、痛风、大骨节病、急慢性肾炎、风疹、跌打损伤、骨折肿痛、外伤出血。

3. 荚蒾属 Viburnum L.

灌木或小乔木。花冠辐射对称，雄蕊5枚，等长；子房1室；萼裂片花后不增大。核果。光山有2种1变种。

1. 荚蒾（子酸汤杆、苦柴）

Viburnum dilatatum Thunb.

落叶灌木。叶纸质，宽倒卵形、倒卵形，或宽卵形，长3～10 cm，顶端急尖，基部圆形至钝形或微心形，有时楔形，边缘有牙齿状锯齿，齿端突尖，叶面被叉状或简单伏毛，叶背被带黄色叉状或簇状毛，脉上毛尤密，脉腋集聚簇状毛，有带黄色或近无色的透亮腺点，虽脱落仍留有痕迹，近基部两侧有少数腺体，侧脉6～8对，直达齿端，叶面凹陷，叶背明显凸起；叶柄长10～15 mm；无托叶。复伞形式聚伞花序稠密，生于具1对叶的短枝之顶，直径4～10 cm，果时毛多少脱落，总花梗长1～2 cm，第一级辐射枝5条，花生于第三至第四级辐射枝上；萼筒狭筒状，长约1 mm；花冠白色。果实红色。

生于林下或灌丛中。见于白雀园镇赛山村。

荚蒾的根、枝和叶药用，枝、叶：味酸，性微寒；清热解毒，疏风解表。根：味辛、涩，性微寒；祛瘀消肿。枝、叶：治疗疮发热、风热感冒。外用治过敏性皮炎。外用适量，煎水温洗患处。根：治淋巴结炎（丝虫病引起）、跌打损伤。

2. 日本珊瑚树 Viburnum odoratissimum Ker-Gawl. var. awabuki (K. Koch) Zabel ex Rumpl.

常绿灌木或小乔木。叶革质，倒卵状矩圆形至矩圆形，长7～13 cm，顶端钝或急狭而钝头，基部宽楔形，边缘常有较规则的波状浅钝锯齿，叶面深绿色有光泽，两面无毛或脉上散生簇状微毛，叶背有时散生暗红色微腺点，侧脉6～8对。圆锥花序生于具两对叶的幼枝顶，长9～15 cm，直径8～13 cm；总花梗有淡黄色小瘤状突起；苞片长不足1 cm，宽不及2 mm；花芳香，通常生于序轴的第二至第三级分枝上；萼筒筒状钟形，萼檐碟状，齿宽三角形；花冠白色，辐状，直径约7 mm，花冠筒长3.5～4 mm，裂片长2～3 mm；花柱较细，长约1 mm，柱头常高出萼齿。果核倒卵圆形至倒卵状椭圆形。

光山有栽培。见于官渡河湿地公园、槐店乡万河村。

日本珊瑚树常用作园林绿化。

3. 烟管荚蒾（黑汉条、羊屎条）

Viburnum utile Hemsl.

常绿灌木。叶背、叶柄和花序均被由灰白色或黄白色簇状毛组成的细绒毛；当年生小枝被带黄褐色或带灰白色绒毛。叶革质，卵圆状矩圆形，长2～5 cm。聚伞花序直径5～7 cm，总花梗长1～3 cm，第一级辐射枝通常5条，花生于第二至第三级辐射枝上；萼筒筒状，长约2 mm，萼齿卵状三角形，长约0.5 mm；花冠白色，花蕾时淡红色，直径6～7 mm，裂片圆卵形，长约2 mm；花柱与萼齿近等长。果实红色，后变黑色，椭圆状矩圆形至椭圆形，长7～8 mm；核稍扁，椭圆形。

生于山谷、山坡林缘或灌丛中。见于南向店乡环山村。

烟管荚蒾的根药用，味酸、涩，性平。清热利湿，祛风活络，凉血止血。治泄泻、下血、痔疮脱肛、风湿痹痛、带下病、疮疡、风湿筋骨痛、跌打损伤等。

235. 败酱科Valerianaceae

草本，稀亚灌木。叶对生或基生，通常一回奇数羽状分裂。聚伞花序组成顶生密集或开展的伞房花序、复伞房花序或圆锥花序，稀为头状花序；花小，两性或极少单性，常稍左右对称；具小苞片；花萼小，萼筒贴生于子房，萼齿小，宿存，果时常稍增大或成羽毛状冠毛；花冠钟状或狭漏斗形，冠筒基部一侧囊肿，有时具长距，裂片3～5，稍不等形，花蕾时覆瓦状排列；雄蕊3或4，有时退化为1～2枚。果为瘦果。光山有1属2种。

1. 败酱属Patrinia Juss.

雄蕊4，极少退化至1～3；萼齿5，直立或外展，果时不冠毛状。光山有2种。

1. 黄花败酱（黄花龙芽、败酱草、龙芽败酱）

Patrinia scabiosaefolia Fisch. ex Trev.

多年草本。基生叶丛生，不分裂或羽状深裂或全裂；卵形或椭圆状披针形，长3～10 cm，宽1～3 cm；叶柄长3～12 cm；花时枯落；茎生叶对生，长5～15 cm，具2～3对裂片，裂片线形至长圆状披针形，顶生裂片倒卵形、卵形或椭圆状披针形，顶端渐尖或急尖，边缘具粗裂齿，茎顶部叶两面近无毛，下部叶叶面被疏毛，叶背常被疏柔毛或仅脉处有毛。顶生伞房花序由小聚伞花序组成，具4～6级分枝，花序梗上方一侧具一纵裂短粗毛；总苞片线形；苞片钻状；花萼与子房合生，近无萼齿；花冠金黄色，钟形，长约3 mm，4～5裂，裂片卵形，长约1 mm，花冠管内面被柔毛；雄蕊4枚；子房椭圆状。瘦果3棱状长圆形。

生于山谷、路旁、山坡草丛中。见于泼陂河镇东岳寺村。

黄花败酱全草药用，味苦、辛，性凉。清热利湿，解毒排脓，活血祛瘀。治阑尾炎、痢疾、肠炎、肝炎、眼结膜炎、产后瘀血腹痛、痈肿疔疮。

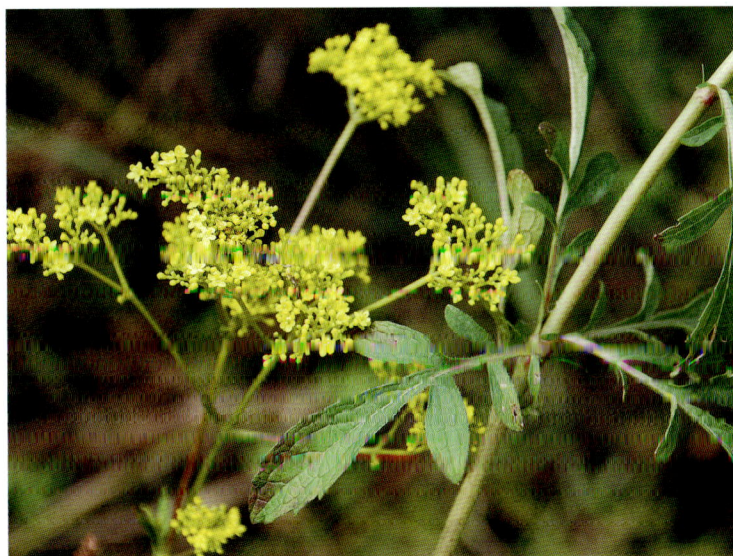

2. 白花败酱（苦斋、胭脂麻）

Patrinia villosa (Thunb.) Juss.

多年生草本。基生叶丛生，卵形、阔卵形或卵状披针形至长圆状披针形，长4～15 cm，宽2～7 cm，顶端渐尖，边缘具粗钝齿，基部楔形下延，不分裂或大头羽状深裂，常有1～2对生裂片，叶柄较叶片稍长；茎生叶对生，与基生叶同形，或菱状卵形，顶端尾状渐尖或渐尖，基部楔形下延，边缘具粗齿，上部叶较窄小，常不分裂，叶面均鲜绿色或浓绿色，叶背绿白色，两面被糙伏毛或近无毛；叶柄长1～3 cm，上部叶渐近无柄。聚伞花序组成顶生圆锥花序或伞房花序，分枝达5～6级，花序梗密被长粗糙毛或仅二纵列粗糙毛；总苞叶卵状披针形至线状披针形或线形；花萼小，萼齿5枚；花冠钟形，白色。瘦果倒卵形。

生于山谷、路旁、山坡草丛中。见于泼陂河镇东岳寺村、殷棚乡牢山林场、白雀园镇赛山村。

白花败酱的嫩叶可作野菜食用。食用前，先将鲜叶用开水煮数秒钟，然后放在冷水中浸净苦味，便可加工食用。全草还可药用，味苦、辛，性凉。清热利湿，解毒排脓，活血祛瘀。治阑尾炎、痢疾、肠炎、肝炎、眼结膜炎、产后瘀血腹痛、痈肿疔疮。

238. 菊科Compositae

草本、亚灌木或灌木，稀为乔木。花两性或单性，极少单性异株，整齐或左右对称，5基数，少数或多数密集成头状花序或为短穗状花序，为1层或多层总苞片组成的总苞所围绕；

头状花序单生或数个至多数排列成总状、聚伞状、伞房状或圆锥状；花序托平或凸起，具窝孔或无窝孔，无毛或有毛；具托片或无托片；萼片不发育，通常形成鳞片状、刚毛状或毛状的冠毛；花冠常辐射对称，管状，或左右对称，二唇形，或舌状，头状花序盘状或辐射状，有同形的小花，全部为管状花或舌状花，或有异形小花，即外围为雌花，舌状，中央为两性的管状花；雄蕊4～5枚，着生于花冠管上；子房下位，合生心皮2枚，1室，具1个直立的胚珠。果为瘦果。光山有47属78种4变种。

1. 藿香蓟属 Ageratum L.

叶对生。花序球形，瘦果有5纵棱，冠毛长芒状。光山有1种。

1. 胜红蓟（咸虾花、白花香草、白花臭草、白花草、藿香草）

Ageratum conyzoides L.

一年生草本。叶互生，有时上部的互生，茎中部叶卵形、椭圆形或长圆形，长3～8 cm，宽2～5 cm，顶端急尖，边缘具圆锯齿，基部钝或宽楔形，基出脉3或不明显5出脉，叶面沿脉处及叶背的毛稍多，有时叶背近无毛，叶柄长1～3 cm，两面被白色稀疏的短柔毛，有黄色腺点；上部叶小，叶柄通常被白色稠密开展的长柔毛。头状花序4至多数，在茎端排成紧密或稍疏松的伞房花序状的聚伞花序，被短柔毛；总苞钟形；总苞片2层，长圆形或长圆状披针形，无毛，边缘栉齿状或缘毛状撕裂；花冠白色或淡紫色，檐部具5裂齿，有微柔毛。瘦果黑褐色。

生于山谷、田野、路旁。见于晏河乡大苏山。

味辛、微苦，性凉。祛风清热、止痛、止血、排石。治上呼吸道感染、扁桃体炎、咽喉炎、急性胃肠炎、胃痛、腹痛、崩漏、肾结石、膀胱结石、湿疹、鹅口疮、痈疮肿毒、蜂窝组织炎、下肢溃疡、中耳炎、外伤出血。

2. 豚草属 Ambrosia L.

亚灌木状。叶羽状深裂成丝状，雌雄同株，雄花序穗状，总苞碟状，基部合生，外面有瘤状突起或刺，包裹1朵雌花。光山有1种。

1. 豚草

Ambrosia artemisiifolia L.

一年生草本。下部叶对生，具短叶柄，二次羽状分裂，裂片狭小，长圆形至倒披针形，全缘；上部叶互生，无柄，羽状分裂。雄头状花序半球形或卵形，径4～5 mm，具短梗，下垂，在枝端密集成总状花序。总苞宽半球形或碟形；总苞片全部结合，无肋，边缘具波状圆齿。花托具刚毛状托片；每个头状花序有10～15个不育的小花；花冠淡黄色，长2 mm，有短管部，上部钟状，有宽裂片；花药卵圆形；花柱不分裂，顶端膨大成画笔状。雌头状花序无花序梗，在雄头状花序下面或在下部叶腋单生，或2～3个密集成团伞状，有1个无被能育的雌花，总苞闭合，具结合的总苞片，倒卵形或卵状长圆形，长4～5 mm，宽约2 mm，顶端有围裹花柱的圆锥状嘴部，在顶部以下有4～6个尖刺，稍被糙毛；花柱2深裂，丝状，伸出总苞的嘴部。瘦果倒卵形。

生于山谷、田野、路旁。见于白雀园镇大尖山。

豚草全草药用，有消炎的功效。治风湿性关节炎，适量外用煎水洗患处。

3. 牛蒡属 Arctium L.

有肉质粗根。叶大，互生，基部心形。总苞片多层，线形，顶端有钩刺。瘦果倒卵形，冠毛刚毛状。光山有1种。

1. 牛蒡（恶实、大力子）

Arctium lappa L.[*A. majus* Bernh.]

二年生草本，具粗大的肉质直根。基生叶宽卵形，长达30 cm，宽达21 cm，边缘具稀疏的浅波状凹齿或齿尖，基部心形，有长达32 cm的叶柄，两面异色，叶面绿色，有稀疏的短

糙毛及黄色小腺点，叶背灰白色或淡绿色，被薄绒毛或绒毛稀疏，有黄色小腺点，叶柄灰白色，被稠密的蛛丝状绒毛及黄色小腺点；茎生叶与基生叶同形或近同形，具等样的及等量的毛被，接花序下部的叶小，基部平截或浅心形。头状花序多数或少数在茎枝顶端排成疏松的伞房花序或圆锥状伞房花序，花序梗粗壮；总苞卵形或卵球形，直径1.5～2 cm；总苞片多层，多数，外层三角状或披针状钻形，宽约1 mm，中内层披针状或线状钻形，宽1.5～3 mm；全部苞近等长，长约1.5 cm，顶端有软骨质钩刺；小花紫红色。瘦果倒长卵形。

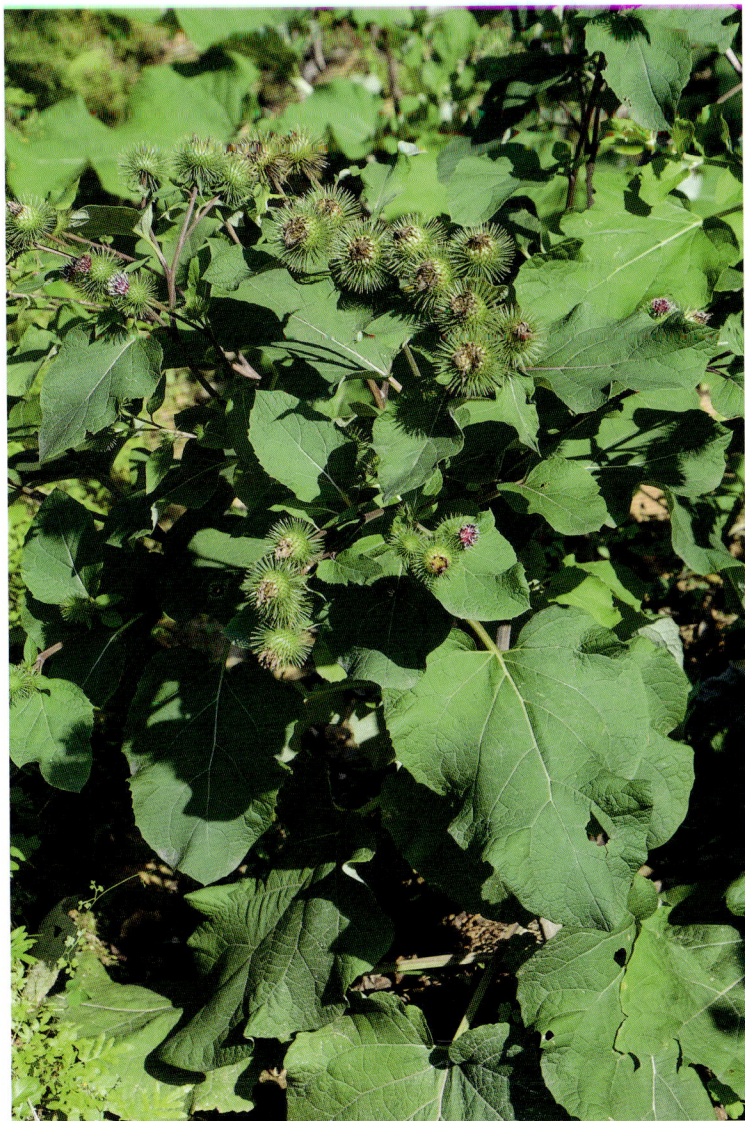

生于山坡、山谷、林缘、河边、村边、路旁或荒地上。见于南向店乡环山村。

牛蒡的块根和果实药用，果实：味辛、苦，性寒；疏散风热，宣肺透疹，散结解毒。根：味苦、辛，性寒；清热解毒，疏风利咽。果实：治风热感冒、头痛、咽喉肿痛、流行性腮腺炎、疹出不透、痈疖疮疡。根：治风热感冒、咳嗽、咽喉肿痛、疮疖肿毒、脚癣、湿疹。

4. 蒿属Artemisia Linn

草本或亚灌木。常有挥发性气味，茎枝具纵棱。叶一至四回羽状分裂。花序小，盘状。光山有12种。

1. 黄花蒿（臭蒿、草蒿、酒饼草、马尿蒿）

Artemisia annua L.

一年生草本。茎叶互生；三回羽状细裂，裂片顶端尖，叶面绿色，叶背黄绿色，叶轴两侧有狭翅，茎上部的叶，向上渐小，分裂更细。头状花序球形，下垂，排列成金字塔形、具叶片的圆锥花序，几密布在全株植物体上部；每一头状花序有短花柄，基部具有或不具有线形苞片；总苞平滑无毛，苞片2～3层，背面中央部分为绿色、边缘呈淡黄色，膜质状而透明；花托长圆形，花均为管状花，黄色，外围为雌花，仅有雌蕊1枚；中央为两性花，花冠顶端5裂，雄蕊5枚，花药合生，花丝细短，着生于花冠管内面中部，雌蕊1枚，花柱丝状，柱头2裂，呈叉状。瘦果卵形。

生于山谷、林缘、路旁、沟边、河岸。见于县城官渡河边。

黄花蒿全草药用，味辛、苦，性凉；无毒。清热解疟，驱风止痒。治伤暑、疟疾、潮热、小儿惊风、热泻、恶疮疥癣。外用适量捣敷。

2. 奇蒿（刘寄奴、南刘寄奴、千粒米、六月霜、异形蒿）

Artemisia anomala S. Moore

多年生草本。叶厚纸质或纸质，茎中部叶卵形、长卵形或卵状披针形，长9～12 cm，宽2.5～4 cm，顶端急尖或长渐尖，基部圆形或宽楔形，边缘具细锯齿，叶面初时微被疏短柔毛，后无毛，叶背初时微有蛛丝状绵毛，后脱落；叶柄短；上部叶渐小。头状花序长圆形或卵形，直径2～2.5 mm，在茎上端组成狭窄或稍开展的圆锥花序；总苞片半膜质至膜质，背面淡黄色，无毛，无绿色中肋；雌花4～6朵；管状花6～8朵，结实。瘦果倒卵形或长圆状倒卵形。

生于山谷、林缘、路旁、沟边、河岸、灌丛、荒坡。见于南向店乡环山村。

奇蒿全草药用，味辛、苦，性平。清暑利湿，活血行瘀，通经止痛。治中暑、头痛、肠炎、痢疾、经闭腹痛、风湿疼痛、跌打损伤。外用治创伤出血、乳腺炎。

3. 艾（艾叶、艾蒿、家艾）

Artemisia argyi Lévl. ex Vant.

多年生草本。叶厚纸质，茎中部叶卵形、三角状卵形或近菱形，长5～8 cm，宽4～7 cm，一至二回羽状深裂至半裂，裂片2～3对，卵形、卵状披针形或披针形，长2.5～5 cm，宽1.5～2 cm，不分裂或每侧有1～2枚缺齿，叶脉明显，在叶背凸起，干时锈色；叶面被灰白色短柔毛，有白色腺点与小凹点，叶背密被灰白色蛛丝状密茸毛；上部叶渐小。头状花序椭圆形，直径2.5～3(3.5)mm，在茎上通常组成狭窄、尖塔形的圆锥花序；总苞片背面密被灰白色蛛丝状绵毛，边缘膜质；雌花6～10朵，管状花8～12朵，结实。瘦果长卵形或长圆形。

生于山谷、林缘、路旁、沟边、河岸、灌丛、荒坡。见于白雀园镇大尖山。

艾的地上部分药用，味苦、辛，性温。散寒除湿，温经止血。治功能性子宫出血、先兆流产、痛经、月经不调。外用治湿疹、皮肤瘙痒。用量3～6 g。外用适量，水煎熏洗。

4. 茵陈蒿（茵陈）

Artemisia capillaris Thunb.

亚灌木状草本。叶卵圆形或卵状椭圆形，长2～5 cm，宽1.5～3.5 cm，二至三回羽状全裂，每侧有裂片2～4枚，每裂片再3～5全裂，小裂片狭线形或狭线状披针形，通常细直，长5～10 mm，宽0.5～1.5 mm，叶柄长3～7 mm，花期上述叶均萎谢；中部叶阔卵形、近圆形或卵圆形，长2～3 cm，宽1.5～2.5 cm，一至二回羽状全裂；上部叶与苞片叶羽状5全裂或3全裂，基部裂片半抱茎。头状花序卵球形，稀近球形，多数，直径1.5～2 mm，有短梗及线形的小苞叶，在分枝的上端或小枝端偏向外侧生长，常排成复总状花序，并在茎上端组成大型、开展的圆锥花序；总苞片3～4层，外层总苞片草质，卵形或椭圆形，叶背淡黄色，有绿色中肋，无毛，边膜质；花序托小，凸起；雌花6～10朵。瘦果长圆形或长卵形。

生于山谷、山坡、旷野、路旁。见于泼陂河镇东岳寺村。

茵陈蒿的嫩枝叶药用，味苦、辛，性微寒。归脾、胃、肝、胆经。清热利湿，利胆退黄。治黄疸、小便不利、湿疹瘙痒、疔疮火毒。用量9～15 g。脾虚血亏而致虚黄、萎黄者，不宜使用。

5. 青蒿

Artemisia carvifolia Buch.-Ham. ex Roxb.[*A. apiacea* Hance]

一年生草本。茎单生，高30～150 cm，上部分枝多。茎中部叶长圆形、长椭圆状卵形或椭圆形，长5～15 cm，宽2～2.5 cm，二回栉齿状羽状分裂，第一回全裂，裂片4～6对，长圆形，基部楔形，每裂片具多枚长三角形的栉齿或细小、略呈线状披针形的小裂片，顶端急尖，中轴与裂片羽轴常有小锯齿；叶柄长4～8 cm；上部叶渐小，两面无毛。头状花序半球形或近半球形，直径3.5～4 mm，在茎上组成中等开展的圆锥花序；总苞片背面绿色，无毛；雌花10～20朵；管状花30～40朵，结实。瘦果长圆形至椭圆形。

生于低海拔湿润的河岸边沙地、山谷林缘、路旁。

青蒿全草药用，味辛、苦，性凉。散风火，解暑热，止盗汗。治外感暑热、阴虚潮热、盗汗、疟疾等。在成分上，青蒿没有青蒿素，只有黄花蒿才有青蒿素。

6. 牡蒿（齐头蒿、土柴胡）
Artemisia japonica Thunb.

多年生草本。叶纸质，两面无毛或初时微有短柔毛，后无毛；基生叶与茎下部叶倒卵形或宽匙形，长 4～6 cm，宽 2～2.5 cm，自叶上端斜向基部羽状深裂或半裂，裂片上端常有缺齿或无缺齿，具短柄，花期凋谢；中部叶匙形，长 2.5～3.5 cm，宽 0.5～2 cm，上端有 3～5 枚斜向基部的浅裂片或深裂片，每裂片的上端有 2～3 枚小锯齿或无锯齿，叶基部楔形，渐狭窄，常有小型、线形的假托叶；上部叶小，上端具 3 浅裂或不分裂；苞片叶长椭圆形、椭圆形、披针形或线状披针形，顶端不分裂或偶有浅裂。头状花序多数，卵球形或近球形。瘦果小，倒卵形。

生于荒野间的草地。见于泼陂河镇东岳寺村。

牡蒿全草药用，味苦、甘，性平。清热、凉血，解暑。治感冒发热、中暑、疟疾、肺结核潮热、高血压病。外用治创伤出血、疔疮肿毒。

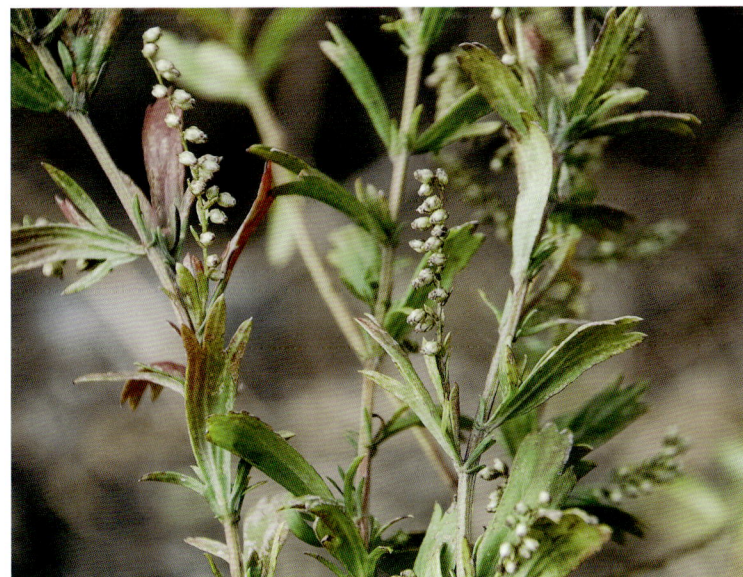

7. 矮蒿（细叶艾、小蓬蒿）
Artemisia lancea Van.[*Artemisia feddei* Levl. et Vant.]

多年生草本。叶面初时微有蛛丝状短柔毛及白色腺点和小凹点，后毛与腺点渐脱落，叶背密被灰白色或灰黄色蛛丝状毛；基生叶与茎下部叶卵圆形，长 3～5 cm，宽 2.5～4 cm，二回羽状全裂，每侧有裂片 3～4 枚，中部裂片再次羽状深裂，每侧具小裂片 2～3 枚，小裂片线状披针形或线形，长 3～6 mm，宽 2～3 mm，叶柄短，花期叶萎谢。头状花序多数，卵形或长卵形，无梗，直径 1～1.5 mm，在分枝上端或小枝上排成穗状花序或复穗状花序，而在茎上端组成狭长或稍开展的圆锥花序；总苞片 3 层，覆瓦状排列，外层总苞片小，狭卵形，背面初时微有短柔毛，后脱落无毛；雌花 1～3 朵，花冠狭管状，檐部具 2 裂齿或无裂齿，紫红色。瘦果小，长圆形。

生于荒野间的草地。见于县城官渡河边。

8. 野艾蒿（荫地蒿、野艾、小叶艾、狭叶艾）
Artemisia lavandulaefolia DC.[*A. codonocephala* Diels]

多年生草本。叶纸质，叶面绿色，具密集白色腺点及小凹点，初时疏被灰白色蛛丝状柔毛，后毛稀疏或近无毛，叶背除中脉外密被灰白色密绵毛；基生叶与茎下部叶宽卵形或近圆形，长8～13 cm，宽7～8 cm，二回羽状全裂或第一回全裂，第二回深裂，具长柄，花期叶萎谢。头状花序极多数，椭圆形或长圆形，直径2～2.5 mm，有短梗或近无梗，具小苞叶，在分枝的上半部排成密穗状或复穗状花序，并在茎上组成狭长或中等开展，稀为开展的圆锥花序；总苞片3～4层；雌花4～9朵，花冠狭管状，檐部具2裂齿，紫红色。瘦果长卵形或倒卵形。

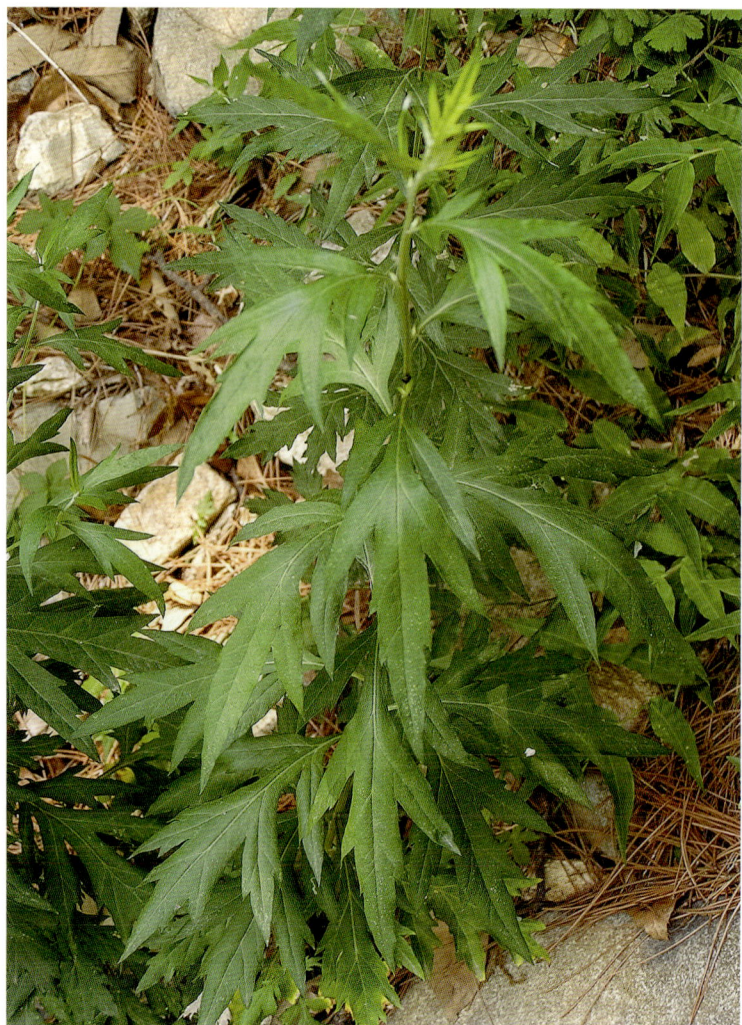

生于荒野间的草地。见于槐店乡珠山村。

野艾蒿的叶药用，味辛、苦，性温。温经止血，散寒止痛，祛湿止痒。治吐血、衄血、咳血、便血、崩漏、妊娠下血、月经不调、痛经、胎动不安、心腹冷痛、久痢泄泻、霍乱转筋、带下、湿疹、疥癣、痔疮、痈肿。

9. 蒙古蒿

Artemisia mongolica (Fisch. ex Bess.) Nakai

多年生草本。叶纸质或薄纸质，叶面绿色，初时被蛛丝状柔毛，后渐稀疏或近无毛，叶背密被灰白色蛛丝状绒毛；下部叶卵形或宽卵形，二回羽状全裂或深裂，第一回全裂，每侧有裂片2～3枚，裂片椭圆形或长圆形，再次羽状深裂或为浅裂齿，叶柄长，两侧常有小裂齿，花期叶萎谢。头状花序多数，椭圆形，直径1.5～2 mm，无梗，直立或倾斜，有线形小苞叶，在分枝上排成密集的穗状花序，稀少为略疏松的穗状花序，并在茎上组成狭窄或中等开展的圆锥花序；总苞片3～4层；雌花5～10朵，花冠狭管状，檐部具2裂齿，紫色。瘦果小，长圆状倒卵形。

生于荒野间的草地。见于白雀园镇赛山村。

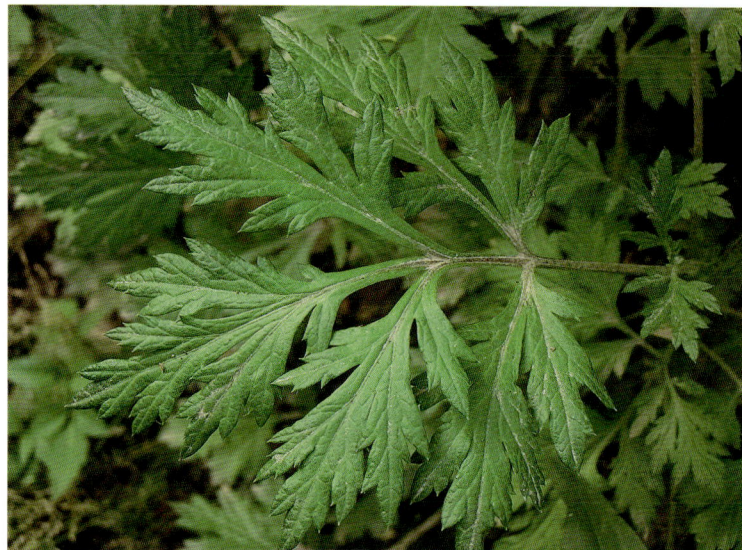

10. 魁蒿（艾蒿、野蓬头、五月艾）

Artemisia princeps Pamp.

多年生草本。叶厚纸质或纸质，叶面深绿色，无毛，叶背密被灰白色蛛丝状绒毛；下部叶卵形或长卵形，一至二回羽状深裂，每侧有裂片2枚，裂片长圆形或长圆状椭圆形，再次羽状浅裂，具长柄。头状花序多数，长圆形或长卵形，直径1.5～2.5 mm，密集，下倾，基部有细小的小苞叶；总苞片3～4层，覆瓦状排列，外层总苞片较小，卵形或狭卵形，背面绿色微被蛛丝状毛，边狭膜质，中层总苞片长圆形或椭圆形，背面微被蛛丝状毛，有绿色中肋，边缘宽膜质，内层总苞片长圆状倒卵形，半膜质，边缘撕裂状；花序托小，凸起；雌花5～7朵，花冠狭管状。瘦果椭圆形。

生于荒野间的草地。见于白雀园镇赛山村、南向店乡董湾村。

魁蒿的叶药用，味辛香、微苦、性微温。驱风消肿，止痛止痒，调经止血。治偏头痛，月经不调，风湿软痹，感冒咳嗽。

11. 猪毛蒿（茵陈蒿、绵茵陈、白蒿、绒蒿、猴子毛、扫把艾）

Artemisia scoparia Waldst.& Kit.

多年生草本。叶近圆形、长卵形，二至三回羽状全裂，具长柄，花期叶凋谢；茎下部叶初时两面密被灰白色或灰黄色略带绢质的短柔毛，后毛脱落，叶长卵形或椭圆形，长1.5～3.5 cm，宽1～3 cm，二至三回羽状全裂，每侧有裂片3～4枚，再次羽状全裂，每侧具小裂片1～2枚，小裂片狭线

形，长3～5 mm，宽0.2～1 mm，不再分裂或具1～2枚小裂齿，叶柄长2～4 cm。头状花序近球形，稀近卵球形，极多数，直径1～1.5 mm；雌花5～7朵，花冠狭圆锥状或狭管状，冠檐具2裂齿，花柱线形，伸出花冠外，顶端2叉，叉端尖；两性花4～10朵，不孕育，花冠管状，花药线形，顶端附属物尖，长三角形，花柱短，顶端膨大，2裂，不叉开，退化子房不明显。瘦果倒卵形。

生于荒野间的草地。见于槐店乡万河村。

猪毛蒿的叶药用，味苦、辛，性微寒。清热利湿，利胆退黄，治黄疸，小便不利，湿疮瘙痒，抗癌止血。

12. 毛莲蒿（铁杆蒿）

Artemisia vestita Wall. ex DC.

半灌木状草本。茎下部与中部叶卵形、椭圆状卵形或近圆形，长2～7.5 cm，宽1.5～4 cm，二至三回栉齿状的羽状分裂，第一回全裂或深裂，每侧有裂片4～6枚，裂片长椭圆形、披针形或楔形，第二回为深裂，小裂片小；上部叶小，栉齿状羽状深裂或浅裂；苞片叶分裂或不分裂。头状花序多数，球形或半球形，直径2.5～4 mm，有短梗或近无梗，下垂，基部有线形小苞叶，在茎的分枝上排成总状花序、复总状花序或近似于穗状花序；总苞片3～4层，内、外层近等长，外层总苞片卵状披针形或长卵形，中层、内层总苞片卵形或宽卵形；花序托小，凸起；雌花6～10朵。瘦果长圆形。

生于荒野间的草地。见于白雀园镇赛山村。

毛莲蒿全草药用，味苦，性寒。有清虚热，健胃，利湿，驱风止痒的功能。治瘟疫内热、四肢酸痛、骨蒸发热，水煎服。

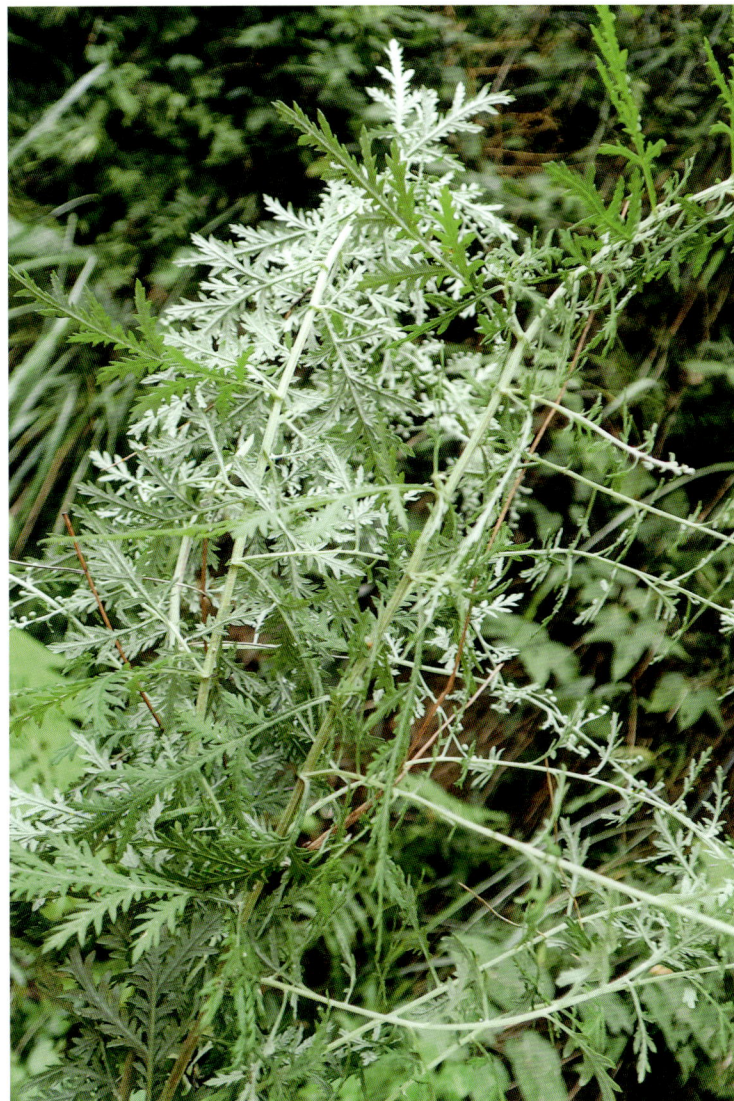

5. 紫菀属 Aster L.

草本或亚灌木。头状花序辐射状，有1层舌状花。光山有2种。

1. 三脉紫菀

Aster ageratiodes Turcz.

多年生草本。茎下部叶宽卵圆形，花期萎谢；中部叶椭圆形或长圆状披针形，长5～10 cm，宽1～3.5 cm，顶端渐尖，边缘有3～7对浅或深锯齿；上部叶渐小，边缘有浅锯齿或全缘，叶面密被短糙毛，叶背色浅，沿脉上被粗糙毛，余无毛，稍有腺点，离基3出脉；侧脉3～4对，网脉常明显。头状花序直径1.5～2 cm，在茎上排成伞房花序状或圆锥花序状的聚伞状花序，总花梗长0.5～3 cm；总苞倒锥形或钟形；总苞片3层，线状长圆形，上部绿色或紫褐色，有短缘毛；舌状花约10余朵，舌片紫色、浅红色或白色，线状长圆形；管状花黄色，花柱附片长达1 mm。瘦果倒卵状长圆形。

生于山地、山谷、疏林阳处。见于南向店乡董湾村、白雀园镇赛山村。

三脉紫菀全草药用，清热解毒，止咳去痰。治感冒。

2. 钻形紫菀

Aster subulatus Michx.

多年生草本，高达150 cm，全株无毛，稍肉质，上部有分枝。基生叶倒披针形，花后凋落；茎中部叶线状披针形，顶端尖或钝，有时具钻形尖头，全缘，无柄，无毛。头状花序小，排成圆锥状，总苞钟状，总苞片3～4层，外层较短，内层较长，线状钻形，无毛；舌状花细狭，淡红色，长与冠毛相等或稍长；管状花多数，短于冠毛。瘦果长圆形或椭圆形，长1.5～2.5 mm，有5纵棱，冠毛淡褐色。

生于路旁、田野、旷野。见于县城官渡河边。

钻形紫菀全草药用，味酸、苦，性凉。清热解毒。治痈肿、湿疹。外用鲜品捣烂敷患处。

6. 苍术属 Atractylodes DC.

有粗壮根状茎。单叶互生，顶端3裂或不裂。总苞片基部全裂或深裂，顶端有针刺。光山有1种。

1. 苍术（赤术）

Atractylodes lancea (Thunb.) DC.[*A. chinensis* (Bunge) Koidz.]

多年生草本，根状茎平卧或斜升。叶硬纸质或近革质，基生叶花期萎谢；茎下部叶卵形或长卵形，长8～12 cm，宽5～8 cm，不分裂或羽状浅裂或半裂，稀间有深裂，基部楔形或宽楔形，几无柄，分裂叶的侧裂片1～2(4)对，裂片不等形或近等形，卵形或椭圆形，宽1.5～4.5 cm，中部及上部叶倒长卵形、倒卵状长椭圆形或倒披针形，不分裂，有时近基部有1～2对浅裂片，顶端渐尖，有长刺齿，边缘具针刺状缘毛或三角形刺齿或重刺齿，基部楔形，两面无毛。头状花序单生茎及枝端；总苞钟形，基部苞片叶羽状全裂或深裂，裂片顶端具针刺；总苞片5～7层，管状花花冠白色。瘦果倒卵圆状。

生于山坡、草地、林下、灌丛及岩缝中或当地有栽培。见于南向店乡五岳村。

苍术的根状茎药用，味辛、苦，性温。燥湿健脾，祛风湿，明目。治湿困脾胃、倦怠嗜卧、脘腹胀闷、呕恶食少、吐泻乏力、痰饮、湿肿、表证夹湿、无汗、头身重痛、风湿痹痛、肢节酸痛。用量3～9 g。阴虚内热、气虚多汗者禁用。

7. 鬼针草属 Bidens L.

羽状复叶或单叶。冠毛为2～4枚芒刺。光山有3种。

1. 婆婆针（鬼针草、刺针草、盲肠草、一包针、粘身草）

Bidens bipinnata L.

一年生草本。叶对生，具柄，柄长2～6 cm，背面微凸或扁平，腹面具沟槽，槽内及边缘具疏柔毛，叶片长5～14 cm，二回羽状分裂，第一次分裂深达中肋，裂片再次羽状分裂，小裂片三角状或菱状披针形，具1～2对缺刻或深裂，顶生裂片狭，顶端渐尖，边缘有稀疏不规整的粗齿，两面均被疏柔毛。头状花序直径6～10 mm；花序梗长1～5 cm。总苞杯形，基部有柔毛，外层苞片5～7枚，条形，开花时长2.5 mm，果时长达5 mm，草质，顶端钝，被稍密的短柔毛。舌状花通常1～3朵，不育，舌片黄色，椭圆形或倒卵状披针形，长4～5 mm，宽2.5～3.2 mm，顶端全缘或具2～3齿，盘花筒状，黄色，长约4.5 mm，冠檐5齿裂。瘦果条形，略扁，顶端芒刺3～4枚。

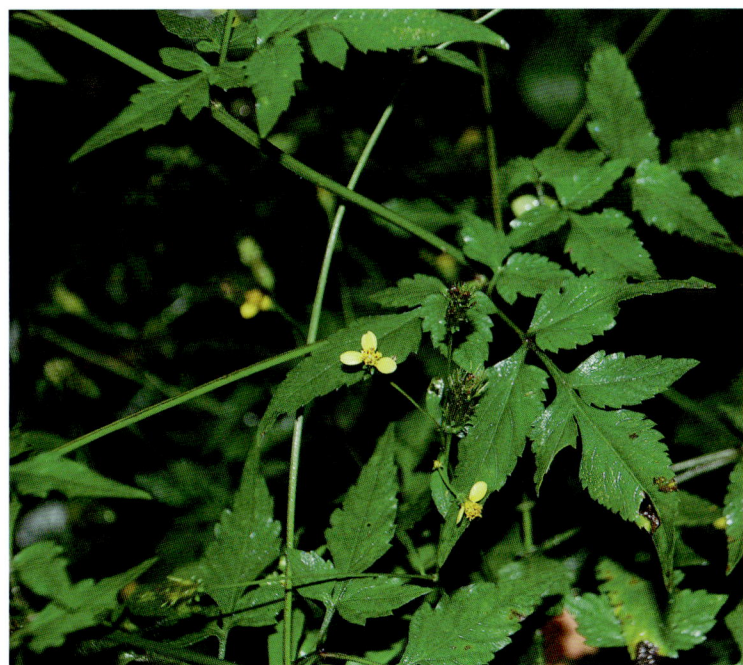

生于路旁、荒地、山坡及田埂。

婆婆针全草药用，味苦，性平。清热解毒，祛风活血。治上呼吸道感染、咽喉肿痛、急性阑尾炎、急性黄疸型传染性肝炎、消化不良、风湿关节疼痛、疟疾。外用治疮疖、毒蛇咬伤、跌打肿痛。

2. 金盏银盘（鬼针草、黄花雾、黄花母、虾箝草、金杯银盏）

Bidens biternata (Lour.) Merr. et Sherff.

一年生草本。叶为一回羽状复叶，顶生小叶卵形至长圆状卵形或卵状披针形，长2～7 cm，宽1～2.5 cm，顶端渐尖，基部楔形，边缘具稍密且近于均匀的锯齿，有时一侧深裂为1小裂片，两面均被柔毛，侧生小叶1～2对，卵形或卵状长圆形，近顶部的1对稍小，通常不分裂，基部下延；总叶柄长1.5～5 cm，无毛或被疏柔毛。头状花序直径7～10 mm，花序梗长1.5～5.5 cm，果时长4.5～11 cm。总苞基部有短柔毛，外层苞片8～10枚，草质，条形，长3～6.5 mm，顶端锐尖，背面密被短柔毛。舌状花通常3～5朵，不育，舌片淡黄色，长椭圆形，长约4 mm，宽2.5～3 mm，顶端3齿裂，或有时无舌状花。瘦果条形，顶端芒刺3～4枚。

生于路旁、荒地、山坡及田埂。见于白雀园镇大尖山、方楼公园。

金盏银盘全草药用，味苦，性平。清热解毒，祛风活血。治上呼吸道感染、咽喉肿痛、急性阑尾炎、急性黄疸型传染性肝炎、消化不良、风湿关节疼痛、疟疾。外用治疮疖、毒蛇咬伤、跌打肿痛。

3. 狼把草（鬼叉、鬼针、鬼刺）

Bidens tripartita L.

一年生草本。叶对生，下部的较小，不分裂，边缘具锯齿，通常于花期枯萎，中部叶具柄，柄长0.8～2.5 cm，有狭翅；叶片无毛或叶背有极稀疏的小硬毛，长4～13 cm，长椭圆状披针形，不分裂或近基部浅裂成1对小裂片，通常3～5深裂，裂深几达中肋，两侧裂片披针形至狭披针形，长3～7 cm，宽8～12 mm，顶生裂片较大，披针形或长椭圆状披针形，长5～11 cm，宽1.5～3 cm，两端渐狭，与侧生裂片边缘均具疏锯齿，上部叶较小，披针形，3裂或不分裂。头状花序单生茎端及枝端，直径1～3 cm，高1～1.5 cm，具较长的花序梗。无舌状花，全为筒状两性花，花冠长4～5 mm，冠檐4裂。瘦果扁，楔形或倒卵状楔形，顶端芒刺通常2枚。

生于荒野路旁及水边湿地上。见于殷棚乡牢山林场、白雀园镇赛山村。

狼把草全草药用，味苦，性平。清热解毒，祛风活血。治感冒、扁桃体炎、咽喉炎、肠炎、痢疾、肝炎、泌尿系统感染、肺结核盗汗、闭经。外用治疔肿、湿疹、皮癣。

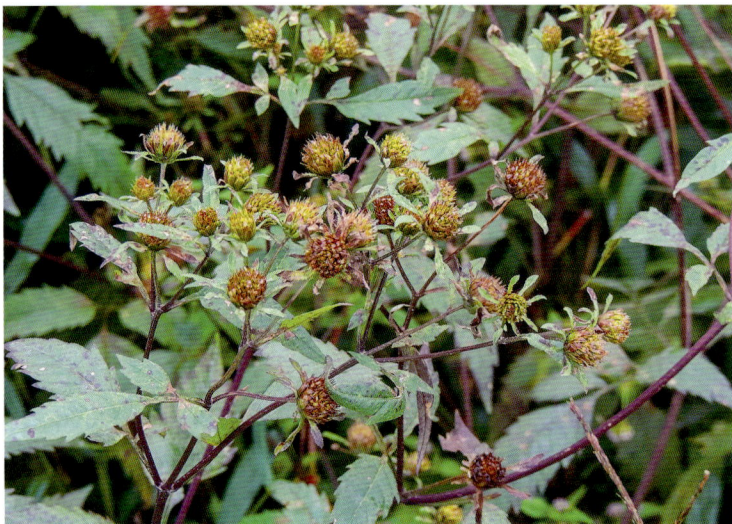

8. 金盏花属Calendula L.

单叶互生。花序单生枝顶，与非洲菊相近，舌状花2～3层。光山有1种。

1. 金盏花（金盏菊、长生菊、醒酒花）

Calendula officinalis L.

一年生草本。基生叶长圆状倒卵形或匙形，长15～20 cm，全缘或具疏细齿，具柄，茎生叶长圆状披针形或长圆状倒卵形，无柄，长5～15 cm，宽1～3 cm，顶端钝，稀急尖，边缘波状具不明显的细齿，基部多少抱茎。头状花序单生茎枝端，直径4～5 cm，总苞片1～2层，披针形或长圆状披针形，外层稍长于内层，顶端渐尖，小花黄色或橙黄色，长于总苞的2倍，舌片宽达4～5 mm；管状花檐部具三角状披针形裂片。瘦果全部弯曲，淡黄色或淡褐色，外层的瘦果大半内弯，外面常具小针刺，顶端具喙，两侧具翅，脊部具规则的横折皱。

光山有栽培。

金盏花是常见栽培的花卉。

9. 天名精属Carpesium L.

头状花序单生顶端或叶腋内，有异型花，管状花花冠筒扩大呈漏斗状。光山有2种。

1. 天名精（北鹤虱、天蔓青）

Carpesium abrotanoides L.

多年生粗壮草本。基叶于开花前凋萎，茎下部叶阔椭圆形或长椭圆形，长8～16 cm，宽4～7 cm，顶端钝或锐尖，基部楔形，叶面深绿色，被短柔毛，老时脱落，几无毛，叶面粗糙，叶背淡绿色，密被短柔毛，有细小腺点，边缘具不规整的钝齿，齿端有腺体状胝胝体；叶柄长5～15 mm，密被短柔毛；茎上部节间长1～2.5 cm，叶较密，长椭圆形或椭圆状披针形，顶端渐尖或锐尖，基部阔楔形，无柄或具短柄。头状花序多数，生茎端及沿茎、枝生于叶腋，近无梗，成穗状花序式排列。瘦果长约3.5 mm。

生于低海拔地区村旁、路边、荒地、溪边林缘。见于白雀园镇大尖山。

天名精全草药用，味苦、辛，性平，有小毒。消炎杀虫。治蛔虫病、蛲虫病、绦虫病、虫积腹痛。

2. 烟管头草（烟袋草）

Carpesium cernuum L.

多年生草本。基叶于开花前凋萎，稀宿存，茎下部叶较大，具长柄，柄长约为叶片的2/3或近等长，下部只狭翅，向叶基渐宽，叶片长椭圆形或匙状长椭圆形，长6~12 cm，宽4~6 cm，顶端锐尖或钝，基部长渐狭下延，叶面绿色，被稍密的倒伏柔毛，叶背淡绿色，被白色长柔毛，沿叶脉较密，在中肋及叶柄上常密集成绒毛状，两面均有腺点，中部叶椭圆形全长椭圆形，长8~11 cm，宽3~4 cm，顶端渐尖或锐尖，基部楔形，具短柄。头状花序单生茎端及枝端，开花时下垂，苞叶多数，大小不等，其中2~3枚较大，椭圆状披针形，长2~5 cm，两端渐狭，具短柄，密被柔毛及腺点，其余较小，条状披针形或条状匙形，稍长于总苞。总苞壳斗状，直径1~2 cm，长7~8 mm。瘦果长4~4.5 mm。

生于低海拔地区村旁、路边、荒地、溪边林缘。见于殷棚乡牢山林场。

烟管头草全草药用，味微苦，性寒。清热解毒，消炎退肿。治感冒、腹痛、急性肠炎、腹股沟淋巴结肿大、乳腺炎、狗咬伤、毒蛇咬伤、急性咽喉炎、腮腺炎、疮疖肿毒、瘰疬、带状疱疹。

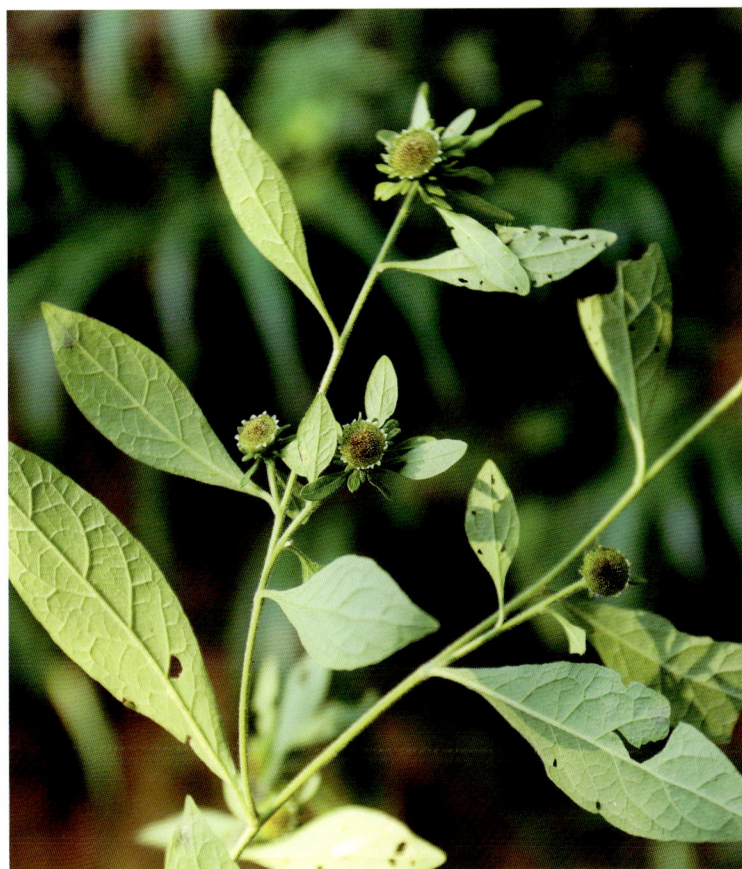

10. 石胡荽属Centipeda Lour.

匍匐小草本。花序小单生叶腋。与球菊相近。光山有1种。

1. 石胡荽（鹅不食草、球子草、地胡椒、三牙戟、小拳头）

Centipeda minima (L.) A. Br. et Aschers

一年生小草本。茎匍匐地面。叶互生，楔状倒披针形，长7~18 mm，顶端钝，基部楔形，边缘有少数锯齿，无毛或叶背微被蛛丝状毛。头状花序小，扁球形，直径约3 mm，单生于叶腋，无花序梗或极短；总苞半球形；总苞片2层，椭圆状披针形，绿色，边缘透明膜质，外层较大；边缘花雌性，多层，花冠细管状，长约0.2 mm，淡绿黄色，顶端2~3微裂；盘花两性，花冠管状，长约0.5 mm，顶端4深裂，淡紫红色，下部有明显的狭管。瘦果椭圆形，长约1 mm，具4棱，棱上有长毛，无冠状冠毛。

生于田野、河岸、路旁、荒野阴湿地。见于白雀园镇赛山村、官渡河边。

石胡荽全草药用，味辛，性温。通窍散寒，祛风利湿，散瘀消肿。治感冒鼻塞，急、慢性鼻炎，过敏性鼻炎，百日咳，慢性支气管炎，蛔虫病，跌打损伤，风湿关节痛，毒蛇咬伤。用量3~6 g，鲜品9~15 g。外用适量，捣烂塞鼻或敷患处。

11. 茼蒿属Chrysanthemum L.

叶羽状分裂或不裂。花序与菊花相近，舌状花1层，黄色。光山有1种。

1. 茼蒿（艾菜、蓬蒿、蒿菜、菊花菜、塘蒿）

Chrysanthemum coronarium L.

一年生草本，光滑无毛或几光滑无毛，高20~60 cm。茎直立，富肉质。叶椭圆形、倒卵状披针形或倒卵状椭圆形，边缘有不规则的大锯齿，少有成羽状浅裂的，长4~6 cm，基部楔形，无柄。头状花序单生茎端或少数生茎枝顶端，但不形成伞房花序，花梗长 5 cm。总苞直径 1～2 cm。内层总苞片顶端膜质，扩大几成附片状。舌片长达 1.5 cm。舌状花瘦果有 2 条具狭翅的侧肋，间肋不明显，每面 3～6 条，贴近。管状花瘦果的肋约 10 条，等形等距，椭圆状。

光山常见栽培。

茼蒿是一种蔬菜。

生于山谷，野生于山坡、路边等处。见于槐店乡万河村。

湖北蓟的肉质根药用，味甘，性凉。凉血散瘀，解毒生肌，止血。治跌打损伤、疮疖、尿血、衄血、肺脓肿、烧烫伤、吐血。

12. 蓟属 Cirsium Mill.

常有肉质根。叶边缘有针刺，基部常抱茎。花序较大，筒状或钟状，花红色或紫红色。冠毛羽毛状。光山有 3 种。

1. 湖北蓟

Cirsium hupehense Pamp.

多年生草本。中部茎叶长椭圆形或长椭圆状披针形，长 9～18 cm，宽 1.5～3 cm，不分裂，边缘有针刺，针刺长短不等长，相间排列，贴伏或斜伸，或边缘，主要是下部边缘有三角形或斜三角形锯齿，锯齿或深或浅，但绝不构成明显的羽裂，针刺长者长 2.5 mm，短者不足 1 mm，向上的叶渐小，同形或长披针形或宽线形，并具有等样的针刺。全部叶质地厚，两面异色，叶面绿色，被稀疏的糠秕状糙伏毛，叶背灰白色，被密厚的绒毛。头状花序在茎枝顶端排成伞房花序，少有头状花序单生茎顶而植株只含有 1 个头状花序的。总苞卵球形，直径 2～2.5 cm，无毛。

2. 蓟（大刺儿菜、大刺盖、老虎腩、山萝卜、刺萝卜）

Cirsium japonicum Fisch. ex DC.

多年生草本，高 30～100 cm 或更高。根长圆锥形，簇生。茎直立，有细纵纹，基部具白丝状毛。基生叶有柄，开花时不凋落，呈莲座状，叶片倒披针形或倒卵状椭圆形，长 12～30 cm，羽状深裂，裂片 5～6 对，长椭圆状披针形或卵形，边缘齿状，齿端有尖刺，叶面绿色，疏生丝状毛，叶背灰绿色，脉上被毛；中部叶无柄，基部抱茎，羽状深裂，边缘有刺；上部叶渐小。夏季开花，头状花序单一或数个生于枝端集成圆锥状；总苞钟形，长 1.5～2 cm，宽 2.5～4 cm，被蛛丝状毛；苞片长披针形，多层。花两性，管状，紫红色，裂片 5，雄蕊 5，花药顶端有附属片，基部有尾。瘦果长椭圆形。

生于山谷，野生于山坡、路边等处。见于槐店乡万河村。

蓟全草药用，味苦、甘，性凉。凉血止血，散瘀消肿。治衄血、咯血、吐血、尿血、功能性子宫出血、产后出血、肝炎、肾炎、乳腺炎、跌打损伤；外用治外伤出血、痈疖肿毒。

3. 绒背蓟

Cirsium vlassovianum Fisch.

多年生草本，有块根。全部茎叶披针形或椭圆状披针形，顶端渐尖、急尖或钝，中部叶较大，长6~20 cm，宽2~3 cm，上部叶较小；全部叶不分裂，叶面绿色，被稀疏的多细胞长节毛，叶背灰白色，被稠密的绒毛。头状花序单生茎顶或生花序枝端。总苞长卵形，直立，直径2 cm。总苞片约7层，最外层长三角形，长5 mm，顶端急尖成短针刺，中内层披针形，长9~12 mm，顶端急尖成短针刺，最内层宽线形，长2 cm，顶端膜质长渐尖，全部苞片外面有黑色黏腺。小花紫色，花冠长1.7 cm，檐部长1 cm，不等5深裂，细管部长7 mm。瘦果褐色。

生于山坡林中、林缘、河边及湿地等处。见于县城官渡河边。

绒背蓟的肉质根药用，味微辛，性温。有祛风除湿，止痛的功效。用于风湿性关节炎、四肢麻木、跌打损伤、小儿慢惊风等。

13. 白酒草属Conyza Less.

亚灌木状草本。与一年蓬相近。光山有2种。

1. 香丝草（野塘蒿、小山艾、火草苗、小加蓬、野地黄菊）

Conyza bonariensis (L.) Cronq.

一年生草本。叶密集，基部叶花期常枯萎，下部叶倒披针形或长圆状披针形，长3~5 cm，宽0.3~1 cm，顶端尖或稍钝，基部渐狭成长柄，通常具粗齿或羽状浅裂，中部和上部叶具短柄或无柄，狭披针形或线形，长3~7 cm，宽0.3~0.5 cm，中部叶具齿，上部叶全缘，两面均密被贴糙毛。头状花序多数，直径约8~10 mm，在茎端排列成总状或总状圆锥花序，花序梗长10~15 mm；总苞椭圆状卵形，长约5 mm，宽约8 mm，总苞片2~3层，线形，顶端尖，背面密被灰白色短糙毛。瘦果线状披针形。

生于田野、路旁、荒地。

香丝草全草药用，味苦，性凉。清热祛湿，行气止痛。治感冒、疟疾、急性风湿性关节炎。外用治小面积创伤出血。

2. 小蓬草（加拿大蓬、小飞蓬、小白酒草）

Conyza canadensis (L.) Cronq.

一年生草本。叶密集，基部叶花期常枯萎，下部叶倒披针形，长6~10 cm，宽1~1.5 cm，顶端尖或渐尖，基部渐狭成柄，边缘具疏锯齿或全缘，中部和上部叶较小，线状披针形或线形，近无柄或无柄，全缘或少有具1~2个齿，两面或仅叶面被疏短毛，边缘常被上弯的硬缘毛。头状花序多数，小、直径3～4 mm，排列成顶生多分枝的大圆锥花序；花序梗细，长5～10 mm，总苞近圆柱状，长2.5～4 mm；总苞片2～3层，淡绿色，线状披针形或线形，顶端渐尖，外层约短于内层之半，背面被疏毛。瘦果线状披针形。

生于田野、路旁、荒地。见于白雀园镇大尖山。

小蓬草全草药用，味苦、辛，性凉。清热利湿，散瘀消肿。治肠炎、痢疾、传染性肝炎、胆囊炎。外用治牛皮癣、跌打损伤、疮疖肿毒、风湿骨痛、外伤出血。

14. 金鸡菊属Coreopsis L.

叶常羽状分裂，舌状花大，顶端有齿。光山有1种。

1. 剑叶金鸡菊

Coreopsis lanceolata L.

多年生草本。叶较少数，在茎基部成对簇生，有长柄，叶片匙形或线状倒披针形，基部楔形，顶端钝或圆形，长3.5～7 cm，宽1.3～1.7 cm；茎上部叶少数，全缘或3深裂，裂片长圆形或线状披针形，顶裂片较大，长6～8 cm，宽1.5～2 cm，基部窄，顶端钝，叶柄通常长6～7 cm，基部膨大，有缘毛；上部叶无柄，线形或线状披针形。头状花序在茎端单生，径4～5 cm。总苞片内外层近等长；披针形，长6～10 mm，顶端尖。舌状花黄色，舌片倒卵形或楔形；管状花狭钟形，瘦果圆形或椭圆形。

光山常见栽培。

剑叶金鸡菊的花非常美丽，常栽培供观赏。

15. 秋英属Cosmos Cav.

叶对生，二回羽状裂，裂片丝状。有异型花，舌状花1层，顶端有齿。光山有1种。

1. 秋英（大波斯菊、波斯菊）

Cosmos bipinnatus Cav.

一年生或多年生草本。茎无毛或稍被柔毛。叶二次羽状深裂，裂片线形或丝状线形。头状花序单生，直径3～6 cm；花序梗长6～18 cm。总苞片外层披针形或线状披针形，近革质，淡绿色，具深紫色条纹，上端长狭尖，外层与内层等长，长10～15 mm，内层椭圆状卵形，膜质。托片平展，上端成丝状，与瘦果近等长。舌状花紫红色，粉红色或白色；舌片椭圆状倒卵形，长2～3 cm，宽1.2～1.8 cm，有3～5钝齿；管状花黄色，长6～8 mm，管部短，上部圆柱形，有披针状裂片；花柱具短突尖的附器。瘦果黑紫色。

光山有栽培。见于槐店乡万河村。

秋英是常见的花卉，它的全草药用，清热解毒，化湿。治痢疾、目赤肿痛。

16. 野茼蒿属Crassocephalum Moench.

叶近肉质。花序与三七相近，冠毛毛状。光山有1种。

1. 革命菜（野茼蒿、满天飞、飞机菜、假茼蒿）

Crassocephalum crepidioides (Benth) S. Moore

一年生直立草本。叶膜质，椭圆形或长圆状椭圆形，长7～12 cm，宽4～5 cm，顶端渐尖，基部楔形，边缘有不规则锯齿或重锯齿，或有时基部羽状裂，两面无毛或近无毛；叶柄长2～2.5 cm。头状花序数个在茎端排成伞房状，直径约3 cm，总苞钟状，长1～1.2 cm，基部截形，有数枚不等长的线形小苞片；总苞片1层，线状披针形，等长，宽约1.5 mm，具狭膜质边缘，顶端有簇状毛，小花全部管状，两性，花冠红褐色或橙红色，檐部5齿裂，花柱基部呈小球状，分枝，顶端尖，被乳头状毛。瘦果狭圆柱形。

常生于湿润土壤，为新荒地上极常见的先锋草类。见于晏河乡詹堂村。

革命菜可作野菜食用，全草还可药用，味苦、辛，性平。健脾消肿。治消化不良、脾虚浮肿、感冒发热、痢疾、肠炎、尿路感染、乳腺炎。

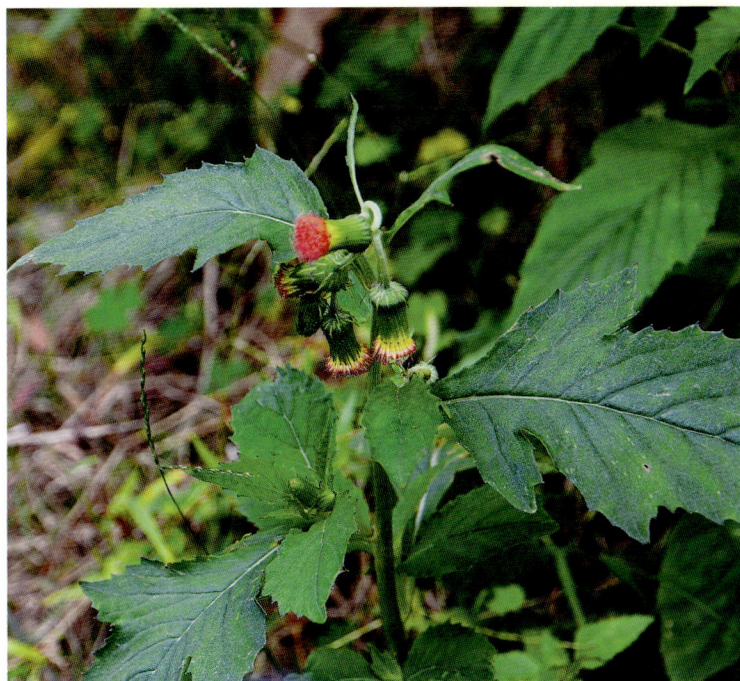

17. 大丽花属Dahlia Cav.

有块根。花序大，有总苞片，舌状花1层，白色、红色或紫色。光山有1种。

1. 大丽菊（土芍药、天竺牡丹、西番莲、大理菊、洋芍药）

Dahlia pinnata Cav.[*D. rosea* Cav.]

多年生草木，有巨大棒状块根。茎直立，多分枝，高1.5～2 m，粗壮。叶一至三回羽状全裂，上部叶有时不分裂，裂片卵形或长圆状卵形，叶面绿色，叶背灰绿色，两面无毛。头状花序大，有长花序梗，常下垂，宽6～12 cm。总苞片外层约5个，卵状椭圆形，叶质，内层膜质，椭圆状披针形，舌状花1层，白色、红色或紫色，常卵形，顶端有不明显的3齿，或全缘，管状花黄色，有时栽培种全部为舌状花。瘦果长圆形。

光山常见栽培。

大丽菊是一种常见栽培的花卉，它的肉质根药用，味甘、微苦，性凉。清热解毒，消炎止痛。治牙痛、腮腺炎、无名肿毒。

18. 菊属Dendranthema (DC) Des Moul.

叶羽状深裂。花序较大，盘状，边缘1层黄色舌状花。光山有2种。

1. 野菊（野菊花、路边菊、野黄菊、苦薏）

Dendranthema indicum (L.) Des Moul

多年生草本。基生叶和下部叶花期脱落；中部茎叶卵形、长卵形或椭圆状卵形，长3～7 cm，宽2～4 cm，羽状半裂、浅裂或分裂不明显而边缘有浅锯齿；基部截形、稍心形或宽楔形，叶柄长1～2 cm，柄基无耳或有分裂的叶耳；两面同色或几同色，淡绿色，或干后两面成橄榄色，有稀疏的短柔毛，或叶背的毛稍多。头状花序直径1.5～2.5 cm，多数在茎枝顶端排成疏松的伞房圆锥花序或少数在茎顶排成伞房花序；总苞片约5层；舌状花黄色，舌片长10～13 mm，顶端全缘或2～3齿。瘦果长1.5～1.8 mm。

生于荒野、路旁、沟边等地。光山全县有分布。

野菊花的花序或全草药用，味苦、辛，性凉。清热解毒，降压。防治流行性脑脊髓膜炎，预防流行性感冒，治高血压病、肝炎、痢疾、痈疖疔疮、毒蛇咬伤。用量9～30 g。外用适量，鲜品捣烂敷患处。

2. 菊花 （甘菊花、白菊花、黄甘菊、药菊、白茶菊、杭菊、怀菊花）

Dendranthema morifolium (Ramat.) Tzvel.

多年生草本。叶互生，有短柄，叶片卵形至披针形，长5～15 cm，羽状浅裂或半裂，基部楔形，叶背被白色短柔毛，边缘有粗大锯齿或深裂，有柄。头状花序单生或数个集生于茎枝顶端，直径2.5～20 cm，大小不一，单个或数个集生于茎枝顶端；因品种不同，差别很大。总苞片多层，外层绿色，条形，边缘膜质，外面被柔毛；舌状花白色或黄色。花色则有黄、白等颜色，培育的品种极多，头状花序多变化，形色各异，形状因品种不同而有单瓣、平瓣、匙瓣等多种类型，其中为管状花，常全部特化成各式舌状花；雄蕊、雌蕊和果实多不发育。

光山常见栽培。

菊花的花序药用，味甘、苦，性凉。疏风散热，清肝明目，解疮毒。治感冒发烧、头痛眩晕、目赤肿痛、咽喉肿痛、眼目昏花、耳鸣、疔疮肿毒。用量6～18 g。

19. 鳢肠属 Eclipta L.

叶对生，头状花序小，有异型花，舌状花2层。光山有1种。

1. 鳢肠 （旱莲草、墨旱莲、水旱莲、白花蟛蜞草）

Eclipta prostrata (L.) L.[*E. alba* (L.) Haask.]

一年生草本。叶长圆状披针形或披针形，长3～10 cm，宽0.5～2.5 cm，顶端尖或渐尖，边缘有细锯齿或有时呈浅波状，两面密被硬糙毛，无柄或有极短的柄。头状花序直径0.6～0.8 cm，总花梗细；总苞片绿色，草质，2层，背面及边缘被白色短伏毛；花序托凸起，有披针形或线形的托片，托片中部以上有微毛；舌状花2层，舌片短，檐部2齿裂或不裂；管状花多数，花冠白色，冠檐具4裂齿，花柱分枝钝，有乳突。瘦果暗褐色，舌状花的瘦果三棱形；两性花的瘦果扁四棱形，顶端截平，两面有小瘤状突起，边缘具白色的肋；冠毛顶端具1～3细齿。

生于路旁、耕地、田边湿润处。光山全县分布。

鳢肠全草药用，味甘、酸，性凉。凉血止血，滋补肝肾，清热解毒。治吐血、衄血、尿血、便血、血崩、慢性肝炎、肠炎、痢疾、小儿疳积、肾虚耳鸣、须发早白、神经衰弱。外用治脚癣、湿疹、疮疡、创伤出血。用量15～30 g。外用适量，鲜品捣敷或搽患处。寒泻者忌服。

20. 飞蓬属 Erigeron L.

雌雄同株。与白酒草相似。舌状花2层。光山有1种。

1. 一年蓬 (四边菊、路边青)
Erigeron annuus (L.) Pers.

一年生草本。基部叶花期枯萎，长圆形或宽卵形，少有近圆形，长4~17 cm，宽1.5~4 cm，或更宽，顶端尖或钝，基部狭成具翅的长柄，边缘具粗齿，下部叶与基部叶同形，但叶柄较短，中部和上部叶较小，长圆状披针形或披针形，长1~9 cm，宽0.5~2 cm，顶端尖，具短柄或无柄，边缘有不规则的齿或近全缘，最上部叶线形，全部叶边缘被短硬毛，两面被疏短硬毛，或有时近无毛。头状花序数个或多数，排列成疏圆锥花序，长6~8 mm，宽10~15 mm；外围的雌花舌状，2层，长6~8 mm，管部长1~1.5 mm，上部被疏微毛，舌片平展，白色，或有时淡天蓝色，线形，宽0.6 mm，顶端具2小齿，花柱分枝线形；中央的两性花管状，黄色，管部长约0.5 mm，檐部近倒锥形，裂片无毛；瘦果披针形。

生于路旁、田野、旷野。见于县城官渡河边。

一年蓬全草药用，味甘、苦，性凉。消食止泻，清热解毒，抗疟散结。治食后腹胀、腹痛吐泻、齿龈肿痛、疟疾、湿热黄疸、瘰疬、毒蛇咬伤、痈毒。

21. 泽兰属 Eupatorium L.

亚灌木。叶边缘常有粗齿。总苞长筒形，花冠檐部扩大成钟状，瘦果有5棱。冠毛刚毛状。光山有3种。

1. 华泽兰 (广东土牛膝、大泽兰、六月雪、多须公)
Eupatorium chinense L.

多年生草本。叶对生，无柄或几无柄；中部茎叶卵形、宽卵形，少有卵状披针形、长卵形或披针状卵形，长4.5~10 cm，宽3~5 cm，基部圆形，顶端渐尖或钝，羽状脉3~7对，叶两面粗涩，被白色短柔毛及黄色腺点，叶背及沿脉的毛较密，自中部向上及向下部的茎叶渐小，与茎中部的叶同形同质，茎基部叶花期枯萎，全部茎叶边缘有规则的圆锯齿。头状花序多数在茎顶及枝端排成大型疏散的复伞房花序，花序直径达30 cm。花白色、粉色或红色；花冠长5 mm，外面被稀疏黄色腺点。

生于山坡灌丛中或草地上。见于白雀园镇赛山村。

华泽兰的根或叶药用，味苦，性凉。清热解毒，利咽化痰。治白喉、扁桃体炎、咽喉炎、感冒高热、麻疹、肺炎、支气管炎、风湿性关节炎、痈疽肿毒、毒蛇咬伤。用量：根15~30 g，外用适量。鲜叶捣烂敷患处。孕妇忌服。

2. 佩兰 (兰草、泽兰、圆梗泽兰、省头草)
Eupatorium fortunei Turcz.

多年生草本。中部茎叶较大，3全裂或3深裂，总叶柄长0.7~1 cm；中裂片较大，长椭圆形或长椭圆状披针形或倒披针形，长5~10 cm，宽1.5~2.5 cm，顶端渐尖，侧生裂片与中裂片同形但较小，上部的茎叶常不分裂；或全部茎叶不裂，披针形或长椭圆状披针形或长椭圆形，长6~12 cm，宽2.5~4.5 cm；叶柄长1~1.5 cm。全部茎叶两面光滑，无毛无腺点，羽状脉，边缘有粗齿或不规则的细齿。中部以下茎叶渐小，基部叶花期枯萎。头状花序多数在茎顶及枝端排成复伞房花序，花序直径3~6(10)cm；花白色或带微红色，花冠长约5 mm，外面无腺点。瘦果黑褐色。

生于山溪边或林缘，喜湿润沃地。见于殷棚乡牢山林场、泼陂河镇附近。

佩兰的地上部分药用，味辛，性平。醒脾，化湿，清暑。治夏季伤暑、发热头重、胸闷腹胀、食欲不振、口中发粘、急性胃肠炎、胃腹胀痛。用量4.5～9g。

3. 泽兰（单叶佩兰、圆梗泽兰、尖尾风、山兰）

Eupatorium japonicum Thunb.

多年生草本。叶对生，茎基部叶花期萎谢；中部叶椭圆形、长椭圆形或披针形，长6～20cm，宽2～6.5cm，顶端渐尖，边缘有粗或重粗锯齿，基部楔形，两面粗糙，被长或短柔毛及黄色腺点，叶背沿脉及叶柄上毛较密；羽状脉、侧脉约7对；叶柄长1～2cm；上部叶小。头状花序在茎及枝端排成紧密的伞房花序状的聚伞状花序，少数为大型的复伞房花序状的聚伞状花序；总苞钟形；总苞片3层，绿色或带紫红色，外层的极短，披针形，中层及内层的渐长，长椭圆形或长椭圆状披针形，顶端钝或圆形；管状花5朵，花冠白色、带红紫色或粉红色。瘦果淡黑褐色。

生于山坡草地或灌丛中。见于殷棚乡牢山林场、白雀园镇赛山村。

泽兰全草药用，味辛、微苦、性温；气芳香。活血祛瘀，消肿止痛。治跌打瘀肿、闭经、产后腹痛、胃痛、泌尿系统感染。

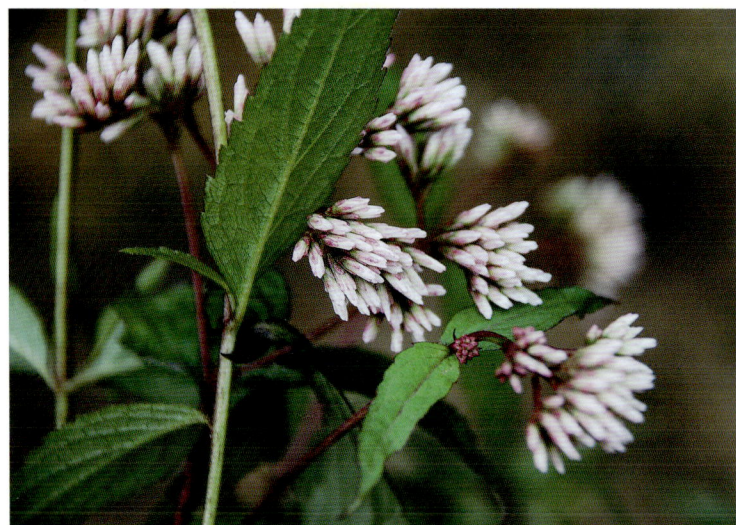

22. 毛大丁草属Gerbera Cass.

基生叶莲座状。花序单生花葶顶端。冠毛刚毛状。光山有1种。

1. 非洲菊（扶郎花）

Gerbera jamesonii Bolus

多年生草本。叶基生，莲座状，叶片长椭圆形至长圆形，长10～14cm，宽5～6cm，顶端短尖或略钝，基部渐狭，边缘不规则羽状浅裂或深裂，叶面无毛，叶背被短柔毛；侧脉5～7对；叶柄长7～15cm。花葶单生，或稀有数个丛生，长25～60cm，无苞叶，被毛，头状花序单生于花葶之顶，于花期舌瓣展开时直径6～10cm；总苞钟形，约与两性花等长，直径可达2cm；总苞片2层，外层线形或钻形，顶端尖，长8～10mm，宽约1～1.5mm，背面被柔毛，内层长圆状披针形，顶端尾尖。长10～14mm，宽约2mm；外围雌花2层，外层花冠舌状，舌片淡红色至紫红色，或白色及黄色；内层雌花比两性花纤细，管状二唇形。

光山有栽培。

非洲菊是一种常见的花卉。

23. 鼠麴草属Gnaphalium L.

植物被白色绵毛或绒毛。头状花序边缘雌花多数。与香青相似。光山有3种。

1. 鼠麴草（黄花麴草、清明菜、田艾、佛耳草、土茵陈、酒曲绒）

Gnaphalium affine D. Don.

一年生草本。叶无柄，匙状倒披针形或倒卵状匙形，长5～7cm，宽11～14mm，上部叶长15～20mm，宽2～5mm，基部渐狭，稍下延，顶端圆，具刺尖头，两面被白色棉毛，叶面常较薄，叶脉1条，叶背不明显。头状花序较多或较少数，直径2～3mm，近无柄，在枝顶密集成伞房花序，花黄色至淡黄色；总苞钟形，直径约2～3mm；总苞片2～3层，金黄色或柠檬黄色，膜质，有光泽，外层倒卵形或匙状倒卵形，背面基部被棉毛，顶端圆，基部渐狭，长约2 mm，内层长匙形，背面通常无毛，顶端钝，长2.5～3 mm；花托中央稍凹入，无毛。雌花多数，花冠细管状，长约2 mm，花冠顶端扩大，3齿裂，裂片无毛。

生于田埂、荒地、路旁。见于文殊乡九九林场、南向店乡董湾村林场。

鼠麹草全草药用，味甘，性平。止咳平喘，降血压，祛风湿。治感冒咳嗽、支气管炎、哮喘、高血压、蚕豆病、风湿腰腿痛。外用治跌打损伤、毒蛇咬伤。

2. 细叶鼠麹草（白背鼠麹草、天青地白草、翻白草、日本鼠麹草）

Gnaphalium japonicum Thunb.

　　一年生细弱草本。基生叶在花期宿存，呈莲座状，线状剑形或线状倒披针形，长3～9 cm，宽3～7 mm，基部渐狭，下延，顶端具短尖头，边缘多少反卷，叶面绿色，疏被棉毛，叶背白色，厚被白色棉毛，叶脉1条，在叶面常凹入或几不显著，在叶背明显突起，茎叶少数，线状剑形或线状长圆形，长2～3 cm，宽2～3 mm，其余与基生叶相似；紧接复头状花序下面有3～6片呈放射状或星芒状排列的线形或披针形小叶。头状花序少数，直径2～3 mm，无梗，在枝端密集成球状，作复头状花序式排列，花黄色。瘦果纺锤状圆柱形。

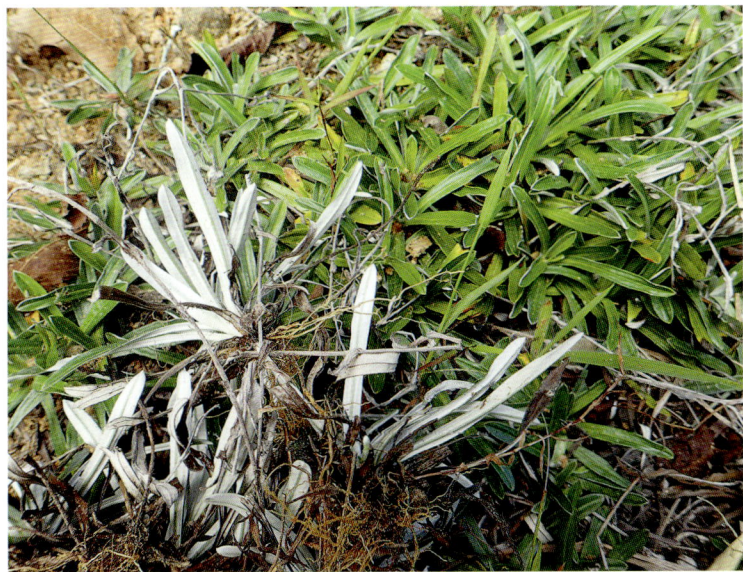

生于山坡草地或路旁。见于泼陂河镇东岳寺村。

细叶鼠麹草全草药用，味甘，性平。清热利湿，解毒消肿。治结膜炎、角膜白斑、感冒、咳嗽、咽喉肿痛、尿道炎。外用治乳腺炎、痈疖肿毒、毒蛇咬伤。

3. 匙叶鼠麹草

Gnaphalium pensylvanicum Willd.

　　一年生草本，下部叶无柄，倒披针形或匙形，长6～10 cm，宽1～2 cm，基部长渐狭，下延，顶端钝、圆，或有时中脉延伸呈刺尖状，全缘或微波状，叶面被疏毛，叶背密被灰白色棉毛；中部叶倒卵状长圆形或匙状长圆形，长2.5～3.5 cm，叶片于中上部向下渐狭而长下延，顶端钝、圆或中脉延伸呈刺尖状；上部叶小，与中部叶同形。头状花序多数，长3～4 mm，宽约3 mm，数个成束簇生，再排列成顶生或腋生、紧密的穗状花序。瘦果长圆形。

常见于箐园或耕地上。见于县城官渡河边、白雀园镇赛山村。

鼠叶鼠麹草全草药用，味苦，性凉。止血消肿，理咳祛痰。治气喘和支气管炎、痈疖肿毒、刀伤出血等。

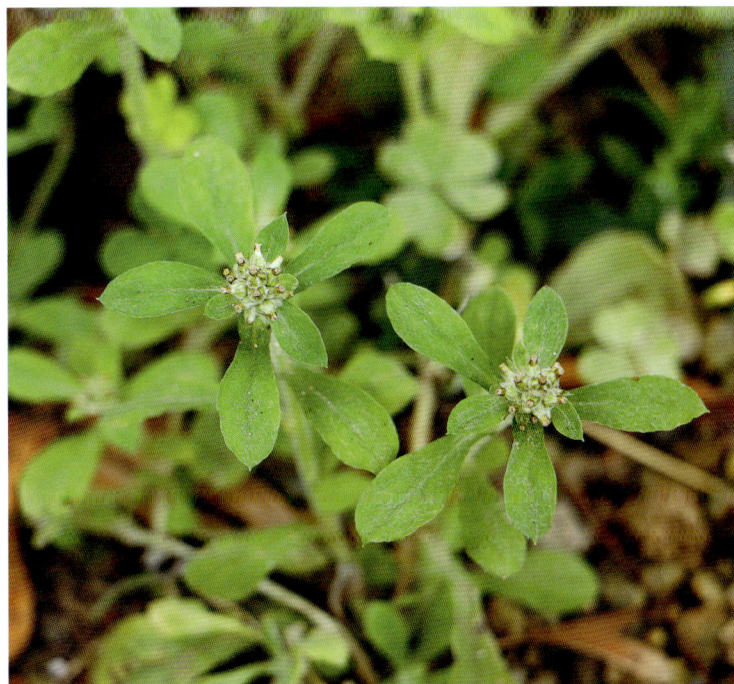

24. 三七草属Gynura Cass

　　叶常肉质。总苞近钟形，2层，瘦果圆柱形，有数条纵肋，冠毛绢毛状。光山有1种。

1. 三七草（菊叶三七、土三七、水三七）

Gynura japonica (L. f.) Juel

　　多年生草本。基部和下部叶较小，椭圆形，不分裂至大头羽状，顶裂片大，中部叶大，具长或短柄，叶柄基部有圆形，具齿或羽状裂的叶耳，多少抱茎；叶片椭圆形或长圆状椭圆形，长10～30 cm，宽8～15 cm，羽状深裂，顶裂片大，倒卵形、长圆形至长圆状披针形，侧生裂片3～6对，椭圆形、长圆形至长圆状线形，长1.5～5 cm，宽0.5～2 cm，顶端尖或渐尖，边缘有大小不等的粗齿或锐锯齿、缺刻，稀全缘；叶面绿色，叶背绿色或变紫色，两面被贴生短毛或近无毛。头状花序多数，直径1.5～1.8 cm，花茎枝端排成伞房状圆锥花序；每一花序枝有3～8个头状花序；小花50～100个，花冠黄色或橙黄色。瘦果圆柱形。

生于低山路旁、草地或疏林下。见于晏河乡詹堂村。

三七草全草药用，味甘、微苦，性温。散瘀止血，解毒消肿。治吐血、衄血、尿血、便血、功能性子宫出血、产后瘀血腹痛、大骨节病。外用治跌打损伤、痈疖疮疡、蛇咬伤、外伤出血。

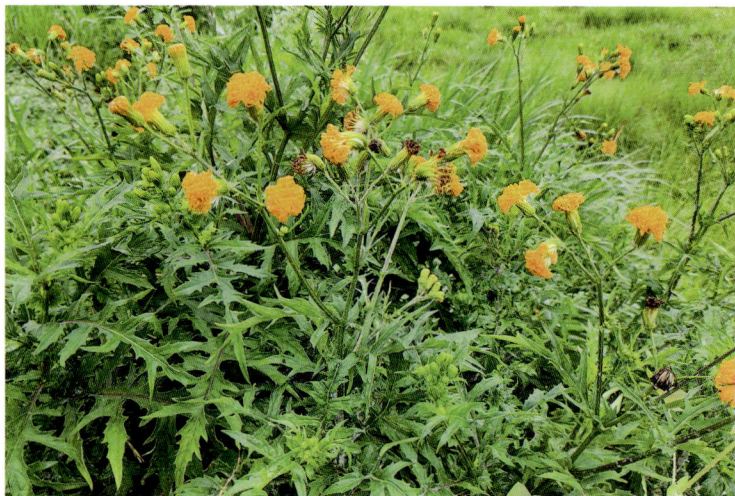

25. 向日葵属 Helianthus L.

头状花序大，盘状，有异型花，舌状花1层，不育。光山有2种。

1. 向日葵

Helianthus annuus L.

一年生大草本。叶互生，卵状心形或卵圆形，长和宽10~30 cm或更长，顶端急尖或渐尖，边缘有粗锯齿，基部心形或截平；基出脉3条；两面被短糙毛；叶柄长。头状花序极大，直径约20~35 cm，常单生茎端，下倾；总苞片多层，叶质，卵形至卵状披针形，顶端尾状渐尖，被长硬毛或纤毛；花序托平或稍凸；托片半膜质；舌状花多数，舌片黄色，开展，长圆状卵形或长圆形，不育；管状花多数，花冠棕色或紫色。瘦果倒卵形或卵状长圆形，压扁，有细肋，常被白色短柔毛；冠毛为2枚膜片，早落。

光山有栽培。见于槐店乡万河村。

向日葵是一种油料作物，它的花序托（花盘）、根、茎髓、叶和种子可药用，味淡，性平。葵花盘：养肝补肾，降压，止痛。根、茎髓：清热利尿，止咳平喘。叶：清热解毒。种子：滋阴，止痢，透疹。叶：截疟。葵花盘：治高血压、头痛目眩、肾虚耳鸣、牙痛、胃痛、腹痛、痛经。根、茎髓：治小便涩痛、尿路结石、乳糜尿、咳嗽痰喘、浮肿、白带。种子：治食欲不振、虚弱头风、血痢、麻疹不透。叶：治疟疾。外用治烫火伤。

2. 菊芋

Helianthus tuberosus L.

多年生草本。具块茎。茎高1~3 m，中上部有分枝，被白色短糙毛或刚毛。叶对生，或上部部分叶互生，下部叶卵圆形或卵状椭圆形，长10~16 cm，宽3~6 cm，顶端急尖或渐尖，边缘有粗锯齿，基部宽楔形或圆形，有时微心形；离基3出脉；叶面被白色短粗毛，叶背被柔毛；具叶柄。头状花序少数或多数，单生茎及分枝端，并在茎上排成伞房花序状；总苞片多层，披针形，背面被短伏毛，边缘被缘毛；托片长圆形；舌状花12~20朵，舌片黄色，不育；管状花花冠黄色。瘦果小，楔形；冠毛为2~4枚膜片，上端具扁芒。

光山有少量栽培。见于南向店乡五岳村。

菊芋是一种花卉，全草药用，味甘、微苦，性凉。清热凉血，消肿。治热病、肠热出血、骨折肿痛、跌打损伤。

26. 泥胡菜属 Hemistepta Bunge

大头羽状深裂。花序形如风毛菊。冠毛2层，外层羽毛状。光山有1种。

1. 泥胡菜（剪刀草、石灰菜、绒球、花苦荬菜、苦郎头）

Hemistepta lyrata (Bunge) Bunge [Cirsium lyratum Bunge]

一年生草本。基生叶长椭圆形或倒披针形，花期常萎谢；茎下部和中部叶长椭圆形、倒卵形、匙形、倒披针形或披针形，长4~15 cm，宽1.5~5 cm或更宽，大头羽状深裂或几全裂，侧裂片4~6对，极少1对或不分裂，顶端裂片边缘常有三角形锯齿或重锯齿，侧裂片边缘常具稀疏锯齿，下部侧裂片常无锯齿，或叶无锯齿；基生叶及茎下部叶具长柄，叶背密被绒毛。头状花序多数，直径1.5～3.5 cm；总苞宽钟形；总苞片多层，外、中层的椭圆形或卵状椭圆形，近顶端处具鸡冠状突起的附片，附片紫红色；管状花花冠细管状，紫色或红色。瘦果楔形。

生丁路旁荒地或田野。见于县城官渡河边。

泥胡菜全草药用，味辛，性平。消肿散结，清热解毒。治乳腺炎、颈淋巴结炎、痈肿疔疮、风疹瘙痒。

27. 旋覆花属Inula L.

含多数异型花，总苞宽钟形或筒形，冠毛毛状。光山有1种。

1. 旋覆花（全佛草、六月菊、鼓子花）

Inula japonica Thunb.

多年生草本。基部叶常较小，在花期枯萎；中部叶长圆形、长圆状披针形或披针形，长4～13 cm，宽1.5～3.5 cm，稀4 cm，基部多少狭窄，常有圆形半抱茎的小耳，无柄，顶端稍尖或渐尖，边缘有小尖头状疏齿或全缘，叶面有疏毛或近无毛，叶背有疏伏毛和腺点；中脉和侧脉有较密的长毛；上部叶渐狭小，线状披针形。头状花序直径3～4 cm，多数或少数排列成疏散的伞房花序；花序梗细长。总苞半球形，直径13～17 mm，长7～8 mm；总苞片约6层；舌状花黄色，较总苞长2～2.5倍；舌片线形，长10～13 mm；管状花花冠长约5 mm，有三角披针形裂片。

生于山坡、路旁、湿润草地、河岸和田埂。见于槐店乡珠山村。

旋覆花的根和叶药用，味苦、辛、咸，性微温。消痰行水，降气止呕。治咳喘痰黏、呕吐噫气、胸痞胁痛。

28. 苦荬菜属Ixeris Cass.

植物体有白色乳汁的小草本。花序形如莴苣，含同型两性舌状花。瘦果顶端有喙。光山有1种。

1. 山苦菜（山苦荬、中华小苦荬、黄鼠草）

Ixeris chinensis (Thunb.) Nakai

多年生草本。基生叶长椭圆形、倒披针形、线形或舌形，包括叶柄长2.5～15 cm，宽2～5.5 cm，顶端钝或急尖或向上渐窄，基部渐狭成有翼的短或长柄，全缘，不分裂亦无锯齿或边缘有尖齿或凹齿，或羽状浅裂、半裂或深裂，侧裂片2～7对，长三角形、线状三角形或线形，自中部向上或向下的侧裂片渐小，向基部的侧裂片常为锯齿状，有时为半圆形。茎生叶2～4枚，极少1枚或无茎叶，长披针形或长椭圆状披针形，不裂，边缘全缘，顶端渐狭，基部扩大，耳状抱茎或至少基部茎生叶的基部有明显的耳状抱茎；全部叶两面无毛。头状花序通常在茎枝顶端排成伞房花序，含舌状小花21～25枚；舌状小花黄色，干时带红色。

生于山坡、路边、荒地、沟渠旁或田间。见于晏河乡净居寺、官渡河边。

山苦菜全草药用，味苦、辛，性微寒。清热解毒，凉血，活血，排脓化瘀。治肺痈、乳痈、血淋、疖肿、跌打损伤。

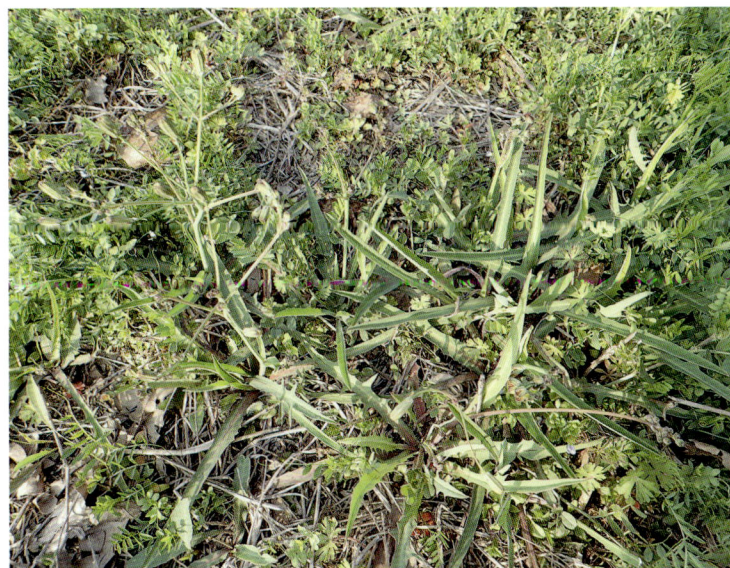

29. 马兰属Kalimeris Cass.

舌状花1～2层。与狗娃花相似。光山有3种。

1. 马兰（鱼鳅串、泥鳅串、田边菊、路边菊、鸡儿肠）

Kalimeris indica (L.) Sch.-Bip.

根状茎有匍枝。茎直立，高30～70 cm。茎部叶倒披针形或倒卵状长圆形，基部渐狭成具翅的长柄，上部叶小，全缘，基部急狭无柄，全部叶稍薄质。头状花序单生于枝顶并排列成疏伞房状。总苞半球形，直径6～9 mm；总苞片2～3层，覆瓦状排列，外层倒披针形；内层倒披针状长圆形，上部草质，有疏短毛，边缘膜质，有缘毛。花托圆锥形。舌状花1层，15～20个；舌片浅紫色；管状花密被短毛。瘦果倒卵状长圆形，极扁，褐色，边缘浅色而有厚肋，上部被腺及短柔毛。

生于山谷、山坡、田边路旁或荒地上。见于殷棚乡牢山林场、南向店乡环山村。

马兰全草药用，味苦、辛，性寒。清热解毒，散瘀止血，消积。治感冒发热、咳嗽、急性咽炎、扁桃体炎、流行性腮腺炎、传染性肝炎、胃、十二指肠溃疡、小儿疳积、肠炎、痢疾，吐血，衄血，崩漏，月经不调；外用治疮疖肿毒、乳腺炎、外伤出血。用量15～30g；外用适量，鲜品捣烂敷患处。

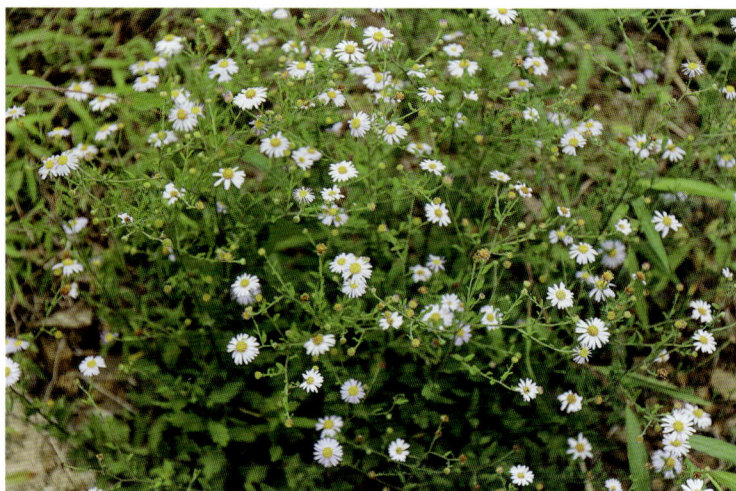

2. 北方马兰（蒙古鸡儿肠、蒙古马兰）
Kalimeris mongolica (Kitam.) Kitam.

多年生草本。叶纸质或近膜质，最下部叶花期枯萎，中部及下部叶倒披针形或狭矩圆形，长5～9cm，宽2～4cm，羽状中裂，边缘具较密的短硬毛；裂片条状矩圆形，顶端钝，全缘；上部分枝上的叶条状披针形，长1～2cm。头状花序单生于长短不等的分枝顶端，直径2.5～3.5cm。总苞半球形，径1～1.5cm；总苞片3层，覆瓦状排列，无毛，椭圆形至倒卵形，长5～7mm，宽3～4mm，顶端钝，有白色或带紫色红色的膜质镶缘，背面上部绿色。舌状花淡蓝紫色、淡蓝色或白色，管部长2mm；舌片长2.2cm，宽3.5mm。管状花黄色，长约5mm，管部长1.5mm。瘦果倒卵形。

生于山谷、山坡、田边路旁或荒地上。见于白雀园镇赛山村、晏河乡大苏山。

北方马兰全草药用，味辛，性凉。清热解毒，凉血，止血，利湿。治吐血、衄血、血痢、创伤出血、疟疾、黄疸、水肿、淋浊、咽喉痛、丹毒、毒蛇咬伤等。

3. 毡毛马兰（岛田鸡儿肠）
Kalimeris shimadai (Kitam.) Kitam.

多年生草本。下部叶在花期枯落；中部叶倒卵形、倒披针形或椭圆形，长2.5～4cm，宽1.2～2cm，基部渐狭，近无柄，从中部以上有1～2对浅齿或全缘；上部叶渐小，倒披针形或条形；全部叶质厚，两面被毡状密毛，叶背沿脉及边缘被密糙毛，有在叶背凸起的3出脉。头状花序径2～2.5cm，单生于枝端且排成疏散的伞房状。总苞半球形，径0.8～1cm，长6～7mm；总苞片3层，覆瓦状排列，外层狭矩圆形，长2～3mm，上部草质；内层倒披针状矩圆形，长约5mm，顶端圆形而草质，边缘膜质，全部背面被密毛，有缘毛。舌状花1层，约10余个，管部长1.5mm，有毛；舌片浅紫色，长11～12mm，宽2～3mm；管状花长4～4.5mm，管部长1.5mm，有毛。瘦果倒卵圆形。

生于山谷、山坡、田边路旁或荒地上。见于孙铁铺镇金大湾村。

30. 莴苣属 Lactuca L.

植物体有白色乳汁。茎粗壮肉质，叶基耳状抱茎。花序形如翅果菊。光山有1种4变种。

1. 莴苣（石苣、莴笋、香笋）

Lactuca sativa L.

一年生草本。基生叶及下部茎叶大，不分裂，倒披针形、椭圆形或椭圆状倒披针形，长6～15 cm，宽1.5～6.5 cm，顶端急尖、短渐尖或圆形，无柄，基部心形或箭头状半抱茎，边缘波状或有细锯齿，向上的渐小，与基生叶及下部茎叶同形或披针形，圆锥花序分枝下部的叶及圆锥花序分枝上的叶极小，卵状心形，无柄，基部心形或箭头状抱茎，边缘全缘，全部叶两面无毛。头状花序多数或极多数，在茎枝顶端排成圆锥花序；总苞果期卵球形，长1.1 cm，宽6 mm；舌状小花约15枚。瘦果倒披针形。

光山常见栽培。

莴苣是一种蔬菜，它的种子可药用，味辛、苦，性微温。活血，散瘀，通乳。治乳汁不通、跌打损伤、扭伤腰痛、骨折。

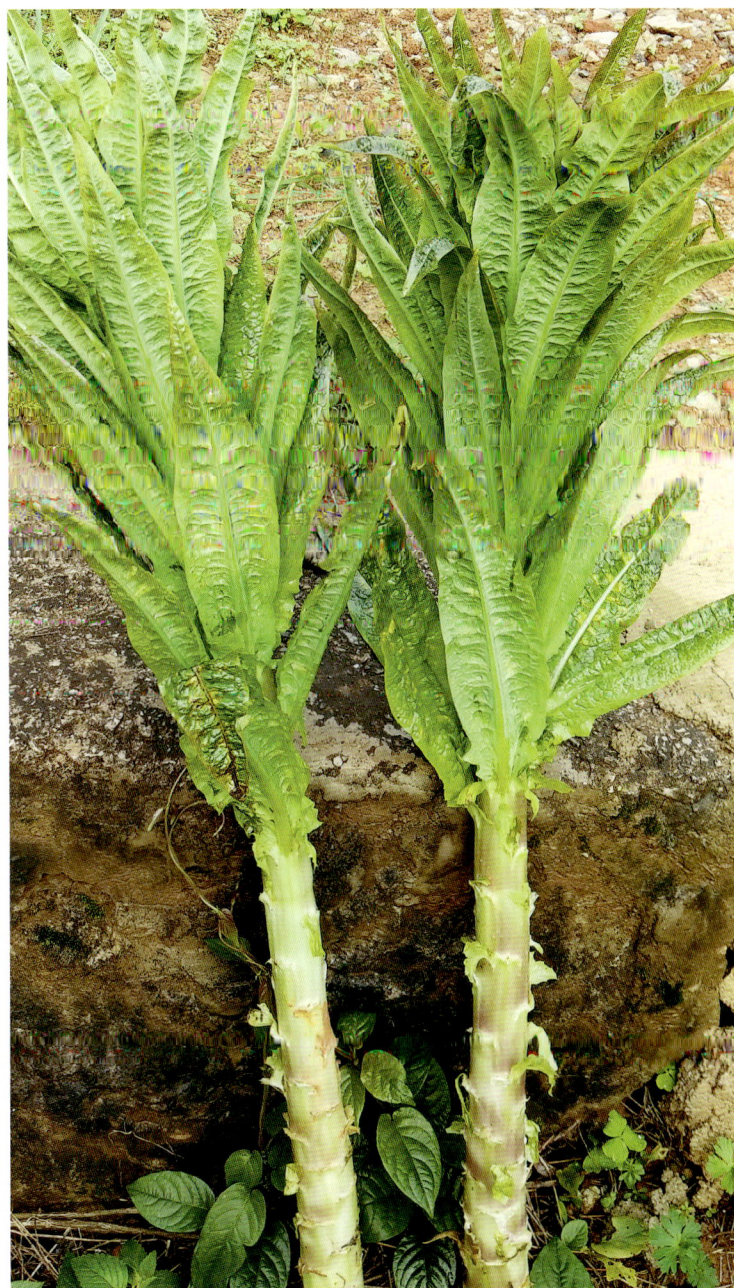

2. 莴笋

Lactuca sativa L. var. **angustata** Lrish. ex Brem.

茎特别粗壮、肥大，叶长椭圆状披针形，主要食用茎。
光山常见栽培。
莴笋是一种蔬菜。

3. 卷心生菜

Lactuca sativa L. var. **capitata** DC.

叶倒卵形、倒卵状椭圆形，叶内卷成球形。
光山常见栽培。
卷心生菜是一种蔬菜。

4. 长叶莴苣

Lactuca sativa L. var. **longifolia** Y. R. Ling

叶倒卵状披针形至长圆形，边缘不规则浅锯齿。

光山常见栽培。

长叶莴苣是一种蔬菜。

5. 生菜

Lactuca sativa L. var. **romana** Hort.

茎细小，叶倒卵形至倒卵状披针形，全缘，质脆。

光山常见栽培。

生菜是一种蔬菜。

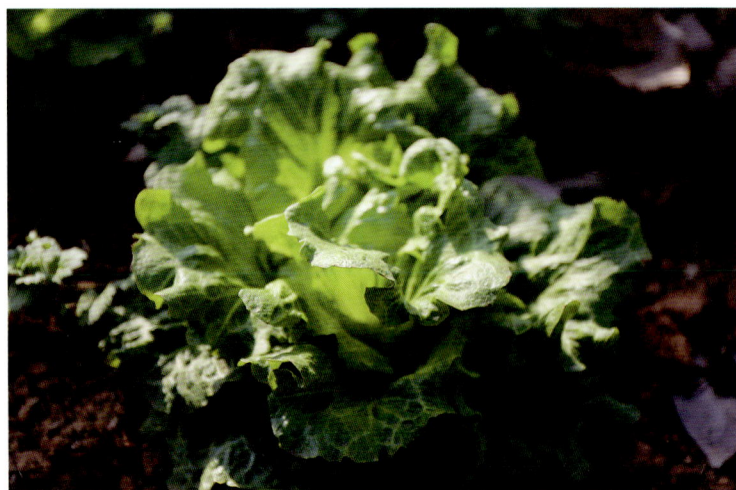

31. 稻槎菜属Lapsana L.

莲座状小草本，有白色乳汁，叶大头状分裂。花序小，舌状花黄色，瘦果顶端有钩刺。光山有1种。

1. 稻槎菜（鹅里腌、回荠）

Lapsana apogonoides Maxim.

一年生矮小草本。基生叶椭圆形、长椭圆状匙形或长匙形，长3～7 cm，宽1～2.5 cm，大头羽状全裂或几全裂，有长1～4 cm的叶柄，顶裂片卵形、菱形或椭圆形，边缘有极稀疏的小尖头，或长椭圆形而边缘有大锯齿，齿顶有小尖头，侧裂片2～3对，椭圆形，边缘全缘或有极稀疏针刺状小尖头；茎生叶少数，与基生叶同形并等样分裂，向上茎叶渐小，不裂。全部叶质地柔软，两面同色，绿色，或叶背色淡，淡绿色，几无毛。头状花序小，果期下垂或歪斜，少数，在茎枝顶端排列成疏松的伞房状圆锥花序，花序梗纤细，总苞椭圆形或长圆形，长约5 mm；总苞片2层；全部总苞片草质，外面无毛。舌状小花黄色，两性。瘦果淡黄色。

生于田野、荒地、路边、沟边潮地。见于文殊乡九九林场。

稻槎菜全草药用，味苦，性平。解毒消痈，透疹清热。治咽喉肿痛、疮疡肿毒、蛇伤、麻疹不畅。

32. 黄瓜菜属Paraixeris Nakai

叶大头羽状分裂，基部耳状抱茎。花序形如苦荬菜。光山有1种。

1. 黄瓜菜（苦荬菜）

Paraixeris denticulata (Houtt.) Nakai [*Ixeris denticulate* (Houtt.) Stebb.]

一年生草本。茎单生，直立，基部直径达8 mm，上部或中部伞房花序状分枝，全部茎枝无毛。基生叶及下部茎叶花期枯萎脱落；中下部茎叶卵形、琴状卵形、椭圆形、长椭圆形或披针形，不分裂，长3～10 cm，宽1～5 cm，顶端急尖或钝，有宽翼柄，基部圆形，耳部圆耳状扩大抱茎，或无柄，向基部稍收窄而基部突然扩大圆耳状抱茎，或向基部渐窄成长或短的不明显叶柄，基部稍扩大，耳状抱茎，边缘大锯齿或重锯齿或全缘；上部及最上部茎叶与中下部茎叶同形，但渐小，边缘大锯齿或重锯齿或全缘，无柄，向基部渐宽，基部耳状扩大抱茎，全部叶两面无毛。头状花序多数，在茎枝顶端排成伞房花序或伞房圆锥状花序，含15枚舌状小花，黄色。瘦果长椭圆形。

生于山谷、田边、路旁。见于县城官渡河边、白雀园镇大尖山。

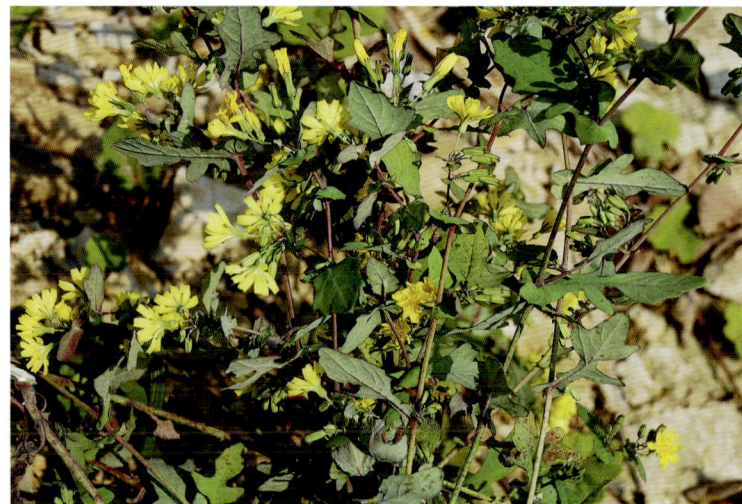

黄瓜菜全草药用，味苦、微酸、涩，性凉。清热解毒，散瘀止痛，止血，止带。治子宫颈糜烂、白带过多、子宫出血、下腿淋巴管炎、跌打损伤、无名肿毒、乳痈疖肿、烧烫伤、阴道滴虫病。

33. 假福王草属 Paraprenanthes Chang ex Shih

叶不分裂或羽状分裂。头状花序小，同型，舌状，含4~15枚舌状小花，舌状小花红色或紫色，舌片顶端5齿裂。冠毛2层，纤细，白色，微糙毛状。光山有1种。

1. 假福王草 (堆莴苣)

Paraprenanthes sororia (Miq.) Shih [*Lactuca sororia* Miq.、*L. diversifolia* Vant.]

一年生草本。基生叶花期枯萎；下部及中部茎叶大头羽状半裂或深裂或几全裂，长4~7cm的狭或宽翼柄，顶裂片大、宽三角状戟形、三角状心形、三角形或宽卵状三角形，长5.5~15cm，宽5.5~15cm，顶端急尖，边缘有大或小锯齿或重锯齿，齿顶具齿缘有小尖头，基部戟形或心形或平截，极少顶裂片与侧裂等大或几等大，披针形或不规则菱状披针形，长4~11cm，宽3~7cm，侧裂片1~2(3)对，椭圆形，下方的侧裂片更小，三角状锯齿形，全部侧裂顶端圆形或急尖，有小尖头，边缘有小尖头状锯齿；羽轴有宽或狭翼。头状花序多数，沿茎枝顶端排成圆锥状花序；总苞圆柱状，长1.1cm，宽约2mm；舌状小花粉红色，约10枚。瘦果黑色。

生于山谷、田边、路旁。

假福王草全草药用，味苦，性寒。清热解毒，散瘀止血。治乳痈、疮疖肿毒、毒蛇咬伤、痔疮出血、外伤出血。

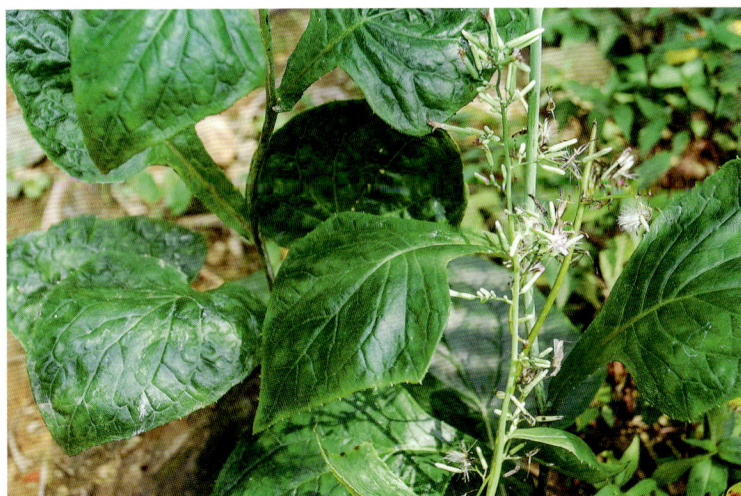

34. 蟹甲草属 Parasenecio W. W. Smith et J. Small

叶掌状或羽状裂。有同型花与异型花，总苞3层，不等长。冠毛刚毛状。光山有1种。

1. 山尖子 (戟叶兔儿伞)

Parasenecio hastatus (L.) H. Koyama [*Cacalia hastata* L.]

多年生草本。中部茎生叶三角状戟形，长7~10cm，宽13~19cm，基部戟形或微心形，沿叶柄下延成具窄翅叶柄，边缘具不规则细尖齿，基部侧裂片有时具缺刻小裂片，叶面无毛或疏被短毛，叶背被较密柔毛，叶柄长4~5cm；上部叶基部裂片角形或近菱形，最上部叶和苞片披针形或线形。头状花序下垂，在茎端和上部叶腋排成塔状窄圆锥花序，花序梗长0.4~2cm，被密腺状柔毛；总苞圆柱形，长0.9~1.1cm，径5~8mm，总苞片7~8，线形或披针形，背面密被腺毛，基部有2~4钻形小苞片。小花8~15(20)，花冠淡白色，长0.9~1.1cm。瘦果圆柱形。

生于林下、林缘或草丛中。见于殷棚乡牟山林场。

山尖子全草药用，味辛，性温。解毒，消肿，利水。治伤口化脓、小便不利。

35. 翅果菊属 Pterocypsela Shih

植物体有白色乳汁。花序形如莴苣，含同型两性舌状花。瘦果顶端有喙。光山有2种。

1. 台湾翅果菊 (山莴苣、苦莴苣)

Pterocypsela formosana (Maxim.) Shih [*Lactuca formosana* Maxim.]

一年生草本。高0.5~1.5m。根常萝卜状。茎直立，单生。下部及中部茎叶椭圆形至倒披针形，羽状深裂或全裂，有翼柄，柄基抱茎；上部茎叶与中部茎叶同形，基部圆耳状扩大半抱茎。头状花序多数，在茎枝顶端排成伞房状花序。总苞果期卵球形，长约1.5cm，宽约8mm；总苞4~5层，最外层宽卵形，长约2mm，宽约1mm，顶端长渐尖，外层椭圆形，长约7mm，宽约1.8mm，顶端渐尖，中内层披针形，长达1.5cm，宽1~2mm，顶端渐尖。舌状小花约21枚，黄色。瘦果椭圆形。

生于山谷、山坡草地及田间、路旁。见于白雀园镇赛山村。

台湾翅果菊全草药用，味苦，性寒。清热解毒，消肿排脓，凉血止血。治肺脓疡、肺热咳嗽、肠炎、痢疾、胆囊炎、盆腔炎、疮疖肿毒、阴囊湿疹、跌打损伤等。

2. 翅果菊（山莴苣、苦买菜、苦莴苣、山马草、野莴苣）

Pterocypsela indica (L.) Shih

一年生草本。全部茎叶线形，中部茎叶长达21 cm或过之，宽0.5～1 cm，边缘大部全缘或仅基部或中部以下两侧边缘有小尖头或稀疏细锯齿或尖齿，或全部茎叶线状长椭圆形、长椭圆形或倒披针状长椭圆形，中下部茎叶长13～22 cm，宽1.5～3 cm，边缘有稀疏的尖齿或几全缘或全部茎叶椭圆形，中下部茎叶长15～20 cm，宽6～8 cm，边缘有三角形锯齿或偏斜卵状大齿；全部茎叶顶端长渐急尖或渐尖，基部楔形渐狭，无柄，两面无毛。头状花序果期卵球形，多数沿茎枝顶端排成圆锥花序或总状圆锥花序；舌状小花25枚，黄色。瘦果椭圆形。

生于山谷、山坡草地及田间、路旁。见于县城官渡河边、白雀园镇赛山村。

翅果菊是一种蔬菜，全草还可药用，味苦，性寒。清热解毒，活血祛瘀。治阑尾炎、扁桃体炎、子宫颈炎、产后瘀血肿痛、崩漏、痔疮下血、疮疖肿毒。

36. 金光菊属 Rudbeckia L.

头状花序较大，锥形，含异型花，外面1层舌状花顶端有2齿。光山有1种。

1. 金光菊（黑眼菊）

Rudbeckia laciniata L.

多年生草本。叶互生，无毛或被疏短毛；下部叶具叶柄，不分裂或羽状5~7深裂，裂片长圆状披针形，顶端尖，边缘具不等的疏锯齿或浅裂；中部叶3～5深裂，上部叶不分裂，卵形，顶端尖，全缘或有少数粗齿，叶背边缘被短糙毛。头状花序单生于枝端，具长花序梗，直径7~12 cm；总苞半球形；总苞片2层，长圆形，长7～10 mm，上端尖，稍弯曲，被短毛；花托球形；托片顶端截形，被毛，与瘦果等长；舌状花金黄色；舌片倒披针形，长约为总苞片的2倍，顶端具2短齿；管状花黄色或黄绿色。瘦果稍有4棱。

光山有栽培。见于白雀园镇赛山村。

金光菊是一种花卉，全草还可药用，味苦，性寒。清热利湿，解毒消痈。治湿热吐泻、腹痛、痈肿疮毒。

37. 千里光属 Senecio L.

头状花序辐射状，有异型花。舌状花1层，黄色，冠毛毛状。光山有2种。

1. 羽叶千里光（千里光、额河千里光、斩龙草）

Senecio argunensis Turcz.

多年生草本。茎下部叶在花期枯萎，中部叶密集，无柄，叶片轮廓椭圆形，长6～9 cm，宽3～6 cm，具羽状裂片5～7对，小裂片条形，顶端钝尖，边缘具1～3小裂片及小齿，叶面无毛，叶背色浅，有短柔毛或蛛丝状毛。头状花序多数，呈伞房状排列，总花序梗细长，有披针形苞叶，与花序梗均疏被蛛丝状毛，总苞钟状，长3～6 mm，直径约1 cm，基部具数枚钻状小苞片，总苞片1层，约13枚，条形，顶端尖，边缘膜质，外面有蛛丝状毛，舌状花黄色，通常与总苞同数，管状花约30朵。瘦果圆柱形。

生于山坡、林缘、山沟及路旁。见于孙铁铺镇金大湾村、晏河乡詹堂村。

羽叶千里光全草药用，味微苦，性寒。清热解毒。治毒蛇咬伤，蝎、蜂蜇伤，疮疖肿毒，湿疹，皮炎，咽喉肿痛。

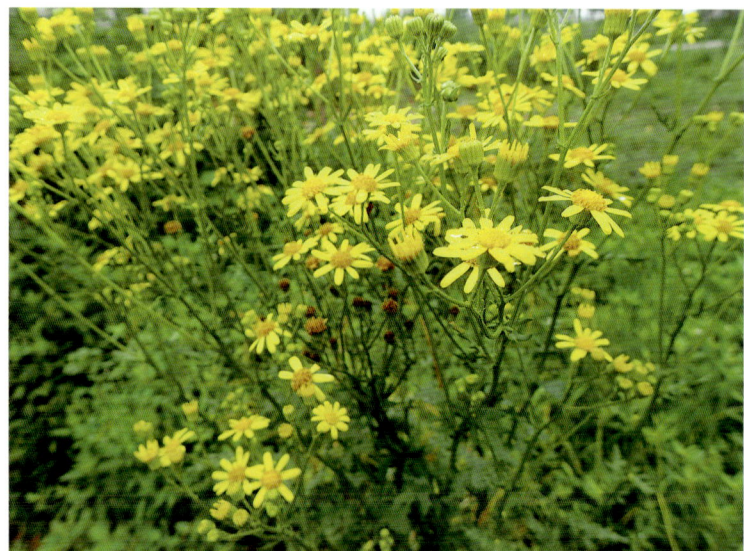

2. 千里光（九里明、蔓黄菀）

Senecio scandens Buch-Ham. ex D. Don

多年生攀缘草本。叶具柄，叶片卵状披针形至长三角形，长2.5～12 cm，宽2～4.5 cm，顶端渐尖，基部宽楔形、截形、戟形或稀心形，通常具浅或深齿，稀全缘，有时具细裂或羽状浅裂，至少向基部具1～3对较小的侧裂片，两面被短柔毛至无毛；羽状脉，侧脉7～9对，弧状，叶脉明显；叶柄长0.5～1cm。头状花序有舌状花，多数，在茎枝端排列成顶生复聚伞圆锥花序；管状花多数；花冠黄色。瘦果圆柱形。

千里光生于路旁或旷野间。见于白雀园镇大尖山、泼陂河镇河堤。

千里光全草药用，味苦、辛，性凉。清热解毒、凉血消肿、清肝明目。治上呼吸道感染、扁桃体炎、咽喉炎、肺炎、眼结膜炎、痢疾、肠炎、阑尾炎、急性淋巴管炎、丹毒、疖肿、湿疹、过敏性皮炎、痔疮。

38. 麻花头属 Serratula L.

单叶互生。花序形如大蓟，花紫红色。冠毛多层。光山有1种。

1. 华麻花头（广东升麻）

Serratula chinensis S. Moore

多年生草本。根状茎短，生多数纺锤状直根。中部茎叶椭圆形、卵状椭圆形或长椭圆形，少有倒卵形的，长9.3～13cm，宽3.5～7cm，极少长达22cm，宽达8cm，基部楔形，有长1.5～2.5(4.5)cm的叶柄，上部叶小，无柄或几无柄，与中部茎叶同形。全部叶边缘有锯齿，两面粗糙，两面被多细胞短节毛及棕黄色的小腺点。头状花序少数，单生茎枝顶端，不呈明显的伞房花序式排列；总苞碗状，上部无收缢，直径约3cm；总苞片6～7层，外层卵形至长椭圆形，长5～13mm，宽3～5mm；小花两性，花冠紫红色，长3cm，细管部长1.3cm，檐部长1.7cm，花冠裂片线形，长9mm。瘦果长椭圆形。

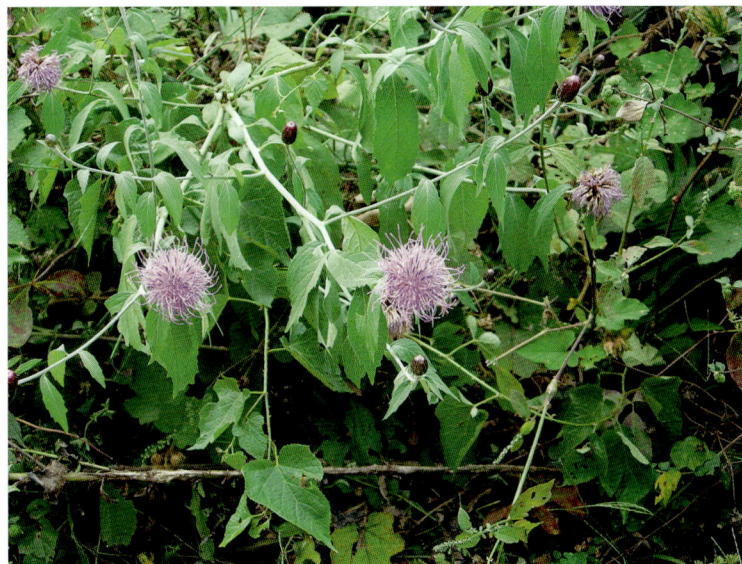

生于山谷、山坡、路旁、丛林中潮湿地上。见于殷棚乡牢山林场。

华麻花头的肉质根药用，味甘、辛、微苦，性微寒。升阳、散风，解毒，透疹。治风火头痛、咽喉肿痛、麻疹不透、久泻脱肛、子宫脱垂。

39. 豨莶属 Siegesbeckia L.

叶对生。有腺毛。有异型花。总苞背面被腺毛。光山有1种。

1. 豨莶（肥猪草，肥猪菜，粘苍子，粘糊菜，黄花仔，粘不扎）

Siegesbeckia orientalis L.

一年生草本。基部叶花期枯萎。中部叶三角状卵圆形或卵状披针形，长4～10cm，宽1.8～6.5cm，基部阔楔形，下延成具翼的柄，顶端渐尖，边缘有规则的浅裂或粗齿，纸质，叶面绿色，叶背淡绿，具腺点，两面被毛，3出基脉，侧脉及网脉明显。头状花序直径15～20mm，多数聚生于枝端，排列成具叶的圆锥花序；花梗长1.5～4cm，密生短柔毛；总苞阔钟状；总苞片2层，叶质，背面被紫褐色头状具柄的腺毛；花黄色；雌花花冠的管部长0.7mm；两性管状花上部钟状，上端有4～5卵圆形裂片。瘦果倒卵圆形。

生于路旁、旷野草地上。见于白雀园镇大尖山、殷棚乡牢山林场。

豨莶全草药用，味苦，性寒，有小毒。祛风湿，通络，降血压。治风湿关节痛、腰膝无力、四肢麻木、半身不遂、高血压病、神经衰弱、急性黄疸型传染性肝炎、疟疾。

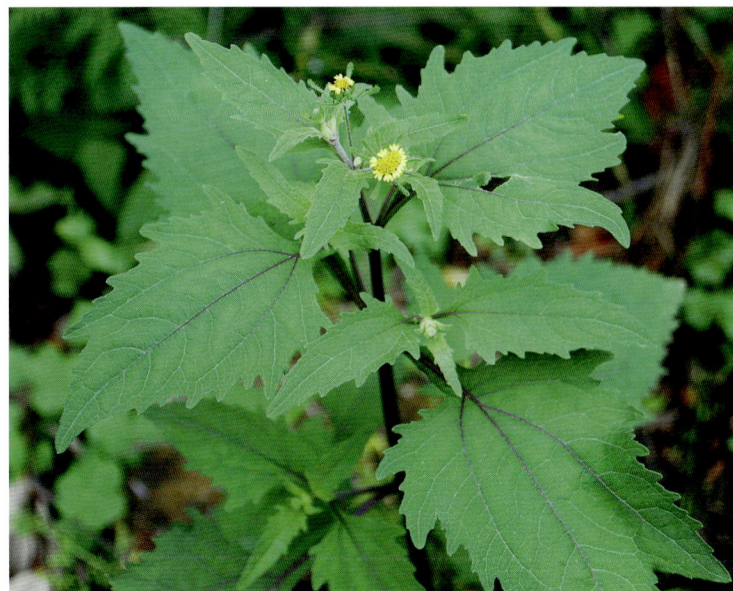

40. 松香草属 Silphium L.

叶对生。茎生叶无柄，对生，两叶基部相连，茎似从中穿过。光山有1种。

1. 串叶松香草

Silphium perfoliatum L.

高大草本，高达3m。叶色深绿，叶片宽大，呈长椭圆形，一般长约60cm，宽30cm左右，最长叶可达80cm；叶面皱缩，叶缘有缺刻，叶面及叶缘有稀疏的刚毛，基生叶有柄，茎生叶无柄，对生，两叶基部相连，茎似从中穿过，鲜草有特异的松香味。头状花序，花盘直径2～3cm，种子为心脏形瘦果，果扁平、褐色，边缘有薄翅。

生于路旁、旷野草地上。见于南向店乡董湾村。

花鲜黄色非常美丽，可作花卉栽培。

41. 一枝黄花属Solidago L.

头状花序小而密，有异型花和同型花。舌片黄色。光山有1种。

1. 一枝黄花（粘糊菜、破布叶、金柴胡）

Solidago decurrens Lour.[*S. cantonensis* Lour.、*S. virga-aurea* L.]

多年生草本。中部茎叶椭圆形、长椭圆形、卵形或宽披针形，长2～5 cm，宽1～1.5(2)cm，下部楔形渐窄，有具翅的柄，仅中部以上边缘有细齿或全缘；向上叶渐小；下部叶与中部茎叶同形，有长2～4 cm或更长的翅柄。全部叶质地较厚，叶两面、沿脉及叶缘有短柔毛或叶背无毛。头状花序较小，长6～8 mm，宽6～9 mm，多数在茎上部排列成紧密或疏松的长6～25 cm的总状花序或伞房圆锥花序，少有排列成复头状花序。总苞片4～6层，披针形或披狭针形，顶端急尖或渐尖，中内层长5～6 mm。舌状花舌片椭圆形，长6 mm。

生于草坡、路旁或林缘等处。见于泼陂河镇东岳寺村、白雀园镇大尖山。

一枝黄花全草药用，味苦、辛，性平，有小毒。疏风清热，解毒消肿。治上呼吸道感染，扁桃体炎，咽喉肿痛，支气管炎，肺炎，肺结核咳血，急、慢性肾炎，小儿疳积。外用治跌打损伤、毒蛇咬伤、乳腺炎、痈疖肿毒。

42. 苦苣菜属Sonchus L.

植物体有白色乳汁。叶基部抱茎。花序含同型两性花。光山有3种。

1. 苣荬菜（野苦菜、苦荬菜、苦苦菜、败酱）

Sonchus arvensis L.[*S. brachyotus* DC.]

多年生草本。基生叶和茎下部叶长椭圆形、长椭圆状披针形或倒披针形，顶端圆钝或急尖，基部渐狭成具翅的柄，茎下部叶柄基部稍扩大半抱茎，边缘具波状牙齿或羽状浅裂，裂片边缘具不规则的细尖齿牙，两面无毛；茎中部叶与下部叶相似，基部耳状抱茎，耳圆形；茎上部叶小，披针形或线状披针形。头状花序4～10个，在茎顶排列成疏散的伞房花序；总苞宽钟形，总苞片约3层；舌状花黄色。瘦果长椭圆形。

生于田边、路边、沟渠边或村庄附近。见于南向店乡环山村。

苣荬菜全草药用，味苦，性寒。清热解毒，利湿排脓，凉血止血。治咽喉肿痛、疮疖肿毒、痔疮、急性菌痢、肠炎、肺脓疡、急性阑尾炎、衄血、咯血、尿血、便血、崩漏。

2. 续断菊（野苦荬菜、花叶滇苦菜）

Sonchus asper (L.) Hill.[*S. oleraceus* L. var. *asper* L.]

一年生或二年生草本。茎下部与中部叶长圆形或长卵状椭圆形，长15～20 cm，宽3～8 cm，不分裂或缺刻状羽状浅裂，稀近半裂，侧裂片3～5对，裂片边缘密生长刺状尖齿或小尖齿，下部叶基部渐狭成具狭翅的柄；中部叶基部扩大成圆耳状抱茎；上部叶长椭圆状披针形，边缘具刺状尖齿，基部圆耳状抱茎。头状花序直径约1～1.5 cm，5～10个在茎端排成伞房花序状的聚伞状花序；总花梗无毛或有腺毛；总苞长钟形；总苞片2～3层；舌状花多数，舌片黄色。瘦果卵状椭圆形。

生于田埂、路边、荒地及村庄附近。见于白雀园镇大尖山。

续断菊全草药用，味苦，性寒。清热解毒，止血。治疮疡肿毒、小儿咳喘、肺痨咳血。

3. 苦苣菜（苦菜）

Sonchus oleraceus L.[*S. lingianus* Shih.]

一年生草本。叶互生，纸质，无毛；叶片长椭圆形或披针形，长10～20 cm，宽3～6 cm，羽状深裂、大头羽裂或羽状半裂，顶裂片大，宽三角形，有时顶裂片与侧裂片等大，稀不裂，边缘有不规则刺状尖齿；茎下部叶具翅短柄，柄基扩大抱茎，中部叶及上部叶无柄，基部宽大或戟状环形抱茎。头状花序数个，在顶端排列成伞房状，花序梗与总苞下部疏生腺毛；总苞钟状，长1.0～1.2 cm，宽1.0～1.5 cm，暗绿色；总苞片3层，外层者卵状披针形，内层者披针形或条状披针形；舌状花黄色。瘦果长椭圆形。

生于田埂、路边。司马光油茶园。

苣荬菜全草药用，味苦，性寒。清热、凉血、解毒。治痢疾、黄疸、血淋、痔瘘；外用治痈疮肿毒、中耳炎。

43. 万寿菊属Tagetes L.

叶羽状全裂，全株有特殊臭味。头状花序大，常橘红色。光山有2种。

1. 万寿菊（蜂窝菊、金盏菊、臭菊花、臭芙蓉、芙蓉花）

Tagetes erecta L.

一年生草本。叶长5～10 cm，宽4～8 cm，羽状全裂或几全裂，裂片长椭圆形或披针形，边缘具锐锯齿，上部叶裂片的齿端有长细芒，沿叶缘有少数腺体。头状花序直径5～8 cm；总花梗顶端粗大，棒状；总苞长筒形，总苞片1层，合生，顶端具齿尖；舌状花舌片倒卵形，黄色或暗橙色，顶端微凹缺，基部收缩成长柄；管状花花冠黄色。瘦果倒卵状长圆形，基部缩小，黑色或褐色，被短微毛；冠毛3～5枚，其中1～2枚长芒状，另2～3枚为短而钝的膜片。

光山常见栽培。见于县城。

万寿菊是一种观赏花卉，它的根和花还可药用，味苦，性凉。花：清热解毒，化痰止咳。根：解毒消肿。花：治上呼吸道感染、百日咳、气管炎、眼结膜炎、咽炎、口腔炎、牙痛。外用治腮腺炎、乳腺炎、痈疮肿毒。

2. 孔雀草（小万寿菊、红黄万寿菊、红黄草、小芙蓉花、藤菊）

Tagetes patula L.

一年生草本。叶长2～9 cm，宽1.5～3 cm，羽状全裂或几全裂，裂片线状披针形，边缘有锯齿，齿端常有细长芒，基部有1个腺体。头状花序直径3.5～4 cm；总花梗长5～6.5 cm，顶端稍粗大，棒状；总苞长筒形，总苞片1层，合生，上端具锐齿，有腺点；舌状花舌片近圆形，金黄色或橙色，常有红色斑块，顶端微凹，基部收缩成长柄；管状花花冠黄色。瘦果长圆形，基部缩小，黑色，被短柔毛；冠毛3～5枚，其中1～2枚长芒状，另2～3枚膜片状，较短而钝。

光山常见栽培。见于县城。

孔雀草是一种观赏花卉，它的全草药用，味苦，性平。清热利湿，止咳，止痛。治上呼吸道感染、痢疾、咳嗽、百日咳、牙痛、风火眼痛。外用治腮腺炎、乳腺炎。

44. 蒲公英属 Taraxacum F. H. Wigg.

植物体有白色乳汁。主根粗壮。花序单生花葶顶端。光山有1种。

1. 蒲公英（黄花地丁、婆婆丁、黄黄狼、紫花地丁、公英、正公英）

Taraxacum mongolicum Hand.-Mazz.

多年生无茎草本，具乳汁管。叶数枚排列成莲座状，叶片椭圆状、倒披针形或倒卵状椭圆形，长4～18 cm，宽1.5～5.5 cm，近无毛，边缘倒向羽状或提琴状深裂或浅裂，裂片每边4～6枚，三角形或浅三角形，叶基部渐狭成柄。夏秋季开花。头状花序直径2～3 cm，每花葶顶生花序一个，内含同型、两性的舌状花数朵至10余朵，舌片黄色，花葶与叶近等长或略比叶长，疏被蛛丝状毛；总苞片2～3层，线形或披针形，具狭窄，膜质边檐。瘦果卵形。

生于田野、路旁、荒地及村庄附近。见于白雀园镇赛山村、官渡河边。

味苦、甘，性寒。清热解毒，消肿散结，利尿通淋。治疗疮肿毒、乳痈、瘰疬、目赤、咽痛、肺痈、肠痈、湿热黄疸、热淋涩痛。常用量5～15 g

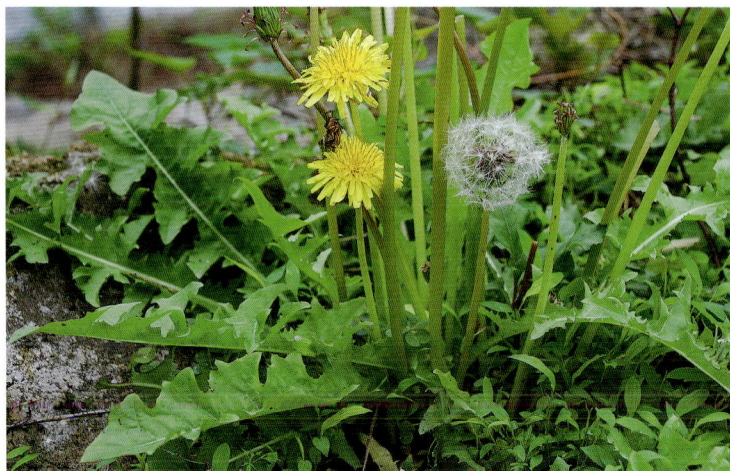

45. 苍耳属 Xanthium L.

头状花序单生，雌雄同株，总苞合生成囊状，花后变硬，外面有钩状刺。光山有1种。

1. 苍耳（苍子、痴头猛、羊带归、虱麻头）

Xanthium sibiricum Patrin ex Widder

一年生草本。叶三角状卵形或心形，长4～9 cm，宽5～10 cm，边缘有不规则的粗锯齿，有3基出脉，侧脉弧形，直达叶缘；叶柄长3～11 cm。雄性的头状花序球形，径4～6 mm，总苞片长圆状披针形，长1～1.5 mm；花冠钟形，管部上端有5宽裂片；雄花多数，花药长圆柱状线形；雌性的头状花序椭圆形，外层总苞片小，披针形，长约3 mm，被短柔毛，内层总苞片结合成囊状，宽卵形或椭圆形，绿色、淡黄色或有时带红褐色，在瘦果成熟时变坚硬，连同喙部长12～15 mm，宽4～7 mm，外面有疏生的具钩状的刺，刺尖极细而直，基部微增粗或几不增粗，基部被柔毛，常有腺点。瘦果2，倒卵形。

生于路旁、村边、旷野或荒地上。见于殷棚乡牢山林场、官渡河边。

苍耳的种子或全草可药用，味苦、辛、甘，性温；有小毒。发汗通窍，散风祛湿，消炎镇痛。苍耳子：治感冒头痛、慢性鼻窦炎、副鼻窦炎、疟疾、风湿性关节炎。苍耳草：治子宫出血、深部脓肿、麻风、皮肤湿疹。

46. 黄鹌菜属 Youngia Cass.

植物体有白色乳汁的小草本。花序形如莴苣，含同型两性舌状花。瘦果顶端无喙，舌瓣花粉红色或黄色。光山有2种。

1. 异叶黄鹌菜（黄狗头）

Youngia heterophylla (Hemsl.) Babc. et Stebb.

一年生草本。基生叶或椭圆形，顶端圆或钝，边缘有凹尖齿，或倒披针状长椭圆形，大头羽状深裂或几全裂，长达23 cm，宽6～7 cm，顶裂片戟形、不规则戟形、卵形或披针形，长约8 cm，宽约5 cm，边缘全缘、几全缘或有锯齿，侧裂片小，1～8对，对生或偏斜，椭圆形或耳状，基部与羽轴宽融合或基部收窄成宽短的翼柄，顶端急尖、钝或圆形，基生叶的叶柄长3.5～11 cm；中下部茎叶多数，与基生叶同形并等样分裂或戟形，不裂；上部茎叶通常大头羽状3全裂或戟形，不裂；最上部茎叶披针形或狭披针形，不分裂；花序梗下部及花序分枝枝叉上的叶小，线钻形。头状花序多数在茎枝顶端排成伞房花序，含11～25枚舌状小花，花黄色。瘦果黑褐紫色。

生于村边、路旁或荒地上。见于白雀园镇大尖山、官渡河边。

生于村边、路旁或荒地上。见于殷棚乡牢山林场、官渡河边。

黄鹌菜全草药用，味甘、微苦，性凉。清热解毒，利尿消肿，止痛。治咽炎、乳腺炎、牙痛、小便不利、肝硬化腹水。外用治疮疖肿毒。

47. 百日菊属 Zinnia L.

叶对生基部包茎。花序1层能结实的舌状两性花。光山有1种。

1. 百日菊（火毡花、鱼尾菊、节节高）

Zinnia elegans Jacq.

一年生草本。叶宽卵圆形或长圆状椭圆形，长5～10 cm，宽2.5～5 cm，基部稍心形抱茎，两面粗糙，叶背被密的短糙毛，基出3脉。头状花序直径5～6.5 cm，单生枝端，无中空肥厚的花序梗。总苞宽钟状；总苞片多层，宽卵形或卵状椭圆形，外层长约5 mm，内层长约10 mm，边缘黑色。托片上端有延伸的附片；附片紫红色，流苏状三角形。舌状花深红色、玫瑰色、紫堇色或白色，舌片倒卵圆形，顶端2～3齿裂或全缘，上面被短毛，下面被长柔毛；管状花黄色或橙色，长7～8 mm，顶端裂片卵状披针形，上面被黄褐色密茸毛；雌花瘦果倒卵圆形；管状花瘦果倒卵状楔形。

光山常见栽培。见于白雀园镇赛山村、县城附近。

百日菊是一种观赏花卉，全草也可药用，味辛、苦，性凉。清热利湿，解毒消肿。治温热痢疾、淋证、乳痈、疮疡疖肿。

239A. 睡菜科 Menyanthaceae

水生草本，具根茎。茎伸长，节上有时生根。叶基生或茎生，互生，稀对生，叶片浮于水面。花簇生节上，5数；花萼深裂近基部，萼筒短；花冠常深裂近基部呈辐状，稀浅裂呈钟形，冠筒通常甚短，喉部具5束长柔毛；子房1室；腺体5，着生于子房基部。蒴果。光山有1属1种。

1. 荇菜属 Nymphoides Seguier

水生草本，具根茎。叶基生或茎生，互生，稀对生，叶片浮于水面。光山有1种。

1. 荇菜（金莲子、莲叶荇菜、莲叶荇菜）

Nymphoides peltata (Gmel.) O. Kuntze

多年生水生草本。上部叶对生，下部叶互生，叶片飘浮水面，近革质，圆形或卵圆形，直径1.5～8 cm，基部心形，全

2. 黄鹌菜（毛连连、野芥菜、黄花枝香草、野青菜）

Youngia japonica (L.) DC.

一年生草本。基生叶全形倒披针形、椭圆形、长椭圆形或宽线形，长2.5～13 cm，宽1～4.5 cm，大头羽状深裂或全裂，叶柄长1～7 cm，有狭或宽翼或无翼，顶裂片卵形、倒卵形或卵状披针形，顶端圆形或急尖，边缘有锯齿或几全缘，侧裂片3～7对，椭圆形，向下渐小，边缘有锯齿或细锯齿或边缘有小尖头，极少边缘全缘。头状花序含10～20枚舌状小花，少数或多数在茎枝顶端排成伞房花序，花序梗细。总苞圆柱状，长4～5 mm，极少长3.5～4 mm；舌状小花黄色，花冠管外面有短柔毛。瘦果纺锤形。

缘，有不明显的掌状叶脉，叶背紫褐色，密生腺体，粗糙，叶面光滑，叶柄圆柱形，长5～10cm，呈鞘状，半抱茎。花常多数，簇生节上，5数；花梗圆柱形，不等长，稍短于叶柄，长3～7cm；花萼长9～11mm，分裂近基部，裂片椭圆形或椭圆状披针形，顶端钝，全缘；花冠黄色，长2～3cm，直径2.5～3cm，分裂至近基部，冠筒短，喉部具5束长柔毛，雌蕊长7～17mm；腺体5枚，黄色，环绕子房基部。蒴果无柄，椭圆形。

生于浅水塘或不流动的河溪中。见于文殊乡九九林场。

荇菜全草药用，味甘、辛，性寒。发汗透疹，利尿通淋，清热解毒。治感冒发热无汗、麻疹透发不畅、水肿、小便不利、热淋、诸疮肿毒、毒蛇咬伤。

240. 报春花科 Primulaceae

草本，稀为亚灌木。茎直立或匍匐，具互生、对生或轮生之叶，或无地上茎而叶全部基生，并常形成稠密的莲座丛。花单生或组成总状、伞形或穗状花序，两性，辐射对称；花萼通常5裂，稀4或6～9裂，宿存；花冠下部合生成短或长筒，上部通常5裂，稀4或6～9裂，仅1单种属无花冠；胚珠通常多数，生于特立中央胎座上。蒴果。光山有2属10种。

1. 点地梅属 Androsace L.

叶全部基生。叶圆形或扁圆形，直径8～15mm。花冠筒比花萼等长或更短。光山有1种。

1. 点地梅（喉咙草）

Androsace umbellata (Lour.) Merr.

一年生。叶全部基生，叶片近圆形或卵圆形，直径5～20mm，顶端钝圆，基部浅心形至近圆形，边缘具三角状钝牙齿，两面均被贴伏的短柔毛；叶柄长1～4cm，被开展的柔毛。花葶通常数枚自叶丛中抽出，高4～15cm，被白色短柔毛；伞形花序4～15花；苞片卵形至披针形，长3.5～4mm；花梗纤细，长1～3cm，果时长可达6cm，被柔毛并杂生短柄腺体；花萼杯状，长3～4mm，密被短柔毛，分裂近达基部，裂片菱状卵圆形，具3～6纵脉，果期增大，呈星状展开；花冠白色，直径4～6mm，筒部长约2mm，短于花萼，喉部黄色。蒴果近球形。

生于山地路旁或田边空旷草地上。见于司马光油茶园。

点地梅全草药用，味辛、苦，性寒。清热解毒，消肿止痛。治扁桃体炎、咽喉炎、口腔炎、急性结膜炎、跌打损伤。

2. 珍珠菜属 Lysimachia L.

叶茎生与基生。花黄色或白色，花冠裂片比花冠管长，在花蕾中旋转排列。蒴果纵裂。光山有9种。

1. 泽珍珠菜（白水花、水硼砂）

Lysimachia candida Lindl.

一年生或二年生草本。基生叶匙形或倒披针形，长2.5～6cm，宽0.5～2cm，具有狭翅的柄，开花时存在或早凋；茎叶互生，很少对生，叶片倒卵形、倒披针形或线形，长1～5cm，宽2～12mm，顶端渐尖或钝，基部渐狭，下延，边缘全缘或微皱呈波状，两面均有黑色或带红色的小腺点，无柄或近于无柄。总状花序顶生，初时因花密集而呈阔圆锥形，其后渐伸长，果时长5～10cm；苞片线形，长4～6mm；花梗长约为苞片的2倍，花序最下方的长达1.5cm；花萼长3～5mm，分裂近达基部，裂片披针形，边缘膜质，背面沿中肋两侧有黑色短腺条；花冠白色。蒴果球形。

生于田边、路旁潮湿处或田埂中。见于县城官渡河边。

泽珍珠菜全草药用，味苦，性凉。清热解毒，消肿散结。治无名肿毒、痈疮疖肿、稻田皮炎、跌打骨折。

2. 长穗珍珠菜

Lysimachia chikungensis Bail.

多年生草本。叶互生，狭披针形至线状披针形，长4～6cm，宽5～7mm，顶端锐尖，基部楔形，边缘极狭内卷，叶面深绿色，叶背粉绿色，两面均有不明显的褐色粒状腺点和短柄小腺体，中肋在叶背隆起，侧脉不显著；叶柄极短或无柄。总状花序顶生，细瘦，果时长可达25cm；苞片钻形，长

2.5～3.5 mm；花梗长1～2 mm；花萼长约1.5 mm，分裂近达基部，裂片椭圆形，具较宽的膜质边缘，有腺状缘毛；花冠白色，长2～3 mm，基部合生部分长约1 mm，裂片倒卵状长圆形，顶端圆钝；雄蕊比花冠短；花药卵形，长约1 mm；子房卵圆形。蒴果球形。

生于向阳的山坡草丛和石缝中。见于泼陂河镇东岳寺村、殷棚乡牢山林场。

3. 过路黄(金钱草、对座草、路边黄、遍地黄、四川金钱草)

Lysimachia christinae Hance

多年生草本，茎平卧延伸。叶对生，卵圆形、近圆形以至肾圆形，长2～6 cm，宽1～4 cm，顶端锐尖、圆钝或圆形，基部截形至浅心形，鲜时稍厚，透光可见密布的透明腺条，干时腺条变黑色；叶柄比叶片短或近等长，无毛以至密被毛。花单生叶腋；花梗长1～5 cm，通常不超过叶长，被毛如茎，多少具褐色无柄腺体；花萼长5～7 mm，分裂近达基部，裂片披针形、椭圆状披针形以至线形或上部稍扩大而呈近匙形，顶端锐尖或稍钝，无毛、被柔毛或仅边缘具缘毛；花冠黄色，长7～15 mm，基部合生部分长2～4 mm，裂片狭卵形以至近披针形，顶端锐尖或钝，质地稍厚，具黑色长腺条。蒴果球形。

生于荒地、路旁、沟边湿润处。

过路黄全草药用，味苦、酸，性凉。清热解毒，利尿排石，活血散瘀。治肝、胆结石，胆囊炎，黄疸型肝炎，泌尿系结石，水肿，跌打损伤，毒蛇咬伤，毒蕈及药物中毒。

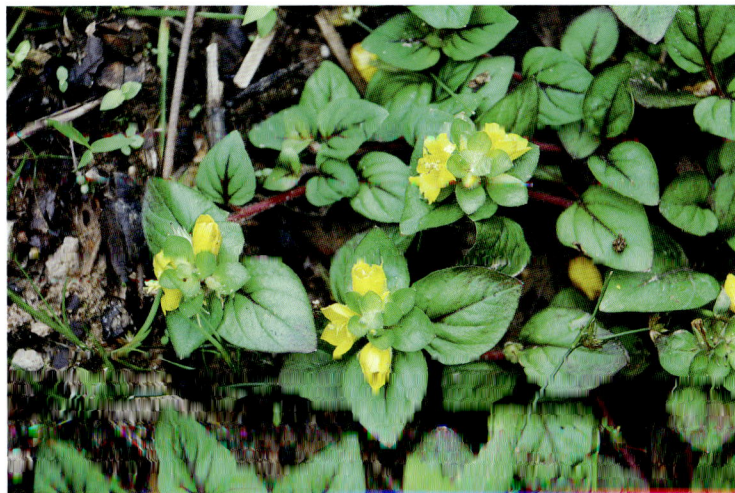

4. 珍珠菜

Lysimachia clethroides Duby

多年生草本。根茎横走，淡红色。叶互生，长椭圆形或阔披针形，长6～16 cm，宽2～5 cm，顶端渐尖，基部渐狭，两面散生黑色粒状腺点，柄长2～10 mm。总状花序顶生，盛花期长约6 cm，花密集，常转向一侧，后渐伸长，果时长20～40 cm；苞片线状钻形，比花梗稍长；花梗长4～6 mm；花萼长2.5～3 mm，分裂近达基部，裂片卵状椭圆形，顶端圆钝，周边膜质，有腺状缘毛；花冠白色，长5～6 mm，基部合生部分长约1.5 mm，裂片狭长圆形，顶端圆钝；雄蕊内藏，被腺毛；花药长圆形，长约1 mm；花粉粒具3孔沟，长球形，表面近于平滑；子房卵形。蒴果近球形。

生于路旁、沟边、疏林下阴湿处。见于槐店乡万河村。

珍珠菜全草药用，味辛、苦，性平。清热利湿，活血散瘀，解毒消痈。治月经不调，白带，小儿疳积，风湿性关节炎，跌打损伤，乳腺炎，蛇咬伤。

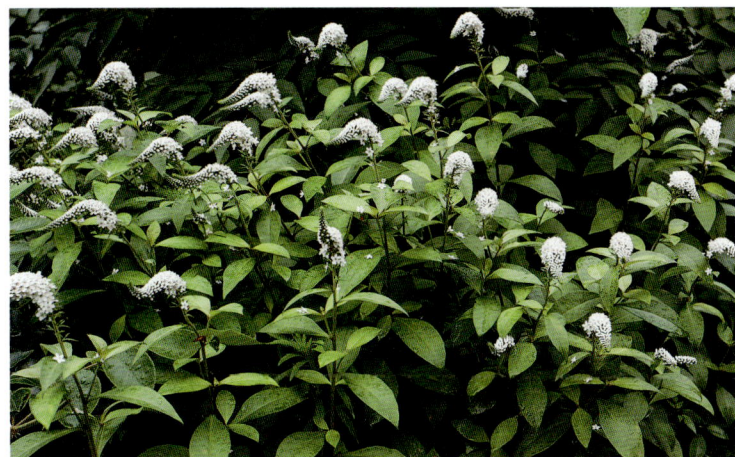

5. 临时救(小过路黄、风寒草、聚花过路黄、簇花排草)

Lysimachia congestiflora Hemsl.

多年生草本，茎下部匍匐，节上生根。叶对生，茎端的2对间距短，近密聚，卵形、阔卵形以至近圆形，近等大，长1.4～3 cm，宽1.3～2.2 cm，顶端锐尖或钝，基部近圆形或截形，稀略呈心形，叶面绿色，叶背色较淡，有时沿中肋和侧脉染紫红色，两面多少被具节糙伏毛，近边缘有暗红色或有时变为黑色的腺点，侧脉2～4对；叶柄短。花2～4朵集生；花梗极短或长至4 mm；花萼长5～8.5 mm，分裂近达基部，裂片披针形，宽约1.5 mm，背面被疏柔毛；花冠黄色。蒴果球形。

生于路旁、沟边、疏林下阴湿处。见于槐店乡万河村。

临时救全草药用，味甘、辛，性微温。祛风散寒，化痰止咳，消积，解毒利湿。治风寒头痛、咳嗽痰多、咽喉肿痛、黄疸、胆道结石、尿路结石、小儿疳积、痈肿、蛇伤。

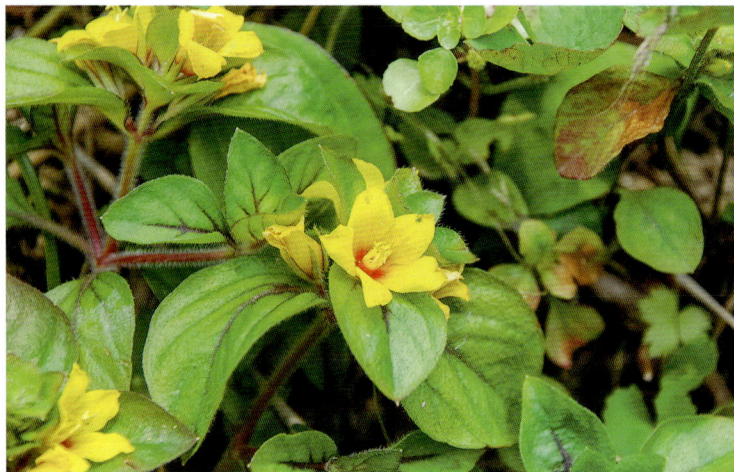

6. 缀瓣珍珠菜

Lysimachia glanduliflora Hanelt.

多年生草本。叶对生，很少在茎上部互生，叶片卵形至卵状披针形，长8～11 cm，宽2.5～3.5 cm，顶端渐尖，基部渐狭，边缘呈皱波状，叶面绿色，叶背粉绿色，两面近边缘有暗紫色或黑色粒状粗腺点和短腺条；叶柄短，长5～10 mm，具翅，基部耳状抱茎。总状花序顶生，疏花，花序轴和花梗散生粒状腺点；苞片线形，长3～4.5 mm；花梗长7～9 mm，顶端稍增粗；花萼3～3.5 mm，分裂近达基部，裂片三角状披针形，顶部稍钝，微反曲，背面有褐色粗腺条，边缘具小缘毛；花冠白色，阔钟形，长5～5.5 mm，分裂达中部；子房无毛，花柱稍粗壮，长约2 mm。蒴果球形。

生于路旁、沟边、疏林下阴湿处。见于南向店乡董湾村。

7. 点腺过路黄

Lysimachia hemsleyana Maxim.

多年生草本，茎下部匍匐。叶对生，卵形或阔卵形，长1.5～4 cm，宽1.2～3 cm，顶端锐尖，基部近圆形、截形以至浅心形，叶面绿色，密被小糙伏毛，叶背淡绿色，毛被较疏或近于无毛，两面均有褐色或黑色粒状腺点，极少为透明腺点，侧脉3～4对，在叶背稍明显，网脉隐蔽。叶柄长5～18 mm。花单生于茎中部叶腋，极少生于短枝上叶腋；花梗长7～15 mm，果时下弯，可增长至2.5 cm；花萼长7～8 mm，分裂近达基部，裂片狭披针形，宽1～1.5 mm，背面中肋明显，被稀疏小柔毛，散生褐色腺点；花冠黄色。蒴果近球形。

生于路旁、沟边、疏林下阴湿处。见于南向店乡董湾村、泼陂河镇东岳寺村。

8. 黑腺珍珠菜（满天星）

Lysimachia heterogenea Klatt

多年生草本。基生叶匙形，早凋，茎叶对生，无柄，叶片披针形或线状披针形，极少长圆状披针形，长4～13 cm，宽1～3 cm，顶端稍锐尖或钝，基部钝或耳状半抱茎，两面密生黑色粒状腺点。总状花序生于茎端和枝端；苞片叶状，长于或近等长于花梗；花梗长3～5 mm；花萼4～5 mm，分裂近达基部，裂片线状披针形，背面有黑色腺条和腺点；花冠白色，长约7 mm，基部合生部分长约2.5 mm，裂片卵状长圆形；雄蕊与花冠近等长。蒴果球形。

生于水边湿地。见于白雀园镇赛山村。

黑腺珍珠菜全草药用，味辛、苦，性平。活血，解毒。治闭经、毒蛇咬伤。

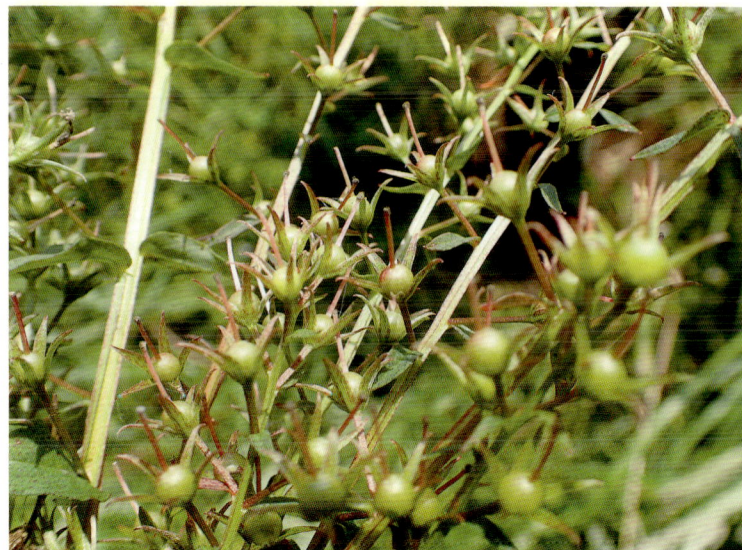

9. 轮叶过路黄

Lysimachia klattiana Hance

茎通常2至数条簇生。叶6至多枚在茎端密聚成轮生状，在茎上部各节3～4枚轮生或对生，很少互生，叶片披针形至狭披针形，长2～8 cm，宽3～13 mm，顶端渐尖或稍钝，基部楔形，无柄或近于无柄，两面均被多细胞柔毛。花集生茎端成伞形花序，极少在花序下方的叶腋有单生花；花梗长7～12 mm，被稀疏柔毛，果时下弯；花萼长9～10 mm，分裂近达基部，裂片披针形，顶端渐尖成尾形，背面被疏柔毛，中肋明显，近基部常有不明显的黑色腺条；花冠黄色，长11～12 mm，基部合生部分长2.5～3 mm，裂片狭椭圆形，宽约5 mm，顶端钝，有棕色或黑色长腺条。蒴果近球形。

生于路旁、沟边、疏林下阴湿处。见于县城细多山村附近。

242. 车前草科Plantaginaceae

草本。叶螺旋状互生，通常排成莲座状，或于地上茎上互生、对生或轮生；单叶，弧形脉3～11条，少数仅有1中脉，叶柄基部常扩大成鞘状。穗状花序狭圆柱状、圆柱状至头状，偶尔简化为单花，稀为总状花序；花序梗通常细长，出自叶腋；每花具1苞片；花小，两性，稀杂性或单性，雌雄同株或异株；花冠干膜质，白色、淡黄色或淡褐色，高脚碟状或筒状，筒部合生。果通常为周裂的蒴果。光山有1属2种。

1. 车前草属Plantago L.

草本。叶螺旋状互生，通常排成莲座状。果通常为周裂的蒴果。光山有2种。

1. 车前 (牛舌草、猪耳朵草)

Plantago asiatica L.

多年生草本。叶基生呈莲座状，平卧、斜展或直立；叶片薄纸质或纸质，宽卵形至宽椭圆形，长4～12 cm，宽2.5～6.5 cm，顶端钝圆至急尖，边缘波状、全缘或中部以下有锯齿、牙齿或裂齿，基部宽楔形或近圆形，多少下延，两面疏生短柔毛；脉5～7条；叶柄长2～15 cm，基部扩大成鞘，疏生短柔毛。花序3～10个，直立或弓曲上升；花序梗长5～30 cm，有纵条纹，疏生白色短柔毛；穗状花序细圆柱状，长3～40 cm，紧密或稀疏，下部常间断；苞片狭卵状三角形或三角状披针形，长2～3 mm，长大于宽，龙骨突宽厚，无毛或顶端疏生短毛。蒴果纺锤状卵形。

生于路旁、沟边、疏林下阴湿处。见于县城官渡河边、白雀园镇赛山村。

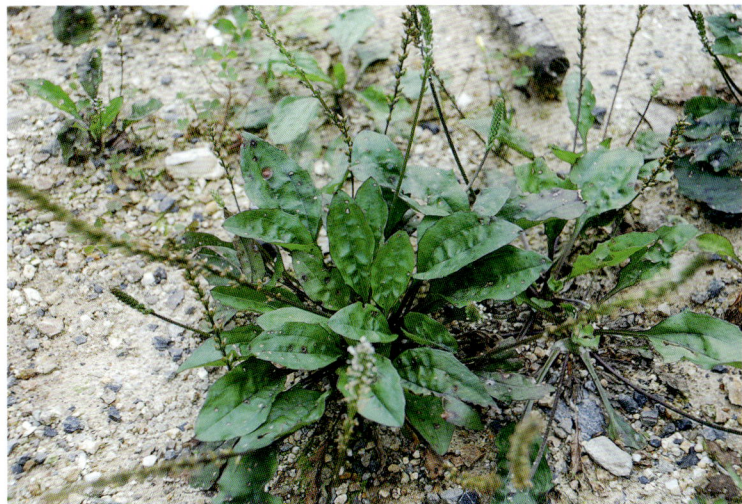

车前全草或种子药用，味甘，性寒。清热利尿，祛痰止咳，明目。全草、种子功能相仿。治泌尿系感染、结石、肾炎水肿、小便不利、肠炎、细菌性痢疾、急性黄疸型肝炎、支气管炎、急性眼结膜炎。用量：全草15～30 g，种子3～9 g。

2. 平车前 (小车前、车轮草)

Plantago depressa Willd.

一年生草本。叶基生呈莲座状，平卧、斜展或直立；叶片纸质，椭圆形、椭圆状披针形或卵状披针形，长3～12 cm，宽1～3.5 cm，顶端急尖或微钝，边缘具浅波状钝齿、不规则锯齿或牙齿，基部宽楔形至狭楔形，脉5～7条；叶柄长2～6 cm，花序约3～10个，花序梗长5～18 cm，穗状花序细圆柱状，上部密集，基部常间断，长6～12 cm；苞片三角状卵形，长2～3.5 mm；花萼长2～2.5 mm，龙骨突宽厚。花冠白色，冠筒等长或略长于萼片，裂片极小，椭圆形或卵形。蒴果卵状椭圆形。

生于路旁、沟边、疏林下阴湿处。见于槐店乡珠山村。

平车前的种子或全草药用，种子：味甘，性微寒。清热利尿，渗湿通淋，明目，祛痰。全草：味甘，性寒。清热利尿，祛痰，凉血，解毒。种子：治水肿胀满、热淋涩痛、带下、尿血、暑湿泄泻、目赤肿痛、痰热咳嗽。用量5～10 g。全草：治水肿尿少、热淋涩痛、暑湿泻痢、吐血、衄血、痈肿、疮毒等。

243. 桔梗科Campanulaceae

草本、灌木或小乔木。花大多5数，辐射对称或两侧对称；花萼5裂，筒部与子房贴生，镊合状排列；花冠为合瓣，浅裂或深裂至基部而成为5个花瓣状的裂片，整齐，或后方纵缝开裂至基部，其余部分浅裂，使花冠为两侧对称，裂片在花蕾中镊合状排列极少覆瓦状排列。果通常为蒴果。光山有4属7种1亚种。

1. 沙参属Adenophora Fisch.

草本，植物体有乳汁。花单生或组成总状或圆锥花序，花盘筒状环绕花柱下部。蒴果基部开裂。光山有4种。

1. 杏叶沙参 (湖南沙参)

Adenophora hunanensis Mannf.

草本。茎生叶至少下部的具柄，稀近无柄，叶片卵圆形、卵形至卵状披针形，基部常楔状渐尖，或近于平截形而突然变窄，沿叶柄下延，顶端急尖至渐尖，边缘具疏齿，两面被短硬毛，较少被柔毛，稀全无毛的，长3～10(15)cm，宽2～4 cm。花序分枝长，几乎平展或弓曲向上，常组成大而疏散的圆锥花序，极少分枝很短或长而几乎直立因而组成窄的圆锥花序。花梗极短而粗壮，长仅2～3 mm，极少达5 mm，花序轴和花梗有短毛或近无毛；花萼常有或疏或密的白色短毛，稀无毛，筒部倒圆锥状，裂片卵形至长卵形，长4～7 mm，宽1.5～4 mm，基部通常彼此重叠；花冠钟状、蓝色、紫色或蓝紫色。蒴果球状椭圆形。

生于山地草丛或疏林下。见于南向店乡董湾村林场。

杏叶沙参的根药用，味甘、苦，性微寒。养阴清热，润肺化痰，止咳。治肺热咳嗽、燥咳痰少、虚热喉痹、津伤口渴。

2. 沙参（杏叶沙参）

Adenophora stricta Miq.

草本。基生叶心形，大而具长柄；茎生叶无柄，或仅下部的叶有极短而带翅的柄，叶片椭圆形或狭卵形，基部楔形，少近于圆钝的，顶端急尖或短渐尖，边缘有不整齐的锯齿，两面疏生短毛或长硬毛，或近于无毛，长3～11 cm，宽1.5～5 cm。花序常不分枝而成假总状花序，或有短分枝而成极狭的圆锥花序，极少具长分枝而为圆锥花序的。花梗常极短，长不足5 mm；花萼常被短柔毛或粒状毛，少完全无毛的，筒部常倒卵状，少为倒卵状圆锥形，裂片狭长，多为钻形，少为条状披针形，长6～8 mm，宽至1.5 mm；花冠宽钟状，蓝色或紫色。蒴果椭圆状球形。

光山有少量栽培。见于南向店乡五岳村。

沙参的根药用，味甘、苦，性微寒。养阴清热，润肺化痰，止咳，下乳解毒。治肺热咳嗽，燥咳痰少，虚热喉痹，津伤口渴，乳汁不足。

3. 轮叶沙参（四叶沙参）

Adenophora tetraphylla (Thunb.) Fisch.

多年生草本。茎生叶3～6枚轮生，无柄或有不明显叶柄，叶片卵圆形至条状披针形，长2～14 cm，边缘有锯齿，两面疏生短柔毛。花序狭圆锥状，花序分枝（聚伞花序）大多轮生，细长或很短，生数朵花或单花。花萼无毛，筒部倒圆锥状，裂片钻状，长1～2.5(4)mm，全缘；花冠筒状细钟形，口部稍缢缩，蓝色或蓝紫色，长7～11 mm，裂片短，三角形，长2 mm；花盘细管状，长2～4 mm；花柱长约20 mm。蒴果球状圆锥形。

生于山地草丛或疏林下。见于南向店乡五岳村。

轮叶沙参的根药用，味甘，性凉。清热养阴，润肺止咳。治气管炎、百日咳、肺热咳嗽、咯痰黄稠。

4. 中华沙参

Adenophora sinensis A. DC.

多年生草本。基生叶卵圆形，基部圆钝，并向叶柄下延；茎生叶互生，下部的具长至2.5 cm的叶柄，上部的无柄或具短柄，叶片长椭圆形至狭披针形，基部楔形，顶端钝至渐尖，长3～8 cm，宽0.5～2 cm，边缘具尖或钝的细锯齿，两面无毛。花序常有纤细的分枝，组成狭圆锥花序。花梗纤细，长可至3 cm；花萼通常无毛，少数疏生粒状毛，常球状，少为球状倒卵形，裂片条状披针形，长5～7 mm，宽约1 mm；花冠钟状，紫色或紫蓝色，长13～15 mm；花盘短筒状，长1～1.5 mm；花柱超出花冠2～4 mm。蒴果椭圆状球形或圆球状。

生于山地草丛或疏林下。

2. 党参属Codonopsis Wall.

草本藤本，有肉质根，植物体有乳汁。花单生或组成聚伞花序。蒴果室背开裂。光山有1种。

1. 羊乳（四叶参、奶参、山海螺、乳头薯）

Codonopsis lanceolata (Sieb. et Zucc.) Trautv.

藤本，根常肥大呈纺锤状。叶在主茎上的互生，披针形或菱状狭卵形，细小，长0.8～1.4 cm，宽3～7 mm；在小枝顶端通常2～4叶簇生，而近于对生或轮生状，叶柄短小，长1～5 mm，叶片菱状卵形、狭卵形或椭圆形，长3～10 cm，宽1.3～4.5 cm，顶端尖或钝，基部渐狭，叶面绿色，叶背灰绿色，叶脉明显。花单生或对生于小枝顶端；花梗长1～9 cm；花萼贴生至子房中部，筒部十球状，裂片弯缺尖狭，或开花后渐变宽钝，裂片卵状三角形，长1.3～3 cm，宽0.5～1 cm，端头、牛绿；花冠阔钟状，长2～4 cm，直径2～3.5 cm，浅裂，裂片三角状，反卷，长约0.5～1 cm，黄绿色或乳白色内有紫色斑，花盘肉质，淡绿色，雄蕊下部短膨状。

生于山野、草地、灌丛、疏林中或沟边湿润处，固于般棚乡小山林场。

羊乳的根药用，味甘，性平。补肾通乳，排脓解毒。治病后体虚、乳汁不足、乳腺炎、肺脓疡、痈疖疮疡。

3. 桔梗属Platycodon A. DC.

草本，有肉质根。叶轮生或对生。花大，直径3～5 cm，花蓝紫色。蒴果顶端开裂。光山有1种。

1. 桔梗（包袱花、铃铛花）

Platycodon grandiflorus (Jacq.) A. DC.

多年生草本。叶全部轮生、部分轮生至全部互生，无柄或有极短的柄，叶卵形、卵状椭圆形至披针形，长2～7 cm，宽0.5～3.5 cm，基部宽楔形至圆钝，顶端急尖，叶面无毛而绿色，叶背常无毛而有白粉，有时脉上有短毛或瘤突状毛，边缘具细锯齿。花单朵顶生，或数朵集成假总状花序，或有花序分枝而集成圆锥花序；花萼筒部半圆球状或圆球状倒锥形，被白粉，裂片三角形，或狭三角形，有时齿状；花冠大，长1.5～4.0 cm，蓝色或紫色。蒴果球状。

生于土层较深厚的石山或荒山草坡上。见于南向店乡五岳村、白雀园镇赛山村。

桔梗的根药用，味苦、辛，性温。宣肺，散寒，祛痰，排脓。治外感咳嗽、咳痰不爽、咽喉肿痛、胸闷腹胀、支气管炎、肺脓疡、胸膜炎。

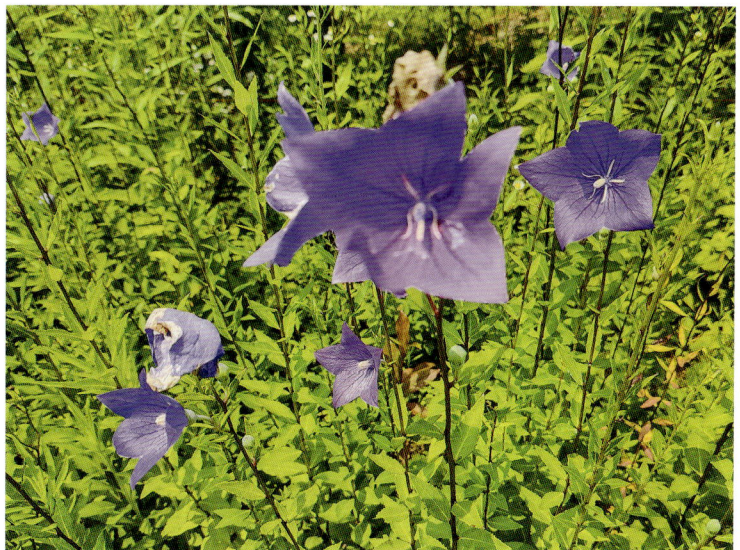

4. 异檐花属Triodanis Raf.

草本。叶互生。花小。蒴果上部开裂。光山有1亚种。

1. 异檐花

Triodanis perfoliata (L.) Nieurol. subsp. **biflora** (Ruiz & Pavon) Lammers

草本。叶互生，卵形，长6～10 mm，宽5～8 mm，顶端渐尖，基部圆形，无叶柄，边缘有2～4粗齿，叶面无毛，叶背被短柔毛，脉上的毛较多。蒴果长圆形，长7～10 mm，直径1.5～2 mm，上部开裂，顶端有缩存的萼片。

生于路旁、田野上。见于槐店乡万河村。

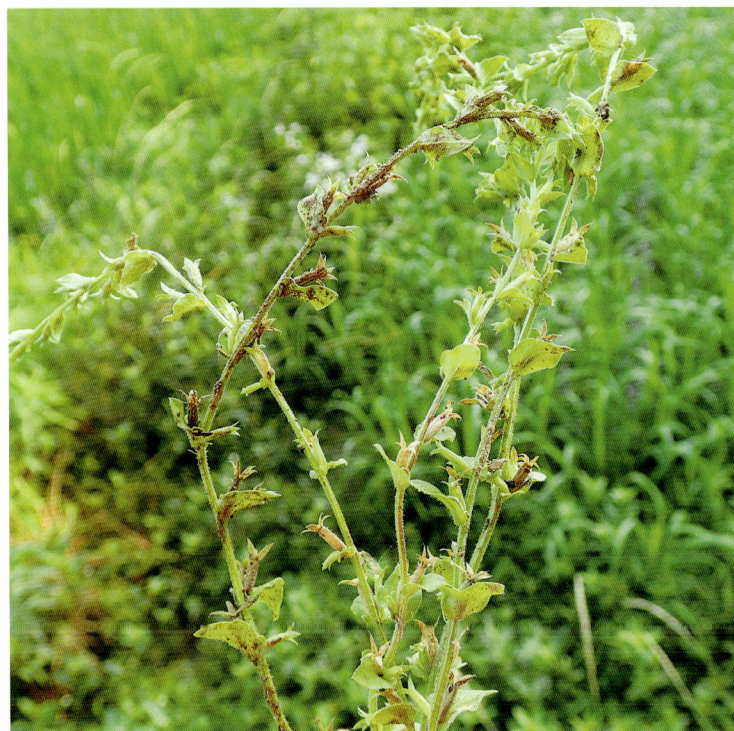

5. 蓝花参属Wahlenbergia Schrad. ex Roth

草本。叶互生。花小，长不达1 cm，花蓝色。蒴果顶端开裂。光山有1种。

1. 蓝花参（娃儿草、细叶沙参）

Wahlenbergia marginata (Thunb.) A. DC.

多年生草本，有白色乳汁。茎自基部多分枝，直立或上升，长10～40 cm，无毛或下部疏生长硬毛。叶互生，无柄或

具长至7 mm的短柄，常在茎下部密集，下部的匙形，倒披针形或椭圆形，上部的条状披针形或椭圆形，长1～3 cm，宽2～8 mm，边缘波状或具疏锯齿，或全缘，无毛或疏生长硬毛。花梗极长，细而伸直，长可达15 cm；花萼无毛，筒部倒卵状圆锥形，裂片三角状钻形；花冠钟状，蓝色，长5～8 mm，分裂达2/3，裂片倒卵状长圆形。蒴果倒圆锥状。

生于平原旷地或丘陵草地上。见于白雀园镇赛山村、南向店乡五岳村。

蓝花参全草药用，味甘，性平。益气补虚，祛痰，截疟。治病后体虚、小儿疳积、支气管炎、肺虚咳嗽、疟疾、高血压病、产后失血过多、白带。

244. 半边莲科Lobeliaceae

草本、灌木或小乔木。叶互生，稀有对生或轮生。花单生叶腋，或总状花序顶生，或由总状花序再组成圆锥花序；花两性，稀单性；小苞片有或无；花萼筒卵状、半球状或浅钟状，裂片等长或近等长，极少二唇形，全缘或有小齿，果期宿存；花冠两侧对称；柱头2裂，授粉面上生柔毛；子房下位、半下位，极少数种为上位，2室，胎座半球状，胚珠多数。蒴果或浆果。光山有1属1种。

1. 半边莲属Lobelia L.

草本。花冠二侧对称，花冠管一侧开裂。果为蒴果，室背2瓣裂。光山有1种。

1. 半边莲（细米草、急解索、紫花莲）

Lobelia chinensis Lour.

多年生小草本。叶互生，无柄或近无柄，椭圆状披针形至条形，长8～25 mm，宽2～6 mm，顶端急尖，基部圆形至阔楔形，全缘或顶部有明显的锯齿，无毛。花通常1朵，生于分枝的上部叶腋；花梗细，长1.2～2.5 cm，基部有长约1 mm的小苞片2枚、1枚或者没有，小苞片无毛；花萼筒倒长锥状，基部渐细而与花梗无明显区分，长3～5 mm，无毛，裂片披针形，约与萼筒等长，全缘或下部有1对小齿；花冠粉红色或白色。蒴果倒锥状。

生于溪河旁、水沟边、水稻田埂或潮湿的草地上。见于县城官渡河边、白雀园镇赛山村。

半边莲全草药用，味辛、微苦，性平。清热解毒，利尿消肿。治毒蛇咬伤、肝硬化腹水、晚期血吸虫病腹水、肾炎水肿、扁桃体炎、阑尾炎。外用治跌打损伤、痈疖疔疮。

249. 紫草科Boraginaceae

草本、灌木或乔木。叶为单叶。聚伞花序或镰状聚伞花序，稀花单生；花两性，辐射对称，很少左右对称；花萼具5个基部至中部合生的萼片；花冠筒状、钟状、漏斗状或高脚碟状，一般可分筒部、喉部、檐部三部分，檐部具5裂片，裂片在蕾中覆瓦状排列，稀旋转状，喉部或筒部具或不具5个附属物，附属物大多为梯形。果实为含1～4粒种子的核果。光山有5属6种。

1. 斑种草属Bothriospermum Bge.

花冠裂片旋转排列，子房4裂，花柱自子房裂片间基部生出。小坚果着生面位于基部，无锚状刺，小坚果杯状突起1层。光山有2种。

1. 多苞斑种草

Bothriospermum secundum Maxim.

一年生草本。基生叶具柄，倒卵状长圆形，长2～5 cm，顶端钝，基部渐狭为叶柄；茎生叶长圆形或卵状披针形，长2～4 cm，宽0.5～1 cm，无柄，两面均被基部具基盘的硬毛及短硬毛。花序生茎顶及腋生枝条顶端，长10～20 cm，花与苞片依次排列，而各偏于一侧；苞片长圆形或卵状披针形，长0.5～1.5 cm，宽0.3～0.5 mm，被硬毛及短伏毛；花梗长1～3 mm，果期不增长或稍增长，下垂；花萼长2.5～3 mm，外面密生硬毛，裂片披针形，裂至基部；花冠蓝色至淡蓝色，长3～4 mm，檐部直径约5 mm，裂片圆形，喉部附属物梯形，高约0.8 mm，顶端微凹。小坚果卵状椭圆形。

生于山坡路边、田间草丛、山坡草地及溪边阴湿处。见于白雀园镇赛山村。

2. 柔弱斑种草（细茎斑种草）

Bothriospermum tenellum (Hornem.) Fisch. et Mey.

一年生草本。叶椭圆形或狭椭圆形，长1～2.5 cm，宽0.5～1 cm，顶端钝，具小尖，基部宽楔形，两面被向上贴伏的糙伏毛或短硬毛。花序柔弱，细长，长10～20 cm；苞片椭圆形或狭卵形，长0.5～1 cm，宽3～8 mm，被伏毛或硬毛；花梗短，长1～2 mm；果期不增长或稍增长；花萼长1～1.5 mm；果期增大，长约3 mm，外面密生向上的伏毛，内面无毛或中部以上散生伏毛，裂片披针形或卵状披针形，裂至近基部；花冠蓝色或淡蓝色，长1.5～1.8 mm，基部直径1 mm，檐部直径2.5～3 mm，裂片圆形，长宽约1 mm。小坚果肾形。

生于山坡路边、田间草丛、山坡草地及溪边阴湿处。见于县城官渡河边。

2. 蓝蓟属Echium L.

花萼深5裂，很少有短筒，裂片披针状线形，很少为宽披针形，果期稍增大并彼此靠合，近轴的2片通常较小；花冠蓝色、紫色或粉红色，钟状或筒状，喉部无附属物。光山有1种。

1. 蓝蓟

Echium vulgare L.

二年生草本。茎高达100 cm，有开展的长硬毛和短密伏毛，通常多分枝。基生叶和茎下部叶线状披针形，长可达12 cm，宽可达1.4 cm，基部渐狭成短柄，两面有长糙伏毛；茎上部叶较小，披针形，无柄。花序狭长，花多数，较密集；苞片狭披针形，长4～15 mm；花萼5裂至基部，外面有长硬毛，裂片披针状线形，长约6 mm，果期增大至10 mm；花冠斜钟状，两侧对称，蓝紫色，长约1.2 cm，外面有短伏毛，檐部不等浅裂，上方1个裂片较大；雄蕊5，花丝长1～1.2 cm，花药短，长圆形，长约0.5 mm；花柱长约1.4 cm，顶端2裂，柱头顶生，细小。小坚果卵形。

光山有栽培。

蓝蓟的花非常美丽，栽培供观赏。

3. 厚壳树属Ehretia L.

乔木。叶面无白色斑点。子房不分裂，花柱自子房顶端生出，花柱2裂不达中部，柱头2。核果，有2个分核。光山有1种。

1. 厚壳树（大红茶、大岗茶）

Ehretia thyrsiflora (Sieb. et Zucc.) Nakai

落叶乔木。叶椭圆形、倒卵形或长圆状倒卵形，长5～13 cm，宽4～6 cm，顶端尖，基部宽楔形，稀圆形，边缘有整齐的锯齿，齿端向上而内弯，无毛或被稀疏柔毛；叶柄长1.5～2.5 cm，无毛。聚伞花序圆锥状，长8～15 cm，宽5～8 cm，被短毛或近无毛；花多数，密集，小，芳香；花萼长1.5～2 mm，裂片卵形，具缘毛；花冠钟状，白色，长3～4 mm，裂片长圆形，开展，长2～2.5 mm，较筒部长；雄蕊

伸出花冠外，花药卵形，长约1 mm，花丝长2～3 mm，着生花冠筒基部以上0.5～1 mm处。核果黄色或桔黄色。

生于丘陵、平地、村旁或山地疏林中。见于殷棚乡牢山林场。

厚壳树的叶、枝及心材药用。叶：味甘、微苦，性平；清热解暑，去腐生肌。心材：味甘、咸，性平；破瘀生新，止痛生肌。树枝：味苦，性平；收敛止泻。叶：治感冒、偏头痛。心材：治跌打肿痛、骨折、痈疮红肿。树枝：治肠炎腹泻。

4. 紫草属Lithospermum L.

草本，有短糙伏毛。叶互生。花单生叶腋或构成有苞片的顶生镰状聚伞花序。小坚果。光山有1种。

1. 梓木草

Lithospermum zollingeri DC.

多年生匍匐草本。基生叶有短柄，叶片倒披针形或匙形，长3～6 cm，宽8～18 mm，两面都有短糙伏毛但叶背毛较密；茎生叶与基生叶同形而较小，顶端急尖或钝，基部渐狭，近无柄。花序长2～5 cm，有花1至数朵，苞片叶状；花有短花梗；花萼长约6.5 mm，裂片线状披针形，两面都有毛；花冠蓝色或蓝紫色，长1.5～1.8 cm，外面稍有毛，筒部与檐部无明显界限，檐部直径约1 cm，裂片宽倒卵形，近等大，长5～6 mm，全缘，无脉，喉部有5条向筒部延伸的纵褶，纵褶长约4 mm，稍肥厚并有乳头；雄蕊着生纵褶之下，花药长1.5～2 mm；花柱长约4 mm，柱头头状。小坚果斜卵球形。

生于丘陵或低山草坡，或灌丛下。见于殷棚乡牢山林场。

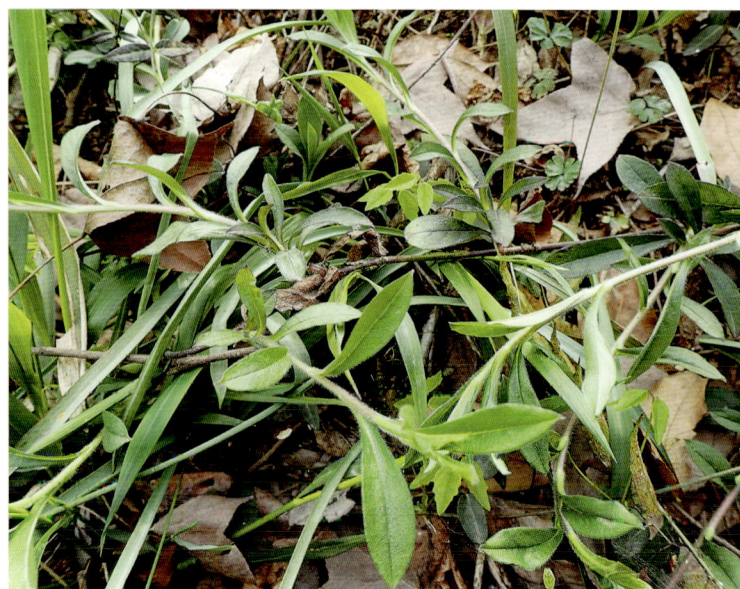

5. 附地菜属Trigonotis Stev.

花冠裂片覆瓦状排列，子房4裂，花柱自子房裂片间基部生出。小坚果着生面位于基部，无锚状刺，小坚果四面体。光山有1种。

1. 附地菜（地胡椒）

Trigonotis peduncularis (Trev.) Benth. ex Baker et Moore

一年生或二年生草本，基生叶呈莲座状，有叶柄，叶片匙形，长2～5 cm，顶端圆钝，基部楔形或渐狭，两面被糙伏毛，茎上部叶长圆形或椭圆形，无叶柄或具短柄。花序生茎顶，幼时卷曲，后渐次伸长，长5～20 cm，通常占全茎的1/2～4/5，只在基部具2～3个叶状苞片，其余部分无苞片；花梗短，花后伸长，长3～5 mm，顶端与花萼连接部分变粗呈棒状；花萼裂片卵形，长1～3 mm，顶端急尖，花冠淡蓝色或粉色，筒部甚短，檐部直径1.5～2.5 mm，裂片平展，倒卵形，顶端圆钝，喉部附属物5。小坚果4颗。

生于平原、丘陵草地或林缘。见于县城官渡河边、向店乡董湾村。

附地菜全草药用，味甘、辛，性温。温中健胃，消肿止痛，止血。治胃痛、吐酸、吐血；跌打损伤、骨折。

250. 茄科Solanaceae

草本、灌木或小乔木。单叶，稀羽状复叶。花单生，簇生或为蝎尾式、伞房式、伞状式、总状式、圆锥式聚伞花序，稀为总状花序；常5基数、稀4基数；花萼通常具5齿、5中裂或5深裂，稀具2、3、4～10齿或裂片，裂片在花蕾中镊合状、外向镊合状、内向镊合状或覆瓦状排列或不闭合，花后几乎不增大或极度增大，果时宿存，稀自近基部周裂而仅基部宿存；花冠具短筒或长筒，辐状、漏斗状、高脚碟状、钟状或坛状；雄蕊与花冠裂片同数而互生，伸出或不伸出于花冠，同形或异形，有时其中1枚较短而不育或退化，插生于花冠筒上。果实为多汁浆果或干浆果，或者为蒴果。光山有7属13种6变种1栽培品种。

1. 辣椒属Capsicum L.

草本。花冠钟形，花药分离，纵裂。浆果，果皮肉质，果有辣味。光山有1种4变种。

1. 辣椒（辣子、牛角椒、海椒、鸡嘴椒）

Capsicum annuum L.[*C. frutescens* L. var. *longum* Bailey]

一年生或有限多年生植物。高40～80 cm。茎近无毛或微生柔毛，分枝稍"之"字形折曲。叶互生，枝顶端节不伸长而成双生或簇生状，长圆状卵形、卵形或卵状披针形，长4～13 cm，宽1.5～4 cm，全缘，顶端短渐尖或急尖，基部狭楔形；叶柄长4～7 cm。花单生，俯垂；花萼杯状，不显著5齿；花冠白色，裂片卵形；花药灰紫色。果梗较粗壮，俯垂；果实长指状，顶端渐尖且常弯曲，未成熟时绿色，成熟后成红色、橙色或紫红色，味辣。种子扁肾形，长3～5 mm，淡黄色。

光山常见栽培。

辣椒是常见栽培的一种蔬菜。它的果实和根叶药用。果实：味辛，性热，温中散寒，健胃消食。根：活血消肿。果：治胃寒疼痛、胃肠胀气、消化不良；外用治冻疮、风湿痛、腰肌痛。根：外用治冻疮。

2. 五色椒

Capsicum annuum L. var. **cerasiforme** Irish

果实有多种颜色。

光山有少量栽培。

五色椒的果实美丽，常栽培用作观赏。

3. 指天椒

Capsicum annuum L. var. **conoides** (Mill.) Irish

枝与叶常被毛，果单个生，指向天上，长圆锥形，长1.5～3 cm，非常辣。

光山有栽培。

指天椒是常见栽培的蔬菜。

4. 簇生椒

Capsicum annuum L. var. **fasciculatum** (Sturt.) Irish

枝与叶常被毛，果簇生，长圆锥形，指向天上，长约4 cm，辣。

光山有栽培。

簇生椒是常见栽培的蔬菜。

5. 菜椒

Capsicum annuum L. var. **grossum** (L.) Sendt.

枝与叶常无毛，果大，球形、圆柱形或扁球形，长3～7 cm，不辣。

光山常见栽培。

菜椒是常见栽培的蔬菜。

2. 枸杞属Lycium L.

灌木，常有刺。花小，漏斗状，雄蕊着生于冠管中下部。光山有1种。

1. 枸杞（杞子）

Lycium chinense Mill.

落叶灌木。具棱和枝刺。叶单生或2～4簇生，纸质，卵形、长椭圆形或卵状披针形，顶端急尖或钝，基部楔形，长1.5～6 cm，侧脉每边4～5条；叶柄长0.4～1 cm。花单生或双生叶腋，在具簇生叶短枝上与叶同簇生；花梗长0.4～2 cm。花萼绿色，5～3裂；长3～5 mm，花冠紫色，漏斗状，长6～12 mm，冠管由下向上骤然扩大，内披一圈茸毛，冠檐5深裂，裂片稍长于冠管，卵形；雄蕊5枚，稍短于花冠，花时外露，花丝近基部密被茸毛；花柱较雄蕊长，花时外伸。浆果卵形至椭圆形，长7～15 mm，熟时变橙红至绯红。

生于沟边、河旁、路旁等潮湿处。见于县城官渡河边。

枸杞的嫩叶可食用，根皮和果实药用，地骨皮（根皮）：味甘，性寒。清热退烧，凉血，降血压。杞子（果实）：味甘，性平。滋补肝肾，益精明目。地骨皮（根皮）：治肺结核低热、肺热咳嗽、糖尿病、高血压病。杞子（果实）：治肾虚精血不足、腰脊酸痛、性神经衰弱、头目眩晕、视力减退。

3. 番茄属Lycopersicon Mill.

草本，叶羽状深裂。果为浆果。光山有1种。

1. 番茄

Lycopersicon esculentun Mill.

一年生草本，高0.6～2 m，全体生粘质腺毛，有强烈气味。茎易倒伏。叶羽状复叶或羽状深裂，长10～40 cm，小叶极不规则，大小不等，常5～9枚，卵形或长圆形，长5～7 cm，边缘有不规则锯齿或裂片。花序总梗长2～5 cm，常3～7朵花；花梗长1～1.5 cm；花萼辐状，裂片披针形，果时宿存；花冠辐状，直径约2 cm，黄色。浆果扁球状或近球状，肉质而多汁液，桔黄色或鲜红色，光滑；种子黄色。

光山常见栽培。

番茄是一种常见栽培的蔬菜。

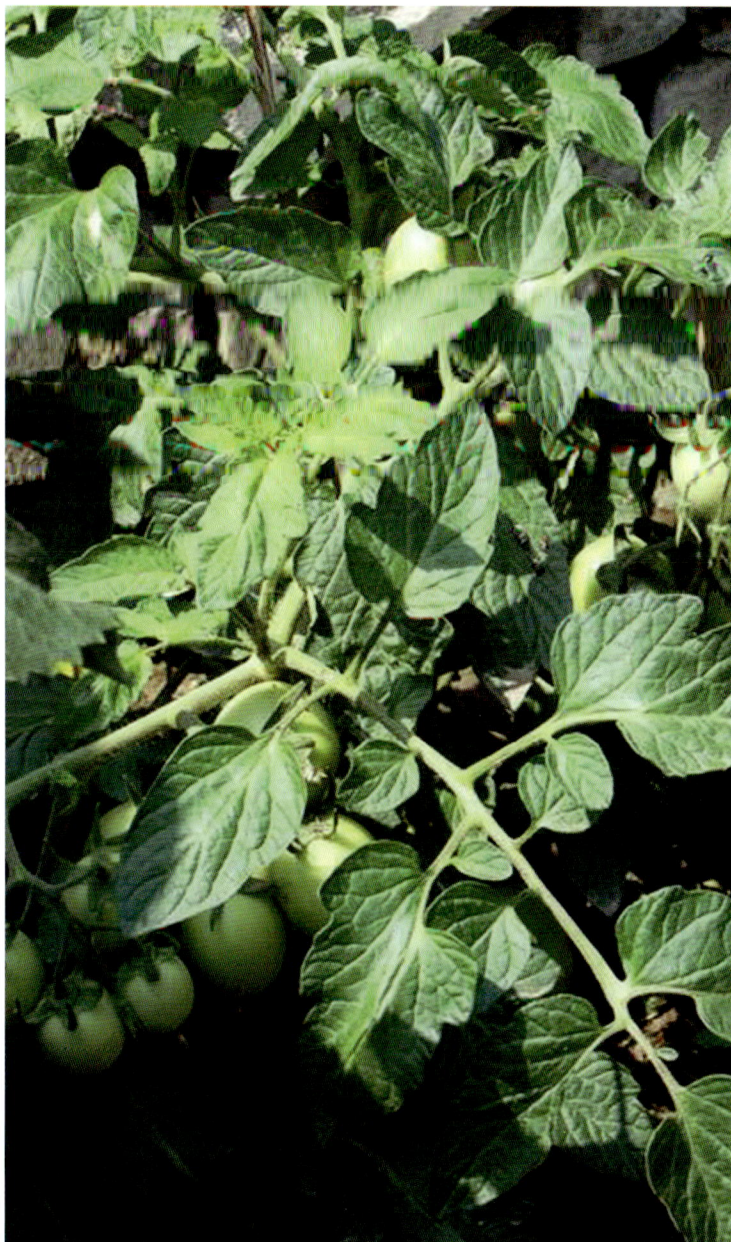

4. 烟草属Nicotiana L.

大草本。植物体被腺毛。叶特大。花排成聚伞花序，花萼长达11 mm以上。雄蕊5枚，全部能育。光山有1种。

1. 烟草（烟、烟叶）

Nicotiana tabacum L.

一年生或有限多年生草本，全体被腺毛；根粗壮。叶长圆状披针形、披针形、长圆形或卵形，顶端渐尖，基部渐狭至茎成耳状而半抱茎，长10～30(70)cm，宽8～15(30)cm，柄不明显或成翅状柄。花序顶生，圆锥状，多花；花梗长5～20 mm；花萼筒状或筒状钟形，长20～25 mm，裂片三角状披针形，长短不等；花冠漏斗状，淡红色，筒部色更淡，稍弓曲，长3.5～5 cm，檐部宽1～1.5 cm，裂片急尖；雄蕊中1枚明显比其余4枚短，不伸出花冠喉部，花丝基部有毛。蒴果卵状。

光山有少量栽培。

烟叶是制作香烟的原料，还可药用，味辛，性温，有毒。消毒解毒，杀虫。治疗疮肿毒、头癣、白癣、秃疮、毒蛇咬伤。灭钉螺、蚊、蝇、老鼠。多作外用。用鲜草捣烂外敷，或用烟油擦涂患处。

5. 碧冬茄属 Petunia Juss.

小草本。植物体被腺毛。叶小，长不过8cm。花单生，能育雄蕊4枚。光山有1种。

1. 碧冬茄（彩花茄）

Petunia hybrida Vilm.

一年生草本，高30～60cm，全体生腺毛。叶有短柄或近无柄，卵形，顶端急尖，基部阔楔形或楔形，全缘，长3～8cm，宽1.5～4.5cm，侧脉不显著，每边5～7条。花单生于叶腋，花梗长3～5cm。花萼5深裂，裂片条形，长1～1.5cm，宽约3.5mm，顶端钝，果时宿存；花冠白色或紫堇色，有各式条纹，漏斗状，长5～7cm，筒部向上渐扩大，檐部开展，有折襞，5浅裂；雄蕊5枚，4长1短；花柱稍超过雄蕊。蒴果圆锥状，长约1cm，2瓣裂，各裂瓣顶端又2浅裂。

光山常见栽培。见于县城官渡河边。

碧冬茄是一种美丽的花卉。

6. 酸浆属 Physalis L.

草本。花萼花后增大呈灯笼状全部包裹果实。光山有1种2变种。

1. 挂金灯（灯笼草、灯笼果）

Physalis alkekengi L. var. **franchetii** (Mast.) Makino

多年生草本。叶长5～15cm，宽2～8cm，长卵形至阔卵形，有时菱状卵形，顶端渐尖，基部不对称狭楔形，下延至

叶柄，全缘而波状或者有粗牙齿，有时每边具少数不等大的三角形大牙齿，仅叶边缘被毛；叶柄长约1～3cm。花梗长6～16mm，花梗近无毛或仅有稀疏柔毛；花萼阔钟状，长约6mm，花萼除裂片密生毛外筒部毛被稀疏；花冠辐状，白色，直径15～20mm，裂片开展，阔而短，顶端骤然狭窄成三角形尖头，外面有短柔毛，边缘有缘毛；雄蕊及花柱均较花冠短。果梗长约2～3cm，多少被宿存柔毛；果萼毛被脱落而光滑无毛。浆果球状，橙红色。

栽培或逸为野生。见于南向店王母观。

挂金灯全草药用，味酸、苦，性寒。清热，利咽，化痰，利尿。治急性扁桃体炎、咽痛、音哑、肺热咳嗽、小便不利。外用治天疱疮、湿疹。

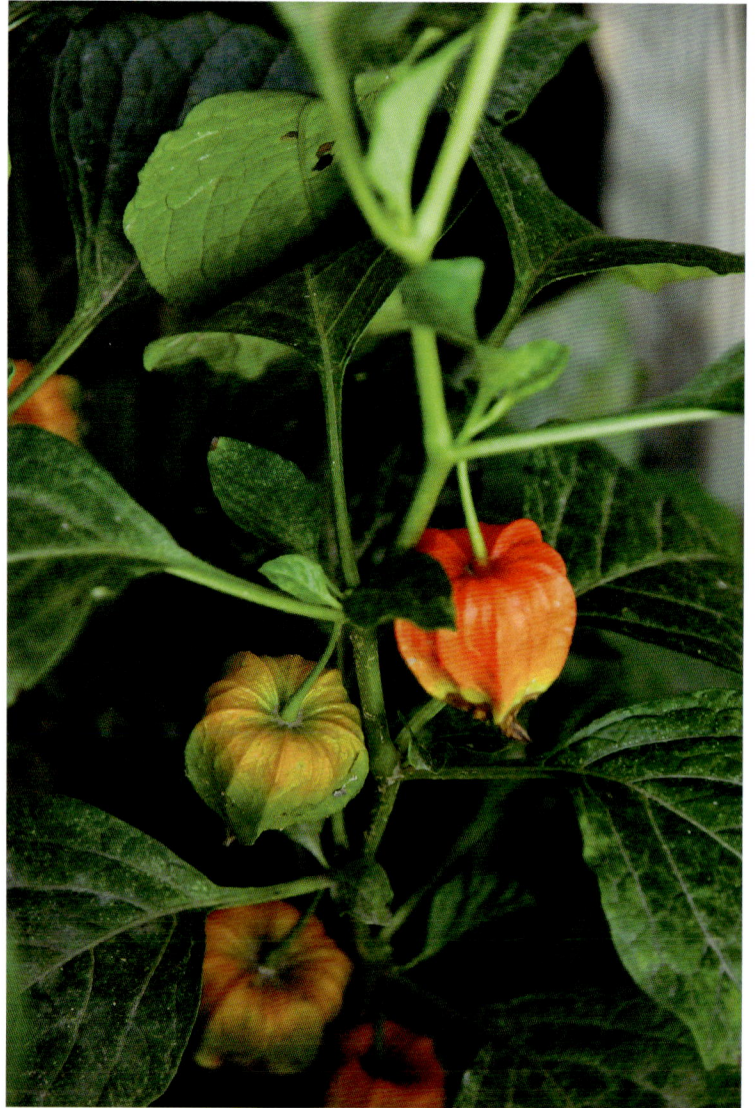

2. 苦蘵（灯笼草、灯笼果）

Physalis angulata L.

一年生草本，被疏短柔毛或近无毛，高30～50cm；茎多分枝，分枝纤细。叶柄长1～5cm，叶片卵形至卵状椭圆形，顶端渐尖或急尖，基部阔楔形或楔形，全缘或有不等大的牙齿，两面近无毛，长3～6cm，宽2～4cm。花梗长约5～12mm，纤细，和花萼一样生短柔毛，长4～5mm，5中裂，裂片披针形，生缘毛；花冠淡黄色，喉部常有紫色斑纹，长4～6mm，直径6～8mm；花药蓝紫色或有时黄色，长约1.5mm。果萼卵球状，直径1.5～2.5cm。

生于山谷、村旁、荒地、路旁等土壤肥沃湿润的地方。见于白雀园镇赛山村、槐店乡万河村。

苦蘵全草药用，味苦，性寒。清热解毒，消肿散结。治咽

喉肿痛、腮腺炎、牙龈肿痛、急性肝炎、菌痢。

3. 毛苦蘵

Physalis angulata L. var. **villosa** Bonati

毛苦蘵与苦蘵的主要区别在于，毛苦蘵全株密被毛，而苦蘵的被毛少或近于无毛。

生于山谷、村旁、荒地、路旁等土壤肥沃湿润的地方。见于泼陂河镇东岳寺村。

苦蘵全草药用，味苦，性寒。清热解毒，消肿散结。治咽喉肿痛、腮腺炎、牙龈肿痛、急性肝炎、菌痢。

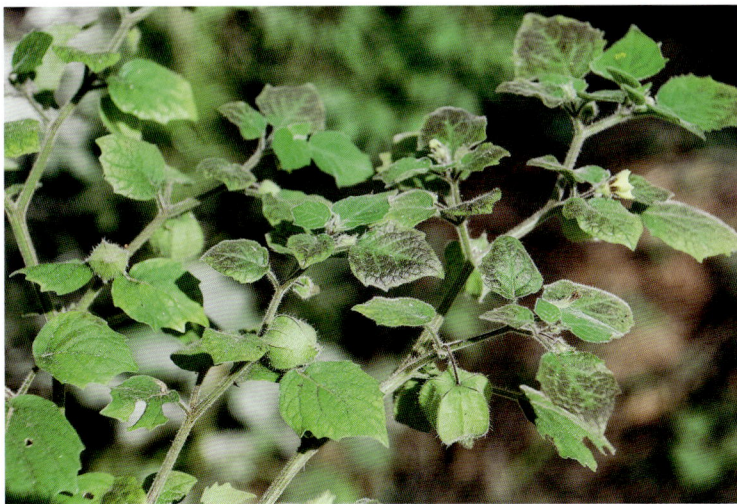

7. 茄属Solanum L.

草本或灌木。各式聚伞花序，花冠辐射状、星状或漏斗状，雄蕊相互靠合成一环。光山有7种。

1. 牛茄子（丁茄、癫茄、刺茄、番鬼茄）

Solanum capsicoides Allioni [*S. surattense* Burm. f.]

亚灌木。有细直刺。叶阔卵形，长5～10.5 cm，宽4～12 cm，顶端短尖至渐尖，基部心形，5～7浅裂或半裂，裂片三角形或卵形，边缘浅波状；叶面深绿色，被稀疏纤毛；叶背淡绿色，无毛或纤毛在脉上分布稀疏，在边缘则较密；侧脉与裂片数相等，在叶面平，在叶背凸出，分布于每裂片的中部，脉上均具直刺；叶柄粗壮，长2～5 cm，微具纤毛及较长大的直刺。聚伞花序腋外生，短而少花，长不超过2 cm，单生或多至4朵，花梗纤细被直刺及纤毛；萼杯状，长约5 mm，直径约8 mm，外面具细直刺及纤毛，顶端5裂，裂片卵形；花冠白色。浆果扁球状，直径约3.5 cm，成熟后橙红色。

生于村边、路旁、荒地上。见于南向店乡环山村。

牛茄子的根药用，味苦、辛，性温，有毒。活血散瘀，镇痛麻醉。治跌打损伤、风湿腰腿痛、痈疮肿毒、冻疮。外用适量鲜品捣烂敷患处，或煎水外洗。一般只作外用，不可内服。

2. 野海茄

Solanum japonense Nakai

草质藤本。叶三角状宽披针形或卵状披针形，长3～8.5 cm，宽2～5 cm，顶端长渐尖，基部圆或楔形，边缘波状，有时3～5裂，侧裂片短而钝，中裂片卵状披针形，顶端长渐尖，无毛或在两面被具节疏柔毛或仅脉上被疏柔毛，中脉明显，侧脉纤细，通常每边5条；在小枝上部的叶较小，卵状披针形，长约2～3 cm；叶柄长0.5～2.5 cm，无毛或具疏柔毛。聚伞花序顶生或腋外生，疏毛，总花梗长1～1.5 cm，近无毛，花梗长6～8 mm，无毛，顶膨大；萼浅杯状，直径约2.5 mm，5裂，萼齿三角形，长约0.5 mm；花冠紫色。浆果圆形。

生于山谷、山坡、旷野。

野海茄全草药用，味辛、苦，性平。祛风湿，活血通经。治风湿痹痛，经闭。

3. 白英（山甜菜、蔓茄、北风藤、白英）

Solanum lyratum Thunb.

草质藤本。叶互生，多数为琴形，长3.5～5.5 cm，宽2.5～4.8 cm，基部常3～5深裂，裂片全缘，侧裂片愈近基部的愈小，顶端钝，中裂片较大，通常卵形，顶端渐尖，两面均被白色发亮的长柔毛，中脉明显，侧脉在叶背较清晰，通常每边5～7条；少数在小枝上部的为心脏形，小，长约1～2 cm；叶柄长1～3 cm，被有与茎枝相同的毛被。聚伞花序顶生或腋外生，疏花，总花梗长约2～2.5 cm，被具节的长柔毛，花梗长0.8～1.5 cm，无毛，顶端稍膨大，基部具关节；萼环状，直径约3 mm，无毛，萼齿5枚，圆形，顶端具短尖头；花冠蓝紫色或白色。浆果球形。

生于溪旁、路边、菜地附近和山谷等较肥湿而向阳处。见于白雀园镇赛山村、槐店乡珠山村。

白英全草药用，味甘、苦，性微寒。清热解毒，消肿镇痛，利水消肿。治阴道糜烂、痈疮、癣疥、黄疸、丹毒、癌症、蛇伤、急性胃肠炎、瘰疬、白带、风火赤眼、牙痛、甲状腺肿大、化脓性骨髓炎、痔疮。

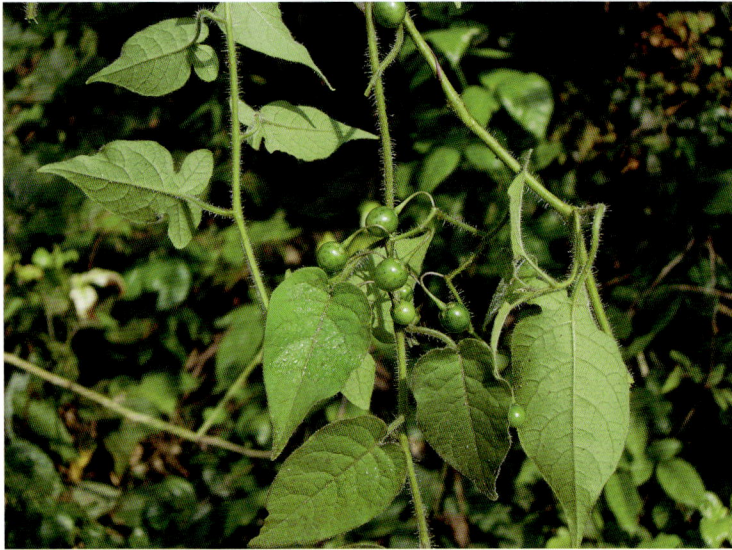

4. 茄（白茄、矮瓜、吊菜子、茄子、落苏）

Solanum melongena L.

亚灌木。叶大，卵形至长圆状卵形，长8～18 cm，宽5～11 cm，顶端钝，基部不相等，边缘浅波状或深波状圆裂，叶面被3～7分枝短而平贴的星状茸毛，叶背密被7～8分枝较长而平贴的星状茸毛，侧脉每边4～5条，在叶面疏被星状茸毛，叶背则较密，中脉的毛被与侧脉的相同，叶柄长2～4.5 cm，有时具皮刺。能孕花单生，花柄长1～1.8 cm，毛被较密，花后常下垂，不孕花蝎尾状与能孕花并出；萼近钟形，直径2.5 cm，外面密被与花梗相似的星状茸毛及小皮刺，花冠辐状，外面星状毛被较密，内面仅裂片顶端疏被星状茸毛，花冠筒长约2 mm；子房圆形。果的形状大小变异极大。

光山常见栽培。

茄是一种常见栽培的蔬菜。

5. 大黄茄

Solanum melongena L. cv. Inerme

大黄茄与茄的主要区别在于，大黄茄的果实小、球形，直径约2 cm。

生于山坡、荒地、田边及村庄附近旷地上。见于殷棚乡牢山林场。

6. 龙葵（天茄子、苦葵）

Solanum nigrum L.

一年生草本。叶片卵形或卵状椭圆形，长3～10 cm，宽2～5.5 cm，顶渐尖，基部楔形或阔楔形而下延至叶柄，边全缘或具波状粗齿，光滑或两面具疏短柔毛，叶脉每边5～6条；叶柄长1～2.5 cm。蝎尾状花序腋外生，由3～6朵花组成，总花梗长约1～2.5 cm，花梗长约5 mm；花萼浅杯状，直径1.5～2 mm，5裂，裂片卵形，顶钝；花冠白色，筒部隐于萼内，长不及1 mm，冠管长约1 mm，檐部长约2.5 mm，5深裂，裂片卵圆形，长约2 mm；雄蕊5枚，着生花冠喉部，花药约1.2 mm，黄色，顶孔开裂；子房卵形，花柱长约1.5 mm，中部以下被白色绒毛，柱头小，头状。浆果球形，黑色。

生于山坡、荒地、田边及村庄附近的旷地上。见于县城官渡河边。

龙葵全草药用，味苦，性寒，有小毒。清热解毒，利水消肿。治感冒发热、牙痛、慢性支气管炎、痢疾、泌尿系感染、乳腺炎、白带、癌症；外用治痈疖疔疮、天疱疮、蛇咬伤。

7. 珊瑚樱（冬珊瑚、玉珊瑚茄）

Solanum pseudo-capsicum L.

　　小灌木。叶互生，狭长圆形至披针形，长1～6 cm，宽0.5～1.5 cm，顶端尖或钝，基部狭楔形下延成叶柄，边全缘或波状，两面均光滑无毛，中脉在叶背凸出，侧脉6～7对；叶柄长约2～5 mm。花多单生，很少成蝎尾状花序，无总花梗或近于无总花梗，腋外生或近对叶生，花梗长约3～4 mm；花小，白色，直径0.8～1 cm；萼绿色，直径约4 mm，5裂，裂片长约1.5 mm；花冠筒隐于萼内，长不及1 mm，冠檐长约5 mm，裂片5枚，卵形，长约3.5 mm，宽约2 mm；花丝长不及1 mm，花药黄色，长圆形，长约2 mm；子房近圆形。浆果橙红色。

　　光山有栽培或逸为野生。见于文殊乡九龙栽物、白雀园镇黄山村。

　　珊瑚樱的果实美丽，盆栽供观景。

8. 马铃薯（土豆、阳芋、荷兰薯）

Solanum tuberosum L.

　　草本。地下茎块状，扁圆形或长圆形。叶为奇数不相等的羽状复叶，小叶常大小相间，长10～20 cm；叶柄长约2.5～5 cm；小叶6～8对，卵形至长圆形，最大者长可达6 cm，宽达3.2 cm，最小者长宽均不及1 cm，顶端尖，基部稍不相等，全缘，两面均被白色疏柔毛，侧脉每边6～7条，顶端略弯，小叶柄长约1～8 mm。伞房花序顶生，后侧生，花白色或蓝紫色；萼钟形，直径约1 cm，外面被疏柔毛，5裂，裂片披针形，顶端长渐尖；花冠辐状，直径约2.5～3 cm，花冠筒隐于萼内，长约2 mm，冠檐长约1.5 cm，裂片5枚，三角形，长约5 mm；雄蕊长约6 mm。

　　光山常见栽培。

　　马铃薯是著名的粮食作物。

251. 旋花科Convolvulaceae

　　草本或灌木。叶互生，螺旋排列，寄生种类无叶或退化成小鳞片。花单生于叶腋，或少花至多花组成腋生聚伞花序，有时总状、圆锥状、伞形或头状，极少为二歧蝎尾状聚伞花序；苞片小，有时叶状；花整齐，两性，5数；花萼分离或仅基部连合，外萼片常比内萼片大，宿存，有些种类在果期增大；花冠合瓣，漏斗状、钟状、高脚碟状或坛状；子房上位，由2（稀3～5）心皮组成。常用为蒴果。光山有8属12种。

1. 打碗花属Calystegia R. Br.

　　草本。苞片近萼大，花萼被2枚大苞片包裹着，种子扁平。光山有1种。

1. 打碗花（小旋花、鱼肝草）

Calystegia hederacea Wall. ex Roxb.

　　一年生草本。基部叶片长圆形，长2～5 cm，宽1～2.5 cm，顶端圆，基部戟形，上部叶片3裂，中裂片长圆形或长圆状披针形，侧裂片近三角形，全缘或2～3裂，叶片基部心形或戟形；叶柄长1～5 cm。花腋生，1朵，花梗长于叶柄，有细棱；苞片宽卵形，长0.8～1.6 cm，顶端钝或锐尖至渐尖；萼片长圆形，长0.6～1 cm，顶端钝，具小短尖头，内萼片稍短；花冠淡紫色或淡红色，钟状，长2～4 cm，冠檐近截形或微裂；雄蕊近等长，花丝基部扩大，贴生花冠管基部。蒴果卵球形。

　　生于农田、荒地、路旁杂草中。见于县城官渡河边。

　　打碗花全草药用，味甘、微苦，性平。治脾胃虚弱、消化不良、小儿吐乳、疳积、月经不调。

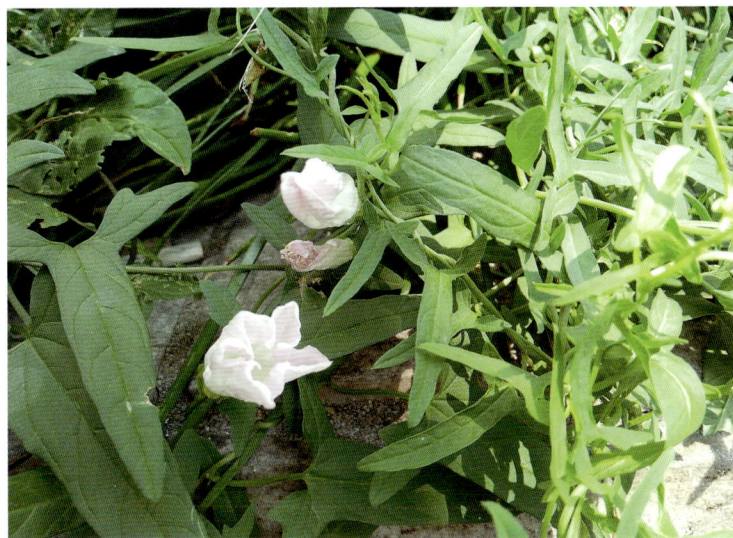

2. 菟丝子属Cuscuta L.

　　草质藤本，无叶寄生植物。光山有3种。

1. 南方菟丝子

Cuscuta australis R. Br.

　　一年生寄生草本。茎缠绕，金黄色，纤细。花序侧生；少花或多花簇生成小伞或小团伞花序，总花序梗近无；苞片及小苞片均小，鳞片状；花梗稍粗壮，长1～2.5 mm；花萼杯状，基部连合，裂片3～4(5)，长圆形或近圆形，通常不等大，长约0.8～1.8 mm，顶端圆；花冠乳白色或淡黄色，杯状，长约2 mm，裂片卵形或长圆形，顶端圆，约与花冠管近等长，直立，宿存；雄蕊着生于花冠裂片弯缺处，比花冠裂片稍短；鳞片小，边缘短流苏状；子房扁球形，花柱2，等长或稍不等长，柱头球形。蒴果扁球形。

寄生于草本或灌木丛中。见于县城官渡河边。

菟丝子的种子药用，味辛、甘、性平。补养肝肾，益精，明目。治腰膝酸软、阳痿、遗精、尿频、头晕目眩、视力减退、胎动不安。

2. 菟丝子（豆寄生、黄丝藤）

Cuscuta chinensis Lam.

一年生寄生草本。茎缠绕，黄色，纤细，直径约1 mm，无叶。花序侧生，花簇生成小伞形或小团伞花序，近于无总花序梗；苞片及小苞片小，鳞片状；花梗稍粗壮，长仅1 mm；花萼杯状，中部以下连合，裂片三角状，长约1.5 mm，顶端钝；花冠白色，壶形，长约3 mm，裂片三角状卵形，顶端锐尖或钝，向外反折，宿存；雄蕊着生花冠裂片弯缺处下方；鳞片长圆形，边缘长流苏状；子房近球形，花柱2枚，等长或不等长，柱头球形。蒴果球形，直径约3 mm，几乎全为宿存的花冠所包围，成熟时整齐的周裂。

寄生于草本或灌木丛中。见于县城官渡河边。

菟丝子的种子药用，味辛、甘、性平。补养肝肾，益精，明目。治腰膝酸软、阳痿、遗精、尿频、头晕目眩、视力减退、胎动不安。

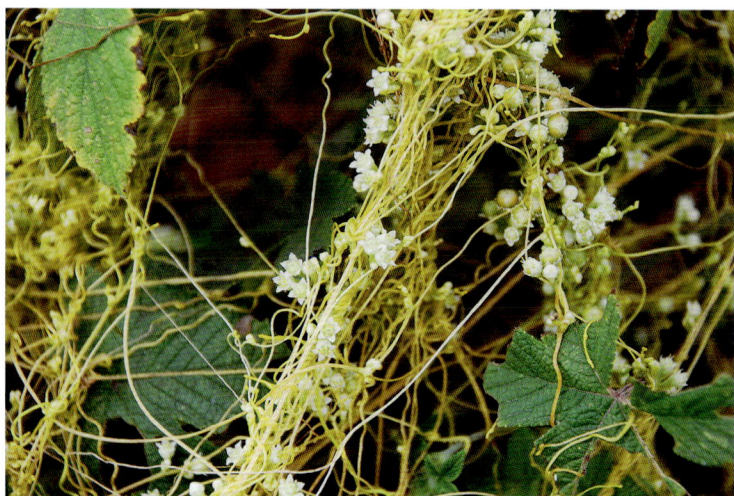

3. 金灯藤（大菟丝子、日本菟丝子）

Cuscuta japonica Choisy

一年生寄生缠绕草本，茎较粗壮，肉质，直径1～2 mm，黄色。花无柄或几无柄，形成穗状花序，长达3 cm，基部常多分枝；苞片及小苞片鳞片状，卵圆形，长约2 mm，顶端尖，全缘，沿背部增厚；花萼碗状，肉质，长约2 mm，5裂几达基部，裂片卵圆形或近圆形，相等或不相等，顶端尖，背面常有紫红色瘤状突起；花冠钟状，淡红色或绿白色，长3～5 mm，顶端5浅裂，裂片卵状三角形，钝，直立或稍反折，短于花冠筒2～2.5倍；雄蕊5枚，着生于花冠喉部裂片之间，花药卵圆形，黄色，花丝无或几无。蒴果卵圆形。

寄生于草本或灌木丛中。见于白雀园镇赛山村、殷棚乡牢山林场。

金灯藤的种子药用，味甘、苦、性平。补肾益精，止泻杀虫。治阳痿、遗精、白带、双目赤痛。

3. 马蹄金属 Dichondra J. R. Forst. et G. Forst.

匍匐小草本，叶心形或肾形，子房2深裂。光山有1种。

1. 马蹄金（黄疸草、小金钱草、钮子草、小马香、鱼脐草）

Dichondra micrantha Urban [*D. repens* auct. non Forst.]

多年生匍匐小草本。叶肾形至圆形，直径4～25 mm，顶端宽圆形或微缺，基部阔心形，叶面微被毛，叶背被贴生短柔毛，全缘；具长的叶柄，叶柄长3～5 cm。花单生叶腋，花柄短于叶柄，丝状；萼片倒卵状长圆形至匙形，钝，长2～3 mm，背面及边缘被毛；花冠钟状，较短至稍长于萼，黄色，深5裂，裂片长圆状披针形，无毛；雄蕊5枚，着生于花冠2裂片间弯缺处，花丝短，等长；子房被疏柔毛，2室，具4枚胚珠，花柱2枚，柱头头状。蒴果近球形。

生于山坡林缘或村边、路旁、田野阴湿处。见于县城官渡河边。

马蹄金全草药用，味辛、淡，性微温。疏风散寒，行气破积，微结止痛。治感冒风寒，疟疾，中暑腹痛，泌尿系结石，急、慢性肝炎，跌打肿痛。

4. 土丁桂属Evolvulus L.

直立或披散小草本。花柱2枚，合生至中部以上。光山有1种。

1. 土丁桂（银丝草）

Evolvulus alsinoides (L.) L.

多年生草本。叶长圆形、椭圆形或匙形，长15～25 mm，宽5～9 mm，顶端钝及具小短尖，基部圆形或渐狭，两面或多或少被贴生疏柔毛，或有时叶面少毛至无毛，中脉在叶背明显，叶脉不显，侧脉两面均不显；叶柄短至近无柄。总花梗丝状，较叶短或长得多，长2.5～3.5 cm，被贴生毛；花单1或数朵组成聚伞花序，花梗与萼片等长或通常较萼片长，苞片钻状钻形至线状披针形，长1.5～4 mm；萼片披针形，锐尖或渐头，长3～4 mm，被长毛；花冠辐状，直径7～8 mm，蓝色或白色；雄蕊5，内藏，花丝丝状。蒴果球形。

生于山坡、丘陵、干旱开旷地或草坡上。

土丁桂全草药用，味苦、涩，性平。止咳平喘，清热利湿，散瘀止痛。治支气管哮喘、咳嗽、黄疸、胃痛、消化不良、急性肠炎、痢疾、泌尿系感染、白带、跌打损伤、腰腿痛。

5. 番薯属Ipomoea L.

藤本。萼片钝或急尖，花冠漏斗状或钟状，花冠白色、红色或蓝色，纵带仅2条纵脉，雄蕊与花丝内藏，子房2室，胚珠4颗，柱头双球形。蒴果，宿萼短于果。光山有2种。

1. 蕹菜（通心菜）

Ipomoea aquatica Forsk.

多年生草本。茎圆柱形，有节，节间中空，节上生根。叶片形状、大小有变化，卵形、长卵形、长卵状披针形或披针形，长3.5～17 cm，宽0.9～8.5 cm，顶端锐尖或渐尖，具小短尖头，基部心形、戟形或箭形，偶尔截形，全缘或波状，或有时基部有少数粗齿，两面近无毛或偶有稀疏柔毛；叶柄长3～14 cm，无毛。聚伞花序腋生，花序梗长1.5～9 cm，基部被柔毛，向上无毛，具1～3(5)朵花；苞片小鳞片状，长1.5～2 mm；花梗长1.5～5 cm，无毛；萼片近于等长，卵形，长7～8 mm，顶端钝，具小短尖头，外面无毛；花冠白色、淡红色或紫红色，漏斗状。蒴果卵球形至球形。

光山常见栽培。

蕹菜是一种常见栽培的蔬菜。

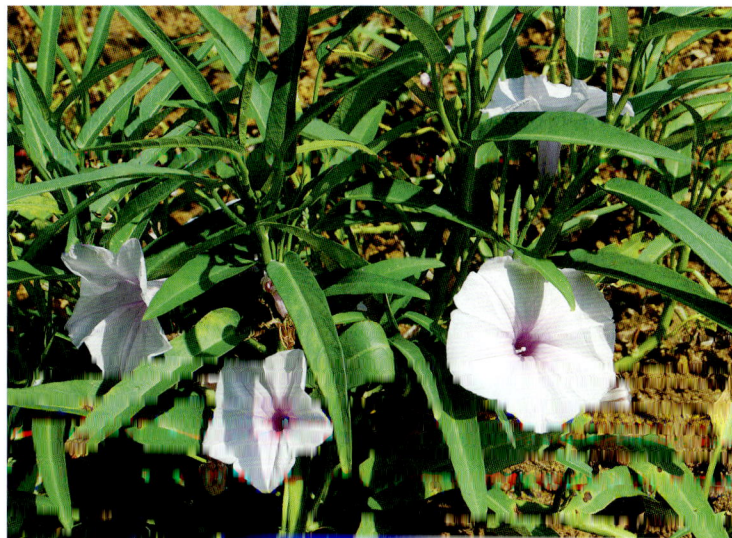

2. 番薯（白薯、红薯、甘薯、地瓜）

Ipomoea batatas (L.) Lam.

一年生草质藤本，地下具椭圆形或纺锤形的块根。叶片形状、颜色常因品种不同而异，也有时在同一植株上具有不同叶形，通常为宽卵形，长4～13 cm，宽3～13 cm，全缘或3～5裂，裂片宽卵形，叶片基部心形或近于平截，顶端渐尖，两面被疏柔毛或近于无毛，叶色有浓绿色、黄绿色、紫绿色等，顶叶的颜色为品种的特征之一；叶柄长短不一，长2.5～20 cm，被疏柔毛或无毛。聚伞花序腋生，有1～3(7)朵花聚集成伞形，花序梗长2～10.5 cm，稍粗壮，无毛或有时被疏柔毛；苞片小，披针形，长2～4 mm，顶端芒尖或骤尖，早落；花梗长2～10 mm；萼片长圆形或椭圆形，不等长；花冠粉红色、白色、淡紫色或紫色，钟状或漏斗状，长3～4 cm。

光山常见栽培。

番薯是重要的粮食作物。

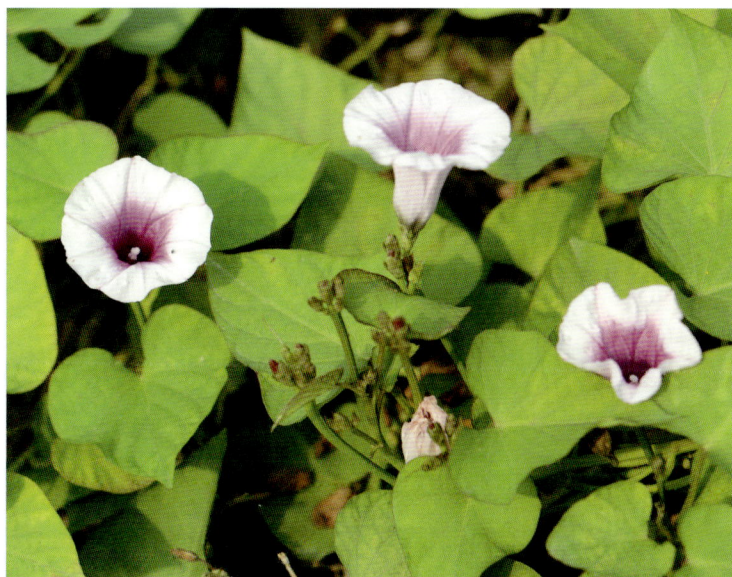

6. 鱼黄草属Merremia Dennst. ex Lindl.

藤本。花冠漏斗状或钟状，花冠黄色，纵带有5条纵脉，花丝基部无鳞片。蒴果，宿萼短于果。光山有1种。

1. 北鱼黄草

Merremia sibirica (L.) Hall. f.

草质藤本。茎圆柱状，具细棱。叶卵状心形，长3～13 cm，宽1.7～7.5 cm，顶端长渐尖或尾状渐尖，基部心形，全缘或稍波状，侧脉7～9对，纤细，近于平行射出，近边缘弧曲向上；叶柄长2～7cm，基部具小耳状假托叶。聚伞花序腋生，有3～7朵花，花序梗通常比叶柄短，有时超出叶柄，长1～6.5cm，明显具棱或狭翅；苞片小，线形；花梗长0.3～1cm，向上增粗；萼片椭圆形，近于相等，长0.5～0.7cm，顶端明显具钻状短尖头，无毛；花冠淡红色，钟状，长1.2～1.9cm，无毛，冠檐具三角形裂片；花药不扭曲；子房无毛，2室。蒴果近球形，顶端圆，高5～7mm，无毛，4瓣裂。

生于路边、田边、山地草丛或山坡灌丛。见于南向店乡王母观。

7. 牵牛属 Pharbitis Choisy

藤本。萼片渐尖，花冠漏斗状或钟状，花冠紫红色或蓝色，纵带仅2条纵脉，雄蕊与花丝内藏，子房3室，胚珠6颗，柱头双3球形。蒴果，宿萼短于果。光山有2种。

1. 牵牛（裂叶牵牛）

Pharbitis nil (L.) Choisy

一年生缠绕藤本，茎上被倒向的或开展的长硬毛。叶宽卵形或近圆形，深或浅的3裂，偶5裂，长4～15cm，宽4.5～14cm，基部圆，心形，中裂片长圆形或卵圆形，渐尖或骤尖，侧裂片较短，三角形，裂口锐或圆，叶面或疏或密被微硬的柔毛；叶柄长2～15cm，毛被同茎。花腋生，单1或通常2朵着生于花序梗顶端，花序梗长短不一，长1.5～18.5cm，通常短于叶柄，有时较长，毛被同茎；苞片线形或叶状，被开展的微硬毛；花梗长2～7mm；小苞片线形；萼片近等长，长2～2.5cm，披针状线形，内面2片稍狭，外面被开展的刚毛，基部更密；花冠漏斗状，蓝紫色或紫红色，花冠管色淡。蒴果近球形。

生于村边路旁、旷地或绿篱中。见于白雀园镇方寨村、官

渡河边。

牵牛的种子药用，味苦，性寒，有小毒。泻水通便。治二便不通、水肿胀满、蛔虫腹痛、痰饮、脾虚气弱。

2. 圆叶牵牛（圆叶旋花、小花牵牛）

Pharbitis purpurea (L.) Voigt

一年生草质藤本，茎有硬毛。叶圆心形或宽卵状心形，长4～18cm，宽3.5～16.5cm，基部圆，心形，顶端锐尖、骤尖或渐尖，通常全缘，偶有3裂，两面疏或密被刚伏毛；叶柄长2～12cm。花腋生，单1或2～5朵着生于花序梗顶端成伞形聚伞花序，花序梗比叶柄短或近等长，长4～12cm，毛被与茎相同；苞片线形，长6～7mm，被开展的长硬毛；花梗长1.2～1.5cm，被倒向短柔毛及长硬毛；萼片近等长，长1.1～1.6cm，外面均被开展的硬毛，基部更密；花冠漏斗状，长4～6cm，紫红色、红色或白色，花冠管通常白色，花瓣中间色深，外面色淡。蒴果近球形。

生于山谷、村边路旁、旷地或绿篱中。见于县城官渡河边。

圆叶牵牛的种子药用，味辛、苦，性寒，有毒。泻湿热，利大小便。治水肿。

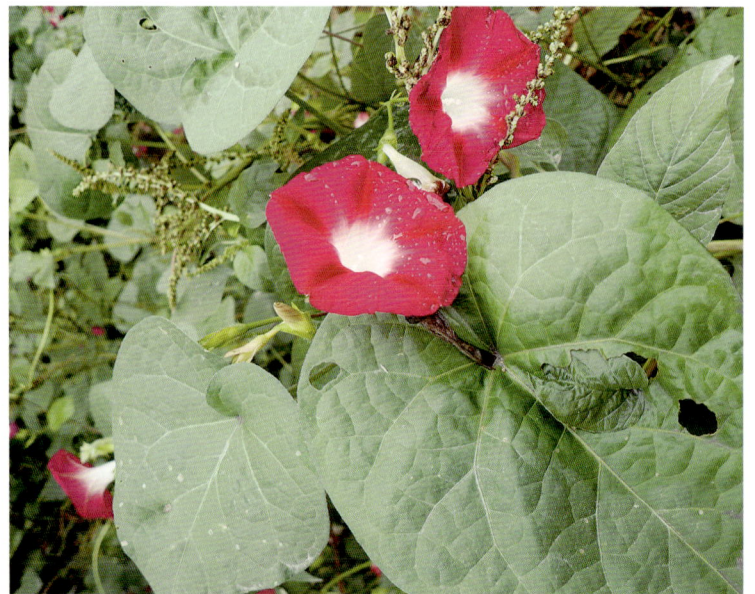

8. 茑萝属 Quamoclit Mill.

藤本，叶羽状全裂。萼片渐尖，花冠漏斗状或钟状，花冠红色，纵带仅2条纵脉，雄蕊与花丝伸出外面，子房4室，胚珠4颗，柱头双2球形。蒴果，宿萼短于果。光山有1种。

1. 茑萝松（锦屏封、金凤毛）
Quamoclit pennata (Desr.) Bojer

一年生柔弱缠绕草本，无毛。叶卵形或长圆形，长2～10 cm，宽1～6 cm，羽状深裂，具10～18对线形至丝状的平展的细裂片，裂片顶端锐尖；叶柄长8～40 mm，基部常具假托叶。花序腋生，由少数花组成聚伞花序；总花梗大多超过叶，长1.5～10 cm，花直立，花柄较花萼长，长9～20 mm，在果时增厚成棒状；萼片绿色，稍不等长，椭圆形至长圆状匙形，外面1个稍短，长约5 mm，顶端钝而具小凸尖；花冠高脚碟状，长2.5 cm以上，深红色。

栽培或逸为野生。见于殷棚乡牢山林场。

茑萝松的花非常美丽，可栽培供观赏。

252. 玄参科Scrophulariaceae

草本、灌木或少有乔木。叶互生、下部对生而上部互生或全对生或轮生。花序总状、穗状或聚伞状，常合成圆锥花序，向心或更多离心。花常不整齐；萼下位，常宿存，5少有4基数；花冠4～5裂，裂片多少不等或作二唇形；胚珠多数，少有各室2枚，倒生或横生。果为蒴果，少有浆果状。光山有8属17种。

1. 金鱼草属Antirrhinum L.

草本。总状花序，花冠筒状唇形，基部膨大成囊状，上唇直立，2裂，下唇3裂，外曲开展。光山有1种。

1. 金鱼草（香菜雀、龙口花、龙头花）
Antirrhinum majus L.

多年生直立草本。茎基部无毛，中上部被腺毛，基部有时分枝。叶下部的对生，上部的常互生，具短柄；叶片无毛，披针形至长圆状披针形，长2～6 cm，全缘。总状花序顶生，密被腺毛；花梗长5～7 mm；花萼与花梗近等长，5深裂，裂片卵形，钝或急尖；花冠颜色多种，从红色、紫色至白色，长3～5 cm，基部在前面下延成兜状，上唇直立，宽大，2半裂，下唇3浅裂，在中部向上唇隆起，封闭喉部，使花冠呈假面状。

栽培，有时逸为野生。

金鱼草是一种常见栽培的花卉，全草药用，味苦，性凉。清热解毒，凉血消肿。治跌打扭伤、疮疡肿毒。外用鲜品捣烂敷患处。

2. 石龙尾属Limnophila R. Br.

草本。叶背有腺点，边缘有齿。花萼裂片等大，雄蕊4枚全部能育。光山有1种。

1. 石龙尾（菊藻）
Limnophila sessiliflora (Vahl) Blume

多年生两栖草本。茎细长，沉水部分无毛或几无毛；气生部分长6～40 cm，简单或多少分枝，被多细胞短柔毛，稀几无毛。沉水叶长5～35 mm，多裂；裂片细而扁平或毛发状，无毛；气生叶全部轮生，椭圆状披针形，具圆齿或开裂，长5～18 mm，宽3～4 mm，无毛，密被腺点，有脉1～3条。花无梗或稀具长不超过1.5 mm的梗，单生于气生茎和沉水茎的叶腋；萼齿长2～4 mm，卵形，长渐尖；花冠长6～10 mm，紫蓝色或粉红色。蒴果近于球形，两侧扁。

生于水塘、沼泽、水田或路旁、沟边湿处。见于晏河乡大苏山。

石龙尾全草药用，味苦，性寒。消肿解毒，杀虫灭虱。治烧烫伤、疮疖肿毒、头虱。

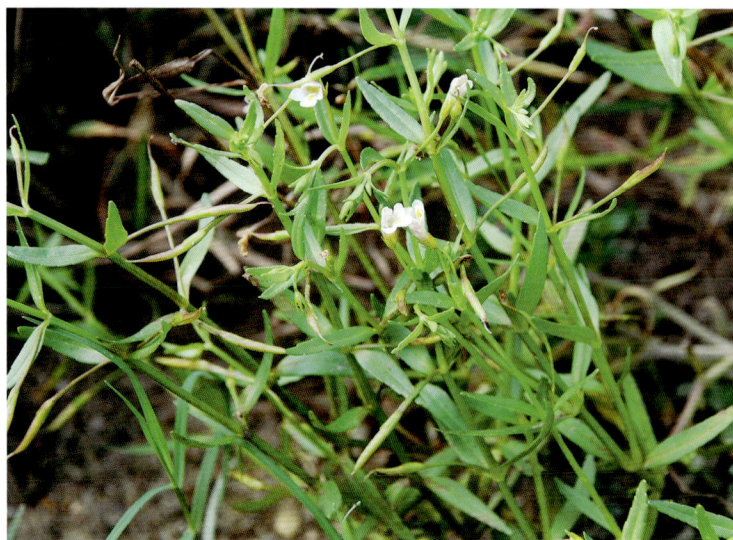

3. 母草属 Lindernia All.

草本。叶对生，边缘有齿。花单生或总状花序。花萼5中裂或5深裂，萼片近等大，花冠二唇形。光山有4种。

1. 狭叶母草（羊角桃、陌上番椒、田素香）

Lindernia angustifolia (Benth.) Wettst.[*L. micrantha* D. Don]

一年生草本。叶几无柄；叶片条状披针形至披针形或条形，长1~4 cm，宽2~8 mm，顶端渐尖而圆钝，基部楔形成极短的狭翅，全缘或有少数不整齐的细圆齿，脉自基部发出3~5条，中脉变宽，两侧的1~2条细，但明显直走基部，两面无毛。花单生于叶腋，有长梗，梗在果时伸长达35 mm，无毛，有条纹；萼齿5，仅基部联合，狭披针形，长约2.5 mm，果时长达4 mm，顶端圆钝或急尖，无毛；花冠紫色、蓝紫色或白色，长约6.5 mm，上唇2裂，卵形，圆头，下唇开展，3裂，仅略长于上唇；雄蕊4枚。蒴果条形。

生于水田、河流旁等低湿处。见于泼陂河镇东岳寺村、南向店乡董湾村向楼组。

狭叶母草全草药用，味甘、性平。清热解毒，化瘀消肿。治急性胃肠炎、痢疾、肝炎、咽炎、跌打损伤。

2. 泥花草（鸭腒草）

Lindernia antipoda (L.) Alston

一年生草本。叶片长圆形、长圆状披针形、长圆状倒披针形或几为条状披针形，长0.3~4 cm，宽0.6~1.2 cm，顶端急尖或圆钝，基部下延为宽短叶柄，而近于抱茎，边缘有少数不明显的锯齿或近于全缘，两面无毛。花多在茎枝的顶端成总状着生，花序长者可达15 cm，含花2~20朵；苞片钻形；花梗有条纹，顶端变粗，长者可达1.5 cm，花期上升或斜展；萼仅基部联合，齿5，条状披针形，沿中肋和边缘略有短硬毛；花冠紫色、紫白色或白色，长可达1 cm，管长可达7 mm，上唇2裂，下唇3裂，上、下唇近等长；后方1对雄蕊有性，前方1对退化，花药消失，花丝端钩曲有腺点。蒴果圆柱形。

生于水田、河流旁等低湿处。见于南向店乡环山村。

泥花草全草药用，味甘、微苦，性寒。清热解毒，利尿通淋，活血消肿。治肺热咳嗽、泄泻、目赤肿痛、痈肿疔毒、跌打损伤、蛇伤、热疮等。

3. 母草（四方拳草、四方草、蛇通管）

Lindernia crustacea (L.) F. Muell

草本。叶柄长1~8 mm；叶片三角状卵形或宽卵形，长10~20 mm，宽5~11 mm，顶端钝或短尖，基部宽楔形或近圆形，边缘有浅钝锯齿，叶面近于无毛，叶背沿叶脉有稀疏柔毛或近于无毛。花单生于叶腋或在茎枝顶端成极短的总状花序，花梗细弱，长5~22 mm，有沟纹，近于无毛；花萼坛状，长3~5 mm，成腹面较深，而侧、背均开裂较浅的5齿，齿三角状卵形，中肋明显，外面有稀疏粗毛；花冠紫色，长5~8 mm，管略长于萼，上唇直立，卵形，钝头，有时2浅裂，下唇3裂，中间裂片较大，仅稍长于上唇；雄蕊4枚。蒴果椭圆形

生于水稻田中、溪旁、沟边等湿润处。见于泼陂河镇东岳寺村。

母草全草药用，味微苦，性凉。清热利尿，解毒。治细菌性痢疾、肠炎、消化不良、肝炎、肾炎水肿、白带。外用治痈疖肿毒。

4. 陌上菜（白胶墙）

Lindernia procumbens (Krock.) Philcox

直立草本。叶无柄；叶片椭圆形至长圆形，多少带菱形，长1~2.5 cm，宽6~12 mm，顶端钝至圆头，全缘或有不明显的钝齿，两面无毛，叶脉并行，自叶基发出3~5条。花单生于叶腋，花梗纤细，长1.2~2 cm，比叶长，无毛；萼仅基部联合，5齿，条状披针形，长约4 mm，顶端钝头，外面微被短毛；花冠粉红色或紫色，长5~7 mm，管长约3.5 mm，向上渐扩大，上唇短，长约1 mm，2浅裂，下唇远大于上唇，长约3 mm，3裂，侧裂椭圆形较小，中裂圆形，向前突出；雄蕊4枚，全育，前方2枚雄蕊的附属物腺体状而短小；花药基部微凹；柱头2裂。蒴果球形。

生于水稻田中、溪旁、沟边等湿润处。见于南向店乡董湾村、白雀园镇寒山村。

陌上菜全草药用，味微甘、淡，性寒。清热解毒，凉血止血。治湿热泻痢，目赤肿痛、尿血、痔疮肿痛。

4. 通泉草属 Mazus Lour.

草本。基生叶常莲座状，边缘有齿。花萼钟状或漏斗状，花冠二唇形。光山有4种。

1. 纤细通泉草

Mazus gracilis Hemsl.

多年生草本。茎完全匍匐，长达30 cm纤细。基生叶匙形或卵形，连叶柄长2~5 cm，质薄，边缘有疏锯齿；茎生叶通常对生，倒卵状匙形或近圆形，有短柄，连柄长1~2.5 cm，边缘有圆齿或近全缘。总状花序通常侧生，少有顶生，上升，长达15 cm，花疏稀；花梗在果期长1~1.5 cm纤细；花萼钟状，长4~7 mm，萼齿与萼筒等长，卵状披针形，急尖或钝头；花冠黄色有紫斑或白色、蓝紫色、淡紫红色，长12~15 mm，上唇短而直立，2裂，下唇3裂，中裂片稍突出，长卵形，有两条疏生腺毛的纵皱褶；子房无毛。蒴果球形，被包于宿存的稍增大的萼内，室背开裂。

生于山谷、田边、路旁及水边潮湿处。见于晏河乡板桥村、南向店乡董湾村。

2. 匍茎通泉草

Mazus miquelii Makino

多年生草本。基生叶常多数成莲座状，倒卵状匙形，有长柄，连柄长3~7 cm，边缘具粗锯齿，有时近基部缺刻状羽裂；

茎生叶在直立茎上的多互生，在匍匐茎上的多对生，具短柄，连柄长1.5~4 cm，卵形或近圆形，宽不超过2 cm，具疏锯齿。总状花序顶生，伸长，花疏稀；花梗在下部的长达2 cm，越上越短；花萼钟状漏斗形，长7~10 mm，萼齿与萼筒等长，披针状三角形；花冠紫色或白色而有紫斑，长1.5~2 cm，上唇短而直立，顶端深2裂，下唇中裂片较小，稍突出，倒卵圆形。蒴果圆球形。

生于山谷、田边、路旁及水边潮湿处。见于县城官渡河边、植物园。

味苦，性微寒。止痛，健胃，解毒，清热利尿。治尿路感染、黄疸。外用鲜品捣烂敷疔疮、烫伤处。

3. 通泉草（脓泡药、汤湿草、猪胡椒）

Mazus pumilus (N. L. Burm.) Steenis [*Mazus japonicus* (Thunb.) O. Kuntze]

一年生草本。基生叶少至多数，有时成莲座状或早落，倒卵状匙形至卵状倒披针形，膜质至薄纸质，长2~6 cm，顶端全缘或有不明显的疏齿，基部楔形，下延成带翅的叶柄，边缘具不规则的粗齿或基部有1~2片浅羽裂；茎生叶对生或互生，少数，与基生叶相似或几乎等大。总状花序生于茎、枝顶端，常在近基部即生花，伸长或上部成束状，通常3~20朵，花疏稀；花梗在果期长达10 mm，上部的较短；花萼钟状，花期长约6 mm；果期多少增大，萼片与萼筒近等长，卵形，先端急尖；花冠白色、紫色或蓝色，长约10 mm，上唇裂片卵状三角形，下唇中裂片较小，稍突出，倒卵圆形；子房无毛。蒴果球形。

生于山谷、田边、路旁及水边潮湿处。见于南向店乡董湾村向楼组、官渡河边。

通泉草全草药用，味苦，性平。健胃，止痛，解毒。治偏头痛、消化不良、疔疮、脓疱疮、烫伤。

4. 弹刀子菜

Mazus stachydifolius (Turcz.) Maxim.

多年生草本。基生叶匙形，有短柄，常早枯萎；茎生叶对生，上部的常互生，无柄，长椭圆形至倒卵状披针形，纸质，长2～4cm，以茎中部的较大，边缘具不规则锯齿。总状花序顶生，长2～20cm，有时稍短于茎，花稀疏；苞片三角状卵形，长约1mm；花萼漏斗状，长5～10mm，果时增长达1.6cm，直径超过1cm，比花梗长或近等长，萼齿略长于筒部，披针状三角形，顶端长锐尖，10条脉纹明显；花冠蓝紫色，长1.5～2cm，花冠筒与唇部近等长，上部稍扩大，上唇短，顶端2裂，裂片狭长三角形状，先端锐尖，下唇宽大，开展，3裂，中裂较侧裂约小一倍，近圆形；雄蕊4枚；子房上部被长硬毛。蒴果扁卵球形

生于山谷、田边、路旁及水边潮湿处。见于白雀园镇赛山村、泼陂河镇东岳寺村。

弹刀子菜全草药用，味微辛，性凉。清热解毒，凉血散瘀。治便秘下血、疮疖肿毒、毒蛇咬伤、跌打损伤。

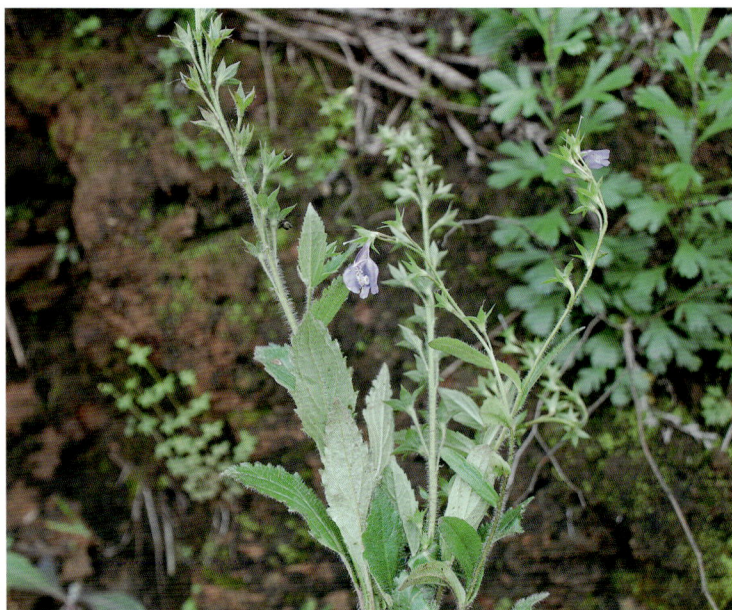

5. 泡桐属 Paulownia Sieb. et Zucc.

乔木。花大，果大。光山有2种。

1. 白花泡桐（泡桐）

Paulownia fortunei (Seem.) Hemsl.

乔木。叶长卵状心形，有时为卵状心形，长达20cm，顶端长渐尖或锐尖头，其凸尖长达2cm，新枝上的叶有时2裂，叶背有星毛及腺，成熟叶背密被茸毛，有时毛很稀疏至近无毛；叶柄长达12cm。花序枝几无或仅有短侧枝，故花序狭长几成圆柱形，长约25cm，小聚伞花序有花3～8朵，总花梗几与花梗等长，或下部者长于花梗，上部者略短于花梗；萼倒圆锥形，长2～2.5cm，花后逐渐脱毛，分裂至1/4或1/3处，萼齿卵圆形至三角状卵圆形，至果期变为狭三角形；花冠管状漏斗形，白色仅背面稍带紫色或浅紫色，长8～12cm。蒴果长圆形。

生于山谷北坡疏林或灌木丛中。见于白雀园镇方寨村、南向店乡环山村。

白花泡桐是速生用材树种，它的根和果可药用，味苦，性寒。根：祛风解毒，消肿止痛。果：化痰止咳。根：治筋骨疼痛、疮疡肿毒、红崩白带。果：治气管炎。

2. 台湾泡桐（华东泡桐）

Paulownia kawakamii Ito

乔木。叶心形，大者长达48cm，顶端锐尖头，全缘或3～5裂或有角，两面均有黏毛，老时显现单条粗毛，叶面常有腺；叶柄较长，幼时具长腺毛。花序枝的侧枝发达而几与中央主枝等势或稍短，故花序为宽大圆锥形，长可达1m，小聚伞花序无总花梗或位于下部者具短总梗，但比花梗短，有黄褐色茸毛，常具花3朵，花梗长达12mm；萼有茸毛，具明显的凸脊，深裂至一半以上，萼齿狭卵圆形，锐头；花冠近钟形，浅紫色至蓝紫色，长3～5cm，外面有腺毛；子房有腺，花柱约14mm。蒴果卵圆形。

生于山谷北坡疏林或灌木丛中。见于南向店乡董湾村林场。

味苦、涩，性寒。祛风解毒，接骨消肿。治跌打损伤、骨折、风湿、早期肝硬化、疮痈肿毒等。

6. 阴行草属 Siphonostegia Benth.

草本，二回羽状全裂；化对生，疏稀。萼管筒状钟形而长，具10条脉；花冠二唇形，花管细而直，上部稍膨大；雄蕊二强；子房2室。光山有1种。

1. 阴行草 (土茵陈)

Siphonostegia chinensis Benth.

年生草本。叶对生，厚纸质，广卵形，长约8～55 mm，宽约4～60 mm，基部下延，两面皆密被短毛，叶缘作疏远的二回羽状全裂，裂片仅约3对。花对生于茎枝上部，或有时假对生，构成疏稀的总状花序；苞片叶状，较萼短，羽状深裂或全裂，密被短毛；花萼管部很长，顶端稍缩紧，长约10～15 mm，厚膜质，密被短毛，10条主脉质地厚而粗壮，显著凸出，使处于其间的膜质部分凹下成沟，无网纹，齿5枚，绿色，质地较厚，密被短毛；花冠上唇红紫色，下唇黄色，长约22～25 mm，外面密被长卷毛，内面被短毛，花管伸直，纤细，长约□□□□□□ mm，下唇□□形，长约4 mm，□□□□，□伸小于□□外。蒴果被包于宿存的萼内，长圆形。

生于山坡草地上。见于泼陂河镇东岳寺村。

阴行草全草药用，味苦，性微寒。清热利湿，凉血止血，祛瘀。治黄疸型肝炎、胆囊炎、蚕虫病、泌尿系结石、小便不利、尿血、便血、产后瘀血腹痛。外用治创伤出血、烧烫伤。

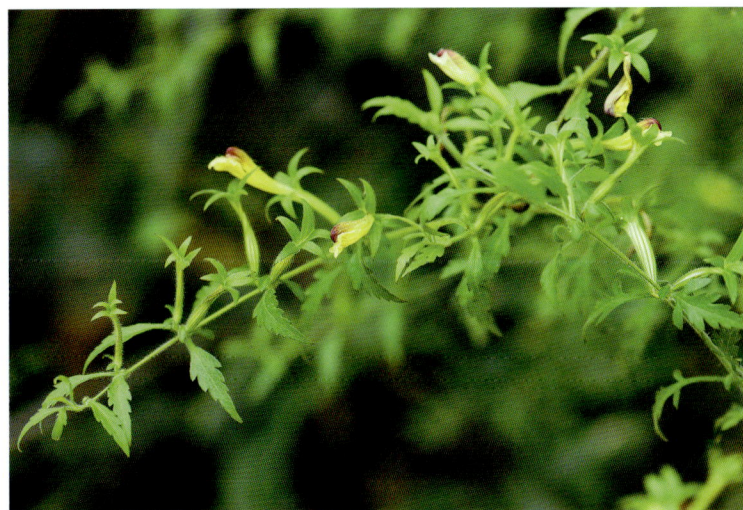

7. 婆婆纳属 Veronica L.

草本。总状或穗状花序，花冠辐状，蒴果2裂。光山有3种。

1. 婆婆纳

Veronica didyma Tenore [*V. polita* Fries]

铺散多分枝草本，多少被长柔毛，高10～25 cm。叶仅2～4对（腋间有花的为苞片），具3～6 mm长的短柄，叶片心形至卵形，长5～10 mm，宽6～7 mm，每边有2～4个深刻的钝齿，两面被白色长柔毛。总状花序很长；苞片叶状，下部的对生或全部互生；花梗比苞片略短；花萼裂片卵形，顶端急尖；果期稍增大，3出脉，疏被短硬毛；花冠淡紫色、蓝色、粉色或白色，直径4～5 mm，裂片圆形至卵形；雄蕊比花冠短。蒴果近于肾形。

生于荒地、路边。见于南向店乡董湾村向楼组、官渡河边。

婆婆纳全草药用，味甘、淡，性凉。补肾强腰，解毒消肿。治肾虚腰痛、疝气、睾丸肿痛、白带、痈肿。

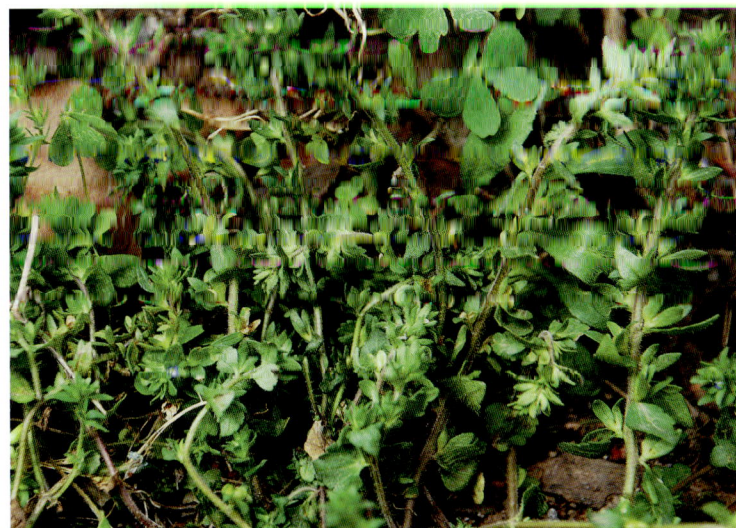

2. 阿拉伯婆婆纳

Veronica persica Hort. ex Poir.

铺散多分枝草本，高10～50 cm。茎密生两列多细胞柔毛。叶2～4对（腋内生花的称苞片），具短柄，卵形或圆形，长6～20 mm，宽5～18 mm，基部浅心形、平截或浑圆，边缘具钝齿，两面疏生柔毛。总状花序很长；苞片互生，与叶同形且几乎等大；花梗比苞片长，有的超过1倍；花萼花期长仅3～5 mm；果期增大达8 mm，裂片卵状披针形，有睫毛，3出脉；花冠蓝色、紫色或蓝紫色，长4～6 mm，裂片卵形至圆形，喉部疏被毛；雄蕊短于花冠。蒴果肾形，长约5 mm，宽约7 mm，被腺毛。

生于荒地、路边。见于白雀园镇赛山村、文殊乡九九林场。

阿拉伯婆婆纳全草药用，味辛、苦，性平。解毒消肿。治肾虚、风湿、疟疾。

3. 水苦荬（芒种草、水仙桃草、水莴苣）

Veronica undulata Wall.

多年生草本，茎、花序轴、花萼和蒴果上多少有大头针状腺毛。叶对生；长圆状披针形或长圆状卵圆形，长4～7 cm，宽8～15 mm，顶端圆钝或尖锐，叶缘有锯齿，基部呈耳廓状微抱茎上；无柄。总状花序腋生，长5～15 cm；苞片椭圆形，细小，互生；花有柄；花萼4裂，裂片狭长椭圆形，顶端钝；花冠淡紫色或白色，具淡紫色的线条；雄蕊2，突出；雌蕊1，子房上位，花柱1枚，柱头头状。蒴果近圆形，顶端微凹，长度略大于宽度，常有小虫寄生，寄生后果实常膨大成圆球形。果实内藏多数细小的种子，长圆形，扁平；无毛。

生于水田中、沟边潮地。见于南向店乡董湾村向楼组、南向店乡董湾村。

水苦荬全草药用，味苦，性平。清热利湿，活血止血，解毒消肿。治咽喉肿痛、肺结核咯血、风湿疼痛、月经不调、血小板减少性紫癜、跌打损伤。外用治骨折、痈疖肿毒。

8. 腹水草属 Veronicastrum Heist. ex Farbic.

草本。总状或穗状花序，花冠管状，蒴果4瓣裂。光山有1种。

1. 爬岩红（钓鱼杆、多穗草）

Veronicastrum axillare (Sieb. et Zucc.) Yamazaki

多年生草本。根状茎短而横走。茎弓曲，顶端着地生根，圆柱形，中上部有条棱，无毛或极少在棱处有疏毛。叶互生，叶片纸质，无毛，卵形至卵状披针形，长5～12 cm，顶端渐尖，边缘具偏斜的三角状锯齿。花序腋生，极少顶生于侧枝上，长1～3 cm；苞片和花萼裂片条状披针形至钻形，无毛或有疏睫毛；花冠紫色或紫红色，长4～5 mm，裂片长近2 mm，狭三角形；雄蕊略伸出至伸出达2 mm，花药长0.6～1.5 mm。蒴果卵球状，长约3 mm。

生于林下、林缘草地及山谷阴湿处。见于南向店乡环山村。

254. 狸藻科 Lentibulariaceae

食虫草本。茎及分枝常变态成根状茎、匍匐枝、叶器和假根。花单生或排成总状花序；花序梗直立，稀缠绕。花两性，虫媒或闭花受精。花萼2、4或5裂，裂片镊合状或覆瓦状排列，宿存并常于花后增大。花冠合生，左右对称，檐部二唇形，上唇全缘或2～3裂，下唇全缘或2～3(6)裂，裂片覆瓦状排列，筒部粗短，基部下延成囊状、圆柱状、狭圆锥状或钻形的距；子房上位，1室，特立中央胎座或基底胎座。蒴果。光山有1属1种。

1. 狸藻属 Utricularia L.

食虫小草本。茎及分枝常变态成根状茎、匍匐枝、叶器和假根。光山有1种。

1. 黄花狸藻（狸藻、黄花挖耳草）

Utricularia aurea Lour.

水生草本。叶器多数，互生，长2～6 cm，3～4深裂达基部，裂片先羽状深裂，后一至四回二歧状深裂，末回裂片毛状，具细刚毛。捕虫囊通常多数，侧生于叶器裂片上，斜卵球形，侧扁，具短梗，长1～4 mm；口侧生，上唇具2条常疏生分枝的刚毛状附属物，下唇无附属物。花序直立，长5～25 cm，中部以上具3～8朵多少疏离的花，无毛；花序梗圆柱形；花冠黄色。蒴果球形。

生于湖泊、池塘和稻田中。见于文殊乡九九林场。

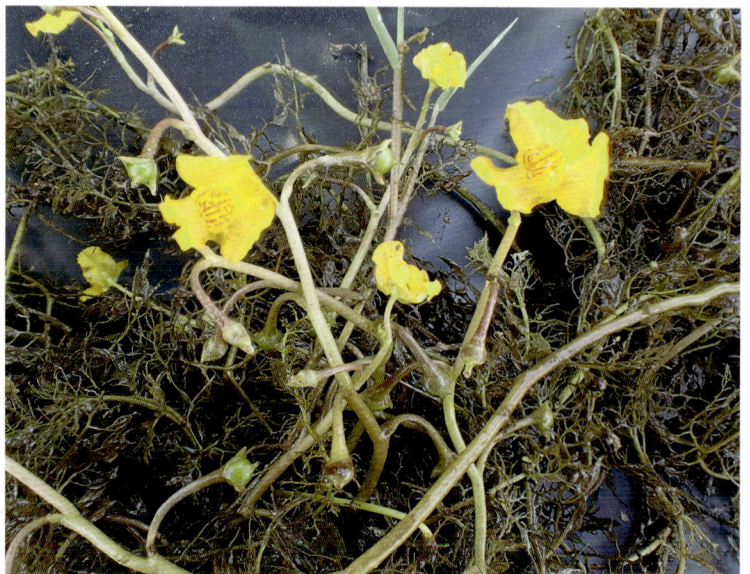

256. 苦苣苔科 Gesneriaceae

草本或灌木，稀乔木。叶为单叶，羽状复叶。聚伞花序，或为单歧聚伞花序，稀为总状花序；花萼4～5全裂或深裂，辐射对称，稀左右对称，二唇形；花冠辐状或钟状，檐部4～5

裂；雄蕊4～5，与花冠筒多少愈合；雌蕊由2枚心皮构成，子房上位、半下位或完全下位，长圆形、线形、卵球形或球形，1室，侧膜胎座2，稀1。蒴果或浆果。光山有1属1种。

1. 旋蒴苣苔属Boea Comm. ex Lam.

草本。叶基生。能育雄蕊2枚，花药分离，花药纵裂、孔裂或横裂。果螺旋状。光山有1种。

1. 旋蒴苣苔（猫耳朵、牛耳草、石花子）
Boea hygrometrica (Bunge) R. Br.

多年生草本。叶全部基生，莲座状，无柄，近圆形、圆卵形或卵形，长1.8～7cm，宽1.2～5.5cm，叶面被白色贴伏长柔毛，叶背被白色或淡褐色贴伏长茸毛，顶端圆形，边缘具牙齿或波状浅凹，叶脉不明显。聚伞花序伞状，2～5条，每花序具3～5朵，花序梗长10～18cm，被淡褐色绵毛卡，粗腺状柔毛，苞片2枚，极小或不明显，花梗长1～3cm，极短柔毛。花萼钟状，5裂至近基部，裂片稍不等，上唇2枚略小，线状披针形，长2～3mm，宽约0.8mm，外面被短柔毛，顶端钝，全缘；花冠淡蓝紫色。蒴果长圆形，螺旋状卷曲。

生于山坡路旁岩石上。见于南向店乡董湾村。

旋蒴苣苔全草药用，味苦，性平。散瘀止血，清热解毒，化痰止咳。治创伤出血、跌打损伤、吐泻、中耳炎、小儿疳积、食积、咳嗽痰喘。

257. 紫葳科Bignoniaceae

乔木、灌木或木质藤本，稀为草本。叶对生、互生或轮生，单叶或羽叶复叶，稀掌状复叶；顶生小叶或叶轴有时呈卷须状，卷须顶端有时变为钩状或为吸盘而攀缘它物。花两性，左右对称，通常大而美丽；能育雄蕊通常4枚，具1枚后方退化雄蕊，有时能育雄蕊2枚，具或不具3枚退化雄蕊，稀5枚雄蕊均能育，着生于花冠筒上。蒴果。光山有2属2种。

1. 凌霄属Campsis Lour.

藤本。一回羽状复叶。花鲜红色或橙红色，花萼5裂，光山有1种。

1. 凌霄（红花倒水莲、上树龙）
Campsis grandiflora (Thunb.) Schum.

藤本；茎木质，以气生根攀附于它物之上。叶对生，为奇数羽状复叶；小叶7～9枚，卵形至卵状披针形，顶端尾状渐

尖，基部阔楔形，两侧不等大，长3～6cm，宽1.5～3cm，侧脉6～7对，两面无毛，边缘有粗锯齿；叶轴长4～13cm；小叶柄长约5mm。具顶生疏散的短圆锥花序，花序轴长15～20cm；花萼钟状，长具3cm，分裂至中部，裂片披针形，长约1.5cm；花冠内面鲜红色，外面橙黄色，长约5cm，裂片半圆形；雄蕊着生于花冠筒近基部，花丝线形，细长，长2～2.5cm，花药黄色，"个"字形着生；花柱线形，长约3cm。蒴果顶端钝。

生于山谷、小河边、疏林下。见于槐店乡珠山村。

凌霄的花非常美丽，常栽培供观赏，它的根和花还可药用。花：味酸，性微寒；活血通经，祛风。根：味苦，性凉；活血散瘀，解毒消肿。花：治月经不调、闭经、小腹胀痛、白带、风疹瘙痒。根：治风湿痹痛、跌打损伤、骨折、脱臼、急性胃肠炎。

2. 梓属Catalpa Scop.

乔木。单叶。发育雄蕊2枚。光山有1种。

1. 梓树（臭梧桐、黄金树、豇豆树）
Catalpa ovata G. Don

乔木，高达15m。叶对生或近于对生，有时轮生，阔卵形，长宽近相等，长约25cm，顶端渐尖，基部心形，全缘或浅波状，常3浅裂，叶面及叶背均粗糙，微被柔毛或近于无毛，侧脉4～6对，基部掌状脉5～7条；叶柄长6～18cm。顶生圆锥花

序；花序梗微被疏毛，长12～28 cm；花萼蕾时圆球形，2唇开裂，长6～8 mm；花冠钟状，淡黄色，内面具2黄色条纹及紫色斑点，长约2.5 cm，直径约2 cm；能育雄蕊2枚，花丝插生于花冠筒上，花药叉开；退化雄蕊3枚；子房上位，棒状；花柱丝形，柱头2裂。蒴果线形，下垂。

生于山谷、路旁或栽培于村庄附近及公路两旁。见于白雀园镇赛山村。

梓树的根药用，味苦，性寒。清热利湿，降逆止吐，杀虫止痒。治湿热黄疸、胃逆呕吐、疮疥、湿疹、皮肤瘙痒。

258. 胡麻科 Pedaliaceae

草本，稀为灌木。叶对生或生于上部的互生，全缘、有齿缺或分裂。花左右对称，单生、腋生或组成顶生的总状花序，稀簇生。花萼4～5深裂。花冠筒状，一边肿胀，呈不明显二唇形，檐部裂片5，蕾时覆瓦状排列；子房上位或很少下位，2～4室，很少为假1室，中轴胎座，花柱丝形，柱头2浅裂，胚珠多数，倒生。蒴果。光山有2属2种。

1. 胡麻属 Sesamum L.

陆生植物。具4枚能育雄蕊；子房上位；蒴果2～4瓣开裂。光山有1种。

1. 芝麻（胡麻、油麻）

Sesamum indicum L.

一年生直立草本。叶长圆形或卵形，长3～10 cm，宽2.5～4 cm，下部叶常掌状3裂，中部叶有齿缺，上部叶近全缘；叶柄长1～5 cm。花单生或2～3朵同生于叶腋内；花萼裂片披针形，长5～8 mm，宽1.6～3.5 mm，被柔毛；花冠长2.5～3 cm，筒状，直径约1～1.5 cm，长2～3.5 cm，白色而常有紫红色或黄色的彩晕；雄蕊4枚，内藏；子房上位，4室，被柔毛。蒴果长圆形，长2～3 cm，直径6～12 mm，有纵棱，直立，被毛，分裂至中部或至基部。

光山常见栽培。全县广布。

芝麻是一种油料作物，种子可药用，味甘，性平。补肝益肾，养血润肠，通乳。治肝肾不足、头晕目眩、贫血、便秘、乳汁缺乏。

2. 茶菱属 Trapella Oliv.

水生植物。具2枚能育雄蕊；子房下位；果实不开裂。光山有1种。

1. 茶菱

Trapella sinensis Oliv.

多年生水生草本。根状茎横走。叶对生，叶面无毛，叶背淡紫红色；沉水叶三角状圆形至心形，长1.5～3 cm，宽2.2～3.5 cm，顶端钝尖，基部呈浅心形；叶柄长1.5 cm。花单生于叶腋内，在茎上部叶腋多为闭锁花；花梗长1～3 cm，花后增长。萼齿5，长约2 mm，宿存。花冠漏斗状，淡红色，长2～3 cm，直径2～3.5 cm，裂片5，圆形，薄膜质，具细脉纹。雄蕊2，内藏，花丝长约1 cm，药室2，极叉开，纵裂。子房下位，2室，上室退化，下室有胚珠2颗。蒴果狭长，不开裂，有种子1颗，顶端有锐尖、3长2短的钩状附属物，其中3枚长的附属物可达7 cm，顶端卷曲成钩状，2根短的长0.5～2 cm。

生于溪流、河沟、池塘或湖泊浅水中。见于南向店乡董湾村。

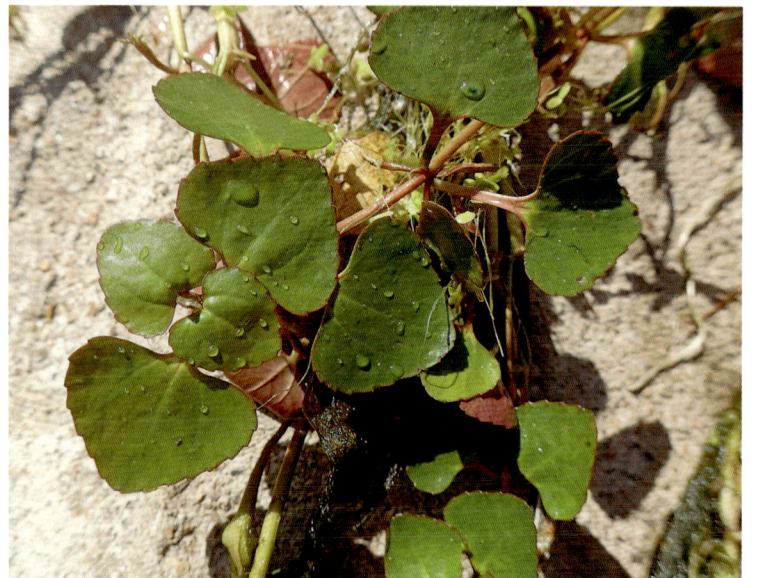

259. 爵床科 Acanthaceae

草本、灌木或藤本，稀小乔木。叶对生，稀互生，叶片、小枝和花萼上常有条形或针形的钟乳体。花两性；苞片通常大，有时有鲜艳色彩；花萼通常5裂或4裂，裂片镊合状或覆瓦状排列；花冠合瓣，具长或短的冠管，直或不同程度扭弯，冠管逐渐扩大成喉部，或在不同高度骤然扩大，有高脚碟形、漏斗形及不同长度的多种钟形；子房上位，其下常有花盘。蒴果。光山有4属4种。

1. 水蓑衣属Hygrophila R. Br.

花数朵簇生叶腋，花萼5裂片等大，花冠二唇形，能育雄蕊4枚，花药2室。光山有1种。

1. 水蓑衣（窜心蛇、鱼骨草、九节花）

Hygrophila salicifolia (Vahl) Nees [*H. ringens* (L.) R. Br. ex Steud.]

多年生草本。叶近无柄，纸质，长椭圆形、披针形、线形，长4~11.5cm，宽0.8~1.5cm，两端渐尖，顶端钝，两面被白色长硬毛，叶背脉上较密，侧脉不明显。花簇生于叶腋，无柄，苞片披针形，长约10 mm，宽约6.5 mm，基部圆形，外面被柔毛，小苞片细小，线形，外面被柔毛，内面无毛；花萼圆筒状，约长6~8 mm，被短糙毛，5深裂至中部，裂片稍不等大，渐尖，被通常被曲的长柔毛；花冠淡紫色或粉红色，长1~1.2 cm，被柔毛，上唇卵状三角形，下唇长圆形，喉凸上有疏而长的柔毛，花冠管稍长于裂片。蒴果长圆形。

生于沟边、溪旁、田边或洼地上。见于南向店乡环山村。

水蓑衣全草药用，味甘、微苦，性凉。清热解毒，化瘀止痛。治咽喉炎、乳腺炎、吐血、衄血、百日咳。外用治骨折、跌打损伤、毒蛇咬伤。

2. 爵床属Justicia L.

花冠二唇形，能育雄蕊2枚，花药2室，花蕊基部有附属物，无育雄蕊，胚珠每室2颗。果开裂时胎座不弹起。光山有1种。

1. 爵床（小青草、六角英）

Justicia procumbens L.

草本，茎基部匍匐。叶椭圆形至椭圆状长圆形，长1.5~3.5 cm，宽1.3~2 cm，顶端锐尖或钝，基部宽楔形或近圆形，两面常被短硬毛；叶柄短，长3~5 mm，被短硬毛。穗状花序顶生或生上部叶腋，长1~3 cm，宽6~12 mm；苞片1枚，小苞片2枚，均披针形，长4~5 mm，有缘毛；花萼裂片4枚，线形，约与苞片等长，有膜质边缘和缘毛；花冠粉红色，长约7 mm，二唇形，下唇3浅裂；雄蕊2枚，药室不等高，下方1室有距。蒴果长约5 mm，上部具4粒种子。

生于旷野、疏林或灌丛中。见于县城官渡河边、南向店乡环山村。

爵床全草药用，味微苦，性寒。清热解毒，利尿消肿。治感冒发热、疟疾、咽喉肿痛、小儿疳积、痢疾、肠炎、肝炎、肾炎水肿、泌尿系感染、乳糜尿。外用治痈疮疔肿、跌打损伤。

3. 山蓝属（九头狮子草属）Peristrophe Nees

苞片与花萼等长或过之，花冠二唇形，能育雄蕊2枚，花药2室，花蕊基部无附属物，无育雄蕊，胚珠每室2颗。果开裂时胎座不弹起。光山有1种。

1. 九头狮子草（九节篱、辣叶青药）

Peristrophe japonica (Thunb.) Bremek.

草本。叶卵状长圆形，长5~12 cm，宽2.5~4 cm，顶端渐尖或尾尖，基部钝或急尖。花序顶生或腋生于上部叶腋，由2~8聚伞花序组成，每个聚伞花序下托以2枚总苞状苞片，一大一小，卵形或几倒卵形，长1.5~2.5 cm，宽5~12 mm，顶端急尖，基部宽楔形或平截，全缘，近无毛，羽脉明显，内有1至少数花；花萼裂片5枚，钻形，长约3 mm；花冠粉红色至微紫色，长2.5~3 cm，外疏生短柔毛，二唇形，下唇3裂；雄蕊2枚，花丝细长，伸出，花药被长硬毛，2室叠生，一上一下，线形纵裂。蒴果开裂时胎座不弹起，上部具4粒种子。

生于山谷、路旁、草地或林下阴处。见于南向店乡董湾村向楼组。

九头狮子草全草药用，味辛、微苦，性凉。解表发汗，解毒消肿，镇痉。治感冒发热、咽喉肿痛、白喉、小儿消化不良、小儿高热惊风。外用治痈疖肿毒、毒蛇咬伤、跌打损伤。

4. 芦莉草属 Ruellia L.

草本。花有梗，多朵成聚伞花序，花冠长 2～3.5 cm，5 裂，花冠管长，高脚杯状，能育雄蕊 4 枚，子房每室有胚珠多颗。蒴果胎座有种钩。光山有 1 种。

1. 蓝花草

Ruellia simplex C. Wright

多年生直立草本，高 55～110 cm。茎四棱形，叶对生，叶片线形或披针形，长 10～15 cm，宽 6～13 mm。花排成伞房状聚伞花序；总花长 5～6.5 cm；花冠蓝色，花冠管圆柱形，上部扩展，5 浅裂；雄蕊 4 枚，二强，内藏，花丝长约 mm。蒴果长圆形，长 2.5～3 cm；种子倒卵球形，长 2.5～3 mm，密被毛。

光山有少量栽培。见于白雀园镇方寨村。

蓝花草的花非常美丽，常栽培供观赏。

263. 马鞭草科 Verbenaceae

灌木或乔木，稀藤本或草本。叶对生，稀轮生或互生。聚伞、总状、穗状、伞房状聚伞或圆锥花序；花两性，稀杂性，左右对称或很少辐射对称；花萼宿存，杯状、钟状或管状，稀漏斗状；花冠管圆柱形，管口裂为二唇形或略不相等的 4～5 裂，裂片常向外开展，全缘或下唇中间 1 裂片的边缘呈流苏状；雄蕊 4，极少 2 或 5～6 枚；子房上位，通常为 2 心皮组成，少为 4 或 5，常 2～4 室。果实为核果、蒴果或浆果状核果。光山有 6 属 9 种 1 变种。

1. 紫珠属 Callicarpa L.

灌木，常被星状毛。花序腋生，萼檐 4 裂或截平。核果或浆果状。光山有 3 种。

1. 华紫珠

Callicarpa cathayana H. T. Chang

灌木。叶片椭圆形、椭圆状卵形或卵形，长 4～8 cm，宽约 1.5～3 cm，顶端渐尖，基部狭或楔形，边缘具小锯齿，两面无毛，有显著红色腺点，侧脉 5～7 对，在两面均稍隆起，细脉和网脉下陷；叶柄长 4～8 mm。聚伞花序宽约 1.5 cm，三至四回分歧，总花梗长 4～7 mm；花萼杯状，被星状毛和红色腺点，裂片不明显或钝三角形；花冠紫红色，有红色腺点，疏被星状毛；雄蕊略伸出，花药长约 1 mm，药室孔裂；子房无毛，花柱略长于雄蕊。果实球形，直径约 2 mm，成熟时紫色。

生于山坡、山谷、溪边灌丛中。见于南向店乡环山村。

华紫珠的根和叶药用，味苦、涩、辛，性平。叶：止血散瘀，驱风逐湿；治疮伤出血、咯血、吐血、各种出血症。根治跌打损伤、风湿痹痛等。

2. 白棠子树（紫珠草、止血草）

Callicarpa dichotoma (Lour.) K. Koch

小灌木。叶倒卵形或披针形，长 2～6 cm，宽 1～3 cm，顶端短尖至尾尖，基部楔形，上半部边缘具数个粗锯齿，叶面稍粗糙，叶背无毛，密生黄色小腺点；侧脉 5～6 对；叶柄长不超过 0.5 cm。聚伞花序腋上生，宽 1～2.5 cm，总花梗长约 1 cm，初被星状毛，至结果时无毛；苞片线形；萼小，杯状，无毛，顶端不明显 4 浅裂或近截平；花冠紫色，长 1.5～2 mm，无毛；花丝长约为花冠的 2 倍，花药细小，卵形，药室纵裂；子房无毛，有黄色腺点。果球形，紫色。

生于山坡、山谷、溪边灌丛中。见于泼陂河镇东岳寺村、南向店乡环山村。

白棠子树的根和叶药用，味苦、涩，性平。止血，散瘀，消炎。治衄血、咯血、胃肠出血、子宫出血、上呼吸道感染、扁桃体炎、肺炎、支气管炎；外用治外伤出血、烧伤。

3. 老鸦糊（鱼胆、紫珠、小米团花）

Callicarpa giraldii Hesse ex Rehd.

灌木。叶片纸质，宽椭圆形至披针状长圆形，长5～15cm，宽2～7cm，顶端渐尖，基部楔形或下延成狭楔形，边缘有锯齿，叶面黄绿色，稍有微毛，叶背淡绿色，疏被星状毛和细小黄色腺点，侧脉8～10对，主脉、侧脉和细脉在叶背隆起，细脉近平行；叶柄长1～2cm。聚伞花序宽2～3cm，4～5次分歧，被毛与小枝同；花萼钟状，疏被星状毛，老后常脱落，具黄色腺点，长约1.5mm，萼齿钝三角形；花冠紫色，稍有毛，具黄色腺点，长约3mm；雄蕊长约6mm，花药卵圆形，药室纵裂，药隔具黄色腺点；子房被毛。果实球形。

生于山谷、山坡、路旁灌丛中。见于南向店王母观。

老鸦糊全株药用，味苦、涩，性凉。止血，祛风，除湿，散瘀，解毒。治风湿关节痛，咳嗽咯血、外伤出血、衄血、血崩，疮毒、鹤膝风。

2. 莸属Caryopteris Bunge

亚灌木或草本。花有梗，单生于叶腋、伞房花序或圆锥花序。光山有1种。

1. 兰香草（莸、山薄荷、九层楼）

Caryopteris incana (Thunb.) Miq.

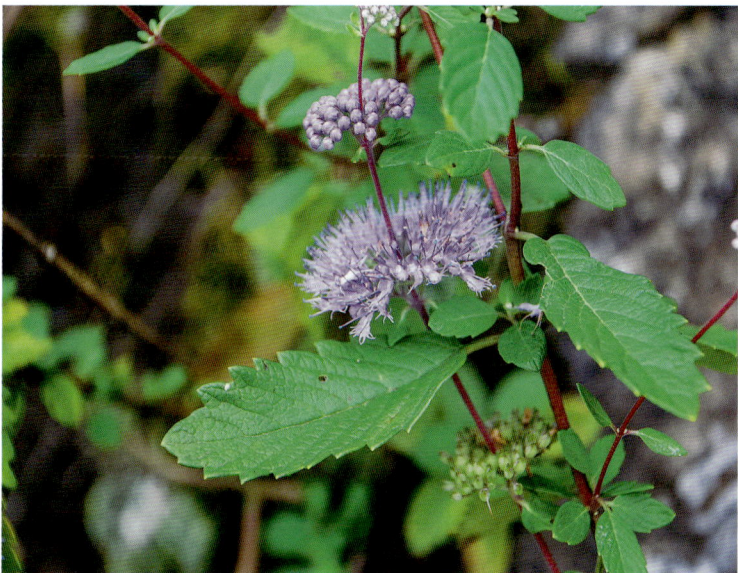

小灌木，被灰白色柔毛，老枝无毛。叶片厚纸质，披针形、卵形或长圆形，长1.5～9cm，宽0.8～4cm，顶端钝或尖，基部楔形或近圆形至截平，边缘有粗齿，被短柔毛，两面均有黄色腺点；叶柄长0.3～1.7cm，被柔毛。聚伞花序紧密，腋生或顶生，无苞片或具小苞片；花萼杯状，长约2mm，被长柔毛和腺点，顶端5裂，裂片长圆状披针形，较萼管长；花冠淡紫色或淡蓝色，二唇形，外面被长柔毛和腺点，花冠管长约3.5mm，喉部有毛环，顶端5裂，下唇中间裂片较大，边缘流苏状；雄蕊4枚；子房顶端有短毛，柱头2裂。蒴果倒卵状球形。

生于山麓、路旁或山坡干旱的草地上。见于白雀园镇赛山村。

兰香草全草药用，味辛，性温，气香。疏风解表，止咳祛痰，散瘀止痛。治上呼吸道感染、百日咳、支气管炎、风湿关节痛、胃肠炎、跌打肿痛、产后瘀血腹痛；毒蛇咬伤、湿疹、皮肤瘙痒。

3. 大青属Clerodendrum L.

灌木或乔木。聚伞花序，小片脱生或缺少生，小苞片1枚。花冠管细长，圆筒形，雄蕊4枚。光山有2种。

1. 臭牡丹（臭梧桐、臭枫根、大红袍）

Clerodendrum bungei Steud.

灌木。叶片纸质，宽卵形或卵形，长8～20cm，宽5～15cm，顶端尖或渐尖，基部宽楔形、截形或心形，边缘具粗或细锯齿，侧脉4～6对，表面散生短柔毛，叶背疏生短柔毛和散生腺点或无毛；叶柄长4～17cm。伞房状聚伞花序顶生，密集；苞片叶状，披针形或卵状披针形，长约3cm，小苞片披针形，长约1.8cm；花萼钟状，长2～6mm，被短柔毛及少数盘状腺体，萼齿三角形或狭三角形，长1～3mm；花冠淡红色、红色或紫红色，花冠管长2～3cm，裂片倒卵形，长5～8mm；雄蕊及花柱均突出花冠外；子房4室。核果近球形。

生于山坡、林缘、沟边或村庄附近旷地上。见于晏河乡大苏山、白雀园镇赛山村。

臭牡丹全株药用，味苦、辛，性平。祛风除湿，解毒散瘀。根：治风湿关节痛、跌打损伤、高血压病、头晕头痛、肺脓疡。叶：外用治痈疖疮疡、痔疮发炎、湿疹。

2. 龙吐珠（白萼赪桐）

Clerodendrum thomsonae Balf.

攀缘状灌木。叶片纸质，狭卵形或卵状长圆形，长4～10cm，宽1.5～4cm，顶端渐尖，基部近圆形，全缘，表面被小疣毛，略粗糙，叶背近无毛，基脉3出；叶柄长1～2cm。聚伞花序腋生或假顶生，2歧分枝，长7～15cm，宽10～17cm；苞片狭披针形，长0.5～1cm；花萼白色，基部合生，中部膨大，有5棱脊，顶端5深裂，外被细毛，裂片三角状卵形，长1.5～2 cm，宽1～1.2 cm，顶端渐尖；花冠深红色，外被细腺毛，裂片椭圆形，长约9 mm，花冠管与花萼近等长；雄蕊4，与花柱同伸出花冠外；柱头2浅裂。核果近球形；宿存萼不增大，红紫色。

光山有少量栽培。

龙吐珠的花非常美丽，常栽培供观赏。

4. 马缨丹属 Lantana L.

灌木，茎和枝有刺。叶揉之有臭味。花序腋生，小苞片1枚，同一花序有几种颜色。光山有1种。

1. 马缨丹（五色梅、如意花）

Lantana camara L.

灌木；茎枝均呈四方形，有短柔毛，通常有短而倒钩状刺。单叶对生，揉烂后有强烈的气味，叶片卵形至卵状长圆形，长3～8.5 cm，宽1.5～5 cm，顶端急尖或渐尖，基部心形或楔形，边缘有钝齿，叶面有粗糙的皱纹和短柔毛，叶背有小刚毛，侧脉约5对；叶柄长约1 cm。花序直径1.5～2.5 cm；花序梗粗壮，长于叶柄；花萼管状，膜质，长约1.5 mm，顶端有极短的齿；花冠黄色或橙黄色，开花后不久转为深红色，花冠管长约1 cm，两面有细短毛，直径4～6 mm；子房无毛。果圆球形。

光山有少量栽培。

马缨丹的花非常美丽，常栽培供观赏。全株还可药用。根：味淡，性凉；清热解毒，散结止痛。枝、叶：味苦，性凉，具臭气，有小毒；祛风止痒，解毒消肿。根：治感冒高热、久热不退、颈淋巴结结核、风湿骨痛、胃痛、跌打损伤。枝、叶：外用治湿疹、皮炎、皮肤瘙痒、疖肿、跌打损伤。

5. 马鞭草属 Verbena L.

草本。叶基部3裂，边缘有不规则的粗齿。无花梗，多花组成长的穗状花序，能育雄蕊4枚。光山有1种。

1. 马鞭草（铁马鞭）

Verbena officinalis L.

多年生草本，高30～120 cm。茎四方形，近基部可为圆形，节和棱上有硬毛。叶片卵圆形至倒卵形或长圆状披针形，长2～8 cm，宽1～5 cm，基生叶的边缘通常有粗锯齿和缺刻，茎生叶多数3深裂，裂片边缘有不整齐锯齿，两面均有硬毛，叶背脉上尤多。穗状花序顶生和腋生，细弱，结果时长达25 cm，花小，无柄，最初密集，结果时疏离；苞片稍短于花萼，具硬毛；花萼长约2 mm，有硬毛，有5脉，脉间凹穴处质薄而色淡；花冠淡紫至蓝色，长4～8 mm，外面有微毛，裂片5；雄蕊4，着生于花冠管的中部，花丝短；子房无毛。果长圆形。

生于村旁、路旁、山脚及田野荒地上。见于县城官渡河边、白雀园镇大尖山。

马鞭草全草药用。根：味淡，性凉；清热解毒，散结止痛。枝、叶：味苦，性凉，具臭气，有小毒；祛风止痒，解毒消肿。根：治感冒高热、久热不退、颈淋巴结结核、风湿骨痛、胃痛、跌打损伤。枝、叶：外用治湿疹、皮炎、皮肤瘙痒、疖肿、跌打损伤。

6. 牡荆属 Vitex L.

灌木或小乔木。掌状复叶，稀单叶。聚伞花序，花萼檐部5裂。光山有1种1变种。

1. 黄荆（五指柑、布荆）

Vitex negundo L.

灌木或小乔木。掌状复叶，小叶5枚，稀有3枚；小叶长圆状披针形至披针形，顶端渐尖，基部楔形，全缘，叶面绿色，叶背密生灰白色茸毛；中间小叶长4～13 cm，宽1～4 cm，两侧小叶依次递小，若具5小叶时，中间3片小叶有柄，最外侧的2片小叶无柄或近于无柄。聚伞花序排成圆锥花序式，顶生，长10～27 cm，花序梗密生灰白色茸毛；花萼钟状，顶端有5裂齿，外有灰白色茸毛；花冠淡紫色，外有微柔毛，顶端5裂，二唇形；雄蕊伸出花冠管外；子房近无毛。核果近球形。

生于山地、丘陵、平原、山坡、林缘或灌丛中。见于槐店乡万河村。

黄荆的果实及全株均药用。根、茎：味苦、微辛，性平；清热止咳，化痰截疟。叶：味苦，性凉；清热解表，化湿截疟。

果实：味苦、辛，性温；止咳平喘，理气止痛。根、茎：治支气管炎、疟疾、肝炎。叶：治感冒、肠炎、痢疾、疟疾、泌尿系感染；外用治湿疹、皮炎、脚癣，煎汤外洗。鲜叶：捣烂敷虫、蛇咬伤，灭蚊。鲜全株灭蛆。果实：治咳嗽哮喘、胃痛、消化不良、肠炎、痢疾。

2. 牡荆（黄荆、布荆、小荆）

Vitex negundo L. var. **cannabifolia** (Sieb. et Zucc.) Hand.-Mazz.

灌木。掌状复叶，小叶5枚，稀有3枚；小叶长圆状披针形至披针形，顶端渐尖，基部楔形，边缘具粗锯齿，叶面绿色，叶背淡绿色，被柔毛；中间小叶长4～13 cm，宽1～4 cm，两侧小叶依次递小，若具5小叶时，中间3片小叶有柄，最外侧的2片小叶无柄或近于无柄。聚伞花序排成圆锥花序式，顶生，长10～27 cm，花序梗密生灰白色茸毛；花萼钟状，顶端有5裂齿，外有灰白色绒毛；花冠淡紫色，外有微柔毛，顶端5裂，二唇形；雄蕊伸出花冠管外；子房近无毛。核果近球形

生于山地、丘陵、平原、山坡、林缘或灌丛中。见于槐店乡珠山村。

牡荆的果实及全株均药用。根、茎：味苦、微辛、性平；清热止咳，化痰截疟。叶：味苦，性凉；清热解表，化湿截疟。果实：味苦、辛，性温；止咳平喘，理气止痛。根、茎：治支气管炎、疟疾，肝炎。叶：治感冒、肠炎、痢疾、疟疾、泌尿系感染；外用治湿疹、皮炎、脚癣，煎汤外洗。鲜叶：捣烂敷虫、蛇咬伤，灭蚊。鲜全株灭蛆。果实：治咳嗽哮喘、胃痛、消化不良、肠炎、痢疾。

263A. 透骨草科Phrymataceae

草本。茎四棱形。叶为单叶，对生，具齿，无托叶。穗状花序生茎顶及上部叶腋，花两性；雄蕊4；雌蕊由2个背腹向心皮合生而成；子房上位，斜长圆状披针形，1室，基底胎座，有1直生胚珠，单珠被，薄珠心；花柱1，顶生，细长，内藏；柱头二唇形。果为瘦果。光山有1属1亚种。

1. 透骨草属Phryma L.

草本。茎四棱形。叶为单叶，对生，具齿，无托叶。单珠被，薄珠心；花柱1，顶生，细长，内藏；柱头2唇形。果为瘦。光山有1种。

1. 透骨草（药曲草，接生草，倒刺草）

Phryma leptostachya L. ssp. **asiatica** (Hara) Kitamura

多年生直立草本。茎四棱形。单叶对生。穗状花序生茎顶及上部叶腋，纤细，具苞片及小苞片，有长梗。花两性，左右对称，檐部2唇形，上唇3个萼齿钻形，顶端呈钩状反曲，下唇2个萼齿三角形。花冠蓝紫色、淡紫色至白色，檐部二唇形，上唇直立，2浅裂，下唇3浅裂；雄蕊4枚，着生于冠筒内面，内藏，下方2枚较长；花丝狭线形；花药分生，肾状圆形，背着，2室，药室平行，纵裂，顶端不汇合；花粉粒具3沟；雌蕊由2个背腹向心皮合生而成；子房上位，斜长圆状披针形，1室，基底胎座，有1直生胚珠，单珠被，薄珠心；花柱1，顶生，细长，内藏；柱头二唇形。果为瘦果。

生于山地林缘草地或灌丛中。见于殷棚乡牢山林场、南向店乡董湾村林场。

透骨草全草药用，味甘、微辛，性温。祛风除湿，舒筋活络，活血止痛，解毒化疹。治感冒、跌打损伤、外用治毒疮、湿疹、疥疮。

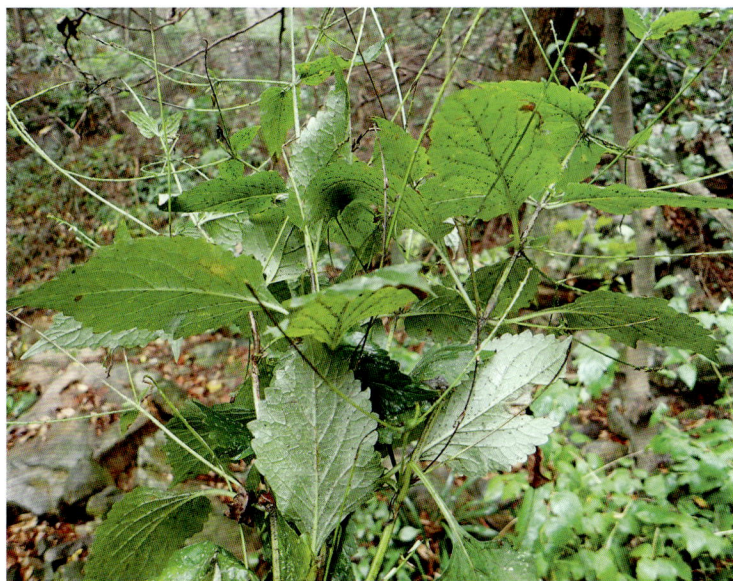

264. 唇形科Labiatae

草本，半灌木或灌木。叶为单叶，稀为复叶。花序聚伞式；花两侧对称，稀多少辐射对称，两性，稀杂性，花萼下位，宿存，在果时常不同程度的增大；花冠合瓣，管状或向上宽展，有花冠筒，如为二唇形，则上唇常外凸或盔状，较稀扁平，下唇中裂片常最发达；雄蕊在花冠上着生，与花冠裂片互生，通常4枚，二强，有时退化为2枚；雌蕊由2中向心皮形成，早期即因收缩而分裂为4枚具胚珠的裂片。果通常裂成4枚果皮干燥的小坚果。光山有20属34种2变种。

1. 筋骨草属Ajuga L.

草本。花萼檐部近相等的5裂，花冠单唇形，子房不分裂至4深裂，花柱生于子房裂片之间。小坚果侧腹面相接，果脐大而明显。光山有2种。

1. 金疮小草（筋骨草、苦地胆、散血草）

Ajuga decumbens Thunb.

一或二年生草本。基生叶较多，较茎生叶长而大，叶薄纸质，匙形或倒卵状披针形，长3～6 cm，宽1.5～2.5 cm，有时长达14 cm，宽达5 cm，顶端钝至圆形，基部渐狭，下延，具缘毛，两面被疏糙伏毛或疏柔毛，以脉上为密，侧脉4～5对，斜上升，叶柄长1～2.5 cm。轮伞花序多花，排列成间断长7～12 cm的穗状花序，位于下部的轮伞花序疏离；下部苞叶与茎叶同形，匙形，上部者呈苞片状，披针形；花梗短；花萼漏斗状，长5～8 mm，外面仅萼齿及其边缘被疏柔毛，具10脉，萼齿5枚；花冠淡蓝色或淡红紫色，稀白色，筒状，挺直；子房4裂，无毛。小坚果倒卵状三棱形。

生于山坡、草地、旷野、荒地或山谷、溪边。见于南向店乡董湾村向楼组。

金疮小草全草药用，味苦，性寒。清热解毒，消肿止痛，凉血平肝。治上呼吸道感染、扁桃体炎、咽喉炎、支气管炎、肺炎、肺脓疡、胃肠炎、肝炎、阑尾炎、乳腺炎、急性结膜炎、高血压。外用治跌打损伤、外伤出血、痈疖疮疡、烧烫伤、毒蛇咬伤。

2. 紫背金盘（破血丹、散血草、退血草）

Ajuga nipponensis Makino

一年生草本。基生叶无或少；茎生叶具柄，柄长1～1.5 cm；叶片阔椭圆形或卵状椭圆形，长2～4.5 cm，宽1.5～2.5 cm，顶端钝，基部楔形，两面被疏糙伏毛，叶背常紫色。轮伞花序具多花，小苞片卵形至阔披针形，长0.8～1.5 cm，绿色。花萼钟形，长3～5 mm，萼齿5，狭三角形或三角形。花冠淡蓝色或蓝紫色，长8～11 mm，基部略膨大，外面疏被短柔毛，冠檐二唇形，上唇短，2裂，下唇伸长，3裂。雄蕊4，二强，伸出，花丝粗壮。花柱顶端2浅裂，裂片细尖。花盘环状。小坚果卵状三棱形。

生于山坡、草地、旷野、荒地或山谷、溪边。见于晏河乡净居寺。

紫背金盘全草药用，味苦，性寒。清热解毒，凉血散瘀，消肿止痛。治肺热咳嗽、咯血、咽喉肿痛、乳痈、肠痈、疮疖

出血、跌打肿痛、外伤出血、烧烫伤、毒蛇咬伤等。

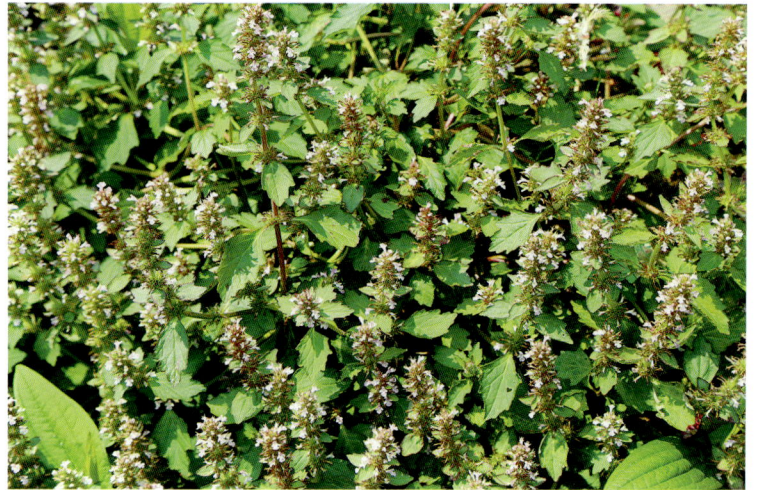

2. 风轮菜属Clinopodium L.

草本。轮伞花序腋生，萼檐部二唇形，下唇2裂片狭长，花冠为不明显二唇形，雄蕊4枚；子房4全裂，子房无柄，花柱基生，顶端极不等2裂，花盘裂片与子房互生。光山有4种。

1. 风轮菜（断血流、九层塔、熊胆草）

Clinopodium chinense (Benth.) O. Kuntze

多年生草本。叶卵圆形，不偏斜，长2～4 cm，宽1.3～2.6 cm，顶端急尖或钝，基部圆形呈阔楔形，边缘有锯齿，叶面橄绿色，密被平伏短硬毛，叶背灰白色，被疏柔毛，侧脉5～7对；叶柄长3～8 mm。轮伞花序多花密集，半球状，位于下部者直径达3 cm，最上部者径1.5 cm，彼此远隔；苞叶叶状，向上渐小至苞片状，苞片针状，长3～6 mm，多数，被柔毛状缘毛及微柔毛；总梗长约1～2 mm；花萼狭管状，常染紫红色；花冠紫红色，子房无毛。

生于山谷、山坡、荒山、路旁草丛中。见于槐店乡珠山村。

风轮菜全草药用，味辛、苦，性凉。止血，疏风清热，解毒止痢。治子宫肌瘤出血、鼻衄、牙龈出血、尿血、创伤出血、感冒、中暑、急性胆囊炎、肝炎、肠炎、痢疾、腮腺炎、乳腺炎、疔疮毒、过敏性皮炎、急性结膜炎。

2. 瘦风轮菜（细风轮菜、宝塔菜、煎刀草）

Clinopodium gracile (Benth.) Matsum.

纤细草本。最下部的叶圆卵形，细小，长约1 cm，宽0.8～0.9 cm，顶端钝，基部圆形，边缘具疏圆齿，较下部或全部叶均为卵形，较大，长1.2～3.4 cm，宽1～2.4 cm，顶端钝，

基部圆形或楔形，边缘具锯齿，叶面榄绿色，近无毛，叶背较淡，脉上被疏短硬毛，侧脉2～3对，叶柄长0.3～1.8 cm；上部叶及苞叶卵状披针形，顶端锐尖，边缘具锯齿。轮伞花序分离，或密集于茎端成短总状花序，疏花；苞片针状，远较花梗短；花梗长约1～3 mm，被微柔毛；花萼管状，基部圆形；花冠白至紫红色；雄蕊4枚，前对能育，与上唇等齐，花药2室，室略叉开；子房无毛。小坚果卵球形，褐色，光滑。

生于山谷、山坡、荒山、路旁草丛中。见于槐店乡珠山村、殷棚乡牢山林场。

瘦风轮菜全草药用，味辛、苦，性微寒。散瘀解毒，祛风散热，止血。治痢疾、肠炎、乳痈、血崩、感冒头痛、中暑腹痛、跌打损伤、过敏性皮炎。

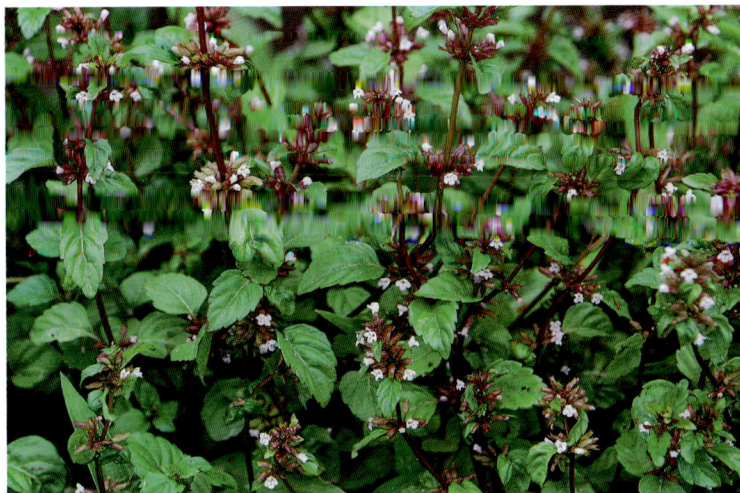

3. 灯笼草（山薄荷、土防风、绣球草）

Clinopodium polycephalum (Vaniot) C. Y. Wu et Hsuan ex Hsu

直立多年生草本，高0.3～1 m，多分枝。茎四棱形，具槽，被平展糙硬毛及腺毛。叶卵形，长2～5 cm，宽1.5～3.2 cm，两面被糙硬毛。轮伞花序圆球状或穗状，花时直径达2 cm。花萼圆筒形，花时长约6 mm，宽约1 mm，萼内喉部具疏刚毛。花冠紫红色，长约8 mm，冠筒伸出于花萼，外面被微柔毛，冠檐二唇形，上唇直伸，下唇3裂。小坚果卵形，长约1 mm，褐色，光滑。

生于山谷、山坡路边、林下或灌丛中。见于白雀园镇赛山村。

灯笼草全草药用，味苦、涩，性凉。清热解毒，凉血止血。治各种出血、白喉、黄疸、感冒、腹痛、小儿疳积、疔疮痈肿、跌打损伤、蛇犬咬伤、痔疮等。

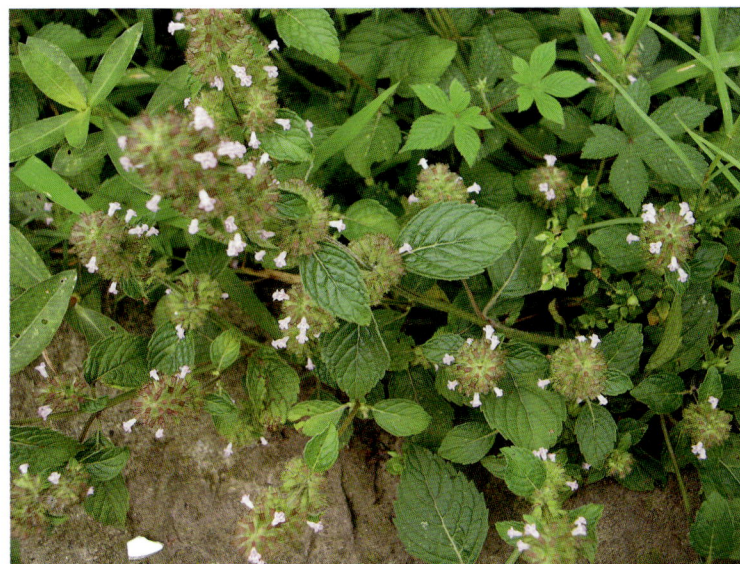

4. 匍匐风轮菜

Clinopodium repens (D. Don) Wall.

多年生柔弱草本。叶卵圆形，长1～3.5 cm，宽1～2.5 cm，顶端锐尖或钝，基部阔楔形至近圆形，边缘有细锯齿，叶面榄绿色，叶背略淡，两面疏被短硬毛，侧脉5～7对；叶柄长0.5～1.4 cm，向上渐短，近扁平，密被短硬毛。轮伞花序小，近球状，花时径1.2～1.5 cm，果时径1.5～1.8 cm，彼此远隔；苞叶与叶极相似，具短柄，均超过轮伞花序，苞片针状；花萼管状，长约6 mm，绿色，具13脉，外面被白色缘毛及腺微柔毛，内面无毛，上唇3齿，齿三角形，具尾尖，下唇2齿，顶端芒尖；花冠粉红色，长约7 mm，略超出花萼，外面被微柔毛，冠檐二唇形，上唇直伸，顶端微缺，下唇3裂。小坚果近球形。

生于山谷、山坡路边、林下或灌丛中。

3. 水蜡烛属 Dysophylla Bl. ex El-Gazzar et Watson

叶轮生，花冠筒短，雄蕊4枚等长，花盘裂片与子房互生。果萼非明显二唇形。光山有1种。

1. 水虎尾（水老虎、野香芹、水箭草）

Dysophylla stellata (Lour.) Benth.

一年生、直立草本。茎高15～40 cm，基部粗至1 cm，于中部以上具轮状分枝，无毛，有时节上被灰色柔毛，下部节间极短。叶4～8枚轮生，线形，长2～7 cm，宽1.5～4 mm，顶端急尖，基部渐狭而无柄，边缘具疏齿或几无齿，不外卷，叶面榄绿色，叶背灰白色，两面均无毛；生于茎下部的叶有时狭而小。穗状花序长0.5～4.5 cm，宽4～6.5 mm，极密集，不间断；苞片披针形，明显，超过花萼；花萼钟形，密被灰色绒毛，长约1.2 mm，宽约1 mm，果时增大至长约1.8 mm；花冠紫红色，长约1.8～2 mm，冠檐4裂，裂片近相等；雄蕊4，伸出，花丝被髯毛；花柱顶端2浅裂；花盘平顶。小坚果倒卵形。

生于水稻田中或沟边、沼泽地。见于泼陂河镇东岳寺村。

水虎尾全草药用，味辛，性平，有小毒。行气止痛，散瘀消肿。治毒蛇咬伤：鲜全草捣烂炒热，加酒适量，取汁内服少许，外搽伤口周围。治疮痈肿毒，湿疹：鲜全草适量，捣烂敷，或水煎外洗。治跌打瘀肿：鲜全草适量捣烂，加酒适量，内服少许，外搽患处。

4. 香薷属 Elsholtzia Willd.

花冠筒短，冠檐4裂，上唇1片，雄蕊外伸，二强，前对较长，花盘裂片与子房互生。果萼非明显二唇形。光山有1种。

1. 紫花香薷（牙刷花、臭草）

Elsholtzia argyi Lévl.

草本，茎四棱形，具槽，紫色，槽内被疏生或密集的白色短柔毛。叶卵形至阔卵形，长2~6 cm，宽1~3 cm，顶端短渐尖，基部圆形至宽楔形，叶面绿色，被疏柔毛，叶背淡绿色，沿叶脉被白色短柔毛。穗状花序长2~7 cm，偏向一侧，由具8花的轮伞花序组成；苞片圆形，长宽约5 mm，外面被白色柔毛，常带紫色。花萼管状，长约2.5 mm，外面被白色柔毛。花冠玫瑰红紫色，长约6 mm，外面被白色柔毛，冠筒向上渐宽，喉部宽约2 mm，冠檐二唇形，上唇直立，顶端微缺，边缘被长柔毛，下唇稍开展。雄蕊4，前对伸出，花药黑紫色。小坚果长圆形。

生于山谷、山坡灌丛中。

紫花香薷全草药用，味辛，性微温。发汗解表，和中利湿。治夏季感冒、急性胃肠炎、腹痛、吐泻、水肿、口臭、中暑头痛、中暑腹胀、泄泻等。

5. 活血丹属 Glechoma L.

草本。轮伞花序2朵花，花冠二唇形，雄蕊4枚，直，后对比前对长，两对雄蕊平行，后对上升，药室叉开；子房4全裂，子房无柄，花柱基生，花盘裂片与子房互生。光山有1种。

1. 活血丹（连钱草、金钱草、透骨消、金钱薄荷）

Glechoma longituba (Nakai) Kupr

多年生匍匐草本，茎四棱形。叶草质，叶片心形，长1.8~2.6 cm，宽2~3 cm，顶端急尖或钝三角形，基部心形，边缘具圆齿或粗锯齿状圆齿，叶面被疏粗伏毛或微柔毛，叶柄长为叶片的1.5倍，被长柔毛。轮伞花序通常2花，稀具4~6花；花萼管状，长9~11 mm；花冠淡蓝色、蓝色至紫色，下唇具深色斑点，冠筒直立，上部渐膨大成钟形，有长筒与短筒两型，长筒者长1.7~2.2 cm，短筒者通常藏于花萼内，长1~1.4 cm，外面多少被长柔毛及微柔毛，内面仅下唇喉部被疏柔毛或几无毛，冠檐二唇形；雄蕊4枚；花柱细长。成熟小坚果深褐色。

生于山地疏林下、溪边或村边、路旁等湿润处。光山全县分布。

活血丹全草药用，味苦、辛，性凉。清热解毒，利尿排石，散瘀消肿。治尿路感染，尿路结石，胃、十二指肠溃疡，黄疸型肝炎，肝胆结石，感冒，咳嗽，风湿关节痛，月经不调，雷公藤中毒，跌打损伤，骨折，疮痈肿毒。

6. 香茶菜属 Isodon (Schrad. ex Benth.) Spach

萼檐二唇形或等大5裂，花冠二唇形，上唇4裂，下唇1裂，雄蕊下倾，卧于花冠下唇上。光山有2种。

1. 香茶菜（蛇总管、铁棱角）

Isodon amethystoides (Benth.) H. Hara

多年生草本。叶卵状圆形，卵形至披针形，大小不一，生于主茎中、下部的较大，生于侧枝及主茎上部的较小，长0.8~11 cm，宽0.7~3.5 cm，顶端渐尖、急尖或钝，基部骤然收缩后长渐狭或阔楔状渐狭而成具狭翅的柄，边缘除基部全缘外具圆齿，被疏柔毛至短绒毛，有时近无毛，但均密被白色或黄色小腺点；叶柄长0.2~2.5 cm。花序为由聚伞花序组成的顶生圆锥花序，疏散，聚伞花序多花，长2~9 cm，直径1.5~8 cm，分枝纤细而极叉开；花萼钟形，长与宽约2.5 mm，外面疏生极短硬毛或近无毛，满布白色或黄色腺点，萼齿5；花冠白色、蓝白色或紫色；花盘环状。成熟小坚果卵形。

生于林下或山地、路旁、草丛中。见于白雀园镇寨山村。

香茶菜全草药用，味辛、苦，性凉。清热解毒，散瘀消肿。治毒蛇咬伤、跌打肿痛、筋骨酸痛、疮疡。

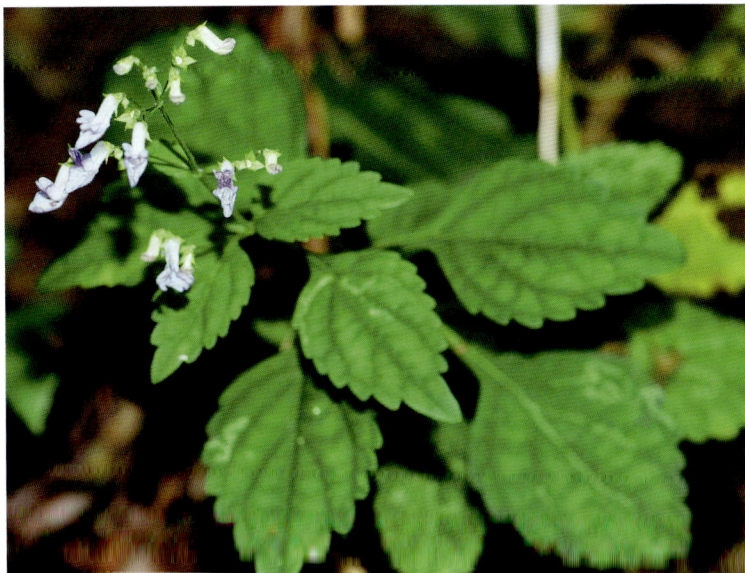

2. 显脉香茶菜（脉叶香茶菜、蓝花柴胡）

Isodon nervosus Kudo [Rabdosia nervosa (Hemsl.) C. Y. Wu et H. W. Li]

多年生草本。叶交互对生，披针形至狭披针形，长3.5～13 cm，宽1～2 cm，顶端长渐尖，基部楔形至狭楔形，边缘有具胼胝尖的粗浅齿，侧脉4～5对，叶面绿色，叶背较淡，近无毛；下部叶柄长0.2～1 cm，被微柔毛。聚伞花序5～9花，具长5～8 mm的总梗，于茎顶组成疏散的圆锥花序，花梗与总梗及序轴均密被微柔毛；苞片狭披针形，叶状，长1～1.5 cm，密被微柔毛；花萼紫色，钟形，长约1.5 mm；花冠蓝色，长6～8 mm，外疏被微柔毛，冠筒长3～4 mm，近基部上方成浅囊状，冠檐二唇形，上唇4等裂；雄蕊4；花柱丝状，伸出于花冠外，顶端相等2浅裂；花盘盘状。小坚果卵圆。

生于山谷、河边、山坡、草地或林间旷地上潮湿处。见于白雀园镇赛山村。

显脉香茶菜全草药用，味微辛、苦，性寒。清热利湿，解毒。治急性黄疸型肝炎、毒蛇咬伤。外用治烧、烫伤、毒蛇咬伤、脓疱疮、湿疹、皮肤瘙痒。

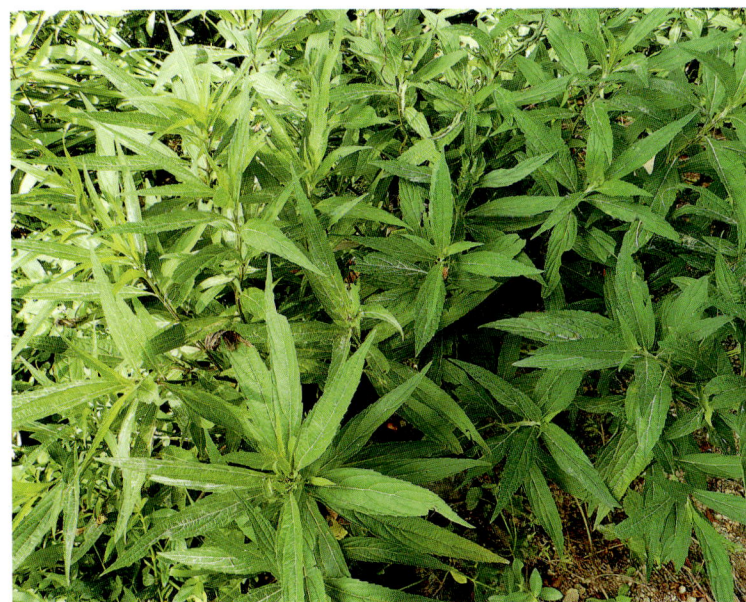

7. 香简草属**Keiskea** Miq.

花冠筒短，冠檐5裂，上唇2片，雄蕊外伸，二强，前对较长，花药2室，花盘裂片与子房互生。果萼非明显二唇形。光山有1种。

1. 香薷状香简草（香薷状霜柱）

Keiskea elsholtzioides Merr.

草本。叶卵形或卵状长圆形，大小变异很大，长1.5～15 cm，宽1.2～8 cm，顶端渐尖，基部楔形至近圆形，稀浅心形，边缘具锯齿，叶面深绿色，疏生短硬毛，叶背淡绿色，疏生短纤毛，满布凹陷腺点；叶柄长达5.5～7 cm。总状花序顶生或腋生，幼时较短，开花后延长至18 cm，花多少远离；花梗长约2.5 mm，与花序轴密生平展的纤毛状柔毛；花萼钟形，长约3 mm，外被纤毛状硬毛，萼齿5，披针形，长圆状披针形或卵状披针形，边缘疏具纤毛；花冠白色，染紫色，长约8 mm，外面被微柔毛；雄蕊4，伸出，后对长出花冠约4 mm，前对长出约7 mm；子房无毛。小坚果近球形。

生于山谷、路旁草丛或灌丛中。见于白雀园镇赛山村。

香薷状香简草全草药用，味辛、苦，性凉。活血化瘀。治跌打损伤、瘀血肿痛。外用鲜品捣烂敷患处。

8. 夏至草属**Lagopsis** Bunge ex Benth.

草本。叶阔卵形，掌状浅裂或深裂。轮伞花序腋生。花萼管形或管状钟形，具10脉，齿5，不等大，其中2齿稍大；雄蕊内藏于花冠筒内。小坚果卵圆状三棱形。光山有1种。

1. 夏至草（小益母草、假茺蔚）

Lagopsis supina (Steph.) Ik.-Gal. ex Knorr.

多年生草本。叶轮廓为圆形，长宽1.5～2 cm，顶端圆形，基部心形，3深裂，裂片有圆齿或长圆形犬齿，有时叶片为卵

325

圆形，3浅裂或深裂，裂片无齿或有稀疏圆齿，通常基部越冬叶远较宽大，叶片两面均绿色，叶面疏生微柔毛，叶背沿脉上被长柔毛，余部具腺点，边缘具纤毛，3～5出脉掌状；叶柄长，基生叶的长2～3 cm，上部叶的较短，通常约1 cm。轮伞花序疏生，每轮有花6～10朵，无梗或具短梗；花萼钟形，外面被细毛，喉部具短毛，具5脉，5齿，齿端有尖刺，上唇3齿，下唇2齿；花冠白色，钟状，二唇，外面被短柔毛，上唇稍长，直立，下唇平展；雄蕊4。小坚果褐色，长圆状具3棱。

　　生于低山河谷、路边及村庄附近。

　　夏至草全草药用，味微苦，性平。和血调经。治血虚头晕、半身不遂、月经不调。

9. 野芝麻属 Lamium L.

　　草本。花萼檐部裂片等大，裂齿披针形，果时喉部张开，花冠二唇形，上唇外突，雄蕊4枚，直，后对比前对短，花药被毛；子房4全裂，子房无柄，花柱基生，顶端等裂，花盘裂片与子房互生。小坚果有3棱。光山有2种。

1. 短柄野芝麻（地蚤、野藿香、山苏子）

Lamium album L.

　　多年生植物。茎下部叶卵圆形或心脏形，长4.5～8.5 cm，宽3.5～5 cm，顶端尾状渐尖，基部心形；茎上部叶卵圆状披针形，较下部叶长而狭，顶端长尾状渐尖。轮伞花序具4～14花；苞片狭线形或丝状，长2～3 mm，锐尖，具缘毛。花萼钟形，长约1.5 cm，宽约4 mm，外面疏被伏毛。花冠白或浅黄色，长约2 cm，冠筒基部直径2 mm。雄蕊花丝扁平，被微柔毛，花药深紫色，被柔毛。花柱丝状，顶端近相等的2浅裂。子房裂片长圆形。小坚果倒卵圆形，顶端截形，基部渐狭，长约3 mm，直径1.8 mm，淡褐色。

　　生于山谷、路边、溪旁、田埂及荒坡上。见于南向店乡董湾村。

　　野芝麻全草药用，味微甘，性平。清肝利湿，活血消肿。治肺热咳血、血淋、白带、月经不调、小儿虚热、跌打损伤、肿毒等。

2. 宝盖草（珍珠莲、接骨草、莲台夏枯草）

Lamium amplexicaule L.

　　草本，茎高10～30 cm。叶近无柄，叶片均圆形或肾形，长1～2 cm，宽0.7～1.5 cm，顶端圆，基部截形或截状阔楔形，半抱茎，边缘具极深的圆齿，顶部的齿通常较其余的大。轮伞花序6～10花，其中常有闭花授精的花；苞片披针状钻形，长

约4 mm，宽约0.3 mm，具缘毛；花萼管状钟形，长4～5 mm，宽1.7～2 mm，外面密被白色直伸的长柔毛，内面除萼上被白色直伸长柔毛外，余部无毛，萼齿5枚，披针状锥形，长1.5～2 mm，边缘具缘毛；花冠紫红或粉红色；花盘杯状，具圆齿；子房无毛。小坚果倒卵圆形，具3棱。

　　生于路旁、林缘、沼泽草地及宅旁等地。见于县城官渡河边。

　　宝盖草全草药用，味辛、苦，性温。祛风，通络，消肿，清热，利尿。治筋骨疼痛、四肢麻木、跌打损伤、瘰疬、黄疸性肝炎。

10. 益母草属Leonurus L.

草本。叶近全裂。花萼檐部裂片等大，裂齿披针形，果时喉部张开，花冠二唇形，上唇外突，雄蕊4枚，直，后对比前对短，花药无毛；子房4全裂。小坚果有3棱。光山有1种。

1. 益母草（益母艾、茺蔚、九重楼、野天麻、益母花）

Leonurus japonicus Houttuyn [*L. artemisia* (Lour.) S. Y. Hu]

一年生草本。叶轮廓变化很大，茎下部叶轮廓为卵形，基部宽楔形，掌状3裂，裂片呈长圆状菱形至卵圆形，长2.5～6 cm，宽1.5～4 cm，裂片上再分裂，叶面绿色，有糙伏毛，叶柄纤细。轮伞花序腋生，具8～15花，轮廓为圆球形，直径2～2.5 cm，多数远离而组成长穗状花序；花萼管状钟形，长6～8 mm，外面有贴生微柔毛；花冠粉红至淡紫红色，长1～1.2 cm，外面于伸出萼筒部分被柔毛，冠筒长约6 mm，等大，内面在离基部1/3处有近水平向的不明显鳞毛毛环，毛环在背面间断，其上部多少有鳞状毛，冠檐二唇形，上唇直伸，内凹，长圆形，长约7 mm，宽4 mm，全缘，内面无毛，边缘具纤毛；子房褐色，无毛。小坚果长圆状三棱形。

生于村边、路旁、旷野或荒地上。见于县城官渡河边。

益母草全草药用，味苦、辛，性微寒。活血调经，祛瘀生新，利尿消肿。治月经不调、闭经、产后瘀血腹痛、肾炎浮肿、小便不利、尿血。外用治疮疡肿毒。

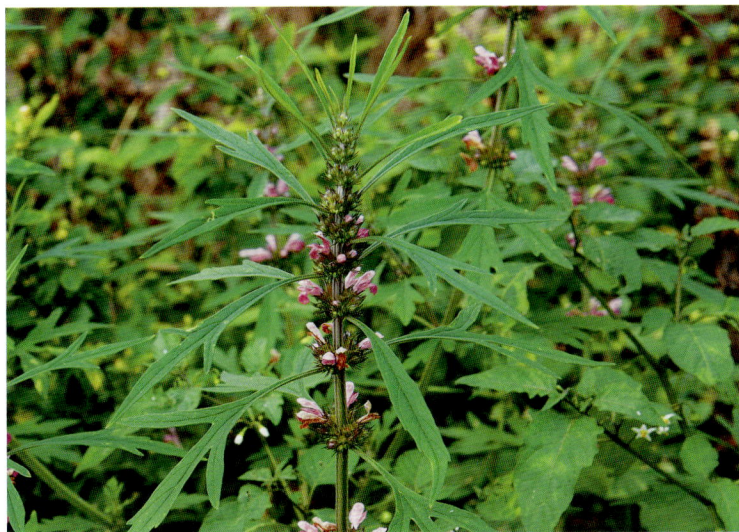

11. 地笋属Lycopus L.

草本。轮伞花序腋生，萼檐部近相等5裂，花冠为不明显二唇形，雄蕊前对发育，后对退化；子房4全裂，子房无柄，花柱基生，花盘裂片与子房互生。光山有1种。

1. 地笋（地瓜苗）

Lycopus lucidus Turcz.

多年生草本；根茎横走。叶具极短柄或近无柄，长圆状披针形，多少弧弯，通常长4～8 cm，宽1.2～2.5 cm，顶端渐尖，基部渐狭，边缘具锐尖粗牙齿状锯齿，侧脉6～7对。轮伞花序无梗，轮廓圆球形，花时直径1.2～1.5 cm，多花密集，其下承以小苞片；花萼钟形，长3 mm，萼齿5，披针状三角形，长2 mm，具刺尖头。花冠白色，长5 mm，冠筒长约3 mm，冠檐不明显二唇形，上唇近圆形，下唇3裂，中裂片较大；雄蕊仅前对能育，超出于花冠；花盘平顶。小坚果倒卵圆状四边形，有腺点。

生于低湿草地、沼泽湿草地、溪流旁及沟边等处。见于白雀园镇大尖山、槐店乡万河村。

地笋全草药用。根茎：味苦、辛，性微温；活血祛瘀，利水消肿。全草：味苦、辛，性微温；活血，行水。根茎：治产后瘀血腹痛、吐血、衄血及带下等。全草：治产后瘀血腹痛、经闭、水肿、跌打损伤、金疮、痈肿、小儿褥疮、毒蛇咬伤等。

12. 薄荷属Mentha L.

草本。轮伞花序腋生，萼檐部近相等5裂，花冠为不明显二唇形，雄蕊4枚；子房4全裂，子房无柄，花柱基生，花盘裂片与子房互生。光山有2种。

1. 薄荷（野薄荷、南薄荷、夜息香、野仁丹草、见肿消）

Mentha canadensis L.[*M. haplocalyx* Briq.]

多年生草本。叶片长圆状披针形、披针形、椭圆形或卵状披针形，稀长圆形，长3～5 cm，宽0.8～3 cm，顶端锐尖，基部楔形至近圆形，边缘在基部以上疏生粗大的牙齿状锯齿，侧脉约5～6对。轮伞花序腋生，轮廓球形，花时直径约18 mm，具梗或无梗，具梗时梗可长达3 mm，被微柔毛；花梗纤细，长2.5 mm，被微柔毛或近于无毛；花萼管状钟形，长约2.5 mm，外被微柔毛及腺点，内面无毛，10脉，不明显，萼齿5枚；花冠淡紫色，长4 mm，外面略被微柔毛，内面在喉部以下被微柔毛，冠檐4裂，上裂片顶端2裂，较大，其余3裂片近等大，长圆形，顶端钝；雄蕊4。小坚果卵珠形，黄褐色，具小腺窝。

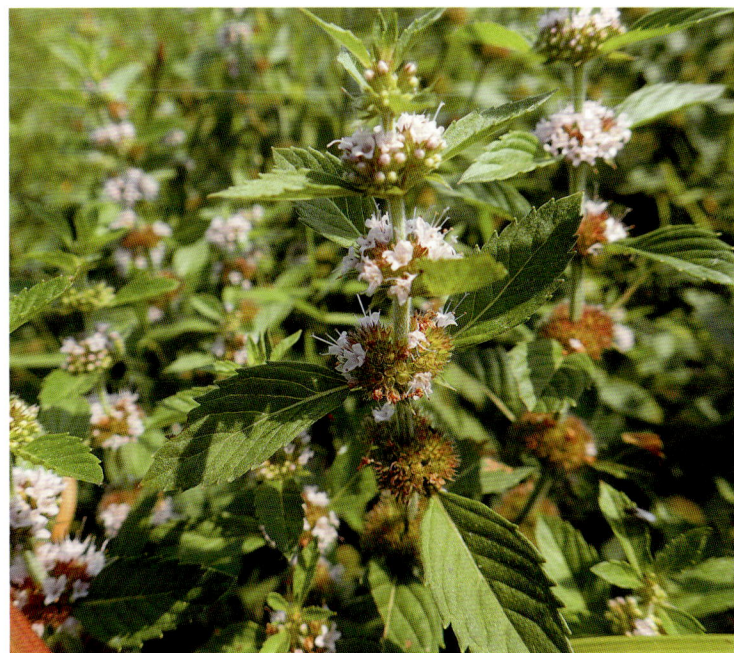

生于山谷、沟边、田边、水旁潮湿地，或栽培。见于白雀园镇方寨村。

薄荷的嫩叶可作蔬菜食用，全草药用，味辛，性凉。疏散风热，清利头目。治感冒风热、头痛、目赤、咽痛、牙痛、皮肤瘙痒。

2. 留兰香（香菜菜、绿薄荷）

Mentha spicata L.[*M. viridis* L.]

多年生草本。叶无柄或近于无柄，卵状长圆形或长圆状披针形，长3～7cm，宽1～2cm，顶端锐尖，基部宽楔形至近圆形，边缘具尖锐而不规则的锯齿，草质，叶面绿色，叶背灰绿色，侧脉6～7对，与中脉在叶面多少凹陷叶背明显隆起且带白色。轮伞花序生于茎及分枝顶端，呈长4～10cm、间断但向上密集的圆柱形穗状花序；花梗长2mm，无毛；花萼钟形，花时连齿长2mm，外面无毛，具腺点，内面无毛，5脉，不显著，萼齿5，三角状披针形，长1mm；花冠淡紫色，长4mm，两面无毛，冠筒长2mm；子房褐色。

光山有栽培。泼陂河镇附近。

留兰香的嫩叶可作蔬菜食用，味辛、甘，性微温。祛风散寒，止咳，消肿解毒。治感冒咳嗽、胃痛、腹胀、神经性头痛。外用治跌打肿痛、眼结膜炎、小儿疮疖。

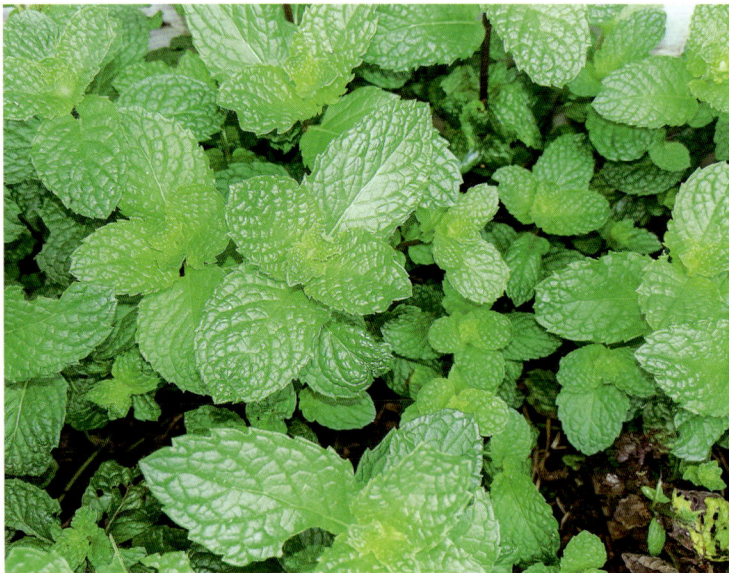

13. 石荠苎属 Mosla Buch.-Ham. ex Maxim.

草本。总状花序，萼檐部近相等5裂，花冠为不明显二唇形，雄蕊后对发育，前对退化；子房4全裂，子房无柄，花柱基生，花盘裂片与子房互生。光山有4种。

1. 小花荠苎（野香薷、细叶七星剑、小叶荠苎）

Mosla cavaleriei Lévl.

一年生草本。叶卵形或卵状披针形，长2～5cm，宽1～2.5cm，顶端急尖，基部圆形至阔楔形，边缘具细锯齿，近基部全缘，纸质，叶面橄绿色，被具节疏柔毛，叶背较淡，除被具节疏柔毛外满布凹陷小腺点；叶柄纤细，长1～2cm，腹凹背凸，被具节疏柔毛。总状花序小，顶生于主茎及侧枝上，长2.5～4.5cm，果时长达8cm；苞片极小，卵状披针形，被疏柔毛；花梗细而短，长约1mm，与序轴被具节小疏柔毛；花萼长和宽约1.2mm，外面被疏柔毛，略二唇形，上唇3齿极小，三角形，下唇2齿稍长于上唇，披针形；花冠紫色或粉红色。小坚果灰褐色，球形。

生于山坡、村边、路旁、旷地水边湿润处。见于南向店乡环山村。

小花荠苎全草药用，味辛，性微温。发汗解暑，健脾利湿，止痒。治感冒、中暑、急性肠胃炎、消化不良、水肿。外用治湿疹、疮疖肿毒、跌打肿毒、毒蛇咬伤。

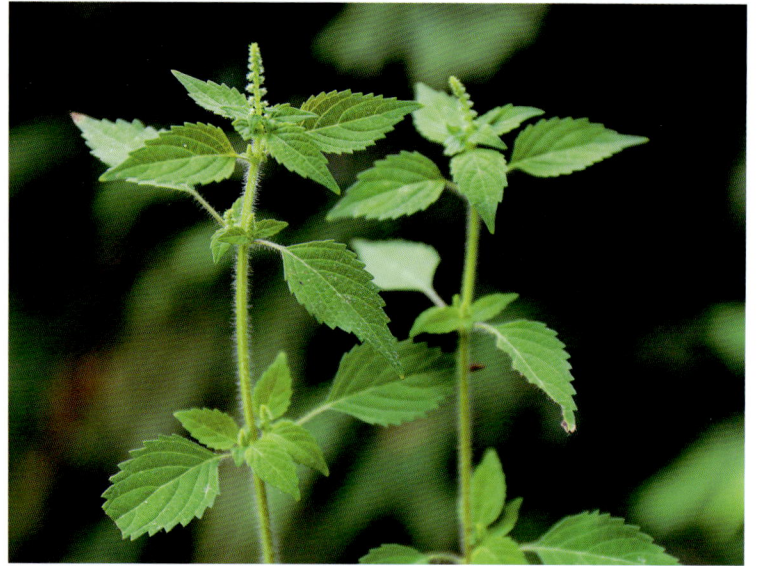

2. 石香薷（小叶香薷、七星剑、土香薷）

Mosla chinensis Maxim.

直立草本。叶线状长圆形至线状披针形，长1.3～3cm，宽2～5mm，顶端渐尖或急尖，基部渐狭或楔形，边缘具疏而不明显的浅锯齿，叶面榄绿色，叶背较淡，两面均被疏短柔毛及棕色凹陷腺点；叶柄长3～5mm，被疏短柔毛。总状花序头状，长1～3cm；苞片覆瓦状排列，偶见稀疏排列，倒卵形，长4～7mm，宽3～5mm，顶端短尾尖，全缘，两面被疏柔毛，下面具凹陷腺点，边缘具睫毛，5脉，自基部掌状生出；花梗短，被疏短柔毛；花萼钟形，长约3mm，宽约1.6mm，萼齿5枚，钻形，长约为花萼长的2/3，果时花萼增大；花冠紫红色、淡红色至白色。小坚果球形。

生于干旱山坡、路旁、草地上。见于殷棚乡牟山林场。

石香薷全草药用，味辛，性微温。发汗解表，祛暑化湿，利尿消肿。治暑湿感冒、发热无汗、头痛、胀痛吐泻、水肿。

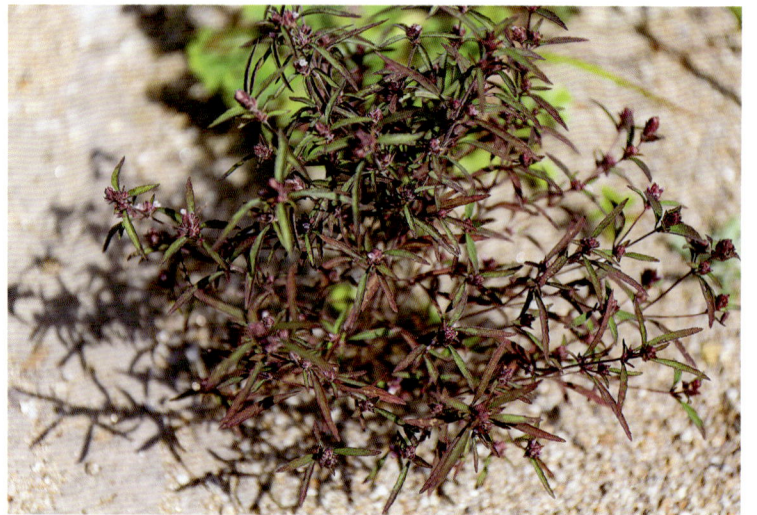

3. 小鱼仙草（痱子草、热痱草、假鱼香）

Mosla dianthera (Buch.-Ham.) Maxim.

一年生草本。叶卵状披针形或菱状披针形，有时卵形，长1.2～3.5cm，宽0.5～1.8cm，顶端渐尖或急尖，基部渐狭，边缘具锐尖的疏齿，近基部全缘，纸质，叶面榄绿色，无毛或近无毛，叶背灰白色，无毛，散布凹陷腺点；叶柄长3～18 mm，腹凹背凸，腹面被微柔毛。总状花序生于主茎及分枝的顶部，通常多数，长3～15 cm；花梗长1 mm，果时伸长至4 mm，被极细的微柔毛，序轴近无毛；花萼钟形，长约2 mm，宽2～2.6 mm，外面脉上被短硬毛，二唇形，上唇3齿，卵状三角形，中齿较短，下唇2齿，披针形，与上唇近等长，果时花萼增大，长约3.5 mm，上唇反向上，下唇直伸；花冠淡紫色。小坚果灰褐色，近球形。

生于山坡、村边、路旁、旷地水边湿润处。见于晏河乡潘畈村、官渡河边。

小鱼仙草全草药用，味辛，性温。祛风发表，利湿止痒。治感冒头痛、扁桃体炎、中暑、溃疡病、痢疾。外用治湿疹、痱子、皮肤瘙痒、疮疖、蜈蚣咬伤。

4. 石荠苎

Mosla scabra (Thunb.) C. Y. Wu et H. W. Li

一年生草本。叶卵形或卵状披针形，长1.5～3.5 cm，宽0.9～1.7 cm，顶端急尖或钝，基部圆形或宽楔形，边缘近基部全缘，自基部以上为锯齿状，纸质，叶面榄绿色，被灰色微柔毛，叶背灰白，密布凹陷腺点，近无毛或被极疏短柔毛；叶柄长3～16 mm，被短柔毛。总状花序生于主茎及侧枝上，长2.5～15 cm；花萼钟形，长约2.5 mm，宽约2 mm，外面被疏柔毛，二唇形，上唇3齿呈卵状披针形，顶端渐尖，中齿略小，下唇2齿，线形，顶端锐尖，果时花萼长至4 mm，宽至3 mm，脉纹显著；花冠粉红色。小坚果黄褐色，球形。

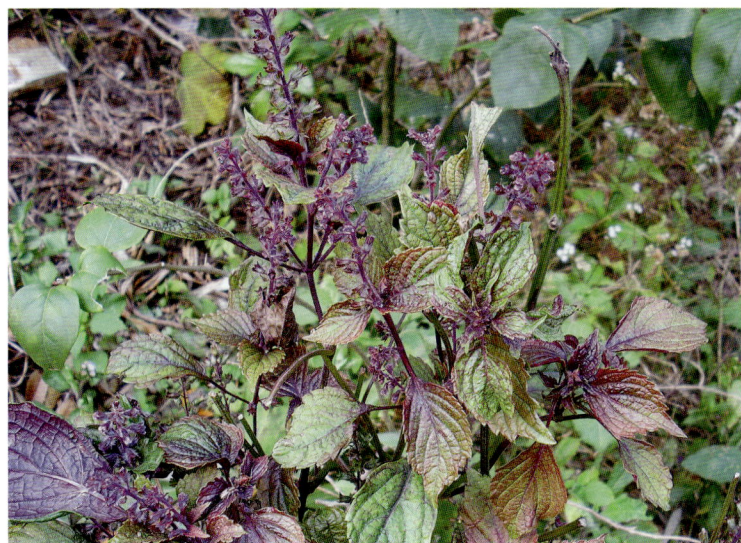

生于山坡、村边、路旁或旷地上。见于南向店王母观、官渡河边。

石荠苎味辛，性微温。疏风清暑，行气理血，利湿止痒。治感冒头痛、咽喉肿痛、中暑、急性胃肠炎、痢疾、小便不利、肾炎水肿、白带；炒炭用治便血、子宫出血；外用治跌打损伤、外伤出血、痱子、皮炎、湿疹、脚癣、多发性疖肿、毒蛇咬伤。

14. 罗勒属Ocimum L.

萼檐部二唇形，萼下唇2裂，上唇中裂片边缘下延于萼筒上，花冠上唇4裂，下唇1裂，下唇扁平，花柱顶端2裂。光山有1变种。

1. 柔毛罗勒（荆芥、光明子、九层塔、香草）

Ocimum basilicum L. var. **pilosum** (Willd.) Benth.

一年生草本。叶卵圆形至卵圆状长圆形，长2.5～5 cm，宽1～2.5 cm，顶端微钝或短尖，基部渐狭，边缘具不规则牙齿，两面近无毛，叶背具腺点；侧脉3～4对，上面平坦；叶柄长约1.5 cm，近于扁平，上部多少具狭翅，被微柔毛，总状花序顶生，各部均被微柔毛，通常长10～20 cm，由多数具6花、交互对生的轮伞花序组成，下部的轮伞花序疏离，彼此相距达2 cm，上部轮伞花序靠近；花萼钟形，长4 mm，宽3.5 mm，外面被短柔毛，萼檐上唇中齿近扁圆形，长2 mm，宽3 mm，内凹，具短尖头，边缘下延至萼筒，侧齿宽卵圆形，长1.5 mm，下唇2齿披针形，长2 mm，具刺状尖头，具缘毛，长达8 mm，宽达6 mm，脉纹明显，下倾；花冠淡紫色。小坚果卵球形。

光山有大量栽培。全县广为栽培。

罗勒的嫩叶作蔬菜、香料食用，全草药用，味辛，性温。发汗解表，祛风利湿，散瘀止痛。种子(光明子)：味甘、辛，性凉；明目；治风寒感冒、头痛、胃腹胀满、消化不良、胃痛、肠炎腹泻、跌打肿痛、风湿关节痛；外用治蛇咬伤、湿疹、皮炎。

15. 牛至属Origanum L.

草本。花顶生，伞房状，萼檐部近相等5裂，花冠为不明显二唇形，雄蕊4枚；子房4全裂，子房无柄，花柱基生，花盘裂片与子房互生。光山有1种。

1. 牛至（香薷、白花茵陈、香茹草、琦香）

Origanum vulgare L.

多年生草本。叶片卵形或长圆状卵形，长1～3 cm，宽0.5～2 cm，顶端钝，基部圆形，两边中部以上具稀疏的小齿，叶面绿色，被极少的柔毛，叶背淡绿色，被稀疏的柔毛及腺点。花序为伞房状圆锥花序，由许多小穗状花序组成；苞片长圆状倒卵形，锐尖，大部分为绿色而顶端微红色；花萼钟形，长约3 mm，紫红色，外面被短毛，内面喉部有白色柔毛环，脉13条，萼齿5个，三角形；花冠紫红色。小坚果卵圆形。

生于山地草甸、林缘及河谷。见于白雀园镇赛山村、泼陂河镇附近。

牛至全草药用，味辛，性微温。发汗解表，利水消肿，和胃，理气止痛。用于暑湿感冒、扁桃体炎、疝气腹痛、水肿。

16. 紫苏属 Perilla L.

草本。轮伞花序结成顶生穗状花序，萼檐部二唇形，下唇2裂片狭长，花冠为不明显二唇形，雄蕊4枚；子房4全裂，子房无柄，花柱基生，花盘裂片与子房互生。光山有1种1变种。

1. 紫苏（红苏）

Perilla frutescens (L.) Britt.

一年生草本。叶柄长3～4 cm，被柔毛；叶阔卵形或近圆形，长4～12 cm，宽4～9 cm，顶端渐尖或急尖，基部宽楔形，基部以上的边缘具粗锯齿，两面绿色，叶面被疏柔毛，叶背被贴生柔毛。轮伞花序着生在茎顶端叶腋，形成长的总状花序；苞片宽卵圆形或近圆形，顶端渐尖，边缘膜质；花萼钟形，长约3 mm，直伸，下部被柔毛及腺点，内面喉部有疏柔毛环，花萼二唇形，上唇宽大，3齿，长方形，顶端具硬尖，下唇比上唇稍长，2齿，披针形；花冠白色或紫红色。小坚果近球形。

光山常见栽培或野生。全县广布。

紫苏嫩叶作香料食用，全草药用，味辛，性温。发表散寒，行气宽中。用于风寒感冒、气滞胸膈满闷、胃热呕吐、痰多气喘。

2. 野生紫苏（野紫苏）

Perilla frutescens (L.) Britt. var. **purpurascens** (Hayata) H. W. Li

一年生草本。叶阔卵形或圆形，长4.5～7.5 cm，宽2.8～5 cm，顶端短渐尖或突尖，基部阔楔形，边缘在基部以上有狭而深的锯齿，两面被疏柔毛，绿色或浅紫色，侧脉7～8对；叶柄长3～5 cm。轮伞花序2花，组成长1.5～15 cm、密被长柔毛、偏向一侧的顶生及腋生总状花序；花萼钟形，长4～5.5 mm，10脉，长约3 mm，直伸，下部被长柔毛，夹有黄色腺点，内面喉部有疏柔毛环，平伸或下垂，基部一边肿胀，萼檐二唇形，上唇宽大，3齿，中齿较小，下唇比上唇稍长，2齿，齿披针形；花冠白色至紫红色。小坚果较小。

生于溪边湿润处及村边荒地上。见于县城官渡河边。

野生紫苏全草药用，味辛，性温。清湿热，散风邪，消痈肿，理气化痰。治风寒感冒、咳嗽、头痛、胸闷腹胀、皮肤瘙痒、创伤出血。

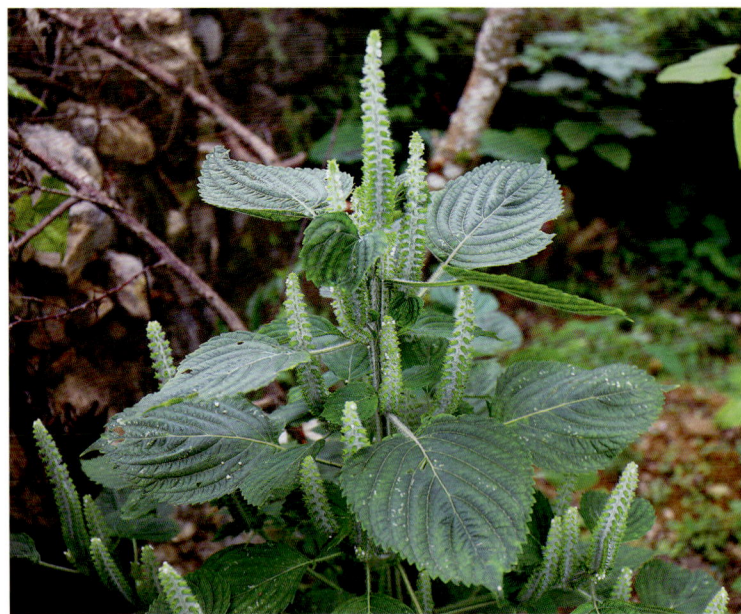

17. 夏枯草属 Prunella L.

草本。花萼檐部二唇形，果时被下唇封闭，花冠二唇形，雄蕊4枚，直，后对比前对短；子房4全裂，子房无柄，花柱基生，花盘裂片与子房互生。光山有1种。

1. 夏枯草（棒槌草、麦穗夏枯草、铁线夏枯草、麦夏枯、铁线夏枯）

Prunella vulgaris L.

多年生草本。茎叶卵状长圆形或卵圆形，大小不等，长1.5～6 cm，宽0.7～2.5 cm，顶端钝，基部宽楔形，下延至叶柄成狭翅，边缘具不明显的波状齿或几近全缘，草质，叶面橄榄绿色，具短硬毛或几无毛，叶背淡绿色，几无毛，侧脉3～4对，叶柄长0.7～2.5 cm。轮伞花序密集组成顶生长2～4 cm的穗状花序，每一轮伞花序下承以苞片；花萼钟形，连齿长约10 mm，筒长4 mm，倒圆锥形，外面疏生刚毛，二唇形，上唇扁平，宽大，近扁圆形，顶端几截平，具3个不很明显的短齿，中齿宽大，齿尖均呈刺状微尖，下唇较狭，2深裂；花冠紫色、蓝紫色或红紫色。小坚果黄褐色。

生于山坡、路旁、荒地或田埂上。见于槐店乡珠山村。

夏枯草的花序或全草药用，味苦、辛，性寒。清肝明目，清热散结。治淋巴结结核、甲状腺肿、高血压病、头痛、耳鸣、目赤肿痛、肺结核、急性乳腺炎、腮腺炎、痈疖肿毒。

18. 鼠尾草属 Salvia L.

草本。花冠二唇形，雄蕊2枚；子房4全裂，子房无柄，花柱基生，花盘裂片与子房互生。光山有5种。

1. 华鼠尾草（石见穿、石打穿）

Salvia chinensis Benth.

一年生草本。叶全为单叶或下部具3小叶的复叶，叶柄长0.1～7 cm，疏被长柔毛，叶片卵圆形或卵圆状椭圆形，顶端钝或锐尖，基部心形或圆形，边缘有圆齿或钝锯齿，单叶叶片长1.3～7 cm，宽0.8～4.5 cm，复叶顶生小叶片较大，长2.5～7.5 cm，侧生小叶较小，长1.5～3.9 cm，宽0.7～2.5 cm。轮伞花序6花，在下部的疏离，上部较密集，组成长5～24 cm顶生的总状花序或总状圆锥花序；花梗长1.5～2 mm，与花序轴被短柔毛；花萼钟形，长4.5～6 mm，紫色，外面沿脉上被长柔毛，内面喉部密被长硬毛环，萼筒长4～4.5 mm，萼檐二唇形，上唇近半圆形，长1.5 mm，宽3 mm，全缘，顶端有3个聚合的短尖头，3脉，两边侧脉有狭翅，下唇略长于上唇，长约2 mm，宽3 mm，半裂成2齿，齿长三角形，顶端渐尖；花冠蓝紫色或紫色。小坚果椭圆状卵圆形。

生于疏林下、林缘或草丛中。见于白雀园镇大尖山。

华鼠尾草全草药用，味辛、苦，性微寒。活血化瘀，清热利湿，散结消肿。治月经不调、痛经、经闭、崩漏、便血、湿热黄疸、热毒血痢、淋痛、带下、风湿骨痛、瘰疬、疮肿、乳痈、带状疱疹、跌打损伤。

2. 鄂西鼠尾草（红秦艽）

Salvia maximowicziana Hemsl.

多年生草本。叶有基出叶及茎生叶两种，叶片均圆心形或卵圆状心形，长与宽约6～8 cm，顶端圆形或骤然渐尖，基部心形或近截形，边缘有粗大的圆齿状牙齿，齿锐尖或稍钝，叶面深绿色，近无毛，叶背色较淡；叶柄扁平，基出叶柄最长，被具腺疏柔毛。轮伞花序通常2花，疏离，排列成疏松庞大总状圆锥花序；花梗长1～2 mm，与序轴被具腺疏柔毛；花萼钟形，长约6 mm，外面略被疏柔毛，内面密被微硬伏毛，二唇形，上唇宽三角形，长2.5 mm，宽5 mm，下唇与上唇近等长，半裂成2齿，齿三角形，顶端具小突尖，果萼增大，长约8 mm，宽1.2 cm，上唇具3肋，2侧肋具狭翅，下唇2齿，齿端刺状，其后略弯曲；花冠黄色，冠筒直伸，微腹状膨大，至喉部宽达8 mm，冠檐二唇形。小坚果倒卵圆形。

生于山谷、疏林下、林缘或草丛中。见于白雀园镇赛山村。

3. 丹参（川丹参、赤参、奔马草、血参根）

Salvia miltiorrhiza Bge.

多年生直立草本；根肥厚，肉质，外面朱红色。叶常为奇数羽状复叶，叶柄长1.3～7.5 cm，密被向下长柔毛，小叶3～5，长1.5～8 cm，宽1～4 cm，卵圆形、椭圆状卵圆形或宽披针形，顶端锐尖或渐尖，基部圆形或偏斜，边缘具圆齿，两面被疏柔毛。轮伞花序6花或多花，下部者密集，组成长4.5～17 cm具长梗的顶生或腋生总状花序；花萼钟形，带紫色，长约1.1 cm，花后稍增大，外面被疏长柔毛及具腺长柔毛，具缘毛，内面中部密被白色长硬毛，具11脉，二唇形，上唇全缘，三角形，长约4 mm，宽约8 mm，顶端具3个小尖头，侧脉外缘具狭翅，下唇与上唇近等长，深裂成2齿，齿三角形，顶端渐尖；花冠紫蓝色。小坚果黑色，椭圆。

生于山谷、疏林下、林缘或草丛中。见于南向店乡五岳村。

丹参的肉质根药用，味苦，性微寒。祛瘀生新，活血调经，清心除烦。治月经不调、经闭腹痛、腹部肿块、症瘕积聚、产后瘀血腹痛、神经衰弱失眠、心烦、心悸、心绞痛、肝脾肿大、关节疼痛。

4. 荔枝草（雪见草、雪里青、癞子草）

Salvia plebeia R. Br.

一年生草本。叶椭圆状卵圆形或椭圆状披针形，长2～6cm，宽0.8～2.5cm，顶端钝或急尖，基部圆形或楔形，边缘具圆齿、牙齿或尖锯齿，草质，叶面被稀疏的微硬毛，叶背被短疏柔毛，余部散布黄褐色腺点；叶柄长4～15mm，腹凹背凸，密被疏柔毛。轮伞花序6花，多数，在茎、枝顶端密集组成总状或总状圆锥花序，花序长10～25cm，结果时延长；花萼钟形，长约2.7mm，外面被疏柔毛，散布黄褐色腺点，内面喉部有微柔毛，二唇形，唇裂约至花萼长1/3，上唇全缘，顶端具3个小尖头，下唇深裂成2齿，齿三角形，锐尖；花冠淡红色、淡紫色、紫色、蓝紫色至蓝色，稀白色。小坚果倒卵圆形。

生于山谷、山坡、路旁、沟边、田野潮湿的土壤上。见于县城官渡河边、晏河乡黄板桥村。

荔枝草全草药用，味苦、辛，性凉。清热解毒、利尿消肿、凉血止血。治扁桃体炎、肺结核咯血、支气管炎、腹水肿胀、肾炎水肿、崩漏、便血、血小板减少性紫癜。外用治痈肿、痔疮肿痛、乳腺炎、阴道炎。

5. 一串红（西洋红）

Salvia splendens Ker-Gawl.

草本。叶卵圆形或三角状卵圆形，长2.5～7cm，宽2～4.5cm，顶端渐尖，基部截形或圆形，稀钝，边缘具锯齿，叶面绿色，叶背较淡具腺点，两面无毛；茎生叶柄长3～4.5cm，无毛。轮伞花序2～6花，组成顶生总状花序，花序长达20cm；花萼钟形，红色，开花时长约1.6cm，花后增大达2cm，外面沿脉上被染红的具腺柔毛，内面在上半部被微硬伏毛，二唇形，唇裂达花萼长的1/3，上唇三角状卵圆形，长5～6mm，宽10mm，顶端具小尖头，下唇比上唇略长，深2裂，裂片三角形，顶端渐尖；花冠红色，长4～4.2cm，外被微柔毛，内面无毛，冠筒筒状，直伸，在喉部略增大，冠檐二唇形。小坚果椭圆形。

光山常见栽培。

一串红是一种美丽的花卉。

19. 黄芩属Scutellaria L.

草本。子房4全裂，子房有柄，花柱基生。小坚果外果皮薄而干燥，侧腹面分离，果脐小，种子横生。光山有2种。

1. 半枝莲（并头草、狭叶韩信草、四方马兰）

Scutellaria barbata D. Don

直立草本，茎四棱形。叶三角状卵圆形或卵圆状披针形，有时卵圆形，长1.3～3.2cm，宽0.5～1.4cm，顶端急尖，基部宽楔形或近截形，边缘生有疏而钝的浅牙齿，叶面橄榄绿色，叶背淡绿有时带紫色，两面沿脉上疏被紧贴的小毛或几无毛，侧脉2～3对，柄长1～3mm。花单生于茎或分枝上部叶腋内，具花的茎部长4～11cm；苞叶下部者似叶，但较小，长达8mm，上部者变小，长2～4.5mm，椭圆形至长椭圆形，全缘；花萼开花时长约2mm，外面沿脉被微柔毛，边缘具短缘毛，果时花萼长4.5mm，盾片高2mm；花冠紫蓝色；子房4裂，裂片等大。小坚果褐色。

生于水田边、溪边或湿润草地上。见于槐店乡珠山村。

半枝莲全草药用，味微苦，性凉。清热解毒，消肿止痛，活血祛瘀，抗癌。治肿瘤、阑尾炎、肝炎、肝硬化腹水、肺脓疡。外用治乳腺炎、痈疖肿毒、毒蛇咬伤、跌打损伤。

2. 韩信草（耳挖草、向天盏）

Scutellaria indica L.

多年生草本。叶草质至近坚纸质，心状卵圆形或圆状卵圆形至椭圆形，长1.5～2.6(3)cm，宽1.2～2.3 cm，顶端钝或圆，基部圆形、浅心形至心形，边缘密生整齐圆齿，两面被微柔毛或糙伏毛，尤以叶背为甚；叶柄长0.4～1.4 cm。花对生，在茎或分枝顶上排列成长4～8 cm的总状花序；最下1对苞片叶状，卵圆形，长达1.7 cm，边缘具圆齿，其余苞片均细小，卵圆形至椭圆形，长3～6 mm，宽1～2.5 mm，全缘，无柄，被微柔毛；花萼开花时长约2.5 mm，被硬毛及微柔毛，果时十分增大，盾片花时高约1.5 mm，果时竖起，增大1倍；花冠蓝紫色。成熟小坚果栗色。

生于水田边、溪边或湿润草地上。见于泼陂河镇东岳寺村。

韩信草全草药用，味辛、微苦，性平。清热解毒，活血散瘀。治胸肋闷痛、肺脓疡、痢疾、肠炎。外用治疗疮痈肿、跌打损伤、胸胁疼痛、毒蛇咬伤、蜂螫伤、外伤出血。

20. 水苏属Stachys L.

草本。花萼檐部裂片等大，裂齿披针形，果时喉部张开，花冠二唇形，上唇外突，雄蕊4枚，直，后对比前对短，花药无毛，药室叉开；子房4全裂，子房无柄，花柱基生，顶端等裂，花盘裂片与子房互生。小坚果无棱。光山有1种。

1. 甘露子（地蚕）

Stachys sieboldi Miq.

多年生草本，地下有念珠状或螺狮形的肥大块茎。茎生

叶卵圆形或长椭圆状卵圆形，长3～12 cm，宽1.5～6 cm，顶端微锐尖或渐尖，基部平截至浅心形，侧脉4～5对，叶柄长1～3 cm；苞叶向上渐变小，呈苞片状。轮伞花序通常6花，多数远离组成长5～15 cm顶生穗状花序；小苞片线形，长约1 mm；花梗短，长约1 mm；花萼狭钟形，连齿长9 mm，10脉，多少明显，齿5，正三角形至长三角形；花冠粉红色至紫红色，下唇有紫斑，长约1.3 cm，冠筒筒状，长约9 mm，冠檐二唇形，上唇长圆形，长4 mm，下唇长宽约7 mm，3裂，中裂片较大，近圆形，直径约3.5 mm，侧裂片卵圆形。小坚果卵珠形。

生于山坡、草地、路边及住宅附近。见于泼陂河镇东岳寺村、南向店乡董湾村。

甘露子全草药用，味甘，性平；无毒。清热解毒，活血散瘀，祛风利湿，滋养强壮，清肺解表。治风热感冒、肺炎、肺结核、虚痨咳嗽、小儿疳积、小便淋痛、疮疡肿毒、毒蛇咬伤。

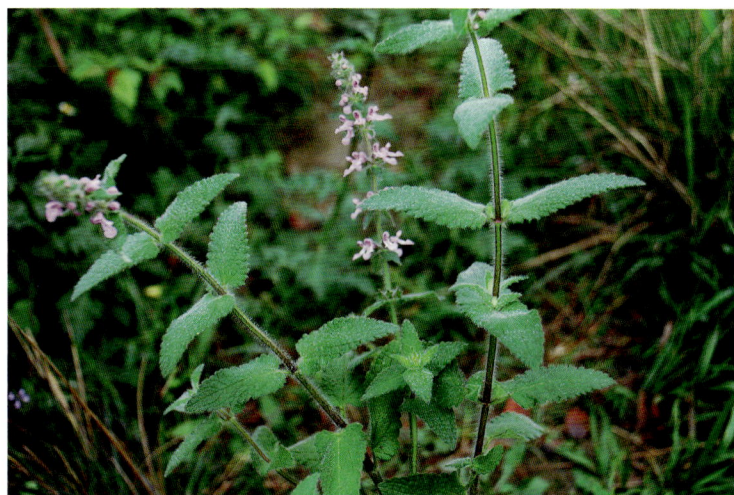

266. 水鳖科Hydrocharitaceae

沉水或漂浮水面草本。根扎于泥里或浮于水中。茎短缩，直立，少有匍匐。叶基生或茎生，基生叶多密集，茎生叶对生、互生或轮生；叶形、大小多变；叶柄有或无；托叶有或无。佛焰苞合生，稀离生，无梗或有梗，常具肋或翅，顶端多为2裂，其内含1至数朵花。果实肉果状，果皮腐烂开裂。光山有3属4种。

1. 水筛属Blyxa Thou. ex Rich.

淡水生。叶茎生，叶螺旋状排列。花两性，花被片窄线形，萼片较花瓣短。光山有2种。

1. 有尾水筛

Blyxa echinosperma (Clarke) Hook. f.

沉水草本。须根多数。茎极短缩。叶基生，绿色，有时基部带紫红色，条形，长10～20 cm，宽4～7 mm，顶端渐尖，边缘有细锯齿；叶脉7～9条，中脉明显。佛焰苞梗扁平，纤细，长2～12 cm；苞鞘长管状，扁平，绿色，顶端2裂，长2～5 cm，宽约0.2 cm；花两性；萼片3，线形，绿色，长约6 mm，宽约1 mm；花瓣3，白色，长条形，长10～14 mm，宽0.5～0.8 mm；雄蕊3枚，长4～6 mm；花柱3，扁平，长6～15 mm；子房下位，长3～6 cm，绿色或上部淡紫色，顶端伸长成喙。果长圆柱形，长4～7 cm。种子多数，30～50粒，黄色，纺锤形或近矩状纺锤形，长1～1.5 mm，径约0.8 mm，表面具明显的疣状凸起，两端有尾状附属物，长2～12 mm。

生于淡水河流、沟渠中。见于白雀园镇赛山村。

2. 水筛

Blyxa japonica (Miq.) Maxim.

沉水草本，具根状茎。直立茎分枝，高10～20 cm，圆柱形，绿色，具细纵纹。叶螺旋状排列，披针形，顶端渐尖，基部半抱茎，边缘有细锯齿，长3～6 cm，宽1～3 mm，绿色微紫；叶脉3条，中脉明显；无柄。佛焰苞腋生，无梗，长管状，绿色，具纵的细棱，顶端2裂，长1～3 cm，宽1～3 mm。花两性；萼片3，线状披针形，绿色，中肋紫色，长2～4 mm，宽0.5～1 mm；花瓣3，白色，线形，长6～10 mm，宽0.5～1 mm；雄蕊3枚，与萼片对生，花丝纤细，光滑，长1～3 mm，花药黄色；花柱3，长3～4 mm，子房圆锥形，顶端伸长成喙。果圆柱形。

生于淡水河流、沟渠中。

2. 黑藻属 Hydrilla Rich.

淡水生小草本。叶茎生，轮生。光山有1种。

1. 黑藻（水王孙）

Hydrilla verticillata (L. f.) Royle

多年生沉水草本。茎圆柱形，表面具纵向细棱纹，质较脆。叶3～8枚轮生，线形或长条形，长7～17 mm，宽1～1.8 mm，常具紫红色或黑色小斑点，顶端锐尖，边缘锯齿明显，无柄，具腋生小鳞片；主脉1条，明显。花单性，雌雄同株或异株；雄佛焰苞近球形，绿色，表面具明显的纵棱纹，顶端具刺凸；雄花萼片3枚，白色，稍反卷，长约2.3 mm，宽约0.7 mm；花瓣3片，反折开展，白色或粉红色，长约2 mm，宽约0.5 mm；雄蕊3枚，花丝纤细，花药线形，2～4室；花粉粒球形，表面

具凸起的纹饰；雄花成熟后自佛焰苞内放出，漂浮于水面开花；雌佛焰苞管状，绿色，苞内雌花1朵。果实圆柱形。

生于淡水中。见于晏河乡潘畈村。

黑藻全草药用，清凉解毒。治疮疥、无名肿毒。外用鲜品捣烂敷患处。

3. 水鳖属 Hydrocharis L.

淡水生，浮水草本，有匍匐茎。叶基生，叶披针形或近圆形，有柄。花大。果近球形或长椭圆形。光山有1种。

1. 水鳖（马尿花、苤菜）

Hydrocharis dubia (Bl.) Backer

浮水草本。匍匐茎发达。叶簇生，多漂浮，有时伸出水面；叶片心形或圆形，长4.5～5 cm，宽5～5.5 cm，顶端圆，基部心形，全缘，远轴面有蜂窝状贮气组织，并具气孔；叶脉5条，稀7条，中脉明显。雄花序腋生；花序梗长0.5～3.5 cm；佛焰苞2枚，膜质，透明，具红紫色条纹，苞内雄花5～6朵，每次仅1朵开放；花梗长5～6.5 cm；萼片3枚，离生，长椭圆形，长约6 mm，宽约3 mm，常具红色斑点，顶端急尖；花瓣3片，黄色，与萼片互生，广倒卵形或圆形，长约1.3 cm，宽约1.7 cm，顶端微凹，基部渐狭，近轴面有乳头状凸起；雄蕊12枚，成4轮排列；花粉圆球形，表面具凸起纹饰；雌佛焰苞小，苞内雌花1朵；花梗长4～8.5 cm；花大，直径约3 cm；萼片3枚，顶端圆，长约11 mm，宽约4 mm，常具红色斑点；花瓣3片，白色，子房下位，不完全6室。果实浆果状，球形至倒卵形。

生于静水池塘沼泽中。见于县城官渡河边、晏河乡大苏山、槐店乡珠山村。

水鳖全草药用，味咸、苦，性微寒。清热解毒，祛湿止带。治带下病。

267. 泽泻科Alismataceae

草本；具根状茎、匍匐茎、球茎、珠芽。叶基生，直立，挺水、浮水或沉水；叶片多样；叶脉平行；叶柄长短随水位深浅有明显变化，基部具鞘，边缘膜质或否。花序总状、圆锥状或呈圆锥状聚伞花序，稀1～3花单生或散生。瘦果两侧压扁，或为小坚果，多少胀圆。光山有1属2种1亚种。

1. 泽泻属Alisma L.

叶披针形、卵形至椭圆形。花两性，心皮6至多数，轮生成1环。果背部1～2沟。光山有2种1亚种。

1. 矮慈姑（鸭舌草、水充草）

Sagittaria pygmaea Miq.

一年生沼生或沉水草本。叶条形，稀披针形，长2～30 cm，宽0.2～1 cm，光滑，顶端渐尖，或稍钝，基部鞘状，通常具横脉。花莛高5～35 cm，直立，通常挺水；花序总状，长2～10 cm，具花2～3轮；苞片长2～3 mm，宽约2 mm，椭圆形，膜质；花单性，外轮花被片绿色，倒卵形，长5～7 mm，宽3～5 mm，具条纹，宿存，内轮花被片白色，长1～1.5 cm，宽1～1.6 cm，圆形或扁圆形；雌花1朵，单生，或与两朵雄花组成1轮，心皮多数，两侧压扁，密集成球状，花柱从腹侧伸出，向上；雄花具梗，雄蕊多。瘦果两侧压扁。

生于湖泊、池塘、沼泽、沟渠、水田等浅水处。见于晏河乡大苏山。

矮慈姑全草药用，味淡，性平。清热解毒，行血。治无名肿毒、蛇咬伤、小便热痛、烫火伤等症。

2. 野慈姑（慈姑）

Sagittaria trifolia L.

多年生水生或沼生草本。根状茎横走，较粗壮，末端膨大或否。挺水叶箭形，叶片长短、宽窄变异很大，通常顶裂片短于侧裂片，比值约1：1.2～1：1.5，有时侧裂片更长，顶裂片与侧裂片之间缢缩；叶柄基部渐宽，鞘状，边缘膜质，具横脉，或不明显。花莛直立，挺水，高20～70 cm，或更高，通常粗壮；花序总状或圆锥状，长5～20 cm，有时更长，具分枝1～2枚，具花多轮，每轮2～3花；苞片3枚，基部多少合生，顶端尖；花单性；花被片反折，外轮花被片椭圆形或广卵形，长3～5 mm，宽2.5～3.5 mm；内轮花被片白色或淡黄色，长6～10 mm，宽5～7 mm，基部收缩，雌花通常1～3轮，花梗短粗，心皮多数。瘦果两侧压扁。

生于湖泊、池塘、沼泽、沟渠、水田等浅水处。见于泼陂河镇东岳寺村、官渡河边。

野慈姑全草药用，味甘、微苦、性微寒。清热通淋，散结解毒。治淋浊、疮肿、目赤肿痛、瘰疬、睾丸炎、毒蛇咬伤。

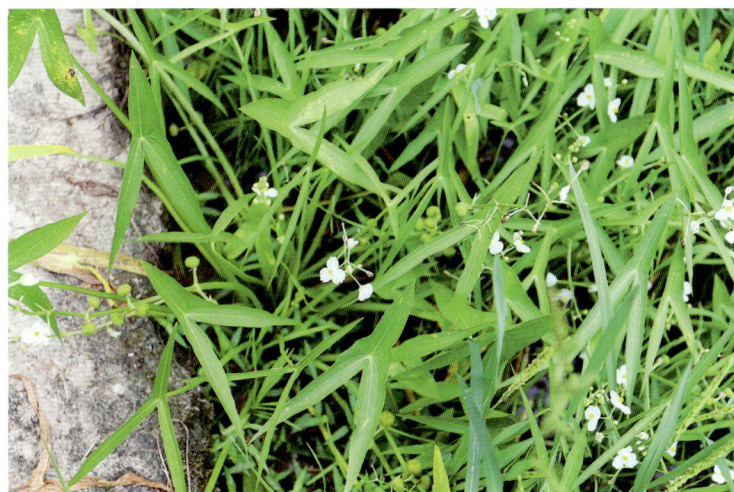

3. 慈姑（华夏慈姑）

Sagittaria trifolia L. subsp **leucopetala** (Miq) Hartog

多年生沼生草本，纤匍枝顶端膨大为球茎状，呈卵圆形或长圆形。叶形变异较大，沉水叶带状，浮水或突出水面叶通常为三角状箭形，两侧裂片较顶端裂片略长，顶端裂片长5～25 cm，高5～20 cm。两侧裂片尾状长渐尖，叶柄三棱形，长20～40 cm。花茎高15～50 cm，总状花序顶生，少为圆锥花序；花单性，雌雄同株，下部为雌花，具短梗，上部为雄花，梗细长，苞片披针形，顶端钝或尖，基部稍连合；花被片6，排成2轮，外轮3，绿色，花萼状，果时宿存；内轮3，近圆形，花瓣状，白色，基部常带紫色，较外轮的大；雄蕊多数，花丝线形，花药卵形，深紫色；心皮多数。瘦果斜倒卵形，扁平，边缘有狭翅。

生于浅水沟、溪边或水田中。见于县城官渡河边。

慈姑根状球茎可食用，还可药用，味苦、甘，性微寒。行血通淋。治产后血闷、胎衣不下、淋病、咳嗽痰血。用量适量，煎汤煮食。外用捣烂敷患处。

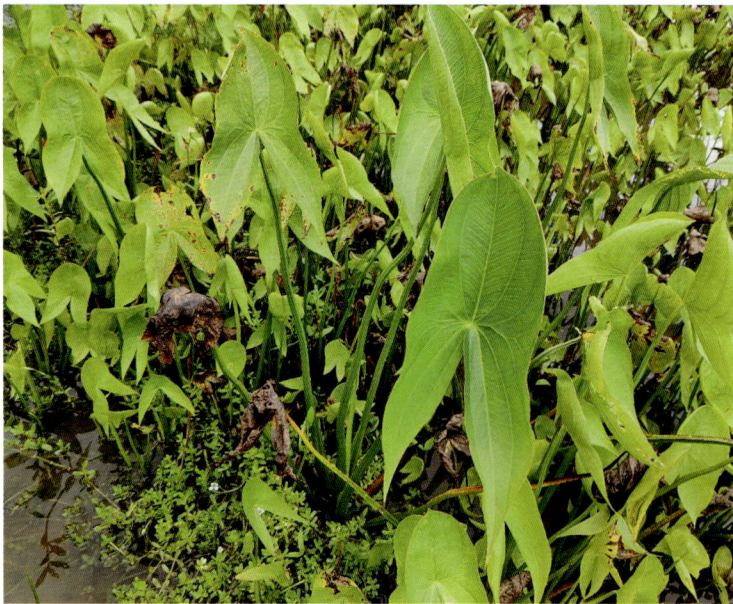

276. 眼子菜科Potamogetonaceae

草本。叶沉水、浮水或挺水，或两型，兼具沉水叶与浮水叶，互生或基生，稀对生或轮生；叶片形态各异，具柄或鞘，或柄鞘皆无；托叶有或无，膜质或草质，鞘状抱茎，开放型，极少呈封闭的套管状。花序顶生或腋生。果实多为小核果状或小坚果状，常卵圆形，略偏斜而侧扁，顶端具喙，稀为纵裂的蒴果。光山有1属2种。

1. 眼子菜属Potamogeton L.

草本。叶沉水、浮水或挺水，或两型，兼具沉水叶与浮水叶，互生或基生，稀对生或轮生。光山有2种。

1. 菹草

Potamogeton crispus L.

多年生沉水草本，具近圆柱形的根茎。茎稍扁，多分枝，近基部常匍匐地面，于节处生出疏或稍密的须根。叶条形，无柄，长3～8 cm，宽3～10 mm，顶端钝圆，基部约1 mm与托叶合生，但不形成叶鞘，叶缘多少呈浅波状，具疏或稍密的细锯齿；叶脉3～5条，平行，顶端连接，中脉近基部两侧伴有通气组织形成的细纹，次级叶脉疏而明显可见；托叶薄膜质，长5～10 mm，早落；休眠芽腋生，略似松果，长1～3 cm，革质叶左右二列密生，基部扩张，肥厚，坚硬，边缘具有细锯齿。穗状花序顶生，具花2～4轮，初时每轮2朵对生，穗轴伸长后常稍不对称；花序梗棒状，较茎细；花小，被片4，淡绿色，雌蕊4枚，基部合生。果实卵形。

生于湖泊、池塘、沼泽、沟渠、水田等浅水处。见于官渡河中。

2. 竹叶眼子菜

Potamogeton wrightii Morong [*Potamogeton malaianus* Miq.]

多年生沉水草本。根茎发达，白色，节处生有须根。茎圆柱形，直径约2 mm，不分枝或具少数分枝，节间长可达10 cm。叶条形或条状披针形，具长柄，稀短于2 cm；叶片长5～19 cm，宽1～2.5 cm，顶端钝圆而具小凸尖，基部钝圆或楔形，边缘浅波状，有细微的锯齿；中脉显著，自基部至中部发出6至多条与之平行、并在顶端连接的次级叶脉，三级叶脉清晰可见；托叶大而明显，近膜质，无色或淡绿色，与叶片离生，鞘状抱茎，长2.5～3 cm。穗状花序顶生，具花多轮，密集或稍密集；花序梗膨大，稍粗于茎，长4～7cm；花小，被片4，绿色；雌蕊4枚，离生。果实倒卵形。

生于湖泊、池塘、沼泽、沟渠、水田等浅水处。见于晏河乡潘畈村。

279. 茨藻科Najadaceae

沉水草本，生于内陆淡水、半咸水、咸水或浅海海水中。植株纤长，柔软，二叉状分枝或单轴分枝；下部匍匐或具根状茎。茎光滑或具刺，茎节上多生有不定根。叶线形，无柄，无气孔，具多种排列方式；叶脉1条或多条；叶全缘或具锯齿；叶基扩展成鞘或具鞘状托叶；叶耳、叶舌缺或有。花单性，单生、簇生或为花序，腋生或顶生，雌雄同株或异株。果为瘦果。光山有1属1种。

1. 茨藻属Najas L.

沉水草本，植株纤长，柔软，二叉状分枝或单轴分枝；下部匍匐或具根状茎。光山有1种。

1. 小茨藻

Najas minor All.

一年生沉水草本。植株纤细，易折断。茎圆柱形，光滑无齿，茎粗0.5～1mm或更粗，节间长1～10cm，或有更长者；分枝多，呈二叉状；上部叶3叶假轮生，下部叶近对生，于枝端较密集，无柄；叶片线形，渐尖，柔软或质硬，长1～3cm，宽0.5～1mm，边缘每侧有6～12枚锯齿，齿长约为叶片宽的1/5～1/2，顶端有1褐色刺细胞；叶鞘上部呈倒心形，长约2mm，叶耳截圆形至圆形，内侧无齿，上部及外侧具十数枚细齿，齿端均有1褐色刺细胞。花小，单性，单生于叶腋，罕有2花同生；雄花浅黄绿色，椭圆形，长0.5～1.5mm，具1瓶状佛焰苞；花被1，囊状；雄蕊1枚，花药1室；花粉粒椭圆形；雌花无佛焰苞和花被，雌蕊1枚。瘦果黄褐色，狭长椭圆形。

生于湖泊、池塘、沼泽、沟渠、水田等浅水处。见于晏河乡大苏山。

280. 鸭跖草科Commelinaceae

草本。茎有明显的节和节间。叶互生，有明显的叶鞘；叶鞘开口或闭合。花通常在蝎尾状聚伞花序上，聚伞花序单生或集成圆锥花序，有的伸长而很典型，有的缩短成头状，有的无花序梗而花簇生，甚至有的退化为单花；顶生或腋生，腋生的聚伞花序有的穿透包裹它的那个叶鞘而钻出鞘外；花两性，极少单性。果实大多为室背开裂的蒴果，稀为浆果状而不裂。光山有3属6种。

1. 鸭跖草属Commelina L.

草本。蝎尾状聚伞花序顶生藏于佛焰状总苞内，能育雄蕊3枚。果为蒴果，2～3室，每室有种子1～2粒。光山有2种。

1. 饭包草（竹叶菜）

Commelina bengalensis L.

多年生披散草本。叶有明显的叶柄；叶片卵形，长3～7cm，宽1.5～3.5cm，顶端钝或急尖，近无毛；沿叶鞘口有疏而长的睫毛。总苞片漏斗状，与叶对生，常数个集于枝顶，下部边缘合生，长8～12mm，被疏毛，顶端短急尖或钝，柄极短；花序下面1枝具细长梗，具1～3朵不孕的花，伸出佛焰苞，上面1枝有花数朵，结实，不伸出佛焰苞；萼片膜质，披针形，长2mm，无毛；花瓣蓝色，圆形，长3～5mm；内面2枚具长爪。蒴果椭圆状。

生于山谷、沟边等的潮湿处。见于县城官渡河边。

饭包草全草药用，味苦，性寒。清热解毒，利水消肿。治小便短赤、涩痛、赤痢、疔疮。

2. 鸭跖草 (竹节菜、鸭脚草)

Commelina communis L.

一多年生披散草本。叶披针形至卵状披针形，长3～9cm，宽1.5～2cm。总苞片佛焰苞状，有1.5～4cm的柄，与叶对生，折叠状，展开后为心形，顶端短急尖，基部心形，长1.2～2.5cm，边缘常有硬毛，聚伞花序，下面1枝仅有花1朵，具长8mm的梗，不孕；上面1枝具花3～4朵，具短梗，几乎不伸出佛焰苞；花梗花期长仅3mm；果期弯曲，长不过6mm；萼片膜质，长约5mm，内面2枚常靠近或合生；花瓣深蓝色；内面2枚具爪，长近1cm。蒴果椭圆形。

生于山谷、沟边等的潮湿处。见于晏河乡詹堂村、白雀园镇赛山村。

味甘、淡，性微寒。清热解毒，利水消肿。治流行性感冒、急性扁桃体炎、咽炎、水肿、泌尿系感染、急性肠炎、痢疾。外用治麦粒肿、疮疖肿毒。

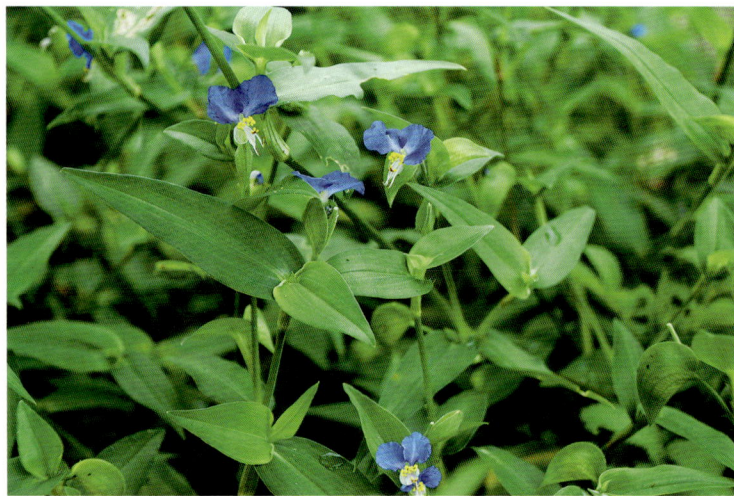

2. 水竹叶属 Murdannia Royle

草本。蝎尾状聚伞花序或再组成圆锥花序顶生，花瓣分离，花瓣中部合生成筒状，能育雄蕊2～3枚。果为蒴果，3室，每室有种子1至多粒。光山有2种。

1. 裸花水竹叶 (痰火草、青竹壳菜)

Murdannia nudiflora (L.) Brenan

多年生草本。叶密集成莲座状，剑形，长20～30cm，宽1.2～1.8cm，下部边缘有长睫毛，可育茎上的叶卵状披针形至披针形，长3～12cm，宽1～1.5cm，两面无毛或叶背被糙毛，叶鞘被细长柔毛或仅沿口部一侧有刚毛。蝎尾状聚伞花序通常3～5个，稀单个；花密集呈头状；总花梗长2～3cm；总

苞片叶状，较小；苞片圆形，长5～7mm；花梗极短，果期伸长，长2～3mm，强烈弯曲；萼片卵状椭圆形，浅舟状，长约4mm；花瓣蓝色，倒卵状圆形；发育雄蕊2枚，花丝被短柔毛；退化雄蕊3枚。蒴果宽椭圆状三棱形。

生于山谷、溪旁沙地上。见于白雀园镇赛山村。

裸花水竹叶全草药用，味甘、淡，性凉。化痰散结。治淋巴结结核、淋浊、小便刺痛。

2. 水竹叶 (肉草、细竹叶高草)

Murdannia triquetra (Wall.) Brückn

多年生草本。叶无柄，仅叶片下部有睫毛和叶鞘合缝处有1列毛，这一列毛与上一个节上的衔接而成一个系列，叶的他处无毛；叶片竹叶形，平展或稍折叠，长2～6cm，宽5～8mm，顶端渐尖而头钝。花序通常仅有单朵花，顶生并兼腋生，花序梗长1～4cm，顶生者梗长，腋生者短，花序梗中部有1个条状的苞片，有时苞片腋中生1朵花；萼片绿色，狭长圆形，浅舟状，长4～6mm，无毛，果期宿存；花瓣粉红色、紫红色或蓝紫色，倒卵圆形，稍长于萼片；花丝密生长须毛。蒴果卵圆状三棱形。

生于山谷、溪旁沙地上。见于晏河乡黄板桥村。

水竹叶全草药用，味甘，性平。清热解毒，利尿，消肿。治肺热咳嗽、赤白下痢、小便不利、咽喉肿痛、痈疖疔肿。

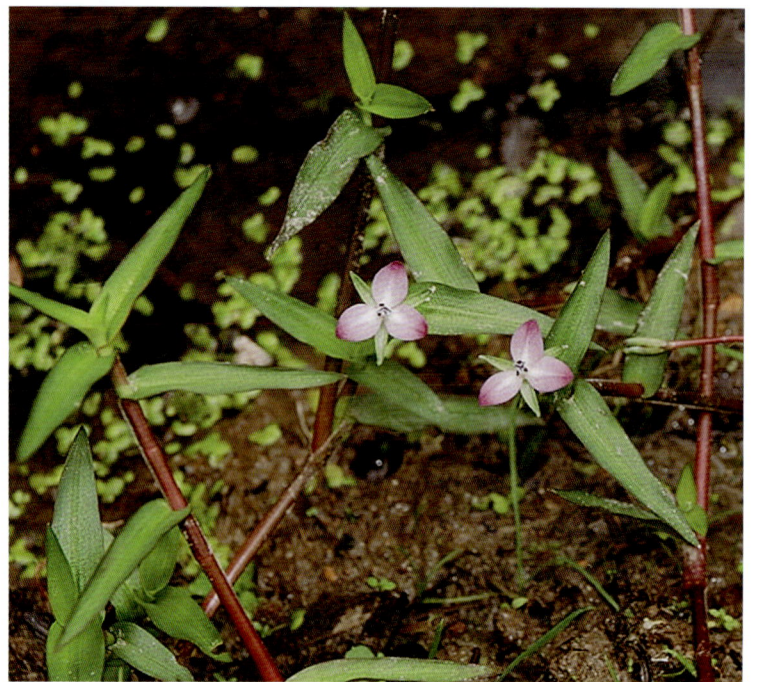

3. 吊竹梅属 Tradescantia L.

蔓生草本。叶卵状心形或线状披针形，有时叶背紫红色。光山有2种。

1. 无毛紫露草

Tradescantia virginiana L.

多年生草本，高30～35cm。茎通常簇生，粗壮，直立，肉质。叶片线形或线状披针形，渐尖、稍有弯曲，近扁平或向下对折。伞房花序，花冠红色或深蓝色，宽约3～4cm，花瓣近圆形，直径1.4～2cm。蒴果长5～7mm；种子长圆形，长约3mm。

光山有栽培。见于县城官渡公园。

无毛紫露草的花非常美丽，常栽培供观赏。

2. 吊竹梅（吊竹兰、水竹草）

Tradescantia zebrine Bosse [*Zebrina pendula* Schnizi]

多年生草本。茎稍柔弱，绿色，下垂，半肉质，多分枝，节上生根；长圆形，披散或悬垂，长约1m，秃净或被疏毛。叶无柄；椭圆状卵形至长圆形，长3～7cm，宽1.5～3cm，顶端短尖，叶面紫绿色而杂以银白色，中部边缘有紫色条纹，叶背紫红色，鞘的顶部、基部或全部均被疏长毛。小花白色腋生，花团聚于一大一小顶生的苞片状叶内；萼片3枚，合生成一圆柱状的管，长约6mm；花冠管白色，纤弱，长约1cm，裂片3枚，玫瑰色，长约3mm；雄蕊6枚；子房3室。果为蒴果。

光山有栽培。

吊竹梅全草药用，味甘，性微寒，有小毒。清热解毒，利尿消肿，生津，止血。治水肿、尿路结石、喉炎、腹泻、咯血、血痢、目赤肿痛、烧伤、蛇伤、白带、淋浊、风热头痛。

287. 芭蕉科Musaceae

草本；茎或假茎高大，不分枝，有时木质，或无地上茎。叶通常较大，螺旋排列或两行排列，由叶片、叶柄及叶鞘组成；叶脉羽状。花两性或单性，两侧对称，常排成顶生或腋生的聚伞花序，生于一大型而有鲜艳颜色的苞片（佛焰苞）中，或1～2朵至多数直接生于由根茎生出的花莛上；花被片3基数。浆果或为室背或室间开裂的蒴果，或革质不开裂；种子坚硬。光山有1属1种。

1. 芭蕉属Musa L.

花序直立，直接生于假茎上，密集如球穗状；花及苞片宿存；苞片黄色，下部苞片内的花为两性花或雌花。光山有1种。

1. 大蕉（粉芭蕉、芭蕉根、芭蕉头）

Musa X **sapientum** L.[*M. paradisiaca* L. subsp. *sapientum* (L.) O. Ktze.]

大型草本，植株丛生，高3～7m。叶直立或上举，长圆形，长1.5～3m，宽40～60cm，叶面深绿，叶背淡绿，被明显的白粉，基部近心形或耳形，近对称，顶端锐尖或尖，叶柄甚伸长，长在30cm以上，多白粉，叶翼闭合。穗状花序下垂，花序轴无毛，苞片卵形或卵状披针形，长15～30cm以上，脱落，外面呈紫红色，内面深红色，每苞片有花2列，雄花脱落。花被片黄白色，合生花被片长4～6.5cm，离生花被片长约为合生花被片长之半，为透明蜡质，具光泽，长圆形或近圆形，顶端具小突尖、锥尖或卷曲成1囊。果序由7～8段至数十段的果束组成；果长圆形，按长宽比例较短粗，果身直或微弯曲，长10～20cm，棱角明显。

光山有栽培。

大蕉是一种水果，它的根、花蕾及果实药用，味甘、涩，性寒。利尿消肿，安胎。根治疮痈、急性肝炎；花蕾治高血压、子宫脱垂；果通便，治便秘。

290. 姜科Zingiberaceae

草本。地上茎高大或很矮或无，基部通常具鞘。叶基生或茎生，通常二行排列，少数螺旋状排列，有多数致密、平行的羽状脉自中脉斜出，具有闭合或不闭合的叶鞘，叶鞘的顶端有明显的叶舌。花单生或组成穗状、总状或圆锥花序，生于具叶的茎上或单独由根茎发出，而生于花莛上。果为室背开裂或不规则开裂的蒴果，或肉质不开裂，呈浆果状。光山有1属2种。

1. 姜属Zingiber Boehm.

侧生退化雄蕊与唇瓣合生，致使唇瓣具3裂片，药隔顶端有包卷着花柱的钻形附属体。光山有2种。

1. 襄荷（野姜、阳藿）

Zingiber mioga (Thunb.) Rosc.

多年生草本。叶片披针形，长25～35cm，宽3～6cm；叶面无毛，叶背无毛或被稀疏的长柔毛，顶端尾尖；叶柄长0.8～1.2cm；叶舌膜质，2裂，长4～7mm。花序近卵形；总花梗被长圆形鳞片状鞘，通常长1.5～2cm，由根茎发出；苞片覆瓦状排列，椭圆形，红绿色，具紫脉；花萼长2.5～3cm，一侧开裂；花冠管较萼为长，裂片披针形，长2.7～3cm，宽约

7 mm，淡黄色；唇瓣卵形，3裂，中裂片长 2.5 cm，宽 1.8 cm，中部黄色，边缘白色，侧裂片长 1.3 cm，宽 4 mm；花药、药隔附属体各长 1 cm。果倒卵形，果皮里面鲜红色。

生于山谷、林下。见于南向店王母观、白雀园镇赛山村。

襄荷的根状茎药用，味辛，性温。温中理气，祛风止痛，止咳平喘。治感冒咳嗽、气管炎、哮喘、风寒牙痛、脘腹冷痛、跌打损伤、腰腿痛、遗尿、月经错后、经闭、白带；外用治皮肤风疹、淋巴结结核。

2. 姜（生姜）

Zingiber officinale Rosc.

多年生草本。根状茎肥厚，多分枝，有芳香及辛辣味。叶片披针形或线状披针形，长 15～30 cm，宽 2～2.5 cm，两面无毛；无柄；叶舌长 2～4 mm。穗状花序球果状，长圆形，长 4～5 cm，生于由根茎发出的长约 25 cm 的总花梗上；苞片卵形，长约 2.5 cm，淡绿色或边缘淡黄色，顶端有小尖头；花萼管长约 1 cm；花冠黄绿色，管长 2～2.5 cm，裂片披针形，长不及 2 cm；唇瓣 3 裂，中央裂片长圆状倒卵形，短于花冠裂片，有紫色条纹及淡黄色斑点，侧裂片卵形，长约 6 mm；发育雄蕊 1 枚，花药长约 9 mm，药隔附属体钻状，长约 7 mm。

光山常见栽培。

姜是一种常见的调味品。根状茎为药用姜：味辛，性温；发表，散寒，止呕，解毒。干姜（老姜的干燥品）：味辛，性热；温中，回阳，逐寒。炮姜：味辛，性热；温经止血。姜皮：味辛，性微温；行水消肿。姜：治风寒感冒、胃寒呕吐；用量 3～9 g。干姜（老姜的干燥品）：治胃腹冷痛、虚寒吐泻、手足厥冷、痰饮咳嗽；用量 1.5～6 g，孕妇忌服。炮姜：治虚寒性吐血、便血、功能性子宫出血、痛经、慢性消化不良。

291. 美人蕉科 Cannaceae

多年生、直立、粗壮草本，有块状的地下茎。叶大，互生，有明显的羽状平行脉，具叶鞘。花两性，大而美丽，不对称；萼片 3 枚，绿色，宿存；花瓣 3 枚，萼状，通常披针形，绿色或其他颜色，下部合生成 1 管并常和退化雄蕊群连合；退化雄蕊花瓣状，基部连合，为花中最美丽、最显著的部分，红色或黄色，3～4 枚，外轮的 3 枚，内轮的 1 枚较狭，外反，称为唇瓣；发育雄蕊的花丝亦增大呈花瓣状，多少旋卷，边缘有 1 枚 1 室的花药室，基部或一半和增大的花柱连合。果为 1 蒴果，3 瓣裂，多少具 3 棱，有小瘤体或柔刺。光山有 1 属 3 种。

1. 美人蕉属 Canna L.

退化雄蕊花瓣状，基部连合，为花中最美丽、最显著的部分，红色或黄色，3～4 枚，外轮的 3 枚，内轮的 1 枚较狭，外反，称为唇瓣。光山有 3 种。

1. 柔瓣美人蕉（黄花美人蕉）

Canna flaccida Salisb.

多年生大草本，株高 1.3～2 m；茎绿色。叶片长圆状披针形，长 25～60 cm，宽 10～15 cm；顶端渐尖，具线形尖头。总状花序直立，花少而疏；苞片极小；花黄色，美丽，质柔而脆；萼片披针形，长 2～2.5 cm，绿色；花冠管明显，长达萼的 2 倍；花冠裂片线状披针形，长达 8 cm，宽达 1.5 cm，花后反折；外轮退化雄蕊 3 枚，圆形，长 5～7 cm，宽 3～4 cm；唇瓣圆形；发育雄蕊半倒卵形；花柱短，椭圆形。

光山有栽培。

柔瓣美人蕉的花美丽，常栽培供观赏，有健脾胃、消炎消肿的功效。治跌打肿痛、痢疾。

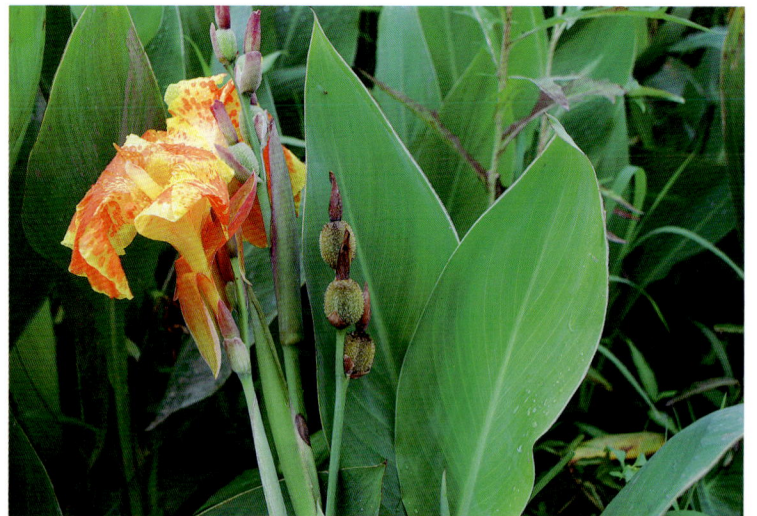

2. 大花美人蕉（美人蕉）

Canna generalis Bailey

多年生大草本，株高约 1.5 m，茎、叶和花序均被白粉。叶片椭圆形，长达 40 cm，宽达 20 cm，叶缘、叶鞘紫色。总状花序顶生，长 15～30 cm（连总花梗）；花大，比较密集，每一苞片内有花 1～2 朵；萼片披针形，长 1.5～3 cm；花冠管长 5～10 mm，花冠裂片披针形，长 4.5～6.5 cm；外轮退化雄蕊 3，倒卵状匙形，长 5～10 cm，宽 2～5 cm，颜色：红色、桔红色、淡黄色、白色均有；唇瓣倒卵状匙形，长约 4.5 cm，宽 1.2～4 cm；发育雄蕊披针形，长约 4 cm，宽 2.5 cm；子房球形，直径 4～8 mm；花柱带形，离生部分长 3.5 cm。

光山有栽培。

柔瓣美人蕉的花美丽，常栽培供观赏。

3. 粉美人蕉

Canna glauca L.

多年生草本。叶片披针形，长达50 cm，宽10～15 cm，顶端急尖，基部渐狭，绿色，被白粉，边绿白色，透明；总状花序疏花，单生或分叉，稍高出叶上；苞片圆形，褐色，花黄色，无斑点；萼片卵形，长1.2 cm，绿色；花冠管长1～2 cm；花冠裂片线状披针形，长2.5～5 cm，宽1 cm，直立，外轮退化雄蕊3，倒卵状长圆形，长6～7.5 cm，宽2～3 cm，全缘；唇瓣狭，倒卵状长圆形，顶端2裂，中部卷曲，淡黄色；发育雄蕊倒卵状近镰形，顶端急尖，内卷；花柱狭披针形。蒴果长圆形。

光山有栽培。

柔瓣美人蕉的花美丽，常栽培供观赏。

293. 百合科Liliaceae

具根状茎、块茎或鳞茎的多年生草本，稀亚灌木、灌木或乔木状。叶基生或茎生，后者多为互生，较少为对生或轮生，通常具弧形平行脉，极少具网状脉。花两性，很少为单性异株或杂性，通常辐射对称，极少稍两侧对称；花被片6，少有4或多数，离生或不同程度的合生，一般为花冠状；雄蕊通常与花被片同数，花丝离生或贴生于花被筒上；花药基着或丁字状着生；药室2，纵裂，较少汇合成1室而为横缝开裂；心皮合生或不同程度的离生；子房上位，极少半下位。果实为蒴果或浆果，较少为坚果。光山有13属21种。

1. 粉条儿菜属Aletris L.

叶基生，叶线形或线状披针形，叶无柄。总状花序，花有梗，有苞片，花被裂片合生，子房顶端不裂。蒴果。光山有1种。

1. 粉条儿菜（蚰草、肺筋草）

Aletris spicata (Thunb.) Franch.

多年生草本。叶簇生，纸质，条形，有时下弯，长10～25 cm，宽3～4 mm，顶端渐尖。花葶高40～70 cm，有棱，密生柔毛，中下部有几枚长1.5～6.5 cm的苞片状叶；总状花序长6～30 cm，疏生多花，苞片2枚，窄条形，位于花梗的基部，长5～8 mm，短于花；花梗极短，有毛；花被黄绿色，上端粉红色，外面有柔毛，长6～7 mm，分裂部分占1/3～1/2；裂片条状披针形，长3～3.5 mm，宽0.8～1.2 mm；雄蕊着生于花被裂片的基部，花丝短，花药椭圆形；子房卵形，花柱长1.5 mm。蒴果倒卵形。

生于山坡、路旁、灌丛边或草地上。见于白雀园镇赛山村。

粉条儿菜全草药用，味甘，性平。润肺止咳，养心安神，消积驱蛔。治支气管炎、百日咳、神经官能症、小儿疳积、蛔虫病、腮腺炎。

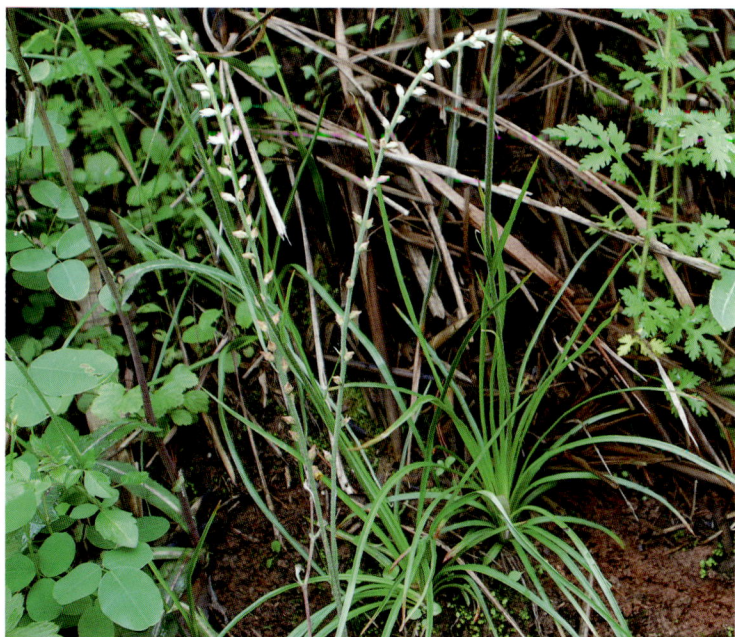

2. 天门冬属Asparagus L.

植株有根状茎。攀缘植物，叶退化成鳞片，叶状枝长0.5～8 cm。花小，长2～6 mm。浆果。光山有3种。

1. 天门冬（天冬）

Asparagus cochinchinensis (Lour.) Merr.

多年生攀缘草本。全株无毛。块根肉质，纺锤状，长4～10 cm，灰黄色。茎多分枝，具棱或狭翅。叶状枝1～3枚或更多簇生；镰刀状，长0.5～3 cm，宽1～2 mm，有3棱；叶退化呈鳞片状，基部略硬刺。花1～3朵簇生叶腋，淡黄绿色，单性，雌雄异株；花梗长2～6 mm；雄花被片6枚，排成2轮，长卵形或卵状椭圆形，长2.5～3 mm，雄蕊稍短于花被，花丝不贴生于花被片上，花药卵形；雌花与雄花相近，具6枚退化雄蕊，子房3室，柱头3。浆果球形，成熟时红色。

生于山谷、沟边潮湿处。见于殷棚乡牢山林场。

天门冬的块根药用，味微苦、甘，性寒。养阴清热，润燥生津。治肺结核、支气管炎、白喉、百日咳、口燥咽干、热病口渴、糖尿病、大便燥结；外用治疮疡肿毒、蛇咬伤。

2. 芦笋（石刁柏）

Asparagus officinalis L.

多年生草本。叶状枝3～6枝成一束，纤细，略扁，有钝棱，近圆柱形，长5～30 mm。叶退化成膜质鳞片，基部无距或有时具短距。花单性异株，1～4朵簇生于叶状枝腋；花梗长8～12 mm，上部有关节；花被片6枚，长圆形，黄绿色或白色；雄花花被长约6 mm；雄蕊6枚，着生于花被片基部，花丝下部贴生于花被片面上，具不育雌蕊；雌花花被长约3 mm；花柱3枚，分离，外伸。浆果球形，直径5～8 mm，熟时红色。

光山有少量栽培。

芦笋嫩茎食用，全草药用，味微甘，性平。清热利湿，活血散结。治肝炎、银屑病、高脂血症、乳腺增生。

3. 文竹（小百部）

Asparagus setaceus (Kunth) Jessop

多年生攀缘植物，分枝极多，光滑，枝、分枝或叶状枝排于同一水平面，状如蕨类植物。叶状枝通常每10～13枚成簇，刚毛状，略具3棱，长4～5 mm；鳞片状叶基部稍具刺状距或距不明显。花小，两性，白色，通常每2～3（4）朵生于小枝腋或单朵生于小枝顶；花被片6枚，狭卵形，长约5 mm；雄蕊6枚，着生于花被片近基部，花丝长约2 mm，花药背着，长约1.5 mm；子房倒卵形，长约3 mm，花柱长1 mm，顶端3裂。浆果球形。

光山有少量栽培。

文竹盆栽供观赏。

3. 大百合属 Cardiocrinum (Endl.) Lindl.

植株有鳞茎。叶心形，叶脉网状。光山有1种。

1. 大百合（山芋头、土百合）

Cardiocrinum giganteum (Wall.) Makino

草本；小鳞茎卵形，高3.5～4 cm，直径1.2～2 cm，干时淡褐色。茎直立，中空，高1～2 m，无毛。叶纸质，网状脉；基生叶卵状心形或近宽长圆状心形，茎生叶卵状心形，下面的长15～20 cm，宽12～15 cm，叶柄长15～20 cm，向上渐小，靠近花序的几枚为船形。总状花序有花10～16朵，无苞片；花狭喇叭形，白色，里面具淡紫红色条纹；花被片条状倒披针形，长12～15 cm，宽1.5～2 cm；雄蕊长6.5～7.5 cm，长约为花被片的1/2；花丝向下渐扩大，扁平，花药长椭圆形，长约8 mm，宽约2 mm；子房圆柱形，长2.5～3 cm，宽4～5 mm；

花柱长5~6cm，柱头膨大，微3裂。蒴果近球形。

生于山谷、沟边潮湿处。见于南向店乡董湾村林场。

大百合的鳞茎药用，味苦、微甘、性凉。清肺止咳，解毒消肿。治感冒、肺热咳嗽、咳血、鼻渊、乳痈、无名肿毒。

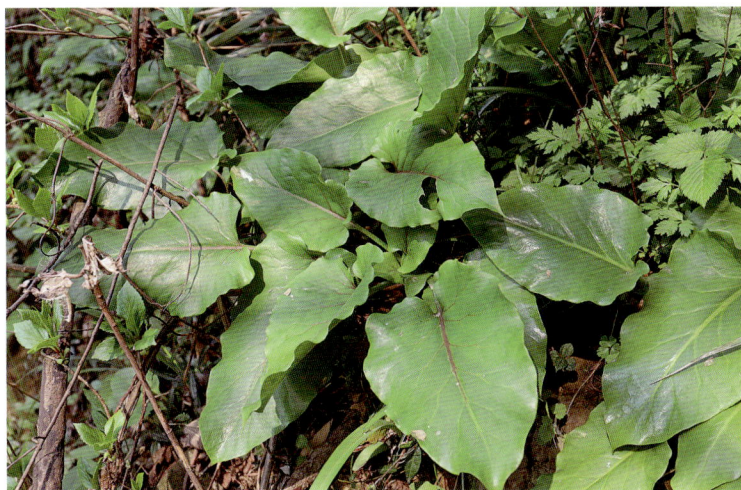

4. 吊兰属 Chlorophytum Ker-Gawl.

叶基生，叶线形或线状披针形，叶无柄。总状花序，花有梗，有包片，花被裂片离生，子房顶端3裂。蒴果。光山有1种。

1. 吊兰

Chlorophytum comosum (Thunb.) Baker

多年生草本。根状茎短，根稍肥厚。叶剑形，绿色或有黄色条纹，长10~30cm，宽1~2cm，向两端稍变狭。花莛比叶长，有时长可达50cm，常变为匍枝而在近顶部具叶簇或幼小植株；花白色，常2~4朵簇生，排成疏散的总状花序或圆锥花序；花梗长7~12mm，关节位于中部至上部；花被片长7~10mm，3脉；雄蕊稍短于花被片；花药长圆形，长1~1.5mm，明显短于花丝，开裂后常卷曲。蒴果三棱状扁球形，长约5mm，宽约8mm，每室具种子3~5颗。

光山有少量栽培。

吊兰盆栽供观赏。

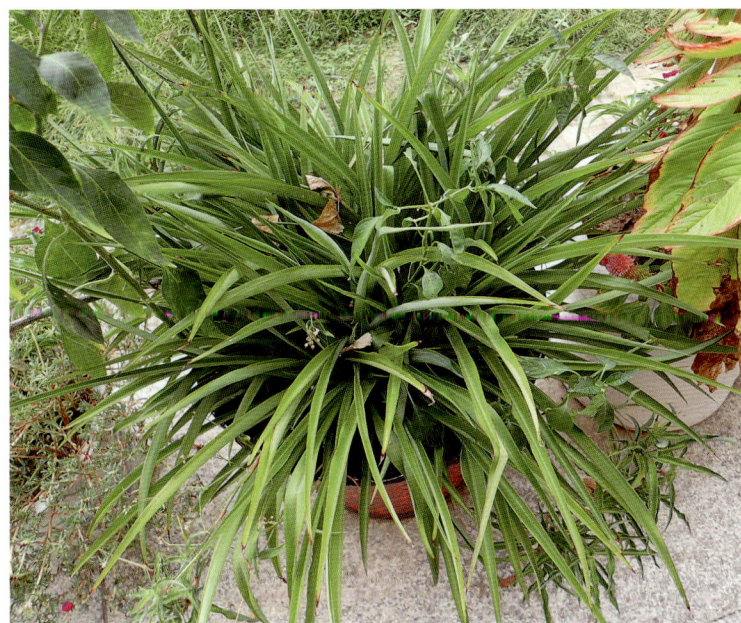

5. 万寿竹属 Disporum Salisb.

叶茎生，非2列，基部不套叠。花有梗，花梗无关节，花被裂片分离。果为浆果。光山有2种。

1. 长蕊宝铎草

Disporum bodinieri (Levl. et Vnt.) Wang et Tang

多年生草本，根状茎横出，呈结节状。叶厚纸质，椭圆形、卵形至卵状披针形，长5~15cm，宽2~6cm，顶端渐尖至尾状渐尖，叶面脉上和边缘稍粗糙，基部近圆形；叶柄长0.5~1cm。伞形花序有花2~6朵，生于茎和分枝顶端；花梗长1.5~2.5cm，有乳头状突起；花被片白色或黄绿色，倒卵状披针形，长10~19mm，顶端尖，基部有长1~2mm的短距；花丝等长或稍长于花被片，花药长3mm，露出于花被外；花柱连同3裂柱头4~5倍长于子房，明显高出花药之上。浆果球形。

生于山谷疏林下。见于南向店乡董湾村林场、殷棚乡牢山林场。

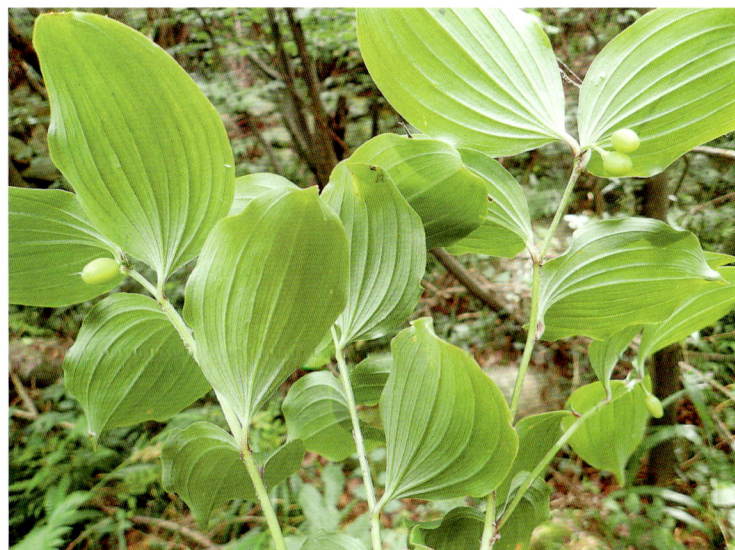

2. 宝铎草（淡竹花、山丫黄、凉水竹）

Disporum nantouense S. S. Ying [D. sessile D. Don]

多年生草本，根状茎肉质，横出，长3~10cm；根簇生，粗2~4mm。叶薄纸质至纸质，长圆形、卵形、椭圆形至披针形，长4~15cm，宽1.5~5(9)cm，叶背色浅，脉上和边缘有乳头状突起，具横脉，顶端骤尖或渐尖，基部圆形或宽楔形，有短柄或近无柄。花黄色、绿黄色或白色，1~3(5)朵着生于分枝顶端；花梗长1~2cm，较平滑；花被片近直出，倒卵状披针形，长2~3cm，上部宽4~7mm，下部渐窄，内面有细毛，边缘有乳头状突起，基部具长1~2mm的短距；雄蕊内藏，花丝长约15mm，花药长4~6mm；花柱长约1.5mm，具3裂而外弯的柱头。浆果椭圆形或球形。

生于山谷疏林下。见于殷棚乡牢山林场。

宝铎草的根状茎药用，味甘、淡，性平。清肺化痰，止咳，健脾消食，舒筋活血。治肺结核咳嗽、食欲不振、胸腹胀满、筋骨疼痛、腰腿痛。外用治烧烫伤、骨折。

6. 萱草属 Hemerocallis L.

叶基生，长线形，无柄。花有梗，花大，长 3.5～16 cm，花被漏斗状。光山有 2 种。

1. 黄花菜（金针菜、柠檬萱草）

Hemerocallis citrina Baroni

多年生草本，植株一般较高大，高达 1 m；根近肉质，中下部常有纺锤状膨大。叶 7～20 枚，长 50～130 cm，宽 6～25 mm。花莛长短不一，一般稍长于叶，基部三棱形，上部多少圆柱形，有分枝；苞片披针形，下面的长可达 3～10 cm，自下向上渐短，宽 3～6 mm；花梗较短，通常长不到 1 cm；蝎尾状聚伞花序，花多朵，最多可达 10 朵以上；花被淡黄色，有时在花蕾时花被顶端带黑紫色；花被管长 3～5 cm，花被裂片长 7～12 cm，内 3 片宽 2～3 cm。蒴果钝三棱状椭圆形。

生于山地林下或灌木丛中，或当地有栽培。见于晏河乡詹堂村。

黄花菜的花供食用，它的根和茎可药用，味甘，性凉。清热利尿，凉血止血。治腮腺炎、黄疸、膀胱炎、尿血、小便不利、乳汁缺乏、月经不调、衄血、便血。外用治乳腺炎。

2. 萱草（忘萱草）

Hemerocallis fulva (L.) L.

多年生草本，植株一般较高大，高达 1 m；根近肉质，中下部常有纺锤状膨大。叶基生，密集，宽线形，长 30～110 cm，宽 1～3 cm。花莛长短不一，一般稍长于叶，蝎尾状聚伞花序，花多朵，最多可达 10 朵以上；基部三棱形，上部多少圆柱形，有分枝；苞片披针形，下面的长可达 3～10 cm，自下向上渐短，宽 3～6 mm；花梗较短，通常长不到 1 cm；花被漏斗状，长 7～12 cm，桔红色至黄红色，内花被裂片下部一般有"∧"形采斑；花被管长 2～4.5 cm，花被裂片 6 枚，内 3 片宽 2～3 cm，花丝长 4～5 cm，花药黑色，长 7～8 cm。

生于山地林下或灌木丛中，或当地有栽培。见于泼陂河镇东岳寺村。

萱草的花供食用，它的根和全草可药用，味甘，性凉。清热利尿，凉血止血。治腮腺炎、黄疸、膀胱炎、尿血、小便不利、乳汁缺乏、月经不调、衄血、便血。外用治乳腺炎。

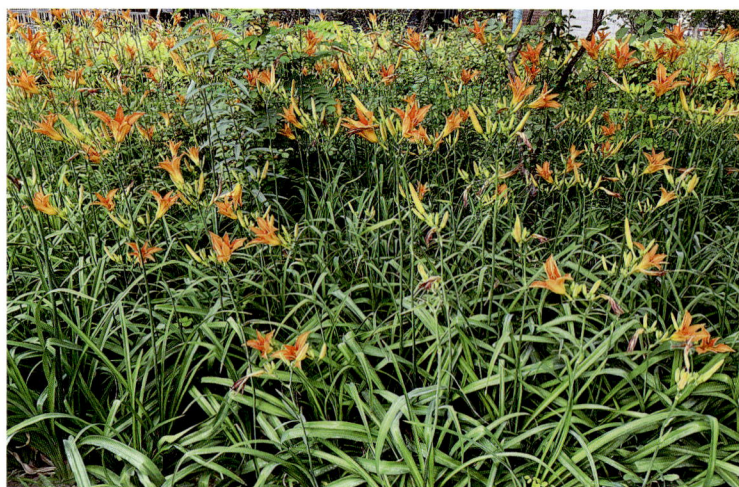

7. 玉簪属 Hosta Tratt.

叶基生，长卵形或心形，有长柄。花有梗，花大，长 3.5～16 cm，花被漏斗状。光山有 2 种。

1. 玉簪（白玉簪）

Hosta plantaginea (Lam.) Aschers.

多年生草本。根状茎粗厚，粗 1.5～3 cm。叶卵状心形、卵形或卵圆形，长 14～24 cm，宽 8～16 cm，顶端近渐尖，基部心形，具 6～10 对侧脉；叶柄长 20～40 cm。花莛高 40～80 cm，具几朵至 10 几朵花；花的外苞片卵形或披针形，长 2.5～7 cm，宽 1～1.5 cm；内苞片很小；花单生或 2～3 朵簇生，长 10～13 cm，白色，芬香；花梗长约 1 cm；雄蕊与花被近等长或略短，基部约15～20 mm，贴生于花被管上。蒴果圆柱状。

生于林下、草坡或岩石边。

玉簪全株、根和花可药用，味甘、辛，性寒，有毒。根、叶：清热解毒，消肿止痛。花：清咽，利尿，通经。根：外用治乳腺炎、中耳炎、颈淋巴结结核、疮痈肿毒、烧烫伤。鲜品适量捣烂敷患处，或捣烂取汁滴耳中。叶：外用治下肢溃疡，将鲜叶浸入菜油中数天，然后用此叶贴患处，每天换药一次。花：治咽喉肿痛、小便不利、痛经；外用治烧伤。

2. 紫萼

Hosta ventricosa (Salisb.) Stearn

根状茎粗0.3～1 cm。叶卵状心形、卵形至卵圆形，长8～19 cm，宽4～17 cm，顶端通常近短尾状或骤尖，基部心形或近截形，极少叶片基部下延而略呈楔形，具7～11对侧脉；叶柄长6～30 cm。花葶高60～100 cm，具10～30朵花；苞片矩圆状披针形，长1～2 cm，白色，膜质；花单生，长4～5.8 cm，盛开时从花被管向上骤然作近漏斗状扩大，紫红色；花梗长7～10 mm；雄蕊伸出花被之外，完全离生。蒴果圆柱状，有3棱，长2.5～4.5 cm，直径6～7 mm。

生于林下、草坡或岩石边。见于殷棚乡牢山林场。

8. 山麦冬属Liriope Lour.

叶基生，线形，近无柄。总状花序，花有梗，花丝分离，子房上位。果未熟前开裂，露出1～3颗浆果状或核果状种子。光山有2种。

1. 阔叶山麦冬（大麦冬）

Liriope muscari (Decaisne) L. H. Bailey

多年生小草本。叶密集成丛，革质，长25～65 cm，宽1～3.5 cm，顶端急尖或钝，基部渐狭，具9～11条脉，有明显的横脉，边缘几不粗糙。花葶通常长于叶，长45～100 cm；总状花序长（12）25～40 cm，具许多花；花（3）4～8朵簇生于苞片腋内；苞片小，近刚毛状，长3～4 mm，有时不明显；小苞片卵形，干膜质；花梗长4～5 mm，关节位于中部或中部偏上；花被片长圆状披针形或近长圆形，长约3.5 mm，顶端钝，紫色或红紫色；花丝长约1.5 mm；花药近长圆状披针形，长1.5～2 mm；子房近球形，花柱长约2 mm，柱头3齿裂。果球形。

生于山坡林下或潮湿处。见于南向店乡环山村。

阔叶山麦冬的块根药用，味甘，性平。补肺养胃，滋阴生津。治虚劳咳嗽、心烦口渴、肺炎、吐血、便秘、乳汁不足。

2. 山麦冬（土麦冬）

Liriope spicata (Thunb.) Lour.

多年生草本。叶长25～60 cm，宽4～6(8)mm，顶端急尖或钝，基部常包以褐色的叶鞘，叶面深绿色，叶背粉绿色，具5条脉，中脉比较明显，边缘具细锯齿。花葶通常长于或近等长于叶，少数稍短于叶，长25～65 cm；总状花序长6～15(20) cm，具多数花；花通常(2)3～5朵簇生于苞片腋内；苞片小，披针形，最下面的长4～5 mm，干膜质；花梗长约4 mm，关节位于中部以上或近顶端；花被片长圆形或长圆状披针形，长4～5 mm，顶端钝圆，淡紫色或淡蓝色；花丝长约2 mm；花药狭长圆形，长约2 mm；子房近球形。果近球形。

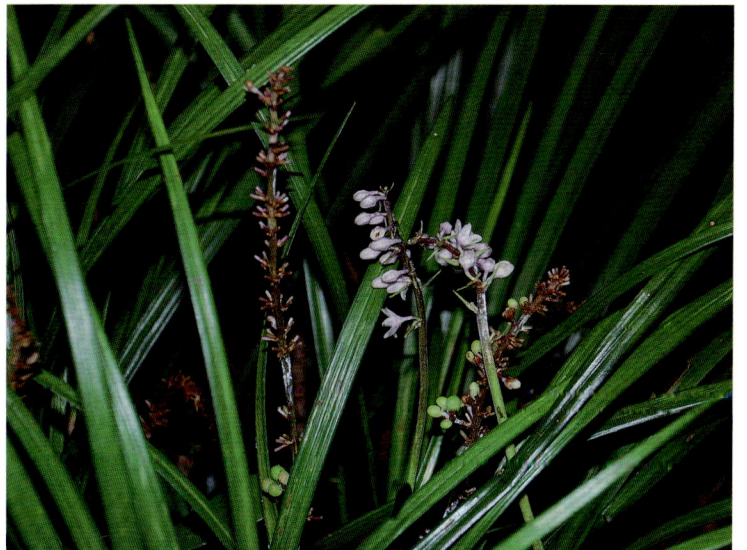

生于山坡林下或潮湿处。见于县城官渡河边。

山麦冬的块根药用，味甘，性凉。清热除烦，生津利尿，润肺止咳。治肺热咳嗽、便秘、肺结核、支气管炎、肺炎、咽喉炎、热病口渴、乳汁不足。

9. 沿阶草属 Ophiopogon Ker-Gawl.

叶基生，叶线形，近无柄。总状花序，花有梗，花丝分离，子房半下位。果未熟前开裂，露出1～3颗浆果状或核果状种子。光山有1种。

1. 麦冬（沿阶草）

Ophiopogon japonicus (L. f.) Ker-Gawl.

多年生草本。根纤细，近末端处有时具膨大成纺锤形的小块根。茎很短。叶基生成丛，禾叶状，长20～40 cm，宽2～4 mm，顶端渐尖，具3～5条脉，边缘具细锯齿。花葶较叶稍短或几等长，总状花序长1～7 cm，具几朵至10几朵花；花常单生或2朵簇生于苞片腋内；苞片条形或披针形，少数呈针形，稍带黄色，半透明，最下面的长约7 mm，少数更长些；花梗长5～8 mm，关节位于中部；花被片卵状披针形、披针形或近矩圆形，长4～6 mm，内轮3片宽于外轮3片，白色或稍带紫色；花丝很短，长不及1 mm；花药狭披针形，长约2.5 mm，常呈绿黄色；花柱细，长4～5 mm。种子近球形或椭圆形，直径5～6 mm。

生于山坡、沟边、灌木丛下或林下。见于南向店乡环山村。

麦冬的块根药用，味辛，性寒。滋阴润肺，益胃生津，清心除烦，止咳。治肺燥干咳、肺痈、阴虚劳嗽、津伤口渴、消渴、心烦失眠、咽喉疼痛、肠燥便秘、血热吐衄等。

10. 黄精属 Polygonatum Mill.

叶茎生。花有梗，花被无副花冠，花被裂片下部合生，雄蕊着生于花被管中、上部。浆果。光山有3种。

1. 多花黄精（白及黄精）

Polygonatum cyrtonema Hua

多年生草本，根状茎肥厚，通常连珠状或结节成块。茎高50～100 cm，通常具10～15枚叶。叶互生，椭圆形、卵状披针形至长圆状披针形，少有稍作镰状弯曲，长10～18 cm，宽2～7 cm，顶端尖至渐尖。花序具(1)2～7(14)花，伞形，总花梗长1～4(6) cm，花梗长0.5～1.5(3) cm；苞片微小，位于花梗中部以下，或不存在；花被黄绿色，全长18～25 mm，裂片长约3 mm，花丝长3～4 mm，两侧扁或稍扁，具乳头状凸起至具

短绵毛，顶端稍膨大乃至具囊状凸起，花药长3.5～4 mm；子房长3～6 mm，花柱长12～15 mm。浆果黑色。

生于林下腐殖层较厚的灌丛或山坡阴处。见于殷棚乡牢山林场、向店乡向楼村。

多花黄精的根状茎药用，味甘，性平。补脾润肺，养阴生津。治肺结核干咳无痰、久病津亏口干、倦怠乏力、糖尿病、高血压病。外用黄精流浸膏治脚癣。

2. 玉竹（玉参）

Polygonatum odoratum (Mill.) Druce

多年生草本，根状茎横走，圆柱形，直径5～14 mm。茎高20～70 cm，具7～12叶。叶互生，椭圆形至卵状长圆形，长5～12 cm，宽3～5 cm，顶端渐尖，基部阔楔形，叶背带灰白色，叶背脉上平滑至呈乳头状粗糙。花序具1～4花（在栽培情况下，可多至8朵），总花梗长1～1.5 cm，无苞片或有条状披针形苞片；花被黄绿色至白色，全长13～20 mm，花被筒较直，裂片长约3～4 mm；花丝丝状，近平滑至具乳头状突起，花药长约4 mm；子房长3～4 mm，花柱长10～14 mm。浆果蓝黑色。

光山有少量栽培。

玉竹的根状茎药用，味甘，性平。养阴润燥，生津止渴。治热病伤阴、口燥咽干、干咳少痰、肺结核咳嗽、糖尿病、心脏病。

3. 黄精

Polygonatum sibiricum Delar. ex Redoute

多年生草本，根状茎圆柱状，由于结节膨大，因此节间一头粗、一头细，在粗的一头有短分枝，直径1～2 cm。茎

高50～90 cm，或达1 m以上，有时呈攀缘状。叶轮生，每轮4～6枚，条状披针形，长8～15 cm，宽(4)6～16 mm，顶端拳卷或弯曲成钩。花序通常具2～4朵花，似成伞形状，总花梗长1～2 cm，花梗长(2.5)4～10 mm，俯垂；苞片位于花梗基部，膜质，钻形或条状披针形，长3～5 mm，具1脉；花被乳白色至淡黄色，全长9～12 mm，花被筒中部稍缢缩，裂片长约4 mm；花丝长0.5～1 mm，花药长2～3 mm；子房长约3 mm，花柱长5～7 mm。浆果。

光山有少量栽培。见于南向店乡五岳村。

黄精的根状茎药用，味甘，性平。补脾润肺，养阴生津，益肾。治肺结核干咳无痰、久病津亏口干、倦怠乏力、脾胃气虚、胃阴不足、肺虚咳嗽、精血不足、腰膝酸软、须发早白、内热消渴、糖尿病、高血压病。外用黄精流浸膏治脚癣。

11. 吉祥草属Reineckia Kunth

植株有匍匐茎。叶基部不抱茎。花无梗，排成密集的穗状花序，花辐射对称，花被片下部合生，花柱细长。浆果。光山有1种。

1. 吉祥草

Reineckia carnea (Andr.) Kunth

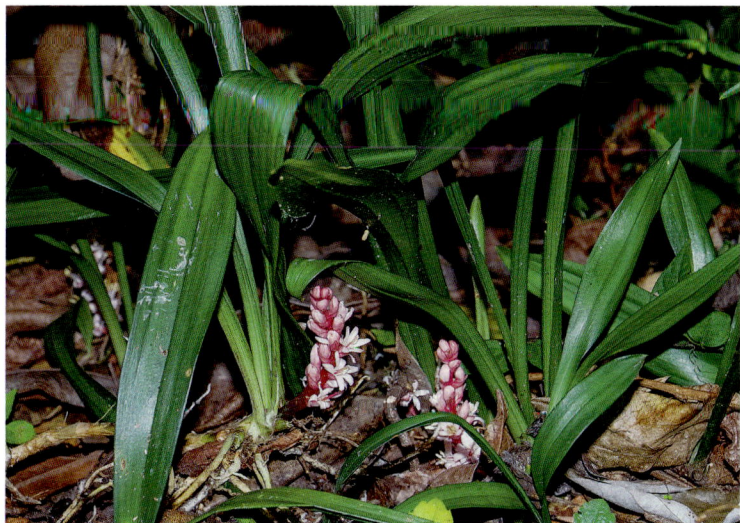

多年生草本。茎粗2～3 mm，蔓延于地面，逐年向前延长或发出新枝，每节上有1残存的叶鞘，顶端的叶簇由于茎的连续生长，有时似长在茎的中部，两叶簇间可相距几厘米至10多厘米。叶每簇有3～8枚，条形至披针形，长10～38 cm，宽0.5～3.5 cm，顶端渐尖，向下渐狭成柄，深绿色。花莛长

5～15 cm；穗状花序长2～6.5 cm，上部的花有时仅具雄蕊；苞片长5～7 mm；花芳香，粉红色；裂片长圆形，长5～7 mm，顶端钝，稍肉质；雄蕊短于花柱，花丝丝状，花药近长圆形，两端微凹，长2～2.5 mm；子房长3 mm，花柱丝状。浆果熟时鲜红色。

光山有少量栽培。

吉祥草栽培供观赏，全草药用，味甘，性平。润肺止咳，祛风接骨。治肺结核、咳嗽咯血、慢性支气管炎、哮喘、风湿性关节炎。外用治跌打损伤、骨折。

12. 绵枣儿属Scilla L.

多年生草本，鳞茎有膜被，叶基生，线形，花小，多数，紫红色。光山有1种。

1. 绵枣儿

Scilla scilloides (Lindl.) Druce

鳞茎卵形或近球形。基生叶通常2～5枚，狭带状，长15～40 cm，宽2～9 mm，柔软。花莛通常比叶长；总状花序长2～20 cm，具多数花；花紫红色、粉红色至白色，小，直径约4～5 mm，在花梗顶端脱落；花梗长5～12 mm，基部有1～2枚较小的、狭披针形苞片；花被片近椭圆形、倒卵形或狭椭圆形，长2.5～4 mm，宽约1.2 mm，基部稍合生而成盘状，顶端钝而且增厚；雄蕊生于花被片基部，稍短于花被片；花丝近披针形，边缘和背面常多少具小乳突，基部稍合生，中部以上骤然变窄，变窄部分长约1 mm；子房长1.5～2 mm。果近倒卵形。

生于山谷、山坡、草地、路旁或林缘。见于县城官渡河边。

13. 郁金香属 Tulipa L.

植株有鳞茎。叶茎生，披针形，弧形脉。花大，单朵顶生，花被片长5～7cm，花药基着。光山有1种。

1. 郁金香

Tulipa gesneriana L.

具鳞茎草本，鳞茎卵形，横茎约2cm，外层鳞茎皮纸质，内面顶端和基部有少数伏毛。叶3～5枚，条状披针形至卵状披针形，顶端有少量毛。花茎高20～30cm，单朵顶生，大型而艳丽；花被片6枚，红色或杂有白色和黄色，有时为白色或黄色，长5～7cm，宽2～4cm，外轮花被片披针形至椭圆形，顶端尖，内轮稍短，倒卵形，顶端钝，二者顶端都有少量微毛；6枚雄蕊等长，花丝无毛；子房长圆形，长约2cm，无花柱，柱头增大呈鸡冠状。

光山有少量栽培。

郁金香是著名的栽培花卉。

296. 雨久花科 Pontederiaceae

水生或沼泽生草本，直立或飘浮。叶通常二列，大多数具有叶鞘和明显的叶柄；叶浮水、沉水或露出水面。花序为顶生总状、穗状或聚伞圆锥花序，生于佛焰苞状叶鞘的腋部；花大至小型，虫媒花或自花受精，两性，辐射对称或两侧对称；花被片6枚，排成2轮，花瓣状，蓝色，淡紫色，白色，很少黄色。蒴果。光山有2属3种。

1. 凤眼蓝属 Eichhornia Kunth

花稍两侧对称，花被片基部合生成管，雄蕊6枚，3长3短。光山有1种。

1. 凤眼蓝（水葫芦、水浮莲）

Eichhornia crassipes (Mart.) Solms

浮水草本。叶在基部丛生，莲座状排列，一般5～10片；叶片圆形，宽卵形或宽菱形，长4.5～14.5cm，宽5～14cm，顶端钝圆或微尖，基部宽楔形或在幼时为浅心形，全缘，具弧形脉，叶面深绿色，光亮，质地厚实，两边微向上卷，顶部略向下翻卷；叶柄长短不等，中部膨大成囊状或纺锤形，内有许多多边形柱状细胞组成的气室，维管束散布其间，黄绿色至绿色，光滑；叶柄基部有鞘状苞片，长8～11cm，黄绿色，薄而半透明；花莲从叶柄基部的鞘状苞片腋内伸出，长34～46cm，

多棱；穗状花序长17～20cm，通常具9～12朵花；花被裂片6枚，花瓣状，卵形、长圆形或倒卵形，紫蓝色。

生于河水、池塘或稻田中。全县广布。

凤眼蓝可作饲料，全草还可药用，味淡，性凉。清热解暑，利尿消肿。治中暑烦渴，肾炎水肿，小便不利。

2. 雨久花属 Monochoria Presl

花较少，只有数朵，花辐射对称，花被片离生，雄蕊6枚，1枚较大，5枚较小。光山有2种。

1. 雨久花（蓝鸟花）

Monochoria korsakowii Regel et Maack

一年生直立水生草本；根状茎粗壮，具柔软须根。茎直立，高30～70cm，全株光滑无毛，基部有时带紫红色。叶基生和茎生；基生叶宽卵状心形，长4～10cm，宽3～8cm，顶端急尖或渐尖，基部心形，全缘，具多数弧状脉；叶柄长达30cm，有时膨大成囊状；茎生叶叶柄渐短，基部增大成鞘，抱茎。总状花序顶生，有时再聚成圆锥花序；花10余朵，具5～10mm长的花梗；花被片椭圆形，长10～14mm，顶端圆钝，蓝色；雄蕊6枚，其中1枚较大，花药长圆形，浅蓝色，其余各枚较小，花药黄色，花丝丝状。蒴果长卵圆形，长10～12mm，包于宿存花被片内。

生于池塘、湖沼靠岸的浅水处及稻田中。见于县城官渡河边。

雨久花全草药用，味甘，性凉。清热解毒，止咳平喘，祛湿消肿，明目。治高烧、咳喘、小儿丹毒、疔肿、痔疮，水煎服。外用鲜品适量，捣烂或研末敷患处。

2. 鸭舌草（鸭仔菜）

Monochoria vaginalis (Burm. f.) Presl ex Kunth

水生草本。叶基生和茎生；叶片形状和大小变化较大，由心状宽卵形、长卵形至披针形，长2~7 cm，宽0.8~5 cm，顶端短突尖或渐尖，基部圆形或浅心形，全缘，具弧状脉；叶柄长10~20 cm，基部扩大成开裂的鞘，鞘长2~4 cm，顶端有舌状体，长约7~10 mm。总状花序从叶柄中部抽出，该处叶柄扩大成鞘状；花序梗短，长1~1.5 cm，基部有1披针形苞片；花序在花期直立，果期下弯；花通常3~5朵，蓝色；花被片卵状披针形或长圆形，长10~15 mm；花梗长不及1 cm；雄蕊6枚，其中1枚较大；花药长圆形，其余5枚较小；花丝丝状。蒴果卵形。

生于湿地、浅水池塘。见于泼陂河镇东岳寺村、南向店乡环山村。

鸭舌草全草药用，味甘，性凉。清热解毒。治痢疾、肠炎、咽喉肿痛、牙龈肿痛。外用治蛇虫咬伤、疮疖。

297. 菝葜科Smilacaceae

灌木或半灌木，极少草本，攀缘或直立，常具坚硬、粗厚的根状茎。叶互生，主脉基出，有网状支脉，叶柄常有鞘和卷须。花小，单性异株，极少两性，通常排成腋生的伞形花序，较少为穗状花序、总状花序或圆锥花序；花被6，离生或合生成管；雄蕊通常6枚，少有3枚或达15枚；花药2室，多少汇合，在中央内侧纵裂；子房3室，每室1~2个胚珠。浆果。光山有1属3种。

1. 菝葜属Smilax L.

花被片6枚，分离，雄花有雄蕊6枚，花丝分离，总花梗圆柱形。光山有3种。

1. 菝葜（金刚藤、铁菝角）

Smilax china L.

攀缘灌木，高可达3 m。具坚硬、粗厚的根状茎，粗2~3 cm；茎有疏刺，长1~3 m。叶互生，薄革质或坚纸质，干后呈红褐色或古铜色，圆形或卵形，长3~10 cm，宽1.5~6 cm，叶背淡绿色，稀苍白色，有时具粉霜；叶柄长5~15 mm，具较粗长的卷须。伞形花序单生于叶腋，有花10余朵以上，球形，总花梗长1~2 cm；花绿黄色，花被片长3.5~4.5 mm；雌花有6枚退化雄蕊。浆果球形，直径6~15 mm，熟时红色，有粉霜。

生于林下灌丛中。见于殷棚乡牢山林场。

菝葜的根状茎药用，味甘、酸，性平。祛风利湿，解毒消肿。治风湿关节痛、跌打损伤、胃肠炎、痢疾、消化不良、糖尿病、乳糜尿、白带、癌症；叶外用治痈疖疔疮、烫伤。

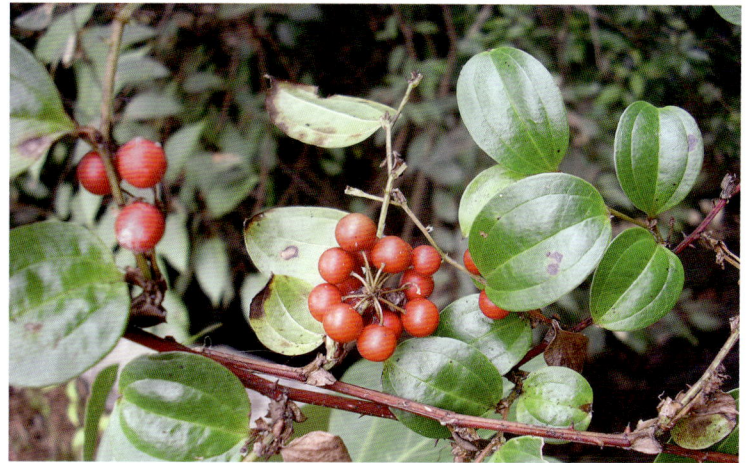

2. 小果菝葜

Smilax davidiana A. DC.

攀缘灌木。叶坚纸质，干后红褐色，通常椭圆形，长3~7(14)cm，宽2~4.5(12)cm，顶端微凸或短渐尖，基部楔形或圆形，叶背淡绿色；叶柄较短，一般长5~7 mm，约占全长的1/2~2/3具鞘，有细卷须，脱落点位于近卷须上方；鞘耳状，宽2~4 mm(一侧)，明显比叶柄宽。伞形花序生于叶尚幼嫩的小枝上，具几朵至10余朵花，多少呈半球形；总花梗长5~14 mm；花序托膨大，近球形，较少稍延长，具宿存的小苞片；花绿黄色；雄花外花被片长3.5~4 mm，宽约2 mm，内花被片宽约1 mm；花药比花丝宽2~3倍；雌花比雄花小，具3枚退化雄蕊。浆果直径5~7 mm，熟时暗红色。

生于山谷、林下、灌丛中或山坡、路边阴处。见于殷棚乡牢山林场、南向店乡董湾村向楼组。

小果菝葜的根状茎药用，味甘、淡，性平。祛风除湿，消肿止痛。治风湿痹痛。

3. 大叶菝葜

Smilax ovalifolia Roxb.[*Smilax macrophylla*]

攀缘灌木，高可达 3 m。具坚硬、粗厚的根状茎，粗 2～3 cm；茎有硬刺，长 1～3 m。叶互生，薄革质或坚纸质，圆形或卵形，长 15～19 cm，宽 10～17 cm，顶端圆钝，基部浅心形，叶脉两面明显，叶背淡绿色，稀苍白色；叶柄粗大，长 1.5～3 cm，具较粗长的卷须。伞形花序单生于叶腋，有花 10 余朵以上，球形，总花梗长 1～2 cm；花绿黄色，花被片长 3.5～4.5 mm。浆果球形。

生于山谷、林下、灌丛中或山坡、路边阴处。见于殷棚乡牢山林场。

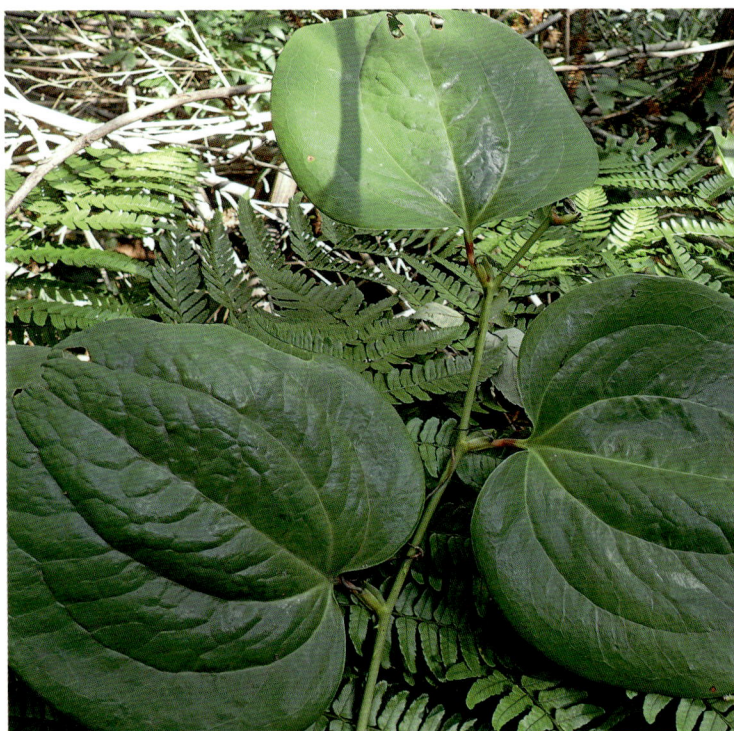

302. 天南星科Araceae

草本，稀为攀缘灌木或藤本。叶常基生或茎生。花小或微小，常极臭，排列为肉穗花序；花序外面有佛焰苞包围；花两性或单性；花单性时雌雄同株（同花序）或异株；雌雄同序者雌花居于花序的下部，雄花居于雌花群之上；两性花有花被或否。果为浆果，极稀紧密结合而为聚合果。光山有6属8种。

1. 菖蒲属Acorus L.

直立草本，叶线形，无叶片与叶柄之分。佛焰苞与叶同形，花两性，有花被。光山有2种。

1. 菖蒲（水菖蒲、白菖）

Acorus calamus L.

多年生草本。根茎横走，稍扁，分枝，直径 5～10 mm，外皮黄褐色，芳香。叶基生，基部两侧膜质叶鞘宽 4～5 mm，向上渐狭，至叶长 1/3 处渐行消失、脱落。叶片剑状线形，长 90～100 cm，中部宽 1～2 cm，基部宽、对褶，中部以上渐狭，草质，绿色，光亮；中肋在两面均明显隆起，侧脉 3～5 对，平行，纤弱，大都延伸至叶尖。花序柄3棱形，长 40～50 cm；叶状佛焰苞剑状线形，长 30～40 cm；肉穗花序斜向上或近直立，狭锥状圆柱形，长 4.5～6.5 cm，直径 6～12 mm。花黄绿色；花丝长 2.5 mm，宽约 1 mm；子房长圆柱形，长 3 mm，粗 1.25 mm。浆果长圆形，红色。

生于水边、沼泽湿地或湖泊浮岛上。见于槐店乡珠山村。

菖蒲的根状茎药用，味辛、苦，性温。开窍化痰，辟秽杀虫。治痰涎壅闭、神识不清、慢性气管炎、痢疾、肠炎、腹胀腹痛、食欲不振、风寒湿痹。

2. 石菖蒲（钱蒲）

Acorus tatarinowii Schott

多年生草本。根状茎芳香。叶无柄，叶片薄，基部两侧膜质叶鞘宽可达5mm，上延几达叶片中部，渐狭，脱落；叶片暗绿色，线形，长20～30(50)cm，基部对折，中部以上平展，宽7～13mm，顶端渐狭，无中肋，平行脉多数，稍隆起。花序柄腋生，长4～15cm，三棱形。叶状佛焰苞长13～25cm，为肉穗花序长的2～5倍或更长，稀近等长；肉穗花序圆柱状，长(2.5)4～6.5(8.5)cm，粗4～7mm，上部渐尖，直立或稍弯；花白色。成熟果序长7～8cm，粗可达1cm，幼果绿色，成熟时黄绿色或黄白色。

生于溪边河旁及潮湿的岩石上。见于南向店乡董湾村林场。

石菖蒲的根状茎药用，味辛，性温。开窍，益智，宽胸，豁痰，去湿，解毒。治湿痰蒙窍、神志不清、健忘、多梦、癫痫、耳聋、胸腹胀闷。外用治痈疖。

2. 广东万年青属Aglaonema Schott

直立草本。叶基部楔形或圆形。肉穗花序花顶端无附属体，单性，雄蕊分离，胚珠1颗，雌花无退化雄蕊。果外露。光山有1种。

1. 广东万年青（大叶万年青）

Aglaonema modestum Schott ex Engl.

多年生常绿草本。鳞叶草质，披针形，长7～8cm，长

渐尖，基部扩大抱茎。叶片深绿色，卵形或卵状披针形，长15～25cm，宽8～13cm，不等侧，顶端有长2cm的渐尖，基部钝或宽楔形，一级侧脉4～5对，上举，叶面常下凹，叶背隆起，二级侧脉细弱，不显；叶柄长20cm，1/2以上具鞘。花序柄纤细，长10～12.5cm，佛焰苞长6～7cm，宽1.5cm，长圆披针形，基部下延较长，顶端长渐尖，肉穗花序长为佛焰苞的2/3，具长1cm的梗，圆柱形，细长，渐尖，雌花序长5～7.5mm，粗约5mm；雄花序长2～3cm，粗3～4mm。浆果绿色至黄红色。

光山有少量栽培。

广东万年青美丽，常栽培供观赏。

3. 海芋属Alocasia (Schott) G. Don

叶盾状着生，箭状心形。佛焰苞管喉部闭合，肉穗花序花顶端有附属体，花单性，雄蕊合生成聚药雄蕊，胚珠少数，基底胎座。光山有1种。

1. 海芋（野芋头、痕芋头、狼毒）

Alocasia macrorhiza (L.) Schott

大型常绿草本植物。叶多数，叶片草绿色，箭状卵形，边缘波状，长50～90cm，宽40～90cm，有的长宽都在1m以上；前裂片三角状卵形，顶端锐尖，一级侧脉9～12对，下部的粗如手指，向上渐狭；后裂片多少圆形，弯缺锐尖，有时几达叶柄；叶柄和中肋变黑色、褐色或白色；叶柄绿色或污紫色，螺状排列，粗厚，长可达1.5m，基部连鞘宽5～10cm，展开。花序柄2～3枚丛生，圆柱形，长12～60cm，通常绿色，有时污紫色；佛焰苞管部绿色，长3～5cm，粗3～4cm，卵形或短椭圆形；檐部蕾时绿色，花时黄绿色、绿白色，凋萎时变黄色、白色，舟状，长圆形，略下弯，顶端喙状，长10～30cm，周围4～8cm；肉穗花序芳香，雌花序白色。浆果红色。

光山有少量栽培。

海芋美丽，常栽培供观赏。

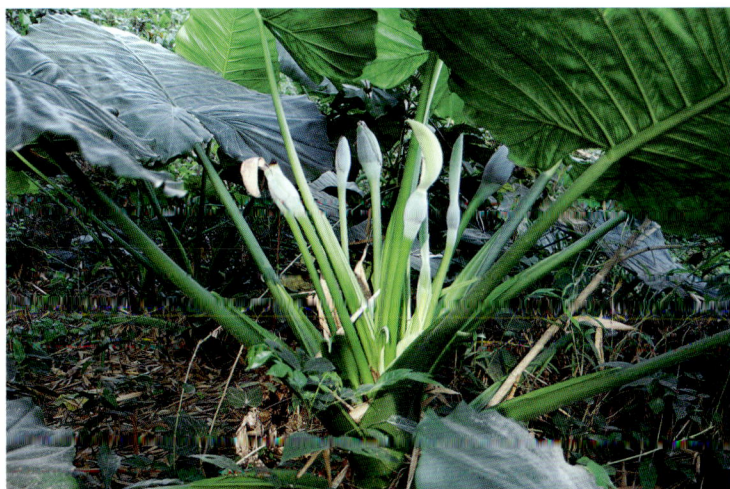

4. 天南星属Arisaema Mart.

叶非盾状着生，3裂至放射状分裂。佛焰苞管喉部闭合，肉穗花序花顶端有附属体，花单性，雄蕊合生成聚药雄蕊，胚珠少数，基底胎座。光山有2种。

1. 一把伞南星（天南星、胆南星、虎掌南星）

Arisaema erubescens (Wall.) Schott

多年生草本。块茎扁球形。叶1片，极稀2片，叶柄长40～80cm，中部以下具鞘，鞘部粉绿色，上部绿色，有时具褐色斑块；叶片放射状分裂，裂片无定数；幼株叶片少则3～4枚，多至20枚，常1枚上举，余放射状平展，披针形、长圆形至椭圆形，无柄，长8～24 cm，宽6～35 mm，先渐尖，具线形长尾。花序柄比叶柄短，直立，果时下弯或否；佛焰苞绿色，背面有清晰的白色条纹，或淡紫色至深紫色而无条纹，管部圆筒形，长4～8 mm，粗9～20 mm；喉部边缘截形或稍外卷；雌花序上的具多数中性花；雄花具短柄，淡绿色、紫色至暗褐色，雄蕊2～4枚，药室近球形，顶孔开裂成圆形；雌花子房卵圆形，柱头无柄。果序柄下弯或直立，浆果红色。

生于山沟或阴湿的林下。见于南向店乡环山村。

一把伞南星的块茎药用，味苦、辛，性温，有毒。祛风化痰，散结燥湿。治面神经麻痹、半身不遂、小儿惊风、破伤风、癫痫。外用治疗疮肿毒、毒蛇咬伤、灭蝇蛆。胆南星治小儿痰热、惊风抽搐。生用抗癌瘤，用时须谨慎。

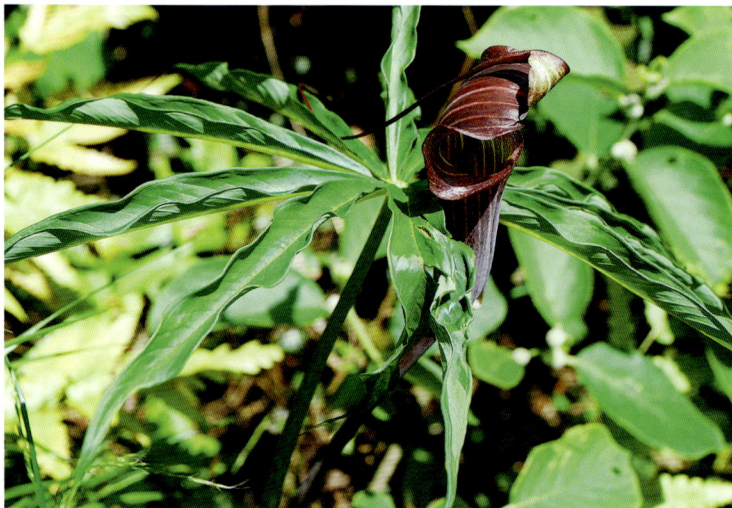

2. 天南星（羽叶南星、异叶天南星）

Arisaema heterophyllum Blume

多年生草本，块茎扁球形。叶常单1片，叶柄圆柱形，粉绿色，长30～50 cm，下部3/4鞘筒状，鞘端斜截形；叶片鸟足状分裂，裂片13～19，有时更少或更多，倒披针形、长圆形、线状长圆形，基部楔形，顶端骤狭渐尖，全缘，暗绿色，叶背淡绿色，中裂片无柄或具长15 mm的短柄，长3～15 cm，宽0.7～5.8 cm。花序柄长30～55 cm，从叶柄鞘筒内抽出；佛焰苞管部圆柱形，长3.2～8 cm，粗1～2.5 cm，粉绿色，内面绿白色，喉部截形，外缘稍外卷；檐部卵形或卵状披针形，宽2.5～8 cm，长4～9 cm，下弯几成盔状，背面深绿色、淡绿色至淡黄色，顶端骤狭渐尖；肉穗花序两性和雄花序单性。浆果黄红色。

生于林下或沟谷。见于县城官渡河边、南向店乡环山村。

天南星的块茎药用，味苦、辛，性温，有毒。祛风定惊，化痰散结。胆南星：味苦，性平；化痰熄风，定惊；治面神经麻痹、半身不遂、小儿惊风、破伤风、癫痫小儿痰热、惊风抽搐。外用治疗疮肿毒、毒蛇咬伤、灭蝇蛆。生用抗癌瘤，用时须谨慎。

5. 芋属 Colocasia Schott

佛焰苞管喉部闭合，肉穗花序花顶端有附属体，花单性，雄蕊合生成聚药雄蕊，胚珠多数，侧膜胎座。光山有1种。

1. 芋（野芋头、山芋）

Colocasia esculenta (L.) Schott

多年生、湿生草本。块茎球形，有多数须根；匍匐茎常从块茎基部外伸，长或短，具小球茎。叶柄肥厚，直立，长可达1.2 m；叶片薄革质，叶面略发亮，盾状卵形，基部心形，长达50 cm以上；前裂片宽卵形，锐尖，长稍胜于宽，一级侧脉4～8对；后裂片卵形，钝，长约为前裂片的1/2，2/3～3/4甚至完全联合，基部弯缺为宽钝的三角形或圆形，基脉相交成30～40°的锐角。花序柄比叶柄短许多。佛焰苞苍黄色，长15～25 cm；管部淡绿色，长圆形，为檐部长的1/2～1/5；檐部呈狭长的线状披针形，顶端渐尖。

光山常见栽培。

芋头是常见的粮食作物。

6. 马蹄莲属 Zantedeschia Spreng.

直立草本。叶基部心形。佛焰苞檐部漏斗状，顶端后折，肉穗花序花顶端无附属体，单性，雄蕊分离，胚珠多颗，雌花有退化雄蕊。果包藏于宿存或花后膨大的佛焰苞内。光山有1种。

1. 马蹄莲

Zantedeschia aethiopica (L.) Spreng

多年生粗壮草本，具块茎。叶基生，叶柄长，下部具鞘；叶片较厚，绿色，心状箭形或箭形，顶端锐尖、渐尖或具尾状尖头，基部心形或戟形，全缘，长15～45 cm，宽10～25 cm，后裂片长6～7 cm。花序柄长40～50 cm，光滑；佛焰苞10～25 cm，管部短，黄色；檐部略后仰，锐尖或渐尖，具锥状尖头，亮白色，有时带绿色；肉穗花序圆柱形，长6～9 cm，粗4～7 mm，黄色；雌花序长1～2.5 cm；雄花序长5～6.5 cm；子房3～5室，渐狭为花柱，大部分周围有3枚假雄蕊。

光山有少量栽培。

马蹄莲非常美丽，常栽培供观赏。

生于水田、池塘、沼泽、湖泊或静水中。全县广布。

浮萍全草药用，味辛，性凉。疏风发汗，透疹，利尿。治风热感冒、麻疹不透、荨麻疹、水肿。

2. 紫萍属Spirodela Schleid.

植物体有根。植物体腹面有小根5～11枚。光山有1种。

1. 紫萍（红浮萍）

Spirodela polyrrhiza (L.) Schlcid.

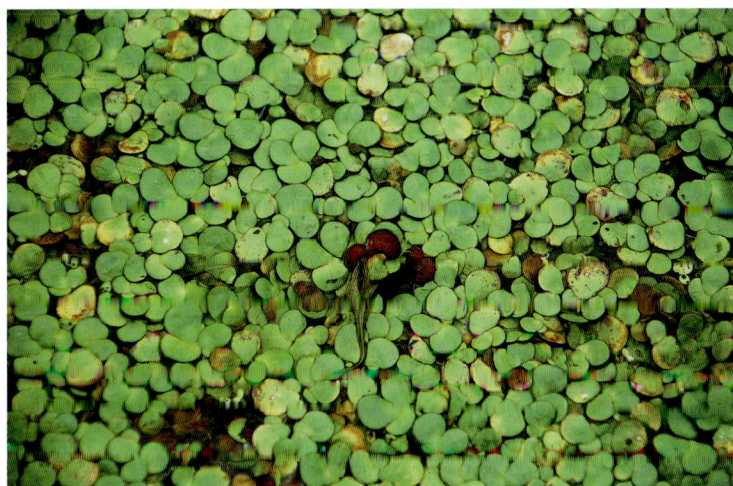

303. 浮萍科Lemnaceae

飘浮或沉水小草本。茎不发育，以圆形或长圆形的小叶状体形式存在；叶状体绿色，扁平，稀背面强烈凸起。叶不存在或退化为细小的膜质鳞片而位于茎的基部。根丝状，有的无根。很少开花，主要为无性繁殖；在叶状体边缘的小囊中形成小的叶状体，幼叶状体逐渐长大从小囊中浮出。光山有3属3种。

1. 浮萍属Lemna L.

植物体有根。植物体腹面有小根1枚。光山有1种。

1. 浮萍（青萍，水浮萍）

Lemna minor L.

飘浮小植物。叶状体对称，表面绿色，背面浅黄色或绿白色或常为紫色，近圆形，倒卵形或倒卵状椭圆形，全缘，长1.5～5 mm，宽2～3 mm，上面稍凸起或沿中线隆起，脉3条，不明显，背面垂生丝状根1条，根白色，长3～4 cm，根冠钝头，根鞘无翅。叶状体背面一侧具囊，新叶状体于囊内形成浮出，以极短的细柄与母体相连，随后脱落。雌花具弯生胚珠1枚，果实无翅，近陀螺状，种子具凸出的胚乳并具12～15条纵肋。

飘浮小植物。叶状体扁平，阔倒卵形，长5～8 mm，宽4～6 mm，顶端钝圆，叶面绿色，叶背紫色，具掌状脉5～11条，背面中央生5～11条根，根长3～5 cm，白绿色，根冠尖，脱落；根基附近的一侧囊内形成圆形新芽，萌发后，幼小叶状体渐从囊内浮出，由1细弱的柄与母体相连。肉穗花序有2朵雄花和1朵雌花。

生于水田、池塘、沼泽、湖泊或静水中。见于槐店乡万河村、官渡河边。

紫萍全草药用，味辛，性寒。祛风，发汗，利尿，消肿。治风热感冒、麻疹不透、荨麻疹、水肿。

3. 芜萍属 Wolffia Hork. ex Schleid.

植物体无根。光山有1种。

1. 芜萍（无根萍、微萍）

Wolffia arrhiza (L.) Wimmer

飘浮水面或悬浮，细小如沙，为世界上最小的种子植物。叶状体卵状半球形，单1或2代连在一起，直径0.5～1.5 mm，上面绿色，扁平，具多数气孔，背面明显凸起，淡绿色，表皮细胞五至六边形；无叶脉及根。

生于水田、池塘、沼泽、湖泊或静水中。见于县城官渡河边。

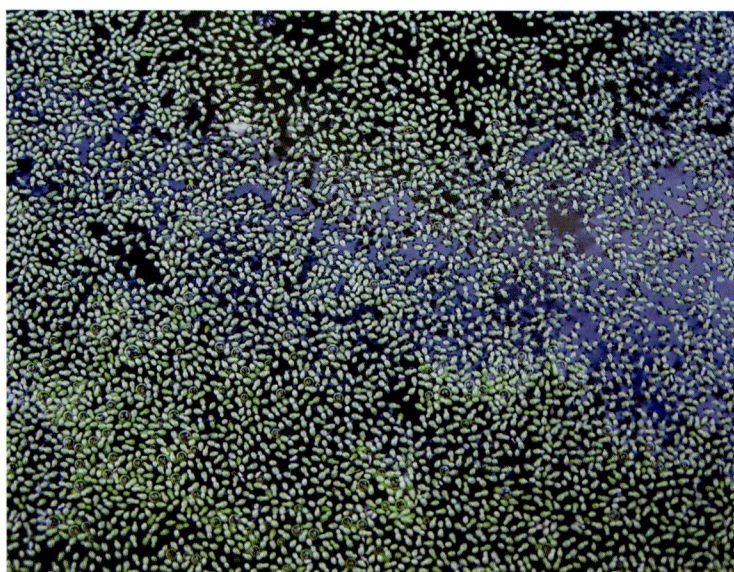

305. 香蒲科 Typhaceae

沼生、水生或湿生草本。根状茎横走，须根多。地上茎直立、粗壮或细弱。叶二列，互生；鞘状叶很短，基生，顶端尖。花单性，雌雄同株，花序穗状；雄花序生于上部至顶端，花期时比雌花序粗壮，花序轴具柔毛，或无毛；雌性花序位于下部，与雄花序紧密相接，或相互远离。果实纺锤形。光山有1属3种。

1. 香蒲属 Typha L.

花单性，雌雄同株，花序穗状；雄花序生于上部至顶端，花期时比雌花序粗壮，花序轴具柔毛，或无毛；雌性花序位于下部，与雄花序紧密相接，或相互远离。光山有3种。

1. 水烛（水蜡烛、蒲黄）

Typha angustifolia L.

多年生水生或沼生草本。叶片长54～120 cm，宽0.4～0.9 cm，上部扁平，中部以下腹面微凹，背面向下逐渐隆起呈凸形，下部横切面呈半圆形，细胞间隙大，呈海绵状；叶鞘抱茎。雌雄花序相距2.5～6.9 cm；雄花序轴具褐色扁柔毛，单出，或分叉；叶状苞片1～3枚，花后脱落；雌花序长15～30 cm，基部具1枚叶状苞片，通常比叶片宽，花后脱落；

雄花由3枚雄蕊合生，有时2枚或4枚组成，花药长约2 mm，长圆形，花粉粒单体，近球形、卵形或三角形，纹饰网状，花丝短、细弱，下部合生成柄，长2～3 mm，向下渐宽；雌花具小苞片。小坚果长椭圆形。

生于水边及池塘、沼泽中。见于县城官渡河边。

水烛的花粉药用，味甘，性平。鲜用行血、消瘀、止痛；炒用止血。治吐血、咳血、衄血、血痢、便血、崩漏、外伤出血、心腹疼痛、产后瘀痛、跌打损伤、血淋涩痛、带下、重舌、口疮、阴下湿痒。

2. 小香蒲（水蜡烛、水烛）

Typha minima L.

多年生沼生草本。叶基生，鞘状，叶片长15～40 cm，宽约1～2 mm，短于花莛，叶鞘边缘膜质，叶耳长0.5～1 cm。雌雄花序远离，雄花序长3～8 cm，花序轴无毛，基部具1枚叶状苞片，长4～6 cm，宽4～6 mm；雌花序长1.6～4.5 cm，叶状苞片明显宽于叶片；雄花无被，雄蕊通常1枚单生，花药长约1.5 mm，花粉粒成四合体，纹饰颗粒状；雌花具小苞片；孕性雌花柱头条形，长约0.5 mm，花柱长约0.5 mm，子房长0.8～1 mm，纺锤形，子房柄长约4 mm。小坚果椭圆形。

生于水边及池塘、沼泽中。见于槐店乡万河村。

小香蒲的花粉药用，味甘，性平。止血，化瘀，通淋。治吐血、衄血、咯血、崩漏、外伤出血、经闭痛经、脘腹刺痛、跌扑肿痛、血淋涩痛等。

3. 香蒲（东方香蒲、蒲黄）

Typha orientalis Presl.

多年生水生或沼生草本。叶片条形，长40～70 cm，宽0.4～0.9 cm，光滑无毛，上部扁平，下部腹面微凹，叶背逐渐隆起呈凸形，横切面呈半圆形，细胞间隙大，海绵状；叶鞘抱茎。雌雄花序紧密连接；雄花序长2.7～9.2 cm，花序轴具白色弯曲柔毛，自基部向上具1～3枚叶状苞片，花后脱落；雌花序长4.5～15.2 cm，基部具1枚叶状苞片，花后脱落；雄花通常由3枚雄蕊组成，有时2枚，或4枚雄蕊合生，花药长约3 mm，2室，条形，花粉粒单体。小坚果椭圆形。

生于水边及池塘、沼泽中。见于县城官渡河边。

香蒲的花粉药用，味甘、微辛，性平。止血，祛瘀，利尿。治吐血、咳血、衄血、血痢、便血、崩漏、外伤出血、心腹疼痛、产后瘀痛、跌打损伤、血淋涩痛、带下、重舌、口疮、阴下湿痒。

306. 石蒜科Amaryllidaceae

多年生草本，极少数为半灌木、灌木以至乔木状。具鳞茎、根状茎或块茎。叶多数基生，多少呈线形，全缘或有刺状锯齿。花序通常具佛焰苞状总苞，总苞片1至数枚，膜质；花两性，辐射对称或为左右对称；花被片6，2轮；花被管和副花冠存在或不存在。蒴果多数背裂或不整齐开裂，很少为浆果状；种子含有胚乳。光山有7属14种1变种。

1. 葱属Allium L.

植株开花时有叶。有鳞茎。叶基生。花被片分离，伞形花序非球形，花非绿色，无副花冠，子房上位，花丝分离。光山有7种1变种。

1. 洋葱（球葱、圆葱、玉葱、葱头、荷兰葱、香葱）

Allium cepa L.

一年生草本，鳞茎粗大，近球状至扁球状；鳞茎外皮紫红色、褐红色、淡褐红色。叶圆筒状，中空，中部以下最粗，向上渐狭，比花莛短，粗在0.5 cm以上。花莛粗壮，高可达1 m，中空的圆筒状，在中部以下膨大，向上渐狭，下部被叶鞘；总苞2～3裂；伞形花序球状，具多而密集的花；小花梗长约2.5 cm。花粉白色；花被片具绿色中脉，长圆状卵形，长4～5 mm，宽约2 mm；花丝等长，稍长于花被片，约在基部1/5处合生，合生部分下部的1/2与花被片贴生，内轮花丝的基部极为扩大，扩大部分每侧各具1齿，外轮的锥形；子房近球状。

光山有栽培。

洋葱是一种蔬菜，供食用。

2. 火葱

Allium cepa L. var. aggregatum G. Don [A. ascalonicum L.]

多年生草本，植株高30～50 cm。鳞茎聚生，矩圆状卵形、狭卵形或卵状圆柱形；鳞茎外皮红褐色、紫红色、黄红色至黄白色，膜质或薄革质，不破裂。叶为中空的圆筒状，向顶端渐尖，深绿色，常略带白粉。花莛圆柱状，中空，高30～50 cm，中部以下膨大，向顶端渐狭，约在1/3以下被叶鞘；总苞膜质，2裂；伞形花序球状，多花，较疏散；小花梗纤细，与花被片等长，或为其2～3倍长，基部无小苞片；花白色；花被片长6～8.5 mm，近卵形，顶端渐尖，具反折的尖头，外轮的稍短；子房倒卵状。

光山有栽培。

火葱是一种香料或蔬菜供食用。味辛、苦，性温。理气，宽胸，通阳，散结，导滞。治胸痹心痛彻背、脘痞不舒、干呕、泻痢后重、疮疖。

4. 葱（大葱、葱白）

Allium fistulosum L.

一年生草本，鳞茎单生，圆柱状，稀为基部膨大的卵状圆柱形，粗1～2 cm，有时可达4.5 cm；鳞茎外皮白色，稀淡红褐色，膜质至薄革质，不破裂。叶圆筒状，中空，向顶端渐狭，约与花葶等长，粗在0.5 cm以上。花葶圆柱状，中空，高30～70 cm，中部以下膨大，向顶端渐狭，约在1/3以下被叶鞘；总苞膜质，2裂；伞形花序球状，多花，较疏散；小花梗纤细，与花被片等长，或为其2～3倍长，基部无小苞片；花白色；花被片长6～8.5 mm，近卵形，顶端渐尖，具反折的尖头，外轮的稍短；花丝为花被片长度的1.5～2倍；子房倒卵状。

光山有栽培。

葱是一种香料或蔬菜供食用。全草药用，味辛，性温。发汗解表，通阳，利尿。治感冒头痛、鼻塞。外用治小便不利、痈疖肿痛。

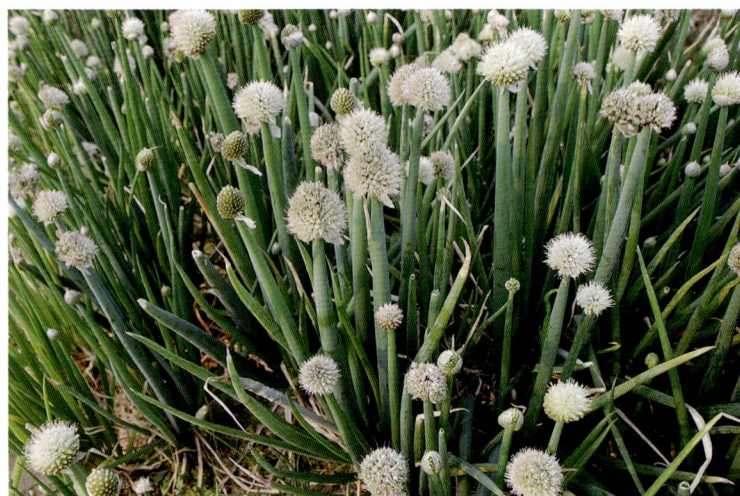

3. 藠头（薤白、藠头、薤）

Allium chinense G. Don

一年生草本，鳞茎数枚聚生，狭卵状，粗(0.5)1～2 cm；鳞茎外皮白色或带红色，膜质，不破裂。叶2～5枚，具3～5棱的圆柱状，中空，近与花葶等长，粗1～3 mm。花葶侧生，圆柱状，高20～40 cm，下部被叶鞘；总苞2裂，比伞形花序短；伞形花序近半球状，较松散；小花梗近等长，比花被片长1～4倍，基部具小苞片；花淡紫色至暗紫色；花被片宽椭圆形至近圆形，顶端钝圆，长4～6 mm，宽3～4 mm，内轮的稍长；花丝等长，约为花被片长的1.5倍，仅基部合生并与花被片贴生，内轮的基部扩大；子房倒卵球状。

光山有栽培。

藠头是一种蔬菜供食用。它的鳞茎可药用，味辛、苦，性温。温中通阳，理气宽胸。治胸痛、胸闷、心绞痛、胁肋刺痛、咳嗽、慢性支气管炎、慢性胃痛、痢疾。

5. 薤白（小根蒜、薤根、野蒜、小蒜、薤白头）

Allium macrostemon Bunge

多年生草本。鳞茎近球形，粗1～2 cm，鳞茎外皮灰黑色，纸质，花葶圆柱形，高30～60 cm，1/4～1/3 具叶鞘。叶3～5枚半圆柱形或条形，中空，叶面具凹槽，长15～30 cm。总苞约为花序的1/2长，宿存；伞形花序半球形或球形，具多而密集的花，间或密聚珠芽或有时全为珠芽；花梗等长，为花被的3～4倍长，基部具苞片；花被宽钟状，红色至粉红色；花被片具1深色脉，长4～5 mm，长圆形至长圆状披针形，钝头；花丝比花被片长1/4～1/3；花柱伸出花被。

生于草坡或草地上。见于县城官渡河边。

薤白是一种蔬菜供食用。它的鳞茎药用，味辛、苦，性温。

通阳散结，行气导滞。治胸痹心痛、心绞痛、胁肋刺痛、咳嗽、慢性支气管炎、慢性胃炎、脘腹痞满胀痛、泻痢后重。

生于山坡、草坡或草地上。见于白雀园镇赛山村。
野韭可供食用。

6. 野韭

Allium ramosum L.

多年生草本。鳞茎近圆柱状；鳞茎外皮暗黄色至黄褐色，破裂成纤维状，网状或近网状。叶三棱状条形，叶背具呈龙骨状隆起的纵棱，中空，比花序短，宽1.5～8 mm，沿叶缘和纵棱具细糙齿或光滑。花葶圆柱状，具纵棱，有时棱不明显，高25～60 cm，下部被叶鞘；总苞单侧开裂至2裂，宿存；伞形花序半球状或近球状，多花；小花梗近等长，比花被片长2～4倍，基部除具小苞片外常在数枚小花梗的基部又为1枚共同的苞片所包围；花白色，稀淡红色，花被片具红色中脉，内轮的矩圆状倒卵形；子房倒圆锥状球形。

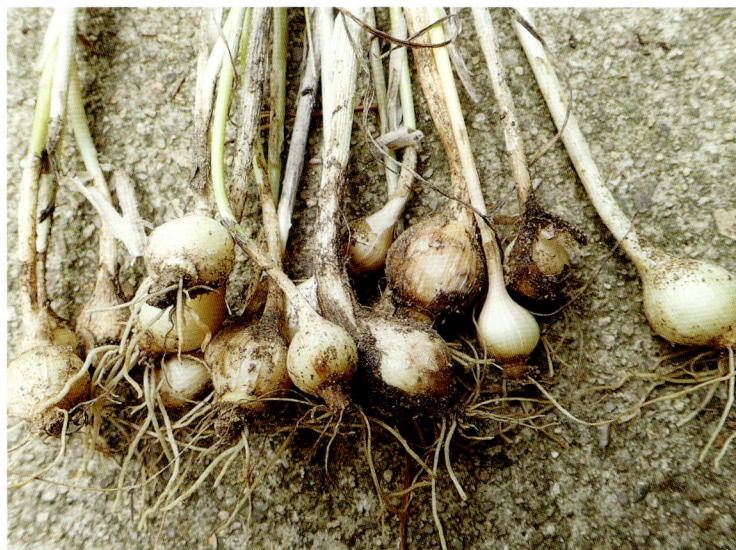

7. 蒜（大蒜）

Allium sativum L.

一年生草本，鳞茎球状至扁球状，通常由多数肉质、瓣状的小鳞茎紧密排列而成，外面被数层白色至带紫色的膜质鳞茎外皮。叶宽条形至条状披针形，扁平，顶端长渐尖，比花葶短，宽可达2.5 cm。花葶实心，圆柱状，高可达60 cm，中部以下被叶鞘；总苞具长7～20 cm的长喙，早落；伞形花序密具珠芽，间有数花；小花梗纤细；小苞片大，卵形，膜质，具短尖；花常为淡红色；花被片披针形至卵状披针形，长3～4 mm，内轮的较短；花丝比花被片短；子房球状；花柱不伸出花被外。

光山有栽培。

蒜是一种蔬菜供食用。它的鳞茎药用，味辛，性温。健胃，止痢，止咳，杀菌，驱虫。预防流行性感冒、流行性脑脊髓膜炎。治肺结核、百日咳、食欲不振、消化不良、细菌性痢疾、阿米巴痢疾、肠炎、蛲虫病、钩虫病。

端微凹，略长于雄蕊；花柱长，稍伸出于花被外。浆果紫红色，宽卵形。

光山有少量栽培。

君子兰是一种盆栽花卉供观赏。

3. 朱顶红属 Hippeastrum Herb.

植株开花时有叶。有鳞茎。叶基生。花茎中空，伞形花序非球形，花大，数朵，无副花冠，子房下位。光山有1种。

1. 朱顶兰（朱顶红）

Hippeastrum rutilum (Ker-Gawl.) Herb.

多年生草本。鳞茎近球形，直径5～7.5 cm，并有匍匐枝。叶6～8枚，花后抽出，鲜绿色，带形，长约30 cm，基部宽约2.5 cm。花茎中空，稍扁，高约40 cm，宽约2 cm，具有白粉；花2～4朵；佛焰苞状总苞片披针形，长约3.5 cm；花梗纤细，长约3.5 cm；花被管绿色，圆筒状，长约2 cm，花被裂片长圆形，顶端尖，长约12 cm，宽约5 cm，洋红色，略带绿色，喉部有小鳞片；雄蕊6枚，长约8 cm，花丝红色，花药线状长圆形，长约6 mm，宽约2 mm；子房长约1.5 cm，花柱长约10 cm，柱头3裂。

光山有少量栽培。

朱顶兰是一种盆栽花卉供观赏。

8. 韭（起阳草、懒人菜、长生韭、壮阳草、扁菜）

Allium tuberosum Rottl. ex Spreng.

多年生草本。具倾斜的横生根状茎。鳞茎簇生，近圆柱状；鳞茎外皮暗黄色至黄褐色，破裂成纤维状，呈网状或近网状。叶条形，扁平，实心，比花葶短，宽1.5～8 mm，边缘平滑。花葶圆柱状，常具2纵棱，高25～60 cm，下部被叶鞘；总苞单侧开裂，或2～3裂，宿存；伞形花序半球状或近球状，具多但较稀疏的花；小花梗近等长，比花被片长2～4倍，基部具小苞片，且数枚小花梗的基部又为1枚共同的苞片所包围；花白色；花被片常具绿色或黄绿色的中脉，内轮的长圆状倒卵形；子房倒圆锥状球形，具3圆棱，外壁具细的疣状突起。

光山有栽培。

韭是一种蔬菜供食用。全草药用，味辛、甘，性温。全株：健胃，提神，止汗固涩。种子：补肾助阳，固精。全株：治噎膈反胃、自汗盗汗；外用治跌打损伤、瘀血肿痛、外伤出血。种子：治阳痿遗精、遗尿、尿频、白带过多。

2. 君子兰属 Clivia Lindl.

植株开花时有叶。无鳞茎。叶排成2列。光山有1种。

1. 君子兰（大花君子兰）

Clivia miniata Regel

多年生草本。茎基部宿存的叶基呈鳞茎状。基生叶质厚，深绿色，具光泽，带状，长30～50 cm，宽3～5 cm，下部渐狭。花茎宽约2 cm；伞形花序有花10～20朵，有时更多；花梗长2.5～5 cm；花直立向上，花被宽漏斗形，鲜红色，内面略带黄色；花被管长约5 mm，外轮花被裂片顶端有微凸头，内轮顶

4. 风信子属 Hyacinthus (Tourn.) L.

多年生草本，鳞茎卵形，有膜质外皮，皮膜颜色与花色成正相关，未开花时形如大蒜。光山有1种。

1. 风信子

Hyacinthus orientalis L.

多年草本，鳞茎卵形，有膜质外皮，皮膜颜色与花色成正相关，未开花时形如大蒜，叶4～9枚，狭披针形，肉质，基生，肥厚，带状披针形，具浅纵沟，绿色有光。花茎肉质，花莛高15～45 cm，中空，端着生总状花序；花10～20朵密生顶部，多横向生长，少有下垂，漏斗形，花色多种，花被筒形，上部4裂，花冠漏斗状，基部花筒较长，裂片5枚。蒴果。

光山有少量栽培。

风信子是一种盆栽花卉供观赏。

5. 石蒜属Lycoris Herb.

多年草本。先花后叶，伞形花序。野生种，光山有2种。

1. 忽地笑（黄花石蒜）

Lycoris aurea (L' Hérit.) Herb.

多年生草本，鳞茎卵形，直径约5 cm。秋季出叶，叶剑形，长约60 cm，最宽处达2.5 cm，向基部渐狭，宽约1.7 cm，顶端渐尖，中间淡色带明显。花茎高约60 cm；总苞片2枚，披针形，长约3.5 cm，宽约0.8 cm；伞形花序有花4～8朵；花黄色；花被裂片背面具淡绿色中肋，倒披针形，长约6 cm，宽约1 cm，强烈反卷和皱缩。花被筒长1.2～1.5 cm；雄蕊略伸出于花被外，比花被长1/6左右，花丝黄色；花柱上部玫瑰红色。蒴果具3棱，室背开裂；种子少数，近球形，直径约7 mm，黑色。

生于阴湿的岩石上或石崖下土壤肥沃的地方。见于殷棚乡牢山林场。

忽地笑的鳞茎药用，味甘、微苦，性温，有毒。解疮毒，润肺止咳。外用治无名肿毒。黄花石蒜是提取加兰他敏(治小儿麻痹症)的原料。

2. 石蒜（红花石蒜）

Lycoris radiata (L' Hérit.) Herb.

多年生草本，鳞茎近球形，直径1～3 cm。秋季出叶，叶狭带状，长约15 cm，宽约0.5 cm，顶端钝，深绿色，中间有粉绿色带。花茎高约30 cm；总苞片2枚，披针形，长约3.5 cm，宽约5 mm；伞形花序有花4～7朵，花鲜红色；花被裂片狭倒披针形，长约3 cm，宽约5 mm，强烈皱缩和反卷，花被筒绿色，长约5 mm；雄蕊显著伸出于花被外，比花被长1倍左右。蒴果，种子近球形，黑色。

生于河旁草丛中及山顶石崖下土壤较肥沃之地。见于南向店乡董湾村。

石蒜的鳞茎药用，味辛、甘，性温，有毒。消肿，杀虫。外用治淋巴结结核、疔疮疖肿、风湿关节痛、蛇咬伤；鲜鳞茎捣敷涌泉穴或脐部可消水肿。

6. 水仙属Narcissus L.

植株开花时有叶。有鳞茎。叶基生。伞形花序非球形，花大，数朵，有副花冠。光山有1变种。

1. 水仙（水仙花）

Narcissus tazetta L. var. **chinensis** Roem.

多年生草本，鳞茎卵球形。叶宽线形，扁平，长20～40 cm，宽8～15 mm，钝头，全缘，粉绿色。花茎几与叶等长；伞形花序有花4～8朵；佛焰苞状总苞膜质；花梗长短不一；花被管细，灰绿色，近三棱形，长约2 cm，花被裂片6枚，卵圆形至阔椭圆形，顶端具短尖头，扩展，白色，芳香；副花冠浅杯状，淡黄色，不皱缩，长不及花被的一半；雄蕊6枚，着生于花被管内，花药基着；子房3室，每室有胚珠多数，花柱细长，柱头3裂。蒴果室背开裂。

光山有少量栽培。

水仙是一种盆栽花卉供观赏。

7. 葱莲属Zephyranthes Herb.

植株矮小，花单生于花茎顶端。光山有1种。

1. 葱莲（玉帘、葱兰）

Zephyranthes candida (Lindl.) Herb.

多年生草本。鳞茎卵形，直径约2.5 cm，具有明显的颈部，颈长2.5～5 cm。叶狭线形，肥厚，亮绿色，长20～30 cm，宽2～4 mm。花茎中空；花单生于花茎顶端，下有带褐红色的佛焰苞状总苞，总苞片顶端2裂；花梗长约1 cm；花白色，外面常带淡红色；几无花被管，花被片6，长3～5 cm，顶端钝或具短尖头，宽约1 cm，近喉部常有很小的鳞片；雄蕊6枚，长约为花被的1/2；花柱细长，柱头不明显3裂。蒴果近球形，直径约1.2 cm，3瓣开裂；种子黑色，扁平。

光山有少量栽培。

葱莲是一种盆栽花卉供观赏。

307. 鸢尾科Iridaceae

草本。地下部分通常具根状茎、球茎或鳞茎。叶多基生，少为互生、条形、剑形或为丝状，基部成鞘状，互相套叠，具平行脉。花两性，辐射对称，稀左右对称，单生、数朵簇生或多花排列成总状、穗状、聚伞及圆锥花序；花或几花序下有1至多个草质或膜质的苞片，簇生、对生、互生或单一；花被裂片6，两轮排列，内轮裂片与外轮裂片同形等大或不等大，花被管通常为丝状或喇叭形。蒴果，成熟时室背开裂。光山有2属3种。

1. 射干属Belamcanda Adans.

地下茎为根状茎。花橙红色，花被管极短，花柱分枝圆柱形，不呈花瓣状。光山有1种。

1. 射干（射干鸢尾）

Belamcanda chinensis (L.) DC.

多年生草本。根状茎为不规则的块状。叶互生，嵌叠状排列，剑形，长20～60 cm，宽2～4 cm，基部鞘状抱茎，顶端渐尖。花序顶生，叉状分枝，每分枝的顶端聚生有数朵花；花梗细，长约1.5 cm；花梗及花序的分枝处均包有膜质的苞片，苞片披针形或卵圆形；花橙红色，散生紫褐色的斑点，直径4～5 cm；花被裂片6，2轮排列，外轮花被裂片倒卵形或长椭圆形，长约2.5 cm，宽约1 cm，顶端钝圆或微凹，内轮较外轮花被裂片略短而狭；雄蕊3，长1.8～2 cm，花药条形，外向开裂，花丝近圆柱形；花柱上部稍扁，顶端3裂，裂片边缘略向外卷，子房下位，倒卵形，3室，中轴胎座，胚珠多数。蒴果倒卵形。

见于干山坡、草甸草原及向阳草地等处。见于白雀园镇赛山村、南向店乡。

射干的根状茎药用，味苦，性寒；有小毒。清热解毒，祛痰利咽。治咽喉肿痛、痰咳气喘、痰涎阻塞、乳蛾、疟腮红肿、牙根肿烂、便秘、闭经、跌打损伤、水田皮炎等。

2. 鸢尾属Iris L.

地下茎为根状茎，叶坚韧，革质。花非橙红色，花被管明显，花丝与花柱基部合生，花柱分枝花瓣状。光山有2种。

1. 鸢尾（蓝蝴蝶、土知母）

Iris tectorum Maxim.

多年生草本，植株基部有残留的叶鞘及纤维。根状茎粗壮，二歧分枝，直径约1 cm。叶基生，宽剑形，长15～50 cm，宽1.5～3.5 cm，基部鞘状。花茎高20～40 cm，顶部有1～2个短侧枝，中下部有1～2枚茎生叶；苞片披针形或长卵圆形，长5～7.5 cm，宽2～2.5 cm，内含1～2朵花；花蓝紫色，直径约10 cm；花被管长约3 cm，上端膨大成喇叭形；花柱分枝扁平，淡蓝色，长约3.5 cm，顶端裂片近四方形；子房纺锤状圆柱形，长1.8～2 cm。蒴果长椭圆形或倒卵形，长4.5～6 cm，直径2～2.5 cm，成熟时自上而下3瓣裂；种子黑褐色。

生于向阳坡地、林缘及水边湿地。见于南向店乡王母观。

鸢尾的根状茎药用，味苦、辛，性平，有小毒。活血祛瘀，祛风利湿，解毒，消积。治跌打损伤、风湿疼痛、咽喉肿痛、食积腹胀、疟疾、痈疖肿毒、外伤出血等。

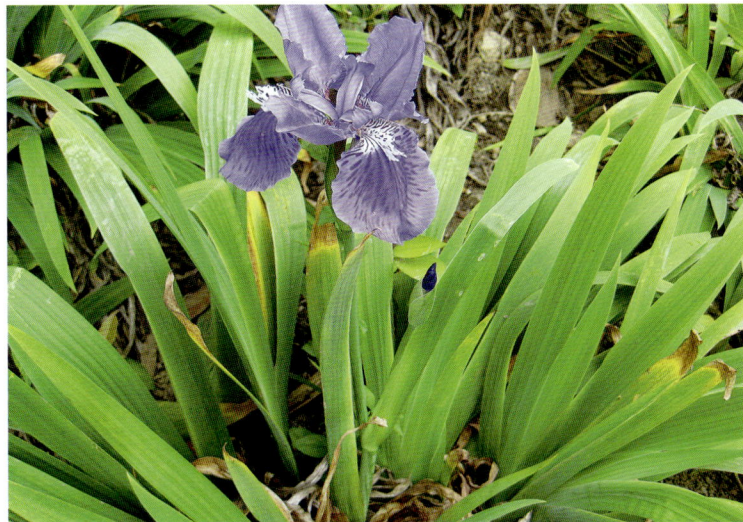

2. 小花鸢尾（亮紫鸢尾、八棱麻）

Iris speculatrix Hance

多年生草本。根状茎二歧状分枝，斜伸，棕褐色；根较粗壮，少分枝。叶略弯曲，暗绿色，剑形或条形，长约15～30 cm，宽0.6～1.2 cm，顶端渐尖，基部鞘状。花茎光滑，高20～25 cm，有1～2枚茎生叶；苞片2～3枚，狭披针形，长5.5～7.5 cm，包含1～2朵花；花蓝紫色或淡蓝色，直径5.6～6 cm；花被管粗短，长约5 mm，外花被裂片匙形，长约3.5 cm，宽约9 mm，有深紫色的环形斑纹，中脉上有鲜黄色的鸡冠状附属物；雄蕊长约1.2 cm，花药白色；花柱分枝扁平，长约2.5 cm，宽约7 mm；子房纺锤形，绿色，长1.6～2 cm，直径约5 mm。蒴果椭圆形。

生于山谷、山地、路旁、林缘或疏林下。见于殷棚乡牢山林场。

小花鸢尾的根状茎药用，味辛、苦，性寒，有小毒。化瘀消积，行水，解毒。治食滞腹胀、症瘕积聚、跌打损伤、痔漏、痈肿疔毒。

311. 薯蓣科Dioscoreaceae

缠绕草质或木质藤本，少数为矮小草本。地下部分为根状茎或块茎。茎左旋或右旋，有毛或无毛，有刺或无刺。叶互生，有时中部以上对生。花单性或两性，雌雄异株，很少同株。花单生、簇生或排列成穗状、总状或圆锥花序；退化子房有或无；雌花花被片和雄花相似。果实为蒴果、浆果或翅果，蒴果三棱形。光山有1属2种。

1. 薯蓣属Dioscorea L.

缠绕藤本。有根状茎或块茎。单叶或掌状复叶，互生，有时中部以上对生，基出脉3～9，侧脉网状。叶腋内有珠芽或无。花单性，雌雄异株，稀同株。蒴果三棱形，每棱翅状。光山有2种。

1. 黄独（黄药子、零余薯、金线吊虾蟆）

Dioscorea bulbifera L.

缠绕草质藤本。茎左旋，浅绿色稍带红紫色，光滑无毛。叶腋内有紫棕色、球形或卵圆形珠芽，大小不一，最重者可达300克，表面有圆形斑点。单叶互生；叶片宽卵状心形或卵状心形，长15～26cm，宽2～14cm，顶端尾状渐尖，边缘全缘或微波状，两面无毛。雄花序穗状，下垂，常数个丛生于叶腋，有时分枝呈圆锥状；雄花单生，密集，基部有卵形苞片2枚；花被片披针形，新鲜时紫色；雄蕊6枚，着生于花被基部，花丝与花药近等长。雌花序与雄花序相似，常2至数个丛生叶腋，长20～50 cm；退化雄蕊6枚，长仅为花被片1/4。蒴果反折下垂，三棱状长圆形。

生于山谷阴沟或林缘。

黄独的块茎药用，味苦、辛，性凉，有小毒。解毒消肿，化痰散结，凉血止血。治甲状腺肿大、淋巴结结核、咽喉肿痛、吐血、咯血、百日咳、癌肿。外用治疮疖。

2. 薯蓣（山药、淮山）

Dioscorea polystachya Turcz.

缠绕草质藤本。单叶，在茎下部的互生，中部以上的对生，稀3叶轮生；叶片变异大，卵状三角形至宽卵形或戟形，长3～9 cm，宽2～7 cm，顶端渐尖，基部深心形、宽心形或近截形，边缘常3浅裂至3深裂，中裂片卵状椭圆形至披针形，侧裂片耳状，圆形、近方形至长圆形；幼苗时一般叶片为宽卵形或卵圆形，基部深心形。叶腋内常有珠芽。雌雄异株。雄花序为穗状花序，长2～8 cm，近直立，2～8个着生于叶腋，偶而呈圆锥状排列；花序轴明显地呈"之"字状曲折；苞片和花被片有紫褐色斑点。蒴果不反折，三棱状扁圆形。

生于山谷林缘或灌丛中或部分地区栽培。见于县城官渡河公园、殷棚乡牢山林场。

薯蓣的块茎药用，味甘、性平。健脾止泻，补肺益肾。治脾虚久泻、慢性肠炎、肺虚喘咳、慢性肾炎、糖尿病、遗精、遗尿、白带。

313. 龙舌兰科 Agavaceae

多年生草本。茎短或极发达，有根状茎。单叶互生，聚生于茎顶端或茎基部，常厚而肉质，边全缘或有刺状锯齿。花两性或单性，辐射对称或两侧对称，排成总状花序或圆锥花序，分枝常托以苞片；花被片6枚，2轮，花瓣状，分离或连合成短管。蒴果或浆果。光山有2属2种。

1. 朱蕉属 Cordyline Comm. ex Juss.

茎常不分枝。叶顶端无硬刺。花小，花被片长约1 cm，合生，子房上位，胚珠多数。光山有1种。

1. 朱蕉（铁树、红铁树）

Cordyline fruticosa (L.) A. Cheval.

灌木状，直立，高1～3 m。茎粗1～3 cm，有时稍分枝。叶聚生于茎或枝的上端，长圆形至长圆状披针形，长25～50 cm，宽5～10 cm，绿色或带紫红色，叶柄有槽，长10～30 cm，基部变宽，抱茎。圆锥花序长30～60 cm，侧枝基部有大的苞片，每朵花有3枚苞片；花淡红色、青紫色至黄色，长约1 cm；花梗通常很短，较少长达3～4 mm；外轮花被片下半部紧贴内轮而形成花被筒，上半部在盛开时外弯或反折；雄蕊生于筒的喉部，稍短于花被；花柱细长。

光山有少量栽培。

朱蕉美丽，常栽培供观赏。

2. 龙血树属 Dracaena Vand. ex L.

灌木，茎有时分枝。叶顶端无硬刺。花小，花被片长约1 cm，合生，子房上位，胚珠1颗。

1. 富贵竹

Dracaena sanderiana Sander ex M. T. Mast.

灌木，根状茎横走，结节；植株直立，细长，上部有分枝。叶互生或近对生，长披针形，有明显主脉，叶片浓绿色。伞形花序有花3～10朵生于叶腋或与上部叶对生，花冠钟状，紫色。

光山有少量栽培。

富贵竹美丽，常栽培供观赏。

314. 棕榈科 Palmae

灌木、藤本或乔木，茎常不分枝，单生或几丛生，表面平滑或粗糙，或有刺，或被残存老叶柄的基部或叶痕，稀被短柔毛。叶互生，在芽时折叠，羽状或掌状分裂，稀为全缘或近全缘；叶柄基部通常扩大成具纤维的鞘。花小，单性或两性，雌雄同株或异株，有时杂性。果实为核果或硬浆果，1～3室或具1～3个心皮；果皮光滑或有毛、刺、粗糙或被以覆瓦状鳞片。光山有2属2种。

1. 棕竹属 Rhapis L. f. ex Ait.

灌木状，叶掌状分裂，叶柄细长，两侧无刺，叶柄腹面平，叶鞘纤维多而细密，包茎，顶端与叶片连接处有小戟突。花单性。光山有1种。

1. 棕竹（筋头竹、观音竹、虎散竹）

Rhapis excelsa (Thunb.) Henry ex Rehd.

丛生灌木。叶掌状深裂，裂片4～10片，不均等，具2～5条肋脉，在基部（即叶柄顶端）1～4 cm处连合，长20～32 cm或更长，宽1.5～5 cm，宽线形或线状椭圆形，顶端宽，截状而具多对稍深裂的小裂片，边缘及肋脉上具稍锐利的锯齿，横小脉多而明显；叶柄两面凸起或上面稍平坦，边缘微粗糙，宽约4 mm，顶端的小戟突略呈半圆形或钝三角形，被毛。花序长约

30 cm，总花序梗及分枝花序基部各有1枚佛焰苞包着，密被褐色弯卷绒毛；2～3个分枝花序，其上有1～2次分枝小花穗，花枝近无毛，花螺旋状着生于小花枝上；雌花短而粗，长4 mm。果实球状倒卵形。

光山有少量栽培。

棕竹美丽，常栽培供观赏。

2. 棕榈属Trachycarpus H. Wendl.

乔木状，叶掌状分裂，叶柄粗壮，两侧无刺，叶柄腹面平，叶鞘纤维多而细密，包茎，顶端与叶片连接处有小戟突。花单性。光山有1种。

1. 棕榈（棕树）

Trachycarpus fortunei (Hook.) H. Wendl.

乔木状，茎被不易脱落的老叶柄基部和密集的网状纤维。叶片呈3/4圆形或者近圆形，深裂成30～50片具皱折的线状剑形、宽约2.5～4 cm、长60～70 cm的裂片，裂片顶端具短2裂或2齿，硬挺甚至顶端下垂；叶柄长75～80 cm或甚至更长，两侧具细圆齿，顶端有明显的戟突。花序粗壮，多次分枝，从叶腋抽出，通常是雌雄异株。雄花序长约40 cm，具有2～3个分枝花序，下部的分枝花序长15～17 cm，一般只二回分枝；雄花无梗，每2～3朵密集着生于小穗轴上，也有单生的；黄绿色，卵球形，钝三棱；花萼3片，卵状急尖，几分离，花冠约2倍长于花萼，花瓣阔卵形。果实阔肾形。

光山有少量栽培。

棕榈是优良的纤维植物，它的叶鞘纤维、根、果实可药用，味苦、涩，性平。收敛止血。治鼻衄、吐血、便血、功能性子宫出血、带下。

326. 兰科Orchidaceae

草本，极罕为攀缘藤本；地生与腐生种类常有块茎或肥厚的根状茎，附生种类常有由茎的一部分膨大而成的肉质假鳞茎。叶基生或茎生。花莛或花序顶生或侧生；花常排列成总状花序或圆锥花序，两性，通常两侧对称；花被片6，2轮；萼片离生或不同程度的合生；中央1枚花瓣的形态常有较大的特化，明显不同于2枚侧生花瓣，称唇瓣，唇瓣由于花作180°扭转或90°弯曲，常处于下方；蕊柱基部有时向前下方延伸成足状，称蕊柱足，此时2枚侧萼片基部常着生于蕊柱足上，形成囊状结构，称萼囊。果实通常为蒴果，较少呈荚果状。光山有1属4种。

1. 兰属Cymbidium Sw.

地生或附生植物，植物合轴生长。叶多枚。唇瓣无囊，无距，花粉团2个，附着于黏盘上，无团柄。光山有4种。

1. 建兰（兰草）

Cymbidium ensifolium (L.) Sw.

多年生草本。叶2～6枚，带形，有光泽，长30～60 cm，宽1～1.5 cm，前部边缘有时有细齿，关节位于距基部2～4 cm处。花莛从假鳞茎基部发出，直立，长20～35 cm，一般短于叶；总状花序具3～9(13)朵花；花苞片除最下面的1枚长可达1.5～2 cm外，其余的长5～8 mm；花梗和子房长2～2.5 cm；花常有香气，色泽变化较大，常为浅黄绿色而具紫斑；萼片近狭长圆形或狭椭圆形，长2.3～2.8 cm，宽5～8 mm；侧萼片常向下斜展；花瓣狭椭圆形或狭卵状椭圆形，长1.5～2.4 cm，宽5～8 mm，近平展；唇瓣近卵形。蒴果狭椭圆形。

光山有少量栽培。

建兰的花非常幽香，常盆栽培供观赏。

2. 蕙兰（九子兰、九节兰）

Cymbidium faberi Rolfe

多年生草本。叶5～8枚，带形，直立性强，长25～80 cm，宽7～12 mm，基部常对折，叶脉透亮，边缘常有粗锯齿。花莛从叶丛基部最外面的叶腋抽出，近直立或稍外弯，长35～50 cm，被多枚长鞘；总状花序具5～11朵花；花苞片线状披针形；花浅黄绿色，唇瓣有紫红色斑，有香气；萼片近披针状长圆形或狭倒卵形，长2.5～3.5cm，宽6～8mm；花瓣与萼片相似；唇瓣长圆状卵形，长2～2.5cm，3裂；唇盘上2条纵褶片从基部上方延伸至中裂片基部，上端向内倾斜并汇合，多少形成短管；蕊柱长1.2～1.6cm，稍向前弯曲，两侧有狭翅；花粉团4个，成2对，宽卵形。蒴果近狭椭圆形。

生于山地林下。

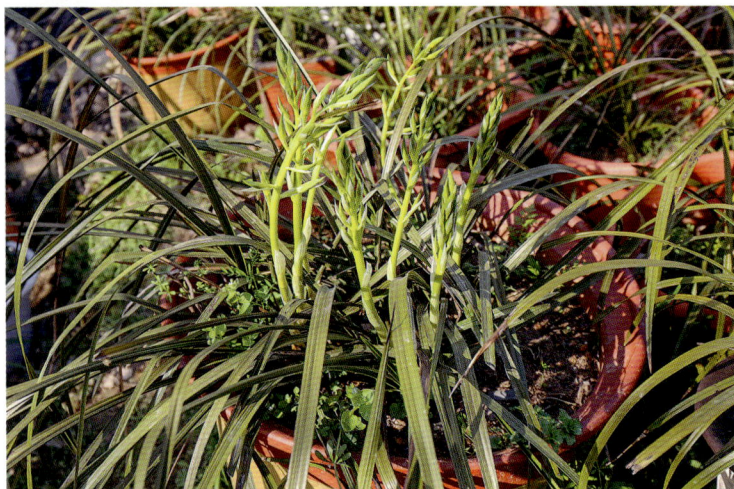

3. 春兰（兰草、山兰）

Cymbidium goeringii (Rchb. f.) Rchb. f.

多年生草本。叶4～7枚，带形，常较短小，长20～40cm，宽5～9mm，下部常多少对折而呈"V"形，边缘无齿或具细齿。花莛从假鳞茎基部外侧叶腋中抽出，直立，长3～15(20)cm，明显短于叶；花序具单朵花，极罕2朵；花苞片长而宽，一般长4～5cm，多少围抱子房；花梗和子房长2～4cm；花色泽变化较大，常为绿色或淡褐黄色而有紫褐色脉纹，有香气；萼片近长圆形至长圆状倒卵形，长2.5～4cm，宽8～12mm；花瓣倒卵状椭圆形至长圆状卵形，长1.7～3cm，与萼片近等宽，展开或多少围抱蕊柱；唇瓣近卵形，长1.4～2.8cm，不明显3裂；侧裂片直立。蒴果狭椭圆形。

光山有少量栽培。

春兰的花非常幽香，常盆栽培供观赏。

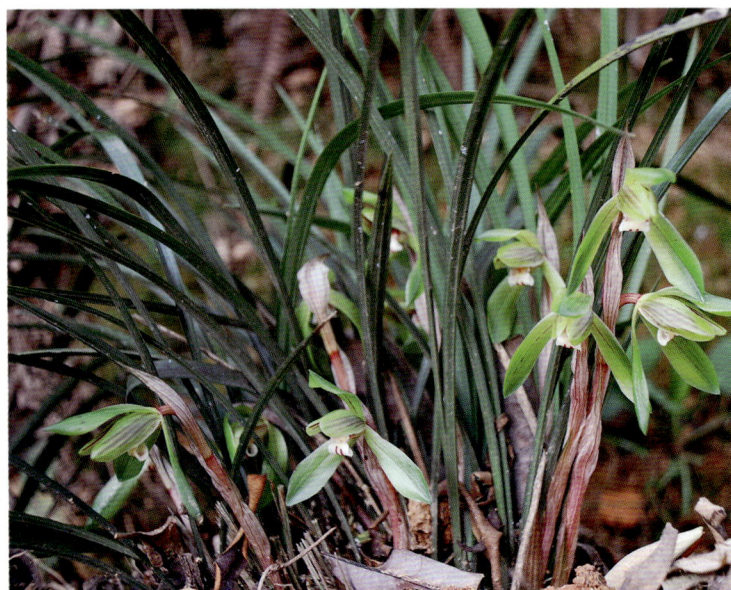

4. 墨兰（报春兰、丰岁兰）

Cymbidium sinense (Jackson ex Andr.) Willd.

多年生草本。叶3～5枚，带形，近薄革质，暗绿色，长45～80(110)cm，宽(1.5)2～3cm，有光泽，关节位于距基部

3.5～7cm处。花莛从假鳞茎基部发出，直立，较粗壮，长50～90cm，一般略长于叶；总状花序具10～20朵或更多的花；花苞片除最下面的1枚长于1cm外，其余的长4～8mm；花梗和子房长2～2.5cm；花的色泽变化较大，较常为暗紫色或紫褐色而具浅色唇瓣，也有黄绿色、桃红色或白色的，一般有较浓的香气；萼片狭长圆形或狭椭圆形，长2.2～3(3.5)cm，宽5～7mm；花瓣近狭卵形，长2～2.7cm，宽6～10mm；唇瓣近卵状长圆形，宽1.7～2.5cm，不明显3裂。蒴果狭椭圆形。

光山有少量栽培。

墨兰的花非常幽香，常盆栽培供观赏。

327. 灯心草科 Juncaceae

草本，稀灌木状。茎丛生。叶全部基生成丛而无茎生叶，或具茎生叶数片，常排成3列，稀为2列；叶鞘开放或闭合。花序圆锥状、聚伞状或头状，顶生、腋生或有时假侧生；花单生或集生成穗状或头状，头状花序往往再组成圆锥、总状、伞状或伞房状等各式复花序。果实通常为室背开裂的蒴果。光山有2属4种。

1. 灯心草属 Juncus L.

叶片边缘无毛；叶鞘开放，边缘稍膜质，有叶耳或无；花有小苞片或缺；蒴果1室或3室，具多数种子。光山有3种。

1. 小灯心草

Juncus bufonius L.

一年生草本。茎丛生，细弱，直立或斜升，有时稍下弯，基部常红褐色。叶基生和茎生；茎生叶常1枚；叶片线形，扁平，长1～13cm，宽约1mm，顶端尖；叶鞘具膜质边缘，无叶耳。花序呈二歧聚伞状，或排列成圆锥状，生于茎顶，花序分枝细弱而微弯；叶状总苞片长1～9cm；花排列疏松，很少密集，具花梗和小苞片；小苞片2～3枚，三角状卵形，膜质，长1.3～2.5mm，宽1.2～2.2mm；花被片披针形，外轮者长3.2～6mm，宽1～1.8mm，背部中间绿色，边缘宽膜质，白色，顶端锐尖，内轮者稍短，顶端稍尖；雄蕊6枚，长为花被的1/3～1/2；花药长圆形，淡黄色；花丝丝状；雌蕊具短花柱；柱头3，外向弯曲，长0.5～0.8mm。蒴果三棱状椭圆形。

生于湿草地、湖岸、河边、沼泽地等处。见于县城官渡河边。

小灯心草的茎髓药用，清热，祛水利湿，通淋，利尿，止血。治热证小便水利、淋漓涩痛、心热烦躁、小儿夜啼、惊痫。

3. 笄石菖（江南灯心草、水茅草）

Juncus prismatocarpus R. Br.[*Juncus leschenaultii* Gay]

多年生草本。茎丛生，直立或斜上，有时平卧，圆柱形，或稍扁，直径1～3 mm，下部节上有时生不定根。叶基生和茎生，短于花序；基生叶少；茎生叶2～4枚；叶片线形通常扁平，长10～25 cm，宽2～4 mm，顶端渐尖，具不完全横隔，绿色；叶鞘边缘膜质，长2～10 cm，有时带红褐色；叶耳稍钝。花序由5～20(30)个头状花序组成，排列成顶生复聚伞花序，花序常分枝，具长短不等的花序梗；头状花序半球形至近圆球形，直径7～10 mm，有(4)8～15(20)朵花；叶状总苞片常1枚，线形，短于花序；苞片多枚，宽卵形或卵状披针形，长2～2.5 mm，顶端锐尖或尾尖，膜质，背部中央有1脉。蒴果三棱状圆锥形。

生于湿草地、湖岸、河边、沼泽地等处。见于县城官渡河边。

笄石菖全草药用，味淡、甘，性平。降心火，清肺热，利小便。治小便不利、尿血、淋沥水肿、心烦不寐、咽喉炎、急性胃肠炎、肝炎、沁尿系炎症、小儿夜啼。

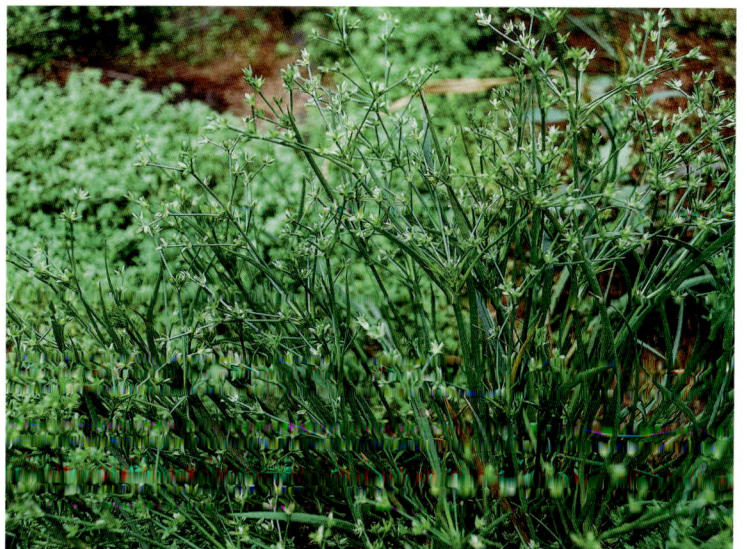

2. 地杨梅属Luzula DC.

叶片边缘多少具缘毛；叶鞘闭合，无叶耳；花有小苞片；蒴果1室，具3颗种子。光山有1种。

1. 多花地杨梅

Luzula multiflora (Retz.) Lej.

多年生草本。茎直立，密丛生，圆柱形，直径0.6～1 mm，具纵沟纹，绿色。叶基生和茎生；基生叶丛生茎基部，下面

2. 灯心草（秧草、水灯心）

Juncus effusus L.

多年生草本。茎丛生，直立，圆柱型，淡绿色，具纵条纹，直径1～4 mm，茎内充满白色的髓心。叶全部为低山叶，呈鞘状或鳞片状，包围在茎的基部，长1～22 cm，基部红褐至黑褐色；叶片退化为刺芒状。聚伞花序假侧生，含多花，排列紧密或疏散；总苞片圆柱形，生于顶端，似茎的延伸，直立，长5～28 cm，顶端尖锐；小苞片2枚，宽卵形，膜质，顶端尖；花淡绿色；花被片线状披针形，长2～12.7 mm，宽约0.8 mm，顶端锐尖，背脊增厚突出，黄绿色，边缘膜质，外轮者稍长于内轮；雄蕊3枚，长约为花被片的2/3；花药长圆形，黄色，长约0.7 mm，稍短于花丝；雌蕊具3室子房；花柱极短；柱头3分叉，长约1 mm。蒴果长圆形。

生于湿草地、湖岸、河边、沼泽地等处。见于县城官渡河边。

心草的茎髓药用，味甘、淡，性凉。清心火，利小便。治心烦口渴、口舌生疮、尿路感染、小便不利、疟疾。

几片花期常干枯而宿存；茎生叶1～3枚，线状披针形，长4～11 cm，宽1.5～3.5 mm；叶片扁平，顶端钝圆加厚成胼胝状，边缘具白色丝状长毛；叶鞘闭合紧包茎，鞘口部密生丝状长毛。花序由5～9个头状花序排列成近伞形的顶生聚伞花序；花序分枝近辐射状，各头状花序具长短不等的花序梗，惟中央1枝具短梗；叶状总苞片线状披针形，长2～5 cm；头状花序半球形，直径4～7 mm，含3～8朵花；花下具2枚膜质小苞片。蒴果三棱状倒卵形。

生于湿草地、湖岸、河边、沼泽地等处。见于白雀园镇赛山村、泼陂河镇东岳寺村。

331. 莎草科Cyperaceae

草本，较少为一年生；多数具根状茎少有兼具块茎。大多数具有三棱形的秆。叶基生和秆生，一般具闭合的叶鞘和狭长的叶片，或有时仅有鞘而无叶片。花序多种多样，有穗状花序、总状花序、圆锥花序、头状花序或长侧枝聚伞花序；小穗单生，簇生或排列成穗状或头状，具2至多数花，或退化至仅具1花；花两性或单性，雌雄同株，少有雌雄异株。果实为小坚果，三棱形，双凸状，平凸状，或球形。光山有9属30种。

1. 球柱草属Bulbostylis Kunth

叶正常，或退化仅存叶鞘，小穗排成侧枝聚伞花序，小穗上的鳞片螺旋状排列，小穗有多数结实的两性花，花被退化，无下位刚毛，花两性，花柱基部小球状或盘状，宿存，与子房连接处有关节或缢缩。光山有2种。

1. 球柱草（牛毛草、土毛草）

Bulbostylis barbata (Rottb.) Kunth.

一年生草本。秆丛生。叶纸质，极细，线形，长4～8 cm，宽0.4～0.8 mm，全缘，边缘微外卷，顶端渐尖，叶背叶脉间疏被微柔毛；叶鞘薄膜质，边缘具白色长柔毛状缘毛，顶端部分毛较长。苞片2～3枚，极细，线形，边缘外卷，背面疏被微柔毛，长1～2.5 cm或较短；长侧枝聚散花序头状，具密聚的无柄小穗3至数个；小穗披针形或卵状披针形，长3～6.5 mm，宽1～1.5 mm，基部钝或几圆形，顶端急尖，具7～13朵花；鳞片膜质，卵形或近宽卵形，长1.5～2 mm，宽1～1.5 mm，棕色或黄绿色，顶端有向外弯的短尖。小坚果倒卵形。

生于海边沙地或河滩沙地上，有时亦生于田边湿地上。见于白雀园镇大尖山。

球柱草全草药用，味苦，性寒。凉血止血。治吐血、内脏出血等症。

2. 丝叶球柱草

Bulbostylis densa (Wall.) Hand.-Mazz.

一年生草本。秆丛生，细。叶纸质，线形，长5～10 cm，宽0.5 mm，有时长达13 cm，细而多，全缘，边缘微外卷，顶端渐尖，叶背叶脉间疏被微柔毛；叶鞘薄膜质，仅顶端具长柔毛。苞片2～3枚，线形，很细，基部膜质，顶端渐尖，全缘，边缘微外卷，背面疏被微柔毛，长0.8～1.5 cm或较短；长侧枝聚伞花序简单或近复出，具1个稀为2～3个散生小穗；顶生小穗无柄，长圆状卵形或卵形，长3～6 mm，罕8～9 mm，宽1.5 mm，基部近圆形，顶端急尖，具7～17朵花或更多；鳞片膜质，卵形或近宽卵形，长1.5～2 mm，宽1～1.5 mm，褐色。小坚果倒卵形。

生于海边沙地或河滩沙地上，有时亦生于田边湿地上。

2. 薹草属Carex L.

花单性。雌花被先出叶所形成的果囊包裹。光山有7种。

1. 卷柱头薹草
Carex bostrychostigma Maxim.

秆密丛生，高20～50 cm，稍细弱，钝三棱形，平滑。叶短于秆或有的几与秆等长，宽3～4 mm，平张，上面两侧脉、叶背中脉及边缘均粗糙，具鞘，鞘口下部常为干膜质。苞片下面的1～2个为叶状。小穗5～8个，单生于苞片鞘内，顶生小穗为雄小穗，线状圆柱形，长2～4 cm，具细的小穗柄；侧生小穗为雌小穗，间距长可达6 cm，近顶端较短，狭圆柱形，长2～4 cm，具多数疏生的花，小穗柄细而较短，常包于苞片鞘内；雄花鳞片披针状长圆形，顶端钝圆或急尖，长5～5.5 mm，膜质，淡黄色，具宽的白色半透明的边，背面具1条中脉；雌花鳞片卵状披针形，顶端急尖，长4.5～5 mm，膜质，淡褐黄色，具宽的白色半透明的边，背面具3条脉，两侧脉不很明显，中脉上粗糙。果囊近于直立。小坚果紧包于果囊内。

生于山坡草地、路边及山谷沟边等处。见于南向店乡董湾村。

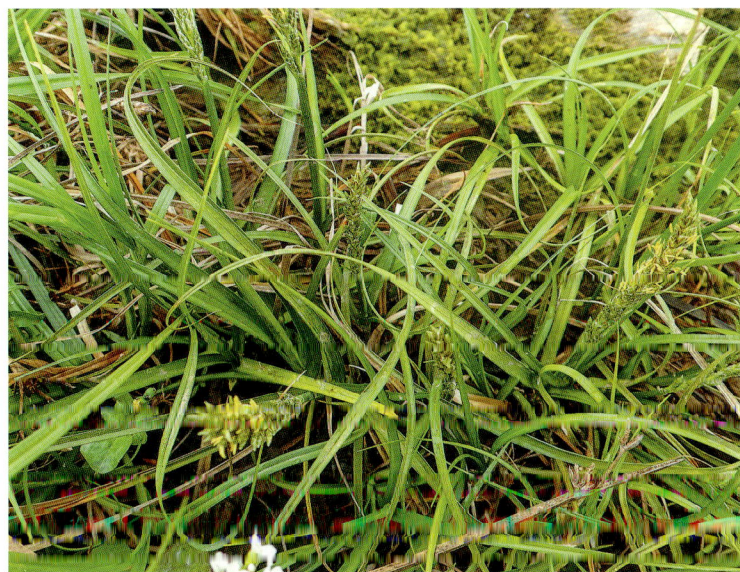

2. 青绿薹草（等穗苔草、青菅）
Carex breviculmis R. Br.[*C. leucochlora* Bunge; *C. royleana* Nees]

多年生草本。叶短于秆，宽2～5 mm。苞片最下部的叶状，长于花序，具短鞘，鞘长1.5～2 mm。小穗2～5个，顶生小穗雄性，长圆形，长1～1.5 cm，宽2～3 mm，近无柄，紧靠近其下面的雌小穗；侧生小穗雌性，长圆形或长圆状卵形，少有圆柱形，长0.6～2 cm，宽3～4 mm，具稍密生的花，无柄或最下部的具长2～3 mm的短柄。雄花鳞片倒卵状长圆形，顶端渐尖，具短尖，膜质，黄白色，背面中间绿色；雌花鳞片长圆形，倒

卵状长圆形，顶端截形或圆形，长2～2.5 mm(不包括芒)，宽约1.2～2 mm，膜质，苍白色，背面中间绿色，具3条脉，向顶端延伸成长芒，芒长2～3.5 mm。果囊倒卵形，钝三棱形。

生于山坡草地、路边及山谷沟边等处。

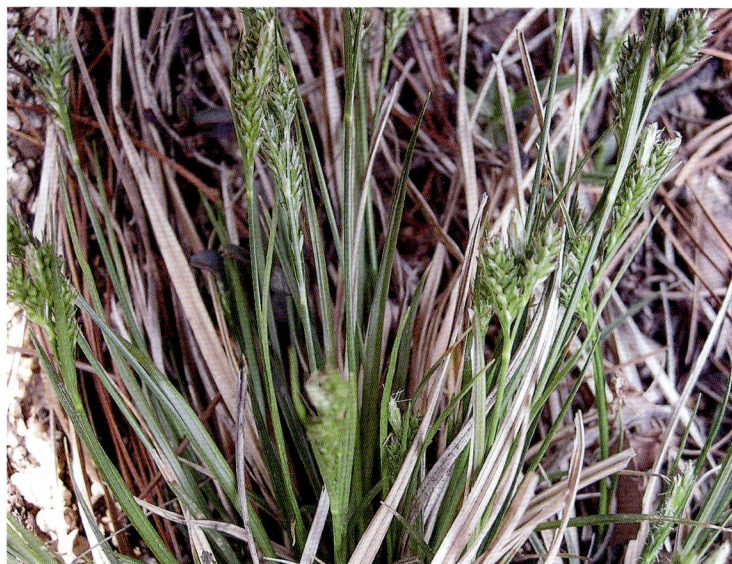

3. 粟褐薹草（褐果苔草）
Carex brunnea Thunb.[*C. megacarpa* Koyama]

多年生草本。叶长于或短于秆，宽2～3 mm，下部对折，向上渐成平展，两面及边缘均粗糙，具鞘；鞘短，一般不超过5 cm，常在膜质部分开裂。苞片下面的叶状，上面的刚毛状，具鞘；鞘长7～20 mm，褐绿色。小穗几个至10几个，常1～2个出自同一苞片鞘内，多数不分枝，排列稀疏，间距最长可达10余厘米，全部为雄雌顺序，雄花部分较雌花部分短很多，圆柱形，长1.5～3 cm，具多数密生的花，具柄；柄下部的长，向上面的渐短。雄花鳞片卵形或狭卵形，长约3 mm，顶端急尖，膜质，黄褐色，背面具1条脉；雌花鳞片卵形，长约2.5 mm。小坚果紧包于果囊内，近圆形。

生于山坡、山谷的疏密林下或灌木丛中、河边、路边的阴处或水边的阳处。见于殷棚乡牢山林场、白雀园镇赛山村。

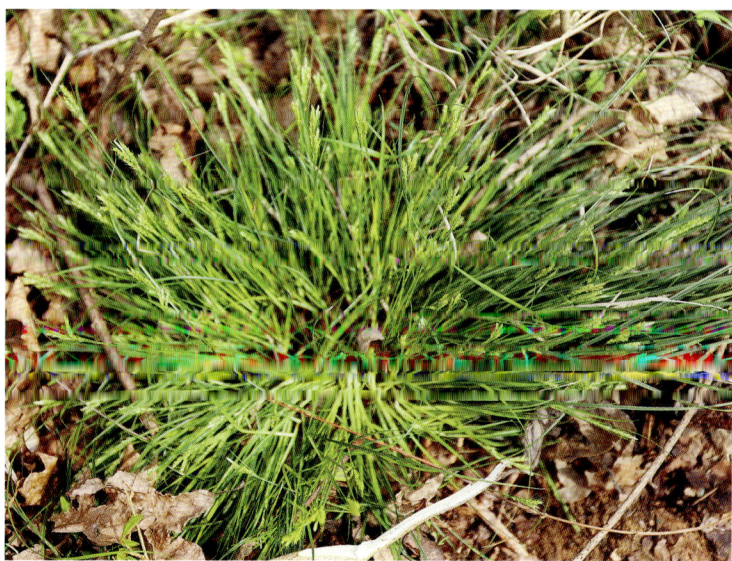

4. 中华薹草
Carex chinensis Retz.

秆丛生，高20～55 cm，纤细，钝三棱形，基部具褐棕色分裂成纤维状的老叶鞘。叶长于秆，宽3～9 mm，边缘粗糙，淡绿色，革质。苞片短叶状，具长鞘，鞘扩大。小穗4～5个，

远离，顶生1个雄性，窄圆柱形，长2.5～4.2 cm；小穗柄长2.5～3.5 cm；侧生小穗雌性，顶端和基部常具几朵雄花，花稍密；小穗柄直立，纤细。雄花鳞片倒披针形，顶端具短芒，长7.5 mm，棕色；雌花鳞片长圆状披针形，顶端截形，有时微凹或渐尖，淡白色，背面3脉绿色，延伸成粗糙的长芒。果囊长于鳞片，斜展，菱形或倒卵形，近膨胀三棱形，长3～4 mm，膜质，黄绿色，疏被短柔毛，具多脉，基部渐狭成柄，顶端急缩成中等长的喙，喙口具2齿。小坚果紧包于果囊中。

生于山谷阴处，溪边岩石上和草丛中。见于南向店乡董湾村。

5. 弯喙薹草

Carex laticeps C. B. Clarke

多年生草本。秆高30～40 cm，纤细，三棱形。叶短于秆，宽3～5 mm，平张，边缘反卷，灰绿色，两面被疏柔毛，顶端渐尖。苞片短叶状，被毛，具长鞘。小穗2～3个，彼此远离，顶生1个雄性，棍棒状，长1.5～2.5 cm；小穗柄被疏柔毛，长4～9 mm；侧生1～2个雌性，长圆形或短圆柱形，长2～2.5 cm，宽1～1.4 cm，花密生；小穗柄被疏柔毛。雌花鳞片卵状披针形，顶端具短芒尖。长5～6 mm，黄白色，背面中脉绿色。果囊长于鳞片，倒卵形，三棱形，长7～8 mm（连喙），微呈镰刀弯曲，褐绿色，被短柔毛，具多条脉，上部急缩成长喙，喙圆筒形，长3 mm，喙顶端深裂成2长齿。小坚果紧包于果囊中，倒卵形。

生于山谷、山坡林下、路旁、水沟边。见于南向店乡董湾村。

6. 条穗薹草

Carex nemostachys Steud.

多年生草本。叶长于秆，宽6～8 mm，较坚挺，下部常折合，上部平张，两侧脉明显，脉和边缘均粗糙。苞片下面的叶状，上面的呈刚毛状，长于或短于秆，无鞘。小穗5～8个，常聚生于秆的顶部，顶生小穗为雄小穗，线形，长5～10 cm，近于无柄；其余小穗为雌小穗，长圆柱形，长4～12 cm，密生多数花，近于无柄或在下部的具很短的小穗柄。雄花鳞片披针形，长约5 mm，顶端具芒，芒常粗糙，膜质，边缘稍内卷；雌花鳞片狭披针形，长3～4 mm，顶端具芒，芒粗糙，膜质，苍白色，具1～3条脉。果囊后期向外张开。小坚果较松地包于果囊内。

生于山谷、水边、疏林湿地。见于南向店乡环山村。

条穗苔草全草药用，味酸、苦，性凉。祛风止痛，凉血止血，收敛。治外感发热、温病高热头痛、关节红肿疼痛、外伤出血。

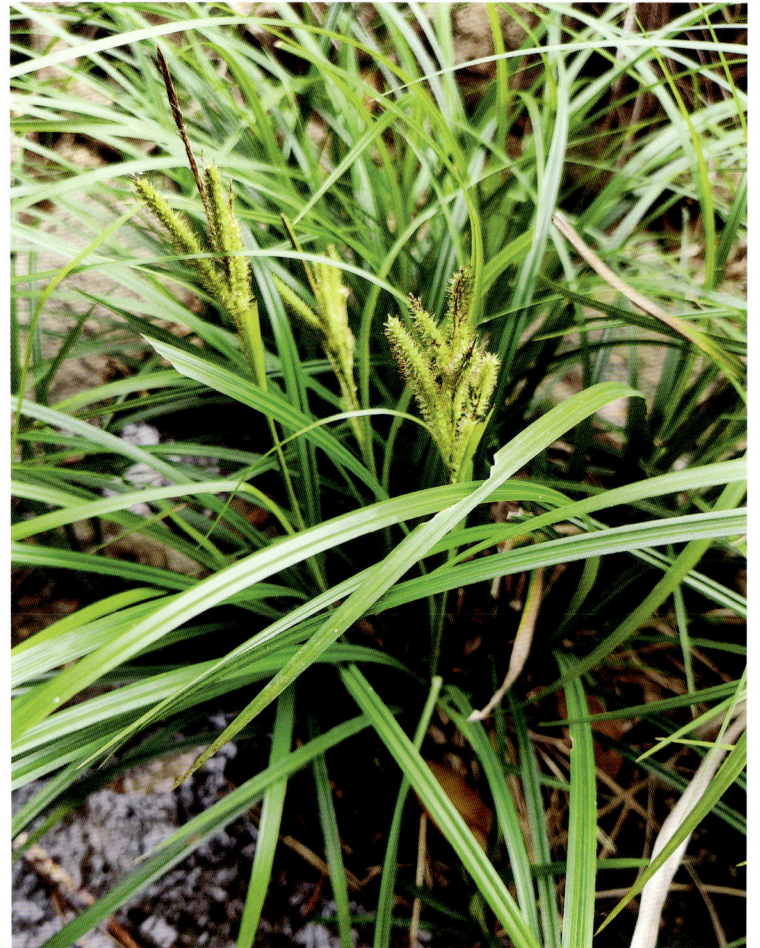

7. 三穗薹草

Carex tristachya Thunb.

多年生草本。叶短于或近等长于秆，宽2～4 (5) mm，平张，边缘粗糙。苞片叶状，长于小穗，具鞘，鞘长6～12 mm。小穗4～6个，上部接近，排成帚状，有的最下部1个远离，顶生小穗雄性，线状圆柱形，长1～4 cm，宽1～1.5 mm，近无柄；侧生小穗雌性，圆柱形，长1～3 cm，宽2～3 mm，花稍密生；上部的小穗柄短而包藏于苞鞘内，最下部的柄伸出，长2.5～3.5 cm，直立，纤细。雄花鳞片宽卵形，基部二侧边缘分离至稍合生，花丝扁化，但不合生；雌花鳞片椭圆形或长圆形，长约2 mm，顶端钝，截形或急尖，具短尖，背面中间绿色，两侧淡黄色。果囊长于鳞片，直立，卵状纺锤形。小坚果紧包于果囊中，卵形。

生于山坡路边、林下潮湿处。见于县城官渡河边。

3. 莎草属Cyperus L.

花两性，小穗上鳞片2行排列，小穗基部无关节，鳞片在果熟后由下而上依次脱落，花被完全退化，柱头3枚。小坚果三棱形。光山有9种。

1. 扁穗莎草（莎田草、黄土香）

Cyperus compressus L.

丛生草本。秆锐三棱形。叶短于秆，或与秆等长，宽1.5～3 mm，折合或平张，灰绿色；叶鞘紫褐色。苞片3～5枚，叶状，长于花序；长侧枝聚散花序简单，具2～7个辐射枝，辐射枝最长达5 cm；穗状花序近于头状；花序轴很短，具3～10个小穗；小穗排列紧密，斜展，线状披针形，长8～17 mm，宽约4 mm，近于四棱形，具8～20朵花；鳞片紧贴的覆瓦状排列，稍厚，卵形，顶端具稍长的芒，长约3 mm，背面具龙骨状突起，中间较宽部分为绿色，两侧苍白色或麦秆色，有时有锈色斑纹，脉9～13条；雄蕊3，花药线形，药隔突出于花药顶端。小坚果倒卵形。

生于空旷的田野里。见于县城官渡河边。

2. 异型莎草（咸草、王母钗）

Cyperus difformis L.

一年生草本。秆丛生，稍粗或细弱，高10～65 cm，扁三棱形，平滑。叶短于秆，宽2～6 mm，平张或折合；叶鞘稍长，褐色。苞片2枚，少3枚，叶状，长于花序；长侧枝聚散花序简单，少数为复出，具3～9个辐射枝，辐射枝长短不等最长达2.5 cm，或有时近于无花梗；头状花序球形，具极多数小穗，直径5～15 mm；小穗密聚，披针形或线形，长2～8 mm，宽约1 mm，具8～28朵花；小穗轴无翅；鳞片排列稍松，膜质，近于扁圆形，顶端圆，长不及1 mm，中间淡黄色，两侧深红紫色或栗色边缘具白色透明的边，具3条不很明显的脉；雄蕊2枚；花柱极短，柱头3枚，短。小坚果倒卵状椭圆形。

常生于稻田中或水边潮湿处。见于县城官渡河边、文殊乡九九林场。

异型莎草全草药用，味咸、微苦，性凉。利尿通淋，行气活血。治热淋、小便不利、跌打损伤。

3. 畦畔莎草（鸡屎青、三棱草）

Cyperus haspan L.

多年生草本。秆丛生或散生，稍细弱，高2～100 cm，扁三棱形，平滑。叶短于秆，宽2～3 mm，或有时仅剩叶鞘而无叶片。苞片2枚，叶状，常较花序短，罕长于花序；长侧枝聚散花序复出或简单，少数为多次复出，具多数细长松散的第一次辐射枝，辐射枝最长达17 cm；小穗通常3～6个呈指状排列，少数可多达14个，线形或线状披针形，长2～12 mm，宽1～1.5 mm，具6～24朵花；小穗轴无翅。鳞片密覆瓦状排列，膜质，长圆状卵形，长约1.5 mm，顶端具短尖，背面稍呈龙骨状突起，绿色，两侧紫红色或苍白色，具三条脉；雄蕊1～3枚，花药线状长圆形，顶端具白色刚毛状附属物；花柱中等长，柱头3枚。小坚果宽倒卵形。

生于水田或浅水塘中。

4. 碎米莎草（三方草）

Cyperus iria L.

一年生草本。秆丛生，扁三棱形。叶状苞片3～5枚，下面的2～3枚常较花序长；长侧枝聚散花序复出，很少为简单的，具4～9个辐射枝，辐射枝最长达12 cm，每个辐射枝具5～10个穗状花序，或有时更多些；穗状花序卵形或长圆状卵形，长1～4 cm，具5～22个小穗；小穗排列松散，斜展开，长圆形、披针形或线状披针形，压扁，长4～10 mm，宽约2 mm，具6～22花；小穗轴上近于无翅；鳞片排列疏松，膜质，宽倒卵形，顶端微缺，具极短的短尖，不突出于鳞片的顶端，背面具龙骨状突起，有3～5条脉，两侧呈黄色或麦秆黄色，上端具白色透明的边；雄蕊3枚。小坚果倒卵形。

生于田间、山坡、路旁。见于县城官渡河边、白雀园镇大尖山。

碎米莎草全草药用，味辛，性微温。行气、破血、消积、止痛、通经络。治慢性子宫炎、经闭、产后腹痛、消化不良、跌打损伤。

5. 旋鳞莎草

Cyperus michelianus (L.) Link

一年生草本。秆密丛生，高2～25 cm，扁三棱形，平滑。叶长于或短于秆，宽1～2.5 mm，平张或有时对折；基部叶鞘紫红色。苞片3～6枚，叶状，基部宽，较花序长很多；长侧枝聚缴花序呈头状，卵形或球形，直径5～15 mm，具极多数密集的小穗；小穗卵形或披针形，长3～4 mm，宽约1.5 mm，具10～20余朵花；鳞片螺旋状排列，膜质，长圆状披针形，长约2 mm，淡黄白色，稍透明，有时上部中间具黄褐色或红褐色条纹，具3～5条脉，中脉呈龙骨状突起，绿色，延伸出顶端呈一短尖；雄蕊2，少1，花药长圆形；花柱长，柱头2，少3，通常具黄色乳头状突起。小坚果狭长圆形。

生于水边潮湿空旷的地上。见于泼陂河镇东岳寺村。

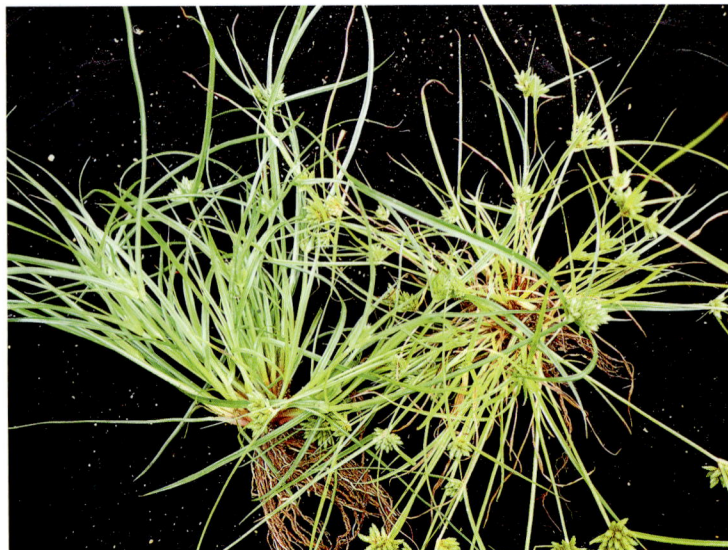

6. 小碎米莎草（具芒碎米莎草）

Cyperus microiria Steud.

一年生草本。秆丛生，高20～50 cm，锐三棱形。叶短于秆，宽2.5～5 mm，平张；叶鞘红棕色，表面稍带白色。叶状苞片3～4枚，长于花序；长侧枝聚伞花序复出或多次复出，稍密或疏展，具5～7个辐射枝，辐射长短不等，最长达13 cm；穗状花序卵形或宽卵形或近于三角形，长2～4 cm，宽1～3 cm，具多数小穗；小穗排列稍稀，斜展，线形或线状披

针形，长6～15 mm，宽约1.5 mm，具8～24朵花；小穗轴直，具白色透明的狭边；鳞片排列疏松，膜质，宽倒卵形，顶端圆，长约1.5 mm，麦秆黄色或白色，背面具龙骨状突起，脉3～5条，绿色，中脉延伸出顶端呈短尖；雄蕊3枚。小坚果倒卵形。

生于河岸边、路旁或草原湿处。见于县城官渡河边。

7. 白鳞莎草

Cyperus nipponicus Franch. et Sav.

一年生草本。秆密丛生，细弱，高5～20 cm，扁三棱形。叶通常短于秆，或有时与秆等长，宽1.5～2 mm，平张或有时折合；叶鞘膜质，淡红棕色或紫褐色。苞片3～5枚，叶状，较花序长数倍，基部一般较叶片宽些；长侧枝聚伞花序短缩成头状，圆球形，直径1～2 cm，有时辐射枝稍延长，具多数密生的小穗；小穗无柄，披针形或卵状长圆形，压扁，长3～8 mm，宽1.5～2 mm，具8～30朵花；小穗轴具白色透明的翅；鳞片2列，稍疏的复瓦状排列，宽卵形，顶端具小短尖，长约2 mm，背面沿中脉处绿色，两侧白色透明，有时具疏的绣色短条纹，具多数脉；雄蕊2枚。小坚果长圆形。

生于河岸边、路旁或草原湿处。见于泼陂河镇东岳寺村、官渡河边。

8. 矮莎草

Cyperus pygmaeus Rottb.

一年生草本。秆丛生，扁锐三棱形，三面均下凹。叶短于

秆，宽2～2.5 mm，平张，上部边缘及叶背中肋上具疏小刺；叶鞘红棕色。叶状苞片4～7枚，长于花序，极展开或有时向下反折；长侧枝聚伞花序聚缩成头状，具极多数小穗；小穗密集，长圆状披针形或近长圆形，长4～5 mm，宽约1.5 mm，具10几至20几朵花；鳞片2列，长圆状披针形，顶端急尖，具外弯的短尖，长约2 mm，黄白色，中间具锈色短条纹，背面上部稍呈龙骨状突起，绿色，具3条脉；雄蕊常1个，花药短，线形，顶端具红色突出的药隔；花柱短，柱头2，很少3，长于花柱。小坚果狭长圆形。

生于河岸边、路旁或草原湿处。

9. 香附子（莎草、雷公头、香头草）

Cyperus rotundus L.

多年生草本。匍匐根状茎长，具椭圆形块茎。叶较多，短于秆，宽2～5 mm，平张；鞘棕色，常裂成纤维状。叶状苞片2～3枚，常长于花序，或有时短于花序；长侧枝聚伞花序简单或复出，具3～10个辐射枝；辐射枝最长达12 cm；穗状花序轮廓为陀螺形，稍疏松，具3～10个小穗；小穗斜展开，线形，长1～3 cm，宽约1.5 mm，具8～28朵花；小穗轴具较宽的、白

色透明的翅；鳞片稍密地覆瓦状排列，膜质，卵形或长圆状卵形，长约3 mm，顶端急尖或钝，无短尖，中间绿色，两侧紫红色或红棕色，具5～7条脉；雄蕊3枚，花药长。小坚果长圆状倒卵形。

生于旷野、草地、路旁、溪边。见于县城官渡河边。

香附子的块茎药用，味微苦、辛，性平。理气疏肝，调经止痛。治胃腹胀痛、两胁疼痛、痛经、月经不调。

4. 荸荠属Eleocharis R. Br.

叶退化而仅存叶鞘，小穗单个，小穗上的鳞片螺旋状排列，小穗有多数结实的两性花，花被片为下位刚毛，花两性，花柱基部膨大，与子房连接处有关节或缢缩。光山有2种。

1. 牛毛毡

Eleocharis acicularis (L.) Roem.& Schult.

秆多数，细如毫发，密丛生如牛毛毡，高2～12 cm。叶鳞片状，具鞘，鞘微红色，膜质，管状，高5～15 mm。小穗卵形，顶端钝，长3 mm，宽2 mm，淡紫色，只有几朵花，所有鳞片全有花；鳞片膜质，在下部的少数鳞片近两列，在基部的一片长圆形，顶端钝，背部淡绿色，有3条脉，两侧微紫色，边缘无色，抱小穗基部一周，长2 mm，宽1 mm；其余鳞片卵形，顶端急尖，长3.5 mm，宽2.5 mm，背部微绿色，有1条脉，两侧紫色，边缘无色，全部膜质；下位刚毛1～4条，长为小坚果2倍，有倒刺；柱头3。小坚果狭长圆形，无棱，呈浑圆状，顶端缢缩，不包括花柱基在内长1.8 mm，宽0.8 mm，微黄玉白色，表面呈横矩形网纹，网纹隆起。

多生于水田中、池塘边或湿黏土上。见于文殊乡九九林场。

牛毛毡全草药用，味辛，性温。发表散寒，祛痰平喘。治感冒咳嗽、痰多气喘、咳嗽失音。

2. 荸荠（马蹄）

Eleocharis dulcis (Burm. f.) Trin. ex Henschel

多年生草本。根状茎匍匐，在匍匐根状茎的顶端生块茎，俗称马蹄。秆多数，丛生，直立，圆柱状，高15～60 cm，直径1.5～3 mm，有多数横隔膜，干后秆表面现有节。叶缺失，只在秆的基部有2～3个叶鞘；鞘近膜质，绿黄色、紫红色或褐色，高2～20 cm，鞘口斜，顶端急尖。小穗顶生，圆柱状，长1.5～4 cm，直径6～7 mm，淡绿色，顶端钝或近急尖，有多数花，在小穗基部有两片鳞片中空无花，抱小穗基部一周；其余鳞片全有花，松散地覆瓦状排列，宽长圆形或卵状长圆形，顶

端钝圆，长3～5 mm，宽2.5～3.5 mm，背部灰绿色，近革质。小坚果宽倒卵形。

生于稻田、河边、沼泽地等水中。见于槐店乡万河村。

荸荠的球茎可食用，全草还可药用，球茎：味甘，性平；清热止渴，利湿化痰，降血压。地上全草：味苦，性平；清热利尿。球茎：治热病伤津烦渴、咽喉肿痛、口腔炎、湿热黄疸、高血压病、小便不利、麻疹、肺热咳嗽、矽肺、痔疮出血。地上全草：治呃逆、小便不利。

5. 飘拂草属 Fimbristylis Vahl

叶正常，或退化仅存叶鞘，小穗排成侧枝聚伞花序，小穗上的鳞片螺旋状排列，小穗有多数结实的两性花，花被退化，无下位刚毛，花两性，花柱基部小三棱状，脱落，与子房连接处有关节或缢缩。光山有5种。

1. 夏飘拂草

Fimbristylis aestivalis (Retz.) Vahl

秆密丛生，纤细，高3～12 cm，扁三棱形。叶短于秆，宽0.5～1 mm，丝状，平张，边缘稍内卷，两面被疏柔毛；叶鞘短，棕色，外面被长柔毛。苞片3～5枚，短于或等长于花序，丝状，被疏硬毛，长侧枝聚伞花序复出，疏散，具3～7个辐射枝，纤细，最长达3 cm；小穗单生于第一次或第二次辐射枝顶端，卵形、长圆状卵形或披针形，长2.5～6 mm，宽1～1.5 mm，具多数花；鳞片为稍密地螺旋状排列，膜质，卵形或长圆形，顶端圆，具或长或短的短尖，红棕色，长约

1 mm，背面具绿色的龙骨状突起，有3条脉；雄蕊1，花药披针形，药隔突出于花药顶端，红色；花柱长而扁平。小坚果倒卵形。

生长于路边稻田埂上、溪旁、山沟潮湿地。见于泼陂河镇东岳寺村。

2. 拟二叶飘拂草

Fimbristylis diphylloides Makino.

秆丛生，由叶腋间抽出，细，扁四棱形，具纵槽。叶短于或几等长于秆，平张，顶端急尖，边缘具疏细齿，宽1.2～2.2 mm；鞘前面膜质，锈色，鞘口斜裂，无叶舌。苞片4～6枚，较花序短很多，刚毛状，基部宽，边缘具细齿；长侧枝聚伞花序简单或近于复出，长1.5～6 cm，宽2～6 cm，辐射枝4～8个，粗糙，长0.6～4 cm；小穗单生于辐射枝顶端，卵形或长圆状卵形，顶端钝或近于急尖，长2.5～7.5 mm，宽1.5～2.5 mm，密生多数花；鳞片膜质，宽卵形，顶端极钝，长约2 mm，褐色或红褐色，具白色干膜质的边，背面有3条绿色的脉，稍呈龙骨状突起；雄蕊2，花药长圆形，顶端钝，长0.8 mm。小坚果宽倒卵形。

生长于路边稻田埂上、溪旁、山沟潮湿地。见于泼陂河镇东岳寺村、文殊乡九九林场。

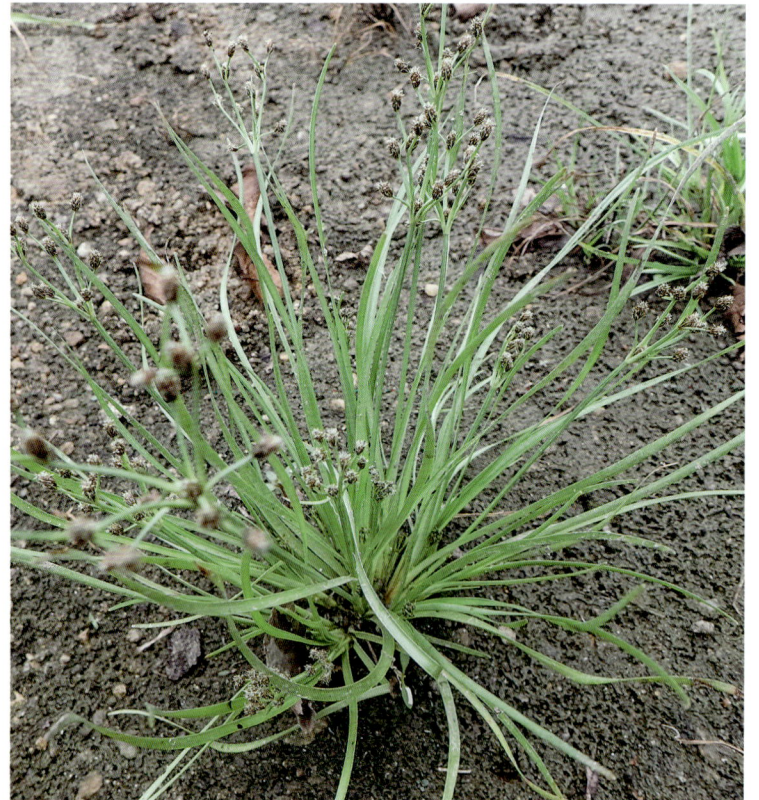

3. 起绒飘拂草

Fimbristylis dipsacea (Rottb.) Benth.& Hook. f.

秆丛生，无毛，高2.5～15 cm，叶常与秆等长或短于秆，毛发状。苞片数枚，毛发状，往往高出花序；长侧枝聚伞花序简单或近于复出，直径2～7.5 cm，有2～3个至8～12个小穗；小穗近于球形，直径3～6 mm；鳞片椭圆形，苍白色，背面有绿色龙骨状突起，具1条脉，顶端具向外弯的长芒；雄蕊1～2个，花药长圆形，顶端钝；子房幼时两边常有乳头状突起，花柱纤细，无毛，柱头2。小坚果狭长圆形，扁，稍短于鳞片，淡褐色，两侧有具柄的球形乳头状突起。

生长于路边稻田埂上、溪旁、山沟潮湿地。见于泼陂河镇东岳寺村。

4. 宜昌飘拂草

Fimbristylis henryi C. B. Clarke

秆丛生，三棱形，高3～20 cm，有沟槽，基部生2叶。叶长于秆，宽1～3 mm，平张，无毛，向顶端渐狭，顶端急尖，边缘具细齿；鞘前面膜质，鞘口斜裂，锈色，长1～3.5 cm；叶舌截形，具缘毛。苞片叶状，2～3枚，少有4枚，长于或短于花序，或与之等长；小苞片钻状，下部较宽，边缘膜质；长侧枝聚伞花序简单、复出或多次复出，有2～4个辐射枝，直径1～5 cm，辐射枝长0.5～3 cm；小穗单生，狭长圆形、长椭圆形，少有卵形，长3～8 mm，宽1～1.5 mm，有8～10余朵花；鳞片卵形或卵状披针形，长2 mm，顶端有硬尖，黄绿色或淡褐色，背面具绿色龙骨状突起，具膜质宽边缘，有3条脉；雄蕊1枚。小坚果椭圆状倒卵形。

生长于路边稻田埂上、溪旁、山沟潮湿地。见于南向店乡董湾村向楼组。

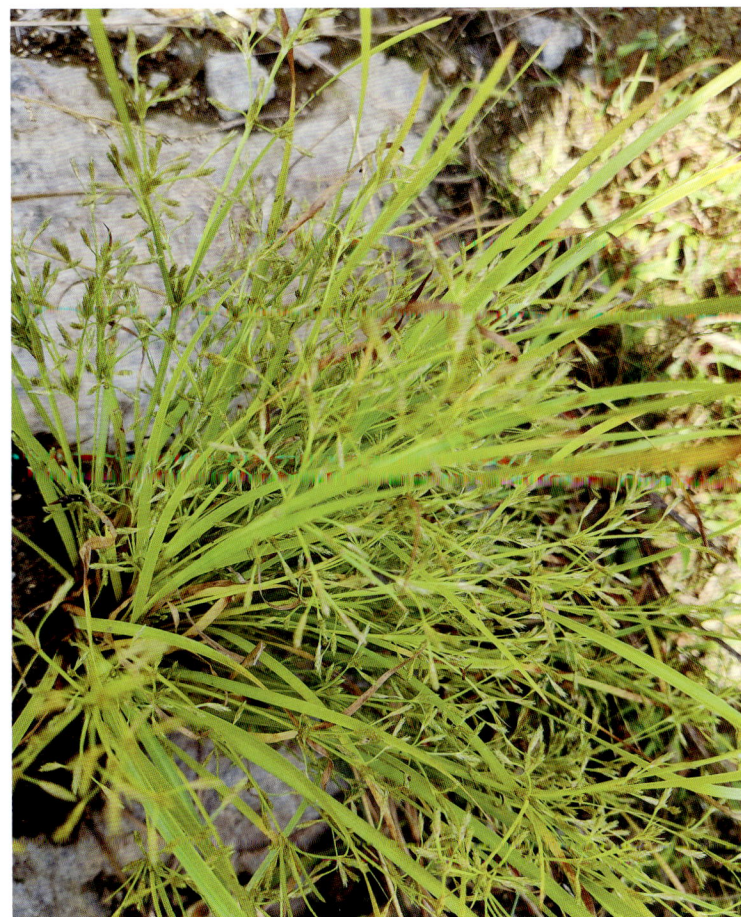

5. 水虱草（五棱飘拂）

Fimbristylis miliacea (L.) Vahl [*F. littoralis* Gamdich]

一年生草本。秆丛生。叶长于或短于秆或与秆等长，侧扁、套褶、剑状，边上有稀疏细齿，向顶端渐狭成刚毛状，宽1.5～2 mm；鞘侧扁，背面呈锐龙骨状，前面具膜质、锈色的边，鞘口斜裂，无叶舌。苞片2～4枚，刚毛状，基部宽，具锈色、膜质的边，较花序短；长侧枝聚伞花序复出或多次复出，很少简单，有许多小穗；辐射枝3～6个，细而粗糙，长0.8～5 cm；小穗单生于辐射枝顶端，球形或近球形，顶端极钝，长1.5～5 mm，宽1.5～2 mm；鳞片膜质，卵形，顶端极钝，栗色，具白色狭边，背面具龙骨状突起，具有3条脉，沿侧脉处深褐色，中脉绿色；雄蕊2枚。小坚果倒卵形。

生长于路边稻田埂上、溪旁、山沟潮湿地。见于县城官渡河边。

水虱草全草药用，味甘、淡，性平。祛痰定喘，活血消肿。治暑热尿少、支气管炎、跌打损伤、小便不利、胃肠炎。

6. 水蜈蚣属Kyllinga Rottb.

花两性，小穗上鳞片2行排列，小穗基部有关节，鳞片在果熟后宿存而与小穗轴一同脱落，花被完全退化，柱头2枚。小坚果双凸状或平凸形。光山有1种。

1. 短叶水蜈蚣（水蜈蚣、金钮草）

Kyllinga brevifolia Rottb.[*Cyperus brevifolia* (Rottb.) Hassk.]

多年生草本，根状茎长而匍匐。秆成列地散生，细弱，高7～20 cm，扁三棱形，平滑，基部不膨大，具4～5个圆筒状叶鞘，最下面2个叶鞘常为干膜质，棕色，鞘口斜截形，顶端渐尖，上面2～3个叶鞘顶端具叶片。叶柔弱，短于或稍长于秆，宽2～4 mm，平张，上部边缘和叶背中肋上具细刺。叶状苞片3枚，极展开，后期常向下反折；穗状花序单个，极少2或3个，球形或卵球形，长5～11 mm，宽4.5～10 mm，具极多数密生的小穗。小穗长圆状披针形或披针形，压扁，长约3 mm，宽0.8～1 mm，具1朵花。小坚果倒卵状长圆形。

生于水边、路旁较肥沃潮湿的地方。见于白雀园镇方寨村、晏河乡黄板桥村。

短叶水蜈蚣全草药用，味辛，性平。疏风解表，清热利湿，止咳化痰，祛瘀消肿。治伤风感冒、支气管炎、百日咳、疟疾、痢疾、肝炎、乳糜尿、跌打损伤、风湿性关节炎。外用治蛇咬伤、皮肤瘙痒、疖肿。

7. 砖子苗属 Mariscus Vahl

花两性，小穗上鳞片2行排列，小穗基部有关节，小穗基部无空鳞片，顶生鳞片木栓质，有1至数朵花，柱头3枚。小坚果三棱形。光山有1种。

1. 砖子苗（大香附子、三棱草）

Mariscus umbellatus Vahl [*Cyperus cyperoides* (L.) Kuntze]

多年生草本。秆疏丛生，高10～50 cm，锐三棱形。叶短于秆或几与秆等长，宽3～6 mm，下部常折合，向上渐成平张，边缘不粗糙；叶鞘褐色或红棕色。叶状苞片5～8枚，通常长于花序，斜展；长侧枝聚伞花序简单，具6～12个或更多些辐射枝，辐射枝长短不等，有时短缩，最长达8 cm；穗状花序圆筒形或长圆形，长10～25 mm，宽6～10 mm，具多数密生的小穗；小穗平展或稍俯垂，线状披针形，长3～5 mm，宽约0.7 mm，具1～2个小坚果；小穗轴具宽翅，翅披针形，白色透明。小坚果狭长圆形。

生于山坡阳处、路旁草地、溪边及松林下。见于白雀园镇赛山村。

砖子苗全草药用，根状茎：味辛，性温。调经，止痛，行气解表。全草：味辛、微苦，性平。祛风止痒，解郁调经。根状茎：治感冒、月经不调、慢性子宫内膜炎、产后腹痛、跌打损伤、风湿关节炎。

8. 扁莎属 Pycreus P. Beauv.

花两性，小穗上鳞片2行排列，小穗基部无关节，鳞片在果熟后由下而上依次脱落，花被完全退化，柱头2枚。小坚果两侧压扁，棱向小穗轴，双凸状。光山有1种。

1. 球穗扁莎

Pycreus flavidus (Retz.) Koyama [*P. globosus* (All.) Reichb.]

根状茎短。秆丛生，细弱，高7～50 cm，钝三棱形，一面具沟，平滑。叶少，短于秆，宽1～2 mm，折合或平张；叶鞘长，下部红棕色。苞片2～4枚，细长，较长于花序；简单长侧枝聚伞花序具1～6个辐射枝，辐射枝长短不等，最长达6 cm，有时极短缩成头状；每一辐射枝具2～20余个小穗；小穗密聚于辐射枝上端呈球形，辐射展开，线状长圆形或线形，极压扁，长6～18 mm，宽1.5～3 mm，具12～34朵花；小穗轴近四棱形，两侧有具横隔的槽；鳞片稍疏松排列，膜质，长圆状卵形，顶端钝，长1.5～2 mm，背面龙骨状突起绿色；具3条脉，两侧黄褐色、红褐色或为暗紫红色。小坚果倒卵形。

生于田边、沟旁潮湿处或溪边湿润的沙土。见于南向店乡董湾村向楼组。

9. 藨草属 Scirpus L.

小穗上的鳞片螺旋状排列，小穗有多数结实的两性花，花被片刚毛状，花两性，花柱基部不膨大，与子房连接处无关节。光山有2种。

1. 萤蔺（野马蹄草）

Scirpus juncoides Roxb.

一年生草本；丛生。秆稍坚挺，圆柱状，少数近于有棱角，平滑，基部具2～3个鞘；鞘的开口处为斜截形，顶端急尖或圆形，边缘为干膜质，无叶片。苞片1枚，为秆的延长，直立，长3～15 cm；小穗3～5个聚成头状，假侧生，卵形或长圆状卵形，长8～17 mm，宽3.5～4 mm，棕色或淡棕色，具多数花；鳞片宽卵形或卵形，顶端骤缩成短尖，近于纸质，长3.5～4 mm，背面绿色，具1条中肋，两侧棕色或具深棕色条纹；下位刚毛5～6条，长等于或短于小坚果，有倒刺；雄蕊3枚，花药长圆形，药隔突出；花柱中等长，柱头2枚，极少3枚。小坚果宽倒卵形。

生于田边、塘边、溪边或沼泽中。见于文殊乡。

萤蔺全草药用，味甘、淡，性凉。清热解毒，凉血利水。治肺痨咳血、风火牙痛、目赤肿痛、尿路感染。

2. 水毛花（三棱水葱、藨草）

Scirpus mucronatus L.[*S. triangulates* Roxb.]

多年生草本。秆散生，粗壮，高20～90 cm，三棱形。叶片扁平，长1.3～5.5 cm，宽1.5～2 mm。苞片1枚，为秆的延长，三棱形，长1.5～7 cm。长侧枝聚伞花序假侧生，有1～8个辐射枝；辐射枝三棱形，棱上粗糙，长可达5 cm，每辐射枝顶端有1～8个簇生的小穗；小穗卵形或长圆形，长6～12 mm，宽3～7 mm，密生许多花；鳞片长圆形、椭圆形或宽卵形，顶端微凹或圆形，长3～4 mm，膜质，黄棕色，背面具1条中肋，稍延伸出顶端呈短尖，边缘疏生缘毛；下位刚毛3～5条，几等长或稍长于小坚果，全长都生有倒刺；雄蕊3枚，花药线形，药隔暗褐色，稍突出；花柱短，柱头2枚，细长。小坚果倒卵形。

生于田边、塘边、溪边或沼泽中。见于槐店乡珠山村。

水毛花全草药用，味甘、涩，性平。开胃消食，利湿通淋。治食积、呃逆饱胀、热淋、小便不利。

332A. 竹亚科Bambusaceae

乔木或灌木状。竿和各级分枝之节均可生1至数芽，以后芽萌发再成枝条；地下茎亦甚发达和木质化。叶二型，有茎生叶与营养叶之分；茎生叶单生在竿和大枝条的各节，相应地称为竿箨、枝箨，它们有颇为发达的箨鞘和较瘦小而无明显中脉的箨片，在两者间的联结处之间轴面还生有箨舌，此外箨耳和鞘口繸毛亦常存在，唯箨片绝对无柄。光山有3属7种2栽培品种。

1. 簕竹属Bambusa Schreber

乔木状。根状茎为长颈粗短型。花序的前出叶宽，有2脊，小穗无柄，小穗有数朵花，雄蕊6枚，内稃顶端不裂或2浅裂。光山有2种1栽培品种。

1. 孝顺竹（凤凰竹）

Bambusa multiplex (Lour.) Raeuschel ex J. A. et J. H. Schult.

竿高4～7 m，直径1.5～2.5 cm，尾梢近直或略弯，下部挺直，绿色；节间长30～50 cm，幼时薄被白蜡粉，并于上半部被棕色至暗棕色小刺毛，后者在近节以下部分尤其较为密集，老时则光滑无毛，竿壁稍薄；节处稍隆起，无毛；分枝自竿基部第二或第三节即开始，数枝乃至多枝簇生，主枝稍较粗

长。竿箨幼时薄被白蜡粉，早落；箨鞘呈梯形，背面无毛，顶端稍向外缘一侧倾斜，呈不对称的拱形；箨耳极微小以至不明显，边缘有少许繸毛；箨舌高1～1.5 mm，边缘呈不规则的短齿裂；箨片直立，易脱落，狭三角形，背面散生暗棕色脱落性小刺毛，腹面粗糙，顶端渐尖。末级小枝具5～12叶；叶鞘无毛，纵肋稍隆起，背部具脊；叶耳肾形。

光山有少量栽培。

孝顺竹非常美观，栽培供观赏。

2. 凤尾竹

Bambusa multiplex (Lour.) Raeusch. ex J. A. et J. H. Schult. cv. **Fernleaf**

竿高3～6 m，竿中空，小枝稍下弯；末级小枝具9～13叶；叶鞘无毛，纵肋稍隆起，背部具脊；叶耳肾形，边缘具波曲状细长繸毛；叶舌圆拱形，高0.5 mm，边缘微齿裂；叶片线形，长3.3～6.5 cm，宽4～7 mm，叶面无毛，叶背粉绿而密被短柔毛，顶端渐尖具粗糙细尖头，基部近圆形或宽楔形。假小穗单生或以数枝簇生于花枝各节，并在基部托有鞘状苞片，线形至线状披针形，长3～6 cm；先出叶长3.5 mm，具2脊，脊上被短纤毛；具芽苞片通常1或2片，卵形至狭卵形，长4～7.5 mm，无毛，具9～13脉，顶端钝或急尖，小穗含小花5～13朵，中间小花为两性；小穗轴节间形扁，长4～4.5 mm，无毛。

光山有少量栽培。

凤尾竹非常美观，栽培供观赏。

2. 箬竹属 Indocalamus Nakai

灌木状。根状茎细长型。秆每节1分枝，有次级分枝。叶大。小穗有柄，雄蕊3枚。光山有1种。

1. 箬叶竹（箬竹）
Indocalamus longiauritus Hand.-Mazz.

竿高0.75～2 m，直径4～7.5 mm；节间长约25 cm，最长者可达32 cm，圆筒形，在分枝一侧的基部微扁，一般为绿色，竿壁厚2.5～4 mm；节较平坦；竿环较箨环略隆起，节下方有红棕色贴竿的毛环。箨鞘长于节间，上部宽松抱竿，无毛，下部紧密抱竿，密被紫褐色伏贴疣基刺毛，具纵肋；箨耳无；箨舌厚膜质，截形，高1～2 mm，背部有棕色伏贴微毛；箨片大小多变化，窄披针形，竿下部者较窄，竿上部者稍宽，易落。小枝具2～4叶；叶鞘紧密抱竿，有纵肋，背面无毛或被微毛；无叶耳；叶舌高1～4 mm，截形；叶片在成长植株上稍下弯，宽披针形或长圆状披针形，长20～46 cm，宽4～10.8 cm。

生于山谷、山坡、路旁。见于殷棚乡牟山林场、官渡河边公园。

3. 刚竹属 Phyllostachys Sieb. et Zucc.

乔木或灌木状。根状茎细长型。竿节间于分枝一侧扁平，每节2分枝。小穗无柄，雄蕊3枚。光山有5种，1栽培品种。

1. 桂竹（五月竹、斑竹、月季竹、麦黄竹、刚竹）
Phyllostachys bambusoides Sieb. et Zucc.

竿高达20 m，粗达15 cm，幼竿无毛，无白粉或被不易察觉的白粉，偶可在节下方具稍明显的白粉环；节间长达40 cm，壁厚约5 mm；竿环稍高于箨环。箨鞘革质，背面黄褐色，有时带绿色或紫色，有较密的紫褐色斑块与小斑点和脉纹，疏生脱落性淡褐色直立刺毛；箨耳小形或大形而呈镰状，有时无箨耳，紫褐色，繸毛通常生长良好，亦偶可无繸毛；箨舌拱形，淡褐色或带绿色，边缘生较长或较短的纤毛；箨片带状，中间绿色，两侧紫色，边缘黄色，平直或偶可在顶端微皱曲，外翻。末级小枝具2～4叶；叶耳半圆形，缝毛发达，常呈放射状；叶舌明显伸出，拱形或有时截形；叶片长5.5～15 cm，宽1.5～2.5 cm。

生于山地林中。

桂竹的竹笋煮熟后食用，还可药用，味甘，性寒。解毒、除湿热、祛风湿。治咳嗽、气喘、四肢顽痹、筋骨疼痛。适量食用。

2. 淡竹（粉绿竹）
Phyllostachys glauca McClure

竿高5～12 m，粗2～5 cm，幼竿密被白粉，无毛，老竿灰黄绿色；节间最长可达40 cm，壁薄，厚仅约3 mm；竿环与箨环均稍隆起，同高。箨鞘背面淡紫褐色至淡紫绿色，常有深浅相同的纵条纹，无毛，具紫色脉纹及疏生的小斑点或斑块，无箨耳及鞘口繸毛；箨舌暗紫褐色，高约2～3 mm，截形，边缘有波状裂齿及细短纤毛；箨片线状披针形或带状，开展或外翻，平直或有时微皱曲，绿紫色，边缘淡黄色。末级小枝具2或3叶；叶耳及鞘口繸毛均存在但早落；叶舌紫褐色；叶片长7～16 cm，宽1.2～2.5 cm，叶背沿中脉两侧稍被柔毛。

生于山地林中。

淡竹的竹笋煮熟后食用。

3. 水竹（黎子竹）

Phyllostachys heteroclada Oliv.

竿可高6m，粗达3cm，幼竿具白粉并疏生短柔毛；节间长达30cm，壁厚3～5mm；竿环在较粗的竿中较平坦，与箨环同高，在较细的竿中则明显隆起而高于箨环；节内长约5mm；分枝角度大，以致接近于水平开展。箨鞘背面深绿色带紫色(在细小的笋上则为绿色)，无斑点，被白粉，无毛或疏生短毛，边缘生白色或淡褐色纤毛；箨耳小，但明显可见，淡紫色，卵形或长椭圆形，有时呈短镰形，边缘有数条紫色繸毛，在小的箨鞘上则可无箨耳及鞘口繸毛或仅有数条细弱的繸毛；箨舌低，微凹至微呈拱形，边缘生白色短纤毛；箨片直立，三角形至狭长三角形，绿色、绿紫色或紫色，背部呈舟形隆起。

生于山地林中。

水竹的竹笋煮熟浸水后食用，竹叶药用，味淡，性凉。清热除烦。治热病烦渴。

4. 毛竹（南竹、猫头竹）

Phyllostachys heterocycla (Carr.) Mitford cv. **Pubescens**

竿高达20m，粗者可达20cm，幼竿密被细柔毛及厚白粉，箨环有毛，老竿无毛，并由绿色渐变为绿黄色，基部节间甚短而向上则逐节较长，中部节间长达40cm或更长，壁厚约1cm；

竿环不明显，低于箨环或在细竿中隆起。箨鞘背面黄褐色或紫褐色，具黑褐色斑点及密生棕色刺毛；箨耳微小，繸毛发达；箨舌宽短，强隆起乃至为尖拱形，边缘具粗长纤毛；箨片较短，长三角形至披针形，有波状弯曲，绿色，初时直立，以后外翻。末级小枝具2～4叶；叶耳不明显，鞘口繸毛存在而为脱落性；叶舌隆起；叶片较小较薄，披针形，长4～11 cm，宽0.5～1.2 cm，叶背在沿中脉基部具柔毛，次脉3～6对，再次脉9条。

生于山地林中。

毛竹是材用竹类，竹笋可食用。

5. 筱竹（花竹）

Phyllostachys nidularia Munro

高达10 m，粗4 cm，劲直，分枝斜上举而使植株狭窄，呈尖塔形，幼竿被白粉；节间最长可达30 cm；壁厚仅约3 mm；竿环同高或略高于箨环；箨环最初有棕色刺毛。箨鞘薄革质，背面新鲜时绿色，无斑点，上部有白粉及乳白色纵条纹，中、

下部则常为紫色纵条纹，基部密生淡褐色刺毛，愈向上刺毛渐稀疏，边缘具紫红色或淡褐色纤毛；箨耳大，系由箨片下部向两侧扩大而成，三角形或末端延伸成镰形，新鲜时绿紫色，疏生淡紫色繸毛；箨舌宽，微作拱形，紫褐色，边缘密生白色微纤毛；箨片宽三角形至三角形，直立，舟形，绿紫色。末级小枝仅有1叶，稀可2叶，叶片下倾；叶耳及鞘口繸毛均微弱或俱缺；叶舌低，不伸出；叶片呈带状披针形，长4～13 cm，宽1～2 cm。

生于山地林中。

筱竹的竹笋煮熟浸水后食用，嫩叶、竹茹药用，味苦，性寒。清热解毒，利尿除烦，杀虫止痒。治烦热口渴、不眠、音哑、目赤肿痛、口疮、疥癣、疮毒。

6. 紫竹（黑竹）

Phyllostachys nigra (Lodd ex Lindl.) Munro

竿高4～8 m，稀可高达10 m，直径可达5 cm，幼竿绿色，密被细柔毛及白粉，箨环有毛，1年生以后的竿逐渐先出现紫斑，最后全部变为紫黑色，无毛；中部节间长25～30 cm，壁厚约3 mm；竿环与箨环均隆起，且竿环高于箨环或两环等高。箨鞘背面红褐色或更带绿色，无斑点或常具极微小不易观察的深褐色斑点，此斑点在箨鞘上端常密集成片，被微量白粉及较密的淡褐色刺毛；箨耳长圆形至镰形，紫黑色，边缘生有紫黑色繸毛；箨舌拱形至尖拱形，紫色，边缘生有长纤毛；箨片三角形至三角状披针形，绿色，但脉为紫色，舟状，直立或以后稍开展，微皱曲或波状。末级小枝具2或3叶；叶耳不明显，有脱落性鞘口繸毛；叶舌稍伸出；叶片质薄，长7～10 cm，宽约1.2 cm。

生于山地林中。

紫竹的竹笋煮熟浸水后食用，根状茎药用，味淡，性凉。清热利尿，解毒除烦。治高热、小儿夜啼、狂犬咬伤。

332B. 禾亚科Poaceae

草本。秆草质，地下茎在多年生种类中如存在时，常为匍匐茎。叶常披针形，中脉显著，小横脉常缺，无叶柄，叶与叶鞘连接处无明显的关节，故叶不在鞘上脱落。花序多样，有圆锥花序、总状花序、指状花序或穗状化序。颖果，偶有囊果。光山有53属79种3变种。

1. 芨芨草属Achnatherum P. Beauv.

多年生丛生草本。叶片通常内卷，稀扁平。圆锥花序顶生、狭窄或开展；小穗含1小花，两性，小穗轴脱节于颖之上；两颖近等长。光山有2种。

1. 中华芨芨草（中华落芒草）

Achnatherum chinense (Hitchcock) Tzvelev [*Oryzopsis chinensis* Hitchc.]

多年生草本。叶鞘无毛或鞘口部及边缘被疏生短纤毛，多短于节间；叶舌极短或完全没有；叶片常密集于秆基，茎生者少，长3.5～10 cm，基部者可达30 cm，宽0.8～2 mm，多内卷呈针形，叶背光滑无毛或主脉的上部微粗糙，叶面及边缘粗糙。圆锥花序疏松开展，有时下垂，分枝细长，粗糙，常孪生，主枝长7～9 cm，下面裸露部分长5～7 cm，上部分生小枝呈三叉状；小穗绿色或浅绿色，披针形，长3.5～5.5 mm；颖透明膜质，几相等，粗糙或微粗糙，长3.5～4.5 mm，顶端尖，具3～5脉，侧脉仅达中脉1/2处，或仅在基部；外稃卵圆形，浅褐色，果期变黑褐色，长2～3 mm，具3脉，被贴生短毛，芒自顶端伸出，长4～8 mm。

生于干旱山坡、路旁草丛中及林缘草地。见于白雀园镇赛山村。

2. 光颖芨芨草（羽茅）

Achnatherum sibiricum (L.) Keng

多年生草本。叶鞘松弛，光滑，上部者短于节间；叶舌厚膜质，长0.5～2 mm，平截，顶端具裂齿；叶片扁平或边缘内卷，质地较硬，叶面与边缘粗糙，叶背平滑，长20～60 cm，宽3～7 mm。圆锥花序较紧缩，长10～30 cm，宽2～3 cm，分枝3至数枚簇生，稍弯曲或直立斜向上伸，具微毛，长2～5 cm，稀长达10 cm，自基部着生小穗；小穗草绿色或紫色，长8～10 mm；颖膜质，长圆状披针形，顶端尖，近等长或第二颖稍短，背部微粗糙，具3脉，脉纹上具短刺毛；外稃长6～7 mm，顶端具2微齿，被较长的柔毛，背部密被短柔毛，具3脉，脉于顶端汇合，基盘尖，长约1 mm，具毛，芒长18～25 mm。颖果圆柱形。

生于山坡草地、林缘及路旁。见于殷棚乡牢山林场。

看麦娘全草药用，味淡，性凉。清热利湿，止泻，解表。治水肿、水痘、泄泻、黄疸、赤眼、毒蛇咬伤。

2. 剪股颖属 Agrostis L.

小穗具1朵能育小花，颖发育，叶无横脉，圆锥花序；小穗含1朵小花，外稃无芒，小穗脱节于颖之上，颖有1或3脉，小穗轴不延伸至内稃后，外稃膜质而透明，外稃基盘无毛。光山有1种。

1. 华北剪股颖（剪股颖）

Agrostis clavata Trin.[*Agrostis matsumurae* Hack. ex Honda]

多年生草本。秆丛生，直立，柔弱，高20～50 cm，直径0.6～1 mm，常具2节，顶节位于秆基1/4处。叶鞘松弛，平滑，长于或上部者短于节间；叶舌透明膜质，顶端圆形或具细齿，长1～1.5 mm；叶片直立，扁平，长1.5～10 cm，短于秆，宽1～3 mm，微粗糙，叶面绿色或灰绿色，分蘖叶片长达20 cm。圆锥花序窄线形，或于开花时开展，长5～15 cm，宽0.5～3 cm，绿色，每节具2～5枚细长分枝，主枝长达4 cm，直立或有时上升；小穗柄棒状，长1～2 mm，小穗长1.8～2 mm；第一颖稍长于第二颖，顶端尖，平滑，脊上微粗糙；外稃无芒，长1.2～1.5 mm，具明显的5脉，顶端钝，基盘无毛；内稃卵形，长约0.3 mm；花药微小，长0.3～0.4 mm。

生于草地、山坡林下、路边、田边、溪旁等处。见于殷棚乡牢山林场、泼陂河镇。

3. 看麦娘属 Alopecurus L.

小穗具1朵能育小花，颖发育，叶无横脉，圆锥花序；小穗含1朵小花，外稃无芒，小穗脱节于颖之下，小穗两侧压扁，圆锥花序穗状或圆柱状，小穗基部无柄状基盘。光山有2种。

1. 看麦娘（山高粱）

Alopecurus aequalis Sobol.

一年生草本。秆少数丛生，细瘦，光滑，节处常膝曲，高15～40 cm。叶鞘光滑，短于节间；叶舌膜质，长2～5 mm；叶片扁平，长3～10 cm，宽2～6 mm。圆锥花序圆柱状，灰绿色，长2～7 cm，宽3～6 mm；小穗椭圆形或卵状长圆形，长2～3 mm；颖膜质，基部互相连合，具3脉，脊上有细纤毛，侧脉下部有短毛；外稃膜质，顶端钝，等大或稍长于颖，下部边缘互相连合，芒长1.5～3.5 mm，约于稃体下部1/4处伸出，隐藏或稍外露；花药橙黄色，长0.5～0.8 mm。颖果长约1 mm。

生于山谷、河边、田边及湿地。见于文殊乡九九林场、官渡河边。

2. 日本看麦娘

Alopecurus japonicus Steud.

一年生草本。秆少数丛生，直立或基部膝曲，具3～4节，高20～50 cm。叶鞘松弛；叶舌膜质，长2～5 mm；叶片叶面粗糙，叶背光滑，长3～12 mm，宽3～7 mm。圆锥花序圆柱状，长3～10 cm，宽4～10 mm；小穗长圆状卵形，长5～6 mm；颖仅基部互相连合，具3脉，脊上具纤毛；外稃略长于颖，厚膜质，下部边缘互相连合，芒长8～12 mm，近稃体基部伸出，上部粗糙，中部稍膝曲；花药色淡或白色，长约1 mm。颖果半椭圆形，长2～2.5 mm。

生于山谷、河边、田边及湿地。见于白雀园镇赛山村、官渡河边。

4. 荩草属 Arthraxon Beauv.

小穗有2朵小花，小穗脱节于颖之下，小穗成对着生，一有柄，一无柄，能育小花具1膝曲的芒，小穗两性，小穗成对着生于穗轴各节上，成对小穗异形异性，无柄小穗退化成1枚外稃。光山有3种。

1. 荩草（绿竹）

Arthraxon hispidus (Thunb.) Makino

一年生草本。叶鞘短于节间，生短硬疣毛；叶舌膜质，长0.5～1 mm，边缘具纤毛；叶片卵状披针形，长2～4 cm，宽0.8～1.5 cm，基部心形，抱茎，除下部边缘生疣基毛外余均无毛。总状花序细弱，长1.5～4 cm，2～10枚呈指状排列或簇生于秆顶；总状花序轴节间无毛，长为小穗的2/3～3/4。无柄小穗卵状披针形，呈两侧压扁，长3～5 mm，灰绿色或带紫色；第一颖草质，边缘膜质，包住第二颖的2/3，具7～9脉，脉上粗糙至生疣基硬毛，尤以顶端及边缘为多，顶端锐尖。颖果长圆形。

生于草坡或阴湿处。

2. 矛叶荩草

Arthraxon lanceolatus (Roxb.) Hochst.

多年生草本。秆较坚硬。叶鞘短于节间，无毛或疏生疣基毛；叶舌膜质，长0.5～1 mm，被纤毛；叶片披针形至卵状披针形，长2～7 cm，宽5～15 mm，顶端渐尖，基部心形，抱茎，无毛或两边生短毛，乃至具疣基短毛，边缘通常具疣基毛。总状花序长2～7 cm，2至数枚呈指状排列于枝顶，稀可单性；总状花序轴节间长为小穗的1/3～2/3，密被白毛纤毛。无柄小穗长圆状披针形，长6～7 mm，质较硬，背腹压扁；第一颖长约6 mm硬草质，顶端尖，两侧呈龙骨状，具2行篦齿状疣基钩毛，具不明显的7～9脉，脉上及脉间具小硬刺毛，尤以顶端为多；第二颖与第一颖等长，舟形，质地薄；第一外稃长圆形，长2～2.5 mm，透明膜质。

生于山坡、旷野及沟边阴湿处。见于泼陂河镇东岳寺村、白雀园镇大尖山。

3. 柔叶荩草

Arthraxon prionodes (Steud.) Dandy

多年生草本。秆较坚硬。叶鞘短于节间，无毛或疏生疣基

毛；叶舌膜质，长0.5～1 mm，被纤毛；叶片披针形至卵状披针形，长2～7 cm，宽5～15 mm，顶端渐尖，基部心形，抱茎，无毛或两边生短毛，乃至具疣基短毛，边缘通常具疣基毛。总状花序长2～7 cm，2至数枚呈指状排列于枝顶，稀可单性；总状花序轴节间长为小穗的1/3～2/3，密被白毛纤毛。无柄小穗长圆状披针形，长6～7 mm，质较硬，背腹压扁；第一颖长约6 mm硬草质，顶端尖，两侧呈龙骨状，具2行篦齿状疣基钩毛，具不明显的7～9脉，脉上及脉间具小硬刺毛，尤以顶端为多；第二颖与第一颖等长，舟形，质地薄。

生于山坡、旷野及沟边阴湿处。见于南向店乡环山村。

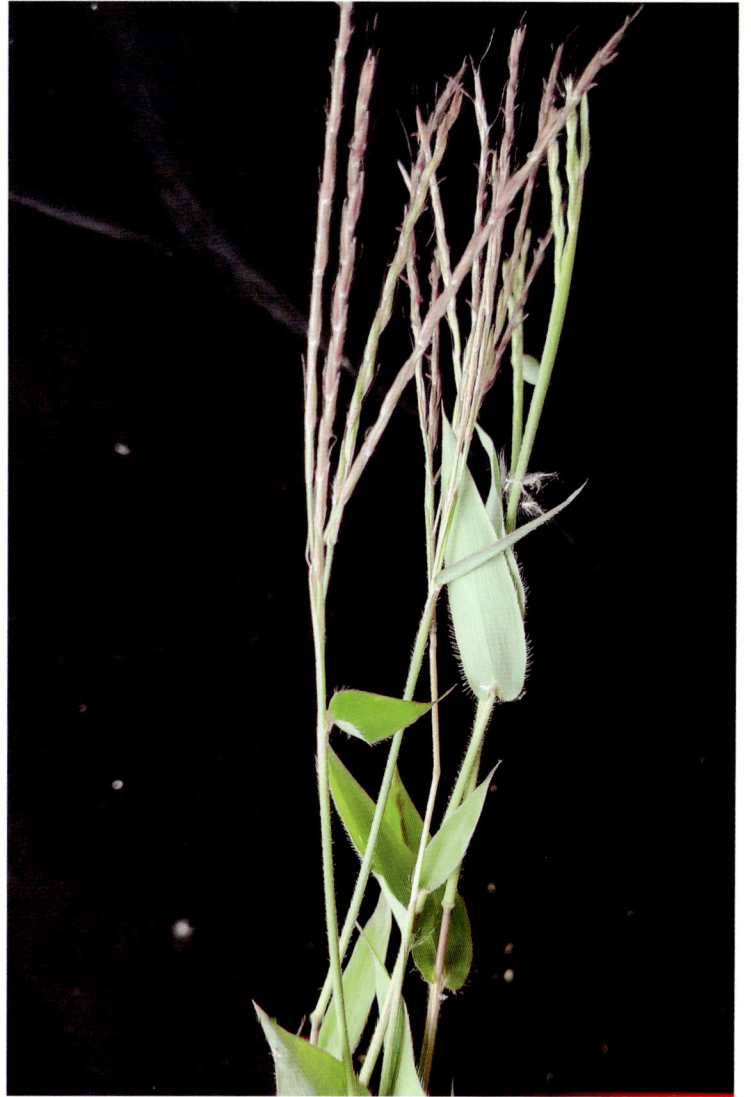

5. 野古草属**Arundinella** Raddi

小穗有2朵小花，小穗脱节于颖之上，第二外稃顶端有芒或小尖头。光山有3种。

1. 野古草

Arundinella anomala Steud.

多年生草本。根茎较粗壮，长可达10 cm，密生具多脉的鳞片，须根直径约1 mm。秆直立，疏丛生，高60～110 cm，径2～4 mm，有时近地面数节倾斜并有不定根，质硬，节黑褐色，具髯毛或无毛。叶鞘无毛或被疣毛；叶舌短，上缘圆凸，具纤毛；叶片长12～35 cm，宽5～15 mm，常无毛或仅背面边缘疏生一列疣毛至全部被短疣毛。花序长10～40 cm，开展或略收缩，主轴与分枝具棱，棱上粗糙或具短硬毛；孪生小穗柄分别长约1.5 mm及3 mm，无毛；第一颖长3～3.5 mm。

生于山坡、山谷及溪边等处。见于殷棚乡牢山林场。

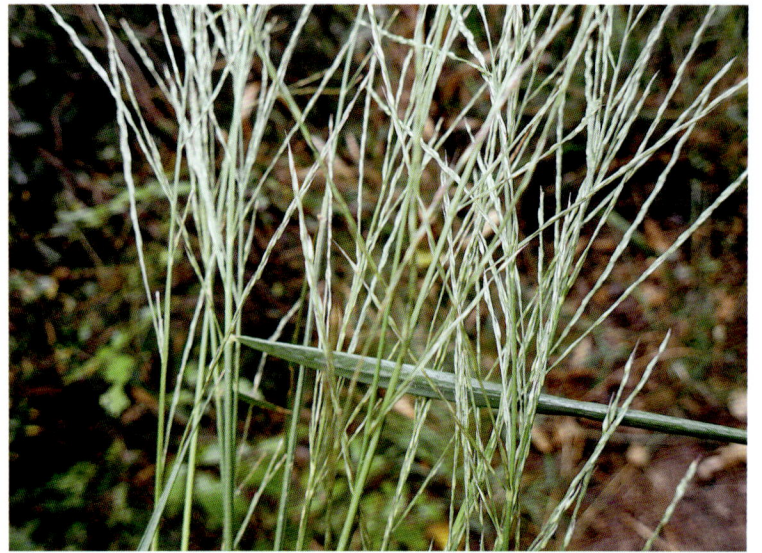

3. 刺芒野古草

Arundinella setosa Trin.

多年生草本。秆单生或丛生，高 60～160 cm，质较硬，无毛；节淡褐色，无毛或具短柔毛。叶鞘无毛至具长刺毛，边缘具短纤毛；叶舌长约 0.8 mm，上缘具极短纤毛，两侧有长柔毛；叶片基部圆形，顶端长渐尖，长 10～30 cm，宽 4～7 mm，常两面无毛，有时具疣毛。圆锥花序排列疏展，长 10～25 cm，分枝细长而互生，主轴及分枝均有粗糙的纵棱，孪生小穗柄分别长约 2 mm 及 5 mm，顶端着生数枚白色长刺毛；小穗长 5.5～7 mm，第一颖长 4～6 mm，具 3～5 脉，脉上粗糙，有时具短柔毛；第二颖长 5～7 mm，具 5 脉；第一小花中性或雄性，外稃长 3.8～4.6 mm，具 3～5 脉，偶见 7 脉，内稃长 3.6～5 mm；芒宿存，芒柱长 2～4 mm，黄棕色，芒针长 4～6 mm，侧刺长 1.4～2.8 mm。

生于山坡、山谷及溪边等处。见于白雀园镇大尖山。

2. 石芒草

Arundinella nepalensis Trin.

多年生草本。叶鞘无毛或被短柔毛；叶舌干膜质，极短，上缘截平，具纤毛；叶片线状披针形，基部圆形，顶端长渐尖，长 10～40 cm，宽 1～1.5 cm，无毛或具短疣毛及白色柔毛。圆锥花序疏散或稍收缩，主轴具纵棱，无毛；分枝细长，近轮生，小穗柄分别长约 1.5 mm 及 3.5 mm；小穗长 3.5～4 mm，灰绿色至紫黑色；颖无毛；第一颖卵状披针形，长 2.2～3.9 mm，具 3～5 脉，脊上稍粗糙，顶端渐尖；第二颖等长于小穗，5 脉，顶端长渐尖；第一小花雄性，长 2.5～3 mm，外稃具不脉，顶端钝；第二小花两性，外稃长 1.6～2 mm，成熟时棕褐色，薄革质，无毛或微粗糙；芒宿存，芒柱长 1～1.2 mm，棕黄色，芒针长 1.7～3.4 mm；基盘具长 0.3～0.7 mm 的毛。颖果长卵形。

生于山坡、山谷及溪边等处。见于殷棚乡牢山林场。

6. 芦竹属 Arundo L.

大草本，株高 2 m 以上。小穗有 2 至多朵能育小花，圆锥花序，小穗有 2～7 朵小花，小穗轴延伸，外稃有丝状毛或无毛，基盘有较短的柔毛。光山有 1 种。

1. 芦竹（芦荻竹、芦竹笋）

Arundo donax L.

多年生草本，具发达根状茎。秆粗大直立，高3～6 m，直径(1)1.5～2.5(3.5)cm，坚韧，具多数节，常生分枝。叶鞘长于节间，无毛或颈部具长柔毛；叶舌截平，长约1.5 mm，顶端具短纤毛；叶片扁平，长30～50 cm，宽3～5 cm，叶面与边缘微粗糙，基部白色，抱茎。圆锥花序极大型，长30～60(90)cm，宽3～6 cm，分枝稠密，斜升；小穗长10～12 mm；含2～4小花，小穗轴节长约1 mm；外稃中脉延伸成1～2 mm的短芒，背面中部以下密生长柔毛，毛长5～7 mm，基盘长约0.5 mm，两侧上部具短柔毛，第一外稃长约1 cm；内稃长约为外稃之半；雄蕊3枚，颖果细小黑色。

多生于河岸上或溪涧旁。见于县城官渡河边。

芦竹的根状茎和嫩笋芽药用，味苦、甘，性寒。清热泻火。治热病烦渴、风火牙痛、小便不利。

7. 燕麦属 Avena L.

一年生草本。小穗有2至多朵能育小花，圆锥花序，小穗有2～7朵小花，小穗轴延伸，外稃有5脉，叶无小横脉，第二颖长于第一小花，外稃有芒，小穗长18～25 cm。光山有1种。

1. 野燕麦（燕麦草）

Avena fatua L.

一年生草本。须根较坚韧。秆直立，光滑无毛，高60～120 cm，具2～4节。叶鞘松弛，光滑或基部者被微毛；叶舌透明膜质，长1～5 mm；叶片扁平，长10～30 cm，宽4～12 mm，微粗糙，或叶面和边缘疏生柔毛。圆锥花序开展，金字塔形，长10～25 cm，分枝具棱角，粗糙；小穗长18～25 mm，含2～3小花，其柄弯曲下垂，顶端膨胀；小穗轴密生淡棕色或白色硬毛，其节脆硬易断落，第一节间长约3 mm；颖草质，几相等，通常具9脉；外稃质地坚硬，第一外稃长15～20 mm，背面中部以下具淡棕色或白色硬毛，芒自稃体中部稍下处伸出，长2～4 cm，膝曲，芒柱棕色，扭转。颖果被淡棕色柔毛。

生于荒芜田野，常与小麦混生成为田间杂草。见于县城官渡河边。

野燕麦全草药用，味甘，性平。收敛止血，固表止汗。治吐血、血崩、白带、便血、自汗、盗汗。

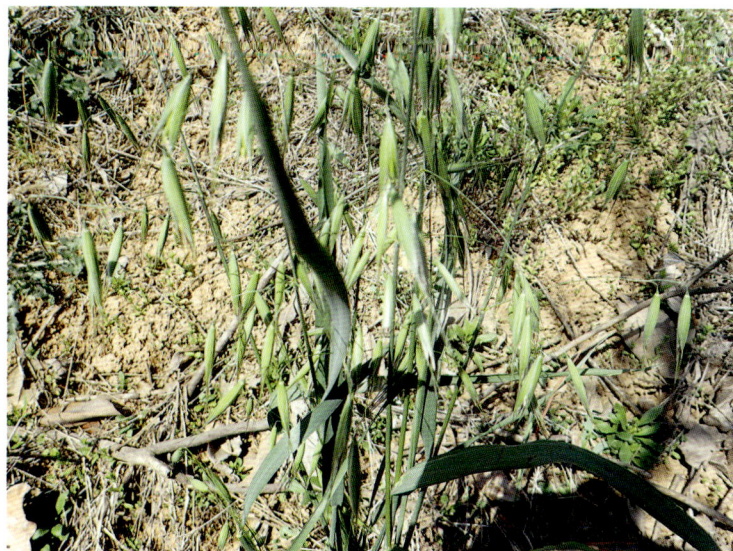

8. 菵草属 Beckmannia Host

小穗具1朵能育小花，颖发育，叶无横脉，圆锥花序，小穗1朵小花，外稃无芒，小穗脱节于颖之下，小穗两侧压扁。光山有1种。

1. 菵草（菵米）

Beckmannia syzigachne (Steud.) Fern.

一年生或二年生草本，疏丛型，秆直立，基部节微膝曲，高45～80 cm，光滑，无毛，具2～4节。叶鞘无毛，叶鞘较节间为长，叶舌透明，膜质，长3～10 mm；叶片扁平，两面粗糙，长6～15 mm，宽3～10 mm。圆锥花序狭窄，长10～25 cm，有多数直立长为1～5 cm的穗状花序稀疏排列而成；小穗通常单生，灰绿色，压扁，近圆形，基部有节，脱落于颖之下，通常含1～2小花，长约3 mm；内、外颖半圆形，泡状膨大，背面弯曲，稍草质，背部灰绿色，具淡色的横纹；内、外稃等长，外稃披针形，膜质，有5脉，常具伸出颖外的短尖头；花药黄色，长约1 mm。

生于沟边、湿地及沼泽等处。见于南向店乡董湾村林场。

菵草全草药用，味甘，性寒。清热，利肠胃，益气。治感冒发热、食滞胃肠、身体乏力等。

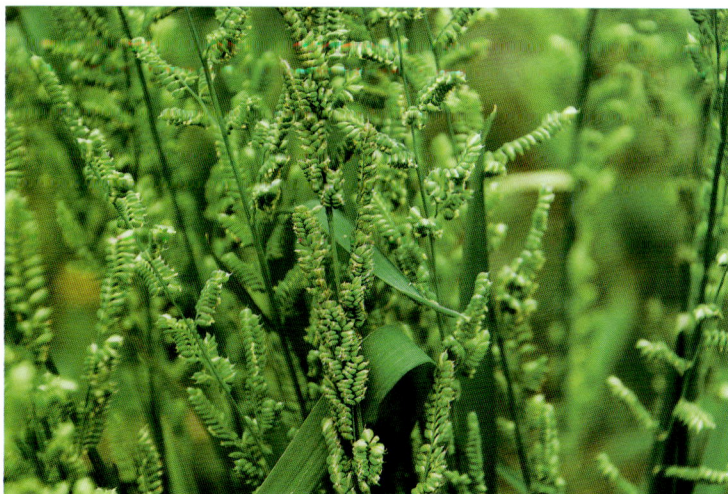

9. 孔颖草属 Bothriochloa O. Kuntze

小穗有2朵小花，小穗脱节于颖之下，小穗成对着生，一有柄，一无柄，能育小花具1膝曲的芒，小穗两性，小穗成对着生于穗轴各节上，成对小穗异形异性，无柄小穗能育，总状花序有无柄小穗8枚以上。光山有1种。

1. 白羊草

Bothriochloa ischaemum (L.) Keng

多年生草本。秆丛生；叶鞘无毛，多密集于基部而相互跨覆，常短于节间；叶舌膜质，长约1mm，具纤毛；叶片线形，长5～16cm，宽2～3mm，顶生者常缩短，顶端渐尖，基部圆形，两面疏生疣基柔毛或叶背无毛。总状花序4至多数着生于秆顶呈指状，长3～7cm，纤细，灰绿色或带紫褐色；第一颖草质，背部中央略下凹，具5～7脉，下部1/3处具丝状柔毛，边缘内卷成2脊，脊上粗糙，顶端钝或带膜质；第二颖舟形，中部以上具纤毛，脊上粗糙，边缘亦膜质；第一外稃长圆状披针形，长约3mm，顶端尖，边缘上部疏生纤毛；第二外稃退化成线形，顶端延伸成一膝曲扭转的芒，芒长10～15mm。

生于山坡草地和荒地。见于槐店乡珠山村。

10. 雀麦属 Bromus L.

圆锥花序开展或紧缩，小穗有3至多数小花，上部小花常不孕；颖披针形或近卵形，具5～7脉，顶端尖或长渐尖或芒状；外稃背部圆形或压扁成脊，具5～9脉。光山有2种。

1. 雀麦

Bromus japonica Thumb. ex Murr.

一年生。秆直立，高40～90cm。叶鞘闭合，被柔毛；叶舌顶端近圆形，长1～2.5mm；叶片长12～30cm，宽4～8mm，两面生柔毛。圆锥花序疏展，长20～30cm，宽5～10cm，具

2～8分枝，向下弯垂；分枝细，长5～10cm，上部着生1～4枚小穗；小穗黄绿色，密生7～11小花，长12～20mm，宽约5mm；颖近等长，脊粗糙，边缘膜质，第一颖长5～7mm，具3～5脉，第二颖长5～7.5mm，具7～9脉；外稃椭圆形，草质，边缘膜质，长8～10mm，一侧宽约2mm，具9脉，微粗糙，顶端钝三角形，芒自顶端下部伸出，长5～10mm，基部稍扁平，成熟后外弯；内稃长7～8mm，宽约1mm，两脊疏生细纤毛；花药长1mm。颖果长7～8mm。

生于山坡林缘、荒野路旁、河漫滩湿地。见于南向店乡王母观。

2. 旱雀麦

Bromus tectorum L.

一年生。秆直立，高20～60cm，具3～4节。叶鞘生柔毛；叶舌长约2mm；叶片长5～15cm，宽2～4mm，被柔毛。圆锥花序开展，长8～15cm，下部节具3～5分枝；分枝粗糙，有柔毛，细弱，多弯曲，着生4～8枚小穗；小穗密集，偏生于一侧，稍弯垂，含4～8小花，长10～18mm；小穗轴节间长2～3mm；颖狭披针形，边缘膜质，第一颖长5～8mm，具1脉，第二颖长7～10mm，具3脉；外稃长9～12mm，一侧宽1～1.5mm，具7脉，粗糙或生柔毛，顶端渐尖，边缘薄膜质，有光泽，芒细直，自2裂片间伸出，长10～15mm；花药长0.5～2mm。颖果长7～10mm，贴生于内稃。

生于荒野干旱山坡、路旁、河滩、草地。见于南向店乡环山村。

11. 拂子茅属 Calamagrostis Adans.

小穗1朵能育小花，颖发育，叶无横脉，圆锥花序，小穗1朵小花，外稃无芒，小穗脱节于颖之上，颖有1或3脉，小穗

轴不延伸至内稃后，外稃膜质而透明，外稃基盘有长柔毛。光山有1种。

1. 拂子茅

Calamagrostis epigeios (L.) Roth.

多年生草本。叶鞘平滑或稍粗糙，短于或基部者长于节间；叶舌膜质，长5～9 mm，长圆形，顶端易破裂；叶片长15～27 cm，宽4～8 mm，扁平或边缘内卷，叶面及边缘粗糙，叶背较平滑。圆锥花序紧密，圆筒形，劲直、具间断，长10～25 cm，中部径1.5～4 cm，分枝粗糙，直立或斜向上升；小穗长5～7 mm，淡绿色或带淡紫色；两颖近等长或第二颖微短，顶端渐尖，具1脉，第二颖具3脉，主脉粗糙；外稃透明膜质，长约为颖之半，顶端具2齿，基盘的柔毛几与颖等长，芒自稃体背中部附近伸出，细直，长2～3 mm；内稃长约为外稃的2/3，顶端细齿裂；小穗轴不延伸于内稃之后。

生于潮湿地及河岸沟渠旁等处，常聚生成片生长。见于槐店乡万河村。

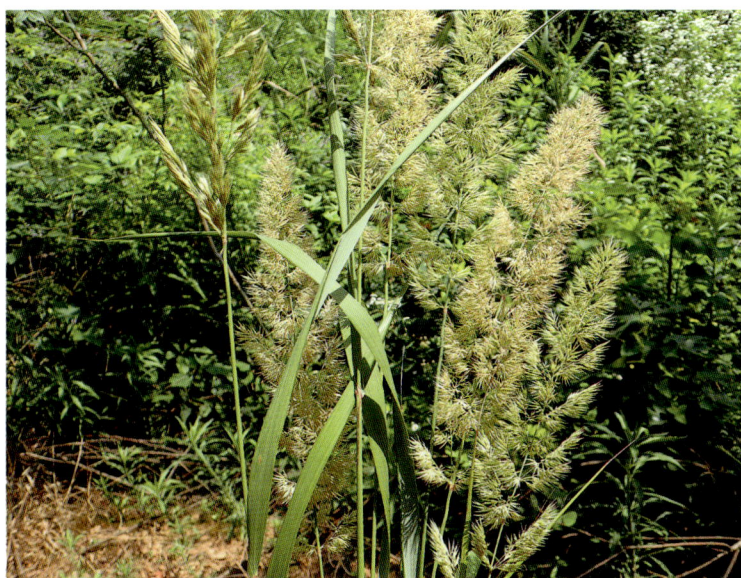

12. 薏苡属 Coix L.

小穗有2朵小花，小穗脱节于颖之下，小穗成对着生，一有柄，一无柄，能育小花具1膝曲的芒，小穗单性，雌、雄小穗位于同花序上，雌小穗包藏于骨质、珠状的总苞内。光山有1种。

1. 薏苡（薏米、川谷根）

Coix lacryma-jobi L.

一年生粗壮草本。叶鞘短于其节间，无毛；叶舌干膜质，长约1 mm；叶片扁平带状，开展，长10～40 cm，宽1.5～3 cm，基部圆形或近心形，中脉粗厚，在叶背隆起，边缘粗糙，通常无毛。总状花序腋生成束，长4～10 cm，直立或下垂，具长梗。雌小穗位于花序之下部，外面包以骨质念珠状的总苞，总苞卵圆形，长7～10 mm，直径6～8 mm，珐琅质，坚硬，有光泽；第一颖卵圆形，顶端渐尖呈喙状，具10余脉，包围着第二颖及第一外稃；第二外稃短于颖，具3脉，第二内稃较小；雄蕊常退化；雌蕊具细长的柱头，从总苞的顶端伸出，颖果小，含淀粉少，常不饱满。雄小穗2～3对，着生于总状花序上部，长1～2 cm。

生于溪边、水边、塘边。见于县城官渡河边。

薏苡全草药用，味甘、淡、性微寒。根茎清热，利湿，杀虫。根：利水，止咳。根茎：治尿路感染、尿路结石、水肿、脚气、蛔虫病、白带过多。根：治麻疹、筋骨拘挛。

13. 香茅属 Cymbopogon Spreng.

小穗有2朵小花，小穗脱节于颖之下，小穗成对着生，一有柄，一无柄，能育小花具1膝曲的芒，小穗两性，小穗成对着生于穗轴各节上，第二外稃正常，花序双生，花序下部1对小穗不育。光山有1种。

1. 青香茅（橘香草、香花草）

Cymbopogon caesius (Nees ex Hook. et Arn.) Stapf

多年生草本。叶鞘无毛，短于其节间；叶舌长1～3 mm；叶片线形，长10～25 cm，宽2～6 mm，基部窄圆形，边缘粗糙，顶端长渐尖。假圆锥花序狭窄，长10～20 cm，分枝单纯，宽2～4 cm；佛焰苞长1.4～2 cm；总状花序长约1.2 cm；总状花序轴节间长约1.5 mm，边缘具白色柔毛；下部总状花序基部与小穗柄稍肿大增厚；无柄小穗长约3.5 mm；第一颖卵状披针形，宽1～1.2 mm，脊上部具稍宽的翼，顶端钝，脊间无脉或有不明显的2脉，中部以下具1纵深沟；第二外稃长约1 mm，中下部膝曲，芒针长约9 mm；雄蕊3枚，花药长约2 mm；有柄小穗长3～3.5 mm，第一颖具7脉。

生于干旱的山坡草地上。殷棚乡牢山林场。

青香茅全草药用，味辛，性温。祛风除湿、消肿止痛。治风湿痹痛偏寒、胃寒疼痛、月经不调、跌打损伤、瘀血肿痛、阳痿。

14. 狗牙根属Cynodon Rich.

小穗含1朵能育小花，颖发育，叶无横脉，穗状花序1至数枚花序呈指状簇生于主轴顶端，外稃无芒，第1小花外稃膜质，较颖长。光山有1种。

1. 狗牙根（铁线草、绊根草）

Cynodon dactylon (L.) Pers.

匍匐草本，具根茎。秆细而坚韧，下部匍匐地面蔓延甚长，节上常生不定根，直立部分高10～30 cm，直径1～1.5 mm，秆壁厚，光滑无毛，有时略两侧压扁。叶鞘微具脊，无毛或有疏柔毛，鞘口常具柔毛；叶舌仅为1轮纤毛；叶片线形，长1～12 cm，宽1～3 mm，常两面无毛。穗状花序3～5枚，长2～5 cm；小穗灰绿色或带紫色，长2～2.5 mm，仅含1小花；颖长1.5～2 mm，第二颖稍长，均具1脉，背部成脊而边缘膜质；外稃舟形，具3脉，背部明显成脊，脊上被柔毛；内稃与外稃近等长，具2脉；鳞被上缘近截平；花药淡紫色；子房无毛，柱头紫红色。颖果长圆柱形。

生于旷野、路旁及草地上。光山各地常见。

狗牙根全草药用，味甘，性平。清热利尿，散瘀止血，舒筋活络。治上呼吸道感染、肝炎、痢疾、泌尿道感染、鼻衄、咯血、呕血、便血、脚气水肿、风湿骨痛、荨麻疹、半身不遂、手脚麻木、跌打损伤。外用治外伤出血、骨折、疮痈、小腿溃疡。

15. 野青茅属Deyeuxia Clarion

小穗含1朵能育小花，颖发育，叶无横脉，圆锥花序；小穗含1朵小花，外稃无芒，小穗脱节于颖之上，颖有1或3脉，小穗轴延伸至内稃后，外稃草质，不透明。光山有1种。

1. 疏穗野青茅

Deyeuxia effusiflora Rendle

多年生草本。疏丛，秆直立。叶鞘脉间贴生倒向微毛，基部及上部者长于而中部者短于节间；叶舌厚，干膜质，长1～2(4)mm，顶端钝圆或平截，有时微凹；叶片扁平或稍卷折，长30～70 cm，宽5～10 mm，叶面密生微毛，叶背粗糙。圆锥花序开展，长20～35 cm，宽达15 cm，主轴节间长3～7 cm且粗糙，分枝簇生，稍粗涩，开展，长达15 cm，下部裸露；小穗长3～4 mm，灰绿色基部带紫色；两颖近等长，披针形，顶端钝或稍尖，具1脉，第二颖具3脉，主脉中、上部稍粗糙；外稃稍短于颖，顶端具4微齿，基盘两侧的柔毛长约为稃体的1/3，芒自稃体基部1/5处伸出，长4～5 mm，细直或微弯。

生于山谷、沟边潮湿之处。见于殷棚乡牢山林场。

16. 马唐属Digitaria Heist. ex Adans

小穗有2朵小花，小穗脱节于颖之下，小穗单生，雌雄同株，花序不形成头状花序，小穗同型，小穗单生或2～3枚排列于穗轴一侧，颖和外稃无芒。光山有4种。

1. 升马唐

Digitaria ciliaris (Retz.) Koel.

一年生。叶鞘常短于其节间，多少具柔毛；叶舌长约2 mm；叶片线形或披针形，长5～20 cm，宽3～10 mm，叶面散生柔毛，边缘稍厚，微粗糙。总状花序5～8枚，长5～12 cm，呈指状排列于茎顶；穗轴宽约1 mm，边缘粗糙；小穗披针形，长3～3.5 mm，孪生于穗轴一侧；小穗柄微粗糙，顶端截平；第一颖小，三角形；第二颖披针形，长约为小穗的2/3，具3脉，脉间及边缘生柔毛；第一外稃等长于小穗，具

7脉，脉平滑，中脉两侧的脉间较宽而无毛，其他脉间贴生柔毛，边缘具长柔毛；第二外稃椭圆状披针形，革质，黄绿色或带铅色，顶端渐尖；等长于小穗。

生于路旁、荒野、荒坡。见于官渡河边。

2. 毛马唐
Digitaria chrysoblephara Fig.

一年生。叶鞘多短于其节间，常具柔毛；叶舌膜质，长1～2 mm；叶片线状披针形，长5～20 cm，宽3～10 mm，两面多少生柔毛，边缘微粗糙。总状花序4～10枚，长5～12 cm，呈指状排列于秆顶；穗轴宽约1 mm，中肋白色，约占其宽的1/3，两侧的绿色翼缘具细刺状粗糙；小穗披针形，长3～3.5 mm，孪生于穗轴一侧；小穗柄三棱形，粗糙；第一颖小，三角形；第二颖披针形，长约为小穗的2/3，具3脉，脉间及边缘生柔毛；第一外稃等长于小穗，具7脉，脉平滑，中脉两侧的脉间较宽而无毛，间脉与边脉间具柔毛及疣基刚毛，成熟后，两种毛均平展张开；第二外稃淡绿色，等长于小穗；花药长约1 mm。

生于路旁、荒野、荒坡。见于官渡河边。

3. 止血马唐
Digitaria ischaemum (Schreb.) Schreb. ex Muhlens

一年生。秆直立或基部倾斜，高15～40 cm，下部常有毛。叶鞘具脊，无毛或疏生柔毛；叶舌长约0.6 mm；叶片扁平，线状披针形，长5～12 cm，宽4～8 mm，顶端渐尖，基部近圆形，多少生长柔毛。总状花序长2～9 cm，具白色中肋，两侧翼缘

粗糙；小穗长2～2.2 mm，宽约1 mm，2～3枚着生于各节；第一颖不存在；第二颖具3～5脉，等长或稍短于小穗；第一外稃具5～7脉，与小穗等长，脉间及边缘具细柱状棒毛与柔毛。第二外稃成熟后紫褐色，长约2 mm。有光泽。

生于路旁、荒野、荒坡。见于官渡河边。

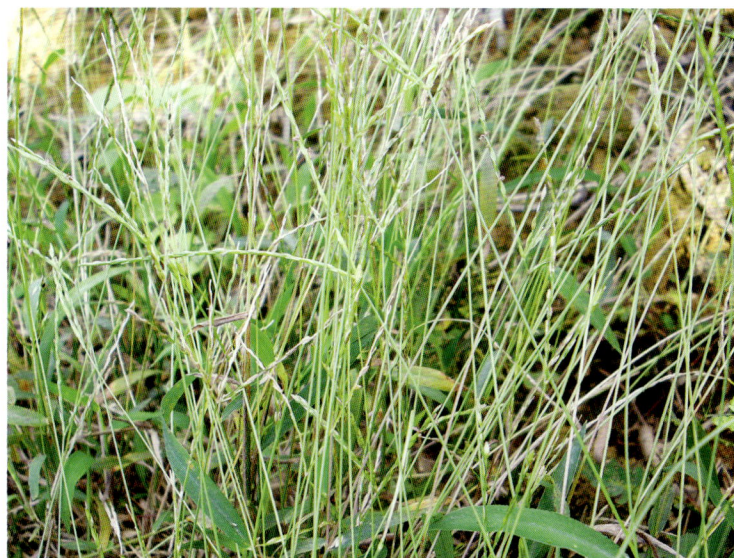

4. 紫马唐
Digitaria violascens Link.

一年生直立草本。叶鞘短于节间，无毛或生柔毛；叶舌长1～2 mm；叶片线状披针形，质地较软，扁平，长5～15 cm，宽2～6 mm，粗糙，基部圆形，无毛或叶面基部及鞘口生柔毛。总状花序长5～10 cm，4～10枚呈指状排列于茎顶或散生于长2～4 cm的主轴上；穗轴宽0.5～0.8 mm，边缘微粗糙；小穗椭圆形，长1.5～1.8 mm，宽0.8～1 mm，2～3枚生于各节；小穗柄稍粗糙；第一颖不存在；第二颖稍短于小穗，具3脉，脉间及边缘生柔毛；第一外稃与小穗等长，有5～7脉，脉间及边缘生柔毛；毛壁有小疣突，中脉两侧无毛或毛较少，第二外稃与小穗近等长，中部宽约0.7 mm，顶端尖，有纵行颗粒状粗糙，紫褐色。

生于路旁、荒野、荒坡。见于泼陂河镇东岳寺村、白雀园镇、官渡河边。

17. 稗属Echinochloa Beauv.

小穗有2朵小花，小穗脱节于颖之下，小穗单生，雌雄同株，花序不形成头状花序，小穗同型，小穗单生或2～3枚，排列于穗轴一侧，颖或外稃有芒，小穗背腹压扁，第二颖边缘无

毛。光山有2种1变种。

1. 稗（稗子、扁扁草）

Echinochloa crusgalli (L.) P. Beauv.

一年生草本。叶鞘疏松裹秆，平滑无毛，下部者长于节间而上部者短于节间；叶舌缺；叶片扁平，线形，长10～40 cm，宽5～20 mm，无毛，边缘粗糙。圆锥花序直立，近尖塔形，长6～20 cm；主轴具棱，粗糙或具疣基长刺毛；分枝斜上举或贴向主轴，有时再分小枝；穗轴粗糙或生疣基长刺毛；小穗卵形，长3～4 mm，脉上密被疣基刺毛，具短柄或近无柄，密集在穗轴的一侧；第一颖三角形，长为小穗的1/3～1/2，具3～5脉，脉上具疣基毛，基部包卷小穗，顶端尖；第二颖与小穗等长，顶端渐尖或具小尖头，具5脉，脉上具疣基毛；第一小花通常中性，其外稃草质，上部具7脉，脉上具疣基刺毛，顶端延伸成一粗壮的芒，芒长0.5～1.5 cm。

生于沼泽地、沟边及水稻田中。见于县城官渡河边

稗全草药用，味甘、苦，性微寒。止血生肌。治金疮、外伤出血。外用鲜品捣烂敷患处。

2. 无芒稗

Echinochloa crusgalli (L.) P. Beauv. var. **mitis** (Pursh) Peterm.

无芒稗与稗相似，主要区别在于，无芒稗基本无芒，而稗的芒长达1.5 cm。

生于沼泽地、沟边及水稻田中。见于县城官渡河边。

3. 旱稗

Echinochloa hispidula (Retz.) Nees

秆高40～90 cm。叶鞘平滑无毛；叶舌缺；叶片扁平，线形，长10～30 cm，宽6～12 mm。圆锥花序狭窄，长5～15 cm，宽1～1.5 cm，分枝上不具小枝，有时中部轮生；小穗卵状椭圆形，长4～6 mm；第一颖三角形，长为小穗的1/2～2/3，基部包卷小穗；第二颖与小穗等长，具小尖头，有5脉，脉上具刚毛或有时具疣基毛，芒长0.5～1.5 cm；第一小花通常中性，外稃草质，具7脉，内稃薄膜质，第二外稃革质，坚硬，边缘包卷同质的内稃。

生于沼泽地、沟边及水稻田中。见于县城官渡河边。

18. 穇属 Eleusine Gaertn.

小穗有2至多朵能育小花，总状或指状花序，外稃1～3脉，小穗3～6朵小花，穗轴不延伸于顶生小穗之外，外稃无芒。光山有1种。

1. 牛筋草（蟋蟀草）

Eleusine indica (L.) Gaertn.

一年生草本。叶鞘两侧压扁而具脊，松弛，无毛或疏生疣毛；叶舌长约1 mm；叶片平展，线形，长10～15 cm，宽3～5 mm，无毛或叶面被疣基柔毛。穗状花序2～7个指状着生于秆顶，稀单生，长3～10 cm，宽3～5 mm；小穗长4～7 mm，宽2～3 mm，含3～6小花；颖披针形，具脊，脊粗糙；第一颖长1.5～2 mm；第二颖长2～3 mm；第一外稃长3～4 mm，卵

形，膜质，具脊，脊上有狭翼，内稃短于外稃，具2脊，脊上具狭翼。囊果卵形，长约1.5 mm，基部下凹，具明显的波状皱纹。鳞被2枚，折叠，具5脉。

生于村前村后旷野、荒芜之地。光山各地常见。

牛筋草全草药用，味甘、淡，性平。清热解毒，祛风利湿，散瘀止血。防治流行性乙型脑炎、流行性脑脊髓膜炎；治风湿性关节炎、黄疸型肝炎、小儿消化不良、肠炎、痢疾、尿道炎。外用治跌打损伤、外伤出血、狗咬伤。

19. 披碱草属 Elymus L.

小穗有2至多朵能育小花，总状或指状花序，外稃5脉以上，小穗的两颖均有，小穗单生于穗轴各节，外稃有显著的基盘，颖果与内外稃紧贴。光山有1种。

1. 披碱草

Elymus dahuricus Turcz.

草本。叶鞘光滑无毛；叶片扁平，稀可内卷，叶面粗糙，叶背光滑，有时呈粉绿色，长15～25 cm，宽5～9 mm。穗状花序直立，较紧密，长14～18 cm，宽5～10 mm；穗轴边缘具小纤毛，中部各节具2小穗而接近顶端和基部各节只具1小穗；小穗绿色，成熟后变为草黄色，长10～15 mm，含3～5小花；颖披针形或线状披针形，长8～10 mm，顶端长达5 mm的短芒，有3～5明显而粗糙的脉；外稃披针形，上部具5条明显的脉，全部密生短小糙毛，第一外稃长9 mm，顶端延伸成芒，芒粗糙，长10～20 mm；内稃与外稃等长，顶端截平，脊上具纤毛，至基部渐不明显，脊间被稀少短毛。

生于山沟及山坡草地。见于南向店乡刘堂村、万河村。

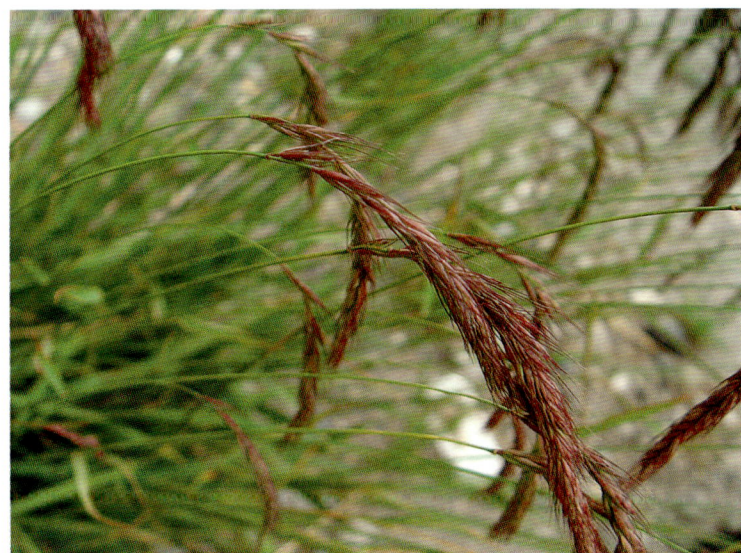

20. 画眉草属 Eragrostis Wolf

小草本，株高20～60 cm。小穗有2至多朵能育小花，圆锥花序，小穗有2～7朵小花，小穗轴延伸，外稃有3脉，小穗单生，有柄，非排列于穗轴的一侧。光山有4种。

1. 大画眉草

Eragrostis cilianensis (All.) Link. ex Vignolo-Lutati

一年生。叶鞘疏松裹茎，脉上有腺体，鞘口具长柔毛；叶舌为一圈成束的短毛，长约0.5 mm；叶片线形扁平，伸展，长6～20 cm，宽2～6 mm，无毛，叶脉上与叶缘均有腺体。圆锥花序长圆形或尖塔形，长5～20 cm，分枝粗壮，单生，上举，腋间具柔毛，小枝和刁穗柄上均有腺体；小穗长圆形或卵状长圆形，墨绿色带淡绿色或黄褐色，扁压并弯曲，长5～20 mm，宽2～3 mm，有10～40小花，小穗除单生外，常密集簇生；颖近等长，长约2 mm，颖具1脉或第二颖具3脉，脊上均有腺体；外稃呈广卵形，顶端钝，第一外稃长约2.5 mm，宽约1 mm；雄蕊3枚，花药长0.5 mm。颖果近圆形，径约0.7 mm。

生于田野路旁、河边及潮湿地。见于白雀园镇大尖山。

2. 乱草（碎米知风草）

Eragrostis japonica (Thunb.) Trin.

一年生草本。叶鞘一般比节间长，松裹茎，无毛；叶舌干膜质，长约0.5 mm；叶片平展，长3～25 cm，宽3～5 mm，光滑无毛。圆锥花序长圆形，长6～15 cm，宽1.5～6 cm，整个花序常超过植株一半以上，分枝纤细，簇生或轮生，腋间无毛。小穗柄长1～2 mm；小穗卵圆形，长1～2 mm，有4～8小花，成熟后紫色，自小穗轴由上而下的逐节断落；颖近等长，长约0.8 mm，顶端钝，具1脉；第一外稃长约1 mm，阔椭圆形，顶端钝，具3脉，侧脉明显；内稃长约0.8 mm，顶端为3齿，具2

脊，脊上疏生短纤毛。雄蕊2枚，花药长约0.2 mm。颖果棕红色并透明，卵圆形，长约0.5 mm。

生于田野路旁、河边及潮湿地。见于晏河乡黄板桥村、官渡河边。

乱草全草药用，味淡，性平。利尿通淋，凉血止血。治热淋、咳血、吐血、衄血。

3. 宿根画眉草
Eragrostis perennans Keng

多年生草本。叶鞘质较硬，圆筒形，鞘口密生长柔毛，基部很多叶鞘残存；叶舌膜质，长约0.2 mm，或为一圈纤毛；叶片平展，长10～45 cm，宽3～5 mm，质硬，无毛，叶面较粗糙。圆锥花序开展，长20～35 cm，宽3～6 cm，每节分枝1个，下部有时一节多个分枝，腋间疏生柔毛；小穗柄长1～5 mm，小穗黄色带紫色，长5～20 mm，宽2～3 mm，含7～24小花；颖为广披针形，顶端渐尖，具1脉，第一颖长约1.6 mm，第二颖长约2 mm；外稃长圆状披针形，顶端尖，第一外稃长约2.5 mm，具3脉，侧脉明显而突出；内稃长约2 mm，脊上具纤毛，宿存；花药长约1 mm。颖果棕褐色，椭圆形，微扁，长约0.8 mm。

生于田野路旁、河边及潮湿地。见于县城官渡河边。

4. 画眉草（星星草）
Eragrostis pilosa (L.) Beauv.[*E. afghanica* Gandog.]

一年生草本，秆丛生。叶鞘松裹茎，长于或短于节间，扁压，鞘缘近膜质，鞘口有长柔毛；叶舌为一圈纤毛，长约0.5 mm；叶片线形扁平或卷缩，长6～20 cm，宽2～3 mm，无毛。圆锥花序开展或紧缩，长10～25 cm，宽2～10 cm，分枝单生、簇生或轮生，多直立向上，腋间有长柔毛，小穗具柄，长3～10 mm，宽1～1.5 mm，含4～14小花；颖为膜质，披针形，顶端渐尖。第一颖长约1 mm，无脉，第二颖长约1.5 mm，具1脉；第一外稃长约1.8 mm，阔卵形，顶端尖，具3脉；内稃长约1.5 mm，稍作弓形弯曲，脊上有纤毛，迟落或宿存；雄蕊3枚，花药长约0.3 mm。颖果长圆形。

生于田野路旁、河边及潮湿地。见于白雀园镇赛山村。

21. 蜈蚣草属 Eremochloa Buse

小穗有2朵小花，小穗脱节于颖之下，小穗成对着生，一有柄，一无柄，能育小花具1膝曲的芒，小穗两性，第二外稃无芒，总状花序单生秆顶。光山有1种。

1. 假俭草
Eremochloa ophiuroides (Munro) Hack.

多年生草本，具强壮的匍匐茎。叶鞘压扁，多密集跨生于秆基，鞘口常有短毛；叶片条形，顶端钝，无毛，长3～8 cm，宽2～4 mm，顶生叶片退化。总状花序顶生，稍弓曲，压扁，长4～6 cm，宽约2 mm，总状花序轴节间具短柔毛。无柄小穗长圆形，覆瓦状排列于总状花序轴一侧，长约3.5 mm，宽约1.5 mm；第一颖硬纸质，无毛，5～7脉，两侧下部有篦状短刺或几无刺，顶端具宽翅；第二颖舟形，厚膜质，3脉；第一外稃膜质，近等长；第二小花两性，外稃顶端钝；花药长约

2 mm；柱头红棕色。有柄小穗退化或仅存小穗柄，披针形，长约3 mm，与总状花序轴贴生。

生于潮湿草地及河岸、路旁。见于白雀园镇赛山村。

22. 野黍属 Eriochloa Kunth.

小穗有2朵小花，小穗脱节于颖之下，小穗单生，雌雄同株，花序不形成头状花序，小穗同型，花序中无不育小枝形成的刚毛，小穗单生或2～3枚。光山有1种。

1. 野黍（拉拉草、唤猪草）

Eriochloa villosa (Thunb.) Kunth

一年生草本。叶鞘无毛或被毛或鞘缘一侧被毛，松弛包茎，节具髭毛；叶舌具毛长约1 mm纤毛；叶片扁平，长5～25 cm，宽5～15 mm，表面具微毛，叶背光滑，边缘粗糙。圆锥花序狭长，长7～15 cm，由4～8枚总状花序组成；总状花序长1.5～4 cm，密生柔毛，常排列于主轴一侧；小穗卵状椭圆形，长4.5～5 mm；基盘长约0.6 mm；小穗柄极短，密生长柔毛；第一颖微小，短于或长于基盘；第二颖与第一外稃皆为膜质，等长于小穗，均被细毛，前者具5～7脉，后者具5脉；第二外稃革质，稍短于小穗，顶端钝，具细点状皱纹；鳞被2，折叠，长约0.8 mm，具7脉；雄蕊3；花柱分离。

生于耕地、田边、摺荒地及居民点、林缘。见于槐店乡万河村、白雀园镇赛山村。

野黍全草药用，清热明目。治火眼、结膜火、视力模糊。

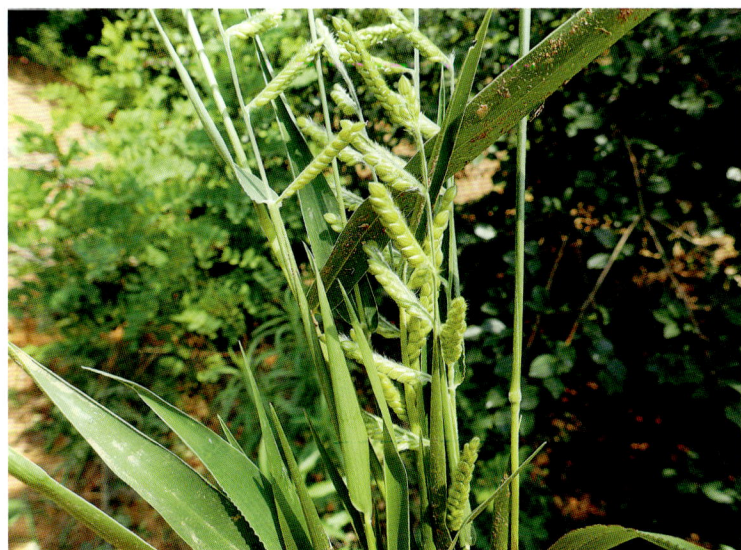

23. 金茅属 Eulalia Kunth

小穗有2朵小花，小穗脱节于颖之下，小穗成对着生，一有柄，一无柄，能育小花具1膝曲的芒，小穗两性，小穗成对着生于穗轴各节上，不嵌入或紧贴序轴。光山有1种。

1. 金茅

Eulalia speciosa (Debeaux) Kuntze

草本；叶舌截平，长约1 mm；叶片长25～50 cm，宽4～7 mm，质硬，扁平或边缘内卷，除上面近基部有柔毛外，余均无毛。总状花序5～8枚，淡黄棕色至棕色。总状花序轴节间长3～4 mm；无柄小穗长圆形，长约5 mm，基盘可具长为小穗1/6～1/3的柔毛；第一颖背部微凹，在其下半部常具淡黄色柔毛，具2脊，顶端稍钝；第二颖舟形，背具1脉呈脊，在脊两旁常具柔毛，上部边缘具纤毛；第一小花通常仅一外稃，长圆状披针形，几与颖等长，上部边缘具微小纤毛；第二外稃较狭，长约3 mm，顶端2浅裂，裂齿间伸出长约15 mm的芒，芒两回膝曲；第二内稃卵状长圆形，长约2 mm，顶端钝，具小纤毛；雄蕊3枚，花药长约3.5 mm。

常生于山坡草地。见于晏河乡大苏山。

24. 甜茅属 Glyceria R. Br.

小穗含数个至多数小花，两侧压扁或多少呈圆柱形，小穗轴无毛或粗糙，脱节于颖之上及各小花之间；颖膜质或纸质兼膜质，顶端尖或钝。光山有1种。

1. 甜茅

Glyceria acutiflora Torr.

多年生草本。叶鞘闭合达中部或中部以上，通常长于节间，光滑；叶舌透明膜质，长4～7mm，顶端钝圆或尖，有时呈齿牙状；叶片柔软质薄，扁平，长5～15cm，宽4～5mm，两面及边缘微粗糙。圆锥花序退化几呈总状，狭窄，长15～30cm，基部常隐藏于叶鞘内，下部各节具直立的分枝，分枝着生2～3小穗，上部各节仅具1枚有短柄的小穗；小穗线形，长2～3.5cm，含5～12小花，密集或稍疏松；小穗轴第一节间长约2.5mm，光滑；颖质薄，边缘膜质。长圆形至披针形，具1脉，第一颖长2.5～4mm，第二颖长4～5mm；外稃草质，顶端狭窄，膜质，具7脉，点状粗糙，第一外稃长7～9mm。

生于农田、小溪及水沟。见于南向店乡董湾村。

25. 牛鞭草属 Hemarthria R. Br.

小穗有2朵小花，小穗脱节于颖之下，小穗成对着生，一有柄，一无柄，能育小花具1膝曲的芒，小穗两性，小穗成对着生于穗轴各节上，嵌入或紧贴序轴，第二外稃无芒。光山有1种。

1. 牛鞭草

Hemarthria altissima (Poir.) Stapf et C. E. Hubb.

多年生草本，有长而横走的根茎。叶鞘边缘膜质，鞘口具纤毛；叶舌膜质，白色，长约0.5mm，上缘撕裂状；叶片线形，长15～20cm，宽4～6mm，两面无毛。总状花序单生或簇生，长6～10cm，直径约2mm；无柄小穗卵状披针形，长5～8mm，第一颖革质，等长于小穗，背面扁平，具7～9脉，两侧具脊，顶端尖或长渐尖；第二颖厚纸质，贴生于总状花序轴凹穴中，但其顶端游离；第一小花仅存膜质外稃；第二小花两性，外稃膜质，长卵形，长约4mm；内稃薄膜质，长约为外稃的2/3，顶端圆钝，无脉；有柄小穗长约8mm，有时更长；第二颖完全游离于总状花序轴；第一小花中性，仅存膜质外稃；第二小花两稃均为膜质，长约4mm。

多生于田地、水沟、河滩等湿润处。见于县城官渡河边、槐店乡珠山村。

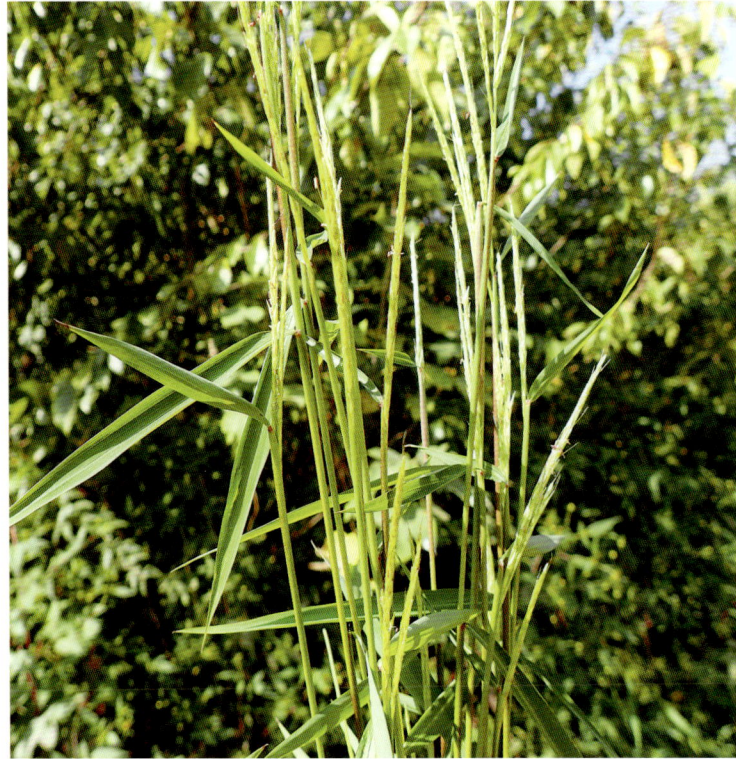

26. 白茅属 Imperata Cyrillo

小穗有2朵小花，小穗脱节于颖之下，小穗成对着生，一有柄，一无柄，能育小花具1膝曲的芒，小穗两性，小穗成对着生于穗轴各节上，不嵌入或紧贴序轴，成对小穗同形能育。光山有1变种。

1. 白茅（白茅根、茅根、苏茅根）

Imperata cylindrical (L.) Beauv. var. **major** (Nees) C. E. Hubb. ex Hubbard et Vaaughan

多年生草本，具粗壮的长根状茎。叶鞘聚集于秆基，甚长于其节间，质地较厚，老后破碎呈纤维状；叶舌膜质，长约2mm，紧贴其背部或鞘口具柔毛，分蘖叶片长约20cm，宽约8mm，扁平，质地较薄；秆生叶片长1～3cm，窄线形，通常内卷，顶端渐尖呈刺状，下部渐窄，或具柄，质硬，被有白粉，基部上面具柔毛。圆锥花序稠密，长20cm，宽达3cm，小穗长4.5～5(6)mm，基盘具长12～16mm的丝状柔毛；两颖草质及边缘膜质，近相等，具5～9脉，顶端渐尖或稍钝，常具纤毛，脉间疏生长丝状毛，第一外稃卵状披针形，长为颖片的2/3，透明膜质，无脉，顶端尖或齿裂。

常生于摺荒地及火烧后的林地或旱地上。见于县城官渡河边。

白茅的根状茎药用，味甘，性寒。清热利尿，凉血止血。治急性肾炎水肿、泌尿系感染、衄血、咯血、吐血、尿血、高血压病、热病烦渴、肺热咳嗽。

27. 柳叶箬属 Isachne R. Br.

小穗有2朵小花，小穗脱节于颖之上，第二外稃顶端无芒，颖片迟脱落，等长或稍短于小穗。光山有1种。

1. 柳叶箬

Isachne globosa (Thunb.) Kuntze.

多年生草本。叶鞘短于节间，无毛，但一侧边缘的上部或全部具疣基毛；叶舌纤毛状，长1～2 mm；叶片披针形，长3～10 cm，宽3～8 mm，顶端短渐尖，基部钝圆或微心形，两面均具微细毛而粗糙，边缘质地增厚，软骨质，全缘或微波状。圆锥花序卵圆形，长3～11 cm，宽1.5～4 cm，盛开时抽出鞘外，分枝斜升或开展，每一分枝着生1～3小穗；小穗椭圆状球形，长2～2.5 mm，淡绿色，或成熟后带紫褐色；两颖近等长，坚纸质，具6～8脉，无毛，顶端钝或圆，边缘狭膜质；第一小花通常雄性，幼时较第二小花稍窄狭，稃体质地亦稍软；第二小花雌性，近球形。颖果近球形。

生于山谷、沟边、稻田等潮湿处。见于槐店乡万河村。

28. 李氏禾属 Leersia Soland. ex Swartz

小穗含1朵能育小花，颖退化，小穗柄顶端无由颖退化而来的两个半月形的痕迹，小穗两性，明显两侧压扁。光山有1种。

1. 假稻

Leersia japonica Makino

多年生草本。秆下部伏卧地面，节生多分枝的须根，上部向上斜升，高60～80 cm，节密生倒毛。叶鞘短于节间，微粗糙；叶舌长1～3 mm，基部两侧下延与叶鞘连合；叶片长6～15 cm，宽4～8 mm，粗糙或叶背平滑。圆锥花序长9～12 cm，分枝平滑，直立或斜升，有角棱，稍压扁；小穗长5～6 mm，带紫色；外稃具5脉，脊具刺毛；内稃具3脉，中脉生刺毛；雄蕊6枚，花药长3 mm。花果期夏秋季。

生于池塘、水田、溪沟湖旁水湿地。见于槐店乡万河村、南向店乡。

29. 千金子属 Leptochloa P. Beauv.

小草本，株高20～60 cm。小穗有2至多朵能育小花，圆锥花序，小穗有2～7朵小花，小穗轴延伸，外稃有3脉，小穗单生，无柄，排列于穗轴的一侧。光山有1种。

1. 千金子

Leptochloa chinensis (L.) Nees

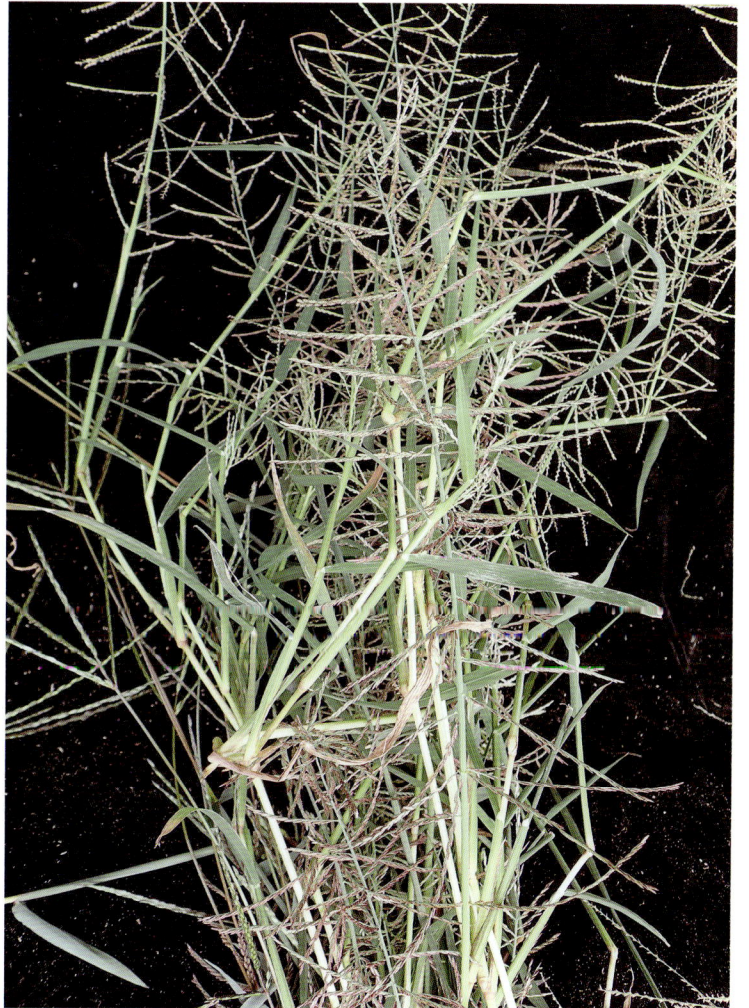

一年生草本。秆直立，基部膝曲或倾斜，高30～90 cm，平滑无毛。叶鞘无毛，大多短于节间；叶舌膜质，长1～2 mm，常撕裂具小纤毛；叶片扁平或多少卷折，顶端渐尖，两面微粗糙或叶背平滑，长5～25 cm，宽2～6 mm。圆锥花序长10～30 cm，分枝及主轴均微粗糙；小穗多带紫色，长

2～4 mm，含3～7小花；颖具1脉，脊上粗糙，第一颖较短而狭窄，长1～1.5 mm，第二颖长1.2～1.8 mm；外稃顶端钝，无毛或下部被微毛，第一外稃长约1.5 mm；花药长约0.5 mm。颖果长圆球形，长约1 mm。

生于潮湿草地。见于泼陂河镇东岳寺村、南向店乡环山村、官渡河边。

千金子全草药用，味辛、淡、性平。行水破血，化痰散结。治症瘕积聚、久热不退。

30. 黑麦草属Lolium L.

小穗有2至多朵能育小花，总状或指状花序，外稃5脉以上，小穗第1颖退化或仅在顶小穗中存在。光山有1种。

1. 毒麦

Lolium temulentum L.

一年生草本。叶鞘长于其节间，疏松；叶舌长1～2 mm；叶片扁平，质地较薄，长10～25 cm，宽4～10 mm，无毛，顶端渐尖，边缘微粗糙。穗形总状花序长10～15 cm，宽1～1.5 cm；穗轴增厚，质硬，节间长5～10 mm，无毛；小穗含4～10小花，长8～10 mm，宽3～8 mm；小穗轴节间长1～1.5 mm，平滑无毛；颖较宽大，与其小穗近等长，质地硬，长8～10 mm，宽约2 mm，有5～9脉，具狭膜质边缘；外稃长5～8 mm，椭圆形至卵形，成熟时肿胀，质地较薄，具5脉，顶端膜质透明，基盘微小，芒近外稃顶端伸出，长1～2 cm，粗糙；内稃约等长于外稃，脊上具微小纤毛。

生于田野、河边等潮湿草地。见于县城官渡河边。

31. 淡竹叶属Lophatherum Brongn

小草本，株高20～60 cm。小穗有2至多朵能育小花，圆锥花序，小穗有2～7朵小花，小穗轴延伸，外稃有7脉，叶有明显小横脉，外稃有小尖头，小穗脱节于颖之下。光山有1种。

1. 淡竹叶（山鸡米、竹叶草、竹叶麦冬）

Lophatherum gracile Brongn

多年生草本。须根中部膨大呈纺锤形小块根。叶鞘平滑或

外侧边缘具纤毛；叶舌质硬，长0.5～1 mm，褐色，背有糙毛；叶片披针形，长6～20 cm，宽1.5～2.5 cm，具横脉，有时被柔毛或疣基小刺毛，基部收窄成柄状。圆锥花序长12～25 cm，分枝斜升或开展，长5～10 cm；小穗线状披针形，长7～12 mm，宽1.5～2 mm，具极短柄；颖顶端钝，具5脉，边缘膜质，第一颖长3～4.5 mm，第二颖长4.5～5 mm；第一外稃长5～6.5 mm，宽约3 mm，具7脉，顶端具尖头，内稃较短，其后具长约3 mm的小穗轴；不育外稃向上渐狭小，互相密集包卷，顶端具长约1.5 mm的短芒；雄蕊2枚。颖果长椭圆形。

生于山坡林下或荫蔽处。光山见于殷棚乡牢山林场。

淡竹叶全草药用，味甘、淡、性寒。利小便，清心火，除烦热，生津止渴。治感冒发热、中暑、咽喉炎、尿道炎、高热烦渴、牙周炎、口腔炎、尿道炎、失眠。

32. 莠竹属Microstegium Nees

小穗有2朵小花，小穗脱节于颖之下，小穗成对着生，一有柄，一无柄，能育小花具1膝曲的芒，小穗两性，小穗成对着生于穗轴各节上，不嵌入或紧贴序轴，成对小穗同形能育。光山有1种。

1. 柔枝莠竹

Microstegium vimineum (Trin.) A. Camus

一年生草本。叶鞘短于其节间，鞘口具柔毛；叶舌截形，长约0.5 mm，背面生毛；叶片长4～8 cm，宽5～8 mm，边缘粗糙，顶端渐尖，基部狭窄，中脉白色。总状花序2～6枚，长约5 cm，近指状排列于长5～6 mm的主轴上，总状花序轴节间稍短于其小穗，较粗而压扁，生微毛，边缘疏生纤毛；无柄小穗长4～4.5 mm，基盘具短毛或无毛；第一颖披针形，纸质，背部有凹沟，贴生微毛，顶端具网状横脉，沿脊有锯齿状粗糙，内折边缘具丝状毛，顶端尖或有时具2齿；第二颖沿中脉粗糙，顶端渐尖，无芒；雄蕊3枚，花药长约1 mm或较长。颖果长圆形，长约2.5 mm。有柄小穗相似于无柄小穗或稍短，小穗柄短于穗轴节间。

生于山谷、林缘与阴湿草地。见于泼陂河镇东岳寺村、槐店乡万河村。

生于山脚湿地或林下。见于白雀园镇赛山村、泼陂河镇东岳寺村。

五节芒的根和茎药用，味甘、淡，性平。发表，理气，调经。治小儿疹出不透、小儿疝气、月经不调、胃寒作痛、筋骨扭伤、淋病。

2. 荻

Miscanthus sacchariflorus (Maxim.) Benth.[*Triarrhena sacchariflorus* (Miaxim.) Nakai]

多年生草本，具发达根状茎。叶鞘无毛，长于或上部者稍短于其节间；叶舌短，长0.5～1 mm，具纤毛；叶片扁平，宽线形，长20～50 cm，宽5～18 mm，除叶面基部密生柔毛外两面无毛，边缘锯齿状粗糙，基部常收缩成柄，顶端长渐尖，中脉白色，粗壮。圆锥花序疏展成伞房状，长10～20 cm，宽约10 cm；主轴无毛，具10～20枚较细弱的分枝，腋间生柔毛，直立而后开展；总状花序轴节间长4～8 mm，或具短柔毛；小穗柄顶端稍膨大，基部腋间常生有柔毛，短柄长1～2 mm，长柄长3～5 mm；小穗线状披针形，长5～5.5 mm，成熟后带褐色，基盘具长为小穗2倍的丝状柔毛。颖果长圆形。

生于山坡草地和平原岗地、河岸湿地。见于县城官渡河边。

33. 芒属Miscanthus Anderss.

小穗有2朵小花，小穗脱节于颖之下，小穗成对着生，一有柄，一无柄，能育小花具1膝曲的芒，小穗两性，小穗成对着生于穗轴各节上，不嵌入或紧贴序轴，成对小穗同形能育，圆锥花序，穗轴无关节，小穗有芒。光山有3种。

1. 五节芒（苦芦骨）

Miscanthus floridulus (Lab.) Warb. ex K. Schum.et Laut.

多年生草本，具发达根状茎。秆高大似竹，高2～4 m。叶片披针状线形，长25～60 cm，宽1.5～3 cm，扁平，基部渐窄或呈圆形，顶端长渐尖，中脉粗壮隆起，两面无毛，边缘粗糙。圆锥花序大型，稠密，长30～50 cm，主轴粗壮，延伸达花序的2/3以上，无毛；小穗卵状披针形，长3～3.5 mm，黄色，基盘具较长于小穗的丝状柔毛；第一颖无毛，顶端渐尖或有2微齿，侧脉内折呈2脊，脊间中脉不明显，上部及边缘粗糙；第二颖等长于第一颖，顶端渐尖，具3脉，中脉呈脊，粗糙，边缘具短纤毛，第一外稃长圆状披针形，稍短于颖，顶端钝圆，边缘具纤毛；第二外稃卵状披针形，长约2.5 mm，顶端尖或具2微齿，无毛或下部边缘具少数短纤毛，芒长7～10 mm。

3. 芒（芒草）

Miscanthus sinensis Anderss.

多年生草本。秆高1～2 m，无毛或在花序以下疏生柔毛。叶鞘无毛，长于其节间；叶舌膜质，长1～3 mm，顶端及其背面具纤毛；叶片线形，长20～50 cm，宽6～10 mm，叶背疏生柔毛及被白粉，边缘粗糙。圆锥花序直立，长15～40 cm，主轴无毛，延伸至花序的中部以下，节与分枝腋间具柔毛；分枝较粗硬，直立，不再分枝或基部分枝具第二次分枝，长10～30 cm；小枝节间三棱形，边缘微粗糙，短柄长2 mm，长柄长4～6 mm；小穗披针形，长4.5～5 mm，黄色有光泽，基盘具等长于小穗的白色或淡黄色的丝状毛；第一颖顶具3～4脉，边脉上部粗糙，顶端渐尖，背部无毛。

生于山坡草地或河边湿地。见于白雀园镇赛山村。

芒的根状茎药用，味甘，性平。清热解毒，利尿，散瘀。根：治热淋、小便不利、虫蛇咬伤。用量60～90 g。花：治瘀血闭经、月经不调、产后恶露不净。

34. 求米草属 Oplismenus P. Beauv.

小穗有2朵小花，小穗脱节于颖之下，小穗单生，雌雄同株，花序不形成头状花序，小穗同型，花序中无不育小枝形成的刚毛，小穗单生或2～3枚，排列于穗轴一侧，颖或外稃有芒。光山有1种1变种。

1. 求米草

Oplismenus undulatifolius (Arduino) Beauv.

草本。叶鞘密被疣基毛；叶舌膜质，短小，长约1 mm；叶片扁平，披针形至卵状披针形，长2～8 cm，宽5～18 mm，顶端尖，基部略圆形而稍不对称，通常具细毛。圆锥花序长2～10 cm，主轴密被疣基长刺柔毛；分枝短缩，有时下部的分枝延伸长达2 cm；小穗卵圆形，被硬刺毛，长3～4 mm，簇生于主轴或部份孪生；颖草质，第一颖长约为小穗之半，顶端具长0.5～1 cm硬直芒，具3～5脉；第二颖较长于第一颖，顶端芒长约2～5 mm，具5脉；第一外稃草质，与小穗等长，具7～9脉，顶端芒长1～2 mm，第一内稃通常缺；第二外稃革质，长约3 mm，平滑，结实时变硬；鳞被2，膜质；雄蕊3；花柱基部分离。

生于山谷、疏林下阴湿处。见于白雀园镇赛山村。

2. 日本求米草

Oplismenus undulatifolius (Arduino) Beauv. var. **japonicus** (Steud)

日本求米草与求米草主要区别为，日本求米草叶鞘无毛，仅边缘生纤毛；叶片阔披针形或狭卵状椭圆形，长5～15 cm，宽12～30 mm；花序长达15 cm，主轴无毛，小穗近无毛。

生于山谷、疏林下阴湿处。见于殷棚乡牢山林场。

35. 稻属 Oryza L.

小穗含1朵能育小花，颖退化，小穗柄顶端有由颖退化而来的两个半月形的痕迹。光山有1种。

1. 稻（水稻）

Oryza sativa L.

一年生水生草本。叶鞘松弛，无毛；叶舌披针形，长10～25 cm，两侧基部下延至叶鞘边缘，具2枚镰形抱茎的叶耳；叶片线状披针形，长40 cm左右，宽约1 cm，无毛，粗糙。圆锥花序大型疏展，长约30 cm，分枝多，棱粗糙，成熟期向下弯垂；小穗含1成熟花，两侧甚压扁，长圆状卵形至椭圆形，长约10 mm，宽2～4 mm；颖极小，仅在小穗柄顶端留下半月形的痕迹，退化外稃2枚，锥刺状，长2～4 mm；两侧孕性花外稃质厚，具5脉，中脉成脊，表面有方格状小乳状突起，厚纸质，被细毛，有芒或无芒；内稃与外稃同质，具3脉，顶端尖而无喙；雄蕊6枚。

光山常见栽培。

稻是最主要的粮食作物。

36. 黍属Panicum L.

小穗有2朵小花，小穗脱节于颖之下，小穗单生，雌雄同株，花序不形成头状花序，小穗同型，花序中无不育小枝形成的刚毛，小穗单生或数枚簇生。光山有2种。

1. 糠黍

Panicum bisulcatum Thunb.

一年生草本。叶鞘松弛，边缘被纤毛；叶舌膜质，长约0.5 mm，顶端具纤毛；叶片质薄，狭披针形，长5～20 cm，宽3～15 mm，顶端渐尖，基部近圆形，几无毛。圆锥花序长15～30 cm，分枝纤细，斜举或平展，无毛或粗糙；小穗椭圆形，长2～2.5 mm，绿色或有时带紫色，具细柄；第一颖近三角形，长约为小穗的1/2，具1～3脉，基部略微包卷小穗；第二颖与第一外稃同形并且等长，均具5脉，外被细毛或后脱落；第一内稃缺；第二外稃椭圆形，长约1.8 mm，顶端尖，表面平滑，光亮，成熟时黑褐色。鳞被长约0.26 mm，宽约0.19 mm，具3脉，透明或不透明，折叠。

生于山谷、荒野潮湿处。见于白雀园镇赛山村。

2. 稷（黍、穄）

Panicum miliaceum L.

一年生草本。叶鞘松弛，被疣基毛；叶舌膜质，长约1 mm，顶端具长约2 mm的睫毛；叶片线形或线状披针形，长10～30 cm，宽5～20 mm，两面具疣基的长柔毛或无毛，顶端渐尖，基部近圆形，边缘常粗糙。圆锥花序开展或较紧密，成熟时下垂，长10～30 cm，分枝粗或纤细，具棱槽，边缘具糙刺毛，下部裸露，上部密生小枝与小穗；小穗卵状椭圆形，长4～5 mm。果实成熟后因品种不同，而有黄色、乳白色、褐色、红色和黑色等。

光山有栽培。

稷是一种粮食作物，它的种子药用，味甘，性微温。补中益气，除烦止渴，解毒。治烦渴、泻痢、吐逆、咳嗽、胃痛、小儿鹅口疮、疮痈、烫伤。

37. 雀稗属Paspalum L.

小穗有2朵小花，小穗脱节于颖之下，小穗单生，雌雄同株，花序不形成头状花序，小穗同型，花序中无不育小枝形成的刚毛，小穗单生或2～3枚。光山有2种。

1. 双穗雀稗（红拌根草、过江龙）

Paspalum paspaloides (Michx.) Scribn.

多年生草本。匍匐茎横走、粗壮，长达1 m，向上直立部分高20～40 cm，节生柔毛。叶鞘短于节间，背部具脊，边缘或上部被柔毛；叶舌长2～3 mm，无毛；叶片披针形，长5～15 cm，宽3～7 mm，无毛。总状花序2枚对连，长2～6 cm；穗轴宽1.5～2 mm；小穗倒卵状长圆形，长约3 mm，顶端尖，疏生微柔毛；第一颖退化或微小；第二颖贴生柔毛，具明显的中脉；第一外稃具3～5脉，通常无毛，顶端尖；第二外稃草质，等长于小穗，黄绿色，顶端尖，被毛。

生于田中、池边、溪旁、海边沙土上。见于县城官渡河边。

双穗雀稗全草药用，味甘，性平。活血解毒，祛风除湿。治跌打损伤、骨折筋伤、风湿痹痛、痰火、疮毒。

2. 雀稗

Paspalum thunbergii Kunth ex Steud.

多年生草本，秆直立，丛生，高30～50 cm，节被长柔毛。叶鞘具脊，长于节间，被柔毛；叶舌膜质，长0.5～1.5 mm；叶片线形，长10～25 cm，宽5～8 mm，两面被柔毛。总状花序长5～10 cm，互生于主轴上形成总状圆锥花序，分枝腋间具长柔毛；穗轴宽约1 mm；小穗柄长0.5或1 mm；小穗椭圆状倒卵形，长2.6～2.8 mm，宽约2.2 mm，散生微柔毛，顶端圆或微凸；第二颖与第一外稃相等，膜质，具3脉，边缘有明显微柔毛。第二外稃等长于小穗，革质，具光泽。

生于田中、池边、溪旁、海边沙土上。见于县城官渡河边。

雀稗全草药用，味甘，性平。活血解毒，祛风除湿。治跌打肿痛、骨折筋伤、风湿痹痛、痰火、疮毒等。

38. 狼尾草属Pennisetum Rich.

小穗有2朵小花，小穗脱节于颖之下，小穗单生，雌雄同株，花序不形成头状花序，小穗同型，花序有不育小枝形成的刚毛，穗轴延伸上端小穗后方成1尖头或刚毛，小穗全部或部分托以1至数条刚毛。光山有1种。

1. 狼尾草（大狗尾草）

Pennisetum alopecuroides (L.) Spreng

多年生草本。叶鞘光滑，两侧压扁，主脉呈脊状；叶舌具长约2.5 mm的纤毛；叶片线形，长10～80 cm，宽3～8 mm，顶端长渐尖，基部生疣毛。圆锥花序直立，长5～25 cm，宽1.5～3.5 cm；主轴密生柔毛；总梗长2～3 mm；刚毛粗糙，淡绿色或紫色，长1.5～3 cm；小穗通常单生，偶有双生，线状披针形，长5～8 mm；第一颖微小或缺，长1～3 mm，膜质，顶端钝，脉不明显或具1脉；第二颖卵状披针形，顶端短尖，具3～5脉，长约为小穗的1/3～2/3；第一小花中性，第一外稃与小穗等长，具7～11脉；第二外稃与小穗等长，披针形，具5～7脉，边缘包着同质的内稃；鳞被2，楔形；雄蕊3枚；花柱基部联合。颖果长圆形。

生于田岸、荒地、道旁及小山坡上。见于白雀园镇赛山村。

狼尾草全草药用，味甘，性平。清肺止咳，凉血明目。治肺热咳嗽、咯血、目赤肿痛、痈肿疮毒。

39. 显子草属Phaenosperma Munro ex Benth

小穗1朵能育小花，颖发育，叶宽线形，有横脉，秆高1～1.5 m，圆锥花序长15～40 cm，小穗1朵花。光山有1种。

1. 显子草

Phaenosperma globosa Munro ex Benth.

多年生草本。叶鞘光滑，通常短于节间；叶舌质硬，长5～15(25)mm，两侧下延；叶片宽线形，常翻转而使叶面向下成灰绿色，叶背向上成深绿色，两面粗糙或平滑，基部窄狭，顶端渐尖细，长10～40 cm，宽1～3 cm。圆锥花序长15～40 cm，分枝在下部者多轮生，长5～10 cm，幼时向上斜升，成熟时极开展；小穗背腹压扁，长4～4.5 mm；两颖不等长，第一颖长2～3 mm，具明显的1脉或具3脉，两侧脉甚短，第二颖长约4 mm，具3脉；外稃长约4.5 mm，具3～5脉，两边脉几不明显；内稃略短于或近等长于外稃；花药长 1.5～2 mm。颖果倒卵球形。

生于山坡林下、山谷、溪旁及路边草丛。见于白雀园镇赛山村、殷棚乡牢山林场。

显子草全草药用，味甘、微涩，性平。补虚健脾，活血调经。治病后体虚、经闭。

40. 虉草属Phalaris L.

小穗含 1 朵能育小花，颖发育，叶无横脉，圆锥花序；小穗有 3 朵花，1 朵能育，2 朵不育。光山有 1 种。

1. 虉草（草芦、马羊草）

Phalaris arundinacea L.

多年生草本，具根状茎。秆通常单生或少数丛生，高 60～140 cm，有 6～8 节。叶鞘无毛，下部者长于而上部者短于节间；叶舌薄膜质，长 2～3 mm；叶片扁平，幼嫩时微粗糙，长 6～30 cm，宽 1～1.8 cm。圆锥花序紧密狭窄，长 8～15 cm，分枝直向上举，密生小穗；小穗长 4～5 mm，无毛或有微毛；颖沿脊上粗糙，上部有极狭的翼；孕花外稃宽披针形，长 3～4 mm，上部有柔毛；内稃舟形，背具 1 脊，脊的两侧疏生柔毛；花药长 2～2.5 mm；不孕外稃 2 枚，退化为线形，具柔毛。

生于村边、田野、路旁潮湿地上。

虉草全草药用，味微辛、苦，性平。调经，止带。治月经不调、赤白带下。

41. 芦苇属Phragmites Adans.

大草本，株高 2 m 以上。小穗有 2 至多朵能育小花，圆锥花序，小穗有 2～7 朵小花，小穗轴延伸，外稃无毛，基盘延长而有长丝状毛。光山有 1 种。

1. 芦苇（苇根、芦头）

Phragmites australis Trin. ex Steud.[*P. communis* Trin.]

多年生草本，根状茎十分发达。叶鞘下部者短于上部者，长于其节间；叶舌边缘密生一圈长约 1 mm 的短纤毛，两侧缘毛长 3～5 mm，易脱落；叶片披针状线形，长 30 cm，宽 2 cm，无毛，顶端长渐尖成丝形。圆锥花序大型，长 20～40 cm，宽约 10 cm，分枝多数，长 5～20 cm，着生稠密下垂的小穗；小穗柄长 2～4 mm，无毛；小穗长约 12 mm，含 4 花；颖具 3 脉，第一颖长 4 mm；第二颖长约 7 mm；第一不孕外稃雄性，长约 12 mm，第二外稃长 11 mm，具 3 脉，顶端长渐尖，基盘延长，两侧密生等长于外稃的丝状柔毛，与无毛的小穗轴相连接处具明显关节，成熟后易自关节上脱落；内稃长约 3 mm，两脊粗糙。

生于池沼、河旁、湖边，常大片形成芦苇荡。见于县城官渡河边。

芦苇的根状茎药用，味甘，性寒。清热生津，除烦止渴，止呕，泻胃火，利二便。治肺热咳嗽、肺痈吐脓烦渴、口苦咽干、热淋涩痛、人便干结、热病高热烦渴、牙龈出血、鼻出血、胃热呕吐、肺脓疡、大叶性肺炎、气管炎、尿少色黄。

42. 早熟禾属 Poa L.

小草本，株高 20～60 cm。小穗有 2 至多朵能育小花，圆锥花序，小穗有 2～7 朵小花，小穗轴延伸，外稃有 5 脉，叶无小横脉，第二颖短于第一小花，外稃无芒。光山有 1 种。

1. 早熟禾

Poa annua L.

一年生草本。叶鞘稍压扁，中部以下闭合；叶舌长 1～3 mm，圆头；叶片扁平或对折，长 2～12 cm，宽 1～4 mm，质地柔软，常有横脉纹，顶端急尖呈船形，边缘微粗糙。圆锥花序宽卵形，长 3～7 cm，开展；分枝 1～3 枚着生各节，平滑；小穗卵形，含 3～5 小花，长 3～6 mm，绿色；颖质薄，具宽膜质边缘，顶端钝，第一颖披针形，长 1.5～2 mm，具 1 脉，第二颖长 2～3 mm，具 3 脉；外稃卵圆形，顶端与边缘宽膜质，具明显的 5 脉，脊与边脉下部具柔毛，间脉近基部有柔毛，基盘无绵毛，第一外稃长 3～4 mm；内稃与外稃近等长，两脊密生丝状毛；花药黄色，长 0.6～0.8 mm。颖果纺锤形。

生于村边、田野、路旁潮湿地上。见于县城官渡河边。

43. 鹅观草属 Roegneria C. Koch.

穗轴节间延长，不逐节断落，顶生小穗正常发育；小穗无柄，或可具极短的柄，含 2～10 余朵小花；颖背部扁平或呈圆形而无脊，顶端无芒或具短芒。光山有 2 种。

1. 纤毛鹅观草

Roegneria ciliaris (Trin.) Nevski

秆单生或成疏丛，直立，常被白粉。叶鞘无毛，基部叶鞘于接近边缘处稀可具有柔毛；叶片扁平，长 10～20 cm，宽 3～10 mm，两面均无毛，边缘粗糙。穗状花序直立或多少下垂，长 10～20 cm；小穗通常绿色，长 15～22 mm，含 7～12 小花；颖椭圆状披针形，顶端常具短尖头，两侧或一侧常具齿，具 5～7 脉，边缘与边脉上具有纤毛，第一颖长 7～8 mm，第二颖长 8～9 mm；外稃长圆状披针形，背部被粗毛，边缘具长而硬的纤毛，上部具有明显的 5 脉，通常在顶端两侧或一侧具齿，第一外稃长 8～9 mm，顶端延伸成粗糙反曲的芒，长 10～30 mm；内稃长为外稃的 2/3，顶端钝头。

生于路旁或潮湿草地以及山坡上。见于白雀园镇赛山村、官渡河边。

2. 竖立鹅观草

Roegneria japonensis (Honda) Keng

秆疏丛，直立。叶片线形，扁平，长 17～25 cm，宽约 9 mm，叶面及边缘粗糙，叶背较平滑。穗状花序直立或曲折稍下垂，长 10～22 cm；小穗长 14～17 mm，含 7～9 小花；颖椭圆状披针形，顶端锐尖或具短尖头，偏斜，两侧或一侧具齿，具 5～7 显明的脉，第一颖长 6～7 mm，第二颖长 7～8 mm；外稃长圆状披针形，边缘具短纤毛，背部粗糙，稀具短毛，顶端两侧具细齿，上部具明显 5 脉，第一外稃长 8～8.5 mm，芒粗糙、反曲，长 2～2.5 cm；内稃长约为外稃的 2/3，顶端截平，脊上部 1/3 粗糙。

生于路旁或潮湿草地以及山坡上。见于白雀园镇赛山村。

44. 甘蔗属 Saccharum L.

小穗有 2 朵小花，小穗脱节于颖之下，小穗成对着生，一有柄，一无柄，能育小花具1膝曲的芒，小穗两性，小穗成对着生于穗轴各节上。光山有3种。

1. 斑茅（大密）

Saccharum arundinaceum Retz.

多年生丛生大草本。叶鞘长于其节间，基部或上部边缘和鞘口具柔毛；叶舌膜质，长1～2mm，顶端截平；叶片宽大，线状披针形，长1～2m，宽2～5cm，顶端长渐尖，基部渐变窄，中脉粗壮，无毛，叶面基部生柔毛，边缘锯齿状粗糙。圆锥花序大型，稠密，长30～80cm，宽5～10cm，主轴无毛，每节着生2～4枚分枝，分枝二至三回分出，腋间被微毛；总状花序轴节间与小穗柄细线形，长3～5mm，被长丝状柔毛，顶端稍膨大；无柄与有柄小穗狭披针形，长3.5～4mm，黄绿色或带紫色，基盘小，具长约1mm的短柔毛；两颖近等长，草质或稍厚。颖果长圆形。

生于山坡和河岸溪涧草地。见于白雀园镇大尖山。

斑茅的根药用，味甘、淡，性平。活血通经，通窍利水。治跌打损伤、筋骨风痛、经闭、月经不调、水肿、蛊胀。

2. 甘蔗（秀贵甘蔗、蔗）

Saccharum officinarum L.

多年生高大实心草本。根状茎粗壮发达。秆高3～5(6)m。直径2～4(5)cm，具20～40节，下部节间较短而粗大，被白粉。叶鞘长于其节间，除鞘口具柔毛外余无毛；叶舌极短，生纤毛，叶片长达1m，宽4～6cm，无毛，中脉粗壮，白色，边缘具锯齿状，粗糙。圆锥花序大型，长50cm左右，主轴除节具毛外余无毛，在花序以下部分不具丝状柔毛；总状花序多数轮生，稠密；总状花序轴节间与小穗柄无毛；小穗线状长圆形，长3.5～4mm；基盘具长于小穗2～3倍的丝状柔毛；第一颖脊间无脉，不具柔毛，顶端尖，边缘膜质。

光山常见栽培。

甘蔗是制糖的主要原料，茎还可药用味甘，性平。除热止渴，和中，宽隔，行水。治发热口干、肺燥咳嗽、咽喉肿痛、心胸烦热、反胃呕吐、妊娠水肿。

3. 甜根子草（甜茅、割手密）

Saccharum spontaneum L.

多年生草本，具发达横走的长根状茎。秆高1～2m；中空，具多数节，节具短毛，节下常敷白色蜡粉，紧接花序以下部分被白色柔毛。叶鞘较长或稍短于其节间，鞘口具柔毛，有时鞘节或上部边缘具有柔毛，稀为全体被疣基柔毛；叶片线形，长30～70cm，宽4～8mm，基部多少狭窄，无毛，灰白色，边缘呈锯齿状粗糙。圆锥花序长20～40cm，稠密，主轴密生丝状柔毛；分枝细弱，下部分枝的基部多少裸露，直立或上升；总状花序轴节间长约5mm，顶端稍膨大，边缘与外侧面疏生长丝状柔毛，小穗柄长2～3mm；无柄小穗披针形，长3.5～4mm，基盘具长于小穗3～4倍的丝状毛；两颖近相等。

生于河旁、溪边、旷野。见于白雀园镇大尖山。

甜根子草全草药用，味甜，性凉。清热利水，止渴。治感冒发热口干、小便不畅、肾炎、肝炎等。

45. 囊颖草属 Sacciolepis Nash

小穗有2朵小花，小穗脱节于颖之下，小穗单生，雌雄同株，花序不形成头状花序，小穗同型，花序中无不育小枝成形的刚毛，小穗单生或数枚簇生。光山有1种。

1. 囊颖草（滑草）

Sacciolepis indica (L.) A. Chase

一年生草本，常丛生。叶鞘具棱脊，短于节间，常松弛；叶舌膜质，长0.2～0.5mm，顶端被短纤毛；叶片线形，长5～20cm，宽2～5mm，基部较窄，无毛或被毛。圆锥花序紧缩成圆筒状，长1～16cm，宽3～5mm，向两端渐狭或下部渐狭，主轴无毛，具棱，分枝短；小穗卵状披针形，向顶渐尖而弯曲，绿色或染以紫色，长2～2.5mm，无毛或被疣基毛；第一颖为小穗长的1/3～2/3，常具3脉，基部包裹小穗，第二颖背部囊状，与小穗等长，具明显的7～11脉，常9脉；第一外稃等长于第二颖，常9脉。颖果椭圆形。

生于稻田中或水湿处。见于晏河乡大苏山。

囊颖草全草药用，收敛生肌，止血。治外伤出血。

46. 狗尾草属 Setaria Beauv.

小穗有2朵小花，小穗脱节于颖之下，小穗单生，雌雄同株，花序不形成头状花序，小穗同型，花序有不育小枝形成的刚毛，穗轴延伸上端小穗后方成1尖头或刚毛，小穗全部或部分托以1至数条刚毛，刚毛分离。光山有5种。

1. 西南莩草

Setaria forbesiana (Nees) Hook. f.

多年生。叶鞘无毛，边缘具密的纤毛，长2～4mm；叶舌短小，密具长约3mm的纤毛；叶片线形或线状披针形，长10～40cm，宽4～20mm，扁平，顶端渐尖，基部钝圆或狭窄，无毛。圆锥花序狭尖塔形、披针形或呈穗状，长10～32cm，宽1～4cm，直立或微下垂，主轴具角棱，被微毛而粗糙，或具疏长柔毛，分枝短或稍延长，斜向上举或较开展；小穗椭圆形或卵圆形，长约3mm，具极短柄，绿色或部分呈紫色，小穗下均具1枚刚毛，刚毛粗壮糙涩，劲直或稍扭曲，长约为小穗的3倍，绿色或紫色，长5～15mm。

生于山谷、路旁、沟边及山坡草地，或砂页岩溪边阴湿、半阴湿处。见于南向店乡董湾村向楼组。

3. 莠狗尾草

Setaria geniculata (Lam.) Beauv.

多年生草本，丛生。秆直立或基部膝曲，高30～90 cm。叶鞘压扁具脊，近基部常具枯萎纤维的老叶鞘；叶舌为一圈短纤毛；叶片质硬，常卷折呈线形，长5～30 cm，宽2～5 mm，无毛或叶面近基部具长柔毛，顶端渐尖，基部稍收窄，干时常卷折，边缘略粗糙。圆锥花序稠密呈圆柱状，顶端稍狭，长2～7 cm，宽约5 mm（刚毛除外），主轴具短细毛，刚毛粗糙，8～12枚，长5～10 mm，金黄色，褐锈色或淡紫色到紫色，小穗椭圆形，长2～2.5 mm，顶端尖；第一颖卵形，长为小穗的1/3，顶端尖，具3脉；第二颖宽卵形，长约为小穗的1/2，具5脉，顶端稍钝；第一外稃与小穗等长或略短，具5脉，其内稃扁平薄纸质或膜质，明显窄于且略短于第二小花，具2脊，常中性，少数有3枚雄蕊。

生于山坡、路旁、田园或荒野。见于县城官渡河边。

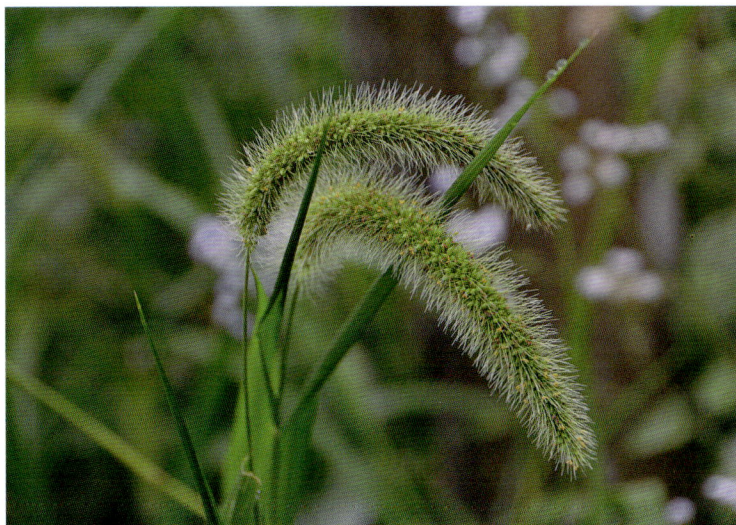

4. 粱（粟）

Setaria italica (L.) Beauv.

一年生草本。叶鞘松裹茎秆，密具疣毛或无毛，毛以近边缘及与叶片交接处的背面为密，边缘密具纤毛；叶舌为一圈纤毛；叶片长披针形或线状披针形，长10～45 cm，宽5～33 mm，顶端尖，基部钝圆，叶面粗糙，叶背稍光滑。圆锥花序呈圆柱状或近纺锤状，通常下垂，基部多少有间断，长10～40 cm，宽1～5 cm，常因品种的不同而多变异，主轴密生柔毛，刚毛显著长于或稍长于小穗，黄色、褐色或紫色；小穗椭圆形或近圆球形，长2～3 mm，黄色、桔红色或紫色；第一颖长为小穗的1/3～1/2，具3脉；第二颖稍短于或长为小穗的3/4，顶端钝，

2. 大狗尾草

Setaria faberii Herrm.

一年生草本，常具支柱根。秆粗壮而高大、直立或基部膝曲，高50～120 cm，径达6 mm，光滑无毛。叶鞘松弛，边缘具细纤毛，部分基部叶鞘边缘膜质无毛；叶舌具密集的长1～2 mm的纤毛；叶片线状披针形，长10～40 cm，宽5～20 mm，无毛或叶面具较细疣毛，少数叶背具细疣毛，顶端渐尖细长，基部钝圆或渐窄狭几呈柄状，边缘具细锯齿。圆锥花序紧缩呈圆柱状，长5～24 cm，宽6～13 mm（芒除外），常垂头，主轴具较密长柔毛，花序基部常不间断，偶有间断；小穗椭圆形，长约3 mm，顶端尖，下托以1～3枚较粗而直的刚毛，刚毛常绿色，少具浅褐紫色，粗糙，长5～15 mm；第一颖长为小穗的1/3～1/2，宽卵形，顶端尖，具3脉。

生于山坡、路旁、田园或荒野。见于县城官渡河边。

具5～9脉；第一外稃与小穗等长，具5～7脉。

光山有栽培。

粱的种子发芽后药用，味苦，性温。消食，开胃。治食积不化、消化不良、胸闷腹胀、妊娠呕吐。

5. 狗尾草（莠、光明草、光明子、金毛狗尾草、谷莠子）

Setaria viridis (L.) Beauv.

一年生草本，高30～40 cm，根须状，秆直立或基部膝曲，通常较细弱。叶鞘较松弛，无毛或具柔毛；叶舌具长1～2 mm的纤毛；叶片扁平，长5～30 cm，宽2～15 mm，顶端渐尖，基部略呈圆形或渐窄，通常无毛。圆锥花序紧密呈圆柱形，长2～15 cm，微弯垂或直立，绿色、黄色或变紫色；小穗椭圆形，顶端钝，长2～2.5 mm；第一颖卵形，具3脉，第二颖具5脉；第一外稃与小穗等长，具5～7脉，有一狭窄的内稃。谷粒长圆形，顶端钝，具细点状皱纹。

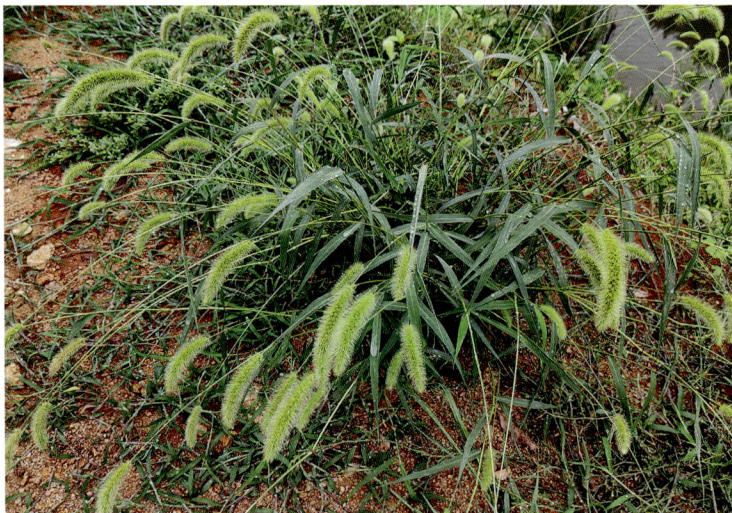

生于山坡、路旁、田园或荒野。见于县城官渡河边。

狗尾草全草药用，味淡，性平。除热，去湿，消肿。治痈肿、疮癣、赤眼。

47. 高粱属Sorghum Moench

小穗有2朵小花，小穗脱节于颖之下，小穗成对着生，一有柄，一无柄，能育小花具1膝曲的芒，小穗两性，小穗2枚簇生，1枚无柄，2枚有柄。光山有2种。

1. 高粱（蜀黍、大高粱）

Sorghum bicolor (L.) Moench

一年生大草本。叶鞘无毛或稍有白粉；叶舌硬膜质，顶端圆，边缘有纤毛；叶片线形至线状披针形，长40～70 cm，宽3～8 cm，顶端渐尖，基部圆或微呈耳形，叶背淡绿色或有白粉，两面无毛，边缘软骨质，具微细小刺毛，中脉较宽，白色。圆锥花序疏松，长15～45 cm，宽4～10 cm，总梗直立或微弯曲；主轴具纵棱，疏生细柔毛，分枝3～7枚，轮生，粗糙或有细毛，基部较密；每一总状花序具3～6节，节间粗糙或稍扁；无柄小穗倒卵形或倒卵状椭圆形，长4.5～6 mm，宽3.5～4.5 mm，基盘钝，有髯毛；两颖均革质，上部及边缘通常具毛，初时黄绿色，成熟后为淡红色至暗棕色。颖果两面平凸。

光山常见栽培。见于白雀园镇大尖山。

高粱是一种粮食作物，种子药用，味甘，性平。燥湿祛痰，宁心安神。治湿痰咳嗽、胃癌不舒、失眠多梦、食积。

2. 苏丹草

Sorghum sudanense (Piper) Stapf.

一年生草本；须根粗壮。叶鞘基部者长于节间，上部者短于节间，无毛，或基部及鞘口具柔毛；叶舌硬膜质，棕褐色，顶端具毛；叶片线形或线状披针形，长15～30 cm，宽1～3 cm，向顶端渐狭而尖锐，中部以下逐渐收狭，叶面晴绿色或嵌有紫褐色的斑块，叶背淡绿色，中脉粗，在叶背隆起，两面无毛。圆锥花序狭长卵形至塔形，较疏松，长15～30 cm，宽6～12 cm，主轴具棱，棱间具浅沟槽，分枝斜升，开展，细弱而弯曲，具小刺毛而微粗糙，下部的分枝长7～12 cm，上部者较短，每一分枝具2～5节，具微毛。无柄小穗长椭圆形，或长椭圆状披针形，长6～7.5 mm，宽2～3 mm；第一颖纸质，边缘内折，具11～13脉，脉可达基部，脉间通常具横脉。

生于山坡、路旁、田园或荒野。见于殷棚乡牢山林场、泼陂河镇东岳寺村。

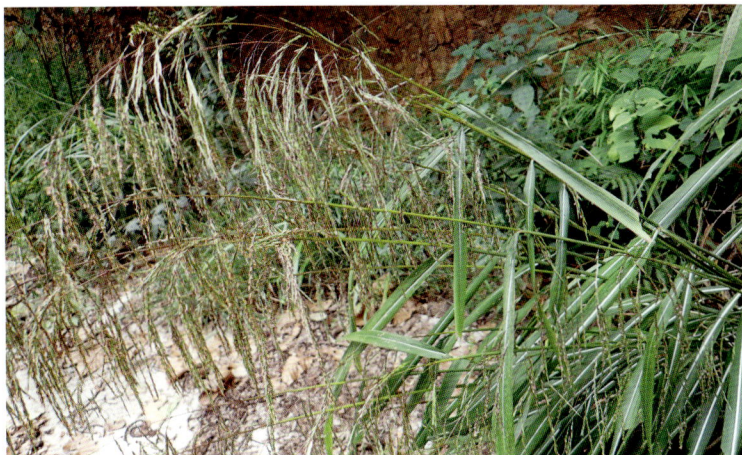

48. 鼠尾粟属 Sporobolus R. Br.

小穗有2至多朵能育小花，总状或指状花序，外稃1~3脉，小穗1朵小花，外稃1脉，无芒。囊果。光山有1种。

1. 鼠尾粟（狗屎草）

Sporobolus fertilis (Steud.) W. D. Clayton

多年生草本。秆直立，丛生，高25~120 cm，基部径2~4 mm，质较坚硬，平滑无毛。叶鞘疏松裹茎，基部者较宽，平滑无毛或其边缘稀具极短的纤毛，下部者长于而上部者短于节间；叶舌极短，长约0.2 mm，纤毛状；叶片质较硬，平滑无毛，或仅上面基部疏生柔毛，常内卷，少数扁平，顶端长渐尖，长15~65 cm，宽2~5 mm。圆锥花序较紧缩呈线形，常间断，或稠密近穗形，长7~44 cm，宽0.5~1.2 cm，分枝稍坚硬，直立，与主轴贴生或倾斜，常长1~2.5 cm，基部者较长，一般不超过6 cm，但小穗密集着生其上。

生于田野、路旁和山坡草地。见于泼陂河镇东岳寺村。

鼠尾粟全草药用，味甘，性平。清热解毒，凉血。治伤暑烦热、燥热便秘、湿热淋浊、小儿烦热、尿血。

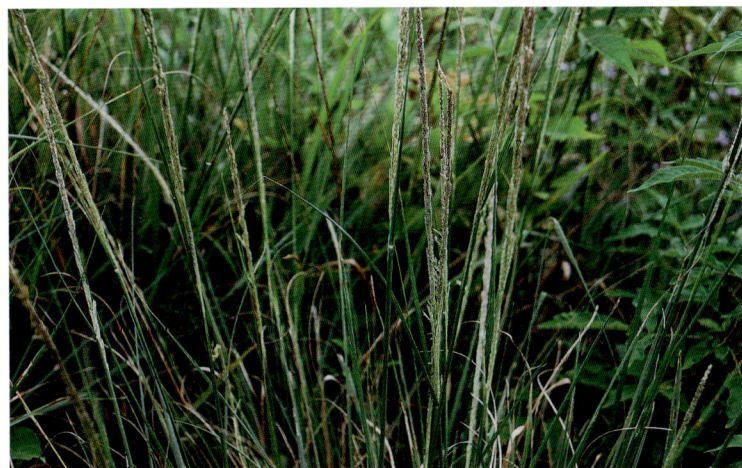

49. 菅属 Themeda Forssk.

小穗有2朵小花，小穗脱节于颖之下，小穗成对着生，一有柄，一无柄，能育小花具1膝曲的芒，小穗两性，小穗成对着生于穗轴各节上，成对小穗异形异性，无柄小穗退化成1枚外稃。光山有1种。

1. 黄背草

Themeda triandra Forssk.[*Themeda japonia* (Willd.) Tanaka]

多年生簇生草本。叶鞘紧裹秆，背部具脊，常生疣基硬毛；叶舌坚纸质，长1~2 mm，顶端钝圆，有睫毛；叶片线形，长

10~50 cm，宽4~8 mm，基部常近圆形，顶部渐尖，中脉显著，两面无毛或疏被柔毛，叶背常粉白色。大型假圆锥花序多回复出，由具佛焰苞的总状花序组成，长为全株的1/3~1/2；佛焰苞长2~3 cm；总状花序长15~17 mm，具长2~5 mm的花序梗，由7小穗组成；下部总苞状小穗轮生于一平面，无柄，雄性，长圆状披针形，长7~10 mm；第一颖背面上部常生瘤基毛，具多数脉；无柄小穗两性，1枚，纺锤状圆柱形，长8~10 mm，基盘被褐色髯毛；第二外稃退化为芒的基部，芒长3~6 cm。

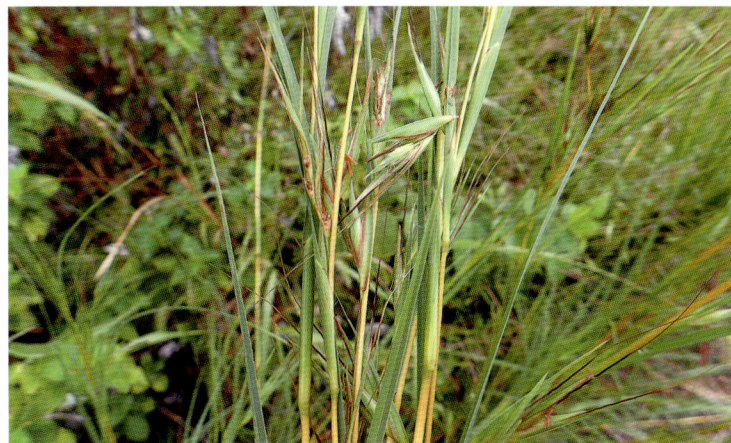

生于干燥山坡、草地、路旁、林缘。见于白雀园镇赛山村、泼陂河镇东岳寺村。

黄背草全草药用，味甘，性温。活血通经，祛风除湿。治经闭、风湿痹痛。

50. 小麦属 Triticum L.

小穗有2至多朵能育小花，总状或指状花序，外稃5脉以上，小穗的两颖均有，小穗单生于穗轴各节，外稃无基盘，颖果与内外稃分离。光山有1种。

1. 小麦

Triticum aestivum L.

一年生草本，秆直立，丛生，具6~7节，高60~100 cm，径5~7 mm。叶鞘松弛包茎，下部者长于上部者短于节间；叶舌膜质，长约1 mm；叶片长披针形。穗状花序直立，长5~10 cm，宽1~1.5 cm；小穗含3~9小花，上部者不发育；颖卵圆形，长6~8 mm，主脉于背面上部具脊，于顶端延伸为长约1 mm的齿，侧脉的背脊及顶齿均不明显；外稃长圆状披针形，长8~10 mm，顶端具芒或无芒；内稃与外稃几等长。

光山常见栽培。

小麦是最主要的粮食作物。它的全草及麦芽药用，味甘，性凉。止虚汗，养心安神。治体虚汗多、脏躁症。

51. 玉蜀黍属 Zea L.

小穗有2朵小花，小穗脱节于颖之下，小穗成对着生，一有柄，一无柄，能育小花具1膝曲的芒，小穗单性，雌、雄小穗位于不同花序上。光山有1种。

1. 玉米（玉蜀黍、包谷、玉蜀黍）

Zea mays L.

一年生高大草本。叶鞘具横脉；叶舌膜质，长约2 mm；叶片扁平宽大，线状披针形，基部圆形呈耳状，无毛或具疣柔毛，中脉粗壮，边缘微粗糙。顶生雄性圆锥花序大型，主轴与总状花序轴及其腋间均被细柔毛；雄性小穗孪生，长达1 cm，小穗柄一长一短，分别长1～2 mm及2～4 mm，被细柔毛；两颖近等长，膜质，约具10脉，被纤毛；外稃及内稃透明膜质，稍短于颖；花药橙黄色；长约5 mm；雌花序被多数宽大的鞘状苞片所包藏；雌小穗孪生，成16～30纵行排列于粗壮的序轴上，两颖等长，宽大，无脉，具纤毛；外稃及内稃透明膜质，雌蕊具极长而细弱的线形花柱。颖果球形或扁球形。

光山常见栽培。

玉米是最主要的粮食作物。它的叶、花柱、果序还可药用，味甘，性平。利尿消肿，平肝利胆。治急、慢性肾炎，水肿，急、慢性肝炎，高血压，糖尿病，慢性副鼻窦炎，尿路结石，胆道结石，并可预防习惯性流产。

52. 菱笋属Zizania L.

小穗含1朵能育小花，颖退化，小穗柄顶端无由颖退化而来的两个半月形的痕迹，小穗单性。光山有1种。

1. 菱笋（菰、茭白、菱儿菜、菱包）

Zizania latifolia (Griseb.) Stapf

多年生草本，具匍匐根状茎。叶鞘长于其节间，肥厚，有小横脉；叶舌膜质，长约1.5 cm，顶端尖；叶片扁平宽大，长50～90 cm，宽15～30 mm。圆锥花序长30～50 cm，分枝多数簇生，上升，果期开展；雄小穗长10～15 mm，两侧压扁，着生于花序下部或分枝上部，带紫色，外稃具5脉，顶端渐尖具小尖头，内稃具3脉，中脉成脊，具毛，雄蕊6枚，花药长5～10 mm；雌小穗圆筒形，长18～25 mm，宽1.5～2 mm，着生于花序上部和分枝下方与主轴的贴生处，外稃具5脉粗糙，芒长20～30 mm，内稃具3脉。颖果圆柱形。

生于湖泊、沼泽或当地有栽培。

菱笋是一种蔬菜，供食用。茭白、根及果实可药用，茭白：味甘，性凉；清热除烦，止渴，通乳，利大小便。菰根：味甘，性寒；清热解毒。菰实：味甘，性寒；清热除烦，生津止渴。茭白：治热病烦渴、酒精中毒、二便不利、乳汁不通。菰根：治消渴、烫伤。菰实：治心烦、口渴、大便不通、小便不利。

53. 结缕草属Zoysia Willd.

小穗含1朵能育小花，颖发育，叶无横脉，穗形总状花序，小穗有柄，第1颖完全退化或稍留痕迹，第2颖纸质，成熟后革质，顶端无芒。光山有2种。

1. 结缕草

Zoysia japonica Steud.

多年生草本。叶鞘无毛，下部者松弛而互相跨覆，上部者紧密裹茎；叶舌纤毛状，长约1.5 mm；叶片扁平或稍内卷，长2.5～5 cm，宽2～4 mm，叶面疏生柔毛，叶背近无毛。总状花序呈穗状，长2～4 cm，宽3～5 mm；小穗柄通常弯曲，长可达5 mm；小穗长2.5～3.5 mm，宽1～1.5 mm，卵形，淡黄绿色或带紫褐色，第一颖退化，第二颖质硬，略有光泽，具1脉，顶

端钝头或渐尖，于近顶端处由背部中脉延伸成小刺芒；外稃膜质，长圆形，长2.5～3 mm；雄蕊3枚，花丝短，花药长约1.5 mm；花柱2，柱头帚状，开花时伸出稃体外。颖果卵形。

生于海边沙滩、河岸、路旁的草丛中。见于县城龙山湖。

2. 中华结缕草

Zoysia sinica Hance [Z. liukiuensis Honda]

多年生草本。叶鞘无毛，长于或上部者短于节间，鞘口具长柔毛；叶舌短而不明显；叶片淡绿或灰绿色，叶背色较淡，长可达10 cm，宽1～3 mm，无毛，质地稍坚硬，扁平或边缘内卷。总状花序穗形，小穗排列稍疏，长2～4 cm，宽4～5 mm，伸出叶鞘外；小穗披针形或卵状披针形，黄褐色或略带紫色，长4～5 mm，宽1～1.5 mm，具长约3 mm的小穗柄；颖光滑无毛，侧脉不明显，中脉近顶端与颖分离，延伸成小芒尖；外稃膜质，长约3 mm，具1明显的中脉；雄蕊3枚，花药长约2 mm；花柱2，柱头帚状。颖果棕褐色，长椭圆形，长约3 mm。

生于海边沙滩、河岸、路旁的草丛中。见于文殊乡九九林场。

参考文献

［1］中国科学院中国植物志编辑委员会．1959—2004年中国植物志1—80卷［M］．北京：科学出版社。

［2］丁宝章、王遂义、高增义，等．1981—1998年，河南植物志1—4卷［M］．河南：河南人民出版社。

［3］叶华谷、曾飞燕，等．2013—2019年，中国药用植物1—30册［M］．北京：化学工业出版社。

［4］Z. Y. Wu, P. H. Raven & D. Y. Hong, et al. Flora of China:［M］. Beijing: Science Press.

参考文献

中文名索引

拉丁名索引